KUHMINSA

한 발 앞서나가는 출판사, 구민사

구민사 출간도서 中 수험서 분야

- 용접
- 자동차
- 조경/산림
- 품질경영
- 산업안전
- 전기
- 건축토목
- 실내건축
- 기술사
- 기계
- 금속
- 환경
- 보일러
- 가스
- 공조냉동
- 위험물

www.kuhminsa.co.kr

자격증 시험 접수부터 자격증 수령까지!

필기 원서 접수

큐넷(www.q-net.or.kr)

필기 시험은 회원 가입 후 인터넷 접수만 가능

(사진 파일, 접수비(인터넷 결제) 필요)

응시자격 요건 반드시 확인

필기시험

입실 시간 미준수 시 시험 응시 불가

준비물 : 수험표, 신분증, 필기구 지참

필기 합격 확인

큐넷(www.q-net.or.kr)

사이트에서 확인

실기 원서 접수

큐넷(www.q-net.or.kr)

응시 자격 서류는 실기시험 접수기간(4일 내)에

제출해야만 접수 가능

실기 시험

필답형과 작업형으로 분류

원서 접수 시 선택한 장소와 시간에 맞게 시험을 봅니다.

준비물 : 수험표, 신분증, 필기구 지참

최종합격 확인

큐넷(www.q-net.or.kr)
사이트에서 확인

자격증 신청

인터넷으로 신청(상장형 자격증 발급을 원칙으로 하며,
희망 시 수첩형 자격증 발급 신청/ 발급 수수료 부과)

자격증 수령

인터넷으로 발급(출력)
(수첩형 자격증 등기 수령 시 등기 비용 발생)

D-DAY 60

조경산업기사 필기 D-60일 합격 플랜

(위의 플랜은 가장 이상적인 것이므로 참고하여 개인의 입장과 일정에 맞춰 준비하시기 바랍니다.)

월요일	화요일	수요일	목요일	금요일	토요일	일요일
D-60	D-59	D-58	D-57	D-56	D-55	D-54
Part 1 이론 학습						
D-53	D-52	D-51	D-50	D-49	D-48	D-47
Part 2 이론 학습						
D-46	D-45	D-44	D-43	D-42	D-41	D-40
Part 3 이론 학습						
D-39	D-38	D-37	D-36	D-35	D-34	D-33
Part 4&전체 이론 복습						
D-32	D-31	D-30	D-29	D-28	D-27	D-26
과년도 문제 풀이						

D-DAY 60

놓친 부분 다시보기

월요일	화요일	수요일	목요일	금요일	토요일	일요일
D-25	D-24	D-23	D-22	D-21	D-20	D-19
		이론 복습 (O | X)				문제 풀이 (O | X)
D-18	D-17	D-16	D-15	D-14	D-13	D-12
		이론 복습 (O | X)				문제 풀이 (O | X)
D-11	D-10	D-9	D-8	D-7	D-6	D-5
		이론 복습 (O | X)				문제 풀이 (O | X)
D-4	D-3	D-2	D-1			
		이론 복습 (O | X)				

시험장 가기 전에 Tip

Q 계산기를 따로 가져가야 하나요?

A 시험을 치르는 PC에 설치된 계산기를 이용하실 수 있습니다.(개인 계산기 지참 가능)

Q PC로 시험을 치르면 종이는 못 쓰나요?

A 시험장에서 필요한 사람에 한해 종이를 제공합니다. 시험장마다 상황이 다를 수 있으니 전화로 해당 시험장의 상황을 파악해보시길 권장합니다. 이 때 시험이 끝나고 종이 반납은 필수입니다.

머리말

쾌적하고 멋진 환경에서의 삶에 대한 욕구가 매우 강해지고 있는 시기입니다.

환경오염이 심각하고, 각종 사회적 문제들까지도 환경문제로 연결되며, 개인적 공간 또한 미적 · 환경적 관심이 증대된 이유일 것입니다.

따라서 일반인들의 관심과 인식이 증대되어 자연을 가까이서 느끼며 환경을 고려해 주는 공간조성을 하는 조경에 관한 수요가 급속히 증대되었으며, 앞으로도 더욱 친환경적인 공간을 지향하는 미래가 다가올 것입니다.

이에 발맞추어 조경전문인력에 대한 필요성이 증대되면서 조경기사 자격증에 대한 관심이 그 어느 때보다도 높아지고 있습니다.

본 조경 산업기사 필기 교재의 특징은

1. 최근에 출제되는 문제를 분석하여 이론을 정립하였고 실전연습문제로 자격증 시험에 대비할 수 있도록 하였다.
2. 과년도문제를 과목별로 분류함과 동시에 출제년도를 표기해 최근의 출제경향을 쉽게 파악할 수 있게 하였다.
3. 이론 중 중요한 부분은 별표로 표기해 개념정리에 큰 도움이 될 수 있게끔 하였다.
4. 상세하고 구체적인 문제풀이로 실전문제는 물론이고 응용문제까지 대비할 수 있도록 하였다.
5. 부록으로 이론핵심정리 핸드북을 제공하여 핵심내용을 쉽게 정리하고 어디서나 쉽게 공부를 할 수 있게끔 하였다.

아무쪼록 이 교재를 통해 공부하시는 수험생 여러분들에게 더 없이 큰 도움이 되어 좋은 인력을 양성하는 기본 자료로서의 역할을 잘 수행할 수 있기를 바라며, 수험생 여러분들은 보다 나은 쾌적하고 바람직한 공간을 조성하는 조경가가 되는 일에 큰 자부심을 가지시길 바랍니다.

덧붙여 앞으로도 새로운 출제경향과 내용에 민감하게 대처할 수 있는 수험서가 될 수 있도록 끊임없이 노력할 것을 약속합니다.

끝으로 이 책이 완성되기까지 최선을 다해 힘써주신 구민사 조규백 사장님 아래 임직원분들 그리고 마음 편하게 원고를 집필할 수 있게 힘써준 사랑하는 가족들에게도 깊은 감사의 말씀을 드립니다.

저자 구민아

Contents

목차

PART 1 조경계획 및 설계

PART 2 조경식재

Contents

목차

PART 3 조경시공 구조학

PART 4 조경관리

Contents 목차

부록 최근기출문제

※ 2020년 산업기사 4회부터 CBT로 시행됨에 따라 기출문제는 추가하지 않습니다

이 책의 구성과 특징

01. 체계적인 핵심 요약

각 단원마다 체계적인 핵심요약과 연습문제를 기반으로 이론을 탄탄하게 구성하였습니다. 또한 중요 내용에는 별(★)의 갯수를 달리하여 중요도를 표시하였습니다. PART 1. 조경계획 및 설계, PART 2. 조경식재, PART 3. 조경시공구조학, PART 4. 조경관리, 부록 최근기출문제로 구성되어 있습니다.

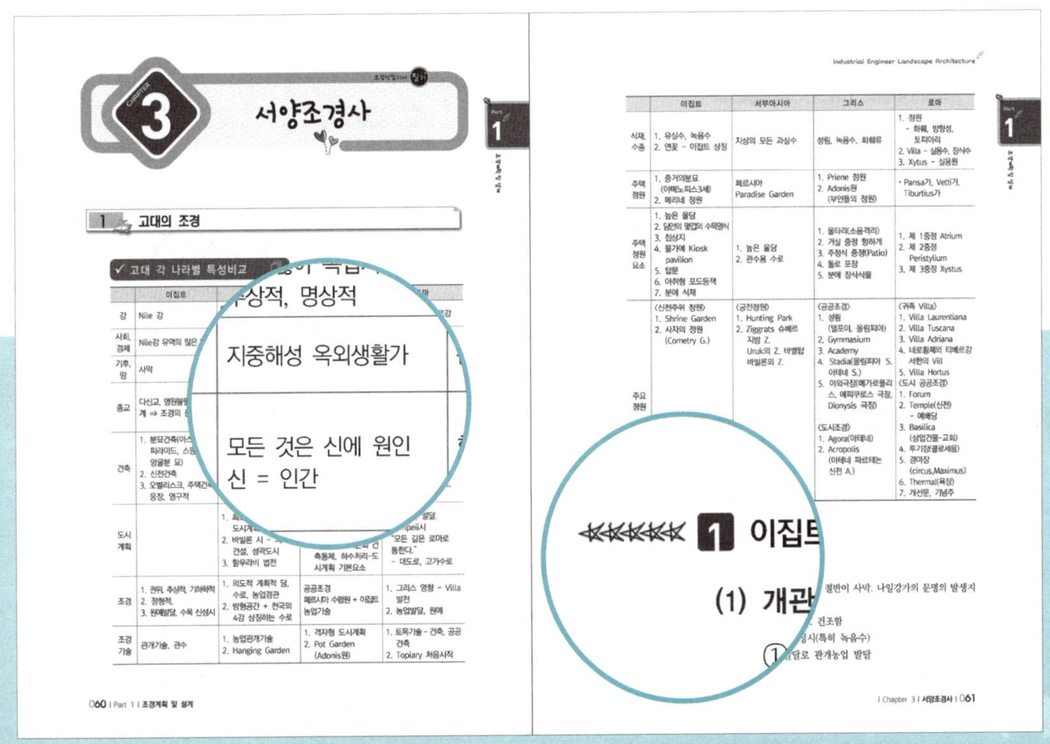

이 책의 구성과 특징

02. 실전연습문제 수록

핵심이론 뒤에 실전연습문제와 상세한 해설을 수록하여 실전 시험에 대비하였습니다.
또한 출제시기를 함께 표시하여 시험 출제 경향을 알아볼 수 있습니다.

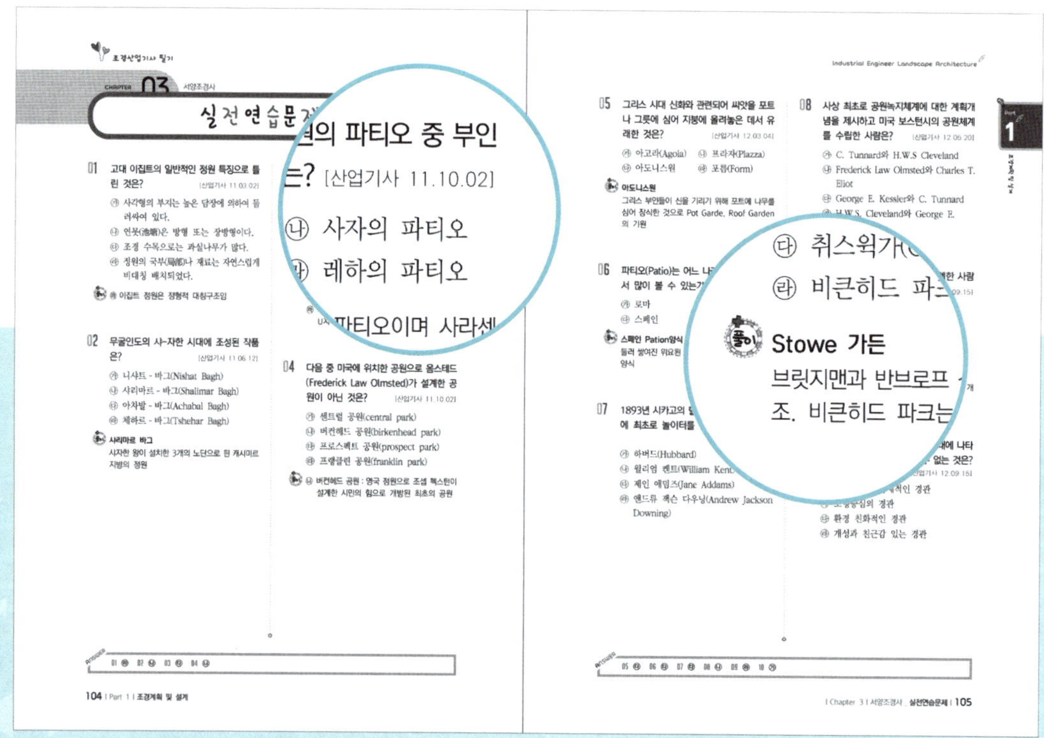

03. 최근기출문제 수록

최근기출문제와 해설을 수록하여 실전 시험에 대비하였습니다.

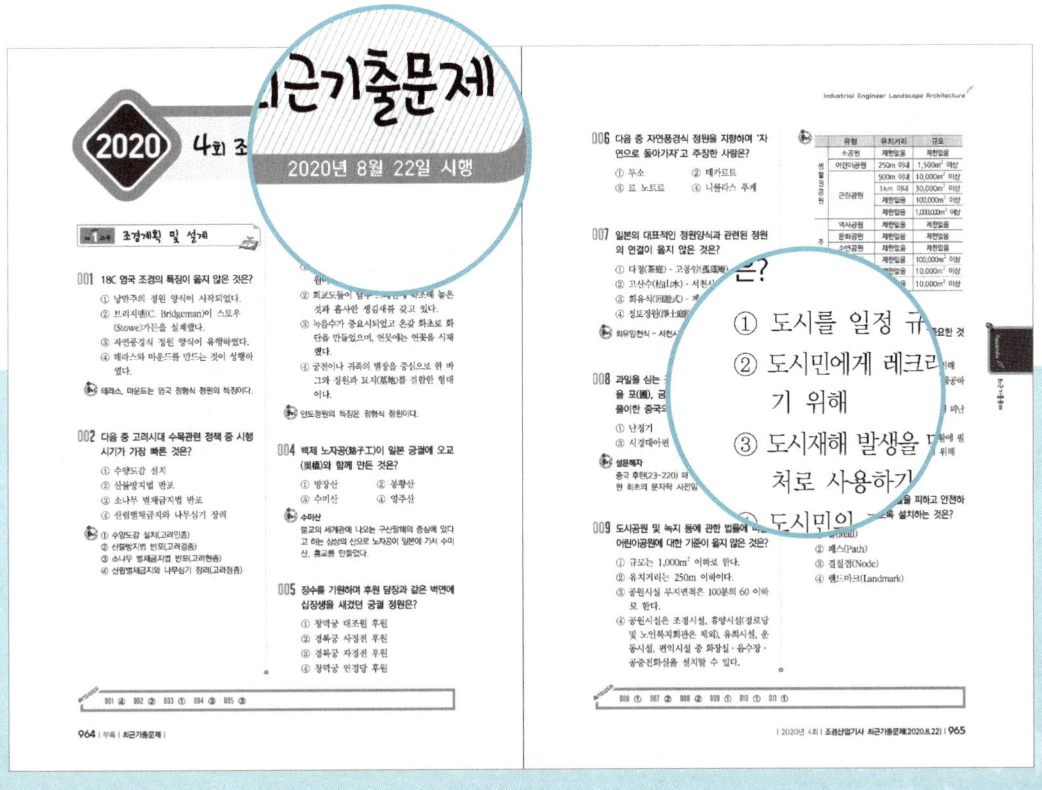

이 책의 구성과 특징

04. 모의고사 수록

모의고사와 정답 및 풀이를 수록하였습니다.
※ 2020년 산업기사 4회부터 CBT로 시행됨에 따라 기출문제는 추가하지 않습니다.

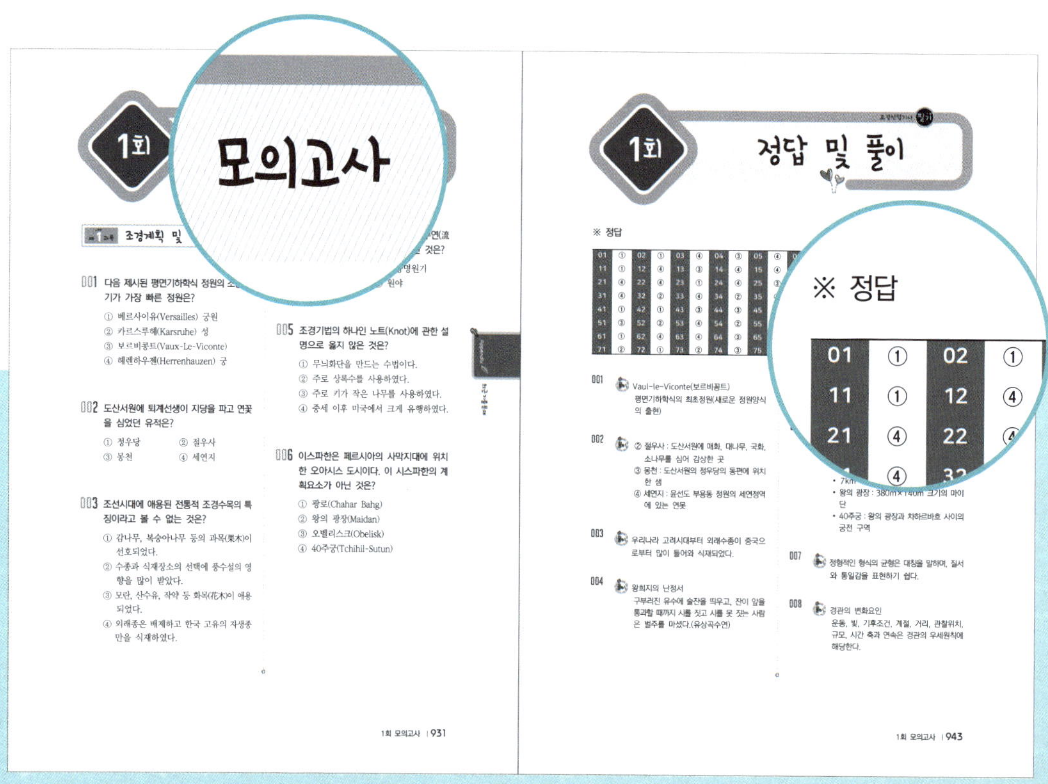

조경산업기사 필기 출제기준

직무분야	건설	중직무분야	조경		
자격종목	조경산업기사	적용기간	2025.1.1~2027 .12.31		
직무내용	조경기본계획을 이해하고 실시설계를 작성하여 조경 식재 및 시설물 시공업무를 통해 조경 결과물을 완성하고 이를 관리하는 직무이다.				
필기검정방법	객관식	문제수	80	시험시간	2시간

필기과목명	문제수	주요항목
조경계획 및 설계	20	1. 조경사조의 이해
		2. 환경 조사 · 분석
		3. 기본구상
		4. 조경기본계획
		5. 조경기반설계
		6. 조경식재설계
조경식재시공	20	1. 조경식물
		2. 기초식재공사
		3. 입체조경공사
		4. 잔디식재공사
		5. 실내조경공사
조경시설물시공	20	1. 조경시설공사
		2. 조경포장공사
		3. 조경적산
조경관리	20	1. 이용 및 운영관리
		2. 조경공사 수목관리
		3. 수목보호관리
		4. 비배관리
		5. 조경시설관리

※ 출제기준의 세부 · 세세항목은 큐넷에서 확인하실 수 있습니다.

조경산업기사 시험정보

• 개요

급속한 산업화의 도시화에 따른 환경의 파괴로 인하여 환경문제에 대한 관심과 그 중요성이 부각됨으로써 전문 인력으로 하여금 생활공간을 아름답게 꾸미고 자연환경을 보호하고자 함

• 수행직무

자연환경과 인문환경에 대한 현황조사 · 분석을 수행하여 기본구상 및 기본계획을 수립하고 실시설계를 작성하여 시공업무를 통해 조경 결과물을 도출하여 이를 관리하는 행위를 수행하는 직무

• 취득방법

① 시행처 : 한국산업인력공단

② 관련학과 : 전문대학의 조경학, 원예조경학, 환경조경학, 녹지조경학 관련학과

③ 시험과목
- 필기 : 1. 조경계획 및 설계 2. 조경식재시공 3. 조경시설물시공 4. 조경관리
- 실기 : 조경설계 및 시공 실무

④ 검정방법
- 필기 : 객관식 4지 택일형, 과목당 20문항(과목당 30분)
- 실기 : 복합형(4시간 정도): 작업형(2시간30)도면작업 60점 + 필답형(1시간) 40점

⑤ 합격기준
- 필기 : 100점을 만점으로 하여 과목당 40점 이상, 전과목 평균 60점 이상
- 실기 : 100점을 만점으로 하여 60점 이상

• 시험수수료

- 필기 : 19,400원
- 실기 : 40,800원

part 1

조경계획 및 설계

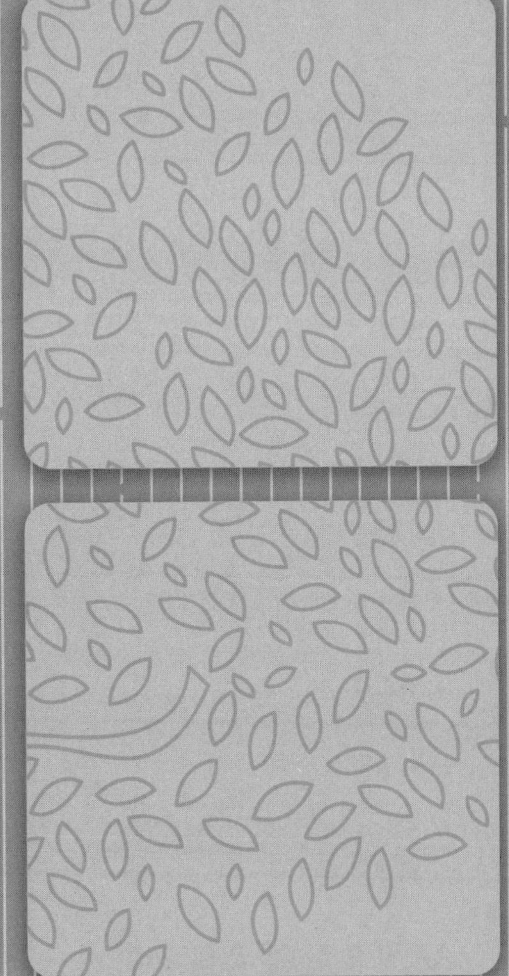

Industrial Engineer Landscape Architecture

조경일반

1 조경의 개념 및 영역

1 조경학의 정의

① 인간과 자연, 나아가 인간과 환경의 관계에 초점을 맞추려는 학문
② 각 시대마다 인간의 요구, 사회의 필요성이 변함에 따라 성격과 정의를 달리함
③ 외부 공간을 취급하는 계획 및 설계 전문 분야
④ 토지를 미적 경제적으로 조성 시 필요한 기술과 예술이 종합된 실천과학
⑤ 인공환경을 미적으로 그 특성을 다루는 전문분야
⑥ 환경을 이해하고 보호하는 데 관련된 전문분야
⑦ **현대과학으로서의 조경** : 1974년 미국 조경가협회(ASLA) 발족해서 정의
"조경은 토지를 계획 설계 관리하는 기술로서 자연요소와 인공요소와의 결합, 구성해서 유용하고 쾌적한 환경을 조성하는 것이 목적"
⑧ **옴스테드(F.L. Olmsted)**
㉠ 1858년 조경의 학문적 영역 정립
㉡ 조경가라는 말을 처음 사용한 후 조경이라는 용어가 보편화됨
㉢ 정원설계에서 탈피하여 학문적 영역으로 정착
⑨ **일본** : 과거 전통사회에서부터 '조원'이란 말 사용
⑩ **우리나라** : 1950년 말부터 '조경'이란 말 사용
⑪ **유명 조경, 건축가들의 정의**
㉠ Hubbard, Kimball(허바드, 킴볼) : 바쁜 사회 속에서 원기 회복해 조경기술을 이용한 장소 만들어 도시인에게 안락, 편리, 건강을 준다.
㉡ Carrett Eckbo(가렛트 에크보) : 건축학의 연장. 생활공간 우선으로 인간에 의해 형상화된 경관미. 단지계획과 관련되며 인간과 설계 사이의 관계이다.
㉢ Paxton(팩스톤) : 건축과 조경의 차이는 기본목표가 아니라 수단, 기술, 재료이다.
㉣ Hackett(해케트) : 조경(생태순환계, 경관의 환경적 과정)의 제약요소는 다른 분야보다 많다. 더 좋은 환경을 만들기 위한 것이다.
㉤ Kassler(카슬러) : 회화 건축 조각으로부터 뿐만 아니라 생태학과 행동과학의 과학적인 지식과 연구로부터 행태의 결정요소들을 끌어내어 더 잘되게 하는 것이다.

2 조경학 이론

① **자연적 요소** : 지질, 토양, 수문, 지형, 기후, 식생, 야생동물 등에 관한 자연과학적 지식과 생태적 관계에 관한 이해가 필요

② **사회적 요소** : 인간의 행태, 인간의 문화차이, 물리적 혹은 사회적 요구의 차이를 이해하고 사회적 자치나 규범, 인간의 기본요구를 연구한다.(심리학, 인류학, 비교문화 연구)

③ **공학적 지식** : 식재공법, 우수배수, 포장기술, 구조학, 재료학 등이 필요

④ **설계방법론** : 컴퓨터를 활용

⑤ **표현기법** : 자기의 구상을 상대방에게 전달하기 위해서 표현방법, 표현기술, 전달매체 등에 관한 지식

⑥ **가치에 관한 것** : 조경가 자신의 가치관이 설정되기 위해서는 철학, 도덕, 윤리 등에 관한 지식이 요구

> Tip
>
> **바람직한 조경가**
>
> 자연과 자연에 관한 철저한 이해, 인간에 대한 예민한 고찰, 그리고 이를 토대로 예술적, 기능적으로 자기의 아이디어를 표현하여 상대방에게 전달하고 설득시키는 것이다.

3 조경의 대상

① **정원** : 전정광장, 중정, 공적인 정원, 옥상정원 등

② **공원(도시내 공원 녹지)** : 도시공원 및 녹지 등에 관한 법률에 의거 생활권공원(소공원, 어린이공원, 근린공원), 주제공원(역사공원, 문화공원, 수변공원, 묘지공원, 체육공원, 각 시·도의 조례가 정하는 공원)

③ **자연공원** : 국립공원, 도립공원, 군립공원, 사찰경내, 문화유적지 천연기념물 보호구역 등

④ **관광 및 레크리에이션 시설** : 육상시설(야영장, 경마장, 골프장, 스키장), 수상시설(해수욕장, 조정장, 낚시터, 수상스키장)

⑤ **시설조경** : 공업단지, 가로 및 고속도로 조경, 캠퍼스 계획 및 조경

⑥ **기타** : 도시환경 악화로 시민의 요구 증대. 대규모 삼림지역이나 강유역의 보존 및 개발방향에 관한 평가, 정책결정, 환경영향 연구 등 관심의 증대

4 조경공간의 분류

① **생활환경계 조경공간** : 주택정원, 도시주택 집합주택의 외부공간, 학교 문화시설
② **레크리에이션계 조경공간** : 도시 내 공원, 자연공원, 유원지, 해수욕장, 국립공원
③ **유통계 커뮤니케이션계 조경공간** : 고속도로, 자전거도로, 네이저트레일, 보행자전용 도로

2 조경가의 역할

★★★★ 1 굿카인드의 환경에 대한 인간변화태도의 단계

① **I–Thou(나–당신) 1단계** : 안전을 위한 욕망, 원시사회의 마을과 경작지의 유기적인 상호의존과 종족에 대한 정주공간의 배치
② **I–Thou(나–당신) 2단계**
　㉠ 다른 욕구를 위해 환경에 대한 논리적인 적응을 갖도록 자기 스스로 자신감을 키워 나가는 단계. 자기수련의 과정으로 자연의 도전을 받아 나-당신의 관계 유지
　　예 중국과 동양의 논밭, 중동의 고대 문명발생지에서 농작물의 관개 위한 강의 통제, 이집트 피라미드, 신전, 중세의 도시
③ **I–It(나–그것) 3단계** : 현재의 상태. 기술적인 개발 사회가 아직 진전 중인 단계로 공격과 정복이 지배적. 자동차의 발생 현대 문명의 발달로 오지의 도시발달 등. 환경의 오염
④ **I–It(나–그것) 4단계** : 책임과 통일의 시대. 자연현상에 대한 새로운 이해. 생태학과 비재생자원의 보전에 관한 단계. 생태학적인 여러 계획

2 조경가의 역할

① **조경계획과 평가** : 대지의 체계적인 연구를 바탕으로 시각적 질과 생태학 자연과학과 관련
② **단지계획** : 단지의 특징과 대지의 이용에 대한 계획의 요구조건들을 창조적인 종합성으로 이끄는 과정
③ **세부조경설계** : 단지계획에서 도식화된 공간과 지역에 특수한 질을 부여하는 과정
④ **도시설계** : 건물의 위치 순환체계를 위한 건물 사이의 공간의 조직과 공공이용에 대한 것

3 조경가의 세분

① **조경계획가** : 종합적 계획, 대규모 프로젝트에 관여하는 종합적 사고력을 지닌 사람. Generalist(제너럴리스트) 입장

② **조경설계가** : 스페셜리스트의 입장에서 활동을 하며 기술적인 지식과 예술적 감각으로 구체적인 형태나 패턴의 구상, 설계에 관여한다.

③ **조경기술자** : 소위 시공업자라고 한다. 공학적 지식을 갖춘 전문가

④ **조경원예가** : 조경식물에 관련된 자료 관리기술을 가진 사람

3 조경 대상 및 타분야와의 관계

1 도시계획, 설계와 조경의 관계

① 도시계획과 설계의 차이

㉠ 도시계획 : 도시나 어느 대단위 지역에 관한 사회적, 물리적, 계획에 관련

㉡ 도시설계 : 도시계획 및 건축의 중간단계. 도시의 물리적 골격과 형태에 관심

도시설계	최종 모습의 틀 제공해 도시계획 조경, 건축 사이의 교량
조경	최종적인 환경의 모습에 관심

② **최초의 도시계획** : 도시계획가 히포데이모스(Hippodamos)의 BC 3C경 그리스 밀레토스에 장방형 도시계획

③ 현대 도시계획

㉠ 하워드(Haward) 전원도시론

ⓐ 소도시론. 자족적 자급도시

ⓑ 1898년 "Garden Cities for Tommorrw"에서 제안

ⓒ 인구 3만 2천명 수용

ⓓ 1903년 레치워드(최초), 1920년 웰윈에 계획 : 성공하지는 못함

ⓔ 도시의 편리함과 농촌의 자연성을 결합시킨 형태

ⓕ 도시, 전원, 전원도시를 3개의 자석(margnet)으로 삼고 하나의 전원도시가 계획인구로 성장하면 또 하나의 전원도시를 건설하여 이것들을 철도와 도로로 연결하여 도시집단을 형성한다.

㉡ 테일러(Tayler) 위성도시론

ⓐ 도시의 기능을 교외로 분산해 신도시 건설

ⓑ 인구 3만명 수용

㉢ 페리(Perry)의 근린주구이론
ⓐ 근린주구에서 생활의 편리, 쾌적, 주민 간의 교류 - 주거단지계획의 기본개념
ⓑ 초등학교 학군을 기준으로 생활권 선정
ⓒ 규모, 경계, 오픈 스페이스, 공공건축용지, 근린상가, 지구내 가로체계 6가지 개념

㉣ 레드번(Rdeburn) 계획
ⓐ 라이트와 스타인. 하워드 전원도시 개념을 적용한 미국 전원도시
ⓑ 뉴저지에 인구 2만 5천명 수용
ⓒ 10~20ha 슈퍼블록(super block) 설정
- 2~4가구를 하나의 블록 선정
- 블록 내 광장, 소공원 확보하여 차량의 통행에서 안전한 어린이 놀이장소 형성
- 보차 분리 개념

ⓓ 쿨데삭(Cul-de-sac) 도로
- 통과 교통방지
- 교통 방해 없는 녹지조성이 가능
- 근린성 높이고 차량이 단지 내 진입하여 회전해 나오는 형태

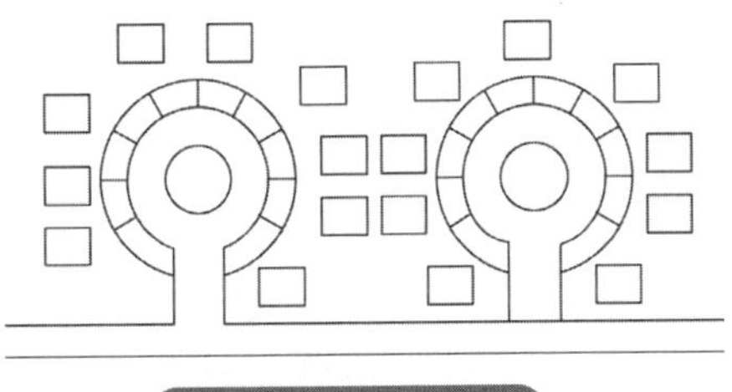

• 쿨데삭 도로형태 •

㉤ 꼬르뷔제(Le Corbusier)의 대도시론
ⓐ 건축적 기능주의 강조
ⓑ 인구 300만의 거대도시 계획. 중심에 초고층빌딩, 외곽에 녹지 형성

2 그린벨트(녹지계통) 형태에 의한 도시계획

형태		특징	해당지역
분산식		녹지대가 여기저기 여러 형태로 산재한 형태	
환상식		도시 중심으로 환상형태로 5~10km 폭으로 조성하여 도시확산방지	오스트리아 비엔나

방사식		도시 중심에서 외부로 방사형태 녹지대 조성	독일의 하노버, 비스바덴, 미국 인디애나폴리스
방사환상식		방사식과 환상식의 혼합. 가장 이상적 형태	독일의 쾰른
위성식		대도시에 적용. 대도시 인구분산 위한 형태	독일 프랑크푸르트
평행식		도시형태가 대상형일 때 띠모양으로 일정 간격을 두고 평행하게 배치	스페인 마드리드, 러시아, 스탈린그라드

3 조경과 타 분야와의 관계

① **건축** : 환경 속에 실체로 나타난 건물의 계획이나 설계에 관련됨. 공학과 미학의 결합
건축 - 실내, 조경 - 외부공간

② **토목** : 도로, 교량, 지형의 변화, 댐, 상하수 설계 등의 설계와 공법에 관심
지표를 중심으로 밑바닥, 공학적 측면에 강조

③ **환경설계**

㉠ 환경디자인, 환경전반에 걸친 설계에 관련되는 재분야를 포괄

㉡ 인간의 행태와 물리적 환경사이의 상호관계의 영역에서 특히 조경은 자연에 관한 지식과 더불어 인간에 관한 이해도 강조되고 있으며, 건축, 도시계획 분야와 함께 인간의 모든 활동공간 영역을 다루는 환경설계의 가장 중요한 하나의 분야로 인식되어야 한다.

㉢ 환경설계 : 건축, 조경, 실내장식, 도시설계 등 개별분야 모두 포함한다.

㉣ 모든 용도의 토지의 합리적 이용, 나아가 환경문제 전반에 걸친 문제의 해결

4 조경계획과 설계

★★★ 1 계획의 일반과정

목표와 목적 설정 → 기준 및 방침 모색 → 대안 작성 및 평가 → 최종안 결정 및 시행

★★★★ 2 계획과 설계의 비교

계획	설계
• 문제의 발견과 관련 • 논리적이고 객관적 접근 • 지침서, 분석결과를 서술형식으로 표현 • 체계적이며 일반론이 존재 • 사회요구, 수요, 경제적 가치 등을 양적 표현	• 문제의 해결과 관련 • 주관적, 직관적, 창의성과 예술성 강조 • 도면, 그림, 스케치로 표현 • 개인의 능력, 개인감각에 크게 의존 • 양적으로 주어진 토지를 질적 표현

3 계획의 접근방법

① 토지 이용계획으로서의 조경계획

㉠ 필요성 : 토지자원의 한계성, 공간형태 특정성, 인간욕망 무한성, 용도의 다양성, 효용의 기대성

㉡ 목적 : 토지 이용 가치 촉진, 국민 생활 향상, 질서 편리, 지역 내 기능적 조화, 지역발전 체계화

㉢ 방법 : 조사 분석하여 계획에 대한 경관유형의 예측. 경관의 부적합한 변화방지와 경관적 의미 예측 및 자문, 장래발전에 대한 대략적 계획 및 제시

㉣ 토지 이용계획의 접근방법

<table>
<tr><td rowspan="4">주요 시스템 접근 방식
(Key systems Approach)</td><td colspan="3">미시적 접근</td></tr>
<tr><td rowspan="3">체계적 접근</td><td colspan="2">Activity System(주제)</td></tr>
<tr><td colspan="2">Development system(이윤추구)</td></tr>
<tr><td colspan="2">Enviroment System(생태계)</td></tr>
<tr><td rowspan="4">시장과 사회적 힘의 기능
(Market force and social forces function)</td><td colspan="3">경제학적 원리</td></tr>
<tr><td rowspan="2">사회학적 원리</td><td colspan="2">Ecological Process(생태학적)</td></tr>
<tr><td>Organizational Process (조직적)</td><td>동심원 이론, 부채꼴 이론, 대학론</td></tr>
<tr><td>공공정책적원리</td><td colspan="2">경찰권적 규제, 토지 취득에 의한 방법, 조세 가격에 의한 방법, 자본증진 계획</td></tr>
</table>

★★ ② S. Gold의 5가지 레크리에이션 접근방법

1. 자원접근방법	자원의 수용력과 생태적 입장이 중요인자 물리적 자원이 레크리에이션의 양을 결정함
2. 활동접근법	과거의 레크리에이션 참가사례가 앞으로의 기회를 결정하도록 하는 방법 이용자 측면이 강조되나 새로운 경향의 여가형태가 반영되기 어렵다.
3. 경제접근법	그 지역의 경제적 기반, 예산규모가 레크리에이션 양과 입지 결정 비용편익분석에 의해 가입자가 많이 선택. 이용자 고려 안 함
4. 행태접근방법	이용자의 선호도, 만족도에 의해 계획이 반영되는 방법 잠재적 수요까지 파악, 수준 높은 시민참여 필요
5. 종합접근방법	각 방법의 긍정적 측면만 취하여 이용자의 요구와 자원의 활용 가능성을 함께 조화시키도록 하는 방법

4 조경계획의 과정

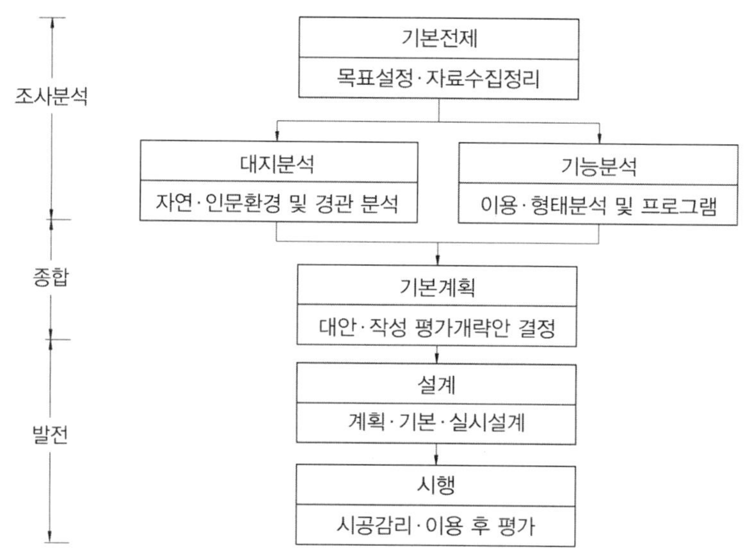

① 조사분석

㉠ 분석대상

자연환경분석	지질, 지형, 토양, 기후, 식생, 수문, 생물, 기후, 경관 등
인문환경분석	인구, 교통, 토지 이용, 시설물, 역사문화, 이용행태 등

㉡ 분석내용

ⓐ 대지분석

자연적 인자	생태적 분석과 관계 있음
지권	토양, 지질, 지형, 경사도 분석 등
수권	수문, 지표수, 우수배수, 지하수 분석 등

대기권	기후 및 일기
생물권	식생, 야생동물 등
문화적 인자	토지 이용, 교통동선, 인공구조물 등의 현황, 변천과정, 역사 등
미학적 인자	시각적 특성, 경관의 가치, 경관의 이미지 등

ⓑ 기능분석 : 현재 이용 실태를 파악해 사용 목적에 따라 어떤 활동을 얼마만큼 수용할 것인가 추정. 양적 수요파악, 사회심리조사, 설문, 관찰 조사분석

② 종합 및 평가

㉠ 각종 제한인자와 가능성을 모두 갖고 있는 대지에 어떻게 프로그램에 나온 기능을 배치하는가를 결정하는 단계

㉡ 개념도의 대안들을 만드는 작업에서 시작

㉢ K. Lynch의 3가지 유형의 개념도 : 토지 이용계획, 동선계획, 시각적 형태

③ 설계발전 및 시행

㉠ 기본계획 또는 계획설계

ⓐ 정의 : 개략적인 골격, 토지 이용과 동선체계. 각종시설 및 녹지위치 정하는 단계

ⓑ 내용 : 조건정리, 기본구상, 토지 이용계획, 공공시설기본계획, 사업비약산

ⓒ 도면 크기 : 1/3,000~1/10,000

㉡ 기본설계

ⓐ 정의 : 공간의 형태, 시각적 특징, 기능성과 효율성 등이 구체화되는 과정

ⓑ 내용 : 배치설계도, 도로설계도, 정지계획도, 배수설계도, 식재계획도, 공원녹지설계, 검산사업비 산정, 자금계획

ⓒ 도면크기 : 1/1,000~1/3,000

㉢ 실시설계

ⓐ 정의 : 시공자가 알아 볼 수 있는 구체적이고 상세한 도면 작성

ⓑ 내용 : 각종 설계도, 상세도, 고저식재, 토공, 각종시설설계, 수량산출서, 일위대가표, 공사비, 시방서, 공정표 등

ⓒ 도면크기 : 1/1,000 이상

㉣ 환경영향평가 : 개발에 따른 생태적, 사회적, 경관적 영향에 초점, 사전평가

㉤ 이용 후 평가 : 마무리 단계로 시행된 후까지 책임지면서 이용상태 중심으로 평가

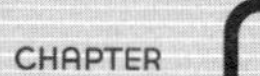

CHAPTER 01 조경일반

실전연습문제

01 하워드의 전원도시론에 의해서 최초로 만들어진 도시는? [산업기사 13.03.10]

㉮ 레치워드 ㉯ 웰윈
㉰ 런던 ㉱ 밀턴 킨즈

02 M. Laurie는 조경과 관련된 학문 영역을 6가지로 분류하였다. 다음 중 이에 해당하지 않는 것은? [산업기사 13.06.02]

㉮ 표현기법 ㉯ 설계 방법론
㉰ 공학적 지식 ㉱ 컴퓨터 그래픽스

풀이 **M. Laurie 6가지 조경과 관련된 학문영역**
자연적 요소, 사회적 요소, 공학적 지식, 설계방법론, 표현기법, 가치에 관한 것

ANSWER 01 ㉮ 02 ㉱

경관분석

1 경관분석의 분류

★★★ 1 자연경관분석

① 자연경관의 형식적 유형

㉠ 파노라믹 경관 : 시야가 제한받지 않고 멀리까지 트인 경관

예 바다 한가운데 수평선

㉡ 지형경관 : 독특한 형태와 큰 규모의 지형지물이 강한 인상을 주는 경관

예 장엄함 산봉우리

㉢ 위요경관 : 주위 경관요소들에 의해 울타리처럼 둘러싸여 있는 경관

예 산으로 둘러싸인 산중호수

㉣ 초점경관 : 관찰자의 시선이 한 점으로 유도되는 구성의 경관

예 분수, 조각 등의 초점 경관 비스타 경관과 유사

ⓐ 초점경관 : 중앙의 초점을 중심으로 강한 구심점이 되어 끌어들이는 힘을 가진 경관

ⓑ 비스타경관 : 시선이 좌우로 제한되고 중앙의 한 점으로 시선이 모이도록 구성된 경관

㉤ 관개경관 : 교목의 수관 아래에 형성되는 경관 예 숲 속 오솔길

㉥ 세부경관 : 시야가 제한되고 협소한 공간 규모로 세부적인 사항까지 지각될 수 있는 경관 예 숲 속에서 나뭇가지, 잎모양, 꽃 색의 인식

㉦ 일시적 경관 : 경관유형에 부수적으로 중복되어 나타나는 경관

예 수면에 투영되는 영상, 동물의 일시적 출현 등

② 레오폴드(Leopold)의 하천을 낀 계곡의 경관가치 평가

㉠ 상대적 경관가치를 계량화 하여 절대적 척도, 상대적 척도로 나타냄.

㉡ 특이성 계산 : 물리적 인자, 생태적 인자, 인간 이용 및 흥미적 인자 등에 대해 계산

㉢ 계곡의 폭, 근처 구릉의 높이, 하천깊이 등의 인자에 대한 특이성 계산

③ 세이퍼(Shafer) 모델

㉠ 자연경관을 근경, 중경, 원경으로 나누고 각 지역을 다시 식생, 비식생으로 10개 지

역으로 세분 : 하늘, 근경 식생지역, 중경 식생지역, 원경 식생지역, 근경비 식생지역, 중경비 식생지역, 원경비 식생지역, 하천지역, 폭포지역, 호수지역

㉡ 위 10개의 자연경관에 대한 시각적 선호에 관한 계량적 예측 모델 연구

2 도시경관분석

① 케빈 린치(Kevin Lynch)의 도시경관분석

㉠ 도시 이미지 형성하는 5가지 물리적 요소

ⓐ 통로(paths) : 도로, 길과 같이 연속적인 형태로 운전자에게 보여지는 경관

ⓑ 모서리(edges) : 도로, 길 등이 보행자에게 보여지는 경관

ⓒ 지역(districts) : 주거지역, 상업지역 등의 개념

ⓓ 결절점(nodes) : 시가지내의 중요한 장소, 도로나 구역이 한데 만나는 곳, 광장, 교차로, 사거리, 로터리와 같은 지점

ⓔ 랜드마크(landmarks) : 심리적으로 가장 인상이 강한 건물 또는 지형물

㉡ 5개 요소는 우세요소와 열세요소로 나누어 질 수 있다.

② 피터슨(peterson) 모델

㉠ 도시경관에 대한 시각적 선호를 예측하는 모델

㉡ 9개의 독립변수 : 푸르름, 오픈 스페이스, 건설 후 경과년수, 값비쌈, 안전성, 프라이버시, 아름다움, 자연으로의 근접성, 사진의 질

③ 도시광장의 척도(D : 가로폭, H : 건물높이)

㉠ 린치(Lynch)

ⓐ D/H = 2, 3 정도가 적당하며 24m가 인간척도임

ⓑ 폐쇄감 상실 : 높이의 4배거리, 앙각 14° (D/H = 4)일 때

㉡ 메르텐스와 린치의 연구 종합

앙각(°)	D/H비	특징	건물식별 정도
40	1	전방을 볼 때	건물의 세부와 부분 식별. 상당한 폐쇄감
27	2	높이의 2배	건물 전체 식별. 적당한 폐쇄감
18	3	높이의 3배	건물을 포함한 건물군 보기, 최소한의 폐쇄감
14	4	높이의 4배	폐쇄감 소멸하며 특징적 공간으로서 장소식별 불가능

④ 거리에 따른 지각

아시하라 분류		스프라이레겐(Spreiregen) 분류	
거리(m)	지각정도	거리(m)	지각정도
2~3	개개의 건물 인식	1	접촉 가능한 거리
30~100	건물이라는 인식	1~3	대화하는 거리
100~600	건물의 스카이라인 식별	3~12	얼굴 표정 식별 가능

아시하라 분류		스프라이레겐(Spreiregen) 분류	
거리(m)	지각정도	거리(m)	지각정도
600~1,200	건물군 인식	12~24	외부공간에서 인간척도 느끼는 한계
1,200 이상	도시경관으로 인식	24~135	동작을 구분
		135~1,200	사람을 인식

2 경관분석방법 및 유형

1 방법의 선택(다음 4가지 고려사항)

① **분석자** : 누가 분석할 것인가에 관한 고려사항으로 최근에는 전문가와 일반인이 공동으로 참여하는 심층 인터뷰 방법이 제안되고 있다.

② **분석의 측면** : 미적·문화적·생태적·경제적 측면 등 여러 측면 등 어느 측면에서 분석할 것인가에 대한 고려

③ **시뮬레이션 기법** : 직접경관을 보고 분석하기 어려운 경우에 사진, 슬라이드, 스케치, 비디오 등의 시뮬레이션 기법을 통해 분석

④ **분석결과** : 분석의 목적에 따라 정성적 결과 또는 정량적 결과 중 효율적인 방법을 선택

2 방법의 일반적 조건

① **신뢰성** : 동일한 상황에서 동일한 방법으로 반복 분석했을 경우 같은 결과가 나올수록 신뢰성이 높다고 할 수 있다.

② **타당성** : 분석방법이 분석하고자 하는 경관의 질이나 선호도 등을 제대로 분석했는가 하는 것

③ **예민성** : 평가 대상 경관의 속성의 차이를 얼마나 예민하게 구별하느냐 하는 것

④ **실용성** : 가능한 적은 시간과 비용으로 정확한 결과를 얻는 것

⑤ **비교 가능성** : 한 가지 분석측면이 다른 측면에서도 비교가 가능한 것

3 방법의 분류

① 아서 등(Arther et al.)의 분류

㉠ 목록 작성 : 경관 구성요소의 특성에 관한 목록을 통해 결과를 도출하는 방법

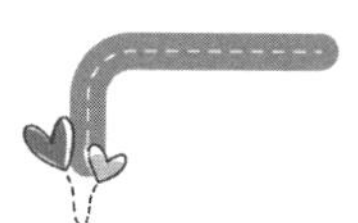

㉡ 대중 선호 모델 : 설문지, 면담을 통해 대중의 선호 가치 알아내 경관분석
㉢ 경제적 분석 : 아름다움, 쾌적함 등의 경관 속성을 금전적 가치로 환산하여 분석

② 쥬비 등(Zube et al)의 분류
㉠ 전문가적 판단에 의지하는 방법
㉡ 정신물리학적 방법
㉢ 인지적 방법
㉣ 개인적 경험에 의지하는 방법

③ 대니얼과 바이닝(Daniel and Vining)의 분류
㉠ 생태학적 접근
㉡ 형식미학적 접근
㉢ 정신물리학적 접근
㉣ 심리학적 접근
㉤ 현상학적 접근

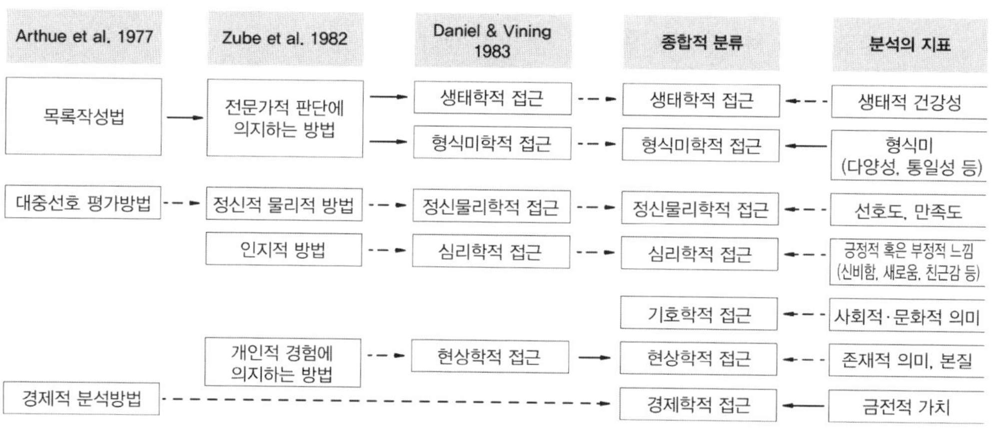

• 경관 분석 방법의 비교 및 종합적 분류 •

3 경관분석의 접근방식

1 생태학적 접근

① 정의 : 자연형성과정을 이해하여 경관을 분석하는 방법 즉, 기상, 지질, 수문, 수질, 토양, 식생, 야생동물 등

② 맥하그(Mcharg)의 생태적 결정론 : 생태적 형성과정이 자연경관을 결정한다.

③ 분석방법

㉠ 맥하그(Mcharg)의 분석방법 : 자연형성과정의 생태적 목록을 조사해 종합하는 도면결합법(Overlay Method)

㉡ 레오폴드(Leopold)의 분석방법 : 하천 낀 계곡의 경관가치 평가 연구로 12개 대상지역을 상대적 경관가치로 계량화해 특이성 정도 산출

㉢ 녹지자연도(DGN)에 의한 방법 : 지표상태, 식생타입에 따라 11등급으로 나누어 분석

〈녹지자연도 11등급〉

등급	1	2	3	4	5	6	7	8	9	10	11
명칭	시가지 조성지	농경지	과수원	이차 초원A	이차 초원B	조림지	이차림 A	이차림 B	자연림	고산자 연초원	수역
개요	식생 거의 없음			키낮은 식생	키 큰 식생		수령 20년 까지	수령 20~ 50년	다층 극상림		

2 형식미학적 접근

① 형식미의 원리

㉠ 르 꼬르비지에(Le Corbusier)의 황금비례(1 : 1.618) : 인체치수와 관련지어 설명

㉡ 형태심리학

ⓐ 도형과 배경 : 보는 관점에 따라 도형과 배경이 바뀌어지는 현상

ⓑ 도형조직의 원리 : 접근성, 유사성, 연결성, 방향성, 완결성, 대칭성

㉢ 미적구성원리 : 통일성, 다양성

② 경관의 형식적 유형 : 파노라믹 경관, 지형경관, 위요경관, 초점경관, 관개경관, 세부경관, 일시적 경관

③ 분석방법

㉠ 리튼(Litton)의 시각적 훼손가능성 : 경관기본유형별(전경관, 지형경관, 위요경관, 초점경관), 도로나 벌목 등에 의한 시각적 훼손에 관한 연구

㉡ 제이콥스와 웨이(Jacobs and Way)의 시각적 흡수능력

ⓐ 시각적 투과성 : 식생밀집정도, 지형위요 정도에 따라 다르다.

ⓑ 시각적 복잡성 : 상호 구별될 수 있는 시각적 요소의 수에 따라 다르다.

ⓒ 시각적 투과성이 높으면 시각적 복잡성이 낮아 시각적 흡수력도 낮아진다.

㉢ 경관회랑, 경관구성, 경관통제점 분석

ⓐ 경관회랑 : 주요 통행로를 따라 가시권을 설정한 것

ⓑ 경관구역 : 이질적 패턴이라도 하나의 장소로 느껴지면 하나의 경관구역

ⓒ 경관단위 : 동질적 질감을 지닌 경관의 구분

ⓓ 경관통제점 : 좋은 조망지점, 이용 많은 지역의 조망점

㉣ 고속도로, 송전선의 시각적 영향

㉤ 스카이라인 분석 : 건물과 하늘이 만나는 경계선을 연결한 것

ⓐ 스카이라인 형태 : 리듬있는 형태, 자연에 적응된 형태, 하늘과 균형을 이룬 형태, 악센트가 있는 형태, 추상적 형태, 중첩된 형태, 프레임된 형태로 분류

ⓑ 스카이라인의 경험 : 극적 전개, 연속적 전개, 병치, 은유적 해석

㉥ 연속적 경험

ⓐ 틸(Thiel)의 공간형태의 표시법 : 기호로서 장소 중심적 인간의 움직임 표시

ⓑ 할프린(Halprin)의 움직임 표시법 : 모테이션 심벌이라는 움직임 표시법 고안, 시간·진행 중심적 움직임 해석

ⓒ 아버나티와 노우(Abernathy and Noe)의 속도변화 고려 : 자동차, 보행 등의 다른 속도에 따른 공간 분석

3 정신물리학적 접근

① **정의** : 감지와 자극 사이의 계량적 관계를 연구하는 정신물리학적 입장에서의 분석방법

② **형식미학과의 비교**

㉠ 형식미학적 접근 : 정성적 관계이며 전문가적 판단에 의한 것

㉡ 정신물리학적 접근 : 정량적 관계이며 일반인에 대한 실험에 의한 것

③ **분석모델**

㉠ 선형-비선형 모델 : 경관의 물리적 속성과 반응에 관한 1차식(선형), 2차 지수함수(비선형). 여러 개의 변수를 동시에 고려할 수 있는 선형모델을 많이 사용함

㉡ 자연경관·도시경관 모델

㉢ 직접-간접 모델 : 물리적 속성을 직접 측정하느냐, 피험자에게 조사하느냐 하는 것

④ **분석방법**

㉠ 세이퍼(Shafer) 모델

ⓐ 자연환경, 선형, 직접모델

ⓑ 자연환경에서의 시각적 선호에 관한 계량적 예측 모델

ⓒ 경관지역을 근경, 중경, 원경으로 나누고 각각 식생 비식생으로 나눈 10개 지역으로 세분화하여 선호도 조사함

㉡ 피터슨(Peterson) 모델

ⓐ 도시환경, 선형, 간접모델

ⓑ 주거지역 주변의 경관에 대한 시각적 선호 예측 모델

ⓒ 칼스(Carls) 모델 : 옥외 레크리에이션 지역 경관의 시각적 선호 예측 모델

ⓔ 중정모델

ⓐ 도시환경의 중정의 비례를 이용해 시각적 선호도 예측하는 모델

ⓑ 층별 투시도 분석 : 3층 - 높이비 9.5, 5층 - 높이비 6.95, 12층 - 높이비 5.1에서 최대의 선호도를 보임

ⓜ 경관도 작성 : 1×1km 격자로 나누어 유형별 경관으로 분류

4 심리학적 접근

① **정의** : 인간의 느낌, 감정, 이미지에 대한 관점에서의 접근방식

② **심리학적 접근의 유형** : 개인적 차이, 경관에 대한 느낌, 경관의 이미지

③ **분석방법**

㉠ 시각적 복잡성

ⓐ 시각적 복잡성과 선호도의 관계 : 역U자형으로 중간 정도의 복잡성이 선호가 가장 높다.

ⓑ 다양성과 선호도의 관계

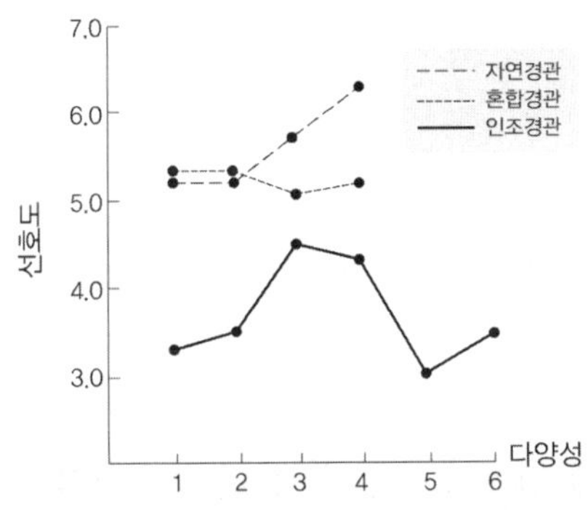

• 자연경관, 혼합경관, 인조경관에 대한 선호도의 다양성의 관계 •

ⓒ 도시 〉 농촌 복잡성일 때, 상업 〉 주거 복잡성일 때 경관이 더 아름답다. 즉, 고유한 특성의 복잡성이 있어야 한다.

㉡ 인간적 척도

ⓐ 인간적 척도의 유형 : 사회적 측면, 물리적 측면으로 나뉨
물리적 측면은 신체척(생활도구, 공업제품), 보행척(보행능력), 감각척(시각, 청각, 후각, 미각, 촉각)과 관련됨

ⓑ 척도기준

• 보통 인간척도 : 70~80ft

• 친근한 인간척도(얼굴표정을 읽을 수 있는 거리) : 48ft

- 공적인간척도(비스타같이 인간존재 유무확인거리) : 4000ft
- 초인간척도 : 교회, 성당과 같이 인간과 무관한 웅장한 크기

㉢ 경관의 이미지

ⓐ 인지도 : 린치의 인지에서 주요 요소를 추출해 설계에 응용함

ⓑ 이미지 : 린치의 5가지 도시 이미지(paths, edges, districts, node, landmarks) (※ 앞 도시환경분석 항목에서 상세내용을 참조할 것)

ⓒ 인공물과 자연물 : 함께 존재할 때 인공물이 더 두드러져 보인다.

5 기호학적 접근

① **정의** : 환경은 의미를 전달하는 기호의 장으로서 그 기호들을 파악하는 분석

② **기호의 유형** : 도상(icon), 지표(index), 상징(symbol)

③ **분석방법**

㉠ 기호체계의 분석 : 건축이나 도시에 의한 기호체계를 분석하는 것

예 중세는 폐쇄적 총체적 기호체계, 르네상스는 미적대상이면서 도상적 기호체계 등

㉡ 상징성의 분석 : 건축, 정원이 상징하는 의미를 파악하는 것

㉢ 종합적 분석 : 가변성 정도에 따라 고정적 요소, 반고정적 요소, 비고정적 요소로 구분

6 현상학적 접근

① **정의** : 환경이 의식과의 관계에서 일어나는 개인적, 체험적, 현상학적 입장에서 분석하는 방법

② **장소성**

㉠ 경관과 장소

ⓐ 경관 : 눈 앞에 펼쳐지는 전경. 물리적 구성의 의미로 넓은 공간적 범위 가짐

ⓑ 장소 : '중심' 또는 '점'의 의미. 행위함축적이며 행동중심적인 것

㉡ 내부성과 외부성(Relph의 4가지 유형)

ⓐ 간접적 내부성 : 간접적으로 장소를 경험하는 것

ⓑ 행동적 내부성 : 한 장소에서 경계에 둘러싸여 바로 여기 있음을 느끼는 것

ⓒ 감정적 내부성 : 장소를 단순히 보는 것이 아니라 본질적 요소를 감상하는 것

ⓓ 존재적 내부성 : 장소에 대한 소속감과 장소와의 일체감과 같은 의도하지 않은 경험을 통하면서도 풍부한 의미를 느끼는 것

㉢ 장소애착과 장소혐오 : 개인적 경험, 애정에 따라 느끼는 것

㉣ 장소의 영혼 : 모든 존재에는 영혼이 있으며, 장소에 대한 영혼을 파악해 설계에 응용

③ 현상학적 접근의 유형

㉠ 지리학적 접근(문화경관의 해석) : 문화의 단서, 경관요소의 동등성, 일상적 경관해석의 어려움, 역사성, 지리적 상황, 물리적 환경에 관한 지식, 불명확한 전달

㉡ 장소의 무용 : 인간의 공간행태는 현상학적으로 신체무용과 시·공간적 습관들의 결합으로 해석함

㉢ 실존적 접근 노베르그슐츠(Norberg-Schulz)의 4가지 경관유형 : 낭만적 경관, 우주적 경관, 고전적 경관, 복합적 경관

㉣ 풍수지리설

ⓐ 정의 : 이념과 사상에 의해 경관을 이해하는 이론체계

ⓑ 풍수지리의 원리

- 간룡법 : 용맥의 흐름이 좋고 나쁨을 살피는 일
- 장풍법 : 명당 주변의 지세에 관한 이론
- 득수법 : 산은 음, 수는 양으로 산과 수의 어울림에 관한 이론
- 정혈법 : 혈은 지기가 흐르는 중요한 장소로 혈을 정하는 이론
- 형국론 : 지형의 외관에 의해 지기의 흐름을 판단하는 이론
- 좌향론 : 혈의 뒤쪽으로 등진 방위로 좌향이나 산과 물의 흐르는 방향 등 방위에 관한 이론

④ 분석방법

㉠ 전문가의 경험적 고찰

㉡ 개방적 인터뷰

㉢ 분류법 : 인터뷰에서 도출된 여러 개념들을 가정하여 여러 기준에 따라 분류하여 다차원적 분석기법을 활용

7 경제학적 접근

① **정의** : 경관의 질, 아름다운, 쾌적함 등의 추상적 가치를 화폐가치로 나타내보는 분석

② **유형**

㉠ 편익계산 : 레크리에이션의 편익을 화폐가치로 계산하여 상호 비교

㉡ 교환게임 : 경관 상호 간의 가치를 비교하기 위해서 경관을 직접적으로 비교할 수 없는 가치(접근가능성, 수자원, 주거편리성 등)들과 교환하여 선호도를 파악해 비교 평가하는 것

③ **분석방법**

㉠ 지불용이성을 이용한 방법 : 일정한 장소를 방문할 때 선호도는 동일하다는 가정하에 수요곡선에 대한 분석

㉡ 기회비용을 이용한 방법 : 먼 곳의 장소를 선택하지 않고 유사하지만 가까운 장소를 선택했을 때 절약되는 기회비용을 고려해 매력도를 계산하는 방법

㉢ 지출비용을 이용한 방법 : 이용자의 지출비용 또는 조성·관리하는 비용을 계산하는 것

㉣ 국민총생산을 이용한 방법, 부동산 가격을 이용하는 방법

㉤ 윌슨의 교환게임 : 근린 주구 시설의 종류와 서비스 수준을 결정하는 것

㉥ 호인빌의 교환게임 : 우선 순위 평가판을 도입해 소음, 차량통행, 보행자 안전성 등의 순위를 나누어서 분석

㉦ USC 교환게임 : 주거 환경 계획 및 설계 기준을 도출하기 위해 11개 기회인자로 나누어 분석

㉧ 채프만과 리츠도프의 교환게임 : 공동주택의 이상적 위치에 관한 연구로 각 인자별 5단계 척도로 나누어 분석

4 경관평가 수행기법

1 경관의 물리적 속성

① 경관의 규모

㉠ 점적경관 : 폭포, 산봉우리 같은 것으로 한 장의 사진, 한 번의 현장 평가로 가능

㉡ 면적경관 : 지역, 구역과 같은 것으로 여러 방향에서 관찰하거나 촬영, 표본지역 추출하여 예측모델을 만들어 평가하는 등 각 분석방법이 달라야 함

② **경관의 특성** : 경관의 미적 지각에 영향을 미치는 주요 변수를 파악하여 평가기준을 설정. 예 공간의 크기, 비례, 면적, 명암, 채색 등

③ **계절에 따른 변화** : 4계절에 걸쳐 표본사진을 선정하여 평가, 하루 중 일조시간에 따른 변화와 경관에 미치는 영향을 고려하여 분석

2 시뮬레이션 기법

① **사진 및 슬라이드를 이용한 평가** : 여러 명의 평가자가 이동하는 시간을 줄일 수 있다.

② **사진 및 슬라이드 표본 선정** : 장소가 넓은 경우 어떤 사진으로 평가할 것인가 하는 것으로 무작위 추출 방법이 많이 사용됨

③ **시뮬레이션 순서** : 이질적 경관 평가에선 순서가 영향을 미치나, 유사경관에서는 순서에 의한 영향이 거의 없다.
④ **관찰** : 평가자가 편안한 심적 상태에서 할 수 있도록 사진 관찰시간을 결정
⑤ **계획된 경관의 시뮬레이션** : 실제 존재하는 경관이 아니라 앞으로 계획되어지는 경관의 평가 시에 사진합성, 모형, 컴퓨터 그래픽 등의 방법을 이용한다.

3 평가자 선정

① 전문가와 이용자
  ㉠ 전문가 평가
    ⓐ 장점 : 작업이 단순하고 빠르며 일반인이 모르는 사항도 파악할 수 있음
    ⓑ 단점 : 이용자의 선호와 달라 주관에 치우칠 수 있음
  ㉡ 일반인 평가
    ⓐ 장점 : 일반 대중의 선호를 잘 반영하며 공공성이 높아 설득력이 높다.
    ⓑ 단점 : 효과적 표본추출과 평가 수행비용, 시간이 많이 소요됨
② **집단의 선호 패턴** : 개인차는 있지만 일정집단 안의 선호도 패턴은 유사하다.
③ **친근감** : 평가 대상의 경관에 대해 익숙한 정도에 따라 선호도가 달라질 수 있다.

4 미적반응측정

① 척도의 유형
  ㉠ 명목척(nominal scale) : 사물의 특성에 고유번호를 부여하는 것
    예 운동선수의 유니폼의 번호
  ㉡ 순서척(ordinal scale) : 일정 특성의 크고 작음을 비교하여 크기 순서로 숫자를 부여하는 것 예 성적순
  ㉢ 등간척(interval scale) : 순서척처럼 상대적 비교와 동시에 상대적 크기도 비교
    예 온도 차이, 리커드 척도, 어의구별척
  ㉣ 비례척(ration scale) : 등간척에서 불가능한 비례계산
    예 길이 비교
② 측정방법
  ㉠ 형용사목록법 : 경관을 서술하는 형용사들로 경관의 특성을 파악하도록 하는 것
    예 동적인, 인공적인, 푸른, 넓은, 고요한 등
  ㉡ 카드분류법 : 경관을 기술하는 문장을 각각 카드 한 장에 적어 보여주면서 분류하는 방법 예 장엄한 전망을 가지고 있다.

㉢ 어의구별척 : 경관의 질을 파악하는 것이 아니라, 경관의 특성, 의미를 밝히기 위해 양극으로 표현되는 형용사 목록을 제시해 7단계로 나누어 정도를 표시하는 것
예 아름답다와 추하다의 정도를 7단계로 나누어 그 정도를 표시하도록 함

㉣ 순위조사 : 여러 경관의 상대적 비교로 선호도에 따라 순서대로 늘어놓아 번호를 매기도록 하는 방법으로 등간척을 사용함

㉤ 리커드 척도 : 일정상황에 대한 정도를 5개 구간으로 나누어 등간척으로 답하는 방식 예 경관의 아름다움의 정도를 낮음과 높음으로 5단계 나누어 표시하도록 함

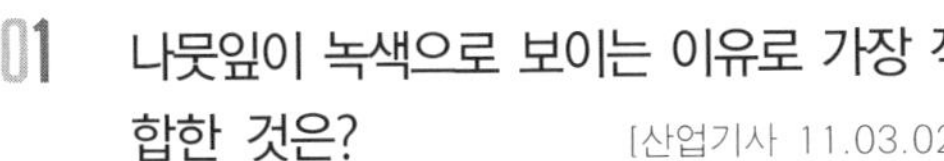

실전연습문제

01 나뭇잎이 녹색으로 보이는 이유로 가장 적합한 것은? [산업기사 11.03.02]

㉮ 녹색의 빛은 투과하고 그 밖의 빛은 흡수하기 때문
㉯ 녹색의 빛은 산란하고 그 밖의 빛은 반사하기 때문
㉰ 녹색의 빛은 반사하고 그 밖의 빛은 흡수하기 때문
㉱ 녹색의 빛은 흡수하고 그 밖의 빛은 반사하기 때문

풀이 색이 보이는 현상은 빛을 반사하여 보이는 것이다.

02 저드(judd.D.B) 유색채조화론의 4가지 원리가 아닌 것은? [산업기사 11.03.02]

㉮ 안정의 원리 ㉯ 질서의 원리
㉰ 숙지의 원리 ㉱ 비모호성의 원리

풀이 **저드의 유색채조화론 4가지 원리**
① 질서의 원리(order)
② 친근성(familiarity)의 원리
③ 동류성(similiarity)의 원리
④ 명료성(unambiguity)의 원리

03 분리효과에 의한 배색에서 분리색으로 주로 사용되는 색은? [산업기사 11.03.02]

㉮ 두 색의 중간색 ㉯ 무채색
㉰ 채도가 강한색 ㉱ 반대색

풀이 **분리색**
배색에서 접하게 되는 두 색 사이에 다른 한 색을 분리색으로 삽입하여 색 관계를 변화시킴으로써 배색 효과를 분명하게 하는 배색 방법으로 주로 무채색이 많이 사용된다.

04 "빨강, 채도 6, 명도 5"인 색의 먼셀 색표기로 옳은 것은? [산업기사 11.03.02]

㉮ R5 5/6 ㉯ 5R 6/5
㉰ 5R 5/6 ㉱ R5 6/5

풀이 **먼셀 색표기법**
색상, 명도/채도 순서

05 다음 중 관용색명과 대응하는 계통색명과 먼셀표기법이 맞게 짝지어진 것은? [산업기사 11.06.12]

㉮ 개나리색 - 노란연두 - 3GY 7/10
㉯ 창포색 - 선명한 보라 - 3P 4/11
㉰ 장미색 - 탁한 초록 - 10GY 4/4
㉱ 진달래색 - 밝은 초록 - 3G 4.5/7

풀이 **먼셀표기법 : HV/C(색상, 명도/채도순)**
㉮ 개나리색 – 노랑 – 5Y 8.5/14
㉰ 장미색 – 진한 빨강(진빨강) 5R 3/10 Rose
㉱ 진달래색 – 밝은자주 7.55RP 5/12

ANSWER 01 ㉰ 02 ㉮ 03 ㉯ 04 ㉰ 05 ㉯

06 어떤 물체나 표면에 도달하는 광(光)의 밀도(密度)를 무엇이라 하는가? [산업기사 11.06.12]

㉮ 휘도(brightness)
㉯ 조도(illuminance)
㉰ 촉광(candle-power)
㉱ 광도(luminous intensity)

풀이 **휘도**
광원(光源)의 단위 면적당 밝기의 정도
㉰ 촉광 : 촛불의 빛
㉱ 광도 : 빛의 강한 정도로 단위 입체에 닿는 빛의 양

07 점(点, spot)에 대한 설명 중 옳지 않은 것은? [산업기사 11.06.12]

㉮ 한 개의 점이 공간에 그 위치를 하면 우리의 시각은 자연히 그 점에 집중한다.
㉯ 두 개의 점이 있을 때 한쪽점이 작을 경우에 주의력은 작은 쪽에서 큰 쪽으로 옮겨진다.
㉰ 광장의 분수, 조각, 독립수 등은 조경공간에서 점적인 역할을 한다.
㉱ 점이 같은 간격으로 연속적인 위치를 가지면 흔히 선으로 느껴진다.

풀이 ㉯ 한 점이 작을 때 주의력은 큰 점에서 작은 점으로 움직인다.

08 식물의 질감에 영향을 주는 요소로서 가장 관련이 적은 것은? [산업기사 11.06.12]

㉮ 잎의 크기 ㉯ 수피의 색
㉰ 가지의 크기 ㉱ 관찰 거리

풀이 질감은 잎이나 가지의 크기와 밀도, 거리 등에 의해 영향을 받는다.

09 빛의 파장이 긴 적색이나 황색은 어둡게, 빛의 파장이 짧은 녹색이나 청색은 비교적 밝게 보이는 것을 가리키는 것은? [산업기사 11.06.12]

㉮ 색의 항상성 ㉯ 광원의 연색성
㉰ 푸르키니에 현상 ㉱ 색의 가시도

풀이 저녁 노을이 파장이 짧은 푸른색, 보라색으로 보이는 이유다.

10 설문조사의 특성 설명으로 옳지 않은 것은? [산업기사 11.10.02]

㉮ 표준화된 설문지를 여러 응답자에게 반복적으로 사용하므로 여러 다른 사람의 응답을 비교할 수 있다.
㉯ 설문 작성을 위하여는 예비 조사가 필요 없다.
㉰ 설문조사 결과로부터 통계처리를 통하여 계량적 결론을 얻을 수 있다.
㉱ 앞부분의 질문이 나중의 질문에 답하는데 영향을 미칠수 있다.

풀이 ㉯ 설문조사를 위해서는 어떠한 내용의 설문지를 만들 것인지에 대한 예비조사가 필요하다.

11 특정지역의 습도, 하늘, 흙, 돌 등에 자연스럽게 어울리고 선호되는 색이며, 각 지역을 구분하는 색은? [산업기사 11.10.02]

㉮ 선호색 ㉯ 지역색
㉰ 풍토색 ㉱ 주조색

풀이 ㉰ 풍토색 : 자연과 인간이 어울려 형성된 특유한 토지의 성질로, 인간에게 인식되고 그 생활, 문화, 산업에 영향을 끼쳐 경작되고 변화되는 자연을 말한다. 예로 북극의 풍토, 지중해의 풍토, 사막의 풍토 등 이러한 지역의 자연환경에 영향을 받는 색채경향을 말한다.
㉱ 주조색 : 배색의 기본이 되는 색

ANSWER 06 ㉯ 07 ㉯ 08 ㉯ 09 ㉰ 10 ㉯ 11 ㉯

12 자동차 교통과 보행자 교통의 마찰을 피하고 안전하게 보행할 수 있도록 만든 것은? [산업기사 12.03.04]

㉮ 몰(mall)
㉯ 패스(path)
㉰ 결절점(node)
㉱ 랜드마크(landmark)

13 범죄발생률이 높은 아파트 단지 내부에서 주민들에게 귀속감을 주고, 공간에 대한 소유감을 배양시키기 위하여 담장을 설치하고, 문주를 만드는 이유는 인간의 행태 속성 중 어디에 기인한 것인가? [산업기사 12.03.04]

㉮ 개인적 공간(Personal Space)
㉯ 영역성(Territoriality)
㉰ 혼잡(Crowding)
㉱ 시각적 선호(Visual Preference)

풀이 알트만의 영역성 연구에 관한 내용

14 순간적 경관에 속하지 않는 것은? [산업기사 12.03.04]

㉮ 잔잔한 호수에 비친 영상
㉯ 바람에 나부끼는 낙엽
㉰ 수엽(樹葉)이나 꽃의 생김새
㉱ 짐승의 동작

풀이 수엽이나 꽃의 생김새는 세부경관에 해당

15 Munsell 표색계에 대한 설명 중 틀린 것은? [산업기사 12.03.04]

㉮ 색상·명도/채도로 색채를 표시한다.
㉯ 색상환의 대각선상의 색상은 보색이다.
㉰ 색입체는 완전 구형이다.
㉱ 색입체의 중심은 명도축이다.

세로축에 명도, 가로축에는 채도, 방사형으로 색상인데 명도와 채도가 다르므로 색입체는 일그러진 구 모양이다.

16 색료혼합에서 다음 A 부분에 해당되는 혼합결과 색명은? [산업기사 12.05.20]

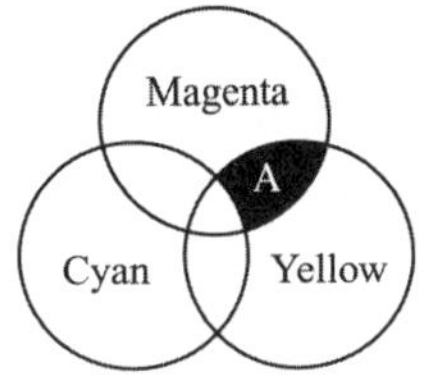

㉮ Blue ㉯ Green
㉰ Red ㉱ Black

17 한국의 전통 오방정색의 방위와 색을 짝지은 것 중 틀린 것은? [산업기사 12.05.20]

㉮ 동 - 백색 ㉯ 남 - 적색
㉰ 중앙 - 황색 ㉱ 북 - 흑색

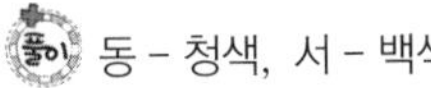
동 – 청색, 서 – 백색

ANSWER
12 ㉮ 13 ㉯ 14 ㉰ 15 ㉰ 16 ㉰ 17 ㉮

18 르 꼬르뷔지에(Le Corbusier)가 신장 183cm인 인간의 바닥에서 배꼽까지의 높이 113cm를 기본으로 하여 만든 디자인용 인간척도(人間尺度)를 무엇이라고 하는가? [산업기사 12.05.20]

㉮ 모듈러(Le Modular)
㉯ 피보나치수열
㉰ 황금률(黃金律)
㉱ 이척(裏尺)

19 경관에 있어서 형태, 선, 색채, 질감 등에 영향을 미치는 6가지 기본원칙 즉, 대조(contrast), 연속(sequence), 축(axls), 집중(convergence), 대등(codominance), 조형(enframement)을 무엇이라 하는가? [산업기사 12.05.20]

㉮ 조화의 원칙
㉯ 변화 및 리듬(rhythm)의 원칙
㉰ 강조(强調)의 원칙
㉱ 우세(優勢)의 원칙

풀이
- 경관우세원칙 : 대고, 연속성, 축, 집중성, 상대성, 조형 등
- 경관우세요소 : 형태, 선, 색채, 질감 등
- 경관변화요인 : 운동, 빛, 기후조건, 계절, 거리, 시간, 규모 등

20 시야의 거리감은 추측으로만 판단되고 경계(境界)의식이 뚜렷하지 않은 펼쳐진 경관은? [산업기사 12.05.20]

㉮ 지형(feature)경관
㉯ 전(panoramic)경관
㉰ 관개(canopied)경관
㉱ 초점(focal)경관

21 경관 가치평가 방법의 설명 중 틀린 것은? [산업기사 12.05.20]

㉮ Leopold는 하천을 낀 계곡을 경관가치 평가하였다.
㉯ Leopold는 12개의 대상지역을 선정하고 그 경관을 계량화하였다.
㉰ Leopold는 46가지의 관련인자를 고려하여 특이성을 상대적 척도로 나타내었다.
㉱ 대상지역 수를 역수로 취하는 특이성비는 그 값이 클수록 좋은 경관을 나타낸다.

풀이 특이성비는 대상지역의 역수이기는 하나, 특이성비가 높다는 것은 매우 좋은 경관인데 그 곳 한곳에 쓰레기매립장이 있다거나 하는 경우에 매우 특이하고 높은값을 가지는 것이다.

22 무채색 계통의 색의 온도감의 요인으로 가장 강하게 작용하는 것은? [산업기사 12.09.15]

㉮ 색상 ㉯ 명도
㉰ 채도 ㉱ 순도

23 감법혼색으로 3원색의 2색을 조합하여 혼색한 결과가 틀린 것은? [산업기사 12.09.15]

㉮ 옐로우(Y) + 시안(C) = 초록(G)
㉯ 시안(C) + 마젠타(M) + 옐로우(Y) = 흰색(W)
㉰ 마젠타(M) + 옐로우(Y) = 빨강(R)
㉱ 시안(C) + 마젠타(M) = 파랑(B)

풀이 감법혼색은 물감색 혼합으로 3색을 섞으면 검은색이 된다.

ANSWER
18 ㉮ 19 ㉱ 20 ㉯ 21 ㉱ 22 ㉯ 23 ㉯

24 다음 중 시각적 선호도에 영향을 끼치는 요소가 아닌 것은? [산업기사 12.09.15]

㉮ 식생, 물, 지형과 같은 물리적 변수
㉯ 연령, 성별 등에 따른 개인적 변수
㉰ 사람과 관련된 형태적 변수
㉱ 환경에 함축된 의미로서 상징적 변수

25 K. Lynch가 주장한 조경계획의 경우 개념도 유형이 아닌 것은? [산업기사 12.09.15]

㉮ 토지이용계획 ㉯ 동선계획
㉰ 시각적 형태 ㉱ 종합 분석도

26 일반적으로 밸런스(balance)에 관한 설명 중 틀린 것은? [산업기사 13.03.10]

㉮ 상부는 하부보다 무겁게 느껴진다.
㉯ 좌우관계에서는 왼쪽보다 오른쪽이 무겁게 느껴진다.
㉰ 화면의 가장자리에 위치한 물체는 중앙에 위치한 물체보다 더 가벼워 보인다.
㉱ 중심이나 중심에 가까운 물체는 형을 크게 하거나 강한 색을 사용하여 먼 것과 밸런스를 유지해야 한다.

27 도면에서 a, b는 같은 길이인데 화살표의 방향에 따라 달리 보이는 현상은? [산업기사 13.03.10]

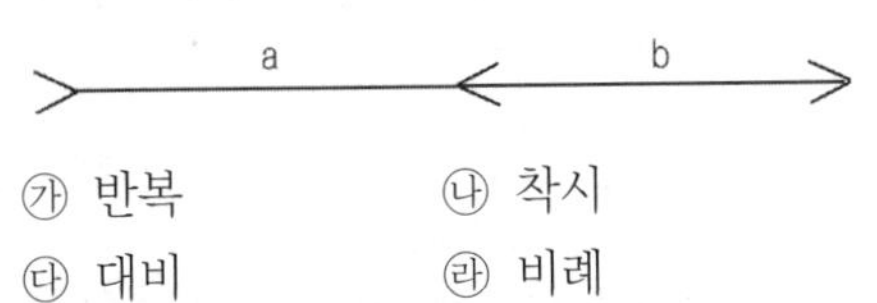

㉮ 반복 ㉯ 착시
㉰ 대비 ㉱ 비례

28 하늘이 파랗게 보이는 것과 저녁노을이 붉은 빛을 띠는 것은 다음 중 빛의 어떤 현상 때문인가? [산업기사 13.03.10]

㉮ 빛의 산란 ㉯ 빛의 회절
㉰ 빛의 간섭 ㉱ 빛의 굴절

풀이 빛의 파장 때문에 생기는 현상이다. 예로 저녁노을이 보라색으로 보이는 이유는 파장이 짧은 보라색이 적은 빛으로도 보이기 때문이다. 따라서 빛의 산란과 관련있다.

29 동일한 색이라도 면적이 커지게 되면 어떤 현상이 발생하는가? [산업기사 13.03.10]

㉮ 명도와 채도가 같아진다.
㉯ 채도는 증가하고 명도는 감소한다.
㉰ 채도가 감소하고 명도도 감소한다.
㉱ 명도가 증가하고 채도도 증가한다.

풀이 면적이 넓어지면 색이 더 밝아 보이고 더 선명해 보인다.

30 "7가지의 경관의 유형을 기초로 산림경관을 분석하는 데 사용한 방법"과 관련된 항목은? [산업기사 13.06.02]

㉮ 시각회랑에 의한 방법
㉯ 기호화 방법
㉰ 계량화 방법
㉱ 메쉬 분석방법

풀이 7가지 경관유형의 산림경관 분석은 형식미학적 접근에 해당되며, 시각회랑에 의한 방법도 형식미학적 접근에 해당한다.

ANSWER 24 ㉰ 25 ㉱ 26 ㉰ 27 ㉯ 28 ㉮ 29 ㉱ 30 ㉮

31 인간척도(human scale)가 가장 잘 나타난 그림은? [산업기사 13.06.02]

㉮ 

㉯ 

㉰ 

㉱ 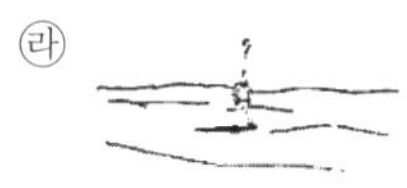

풀이 인간척도란 인체와 관련하여 너무 크거나 작거나 넓거나 하지 않고 인간치수와 관련된 비율을 가지는 것

32 강물이나 계곡 또는 길게 뻗는 도로와 같이 거리가 멀어짐에 따라 점차적으로 그 스스로가 하나의 점으로 변하여 시선을 집중시키는 효과를 갖는 경관은? [산업기사 13.06.02]

㉮ 초점 경관 ㉯ 천연 미적 경관
㉰ 포위된 경관 ㉱ 세부적 경관

풀이 하나로 시선이 집중되는 경관은 초점경관

33 다음 조건 중 진출효과가 가장 큰 것은? [산업기사 13.06.02]

㉮ 파랑 바탕에 흰색
㉯ 빨강 바탕에 주황색
㉰ 검정 바탕에 노랑색
㉱ 흰색 바탕에 검정색

34 다음 색상 중 가장 깨끗한 색가(色價)를 지닌 고채도의 색은? [산업기사 13.06.02]

㉮ 한색 ㉯ 탁색
㉰ 난색 ㉱ 순색

 한색(차가운색), 탁색(순색+회색), 난색(따뜻한색)

35 시야의 중거리 혹은 단거리에서 시선의 장애물이 없이 조망할 수 있는 펼쳐진 경관은? [산업기사 13.09.28]

㉮ 지형(feature) 경관
㉯ 전(panoramic) 경관
㉰ 위요(enclosure) 경관
㉱ 세부(detail) 경관

풀이 ㉮ 지형경관 : 지형이 특징적이어서 관찰자가 강한 인상을 받게 되며, 경관의 지표가 됨
㉯ 전경관 (파노라믹경관) : 시야가 가리지 않고 멀리 퍼져보이는 경관
㉰ 위요경관 : 평탄한 중심 공간 주위로 숲이나, 산으로 둘러쌓인 경관
㉱ 세부경관 : 관찰자가 가까이 접근해 나무의 잎, 열매 등을 감상 가능할 때

36 시각적 효과 분석 및 미시적 분석에 관한 연결이 옳지 않은 것은? [산업기사 13.09.28]

㉮ 틸(1961) - 공간형태의 표시법
㉯ 할프린(1965) - 움직임의 표시법
㉰ 린치(1979) - 도시의 이미지 분석 연구
㉱ 레오폴드(1969) - 형태와 행위의 일치성 연구

- 레오폴드 : 하천의 긴 경관가치 평가를 12개 대상지역으로 계량화
- 스타이니츠 : 형태와 행위의 일치성 연구

ANSWER
31 ㉮ 32 ㉮ 33 ㉰ 34 ㉱ 35 ㉯ 36 ㉱

37 다음 조형미의 원리를 설명한 것 중 옳지 않은 것은? [산업기사 13.09.28]

㉮ 강조 - 동질적 요소들의 소극적 변화를 통하여 조화를 얻는다.

㉯ 율동 - 반복의 방법에 따라 유동성 있는 표현을 이룬다.

㉰ 균형 - 좌우대칭 혹은 좌우균등한 상태는 안정감을 얻을 수 있는 통일의 조건이다.

㉱ 대비 - 상반된 조건이 강조되면 강한 인상을 줄 수 있으나 안정감은 잃기 쉽다.

풀이 강조는 적극적 변화라고 볼 수 있다.

38 색의 감정에 관한 설명 중 틀린 것은? [산업기사 13.09.28]

㉮ 중량감 : 고명도일수록 가볍게 느껴지고, 저명도일수록 무겁게 느껴진다.

㉯ 경연감 : 시각적 경험 등에 의하여 색채가 부드럽게 또는 딱딱하게 느껴지는 것을 말한다.

㉰ 주목성 : 시선을 끄는 성질이 우수한 색채는 판독성이나 시인도가 떨어지는 것이 특징이다.

㉱ 명시도 : 색의 명시도는 시인도 라고도 하며, 색상, 명도, 채도의 차이에서도 일어난다.

풀이 **주목성**
시선을 끄는 성질이 우수한 색채는 판독성이나 시인도가 뛰어나는 것이 특징이다.

39 다음 중 색상대비 효과가 가장 약한 것은? [산업기사 14.03.02]

㉮ 벚꽃을 배경으로 한 살구꽃

㉯ 향나무 가운데의 붉은 단풍나무

㉰ 잔디밭 가운데의 붉은 장미꽃

㉱ 활짝 핀 백목련 가운데의 자목련꽃

풀이 **색상대비**
색상이 다른 두색이 대비되는 것으로 벚꽃과 살구꽃은 연한 분홍색으로 유사하다.

40 다음 중 비대칭 효과를 설명한 것 중 잘못된 것은? [산업기사 14.05.25]

㉮ 비어있는 것 같은 공간이 자주 생길 수 있다.

㉯ 형태상으로는 불균형이지만 시각상의 힘의 정돈에 의하여 균형이 잡히는 것이다.

㉰ 보는 사람에게 심리적 안정감을 주는 변화 있는 형태로서 개성적인 감정을 느끼게 한다.

㉱ 균형의 정형적인 형식이며, 질서를 주는 방법이 용이하여 통일감을 표현하기 쉽다.

풀이 정형적인 형식의 균형은 대칭을 말하며, 질서와 통일감을 표현하기 쉽다.

41 경관의 요소를 변화시키는데 가변인자가 될 수 없는 것은? [산업기사 14.05.25]

㉮ 빛(Light), 계절(Season)

㉯ 운동(Motion), 거리(Distance)

㉰ 축(Axis), 연속(Sequence)

㉱ 규모(Scale), 관찰위치(Observation Position)

풀이 **경관의 변화요인**
운동, 빛, 기후조건, 계절, 거리, 관찰위치, 규모, 시간
축과 연속은 경관의 우세원칙에 해당한다.

ANSWER 37 ㉮ 38 ㉰ 39 ㉮ 40 ㉱ 41 ㉰

42 린치(K.Lynch)의 도시 경관 5가지 요소 중 'Path'의 설명이 잘못된 것은?

[산업기사 14.05.25]

㉮ 연속성과 방향성이 있다.
㉯ 연속성의 강조는 가로수의 식재, 건물 전면(前面, Facade), 건물의 통일 등에서 얻을 수있다.
㉰ 거리감이 있어야 하는데 랜드마크(Landmark)나 노드(Node) 등이 일련의 시각적인 연속성에서 얻을 수 있다.
㉱ 특별한 용도 혹은 활동을 집결시키지 못한다.

• Path : 동선과 관계 깊으며, ㉱ 특별한 용도와 활동이 집중되어야 한다.

43 다음 중 가벼운 느낌을 주는 색은?

[산업기사 14.09.20]

㉮ 10R 3/8 ㉯ 10R 4/4
㉰ 10R 6/3 ㉱ 10R 8/1

먼셀표색계 표기 HV/C(색상, 명도/채도)에 의한 표시이며, 명도가 가장 높고, 채도가 가장 낮은 것이 가벼운 느낌을 주는 색상이다.

44 색채가 주는 감정적 효과로서 옳지 않은 것은? [산업기사 14.09.20]

㉮ 명도가 낮은 색은 확장되어 보인다.
㉯ 명도가 높은 색은 가볍게 느껴진다.
㉰ 보라색은 고귀하고 우아함이 느껴진다.
㉱ 난색계열의 채도가 높은 색은 화려해 보인다.

풀이 명도가 낮으면 어두운 색으로 축소 느낌의 색이다.

45 다음 중 괄호 안의 내용으로 옳은 것은?

[산업기사 14.09.20]

> 우리가 백열전구에서 느끼는 색감과 형광등에서 느끼는 색감이 차이가 나는 이유는 색의 (　　) 때문이다.

㉮ 연색성 ㉯ 순응성
㉰ 항상성 ㉱ 고유성

색의 연색성
광원에 따라 물체의 색감에 영향을 미치는 현상

46 경관의 우세요소를 좀 더 미학적으로 부각시키고 주변의 다른 대상과 비교될 수 있는 우세원칙에 해당하지 않는 것은?

[산업기사 14.09.20]

㉮ 대비(Contrast) ㉯ 연속(Sequence)
㉰ 축(Axis) ㉱ 운동(Motion)

• 경관우세원칙 : 대조, 연속성, 축, 집중, 상대성, 조형 등
• 경관우세요소 : 형태, 선, 색채, 질감 등
• 경관변화요인 : 운동, 빛, 기후조건, 계절, 거리, 시간, 규모 등

47 다음 중 리튼(Litton)이 제시한 경관의 훼손 가능성(Landscape's Vulnerability)이 높은 지역이 아닌 것은?

[산업기사 14.09.20]

㉮ 완경사보다는 급경사 지역
㉯ 산 정상이나 능선 지역
㉰ 단순림보다는 혼효림 지역
㉱ 구심적 경관에서 초점이 되는 지역

시각적 훼손가능성이 높다는 것은 단순림, 구심적 경관의 초점지역, 산정상, 급경사지 등 조그만 변화에도 훼손이 크게 느껴지는 장소를 말한다.

ANSWER 42 ㉱ 43 ㉱ 44 ㉮ 45 ㉮ 46 ㉱ 47 ㉰

5 조경미학

★★★★ 1 디자인 요소

(1) 점

① 크기는 일정하지 않으며, 위치를 표시한다.

② 특징

㉠ 점이 면, 공간에 한 개 놓이면 구심점이 되어 주의력 집중

㉡ 밝은 점은 크고 어두운 점은 작게 보인다.

㉢ 두 점 사이에는 보이지 않는 선이 생겨 서로 잡아당기는 힘이 생김. 이때 눈에 보이지 않는 선은 가까우면 굵게, 멀면 가늘게 느껴짐

㉣ 점의 크기가 각각 다르면 동적감각, 같은 크기면 정적인 소극적인 면이 암시

(2) 선

① **직선** : 선의 기본으로 균형의 성질, 중립적 성질로 환경융화가 쉬우나 지나치면 불친철함과 압박감을 느낌

② 곡선

㉠ 방향성과 곡선 종류에 따라 감정이 다르며, 편안함과 여성적인 느낌

㉡ 약간 휘어진 곡선 : 자유롭고 신축성이 있으며 유동적이며, 여성적, 부드러운 느낌

㉢ 급하게 휘어진 곡선 : 방향의 급전, 능동성, 강력한 성질

③ **방향성** : 모든 선은 방향을 갖는다.

㉠ 수평방향 : 중력과의 조화로 휴식, 고요, 수동적, 침착, 안정감

㉡ 수직방향 : 평형, 균형, 강하고 굳건함, 위엄, 열망, 의기양양함

㉢ 사선(대각선)방향 : 변화적, 역동적, 움직임 연상하는 동적방향

④ 인공적인 선과 자연적인 선

㉠ 인공적인 선 : 수학적인 선, 인간이론에 의해 얻어진 선으로 많은 경우 단순, 인공적이면서 조용한 느낌이나 인간 감정을 무시한 듯한 느낌이 듦

㉡ 자연적인 선 : 자연 또는 인간이 만든 자유곡선. 다양하고 변화무쌍하며 많을 경우 감정에 좌우되고 야무짐 없는 느낌이 듦

⑤ **사선** : 특정방향과 움직임이 있는 선으로 수직, 수평선의 평면상 질서를 파괴하는 역동적인 느낌

(3) 형태

① **원과 구** : 하나의 중심점을 가지며 중심점의 작용에 의해 주위를 향해 동일하게 방사하는 움직임, 집중하는 움직임을 가지므로 강조적, 집중시키기 쉽다.
   ㉠ 정원형 : 특정 방향성은 없고 동등한 방사성으로 주위와 잘 융화됨
   ㉡ 타원형 : 2개의 중심이 있으며 중심 위치에 의해 방향성이 생기고 주변과 조화가 어렵다.

② 사각형
   ㉠ 정방형 : 원에 가까운 성질로 중립의 성질
   ㉡ 사다리꼴 : 사선의 성질로 변화하는 느낌
   ㉢ 장방형(거형) : 조경의도에 맞추어 가장 이용하기 쉬운 형태 예 황금비

③ 형의 감정
   ㉠ 원 : 매우 상쾌함, 따뜻함, 부드러움, 조용함
   ㉡ 반원 : 따뜻함, 조용함, 둔함
   ㉢ 부채꼴 : 날카로움, 시원함, 가벼움, 화려함
   ㉣ 정삼각형 : 시원함, 예민함, 딱딱함, 메마름, 강함, 가벼움, 화려함
   ㉤ 마름모꼴 : 시원함, 메마름, 예민, 딱딱함, 강함
   ㉥ 사다리꼴 : 무거움, 딱딱함, 기름짐
   ㉦ 정방형 : 딱딱, 강함, 무거움, 품위 있음, 상쾌함
   ㉧ 장방형 : 시원함, 메마름, 딱딱함, 강함

④ 형상의 성격(W.Metzger의 심리학적인 형태의 법칙)
   ㉠ 둘러싸는 법칙 : 개방되기보다는 내부로 인식하는 경향
   ㉡ 가까움의 법칙 : 가까운 것끼리 연결해서 인식하는 경향
   ㉢ 안쪽의 법칙 : 내부로 향하는 성질
   ㉣ 군화 또는 통합의 법칙 : 형태를 통합하려고 하는 성질
   ㉤ 대칭의 법칙
   ㉥ 동일폭의 법칙
   ㉦ 통과하는 곡선의 법칙
   ㉧ 그 외 분명의 법칙, 바탕에 대한 최대 통일성의 법칙 등

(4) 공간

① 3차원적인 것으로 길이, 폭, 깊이가 있다.
② 가공적인 깊이를 암시하기도 하고 빛의 방향, 세기에 따라 입체감을 주어 공간의 분위기를 조절함
③ 색 효과, 빛을 이용(난색계, 한색계)하여 넓어 보이게 하거나 좁아 보이게 하는 등의 효과 줄 수 있다.

(5) 질감

① 재질감, 촉감 등의 느낌으로 부드러움, 거침, 매끈함 등

② 질감 조화의 방법

㉠ 동일조화 : 땅 표면의 질감과 같은 재료를 담장, 울타리 등에서도 사용하여 조화를 이룸 예 지피, 모래 포장의 땅과 담장

㉡ 유사조화 : 유사한 재질이나 시공방법을 사용해 조화를 이룸

㉢ 대비조화 : 다른 재질의 재료로 각 재료의 성질이 잘 드러나도록 하여 조화시키는 방법 예 동양식 정원의 이끼 가운데 사석이나 디딤돌

(6) 스파늉(Spannung)

점, 선, 면 등의 구성요소가 2개 이상 작용할 때 상호 관련되어 발생되는 방향감을 갖는 성질

2 색채이론

(1) 빛과 색

① 빛의 성질

㉠ 물리적 성질

ⓐ 광도(lux) : 빛의 강한 정도로 단위 입체에 닿는 빛의 양

ⓑ 반사도 : 알베도로 나타내며 흡수와 반사로 표면 미기후 온도에도 영향을 미침

ⓒ 광원색 : 인공광색이 다양하며 백열등은 붉은빛, 노란빛, 형광등은 자연조명에 가까운 푸른 빛을 가진다.

㉡ 심리적 성질 : 분위기를 연출하는 요소로 작용하며 밝은 빛은 환기를 불러일으키며, 번쩍이는 빛은 시선을 다른 곳으로 돌리게 하는 등의 효과

② 빛의 종류

㉠ 자연 조명 : 자연계의 광원인 태양에 의한 조명

㉡ 인공조명 : 인공의 광원에 의한 조명

③ 인공조명의 특성

종류	백열전구	할로겐램프	형광등	수은등	나트륨등
용량	2~1,000W	500~1,500W	6~110W	40~1,000W	20~400W
효율	7~22lm/W	20~22lm/W	48~80lm/W	30~55lm/W	80~150lm/W
수명	1,000~1,500h	2,000~3,000h	7,500h	10,000h	6,000h
전등부속장치	불필요	불필요	안정기 등 부속장치가 필요	안정기가 필요	안정기 등 부속장치가 필요
용도	비교적 좁은 장소	장관형은 높은 천	옥내외, 전반조명,	1등당 큰 광속을	광질의 특성 때문

	의 전반조명, 액센트조명, 기분을 주로 한 효과를 얻기가 쉽다. 대형인 것은 높은 천장, 각종 투광조명에 적합하다.	장이나 경기장, 광장 등의 투광조명에 적합하다. 단관형은 영사기용에 적합하다.	국부조명에 적합하다. 명시를 주로 한 양질 조명을 경제적으로 얻을 수 있다. 또한, 간접조명에 의해서 무드 조명에도 효과적이다.	얻을 수 있고, 또한 수명이 길므로, 높은 천장, 투광조명, 도로조명에 적합하다.	에 도로조명, 터널조명에 적합하다.
광색 광질	적색, 고휘도	적색, 고휘도	백색(조절), 저휘도	청백색, 고휘도	등황색(저압) 황백색(고압)

④ 색의 삼속성

㉠ 색상(hue) : 색을 구별하는 데 필요한 색의 이름

㉡ 명도(value) : 빛의 밝기 정도. 가장 명도 높은 것은 흰색, 낮은 것은 검정색. 무채색명도 11단계로 나뉨

㉢ 채도(chroma) : 색의 선명한 정도. 채도가 높을수록 색상이 잘 나타나며 가장 채도가 높은 색을 순색이라 함. 가장 낮은 채도를 1, 가장 높은 채도를 16으로 17단계로 나눔

⑤ 색 용어

㉠ 순색(純色) : 가장 채도가 높은 색으로 색입체의 가장 왼쪽에 있는 색

㉡ 청색(靑色), 탁색(濁色) : 채도가 높은 색을 청색이라 하며 그중 명도가 높은 것을 명청색, 낮은 것은 암청색이라 채도와 명도가 같이 낮은 색을 탁색

㉢ 색조(色調) : 색상이 달라도 명도나 채도가 유사하면 같은 인상을 주는 상태

㉣ 보색(補色) : 색상환의 중심점에서 반대편에 있는 색으로 두 색을 혼합하면 검정이 됨

㉤ 색명법(色名法) : 색의 이름을 색명이라 하며, 이것을 표현하는 방법

(2) 색채지각과 지각적 특성 및 감정효과

① **명암순응** : 우리의 눈이 빛의 밝기에 순응하여 물체를 보는 것

㉠ 전체순응 : 시각한도 내에서 전체 평균 밝기에 순응하는 것

㉡ 명순응 : 밝은 곳에서 눈이 익숙해지는 것

㉢ 암순응 : 어두운 곳에서 눈이 익숙해지는 것

물체의 밝기는 그 물체의 빛을 반사하는 비율에 따라 다르게 보이는 것임

② **색의 항상작용** : 물체의 고유한 색을 조명광과 구별해서 느끼는 것

★★★ ③ **푸르키니에 현상** : 빛의 파장이 긴 적색이나 황색은 어둡게, 파장이 짧은 파랑과 녹색은 비교적 밝게 보이는 현상. 즉 파장이 짧은 색은 약간의 빛만 있어도 잘 보이지만, 긴 파장의 색은 많은 광량이 있어야 보인다.

예 노을 질 무렵 파장이 짧은 보라색만 보이는 이유

④ **잔상** : 잠시 동안 어느 물체를 보고 있다가 다른 곳을 볼 때 눈의 회복이 늦어져 잠시 동안 색이나 명암이 반대되는 색이 보이는 현상

⑤ **색의 대비** : 어느 색이 다른 색의 영향을 받아 볼 때와는 달라져 보이는 현상
예 명도 대비, 채도 대비

★★★ ⑥ **리브만 효과**
㉠ 도형과 바탕의 명도가 비슷하면 도형의 윤곽이 뚜렷하지 않고 형상이 사라져 보이는 현상. 즉 명도차가 클수록 가시도가 높고 명도가 가까울수록 가시도는 낮다.
㉡ 가시도가 가장 높은 배색 : 황색 - 흑색, 흰색 - 흑색
㉢ 가시도가 가장 낮은 배색 : 황색 - 백색, 적색 - 녹색

⑦ **진출색과 후퇴색**
㉠ 진출색 : 가까워 보이는 색으로 온색계통 예 노란색, 빨간색
㉡ 후퇴색 : 멀어 보이는 색으로 한색계통 예 청색

⑧ **색의 연상** : 색 자극에 의해 그것과 관계되는 어느 사물을 생각하는 것

⑨ **색의 상징**
㉠ 적색 : 정열, 혁명, 공산주의, 위험, 소방차 상징
㉡ 황색 : 태양의 색, 인도-장려, 명예의 상징, 중국-황제의식 등
㉢ 녹색 : 자연, 생장, 평화, 안전의 상징
㉣ 청색 : 하늘의 색, 행복, 희망 상징
㉤ 자색 : 고귀하고 장중한 색, 서양에서 국왕의 신분이나 고귀한 가문을 상징
㉥ 백색 : 순수와 결백, 선, 신성함의 상징

⑩ **색 형상의 움직임(간딘스키)**

⑪ **색의 현상(간딘스키)** : 청색은 원형의 둔각, 적색은 사각형의 직각, 황색은 삼각형의 예각의 느낌

⑫ **색의 기호**
㉠ 남성은 한색계를 좋아하고 여성은 온색계를 좋아하는 경향이 있다.
㉡ 순색계통은 연령이 낮을수록 좋아한다.

⑬ **안전색채와 안전색광**
㉠ 안전색채 : 빨강, 노랑, 주황, 녹색, 자색, 청색, 흰색, 검정 8색상
㉡ 안전색광 : 빨강, 노랑, 녹색, 자주, 흰색 5색광

(3) 색의 혼합(Newton의 연구)

① **색광의 혼합(가법혼색)** : 색광의 혼합은 성분이 증가할수록 밝아진다.

② **물감색의 혼합(감법혼색)** : 물체색은 혼합할수록 색이 어두워진다.

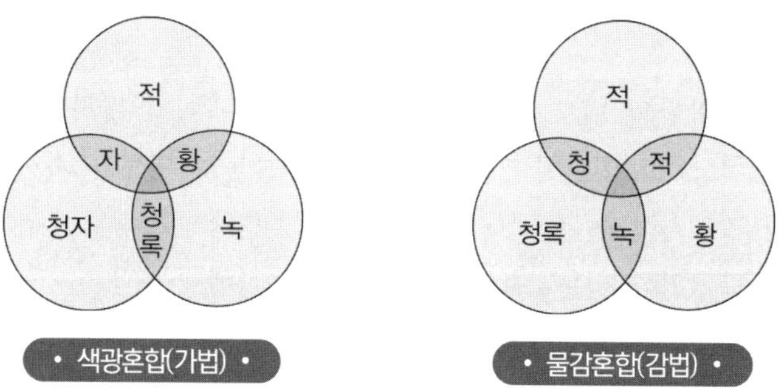

③ 각 안료의 삼원색인 가색법의 적색, 녹색, 청자색과 감색법의 청록, 적, 황색은 각각 보색관계임. 즉, 가법의 적색과 감법의 청록, 가법의 녹색과 감법의 적색, 가법의 청자색과 감법의 황색이 보색관계임

(4) 색의 체계 및 조화, 대비

① **표색계**

㉠ 종류

ⓐ 먼셀표색계 : 한국공업규격에서 채택하고 가장 많이 사용하는 방법

ⓑ 오스트발트표색계 : 순색과 흑, 백의 적당한 혼합에 의해 구분하는 것

ⓒ CIE(국제조명 위원회)

㉡ 먼셀표색계

ⓐ 5가지 주된 색상(R, Y, G, B, P)와 그 중간의 5색상(YR, GY, BG, PB, RP) 넣어 10 색상을 기본으로 하고, 그것을 다시 10색상으로 세분하여 100색상으로 이루어짐

ⓑ 실용적으로 10순색을 2.5, 5, 7.5, 10 4단계로 구분해 40단계로 나누어 활용함

ⓒ 무채색 명도 1~9, 유채색 2~8단계

ⓓ 표시방법 : HV/C(색상, 명도/채도). 예 적색의 순색 5R4/14

ⓔ 2015년 한국산업규격 개정 색이름 변경

YR → O, GY → YG, PB → bV, RP → rP

따라서, 먼셀 기본 10색 : R(빨강), O(주황), Y(노랑), YG(연두), G(녹색), BG(청록), B(파랑), bV(남색), P(보라), rP(자주)

② **색입체** : 색의 3속성을 이용해 세로축에 명도, 원주상에 색상, 가로방향으로 채도

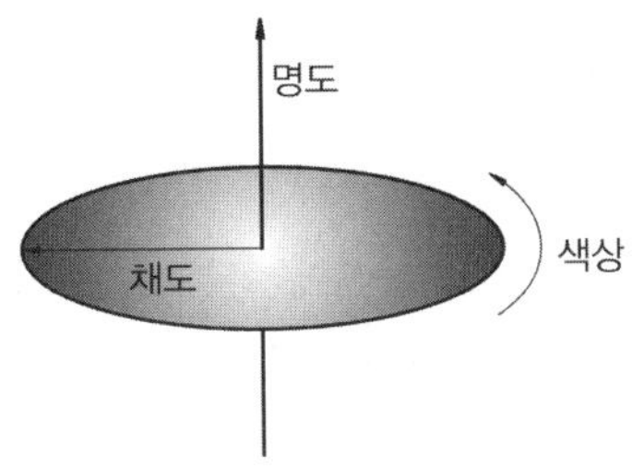

③ 색의 조화

㉠ 색상조화

ⓐ 단색조화 : 한 가지 색으로 명도와 채도를 변화시켜 통일감을 주면서 다양하게 조화

ⓑ 2색조화 : 2가지 색상으로 동색조화, 근사조화, 중간조화, 대비조화 등 이룸

ⓒ 3색조화 : 가장 균형 있는 배색효과로 색상환에서 동색조화, 정삼각조화, 이등변삼각조화, 부등변삼각조화 등이 있음

ⓓ 다색조화 : 4가지 이상의 색을 사용하여 조화

㉡ 명도조화 : 동일조화, 중간조화, 대비조화로 명도에 따른 조화

㉢ 채도조화 : 동일조화, 중간조화, 대비조화로 채도에 따른 조화

④ 색채대비

㉠ 명도대비 : 균일한 회색면이 더 어두운 영역에 접근해 있으면 더 밝게 보이는 현상

㉡ 색상대비 : 같은 오렌지색이 적색, 황색바탕에 있을 때 그 오렌지색이 다르게 느껴지는 현상

㉢ 채도대비 : 채도 높은 색, 낮은 색 병치 시 높은 색은 더 높게, 낮은 색은 더 낮게 느껴짐

㉣ 보색대비 : 보색 병렬 시 더 선명하게 강조됨 예 잔디밭의 빨간 장미꽃

㉤ 한난대비 : 찬 색, 어두운 색 병렬 시 더 인상이 진해짐

㉥ 면적대비 : 명도가 높은 것이 면적이 더 넓게 느껴지는 현상

㉦ 계시대비 : 시각을 직접 자극한 후 눈에 나타나는 보색이 잔상으로 나타나는 것

㉧ 동시대비 : 두 색을 같이 놓을 때 보색에 가까울수록 경계선 태도가 높아지며 오래 응시하면 반대색이 보이는 현상

⑤ 식물의 색소

㉠ 엽록소 : 녹색. 잎이나 줄기, 꽃, 미숙한 과일에도 포함

㉡ 크산토필 : 황색. 엽록소와 공존하며 가을이 되어 엽록소 파괴 시 나타남

㉢ 카로티노이드 : 황색, 등색, 적색. 과실이나 꽃에 많음

㉣ 안토시안 : 적색, 청색, 자색. 꽃이나 잎에 함유. 가장 화려

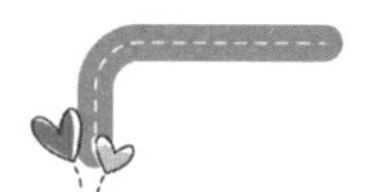

3 디자인원리 및 형태구성

(1) 조화

① **정의** : 두 개 이상의 조형요소 사이에 공통성, 차이성이 동시에 존재하는데 그 사이에서 융합해서 새로운 성격이 만들어져 아름다움을 창출할 때 조화롭다고 한다.

② **종류**

㉠ 유사조화 : 통일과 유사하며 공통적인 것으로 안정감, 편안함을 조성

㉡ 대비조화 : 전혀 다른 두 요소로 미적 효과 만들어내 대조, 대립과도 유사

(2) 통일과 변화

① **통일** : 각 요소와 관계를 맺고 하나의 정리된 형태로 조화되는 것으로 가장 쉬운 방법이나, 지나치면 단순, 지루함을 낳는다.

② **변화** : 대립이 아니라 서로 유기적 관계 속에서 이루어질 때 더 효과적

(3) 균형

① **정의** : 한쪽에 치우침이 없이 전체적으로 균등하게 분배된 구성

② **균형을 결정짓는 인자 : 무게, 방향**

㉠ 무게 : 인지하는 자리에서의 힘의 관계로 인지하는 거리의 조건에 의존

ⓐ 중심에서 좌우 또는 전후에 있는 물체는 무겁게 느낀다.

ⓑ 상부는 하부보다 무게 있게 느껴진다.

ⓒ 좌우에서 오른쪽이 무겁게 느껴진다.

㉡ 방향 : 수직, 수평선으로 물체가 끌어당기는 듯한 느낌으로 물체와 물체 사이에 서로 이끄는 힘이 작용해 힘의 균형이 유지된다.

③ **균형의 종류**

㉠ 대칭균형 : 소극적, 이지적, 형식적 느낌으로 종교예술에 많이 나타남

㉡ 비대칭균형 : 시각적 무게는 같으나 형태나 구성이 다른 것으로 동적, 능동적, 감성, 자연스러운 느낌을 준다.

㉢ 방사상 균형 : 중심공간 주위에 원형으로 돌면서 균형이 있는 것

예 베르사유 궁전

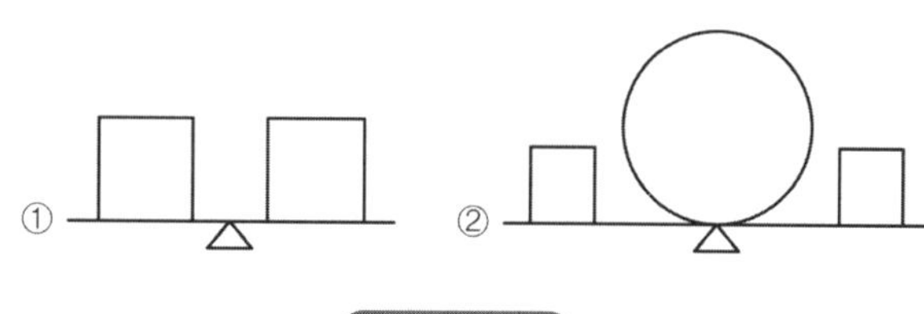

• 대칭균형 •

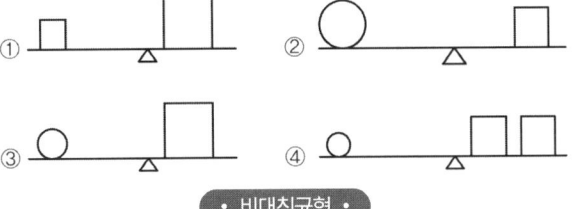

① ② ③ ④

• 비대칭균형 •

(4) 율동(리듬)

① **정의** : 균형이 잡힌 뒤 나타나는 변화원리로 통일화 원리의 하나

② **종류**

㉠ 반복 : 통일성과 질서 이루기 가장 쉬우나 단조롭게 되기 쉽다.

㉡ 점진(점이) : 색, 형 등이 차례로 변화하는 것 복잡하고 동적

㉢ 교체 : 역동적인 효과로 지나치면 혼란스럽다.

㉣ 대조 : 갑작스러운 대조로써 상반된 분위기를 조성하나 지나치면 혼란스럽다.

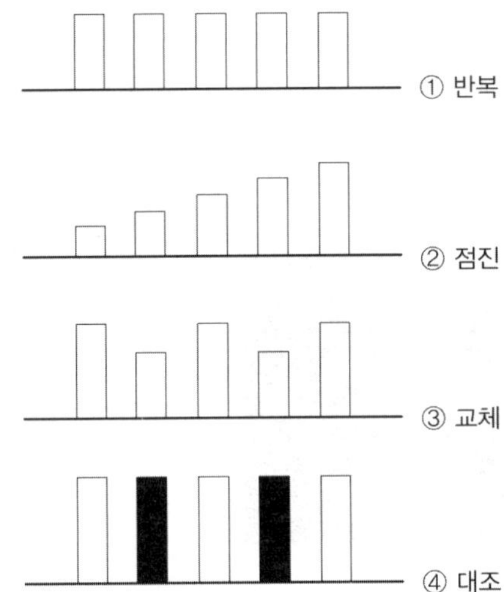

(5) 강조

① **정의** : 하나의 작품에 여러 가지 요소나 소재가 쓰일 때 그 요소나 소재 사이에 주종의 관계가 형성되는 것

② **강조를 이루는 방법**

㉠ 주종의 부분을 구별

㉡ 집중시키기 위해 대상의 외관을 단순화하며 필요 없는 것 생략

③ **강조의 정도** : 강조, 우세, 보조, 종속으로 나눔

(6) 기타

① **축** : 부지 내 공간을 통일하는 요소로 주축, 부축으로 나누어 계획하며 축에 의해 질서가 발생함

② **비례** : 한 부분과 전체에 대한 척도조화

㉠ 황금분할(1 : 1.618) : 코르뷔제는 황금비를 이용한 인체분할에 대한 연구

㉡ 린치의 광장 또는 중정의 폭과 건물 높이의 적정 비례연구

㉢ 동양에서의 비 : 4 : 6, 3 : 7 등 화단면적은 정원면적의 5% 등

③ **통경선(vista)** : 시선의 집중을 이루며 원경 조망 시에 원근감 조성하는 방법

④ **아이스톱(eye-stop)** : 넓은 공간에 랜드마크나 비스타 조망대상이 되는 것

⑤ **구획** : 목적에 맞는 공간을 만들기 위해 공간을 한정하는 것

⑥ **눈가림** : 눈가림식재, 즉 동양적 개념으로 변화와 거리감을 강조한다.

⑦ **단순미** : 동양정원식재에 주로 나타나며, 독립수, 낙화의 아름다움 등 명쾌한 느낌

4 환경미학

(1) 시각의 척도와 시지각의 특성

① **도형과 그림** : 그림을 볼 때 배경과 도형으로 구분하여 보려는 성질로 다음 그림에서 어떤 것을 도형으로 인식하는가는 보는 관점에 따라 달라진다.

흰색을 도형으로 보면, 모래시계로 보이며
검은색을 도형으로 보면 두 명으로 보임.

② 도형조직의 원리

㉠ 근접성 : 가까운 요소들을 하나의 그룹으로 인식하려는 특징

㉡ 유사성 : 유사한 그룹끼리 하나의 그룹으로 묶는 성질

㉢ 연속성 : 같은 방향으로 연결되는 선, 곡선을 하나의 그룹으로 인식하는 특징

㉣ 방향성 : 동일한 방향으로 움직이는 요소들은 같은 그룹으로 보이는 현상

㉤ 완결성 : 떨어져 있더라도 완결된 형태로 인식하려는 현상

㉥ 대칭성 : 비대칭보다 대칭적인 구성으로 그룹을 형성하려는 현상

• 근접성의 원리 •

• 유사성의 원리 •

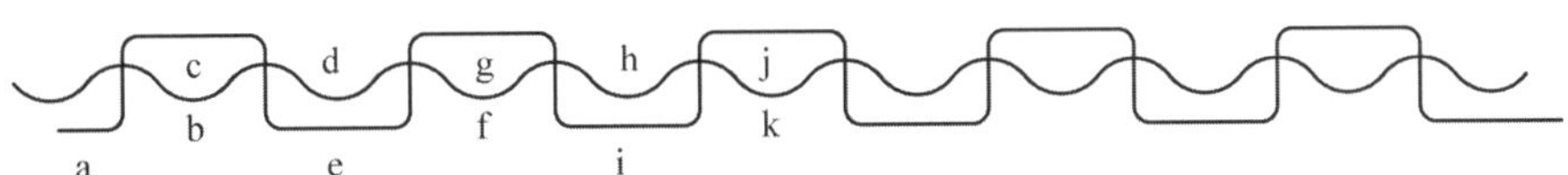

• 연속성의 원리 •

• 완결성의 원리 •

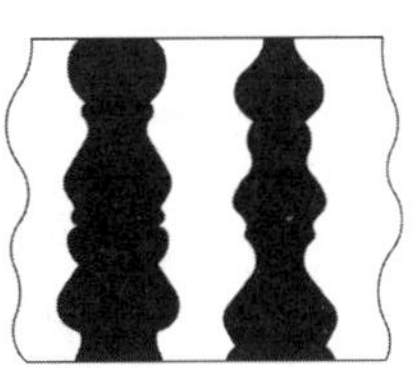

• 대칭성의 원리 •

③ 시각의 착시

㉠ 각도, 방향에 대한 착시

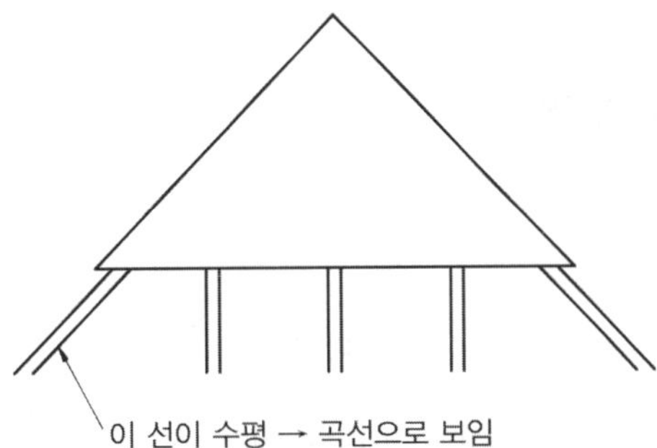

㉡ 분할에 대한 착시 : $ab=bc$인데 $ab<bc$로 보인다.

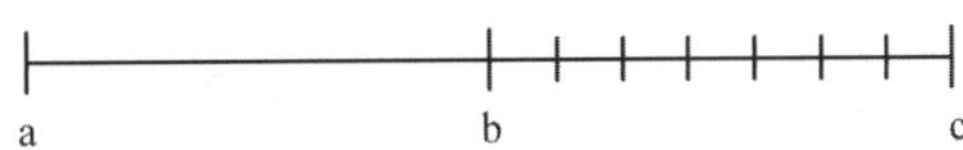

㉢ Müller Lyer도형

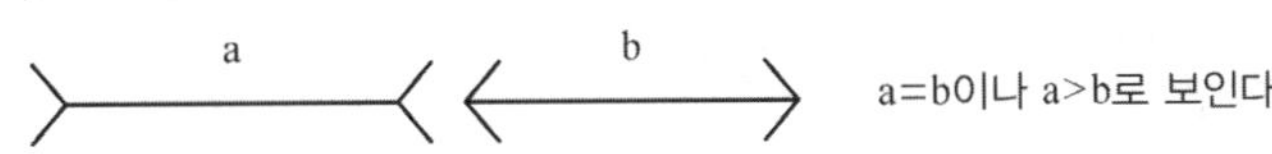

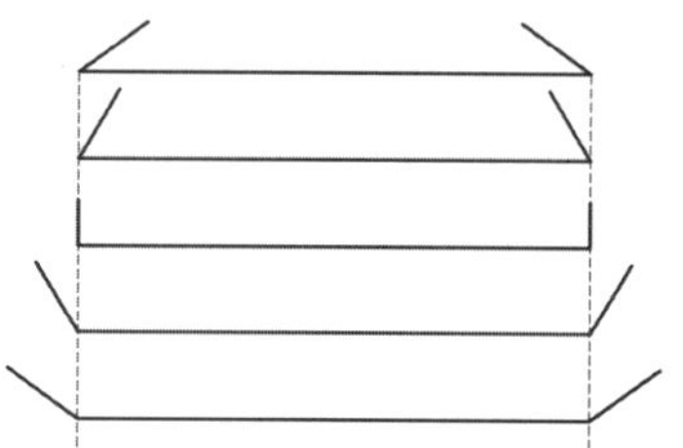

↓ 아래로 갈수록 크게 보인다.

㉣ 대비의 착시

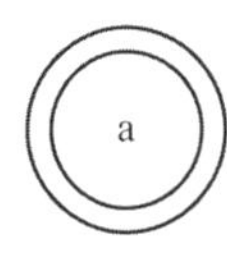

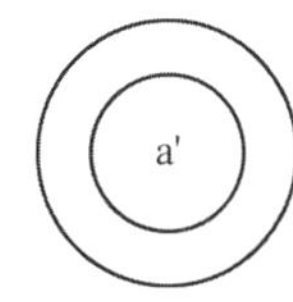

a=a' 이나 a>a' 보인다.

㉤ 상방거리의 과대치 : 윗부분이 크게 보인다.

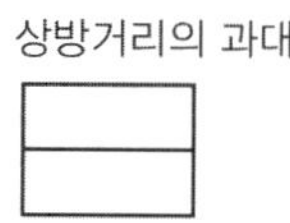

㉥ 수평, 수직에 관한 착시

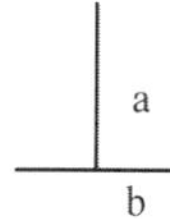

a=b이나 a>b로 보인다.

㉦ 면적에 대한 착시

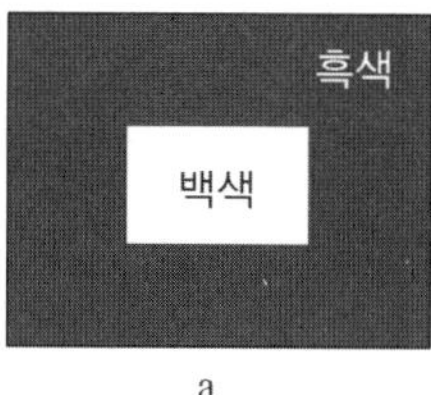

a

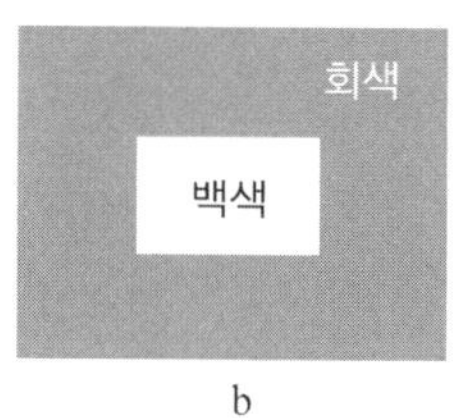

b

각 면적은 같으나
a의 백색이 b의 백색보다
크게 보인다.

2 경관의 우세원칙과 시각요소의 가변인자

① 경관의 우세원칙 : 대비(contrast), 연속(sequence), 축(axis), 집중(convergence), 대등(codominance), 구성(enframement)

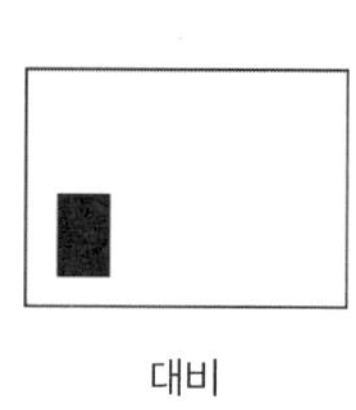
대비

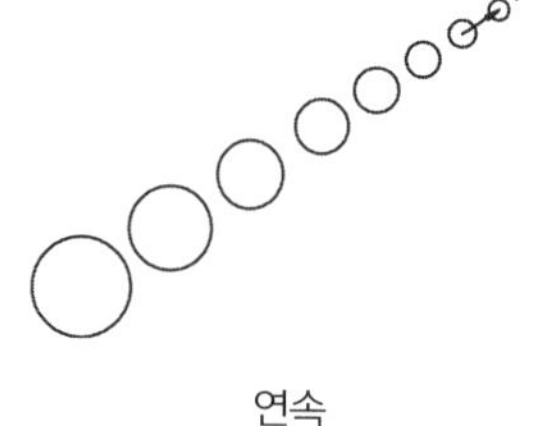
연속

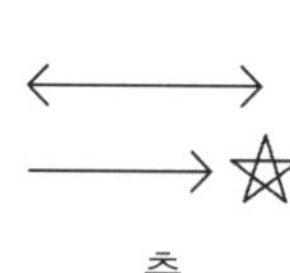
축

집중, 수렴

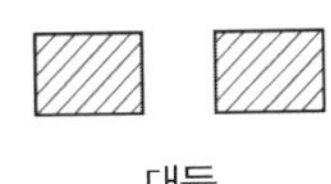

대등

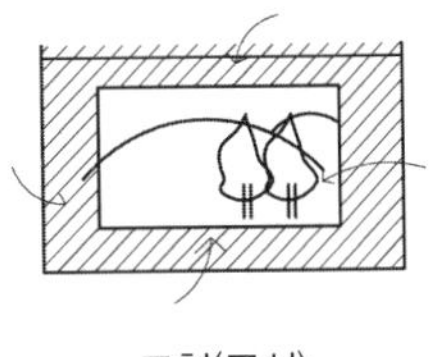
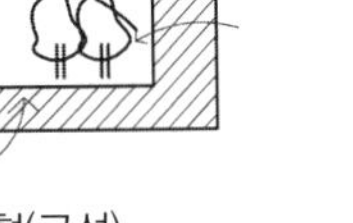

조형(구성)

② 시각요소의 가변인자
- ㉠ 거리 : 근경, 중경, 원경
- ㉡ 관찰점 : 상, 중, 하, 좌우
- ㉢ 명도 : 광도
- ㉣ 형태 : 공간비율
- ㉤ 규모 : 대, 중, 소
- ㉥ 시간변화 : 1일 변화, 계절 변화
- ㉦ 운동 : 이동에 따른 변화
- ㉧ 장소 : 지리적 특수성

③ **경관의 우세요소** : 형태, 선, 색채, 질감

(3) 공간

① **공간을 한정 짓는 경계와 영역**
- ㉠ 경계 : 서로 다른 이질적인 두 영역을 구분하는 윤곽선
- ㉡ 영역 : 둘러싸이거나 갇혀 있는 부분. 하나의 영역에는 하나의 윤곽선이 존재

② **공간의 거리감**
- ㉠ 색채 : 한색일 경우 공간이 멀어 보이며, 난색일 경우 가까워 보임
- ㉡ 질감 : 고운질감 → 중간질감 → 거친질감으로 조성시 공간이 가까워 보이며, 반대로 조성시는 공간이 멀어 보인다.

③ **공간의 개방감과 폐쇄감**
- ㉠ 광장과 건물의 높이와의 연구(「3과목 3장 1절 2. 도시경관분석」 참고)에서 폐쇄성 정도
- ㉡ 산울타리 : 사람의 눈높이 이상의 산울타리는 폐쇄의 느낌이며 그보다 낮은 것은 높이에 따라 개방정도가 달라진다.
  - ⓐ 높이 30cm : 이미지상으로만 공간을 구분하는 역할
  - ⓑ 높이 60cm : 시각적으로 연속성 가짐
  - ⓒ 높이 120cm : 공간구분, 안식감을 느끼는 위요정도
  - ⓓ 높이 150cm : 폐쇄성. 몸이 가려지는 높이
  - ⓔ 높이 180cm : 완전한 가로막이 역할

④ 타우효과

㉠ 헬슨과 킹(Helson and King)이 거리지각이 시간경과에 영향 있음에 관한 연구

㉡ 시간 간격이 공간 간격의 지각에 영향을 미쳐 착각을 일으키는 현상. 같은 거리에 있는 세 광점을 시간 간격을 다르게 하여 제시하면, 시간 간격이 짧을수록 광점 사이의 거리가 더 가깝게 느껴지는 현상

실전연습문제

01 축(軸)이 강조되는 경관에 대한 설명 중 옳지 않은 것은? [기사 11.03.20]

㉮ 축은 어떠한 공간의 심리적 안정감을 줄 수도 있다.
㉯ 축이 존재하는 경관은 장엄, 엄정하나 간혹 단조롭다.
㉰ 축은 부축(minor axis)이 되는 요소가 있으므로 더욱 강조된다.
㉱ 축은 좌우대칭의 경우에만 강조될 수 있다.

02 포스트모더니즘 조경에 있어서 나타나는 강한 형태적 특징으로 볼 수 없는 것은? [기사 11.03.20]

㉮ 기본도형(원, 삼각형, 사각형)
㉯ 포인트그리드(point-grids)
㉰ 임의사선
㉱ 수직선

03 다음 디자인의 원리에 관한 설명 중 ( ) 안에 각각 적합한 요소는? [기사 11.03.20]

> 지나치게 (㉠)을(를) 강조하면 지루하고 단조로워 아름다운 자극을 흐리게 하고, (㉡)만을 추구하면 질서가 없어지므로 감정에 혼란과 불쾌감을 유발시킬 수 있다.

㉮ ㉠ 통일, ㉡ 변화
㉯ ㉠ 대비, ㉡ 조화
㉰ ㉠ 균형, ㉡ 대칭
㉱ ㉠ 집중, ㉡ 리듬

04 다음 중 먼셀 색체계의 기본 10색상이 아닌 것은? [기사 11.03.20]

㉮ 흰색(W) ㉯ 보라(P)
㉰ 초록(G) ㉱ 주황(YR)

풀이 **먼셀 표색계 기본 10색**
빨강(R), 주황(YR), 노랑(Y), 연두(GY), 녹색(G), 청록(BG), 파랑(B), 남색(PB), 보라(P), 자주(RP)

05 색의 3속성에 관한 설명 중 옳은 것은? [기사 11.03.20]

㉮ 색상은 색의 밝고 어두운 정도를 나타낸다.
㉯ 명도는 색을 느끼는 강약이며, 맑기이고, 선명도이다.
㉰ 색상은 물체의 표면에서 반사되는 주파장의 종류에 의해 결정된다.
㉱ 같은 회색 종이라도 흰 종이보다 검은 종이 위에 놓았을 때가 더욱 밝아 보이는 것은 채도와 관련된 현상이다.

06 눈의 망막에 있는 시세포의 하나인 추상체에 대한 설명으로 틀린 것은? [기사 11.06.12]

㉮ 원추세포(Cone)라고 불리며 망막의 중심부에 많다.
㉯ 색을 인식, 식별하는 기능을 한다.
㉰ 매우 약한 빛을 감지한다.
㉱ 추상체가 활동하고 있는 상태를 명순응시라고 하는데, 주로 낮에 밝은 곳에서 작용한다.

ANSWER
01 ㉱ 02 ㉱ 03 ㉮ 04 ㉮ 05 ㉰ 06 ㉰

풀이 추상체는 색을 인식하고 밝은 곳에서만 반응하며, 간상체는 빛의 밝고 어두움을 구분한다.

07 다음 그림과 같은 착시현상과 가장 관계가 깊은 것은? [기사 11.06.12]

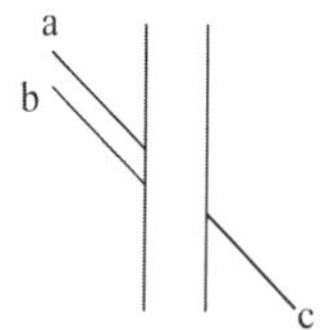

㉮ Hering의 착시(분할착오)
㉯ Köhler의 착시(윤곽착오)
㉰ Poggendorf의 착시(위치착오)
㉱ Möler-Lyer의 착시(동화착오)

08 다음 기하학적 형태 주제 중 그 상징성과 의미가 부드러움, 혼합, 연결, 조화를 나타내는 것은? [기사 11.06.12]

㉮ 45°/ 90°각의 형태
㉯ 원 위의 원형
㉰ 호와 접선형
㉱ 원의 분할형

09 먼셀표색계에서 색상의 기준이 되는 5가지 색이 아닌 것은? [기사 11.06.12]

㉮ 적색(R) ㉯ 녹색(G)
㉰ 흑색(B) ㉱ 자색(P)

풀이 **먼셀표색계 5가지 기준색**
R(적색), Y(노랑), G(녹색), B(파랑), P(보라)

10 자연주의적 형(shape)의 특징과 가장 관련이 적은 것은? [기사 11.06.12]

㉮ 사진적 ㉯ 감정적
㉰ 정적 ㉱ 비조형적

11 디자인에 있어 형태와 공간을 구성하는 가장 기본적인 수단으로서, 공간 속의 두 점 또는 그 이상이 연결되어 이루어진 직선계획 요소이며 형태와 공간은 이것을 중심으로 규칙 또는 불규칙하게 배열될 수 있는 디자인 요소는 무엇인가? [기사 11.06.12]

㉮ 축(axis)
㉯ 연속성(sequence)
㉰ 조망(view)
㉱ 둘러싸기(enframemnt)

12 색의 가시도에 대한 리브만 효과(Liebmann's effect)에 대한 설명으로 옳지 않은 것은? [기사 11.10.02]

㉮ 도형색과 바탕색의 색상과 명도가 다를지라도 채도가 비슷할 때 나타나는 현상
㉯ 도형색과 바탕색의 색상과 명도와 채도가 다를지라도 채도가 낮을 때 나타나는 현상
㉰ 도형색과 바탕색의 색상과 채도가 다를지라도 명도가 비슷할 때 나타나는 현상
㉱ 도형색과 바탕색의 색상과 채도와 명도가 다를지라도 조명하는 빛이 지나치게 강하거나 낮을 때 나타나는 현상

ANSWER 07 ㉰ 08 ㉰ 09 ㉰ 10 ㉯ 11 ㉮ 12 ㉮

13 자연의 이미지를 표현(형태화)하는 방법이 아닌 것은? [기사 11.10.02]

㉮ 추상화(抽象化) ㉯ 모방(模倣)
㉰ 직해(直解) ㉱ 유사성(類似性)

14 설계가가 감상자의 마음속에 쾌감을 일으키는 데는 통일성을 부여하는 것이 좋다. 다음 중 이러한 통일성에 속하지 않는 것은? [기사 11.10.02]

㉮ 논리적 통일성 ㉯ 윤리적 통일성
㉰ 미학적 통일성 ㉱ 대표적 통일성

15 관람자가 고정된 위치에서 보았을 때 대상 경관이 회화적 구도를 가지도록 정적인 설계를 하는 시각구조 조작기법을 무엇이라 하는가? [기사 11.10.02]

㉮ 착시(illusion)
㉯ 여과(filter)
㉰ 은폐(camouflage)
㉱ 틀짜기(frame)

16 다음 중 시각적 통일성을 얻기 위해 가장 널리 사용되는 유용한 방법 중 관계가 먼 것은? [기사 11.10.02]

㉮ 근접(proximity)
㉯ 분리(isolation)
㉰ 반복(repetition)
㉱ 연속(continuation)

17 형광등 아래에서 같은 두 색이 백열등 아래서는 색이 다르게 보이는 것처럼, 광원의 빛의 분광 특성이 물체의 색의 보임에 미치는 효과를 무엇이라 하는가? [기사 11.10.02]

㉮ 휘도 ㉯ 연색성
㉰ 유목성 ㉱ 명시성

풀이 ㉮ 휘도 : 스틸브(sb) 또는 니트(nt)라는 단위로 일정한 넓이를 가진 광원 또는 빛의 반사체 표면의 밝기를 나타내는 양
㉰ 유목성 : 주위를 기울이지 않아도 사람의 시선을 끄는 성질
㉱ 명시성 : 두 가지 이상의 색·선·모양을 대비시켰을 때, 금방 눈에 뜨이는 성질

18 다음 중 동·식물, 광물, 지명, 인물 등의 연상에 의해 떠올리는 색 표현 방법이며, 오래전부터 전해 내려오는 습관상의 고유 색명은? [기사 11.10.02]

㉮ 일반색명 ㉯ 관용색명
㉰ 계통색명 ㉱ 기본색명

19 실내조경의 색채계획에서 연속배색을 적용한 설명으로 맞는 것은? [기사 11.10.02]

㉮ 명도가 밝은 색채에서부터 일정한 방향성을 갖고 이동하여 명도가 어두운 색채를 띠는 식물을 선택하여 배색한다.
㉯ 보라, 자주, 빨강의 애매한 유사색상 꽃들 사이에 하얀색 꽃을 삽입하는 배색을 한다.
㉰ 2가지색 이상의 식물을 사용하여 규칙적으로 반복되는 배색을 한다.
㉱ 연두색과 초록색 계통의 관엽류가 지배적인 디자인에 빨강계통의 꽃이나 열매를 볼 수 있는 식물을 소량 추가하여 지루함을 없애고 초록색을 더욱 신선하게 표현하는 배색을 한다.

ANSWER 13 ㉰ 14 ㉱ 15 ㉱ 16 ㉯ 17 ㉯ 18 ㉯ 19 ㉮

20 조경설계기준상의 운동시설의 계획 시 야구장의 적정 소요면적(최소규격)으로 옳은 것은? [기사 12.03.04]

㉮ 5,630m^2 ㉯ 6,889m^2
㉰ 8,960m^2 ㉱ 11,030m^2

 **야구장 다이아몬드 크기**
27.432m, 사용면 크기 105m×105m, 최소면적 11,030m^2

21 르 꼬르뷔제의 "Modulor"는 무슨 개념에 의한 것인가? [기사 12.03.04]

㉮ 비례 ㉯ 리듬
㉰ 통일 ㉱ 조화

 **모듈러**
공간의 크기를 계량화하는 기본으로 인체치수를 분석하여 기하학적 원리에 근거하여 만든 인간척도 체계로 비례와 관계된다.

22 색채와 모양에 대한 공감각이 삼각형의 형태를 상징하는 색으로 명시도가 높아 날카로운 이미지를 갖고 있어서 항상 유동적이고 운동량이 많은 느낌을 주는 색은? [기사 12.03.04]

㉮ 빨간색 ㉯ 녹색
㉰ 노란색 ㉱ 보라색

23 한국의 전통색채 및 색채의식에 대한 설명 중 틀린 것은? [기사 12.03.04]

㉮ 음양오행사상을 기본으로 한다.
㉯ 오정색과 오간색의 구조로 되어 있다.
㉰ 색채의 기능적 실용성보다는 상징성에 더 큰 의미를 두었다.
㉱ 계급서열과 관계없이 서민들에게도 모든 색채 사용이 허용되었다.

풀이 전통사회에서의 색채는 계급서열과 관계가 깊다.

24 다음 중 가장 대칭적(symmetrical)인 구도로 가장 안정감을 갖고 있는 것은? [기사 12.05.20]

㉮ ㉯ 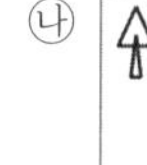
㉰ ㉱ 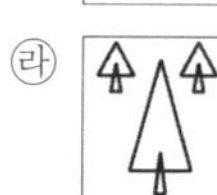

25 색의 3속성 중 색의 순수한 정도, 색채의 포화상태, 색채의 강약을 나타내는 성질은? [기사 12.05.20]

㉮ 색상 ㉯ 명도
㉰ 채도 ㉱ 명암

 **색의 3속성**
① 색상 : 색 구분하는 이름
② 명도 : 빛의 밝고 어두운 정도
③ 채도 : 색의 맑고 탁함, 순수한 정도, 색의 강약, 포화도를 나타내는 성질

ANSWER 20 ㉱ 21 ㉮ 22 ㉰ 23 ㉱ 24 ㉱ 25 ㉰

26 한색과 난색의 감정효과 – 거리와 크기감 – 시간의 경과감에 대한 연결이 맞는 것은? [기사 12.05.20]

㉮ 한색 : 따뜻한 색, 흥분색 – 멀고 작게 – 느리게 느껴짐
㉯ 난색 : 차가운 색, 진정색 – 가깝고 크게 – 느리게 느껴짐
㉰ 한색 : 차가운 색, 진정색 – 멀고 작게 – 빠르게 느껴짐
㉱ 난색 : 따뜻한 색, 흥분색 – 가깝고 크게 – 빠르게 느껴짐

27 교통표지판은 주로 색의 어떤 성질을 이용한 것인가? [기사 12.09.15]

㉮ 시인성　　㉯ 관습성
㉰ 대비성　　㉱ 잔상성

풀이 시인성이란 사물을 인식하고 식별하기 쉬운 성질

28 다음 중 푸르킨예 현상으로 밝은 곳에서 가장 밝게 느껴지는 색은? [기사 12.09.15]

㉮ 노랑　　㉯ 보라
㉰ 파랑　　㉱ 청록

풀이 **푸르킨예 현상(Purkinje Phenomenon)**
파장이 긴 황색이 밝게 보이고, 암순응에서는 파장이 짧은 파랑, 녹색이 더 잘 보이는 현상

29 안전색채에서 안전색이 나타내는 일반적 의미로 맞는 것은? [기사 12.09.15]

㉮ 빨강 : 정지, 주의
㉯ 녹색 : 안전, 위생
㉰ 노랑 : 주의, 위험
㉱ 파랑 : 지시, 금지

30 먼셀시스템에서 10가지 기본 색상에 해당되지 않는 것은? [기사 12.09.15]

㉮ Blue　　㉯ Green
㉰ Red-Purple　　㉱ Yellow-Blue

풀이 **먼셀표색 10색상**
주색상(R, Y, G, B, P), 그 중간색상(YR, YG, BG, PB, RP) 10개

31 조형미의 원리중 통일감이 부족하거나 평범한 분위기를 생기롭게 해주는 원리는? [기사 12.09.15]

㉮ Proportion　　㉯ accent
㉰ contrast　　㉱ balance

accent(강조)

32 황금분할(golden section)에 관한 다음 설명 중 옳지 못한 것은? [기사 12.09.15]

㉮ 이 비율을 응용으로 달팽이 등의 성장곡선을 작도할 수 있다.
㉯ 함수는 $1+\sqrt{5}$ 또는 $\sqrt{5}$ 구형으로 작도할 수 있다.
㉰ 피보나치(Fibonacci)급수와는 유사하다.
㉱ 하나의 선분을 대소 두 개의 선으로 나눌 때 큰 것과 작은 것의 길이의 비가 전체와 큰 것의 길이 비와 동일하다.

33 색의 명시도에 가장 큰 영향을 끼치는 것은? [기사 12.09.15]

㉮ 색상차　　㉯ 질감차
㉰ 명도차　　㉱ 채도차

ANSWER
26 ㉰　27 ㉮　28 ㉮　29 ㉯　30 ㉱　31 ㉯　32 ㉯　33 ㉰

34 다음의 두 도형에 있어서 동일 면적인 작은 원 a, b 중 a가 b보다 크게 보이는 착시현상은 무엇 때문인가? [기사 13.03.10]

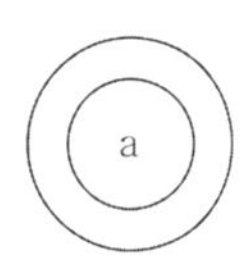

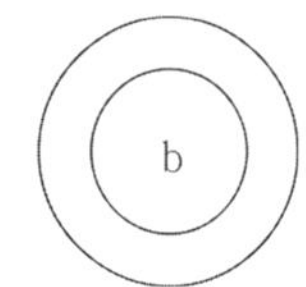

㉮ 대비의 착시
㉯ 분할의 착시
㉰ 면적에 대한 착시
㉱ 수평수직에 의한 착시

35 '자연경관처럼 사람들에게 잘 알려진 색은 조화롭다'와 연관된 색채조화론 원리는? [기사 13.03.10]

㉮ 질서의 원리　㉯ 명료성의 원리
㉰ 유사성의 원리　㉱ 친근감의 원리

36 균형에 관한 설명 중 틀린 것은? [기사 13.03.10]

㉮ 의도적으로 불균형을 구성할 때도 있다.
㉯ 좌우의 무게는 시각적 무게로 균형을 맞춰야 한다.
㉰ 전체적인 조화를 위해서 불균형이 강조되어야 한다.
㉱ 균형은 안정감을 창조하는 질(Quality)로서 정의된다.

37 미적 반응과정 순서가 옳게 연결된 것은? [기사 13.03.10]

㉮ 자극 → 자극탐구 → 자극선택 → 자극해석 → 반응
㉯ 자극 → 자극선택 → 자극탐구 → 자극해석 → 반응
㉰ 자극 → 자극해석 → 자극선택 → 자극탐구 → 반응
㉱ 자극 → 자극선택 → 자극탐구 → 자극반응 → 해석

38 색의 3속성에 대한 설명 중 옳은 것은? [기사 13.03.10]

㉮ 색의 강약, 즉 포화도를 명도라고 한다.
㉯ 감각에 따라 식별되는 색의 종류를 채도라 한다.
㉰ 두 색 중에서 빛의 반사율이 높은 쪽이 밝은 색이다.
㉱ 그레이 스케일(Gray scale)은 채도의 기준 척도로 사용된다.

풀이 **색의 3속성**
색상(색을 구별하는 색이름), 명도(빛의 밝고 어두운 정도), 채도(색의 맑고 탁한 정도, 순수한 정도, 색의 강약, 포화도를 나타내는 성질)

39 다음 색에 관한 설명 중 옳은 것은? [기사 13.03.10]

㉮ 파랑 계통은 한색이고, 진출색·팽창색이다.
㉯ 파랑 계통은 난색이고, 후퇴색·팽창색이다.
㉰ 빨강 계통은 난색이고, 진출색·팽창색이다.
㉱ 빨강 계통은 한색이고, 후퇴색·팽창색이다.

ANSWER
34 ㉮　35 ㉱　36 ㉰　37 ㉮　38 ㉰　39 ㉰

40 해링의 반대색설(4원색설)에서 색채지각의 기본이 되는 4가지 색의 상이 바르게 연결된 것은? [기사 13.06.02]

㉮ 노랑 - 빨강, 검정 - 흰색
㉯ 빨강 - 파랑, 노랑 - 녹색
㉰ 빨강 - 녹색, 검정 - 흰색
㉱ 노랑 - 파랑, 빨강 - 녹색

풀이 **헤링의 반대색설**
독일의 심리학자이며 생리학자인 헤링(Hering, Karl Ewald Konstantin, 1834 ~ 1918)은 세 종류의 광화학 물질인 빨강-초록 물질, 파랑-노랑 물질, 검정-하양 물질이 존재한다고 가정하고, 망막에 빛이 들어올 때 분해와 합성이라고 하는 반대 반응이 동시에 일어나 그 반응의 비율에 따라서 여러 가지 색이 보이는 것이라는 색 지각설

41 어떤 색을 보고 난 후 다른 색을 볼 때 먼저 본 색의 영향으로 뒤에 본 색이 다르게 보이는 현상은? [기사 13.06.02]

㉮ 계시대비 ㉯ 동시대비
㉰ 면적대비 ㉱ 연변대비

42 질감(texture)에 관한 설명으로 옳지 않은 것은? [기사 13.06.02]

㉮ 모든 물체는 일정한 질감을 갖는다.
㉯ 질감의 선택에서 중요한 것은 스케일, 빛의 반사와 흡수 등이다.
㉰ 매끄러운 재료는 빛을 흡수하므로 무겁고 안정적인 느낌을 준다.
㉱ 촉각 또는 시각으로 지각할 수 있는 어떤 물체의 표면상 특징을 말한다.

풀이 미끄러운 재료는 빛을 반사한다.

43 빛에 대한 설명으로 옳은 것은? [기사 13.09.28]

㉮ 자외선은 열적작용을 하므로 열선이라고도 한다.
㉯ 가시광선의 범위는 380nm에서 780nm이라고 한다.
㉰ 가시광선에서 파장이 긴 부분은 푸른색을 띤다.
㉱ 분광된 빛을 프리즘에 통과시키면 또 분광이 된다.

㉮ 자외선은 화학작용이 강하므로 화학선이라 하기도 한다. 열선이라고도 하는 것은 적외선이다.
㉰ 가시광선에서 파장이 가장 긴 부분은 붉은색을 띤다. 푸른색은 파장이 짧은 부분이다.
㉱ 분광된 빛을 프리즘에 통과시키면 빛이 합성된다.

44 자연의 생물학적 형태요소가 조형요소를 만드는데 응용한 사례가 아닌 것은? [기사 13.09.28]

㉮ 솟대
㉯ 나선형 계단
㉰ 고린도식 기둥의 주두
㉱ 사다리

㉮ 솟대 : 나무나 돌로 만든 새를 장대나 돌기둥 위에 앉혀 마을 수호신으로 믿는 상징물
㉯ 나선형 계단 : 소용돌이 모양을 한 삼차원 공간의 커브모양의 계단
㉰ 고린도식 기둥의 주두 : 기둥의 주두에는 파피루스, 꽃 또는 연꽃의 봉오리·싹, 나뭇잎 등이 장식되었다.

ANSWER 40 ㉱ 41 ㉮ 42 ㉰ 43 ㉯ 44 ㉱

45 다음 중 무채색에 대한 설명으로 옳은 것은? [기사 13.09.28]

㉮ 채도는 없고 색상, 명도만 있다.
㉯ 색상은 없고 명도, 채도만 있다.
㉰ 색상, 명도가 없고 채도만 있다.
㉱ 색상, 채도가 없고 명도만 있다.

풀이 무채색이란 감각상 색상, 채도를 가지지 않고 밝기만으로 구별된다. 백색, 흑색, 회색 등과 같이 색채를 갖지 않는 것을 무채색이라 한다. 무채색은 많은 표색계에서 명도의 기준으로 사용한다.

46 정수비(整數比), 급수비(級數比), 황금비(黃金比)와 같은 비율과 도형상의 색채차라든가 질감에 있어서의 강약까지 포함하여 비례의 안정을 찾는 것을 무엇이라 하는가? [기사 13.09.28]

㉮ 반복(反復)
㉯ 대조(對照)
㉰ 점층(漸層)
㉱ 비대칭균형(非對稱均衡)

47 다음 [보기]의 시간경과와 거리지각의 관계 설명에 해당되는 것은? [기사 14.03.02]

보기
- 헬슨과 킹(Helson and King)은 두 점간의 거리지각이 시간경과에 영향을 미칠 수 있음을 보여주었다.
- 팔에 등간격으로 A, B, C의 세 점을 표시하고, A와 B를 자극하는 시간간격이 A와 C를 자극하는 시간간격보다 길 경우에 AB의 거리보다 길다고 느낀다.

㉮ 장의이론 ㉯ 카파효과
㉰ 타우효과 ㉱ SBE 기법

풀이 **타우효과**
시간 간격이 공간 간격의 지각에 영향을 미쳐 착각을 일으키는 현상. 같은 거리에 있는 세 광점을 시간 간격을 다르게 하여 제시하면, 시간 간격이 짧을수록 광점 사이의 거리가 더 가깝게 느껴지는 현상 따위이다.

48 서로가 대조되는 양극단이 유사하거나 조화를 이루어 단계적 연속성을 나타내는 것은? [기사 14.03.02]

㉮ 반복(repetition) ㉯ 조화(harmony)
㉰ 통일(unity) ㉱ 점이(gradation)

풀이 **점이**
색, 형 등이 차례로 단계적으로 변화하는 것으로 복잡하고 동적인 느낌을 준다.

ANSWER 45 ㉱ 46 ㉱ 47 ㉰ 48 ㉱

49 먼셀의 색입체에 대한 설명으로 옳은 것은? [기사 14.03.02]

㉮ 색입체에서의 명도는 위로 갈수록 높고 아래로 갈수록 낮다.
㉯ 색의 4가지 속성을 3차원 공간에 계통적으로 배열한 것이다.
㉰ 색의 3요소에서 색상은 방사선으로 명도는 수직으로, 채도는 원으로 배열한 것이다.
㉱ 무채색 축을 중심으로 수직 절단하면, 좌우면에 유사색상을 가진 두 가지의 동일 색상면이 보인다.

풀이 **먼셀 색입체**
색의 3속성을 이용해 세로축에 명도, 원주상에 색상, 가로방향으로 채도이며 명도는 위로 갈수록 높아지고, 아래로 갈수록 낮아진다. 색상은 원주상에 돌기 때문에 무채색 축을 중심으로 수직 절단하면 한가지 색상에 대하여 명도와 채도 상태만 볼 수 있다.

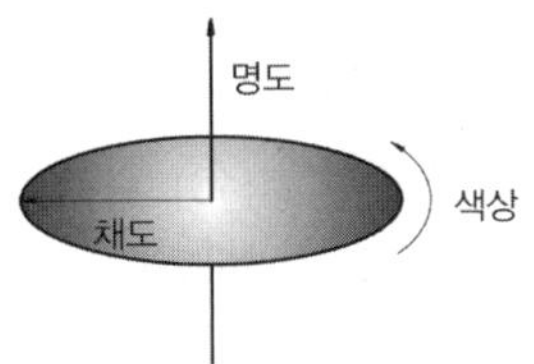

50 도시공원에 일반적인 수경요소(폭포, 분수 등)을 도입할 경우 공간 지각의 측면에서 볼 때 어느 요소로 보는 것이 가장 타당하겠는가? [기사 14.03.02]

㉮ 시각(視角) 및 청각(聽角)적 요소
㉯ 시각 및 촉각(觸角)적 요소
㉰ 청각 및 촉각적 요소
㉱ 청각 및 후각(喉覺)적 요소

풀이 수경요소는 청각적 요소로 소음을 안 들리게 하기도 하고, 시각적으로도 우수한 요소이다.

51 차폐(screen)와 은폐(camouflage)의 차이점 중 정확한 것은? [기사 14.03.02]

㉮ 차폐는 시선을 가리는 것이고, 은폐는 대상물을 여과(filter)시켜 보이게 하는 것이다.
㉯ 차폐는 시선을 가리는 것이고, 은폐는 대상물을 다른 물체로 위장시키는 것이다.
㉰ 차폐는 시선을 여과시키는 것이고, 은폐는 대상물을 매몰하는 것이다.
㉱ 차폐는 시선을 여과(filter)시키는 것이고, 은폐는 대상물을 다른 물체로 위장시키는 것이다.

풀이 차폐는 시선에서 시선에서 가리기 위해 식재나 구조물로 가는 것이고, 은폐는 다른 물체인 것처럼 만드는 것이다.

52 색의 진출과 후퇴에 대한 설명 중 틀린 것은? [기사 14.03.02]

㉮ 따뜻한 색은 진출색이 된다.
㉯ 후퇴색은 팽창색이 된다.
㉰ 명도가 높은 색은 진출색이 된다.
㉱ 채도가 낮은 색은 후퇴색이 된다.

풀이 후퇴하는 색은 수축색이다.

ANSWER
49 ㉮ 50 ㉮ 51 ㉯ 52 ㉯

53 먼셀 표색계에 대한 설명으로 맞지 않는 것은? [기사 14.05.25]

㉮ 먼셀은 3차원 색공간을 색상, 명도, 채도의 차원으로 나누었다.
㉯ 눈으로 색을 보아서 색을 느끼는 지각에 따라 측도를 정한 것이다.
㉰ 혼합하는 색의 양이 많고 적음에 따라 만들어 순색, 흰색, 검정의 각 함유량으로 표시한다.
㉱ 색상, 명도, 채도의 기호는 H, V, C이고 표기법은 HV/C로 한다.

풀이 **먼셀표색계**
① 5가지 주된 색상(R, Y, G, B, P)와 그 중간의 5색상(RP, YR, GY, BG, PB) 넣어 10 색상을 기본으로 하고, 그것을 다시 10색상으로 세분하여 100색상으로 이루어짐
② 실용적으로 10순색을 2.5, 5, 7.5, 10, 4단계로 구분해 40단계로 나누어 활용함
③ 무채색 명도 1 ~ 9, 유채색 2 ~ 8단계
④ 표시방법 : HV/C(색상, 명도/채도)

54 수 설계(water desgin) 과정에서 공간을 구성 연출하기 위한 공간 구성의 틀로 볼 수 없는 것은? [기사 14.05.25]

㉮ 골격(spine)
㉯ 세팅(setting)
㉰ 변환(transformation)
㉱ 참여(involvement)

55 다음 요소 중 조경색채 계획의 시지각(視知覺)에 가장 크게 영향을 미치는 것은? [기사 14.05.25]

㉮ 대상물 면적의 크기
㉯ 대상물의 무게
㉰ 대상물의 가격
㉱ 대상물의 구조

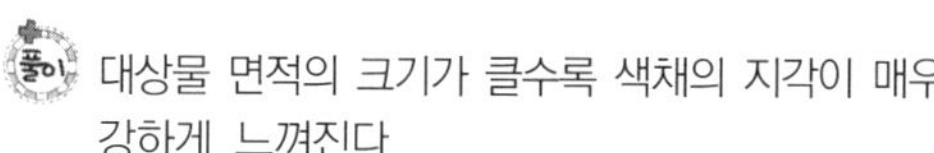
풀이 대상물 면적의 크기가 클수록 색채의 지각이 매우 강하게 느껴진다.

56 먼셀기호 2.5YR 4/8에 가장 가까운 색이름은? [기사 14.05.25]

㉮ 갈색 ㉯ 밤색
㉰ 대자색 ㉱ 호박색

YR은 주황색계통으로 명도 4, 채도 8이므로 주황색계통 중에서도 명도가 낮고 채도가 높은 갈색이다.

57 다음 그림과 같이 평행선이 사선 때문에 가운데가 굵게 보이는 형태의 착시는? [기사 14.05.25]

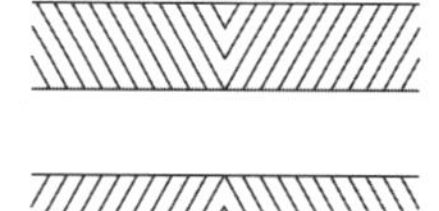

㉮ 대비의 착시
㉯ 분할의 착시
㉰ 반전실체의 착시
㉱ 각도 또는 방향의 착시

각도·방향에 의한 착시
사선이 다른 선에 의해 곡선으로 보이기도 하고, 더 꺾어져 보이기도 하고, 평행선이 굵어보이기도 하는 등 인간의 시지각에 의한 현상이다.

ANSWER
53 ㉰ 54 ㉰ 55 ㉮ 56 ㉮ 57 ㉱

58 다음 중 두 색을 대비시켰을 시 두 색이 각각 색상환에서 서로 멀어지려는 현상은? [기사 14.05.25]

㉮ 보색대비 ㉯ 명도대비
㉰ 채도대비 ㉱ 색상대비

㉮ 보색대비 : 보색 병렬시 더 선명하게 강조됨 (잔디밭의 빨간 장미꽃)
㉯ 명도대비 : 균일한 회색면이 더 어두운 영역에 접근해 있으면 더 밝게 보이는 현상
㉰ 채도대비 : 채도 높은 색, 낮은 색 병치 시 높은 색은 더 높게, 낮은 색은 더 낮게 느껴짐
㉱ 색상대비 : 같은 오렌지색이 적색, 황색 바탕에 있을 때 그 오렌지색이 다르게 느껴지는 현상

59 자연의 형태에서 찾아볼 수 있는 피보나치 수열(Fibonacci Sequence)에 대한 설명이다. 틀린 것은? [기사 14.05.25]

㉮ 레오나르도 피보나치가 1200년경 발견하였다.
㉯ 원형울타리의 길이를 계산하는 데 사용될 수 있다.
㉰ 식물의 잎 차례나 해바라기씨에 의해 만들어지는 나선형에서 찾아볼 수 있다.
㉱ 수학적으로는 각 수는 그것을 앞서는 2개의 수의 합인 연속의 수를 말한다.

풀이 **피보나치수열**
레오나르도 피보나치가 발견하였으며, 1, 1, 2, 3, 5, 8, 13, 21, 34⋯ 등으로 전개되며, 인접하는 2개의 항 중에서 뒤의 항을 앞의 항으로 나누면 숫자가 클수록 황금비에 가까워진다. 앞선 두 개의 수를 더하면 뒤의 수가 된다. 많은 생물계에 이와 같은 비례가 존재한다.

60 맑은 날의 하늘이 더욱 파랗게 보이는 것, 해가 뜨고 질 때 생기는 붉은 노을은 빛의 어떤 특성 때문인가? [기사 14.05.25]

㉮ 간섭 ㉯ 굴절
㉰ 산란 ㉱ 회절

풀이 **빛의 산란**
태양 빛이 공기 중 질소, 산소, 먼지 등 작은 입자와 부딪혀 사방으로 재방출되는 현상으로 가시광선 중 파장이 짧고 진동수가 클수록 산란이 잘 일어나 보라와 파랑이 빨강보다 산란이 잘되어 저녁 노을이 발생

61 조경관련 시설의 일조를 고려한 배치에 관한 설명으로 옳지 않은 것은? [기사 14.09.20]

㉮ 육상경기장은 태양광선에 의한 눈부심을 최소화하기 위해, 트랙과 필드의 장축은 북-남 혹은 북북서-남남동 방향으로 배치한다.
㉯ 야구장 방위는 내·외야수가 오후의 태양을 등지고 경기할 수 있도록 홈플레이트를 동쪽과 북서쪽 사이에 자리잡게 한다.
㉰ 야외공연장은 주변환경에 주거단지 등이 있으면 그곳의 정면방향으로 배치하여, 주거민들의 자유로운 감상과 흥미를 유도한다.
㉱ 테니스 코트는 경기를 위해 장축을 정남~북을 기준으로 동서 5~15° 편차 내의 범위로 설치하는 것이 좋다.

조경설계기준 야외공연장
주변환경에 주거단지 등이 있으면 그곳의 반대방향으로 배치하여, 음향에 직접적으로 영향을 받지 않도록 한다.

ANSWER 58 ㉱ 59 ㉯ 60 ㉰ 61 ㉰

62 형식미학(形式美學)에 대한 설명으로 옳은 것은? [기사 14.09.20]

㉮ 상징미학과 동일한 개념으로 사용되고 있다.
㉯ 형식(form)은 내용(content)에 상대되는 개념이다.
㉰ 형태로부터 느껴지는 감정이나 의미에 관심을 갖는다.
㉱ 환경적 자극으로부터 연상되는 의미를 전달받는 2차적 지각의 영역에 해당한다.

 **형식**

감각적 현상으로서의 형식, 즉 미적 대상의 감각적·실제적·객관적 측면을 뜻하며, 정신적·관념적·주관적 측면을 뜻하는 내용과 대립된다. 어떤 것을 중요시하느냐에 따라 형식미학과 내용미학으로 나뉜다.
㉯항의 설명은 형식미학, ㉱항의 설명은 상징미학에 해당한다.

63 환경색채디자인에서 주의할 점이 아닌 것은? [기사 14.09.20]

㉮ 인공 시설물의 색채는 제외시킨다.
㉯ 자연환경과 인공환경의 조화를 고려해야 한다.
㉰ 대상 지역 전체의 색채이미지와 부분의 색채이미지가 잘 조화될 수 있도록 계획한다.
㉱ 외부 환경색채 디자인의 경우 광, 온도, 기후 등 대상지역에 대한 정확한 조사를 바탕으로 색채계획이 이루어져야 한다.

풀이 환경색채는 인간이 살아가고 있는 환경에 대한 디자인으로 인공 시설물의 색채나 디자인도 매우 중요하다.

64 색의 무게감에 가장 큰 영향을 미치는 속성은? [기사 14.09.20]

㉮ 명도 ㉯ 색상
㉰ 질감 ㉱ 채도

풀이 명도가 높은 색은 밝고 가벼우며, 명도가 낮은 색은 어둡고 무겁게 느껴진다.

65 다음 중 황금비에 대한 설명으로 옳지 않은 것은? [기사 14.09.20]

㉮ 피타고라스가 발견하였다.
㉯ 파르테논 신전에도 적용되었다.
㉰ 한 선분을 둘로 나눌 때 전체와 긴 선분의 비율이 긴 선분과 짧은 선분의 비율과 일치하는 비율이다.
㉱ 사람들은 무의식 속에 길이와 폭의 다양한 비율을 보여주더라도 대부분 황금비인 0.618에 가까운 비율을 선호한다.

 **황금비**

피타고라스(BC 500년경)가 정오각형에서 황금비를 발견하였다고 하지만 훨씬 앞서 BC4700년경에 건설된 이집트 피라미드에서도 황금비가 쓰였을 뿐만 아니라 우리나라 청동기 후기인 다뉴세문경, 석굴암 등에서도 황금비는 발견되어 엄밀히 누구라고 할 수 없다고 한다.

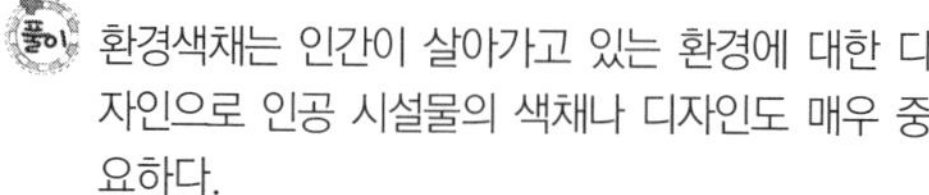

ANSWER 62 ㉯ 63 ㉮ 64 ㉮ 65 ㉮

66 자연경관에서 일정한 간격을 두고 변화되는 형태, 색채, 선, 소리 등은 다음 중 어떠한 형식미의 원리인가? [기사 14.09.20]

㉮ 비례미(proportion)
㉯ 통일미(unity)
㉰ 운율미(rhythm)
㉱ 변화미(variety)

풀이 **운율미**
일정한 간격으로 색채, 형태, 선, 소리 등이 변화하면서 리듬이 발생

67 색채대비와 동화현상에 대한 설명으로 틀린 것은? [기사 14.09.20]

㉮ 채도대비는 유채색과 무채색 사이에서 더욱 뚜렷하게 느낄 수 있다.
㉯ 같은 색이라도 면적이 커지면 본래의 색보다 더 밝게 보이는 현상을 명도대비라 한다.
㉰ 대비효과는 순간적으로 일어나며 계속하여 한곳을 보게 되면 대비효과는 적어진다.
㉱ 색들에게 서로 영향을 주어서 인접선에 가까운 색으로 느껴지는 것을 동화현상이라 한다.

풀이 **명도대비**
균일한 회색면이 더 어두운 영역에 접근해 있으면 더 밝게 보이는 현상

ANSWER 66 ㉰ 67 ㉯

서양조경사

1  고대의 조경

✓ 고대 각 나라별 특성비교

	이집트	서부아시아	그리스	로마
강	Nile강	티그리스, 유프라테스강 메소포타미아 지방	이오니아해, 에게해	알프스산맥, 티베르강
사회, 경제	Nile강 유역의 많은 나라	측량학 발전으로 최초 도시 발생	산악 많아 독립지방도시 추상적, 명상적	실체적, 과학적 기질
기후, 땅	사막	숲, 오픈된 땅, 침략이 용이	지중해성 옥외생활가	온난, 더위로 villa 발생
종교	다신교, 영원불멸, 사후세계 ⇒ 조경의 큰 영향	1. 다신교, 현세관 ⇒ 신전 2. 왕 - 주권자, 신의 집행자	모든 것은 신이 원인 신 = 인간	현실적, 과학적, 보편적 통합
건축	1. 분묘건축(아스타바, 피라미드, 스핑크스, 암굴분묘) 2. 신전건축 3. 오벨리스크, 주택건축 웅장, 영구적	1. Ziggurat(고탑) 2. 수평적 지붕, 평탄 - Hanging G. 흙, 벽돌 사용	1. 코린트식. 조망되어지는 형태미. 2. 경관과의 조화 파르테논 신전	1. 기하학 균제적 열주형태, 화려 장식적 건축이 우세함. 2. 토목기술 발달. 3. 원형극장, 투기장, 포럼, 목욕탕
도시 계획		1. 최초도시 Nippur 도시계획 2. 바빌론시 - 의도적 건설, 성곽도시 3. 함무라비 법전	1. Hippodamos의 priene시 2. 격자형 가로망 도시 아테네 건설 이론화 건축통제, 하수처리-도시계획 기본요소	• 토목기술 발달. Pompeii시 "모든 길은 로마로 통한다." - 대도로, 고가수로
조경	1. 권위, 추상적, 기하학적 2. 정형적, 3. 원예발달, 수목 신성시	1. 의도적 계획적 담, 수로, 농업경관 2. 방형공간 + 천국의 4강 상징하는 수로	공공조경 페르시아 수렵원 + 이집트 농업기술	1. 그리스 영향 - Villa 발전 2. 농업 발달, 원예
조경 기술	관개기술, 관수	1. 농업관개기술 2. Hanging Garden	1. 격자형 도시계획 2. Pot Garden (Adonis원)	1. 토목기술 - 건축, 공공건축 2. Topiary 처음시작

	이집트	서부아시아	그리스	로마
식재, 수종	1. 유실수, 녹음수 2. 연꽃 – 이집트 상징	지상의 모든 과실수	성림, 녹음수, 화훼류	1. 정원 – 화훼, 방향성, 토피아리 2. Villa – 실용수, 장식수 3. Xytus – 실용원
주택 정원	1. 중거의 분묘 (아메노피스3세) 2. 메리네 정원	페르시아 Paradise Garden	1. Priene 정원 2. Adonis원 (부인들의 정원)	• Pansa가, Vetti가, Tiburtius가
주택 정원 요소	1. 높은 울담 2. 담안의 몇겹의 수목열식 3. 침상지 4. 물가에 Kiosk pavilion 5. 탑문 6. 아취형 포도등책 7. 분에 식재	1. 높은 울담 2. 관수용 수로	1. 울타리(소음격리) 2. 거실 중정 향하게 3. 주정식 중정(Patio) 4. 돌로 포장 5. 분에 장식식물	1. 제 1중정 Atrium 2. 제 2중정 Peristylium 3, 제 3중정 Xystus
주요 정원	〈신전주위 정원〉 1. Shrine Garden 2. 사자의 정원 (Cometry G.)	〈궁전정원〉 1. Hunting Park 2. Ziggrats 슈베르 지방 Z. Uruk의 Z. 바벨탑 바빌론의 Z.	〈공공조경〉 1. 성림 (델포이, 올림피아) 2, Gymnasium 3. Academy 4. Stadia(올림피아 S. 아테네 S.) 5. 야외극장(메가로폴리스, 에피쿠로스 극장, Dionysis 극장) 〈도시조경〉 1. Agora(아테네) 2. Acropolis (아테네 파르테논 신전 A.)	〈귀족 Villa〉 1. Villa Laurentiana 2. Villa Tuscana 3. Villa Adriana 4. 네로황제의 티베르강 서한의 Vill 5. Villa Hortus 〈도시 공공조경〉 1. Forum 2. Temple(신전) – 예배당 3. Basilica (상업건물-교회) 4. 투기장(콜로세움) 5. 경마장 (circus,Maximus) 6. Thermal(욕장) 7. 개선문, 기념주

★★★★★ 1 이집트

(1) 개관

① **자연적 배경** : 아프리카 동북부에 위치, 국토의 절반이 사막. 나일강가의 문명의 발생지

② **기후적 배경**

㉠ 강우량이 250mm 이하로 매우 무덥고 건조함

㉡ 산림과 수목의 결핍으로 수목을 신성시(특히 녹음수)

㉢ 일찍부터 원예가 발달, 관수의 발달로 관개농업 발달

③ **사회적 배경** : 종교가 모든 것을 지배하는 신정정치(다신교, 태양신 알라 숭배). 종교적 신전이 발달

④ **건축** : 종교적 영향의 신전 중심

㉠ 분묘건축 : 마스타바(mastaba), 피라미드(pyramid), 스핑크스(sphinx), 암굴분묘

> **Tip**
>
> **피라미드** ★★★★
>
> 선의 혼 Ka를 통해 태양신 Ra에 접근하려는 탑이자 현인신 파라오의 권위를 나타내는 최초의 가장 단순하고 추상적, 기하학적인 형태

㉡ 신전건축 : 장제신전, 예배신전

㉢ 오벨리스크(obelisk)

(2) 주택정원

① **아메노피스 3세의 중거의 분묘** : 탑문에서 저택중앙까지 아치형 포도나무

② **메리네 정원** : 침상지, 관목·화훼류를 분에 심어 원로에 배식

★★★ ③ **주택정원의 특징**

㉠ 방형의 높은 담장으로 둘러싸여져 있다.

㉡ 수목을 여러 그루 열식하여 프라이버시 확보함

㉢ 정형식 정원 : 균제, 대칭, 축의 강조

㉣ 탑문(pylon) : 정원입구에 정원문을 설치

㉤ 침상지 : 네모꼴, T자형이 많으며 물고기, 정자형식의 키오스크(kiosk), 파빌리온(pavilion) 설치

(3) 신원

★★★ ① **샤린 가든(Shrine Garden)**

㉠ 델엘바하리(Del-el-Bhari)의 합셉수트(Hatshepsut) 여왕의 장제신전

㉡ 세누트(Sennut) 설계, 현존하는 최고(最古)의 신원이며 정원유적

㉢ 태양신 암몬(Ammon)을 모시며 3개의 경사로, 3개의 아트리움(중정), 좌우대칭

㉣ 식혈(식재 구덩이) 존재 : 테라스 구배를 이용해 구멍에서 구멍으로 흘러내리게 하는 관개기법

㉤ punt 보랑 벽에 그려진 벽화에서 수목을 수입하는 노예들의 모습을 볼 수 있음

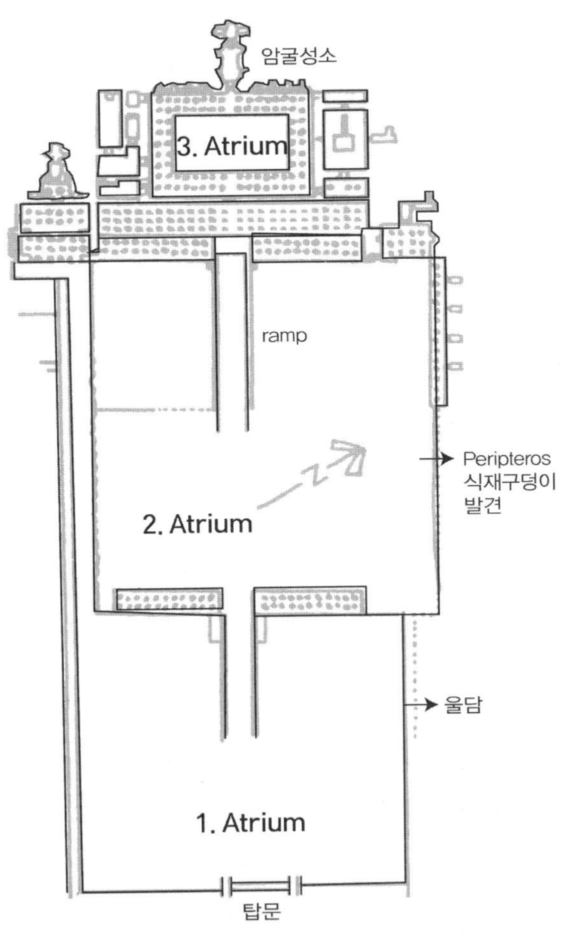

• 샤린가든 공간구성도 •

② 사자의 정원(Cemetry Garden)

㉠ "시누헤이야기", 레크미라 무덤벽화에 기록

㉡ 사후세계에 대한 이상향(미라 만들어 Ka라는 신이 찾아와 소생함을 믿음)

㉢ 중심에 사각형의 연못, 소정원, Kiosk 설치, 수목의 열식, 노예

2 고대 서부아시아

(1) 개관

① **자연적 배경** : 티그리스, 유프라테스강 유역, 메소포타미아 문명의 발상지. 자연적 숲이 무성함

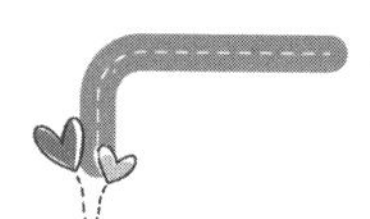

② 문화적 배경
㉠ 측량학의 발전으로 최초의 도시 형성
㉡ 도시계획이 이루어짐 : Ur, Nippur(최초의 도시계획), Ninevch, 바빌론
㉢ 함무라비 법전 : 최초의 도시계획 및 법규에 관한 내용의 책으로 바빌론의 도시계획에 관한 것

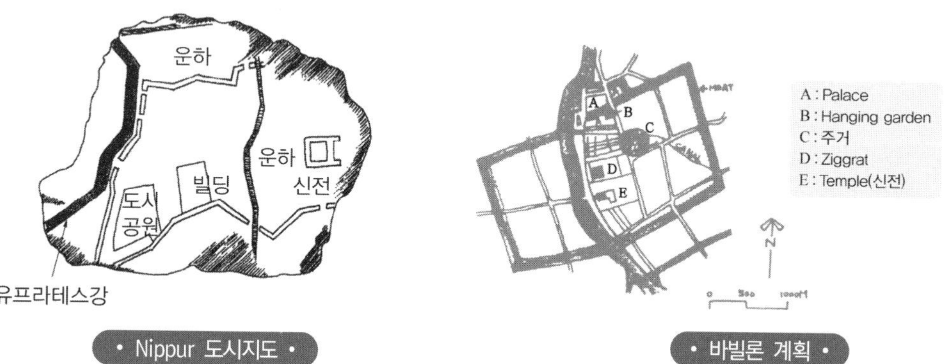

• Nippur 도시지도 •
• 바빌론 계획 •

③ **종교적 배경** : 다신교(모든 생물에는 신이 있다), 천지숭배, 점성술 발달, 현세관(내세관)
④ **정치적 배경** : 왕은 주권자이자 신의 집행자이다. 신전 중심의 도시계획 이루어지게 함
⑤ 건축
㉠ 건축재료 : 석재, 목재, 흙벽돌, 효성벽돌, 갈대와 진흙, 플래스트
㉡ 공법 : 아취형, 볼트(Vault), 공법, 지붕은 낮고 수평적

(2) 조경유적

★★★ ① 수렵원 Hunting Park
㉠ 길가메시 서사시에 기록(바빌론에 있는 서사시)
㉡ Quitsu(자연적, 천연적인 숲), Kiru(인공적으로 만든 숲)로 구별됨
㉢ 오늘날 Park의 의미로 '짐승을 기르기 위해 울타리를 두른 숲'
㉣ 인공 언덕 만들어 수호신(Assur)을 모시고 저지대에 인공호수와 소나무, 사이프레스 위주의 정형적 식재
㉤ 니네베(Nineveh)의 센나체리브왕의 수렵원 : 높이 15m 성벽, 둘레 8mile

★★★ ② Hanging Garden
㉠ 신바빌로니아 수도의 성안 성벽에 부속되어 축조
㉡ 세계 7대 불가사의 중의 하나이다.
㉢ 현대적 의미로 Roof Garden
㉣ 네부카드네자르왕이 산악지역이 고향인 아미티스여왕을 위해 축조
㉤ 정방형의 나선형태로 직사각형 형태, 피라미드형의 테라스와 외부에는 회랑, 내부 여러 방들과 동굴, 욕실 배치. 4에이커(약 300평) 규모

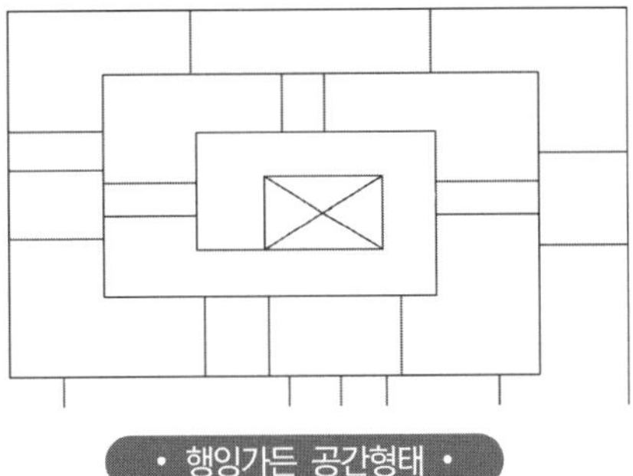

• 행잉가든 공간형태 •

ⓑ 벽채는 벽돌과 아스팔트를 굳혀서 사용

ⓢ 유프라테스강에서 물을 끌어 들여 인공적인 수조에 담아 관수

ⓞ 식재법 - 암석 위에 갈대를 깔고, 석고와 벽돌을 깔아 배수층을 만들고 토양 넣고 식재

★★★ ③ Ziggrats(고탑)

㉠ 메소포타미아지방의 종교용 건축물

㉡ 평면은 거형, 상승하면서 피라미드형

㉢ 3개의 테라스로 된 거대한 탑(각 부분마다 다른 색으로 채색), 정상에 광장과 신전건축

㉣ 장식을 많이 하고, 재단과 수목이 많으며, 정상에는 덩굴식물 식재

예 바벨탑, 우륵 슈베르지방의 지구라트(가장 오래된 것), 바빌론의 8단거형의 지구라트

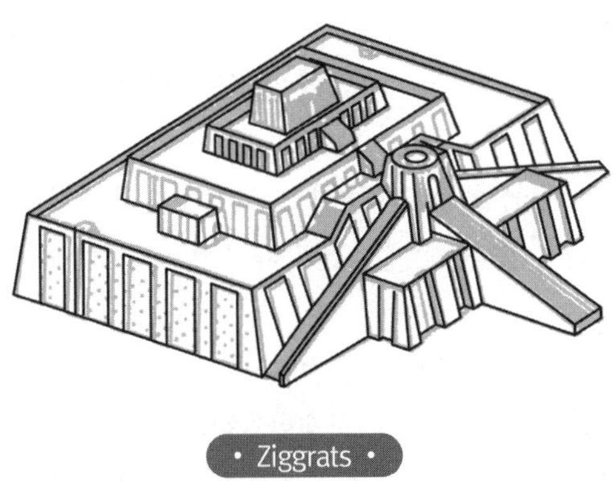
• Ziggrats •

★★★ ④ 페르시아 파라다이스 가든

㉠ 귀족의 개인정원

㉡ 높은 담으로 둘러싸여 있고, 맑은 물(수로가 교차하는 4분원), 녹음이 우거진 지상의 낙원을 재연한 것

㉢ 과실나무를 많이 식재

3 그리스

(1) 개관

① **자연적 배경** : 지중해성 기후와 해안선의 발달, 대륙과 인접해 교통이 편리

② **문화적 배경** : 에게 문명이 발달해 그리스 문화(헬레니즘 문화) 형성

㉠ 에게해의 크레타섬 : 평화로움, 진보된 조경, 개방식

㉡ 반도의 미케네 : 전쟁에 시달려 폐쇄적, 메가론(Megalon)이라는 아트리움의 전신이 발달

③ **인문적 배경** : 토론을 즐기며 자유로운 여가와 일상을 즐기는 기질과 지중해성 기후의 옥외활동하기 좋은 날씨가 만나 공공조경이 발달

④ **종교적 배경** : 신인동형동성설(신과 인간은 같은 존재이며, 단지 영웅적인 존재일 뿐). 12신

⑤ 건축

㉠ 양식 : 도리아식, 이오니아식, 코린트식

㉡ 특징 : 평면의 기능, 구조기술, 합리화보다 조망되어지는 형태미에 치중

예 파르테논 신전

(2) 공공조경

① 성림

㉠ 델포이성림(아폴로신전) : 장소가 지닌 특성에 대한 표현, 이해가 탁월

㉡ 올림피아성림(제우스신전) : 4년에 한 번 제사를 지내며 도시국가 사이에 운동경기 한 것이 후에 김나지움(Gymnasium)의 시초이자 올림픽 경기의 기초

㉢ 신전 주위에 수목을 식재해 성스러운 정원을 만들어 일종의 신원의 하나

㉣ 수목을 신성시, 종려, 떡갈, 플라타너스 식재. 유실수보다는 녹음수 식재

② Gymmasium

㉠ 아테네 청소년들의 체육, 운동공간

㉡ 사방에 녹음수 플라타너스 식재한 정방형의 공간, 주변에 의자, 욕실 설치

㉢ 나지의 체육공간에 시몬이 녹음수를 식재하여 시민 산책, 집회에 이용하게 함. 오늘날 공원의 의미

예 엘리스, 올림피아

③ Academy

㉠ 최초의 대학 캠퍼스

㉡ 아카데모스라는 영웅을 위한 경기장이 교육공간으로 이용되면서 아카데미라 함

㉢ 벽으로 둘러싸여 있고 대리석 수로가 사방으로 둘러쌈. 플라타너스로 우거진 오솔길(철인의 원로라 불려짐)이 있어 사색, 산책, 명상의 공간

④ Stadia

㉠ 제사 때 경기장으로 사용된 마재형의 공식적인 경기장

㉡ 올림피아 스테디아, 아테네 올림픽경기장(1896년 1회 올림픽 열림)

⑤ 야외극장

㉠ 디오니소스신에게 제사를 지낼 때 가무하던 것을 관중이 구경한 것에서 유래됨

㉡ 사면을 이용해 관람석(계단형), 중앙에 무대, 야외극장의 평면은 반원보다 크고 2/3원보다는 작다.

예 메가로폴리스극장, 에피다우루스 극장(가장 완벽한 형태), 디오니서스 극장

(3) 도시조경

① 아고라(Agora)

㉠ 도시 옥외활동의 구심점으로 시민의 시장, 집회, 종교, 경기 회합, 토론의 장소

㉡ 아고라가 로마 포럼으로 발전, 나아가 중세 Piazza, 프랑스 Place, 영국 Square로 발전, 더 나아가 오늘날 Plaza(광장)로 발전함

㉢ 열주회랑, 주변 도서관, 의회당, 신전, 야외음악당 등의 건물로 둘러싸인 중앙의 공공광장 역할

㉣ 도시 전체 지역의 5% 정도, 폭과 길이는 도심지역 한 면의 1/5 정도

② 아크로폴리스(Acropolis)

㉠ 아테네 파르테논신전 주위의 소구릉에 수호신을 모시고 요세화시킨 지역

㉡ 입구에 큰 규모의 대문(propylaea) 설치

★★★ ③ 도시계획

㉠ 히포다모스(Hippodamos) : 최초의 도시계획가로 도시계획을 이론화함, 격자형 가로망을 도입하여 밀레토스에 계획

㉡ 도시계획의 기본요소 : 격자형 가로망, 건축물 통제, 도시하수처리, 아고라

㉢ Priene시의 도시계획 : 고 밀레투스 주변의 격자형 도시. 인구 5천~1만 명, 도시면적 60~70에이커

(4) 주택정원

① 아도니스원

㉠ 아테네 부인들이 아도니스 신을 기리기 위해 만든 것

㉡ 후에 Pot Garden, Roof Garden으로 발전

㉢ 단명식물(아네모네)을 화분(pot)에 심어 배치

② Priene의 주택

㉠ 주랑식 중정(Megalon)

㉡ 바닥은 돌로 포장, 분에 방향성 식물, 조각과 대리석 분수로 장식
㉢ patio(가족공용 중정) : 중정의 시초. 거실과 방이 중정을 향해 집중
㉣ 폐쇄식 주택구조로 도로 쪽을 폐쇄하고 patio 향해 개방되도록 됨

★★★★★ 4 로마

(1) 개관

① **자연적 배경** : 티베르강에 위치하며 구릉지임. 지중해성 기후로 겨울에도 온화
② **문화적 배경** : 과학적, 현실적, 실제적인 기질로 과학기술, 토목기술, 법학, 의학이 발달
③ 건축
㉠ 그리스 건축을 그대로 받아들이되 기하학적, 균제적
㉡ 열주형태의 건축양식, 대규모적이며, 화려·장식적
㉢ 구조물을 경관보다 우세하게 고려
㉣ 토목기술 발달(상·하수도 설치)
④ 도시계획
㉠ 아우구스투스의 도시계획 : 전체 14구역으로 나누어 계획
㉡ 토목기술의 발달 : "모든 길은 로마로 통한다" 대도로, 고가수로 건설
⑤ 정원식물
㉠ 화훼식물, 방향성 식물 사용
㉡ 토피아리(형상수) : 수목을 기하학적인 형태, 글씨, 동물의 형태 등으로 본떠서 다듬은 것

(2) 빌라

Tip

villa rustica와 villa urbana의 차이 ★★★★★
- villa rustica – 실용적, 전원적 별장
- villa urbana – 도시풍, 장식적 별장

① 로렌티아나 빌라(villa Laurentina)
㉠ 로마주변 바닷가에 위치, 창문에 처마 설치
② 터스카나 빌라(villa Tuscana)
㉠ 구릉에 위치한 피서용 별장
㉡ 공간구성 : 주건물과 부수물 + 구릉에 있는 건물군 + 경기장
㉢ 경기장 : 필리니가 "정원 중 가장 아름다운 곳"이라 한 곳으로 주건물 동쪽 아래의 평지와 장방형 식재

③ 하드리아나 빌라(villa Adriana)
  ㉠ 하드리아누스왕의 별장, 현존하는 대규모 왕궁과 정원을 겸한 대별궁
  ㉡ 인공호수, 신전, 거주지, 야외공연장, 호반극장, 대목욕탕, 도서관, 광장 등
④ 네로황제의 티베르강 서한의 빌라
  ㉠ 초인간적 규모, 황제와 신하의 파라다이스
⑤ 호르투스 빌라(villa Hortus)
  ㉠ 로마시민의 작은 채원 중심정원이 있는 빌라

★★★ (3) 포럼(Forum)

① 공간특징
  ㉠ 그리스의 아고라가 자연스러운 시민의 공간인데 반해 적극적이며 목적의식 있는 의도적 공간
  ㉡ 지배계급을 위한 상징적 공간
② 유형 : 둘러싸인 건물에 따라서 일반광장, 시장광장, 황제광장(가장 많이 남아)으로 구분

★★★★ (4) 공공건축

① Temple(신전) : 기념적 의미에서의 건축, 후에 그리스드교의 예배당으로 사용
② Basilica : 원래 재판용도의 건물, 부분적 집회, 상업적 역할, 후에 교회당으로 사용
③ 투기장(콜로세움) : 원래 짐승들과의 격투장, 타원형, 티투스(Titus)가 설계
④ 경마장 : circus, 긴 마제형 경기장
⑤ 욕장(Thermal) : 위락, 공공욕장을 합성, 온실, 열기실, 탈의실, 화장실, 도서실, 소극장 등
⑥ 개선문, 기념주 : 기념건축물

★★★ (5) 주택정원(Pansa家, Vetti家, Tiburtius家)

① 제1중정(Atrium)
  ㉠ 포장, 빗물받이 수반(impluvium), 무열주
  ㉡ 외부손님 접대용 공간으로 장방형의 홀형태. 분에 심은 식물로 장식
② 제2중정(2개의 peristylium)
  ㉠ 포장 안 됨(주랑의 바닥에만 포장됨)
  ㉡ 열주의 중정, 주정으로 사적인 공간
  ㉢ 회랑 벽면에 분수, 퍼골라, 트렐리스(trellis), bird bath(조욕대)의 그림을 걸어두어 정원을 넓어 보이게 함

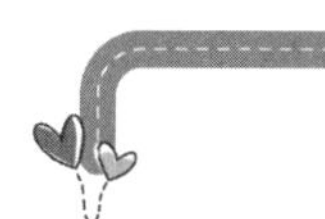

③ 제3중정(Xystus) : 5점 식재, 실용원, 수로 중심, 원로와 화단을 대칭배치, 대형주택 후원

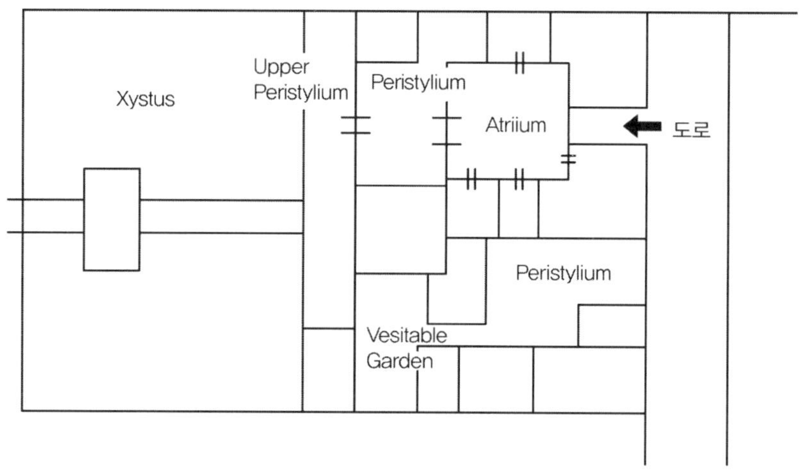

• 로마 주택정원 공간 구성도 •

2 중세의 조경

✓ 중세 각 나라별 조경의 간략 비교정리

구분 \ 나라	서구	회교식(사라센식)		
		페르시아	스페인	인도
종교	기독교	이슬람교 (유대교+기독교)	이슬람교 (유대교+기독교)	이슬람교 (유대교+기독교)
지역	유럽	아라비아 반도(이란)	에스파냐안달루시아 지방	에스파냐
기후		건조한 초원, 사막, 기후변화 극심	비교적 온난, 혜류혜택으 로 해안 따라 녹지	캐시미르-온화한, 비옥한 산간 눈덮인 고산지대와 가까워 수원이 풍부 아그라 델리-열대성, 대평원
제국 (인종)	비잔틴 제국	아랍민족	무어인(사라센 제국)	무굴인(무굴제국)
철학, 문화	기독교 교회 권위가 절대 적. 암흑시대 봉건영주의 봉건제 고대~8C : 비잔틴 미술 9C~12C : 로마네스크 양식 13C~15C : 고딕양식	코란의 의지에 복종 페르시아 – 사라센 양식	사막에서는 하늘이 지배적 스페인-사라센양식 정원 Rome 중정, 비잔틴 정원 유형 계승	인도-이슬람 문화 (궁정 중심의 귀족문화)
주요 도시		1. 이스파한 도시계획 2. 시라즈 도시계획	안달루시아 코르도바시	1. 캐시미르지방 2. 아그라, 델리지방
조경 특성	수도원 중심의 정원 좌우대칭 정형식 정원	종교영향 큼 좌우대칭 정형식 정원	궁전정원중심의 Patio 정원 좌우대칭 정형식 정원	좌우대칭 정형식 정원
주요 정원	1. 수도원 정원 2. 성곽정원 3. 중세광장(Square)	Paradise Garden	1. Cordoba 대모스크 2. 알함브라 궁원 3. 헤네랄리페 이궁	1. 캐시미르지방 : 니샷바 그(B), 살리마흐 바그, 이사벨 B. 베리나그 B. 2. 아그라, 델리지방 : 타지마할 B. 람바그 B. 아크바르 B.

★★★★★ 1 개관

① **시대적 배경** : 서로마 제국의 멸망 후에 유럽의 3대 영향권

② **문화적 배경** : 기독교 중심과 봉건영주에 의한 암흑의 시대

③ **건축** : 교회의 권위에 대한 기독교건축 발달

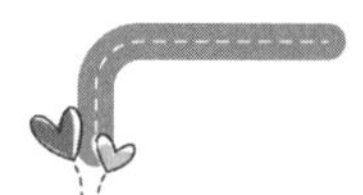

Tip

건축양식의 발달

1. 고대 ~ 8C : 비잔틴 미술의 영향
2. 9C ~ 12C : 로마네스크 양식(둥근 아치형태, 안정감)
3. 13C ~ 15C : 고딕양식(끝이 뾰족, 수직적 고양)

2 서구

(1) 수도원 정원 – 중세 전기

① 실용원이 발달 : 야채원, 약초원 등 식량이나 환자를 위한 시설

② 장식정원(회랑식 중정, Cloister Garden)

㉠ 종교적 측면에서 재단에 바치거나 장식을 위한 정원

㉡ 회랑식 정원 : Parapet(흉벽)이 있는 형식으로 지붕은 덮여 있고, 회랑 바닥은 포장되어 있다.

Tip

주랑과 회랑의 차이

기둥과 기둥 사이에 가슴 높이의 흉벽이 있으면 회랑이며, 기둥만 있으면 주랑임

㉢ 파라디소(Paradiso) : 4분하는 원로가 교차하는 중심에 대형 수목과 수반, 우물을 배치한 것

㉣ 공간구성 : 원로에 의해 4분하며 각면의 중앙이나 네 귀퉁이에 정원으로 들어가는 문이 있음

(2) 성곽정원 – 중세 후기

① 봉건제도의 발달로 봉건영주의 거주지로 요새화된 정원(성곽을 물로 된 해자로 둘러쌈)

② 프랑스, 잉글랜드 지방 중심

③ 화려한 화훼 중심, 미로(labyrinth), Knot(무늬화단), Topiary(토피어리)

④ "장미의 이야기"에 기록되어 전해 내려옴

(3) 중세광장

① Town Square : Place나 현대의 plaza로 발전

② 자연발생적 도시 광장적 개방 공간

③ 불규칙한 사각형의 형태로 비대칭적 접근

예 이탈리아 프로렌스 지방의 광장 : 중앙의 냅틴 분수, 주변 여러 조각상

④ Claustrum : 중세 사원에서 건물에 둘러싸인 네모난 공지

(4) 중세정원의 특성

① **초본원** : 오늘날 유원, 과수원

★★ ② **식물 중심** : 74종의 채소, 약초, 16종 과수, 진귀한 수종을 분에 심어 장식, 토피어리, 화단

③ **4대 정원구성물** : Fountain(분수), Pergola(퍼골라), Turfseat(나무 주변의 앉을 수 있는 단), Water fence(수반)

★★★ 3 중세 페르시아 회교식 정원(사라센식)

(1) 조경 특징

기후영향 : 중요 정원요소로서 물의 사용, 관개시설, 못, 분천, Canal, 수조, 캐스케이드

② **종교영향** : 이슬람교, 녹음수와 정원식물에 대한 동경으로 숲을 조성하고 원로, 원정(천국의 정원) 설치

③ **국민성** : 녹음수의 수호자

④ 울담으로 둘러싸 바람을 막음, Canad(관수 위한 수로 조성. 인공관개)

⑤ **정원**

예 파라다이스 가든(Paradise Garden)

(2) 도시계획

① **이스파한**

㉠ 압바스 1세 때 축조된 도시계획

㉡ 차하르바흐(Chahar-bach) : 사이프레스와 플라타너스, 화단, 수로의 넓은 도로 중심의 도로공원

㉢ 7km 테자르천, 수로, 화단, 연못

㉣ 왕의 광장 : 380m×40m 크기의 마이단(Maidon)

㉤ 40주궁 : 왕의 광장과 차하르바흐 사이의 궁전구역

② **시라즈**

㉠ 황제도로(Shah Ra)가 관통

㉡ 안락의 정원 : 커넬, 오렌지나무 늘어선 산책로

㉢ 왕좌의 정원, Bach-i-Eram(오렌지 숲, 사이프레스 가로수)

★★★ 4 중세 스페인(무어인) 회교식 정원

(1) 조경 특징

① 고가사다리, villa, Rome 유적 많음

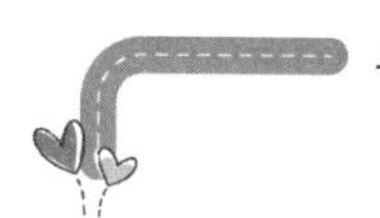

② 로마 정원의 Peristylium(중정형) 형식
③ 돔(Dome)같은 건축물이 사라지고, 섬세한 조각 등 내향적 공간추구
④ **안달루시아 코르도바(Cordoba)시** : 주요 정원 유적이 많음
⑤ **스페인 중정(Patio, 페티오) 양식 생성**
  ㉠ 둘러싸여 위요된 공간
  ㉡ 분수, 덩굴식물로 덮인 내부중정의 독특한 양식
  ㉢ 스페인 남부지방 중심으로 3개의 도시에서 발달

(2) 주요 정원

① **코르도바(Cordoba) 대모스크**
  ㉠ 축조 : 압드 알 라흐만(Abd al-Rahman) 2세
  ㉡ 공간구성 : 오렌지나무 1/3, 아라비아 특성, 공간구성 모호, 귀퉁이 연못(성소 들어가기 전 속죄)

② **알함브라 궁원**
  ㉠ 특징 : 색채(붉은색) 중요, 건물의 수학적 비례감
  ㉡ 공간구성
    ⓐ Court of Alberca : 연못의 Patio. 주정, 천인화의 Patio, Camares Tower(사라센 양식의 타워)
    ⓑ Court of Lions : 12마리 사자의 조상이 받드는 대분천, 수로에 의한 4분원, 가장 화려
    ⓒ Court of Daraja : 부인 전용, 원로, 분수, 회양목으로 가장자리 처리
    ⓓ Court of Reja : 사이프레스 Patio. 자갈 포장, 소규모, U자 Canel

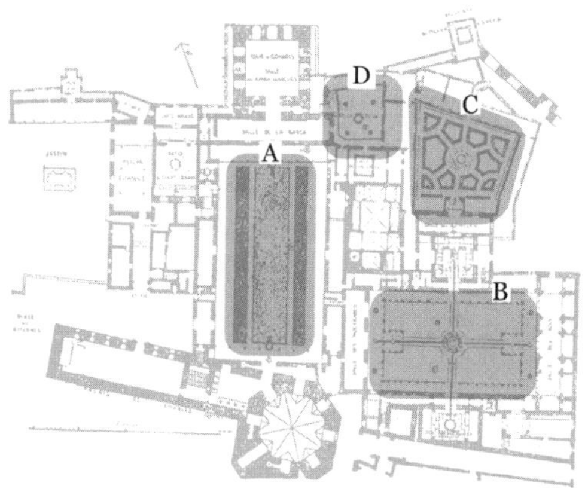

A : 연못의 파티오 (천인화의 파티오)
B : 사자의 파티오
C : 다라하의 파티오
D : 레하의 파티오

• 알함브라 궁원의 공간구성도 •

③ 헤네랄리페(Generalife) 이궁

㉠ 조망 좋게 하기 위해 높은 언덕 구릉에 위치한 왕의 피서지

㉡ 르네상스 이탈리아 정원에 영향을 줌(노단건축식의 시초)

㉢ 공간구성

ⓐ Court of Canals(수로의 중정) : 연꽃 모양의 분천, 가장 아름다움

ⓑ 사이프레스 중정(Water Step) : 노단의 정상부

ⓒ miradors(북쪽문)

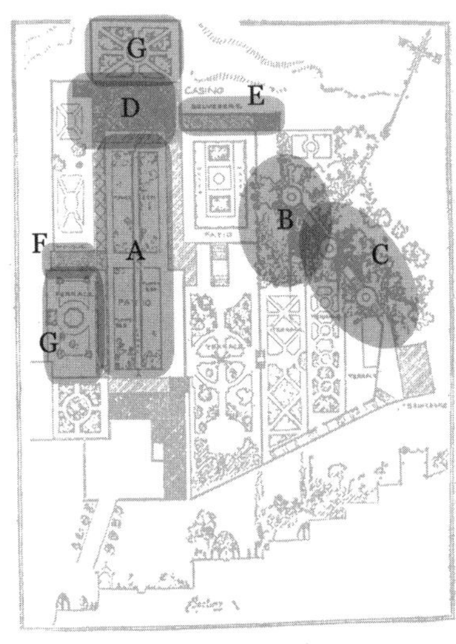

A : 수로의 중정
B : 사이프레스 중정
C : 물계단(Water step)
D : 카치노(Casino)
E : 벨레데레(Beledere) 궁
F : 모스크(Mosgue)
G : 테라스

• 헤네랄리페이궁 공간구성도 •

④ 세비야(Sevilla)의 알카자르공원(Alcazar)

㉠ 요세형 궁전 정원으로 무어의 영향

㉡ Abu-Yakub Jusuf가 건설

㉢ 평지에 위치하며 3부분으로 구획

㉣ 장식적 정원문, 창살 달린 창문, 연못, 분수

★★★ 5 중세 인도(무굴인)의 회교식 정원

(1) 조경 특징

① **수경 중심(연꽃)** : 물을 중시

② 원정(장식+실용)과 녹음수, 높은 담장

③ **입지** : 구릉지, 샘터 중심으로 선정

④ Bagh 발달

㉠ 캐시미르지방 : 북부고원지대, 자연경관이 우수하여 경사지에 왕이나 귀족의 피서를

위한 별장이 많다.

예 니샷바그(Nishut B.), 살리마흐 바그(Shalimar B.), 이사벨 B. 베리나그 B.

㉡ 아그라, 델리지방 : 평지, 완만 구릉지로 평면기학학적 형태가 많고 궁전, 능묘가 많다.

예 타지마할 B, 람바그 B, 아크바르 B.

⑤ 정원과 묘지의 결합으로 묘원이 많다.

⑥ **인도정원에 대한 문호** : 인도 2대 서사시 Ramayama, Mahabharat에 궁전정원에 관한 기술

(2) 주요 정원

① 니샷 바그(Nishut Bagh)

㉠ 누르마할 형제가 캐시미르지방 다할 호수에 축조

㉡ 수경 중심 정원 : 12개 노단을 중심으로 수로와 폭포, 분수, 캐스캐이드, 분천 설치

㉢ 화단 조성(백합, 장미, 재라리움, 코스모스 등), 포플라, 플라타너스 식재

② 살리마르 바그(Shalimar Bagh)

㉠ 샤자한(Sha Jahan) 왕이 설치한 3개의 노단으로 된 캐시미르 지방의 정원

㉡ 4분원, 제2테라스 연못에 돌로 된 섬이 축조

㉢ 수로 양단 원로의 무늬벽돌포장

㉣ 공간구성

ⓐ 제1테라스 : Public garden

ⓑ 제2테라스 : Emperor's garden

ⓒ 제3테라스 : Ladies garden

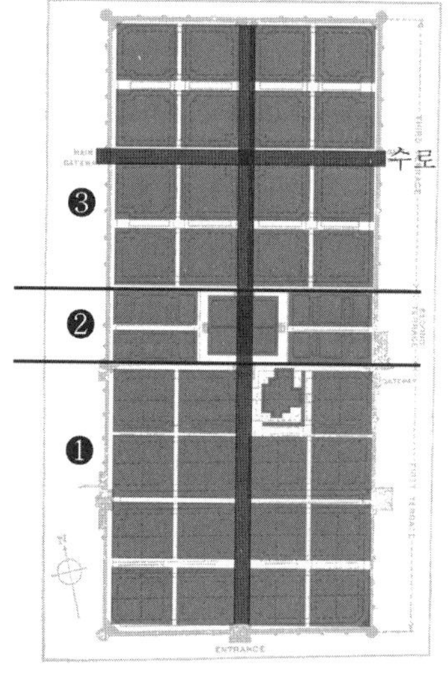

❶ 제1테라스 : Public garden
❷ 제2테라스 : Emperor's garden
❸ 제3테라스 : Ladies garden

• 살리마르 바그 공간구성도 •

③ 타지마할(Taj Mahal Bagh)

㉠ 건축 + 능묘의 형태로 샤자한(Sha Jahan) 왕이 왕비를 위해 축조

㉡ 건축특성 : 경쾌하면서 우아한 이슬람 건축의 백미. 중앙의 큰 돔과 주위의 4개의 돔 형식

㉢ 정원특성

ⓐ 건물 앞에 흰 대리석의 대분천지가 정원을 4분하면서 건물과 주변경관을 투영함

ⓑ 완벽한 좌우 대칭형으로 말단부에 원정(Pavilion)이 있음

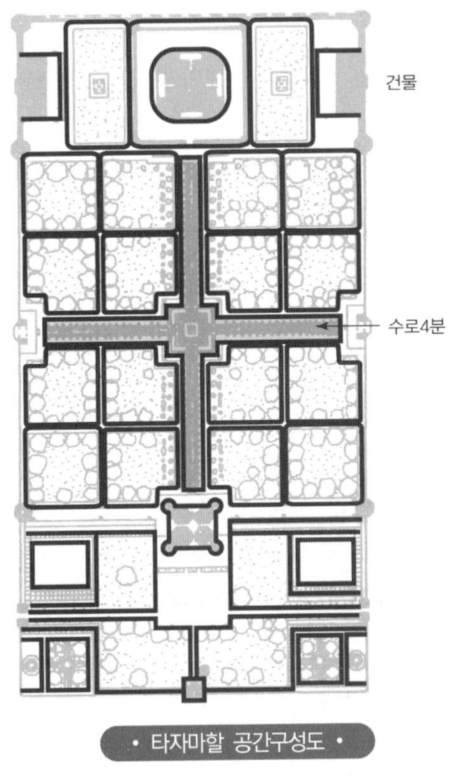

• 타자마할 공간구성도 •

3 르네상스(15~17C)의 조경

1 배경

(1) 르네상스의 발생과 특징

① 중세사조에 반대되는 새로운 신풍조로 르네상스란 문예부흥을 의미한다.

② 중세 암흑기를 벗어나 광명, 자유의 시대, 인본주의 휴머니즘, 인문주의 즉 인간의 존엄성을 높이기 시작

③ 정원이 예술의 한 분야로 속하게 되었다.

중세	르네상스
암흑의 시대	광명의 시대
속박의 시대	자유의 시대
그리스도교의 신본주의 사회	휴머니즘, 인문주의 사회
정원은 신의 영광을 찬양하기 위한 것	정원은 인간의 존엄성, 취미, 품위를 높이기 위한 것

(2) 시대적 흐름

① **15세기 초기 르네상스** : Tuscan 지방의 플로렌스지방 중심
② **16세기 중기 르네상스** : 로마와 그 근교를 중심으로 발전
③ **17세기 후기 바로크양식** : 이탈리아 북부지방 제노바, 베니스에서 발전

2 이탈리아

(1) 개관

① **시대적 배경** : 동로마제국의 학자, 예술가들이 이탈리아로 도피해 르네상스 운동의 원동력
② **르네상스 문화의 중심지** : 피렌체(정치적, 지리적, 자연적 우연성)
③ **건축** : 고대 로마양식 기초로 수평선을 건축이장의 기본 요소로 안정과 대칭, 균제 강조
④ **알베르티(Albertii)의 입지선정규정이론(15C)** : 비트리비우스의 “The Architecture”에 준용함
㉠ 배수가 잘되는 겸허한 곳
㉡ 방향을 태양과 이루는 수평·수직각도 선택
㉢ 여름에는 시원한 바람, 겨울에는 찬바람을 막을 수 있어야 함
㉣ 수원을 적절히 이용할 수 있어야 함
㉤ 구조물, 시설물은 그 지방의 환경에 적합한 그 지방의 재료를 쓰는 것이 좋다.

(2) 15C(Tuscan 피렌체) : 르네상스 초기

① villa Medici di careggi(카레기에 있는 메디치장 : 미켈로지)
㉠ 르네상스 최초의 빌라
㉡ 미켈로지 설계에 의해 건물과 정원설계(설계가 이름을 건물에 새기는 것이 특징 : 인본주의 특징)
㉢ 고대 로마의 별장특성 + 중세의 세부시설, 색채 + 르네상스적 입지 선정

ⓡ 정원특성 : 높은 담으로 둘러싸고 있으며 정원에서 도시경관 조망이 가능함. 테라코타 화분으로 장식

② villa Medici di Fiesole(피에졸에 있는 메디치장 : 미켈로지)

㉠ 피렌체 동쪽 경사지의 전원형식의 별장. 언덕의 사이프레스, 올리브나무 배경

㉡ 정원 부지의 선택과 Site 개발이 중요

㉢ 언덕 경사지에 테라스(노단)를 만들어 지형 이용한 설계. 차경효과(주변경관까지 흡수) 우수

㉣ "To see without to be seen"(밖에서는 모두 노출되지 않고 안에서는 밖이 잘 보이게)

㉤ 상하 테라스가 직접 연결되지 않으며, 은백색의 올리브나무와 청록의 사이프레스 나무의 대비

③ 그외 villa Palmieri, villa Daggia Cazajo, villa di castello

(2) 16C(로마) 노단건축식

① Bevedere garden at Rome(로마에 있는 벨베데르원 : 브라망테)

㉠ 바티칸궁과 벨베데르 구릉의 별장을 서로 연결하여 설계

㉡ 브라망테 설계. 라파엘의 확장계획

㉢ 경사지를 3개의 테라스로 구성. 경사지에 옹벽, 계단 설치

㉣ 조경특성

ⓐ 최상의 테라스 : 'casino' 설치. 장식적 정원으로 벽감(Niche, 반원형의 주랑으로 전망대 역할하는 구조물)

ⓑ 중앙의 테라스 : 높고 평탄한 대지, 수목식재. 관람석, 최저 최고 테라스를 연결하는 대규모 계단으로 연결. 노단건축식 양식의 시작

ⓒ 최하의 테라스 : 바티칸 궁전건물과 반원형의 중정을 연결. 잔디 식재, 위의 니케(niche)가 보이도록

② villa Madama at the slope of Monte Mario(몽테마리오 산에 있는 마다마빌라 : 라파엘로)

㉠ 로마 시내가 한눈에 내려다보이는 조망

㉡ 라파엘로 설계하여 Sangallo가 완성

㉢ 3개의 노단식 정원. 남북의 긴 축을 3개의 노단으로 기하학적인 축선에 따라 시선이 연속적이고 변화 있는 디자인

㉣ 주건물과 옥외 외부공간의 시각적 완전한 결합을 시도

③ villa D'este at Tivoli(티볼리에 있는 에스테원 : 리고리오)

㉠ 에스테 소유이며 리고리오가 설계한 전원별장형식의 성관건물로서 이탈리아 3대 정원 중 하나

ⓛ 명확한 중심축을 따라 3개의 테라스 연결
　ⓐ 최하의 테라스 : 평탄하며 중앙부분에 원형의 공지(rotunda) 주위 사이프레스 식재 자수화단, 미원, 연못, 넵툰(Neptune) 분수, 조각물, 물풍금
　ⓑ 둘째 테라스 : 감탕나무 숲 사이로 세 갈래 계단이 평행되게 배치
　사면에 타원형의 용의 분수(Dragon Fountain)가 분사
　ⓒ 최상의 테라스 : 경사면을 따라 100개의 분수로 된 긴 산책로. 물의 분천, 안개, 방울의 연출. 로마도시 모형, 오바타(ovata) 분수(거대한 타원형의 분수), 분수들 뒤에 호수. 감탕나무총림, 전망대
ⓒ 정원특징 : 정원에 물을 최대한 이용한 수경의 연출, 강한 대비효과(빛과 그늘, 분수와 총림 등)

④ villa Lante at Bagnaning(바그나닝에 있는 빌라 랑테 : 비놀라)
ⓖ 랑테가의 소유로서 비놀라가 설계한 카지노(casino)와 정원을 완벽하게 결합시킨 4개의 테라스로 이루어진 형태
ⓛ 이탈리아 3대정원 중 하나
　ⓐ 최하의 테라스 : 물의 정원, 정방형의 연못, 못 가운데 둥근 섬을 4개의 다리로 연결. 몬탈토(Montalto) 분수. 1~2노단 사이 두 개의 대칭적 카지노
　ⓑ 제2테라스 : 플라타너스 군식. 원형의 분수
　ⓒ 제3테라스 : 소규모 잔디원, 잔디원 사이의 장방형의 못. 거인의 분수
　ⓓ 최상의 테라스 : 인공폭포와 인공수로, 돌고래 분수, 벽감, 2개의 원정(정자 parvilium)

⑤ villa Farnese(빌라 파르네제 : 비놀라)
ⓖ 파르네제 추기경의 소유지로 비놀라가 설계한 이탈리아 3대 정원 중 하나
ⓛ 2개의 테라스로 주변에 울타리가 없이 주변경관과의 조화를 이룬 구성
ⓒ 물을 많이 이용하지 않고 좌우대칭의 일상생활 위주의 설계

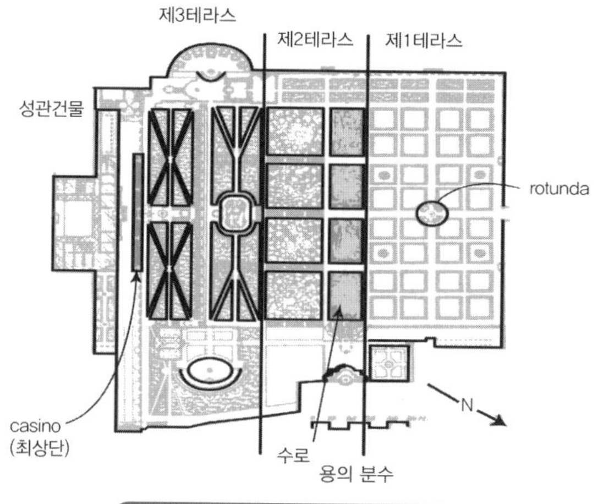

• villa D'este 공간구성도 •

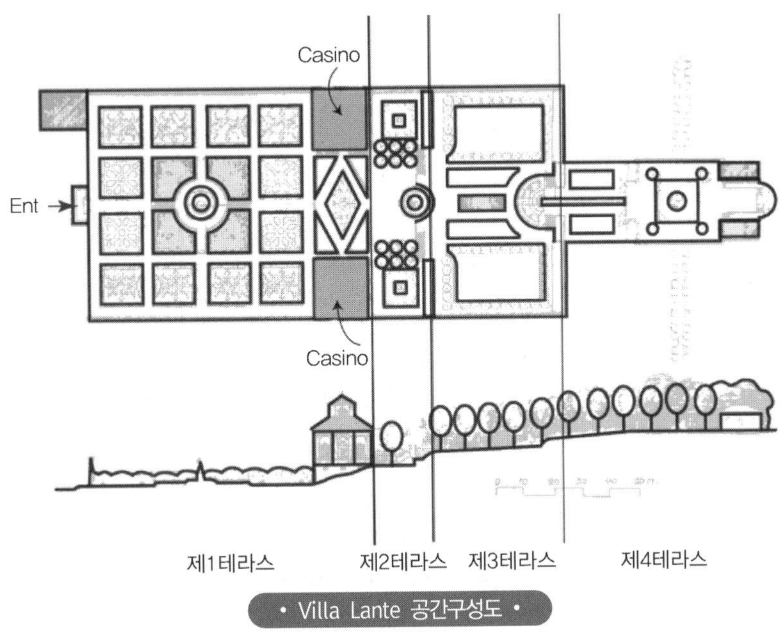

• Villa Lante 공간구성도 •

(3) 17C 후기 바로크

① villa Gamberaia(감베라이아 빌라)

㉠ 감베라이아 추기경 소유

㉡ 주건물을 정원 중앙에 두고 전체 공간 구성을 심플하게 처리

㉢ 정원구성 : grotto원, 물의 정원, 레몬원, 사이프레스원, 남북의 긴 산책로, 전망대, 올리브숲

② villa Aldobrandini(알도브란디니 빌라)

㉠ 로마 주변에 위치하며 추기경 알도브란디니 소유

㉡ Giacomo della Parta 설계

㉢ 공간구성 : Plaza, 벽감, 카지노, 물극장, 인공폭포, 물 극장이 있는 좌우대칭의 구조

③ villa Isola bella(이졸라 벨라)

㉠ 바로크정원양식의 대표작으로 호수의 섬 전체를 10개의 노단으로 구성하여 만든 화려한 정원

㉡ 공중정원 같은 형식

㉢ 섬 동편 선착장에서 돌계단을 따라 전정으로 들어가 궁전건물이 있으며 정원이 펼쳐지는데 궁전과 정원의 축선이 다르나 시각 착시효과로 일직선인 것처럼 보인다.

㉣ 각 테라스마다 대리석 난간, 조각물, 화병, 오벨리스크, 과다한 장식, 꽃의 사용

㉤ 최상단 테라스에 물 극장은 바로크 성격이 매우 강함

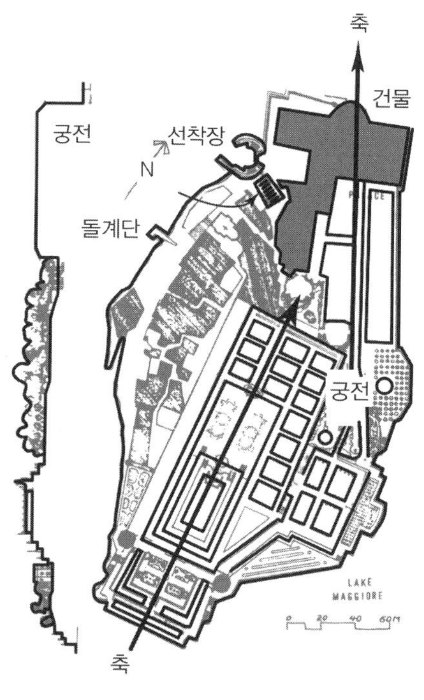

• Isola Bella 공간구성도 •

④ villa Garzoni(가르조니 빌라)
  ㉠ 이탈리아 북부지방의 건물과 정원의 축이 분리된 2개의 테라스로 이루어진 정원
  ㉡ 바로크 양식의 최고봉
  ㉢ 상단 테라스 : 무대, 조망, 총림 조성으로 대비경관 연출, 하단 테라스 : 밝고 화려한 빠르떼르, 원형의 연못
⑤ 그외 villa Lancelotti(란테로티 빌라)

★★★★★ (4) 이탈리아 르네상스 조경의 특징

	초기 르네상스(15C) 조경의 특징	
1	고대 특징	고대 로마의 별장과 전원 스타일의 계승
2	중세적 특징	건물, 의장, 세부시설
3	르네상스적 특징	위치 선정, site 개발, 독특성
4	식물 자체에 흥미를 가짐	

	이탈리아 르네상스 정원양식의 특징	
1	지형의 경사에 따라 테라스를 설계한 노단 건축식 양식	
2	축선의 사용	Medici(건축축, 정원축 따로 세 개의 축), Lante(강한 주축), D'est(등고선에 직각으로 테라스 설치해 주축 없이 독립된 테라스)
3	카지노의 위치	최상단에 있는 경우 : D'este, Belvedere 중앙테라스에 있는 경우 : 알도브란디니 빌라, Lante 최하단에 있는 경우 : 카스텔로장 주건물은 테라스 최상에 배치하는 것이 일반적
4	시각구성적 특성	강한 대비, 원근효과, 색채를 강조
5	물의 다채로운 이용	바로크시대에 매우 활발. 물극장, 비밀분천, 경악분천

	정원에 나타난 바로크 양식	
1	정원동굴(gratto)	기이한 것을 찾으려는 마음의 산물
2	물에 대한 다양한 기교	분천, 캐스케이드, 연못, 물 극장, 물 오르간, 놀람분수, 비밀분수
3	토피어리(Topiary)	수목을 인위적인 형태로 깎아 만든 것
4	세부 형태의 선	곡선적인 것을 선호하기 시작

① 이탈리아 르네상스의 각국의 영향(구릉지형의 노단식은 지형에 따라 많이 도입 못함)

㉠ 프랑스

ⓐ 몰레에게 영향 : 르 노트르(Le Notre) 양식 계승, 전하, 자수구획화단, 관상정원

ⓑ 브와소 : 「원예론」 다채로운 단목, 구획화단, 화훼·모래·유색흙으로 변화 주기

ⓒ 세르 : 「농업의 무대」. 용도별 구별(차소원, 화단, 초본원, 과수원), 프랑스 화단에 다채로운 꽃 도입

㉡ 독일

ⓐ 페세엘 : 「독일 정원서」. 이탈리아·프랑스 정원서 번역

ⓑ 프르덴바하 : 이탈리아를 다녀와 이탈리아·프랑스정원을 독일식으로 바꿈. 학교원(사상 최초), 포장정원

㉢ 네덜란드

ⓐ 드 브리스 : 이탈리아 조경 도입

ⓑ 루벤스 : 정원에 이탈리아적 취향

ⓒ 에라스무스 : 「Colloquid」. 구획되어지며, 우아하고, 아름다운 정신 순화시키는 정원이어야 함

3 프랑스

(1) 개관

① **자연환경** : 지형이 평탄하고 삼림이 풍부하여 정원 형성에 유리

② **사회경제환경** : 17세기 루이 14세의 절대왕정과 문학예술의 후원으로 베르사이유 궁전과 정원 유적 발생

③ **시대별 특징**

㉠ 15세기 : 이탈리아 르네상스 모방시대. 샤를 8세, 프란시스 1세의 이탈리아원정으로 이탈리아 문화에 매료됨

㉡ 16세기 : 이탈리아 양식으로 성곽과 정원을 개조하기 시작. 몽텐블로, 블로와성, 샹보르, 아네성, 샤를르발, 튈러리, 샹 제르멩알레이, 뤽상부르크 외

㉢ 17세기 : 본격적 프랑스 르네상스 정원이 창출(평면기하학식 정원). 앙드레 르 노트르(1613~1700)의 르네상스 설계의 대가로 인해 보르비꽁트, 베르사이유 정원

④ **이탈리아와 프랑스 르네상스 조경의 차이**

	이탈리아 노단건축식	프랑스 평면기하학식
도시적 특성	도시국가, 부축적, 교외 구릉지 산간에 전원생활의 빌라	도시 주변의 성곽 중심, 해자로 둘러싸인 정원
지형상 특성	구릉과 산악 중심으로 다이나믹한 수경 연출	평지로 호수 같은 장식적 수경 연출
양식상 특성	노단 건축식 정원양식	평면기하학식 정원양식
물이용 특성	캐스캐이드(cascade)	커넬(canel)
조경 특성	테라스(노단) 중심의 시각적 view(높은 곳에서의 조망) 중심	parterre(화단) 중요시, 수직적 요소 많이 사용한 전체적 vista 형성
소유주체	도시 부유 상인계층	왕족, 귀족 중심
기능면	기능(실용) + 장식	철저한 장식원
식물 재료	기후 온화, 다양한 식물 재료	단순한 식물 재료
자연경관 이용	자연을 이용(차경, 경사지 이용) 외국 전파가 난해	자연을 의도적으로 변화 외국 전파가 용이

(2) 정원유적

① Vaux-le Vicomte(보르비꽁트, Le Notre)

㉠ 배경 : 귀족들의 대저택 소유의 유행으로 루이 14세 때의 재무 대신인 푸케가 소유한 성관에 부속된 정원

㉡ 설계 : 건축설계 - Le Vau, 회화·조각·실내장식 - Le Brum, 정원·조경 - Le Notre

㉢ 특징

ⓐ 평면기하학식의 최초 정원(새로운 정원양식의 출현)

ⓑ 성관건물이 정원에 부속되는 것으로 정원 중심적 공간개발

ⓒ 르 노트르 조경가를 배출하여 베르사이유 궁원을 만드는 계기

㉣ 규모 : 남북 1200m, 동서 600m

㉤ 시설물 : 자수화단, 원형분수, 산책로, 동서의 수로, 동굴(grotto), 분천, 방형의 Basin, 헤라클레스상

㉥ 공간구성적 특징

ⓐ 성관건물이 정원에 종속적인 것이다.(정원 중심적 공간개발)

ⓑ Vista Garden(View 중심이 아니라 사방으로 산책로가 뻗어난 형태)

• 남북방향의 주축, 동서방향의 부축, 성관건물을 남북의 주축의 중앙에 위치

ⓒ 보스케(Bosquet)의 적극적 활용(비스타 구성, 정원시설의 배경적 구성)

② **베르사이유 궁전(Le Notre, Le Vau)**

㉠ 배경 : 루이 14세가 축조하고, 공사비 노동력에 구애받지 않고 공사한 원래 앙리 4세 때 수렵원이었던 장소

㉡ 특징 : 최대의 정형식 정원

㉢ 설계 : 건축설계 - Le Vau, 회화·조각·실내장식 - Le Brum, 정원·조경 - Le Notre

㉣ 공간구성

ⓐ 모든 공간이 주축을 중심으로 축선이 방사선으로 전개되는 태양왕의 이미지 상징

ⓑ 물의 원로, 물 극장, 총림, 미원(maze), 롱프윙(사냥), 분수(라툰다분수, 아폴로분수), 야외극장배치

ⓒ 대트리아농 : 북단에 위치한 몽테스왕 부인을 위한 도기로 만든 작은 집. 로코코 양식으로 중국식 건물과 도자기를 전시하고 진기한 화초로 장식

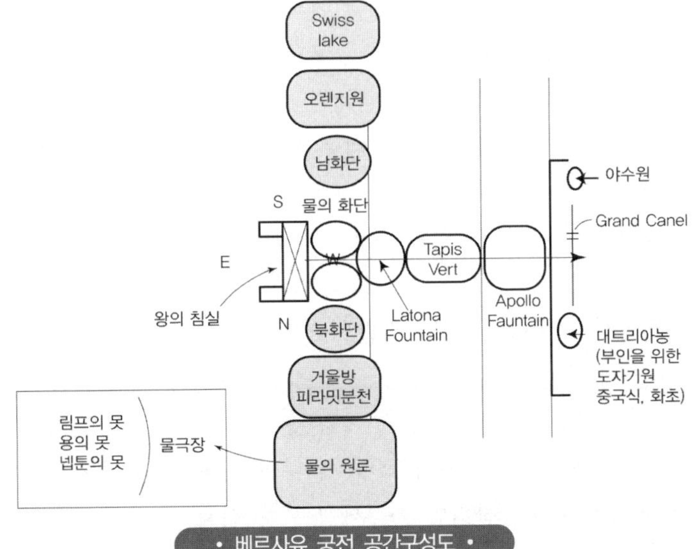

• 베르사유 궁전 공간구성도 •

③ 그외 생 클로트(Saint-cloud)

(3) 르 노트르

① 1613년 파리 태생으로 3대째 궁전정원사로 일함

② **주요 정원설계** : 생클루드(Saint-cloud), 퐁텐블로정원(Foutain bleau), 보르비꽁트, 샹델리정원

③ **르 노트르 정원의 특징**

㉠ 대규모의 장엄함을 강조한 비스타(vista)중심의 경관 전개

㉡ 정원이 주택의 부요소가 아니라 주요소로 설계

㉢ 평면공간을 단정하게 깎은 산울타리와 보스켓을 이용해 공간을 구분

㉣ 넓은 평지에 조각, 분수 등을 공간의 악센트 요소로 사용

㉤ 개개 바스켓을 구분하는 소로를 활용해 중요시설 연결하는 동선과 비스타(vista) 형성의 도구로 사용

㉥ 비스타 구성을 위하여 구획총림, 성형총림, 5점형 총림, 볼링그린(총림 중앙에 잔디밭과 분수 설치)

㉦ 총림으로 둘러싼 공간을 화단으로 장식 : 자수화단, 대칭화단, 영국화단, 구획화단, 감귤화단, 물화단

④ **시설적인 특징**

④ **시설적인 특징**

㉠ 소로(Allee)

ⓐ 원래 수렵을 위한 도로로 정원의 주요부분 연결시켜주는 연결로

ⓑ 개개의 Bosquet를 구분해 주면서 연결시켜 주는 동선

ⓒ 비스타(Vista) 구성

㉡ 보스케(Bosquet)

ⓐ 평면적이면서 입체적인 형태로 대체로 낙엽활엽수 이용

ⓑ 한 그루의 수형이 아니라, 녹색의 mass로 취급

ⓒ 공간의 수직적 요소를 이룸

㉢ 비스타(Vista)

ⓐ 멀리서 전망축이 있는 경관으로 르 노트르는 총림, 벽체를 써서 형성시킴

ⓑ 비스타 형성 수단

- 구획총림
- 성형총림 : 총림 속에 성형, 원형의 소공간 만든 것
- 5점형 총림 : 잔디밭 가운데 V자형 식재
- 볼링 그린(Bowling Green) : 총림 중앙에 잔디밭을 조성해 분수 설치

㉣ 장식적 정원

ⓐ 정원이 보스케에 의해 쌓이고, 그 공간을 화려하게 장식적 공간으로 주변의 산림과 강하게 대비시켜 놓음

ⓑ 화단 종류

- 자수화단 : 회양목, 로즈메리 등 지피식물로 당초무늬 모양 만듦
- 대칭화단 : 대칭적 4부분에 의해 나선무늬, 매듭무늬를 만드는 것
- 영국화단 : 단순히 잔디밭으로 이루어지는 화단
- 구획화단 : 회양목으로만 정원의 가장자리를 대칭적으로 구성
- 감귤화단 : 오렌지나무를 정형적 식재
- 물화단(Water Garden) : 대칭적 거형의 평면적 수조의 형태로 중앙에 분수, 네 귀퉁이에 조각·조상·대리적 Base 둠

㉤ 격자울타리(trellis)

ⓐ 정원 사이에 이동하는 정원문으로 퍼골라 형식으로 지어져 원로와 수목원을 분할함

ⓑ 쉽게 구축할 있는 것으로 많이 보급됨

ⓒ 원정(parbilion), salone, gallery, 보행용 반건축용 고도에 사용

⑤ 르 노트르 정원의 외국전파 영향

㉠ 평면지형에 장식된 정원양식으로 지형적 구애를 받지 않고 전파가 쉬우며, 유럽 도시경관의 변화를 가져오는 계기가 됨

㉡ 시설적 특징의 도시계획에의 전파

ⓐ Allee(소로) : 도시의 동선으로 적용

ⓑ Bosquet : 도시의 주택군으로 적용

ⓒ Rond point : 도시 광장으로 적용

ⓓ 러시아 상트페테르스부르크, 미국의 워싱턴 수도 계획에 영향

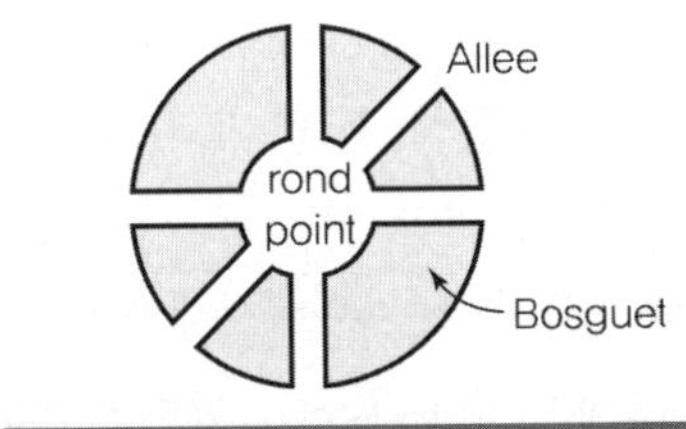

• 르 노트르 정원의 도시계획적 특징 •

㉢ 영향을 준 정원 : 이탈리아 카세르타궁원, 오스트리아 쉔브룬성, 독일 칼스루헤성관, 네덜란드 프랑스식 화단(파르테르), 스페인 라 그랑하, 포르투갈 켈루츠, 덴마크 플로렌스부르크, 중국 만수산 원명원 이궁

4 네덜란드(운하식)

① 15세기 도시 거주자들의 초본식물 위주의 정원. 운하식 인공미를 강조한 운하식 정원
② **정원구성물** : 과수원, 소채원, 약초원, 화단(단순 사각형 화단), 창살울타리(차경수법), 정자(벽돌, 돌로 축조) 미원, 토피아리 중심
③ 풍부한 화초로 변화감 있게 조성함. 하며 노단이 거의 없고 토피아리와 수로로서 부지경계의 역할
④ 화단 : 단순 사각형의 화단으로 화려하지 않음
⑤ 노단이 거의 없으며, 인공가산을 만드는 경우도 있음
⑥ 영국 Levens Hall에 영향을 줌
예 Summer House 도시정원

5 영국 르네상스(15~17세기) : 정형식

(1) 튜터조 정원

① **배경** : 신문화를 흡수하면서 새로운 토지소유자들이 저택형 조경을 하면서 프랑스, 이탈리아를 여행하고 모방하기 시작. 암흑시대가 끝나고 정원을 확장해 나감
② **정원 특징**
㉠ 화훼, 정원에 대한 관심 증대
㉡ 화단 : 격자울타리에 둘러싸여 여러 개로 구획. 벽돌, 다듬을 돌에 의해 땅보다 약간 높게 조성
㉢ 토피아리 도입 : 노단과 물의 기교는 맞지 않아 토피아리로 장식
㉣ 가산 축조 : 외부경관을 바라보기 위한 장소에 담장 대신 정자 짓고 주변 경치 감상
㉤ 매듭화단(Kontted bed) : 튜터조가 창시함
㉥ 회랑(gallery) : 가장 특징적인 정원시설. 정원 밖 건물과의 통로구실
③ **대표 정원** : 햄턴 코오트(Hampton court = 사원 Pravy garden)
㉠ 헨리8세를 위해 축조한 정형식 정원. 토지 확장하면서 정원에 대한 관심이 고조
㉡ 정원구성물 : 격자울타리에 의한 화단, 토피아리, 가산축조, 매듭화단, 회랑, 야수상(왕가 문양 나타낸 것), 풍신기, 해시계
㉢ 연못의 정원 : 가장 오래된 정원으로 침상원(sunken Garden) 3개의 노단, 중앙의 원형분천, 산울타리로 전체를 둘러싸는 형태

(2) 엘리자베스 시대

① **배경** : 이탈리아, 프랑스, 네덜란드에서 도입된 새로운 정원양식을 결합하기 시작. 대륙에 비해 화려한 화단으로 밝게 꾸며 음울한 기후에 대책

② 정원 특징
ㄱ 전정 : 주택 앞 담장에 둘러싸인 전정 조성
ㄴ 노단 : 정원경관을 바라보기 편리한 곳에 노단 배치
ㄷ 화단 : 네모난 모양
ㄹ 격자원정 : 이용 편리한 곳, 구석진 자리에 배치
ㅁ 유원 : 영국정원에서 중요한 요소로서 단순한 경계적 산울타리 역할(주로 라벤더, 로즈마리 등)
ㅂ 토피어리 : 영국 정형식 정원에서의 중요 요소
ㅅ 볼링 그린 : 구기장, 활터

③ **대표 정원** : 몬타큐트(Montacute)
ㄱ 유럽을 모방하면서 대륙에 비해 화려한 화단으로 음울한 기후에 대한 대책
ㄴ 정원구성물 : 주택 앞 담장에 둘러싸인 전정, 노단, 화단, 격자원정, 유원(산울타리로 경계), 토피아리, 볼링 그린(구기장)
ㄷ 단순하면서 의식적 주축선 강조

(3) 17C~18C 초 스튜어트 왕조

① **배경** : 장원건축, 조경의 퇴보. 이탈리아, 프랑스, 폴란드, 중국의 영향받음

② **주요정원** : 브라함(Bramham) Park, Wrest Park, Hampton court, 멜보른 Hall, Wrest court, Levens Hall
ㄱ 햄프턴 코트(Hampton Court) : 가장 여러 나라의 영향을 많이 받아 개조됨
ㄴ 웨스트베리 코트(Westbury Court) : 연못 중심의 정원. 차경수법(개방된 창울타리 통해 주위 경치 받아들임), 소채원(5점 식재, 관목으로 둘러싸임)
ㄷ 레벤스 홀(Levens Hall) : 토피아리의 정원, 튤립(네덜란드의 영향), 주축선, 소로, 비스타 등 프랑스 영향, 볼링 그린, 채소원 등

(4) 영국 정형식 정원의 특징

① 부유층을 위한 것

② **테라스** : 이탈리아 양식, 석재 난간에 둘러싸여 병, 화분 조상으로 장식

③ **주도로(Forthright)** : 4명 정도 걸을 수 있는 평행선의 산책로로 잔디나 자갈로 포장

④ **가산(Mound)** : 원래 중세 방어 감시탑이 정상에 원정을 배치하여 주변 감상하는 언덕으로 조성

⑤ **볼링 그린(Bowling Green)** : 볼링 경기 장소. 단순하다가 프랑스 영향으로 화려해짐. 매우 반자연적으로 후에 자연풍경식 발생의 촉매가 됨

⑥ **약초원(Herb Garden)** : 거형, 장방형의 형태

⑦ 3대 정원요소
㉠ 문주(가문의 문양을 그려 조상물 만든 것)
㉡ 매듭화단(상록식물로 매듭무늬로 만든 화단)
㉢ 토피아리(수목을 인위적인 형태로 다듬어 배열한 것) : 지나치게 남용, 비자연적

4 18세기의 조경

1 18C 영국 자연풍경식

(1) 시대적 배경

① 르네상스 이래 강조된 휴머니즘과 합리주의, 근대 과학정신이 첨가
② 도시화로 인한 노동자계급의 사람들이 발생하여 위생시설, 복지시설의 개념이 생겨나며 새로운 도시에 대한 고려로 도시공원이 발생
③ 새로운 인간에 대한 사상, 문인들, 풍경화의 발달로 인해 자연주의 풍경식이 싹트기 시작
④ 영국 정형식 정원의 비자연적, 인공적인 형태에 대한 반발

(2) 영국 풍경식 조경가

① 스와이저(Switzer, 1682~1745)
㉠ 최초의 풍경식 정원가
㉡ 정원은 울타리를 없애고 주변 모든 경관을 이용해 정원을 확장해야 한다.
② 찰스 브리지맨(Charles Bridgman, 1690~1738)
㉠ 주요작품 : 리치먼드 궁원, Stowe Garden, Chisuick Garden, Stourhead
㉡ 조지 1세의 궁전정원사로 정원은 숲의 외모를 가져야 한다고 주장
㉢ Stowe가든에서 하하(ha-ha) 개념을 도입하여 차경효과 정원조성
③ 윌리엄 켄트(William Kent, 1684~1748)
㉠ 주요 작품 : Chisuick Garden, Stowe Garden 수리, Kensington Garden, Rousham Garden, Stourhead
㉡ 풍경식 정원의 전성기를 이룬 선도 역할로 브리지맨의 제자
㉢ "자연은 직선을 싫어한다." 자연 그대로의 나무나 회화적 풍경묘사에 관심

④ 란셀로티 브라운(Lancelot Brown, 1715~1783)

㉠ 주요작품 : Stowe Garden 개조, Burghly 개조(발레이), 블렌하임(Blenheim) 개조 (원래 Wise 설계) Wakefield hodge의 연못

㉡ 풍경식 정원의 대가이며 켄트의 제자. 풍경화를 경관에 옮겨 보려는 노력

㉢ 부지의 잠재력 강조하여 부드러운 기복이 있는 잔디와 잔잔한 수면, 우거진 수목과 굽이치는 원로

㉣ 정원에서 건축물과 색채는 중요하지 않으며 테라스와 자수화단도 없어야 한다.

㉤ 급작스러운 정원양식의 변화에 대한 반발이 생기기도 했다.

⑤ 험프리 렙턴(Humphry Repton, 1752~1818)

㉠ 50여 개 궁전 개조

㉡ 풍경식 정원의 완성가로 이론설 주장. 브라운파

㉢ 브라운보다 융통성 있고 실용적 합리주의적 입장

㉣ Landscape Gardener라는 명칭 최초로 사용

㉤ 정원의 천연의 미를 강조하며 기교를 감추고 경관을 도와 정원이 천연의 작품과 같아야 한다.

㉥ Red Book 창안(부지설계에 관한 스케치)

⑥ 윌리엄 챔버(Sir. William Chamber, 1726~1796)

㉠ Kew Garden 설계

㉡ 중국정원을 영국에 소개. 브라운파에 반대하는 회화파의 입장(정원은 보는 사람들이 감탄하는 미적 쾌감이 있어야 한다.)

브라운파(Brownist)	회화파(Picturesque)
• 전형적 영국의 사실주의적 자연풍경식 • 구불어지고 완만히 굽이 친 원로를 따라 차례로 전개되는 변화 많은 풍경이 주조 • 브라운, 렙턴 + 영국인 원래의 기질	• 정원에 지적요소를 도입 • 정원이 목적하는 바는 보는 사람들로 하여금 경탄감을 자아내게 하는 동시에 여러 가지 미적 쾌감을 주어야 한다. • 정원을 소요하면서 고전적인 조사, 도자기, 작은 정자, 고딕스타일의 폐허지 도입 • 이질적인 기호, 미적 쾌감 유발 • 챔버

★★★ (3) 영국 풍경식 정원의 작품

① 스투어 가든(Stowe Garden, 브리지맨 → 브라운, 켄트 개조 → 브라운 개조)

㉠ 브리지맨과 반브로프가 설계하고 브라운과 켄트가 개조한 후 다시 브라운이 개조하여 완성

㉡ 하하(Ha-Ha) 수법의 사용 : 정원 경계부에 물리적 경계 구분 없이 도랑을 파 경계의 역할을 하여 가축을 보호하고 인접한 목장, 삼림지를 정원의 풍경 속으로 끌어

들이는 의도로 사람들이 도랑을 보고 '하하' 라고 하면서 감탄한 데서 생긴 이름

㉢ 브리지맨과 반브로프 설계 당시 : 기하학적 정원으로 주축이나 부축이 완전 대칭이 아닌 과도기적 형태. 자수화단, 수영장, 분수 등

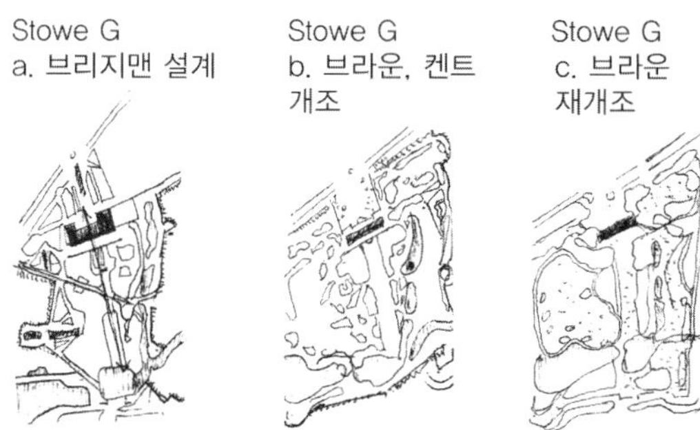

• Stowe garden 설계 변천 과정 : 점점 곡선이 많이 사용되며 자연적 형태로 변함 •

② 칙스윅 하우스(Chiswick House, 켄트)

㉠ 켄트에 의해 설계된 낭만주의 풍경식 정원의 대표작

㉡ 전통적 규칙성과 야생적 경관을 혼용한 방식

㉢ Landscape Garden이란 언어의 사회적 공식화

③ 스투어헤드(Stourhead, 켄트, 브리지맨)

㉠ 현재 원형이 가장 잘 남아있는 정원으로 헨리 호어의 소유로 켄트와 브리지맨이 설계

㉡ 전설에 나오는 에이네이어스를 테마로 자연을 배외하는 영웅의 인생항로를 느낄 수 있게 공간 구성

㉢ 인공 호수를 따라 아폴로 신전, 판테온 신전, 플로라 신전 등을 배치. 신전이 정원 중심적 공간 이루면서 호수에 비치도록 설계. 지적 의미를 가지고 정원의 각 부분을 시와 신화의 기초지식 위에서 감상하도록 함

• Stourhead 공간모식도 •

(4) 영국 풍경식 정원의 조경사적 의의

① 근대조경에 지대한 영향. 새로운 양식의 도래

② 옥외공간의 설계에서 야생의 자연과 일치하도록 경관을 창출

③ 당시 조경가의 주요관심이 그동안 무관심했던 삼림과 농촌풍경을 보존하자는 움직임. 이를 최대한 확장하려는 노력으로 이어짐

★★★ 2 프랑스 풍경식

(1) 배경

① 18세기말에서 19세기 초까지 영국 풍경식 정원이 유행

② 당대의 계몽주의 사상, 루소의 자연복귀사상 "자연으로 돌아가라"

★★★★ (2) 대표적 정원

① 프티 트리아농(Petit Trianan)

㉠ 가브리엘 설계

㉡ 이탈리아식 건축양식 + 정형식, 비정형식 동시의 정원

㉢ 루이 14세가 축조하여 루이 15세 때 식물원 같은 모습으로 외국수종을 많이 식재함. 루이 16세 때 앙투아네트를 위해 영국식 정원으로 개조하여 소박한 전원적 생활을 하는 곳으로 만듦

② 엘름논빌(Ermenonville)

㉠ 프랑소와 지라르뎅 설계

㉡ 앙리 4세가 세운 성관을 풍격식 정원으로 조성

㉢ 공간구성 : 대임원, 소임원, 벽지(야생의 방치된 모래땅)로 구성됨. 그 속에 동굴, 폭포, 하천, 연못 중앙의 섬 등이 있다. 당시 문인들의 기념비와 루소의 무덤이 있음

③ 말메이존(Malmaision)

㉠ 베르토 설계

㉡ 임원형식의 조세핀(나폴레옹 황제의 황후)의 만년거처

㉢ 아름다운 수목과 많은 화훼류가 있음. 큰 온실에 외국의 진귀한 수종 수집연구

④ 그외 Morfountaine, Bagatelle, Monceau Park

(3) 프랑스 풍경식의 특징

① 영국 후기 풍경식 정원형식 : 사실적 자연풍경양식

② 이국적 정서, 취향을 적극적으로 받아들임

③ **정원이 작은 농촌의 촌락과 같이 보이게 조성** : 농가, 창고, 물레방아, 풍차 등 실제로 이용
④ **첨경물의 적극적 사용** : 정원미를 높이고 경관효과를 위해 낭만주의적 경관 조성
⑤ **곡선 그리는 원로** : 가장 독창적인 것으로 정원의 지배요소

3 독일 생태학적 풍경식 정원

(1) 특성

① 기존 농가를 중심으로 한 소규모 정원으로 삼림 위주의 생태학적 정원
② **과학적 기반** : 식물생태학, 식물지리학의 발전

(2) 주요 조경가

① **히르시 펫트(1743-1792)** : 삼림미학자. 미학강의교수. 풍경식 정원에 대한 정원예술론 연구. 경관의 미적쾌감을 여러 가지로 분류해 풍경식 정원을 설명
② **칸트(Kant)** : 저서 "판단력 비판"에서 예술을 분류함에 있어 조경에 대한 정의
회화와 조경술로 구분. 조경술은 자연재료를 미적으로 배합하는 예술이다.
③ **괴테** : 낭만주의 문학의 대가. 바이마르원(Weimar Garden) 설계
④ **쉴러** : 괴테에 이어 풍경식 정원의 비판자. "정원 속의 자연은 이미 외부자연과 같지 않다."

★★★★★ (3) 주요 정원

① 시뵈메르원
㉠ 독일최초의 풍경식 정원으로 진기한 외국수종이 많다.
② 데시테드원
㉠ 임원형식으로 식물지리학적 생육상태에 맞게 과학적인 설계
㉡ 외국수종이 많음
③ Muskau성의 대임원
㉠ 무스카우공작 소유로 성관과 대규모의 농경지로서 공작이 직접 설계함. 전원생활의 여러 활동을 담을 수 있는 실용적인 공간으로 조성
㉡ 후에 미국 센트럴파크에 영향을 줌
㉢ 무스카우 공작의 정원설계에 대한 9가지 이론 : "Hints on Landscape Gardening"
- 일관성, 응집력, 차경, 단순, 인간도 자연이다. 주거와 정원의 일체감, 다양성, 생태환경, 교육적 가치 등

㉣ 공간구성 : 낙엽활엽수 위주의 임원, 수경시설 활용(장식적 수로와 호수와 연결), 곡선의 산책로, 목가적인 초원 등

④ 그 외 바이마르원(weimar Garden) - 괴테

5 19세기의 조경

고대	그리스	아고라
	로마	포럼, 운동장, Gymnasium(김나지움)
	서부아시아	Sharine garden(샤린가든)
중세	성내 정원광장, 오락장, 특수 경기장, quid(상공업자들이 모이는 곳)	
	귀족의 개인정원 개방	
르네상스	임원 공개 → 19C에 법령·왕실령에 의해 개방	
18C~19C	영국 런던	Kensington Garden(캔싱턴 가든)
		Hyde Park(하이드 파크)
		Green Park(그린 파크)
		St. James Park(성 제임스공원)
		Regent Part(리젠트 파크)
	프랑스 파리	Champs Elysees
		Palais Rotal
		Parc Monceau(몽소 공원)
		Jardin des Plantes
		Luxembourg
20C	미국	필라델피아시 계획
		워싱턴시 계획
		뉴욕시 계획
		옴스테드 Central Park
	파리	Bois de Boulogue
		Monsouris
		Bois de Vincennes

1 영국조경(공공조경)

(1) 배경

① 산업화 도시화로 인해 도시문제를 해결하기 위한 방법으로 공원이 등장
② 도시 확산에 대한 견해로 전원 도시안 등장
③ 귀족정원에 대한 흥미가 사라지고 공원에 대한 대중의 관심이 증대
④ 귀족정원을 대중에게 개방
⑤ 19세기 초 정원 개조 : 감상주의에서 벗어나 절충주의
㉠ 현실 그대로의 식물에 관심 기울이기 시작
㉡ 배리(Berry)
ⓐ 로마 근교의 별장에 반정형적 수법 사용
ⓑ 정원작품은 풍경원과 분리되어 건물 한쪽 면에 붙여서 축조
ⓒ 지형이 허용하면 이탈리아식 난간, 그렇지 않으면 침상원(sunken garden)으로 멀리서 볼 수 있게
㉢ 팩스턴(Paxton)
ⓐ Chatsworth 정원 개조 : 정형식의 주원로를 남기는 풍경식
ⓑ Crystal palace(수정궁) 설계 : 정형식+비정형식의 혼합

(2) 대표적 정원

① 리젠트 파크(Regent Park)
㉠ 배경 : 18세기까지 귀족의 전유물이었다가 19세기에 오면서 특정한 날 개방되다가 점차 확대되어 공공의 집회장소로 활용되기까지 하면서 정원이 공공기관에 기부됨.
㉡ 원래 리젠트 왕자의 수렵원을 존 나쉬(John Nash)에 의해 런던의 주요가로를 개조하여 그 중 리젠트거리에 띠모양 숲을 만들어 녹지의 중요성을 불러일으킨 공원
㉢ 절충식 정원(고전양식 + 낭만양식)
② 버큰헤드 파크(Birkenhead Park)
㉠ 1843년 조셉 팩스턴(Joseph Paxton)이 설계한 시민의 힘으로 개방된 최초의 공원
㉡ 양식 : 풍경식 양식을 살리면서 여러 양식이 혼합된 절충주의적 양식
㉢ 영향 : 미국 센트럴파크에 지대한 영향을 줌. 도시공원설립의 자극적 계기
㉣ 공간구성 : 공원 주변에 공원을 향한 주택의 배치방식. 대규모의 초원, 완만한 곡선의 마차길, 산책로, 대규모 인공연못 등
③ 세인트제임스 공원(St. James Park)
㉠ 존 나쉬가 긴 커넬을 물결무늬의 연못으로 개조한 공원

(3) 19C 말 영국 구성식 정원 : 건축식 양식의 신고전파

① 블롬필드(Blomfield)

㉠ 구성식 일으키게 한 건축가

㉡ 민주적 도시소정원에서 비롯하며, 풍경식 정원 역시 인공적이라 함

㉢ 넓은 부지를 작은 공간으로 분할하는 영국 르네상스, 산울타리 이용

㉣ 건축적 감각이 담겨진 정원의장에 대한 관심

② 무테시우스(Muttesius)

㉠ Outdoor Living Room : 건물과 정원이 서로 조화를 이루면서 정원은 또 다른 거실이다.

㉡ 노단, 화단, 채원은 하나의 외부의 방의 성격을 지닌 공간이다.

(4) 소정원운동

① 윌리엄 로빈슨(William Robinson)

㉠ 소정원운동의 대표주자인 원예가

㉡ 처음 야생정원을 만들어 자생식물이나 귀화식물 식재

② 재킬여사(Gertrude Jeckll)

㉠ 아마추어 원예가

㉡ Wall Garden, Water Garden 등 소주택에 어울리는 정원 고안

★★★★★ 2 미국조경(식민지 정형식 → 풍경식 → 기능주의)

(1) 식민지 시대

① 배경

㉠ 콜롬버스가 신대륙을 발견하면서 유럽제국의 식민지 시대로서 자국의 정원, 주택의 양식을 그대로 반영

㉡ 선주민이었던 인디언의 촌락, 정원에 대한 관심

② 특징

㉠ 정형적 정원의 형식

㉡ 주도로 : 주택을 중심으로 축선상의 짧고 곧은길. 격자형 포도밭, 꿀벌통, 넓은 잔디밭, 가장자리에 회양목 두른 화단, 채소밭, 원정 등이 있음

③ 대표 정원

㉠ 코로니얼 윌리엄스버그(Colonial Williamsburg)

ⓐ 버지니아의 수도

ⓑ 프랑스 정형식 정원 양식을 모방한 절충식 양식, 영국과 프랑스 양식의 혼합

ⓒ 기하학적 중심의 공간구성

㉡ 마운트 버논(Mount Vernon)
ⓐ 영국 풍경식 + 프랑스 기하학식의 혼합
ⓑ 초대 미국 대통령 조지 워싱턴의 사유지
㉢ 몬티첼로(Monticello)
ⓐ 미국 제3대 대통령 토마스 제퍼슨 사저
ⓑ 토마스 제퍼슨이 직접 설계하고 리모델링한 독창적인 건축과 정원

★★★ (2) 19세기 풍경식 공공정원

① **배경** : 남북전쟁 이후 도시 거주자들의 별장과 조경이 발달. 이민자들의 증가로 도시 정리 필요에 따라 공원이 발생
② **1800~1850년대 풍경식 정원가**
㉠ Andre Parmentier(파르망띠에)
ⓐ 최초의 풍경식 정원설계. 대규모의 사유지 정원설계
ⓑ 영국적 풍경식 양식을 미국적 풍경식 양식으로 적용
㉡ Andrew Jackson Downing(다우닝)
ⓐ 미국문화 기후에 맞게 설계해야 함을 주장. 사유지정원을 낙원 만듦
ⓑ 영국 스토우가든(Stowe G.)을 원형으로 프라이버시 위한 경계수목, 산책로 만듦
ⓒ 미국 최초의 조경관계 문필가
ⓓ 백악관, 의사당 주변 정원설계
㉢ Fredrick Law Olmsted(옴스테드)
ⓐ 조경의 아버지
ⓑ 3대 작품 : Central Park, 1866 Prospect Park(브루클린), 1885 Franklin Park(보스턴)
ⓒ 경험이 풍부한 농부, 작가, 경영인의 찬사를 받음
ⓓ 미국 노예제도가 사회, 경제에 미치는 영향을 연구하기도 함
ⓔ 1856년 유럽을 여행하고 공원시설 연구
ⓕ 센트럴 파크 등 80여 개의 공원설계와 나이아가라 자연경관 보호 설계, 요세미테 국립공원 건설의 지도자 역할
ⓖ 옴스테드와 보우의 3대 공원 : 센트럴 파크, 프로스펙트 공원, 프랭크린 공원
③ **미국 공공공원의 발달과정**
㉠ 1851년 뉴욕시의 공원법 통과
㉡ 1858년 센트럴 파크 조성
㉢ 공중위생에 대한 관심, 낭만주의적 미적관심의 발달, 경제적 성장 등
④ **센트럴 파크**

㉠ 옴스테드의 그린스워드 안(Greensward Plan)으로 설계공모에 당첨되어 1858년 센트럴 파크 조성
㉡ 보우의 건축설계
㉢ 계획내용
ⓐ 입체적 동선체계 : 동서 7개 횡단보도, 4개의 지하로, 3개의 평면도로 등
ⓑ 공원 가장자리의 경계식재로 차음차폐
ⓒ 도시의 격자패턴에 반대하는 아름다운 자연경관 연출
ⓓ 산책, 대화, 만남 위한 정형식 패턴의 몰, 대형 도로를 몰과 연결
ⓔ 건강과 위락 위한 드라이브 코스, 넓고 쾌적한 마차길, 동선분리
ⓕ 퍼레이드 위한 광장, 호수, 적극적 놀이 공간, 교육적 수목원
㉣ 의의
ⓐ 조경 전문직의 대두
ⓑ 재정적으로 성공한 미국 도시공원 운동의 효시
ⓒ 국립공원 운동에 자극을 주어 최초의 국립공원 옐로스톤 국립공원을 1872년 지정함
ⓓ Landscape Architect(조경가)라는 명칭 처음 사용하여 사회적 공인 받음
ⓔ 옥외 레크리에이션의 촉진. 4계절 위락시설 배치
ⓕ Big idea and Small detail : 전체 스케일은 크게 하고 세부적 시설에 대해서는 정교

⑤ 찰스 엘리어트(Charles Eliot, 1859~1897)
㉠ 수도권 공원계통(metro politan park system) 수립
㉡ 보스턴공원계통 : 엘리오트와 옴스테드 부자에 의해 보스턴의 홍수조절과 하수의 악취 제거를 위해 오픈 스페이스 시스템 개념 도입
㉢ 1890년 수도권의 체계화된 공원시스템을 위한 공원 계통을 설립하여 새로운 전원도시를 창출하게 함
㉣ 여러 국립, 주립공원 생기는 데 공헌

⑥ 시카고 만국 박람회(1893) - 콜롬비아 박람회라고도 일컬음
㉠ 미대륙 발견 40주년 기념을 위해 시카고에서 만국박람회가 개최 됨
㉡ 다니엘 번함 건축설계, F.L. Olmsted 설계소에서 조경설계
㉢ 박람회의 영향
ⓐ 도시미화운동으로 발전
ⓑ 도시계획 설계에 대한 관심 증대 : 도시를 기능적 과학적으로 보게 됨
ⓒ 조경전문직에 대한 일반인들의 인식 증대
ⓓ 대규모의 공공사업(건축, 토목과의 공동작업), 조경발전의 계기
ⓔ 로마에 아메리칸 아카데미(American academy) 설립

6 현대의 조경(20세기)

1 미국의 조경

(1) 1900~1차 세계대전

① 도시미화운동

㉠ 시카고 박람회의 영향으로 도시를 아름답게 만듦으로서 도시문제와 이익을 얻을 수 있다는 인식에서 일어난 운동

㉡ 로빈슨(Charles Mulford Robinson)과 번함(Daniel Burnham)이 주도하여 Civic center를 건설하고 도심부를 재개발하는 등 각종 도시개발을 전개

㉢ 단점

ⓐ 미에 대한 오류 : 디자인의 절충주의가 여전히 남아 있음

ⓑ 도시계획의 관심이 커 조경의 영역 감소

② 전원도시운동

㉠ 영국에서 시작됨

㉡ 산업혁명 후 문제되는 도시의 인구, 환경문제를 위해 1902년 하워드(Ebenezer Howard 1850~1928)가 Green city of Tomorrow라는 이상도시 제안

㉢ 1903년 레치워드(Letchword), 1920년 웰윈(Welwyne)의 최초의 전원도시를 건설하였으나, 이상적 도시 조성에는 실패함

㉣ 미국의 옴스테드와 번함에게 영향을 주어 레드번(Redburn) 계획으로 이어짐

㉤ 범세계적인 뉴타운 건설의 붐을 일으키고 새로운 공간조성에 조경가가 적극적 참여하는 계기가 됨

(2) 1차 세계대전 ~ 1944년

① 공원계통

㉠ Eliot에 의해 최초 수립

㉡ 미국 : 지역공원계통의 수립, 새로운 전원도시(레드번) 창조, 주립·국립공원운동, 뉴딜정책 수행 사업 중 지역 계획적 스케일의 조경계획 일어남

㉢ 맨해튼의 웨스터체스터 공원계통

ⓐ 하나의 공원 속에 설정하는 도로, 공원계통

ⓑ 하나씩 산재된 위락지역과 자연경관을 목걸이 꿰듯 공원도로로 연결하는 것

② 광역조경계획

㉠ 소규모적인 조경이 아니라 도시와 도시를 연결하는 넓은 의미의 조경계획

㉡ 뉴딜정책 : 농업조정법(A.A.A)과 산업부흥법(N.I.R.A), T.V.A(Tenessee Valley

Authority)를 시행하여 경제 공황을 극복하려고 함

㉢ 도시개발을 국가적인 차원에서 해결

㉣ T.V.A(Tenessee Valley Authority)

ⓐ 수자원개발에 관한 효시

ⓑ 지역개발의 효시

ⓒ 미시시피하구에 21개의 댐을 건설하여 하수통제, 홍수조절과 수력발전으로 공업도시개발을 이루는 목적

ⓓ 조경가들이 대거 참여한 사례이다.

③ 래드번(Radburn) 계획

㉠ 미국의 소규모 전원도시

㉡ 라이트(Henry Wright)와 스타인(Clarence Stein)이 설계

㉢ 내용

ⓐ 슈퍼 블록(Super block)을 설정해 차도와 보도를 분리하고 쿨데삭(Cul-de-sac)으로 시설을 배치하여 통과교통을 차단하고 전원풍경을 느끼게 하였다.

ⓑ 인구 25,000명을 수용하고 공원 같은 주거지를 창출하고자 함

ⓒ 위락중심지, 학교, 타운센터, 쇼핑시설을 주거지에서부터 공원과 같은 보도로 연결

★★★ 2 주택정원과 기타

(1) 미국정원

① 소정원양식

㉠ 다우닝 : 원예가로 유연, 자연, 낭만적 사유지 조경의 전성기. 조경전문직에 대한 일반 대중의 인식을 높임

㉡ 플래트(platt) : 신고전주의 정원의 장을 열게 됨. 브루클린의 폴크셔 농장. 전 계획과정에서의 신중한 연구. 힘찬 배치, 축선의 배치, 결함없는 수목 배치 등

② 캘리포니아 개인정원 스타일

㉠ 경제성장과 커뮤니케이션의 영향으로 동양문화의 영향

㉡ 피타고라스의 기하학 + 동양의 음양조화에 바탕을 둔 표현형태

㉢ 스틸(Steel) : 소정원계획, 정원은 옥외실이다.

㉣ 토마스 처치 : 대중을 위한 소정원, 정원은 사적공간으로 가족환담 장소

예 도넬가든(Donnel Garden)

㉤ 그 외 서해 캘리포니아 스타일 : 가렛 에크보, 로렌스 할프린
동해 캘리포니아 스타일 : 제임스 로스

(2) 영국

① 절충식 정원

㉠ 팩스톤 : 쳇위드 정원의 개조와 수정궁에서 정형과 비정형의 혼합양식

㉡ 루우돈 : 정원은 반정형과 반자연적이며 정원식물은 장식이 아니라 그 자체를 위해 심겨져야 함

㉢ 베리경 : 풍경원과 정형원의 절충된 반정형적 정원 건설

㉣ 브롬필드 : 1892년 '영국의 정형식 정원'에서 정원은 건축적이어야 한다고 함

② 소정원 운동

㉠ 윌리엄 로빈슨, 재킬여사 : 영국의 자생식물, 귀화식물로 야생정원 최초 조성

㉡ 재킬여사 : 월가든(Wall Garden), 워터가든(Water Garden)으로 소정원에 어울리는 양식 개발

(3) 독일

① 복스 파크(Volks park)

㉠ 루드비히 레저(L. Lesser)가 제창한 것으로 전 국민을 위하여 심신단련, 휴식, 녹지를 조성하여 후생을 위한 공원

㉡ 1차 세계대전 후 독일 조경계를 대표하는 백화점식 공원

㉢ 면적 10ha 이상 인구 50만 이상의 도시에 설치

㉣ 일광, 공기욕장, 취선장 등 월등

예 구르거파크, 시타트파크

② 독일의 분구원

㉠ 시레베르(Schreber)가 주장하여 소공원지구 시당국에 제공한 것으로 소정원 지구 단위를 200m^2 정도로 하는 대도시 주민이 나무 가꾸면서 즐기는 자리를 제공

㉡ 1차 세계대전 이후 식량 제공을 위해 사용한 것이 현재 화훼 재배장으로 사용됨

③ 도시림(Stadtuald)

㉠ 1935년 연방자연보존법이 도시림을 산림공원으로 보존, 개발하게 하였으며 광역 조경개발과 밀접한 연관성을 가지며, 고속도로 조경이 매우 우수하였다.

④ 구성식 정원양식 나타남

⑤ 바우하우스

㉠ 월터그리피우스가 세운 조형학교

㉡ 건축과 인간환경 창조를 목적으로 기능주의에 입각하여 1919년 독일에 세움

(4) 스위스 현대건축국제회의(1929년)

① 그루피우스, 르 꼬르뷔제, 마알토, 기이디온 등의 주도로 개최

② 기능주의에 입각한 국제건축 부각되기 시작

(5) 파리 제1회 국제 조경회의(1937년)

① 스웨덴 기능주의적 이론 제시

② 각국의 아이디어 교환, 새로운 동향 전하는 계기

③ 터나드(Tannard) : '현대조경에 있어서의 정원'이라는 저서로 세계 각국의 동향 기술

(6) 국제조경가협회(I.F.L.A, 1937년)

① 런던 젤리코어 회장으로 런던에서 결성

② 러스킨, 모리스에 의해 시작된 조형운동을 현대 기능 추구해 현대적 양식으로 모색

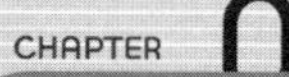  서양조경사

실전연습문제

01 고대 이집트의 일반적인 정원 특징으로 틀린 것은? [산업기사 11.03.02]

㉮ 사각형의 부지는 높은 담장에 의하여 둘러싸여 있다.
㉯ 연못(池塘)은 방형 또는 장방형이다.
㉰ 조경 수목으로는 과실나무가 많다.
㉱ 정원의 국부(局部)나 재료는 자연스럽게 비대칭 배치되었다.

풀이 ㉱ 이집트 정원은 정형적 대칭구조이다.

02 무굴인도의 샤-자한 시대에 조성된 작품은? [산업기사 11.06.12]

㉮ 니샤트 - 바그(Nishat Bagh)
㉯ 샤리마르 - 바그(Shalimar Bagh)
㉰ 아차발 - 바그(Achabal Bagh)
㉱ 체하르 - 바그(Tshehar Bagh)

풀이 **샤리마르 바그**
샤자한 왕이 설치한 3개의 노단으로 된 캐시미르 지방의 정원

03 스페인의 알함브라 궁원의 파티오 중 부인실에 부속된 파티오는? [산업기사 11.10.02]

㉮ 연못의 파티오 ㉯ 사자의 파티오
㉰ 다라하의 파티오 ㉱ 레하의 파티오

풀이 ㉮ 연못의 파티오 : 천인화의 파티오이며 사라센 양식의 타워가 있음
㉯ 사자의 파티오 : 12마리 사자의 조상이 받드는 분천
㉰ 다라하의 파티오 : 부인전용으로 원로, 분수 회양목 가장자리 처리
㉱ 레하의 파티오 : 사이프레스 파티오, 자갈포장, U자 커넬

04 다음 중 미국에 위치한 공원으로 옴스테드(Frederick Law Olmsted)가 설계한 공원이 아닌 것은? [산업기사 11.10.02]

㉮ 센트럴 공원(central park)
㉯ 버컨헤드 공원(birkenhead park)
㉰ 프로스펙트 공원(prospect park)
㉱ 프랭클린 공원(franklin park)

풀이 ㉯ 버컨헤드 공원 : 영국 정원으로 조셉 펙스턴이 설계한 시민의 힘으로 개방된 최초의 공원

ANSWER 01 ㉱ 02 ㉯ 03 ㉰ 04 ㉯

05 그리스 시대 신화와 관련되어 씨앗을 포트나 그릇에 심어 지붕에 올려놓은 데서 유래한 것은? [산업기사 12.03.04]

㉮ 아고라(Agola) ㉯ 프라자(Plazza)
㉰ 아도니스원 ㉱ 포름(Form)

 **아도니스원**
그리스 부인들이 신을 기리기 위해 포트에 나무를 심어 장식한 것으로 Pot Garde, Roof Garden의 기원

06 파티오(Patio)는 어느 나라 정원의 형태에서 많이 볼 수 있는가? [산업기사 12.03.04]

㉮ 로마 ㉯ 프랑스
㉰ 스페인 ㉱ 이탈리아

 **스페인 Patio 양식**
둘러 싸여진 위요된 공간으로 내부 중정의 독특한 양식

07 1893년 시카고의 헐 하우스(Hull House)에 최초로 놀이터를 설치한 사람은? [산업기사 12.05.20]

㉮ 하버드(Hubbard)
㉯ 윌리엄 켄트(William Kent)
㉰ 제인 애덤즈(Jane Addams)
㉱ 앤드류 잭슨 다우닝(Andrew Jackson Downing)

08 사상 최초로 공원녹지체계에 대한 계획개념을 제시하고 미국 보스턴시의 공원체계를 수립한 사람은? [산업기사 12.05.20]

㉮ C. Tunnard와 H.W.S Cleveland
㉯ Frederick Law Olmsted와 Charles T. Eliot
㉰ George E. Kessler와 C. Tunnard
㉱ H.W.S. Cleveland와 George E. Kessler

09 다음 중 스토(Stowe) 가든을 설계한 사람과 관련없는 것은? [산업기사 12.09.15]

㉮ 로스햄(Rousham)
㉯ 하하(Ha-ha) 수법
㉰ 취스윅가(Chiswick House)
㉱ 비큰히드 파크(Birkenhead Park)

 **Stowe 가든**
브리지맨과 반브로프 설계 후 브라운과 켄트가 개조. 비큰히드 파크는 조셉 펙스턴이 설계함

10 20세기 후반 포스트모더니즘 시대에 나타난 도시경관의 특징이라 할 수 없는 것은? [산업기사 12.09.15]

㉮ 기능적이고 경제적인 경관
㉯ 보행 중심의 경관
㉰ 환경 친화적인 경관
㉱ 개성과 친근감 있는 경관

ANSWER 05 ㉰ 06 ㉰ 07 ㉰ 08 ㉯ 09 ㉱ 10 ㉮

11 버큰헤드 파크를 설계한 팩스턴과 관련이 없는 것은? [산업기사 13.03.10]

㉮ 정원사 ㉯ 생물학자
㉰ 수정궁 ㉱ 리젠트 파크

 **리젠트 파크**
원래 리젠트왕자의 수렵원을 John Nash에 의해 개조한 공원

12 다음 중 고대 이집트 조경에 가장 큰 영향을 미친 요소는? [산업기사 13.03.10]

㉮ 경제 ㉯ 왕권
㉰ 자연형세 ㉱ 종교

 이집트 피라밋이나 스핑크스 등 사후세계에 대한 믿음과 종교적 영향이 조경에 큰 영향 미친다.

13 분구원(分區園)을 처음 고안한 나라는? [산업기사 13.03.10]

㉮ 영국 ㉯ 이탈리아
㉰ 독일 ㉱ 프랑스

 **분구원**
독일이 2차 세계대전 이후 식량공급을 위해 지금의 주말농장 같은 개념의 공간을 분양함

14 다음 중 세계 7대 불가사의(不可思議)의 하나로 손꼽히는 것은? [산업기사 13.06.02]

㉮ 밀턴의 실낙원(失樂園)
㉯ 베르사이유의 궁원(宮苑)
㉰ 중국의 만수산정원(萬壽山庭園)
㉱ 바빌로니아의 공중정원(空中庭園)

풀이 공중정원은 오늘날 옥상정원의 시초로 그 옛날에 인공건물에 물을 대는 방법 등이 불가사의로 꼽힌다.

15 이탈리아 르네상스 시대 바로크(Baroque) 양식에 특징적으로 나타난 조경 시설로 거리가 먼 것은? [산업기사 13.06.02]

㉮ 정원동굴
㉯ 토비어리의 난용(亂用)
㉰ 물 오르간(Water organ)
㉱ 파티오(patio)

 파티오는 고대나 중세시대 정원을 중심에 두는 중정형을 말한다.

16 17세기 중엽 프랑스의 조경이 이탈리아의 모방에서 벗어나 독창적인 평면기하학식 정원으로 만들어지는 데 기여한 조경가는? [산업기사 13.09.28]

㉮ 르 노트르 ㉯ 메이어
㉰ 브리지맨 ㉱ 옴스테드

17 세계 7대 불가사의의 하나인 공중정원(hanging garden)은 어느 왕에 의하여 들어졌는가? [산업기사 13.09.28]

㉮ 길가메시(Gilgamesh)
㉯ 네부카드넷자르(Nebuchadnezzar) 2세
㉰ 하체프스트(Hatschepsut)
㉱ 다리우스(Darius)

ANSWER
11 ㉱ 12 ㉱ 13 ㉰ 14 ㉱ 15 ㉱ 16 ㉮ 17 ㉯

18 로마시대에 있었던 집합광장(集合廣場)은? [산업기사 14.03.02]

㉮ 포룸(Forum)
㉯ 아고라(Agora)
㉰ 아크로폴리스(Acropolis)
㉱ 스토아(Stoa)

풀이 **도시 집합광장 발달사**
로마 – 포룸, 그리스 – 아고라, 중세 – Piazza, 프랑스 – Place, 영국 – Square

19 서양 중세의 수도원 정원에서 장식 목적으로 만들어진 정원은? [산업기사 14.03.02]

㉮ 초본원(herb garden)
㉯ 과수원(orchard)
㉰ 유원(pleasunce)
㉱ 주랑식 중정(cloister garden)

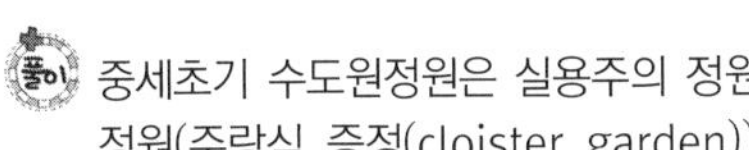

풀이 중세초기 수도원정원은 실용주의 정원과, 장식적 정원(주랑식 중정(cloister garden))이 있다.

20 형상수(形象樹 : topiary)의 기원에 해당되는 것은? [산업기사 14.03.02]

㉮ 정원관리인의 노예 우두머리
㉯ 정원수를 전정하는 노예 우두머리
㉰ 정원의 석조를 시공하는 우두머리
㉱ 정원식물 중 화훼류를 심는 우두머리

풀이 • 형상수 : 정원수를 인위적인 형태로 전정하여 만드는 것을 말한다.

21 묘지정원(Cemetery Garden)에 관한 설명으로 옳지 않은 것은? [산업기사 14.05.25]

㉮ 고대 이집트 정원 중의 하나
㉯ 시누헤 이야기(Tale of Sinuhe)
㉰ 사자(死者)의 정원
㉱ 장미 이야기

풀이 **장미이야기**
중세 후기 성곽정원에 관한 기록

22 중세 초기의 수도원(修道院) 안에서 볼 수 있는 전형적인 중정은? [산업기사 14.05.25]

㉮ 페리스틸리움(Peristylium)
㉯ 아트리움(Artium)
㉰ 클로이스터(Cloister)
㉱ 지스터스(Xystus)

풀이 **중세 클로이스터(Cloister) 가든**
중정식 정원으로 사방이 회랑으로 둘러싸여 있는 형태

23 미국의 대표적 모더니즘 작가로 '초아트 장원(Mabel Choate's Estate)'과 관계된 사람은? [산업기사 14.05.25]

㉮ 사이먼즈(Simonds)
㉯ 스틸(Steel)
㉰ 에크보(Eckbo)
㉱ 카일리(Kiley)

풀이 **초아트 장원(Mabel Choate's Estate)**
메사츄세스에 위치한 Mabel Choate의 사유지정원으로 스틸이 Mabel Choate와 함께 정원을 조성하며 조성과정을 "Design in litter garden"에 서술하기도 하였다. 스틸은 소정원 설계, "정원은 옥외 거실이다"라고 말한 것으로 유명하다.

ANSWER
18 ㉮ 19 ㉱ 20 ㉯ 21 ㉱ 22 ㉰ 23 ㉯

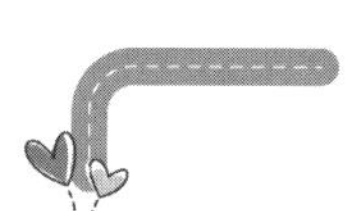

24 중세 후기에 있어서 성곽정원(城郭庭園)의 주요 부분이 아닌 것은?

[산업기사 14.09.20]

㉮ 절충원 ㉯ 초본원
㉰ 유원(遊園) ㉱ 과수원

 **성곽정원**

초본원(채소원, 약초원), 과수원, 유원으로 나뉘며 초기에 실용위주의 식물에서 말기에는 장식적 식재를 한다.

25 남미의 향토식물을 적극 활용하였으며, 리오데자네이로에 있는 코파카바나 해변의 프로메나드를 설계한 조경은?

[산업기사 14.09.20]

㉮ 단 카일리
㉯ 벌 막스
㉰ 루이스 바라간
㉱ 크리스토퍼 터너드

㉮ 단 카일리 : 모더니즘 조경설계 주장자
㉯ 벌 막스 : 브라질 대표적인 조경가로 남미의 향토식물, 풍부한 색태, 자유로운 구성등을 특징으로 주로 설계함.
㉰ 루이스 바라간 : 멕시코의 풍토와 자연에 대비되는 채색과 전통요소로 설계
㉱ 크리스토퍼 터너드 : 정원설계의 기능, 강조, 예술적 접근을 강조한 영국 조경가

26 미국에서 도시 미화운동(都市美化運動, City Beautiful Movement)의 계기가 된 최초의 것은?

[산업기사 14.09.20]

㉮ 전원도시운동
㉯ 위성도시의 성립
㉰ 콜롬비아 박람회 (Columbian Exposition)
㉱ 옐로우스톤(Yellow-stone) 국립공원

 **도시미화운동**

시카고 세계 콜롬비아 박람회를 개최하면서 도시를 꾸미기 시작하여 도시미화 운동의 계기가 된 것이다.

ANSWER 24 ㉮ 25 ㉯ 26 ㉰

동양조경사

1 중국(사의주의(事意主義)적 풍경식)

시대	대표정원	정원의 중요특징	조경관련문헌
은(殷)	원시적 도시		
주(周)	원(園), 유(囿), 포(圃), 원유		영대(시경의 대아편) 원유(춘하좌씨전)
진(秦)	아방궁		
한(漢)	상림원(곤명호) 감천원 태액지 대·관·각, 호원(양혼궁)	연못	서경잡기
삼국시대	화림원		
진(晋)			왕희지 난정기 (곡유수법)
수(隨)	현인궁		
당(唐)	온천궁(→화청궁) 취미궁(→태화궁) 장안성 정원 대명궁원의 금원 이덕유의 평천산장	인위적 정원 (중국정원양식의 완성기) 태호석 사용 시작	백낙천의 장안가 (화청궁 예찬)
송(宋)	경림원, 금명지, 의춘원, 옥진원 취미전 만세산(→간산)	태호석	이격비의 낙양명원기 구양수의 화방제기, 취옹정기
남송	덕수궁, 유자청의 정원 소주 → 남원, 석호구정, 약포, 창랑정	태호석	주밀의 오흥원림기
금(金)	금원		
원(元)	금원 개조(→북해공원) 소주 → 아운림, 사자림 정원	석가산 만수산	
명(明)	소주 → 서참의원, 소귀원, 졸정원, 서동경원, 유원	차경	문진형의 장물지 12권 이계성의 원야 3권
청(淸)	어화원, 건융화원, 경산(풍수설), 서원 창춘원, 원명원 이궁 만수산 이궁(이화원) 열하 피서산장	석수, 이어	

고대

1 은(殷)

① 원시적 도시, 사냥하나 수렵원 없음

2 주(周)

① 영대(靈臺)
  ㉠ 시경의 대아편에 소개
  ㉡ 낮에는 조망하고 밤에는 은성명월을 즐기기 위한 높은 자리
  ㉢ 연못 파고 흙을 쌓아올려 지대를 놓인 것
  ㉣ 연못에는 물고기 물새가 있고 수림에는 사슴떼가 노는 모습
  ㉤ 토속신앙으로 정치적 안정과 안민을 비는 종교적 장소의 역할을 하기도 함

② 원유(園囿)
  ㉠ 춘추좌씨전에 소개
    ⓐ 혜왕(BC 671~652)이 신하의 채소 심는 곳을 개발하여 '유(囿)'를 만들었다 한다.
    ⓑ 성공왕 때 '유'에서 왕후와 뱃놀이를 하다 부인이 장난이 너무 심해 친정으로 돌려보냈다는 내용
    ⓒ 문왕 때 야생동물 방사하는 수렵원으로 사방 70리(4km)의 '원유'를 만들었다.
  ㉡ 왕후의 놀이터로 숲과 못이 갖추어진 동물 사육하는 광대한 원림으로 후세에 이궁의 역할

3 진(秦) : BC 249~207

① 아방궁(阿房宮)
광대한 토목공사를 한 동서 500보 남북 50척이나 되는 건물로 170km가 되는 거리의 규모

② 진시황의 묘와 만리장성 축조

4 한(漢) : BC 206~AD 220

(1) 궁원

① 상림원(上林園)

㉠ 중국 최초의 정원으로 무제(武帝)가 BC 138에 축조하였으며 주위 수 백km로 장안의 궁원

㉡ 70여 개의 이궁과 희귀한 꽃나무 3000여 종과 백수(흰가축)를 길렀으며 사냥터로 쓰여짐

㉢ 곤명호(昆明湖)를 비롯해 6개 대호수가 있으며 곤명호는 동서양쪽 물가에 견우직녀 석상이 은하수를 비유하며 호수 속에 길이 7m나 되는 돌고래가 있다고 함

㉣ 호반에 상장대를 비롯한 건물을 세워 감상하게 하며 수전 관람하기도 하였다.

② 태액지(太液池)원

㉠ 궁궐에 가까운 금원

㉡ 장안 건장궁(建章宮) 북쪽에 있는 곡지

㉢ 신선사상을 상징하는 세 개의 섬(봉래, 영주, 방장)이 있고 지반에 청동, 대리석으로 조수, 용서를 조각

③ 그 외 감천원, 어숙원, 사람원, 박망원, 서교원 등의 궁원

㉠ 감천원 : 장안에서 170km 떨어진 곳에 감천궁을 중심으로 무제시대에 조성한 것

(2) 건축특징

① 대(臺)·관(觀)·각(閣)

㉠ 한시대 건축의 특징으로 토단을 작은 산 모양으로 쌓아올려 그 위에 건물을 짓는다.

㉡ 대 : 토단에 올린 건물보다 더 높게 지은 건물

㉢ 관 : 높은 곳에서 경치를 바라보기 위한 건물. 임고관(臨高觀)

㉣ 각 : 살림집이 있는 정원건물

② 바닥에 전돌로 포장하는 수법

(3) 그 외

① **임원** : 귀족, 신하들도 임원을 만들어 즐김

② **"서경잡기"** : 양혼궁에 호원 축조, 화궁 조성

③ **개인주택 정원이 일반화** : 원광한이라는 사람은 매우 큰 규모의 기이한 수종, 산석, 연못, 짐승, 과수 등의 정원을 꾸밈

④ **한나라 정원의 특성** : 자연경관을 본떠서 정원을 꾸미려는 사상이 일반화

5 삼국시대(위(魏), 촉(蜀), 오(吳)시대) : AD 220~AD 264

① 화림원(華林園)

㉠ 궁원으로 연못을 중심으로 하는 간단한 정원

㉡ 자연과 수경을 감상하기 위해 여러 개의 대를 축조

★★★★★ 6 진(晋) : AD 265~419

① 왕희지(王羲之) 「난정기(蘭亭記)」

㉠ 곡수연(曲水宴)을 즐기기 위해 곡수거(曲水) 조성이 기록

㉡ 난정에서 벗 모아 연회를 베풀어 그 광경을 묘사한 것으로 원정에 유수를 돌리는 수법

② 도연명의 안빈낙도, 고개지의 회화

7 남북조(南北朝)시대 : AD 420~581

① **남조의 금원** : 삼국시대 오나라의 화림원을 계승하여 자연경관이 우수한 자연그대로의 수림을 감상

② **북조의 금원** : 삼국시대 위나라 화림원을 복원하여 양현지(楊衒之)의 낙양가람기(洛陽伽藍記)에 기록

8 수(隋) : AD 581~618

① **현인궁(顯仁宮)** : 궁궐 내에 진귀한 초목류와 기금, 금수를 두고 현인궁 외에 14개의 궁이 더 지어졌다고 한다.

9 당(唐) : AD 618~907

① 정원 특징

㉠ 인위적 정원(중국정원양식의 완성기)

㉡ 태호석 사용 시작

② 궁원

㉠ 온천궁(→ 화청궁)

ⓐ 백낙천의 장한가에 형용

ⓑ 대표적 이궁으로 태종이 건설하고 후에 현종 때 화청궁으로 바뀜
ⓒ 전각과 누각을 많이 짓고 온천이 깨끗한 곳으로 유명
ⓓ 그 외 이궁으로 흥경궁(興慶宮), 구성궁(九成宮)이 있다.

㉡ 수도 장안성(長安城) 경원

㉢ 대명궁원(大明宮園) : 대표적 금원으로 대명궁이 금원의 동남에 위치하며 태액지를 중심으로 정원이 조성

㉣ 그 외 장안의 유명한 금원으로 서내원(西內苑), 동내원(東內苑), 대흥원(大興苑)이 있다.

★★★★ ④ 당나라 조경 관련 서적

㉠ 백거이(백락천)의 「백모단」과 「동파종화」
ⓐ 중국 조경사 연구의 중요한 자료로서 화원을 꾸미며 즐기면서 풍류로 지은 것
ⓑ 중국 조경사상의 아버지로 정원을 자연 그 자체에서 더 발전해 인위적으로 꾸미는 방향을 제시
ⓒ 수지, 천석, 수목, 화훼 배치, 가축을 키우는 것이 인위적인 조경으로 건물 사이 공지를 전돌로 포장하고 화훼류를 가꾸는 등 별장생활을 하면서 정원을 가꾸는 기법들이 기록되어 있다.
ⓓ 운하를 이용해 명석을 실어나를 수 있는 시설이 있어 태호석 사용의 기반

⑤ 민간정원

㉠ 백거이의 낙양에 있는 정원 : 수지, 천축석, 수목, 화훼를 배치하고 "학" 키움
㉡ 이덕유의 평천산장 : 기석, 기수로 꾸임
㉢ 왕유의 망천별업 : 산수화법 정원

★★★★★ ✓ 중세

10 송(宋) : AD 960~1279

① 송나라 조경 특징

㉠ 태호석 유행 : 거석을 운반하는 배를 화석강이라 함. 너무 성행하여 송의 멸망 원인이 됨
㉡ 산수화수법으로 아취가 넘친다.
㉢ 국부경관 조성

② 금원

㉠ 4대원 : 경림원(瓊林苑), 금명지(金明池), 의춘원(宜春苑), 옥진원(玉津園)

㉡ 휘종(徽宗)황제시기의 4대원으로 경림원과 금명지는 새로이 개축한 것이며, 의춘원과 옥진원은 전해 내려오는 곳

③ 정원유적

㉠ 취미전(翠微殿) : 화자강이라는 구릉을 만들어 그 상단에 취미전을 짓고 그 옆에 운기, 청수라는 정자를 지음

㉡ 만세산원(萬歲山苑)(→ 간산)

ⓐ 항주의 봉황산을 닮은 가산을 쌓아올리고, 정원을 꾸미는 태호석이 유행

ⓑ 주면이 설계

④ 조경 관련 문헌

㉠ 이격비의 「낙양명원기」

ⓐ 사대부들의 정원을 묘사한 기록

예 독락원, 백낙천의 고택인 대사자정원, 오씨원, 천왕완화원, 인풍원, 동원, 장씨원, 호씨원

㉡ 구양수의 「화방제기」, 「취옹정기(醉翁亭記)」

ⓐ 구양수 정원을 묘사

ⓑ 방 양쪽에 정원이 있으며 전원생활을 즐기며 한쪽에는 거석배치하고 한쪽에는 수목을 배치

11 남송(南宋) : AD 1127~1279

① 덕수궁(德壽宮)

㉠ 고종의 어원으로 서호풍경을 모방하여 석가산을 쌓아 비래봉과 흡사하게 만듦

㉡ 각종 수목을 배치, 많은 루정 지음

㉢ 태호석을 배치

② 주밀의 「오흥원림기」

㉠ 주밀의 「오흥원림기」에 30여 개의 명원을 소개하는데 그중 유자청의 정원이 유명하며 서화에 능한 유자청이 직접 계획한 곳이다.

㉡ 유자청의 정원 묘사 : 석가산과 100여 개의 기봉, 사이사이의 곡절한 계곡, 오색의 자갈에 맑은 물, 철쭉, 일수를 누리며 담쟁이 노송줄기가 무성하며 석안 따라 고기들이 유영하는 모습을 기록

③ 남송시대 전해 내려오는 소주지방의 유명한 정원 : 남원, 석호구정, 약포, 창랑정

12 금(金) : AD 1115~1234

① 금원(禁苑)

㉠ 여진족이 북경에 금원을 창시하여 태액지를 만들고 경화도라는 섬을 만듦

㉡ 후에 원, 명, 청 3대의 궁원 역할을 하고 현재 북해공원으로 일반에게 공개됨

13 원(元) : AD 1206~1367

① 원림(園林) : 북경을 수도로 삼고 삼림이 우거진 정원을 만듦

② 금원 개조

㉠ 도처에 석가산과 동굴을 조성

㉡ 경화도 중앙에 산을 만수산이라 하고 그 정상에 티베트식인 흰색 라마탑이 설치

㉢ 서남산정에 온석석실, 연분정과 의천전 사이에 목교가 설치

③ 원나라 시대에 소주지방의 유명한 정원 아운림, 사자림 정원(주덕윤 설계)

★★★★★ 14 명(明) : AD 1368~1644

① 궁원

㉠ 어화원(御花苑) : 자금성 근처의 금원으로 건물과 정원이 모두 대칭적인 구조로 되어 있다.

㉡ 경산(景山)

ⓐ 자금성 정북 쪽의 만세산이라 부름

ⓑ 풍수설에 따라서 5개의 봉우리를 만들어 정상에 정자를 축조, 주변의 자금성, 태액지 등을 조망

② 민간정원

㉠ 졸정원(拙政園)

ⓐ 민간정원의 대표작으로 소주에 위치하며 약 12,000평 정도의 면적

ⓑ 정원에서 연못이 대부분 차지하며 그 안에 3개의 섬과 이를 연결하는 곡교(曲橋)가 있음

ⓒ 여수동좌헌(與誰同坐軒))이라는 부채꽃 정자가 있으며 우리나라 관람정과 유사

㉡ 작원

ⓐ 명원으로 손꼽히는 곳으로 대문에 들어서면 연못이 있고 문수피라는 문

ⓑ 작해당이라는 대가 있으며, 태호석과 수목이 우거지고 곳곳에 다리를 두어 정자들을 연결하고 있어 여러 곳에서 경관을 조망할 수 있도록 함

㉢ 유원

ⓐ 소주지방의 4대 명원

ⓑ 원래 명대 태복사 관료 서태시가 조성하여 청대 용봉의 소유가 됨

ⓒ 북쪽 누창은 투과해 본 정원으로 남쪽 중정 등으로 변화 있는 공간 처리와 유기적 건축 배치수법

★★★★★ ③ 명나라 경원 관련 서적

㉠ 문진형(文震亨)의 「장물지(長物志)」 12권

자연환경이 우수한 소주지방 출신으로 12권 중 1~3권에 신록, 화목, 수석에 관한 내용 서술

㉡ 이계성(李計成)의 「원야(園冶)」 3권

ⓐ 정원을 전문적으로 다룬 유일한 서적

ⓑ 설계자가 시공자보다 중요하며 원내배치나 차경수법에 관해 설명

ⓒ 차경이란 일차(원경), 인차(근경), 앙차(올려보기), 부차(내려다보기), 응시이차(계절에 따른 경관)로 공간의 모든 면을 고려하는 수법에 관한 것

ⓓ 정원시설로서 토지의 외모는 편배한 곳이 탁월하며, 건물의 구조는 원내의 자연과 합치된 것이어야 하며, 정원시설 조작 등에 관한 내용을 기술

ⓔ 홍조론 : 강남에서의 작정경험을 기초로 작성

원설 : 상지(相地), 입기(立基), 옥우(屋宇), 장절(裝折), 난간(欄杆), 문창(門窓), 장원(牆垣), 포지(鋪地), 철산(綴山), 선석(選石), 차경(借景) 11항으로 구성

㉢ 그 외 왕세정의 「유금릉제원기」, 유조형의 「경」

④ **명시대 소주지방의 정원유적** : 서참의원, 소귀원, 졸정원, 서동경원, 유원

✓ 근세 후기

★★★ 15 청(淸) : AD 1616~1911

㉠ 어화원(御花苑)

ⓐ 북경의 자금성 금원으로 북문인 신무문과 곤녕궁 사이에 위치

ⓑ 화단(모란, 태평화), 노송, 동쪽에 곡지

㉡ 건융화원(乾隆花園)

ⓐ 자금성 내 영수궁에 귀 건륭제가 은거 후를 위해 꾸며둔 정원

ⓑ 5부분으로 나누어져 계단식 화원이며, 석가산과 정각이 거석 위에 건립

ⓒ 고화헌, 수초당, 췌상루, 부망각, 권근재의 5부분으로 구분

㉢ 경산(景山) : 풍수설에 따라 쌓아올린 인조산으로 황성의 방풍구실을 하기도 하며 3개의 봉우리로 이루어짐

㉣ 서원(西苑)

ⓐ 황궁의 외원으로 금나라 때부터 내려오는 금원으로 길이 2,300m의 가늘고 굴곡된 태액지가 위치

ⓑ 호수는 북해, 남해, 중해로 이루어져 있으며 중해와 북해를 백석교가 연결하며, 북해는 현재 남아 있는 경원 중 가장 오래된 것

② 이궁(離宮)

㉠ 이궁의 특징 : 조망이 매우 좋고 노송고백이 울창한 지역에 위치하며 건륭시대 만수산 청의원, 옥천산 정명원, 향산 정의원, 원명원, 창춘원을 일컬어 삼산오원이라 한다. 이중 이화원과 피서 산장이 현존

㉡ 원명원(圓明園) 이궁

ⓐ 창춘원에서 조금 떨어진 곳에 위치하며, 프랑스 선교사 베누아가 설계한 프랑스식 정원으로 서양식 정원의 시초

ⓑ 설계도, 모형, 시방서를 작성해 조성

ⓒ 해기취, 해안당 같은 서양건물이 조성

㉢ 만수산(萬壽山) 이궁(이화원)

ⓐ 너비 300ha로 현존하는 유적 중 가장 규모가 크다.

ⓑ 초기에 청의원이었던 것을 개칭

ⓒ 전체의 대부분이 곤명호인 연못이며 그 중심에 만수산이 있다.

ⓓ 네 구역으로 나뉘는데 4개의 호수 서호, 태호, 동정호, 곤명호를 본떠서 궁정구, 호정구, 전산구, 후호구로 구성

㉣ 열하 피서산장

ⓐ 만주 숭덕산에 있는 규모 564ha 되는 황제의 여름별장

ⓑ 왕의 연무를 위해 위장사냥터에 지은 이궁

ⓒ 남방의 명승과 건축을 모방, 소나무가 자생하여 소나무 위주의 식재와 청음각을(극장) 설치

16 지방에 따른 명원

① 양주의 명원
㉠ 강남 : 기온이 온화하여 수목, 화훼 종류가 많고 기암괴석, 정원이 많은 지역임. 예부터 경치의 중심지 연못과 운하가 개발되며, 태호석이 배치됨
㉡ 호화별장, "양주화방록" 18권에 양주의 명원이 저술됨
㉢ 평산당 유명

② 소주의 명원
㉠ 물이 풍부하고 태호가 가까워 태호석을 이용하기 편하고 자연경치가 뛰어남
㉡ 소주지방의 유명한 4대 정원 : 졸정원(명), 사자림(원), 유원(명), 창랑정(북송) 그외 망사원(남송), 이원, 환수산장
㉢ 건축적 기술(흰벽과 푸른나무대조, 직선·곡선대조), 조경적 기술(회랑, 창문모양, 기둥모양, 가구, 일용품까지 미세한 신경)의 발달

★★★★★ 17 중국정원의 특징

① **원시 공원 같은 형태** : 자연경관 즐기기 위해 관직에 있는 자가 수려한 경관에 누각, 정자 지어 즐김
② **자연과 인공의 미를 겸비한 정원** : 자연경관이 아름다운 곳에 일부 인위적으로 암석을 배치하고 수목을 심어 심산유곡 같은 느낌 조성
③ **성내 제한된 공간에 부속되는 정원** : 주거용 건물의 뒤나 좌우의 공지에 정원을 축조하고 태호석·거석이 발달함
④ **주택의 건물 사이에 만들어지는 중정** : 전돌에 의해 포장, 금붕어, 어항 등을 배치하고 꽃나무 식재
⑤ **대비에 중점** : 자연적 경관을 주 구성요소로 삼기는 하나 조화보다는 대비에 중심
⑥ **Non Scale** : 정원에 여러 비율로 꾸며줌
⑦ 상징적 사의주의
⑧ 선 = 직선 + 곡선

18 중국 원림경관 조성기법

① **억경(장경, 藏景)** : 석가산·영벽(影壁)·병장(屛障) 등을 이용해 원림의 일부를 가려 원림이 한눈에 드러나지 않도록 하는 기법
② **투경** : 나무 등과 같은 요소들로 경관을 하나의 그림으로 틀 짜기 하듯 만드는 것
③ **첨경** : 형태가 우수한 요소를 주 경관에 첨가·보완하는 것

④ **협경** : 주요 원로(園路)를 따라 나무나 돌 등을 놓아서 경관을 꾸미는 것
⑤ **대경** : 비슷한 요소들을 병렬 시킴으로써 경관을 얻는 수법
⑥ **격경(장경, 障景)** : 서로 독립적인 요소들을 돌·건축물·수목 등으로 분리시키는 것
⑦ **광경** : 문동·풍창 등에 의해 벽 속의 그림으로 만들어지는 경관
⑧ **누경** : 광경보다 더 발전된 형태로, 누창 등에 의해 그림 속의 또 다른 그림으로 경관을 꾸미는 것
⑨ **차경** : 외부의 우수한 경관을 원림 내의 배경 요소로 끌어들이는 방법

2 일본(자연재현 → 추상화 → 축경화)

시 대	우리나라 해당시기	조경양식	특징	정원유적
비조시대 (아스카시대)	통일신라시대	임천식	도대신, 백제 노자공의 수미산, 홍교	
내양시대 (나라시대)		임천식	만연집 정원석 마포산수도	평안궁 궁궐지
평안시대전기 (헤이안시대)		침전식 정원	신선정원 해안풍경묘사	신천원 조우원 차아원 등원양방의 영전 하원원 서궁 육조원 평전제풍 정원
평안시대후기	고려시대	회유임천식	작정기 신선사상 불교 정토사상	동삼조전의 지천(心자형)
겸창시대 (가마쿠라시대)		회유임천식	정토사찰정원	정유리사, 청명사, 영보사
			선종사원	서천사, 서방사, 만선원
남북시대		침전식 축산임천식 산수화회화적		몽창국사(서방사 정원, 천룡사) 족리의만(금각사 정원, 동영당)
실정시대 (무로마찌시대)			정토정원	족리의정의 은각사(동산전)
	14C 안압지	축산고산수식		대선원정원(정토, 선)
	15C	평정고산수식		용안사 석정
도산시대 (모모야마시대)	16C 임진왜란때	다정식 (=노지형)	신선정원, 다정원	삼보원 정원, 이조성의 정원
강호시대 (에도시대)	17C	회유식 정원 (원유파 임천형)	회유임천식+다정	소굴원주의 소척선, 후락원, 서원, 낙수천, 계리궁, 취상어원, 포어전, 육의전, 동해암정원, 남선사, 금지원-후락원
명치시대 이후	19C	축경식 정원 경화식 풍경원	서구식 정원 등장	신숙어원 적반이궁 무린안, 춘산장

1 일본 조경 개관

① 일본정원의 특징

㉠ 자연재현 → 추상화 → 축경화로 발달 : 자연의 사실적 묘사보다는 이상화, 상징화한 모습 표현

㉡ 기교와 관상적 가치에 치중하여 세부적 수법이 매우 발달

㉢ 중국정원 Non Scale, 우리나라 조경 1 : 1인데 비해 일본조경은 1/50, 1/100 등 축소의 정원

★★★ ② 정원양식 기법과 내용

㉠ 임천식, 회유임천식 : 정원에 연못, 섬을 만들고 다리 연결해 주변을 회유하며 감상하는 수법

㉡ 침전식 : 가산 위, 지당 주위, 물속 군데군데 자연석 놓는 수법

㉢ 축산 고산수식 : 나무를 극소수로 사용하며, 다듬어 산봉우리 생김새 나타내고, 바위를 세워 폭포 연상, 왕모래로 냇물이 흐르는 것을 연상시키는 수법

㉣ 평정고산수식 : 일체 식물은 쓰지 않고 석축, 모래로 자연을 상징화하는 수법

㉤ 다정 양식 : 다실을 중심으로 좁은 공간에 효율적으로 시설들을 배치하고 곡선 윤곽 많이 사용한 양식

㉥ 원주파 임천형 : 임천양식 + 다정양식의 결합으로 실용미 가미

㉦ 축경식 : 자연경관을 축소하여 정원에 옮기는 수법

2 비조시대(아스카시대) : 593~700 중도지천식(임천식)

① 우리나라 삼국 말기(통일신라시대)에 해당

② **유수연** : 중국의 영향으로 못에 배 띄워 놀고 잔 띄워 시 짓기

③ **"일본서기"** : 도대신이 뜰 가운데 못 파고 섬 쌓기(가산)

④ **백제 노자공** : 수미산(불교에서 구산팔해의 중심에 있다는 상상의 산), 홍교를 만듦

3 내양시대(나라시대) : 701~793

① **평안궁 궁궐지** : 곡수자리, 호박돌 높은 못가의 선

② **"만연집"** : 정원석에 대한 관심. 바위 더미 생김새 만들어 초화로 장식한 일종의 가산 만듦

③ **마포산수도** : 돌·식물 생태에 관심, 규모 큰 정원을 그린 그림

④ 지형과 수계가 좋지 않은 지방이어서 정원문화를 꽃피우지 못함

4 평안시대전기(헤이안시대) : 793~966 침전식 정원

① 평안경은 하천과 분지로 이루어져 정원문화 크게 발달
② 흐르는 냇물 중심의 작은 규모의 정원양식 개발 시작(침전식)
③ 귀족소유의 귀족정원
　㉠ 신천원 : 궁 남쪽에 수렵원 겸 사교장
　㉡ 차아원 : 궁 북쪽
④ 귀족의 저택
　㉠ 등원양방의 염전
　㉡ 하원원 : 못에 섬 여러 개 만들고 소나무 식재. 못가에 해수 끓여 연기 솟아오르게 함
　㉢ 서궁, 육조원
⑤ **평전제풍 정원** : 작은 샘, 초목, 돌 곁들인 작은 규모의 정원
⑥ **해안풍경 본떠서 만든 정원** : 하원원, 육조원
⑦ **신선사상의 정원** : 대각사 정원, 신천원, 조우전 후원
⑧ **차경식 정원** : 요리미치가 아버지 미치나가의 별장을 사원으로 개축한 곳으로 건물이 아름다운 정원

5 평안시대 후기 : 967~1191 회유임천식, 침전식

① 동삼조전
　㉠ 건물과 정원 배치가 정형적
　㉡ 지천(心자형) 침전조 양식 : 가산의 완만한 산허리에 경석 앉히는 기법. 못은 크고 3개의 섬, 못가의 섬에 구산가진 홍교, 평교 설치
　㉢ 꽃나무로 계절 변화를 느끼며, 화원 꾸밈
② 불교적 정토신상사상(정토정원)
　㉠ 일본정원은 상징적으로 변화시키는 동기
　㉡ 정토사상을 바탕으로 한 사원정원 양식
　㉢ 기본 배치 : 남대문 → 홍교 → 중도 → 평교 → 금당의 직선배치
③ "작정기"(11C)
　㉠ 일본 최초의 정원의장에 관한 지침서
　㉡ 귀족들 사이에 내려온 비전서
　㉢ 침전조 건물에 어울리는 조경법 소개
　㉣ 내용 : 돌을 세울 때 마음가짐, 세우는 법, 못의 형태, 섬의 형태, 야리미즈(년수, 도수법), 폭포 만드는 법

④ 신선사상
㉠ 조우이궁 : 원지에 창해도, 봉래산 축조한 신선도를 본떠 본격 정원의 시초
㉡ 족리존씨정원 : 신선도를 본떠 임천

6 겸창시대(가마쿠라시대) : 1192~1333 침전식, 회유임천식

① 선종사상 선종사원 : 초기에 규모를 축소해 주축선 위에 섬, 홍교, 평교 가설
② 정토사상 사찰정원 : 직선에 의한 양쪽 터가르기. 일반주택에도 양식 보임

7 남북시대 : 축산임천식

① 몽창국사
㉠ 천석에 관심
㉡ "벽암모" 내용을 배워 호남정, 서래정, 지동암 짓고 주위에 황금치 돌려 그 속에 섬
㉢ 서방사 정원 축조
㉣ 천룡사 : 간산임수적 기법(산수화에서 빌어온 기법). 폭포 밑에 석교, 못 속에 입석 배치
㉤ 신원과 정토교적 정원의 구분이 명확하지 않음
② 족리의만
㉠ 금각사 정원(녹원사, 북산전) 축조
ⓐ 화려한 3층 누각, 사리전 중심
ⓑ 전면에 못 파고 연꽃 : 만다라 그려진 8공덕수가 가득한 7보지 상징하는 7개 보배
ⓒ 구산팔해석(수미산) : 불교 세계관에서 세계에서 가장 높은 산
㉡ 동영당
ⓐ 정토세계 신상사상
ⓑ 불전과 7보지를 구성표현하고 의미부여하는 형식

8 실정시대(무로마찌 시대) : 1334~1573 고산수식

① 정토정원 족리의정의 은각사(동산전)
㉠ 과거 지형위주 경향에서 벗어나 조석이 두드러지게 중요시
㉡ 부지가 협소해졌으며 전란으로 경제 쇠퇴해 정원면적이 축소화
㉢ 일목일석에 대해 소중히 여겨 고도의 세련미 요구

② 고산수식 정원

㉠ 고산수식의 특징

ⓐ 물 대신 돌, 모래로 바다나 계류를 상징하는 수법

ⓑ 다듬은 수목은 먼 산을 상징

ⓒ 산수를 추상적 의장으로 변화시켜 상징화

ⓓ 돌과 나무 사이의 균형을 깨지 않기 위해 생장이 느린 상록활엽수 사용

ⓔ 평정고산수식에서는 식물을 완전히 거부하기도 함

㉡ 축산고산수식(선사상으로 탄생) 대선원 정원 : 약간의 식물 도입

ⓐ 좁은 공간에 조석과 흰모래로 표현

ⓑ 폭포 표현한 입석에 관음석, 부동석 명칭

ⓒ 정원석 : 보물선의 배모양으로 백사장 한 가운데 배치

ⓓ 고산수정원이면서 신선사상의 정토세계 희원

ⓔ 삼존석 : 부처 상징한 정원석 조석수법

ⓕ 16나한 정원 : 16개 입석으로 나한을 상징

㉢ 평정고산수식 용안사의 석정 : 식물을 전혀 사용하지 않음

ⓐ 상징화의 극대화

ⓑ 왕모래 파도무늬와 15개의 정원석

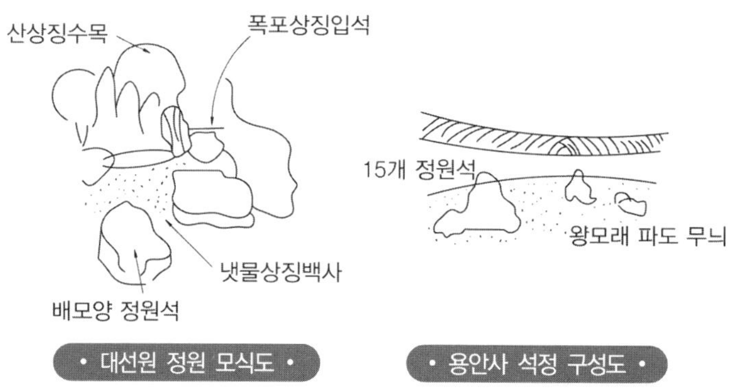

• 대선원 정원 모식도 •　　• 용안사 석정 구성도 •

★★★★★ 9 도산시대(모모야마시대) : 1576~1651 다정

① 신선정원

㉠ 정원유적 : 삼보원 정원, 이조성의 정원

㉡ 특징

ⓐ 일본특유의 간소화와 달리 호화로운 조석, 고른 명목으로 사람 위압하고자 함

ⓑ 강렬한 색채, 느낌, 과장된 표현

ⓒ 자연 순응에서 벗어나 과장하고자 하는 경향

② 다정원(노지형)

㉠ 다정의 이념적 배경

ⓐ 와비 : 인간생활의 어려움을 초월하여 정원에서 미를 찾고 검소하고 한적하게 산다는 개념

ⓑ 사비 : 이끼가 끼어 있는 정원석에서 고담(椢淡)과 한아(閑雅)를 느끼는 것

㉡ 특징

ⓐ 다도를 즐기는 데서 발달한 양식으로 실용적인 면 중요시

ⓑ 음지식물은 사용하지만, 화목류는 일체 사용하지 않음

ⓒ 다도 즐기는 자리의 간소화된 건축

ⓓ 다실 : 실정시대 비롯된 일종의 다도 즐기는 자리 꾸민 건축

ⓔ 제한된 공간에 산골정서를 담고자 함

ⓕ 상징 : 돌 물그릇(샘 상징), 마른 소나무 잎 깔기(지피 상징), 석등·석탑(수림 속에 묻힌 고찰 분위기)

ⓖ 선사상이 근원 : 다도의 실질적 기본정신은 선이다.

ⓗ 화경정숙 : 다도를 완전히 행하기 위해 갖추어야 할 것

- 화 : 화열
- 경 : 종교적 감정, 성실
- 정 : 정돈, 청결
- 숙 : 정숙, 고요함

ⓘ "남방록" : 다도에 관한 서적. 세상에 청정무호의 불토실현하고 일시모임이지만 이상으로 하는 사회를 구현하는 것을 지향

㉢ 다도정원 : 삼보원, 원성사 불정원

㉣ 대표적 조원가 : 천리휴, 소굴원주

10 강호시대(에도시대) : 1603~1867 원주파임천식

① **원주파 임천식** : 임천양식과 다정양식의 혼합된 지천회유식

㉠ 등원시대 복고정신 + 호화정원 + 초기 다정 = 새로운 양식(자연축경식) 탄생

㉡ 다정양식이 완성되며 고산수 축산임천식이 회유정원구성으로 변화함 : 석등, 수수관 설치

㉢ 정원사상 제3의 황금기

② **시대별 대표정원**

㉠ 초기 정원 : 소굴원주의 소척선, 후락원(건물 속에 흐르는 물 즉, 곡수식 다정, 중국적 정원요소인 소여산, 원월교 서호제가 배치), 서원, 낙수천, 계리궁

㉡ 중기 정원 : 취상어원, 포어전, 육의전

③ 신선사상의 대표정원

㉠ 동해암정원 : 동해일전의 정원이라는 표제의 설계도가 있는 정원. 규격에 맞는 삼신선도의 연못, 소나무 식재

㉡ 남선사 금지원(후락원)

ⓐ 신선도를 1~2개로 간소화하여 학과 거북 생김새의 2개 섬 축조

ⓑ 상징

- 학섬 : 장수를 상징. 양을 의미
- 거북섬 : 머리, 다리, 꼬리에 조석 둠(신라시대 안압지 영향). 음을 의미함

11 명치시대 이후 : 축경식, 경화식 풍경원

① 초기 서양식 정원

㉠ 프랑스식 정형원, 영국식 풍경원의 영향으로 서양식 화단, 암석원 설치

㉡ 대표정원 : 동경의 신숙어원(앙리 마르티네 설계), 적반이궁(프랑스 베르사이유 형식), 히비야공원(일본 최초의 서양식 공원)

② 중기 축경식 정원

㉠ 특징

ⓐ 자연풍경을 그대로 축소시켜 묘사하는 수법

ⓑ 작은 공간에 기암절벽, 폭포, 산, 연못, 탑 등을 한눈에 감상하도록 배치

㉡ 대표정원 : 무린안, 춘산장

㉢ 차경수법 도입한 차경원 : 의수원, 남대문

3 한국의 조경

시대	정원유적	기록문헌 또는 소재지
고구려	안학궁(장수왕)	
	장안성(양원왕)	
백제	임유각(동성왕)	동사강목, 대동사강, 삼국사기
	궁남지(무왕)	삼국사기, 동사강목, 동국통감
	왕흥사(무왕)	삼국사기, 삼국유사, 동사강목, 동국통감
신라	월성, 반월성 등 많은 산성(파사왕)	
	황룡사(법흥왕) 목단씨(진평왕)	

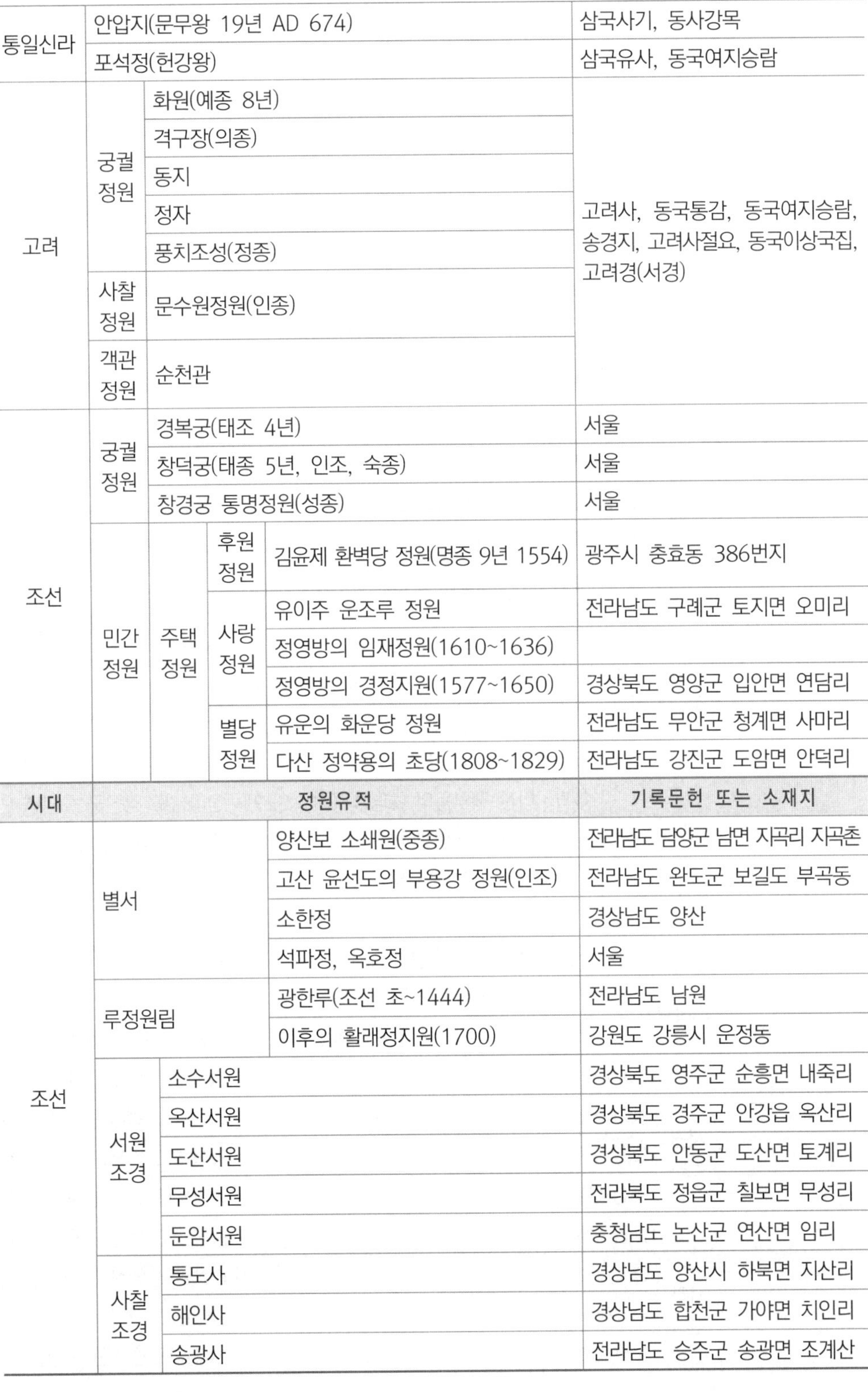

시대	분류	세분류	세부	정원유적	기록문헌 또는 소재지
통일신라				안압지(문무왕 19년 AD 674)	삼국사기, 동사강목
				포석정(헌강왕)	삼국유사, 동국여지승람
고려	궁궐정원			화원(예종 8년)	고려사, 동국통감, 동국여지승람, 송경지, 고려사절요, 동국이상국집, 고려경(서경)
				격구장(의종)	
				동지	
				정자	
				풍치조성(정종)	
	사찰정원			문수원정원(인종)	
	객관정원			순천관	
조선	궁궐정원			경복궁(태조 4년)	서울
				창덕궁(태종 5년, 인조, 숙종)	서울
				창경궁 통명정원(성종)	서울
	민간정원	주택정원	후원정원	김윤제 환벽당 정원(명종 9년 1554)	광주시 충효동 386번지
			사랑정원	유이주 운조루 정원	전라남도 구례군 토지면 오미리
				정영방의 임재정원(1610~1636)	
				정영방의 경정지원(1577~1650)	경상북도 영양군 입안면 연담리
			별당정원	유운의 화운당 정원	전라남도 무안군 청계면 사마리
				다산 정약용의 초당(1808~1829)	전라남도 강진군 도암면 안덕리
조선	별서			양산보 소쇄원(중종)	전라남도 담양군 남면 지곡리 지곡촌
				고산 윤선도의 부용강 정원(인조)	전라남도 완도군 보길도 부곡동
				소한정	경상남도 양산
				석파정, 옥호정	서울
	루정원림			광한루(조선 초~1444)	전라남도 남원
				이후의 활래정지원(1700)	강원도 강릉시 운정동
	서원조경			소수서원	경상북도 영주군 순흥면 내죽리
				옥산서원	경상북도 경주군 안강읍 옥산리
				도산서원	경상북도 안동군 도산면 토계리
				무성서원	전라북도 정읍군 칠보면 무성리
				둔암서원	충청남도 논산군 연산면 임리
	사찰조경			통도사	경상남도 양산시 하북면 지산리
				해인사	경상남도 합천군 가야면 치인리
				송광사	전라남도 승주군 송광면 조계산

시대	정원유적				기록문헌 또는 소재지
통일신라	안압지(문무왕 19년 AD 674)				삼국사기, 동사강목
	포석정(헌강왕)				삼국유사, 동국여지승람
고려	궁궐 정원	화원(예종 8년)			고려사, 동국통감, 동국여지승람, 송경지, 고려사절요, 동국이상국집, 고려경(서경)
		격구장(의종)			
		동지			
		정자			
		풍치조성(정종)			
	사찰 정원	문수원정원(인종)			
	객관 정원	순천관			
조선	궁궐 정원	경복궁(태조 4년)			서울
		창덕궁(태종 5년, 인조, 숙종)			서울
		창경궁 통명정원(성종)			서울
	민간 정원	주택 정원	후원 정원	김윤제 환벽당 정원(명종 9년 1554)	광주시 충효동 386번지
			사랑 정원	유이주 운조루 정원	전라남도 구례군 토지면 오미리
				정영방의 임재정원(1610~1636)	
				정영방의 경정지원(1577~1650)	경상북도 영양군 입안면 연담리
			별당 정원	유운의 화운당 정원	전라남도 무안군 청계면 사마리
				다산 정약용의 초당(1808~1829)	전라남도 강진군 도암면 안덕리
조선	별서			양산보 소쇄원(중종)	전라남도 담양군 남면 지곡리 지곡촌
				고산 윤선도의 부용강 정원(인조)	전라남도 완도군 보길도 부곡동
				소한정	경상남도 양산
				석파정, 옥호정	서울
	루정원림			광한루(조선 초~1444)	전라남도 남원
				이후의 활래정지원(1700)	강원도 강릉시 운정동
	서원 조경	소수서원			경상북도 영주군 순흥면 내죽리
		옥산서원			경상북도 경주군 안강읍 옥산리
		도산서원			경상북도 안동군 도산면 토계리
		무성서원			전라북도 정읍군 칠보면 무성리
		둔암서원			충청남도 논산군 연산면 임리
	사찰 조경	통도사			경상남도 양산시 하북면 지산리
		해인사			경상남도 합천군 가야면 치인리
		송광사			전라남도 승주군 송광면 조계산

★★★★ 1 한국조경사 개관

(1) 한국정원의 특성

① **신선사상 배경** : 지중에 섬, 괴석 배치 & 정원담, 굴뚝에 나타난 십장생
② 직선적 윤곽선 처리
③ 선과 공간의 구성의 단조로움
④ **자연곡선지** : 고구려 안학궁, 신라 임해전지원(안압지)
⑤ 주정원 = 후원(풍수지리 영향)
⑥ **수심양성의 장** : 유교 영향, 도연명의 안빈낙도 생활철학
⑦ 풍류생활의 장
⑧ **자연과의 일체감 형성**
　㉠ 정원이 자연의 일부
　㉡ 수목에 대한 인공처리 회피
　㉢ 수목은 낙엽활엽수로 계절변화 즐김

(2) 우리나라 조경의 예술문화사 면에서의 변천

① **힘의 예술** : 원시시대(삼국시대) - 건설, 창조, 시대성
② **꿈의 예술** : 고대(통일신라) - 건설, 창조, 시대성
③ **슬픔의 예술** : 중세(고려) - 계승, 모방
④ **멋의 예술** : 근세(조선) - 계승, 모방

(3) 예부터 명산의 의미

① 그 지방 민족 조성신화에 해당되는 지역
② 한 지역 가운데 가장 특출한 형태
③ 적을 맞는 국경선에 있어서 방장관액의 역할
④ 신앙의 대상이 되는 존재

2 원시시대

① **구석기 시대** : 강가, 물 주변에 주거 발견. 집터, 화덕자취
② **신석기시대** : 지답리유적, 궁산리유적, 움집, 온돌 사용
③ **청동기시대** : 고인돌, 선돌, 움집, 동검, 거울
④ **철기시대** : 수혈 주거, 난방장치, 돌무덤

3 고조선

① **유(囿)** : "대동사강"에 노을왕이 유(위요된 울타리)를 만들어 짐승을 키웠다는 기록. 최초의 정원

② **청유각**

㉠ 선양왕 때 청유각을 후원에 세워 군신과 큰 잔치했다는 기록

㉡ 각 : 계단을 따라 올라가야 하는 높은 건축물

③ **구선대**

㉠ 신선사상에 의해 신선이 살 수 있는 공간 창출

㉡ 뱃놀이

④ **신산** : 수도왕 때 패강 속에 신산을 쌓아 그 위에 무대를 만들고 금벽으로 장식

4 고구려

① **국내성** : 방형의 평지성으로 서쪽 제외한 3면에 해자를 둔 천연지세 이용한 성

② **안학궁(安鶴宮) 궁원(장수왕)**

㉠ 안학궁

ⓐ 경복궁보다 큰 규모로 5개의 궁(남북으로 남궁, 중궁, 북궁 그리고 동서로 2개의 궁이 있었으며, 남궁은 외전으로 국가행사용이었음)이 있었으며 정원은 남궁와 서문사이 그리고 북문과 침전사이에 정원터가 있음

ⓑ 동서에 해자 있고, 토성벽 축조(진흙 + 석비례)

ⓒ 성벽과 해자에 순환보도(돌 포장), 성문이 6개, 수구문 2개

㉡ 안학궁 내 정원

ⓐ 가산 축조

- 길이 100m, 너비 70m, 높이 4~8m 진흙 가산
- 궁내의 지형적 결함을 보완하기 위한 지형의 변화
- 풍수지리는 아니며, 음양오행설, 사신주신앙
- 앞이 낮거나 지나치게 트인 곳을 가리기 위한 조산
- 일본보다 5C 앞선 가산

ⓑ 자연석의 사용

- 가산 위, 지당 주위, 물속 군데군데 자연석 놓음
- 일본 평안조 침전식 정원으로 전래됨

ⓒ 지당조성

- 인공으로 판 못
- 방지 : 가산축조 안됨. 건물지 주변 토성 동남 귀퉁이에 조성. 방지의 원류는 고구려 안학궁

• 곡지 : 가산 축조됨. 건물지에서 멀어진 자연경관 우세지에 자연스럽고 변화성 있는 형태. 지하수위 낮추기 위한 용도, 뱃놀이 하기도 함

③ **장안성(양원왕)**

㉠ 고구려 후기 최고의 도성으로 포곡식, 대동강이 있어 해자가 필요없음

㉡ 4개의 성 : <u>내성(궁궐보호), 북성(산성), 중성(관아), 외성(민가, 자갈로 포장된 도로), 성곽 내외부에 해자 설치</u>

④ **묘지경관** : 동명왕릉의 진주지(眞珠池)

㉠ 못 안에 신선사상의 4개의 섬

㉡ 한무제 태액지원의 영향

5 백제

① **임류각(臨流閣 : 동성왕 22년)**

㉠ 동사강목, 삼국사기에 기록되어진 내용으로 추정

㉡ 동성왕 때 조성한 궁의 후원에 해당함

㉢ 못 파서 물을 끌어다 대고, 사각형의 못에 버드나무 식재하고, 방장을 연상하는 섬 축조

② **왕흥사(미륵사)**

㉠ 동사강목, 동국통감, 삼국유사에 기록되어 전해옴

㉡ 못에서 뱃놀이 하였다는 기록

③ **사비성내 궁남지(宮南池 : 무왕)**

㉠ 삼국사기, 동국통감, 삼진기의 봉래산 후에 기록됨

㉡ 특징

ⓐ 정방지, 신선사상(봉주, 영래, 방장), 삼신상, 버드나무, 못가에 포룡정

ⓑ 대왕포 : 고관사가 세워져 있는 큰 암반

ⓒ 의자왕이 망해정 지음

④ **노자공** : 조산, 수미산, 오도를 만듦. 일본정원에 인공산 축조함

⑤ **석연지(石蓮池)**

㉠ 정림사지 5층석탑에 새겨진 내용에 기록이 있음

㉡ 정원용 점경물로 화강석으로 물고기 모양 만들어 물 담아 연꽃 띄워 감상

㉢ 지름 180cm, 깊이 1m

㉣ 조선시대 풍수설에 의해 연못이 소형화되어 택지에서 주거후면에 화단규모에 맞게 장식하는 세심석으로 발전

6 신라

① 파사왕의 많은 산성 : 월성, 반월성 등 많은 산성 축조
② 법흥왕 때 목단씨 도입

7 통일신라

① 임해전과 동궁과 월지(안압지(雁鴨池), 임해전지원)
㉠ AD 674 삼국통일 직후에 조성
㉡ 안압지(안하지)의 뜻 : 기러기가 서식하는 곳이라 하여 바다를 연상케 하는 장소로 연꽃을 심지 않음
㉢ 면적 : 전체 약 3,600m^2, 못 면적 약 1,600m^2
㉣ 용도 : 왕과 신하의 정적 위락공간, 동적 선유공간(뱃놀이), 수전감상의 장소
㉤ 지안
ⓐ 건물지 있는 서안, 남안 : 2.5m 이상으로 다른 곳보다 높다.
ⓑ 서안 : 장대석, 대형 석재를 수직으로 쌓음. 물에 잠기는 부분은 자연석 괴석, 노출된 곳은 장대석
ⓒ 서안 외 나머지 호안 : 사괴석 형태의 화강암을 1.6m 높이로 쌓음
ⓓ 전 호안 석축 하부에 직경 50cm 정도 둥근 냇돌을 80~120cm 간격으로 배치
ⓔ 서안 제외한 전 호안 석축 상부에 괴석 모양의 바닷가돌 배치해 바닷가 풍경 묘사
㉥ 지중의 섬(신선사상의 봉주, 영래, 방장 상징)
ⓐ 대도 : 동남쪽 모퉁이에 위치. 타원형. 면적 약 90m^2
ⓑ 중도 : 서북쪽 구석진 곳에 원형의 거북 모양. 면적 약 60m^2
ⓒ 소도 : 대도의 북쪽에 10개의 경석
㉦ 입수구와 출수구
ⓐ 입수구 : 보문지 → 북천 → 황룡사 앞 계곡 → 석조(2개의 타원형돌) → 수로(거칠게 다듬은 돌 40m) → 석구(물흐름 바꾸는 곳) → 수로 → 입수구(자연석으로 만든 작은 못으로 떨어지는 폭포) → 수직받침돌(자연석, 흙 패는 것 방지) → 4단의 돌계단
ⓑ 출수구 : 위로부터 4개의 구멍을 뚫어 나무마개로 막아 수위를 조절. 수위 2.1m 유지
㉧ 조산 : 중국 무산12봉을 본뜸(망하, 취병, 조운, 송만, 집선, 취학, 정단, 상승, 초든, 비봉, 등용, 성천)
㉨ 식생 : 기화이초, 소나무, 단풍, 산수유, 모란, 난, 모과 등 큰 교목류는 없다.

ⓩ 동물 : 양진금기수(진귀한 새와 짐승), 원숭이·사슴(당나라 교류), 백조·황새(보문지 철새), 원앙, 공작, 붕어, 잉어, 거북, 자라 등

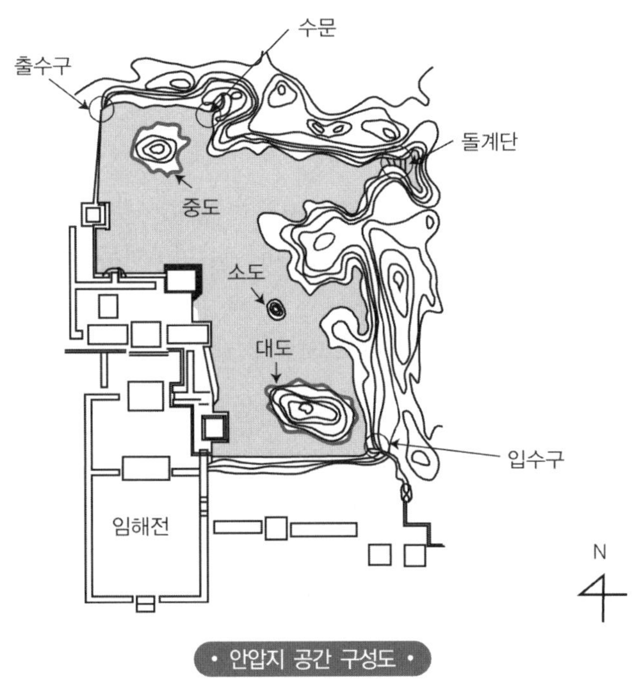

• 안압지 공간 구성도 •

② 포석정(鮑石亭)(헌강왕)

㉠ 음양 : 포어(물이 흐르는 곳, 여성의 음 상징), 구형석(거북머리 형상. 남성인 양을 상징)

㉡ 유상곡수연

ⓐ 중국 진나라 왕희지 난정기의 곡수연 영향

ⓑ 곡수연 : 흐르는 물에 술잔 띄워 자기 앞에 당도할 때까지 시를 지어 잔들고 읊은 후에 다른 사람에게 잔 보내는 풍류놀이

㉢ 용도 : 내부에는 왕과 신하들의 유희장소, 외부는 관람석

㉣ 치석 : 유수로 전반에 정밀한 치석이 마찰계수를 줄이기 위해 정밀하게 다듬으며, 입수면은 거칠게, 수로면은 매끄럽게 처리

㉤ 구성 : 안쪽 돌 12개(12개월 상징), 밖의 돌 24개(24절기 상징)

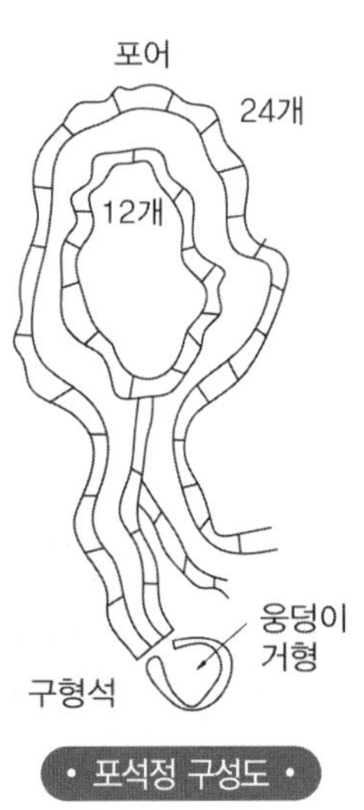

• 포석정 구성도 •

③ 사절유택(四節遊宅)(헌강왕)

㉠ 철 따라 자리 바꾸며 놀이 즐기는 것

㉡ 봄 : 동야택, 여름 : 곡안택, 가을 : 구지택, 겨울 : 여군택

④ **최치원의 해인사 계류의 홍류동 별서** : 당나라 유학 후에 별당 지어 즐기는 풍습 시작
⑤ **만불산(萬佛山)** : 오색전 위에 가산 쌓고 각 구역마다 각국 산수를 연출하여 그 가운데 만불안치

8 발해

① 도성과 경원
㉠ 5경, 상경용천부(바둑판 모양의 시가지 형성)
㉡ 고구려 안학궁과 같은 정원이 있으며, 뜰, 인공연못, 가산을 만들고 화초, 진귀한 짐승 기름
㉢ 귀족들이 저택에 연못 꾸미고 모란 식재해 정원 조성

★★★ 9 고려(중세)

① **풍수지리** : 진산, 조산, 좌청룡 우백호를 가진 명당에 관한 이론이 유행. 도성 위치 선정에 중요
② **금원(궁궐정원)**
㉠ 화원(花圓)(예종)
ⓐ 관상 목적의 화목, 화훼 중심의 주연 베풀고 감상, 시문의 대상 장소인 정원
ⓑ 진수이화는 송·원에서 수입
ⓒ 쌍학, 앵무새, 공작 등 다금기축
㉡ 동지(귀령각(龜齡閣) 지원(池苑))
ⓐ 궁궐 동쪽에 위치한 원지로 귀령각은 동지의 주건물
ⓑ 뱃놀이 감상, 호수의 자연경관 감상하는 장소, 또는 왕이 진사 시험치는 선발 장소
ⓒ 노획한 왜선 띄우기도 하며, 진금기축 사육, 목종 때 확장공사
㉢ 격구장(의종)
ⓐ 영국 폴로경기와 비슷한 마상하키 경기로 중동지방, 인도, 중국을 거쳐 우리나라에 전래
ⓑ 수창국 북원에 위치한 대규모 경기장으로 대궐 내 종합적 운동공원
㉣ 풍치조성(정종) : 땔나무 가져가는 것을 금지하고 풍치림, 보완림 설치
㉤ 정자
ⓐ 휴식, 조망 위해 원림 내에 설치하는 소 건축물
ⓑ 안여정(문종 11년), 상춘정(문종 24년), 사루(숙종), 어금내 사루(예종), 정연각·보문각(학문 즐기는 강의 장소)
㉥ 석가산

ⓐ 돌을 쌓아 산봉우리나 언덕같이 한 정원축조물로 중국에서 시작됨

ⓑ 괴석을 예종 11년 도입해 고려 말엽에 중국보다 더 성행

ⓒ 서유구의 「임원십육지」: 석가산 축조기법

ⓓ 우리나라 석가산 기법의 변천

시대		내용
고려	예종 11년	중국에서 처음 도입
	김인존이 "청연각 연기"	궁궐정원의 석가산 꾸민 기록
	서거의 "고려국경"	궁전항에 석가산 이용
	의종 6년	수창궁 북원에 가산 쌓고 만수정 축조
	의종 10년	양성정 곁에 괴석 쌓아 가산 축조
	의종 11년	민가 50여 구를 헐고 태평정 정원 조성
	고려말기 안축	석가산, 괴석이 일반 민가에 널리 보급
조선	강희맹의 가산찬 서거정의 가산기	정원에 석가산
	중종	루, 소쇄원에 석가산
	서울 후남동 주택 후정	사당터 뒤의 석가산 흔적
	조선후기	자연경치 존중에 반대되는 것이어서 쇠퇴

ⓔ 중국과 우리나라 석가산의 비교
- 중국 : 굴곡이 심한 돌을 석회로 굳혀 쌓아 올림
- 우리나라 : 납작한 판석을 겹겹이 쌓아 올림

③ **이궁** : 중미정(의종), 만춘정(맑은 유수), 연복정(절벽), 장원정(長源亭)

④ **사원 경원** : 문수원(文殊院) 정원

㉠ 이자현이 청평사에 은거생활 위한 장소로 일본 고산수식 서방사 정원에 영향 줌

㉡ 정원 구성기법

ⓐ 첩석과 첩석성산 : 자연 그대로의 석산으로 각암을 여러 겹 쌓아 산과 같이 조성

ⓑ 남지 : 물이 맑고 깨끗해 부용봉이 비치며, 연못 속에 자연석 3개 배치

ⓒ 공간구성 : 중원, 남원, 동원, 북원으로 조성

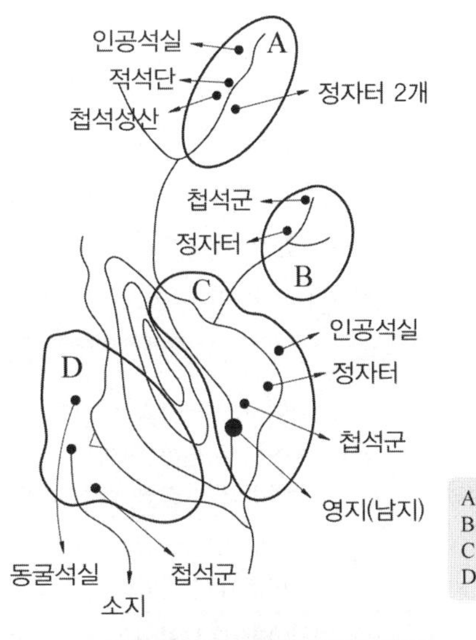

• 문수원 정원 공간 구성도 •

⑤ 객관(客館)정원 순천관(順天館)

㉠ 외국 사신이 왕래하는 길목이나 궁원 내 설치해 사신을 접대하는 곳

㉡ 화원, 향림정, 임원이 조성

⑥ 사찰정원 : 불교 융성으로 도내 10대 사찰 조성

⑦ 개인저택정원 : 의종 이후에 궁궐 못지 않은 규모. 최충헌의 정원, 류정동, 내사동 저택, 남산리 별장

⑧ 내원서(內苑署) : 충렬왕 때 궁궐의 정원을 맡아보는 관서 설치. 조선말까지 계승

⑨ 고려시대 정원식물

㉠ 고려사 : 화려한 화훼식물 식재. 작약, 석류화, 두견화, 매화, 연화, 국화 등

㉡ 이규보의 동국이상국집

ⓐ 패랭이꽃(석죽화), 원추리(훤초), 무궁화(근화), 닥풀(황촉규), 맨드라미(계관화), 미화, 목련(목필화), 겹복숭아(백엽도), 사계화(월계화), 배롱나무(자경), 아그배나무(해당), 봉선화(옥매), 백목련(옥란), 동백(산다), 목백일홍(자미), 연(부거)

ⓑ 분식식물 : 측백나무(다백), 복숭아나무(협죽도), 창포(석창포)

ⓒ 채원 : 오이(과), 무(정), 파(총), 아욱(규), 박(호)

10 조선시대(근세)

(1) 개관

① 사상

㉠ 풍수지리사상 : 택지 선정의 제약으로 후원이 발달

㉡ 음양오행사상 : 연못의 형태가 방지원도

㉢ 유교사상 : 유교의 기본원리(인, 의, 예, 지, 신)로 인해 귀족들이 임금보다 좋은 정원, 집을 가질 수 없었음

② 조경 특징

㉠ 중국 조경 양식의 영향에서 벗어나 한국적 색채가 발달

㉡ 자연환경과의 조화, 융합의 원칙을 중시

유형	정의	형질	용도
석가산	자연산을 쌓아올려 산의 모양을 축소 표현 수직적 괴체를 형성함 수목이나 수경을 곁들이기도 함	자연석을 조합·배치	조형 + 장식
치석	수목의 밑이나 물가 등에 자연석을 여러 개 앉힘 수평면에 수평방향으로 배치함		
괴석	기이한 형질의 자연석 한 덩어리를 홀로 앉힘 석함에 심어 세워 둠	자연석을 단독 배치	

수석	실내 조경용으로 쓰이는 괴석 평반에 배치함		
식석	추상적 상징을 하는 소형의 정형적 석조물	인공석을 단독 배치	
석탑	사찰의 석탑을 옮겨다 놓았거나 축소, 모방 원래 정원용은 아니나 더러 사용함		
석상	넓고 평평한 바위를 다듬어 탁자나 평상으로 사용 인공을 가하거나, 자연석을 그대로 씀 다리를 붙이거나, 치수석법으로 깔기도 함	평평한 면을 사용	조형 + 실용
하마석	넓고 평평한 바위를 다듬어 말이나 가마를 타고 내리는 디딤돌로 사용함		
석연지	넓고 두터운 돌을 큰 수조처럼 다듬어 작은 연지, 어항으로 사용함 수면 반영효과를 즐겨 세심석이라고도 함		
돌확	돌을 절구나 도가니처럼 다듬어 석연지나 물거울로 사용함	그릇/도구로써 사용	
석분	괴석을 받쳐놓게끔 다듬은 작은 돌그릇		
석등	야간의 조명을 위하여 만든 등		
대석	화분, 등, 해시계, 석함 등을 얹어 놓게끔 다듬은 받침돌		
석주	드물게 시구나 장소명을 새겨서 세워둠	구조물	

(2) 궁원

★★★ ① 경복궁(景福宮)(태조 14년)

㉠ 궁건물

ⓐ 태조 4년 완공, 정도전이 이름 지었으며, 임진왜란 때 소실된 것을 흥선대원군이 재건

ⓑ 공간분류

- 치조공간 : 근정전(정무를 보는 곳)
- 연침공간 : 강녕전(왕의 정침), 교태전(왕비의 정침). 일상생활과 숙식하는 곳
- 조원공간 : 경회루 지원, 교태전 후원, 향원정 지원

★★ ㉡ 경회루(慶會樓) 지원

ⓐ 기능 : 외국사신 영접, 연회장소, 시험장소, 무예감상 등의 장소

ⓑ 형식 : 직선 위주의 좌우대칭적 평면기하학식 지원. 큰방지에 루건물이 있는 큰방도와 2개의 작은방도로 총 3개의 방도

ⓒ 시설물 : 루, 동쪽 3개의 석교(48개의 돌기둥으로 이루어짐), 2개의 섬(장방형)

ⓓ 식재 : 연(연못 내), 적송(2개의 섬), 느티나무, 회화나무(서, 북쪽 못 호안가)

ⓔ 규모 : 128m×113m 크기의 방지

ⓕ 가산 : 못가에 만세산이라는 가산 축조("연산군일기")

★★★ ㉢ 교태전(交泰殿) 후원(아미산원)

ⓐ 특징 : 계단식 화계

- 제1단 : 괴석 2개, 석지(연화모양, 용모양) 2개
- 제2단 : 방형의 괴석, 형석지 2개(향월지, 낙하담)
- 제3단 : 굴뚝(6각형 꽃전으로 축조한 첨겸물로 높이 260cm, 벽면에 십장생이 새겨져 있음)
- 제4단 : 회화, 피나무, 느티, 매화, 앵두나무, 말채나무, 배나무, 소나무 등 식재

ⓑ 기능 : 관상, 산책목적의 후원(고목 울창한 후원)

★★★ ㉣ 향원정(香遠亭) 지원

ⓐ 궐내 북쪽에 위치

ⓑ 동서 76m, 남북 70m 부정형의 방지(마름모꼴)와 중심에 원도가 있으며 정육각형의 루건물인 향원정이 있음

ⓒ 취향교 : 중도와 지안을 연결하는 목교

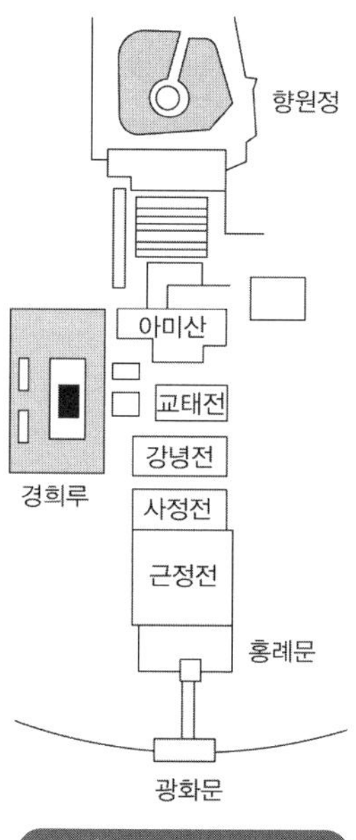

• 경복궁 공간구성도 •

② 창덕궁(昌德宮)(태종 5년, 인조, 숙종)

㉠ 건물

ⓐ 태종 5년에 창건한 풍수에 의한 별궁

ⓑ 인정전, 선정전, 희정당, 경훈각, 대조전

㉡ 창덕궁 후원

ⓐ 북동쪽 자연 구릉지에 휴식, 위락 위한 원림

ⓑ 조경요소

- 부용정 : 어수문과 주합루가 보이는 방지에 있는 정면 단층다각기와지붕의 정자
- 주합루 : 8각 지붕형 루정건물로 아래에는 서고. 직선적 지형처리 공간
- 어수문 : 천지인의 이치를 밝히며 군신이 물과 고기처럼 화합함. 어수문을 통해 주합루에서 천인합일사상(음양오행의 영향)
- 어수당, 애련정 : 주합루 언덕 너머 상·하 2개의 방지와 정자
- 연견당 : 신선이 사는 집이라 해 이조시대 상류주택의 99칸 민가주택을 모방한 집
- 반월지 : 자연곡선형태의 연못과 원림. 존덕정과 관람정 있음. 진달래, 산철쭉으로 둘러싸여 가장 아름답고 아담하고 조용한 곳
- 옥류천 : 후원의 가장 북쪽에 옥류천 중심으로 여러 정자(청의정*, 소요정, 태극정, 취한정, 농산정)를 배치. 곡수거의 장소, 폭포 등의 조용한 위락공간

  * 청의정 : 방지방도의 섬에 삿갓지붕형의 단칸 모정(模亭)
- 취병 : 관목류 덩굴성 식물 등을 심어 가지를 틀어 올려 병풍 모양으로 만든 울타리로 공간분할 역할과 공간의 깊이를 더하기 위해 만든 것으로 창덕궁 여러 곳에 설치되어 있다. 임원십육지(林園十六志)의 관병법에 취병의 설치 기법이 적혀있는데 상록수로 대나무, 향나무, 주목, 측백, 사철나무 등과 고리버들, 화목류, 등나무 같이 가지가 연한 수종을 사용하여 만든다고 한다.

㉢ 낙선재(樂善齋) 후원

ⓐ 화강석 장대석으로 쌓은 4~5단의 계단식 후원

ⓑ 단 높이가 올라갈수록 적어지며, 제일 아래 화단에 굴뚝 있음

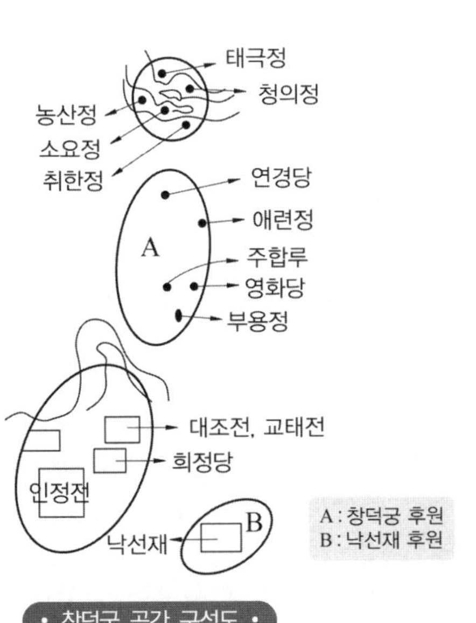

• 창덕궁 공간 구성도 •

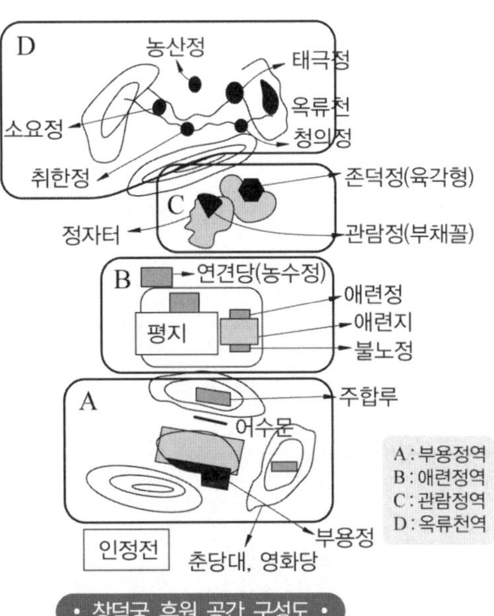

• 창덕궁 후원 공간 구성도 •

③ 창경궁 통명정(通明殿)원(성종)

㉠ 배경 : 초기에 창덕궁에 속하였으며, 성종 때 독립된 궁궐로 창건

㉡ 조경요소 : 통명전과 그 주변공간

ⓐ 전후에 계단식 후원

ⓑ 쪽에 석란간의 정방형지(중도형 장방지) : 불교의 정토사상의 영향

ⓒ 환취정 정자

(3) 민간정원

1) 민간정원의 유형

① **주택정원** : 도시 근처에 정원

㉠ 주택정원 공간구성

ⓐ 안마당 : 안채 앞의 마당. 큰 나무와 물 금기해 조경요소 거의 없음

ⓑ 사랑마당 : 바깥주인의 거처 및 접객공간인 사랑채 앞의 정원. 연못 등 조경적 요소가 많음

ⓒ 사당마당 : 사당 앞마당으로 주로 큰 나무 몇 그루 식재

ⓓ 행랑마당 : 대문 앞 행랑채에 달린 노비들의 공간으로 조경요소 없음

ⓔ 별당마당 : 내별당은 약간의 수목과 경물의 정적공간, 외별당은 연지, 정자 등 조경요소가 많음

ⓕ 바깥마당 : 대문 밖 공간으로 대체로 공지로 남겨둠

ⓖ 뒷마당 : 경사지를 이용한 계단식 화계, 특히 사랑채와 연결되면 많은 조경요소들이 발견됨

㉡ 주거공간 세부조경기법

ⓐ 재식법 : 낙엽활엽수 위주의 화목과 과실수

ⓑ 재식방법 : 상징성, 사상, 장소, 방위에 따른 재식

장소	적정함	수종
문앞	적절	회화나무, 문정에 두 그루 대추나무, 버드나무
	꺼림	마른나무(枯樹), 한그루, 두 모양이 같은 나무, 상록수, 수양버들
중정	적절	화초류
	꺼림	큰나무, 많은 수목
정전	적절	석류나무, 서향화
	꺼림	오동나무, 파초
울타리 옆	적정	동쪽울타리 옆에 홍벽도, 국화
	꺼림	참죽나무
우물 옆	꺼림	복숭아나무

집 주위	적정	울창한 소나무와 대나무
	꺼림	단풍나무, 사시나무, 가죽나무
주택 내	꺼림	무궁화, 뽕나무, 상륙(자리공), 살구나무, 큰나무, 상록수

ⓒ 석물의 활용 : 석가산, 괴석, 석분, 석지와 돌확, 석상과 석탑

ⓓ 수경시설의 도입 : 지당, 폭포, 수구의 다양한 이용

② **별장(別莊)·별서(別棲)·별업(別業)정원**

㉠ 별장정원 : 도시 근교 경치 좋은 곳에 집 + 정원

㉡ 별서정원 : 은둔사상, 유교적, 산속에 유유자적한 공간으로 농사+정원+시골집

㉢ 별업정원 : 별채 중심의 정원

③ **루정원림** : 주거를 떠나 경관 수려한 곳에 간단한 정자 세우고 자연과 벗하며 즐기기 위한 곳

2) 주택정원

- 후원형식의 정원

① **김윤제 환벽당 정원(명종 9년 1554)**

3단의 직선처리, 연못중심의 호단, 장방형의 대상지형, 정자, 식재(감나무, 모과, 벽오동, 매화 등)

- 사랑채 중심의 사랑정원

② **유이주 운조루(雲鳥樓) 정원**

㉠ "오미동가도"에 조감도 있음

㉡ 사랑채뜰에 내원(관상, 차폐)과 대문 밖의 외원(방형지당, 방지원도, 적송)

③ **정영방의 임재정원(1610~1636)**

㉠ 내원 : 주생활권, 독서, 사교, 영농관리

㉡ 외원 : 산책, 낚시, 영농, 환경보존

④ **정영방의 경정지원(1577~1650)**

㉠ 병자호란 후 은거목적의 방지중심 정원

㉡ 양석지 : 중도 없음. 4우단이 못안쪽으로 돌출, 서석지(서석지 돌 99개로 희귀한 수석경 이룸)

㉢ 별당정원

⑤ **유운의 화운당 정원** : 소요 자적한 공간으로 화운당과 중도 방지

⑥ **다산 정약용의 초당(草堂)(1808~1829)**

㉠ 연못과 화개 중심의 정원

㉡ 중도형 방지 : 섬 위 3개의 경석(신선사상)과 바닷가 돌 주워 석가산

㉢ 엽원기능 : 차나무 재배법 배워 약초 기르기, 초당 앞 평석에서 차 마시기

3) 별서

① 양산보 소쇄원(중종 1520~1557년)

㉠ 가장 세련되며 원형 잘 보존된 조선 민간정원 중 가장 으뜸

㉡ 중국 당나라 원림인 이덕유의 평천산장을 모델로 한 정원으로 안빈낙도, 유교사상, 신선사상을 포함

㉢ "소쇄원도", "김인후의 48종류"에 소쇄원이 묘사됨

㉣ 공간구성

ⓐ 전원 : 입구 부분으로 원로, 상·하 방지, 수대(물방아), 대황대, 광장(애양단)

ⓑ 후원(계정) : 자연계류 이용. 2개의 유수구, 계류, 암반, 광풍각, 수대(물레방아), 석가산, 위교(전원 입구와 광풍각 연결하는 계류 건너는 다리)

ⓒ 내원 : 재월당·매대 중심의 정원. 매대(2단 축산의 직선통로), 거암, 부헌당, 고암정사(후학훈도하는 사랑방)

• 소쇄원 공간 구성도 •

② 고산 윤선도의 부용강 정원(인조14, 1636년)

㉠ 고산 윤선도의 은둔지

㉡ 공간구성

ⓐ 낙서재, 낭음계 : 정원의 중심지로 곡수당, 장방형지, 낙서제(정자), 낭음계(계천과 방지 속의 3개의 괴석)

ⓑ 동천석실 : 자연암벽에 석실 축조, 지하석실, 방지

ⓒ 세연정역 : 계담 주변의 계곡물 막아 조성. 자연계담과 인공방지가 같이 존재, 수석단, 축대, 세연지

㉢ 조경특징 : 자연 그 자체가 울타리 없는 정원이며, 선과 관련된 신선정원

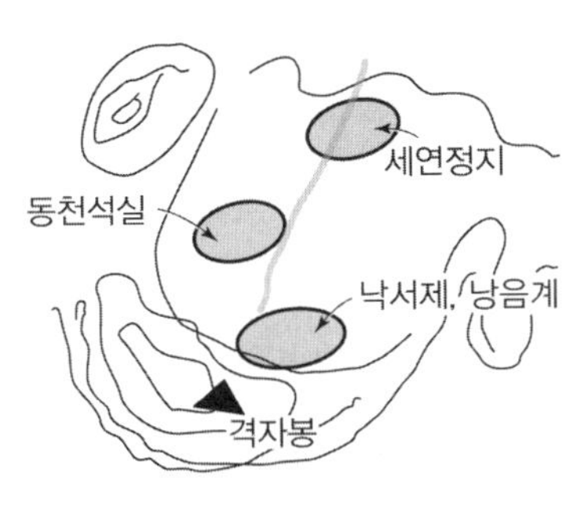

• 부용강 정원 공간구성도 •

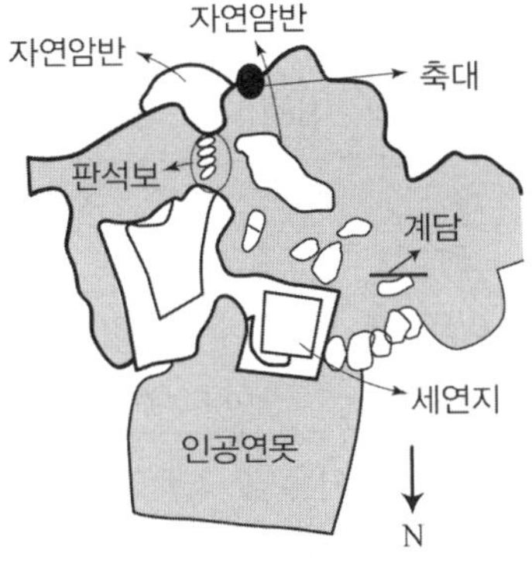

• 세연정역 공간구성도 •

③ **우암 송시열의 남간정사** : 샘의 물이 대청밑으로 흘러 곡지원도의 연못으로 들어가는 양식

④ 그 외 소한정, 석파정, 옥호정

⑤ **별업정원** : 윤계포의 조석루원 : 척연정 앞 금고지가 원림 경관의 중심으로 조성

⑥ **별장정원** : 김조순의 옥호정원 : ㅁ자형 주거 중심의 계단식 후원으로 직선적 공간처리와 화계

4) 루정원림

① 광한루(조선 초~1444)

㉠ 지방장관이 신선사상 중심으로 인공경관에 정자, 누각 세움

㉡ 공간구성 : 광한루, 연못(은하수 상징하는 장방형), 중도(삼신상 상징), 홍예(오작교), 돌자라(장수)

㉢ 식재 : 대나무(봉래섬), 백일홍(방장섬), 연꽃(영주섬)

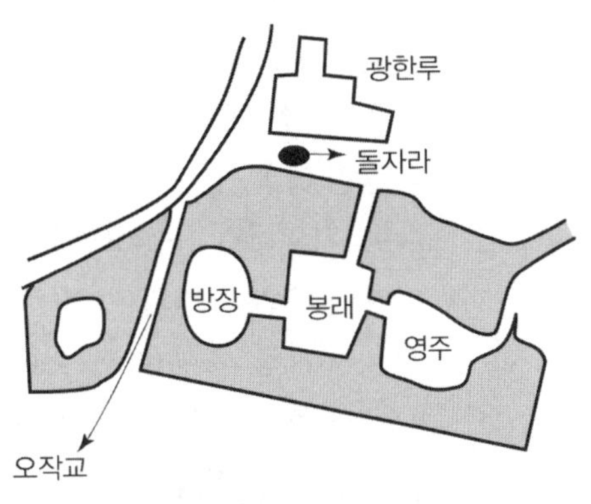

• 광한루 공간구성도 •

② 이후의 활래정(活來亭) 지원(1700)

㉠ 강릉 선교장 앞에 활래정

㉡ 활래정의 유래 : 주희의 활수래(수원이 마르지 않고 끊임없이 흘러 들어간다.)

㉢ 정방형의 방지, 정자, 원지, 4개의 석주를 못 안에 둠

㉣ 외부에서는 정자 감상, 내부에서는 경관 감상

(4) 조선시대 누·정 조경

① 누와 정의 비교

	누(樓)	정(亭)
조영자	고을의 수령	다양
이용행태	공적 이용공간	유상, 사적 이용
건물형태	2층이며 대부분 방이 있음	높은 곳에 세우며 방이 있는 것도 있고 없는 것도 있음

② 누정의 입지유형

㉠ 강이나 계류 옆에 있는 누정

㉡ 연못 주위에 있는 누정

㉢ 강변 절벽이나 암반이 좋은 곳에 있는 누정

㉣ 강이 휘어져 돌아 나가는 곳의 절벽 위에 있는 누정

㉤ 언덕 위에 있는 누정

㉥ 암반이나 바위 위에 있는 누정 : 진주 촉석루, 산척 죽서루, 의령 정암루, 합천 함벽루 등

③ 누정의 경관기법

㉠ 허(虛)(비어있음) : 비어 있지 못하면 만 가지 경관을 끌어들이지 못한다.

㉡ 원경(遠景) : 맑고 시원한 원명을 보며 심리적 안정과 원대한 계획을 세울 수 있다.

㉢ 취경(聚景)과 다경(多景) : 많은 경관을 한 곳의 누정에 모은다는 일련의 조망축을 갖는 경관구조

㉣ 읍경(挹景)

ⓐ 자연경관 구성요소들을 누정 속으로 끌어들이는 기법

ⓑ 차경과 읍경의 차이

- 차경 : 단순히 담너머 경관을 빌어오는 것
- 읍경 : 외적으로 자연경관 속에서 정자로 시선 집중시키는 수렴방식과 내적으로 정자에 올라 원경이 갖는 심리적 효과를 살려 주는 것

㉤ 환경 : 누정 주위에 있는 푸르름, 물, 산 등을 누정에 두르도록 입지시키는 기법

(5) 조선시대 읍성 정주지의 조경

① **읍성의 정의** : 군현제도의 말단 자치단위 중심취락으로 성 내에 관아와 민가가 함께 수용되고, 배후지나 주변지역에 대한 행정적 통제와 군사적 방어기능이 복합적으로 이루어진 정주지

② **규모** : 면적 99,000~165,300m^2, 300~500호에 인구 800~1500명

③ **경관구성**

㉠ 시각구조적 측면 : 영역성을 표현하는 물리적 경관요소, 경관구성의 축

㉡ 경관인식적 측면 : 풍수적 경관, 의미적 형태, 향으로서 경관
㉢ 경관행태적 측면 : 종족 결합과 샤머니즘적 성격

(6) 조선시대 서원조경

① **입지** : 산수가 수려한 곳에 주향자의 연고지 중심으로 위치

② **공간구성**

㉠ 강학공간(강당, 양재), 제향공간(사당, 전사청), 고사 등 부속공간과 집입공간

㉡ 공간구성 요소

ⓐ 식생 : 학자수(느티, 은행, 향, 회화나무), 숲(송림, 죽림)

ⓑ 연못 : 수심양성 도모하기 위해 방지

ⓒ 점경물 : 야간에 밝히기 위해 정료대, 제향시, 손 씻는 관세대, 춘추대 향시, 그 외 생단, 석등, 석연지

③ **경관구성**

㉠ 서원의 누정을 통해 자연경관으로 확산되어 곡(曲)과 경(景)이 설정

㉡ 외부 경관의 명명, 암각에 의미 부여, 인공적대, 첨경요소 통한 차경과 첨경기법

④ **대표서원**

㉠ 소수서원

ⓐ 회헌 안향을 모시기 위한 우리나라 최초의 사액서원

ⓑ 죽계구곡(竹溪九曲), 취한대, 경염정

㉡ 옥산서원 : 이언적을 모시는 서원. 폭포 용추, 외나무다리, 세심대, 무변루

㉢ 도산서원 : 퇴계 이황의 후학 양성하던 곳. 절우사, 노거수, 천광운영대, 천연대, 탁영담, 만타석, 정우당(중국 진의 주렴계의 애련설 영향으로 못에 연을 심음)

㉣ 무성서원 : 최치원을 기리는 사당(태산사), 상춘곡, 유상대에서 유상곡수

㉤ 둔암서원 : 김장생 추모하는 서원. 연지

(7) 조선시대 사찰조경

① **입지** : 성스러운 종교적 의미가 작용하는 택지법에 의해 처음에는 산과 무관한 평지에 입지하다가 나중에 산과 밀접해짐

② **공간구성** : 탑 중심형 → 탑·금당병립형 → 금당 중심형

③ **공간구성기법**

㉠ 자연환경과의 조화 고려

㉡ 계층적 질서의 추구

㉢ 공간 상호간의 연계성 제고

㉣ 인간척도의 유지

ⓜ 공간축 설정 : 방향성과 중심성 강조하기 위해 축이 뚜렷히 나타남

④ 경관구성요소

㉠ 지형경관요소 : 석단(경사지의 공간 구분 예 부석사, 불국사), 계단, 화계

㉡ 수경관요소 : 계류와 다리, 연지, 영지, 석수조와 우물

㉢ 건축적요소 : 문, 담, 굴뚝

㉣ 석조점경물 : 석부도, 석등, 당간지주

ⓜ 진입형식상 누하진입형(누각을 통한 진입) : 용문사 해운루, 송광사 종고루, 부석사 안양루

⑤ 대표사찰

㉠ 통도사 : 산지중심형 사찰, 남북 일직선 주축과 부축, 탑 중심형, 금강계단, 구룡지

㉡ 해인사 : 지형적 특성을 이용한 수직적 위계성의 공간. 홍류동 계곡을 따라 절선축의 중심축

㉢ 송광사 : 선종에 바탕을 둔 공간 구성. 의도적 지형 조정으로 두 단의 석축으로 공간 구분. 계담

★★★★★ (8) 조선시대 조경 관련 서적과 관련 부서

① 조경 관련 문헌

㉠ 강희안의 「양화소록(養花小錄)」 : 조경식물에 관한 최초 문헌

㉡ 강희안의 「화암수록」 : 양화소록의 부록. 45종 화목을 품격에 따라 9등과 9품으로 나눔

1등 : 매화, 국화, 연꽃, 대나무
2등 : 모란, 작약, 왜철쭉, 해류, 파초
3등 : 동백, 치자, 사계화, 종려, 만년송
4등 : 화리, 소철, 서향화, 포도, 귤
5등 : 석류, 도화, 해당화, 장미, 수양버들
6등 : 진달래, 살구, 백일홍, 감, 오동
7등 : 배, 정향, 목련, 앵도, 단풍
8등 : 무궁화, 석죽, 옥잠화, 봉선화, 두충
9등 : 해바라기, 전추라, 금전화, 석창포, 화양목

1품 : 소나무, 대나무, 연, 국화
2품 : 모란
3품 : 사계, 월계, 왜철쭉, 영산홍, 진송, 석류, 벽오
4품 : 작약, 서향화, 노송, 단풍, 수양, 동백
5품 : 치자, 해당, 장미, 홍도, 벽도 등

6품 : 백일홍, 홍철쭉, 홍두견, 두충
7품 : 이화, 향화, 보장화, 정향, 목련
8품 : 촉규화, 산단화, 옥매, 출장화, 백유화
9품 : 옥잠화, 불등화, 석죽화, 봉선화, 무궁화 등

㉢ 식재가 상징하는 의미
ⓐ 유교적 배경 : 사절우(매, 송, 국, 죽)와 군자의 꽃인 연을 많이 식재
ⓑ 태평성대 희구 : 대나무, 오동나무
ⓒ 도연명의 안빈낙도 : 국화, 버드나무, 복숭아

㉣ 홍만선의 「산림경제(山林經濟)"
ⓐ 1권은 복거, 2권은 양화
ⓑ 주택의 왼쪽에는 흐르는 개울, 오른쪽에는 긴 길, 집 앞에는 연못, 집 뒤에는 언덕 있는 장소가 좋음
ⓒ 주요내용 : 복거(卜居 : 주택의 선정과 건축)·섭생(攝生 : 건강)·치농(治農 : 곡식과 기타 특용작물의 재배법)·치포(治圃 : 채소류·화초류·담배·약초류 재배법)·종수(種樹 : 과수와 임목의 육성)·양화(養花)·양잠(養蠶)·목양(牧養 : 가축·가금·벌·물고기 양식)·치선(治膳 : 식품저장법·조리법·가공법)·구급(救急)·구황(救荒)·벽온(辟瘟)·벽충(辟蟲)·치약(治藥)·선택(選擇 : 길흉일과 방향의 선택)·잡방(雜方 : 그림·글씨·도자기 등을 손질하는 방법) 등

㉤ 이가환·이재위 부자의 「물보(物譜)」
㉥ 유희의 「물보(物譜)(물명고)」
㉦ 서유거의 「임원경제지(林園經濟志)」: 예원지, 상택지에 나옴

② 조경 관련 부서
㉠ 상림원과 장원서 : 조선시대 조경담당 부서
㉡ 동산바치 : 조선시대 조경 일을 하는 사람을 일컬음
㉢ 우리나라 조경관리 부서의 변천사

시대		이름
고려		내원서(內苑署)
조선	태조	상림원(上林苑)
	태종	산택사(散澤師)
	세조	장원서(掌苑署)
	연산군	원유사(苑囿師)
	중종	장원서 부활

③ 조선시대 지리서
㉠ 동국여지승람 : 1481년(성종 12)에 성종(成宗)의 명에 따라 노사신(盧思愼), 양성

지(梁誠之), 강희맹(姜希孟) 등이 편찬한 역사와 산물, 풍속이 기록된 지리지. 전국을 양경(兩京) 8도(八道)로 나누어 한성부(漢城府)와 개성부(開城府), 경기도, 충청도, 경상도, 전라도, 황해도, 강원도, 함경도, 평안도로 구분하였다. 그리고 경도(京都)의 첫머리에 '팔도총도(八道總圖)'를 첨부하고, 각 도(道)의 앞에도 도별 지도를 수록하여 공간적인 이해를 도우려 하였다. 각 도별로는 연혁과 관원, 풍속, 형승(形勝), 물산, 사묘, 인물 등이 조목별로 기술

성종 16에 김종직(金宗直) 등에 의해 연혁과 풍속, 인물 성씨와 봉수, 고적 등의 항목이 추가

ⓛ 이중환의 택리지 : 1751년(영조 27) 실학자 이중환(李重煥)이 현지 답사를 기초로 하여 저술한 우리 나라 지리서로 사민총론(四民總論), 팔도총론(八道總論 : 평안도·함경도·황해도·강원도·경상도·전라도·충청도·경기도), 복거총론(卜居總論 : 地理·生利·人心·山水), 총론 등으로 구성되어 있다.

ⓐ 사민총론 : 사농공상(士農工商)의 유래와 함께 사대부의 역할과 사명, 그리고 사대부로서의 행실을 수행하기 위해서는 관혼상제(冠婚喪祭)의 사례를 지키기 위해 여유 있는 생업을 가져야 하며, 살만한 곳을 마련할 것을 강조하고 있다.

ⓑ 팔도총론 : 우리 나라 산세와 위치를 중국의 고전 산해경(山海經)을 인용하여 논하고 있으며, 백두산을 산해경의 불함산(不咸山)으로 생각하고 중국의 곤륜산(崑崙山)에서 뻗는 산줄기의 연장선상에 있다고 보았다. 그리고 팔도의 위치와 그 역사적인 배경을 간략하게 요약하고 있다.

ⓒ 복거총론 : 택리지 전체 분량의 거의 반을 차지할 만큼 높은 비중을 차지하고 있는데, 18세기 한국인이 가지고 있던 주거지 선호의 기준 지리·생리·인심·산수를 설명함

(9) 조선시대 공공조경

① 후자(태조)

㉠ 이정표로서 흙 쌓아올린 대의 생김새

㉡ "목민심서" : 경복궁 앞을 원표기점으로 10리에 소후, 30리에 대후 설치. 5리마다 정자, 30리마다 느릅나무, 버드나무 심어 녹음 제공

② **환경개선(세조)** : 짐승은 밤에 가두고, 옥사 주위에 녹음 식재, 수질오염대책(문종)

③ **경승지 개발** : 경관 좋은 곳에 간단한 시설하여 오늘날 산림공원, 자연공원으로 여김.

11 최근세 조경(개항~8.15 광복) 및 현대

① **독립문(독립궁)** : 중국 사신 맞는 모화궁을 개조하여 독립협회사무실로 사용

② **덕수궁 석조전** : 브라운이 설계한 프랑스식 침상형 정형정원. 후에 장충단공원이 됨

③ **파고다공원** : 탑동공원. 영국 브라운(John McLeavy Brown)이 설계. 원각사비, 십삼층한수석탑, 해시계

④ **공원법** : 1967년 3월 공원법, 1967년 12월 지리산 최초 국립공원

⑤ 1971년 도시계획법, 1980년 자연공원법과 도시공원법 분리, 1974년 서울 어린이 대공원, 1978년 자연보호 헌장발표

⑥ 그 외 1904년 공중변소 설치, 1925년 종합경기장(현 동대문 운동장), 1928년 효창공원, 1930년 남산공원 등

⑦ 자연경관지 지정

㉠ 미국 : 1865년 요세미테 자연공원. 1872년 옐로우스톤 국립공원(국립공원법), 현재 29개 국립공원 지정

㉡ 일본 : 1931년 국립공원법, 12개 국립공원. 1958년 국립공원법 → 자연공원법, 현재 26개 국립공원, 48개 국정공원, 그 외 280여 개

㉢ 우리나라

ⓐ 1967년 3월 공원법, 1967년 12월 지리산을 최초의 국립공원으로 지정하였음, 현재 22개 국립공원, 31여 개 도립공원, 31개 군립공원 지정(2019년 기준)

ⓑ 국립공원 지정순서 : 지리산 → 경주(사적지형) → 계룡산 → 한려해상 → 설악산 → 속리산 → 한라산 → 내장산 → 가야산 → 덕유산 → 오대산 → 주왕산 → 태안해안 → 다도해상 → 북한산 → 치악산 → 월악산 → 소백산 → 변산반도 → 월출산 → 무등산 → 태백산

CHAPTER 04 동양조경사

실전연습문제

01 다음 중 경복궁에 경회루(慶會樓)를 창건하고, 방형(方形)의 연못을 판 시기는?
[산업기사 11.03.02]

㉮ 1394년(태조 3년)
㉯ 1456년(세조 2년)
㉰ 1412년(태종 12년)
㉱ 1592년(선조 25년)

풀이
- 1395년 : 작은연못 조성
- 1412(태종12)년 : 큰 연못을 파고 경회루 창건
- 1592년 : 임진왜란때 불탐
- 1867(고종4) : 흥선대원군이 재건

02 당(唐)의 백낙천(白樂天)이 장한가(長恨歌)속에서 아름다움을 묘사한 이궁은?
[산업기사 11.03.02]

㉮ 화청궁(華淸宮) ㉯ 아방궁(阿房宮)
㉰ 상림원(上林苑) ㉱ 건장궁(建章宮)

화청궁
백낙천의 장안가에서 당대 양귀비와 현종황제가 사랑을 나눈 화청지를 노래했다.

03 안압지에 대한 설명으로 거리가 먼 것은?
[산업기사 11.03.02]

㉮ 임해전은 자연적인 곡선 형태로 못의 동쪽에 남북축선 상에 배치되었다.
㉯ 못 안에 대, 중, 소 3개의 섬이 축조되었다.
㉰ 출수구는 못의 북안 서쪽에서 발견되었다.
㉱ 섬과 인공동산에 경석을 배치하였다.

㉮ 임해전은 건물 부분인 서쪽과 남쪽은 직선호안이며, 동쪽과 북쪽은 곡선호안이다.

04 일본의 정원 양식 가운데서 뜰에 물통(쓰꾸바이)이 활용되었던 시기는?
[산업기사 11.03.02]

㉮ 침전식정원(寢殿式庭園)
㉯ 고산수정원(枯山水庭園)
㉰ 다정(茶庭 또는 露地)
㉱ 임천회유식정원(林泉廻遊式庭園)

05 한국 전통사찰의 공간구성 기본원칙이 아닌 것은?
[산업기사 11.06.12]

㉮ 자연과의 조화
㉯ 인간척도의 유지
㉰ 공간간의 연계성
㉱ 계층적 질서의 타파

풀이 **한국 전통사찰 공간구성 기본원칙**
① 자연환경과의 조화
② 계층적 질서의 추구
③ 공간 상호 간의 연계성 제고
④ 인간척도의 유지
⑤ 공간축 설정

06 다음 중 주택정원에서 가장 정숙을 요구하는 공간은?
[산업기사 11.06.12]

㉮ 진입공간(approach area)
㉯ 사적공간(private area)
㉰ 서비스공간(service area)
㉱ 공적공간(public area)

ANSWER
01 ㉰ 02 ㉮ 03 ㉮ 04 ㉰ 05 ㉱ 06 ㉯

07 김조순의 옥호정도(玉壺亭圖)에서 주로 살펴볼 수 있는 것은? [산업기사 11.06.12]

㉮ 앞뜰의 대표적인 꾸밈새
㉯ 유상곡수의 형태
㉰ 후원의 대표적인 꾸밈새
㉱ 별당 마당의 꾸밈새

풀이 **옥호정**
후원 중심의 개인 주택정원

08 옛날 유(囿)를 만들어 짐승을 키웠다는 내용이 실려 있는 서적은? [산업기사 11.06.12]

㉮ 삼국사기 ㉯ 동사강목
㉰ 삼국유사 ㉱ 대동사강

09 다음 중 아름다움을 간직한 대표적인 통일신라의 석연지(石蓮池)는 어디에 있는가? [산업기사 11.10.02]

㉮ 보은 법주사(法住寺)
㉯ 경주 불국사(佛國寺)
㉰ 합천 해인사(海印寺)
㉱ 양산 통도사(通度寺)

풀이 **석연지**
국보 64호로 충북 보은군 법주사 천왕문에 들어서면 오른쪽에 있으며, 물을 담아 연꽃을 띄워 장식한 첨경물이다.

10 다음 중 우리나라의 국립공원이 아닌 곳은? [산업기사 11.10.02]

㉮ 지리산 ㉯ 설악산
㉰ 한려해상 ㉱ 경포호

풀이 **우리나라 국립공원(21개)**
① 산악형국립공원(16개) : 지리산, 설악산, 치악산, 한라산, 오대산, 속리산, 가야산, 계룡산, 내장산, 덕유산, 주왕산, 북한산, 월악산, 소백산, 월출산, 변산반도, 무등산
② 해상·해안형국립공원(3개) : 한려해상, 태안해안, 다도해해상
③ 사적형국립공원(1개) : 경주

11 향원정(香遠亭) 정원공간에 관한 설명 중 올바른 것은? [산업기사 11.10.02]

㉮ 경복궁 후원의 중심을 이룬 연못 주위의 정원이다.
㉯ 연못 속에 네모난 형태의 섬이 1개 있다.
㉰ 섬위에 단층 누각이 있다.
㉱ 자연곡선을 이용한 둥근형의 연못이다.

㉯ 연못 내 둥근 섬 있음
㉰ 섬위에 정육각형 루건물
㉱ 부정형의 마름모꼴 방지임

12 중국 송나라의 휘종(徽宗) 때에 주민이 설계한 정원으로서 항주의 봉황산을 닮게 하였다고 하는 정원은? [산업기사 11.10.02]

㉮ 경산(景山) ㉯ 만세산(萬歲山)
㉰ 만수산(萬壽山) ㉱ 아미산(蛾眉山)

만세산원
항주의 봉황산을 닮은 가산을 쌓고, 정원을 꾸미는 태호석이 유행하였다.

ANSWER 07 ㉰ 08 ㉱ 09 ㉮ 10 ㉱ 11 ㉮ 12 ㉯

13 신선설(神仙說)의 영향을 받아 발달한 일본정원의 초기 기본형은? [산업기사 11.10.02]

㉮ 회유임천형(回遊林泉型)
㉯ 중도임천형(中島林泉型)
㉰ 침전조림형(沈澱造林型)
㉱ 고산수식(枯山水式)

풀이 **일본 조경양식 변천사**
임천식 → 침전식 → 회유임천식 → 고산수식 → 다정 → 회유식 → 축경식

14 '槐(귀신붙은 나무)'라고도 하며 토착신앙과 관련 있는 성수(聖樹)이기도 한 수목은? [산업기사 11.10.02]

㉮ 대나무 ㉯ 오동나무
㉰ 소나무 ㉱ 회화나무

쇄나무 괴(槐)는 귀신 귀(鬼)와 나무목(木)의 합성어로 귀신을 물리쳐 주는 회화나무를 의미한다.

15 우리나라 조경 관련 문헌이 바르게 짝지어진 것은? [산업기사 12.03.04]

㉮ 이중환(李重煥) - 임원경제지(林園經濟志)
㉯ 이수광(李睟光) - 촬요신서(撮要新書)
㉰ 강희안(姜希顔) - 색경(穡經)
㉱ 홍만선(洪萬選) - 산림경제(山林經濟)

서유거-임원경제지, 박흥생-촬요신서(생활지침서) 박세당-색경(농경서), 강희안-양화수록

16 조경 유적 중 가장 굴곡이 많은 호안(護岸)을 가진 원지(苑池)는? [산업기사 12.03.04]

㉮ 비원의 부용지(芙蓉池)
㉯ 백제의 부여 궁남지(宮南池)
㉰ 신라의 안압지(雁壓池)
㉱ 완도군 보길도의 세연지(洗然池)

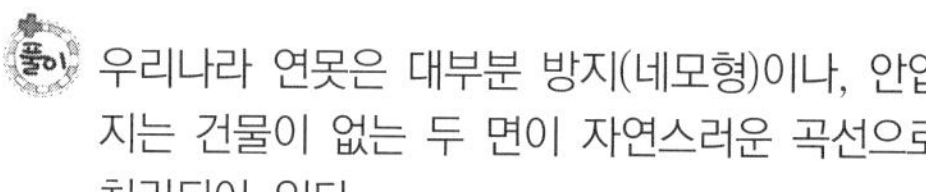
우리나라 연못은 대부분 방지(네모형)이나, 안압지는 건물이 없는 두 면이 자연스러운 곡선으로 처리되어 있다.

17 천원지방(天圓地方)의 사상을 잘 표현한 건물은? [산업기사 12.03.04]

㉮ 존덕정(尊德亭) ㉯ 경회루(慶會樓)
㉰ 관람정(觀纜亭) ㉱ 교태전(交泰殿)

풀이 천원지방이란 하늘은 둥글고 땅은 네모지다는 이론으로 경회루의 바깥쪽 기둥은 네모진 데 비하여 안쪽 기둥은 둥근 모양을 들 수 있다.

18 다음 중 일본조경의 특징 연결로 옳은 것은? [산업기사 12.03.04]

㉮ 삼보원 - 다정(茶庭)
㉯ 대선원 서원 - 평정고산수
㉰ 금각사 정원 - 정토 정원
㉱ 용안사 석정 - 축산고산수

• 대선원 서원 - 축산고산수식
• 금각사 - 축산임천식
• 용안사석정 - 평정고산수식

ANSWER
13 ㉯ 14 ㉱ 15 ㉱ 16 ㉰ 17 ㉯ 18 ㉮

19 다음 중 조선왕릉의 조경관리를 담당하던 종9품의 관직은? [산업기사 12.03.04]

㉮ 동산바치 ㉯ 장원서
㉰ 내원서 ㉱ 능참봉

풀이 • 동산바치 : 조선시대 조경가
• 장원서·내원서 : 조선시대 조경관리부서

20 조선시대 별서정원 양식의 발생에 가장 큰 영향을 미친 것은? [산업기사 12.05.20]

㉮ 풍수도참설 ㉯ 유교사상
㉰ 신선사상 ㉱ 불교사상

21 동양식 정원을 구성하는 수법 중 가장 관계가 먼 것은? [산업기사 12.05.20]

㉮ 비정형식 조경 ㉯ 축경식 조경
㉰ 정형식 조경 ㉱ 산수식 조경

풀이 정형식은 서양의 고대, 근대, 르네상스시대에 주로 유행하였다.

22 경복궁 궐내의 북쪽에 위치하며 건청궁(乾淸宮) 남쪽에 인접한 방형 원지는? [산업기사 12.05.20]

㉮ 향원지 ㉯ 반도지
㉰ 부용지 ㉱ 춘당지

풀이 경복궁 북쪽의 원지는 향원지

23 중국 정원미에 있어서 가장 강조 된다고 볼 수 있는 것은? [산업기사 12.05.20]

㉮ 조화 ㉯ 고산수
㉰ 대칭 ㉱ 대비

풀이 중국정원은 대비를 위주로 한 사의주의적 사실주의양식

24 다음 중국정원 중 가장 오래된 것은? [산업기사 12.05.20]

㉮ 상림원(上林苑) ㉯ 서원(西苑)
㉰ 졸정원(拙政園) ㉱ 이화원(頤和園)

풀이 상림원(한), 서원(청), 졸정원(명), 이화원(청)

25 일본의 고산수(故山水) 수법을 바르게 설명한 것은? [산업기사 12.05.20]

㉮ 암석과 물을 사용하여 산과 바다를 표현했다.
㉯ 아스카(飛馬) 시대부터 발전된 정원수법이다.
㉰ 대선원 서원과 용안사 석정은 평정고산수수법에 의해 만들어졌다.
㉱ 사상적으로 정토사상과 신선사상을 배경으로 하고 있다.

풀이 **고산수수법**
무로마치 시대에 나무를 극소수 또는 전혀 사용하지 않고, 모래나 바위를 사용하여 사물을 상징하는 수법으로서 대선원 서원은 축산고산수식, 용안사 석정은 평정고산수식이다.

ANSWER 19 ㉱ 20 ㉯ 21 ㉰ 22 ㉮ 23 ㉱ 24 ㉮ 25 ㉱

26 중국 한(漢)나라 때 조경의 특징과 가장 관계가 먼 것은? [산업기사 12.09.15]

㉮ 신선사상 ㉯ 상림원
㉰ 곤명호 ㉱ 만세산

풀이 만세산은 송나라

27 대추나무를 가르키는 옛 이름은? [산업기사 12.09.15]

㉮ 이(李) ㉯ 내(柰)
㉰ 백(柏) ㉱ 조(藻)

풀이 경복궁 교태전 후원 = 아미산원

28 일본의 교토(京都)에 있는 용안사(龍安寺)의 고산수(故山水) 정원과 관련 있는 것은? [산업기사 12.09.15]

㉮ 모래밭과 학섬, 거북이섬의 석조(石組), 곰솔과 향나무의 배경식재
㉯ 모래 바탕위에 5개, 2개, 3개, 2개, 2개 석조(石組)의 배치
㉰ 모래펄(銀沙灘)과 향월대(向月臺)
㉱ 모래밭과 입석(立石) 그리고 무수폭포(無水瀑布)

풀이 용안사 석정은 모래위에 15개의 정원석으로 장식한 평정고산수식 정원

29 조선시대 주택공간에 있어 주작(朱雀)에 해당되어 남쪽에 흔히 만들어진 대표적 정원 시설은? [산업기사 12.09.15]

㉮ 연못 ㉯ 정자
㉰ 탑 ㉱ 괴석

풀이 주작은 남쪽을 지키는 수호신으로 조선 주택공간에서 방지연못을 많이 두었다.

30 원지(苑地)에 물을 넣는 방법으로 입수부에 도수조와 인공폭포를 조성한 유적(遺蹟)은? [산업기사 12.09.15]

㉮ 경복궁의 향원지(香遠地)
㉯ 신라의 안압지(雁鴨池)
㉰ 선교장의 활래정(活來亭)
㉱ 수원성의 용연(龍淵)

풀이 **안압지 입수방법**
보문지 – 북천 – 황룡사앞 계곡 – 석조 – 수로 – 석구 – 수로 – 수직받침돌 – 4개의 돌계단이 차례로 들어옴

31 다음 중 아미산(蛾嵋山) 조경 유적은 어느 곳에 있는가? [산업기사 12.09.15]

㉮ 경주 안압지(雁鴨池)
㉯ 경복궁 교태전(交泰殿) 후원
㉰ 창덕궁 대조전(大造殿) 후원
㉱ 경복궁 건창궁(乾淸宮) 후원

32 새와 짐승을 놓아기르는 유(囿)를 처음 만든 왕은? [산업기사 13.03.10]

㉮ 의양왕(誼讓王) ㉯ 수도왕(修道王)
㉰ 제세왕(濟世王) ㉱ 노을왕(魯乙王)

풀이 고조선 개국설화에 단군조선 노을왕이 유를 만들어 짐승을 키웠다는 기록이 있다.

33 명나라 때의 조경 서적 원야(園冶)는 몇 권으로 구성되어 있는가? [산업기사 13.03.10]

㉮ 1권 ㉯ 2권
㉰ 3권 ㉱ 4권

ANSWER
26 ㉱ 27 ㉱ 28 ㉯ 29 ㉮ 30 ㉯ 31 ㉯ 32 ㉱ 33 ㉰

34 호수(湖水)가에 견우직녀인 석상을 앉혀 천하(天河) 은하수로 비유한 곳은? [산업기사 13.03.10]

㉮ 상림원(上林園)의 곤명호(昆明湖)
㉯ 송(宋)의 문제(文帝)의 현무호(玄武湖)
㉰ 송(宋)대의 금명지(金明池)
㉱ 북해공원(北海公園)

35 사제(私第)의 정원으로 별당(別堂)인 십자각을 지어 조경을 조성한 자는? [산업기사 13.03.10]

㉮ 최충헌(崔忠獻) ㉯ 최이(崔怡)
㉰ 김치양(金致陽) ㉱ 김경용(金景庸)

풀이 최충헌이 자신의 저택 북쪽에 십자각이라는 초호화 별장을 짓기 위해 백성을 동원해 원성이 자자하였다고 한다.

36 다음 [보기]의 조경 시설물을 볼 수 있는 정원은? [산업기사 13.03.10]

보기
대봉대(待鳳臺), 매대(梅臺),
오곡문(五曲門), 수차(水;車),
제월당(霽月堂)

㉮ 창덕궁 후원의 옥류천 지역
㉯ 강원도 강릉의 선교장과 활래정원
㉰ 경상북도 영양군의 경정 서석지원
㉱ 전라남도 담양군의 소쇄원라는 초호화 별장을 짓기 위해 백성을 동원해 원성이 자자하였다고 한다.

37 중국 역대의 조경가 중 명(明)나라 때의 사람은? [산업기사 13.06.02]

㉮ 미만종, 계성 ㉯ 주면, 예운림
㉰ 석도, 이어 ㉱ 염입덕, 백거이

38 고려시대와 관련된 원림(園林)의 건축물은? [산업기사 13.06.02]

㉮ 임해전, 포석정 ㉯ 임류각, 망해정
㉰ 주합루, 부용정 ㉱ 만월대, 태평정

- 만월대 : 경기도 개성시 송악산(松嶽山)에 있는 고려시대의 궁궐터
- 태평정 : 고려 의종 때에 민가를 헐어내고 호화롭게 지은 정자

39 「작정기」에 "못도 없고 유수도 없는 곳에 돌을 세우는 것"이라 칭한 정원 수법으로 가장 적합한 것은? [산업기사 13.06.02]

㉮ 고산수식 ㉯ 회유임천식
㉰ 다정 ㉱ 침전조

40 통일신라시대의 정원인 임해전지에 대한 기록이 남아있는 서적은? [산업기사 13.06.02]

㉮ 서경잡기(西京雜記)
㉯ 동사강목(東史綱目)
㉰ 설문해자(說文解字)
㉱ 해동잡록(海東雜錄)

풀이 임해전지에 관한 기록은 동사강목, 삼국사기에 기록되어져 있다.

ANSWER 34 ㉮ 35 ㉮ 36 ㉱ 37 ㉮ 38 ㉱ 39 ㉮ 40 ㉯

41 삼국사기 백제본기에 의하면 무왕 35년에 궁 남쪽에 정원을 꾸몄다 하였는데 다음 설명 중 옳은 것은? [산업기사 13.06.02]

㉮ 서안에 소나무를 무성하게 심었다.
㉯ 솟는 물을 모아 연못을 만들었다. 소나무류는 이식하기가 어려운 수종으로 이식 시 많은 관리를 요한다.
㉰ 못에 섬을 만들었다.
㉱ 석가산을 쌓아 방장선산을 상징하였다.

42 "동양 정원론(Dissertation on Oriential Gardening)"을 간행한 조경가는? [산업기사 13.06.02]

㉮ 브라운　　㉯ 햄프리 레프턴
㉰ 윌리엄 챔버　　㉱ 애드슨과 포우

풀이 챔버는 영국 Kew 가든에 중국정원을 소개하고 있다.

43 조경식물의 한자 이름 중 "부용(芙蓉)"에 해당하는 것은? [산업기사 13.09.28]

㉮ 연　　㉯ 차나무
㉰ 백목련　　㉱ 배롱나무

풀이 ㉮ 연 : 부용
㉰ 백목련 : 옥란
㉱ 배롱나무 : 자경

44 신라 헌강왕(875~885)이 어무상심무(御舞祥審舞)란 춤을 추고, 유상곡수연(流觴曲水宴)을 하던 조경 유적은? [산업기사 13.09.28]

㉮ 경주 월성의 남천(南川)
㉯ 안압지(雁鴨池)
㉰ 포석정지(鮑石亭址)
㉱ 불국사 구품연지(九品蓮池)

45 에도(江戶)시대 다정의 발달로 정원구성에 가장 중요한 요소로 나타난 것은? [산업기사 13.09.28]

㉮ 색모래
㉯ 바위
㉰ 수수분(手水盆)
㉱ 소나무

풀이 다정양식의 중요한 요소는 수수분과 석등이다.

46 우리나라 최초의 서양식으로 꾸며진 정원이라고 볼 수 있는 것은? [산업기사 13.09.28]

㉮ 덕수궁 석조전 정원
㉯ 비원
㉰ 파고다 공원
㉱ 보라매 공원

ANSWER 41 ㉰ 42 ㉰ 43 ㉮ 44 ㉰ 45 ㉰ 46 ㉮

47 다음 조선왕릉 중 경기도 남양주시에 소재하고 있는 것은? [산업기사 13.09.28]

㉮ 정릉　　㉯ 장릉
㉰ 의릉　　㉱ 홍유릉

풀이 ㉮ 정릉 : 조선 제11대 왕 중종의 무덤. 서울특별시 강남구 선릉로 위치
㉯ 장릉 : 강원도 영월군 영월면 영흥4리에 있는 조선 제6대왕 단종의 능.
㉰ 의릉 : 서울특별시 성북구 석관동에 있는 조선 제20대 왕 경종과 그의 계비 선의왕후 어씨의 능
㉱ 홍유릉 : 경기도 남양주시 금곡동 위치한 제26대 왕 고종과 명성황후 민씨의 묘소

48 발해(渤海)의 조경 유적으로 거대한 궁성지(宮城址)와 조산(造山) 원지(苑地) 및 원림(苑林)터가 발굴되었는 바 다음 중 어느 곳인가? [산업기사 13.09.28]

㉮ 중국 통구 국내성(國內城) 유적이다.
㉯ 중국 흑룡강성 영안현의 상경용천부(上京龍泉府) 유적이다.
㉰ 중국 대명궁(大明宮) 유적이다.
㉱ 중국 낙양(洛陽)의 원림(苑林) 유적이다.

49 조선시대에 애용된 전통적 조경수목의 특징이라고 볼 수 없는 것은? [산업기사 14.03.02]

㉮ 감나무, 복숭아나무 등의 과목(果木)이 선호되었다.
㉯ 수종과 식재장소의 선택에 풍수설의 영향을 많이 받았다.
㉰ 모란, 산수유, 작약 등 화목(花木)이 애용되었다.
㉱ 외래종은 배제하고 한국 고유의 자생종만을 식재하였다.

풀이 우리나라 고려시대부터 외래수종이 중국으로부터 많이 들어와 식재되었다.

50 서원 전면의 하천에 위치하는 유상대(流觴臺)는 고운이 태안현감으로 재임시 계류상에 대를 조성하여 유상곡수로 음풍영월하던 장소로써 후세에 감은점이 건립된 서원은? [산업기사 14.03.02]

㉮ 도산서원　　㉯ 무성서원
㉰ 소수서원　　㉱ 옥산서원

풀이 ㉮ 도산서원 : 경북 안동. 퇴계 이황을 위한 서원
㉯ 무성서원 : 고운의 유상대로 유명
㉰ 소수서원 : 경북 영풍. 안향선생을 위한 서원
㉱ 옥산서원 : 경북 월성. 이언적의 위패를 모신 곳

51 다음 식물 중 자미(紫薇)라 불렸던 것은? [산업기사 14.03.02]

㉮ 배롱나무　　㉯ 목련
㉰ 철쭉　　㉱ 치자나무

풀이 • 자미(紫薇) : 목백일홍(배롱나무)

52 조선시대에 외국사신을 맞이하던 객관(客館)에 해당하지 않는 것은? [산업기사 14.03.02]

㉮ 모화관(慕華館)　　㉯ 순천관(順天館)
㉰ 태평관(太平館)　　㉱ 남별궁(南別宮)

풀이 • 순천관 : 고려시대 중국사신이 머물던 곳.

ANSWER 47 ㉱ 48 ㉯ 49 ㉱ 50 ㉯ 51 ㉮ 52 ㉯

53 조선시대 궁궐 조경 수법의 특징에 속하지 않는 것은? [산업기사 14.03.02]

㉮ 후원(後園)의 발달
㉯ 다정(茶庭)의 발달
㉰ 경사지의 화계(花階) 처리
㉱ 굴뚝, 담장 등의 수식·미화 처리

풀이 • 다정 : 일본정원 양식임.

54 중국 진(晉)나라 왕희지의 유상곡수연(流觴曲水宴)의 풍류 문화가 나타난 것은? [산업기사 14.05.25]

㉮ 소상팔경 ㉯ 낙양명원기
㉰ 난정서 ㉱ 원야

풀이 **왕희지의 난정서**
구부러진 유수에 술잔을 띄우고, 잔이 앞을 통과할 때까지 시를 짓고 시를 못 짓는 사람은 벌주를 마셨다.(유상곡수연)

55 조선시대 궁궐정원에서 볼 수 없는 것은? [산업기사 14.05.25]

㉮ 색모래와 정자수(整姿樹)
㉯ 방지원도(方池圓島)와 방지방도
㉰ 십장생(十長生)과 화초담
㉱ 사괴석(四塊石)과 수복무늬

풀이 **색모래, 정자수**
중세 유럽 정원에서 사용

56 조선시대 사대부 주택정원 형태가 가장 잘 보존되어 있는 것은? [산업기사 14.05.25]

㉮ 소쇄원 ㉯ 선교장
㉰ 다산초당 ㉱ 세연정

풀이 선교장은 주택정원, 소쇄원, 다산초당, 세연정은 별서정원에 해당한다.

57 작정기에 쓰여진 "못(池)도 없고 유수(遺水)도 없는 곳에 돌(石)을 세우는 것"을 뜻하는 일본의 정원수법은? [산업기사 14.05.25]

㉮ 정토식 ㉯ 수미산식
㉰ 곡수식 ㉱ 고산수식

풀이 **고산수식**
물이나 식재 대신 모래나 자갈, 돌을 사용하여 정원을 꾸민형식

58 조선 왕실의 수목과 능원의 잔디를 인위적으로 재배하여 식재했던 곳은? [산업기사 14.05.25]

㉮ 모화관 ㉯ 순천관
㉰ 선공감 ㉱ 춘천사

풀이 **모화관**
원래 중국 사신을 맞이하던 곳인데, 이곳에서 임금의 능에 쓰이는 한국형 들잔디를 재배관리하고, 여름에 파종하여 양질의 잔디를 평소에 준비하였다는 기록이 전해진다.

ANSWER
53 ㉯ 54 ㉰ 55 ㉮ 56 ㉯ 57 ㉱ 58 ㉮

59 창덕궁 내의 원림 속에 있으며, 옥류천의 북쪽에 자리 잡고 있는 삿갓지붕형의 단칸 모정(茅亭)으로 방지방도로 된 것은? [산업기사 14.09.20]

㉮ 관람정 ㉯ 소요정
㉰ 청의정 ㉱ 청심정

풀이 **옥류천가에 정자**
농숙정, 태극정, 쇄정, 취한정, 청의정 등이 있으며, 청의정은 방지방도안에 세워진 삿갓지붕형의 정자

60 조선시대 궁궐의 침전(寢殿) 후정(後庭)에서 볼 수 있는 대표적인 양식은? [산업기사 14.09.20]

㉮ 정자(亭子)
㉯ 조그만 크기의 방지(方地)
㉰ 풍수지리설에 입각한 금천(禁川)
㉱ 경사지를 이용해서 만든 계단식의 노단(露壇)

풀이 **조선시대 궁궐 후정**
경복궁 교태전후원의 계단식 화계(지형의 경사를 이용)

61 우리나라에서 공공(公共)을 위해 만들어진 최초의 근대 공원은? [산업기사 14.09.20]

㉮ 탑골공원 ㉯ 사직공원
㉰ 장충단공원 ㉱ 남산공원

풀이 **우리나라 최조의 근대공원**
파고다공원(영국 브라운의 건의로 1897년 조성되었으며, 1992년 탑공공원으로 개칭함.)

62 일본의 3대 정원 양식의 발달순서로 옳은 것은? [산업기사 14.09.20]

A : 임천회유식 정원
B : 고산수 정원
C : 다정(茶庭)

㉮ C → A → B ㉯ A → C → B
㉰ B → C → A ㉱ A → B → C

풀이 **일본 정원양식변천사**
임천식(회유임천식) - 축산고산수식 - 평정고산수식 - 다정식 - 회유식 - 축경식

63 청나라 때 축조된 정원 중 이궁의 정원이 아닌 것은? [산업기사 14.09.20]

㉮ 열하피서산장 ㉯ 원명원 이궁
㉰ 이화원 ㉱ 건륭화원

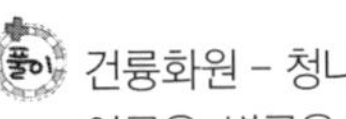

풀이 건륭화원 - 청나라 금원
이궁은 별궁을 의미한다.

ANSWER 59 ㉰ 60 ㉱ 61 ㉮ 62 ㉱ 63 ㉱

조경계획

1 자연환경 조사 분석

1 식생생태조사

① 조사방법

㉠ 전수조사 : 수목 개수를 모두 조사하는 것 좁은 면적에 실시

㉡ 표본조사 : 군락구조 해석을 주로 표본만 선정해 조사하는 것

② 표본구의 설정

㉠ 조사대상이 단립성 있고, 균질의 식물 집단일 때 표본추출

㉡ 균질이 아닐 경우 몇 개의 균질한 지역으로 나누어 표본추출

㉢ 층화된 경우 무작위추출법, 체계적 표출법 통해 표본추출

★★★ ③ 각종 군락측도

㉠ 군락측도 : 군락의 여러 특질을 재는 척도

㉡ 빈도 : 군락 내 종의 분포의 일 양성, 종간의 양적 관계 알기 위해 측정

ⓐ $빈도(F) = \frac{어떤\ 종의\ 출현\ 쿼드라트\ 수}{조사한\ 총\ 쿼드라트\ 수} \times 100$

ⓑ $상대빈도(RF) = \frac{어떤\ 종의\ 빈도}{전동의\ 빈도의\ 총화} \times 100$

㉢ 밀도 : 단위 넓이당 개체수

평균밀도 : 그 종의 1개체가 출현하는 평균적 넓이

ⓐ $밀도(D) = \frac{어떤\ 종의\ 개체수}{조사한\ 총\ 넓이} = \frac{어떤\ 종의\ 총\ 개체수}{조사한\ 총\ 쿼드라트\ 수}$

ⓑ $평균밀도(M) = \frac{조사한\ 총\ 넓이}{어떤\ 종의\ 총\ 개체수} = \frac{1}{D}$

㉣ 수도 : 밀도와 관계하는 추정적 개체수 또는 출현한 쿼드라트만큼의 평균개체수

ⓐ $수도(A) = \frac{어떤\ 종의\ 총\ 개체수}{어떤\ 종의\ 출현한\ 쿼드라트\ 수} = 100 \times \frac{D}{F}$

㉤ 피도(C) : 식물의 지상부의 지표면에 대한 피복비율. 100%를 넘을 수도 있다.

ⓑ 우점도

ⓐ 우점도 : 피도, 또는 종 군락 내에 우열의 비율을 종합적으로 나타내는 척도로 사용

ⓑ Braun- Blanquet의 피도와 수도의 조합에 의한 우점도를 7계급으로 나눔

- DFD지수 = 밀도 + 빈도 + 피도
- 상대우점값(IV) = 상대밀도 + 상대빈도 + 상대피도
- 적산우점도(종합적 우점도; SDR) = 밀도비 + 빈도비 + 피도비(%)

④ 조사방법

④ 조사방법

㉠ 쿼드라트법 : 정방형 조사지역 설정해 식생조사

ⓐ 쿼드라트 크기 : 군락 최소넓이 이상의 적당한 넓이(군락 최소넓이 : 어떤 군락이 그 특징적인 조성구조를 발전시킬 수 있는 최소넓이)

ⓑ 쿼드라트 최소넓이

경지, 잡초군락	0.1 ~ $1m^2$
방목, 초원군락	5 ~ $10m^2$
산림 군락	200 ~ $500m^2$

㉡ 접선법

ⓐ 군락 내 일정길이 선을 몇 개 긋고 그 선안에 나타나는 식생 조사해 측정

ⓑ 빈도는 1개선을 1쿼드라트로 계산, 피도는 선길이를 100으로 해 100분율로 계산

㉢ 점에 의한 법

ⓐ 쿼드라트법에서 쿼드라트 넓이를 대단히 작게 한 것

ⓑ 보통 frame에 낀 핀을 45도, 90도 각도로 지표면에 내려 여기에 접촉한 식물을 기록하는 방법

ⓒ 초원, 습원 등 높이 낮은 군락에서만 사용 가능

㉣ 4분법

ⓐ 두 식물 개체 간 거리, 임의점과 개체 사이 거리를 측정해 구성종, 군락 전체의 양적관계 측정하는 방법

ⓑ 교목, 아교목에 적용

ⓒ 간격법 : 최단거리법, 인접개체법, 제외각법, 분각법

㉤ 각 조사법이 적용되는 군락

		고목군락	저목군락	초본군락	이끼, 바위옷군란
쿼드라트법		○	○	○	○
접선법		△	△	○	○
포인트법		×	×	○	○
간격법	최단거리법	○	△	×	×
	인접개체법	○	△	×	×
	제외각법	○	△	×	×
	4분각법	○	△	×	×

※ ○ : 가장 적당함, △ : 적용되나 가장 적당한 것은 아님, × : 적용되지 않음

2 기후

① 대기와 온도

㉠ 기후란? : 태양의 복사에 의해 대기의 물리적 조건이 좌우되어 변동하는 상태로 식물과 밀접한 관계

㉡ 쾌적기후 : 온도 18~21℃(70~80°F), 상대습도 50~60%

㉢ 동결심도(땅이 어는 깊이) : 서울 1m, 남부 0~50cm

② 강수량

㉠ 우리나라 연간 강수량 600~1,400mm로 6~8월 사이의 집중호우형

㉡ 강수량은 식생과 밀접한 관계

③ 일조, 일사

㉠ 일사 : 태양으로부터 복사되는 열량 측정

㉡ 일사각 : 정오시의 태양각의 입사각

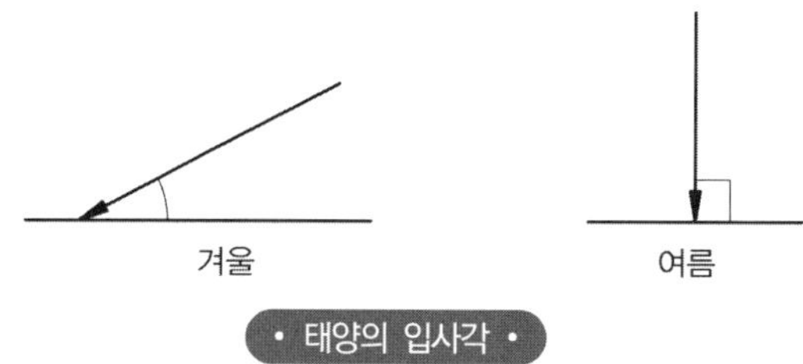

• 태양의 입사각 •

㉢ 일조량 : 태양이 지구면에 비치는 시간 측정

★★ ㉣ 우리나라 법적 일조시간 : 최저 2시간 30분

㉤ 도시경관에서는 가로수, 건물 유형에 따라 일사량이 달라짐

④ 미기후

㉠ 국부적 장소에 나타나는 기후로 조경에서 중요한 인자

㉡ 미기후요소 : 대기요소, 서리, 안개, 시정, 자외선, 이산화황, 이산화탄소

㉢ 미기후인자 : 지형, 수륙분포에 따른 안개의 발생, 지상피복 및 특수 열원동

㉣ 알베도(Albedo) : 표면에 닿는 복사열이 반사되는 %

예 거울1.0, 산림이나 잔디 0에 가까움

예 갓내린 눈 〉오래된 눈 〉마른 모래 〉초지 〉젖은 모래 = 산림 〉검은흙 〉바다

㉤ 전도 : 건조, 다공질일수록 전도율 낮다.

예 화강석 〉얼음 〉젖은 모래 〉부식토 〉젖은 점토 〉마른 모래 〉갓내린 눈 〉공기

ⓐ 알베도 낮고 전도율 높으면 미기후 온화안정

ⓑ 알베도 높고 전도율 낮으면 미기후 극단적

㉥ 풍동현상 : 건물 사이에 주위보다 바람이 세게 부는 현상

㉦ 도시 미기후 : 포장면 방대와 구조물 밀집으로 열섬효과, 대기 상승효과가 있으므로, 콘크리트 아스팔트 억제, 수경요소와 식재지 확대할 것

★★★ 3 토양조사

① 토양의 단면

㉠ Ao층(유기물층)

ⓐ L층(Litter Layer) : 낙엽이 분해되지 않고 원형 그대로 쌓여 있음

ⓑ F층(Fomentation Layer) : 낙엽이 소동물 혹은 미생물에 의해 분해되지만 다소 원형 유지. 식물의 조직을 육안으로 알 수 있고 유체 식별 가능

ⓒ H층(Jumus Layer) : 육안으로 낙엽의 기원을 전혀 알 수 없는 유기물, 흑갈색

㉡ A층(표층) : 광물 토양의 최상층으로 외계와 접촉되어 그 영향을 직접 받는 층. 식물에 필요한 양분이 가장 풍부함

㉢ B층(집적층) : 표층에 비해 부식 함량이 적어 황갈색, 적갈색

㉣ C층(모재층) : 광물질이 풍화된 층

㉤ D층(기암층)

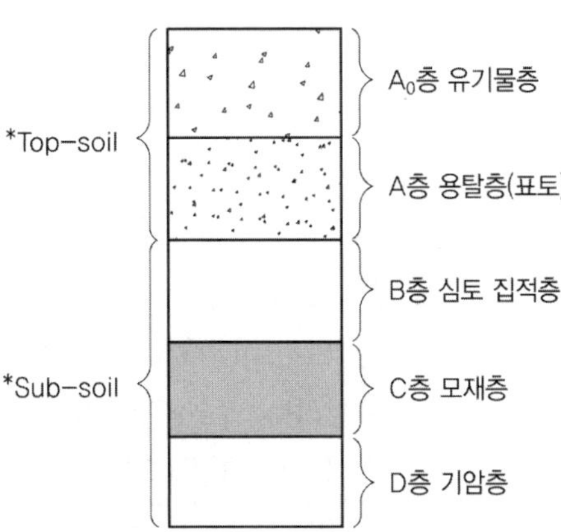

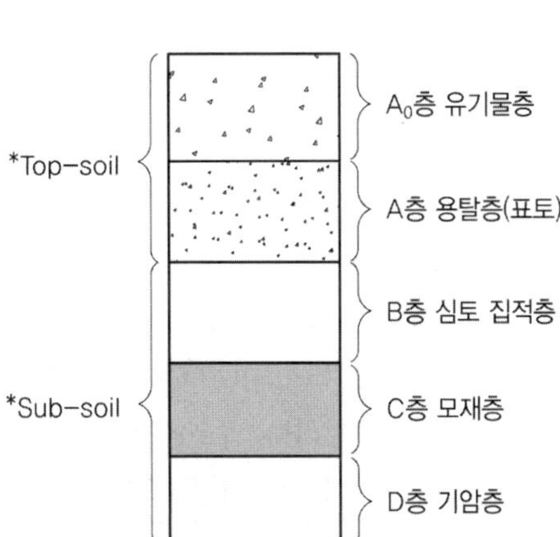

② 토양입자의 구조

㉠ 입상 : 입단이 다면상, 구형이며 정밀도 중간, 유기물 많은 토양에서 형성됨

㉡ 단립(團粒) : 입상구조와 같은 다면상, 구상, 공극이 많다.

㉢ 단단립 : 토양입자가 단독으로 배열된 구조

㉣ 세단립 : 미세한 입자가 단독으로 배열된 구조

㉤ 현과상 : 각괴상 같은 괴상, 다면상, 대부분 모서리가 둥글다.

③ 토양의 구조

㉠ 입상구조 : 가장 흔한 형태로 토양 표층에 나타나며, 입자 지름 약 1 ~ 2mm 구형으로 뭉쳐 있으며, 입단 사이 공극에 물이 저장되어 식물에게 적합함

㉡ 판상구조 : 토양입자가 수평방향으로 배열되어 수분이 아래로 잘 빠지지 않는다. 습윤지대나 A층에서 주로 나타남

㉢ 괴상구조 : 판상구조보다 크며 가로와 세로의 비율이 거의 같은 다면체 형태로 밭이나 산림에 주로 나타남

㉣ 주상구조 : 프리즘 또는 기둥 모양의 세로 구조로 수분 침투나 증발이 잘 일어나며 건조지나 습윤배수불량지에 나타남

④ 토양의 광물질 입자의 단경구분

자갈	2.0mm 이상
조사	2.0~0.2mm
세사	0.2~0.02mm
미사	0.02~0.002mm
점토	0.002mm 이하

⑤ 토성의 구분

사토	85% 이상 모래
사질양토	점토 25~45%, 모래 55% 이상
양토	점토 2/3, 모래 1/3
식토	대부분 점토

⑥ 토양의 산도

㉠ 산성토 : pH 6.5 이하. 양분이 없고 빨간흙(철이 많음). 주로 침엽수, 소나무자생

㉡ 알칼리토 : pH 7.5 이상. 건조지역의 양분 많음. 낙엽수 위주의 수종

㉢ 중성 : pH 6.5~7.5

⑦ 토양수분

㉠ 화합수(결합수) : 어떤 성분과 화학적으로 결합되어 있는 물로 직접 이용 못함

㉡ 흡습수 : 토양 고물질과 같은 입자 표면에 피막처럼 흡착되는 물로 식물체에 이용 못함

㉢ 모관수 : 흡습수의 둘레를 싸고 있는 물로 식물에 이용 가능함
㉣ 중력수 : 중력에 의해 자유롭게 흐르는 물

⑧ 토양조사방법

㉠ 입지환경조사 : 표고, 지형, 경사, 퇴적양식, 토양침식, 암석노출도 등 조사
㉡ 토양단면조사 : 수직 1m, 세로 1m, 가로 1m 채굴하여 A, B층을 각 1kg 채취해 조사

⑨ 토양생성인자에 의한 주요 토양생성작용

㉠ 포드졸화 작용(podzolization) : 박테리아의 활동에 지장이 있을 정도의 저온이나 삼림이 자랄 만큼 수분이 충분한 기후에서 진행되는 토양생성작용으로 서안해안성기후, 온난대륙성기후, 고산지역에 전형적으로 나타남. 소나무나 전나무 같은 침엽수 삼림에서 가장 활발히 진행됨. 용탈층과 집적층의 발달이 특징이다.
㉡ 라테라이트화 작용(laterization) : 열대우림기후, 사바나기후, 아열대습윤기후 등의 고온다습한 기후하에서 진행됨. 토양이 붉은색을 보이며 토층의 발달이 분명하지 않고, 농업에 적합하지 않다.
㉢ 석회화 작용(calcification) : 수분의 증발량이 강수량보다 많은 반건조지역 또는 스텝기후지역에서 진행됨. 탄산칼슘이 주된 성분으로 집적되며 염기의 순환이 일어나는 A층과 토양의 부식이 풍부한 B층이 두드러진다.
㉣ 글레이화 작용(gleization) : 냉량 또는 한랭습윤기후지역 중에서 지하수위가 높은 저습지나 배수가 불량한 곳에서 진행되는 작용. 툰드라 기후나 습윤 대륙성기후 지역에서 나타난다. 강산성의 토탄층 밑에 글레이층이라 불리는 치밀한 점토질 물질로 이루어진 토층이 특징이다.
㉤ 염류화 작용(salinization) : 건조지역에서 가용성 염류가 토양의 표면에 집적되는 과정. 염류화작용은 농경에 큰 장애요인이 되며 제거에 경비와 시간이 많이 든다.

4 수문조사

① **자연배수** : 평상시 물이 흐르거나 고여 있는 상태
② **지하수** : 경관효과는 없으나 용수 측면에서 중요. 지표에 떨어진 물의 약 10%
③ **표면수** : 비가 올 때 표면에서 빠져나가는 물로 집수구역의 유량과 관련
④ **우수유출량**

$$Q = C \cdot I \cdot A$$

C : 유출량계수, I : 우수강도, A : 배수지면적

5 지질조사

① 주요 암석과 특징

㉠ 화성암류 : 화산에서 분출된 용암이 굳어서 생긴 것 예 화강암, 화성암

㉡ 변성암류 : 암석이 당시와 다른 상황(큰 압력, 높은 온도, 화학성분 등)에서 변한 것 예 편마암

㉢ 퇴적암류 : 지표에 나타난 암석이 표면에서 계속 풍화작용, 침식작용을 받아 암석 분해, 물에 용해되어 기암에서 분리된 것 예 석회암

② 지질조사방법

㉠ 보링조사(boring)

ⓐ 토층보링 : 기계 보링, 오오거 보링에 의해 흙 굳기 정도 조사, 시료 채취해 흙 성질 파악

ⓑ 암반보링 : 기계 보링에 의해 구멍 뚫고 전진속도, 코어 채취율, 채취한 코어 관찰 통해 암질 판단

㉡ 사운딩(sounding) : 깊이 방향으로 연속적 지반 저항 측정하는 방법

ⓐ 정적 사운딩 : 점토지반에 적용. cone을 일정 속도로 주입하는 데 요하는 하중 측정법

ⓑ 동적 사운딩 : 사질토지반에 사용. 일정한 동적 에너지 주고 땅에 박는 주입실험

6 지형조사

① 지형의 거시적 파악

㉠ 지형의 형성, 물리적, 생태적 현상 등을 주변 지역 계획 대상지 포함해 파악

㉡ 자연지역보전계획, 지역휴양개발계획, 관광정비계획 등에 사용

② 지형의 미시적 파악

㉠ 지형도자료 : 1/50,000, 1/25,000, 1/5,000 또는 도시계획 내 1/10,000 지형도, 항공사진

㉡ 분석내용

ⓐ 계획구역의 도면표시

ⓑ 산정과 계곡의 능선 흐름조사

ⓒ 등고선의 간격 검토

ⓓ 개천이나 하천 등 유수패턴조사, 동선체계, 소로, 등산로 확인

ⓔ 경사방향 확인

③ 고도분석

㉠ 지형의 높낮이를 한눈에 볼 수 있게 분석하는 것

㉡ 선 사용 시 : 고도가 높을수록 좁은 간격의 선

㉢ 색 사용 시 : 고도가 높을수록 짙은 색 사용

㉣ 정밀한 계획 : 등고선을 1m 간격으로 분석, 1/25,000에서는 20m 간격

㉤ 개발 대상지 낮고 평탄한 지대 : 5~10m 간격, 높아짐에 따라 10~25m 또는 40~50m

④ 경사도분석

㉠ 등고선 간격에 의한 법

$$G = D/L \times 100$$

G : 경사도
L : 등고선에 직각인 두 등고선 간의 평면거리
D : 등고선 간격

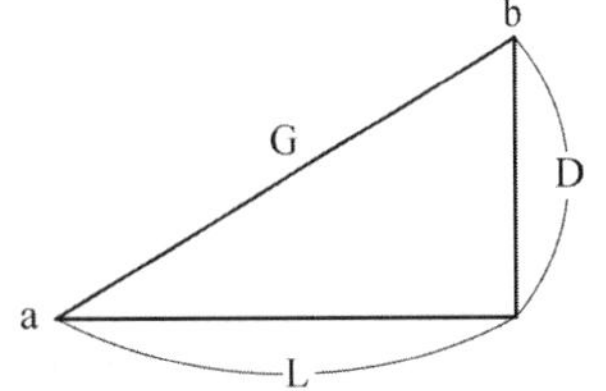

Tip

등고선 특징

두 개의 등고선 사이의 수직거리는 항상 일정. 수평거리는 등고선 간격에 따라 달라짐. 일정한 경사도는 일정한 수평거리

㉡ 방안법 : 지형도에 선 긋고 단위 그리드에 들어있는 등고선의 수를 세어 경사도 구하는 법

㉢ 경사도에 따른 토지분석

경사도	토지 이용
2~5%	평탄, 운동장
4~10%	수정해서 도로, 산책로 가능
6%	경제상 높은 밀도 위한 주택 적합
10%	도로 최대 허용경사
10% 이상	자유롭게 놀기, 도로나 산책은 불능
15%	차량 움직이는 최대경사
25%	변경해야 사용 가능. 잔디를 심을 수 있는 상한선
25% 이상	대개 사용 못하며, 침식으로 흙파괴
50~60% 이상	경관적 효과로만 가능

㉣ 경사형태에 대한 안정도

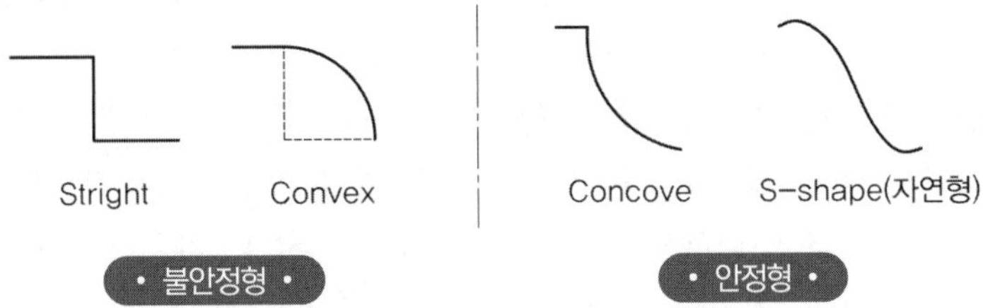

7 경관조사

① 경관의 형식

자연경관	산림경관	
	평야경관	
	해양경관	
문화경관	도시경관	가로경관
		택지경관
		교외경관
	농촌경관	취락경관
		경작지경관

② 기호화 방법

㉠ Kevin Lynch의 도시이미지 기호화 : 지표(landmark), 지역(districts), 접합점(nodes), 경계(edges), 통로(paths) (상세한 내용은 조경설계과목의 경관분석항 참고)

㉡ Worskett의 경관 조망하는 시점에서의 특성 기호화

직접적인 조망

조망의 범위

전경에서 본 스카이라인

●●●●●●● 전경에서 조망에 가리는 부분

— — — 개방적으로 조망되는 부분

③ 심미적 요소의 계량화 방법

㉠ Leopold의 상대적 척도로서의 계량화 : 계곡경관 평가 위해 12개 대상지역 경관 계량화

④ 시각회랑에 의한 방법

㉠ Litton의 삼림경관 기본유형

ⓐ 전경관(파노라믹경관) : 초원, 시야가 가리지 않고 멀리 퍼져 보이는 경관

ⓑ 지형경관 : 지형이 특징적이어서 관찰자가 강한 인상을 받게 되며, 경관의 지표가 됨

ⓒ 위요경관 : 평탄한 중심 공간 주위로 숲이나, 산으로 둘러쌓인 경관

ⓓ 초점경관 : 시선이 한곳으로 집중되는 경관, 계곡 끝 폭포

㉡ Litton의 산림경관 보조적 유형

ⓐ 관개경관 : 상층이 나무의 숲, 나무의 줄기가 기둥처럼 들어서 있거나 하층은 관목이나 어린나무로 이루어진 경관 안정감, 친근감이 든다.

ⓑ 세부경관 : 관찰자가 가까이 접근해 나무의 잎, 열매 등을 감상 가능할 때

ⓒ 일시경관 : 대기의 상황에 따라 모습이 달라지는 경관

예 수면에 투영된 영상, 안개 등

㉢ 경관의 우세요소 : 형태, 선, 색채, 질감

경관의 우세원칙 : 대조, 연속성, 축, 집중, 상대성, 조형

경관의 변화요인 : 운동, 빛, 기후조건, 계절, 거리, 관찰위치, 규모, 시간

⑤ 사진에 의한 분석

㉠ 항공사진, 일반사진 이용

㉡ Shafer, James Meitz의 흑백사진으로 자연경관 시각적 선호의 계량적 모델연구 : 시각적 선호 변화 66%를 설명하여 모델 적합성이 높게 나옴

8 원격탐사(Remote sensing)에 의한 환경조사

① 항공기, 기구, 인공위성 등을 이용하여 땅위의 것을 탐사

② **장점** : 단기간에 광범위한 지역의 정보 수집, 기록들의 재현 가능, 대상물에 손대지 않고 정보수집

③ **단점** : 표면, 표층정보는 직접 얻지만, 내면 심토층정보는 간접적으로 얻는다. 경비가 많이 든다.

④ 해석

㉠ 검정색 : 탄광지대, 물, 침엽수림, 활엽수림

㉡ 회백색 : 도로

㉢ 백색 : 모래사장

2 인문, 사회환경조사

1 인구 및 역사 유물조사

① 인구조사

㉠ 광범위한 인구현황조사, 계획부지, 주변인구, 이용하게 되는 이용자수 분석

㉡ 남녀별, 연령별, 학력별, 직업별, 소득별 조사

② **역사적 유물조사** : 유형, 무형의 것, 역사적 변천, 가치성

2 토지 이용 조사

① 등기부상의 법적 지목과 실제 이용 상태조사
② 소유별로 국유, 공유, 사유, 행정적 관할 구역조사

3 교통조사

교통체계조사, 동선, 모든 종류의 움직이는 것 조사

4 시설물 조사

건축물, 설비구조의 위치, 지하케이블, 가스관망로, 도로 및 교량

5 인간 행태의 유형

이용자 대상으로 관찰, 면담, 설문조사

6 공간의 수요량 산정

① **시계별 모델** : 시간과 관계하여 예측연도가 단기간일 경우에, 변화가 적은 경우에, 유용 요인상호 관계가 적은 경우
② **중력 모델** : 요인상호관계가 큰 경우에 사용. 인구수×관광매력도에 비례하며 두 지역 간 거리에 반비례
③ **요인분석모델** : 과거 이용추세로 추정해보는 인과모형
④ **계획 계량에 필요한 자료**
㉠ 일일 이용자 수 : 연간 관광객수에 대한 비율(최대일률, 최대일집중률, 피크율)

계절형	1계절형	2계절형	3계절형	4계절형
최대일률	1/30	1/40	1/60	1/100

㉡ 회전율 : 1일 중에 가장 많은 이용자수, 그날의 총 이용자수에 대한 비율
㉢ 동시수용률

$$M = Y \cdot C \cdot S \cdot R$$

M : 동시수용력　Y : 연간 관광객수
C : 최대일률　R : 회전율
S : 서비스율
(경영효율상 최대일 관광객수의 60~80% 정도)

㉣ 최대일 이용자수 = 연간이용자수×최대일률
㉤ 최대시 이용자수 = 최대일이용자수×회전율

3 형태 환경 심리 기능의 조사분석

1 물리·생태적 접근

① 물리·생태적 접근
- ㉠ 자연의 가치와 인간 사회가치에 대한 접근으로 계획안 이끌어내는 것
- ㉡ 생태적 형성과정을 고려한 접근 : 기상, 지질, 수문, 수질, 토양, 식생, 야생동물, 토지 이용 8가지 형성과정에 대한 이해와 종합으로 계획

② 생태계의 법칙
- ㉠ 에너지 순환
  - ⓐ 환경 내의 모든 물질변화는 에너지의 순환에서 비롯됨
  - ⓑ 조경에서는 효율적인 계획 설계를 통해 낮은 엔트로피를 추구해야 함
- ㉡ 제한인자
  - ⓐ 개체의 크기나 개체군의 수 증가를 제한하는 인자
  - ⓑ 조경에서 모든 생물에 대한 제안인자 파악해 자연의 질서에 부합되는 계획안 수립
- ★★★ ㉢ 생태적 결정론(Mcharg)
  - ⓐ 자연을 형성과정으로 파악하며 자연과 인간, 자연과학과 인간환경의 관계를 생태적 결정론으로 연결
  - ⓑ 자칫 경제성에만 치우치기 쉬운 환경계획을 자연과학적 근거에서 인간환경적응 문제로 파악함
  - ⓒ 적지설정을 위한 도면결합법(Overlay) 제시
- ㉣ 생태적 종합분석
  - ⓐ 자연 형성과정 요소들의 상호 관련성 검토
  - ⓑ 자연계를 4대권(암석권, 수권, 생물권, 대기권)으로 나누어 관련성 검토
  - ⓒ 인간의 활동이 자연 형성과정에 미치는 영향을 파악하여 앞으로 변화추세 예측

2 시각 미학적 접근

① 시각적 분석과정
- ㉠ 물리적 환경의 시각적 특성 : 시각요소, 경관단위에 관한 시각적 요소의 파악
- ㉡ 이용자들의 반응에 대한 분석 : 이용자의 주관적 느낌을 객관적으로 정리(선호도, 연속적 경험)
- ㉢ 위 두 가지의 상호연관성을 연구하여 문제 제기를 통하여 해결안을 모색함

② 시각적 구성의 기본 요소

㉠ 전망(view) : 유리한 위치에서 볼 수 있는 장면 예 별장, 전망대, 창문 위치

㉡ Vista : 전망의 하나로 결정적이며 강력한 전망을 향한 요소. 중요한 경관을 보도록 인공적으로 조작하여 상징성, 기념성을 가지도록 함

㉢ 축(Axis) : 두 개 이상의 지점을 잇는 선모양의 계획요소

㉣ 구성(Sequence) : 이동하는 데 따른 경관의 변화. 관찰자의 이동에 따른 변화는 일련의 상호관련성을 가지며 연속성을 가진다.

㉤ 대칭, 비대칭

ⓐ 대칭적 균형 : 눈에 띄며, 단조로움

ⓑ 비대칭적 균형 : 양쪽은 달라도 그 비중은 같으며 변화 있고, 흥미롭다.

③ 미적반응과정

㉠ Berlynr의 4단계 : 자극 탐구 → 자극 선택 → 자극 해석 → 반응

㉡ 지각과 인지의 차이

ⓐ 지각 : 감각기관이 생리적 자극 통해 "받아들이는 과정"

ⓑ 인지 : 개인의 환경에 대한 지식, 이미지, 가치관 등에 의해 "해석되는 과정"

④ 시각적 효과분석

㉠ 연속적 경험

ⓐ 틸(Thiel) : 연속적 경험을 기호로 표시. 미시적 측면에서 세부 공간 표현

ⓑ 할프린(Halprin) : 모테이션 심볼이란 인간행동 움직 표시법 고안

틸(Thiel)	공간형태변화 기록	장소중심적(폐쇄성 높은 공간, 즉 도심지)
할프린(Halprin)	상대적 위치를 주로 기록	진행중심적(폐쇄성 낮은 공간, 즉 교외, 캠퍼스)

ⓒ 아버나티와 노우(Abernathy & Noe) : 시간, 공간을 동시에 고려한 연속적 경험 살린 설계방법 주장

㉡ 이미지

★★★ ⓐ 린치(Lynch) : 도시 이미지 형성하는 5가지 물리적 요소로 도시이미지 연구 즉, 통로(path), 모서리(edge), 지역(district), 결절점(node), 랜드마크(Landmark)

ⓑ 스타이니츠(Steinitz) : 린치의 이미지 발전시켜 컴퓨터그래픽, 상관계수 분석 통해 도시환경에서의 형태(form), 행위(activity)의 일치성 연구(일치성 유형 : 영향 일치성, 밀도 일치성, 타입 일치성)

린치(Lynch)	물리적 형태의 시각적 이미지 중시
스타이니츠(Steinitz)	물리적 형태와 그 형태가 지닌 행위적 의미의 상호관련성 중시

㉢ 시각적 복잡성

ⓐ Amos, Rapoport의 시각적 복잡성에 관한 연구

ⓑ 중간 정도의 복잡성에 대한 선호도가 가장 높다.

㉣ 시각적 영향

ⓐ 야곱과 웨이(Jacobs & Way)

- 토지 이용이 시각적 환경에 미치는 영향에 관한 연구
- 시각적 투과성 : 식생의 밀집정도 및 지형적 위요정도에 따라 결정
- 시각적 복잡성 : 상호 구별될 수 있는 시각적 요소의 수에 따라 결정
- 시각적 투과성이 높고, 시각적 복잡성이 낮은 곳은 시각적 흡수력이 낮다.
- 즉, 시각적 흡수력이 낮은 곳은 개발에 따른 시각적 영향이 매우 크다는 의미

ⓑ 리튼(Litton) : 자연경관의 경관 훼손 가능성, 민감성 연구로 조경설계 시 고려

㉤ 경관가치평가

ⓐ 레오폴드(Leopold) : 하천을 낀 경관가치 평가를 12개 대상지역으로 계량화

ⓑ 이버슨(Iverson) : 주요 조망점에서 보여지는 관찰회수 고려해 경관가치 평가

㉥ 시각적 선호

ⓐ 시각적 선호에 관한 변수 : 물리적 변수, 추상적 변수, 상징적 변수, 개인적 변수

ⓑ 시각적 선호 계량화 : 도면화 가능, 모델작성 가능, 변수간의 관계 파악 가능. 시각적질 예측 가능

3 사회, 행태적 접근

① 환경심리학

㉠ 환경과 행태의 상호관계, 상호작용에 관한 연구

㉡ 환경설계, 계획을 보다 과학적으로 접근할 수 있는 토대

② 홀(Hall)의 개인적 공간

친밀한 거리	0~1.5ft	씨름, 아기 안기 같은 가까운 사람들의 거리
개인적 거리	1.5~4ft	일상적 대화 유지거리
사회적 거리	4~12ft	업무상 대화 유지거리
공적 거리	12ft 이상	연사와 청중과의 거리 등 공적거리

③ 영역성

㉠ 알트만(Altman)의 인간영역 구분

1차적 영역	일상생활 중심의 반영구적 점유 공간	가정, 사무실
2차적 영역	사회적 특정 그룹, 소속이 점유하는 공간	교회, 기숙사, 교실
공적 영역	대중 누구나 이용 가능한 공간	광장, 해변

㉡ 뉴먼(Newman)의 영역 개념의 옥외공간 설계

ⓐ 아파트 지역에 범죄 발생률이 높은 이유는 1차영역만 존재하고 2차영역이 없기 때문

ⓑ 아파트에 중정, 벽, 담장, 문주, 식재 등 2차영역 구분해 주변과의 귀속감 증대 시키면 범죄 발생률 줄일 수 있음

④ 설계가와 행태과학자

㉠ 설계가 : 장소지향적, 일정단위의 장소에 초점을 맞추고 단위내 일어나는 사회적 행태적 문제를 종합적으로 다룸

㉡ 행태과학자 : 행태지향적, 일정한 사회행태에 초점. 일정행태가 여러 다양한 장소에서 어떻게 일어나는가 연구

4 분석의 종합 및 평가

1 기능분석

① **설비기능** : 교통기능, 급수, 배수, 전기, 가스

② **이용기능** : 기구와 시설, 조명

③ **경관기능** : 조망이나 차폐

④ **토지 이용기능** : 지형, 경사도, 토지형상, 토지소유권

⑤ **재해방지기능** : 방풍, 방화, 방음, 침식 방지

★★★ 2 규모분석

① **공간량 분석** : 적정이용밀도, 수용량, 이동량, 이용량, 단위면적당 이용량, 단위이용량당 소요면적, 시설소요면적

② **시간적 분석** : 도달시간 거리, 체제시간, 회전율, 이용시간 등

③ **예산규모 분석** : 단위 면적당 경비, 예산분배, 장기적, 단기적 예산규모

④ **토목적인 분석** : 유수량, 토사이용량 등

㉠ 건축적인 분석

ⓐ 건폐율 = $\frac{\text{1층 바닥면적}}{\text{대지면적}} \times 100$

ⓑ 용적률 = 건폐율×건물층수 = $\frac{\text{건물연면적}}{\text{대지면적}} \times 100$

3 구조분석

① **공간 및 경관구조** : 설비, 시설의 구조, 지형, 식생, 기상, 토양, 물 등
② **이용구조** : 정적이용, 동적이용, 고밀도이용, 저밀도 이용, 집단적 이용, 개인적 이용, 연령층별 이용 등

4 형태분석

구조물이나 시선의 형태, 토지 이용의 형태, 지표면 형태, 수면형태, 수목이나 식재의 형태 등 종합분석

5 상위계획의 수용

① **상위계획** : 국토종합개발계획, 지역계획, 도시계획, 관광지개발계획 등
② 계획부지를 포함한 상위계획을 파악, 수용

6 종합

① 모든 자료의 단순한 합이 아니라, 계획 설계의 목표에 맞도록 필요한 자료들을 상호 관련지어 분석하는 것
② 각 자료의 상대적 중요성을 검토하여 기본구상의 기초가 되는 자료를 제공하는 것

5 대안의 작성

1 계획의 접근방법

제기준에 제시된 항목임으로 물리생태, 시각미학, 사회행태 등의 방법은 "제2장 조경계획과정의 4. 행태 환경 심리기능의 조사분석 항목"을 참고할 것

2 기본구상 및 대안작성

① 기본구상
- ㉠ 제반자료의 분석, 종합을 기초로 프로그램에 제시된 계획방향에 의거해 구체적 계획안의 개념을 정립하는 것
- ㉡ 프로그램 혹은 자료수집 분석과정에서 제기된 프로젝트의 주요 문제점을 부각시키고 해결방안을 제시해야 함

② 대안작성
- ㉠ 바람직하다고 생각되는 몇 개의 안을 만들어 상호 비교하는 과정
- ㉡ 기본적인 문제를 다른 측면에서 다룬 대안들을 만들어내는 것이 바람직
- ㉢ 대안 중 하나를 선택하는 것이 아니라 여러 안들을 혼합 선택하여 최종안을 만들어 냄

6 기본계획

1 프로그램 작성

① **프로그램** : 문자로 표현된 계획의 방향, 내용

② **내용** : 프로젝트의 목적, 시설물 종류와 규모, 토지 이용, 예산 등의 문자화된 내용

③ 조경가는 의뢰인의 생각과 자료, 과거의 경험에 의거해 체계적이고 세부적인 프로그램 작성

2 토지 이용계획

① **순서** : 토지 이용분류 → 적지 분석 → 종합 배분
② 토지 본래의 잠재력, 이용행위의 관련성에 따라 토지 이용 구분

3 교통 동선계획

① 토지 이용에 따른 보행 및 차량의 발생에 따라 교통량 배분과 통행로 선정
② 직선거리가 바람직하나 심리적, 경관을 고려해 우회하기도 함
③ **교통, 동선체계** : 서로 다른 통행수단의 연결, 분리가 적절해야 함
　㉠ 격자형 패턴 : 도심지, 고밀도의 토지 이용에 바람직함
　㉡ 위계형 : 주거지, 공원, 어린이 놀이터 등 모임과 분산의 체계적 활동이 있는 곳
　㉢ 단순체계 : 박람회장, 종합놀이터 등 시설물, 혹은 행위의 종류가 많고 복잡한 곳

4 공간 및 시설물 배치계획

① **시설물이란?** : 주거용, 상업용, 오락용, 교육용 관계 모든 건물과 구조물, 옥외시설물을 말한다.
② 유사한 기능의 구조물을 모아서 배치
③ **관광지의 집단시설지구 설정** : 무질서한 분산 억제해 환경적 영향 최소화 목적

5 식재계획

① **수종 선택** : 계획 지역의 환경적 여건에 맞는 자생종, 지역수종으로 선택
② **배식** : 공간의 기능, 분위기에 따라 정형식, 비정형식 등으로 식재
③ **녹지체계** : 녹지가 독립적으로 떨어져 산재하지 않고 하나의 체계가 되도록 연결

6 하부 구조계획

전기, 전화, 상하수도, 가스 등 공급처리 시설에 관한 계획

7 집행계획

투자계획, 법규검사, 유지관리안 작성 등 실행하기 위한 계획

7 환경영향평가(EIA)와 이용 후 평가(POE)

1 환경영향평가(EIA : Environmental Impact Assessment) 역사

① 미국

㉠ 1969년 국가환경 정책법 제정하면서 시작

㉡ 모든 연방 정부기관이 인간환경의 질에 지대한 영향을 미칠 수 있는 행위 및 법규의 제정 전에 환경영향 평가서를 제출할 것을 규정

② **우리나라 환경관련법 변천과정** : 1977년 환경보전법 제정, 1990년 환경정책기본법, 1993년 환경영향평가법, 1999년 환경·교통·재해영향평가법, 2009년 환경영향평가법

2 환경영향평가법(2015.1.20 개정)

① 환경영향평가법 용어(제2조)

㉠ 전략환경영향평가 : 환경에 영향을 미치는 상위계획을 수립할 때에 환경보전계획과의 부합 여부 확인 및 대안의 설정·분석 등을 통하여 환경적 측면에서 해당 계획의 적정성 및 입지의 타당성 등을 검토하여 국토의 지속 가능한 발전을 도모하는 것

㉡ 환경영향평가 : 환경에 영향을 미치는 실시계획·시행계획 등의 허가·인가·승인·면허 또는 결정 등을 할 때에 해당 사업이 환경에 미치는 영향을 미리 조사·예측·평가하여 해로운 환경영향을 피하거나 제거 또는 감소시킬 수 있는 방안을 마련하는 것

㉢ 소규모 환경영향평가 : 환경보전이 필요한 지역이나 난개발(亂開發)이 우려되어 계획적 개발이 필요한 지역에서 개발사업을 시행할 때에 입지의 타당성과 환경에 미치는 영향을 미리 조사·예측·평가하여 환경보전방안을 마련하는 것

㉣ 환경영향평가등 : 전략환경영향평가, 환경영향평가 및 소규모 환경영향평가를 말한다.

㉤ 협의기준 : 사업의 시행으로 영향을 받게 되는 지역에서 다음 각 목의 어느 하나에 해당하는 기준으로는 「환경정책기본법」 제12조에 따른 환경기준을 유지하기 어렵거나 환경의 악화를 방지할 수 없다고 인정하여 사업자 또는 승인기관의 장이 해당 사업에 적용하기로 환경부장관과 협의한 기준

ⓐ 「가축분뇨의 관리 및 이용에 관한 법률」 제13조에 따른 방류수 수질기준

ⓑ 「대기환경보전법」 제16조에 따른 배출 허용기준

ⓒ 「수질 및 수생태계 보전에 관한 법률」 제12조제3항에 따른 방류수 수질기준

ⓓ 「수질 및 수생태계 보전에 관한 법률」 제32조에 따른 배출 허용기준
ⓔ 「폐기물관리법」 제31조제1항에 따른 폐기물처리시설의 관리기준
ⓕ 「하수도법」 제7조에 따른 방류수 수질기준
ⓖ 그 밖에 관계 법률에서 환경보전을 위하여 정하고 있는 오염물질의 배출기준

② 환경영향평가등의 기본원칙(제4조)

㉠ 환경영향평가등은 보전과 개발이 조화와 균형을 이루는 지속 가능한 발전이 되도록 하여야 한다.
㉡ 환경보전방안 및 그 대안은 과학적으로 조사·예측된 결과를 근거로 하여 경제적·기술적으로 실행할 수 있는 범위에서 마련되어야 한다.
㉢ 환경영향평가등의 대상이 되는 계획 또는 사업에 대하여 충분한 정보 제공 등을 함으로써 환경영향평가등의 과정에 주민 등이 원활하게 참여할 수 있도록 노력하여야 한다.
㉣ 환경영향평가등의 결과는 지역주민 및 의사결정권자가 이해할 수 있도록 간결하고 평이하게 작성되어야 한다.
㉤ 환경영향평가등은 계획 또는 사업이 특정 지역 또는 시기에 집중될 경우에는 이에 대한 누적적 영향을 고려하여 실시되어야 한다.

③ 전략환경영향평가의 대상(제9조)

1. 도시의 개발에 관한 계획
2. 산업입지 및 산업단지의 조성에 관한 계획
3. 에너지 개발에 관한 계획
4. 항만의 건설에 관한 계획
5. 도로의 건설에 관한 계획
6. 수자원의 개발에 관한 계획
7. 철도(도시철도를 포함한다)의 건설에 관한 계획
8. 공항의 건설에 관한 계획
9. 하천의 이용 및 개발에 관한 계획
10. 개간 및 공유수면의 매립에 관한 계획
11. 관광단지의 개발에 관한 계획
12. 산지의 개발에 관한 계획
13. 특정 지역의 개발에 관한 계획
14. 체육시설의 설치에 관한 계획
15. 폐기물 처리시설의 설치에 관한 계획
16. 국방·군사 시설의 설치에 관한 계획
17. 토석·모래·자갈·광물 등의 채취에 관한 계획
18. 환경에 영향을 미치는 시설로서 대통령령으로 정하는 시설의 설치에 관한 계획

④ 평가 항목·범위 등의 결정(제11조)
- ㉠ 전략환경영향평가 대상지역
- ㉡ 토지 이용구상안
- ㉢ 대안
- ㉣ 평가 항목·범위·방법 등

⑤ 전략환경영향평가서 초안의 작성(시행령 11조)
- ㉠ 요약문
- ㉡ 개발기본계획의 개요
- ㉢ 개발기본계획 및 입지(구체적인 입지가 있는 경우만 해당한다)에 대한 대안
- ㉣ 전략환경영향평가 대상지역
- ㉤ 개발기본계획의 적정성
- ㉥ 입지의 타당성(구체적인 입지가 있는 경우만 해당한다)
- ㉦ 환경영향평가협의회 심의내용
- ㉧ 제10조제2항에 따른 주민 등의 제출의견에 대한 검토 내용

⑥ 환경영향평가등의 분야별 세부평가항목(제2조1항)

1. 전략환경영향평가	가. 정책계획	1) 환경보전계획과의 부합성	가) 국가 환경정책
			나) 국제환경 동향·협약·규범
		2) 계획의 연계성·일관성	다) 상위 계획 및 관련 계획과의 연계성
			라) 계획목표와 내용과의 일관성
		3) 계획의 적정성·지속성	가) 공간계획의 적정성
			나) 수요 공급 규모의 적정성
			다) 환경용량의 지속성
	나. 개발기본계획	1) 계획의 적정성	가) 상위계획 및 관련 계획과의 연계성
			나) 대안 설정·분석의 적정성
		2 입지의 타당성	가) 자연환경의 보전 (1) 생물다양성·서식지 보전 (2) 지형 및 생태축의 보전 (3) 주변 자연경관에 미치는 영향 (4) 수환경의 보전
			나) 생활환경의 안정성 (1) 환경기준 부합성 (2) 환경기초시설의 적정성 (3) 자원·에너지 순환의 효율성
			다) 사회·경제 환경과의 조화성 : 환경친화적 토지 이용

2. 환경 영향 평가	가. 자연생태환경 분야	1) 동·식물상
		2) 자연환경자산
	나. 대기환경 분야	1) 기상
		2) 대기질
		3) 악취
		4) 온실가스
	다. 수환경 분야	1) 수질(지표·지하)
		2) 수리·수문
		3) 해양환경
	라. 토지환경 분야	1) 토지 이용
		2) 토양
		3) 지형·지질
	마. 생활환경 분야	1) 친환경적 자원 순환
		2) 소음·진동
		3) 위락·경관
		4) 위생·공중보건
		5) 전파장해
		6) 일조장해
	바. 사회환경·경제환경 분야	1) 인구
		2) 주거(이주의 경우를 포함)
		3) 산업
3. 소규모 환경 영향 평가	가. 사업개요 및 지역 환경현황	1) 사업개요
		2) 지역개황
		3) 자연생태환경
		4) 생활환경
		5) 사회·경제환경
	나. 환경에 미치는 영향 예측·평가 및 환경 보전방안	1) 자연생태환경(동·식물상 등)
		2) 대기질, 악취
		3) 수질(지표, 지하), 해양환경
		4) 토지 이용, 토양, 지형·지질
		5) 친환경적 자원순환, 소음·진동
		6) 경관
		7) 전파장해, 일조장해
		8) 인구, 주거, 산업

3 환경영향평가 문제점

① 일정행위로 초래되는 장·단기 환경적 영향에 대한 과학적 자료 미흡
② 환경파괴에 대한 지표설정 어려움. 회복불가능 정도의 환경파괴에 대한 자료 불확실
③ 얼마만한 자료 수집해야 하는지 모름
④ 수학적 모델이 실제 환경적 영향 제대로 반영하는가에 대한 평가부족
⑤ 추상적 가치의 정량적 분석 어려움
⑥ 외부요인(경제, 정치요인)에 의한 과소평가, 정보통제 행해짐
⑦ 허가기준 일반성명 가능하나, 허가, 불허가에 대한 명확한 경계 규정하기 어려움

4 이용 후 평가(POD : Post Occupancy Evaluation)

① 목표 : 프리드만(Friedmann)
㉠ 인간과 인공환경의 관계성 연구
㉡ 기존환경의 개선, 새로운 환경의 창조를 위한 의사결정에 평가자료를 반영시킴.
㉢ 장래 설계교육에 필요한 중요한 자료 마련
㉣ 이용자 만족도 및 환경의 적합성 예측을 위한 능력개발 시도
㉤ 정책 및 프로그램의 효율성 분석을 위한 자료 마련

② 건물의 평가 : 로비노위츠(Robinowitz)
㉠ 기술적 측면 : 건물의 구조 및 설비 등 공학적 측면
㉡ 기능적 측면 : 공간의 합리적 배치분석
㉢ 형태적 측면 : 이용자들의 환경에 대한 반응에 초점

③ 옥외공간 평가 : 프리드만(Friedmann)의 4가지 고려사항
㉠ 물리, 사회적 환경 : 조직의 목표 및 필요성, 조직의 기능, 이용재료, 구조적 요소, 공간 및 설계안, 소음, 빛, 온도 등의 환경적 조절, 물리적 환경의 상태, 잠정적 요소 등
㉡ 이용자 : 이용자들의 기호, 필연성, 태도, 개인적 특성, 그룹의 행위패턴
㉢ 주변환경 : 주변환경의 질, 토지 이용, 자원시설 등
㉣ 설계과정 : 설계 참여자들의 역할 및 의사결정, 이용자 행태 및 환경에 대한 가치관, 예산, 시공 후 이용자, 관리인 혹은 설계자에 의한 공간 변경

8  조경계획 관련 법규 사항

관련법규는 자주 개정되므로 실전연습문제, 기출문제에 출제된 법규 관련 문제의 정답이 해당년도에는 현재와 내용이 달라서 이론에서 정리되어 있는 기준과 다를 수 있습니다. 따라서, 본 교재 각 법규에 적힌 개정년도를 잘 확인하시기 바라며, 본 교재에서는 법규 중에 조경과 관련 있으며 시험 기출문제에 빈도가 높은 내용들만 정리해 놓은 것으로, 이 내용을 중심으로 국가법령정보센터(www.lawgo.kr)에서 원문을 다운받아 비교해 보면서 정확하게 전문을 공부하시기 바랍니다.

1 국토의 계획 및 이용에 관한 법률의 관련규정(2019.8.20 개정)

(1) 제2조 정의 : 용어의 정의

① **광역도시계획** : 지정된 광역계획권의 장기발전방향을 제시하는 계획을 말한다.

② **도시계획** : 특별시·광역시·시 또는 군(광역시의 관할구역안에 있는 군 제외)의 관할구역에 대하여 수립하는 공간구조와 발전방향에 대한 계획으로서 도시기본계획과 도시관리계획으로 구분한다.

③ **도시기본계획** : 특별시·광역시·시 또는 군의 관할구역에 대하여 기본적인 공간 구조와 장기발전방향을 제시하는 종합계획으로서 도시관리계획수립의 지침이 되는 계획

④ **도시관리계획** : 특별시·광역시·시 또는 군의 개발·정비 및 보전을 위하여 수립하는 토지 이용·교통·환경·경관·안전·산업·정보통신·보건·후생·안보·문화 등에 관한 다음의 계획

㉠ 용도지역·용도지구의 지정 또는 변경에 관한 계획

㉡ 개발제한구역·도시자연공원구역·시가화조정구역·수산자원보호구역의 지정 또는 변경에 관한 계획

㉢ 기반시설의 설치·정비 또는 개량에 관한 계획

㉣ 도시개발사업 또는 정비사업에 관한 계획

㉤ 지구단위계획구역의 지정 또는 변경에 관한 계획과 지구단위계획

⑤ **지구단위계획** : 도시계획 수립대상 지역안의 일부에 대하여 토지 이용을 합리화하고 그 기능을 증진시키며 미관을 개선하고 양호한 환경을 확보하며, 당해 지역을 체계적·계획적으로 관리하기 위하여 수립하는 도시관리계획

⑥ **기반시설** : 대통령령이 정하는 다음의 시설

㉠ 도로·철도·항만·공항·주차장 등 교통시설

㉡ 광장·공원·녹지 등 공간시설

㉢ 유통업무설비, 수도·전기·가스공급설비, 방송·통신시설, 공동구 등 유통·공급시설

㉣ 학교·운동장·공공청사·문화시설 및 공공필요성이 인정되는 체육시설 등 공공·문화체육시설

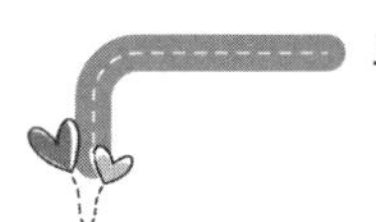

ⓜ 하천·유수지·방화설비 등 방재시설
ⓑ 화장장·공동묘지·납골시설 등 보건위생시설
ⓢ 하수도·폐기물처리시설 등 환경기초시설

⑦ **도시계획 시설** : 기반시설 중 도시관리계획으로 결정된 시설

⑧ **광역시설** : 기반시설 중 광역적인 정비체계가 필요한 대통령령이 정하는 다음 시설
㉠ 2 이상의 특별시·광역시·시 또는 군의 관할구역에 걸치는 시설
㉡ 2 이상의 특별시·광역시·시 또는 군이 공동으로 이용하는 시설

⑨ **공동구** : 지하매설물(전기·가스·수도 등의 공급설비, 통신시설, 하수도시설 등)을 공동수용함으로써 미관의 개선, 도로구조의 보전 및 교통의 원활한 소통을 기하기 위하여 지하에 설치하는 시설물을 말한다.

⑩ **도시계획 시설사업** : 도시계획 시설을 설치·정비 또는 개량하는 사업

⑪ **도시계획사업** : 도시관리계획을 시행하기 위한 사업으로서 도시계획 시설사업, 도시개발법에 의한 도시개발사업 및 도시재개발법에 의한 재개발사업

⑫ **도시계획사업시행자** : 도시계획사업을 시행하는 자를 말한다.

⑬ **공공시설** : 도로·공원·철도·수도 그 밖에 대통령령이 정하는 공공용시설

⑭ **국가계획** : 중앙행정기관이 법률에 의하여 수립하거나 국가의 정책적인 목적달성을 위하여 수립하는 계획 중 도시관리계획으로 결정하여야 할 사항이 포함된 계획

⑮ **용도지역** : 토지의 이용 및 건축물의 용도·건폐율·용적률·높이 등을 제한함으로써 토지를 경제적·효율적으로 이용하고 공공복리의 증진을 도모하기 위하여 서로 중복되지 아니하게 도시관리계획으로 결정하는 지역

⑯ **용도지구** : 토지의 이용 및 건축물의 용도·건폐율·용적률·높이 등에 대한 용도지역의 제한을 강화 또는 완화하여 적용함으로써 용도지역의 기능을 증진시키고 미관·경관·안전 등을 도모하기 위하여 도시관리계획으로 결정하는 지역

⑰ **용도구역** : 토지의 이용 및 건축물의 용도·건폐율·용적률·높이 등에 대한 용도지역 및 용도지구의 제한을 강화 또는 완화하여 따로 정함으로써 시가지의 무질서한 확산 방지, 계획적이고 단계적인 토지 이용의 도모, 토지 이용의 종합적 조정·관리 등을 위하여 도시관리 계획으로 결정하는 지역

⑱ **개발밀도관리구역** : 개발로 인하여 기반시설이 부족할 것으로 예상되나 기반시설을 설치하기 곤란한 지역을 대상으로 건폐율이나 용적률을 강화하여 적용하기 위하여 지정하는 구역

⑲ **기반시설부담구역** : 개발밀도관리구역 외의 지역으로서 개발로 인하여 도로, 공원, 녹지 등 대통령령으로 정하는 기반시설의 설치가 필요한 지역을 대상으로 기반시설을 설치하거나 그에 필요한 용지를 확보하게 하기 위하여 지정·고시하는 구역을 말한다.

⑳ **기반시설설치비용** : 단독주택 및 숙박시설 등 대통령령으로 정하는 시설의 신·증축 행위로 인하여 유발되는 기반시설을 설치하거나 그에 필요한 용지를 확보하기 위하

여 부과·징수하는 금액

(2) 제6조 국토의 용도구분

① **도시지역** : 인구와 산업이 밀집되어 있거나 밀집이 예상되어 당해 지역에 대하여 체계적인 개발·정비·관리·보전 등이 필요한 지역

② **관리지역** : 도시지역의 인구와 산업을 수용하기 위하여 도시지역에 준하여 체계적으로 관리하거나 농림업의 진흥, 자연환경 또는 산림의 보전을 위하여 농림지역 또는 자연환경보전지역에 준하여 관리가 필요한 지역

③ **농림지역** : 도시지역에 속하지 아니하는 농지법에 의한 농업진흥지역 또는 산지관리법에 의한 보전산지 등으로서 농림업의 진흥과 산림의 보전을 위하여 필요한 지역

④ **자연환경보전지역** : 자연환경·수자원·해안·생태계·상수원 및 문화재의 보전과 수산자원의 보호·육성 등을 위하여 필요한 지역

(3) 제36조 용도지역의 지정

국토교통부장관, 시·도지사 또는 대도시 시장은 용도지구의 지정 또는 변경을 도시·군관리계획으로 결정한다.

① 도시지역

㉮ 주거지역 : 거주의 안녕과 건전한 생활환경의 보호를 위하여 필요한 지역

㉯ 상업지역 : 상업 그 밖의 업무의 편익증진을 위하여 필요한 지역

㉰ 공업지역 : 공업의 편익증진을 위하여 필요한 지역

㉱ 녹지지역 : 자연환경·농지 및 산림의 보호, 보건위생, 보안과 도시의 무질서한 확산을 방지하기 위하여 녹지의 보전이 필요한 지역

② 관리지역

㉮ 보전관리지역 : 자연환경보호, 산림보호, 수질오염방지, 녹지공간 확보 및 생태계 보전 등을 위하여 보전이 필요하나, 주변의 용도지역과의 관계 등을 고려할 때 자연환경보전지역으로 지정하여 관리하기가 곤란한 지역

㉯ 생산관리지역 : 농업·임업·어업생산 등을 위하여 관리가 필요하나, 주변의 용도지역과의 관계 등을 고려할 때 농림지역으로 지정하여 관리하기가 곤란한 지역

㉰ 계획관리지역 : 도시지역으로의 편입이 예상되는 지역 또는 자연환경을 고려하여 제한적인 이용·개발을 하려는 지역으로서 계획적·체계적인 관리가 필요한 지역

③ 농림지역

④ 자연환경보전지역

(4) 제37조 용도지구의 지정

국토교통부장관, 시·도지사 또는 대도시 시장은 용도지구의 지정 또는 변경을 도시·군

관리계획으로 결정한다.

① **경관지구** : 경관을 보호·형성하기 위하여 필요한 지구

② **미관지구** : 미관을 유지하기 위하여 필요한 지구

③ **고도지구** : 쾌적한 환경조성 및 토지의 고도이용과 그 증진을 위하여 건축물의 높이의 최저한도 또는 최고한도를 규제할 필요가 있는 지구

④ **방화지구** : 화재의 위험을 예방하기 위하여 필요한 지구

⑤ **방재지구** : 풍수해, 산사태, 지반의 붕괴 그 밖의 재해를 예방하기 위하여 필요한 지구

⑥ **보존지구** : 문화재, 중요 시설물 및 문화적·생태적으로 보존가치가 큰 지역의 보호와 보존을 위하여 필요한 지구

⑦ **시설보호지구** : 학교시설·공용시설·항만 또는 공항의 보호, 업무기능의 효율화, 항공기의 안전운항 등을 위하여 필요한 지구

⑧ **취락지구** : 녹지지역·관리지역·농림지역·자연환경보전지역·개발제한구역 또는 도시자연공원구역 안의 취락을 정비하기 위한 지구

⑨ **개발진흥지구** : 주거기능·상업기능·공업기능·유통물류기능·관광기능·휴양기능 등을 집중적으로 개발·정비할 필요가 있는 지구

⑩ **특정용도제한지구** : 주거기능 보호 또는 청소년 보호 등의 목적으로 청소년 유해시설 등 특정시설의 입지를 제한할 필요가 있는 지구

⑪ 그 밖에 대통령령이 정하는 지구

(5) 제38조 개발제한구역의 지정

① **국토교통부장관**은 도시의 무질서한 확산을 방지하고 도시 주변의 자연환경을 보전하여 도시민의 건전한 생활환경을 확보하기 위하여 도시의 개발을 제한할 필요가 있거나 국방부 장관의 요청이 있어 보안상 도시의 개발을 제한할 필요가 있다고 인정되는 경우에는 개발제한구역의 지정 또는 변경을 도시관리계획으로 결정할 수 있다.

② 개발제한구역의 지정 또는 변경에 관하여 필요한 사항은 따로 법률로 정한다.

(6) 제38조의2 도시자연공원구역의 지정

① **시·도지사**는 도시의 자연환경 및 경관을 보호하고 도시민에게 건전한 여가·휴식공간을 제공하기 위하여 도시지역 안의 식생이 양호한 산지(山地)의 개발을 제한할 필요가 있다고 인정하는 경우에는 도시자연공원구역의 지정 또는 변경을 도시관리계획으로 결정할 수 있다.

② 도시자연공원구역의 지정 또는 변경에 관하여 필요한 사항은 따로 법률로 정한다.

(7) 제77조 용도지역안에서의 건폐율

① 도시지역
- ㉮ 주거지역 : 70% 이하
- ㉯ 상업지역 : 90% 이하
- ㉰ 공업지역 : 70% 이하
- ㉱ 녹지지역 : 20% 이하

② 관리지역
- ㉮ 보전관리지역 : 20% 이하
- ㉯ 생산관리지역 : 20% 이하
- ㉰ 계획관리지역 : 40% 이하

③ **농림지역** : 20% 이하

④ **자연환경보전지역** : 20% 이하

(8) 제78조 용도지역 안에서의 용적률

① 도시지역
- ㉠ 주거지역 : 500% 이하
- ㉡ 상업지역 : 1500% 이하
- ㉢ 공업지역 : 400% 이하
- ㉣ 녹지지역 : 100% 이하

② 관리지역
- ㉠ 보전관리지역 : 80% 이하
- ㉡ 생산관리지역 : 80% 이하
- ㉢ 계획관리지역 : 100% 이하

③ **농림지역** : 80% 이하

④ **자연환경보전지역** : 80% 이하

(9) 시행령(2019.8.6 개정) 제2조 기반시설

① "**대통령령이 정하는 시설**"이라 함은 다음 각 호의 시설을 말한다.
- ㉠ 교통시설 : 도로 · 철도 · 항만 · 공항 · 주차장 · 자동차정류장 · 궤도 · 삭도 · 운하, 자동차 및 건설기계검사시설, 자동차 및 건설기계운전학원
- ㉡ 공간시설 : 광장 · 공원 · 녹지 · 유원지 · 공공공지
- ㉢ 유통 · 공급시설 : 유통업무설비, 수도·전기·가스·열공급설비, 방송·통신시설, 공동구·시장, 유류저장 및 송유설비
- ㉣ 공공 · 문화체육시설 : 학교 · 운동장 · 공공청사 · 문화시설 · 체육시설 · 도서관 · 연구시

설 · 사회복지시설 · 공공직업훈련시설 · 청소년수련시설

ⓜ 방재시설 : 하천 · 유수지 · 저수지 · 방화설비 · 방풍설비 · 방수설비 · 사방설비 · 방조설비

ⓗ 보건위생시설 : 화장장 · 공동묘지 · 납골시설 · 장례식장 · 도축장 · 종합의료시설

ⓢ 환경기초시설 : 하수도 · 폐기물처리시설 · 수질오염방지시설 · 폐차장

② 기반시설 중 도로 · 자동차정류장 및 광장은 다음 각 호와 같이 세분할 수 있다.

㉠ 도로

ⓐ 일반도로

ⓑ 자동차전용도로

ⓒ 보행자전용도로

ⓓ 자전거전용도로

ⓔ 고가도로

ⓕ 지하도로

㉡ 자동차정류장

ⓐ 여객자동차터미널

ⓑ 화물터미널

ⓒ 공영차고지

ⓓ 공동차고지(화물자동차 운수사업법에 따른 협회, 연합회가 설치하는 경우에만 해당)

ⓔ 화물자동차 휴게소

ⓕ 복합환승센터

㉢ 광장

ⓐ 교통광장

ⓑ 일반광장

ⓒ 경관광장

ⓓ 지하광장

ⓔ 건축물부설광장

(10) 시행령 제 30조 용도지역의 세분

① 주거지역

㉠ 전용주거지역 : 양호한 주거환경을 보호하기 위하여 필요한 지역

ⓐ 제1종전용주거지역 : 단독주택 중심의 양호한 주거환경을 보호하기 위한 지역

ⓑ 제2종전용주거지역 : 공동주택 중심의 양호한 주거환경을 보호하기 위한 지역

㉡ 일반주거지역 : 편리한 주거환경을 조성하기 위하여 필요한 지역

ⓐ 제1종일반주거지역 : 저층주택을 중심으로 편리한 주거환경을 조성하기 위한

지역

ⓑ 제2종일반주거지역 : 중층주택을 중심으로 편리한 주거환경을 조성하기 위한 지역

ⓒ 제3종일반주거지역 : 중고층주택을 중심으로 편리한 주거환경을 조성하기 위한 지역

㉢ 준주거지역 : 주거기능을 위주로 이를 지원하는 일부 상업기능 및 업무기능을 보완하기 위하여 필요한 지역

② 상업지역

㉠ 중심상업지역 : 도심·부도심의 상업기능 및 업무기능의 확충을 위하여 필요한 지역

㉡ 일반상업지역 : 일반적인 상업기능 및 업무기능을 담당하게 하기 위하여 필요한 지역

㉢ 근린상업지역 : 근린지역에서의 일용품 및 서비스의 공급을 위하여 필요한 지역

㉣ 유통상업지역 : 도시 내 및 지역 간 유통기능의 증진을 위하여 필요한 지역

③ 공업지역

㉠ 전용공업지역 : 주로 중화학공업, 공해성 공업 등을 수용하기 위하여 필요한 지역

㉡ 일반공업지역 : 환경을 저해하지 아니하는 공업의 배치를 위하여 필요한 지역

㉢ 준공업지역 : 경공업 그 밖의 공업을 수용하되, 주거기능·상업기능 및 업무기능의 보완이 필요한 지역

④ 녹지지역

㉠ 보전녹지지역 : 도시의 자연환경·경관·산림 및 녹지공간을 보전할 필요가 있는 지역

㉡ 생산녹지지역 : 주로 농업적 생산을 위하여 개발을 유보할 필요가 있는 지역

㉢ 자연녹지지역 : 도시의 녹지공간의 확보, 도시확산의 방지, 장래 도시용지의 공급 등을 위하여 보전할 필요가 있는 지역으로서 불가피한 경우에 한하여 제한적인 개발이 허용되는 지역

(11) 시행령 제31조 용도지구의 지정

① 경관지구

㉠ 자연경관지구 : 산지·구릉지 등 자연경관의 보호 또는 도시의 자연풍치를 유지하기 위하여 필요한 지구

㉡ 시가지경관지구 : 주거지역의 양호한 환경조성과 시가지의 도시경관을 보호하기 위하여 필요한 지구

㉢ 특화경관지구 : 지역 내 주요 수계의 수변 또는 문화적 보존가치가 큰 건축물 주변의 경관 등 특별한 경관을 보호 또는 유지하거나 형성하기 위하여 필요한 지구

② 미관지구가 있었으나 삭제

③ 고도지구가 있었으나 삭제

④ 방재지구

㉠ 시가지방재지구 : 건축물·인구가 밀집되어 있는 지역으로서 시설 개선 등을 통하여 재해 예방이 필요한 지구

㉡ 자연방재지구 : 토지의 이용도가 낮은 해안변, 하천변, 급경사지 주변 등의 지역으로서 건축 제한 등을 통하여 재해 예방이 필요한 지구

⑤ 보호지구

㉠ 역사문화환경보호지구 : 문화재·전통사찰 등 역사·문화적으로 보존가치가 큰 시설 및 지역의 보호와 보존을 위하여 필요한 지구

㉡ 중요시설물보호지구 : 국방상 또는 안보상 중요한 시설물의 보호와 보존을 위하여 필요한 지구

㉢ 생태계보호지구 : 야생동식물서식처 등 생태적으로 보존가치가 큰 지역의 보호와 보존을 위하여 필요한 지구

⑥ 시설보호지구가 있었으나 삭제

⑦ 취락지구

㉠ 자연취락지구 : 녹지지역·관리지역·농림지역 또는 자연환경보전지역안의 취락을 정비하기 위하여 필요한 지구

㉡ 집단취락지구 : 개발제한구역안의 취락을 정비하기 위하여 필요한 지구

⑧ 개발진흥지구

㉠ 주거개발진흥지구 : 주거기능을 중심으로 개발·정비할 필요가 있는 지구

㉡ 산업·유통개발진흥지구 : 공업기능 및 유통·물류기능을 중심으로 개발·정비할 필요가 있는 지구

㉢ 산업개발진흥지구, 유통개발진흥지구가 분리되어 있었으나 통합되면서 삭제

㉣ 관광·휴양개발진흥지구 : 관광·휴양기능을 중심으로 개발·정비할 필요가 있는 지구

㉤ 복합개발진흥지구 : 주거기능, 공업기능, 유통·물류기능 및 관광·휴양기능중 2 이상의 기능을 중심으로 개발·정비할 필요가 있는 지구

㉥ 특정개발진흥지구 : 주거기능, 공업기능, 유통·물류기능 및 관광·휴양기능 외의 기능을 중심으로 특정한 목적을 위하여 개발·정비할 필요가 있는 지구

2 자연공원법상의 관련규정(2018.10.16 개정)

(1) 제2조 정의

① **자연공원** : 국립공원·도립공원 및 군립공원(郡立公園)을 말한다.

② **국립공원** : 우리나라의 자연생태계나 자연 및 문화경관(이하 "경관"이라 한다)을 대표할 만한 지역으로 지정된 공원

③ **도립공원** : 특별시·광역시·도 및 특별자치도의 자연생태계나 경관을 대표할 만한 지역으로서 지정된 공원

④ **군립공원** : 시·군 및 자치구의 자연생태계나 경관을 대표할 지역으로서 지정된 공원

⑤ **공원구역** : 자연공원으로 지정된 구역

⑥ **공원기본계획** : 자연공원을 보전·이용·관리하기 위하여 장기적인 발전방향을 제시하는 종합계획으로서 공원계획과 공원별 보전·관리계획의 지침이 되는 계획

⑦ **공원계획** : 자연공원을 보전·관리하고 알맞게 이용하도록 하기 위한 용도지구의 결정, 공원시설의 설치, 건축물의 철거·이전, 그 밖의 행위 제한 및 토지 이용 등에 관한 계획

⑧ **공원별 보전·관리계획** : 동식물 보호, 훼손지 복원, 탐방객 안전관리 및 환경오염 예방 등 공원계획 외의 자연공원을 보전·관리하기 위한 계획

⑨ **공원사업** : 공원계획과 공원별 보전·관리계획에 따라 시행하는 사업

⑩ **공원시설** : 자연공원을 보전·관리 또는 이용하기 위하여 공원계획과 공원별 보전·관리 계획에 따라 자연공원에 설치하는 시설(자연공원 밖의 진입도로 또는 주차시설을 포함)로서 대통령령으로 정하는 시설

(2) 제4조2 국립공원의 지정 철차 : 환경부장관이 필요한 서류를 작성하여 진행

① 주민설명회 및 공청회의 개최

② 관할 시·도지사 및 군수의 의견 청취

③ 관계 중앙행정기관의 장과의 협의

④ 제9조에 따른 국립공원위원회의 심의

㉠ 제1항에 따라 의견의 제시를 요청받은 시·도지사 및 군수, 협의를 요청받은 관계 중앙행정기관의 장은 특별한 사유가 없으면 그 요청을 받은 날부터 30일 이내에 환경부장관에게 의견을 제시하여야 한다.

㉡ 제1항에 따른 국립공원의 지정에 필요한 서류는 대통령령으로 한다.

(3) 자연공원의 지정기준

자연생태계, 경관 등을 고려하여 대통령령으로 정한다.

(4) 제12조 국립공원계획의 결정 절차 : 국립공원 공원계획은 환경부장관이 결정

① 관할 시·도지사의 의견 청취
② 관계 중앙행정기관의 장과의 협의
③ 국립공원위원회의 심의

(5) 제18조 자연공원 용도지구

① **공원자연보존지구** : 다음 각 목의 어느 하나에 해당하는 곳으로서 특별히 보호할 필요가 있는 지역
　㉠ 생물다양성이 특히 풍부한 곳
　㉡ 자연생태계가 원시성을 지니고 있는 곳
　㉢ 특별히 보호할 가치가 높은 야생 동식물이 살고 있는 곳
　㉣ 경관이 특히 아름다운 곳
② **공원자연환경지구** : 공원자연보존지구의 완충공간(緩衝空間)으로 보전할 필요가 있는 지역
③ **공원마을지구** : 취락의 밀집도가 비교적 낮은 지역으로서 주민이 취락생활을 유지하는데 필요한 지역
④ **공원문화유산지구** : 「문화재보호법」 제2조제2항에 따른 지정문화재를 보유한 사찰(寺刹)과 「전통사찰의 보존 및 지원에 관한 법률」 제2조제1호에 따른 전통사찰의 경내지 중 문화재의 보전에 필요하거나 불사(佛事)에 필요한 시설을 설치하고자 하는 지역

(6) 제23조 행위허가

① 건축물이나 그 밖의 공작물을 신축·증축·개축·재축 또는 이축하는 행위
② 광물을 채굴하거나 흙·돌·모래·자갈을 채취하는 행위
③ 개간이나 그 밖의 토지의 형질 변경(지하 굴착 및 해저의 형질 변경을 포함한다)을 하는 행위
④ 수면을 매립하거나 간척하는 행위
⑤ 하천 또는 호소(湖沼)의 물높이나 수량(水量)을 늘거나 줄게 하는 행위
⑥ 야생동물[해중동물(海中動物)을 포함한다. 이하 같다]을 잡는 행위
⑦ 나무를 베거나 야생식물(해중식물을 포함한다. 이하 같다)을 채취하는 행위
⑧ 가축을 놓아먹이는 행위
⑨ 물건을 쌓아 두거나 묶어 두는 행위
⑩ 경관을 해치거나 자연공원의 보전·관리에 지장을 줄 우려가 있는 건축물의 용도 변경과 그 밖의 행위로서 대통령령으로 정하는 행위

(7) 시행령(2019.1.15 개정) 제2조 공원시설의 종류

① 공원관리사무소·탐방안내소·매표소·우체국·경찰관파출소·마을회관·도서관·환경기초시설 등의 공공시설
② 사방·호안·방화·방책·조경시설 등 공원자원을 보호하고, 탐방자의 안전을 도모하는 보호 및 안전시설
③ 체육시설(골프장·골프연습장 및 스키장을 제외)과 유선장·어린이놀이터·광장·야영장·청소년수련시설·휴게소·전망대·대피소·공중화장실 등의 휴양 및 편익시설
④ 식물원·동물원·수족관·박물관·전시장·공연장·자연학습장 등의 문화시설
⑤ 도로(탐방로를 포함)·주차장·교량·궤도·무궤도열차, 소규모 공항(활주로 1,200m 이하), 수상경비행장 등 교통·운수시설
⑥ 기념품판매점·약국·식품접객업소(유흥주점을 제외한다)·미용업소·목욕장·유기장 등의 상업시설
⑦ 호텔·여관 등의 숙박시설
⑧ 제1호 내지 제7호의 시설의 부대시설

(8) 시행령 제2조의3 국립공원 지정에 필요한 서류

① 자연공원의 명칭 및 종류
② 공원지정의 목적 및 필요성
③ 공원구역 예정지의 도면 및 행정구역별 면적
④ 동·식물의 분포, 지형·지질, 수리·수문(水文), 자연경관, 자연자원 등 자연환경현황
⑤ 인구, 주거, 문화재 등 인문현황
⑥ 토지의 이용현황 및 그 현황을 표시한 도면
⑦ 토지의 소유구분(국유·공유 또는 사유로 구분하고 사유토지 중 사찰 소유의 토지는 따로 표시한다)
⑧ 공원구역 예정지의 용도지구계획안 및 그 계획을 표시한 도면

(9) 시행령 제3조 자연공원의 지정기준

구분	기준
자연생태계	자연생태계의 보전상태가 양호하거나 멸종위기야생동식물·천연기념물·보호야생동식물 등이 서식할 것
자연경관	자연경관의 보전상태가 양호하여 훼손 또는 오염이 적으며 경관이 수려할 것
문화경관	문화재 또는 역사적 유물이 있으며, 자연경관과 조화되어 보전의 가치가 있을 것
지형보존	각종 산업개발로 경관이 파괴될 우려가 없을 것
위치 및 이용편의	국토의 보전·이용·관리측면에서 균형적인 자연공원의 배치가 될 수 있을 것

(10) 시행령 제14조2항 공원자연보존지구에서 허용되는 최소한의 공원시설 및 공원사업

구분		규모
공공시설	관리사무소	부지면적 2,000m² 이하
	매표소	부지면적 100m² 이하
	탐방안내소	부지면적 4,000m² 이하
안전시설		별도의 제한규모 없음
조경시설		부지면적 4,000m² 이하
휴양 및 편익시설	야영장	부지면적 6,000m² 이하
	휴게소	부지면적 1,000m² 이하
	전망대	부지면적 200m² 이하
	야생동물관찰대	부지면적 200m² 이하
	대피소	부지면적 2,000m² 이하
	공중화장실	부지면적 500m² 이하
교통·운송시설	도로	2차로 이하, 폭 12m 이하(일방통행방식의 지하차도 및 터널은 편도 2차로 이하, 폭 12m 이하로 하며 구난·대피공간을 추가할 수 있음)
	탐방로	폭 3m 이하, 차량 통과구간은 폭 5m 이하
	교량	폭 12m 이하
	궤도(삭도 제외)	2킬로m 이하, 50명용 이하
	삭도	5킬로m 이하, 50명용 이하
	선착장	부지면적 300m² 이하
	헬기장	부지면적 400m² 이하
공원사업		공원구역에서 기존시설의 이전·철거·개수

(11) 시행규칙(2017.5.30 개정) 제3조 공원지정 등의 고시 : 다음 각 호의 사항이 포함

① 자연공원의 명칭 및 종류

② 자연공원의 위치 또는 범위

③ 공원구역의 면적

④ 공원지정의 목적 및 근거법령

⑤ 공원구역 안의 주요자원의 명칭, 위치 또는 범위와 규모

⑥ 공원구역 안의 토지의 소유구분(국·공유 및 사유로 구분한다)에 따른 면적을 표시한 서류. 이 경우 사유토지 중 공원구역 면적의 100분의 10 이상의 면적에 해당하는 토지를 하나의 종교단체법인 등 사인이 소유하고 있을 때에는 그 소유자를 구체적으로 표시한다.

⑦ 공원관리청(법 제80조의 규정에 의하여 공원관리청의 직무를 위임 또는 위탁하는 경우에는 그 수임자 또는 수탁자)

⑧ 지정연월일

⑨ 공원지정에 따른 관계도서의 열람에 관한 사항

(12) 시행규칙 제22조 공원대장, 공원관리대장의 서식

① 공원대장 서식

㉠ 공원구역의 경계

㉡ 행정구역의 명칭

㉢ 공원계획의 내용

㉣ 주요공원시설의 명칭 및 위치

② 공원관리대장 서식

㉠ 공원사업시행에 관한 사항

㉡ 공원시설관리에 관한 사항

㉢ 법 제23조제1항 본문의 규정에 의한 행위허가 사항

㉣ 법 제71조제2항의 규정에 의한 협의사항

3 도시공원 및 녹지 등에 관한 법률의 관련규정(2018.12.18 개정)

(1) 제1조 목적

도시에 있어서의 공원녹지의 확충·관리·이용 및 도시녹화 등에 관하여 필요한 사항을 규정함으로써 쾌적한 도시환경을 형성하여 건전하고 문화적인 도시생활의 확보와 공공의 복리증진에 기여함을 목적으로 한다.

(2) 제2조 정의

① **공원녹지** : 쾌적한 도시환경을 조성하고 시민의 휴식과 정서함양에 이바지하는 다음 공간 또는 시설

㉠ 도시공원·녹지·유원지·공공공지(公共空地) 및 저수지

㉡ 도시자연공원구역

㉢ 나무·잔디·꽃·지피식물(地被植物) 등의 식생(이하 "식생"이라 한다)이 자라는 공간

㉣ 그 밖에 국토교통부령으로 정하는 공간 또는 시설

② **도시녹화** : 식생·물·토양 등 자연친화적인 환경이 부족한 도시지역에 식생을 조성하는 것

③ **도시공원** : 공원으로서 도시지역 안에서 도시자연경관의 보호와 시민의 건강·휴양

및 정서생활을 향상시키는 데 이바지하기 위하여 설치, 지정된 도시·군관리계획으로 결정된 공원, 도시자연공원구역

④ **공원시설의 분류**
   ㉠ 도로 또는 광장
   ㉡ 조경시설 : 화단·분수·조각 등
   ㉢ 휴양시설 : 휴게소, 긴 의자 등
   ㉣ 유희시설 : 그네·미끄럼틀 등
   ㉤ 운동시설 : 테니스장·수영장·궁도장 등
   ㉥ 교양시설 : 식물원·동물원·수족관·박물관·야외음악당 등
   ㉦ 편익시설 : 주차장·매점·화장실 등 이용자를 위한 시설
   ㉧ 공원관리시설 : 관리사무소·출입문·울타리·담장 등
   ㉨ 도시농업시설 : 실습장·체험장·학습장·농자재 보관창고 등
   ㉩ 그 밖에 도시공원의 효용을 다하기 위한 시설로서 국토교통부령이 정하는 시설

⑤ **녹지** : 「국토의 계획 및 이용에 관한 법률」 제2조제6호나목에 따른 녹지로서 도시지역에서 자연환경을 보전하거나 개선하고, 공해나 재해를 방지함으로써 도시경관의 향상을 도모하기 위하여 도시·군관리계획으로 결정된 것

(3) 제6조 공원녹지기본계획의 내용 : 수립기준은 대통령령이 정하는 바에 따라 국토교통부장관이 정한다.

① 지역적 특성 및 계획의 방향·목표에 관한 사항
② 인구·산업·경제·공간구조·토지 이용 등의 변화에 따른 공원녹지의 여건변화에 관한 사항
③ 공원녹지의 종합적 배치에 관한 사항
④ 공원녹지의 축(軸)과 망(網)에 관한 사항
⑤ 공원녹지의 수요 및 공급에 관한 사항
⑥ 공원녹지의 보전·관리·이용에 관한 사항
⑦ 도시녹화에 관한 사항
⑧ 그 밖에 공원녹지의 확충·관리·이용에 필요한 사항으로서 대통령령이 정하는 사항

(4) 제15조 도시공원의 세분 및 규모

① **생활권공원** : 도시생활권의 기반공원 성격으로 설치·관리되는 공원으로서 다음 각목의 공원
   ㉠ 소공원 : 소규모 토지를 이용하여 도시민의 휴식 및 정서함양을 도모하기 위하여 설치하는 공원

㉡ 어린이공원 : 어린이의 보건 및 정서생활의 향상에 기여함을 목적으로 설치된 공원
㉢ 근린공원 : 근린거주자 또는 근린생활권으로 구성된 지역생활권 거주자의 보건·휴양 및 정서생활의 향상에 이바지함을 목적으로 설치하는 공원

② **주제공원** : 생활권공원 외에 다양한 목적으로 설치되는 다음 각목의 공원
㉠ 역사공원 : 도시의 역사적 장소나 시설물, 유적·유물 등을 활용하여 도시민의 휴식·교육을 목적으로 설치하는 공원
㉡ 문화공원 : 도시의 각종 문화적 특징을 활용하여 도시민의 휴식·교육을 목적으로 설치하는 공원
㉢ 수변공원 : 도시의 하천변·호숫가 등 수변공간을 활용하여 도시민의 여가·휴식을 목적으로 설치하는 공원
㉣ 묘지공원 : 묘지이용자에게 휴식 등을 제공하기 위하여 일정한 구역 안에 묘지와 공원 시설을 혼합하여 설치하는 공원
㉤ 체육공원 : 주로 운동경기나 야외활동 등 체육활동을 통하여 건전한 신체와 정신을 배양함을 목적으로 설치하는 공원
㉥ 도시농업공원 : 도시민의 정서순화 및 공동체의식 함양을 위하여 도시농업을 주된 목적으로 설치하는 공원
㉦ 그 밖에 특별시·광역시·특별자치시·도특별자치도 또는 서울특별시·광역시 및 특별자치시를 제외한 인구 50만 이상 대도시의 조례로 정하는 공원

(5) 제24조 도시공원의 점용허가

① 도시공원에서 다음에 해당하는 행위를 하려는 자는 대통령령으로 정하는 바에 따라 그 도시공원을 관리하는 특별시장·광역시장·특별자치시장·특별자치도지사·시장 또는 군수의 점용허가를 받아야 한다. 다만, 산림의 솎아베기 등 대통령령으로 정하는 경미한 행위의 경우에는 제외한다.
㉠ 공원시설 외의 시설·건축물 또는 공작물을 설치하는 행위
㉡ 토지의 형질변경
㉢ 죽목(竹木)을 베거나 심는 행위
㉣ 흙과 돌의 채취
㉤ 물건을 쌓아놓는 행위

(6) 제35조 녹지의 세분

① **완충녹지** : 대기오염·소음·진동·악취 그 밖에 이에 준하는 공해와 각종 사고나 자연재해, 그 밖에 이에 준하는 재해 등의 방지를 위하여 설치하는 녹지
② **경관녹지** : 도시의 자연적 환경을 보전하거나 이를 개선하고 이미 자연이 훼손된 지

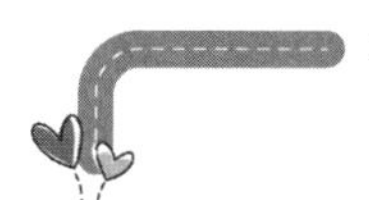

역을 복원·개선함으로써 도시경관을 향상시키기 위하여 설치하는 녹지

③ **연결녹지** : 도시 안의 공원·하천·산지 등을 유기적으로 연결하고 도시민에게 산책공간의 역할을 하는 등 여가·휴식을 제공하는 선형(線型)의 녹지

(7) 시행규칙(2019.10.23 개정) 제4조 면적기준

하나의 도시지역 안에서 해당 도시지역 안에 거주하는 주민 1인당 $6m^2$ 이상, 개발제한구역·녹지지역 제외한 도시지역 안에서는 주민 1인당 $3m^2$ 이상

(8) 시행규칙 제3조 공원시설의 종류

공원시설	종 류
1. 조경시설	관상용식수대·잔디밭·산울타리·그늘시렁·못 및 폭포 그 밖에 이와 유사한 시설로서 공원경관을 아름답게 꾸미기 위한 시설
2. 휴양시설	야유회장 및 야영장(바비큐시설 및 급수시설을 포함), 경로당, 노인복지관, 수목원(2019.10.23 개정 시 추가)
3. 유희시설	시소·정글짐·사다리·순환회전차·궤도·모험놀이장, 유원시설(「관광진흥법」에 따른 유기시설 또는 유기기구), 발물놀이터·뱃놀이터 및 낚시터 그 밖에 이와 유사한 시설로서 도시민의 여가선용을 위한 놀이시설
4. 운동시설	「체육시설의 설치·이용에 관한 법률 시행령」 별표 1에서 정하는 운동종목을 위한 운동시설. 다만, 무도학원·무도장 및 자동차경주장은 제외하고, 사격장은 실내사격장에 한하며, 골프장은 6홀 이하의 규모에 한한다. 자연체험장
5. 교양시설	도서관, 독서실, 온실, 야외극장, 문화회관, 미술관, 과학관, 장애인복지관(국가 또는 지방자치단체가 설치하는 경우에 한정), 청소년수련시설(생활권 수련시설에 한함),학생기숙사, 어린이집, 천체 또는 기상관측시설, 기념비, 고분·성터·고옥 그 밖의 유적 등을 복원한 것으로서 역사적·학술적 가치가 높은 시설, 공연장, 전시장, 어린이 교통안전교육장, 재난·재해 안전체험장, 생태학습원(유아숲체험원 및 산림교육센터를 포함), 민속놀이마당, 정원 그 밖에 이와 유사한 시설로서 도시민의 교양함양을 위한 시설
6. 편익시설	우체통·공중전화실·휴게음식점, 일반음식점·약국·수화물예치소·전망대·시계탑·음수장·제과점, 사진관 그 밖에 이와 유사한 시설로서 공원이용객에게 편리함을 제공하는 시설. 유스호스텔, 선수 전용 숙소, 운동시설 관련 사무실, 대형마트 및 쇼핑센터
7. 공원관리시설	창고·차고·게시판·표지·조명시설·폐쇄회로 텔레비전(CCTV)·쓰레기처리장·쓰레기통·수도, 우물, 태양에너지설비(건축물 및 주차장에 설치하는 것으로 한정한다), 그 밖에 이와 유사한 시설로서 공원관리에 필요한 시설
8. 도시농업시설	도시텃밭, 도시농업용 온실·온상·퇴비장, 관수 및 급수 시설, 세면장, 농기구 세척장, 그 밖에 이와 유사한 시설로서 도시농업을 위한 시설
9. 그 밖의 시설	장사시설, 역사 관련 시설, 동물놀이터

(9) 시행규칙 제6조 도시공원의 설치 및 규모의 기준

공원구분	설치기준	유치거리	규모
1. 생활권 공원			
㉮ 소공원	제한 없음	제한 없음	제한 없음
㉯ 어린이 공원	제한 없음	250m 이하	1,500m^2 이상
㉰ 근린공원			
(1) 근린생활권근린공원 (주로 인근에 거주하는 자)	제한 없음	500m 이하	10,000m^2 이상
(2) 도보권근린공원 (주로 도보권 안에 거주하는 자)	제한 없음	1,000m 이하	30,000m^2 이상
(3) 도시지역권 근린공원 (도시지역 안에 거주자)	해당도시공원의 기능을 충분히 발휘할 수 있는 장소에 설치	제한 없음	100,000m^2 이상
(4) 광역권근린공원 (광역적인 이용)	해당도시공원의 기능을 충분히 발휘할 수 있는 장소에 설치	제한 없음	1,000,000 m^2 이상
2. 주제공원			
㉮ 역사공원	제한 없음	제한 없음	제한 없음
㉯ 문화공원	제한 없음	제한 없음	제한 없음
㉰ 수변공원	하천·호수 등의 수변과 접하고 있어 친수 공간을 조성할 수 있는 곳에 설치	제한 없음	제한 없음
㉱ 묘지공원	정숙한 장소로 장래시가화가 예상되지 아니하는 자연녹지 지역에 설치	제한 없음	100,000m^2 이상
㉲ 체육공원	해당도시공원의 기능을 충분히 발휘할 수 있는 장소에 설치	제한 없음	10,000m^2 이상
㉳ 도시농업공원	제한 없음	제한 없음	10,000m^2 이상
㉴ 법 제15조제1항제2호사목에 따른 공원	제한 없음	제한 없음	제한 없음

(10) 시행규칙 제11조 도시공원 안 공원시설 부지면적

공원구분	공원면적	공원시설 부지면적
1. 생활권 공원		
가. 소공원	전부 해당	100분의 20 이하
나. 어린이공원	전부 해당	100분의 60 이하
다. 근린공원	(1) 30,000m^2 미만	100분의 40 이하
	(2) 30,000m^2 이상 100,000m^2 미만	100분의 40 이하
	(3) 100,000m^2 이상	100분의 40 이하
2. 주제공원		

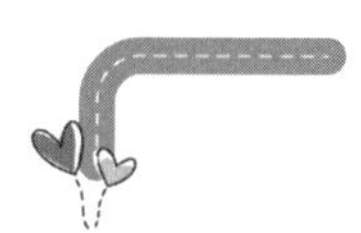

가. 역사공원	전부 해당	제한 없음
나. 문화공원	전부 해당	제한 없음
다. 수변공원	전부 해당	100분의 40 이하
라. 묘지공원	전부 해당	100분의 20 이상
마. 체육공원	(1) 30,000m^2 미만	100분의 50 이하
	(2) 30,000m^2 이상 100,000m^2 미만	100분의 50 이하
	(3) 100,000m^2 이상	100분의 50 이하
바. 도시농업공원(도시텃밭의 면적은 제외)	전부 해당	100분의 40 이하
사. 법 제15조제1항제2호사목에 따른 공원	전부 해당	제한 없음

[비고]

1. 제1호다목의 근린공원의 부지면적을 산정할 때 수목원의 부지면적은 해당 수목원 안에 있는 건축물의 면적만을 합산하여 산정한다.
2. 제2호바목의 도시농업공원의 부지면적을 산정할 때 도시텃밭의 면적은 제외하여 산정한다.

(11) 시행규칙 제19조 특정 원인에 의한 녹지의 설치허가 신청 시 구비서류

① 공사설계서

② 사용 또는 수용되는 토지나 건물의 소재지·지번·지목 및 소유권 외의 권리의 명세서

③ 사용 또는 수용되는 토지나 건물의 소유자와 「공익사업을 위한 토지 등의 취득 및 보상에 관한 법률」 제2조제5호의 규정에 의한 관계인의 주소·성명을 기재한 서류

④ 녹지의 관리방법을 기재한 서류

⑤ 녹지의 위치도 및 계획평면도

4 건축법상의 관련규정

(1) 건축법(2019.4.30 개정) 제42조 대지의 조경

① 면적이 200m^2 이상인 대지에 건축을 하는 건축주는 용도지역 및 건축물의 규모에 따라 해당 지방자치단체의 조례로 정하는 기준에 따라 대지에 조경이나 그 밖에 필요한 조치를 하여야 한다. 다만, 조경이 필요하지 아니한 건축물로서 대통령령으로 정하는 건축물에 대하여는 조경 등의 조치를 하지 아니할 수 있으며, 옥상 조경 등 대통령령으로 따로 기준을 정하는 경우에는 그 기준에 따른다.

② 국토교통부장관은 식재(植栽) 기준, 조경 시설물의 종류 및 설치방법, 옥상 조경의 방법 등 조경에 필요한 사항을 정하여 고시할 수 있다.

(2) 건축법 시행령(2019.3.12 개정) 제27조 대지의 조경

① 다음 각 호에 해당하는 건축물에 대하여는 조경 등의 조치를 하지 아니할 수 있다.

㉠ 녹지지역에 건축하는 건축물

㉡ 면적 5,000m^2 미만인 대지에 건축하는 공장

㉢ 연면적의 합계가 1,500m^2 미만인 공장

㉣ 산업집적활성화 및 공장설립에 관한법률의 산업단지 안의 공장

㉤ 대지에 염분이 함유되어 있는 경우 또는 건축물 용도의 특성상 조경 등의 조치를 하기가 곤란하거나 조경 등의 조치를 하는 것이 불합리한 경우로 건축조례가 정하는 건축물

㉥ 축사

㉦ 가설건축물

㉧ 연면적의 합계가 1,500m^2 미만인 물류시설(주거지역 또는 상업지역에 건축하는 것을 제외)로서 국토교통부령이 정하는 것

㉨ 국토의 계획 및 이용에 관한법률에 의하여 지정된 자연환경보전지역농림지역 또는 관리지역(지구단위계획구역으로 지정된 지역을 제외) 안의 건축물

㉩ 다음 각 목의 어느 하나에 해당하는 건축물 중 건축조례로 정하는 건축물

- 관광진흥법 제2조제6호에 따른 관광지 또는 같은 조 제7호에 따른 관광단지에 설치하는 관광시설
- 관광진흥법 시행령 제2조제1항제3호가목에 따른 전문휴양업의 시설 또는 같은 호 나목에 따른 종합휴양업의 시설
- 「국토의 계획 및 이용에 관한 법률 시행령」 제48조제10호에 따른 관광·휴양형 지구단위계획구역에 설치하는 관광시설
- 체육시설의 설치·이용에 관한 법률 시행령에 따른 골프장

② 조경 등의 조치에 관한 기준

㉠ 공장 및 물류시설

ⓐ 연면적의 합계가 2,000m^2 이상인 경우 : 대지면적의 10% 이상

ⓑ 연면적의 합계가 1,500m^2 이상 2,000m^2 미만인 경우 : 대지면적의 5% 이상

㉡ 항공법 규정에 의한 공항시설 : 대지면적(활주로·유도로·계류장·착륙대등 항공기의 이·착륙시설에 이용하는 면적을 제외한다)의 10% 이상

㉢ 「철도건설법」 제2조제1호에 따른 철도 중 역시설 : 대지면적(선로·승강장 등 철도운행에 이용되는 시설의 면적은 제외한다)의 10퍼센트 이상

㉣ 기타 면적 200m^2 이상 300m^2 미만인 대지에 건축하는 건축물 : 대지면적의 10% 이상

③ 건축물의 옥상에 법 규정에 의하여 옥상부분의 조경면적의 3분의 2에 해당하는 면적

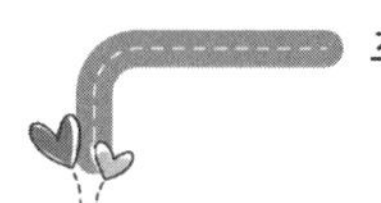

을 대지 안의 조경면적으로 산정할 수 있다. 이 경우 조경면적으로 산정하는 면적은 조경면적의 100분의 50을 초과할 수 없다.

5 경관법상의 관련규정(2018.3.13 개정)

(1) 제2조 용어정의

① **경관** : 자연, 인공요소 및 주민의 생활상 등으로 이루어진 일단의 지역환경적 특징을 나타내는 것

② **건축물** : 「건축법」 제2조 제1항 제2호에 따른 건축물을 말한다.

(2) 제3조 경관관리의 기본원칙

① 국민이 아름답고 쾌적한 경관을 누릴 수 있도록 할 것

② 지역의 고유한 자연·역사 및 문화를 드러내고 지역주민의 생활 및 경제활동과의 긴밀한 관계 속에서 지역주민의 합의를 통하여 양호한 경관이 유지될 것

③ 각 지역의 경관이 고유한 특성과 다양성을 가질 수 있도록 자율적인 경관행정 운영방식을 권장하고, 지역주민이 이에 주체적으로 참여할 수 있도록 할 것

④ 개발과 관련된 행위는 경관과 조화 및 균형을 이루도록 할 것

⑤ 우수한 경관을 보전하고 훼손된 경관을 개선·복원함과 동시에 새롭게 형성되는 경관은 개성 있는 요소를 갖도록 유도할 것

⑥ 국민의 재산권을 과도하게 제한하지 아니하도록 하고, 지역 간 형평성을 고려할 것

(3) 제6조 경관정책기본계획의 수립 등

경관정책기본계획을 5년마다 수립·시행하여야 한다.

① 국토경관의 현황 및 여건 변화 전망에 관한 사항

② 경관정책의 기본목표와 바람직한 국토경관의 미래상 정립에 관한 사항

③ 국토경관의 종합적·체계적 관리에 관한 사항

④ 사회기반시설의 통합적 경관관리에 관한 사항

⑤ 우수한 경관의 보전 및 그 지원에 관한 사항

⑥ 경관 분야의 전문인력 육성에 관한 사항

⑦ 지역주민의 참여에 관한 사항

⑧ 그 밖에 경관에 관한 중요 사항

(4) 제16조 경관사업의 대상

① 가로환경의 정비 및 개선을 위한 사업
② 지역의 녹화와 관련된 사업
③ 야간경관의 형성 및 정비를 위한 사업
④ 지역의 역사·문화적 특성을 지닌 경관을 살리는 사업
⑤ 농산어촌의 자연경관 및 생활환경을 개선하는 사업
⑥ 그 밖에 경관의 보전·관리 및 형성을 위한 사업으로서 해당 지방자치단체의 조례로 정하는 사업

(5) 시행령(2018.2.27 개정) 제4조 경관계획의 수립 또는 변경을 위한 기초조사의 대상

① 지형, 지세(地勢), 수계(水界) 및 식생(植生) 등 자연적 여건
② 인구, 토지 이용, 산업, 교통 및 문화 등 인문·사회적 여건
③ 경관과 관련된 다른 계획 및 사업의 내용
④ 그 밖에 경관계획의 수립 또는 변경에 필요한 사항

(6) 시행령 제8조 경관사업 사업계획서

① 사업의 목표
② 사업주체
③ 사업 내용 및 추진방법
④ 경관계획과의 연계성
⑤ 유지관리 방안
⑥ 사업비용
⑦ 그 밖에 해당 지방자치단체의 조례로 정하는 사항

6 자연환경보전법 관련규정(2018.10.16 개정)

(1) 제2조 정의

① **자연환경** : 지하·지표(해양을 제외한다) 및 지상의 모든 생물과 이들을 둘러싸고 있는 비생물적인 것을 포함한 자연의 상태(생태계 및 자연경관을 포함한다)
② **자연환경보전** : 자연환경을 체계적으로 보존·보호 또는 복원하고 생물다양성을 높이기 위하여 자연을 조성하고 관리하는 것
③ **자연환경의 지속가능한 이용** : 현재와 장래의 세대가 동등한 기회를 가지고 자연환경을 이용하거나 혜택을 누릴 수 있도록 하는 것

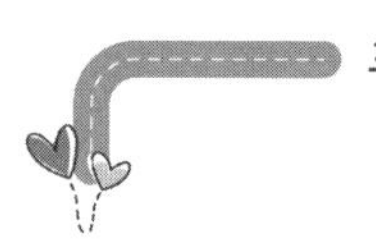

④ **자연생태** : 자연의 상태에서 이루어진 지리적 또는 지질적 환경과 그 조건 아래에서 생물이 생활하고 있는 일체의 현상

⑤ **생태계** : 일정한 지역의 생물공동체와 이를 유지하고 있는 무기적(無機的) 환경이 결합된 물질계 또는 기능계

⑥ **소(小)생태계** : 생물다양성을 높이고 야생동·식물의 서식지 간의 이동가능성 등 생태계의 연속성을 높이거나 특정한 생물종의 서식조건을 개선하기 위하여 조성하는 생물서식 공간

⑦ **생물다양성** : 육상생태계 및 수생생태계(해양생태계를 제외한다)와 이들의 복합생태계를 포함하는 모든 원천에서 발생한 생물체의 다양성을 말하며, 종내(種內)·종간(種間) 및 생태계의 다양성을 포함

⑧ **생태축** : 생물다양성을 증진시키고 생태계 기능의 연속성을 위하여 생태적으로 중요한 지역 또는 생태적 기능의 유지가 필요한 지역을 연결하는 생태적 서식공간

⑨ **생태통로** : 도로·댐·수중보(水中洑)·하굿둑 등으로 인하여 야생동·식물의 서식지가 단절되거나 훼손 또는 파괴되는 것을 방지하고 야생동·식물의 이동 등 생태계의 연속성 유지를 위하여 설치하는 인공 구조물·식생 등의 생태적 공간

⑩ **자연경관** : 자연환경적 측면에서 시각적·심미적인 가치를 가지는 지역·지형 및 이에 부속된 자연요소 또는 사물이 복합적으로 어우러진 자연의 경치

⑪ **대체자연** : 기존의 자연환경과 유사한 기능을 수행하거나 보완적 기능을 수행하도록 하기 위하여 조성하는 것

⑫ **생태·경관보전지역** : 생물다양성이 풍부하여 생태적으로 중요하거나 자연경관이 수려하여 특별히 보전할 가치가 큰 지역으로서 환경부장관이 지정·고시하는 지역

⑬ **자연유보지역** : 사람의 접근이 사실상 불가능하여 생태계의 훼손이 방지되고 있는 지역 중 군사상의 목적으로 이용되는 외에는 특별한 용도로 사용되지 아니하는 무인도로서 대통령령이 정하는 지역과 관할권이 대한민국에 속하는 날부터 2년간의 비무장지대

⑭ **생태·자연도** : 산·하천·내륙습지·호소(湖沼)·농지·도시 등에 대하여 자연환경을 생태적 가치, 자연성, 경관적 가치 등에 따라 등급화하여 작성된 지도를 말한다.

⑮ **자연자산** : 인간의 생활이나 경제활동에 이용될 수 있는 유형·무형의 가치를 가진 자연상태의 생물과 비생물적인 것의 총체

⑯ **생물자원** : 사람을 위하여 가치가 있거나 실제적 또는 잠재적 용도가 있는 유전자원, 생물체, 생물체의 부분, 개체군 또는 생물의 구성요소

⑰ **생태마을** : 생태적 기능과 수려한 자연경관을 보유하고 이를 지속가능하게 보전·이용할 수 있는 역량을 가진 마을로서 환경부장관 또는 지방자치단체의 지정한 마을

⑱ **생태관광** : 생태계가 특히 우수하거나 자연경관이 수려한 지역에서 자연자산의 보전 및 현명한 이용을 통하여 환경의 중요성을 체험할 수 있는 자연친화적인 관광

(2) 제12조 생태·경관보전지역

① 지정기준

㉠ 자연상태가 원시성을 유지하고 있거나 생물다양성이 풍부하여 보전 및 학술적연구가치가 큰 지역

㉡ 지형 또는 지질이 특이하여 학술적 연구 또는 자연경관의 유지를 위하여 보전이 필요한 지역

㉢ 다양한 생태계를 대표할 수 있는 지역 또는 생태계의 표본지역

㉣ 그 밖에 하천·산간계곡 등 자연경관이 수려하여 특별히 보전할 필요가 있는 지역

② 지역구분

㉠ 생태·경관핵심보전구역(핵심구역) : 생태계의 구조와 기능의 훼손방지를 위하여 특별한 보호가 필요하거나 자연경관이 수려하여 특별히 보호하고자 하는 지역

㉡ 생태·경관완충보전구역(완충구역) : 핵심구역의 연접지역으로서 핵심구역의 보호를 위하여 필요한 지역

㉢ 생태·경관전이(轉移)보전구역(전이구역) : 핵심구역 또는 완충구역에 둘러싸인 취락지역으로서 지속가능한 보전과 이용을 위하여 필요한 지역

7 체육시설의 설치·이용에 관한 법률(2018.9.18 개정)

(1) 제2조 정의

① **체육시설** : 체육 활동에 지속적으로 이용되는 시설과 그 부대시설

② **체육시설업** : 영리를 목적으로 체육시설을 설치·경영하는 업(業)

③ **체육시설업자** : 체육시설업을 등록하거나 신고한 자

④ **회원** : 체육시설업의 시설을 일반이용자보다 우선적으로 이용하거나 유리한 조건으로 이용하기로 약정한 자를 말한다.

⑤ **일반이용자** : 1년 미만의 일정 기간을 정하여 체육시설의 이용료를 지불하고 그 시설을 이용하기로 체육시설업자와 약정한 자

(2) 제10조 체육시설업의 구분·종류

① **등록 체육시설업** : 골프장업, 스키장업, 자동차 경주장업

② **신고 체육시설업** : 요트장업, 조정장업, 카누장업, 빙상장업, 승마장업, 종합 체육시설업, 수영장업, 체육도장업, 골프 연습장업, 체력단련장업, 당구장업, 썰매장업, 무도학원업, 무도장업, 야구장업, 가상체험 체육시설업(2018.9.18 개정 추가)

8 주차장법 시행령 제6조 부설주차장의 설치대상 시설물 종류 및 설치기준(2019.3.12 개정)

시설물	설치기준
1. 위락시설	• 시설면적 $100m^2$당 1대(시설면적/$100m^2$)
2. 문화 및 집회시설(관람장은 제외한다), 종교시설, 판매시설, 운수시설, 의료시설(정신병원·요양병원 및 격리병원은 제외한다), 운동시설(골프장·골프연습장 및 옥외수영장은 제외한다), 업무시설(외국공관 및 오피스텔은 제외한다), 방송통신시설 중 방송국, 장례식장	• 시설면적 $150m^2$당 1대(시설면적/$150m^2$)
3. 제1종 근린생활시설[「건축법 시행령」 별표 1 제3호바목 및 사목(공중화장실, 대피소, 지역아동센터는 제외한다)은 제외한다], 제2종 근린생활시설, 숙박시설	• 시설면적 $200m^2$당 1대(시설면적/$200m^2$)
4. 단독주택(다가구주택은 제외한다)	• 시설면적 $50m^2$ 초과 $150m^2$ 이하 : 1대 • 시설면적 $150m^2$ 초과 : 1대에 $150m^2$를 초과하는 $100m^2$당 1대를 더한 대수 [1+{(시설면적-$150m^2$)/$100m^2$}]
5. 다가구주택, 공동주택(기숙사는 제외한다), 업무시설 중 오피스텔	• 「주택건설기준 등에 관한 규정」 제27조제1항에 따라 산정된 주차대수. 이 경우 다가구주택 및 오피스텔의 전용면적은 공동주택의 전용면적 산정방법을 따른다.
6. 골프장, 골프연습장, 옥외수영장, 관람장	• 골프장 : 1홀당 10대(홀의 수×10) • 골프연습장 : 1타석당 1대(타석의 수×1) • 옥외수영장 : 정원 15명당 1대(정원/15명) • 관람장 : 정원 100명당 1대(정원/100명)
7. 수련시설, 공장(아파트형은 제외한다), 발전시설	• 시설면적 $350m^2$당 1대(시설면적/$350m^2$)
8. 창고시설	• 시설면적 $400m^2$당 1대(시설면적/$400m^2$)
9. 학생용 기숙사	• 시설면적 $400m^2$당 1대(시설면적/$400m^2$)
10. 그 밖의 건축물	• 시설면적 $300m^2$당 1대(시설면적/$300m^2$)

9 자전거 이용시설의 구조·시설 기준에 관한 규칙(2017.2.16 개정)

(1) 제4조 자전거도로의 설계속도

다음 각 호의 구분에 따른 속도 이상으로 한다. 다만, 지역 상황 등에 따라 부득이하다고 인정되는 경우에는 다음 각 호의 속도에서 10킬로m를 뺀 속도 이상을 설계속도로 할 수 있다.

① **자전거전용도로** : 시속 30킬로m
② **자전거보행자겸용도로** : 시속 20킬로m
③ **자전거전용차로** : 시속 20킬로m

(2) 제6조 정지시거

• 하향경사의 경우 정지시거

(단위 : m)

경사도 \ 설계속도	시속 10킬로m 이상 20킬로m 미만	시속 20킬로m 이상 30킬로m 미만	시속 30킬로m 이상
2퍼센트 미만	9	20	37
2퍼센트 이상 3퍼센트 미만	9	21	38
3퍼센트 이상 5퍼센트 미만	9	22	40
5퍼센트 이상 8퍼센트 미만	9	23	41
8퍼센트 이상 10퍼센트 미만	9	25	44

• 상향경사의 경우 정지시거

(단위 : m)

경사도 \ 설계속도	시속 10킬로m 이상 20킬로m 미만	시속 20킬로m 이상 30킬로m 미만	시속 30킬로m 이상
2퍼센트 미만	8	20	35
2퍼센트 이상 3퍼센트 미만	8	20	34
3퍼센트 이상 5퍼센트 미만	8	20	33
5퍼센트 이상 8퍼센트 미만	8	20	31
8퍼센트 이상 10퍼센트 미만	8	20	31

(3) 제7조 곡선반경

다음 표의 거리 이상으로 한다.

설계속도	곡선반경
시속 30킬로m 이상	27m
시속 20킬로m 이상 30킬로m 미만	12m
시속 10킬로m 이상 20킬로m 미만	5m

(4) 제9조 종단경사

지형 상황 등으로 인하여 부득이 하다고 인정되는 경우에는 제한길이를 두지 아니할 수 있다.

종단경사	제한길이
7퍼센트 이상	120m 이하
6퍼센트 이상 7퍼센트 미만	170m 이하
5퍼센트 이상 6퍼센트 미만	220m 이하
4퍼센트 이상 3퍼센트 미만	350m 이하
3퍼센트 이상 4퍼센트 미만	470m 이하

실전연습문제

01 행태 조사 방법 중 물리적 흔적(physical traces)의 관찰방법으로 부적합한 것은? [산업기사 11.03.02]

㉮ 일정 장소의 의자배치, 낙서, 잔디마모 등의 물리적 흔적을 관찰하는 것이다.
㉯ 연구하고자 하는 인간행태에 영향을 미치지 않는다.
㉰ 일반적으로 정보를 얻는데 시간이 많이 걸려 비용이 많이 든다.
㉱ 대부분의 물리적 흔적은 비교적 장시간 변형되지 않으므로 반복적인 관찰이 가능하다.

02 다음 중 사회적 가치에 근거하여 토지가 지니고 있는 본래의 잠재력을 분석, 평가한 토지이용의 최종 평가는? [산업기사 11.03.02]

㉮ Capability(잠재력도)
㉯ Opportunity(기회요소)
㉰ Constraints(제한요소)
㉱ Suitability(적합도)

03 다음 중 가장 파괴가 빠르며 회복이 어려운 생태계 유형은? [산업기사 11.03.02]

㉮ 삼림생태계(森林生態系)
㉯ 경작지생태계(耕作地生態系)
㉰ 호소생태계(湖沼生態系)
㉱ 도시생태계(都市生態系)

풀이 도시생태계는 가장 파괴속도가 빠르고 개발속도가 빨라 회복도 어렵다.

04 원격탐사(remote sensing)의 특징에 대한 설명으로 틀린 것은? [산업기사 11.03.02]

㉮ 모든 식생이나 식생 상태의 분광 특성은 항상 동일하다.
㉯ 광역성, 동시성, 주기성, 전자파 이용 등의 특징을 가지고 있다.
㉰ 대상물체의 특성에 따른 반사 또는 방사된 에너지를 감지해서 정보를 수집하는 기술이다.
㉱ 우리나라는 자체 자원 탐사를 위한 인공위성을 운영하고 있다.

풀이 ㉮ 상록수, 낙엽수 등에 따라 다른 색을 보인다.

ANSWER 01 ㉰ 02 ㉱ 03 ㉱ 04 ㉮

05 **도시계획 시설의 결정·구조 및 설치기준에 관한 규칙상 도로의 일반적인 결정기준에 따른 도로 배치간격으로 맞는 것은?** (단, 시·군의 규모, 지형조건, 토지이용계획, 인구밀도 등 감안 사항은 적용하지 않는다.) [산업기사 11.03.20]

㉮ 주간선도로와 주간선도로의 배치간격 : 2500미터 내외
㉯ 주간선도로와 보조간선도로의 배치간격 : 1000미터 내외
㉰ 보조간선도로와 집산도로의 배치간격 : 250미터 내외
㉱ 국지도로간의 배치간격 : 가구의 짧은 변 사이의 배치간격은 50미터 내지 1000미터 내외, 가구의 긴변 사이의 배치간격은 25미터 내지 50미터 내외

풀이
㉮ 주간선도로와 주간선도로의 배치간격 : 1천미터 내외
㉯ 주간선도로와 보조간선도로의 배치간격 : 500미터 내외
㉰ 보조간선도로와 집산도로의 배치간격 : 250미터 내외
㉱ 국지도로간의 배치간격 : 가구의 짧은 변 사이의 배치간격은 90미터 내지 150미터 내외, 가구의 긴 변 사이의 배치간격은 25미터 내지 60미터 내외

06 **도시자연공원구역 안에서 건축물의 건축 또는 공작물의 설치에 관한 기준으로 틀린 것은?** (단, 도시공원 및 녹지 등에 관한 법률 시행령을 적용한다.) [산업기사 11.03.20]

㉮ 도시자연공원구역 안에 행위가 허가된 시설의 부지면적은 전체 도시자연공원구역면적[취락지구와 공공용시설(도시계획 시설에 한한다)을 제외한 면적을 말한다]의 5%를 초과할 수 없다.
㉯ 건폐율은 100분의 30 이내로 하고 용적률은 200퍼센트 이내로 한다.
㉰ 높이는 최대 12미터, 3층 이하로 하고, 주변 미관과 조화를 이루어야 한다.
㉱ 건축물 또는 공작물 중 기반시설로서 건축 연면적이 1천500제곱미터 이상인 시설은 국토의 계획 및 이용에 관한 법률 시행령 제35조의 규정에 불구하고 도시계획 시설로 설치하도록 하여야 한다.

풀이 제33조
① 건폐율은 100분의 40 이하로 건축하는 경우
② 용적률은 100퍼센트 이하로 건축하는 경우
③ 건축물의 높이는 12미터 이하, 층수는 3층 이하로 건축하는 경우

07 **다음을 정의하고 있는 오픈스페이스법(Open Space Act)을 제정한 나라는?** [산업기사 11.03.02]

> 위요되고 있거나 없거나 간에 그 토지의 1/20 이하만 이 건축물에 의해 가려져 있는 토지로서 그 전부 또는 잔부(殘部)가 정원으로서 설비되거나 또는 레크리에이션을 위해 쓰이고 있으며 황무(荒蕪) 상태로 방치되어 있지 않은 토지

㉮ 독일 ㉯ 미국
㉰ 일본 ㉱ 영국

ANSWER 05 ㉰ 06 ㉯ 07 ㉱

08 높이가 다른 등고선(等高線)이 교차하거나 합치하는 경우는? [산업기사 11.03.02]

㉮ 도로가 있을 때
㉯ 강이 있을 때
㉰ 절벽이나 동굴이 있을 때
㉱ 산의 정상일 때

09 설계과정 중 시설의 배치계획 및 공사별 개략설계를 작성하여 사업실시에 관한 각종 판단에 도움을 주기 위한 작업으로서 선행된 작업 내용을 구체적으로 부지에 결합시켜가는 단계와 관계되는 것은? [산업기사 11.06.12]

㉮ 계획설계(schematic design)
㉯ 실시설계(detailed design)
㉰ 기본설계(preliminary design)
㉱ 기본계획(master plan)

10 연간 이용객 추정에서 최대일 이용자 수의 산출 공식은? [산업기사 11.06.12]

㉮ 연간 이용자수 × 회전율
㉯ 최대시 이용자수 × 연간 이용회수
㉰ 최대시 이용자수 × 최대일률
㉱ 연간 이용자수 × 최대일률

11 수림대 등의 보호, 식생비율의 증가, 해당 지역을 대표하는 식생의 증대 등을 위하여 활용되는 제도는 무엇인가? [산업기사 11.06.12]

㉮ 경관협정
㉯ 녹화계약
㉰ 녹지활용계약
㉱ 생물다양성관리계약

㉮ 경관협정 : 경관법과 관련되며 아름다운 경관 형성을 위해 토지소유자의 동의를 받아 이루어지는 협정
㉯ 녹화계약 : 도시공원 및 녹지 등에 관한 법과 관련되며 여러 제도를 통하여 도시 내 방치되거나 훼손된 토지를 주민들이 자체적으로 녹지 증대사업을 추진하는 계약
㉰ 녹지활용계약 : 도시공원 및 녹지 등에 관한 법과 관련되며 도시내 양호한 토지의 소유주와 계약하여 산림을 보호하는 것
㉱ 생물다양성관리계약제도 : 자연환경보전법과 관련되며 생태적으로 우수한 지역에 대한 정책을 따르면 지역에 인센티브를 부여하는 방식의 계약

12 다음 중 명승문화재의 지정기준이 아닌 것은? [산업기사 11.06.12]

㉮ 자연경관이 뛰어난 곳
㉯ 동, 식물의 서식지
㉰ 건물을 제외한 경승지
㉱ 저명한 경관의 전망지점

ANSWER
08 ㉰ 09 ㉰ 10 ㉱ 11 ㉯ 12 ㉰

13 거실 혹은 사무실 의자, 공원 벤치 등의 배치에 있어서 파악되어져야 하는 개념 중 제일 중요한 것은? [산업기사 11.06.12]

㉮ 영역성 개념
㉯ 개인적인 공간개념
㉰ 혼잡성 개념
㉱ 기능적 개념

 Privacy area로 다른 사람에게 침해받지 않는 개인적 공간에 관한 개념

14 도시공원 및 녹지 등에 관한 법률 시행규칙에 근거한 도시공원 시설의 유형과 시설이 서로 맞지 않는 것은? [산업기사 11.06.12]

㉮ 운동시설 : 자연 체험장
㉯ 휴양시설 : 민속 놀이마당
㉰ 교양시설 : 청소년수련시설(생활권 수련시설에 한한다.)
㉱ 유희시설 : 뱃놀이터

풀이 ㉯ 민속놀이마당은 교양시설에 해당함

15 도로법상 접도구역의 지정에 관한 다음 설명 중 ( ) 안에 알맞은 것은? [산업기사 11.10.02]

> 관리청은 도로 구조의 손궤 방지, 미관 보존 또는 교통에 대한 위험을 방지하기 위하여 도로경계선으로부터 ( )미터를 초과하지 아니하는 범위에서 대통령령으로 정하는 바에 따라 접도구역(接道區域)으로 지정할 수 있다.

㉮ 10 ㉯ 15
㉰ 20 ㉱ 30

 **도로법 제 5장 제49조(접도구역의 지정 등)**
① 관리청은 도로 구조의 손궤 방지, 미관 보존 또는 교통에 대한 위험을 방지하기 위하여 도로경계선으로부터 20미터를 초과하지 아니하는 범위에서 대통령령으로 정하는 바에 따라 접도구역(接道區域)으로 지정할 수 있다.

16 도시공원 및 녹지 등에 관한 법규상 도보권근린공원의 유치거리와 규모 기준으로 맞는 것은? [산업기사 11.10.02]

㉮ 500m 이하, 5천제곱미터 이상
㉯ 500m 이하, 1만제곱미터 이상
㉰ 1000m 이하, 2만제곱미터 이상
㉱ 1000m 이하, 3만제곱미터 이상

유형	주이용자	이용권/설치장소	면적
어린이공원	어린이	250m 이내	1,500m^2 이상
근린공원	근린거주자	500m 이내	10,000m^2 이상
	도보권 거주자	1km 이내	30,000m^2 이상
	도시계획구역인 거주자	기능 충분한 장소	100,000m^2 이상
	광역거주자	기능 충분한 장소	1,000,000m^2 이상
도시자연공원	일반시민	자원의 유시보전, 적절이용	100,000m^2 이상
묘지공원	참배자	정숙한 이용	100,000m^2 이상
체육공원	일반시민	기능 충분한 장소	10,000m^2 이상

17 도시의 생태적(生態的) 설계 및 관리를 주장한 사람은? [산업기사 11.10.02]

㉮ 옴스테드(Olmsted)
㉯ 도니(Dorney)
㉰ 케빈린치(Kevin Lynch)
㉱ 튜너드(Tunnard)

ANSWER 13 ㉯ 14 ㉯ 15 ㉰ 16 ㉱ 17 ㉯

18 도시지역 안의 식생 또는 임상이 양호한 토지의 소유자와 해당 토지를 일반 도시민에게 제공하는 것을 조건으로 해당 토지의 유지·보존 및 이용 등에 필요한 지원을 하는 계약을 무엇이라고 하는가? [산업기사 11.10.02]

㉮ 녹지활용계약 ㉯ 경관협정
㉰ 녹화계약 ㉱ 녹지보전협약

풀이 **각 항목별 관련 법규내용**

㉮ 도시공원 및 녹지에 관한 법률 제 3장 제12조(녹지활용계약) ① 특별시장·광역시장·특별자치시장·특별자치도지사·시장 또는 군수는 도시민이 이용할 수 있는 공원녹지를 확충하기 위하여 필요한 경우에는 도시지역의 식생 또는 임상(林床)이 양호한 토지의 소유자와 그 토지를 일반 도시민에게 제공하는 것을 조건으로 해당 토지의 식생 또는 임상의 유지·보존 및 이용에 필요한 지원을 하는 것을 내용으로 하는 계약(이하 "녹지활용계약"이라 한다)

㉯ 경관법 제 4장 제16조(경관협정의 체결) ① 토지소유자와 그 밖에 대통령령으로 정하는 자(이하 "소유자등"이라 한다)는 쾌적한 환경 및 아름다운 경관형성을 위한 협정(이하 "경관협정"이라 한다)

㉰ 도시공원 및 녹지에 관한 법률 제 3장 제13조(녹화계약) ① 특별시장·광역시장·특별자치시장·특별자치도지사·시장 또는 군수는 도시녹화를 위하여 필요한 경우에는 도시지역의 일정 지역의 토지 소유자 또는 거주자와 다음 각 호의 어느 하나에 해당하는 조치를 하는 것을 조건으로 묘목의 제공 등 그 조치에 필요한 지원을 하는 것을 내용으로 하는 계약(이하 "녹화계약"이라 한다)을 체결할 수 있다.

19 도시공원 및 녹지 등에 관한 법규상 도시공원을 주제공원으로만 분류한 것은? (단, 특별시·광역시 또는 도의 조례가 정하는 공원은 제외한다.) [산업기사 11.10.02]

㉮ 소공원, 역사공원, 체육공원
㉯ 수변공원, 근린공원, 체육공원
㉰ 묘지공원, 수변공원, 문화공원
㉱ 소공원, 어린이공원, 문화공원

도시공원 및 녹지 등에 관한 법률 제4장 15조 주제공원의 종류

① 역사공원 : 도시의 역사적 장소나 시설물, 유적·유물 등을 활용하여 도시민의 휴식·교육을 목적으로 설치하는 공원
② 문화공원 : 도시의 각종 문화적 특징을 활용하여 도시민의 휴식·교육을 목적으로 설치하는 공원
③ 수변공원 : 도시의 하천가·호숫가 등 수변공간을 활용하여 도시민의 여가·휴식을 목적으로 설치하는 공원
④ 묘지공원 : 묘지 이용자에게 휴식 등을 제공하기 위하여 일정한 구역에 「장사 등에 관한 법률」 제2조제7호에 따른 묘지와 공원시설을 혼합하여 설치하는 공원
⑤ 체육공원 : 주로 운동경기나 야외활동 등 체육활동을 통하여 건전한 신체와 정신을 배양함을 목적으로 설치하는 공원
⑥ 그 밖에 특별시·광역시·특별자치시·도 또는 특별자치도(이하 "시·도" 라 한다)의 조례로 정하는 공원

20 인구 10만명이 거주하는 ○○남도 ○○군에 30만m^2의 청소년수련지구를 조성하려 한다. 이를 위해 환경영향평가서의 작성에 필요한 사항을 정하여 고시할 수 있는 사람은? [산업기사 11.10.02]

㉮ 군수 ㉯ 시장
㉰ 도지사 ㉱ 환경부장관

ANSWER 18 ㉮ 19 ㉰ 20 ㉱

21 다음 보기에서 설명하고 있는 단지계획 시 공원 녹지체계의 유형은?

[산업기사 11.10.02]

보기
- 원호형을 연장하여 양끝을 이어서 녹지가 단지외곽을 둘러싸거나 단지 한 가운데를 순환한다.
- 원호형에 비해 균형 잡힌 녹지체계를 구성한다.
- 접근성이 좋은 장점이 있다.
- 상대적으로 넓은 녹지면적을 필요로 한다.

㉮ 환상형(環狀型) ㉯ 방사형(放射型)
㉰ 위성식(衛星式) ㉱ 점재형(點在型)

	형 태	특 징	해당지역
분산식		녹지대가 여기저기 여러 형태로 산재한 형태	
환상식		도시 중심으로 환상형태로 5~10km 폭으로 조성하여 도시확산 방지	오스트리아 비엔나
방사식		도시 중심에서 외부로 방사형태 녹지대 조성	독일의 하노버, 비스바덴, 미국 인디애나폴리스
방사환상식		방사식과 환상식의 혼합. 가장 이상적 형태	독일의 쾰른
위성식		대도시에 적용. 대도시 인구분산 위한 형태	독일 프랑크푸르트
평행식		도시형태가 대상형일대 띠모양으로 일정 간격을 두고 평행하게 배치	스페인 마드리드, 러시아, 스탈린그라드

22 다음 자연환경보전법에 관한 설명 중 ( )에 적합한 용어는?

[산업기사 11.10.02]

자연보호운동 활성화 및 국민들에 대한 자연환경보전 중요성의 인식증진 등을 위하여 시·도지사 소속하에 자연환경교육·연수·홍보 등의 기능을 수행하는 ( )을 둘 수 있다.

㉮ 자연환경학습원
㉯ 자연환경안내원
㉰ 자연환경보전명예지도원
㉱ 자연환경교육홍보원

풀이 **자연환경보전법 보칙 중 설치관련 단어**
자연환경학습원, 자연환경해설사, 자연환경보전명예지도원이 있다.

23 국토의 계획 및 이용에 관한 법률에 따라 개발행위의 허가를 받아야 하는 경우에 해당하지 않는 것은?

[산업기사 12.03.04]

㉮ 도시계획사업에 의한 토지의 형질 변경
㉯ 건축물의 건축 또는 공작물의 설치
㉰ 토지분할(건축법에 따른 건축물이 있는 대지는 제외)
㉱ 자연환경보전지역에 물건을 2개월 쌓아놓는 행위

풀이 **국토의 계획 및 이용에 관한 법률 제56조 개발행위 허가**
① 건축물의 건축 또는 공작물의 설치
② 토지의 형질 변경(경작을 위한 경우로서 대통령령으로 정하는 토지의 형질 변경은 제외)
③ 토석의 채취
④ 토지 분할(건축물이 있는 대지의 분할은 제외한다)
⑤ 녹지지역·관리지역 또는 자연환경보전지역에 물건을 1개월 이상 쌓아놓는 행위

ANSWER
21 ㉮ 22 ㉮ 23 ㉮

24 다음 국립공원의 설명 중 (　　) 안에 적합한 것은? [산업기사 12.03.04]

(　　)은 국립공원을 지정하려는 경우 조사 결과를 토대로 국립공원 지정에 필요한 서류를 작성하여 주민설명회 및 공청회의 개최, 관할 시·도지사 및 군수의 의견 청취, 관계 중앙행정기관의 장과의 협의, 국립공원위원회의 심의의 절차를 차례대로 거쳐야 한다.

㉮ 환경부장관
㉯ 산림청장
㉰ 국토해양부장관
㉱ 농림수산식품부장관

25 도시계획 시설의 결정·구조 및 설치기준에 관한 규칙에서 구분된 형태별 도로의 설명으로 틀린 것은? [산업기사 12.03.04]

㉮ 일반도로 : 폭 4m 이상의 도로로서 통상의 교통소통을 위하여 설치되는 도로
㉯ 자전거전용도로 : 하나의 차로를 기준으로 폭 1.5m 이상의 도로로서 자전거의 통행을 위하여 설치하는 도로
㉰ 보행자전용도로 : 폭 1.2m 이상의 도로로서 운전자의 안전하고 편리한 통행을 이하여 설치하는 도로
㉱ 고가도로 : 시·군 상호 간을 연결하는 도로로서 지상교통의 원활한 소통을 위하여 공중에 설치하는 도로

풀이 **보행자전용도로**
폭 1.5미터 이상의 도로로서 보행자의 안전하고 편리한 통행을 위하여 설치하는 도로

26 조경 부지의 생태적 분석 과정을 통하여 토지이용적지분석(地利用適地分析)을 할 때 사용하는 방법이 아닌 것은? [산업기사 12.03.04]

㉮ 컴퓨터에 의한 방법
㉯ 네트워크 방법
㉰ 점수 부과법(scaling method)
㉱ 도면 결합법(overlay method)

27 일반시민에 의해 최초로 설립되었으며 도시공원 설치의 계기가 된 공원은? [산업기사 12.03.04]

㉮ Franklin Park　㉯ Hyde Park
㉰ Regent Park　㉱ Birkenhead Park

28 축적 1/2500, 1/25000 지형도의 주곡선 간격은 각각 몇 m인가? [산업기사 12.05.20]

㉮ 1m, 2m　㉯ 2m, 10m
㉰ 5m, 20m　㉱ 10m, 10m

29 국토의 계획 및 이용에 관한 법률 및 시행령에 따라 지구 단위계획구역으로 지정할 수 있는 지역이 아닌 것은? [산업기사 12.05.20]

㉮ 주택법에 따른 대지조성사업지구
㉯ 관광진흥법에 따라 지정된 관광특구
㉰ 택지개발촉진법에 따라 지정된 택지개발지구
㉱ 국토의 계획 및 이용에 관한 법률에 따라 지정된 도시자연공원구역

ANSWER
24 ㉮　25 ㉰　26 ㉯　27 ㉱　28 ㉯　29 ㉱

 **국토의 계획 및 이용에 관한 법률 51조 지구단위계획구역 지정**

1. 국토의 계획 및 이용에 관한 법률에 따라 지정된 용도지구
2. 「도시개발법」에 따라 지정된 도시개발구역
3. 「도시 및 주거환경정비법」에 따라 지정된 정비구역
4. 「택지개발촉진법」에 따라 지정된 택지개발지구
5. 「주택법」에 따른 대지조성사업지구
6. 「산업입지 및 개발에 관한 법률」 산업단지와 같은 준산업단지
7. 「관광진흥법」에 따라 지정된 관광단지와 같은 법에 따라 지정된 관광특구

30 다음 자연환경보전에 대한 설명 중 틀린 것은? [산업기사 12.05.20]

㉮ 야생동·식물보호법에 의한 멸종위기야생동물·식물의 주된 서식지·도래지 및 주요 생태축 또는 주요 생태통로가 되는 지역은 생태·자연도 1등급 권역으로 설정된다.
㉯ 지방자치단체의 장은 다른 법률에 의하여 공원·관광단지·자연휴양림 등으로 지정되지 아니한 지역 중에서 생태적·경관적 가치 등이 높고 자연탐방·생태교육 등을 위하여 활용하기에 적합한 장소를 자연휴식지로 지정할 수 있다.
㉰ 국가 또는 지방자치단체는 개발사업 등을 시행하거나 인·허가 등을 함에 있어서 야생동·식물의 이동 및 생태적 연속성이 단절되지 아니하도록 생태통로 설치 등의 필요한 조치를 할 수 있다.
㉱ 환경부장관은 자연환경을 체계적으로 보전하고 자연자산을 관리·활용하기 위하여 자연환경 또는 생태계에 미치는 영향이 현저하거나 생물다양성의 감소를 초래하는 사업을 하는 사업자에 대하여 생태계보전협력금을 부과·징수한다.

13 다음 중 "대지의 조경"에 관한 내용을 담고 있는 법은? [산업기사 12.09.15]

㉮ 자연공원법
㉯ 건축법
㉰ 도시공원 및 녹지 등에 관한 법률
㉱ 경관법

 건축법 시행령 제27조 대지 안의 조경

32 공원 및 녹지체계 구성 방식 중 녹지의 연결성과 접근성의 측면에서 바람직하다고 볼 수 있으나, 한정된 녹지가 넓은 면적에 분포하게 되어 녹지의 폭이 좁아지는 단점이 있는 것은? [산업기사 12.09.15]

㉮ 대상형을 가로, 세로로 겹쳐 놓은 격자형
㉯ 단지 내 녹지를 한곳으로 모으는 집중형
㉰ 일정 폭의 녹지를 길게 조성하는 대상형
㉱ 단지 내 녹지를 고르게 분포시키는 분산형

33 자연공원 용도지구 계획 중 다음 지정요건에 해당하는 지구는? [산업기사 12.09.15]

- 생물다양성이 특히 풍부한 곳
- 자연생태계가 원시성을 지니고 있는 곳
- 특별히 보호할 가치가 높은 야생 동식물이 살고 있는 곳
- 경관이 특히 아름다운 곳

㉮ 공원자연환경지구
㉯ 공원자연보존지구
㉰ 공원마을지구
㉱ 공원문화유산지구

ANSWER
30 ㉰ 31 ㉯ 32 ㉮ 33 ㉯

34 체육시설업의 시설 기준 중 필수적으로 갖추어야 할 사항이 아닌 것은? [산업기사 12.09.15]

㉮ 적정한 환기기설
㉯ 수용원인에 적합한 탈의실과 급수시설
㉰ 이용자 및 동행자들이 쉴 수 있는 관람석
㉱ 수용인원에 적합한 주차장(등록 체육시설업) 및 화장실

풀이 **체육시설의 설치·이용에 관한 법률 시행규칙 별표 4 체육시설업의 시설기준**

1. 필수시설
   ① 편의시설
   - 수용인원에 적합한 주차장 및 화장실
   - 수용인원에 적합한 탈의실과 급수시설(신고 체육시설업(수영장 제외)과 자동차경주장업에는 탈의실 대신 세면실 설치 가능)

   ② 안전시설
   - 부상자 및 환자 구호를 위한 응급실 및 구급약품
   - 적정한 환기시설

   ③ 관리시설 : 등록 체육시설업에는 매표소·사무실·휴게실 등 그 체육시설의 유지·관리에 필요한 시설을 설치하여야 한다.
2. 임의시설
   ① 편의시설 : 관람석. 체육용품의 판매, 수선, 대여점, 식당, 목욕시설, 매점
   ② 운동시설 : 등록 체육시설업에는 그 체육시설에 지장없는 범위에서 다른 체육시설 설치 가능

35 조경계획 과정 중 종합 및 평가 단계에서 개념도가 만들어지는데, 이 개념도에 포함되지 않는 것은? [산업기사 13.03.10]

㉮ 토지이용계획 ㉯ 동선계획
㉰ 시각적 형태 ㉱ 시설관리계획

풀이 시설관리계획은 시공 후 관리에 해당함.

36 정밀토양도에서 분류하는 토양명이 아닌 것은? [산업기사 13.03.10]

㉮ 토양구(土壤區) ㉯ 토양군(土壤群)
㉰ 토양통(土壤統) ㉱ 토양토(土壤土)

풀이 작은 단위부터 목, 아목, 대토양군, 속, 통, 구, 상

37 도시공원 및 녹지 등에 관한 법률 및 관련 법규에서 도시공원 설명으로 맞는 것은? [산업기사 13.06.02]

㉮ 도시공원 중 소공원, 어린이공원, 근린공원은 주제공원으로 분류된다.
㉯ 어린이공원의 규모는 1,500m^2 이상의 면적을 기준으로 한다.
㉰ 근린공원은 도시의 각종 문화적 특징을 활용하여 도시민의 휴식·교육을 목적으로 설치하는 공원을 말한다.
㉱ 묘지공원안의 건축물 건폐율은 100분의 5 이하로 하여야 한다.

풀이 ㉮ 도시공원은 생활권공원으로 소공원, 어린이공원, 근린공원으로 나눈다.
㉰ 근린공원이란 근린거주자 또는 근린생활권으로 구성된 지역생활권 거주자의 보건·휴양 및 정서생활의 향상에 기여함을 목적으로 설치된 공원이다.
㉱ 묘지공원 건폐율은 100분의 2 이하로 설치

38 건축법에 의해 지역의 환경을 쾌적하게 조성하기 위하여 건축물 조성 시 일반이 사용할 수 있도록 대지 내에 일정기준에 따라 설치하는 소규모 휴식시설 등의 공간을 무엇이라고 하는가? [산업기사 13.06.02]

㉮ 대지 내의 조경 ㉯ 공개 공지
㉰ 오픈 스페이스 ㉱ 건축물 후퇴선

ANSWER 34 ㉰ 35 ㉱ 36 ㉱ 37 ㉯ 38 ㉯

39 인문환경 분석대상과 관련없는 것은? [산업기사 13.06.02]

㉮ 현존 토지이용 ㉯ 주변관의 관계
㉰ 교통과 도로 ㉱ 자연적 특징

풀이 자연적 특징은 자연환경 분석대상이다.

40 다음 중 건축물의 노후화를 억제하거나 기능 향상 등을 위하여 대수선하거나 일부 증축하는 행위를 말하는 용어는? [산업기사 13.09.28]

㉮ 대수선 ㉯ 재개발
㉰ 재건축 ㉱ 리모델링

41 다음 자연공원에 대한 설명 중 ( ) 안에 알맞은 용어는? [산업기사 13.09.28]

> 국립공원이란 우리나라의 자연생태계나 자연 및 ( )을 대표할 만한 지역으로서 관련 조항에 따라 지정된 공원을 말한다.

㉮ 생태경관 ㉯ 문화경관
㉰ 역사경관 ㉱ 지리경관

 **자연공원법 제2조(정의)**

2. "국립공원"이란 우리나라의 자연생태계나 자연 및 문화경관(이하 "경관"이라 한다)을 대표할 만한 지역으로서 제4조 및 제4조의2에 따라 지정된 공원을 말한다.

42 도시공원은 그 기능 및 주제에 의하여 생활권 공원과 주제공원으로 세분화된다. 다음 중 성격이 다른 하나는? [산업기사 14.03.02]

㉮ 근린공원 ㉯ 수변공원
㉰ 묘지공원 ㉱ 체육공원

- 생활권 공원 : 소공원, 어린이공원, 근린공원
- 주제공원 : 역사공원, 문화공원, 수변공원, 묘지공원, 체육공원, 도시농업공원 등

43 지방자치단체의 장은 다른 법률에 의하여 공원·관광단지·자연휴양림 등으로 지정되지 아니한 지역 중에서 생태적·경관적 가치 등이 높고 자연탐방·생태교육 등을 위하여 활용하기에 적합한 장소를 대통령령이 정하는 바에 따라 무엇으로 지정할 수 있는가? [산업기사 14.03.02]

㉮ 경관지구 ㉯ 보전관리지역
㉰ 자연휴식지 ㉱ 도시녹화지역

 **자연환경보전법 제39조(자연휴식지의 지정·관리)**

지방자치단체의 장은 다른 법률에 의하여 공원·관광단지·자연휴양림 등으로 지정되지 아니한 지역 중에서 생태적·경관적 가치 등이 높고 자연탐방·생태교육 등을 위하여 활용하기에 적합한 장소를 대통령령이 정하는 바에 따라 자연휴식지로 지정할 수 있다.

ANSWER 39 ㉱ 40 ㉱ 41 ㉯ 42 ㉮ 43 ㉰

44 깊이 방향으로 연속적인 지반의 저항을 측정하는 방법으로서 그 조작방법에 따라서 정적인 것과 동적인 것으로 구분되는 지질조사 방법은? [산업기사 14.03.02]

㉮ 토층보링(boring)
㉯ 암반보링(boring)
㉰ 토양단면조사
㉱ 사운딩(sounding)

풀이 **지질조사방법**
1. 보링조사(boring)
   - 토층보링 : 기계보링, 오거보링에 의해 흙 굳기 정도 조사, 시료 채취해 흙성질 파악
   - 암반보링 : 기계보링에 의해 구멍 뚫고 전진속도, 코어 채취율, 채취한 코어의 관찰을 통해 암질 판단
2. 사운딩(sounding) : 깊이 방향으로 연속적 지반 저항 측정하는 방법
   - 정적 사운딩 : 점토지반에 적용. cone을 일정 속도로 주입하는 데 요하는 하중측정법
   - 동적 사운딩 : 사질토지반에 사용. 일정한 동적 에너지 주고 땅에 박는 주입실험

45 다음 중 자전거 이용시설의 구조·시설 기준에 관한 기준으로 틀린 것은? [산업기사 14.03.02]

㉮ 설계속도는 자전거 통행 도로의 종류에 따라 30 ~ 50km/hr의 범위 내로 한다.
㉯ 자전거도로의 차선은 중앙분리선은 노란색, 양 측면은 흰색으로 표시한다.
㉰ 투수가 되지 않는 자전거도로의 포장면에는 물이 고이지 아니하도록 1.5퍼센트 이상 2.0퍼센트 이하의 횡단경사를 설치하여야 한다.
㉱ 자전거도로의 시설한계는 자전거의 원활한 주행을 위하여 폭은 1.5미터 이상으로 하고, 높이는 2.5미터 이상을 기본으로 한다.

풀이 **자전거 이용시설의 구조·시설 기준에 관한 규칙 제4조(자전거도로의 설계속도)**
다음 각 호의 구분에 따른 속도 이상으로 한다. 다만, 지역 상황 등에 따라 부득이하다고 인정되는 경우에는 다음 각 호의 속도에서 10킬로미터를 뺀 속도 이상을 설계속도로 할 수 있다.
1. 자전거전용도로 : 시속 30킬로미터
2. 자전거보행자겸용도로 : 시속 20킬로미터
3. 자전거전용차로 : 시속 20킬로미터

46 지상피복조건에 따른 알베도의 값이 틀리게 연결된 것은? [산업기사 14.05.25]

㉮ 바다 : 0.6 ~ 0.8
㉯ 검은 흙 : 0.05 ~ 0.15
㉰ 산림 : 0.10 ~ 0.20
㉱ 초지 : 0.15 ~ 0.25

풀이 ㉮ 바다 : 0.06 ~ 0.08

47 자연공원의 「공원자연환경지구」에 대한 행위기준을 설명한 것 중 틀린 것은? [산업기사 14.05.25]

㉮ 대통령령으로 정하는 기준에 따른 공원시설의 설치 및 공원사업
㉯ 대통령령으로 정하는 허용기준 범위에서의 농지 또는 초지(草地) 조성행위 및 그 부대시설의 설치
㉰ 환경오염을 일으키지 아니하는 가내공업(家內工業) 시설의 설치
㉱ 대통령령으로 정하는 섬지역에 거주하는 주민이 사망한 경우 「장사 등에 관한 법률」에 따른 개인묘지의 설치

풀이 **자연공원법 제18조 용도지구 중 공원자연환경지구**
가. 공원자연보존지구에서 허용되는 행위
나. 대통령령으로 정하는 기준에 따른 공원시설의 설치 및 공원사업
다. 대통령령으로 정하는 허용기준 범위에서의 농

ANSWER 44 ㉱ 45 ㉮ 46 ㉮ 47 ㉰

지 또는 초지(草地) 조성행위 및 그 부대 시설의 설치

라. 농업·축산업 등 1차산업행위 및 대통령령으로 정하는 기준에 따른 국민경제상 필요한 시설의 설치

마. 임도(林道)의 설치(산불 진화 등 불가피한 경우로 한정한다), 조림(造林), 육림(育林), 벌채, 생태계 복원 및 「사방사업법」에 따른 사방사업

바. 자연공원으로 지정되기 전의 기존 건축물에 대하여 주위 경관과 조화를 이루도록 하는 범위에서 대통령령으로 정하는 규모 이하의 증축·개축·재축 및 그 부대시설의 설치와 천재지변이나 공원사업으로 이전이 불가피한 건축물의 이축(移築)

사. 자연공원을 보호하고 자연공원에 들어가는 자의 안전을 지키기 위한 사방(砂防)·호안(護岸)·방화(防火)·방책(防柵) 및 보호시설 등의 설치

아. 군사훈련 및 농로·제방의 설치 등 대통령령으로 정하는 기준에 따른 국방상·공익상 필요한 최소한의 행위 또는 시설의 설치

자. 「장사 등에 관한 법률」에 따른 개인묘지의 설치(대통령령으로 정하는 섬지역에 거주하는 주민이 사망한 경우만 해당한다)

48 국토교통부장관, 시·도지사 또는 대도시 시장은 관련 법에 따라 도시·군관리계획 결정으로 경관지구·미관지구·고도지구·보존지구·시설보호지구·취락지구 및 개발진흥지구를 세분하여 지정할 수 있다. 다음 중 경관지구의 세분화가 아닌 것은?

[산업기사 14.05.25]

㉮ 자연경관지구 ㉯ 수변경관지구
㉰ 생태경관지구 ㉱ 시가지경관지구

풀이 **경관지구**
자연경관지구, 수변경관지구, 시가지경관지구

49 다음 중 주택건설기준 등에 관한 규정에 의한 주민공동시설이 아닌 것은?

[산업기사 14.09.20]

㉮ 주민운동시설 ㉯ 주민휴게시설
㉰ 청소년 수련시설 ㉱ 한방병원

풀이 **주택건설기준 등에 관한 규정 제2조 정의 중 주민공동시설**
경로당, 어린이놀이터, 어린이집, 주민운동시설, 도서실, 주민교육시설, 청소년 수련시설, 주민휴게시설, 독서실, 입주자집회소, 공용취사장, 공용세탁실, 공공주택의 단지 내에 설치하는 사회복지시설, 그 밖에 가목부터 파목까지의 시설에 준하는 시설

50 현행 법제상의 오픈스페이스(Open Space) 분류체계 중 도시공원의 구분에 해당하는 것은?

[산업기사 14.09.20]

㉮ 유원지 ㉯ 묘지공원
㉰ 공공공지 ㉱ 운동장

풀이 **도시공원 및 녹지 등에 관한 법률에 의한 도시공원의 종류**
생활권공원(소공원, 어린이공원, 근린공원), 주제공원(역사공원, 문화공원, 수변공원, 묘지공원, 체육공원, 각 시·도의 조례가 정하는 공원)

ANSWER
48 ㉰ 49 ㉱ 50 ㉯

51 **지형분석을 하기 위해 1/50,000 축척의 지형도를 이용하려 할 때 등고선 5개가 2지점 사이에 걸쳐 나타난다면 2지점의 표고차는?** (단, 두 지점간 지형은 일정한 경사이며, 두 지점은 다음 그림의 A와 B이다.)

[산업기사 14.09.20]

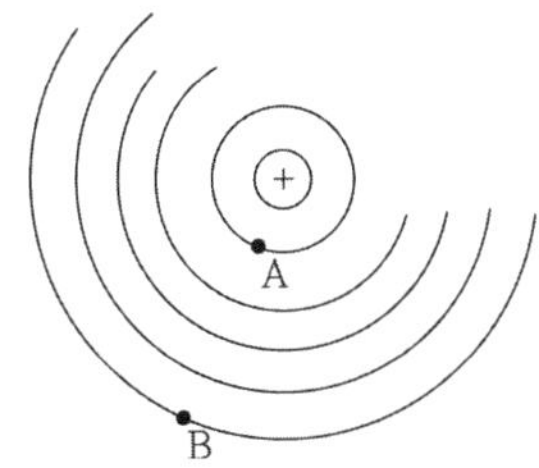

㉮ 40m ㉯ 60m
㉰ 80m ㉱ 100m

1/50,000 지형도의 주곡선간격은 20m이다.
따라서 20m×4 = 80m

ANSWER
51 ㉰

CHAPTER 6 조경설계

1 선

★★★★ 1 선의 종류와 용도

① **실선** : 외형선이나 단면선인 전선과 설명 보조선, 치수선, 지시선에 사용되는 가는 선
- ㉠ 태선(굵은선) : 0.6~0.8mm, 큰 도면의 외곽선, 특별한 그래픽 강조, 건물의 외곽선, 단면선, 식생 등
- ㉡ 중선(중간선) : 0.2~0.6mm, 작은 규모의 단면선, 내부의 단면선, 디자인 요소 등
- ㉢ 세선(가는선) : 0.2mm, 문자보조선, 레터링 보조선, 치수선, 인출선 등

② **파선** : 숨은선이나 등고선에 사용. 전선의 1/2

③ **일점쇄선** : 중심선, 물체의 대칭축, 절단선으로 사용

④ **이점쇄선** : 가상선, 경계선으로 사용

• 선의 종류 •

• 실선의 종류 •

2 제도용구를 사용한 선 그리기

① 선 긋는 방향은 왼쪽에서 오른쪽, 아래에서 위로 긋는다.

② 선을 처음 시작할 때는 긋고자 하는 길이를 생각해 두고 긋는다.

③ 선은 일관성과 통일성을 가져야 하며, 같은 목적으로 사용되는 선의 굵기와 진하기는 같게 한다.

④ 선은 처음부터 끝나는 부분까지 일정한 힘으로 긋는다.

⑤ 선의 연결과 교차부분은 정확히 만나거나 약간 지나가도록 그린다.

2 치수선의 사용

1 치수선 표기 방법

① 단위는 mm가 원칙이며, 다른 단위를 쓸 경우는 반드시 명시하여 줄 것
② 필요한 치수가 누락되지 않도록 하고 바르고 명확히 기입
③ 오차 방지를 위해 가능한 도형 밖에 치수보조선 그어 인출할 것
④ 치수선이 수평이면 치수선 상단에 왼쪽에서부터 글을 쓰고, 치수선이 수직이면 치수선 왼쪽에 글을 쓰며, 아래에서 위로 읽도록 글을 쓴다.
⑤ 치수선(실선)과 치수보조선(실선 혹은 세선)은 직각이 되도록 한다.

2 치수선의 용도와 종류

① **치수선** : 가는 실선으로 치수보조선과 직각으로 긋는다.
② **치수보조선** : 실선 혹은 세선으로 치수선을 긋기 위해 도형 밖으로 인출한 선

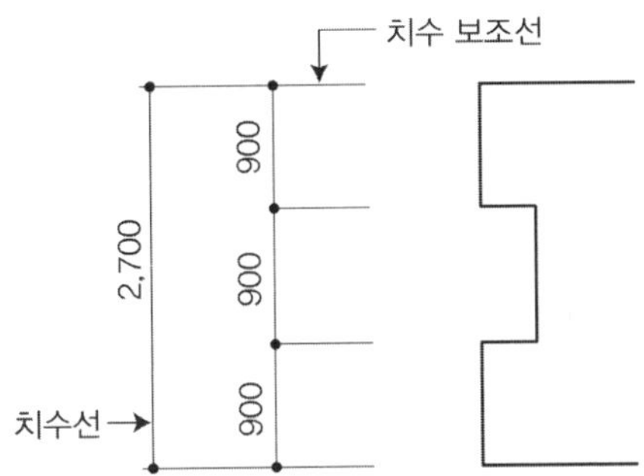

3 인출선

① **정의** : 그림 자체에 기재할 수 없을 때 인출하여 사용하는 선
② **용도** : 주로 조경 수목을 기입하기 위해 많이 사용
③ **방법**
㉠ 세선으로 명료하면서 끝부분 마무리 처리가 잘 되어야 함
㉡ 인출선의 수평부분의 길이는 기입사항의 길이와 맞추는 것이 좋다.
㉢ 인출선의 방향 기울기를 통일하는 것이 보기 좋다.
㉣ 인출선끼리의 교차는 피하며, 동일도면에서는 동일한 굵기, 질이 되도록 함

3 설계기호 및 표현기법

1 설계기호

① 조경소재표시

기호	명칭	기호	명칭	기호	명칭
	축척		수로		인조석
	경계선		철도		흙
	공사구분선		궤도		자갈
M 104.00	등고선		침엽수		호박돌
	기존수림지		광엽수		콘크리트
	기존독립수목		특수수		목재
	수목식재지		포기물		정자
	피토(皮土) 식재지		침엽수기식		야외탁자
	가로수		광엽수기식		벤치
	생나무울타리		포기물기식		대형4인용그네
	화단		덩굴식물		2줄시소
	건설예정건물		수성식물		안전그네
	기존건물		잔디		미끄럼대
	옥외조명등		축산(築山)		회전미끄럼대
	주차장		문책(門柵)		대형파동회전탑
	간선도로		담		5틀5단 정글짐
	보조도로		옹벽		4탑식 캐슬짐

② 구조재 마감표시

기호	명칭	기호	명칭	기호	명칭
	벽일반		벽돌일반		블럭벽
	철재		콘크리트 및 철근콘크리트		철골

	지반		잡석	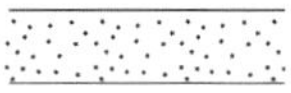	자갈 및 모래
	석재		바르기 마감	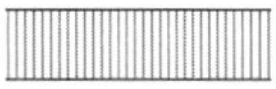	보온, 흡음재, 차단재
	벽일반	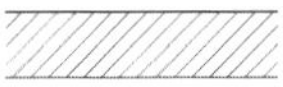	타일 및 테라코타	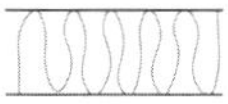	차단재
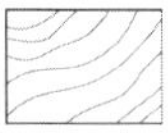	치장재	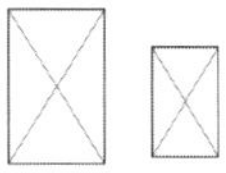	구조재 부조구조재	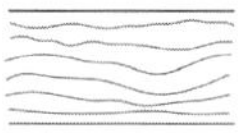	합판

2 설계의 표현기법

① **손으로 제도한 도면** : 각종 평면도, 단면도, 투시도 등을 제도하여 다양한 칼라재료를 사용해 컬러화하여 도면으로 제작하여 표현으로 가장 기본적인 기법

② **컴퓨터를 사용한 도면** : CAD, Photoshop, Illustrator, Sketchup, GIS 등의 다양한 프로그램들을 사용하여 컴퓨터의 다양한 색감을 이용하여 도면을 작성하고, 분석하여 표현하며, 동영상과 같이 실지로 움직이면서 공간을 볼 수 있게 하는 시뮬레이션으로 표현 가능함. 현재 많은 방법들이 연구되고 널리 사용하고 있는 방법

③ **모델링** : 실제 형상을 축소하여 모형을 만들어 현실감 있는 시뮬레이션

4 기타 제도사항

1 제도에 사용되는 문자

① 도면에서 선으로만 모든 내용을 표현하는 데 한계가 있으므로 문자, 기호의 표현을 사용

② 필요한 설명만 문자와 기호를 사용해 표현

③ 읽기 쉽고, 이해하기 좋고, 착오나 누락이 없도록 함

④ 문자의 크기, 굵기, 진한 정도 등이 고르게 하고 보조선을 사용하여 도면의 체제에 일관성 있도록 작성

2 제도 척도

① **정의** : 실물에 대한 도면의 크기의 비를 척도(scale)라 함

② **조경도면에서의 관용축척**

도면종류	축척	설명
배치도	1/200~1/600	규모에 따라 달라짐
평면도	1/100~1/300	주택정원은 대체로 1/100정도
입면도	1/100~1/300	가능한 평면도와 같은 축척이 바람직
단면도	1/100~1/300	평면도와 같은 축척이면서 규모에 따라 달라짐
상세도	1/40 이상	

③ **요령**

㉠ 도면마다 축척을 기입하되 같은 도면 내 다른 축척이 있을 시는 각각 명시한다.

㉡ 작은 축척일 경우 막대바에 의한 축척표시법이 이해를 쉽게 도와줌

㉢ 스케일에 맞지 않는 스케치 같은 경우는 non scale을 표시해 줌

3 제도용구 및 필기용 도구

① **제도판** : 특대판 120cm×90cm, 대판 105cm×75cm, 중판 90cm×60cm, 소판 60cm×45cm가 있으며, 조경용으로는 도면이 큰 것이 많아 특대판, 대판을 많이 사용함

② **제도대** : 제도판을 올려놓는 대로서 높이와 경사를 조절할 수 있도록 되어 있음

③ **제도용자**

㉠ T자 : 평행선을 긋는 데 사용하는 것으로 굽지 않고 견고하고 정확한 것이어야 함. 120, 105, 90, 75, 60, 45cm 종류가 있으며 제도판의 규격과 맞추어 사용함

㉡ 삼각자 : 수직방향의 직선과 45도, 60도, 30도의 각도를 긋는 데 사용

㉢ 곡선용자

ⓐ 운형자 : 불규칙한 곡선을 그을 때 사용

ⓑ 곡선자 : 원호자라고도 하며 다양한 원호의 형태로 되어 있음

ⓒ 자재곡선자 : 마음대로 구부려서 사용

ⓓ 템플릿 : 다양한 크기의 원과 삼각형 등 구멍이 뚫린 자로 필요한 도형을 그릴 수 있다.

㉣ 삼각스케일 : 축척에 맞추어 길이를 재는 것으로 각 변에 1/100~ 1/600까지의 눈금이 그려져 있어 각 축척에 맞추어 사용함

④ **제도용지**

㉠ 원도용지 : 켄트지, 도화지, 모조지 등으로 켄트지는 연필, 잉킹제도에 적합

㉡ 투사용지

ⓐ 트레이싱 페이퍼 : 가장 보편적인 것으로 다양한 두께의 여러 종류가 있으며 투과성이 좋아 연필, 잉킹제도에 적합하나 습기에 약해 수축이 잘 일어남

ⓑ 트레이싱클로스 : 원도를 장기간 보관할 때 사용하며 연필보다는 잉킹이 적합하며 가격이 비싼 단점

⑤ 필기용 도구

㉠ 연필 : 심의 무른 정도에 따라 9H ~ H, F, HB, B ~ 6B순이며, B쪽으로 갈수록 진하고 무른 것임. B, HB, F, H, 2H를 가장 많이 사용하며 선의 굵기와 진하기에 따라 선택하여 사용

㉡ 잉킹 : 만년필, 로터링 등 잉크제도를 위한 것으로 다양한 굵기로 선택해 사용할 수 있음

4 도면의 크기와 윤곽

① 실제 도면의 내용과 크기는 종이의 크기보다 작음

② **도면 표제란** : 일정한 곳에 표제란을 통일시켜 공사명칭, 도면명칭, 축척, 도면번호, 설계자명, 제도년월일, 제작회사명 등을 기재함

③ **윤곽선** : 상, 하, 우는 일정하게 1cm 여유를 두며, 왼쪽부분은 도면의 철을 위해 2.5cm 여유를 두고 윤곽선을 그림

5 기본설계와 세부설계

1 설계도의 종류

① **평면도**

㉠ 계획의 전반적인 사항을 알기 위해 건물의 형태, 위치, 면적, 조경시설물, 수목배치 등 가장 기초적이고 중요한 도면

㉡ 식재평면도, 시설물 평면도 등 각 부분별 평면도 작성

② **입면도와 단면도**

㉠ 입면도 : 평면도와 같은 축척으로 수직적 공간구성을 보여주는 정면도, 배면도, 측면도 등을 말함

㉡ 단면도 : 공간을 수직으로 자른 단면을 보여주는 것

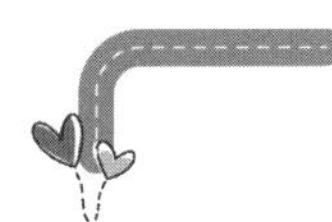

③ **상세도** : 평면도나 단면도에서 잘 나타나지 않는 부분을 대축척을 사용하여 상세하게 표현한 도면

④ **투상도**

㉠ 정의 : 물체의 형태, 위치, 크기 등을 표현하기 위해 일정한 법칙에 따라 물체를 평면상에 정확히 그리는 방법

㉡ 종류

ⓐ 평행투상 : 정투상(제1각법, 제3각법), 축측투상(등각투상, 부등각투상), 시투상(정방투상, 이분투상)

ⓑ 투시투상(1소점투시도, 2소점투시도, 3소점 투시도 등)

㉢ 정투상도 방법

ⓐ 제 1각법 : 물체를 제1각에 놓고 정투상 하는 방법으로 평화면, 측화면을 입화면과 같은 평면이 되도록 회전시키면 (나)와 같이 정면도의 왼쪽에 우측면도가 놓이고, 평면도는 정면도의 아래쪽에 놓이게 된다.

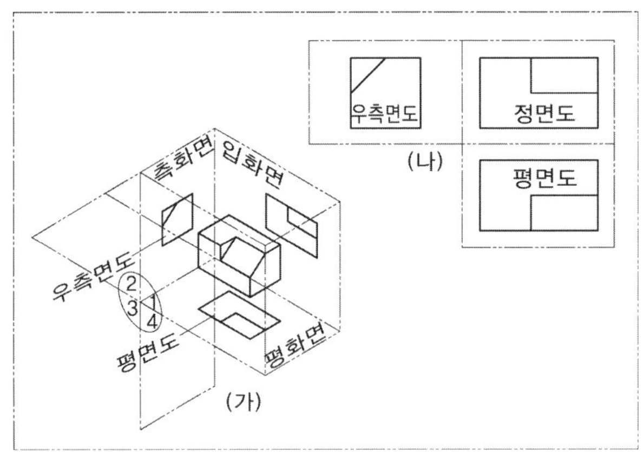

ⓑ 제 3각법 : 물체를 제3각에 놓고 정투상 하는 방법으로 평화면, 측화면을 입화면과 같은 평면이 되도록 회전시키면 (나)와 같이 정면도의 위에 평면도가 놓이고, 정면도의 오른쪽에 우측면도가 놓이게 된다. 제3각법은 제1각법에 비하여 도면을 이해하기 쉬우며, 치수기입이 편리하고, 보조투상도를 사용하여 복잡한 물체도 쉽고 정확하게 나타낼 수 있으며, 한국산업규격(KS)은 기계 제도에 규정하고 있다.

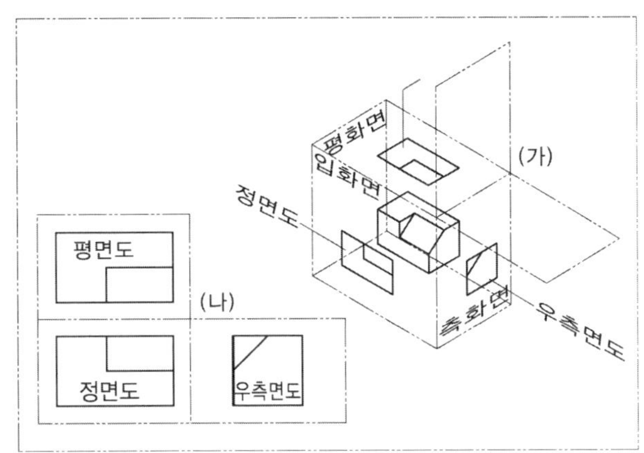

⑤ 투시도

㉠ 정의 : 공간의 3차원적인 모습을 입체적으로 소점을 이용해 나타낸 것 임의의 점에서 물체를 바라볼 때 물체와 눈 사이에 투명한 직립면에 투영되는 상을 그리는 것

㉡ 요령

ⓐ 시점의 높이 : 일반적으로 높이 1.5m가 적당

ⓑ 평면과 화면과의 각도 : 30도, 60도가 통례

ⓒ 시선의 각도 : 건물을 포함한 시선의 각도가 60도를 넘으면 비뚤어지고 부자연스러움

ⓓ 시점의 거리 : 시점이 건물에 너무 가까우면 비뚤어지고, 너무 떨어지면 입체감 상실

㉢ 투시도 용어

용어	영어	약어	뜻
화면	Picture plane	PP	물체가 투영되어 투시도가 그려지는 면
수평선	Horizontal line	HL	화면상의 눈의 중심을 통한 선
기선 or 지반선	Ground line	GL	화면과 기면이 만나는 선
시점	Point of sight	PS	보는 사람의 위치
입점 or 정점	Stand point (Station point)	SP	시점이 한 곳에 나타나는 점
심점(心點) or 시점	Center of vision (Visual center)	CV VC	눈의 중심
심점(心点) or 시심	Visual center		시점의 입면도
족선	Foot line		물체의 평면도의 각점과 정점을 이은 직선
소실점 or 소점	Vanishing point		무한원점이 만나는 점
족점	Foot point		족선과 족점이 만나는 점

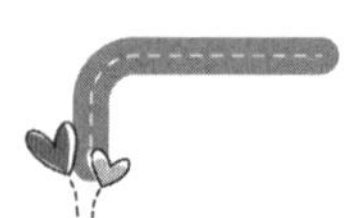

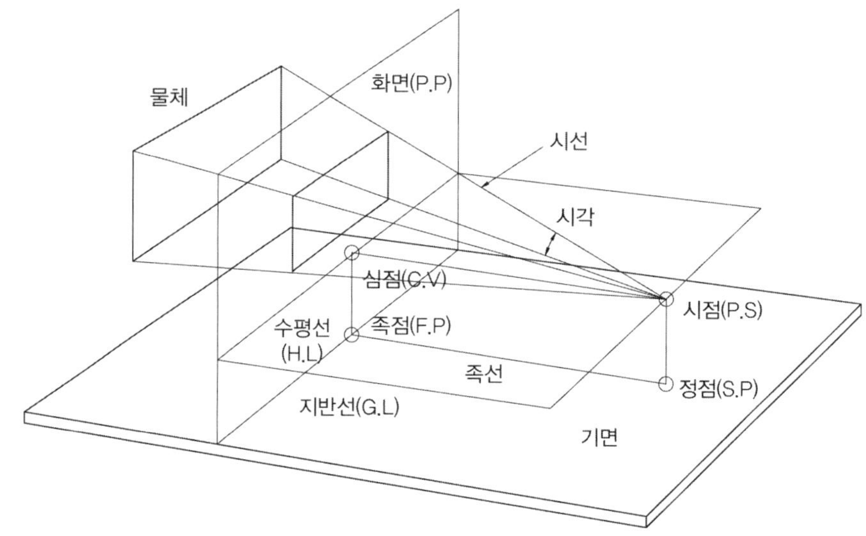

㉣ 투시도의 종류

ⓐ 평면투시도 : 물체가 화면에 평행하고 기면에 평행한 경우 나타나는 투시도

ⓑ 유각, 성각투시도 : 밑면만 지반면에 평행인 경우로 물체가 화면과 일정한 각도를 지니고 지반선에 수직하여 나타나는 투시도로 2개의 소점이 생기며 일반적으로 사용하는 투시도법

ⓒ 사각투시도 : 3개의 소점을 가지며 대상물체가 화면과 지반선에 모두 평행하지 않는 경우로 조경도면에서는 거의 쓰지 않는다.

ⓓ **시점의 위치에 따른 분류**

- 일반투시도(perspective) : 사람이 선 자세로 본 투시도
- 조감도(birds eye view) : 시점이 아주 높아 새가 본 듯한 곳에서 그린 투시도

⑥ **스케치** : 눈높이나 그보다 조금 높은 위치에서 보이는 공간을 표현하는 그림

★★★ 2 기본설계

① 시설의 배치계획, 공사별 개략설계를 작성해 사업실시에 기본이 되도록 한다.

② 배치계획, 도로설계, 정지설계, 배수설계, 공원녹지설계 등 소축척의 스케일로 작성

> **Tip**
> 출제기준에 따른 기본설계 항목의 주택정원, 도시조경설계, 도로조경설계, 골프장설계 등은 조경계획과목의 각 부분별 조경계획부분과 중복되므로 조경계획과목을 참고 바람

3 실시설계

① 공사비를 적산하고 공사 시공자가 공사 내역 명세서를 작성할 수 있게 하는 설계
② 식재설계, 토공설계, 기초설계, 고저설계, 옹벽설계 등 각 세부적인 도면들로 구성
③ 현장에 시공할 때 가장 중요한 세부적인 내용을 담은 설계로 대축척의 스케일 즉, 상세도, 단면도, 조감도 등을 많이 사용

6 설계 설명서

1 시방서

① **정의** : 설계자가 도면에 표시하기 어려운 사항을 자세히 기술하여 설계자의 의사를 충분히 전달하기 위한 문서
② **종류**
㉠ 일반시방서 : 학·협회에서 표준적이고 일반적인 기준을 표시한 것으로 공사의 명칭, 종류, 규모, 구조 등 일반적인 사항에 관한 것
㉡ 전문시방서 : 발주기관에서 전 공종을 대상으로 종합적인 시공기준을 정하여 제시한 것
㉢ 특별시방서 : 발주기관에서 당해 공사의 수행을 위한 세부적이고 전문적인 일반시방서 내용의 삭제·추가·보완하는 내용으로 재료의 품질, 종류, 시공방법, 마감방법 등 세부적 내용을 다루며 일반시방서보다 우선해서 적용

2 설계서 작성

① **작성순서** : 표지 → 목차 → 설계설명서 → 일반시방서 → 특별시방서 → 예정공정표 → 동원 인원계획표 → 내역서 → 일위대가표 → 자재표 → 중기사용료 및 잡비 계산서 → 수량계산서 → 설계도면 → 설계지침서(원본) → 산출기초(원본)
② **유의점** : 설계서 변경 시 원설계는 적색, 변경설계서는 청색 또는 흑색 사용
③ **설계도서 규격**
㉠ 기본계획도 : A2(420mm×594mm), 청사진용 감광지
㉡ 실시설계도 : A0(841mm×1,189mm), A1(594mm×841mm), 청사진용 감광지
㉢ 각종 서류 : A4(210mm×297mm), A3(297mm×420mm), 모조지 혹은 갱지

7 조경시설물 설계

1 운동시설 설계

(1) 각 운동시설 규격

경기장	종류	규격	면적
운동장	특급	132ha	
	1급	66ha	
	2급	33ha	
	3급	16.5ha	
	4급	10ha	
	올림픽용	132~160ha	
축구장	국제경기용	70m×105m(경기면)	9,000m^2
		80m×115m(사용면)	
정구장	단식	8.23m×23.77m(경기면)	570m^2
		15.6m×36.6m(사용면)	
	복식	10.97m×23.77m(경기면)	920m^2
		23m×40m(사용면)	
배구장	9인제		450~900m^2
	남자6인제	11×22m	480m^2
		17×28m	
	여자6인제	9×18m	360m^2
		15×24m	
테니스장	복식	10.97×23.77m(경기면)	920m^2
		23×40m(사용면)	
	단식	8.23×23.77m(경기면)	570m^2
		15.6×36.6m(사용면)	
수영장	국제규격	길이 50m, 수심 1.8~2.0m	
	다이빙	깊이 2.4m	
배드민턴장	복식	6.1m×13.4m	
	단식	5.18m×13.4m	
게이트볼장		15m×20m	300m^2
야구장		18.44m×27.43m(다이아몬드 크기)	11,030m^2(최소면적)
		105m×105m(사용면 크기)	
씨름장		직경 9m 원형, 30~70cm 깊이	
핸드볼장		20m×40m	800m^2
롤러스케이트		125m, 200m, 250m	

(2) 각 운동시설별 설계기준

① **육상경기장** : 경기장 눈부심을 방지하기 위해 트랙, 필드, 장축은 북-남, 북북서-남남동으로 배치, 관람자 메인 스탠드는 트랙의 서쪽에 배치

② **축구장** : 장축을 남-북으로 배치

③ **테니스장** : 코트 장축을 정남-북 기준으로 동서 5~10도 편차 내 범위로 가능하면 코트장축과 주 풍향의 방향과 일치되게 배치

④ **배구장** : 장축을 남-북으로, 바람 영향 없게 방풍수목 등 배치

⑤ **농구장** : 남-북 범위 기준. 가까이 건축물이 있을 경우 사이드라인을 건축물과 각각 또는 평행되게 배치

⑥ **야구장** : 내·외야수가 오후의 태양을 등지고 경기할 수 있도록, 홈플레이트를 동쪽과 북서쪽 사이에 자리 잡게 함

2 놀이시설물 설계

(1) 각종 시설별 설계치수

① 미끄럼대

㉠ 미끄럼면 너비 40~50cm, 양 가장자리에는 높이 15cm 손잡이판 부착

㉡ 미끄럼 정지면 높이 10cm, 미끄럼대와 지표와의 각도 30~33°, 사다리 각도 70°로 손잡이 설치, 사다리 발판의 한 단 높이 20cm 정도

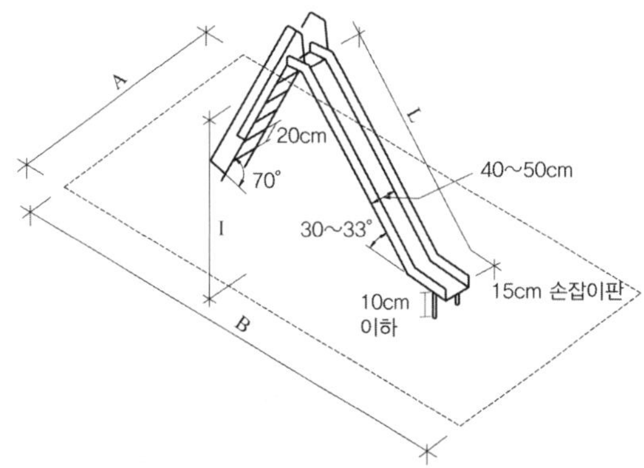

l	L	어린이	
		A	B
1.5	3.0	2.4	6.0
1.8	3.6	2.4	6.6
2.1	4.2	2.4	7.2

• 미끄럼대 설계치수 •

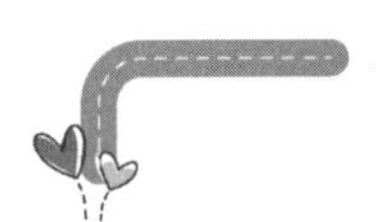

㉢ 착지판 : 미끄럼판 높이가 90cm 이상인 경우 미끄럼판의 아래 끝부분에 감속용 착지판 설계해야 하며, 착지판 길이 50cm 이상, 물이 고이지 않게 바깥쪽으로 2~4°을 기울기 주어 설계

㉣ 날개벽 : 미끄럼판 높이가 1.2m 이상인 경우 미끄럼판 양옆으로 높이 15cm 이상 날개벽을 전 구간에 연속설치

㉤ 안전손잡이 : 미끄럼판 높이 1.2m 이상인 경우 미끄럼판과 상계판 사이에 균형유지를 위한 안전손잡이를 설치하되 높이 15cm 기준

② 그네

㉠ 지표면에서 발판까지 높이 35~45cm, 발판두께 3cm

㉡ 위험방지용 울타리 : 그네줄 길이 160cm인 경우 그네 중심에서 250cm, 줄 길이 250cm인 경우 340cm 띄워서 설치, 울타리 높이 69cm

㉢ 4연식 그네 : 2.5m(높이)×7.3m(길이)×4.8m(너비)

㉣ 2연식 그네 : 2.5m×4.6m×4.8m

㉤ 그네보호책 : 그네와 통과동선 사이에 그네 길이보다 1m 멀리, 높이 60cm 기준으로 설치

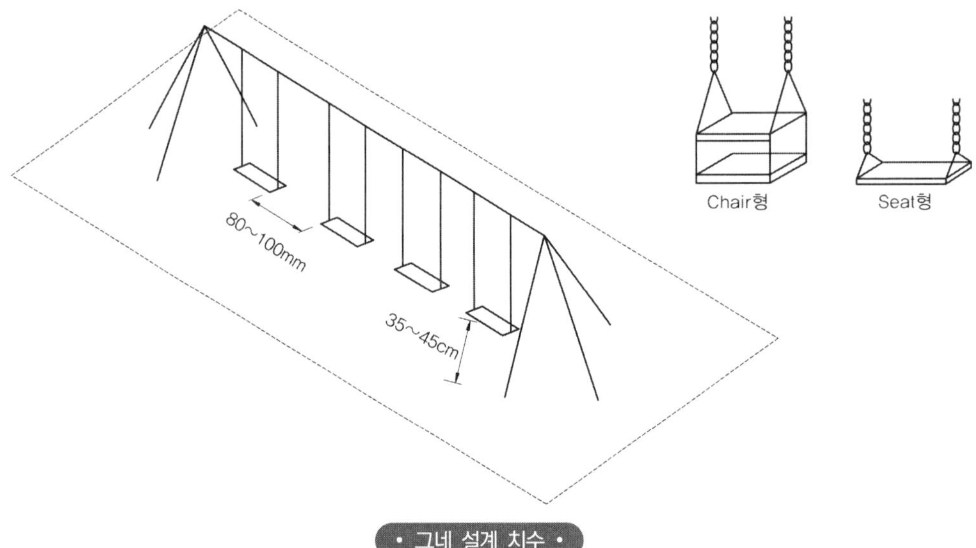

• 그네 설계 치수 •

③ **시소** : 길이 3.0~3.6m. 2개 설치 시 시소폭 1.8m, 사용면적 3.0m×6.0m

④ **정글짐** : 1.8m(길이)×1.2~1.8m(폭)×2.0m(높이)

⑤ **철봉** : 높이 다른 철봉 3개의 각 높이 1.2m, 1.7, 2.1m, 철봉 한 개의 길이 1.2m

⑥ **모래사장** : 너비 4×5m, 30~50m² 적절, 깊이 30~40cm, 하루 5~6시간 햇볕이 드는 곳

⑦ **도섭지** : 수심 30cm 정도 50cm 이하, 관리인 상주하며, 미끄럽지 않도록 설치

⑧ **사다리 등 기어오르는 기구** : 기울기 65~70°, 너비 40~60cm, 디딤판은 사다리보다 높게

⑨ **놀이벽** : 두께 20~40cm, 평균높이 0.6~1.2m 주변바닥 완충재료 설치
⑩ **계단** : 기울기 35°, 폭 최소 50cm 이상, 디딤판 깊이 15cm 이상, 디딤판 높이 15~20cm 사이, 길이 1.2m 이상 시 난간 설치

(2) 놀이시설물 설계 고려사항

① 안전을 고려하여 미끄럼 방지, 보호시설 설치, 시설물 간격 등을 고려할 것
② 현재 복합, 기성제품 놀이시설물들이 많으며 이를 이용하면 손쉽게 놀이터 조성 가능함
③ 테마 위주의 놀이공간은 주제에 잘 맞추어진 시설물들을 잘 배치, 계획해야 함

3 휴게시설물, 안내표지시설, 조명시설물 설계

(1) 휴게 시설물별 설계 고려사항

① **퍼고라(그늘시렁)** : 기둥과 지붕으로 구성되어 비바람을 피하고 햇빛을 막기 위한 구조물
㉠ 일반적 규격 : 높이 220~250cm, 너비 180~250cm, 등책간격 30~40cm
㉡ 덩굴식재 : 등나무, 으름덩굴, 칡, 인동덩굴, 수세미, 포도나무 등
㉢ 설계배치 : 경관의 포인트가 되는 곳, 건축선이 끝나는 곳, 시각적으로 넓게 조망할 수 있는 곳에 설치
㉣ 주의점 : 화장실, 급한 비탈면, 연약지반, 고압철탑 전선 밑의 위험지역, 외진 곳 및 불결한 곳을 피할 것

② **벤치**
㉠ 벤치의 규격

용도	좌고(cm)	좌판폭(cm)	길이(cm)
소인용	30~35	35~40	150(2인용)
대인용	37~43	40~45	60(1인용)
겸용	35~40	38~43	80~200

㉡ 등받이 구배 95~110°, 벤치간격 90cm
㉢ 설계 고려사항
ⓐ 동선에 방해받지 않고 바람이 강하지 않은 곳에 설치
ⓑ 폭 2.5m 이하 산책로 변에는 1.5~2m 포켓공간을 만들어 배치하거나, 경계석에서 최소 60cm 이상 떨어뜨려 배치
ⓒ 재료별 특징 고려
- 목재는 부드러운 느낌이나 방부처리 유의
- 플라스틱은 깨지기 쉬워 교체 가능한 구조로 만들 것

• 콘크리트는 풍화하기 쉽고 튼튼하나, 겨울에 차갑고 기초로 고정해야 함

③ **앉음벽** : 앉아서 쉬기 위한 선형의 벽체 구조물

㉠ 배치 : 마당, 광장, 놀이터 등 짧은 휴식에 이용되므로 이용빈도 고려해 배치

㉡ 규칙 : 짧은 휴식에 적합한 재질·마감방법으로 설계. 앉음벽 높이 34~64cm

④ **야외 테이블** : 높이 70cm, 의자와의 간격 35cm, 의자높이 35cm로 앉았을 때 탁자 중간에 손닿을 정도로 설치

⑤ **음수대**

㉠ 높이 : 성인용 60~70cm, 어린이용 40~50cm, 장애자 휠체어용 76cm

㉡ 발판높이 10~15cm, 폭 30~40cm, 음수대와 사람과의 거리 50cm

㉢ 받침접시의 경사도 2% 정도로 배수가 원활하도록 함

⑥ **휴지통, 재떨이**

㉠ 휴지통

ⓐ 투입구 높이 60~75cm, 벤치 2~4개소마다 1개, 원로 20~60m마다 1개 설치

ⓑ 진행방향 우측에 설치하여 보행방향에 방해되지 않게 배치

㉡ 재떨이 : 입식은 0.7~1.0m, 좌식은 0.5~0.6m 높이로 벤치 2~3개소에 1개 설치

⑦ **화장실**

㉠ 여성용 변기 5개, 남성용 대변기 2개, 소변기 3개로 면적 약 25m^2 소요

㉡ 중앙공원 : 150~200m마다 1개소 설치, 대체로 1.5~2ha마다 1개 설치

㉢ 남성용은 한색계, 여성용은 난색계 사용

㉣ 창문높이 최저 1.6m

⑧ **안내표지시설** : 각 안내 표지 시설의 재료, 형태, 색의 통일과 식별성이 높고 명확한 글과 간단한 지도 포함한 것

㉠ **정의** : 공원, 주택단지, 보행 공간 등 옥외공간에서 보행자나 방문객에게 주요 시설물이나 주요 목표지점까지의 정보전달을 목적으로 하는 시설물

㉡ **종류** : 유도표지시설, 해설표지시설, 종합안내표지시설, 도로 표지시설

㉢ **설계 검토사항** : 시스템으로서의 구성, 기능적 효율성, 인간 척도의 고려, 지역적 이미지 표출, 경제적 효용성, 안전성, 주변환경과의 조화, 인간지향성 및 환경친화성 검토, 가독성, 유지관리 고려

㉣ **설계요소**

ⓐ CIP는 독자적 이미지를 구축하는 것으로 도로 교통수단인 경우는 안전성을 위해 관례를 따라야 함

ⓑ 가독성을 위해 인식, 방향성, 정보성이 잘 나타나도록 한다.

ⓒ 가시지역과 거리기준을 고려한다.

ⓓ 서체 : 한글, 아라비아 숫자, 영문을 조합해 간결하게

ⓔ 기타 방향표시, 그림문자(픽토그램), 색채를 고려할 것

ⓜ 문화재 안내판 규격
ⓐ 대형 9.46×4.22cm, 중형 7.54×5.94cm, 소형 2.4×3.5cm
ⓑ 한글은 왼편, 영문은 오른편에 기재
ⓗ 운전자를 위한 표지판 높이 : 1.07~1.2m

⑨ **울타리**
㉠ 목적 : 경계구분, 통행제한, 위험방지, 방향표시 등
㉡ 높이별 기능
ⓐ 1.8~2m : 사람침입방지 예 주택의 담
ⓑ 0.6~1m : 출입금지 예 공원, 원지
ⓒ 0.4m 이상 : 내부경계 예 문화재 보존지
㉢ 조경설계기준상 규칙
ⓐ 0.5m 이상 : 단순 경계표시
ⓑ 0.8~1.2m : 소극적 출입통제 기능
ⓒ 1.5~2.1m : 적극적 침입방지 기능

⑩ **자전거 보관시설** : 주택단지 경우 주거동, 복지관, 상가건물마다 1개소 이상 설계. 보통 100세대마다 15~25대 보관시설 설계

⑪ **환경조형시설**
㉠ 정의 : 도시옥외공간 및 주택단지 등 공적공간에 설치되는 예술작품으로서 주변 환경 여건과의 조화 등을 염두에 두어 쾌적한 주거환경 조성 및 이용자의 미적 욕구를 수용하는 공공목적으로 설치되는 시설로 미술장식품, 순수창작조형물, 기능성 환경조형물, 모뉴멘트 등
㉡ 설계원칙 : 인간 척도적용, 조형성, 기능성, 안전성, 주변여건과의 조화, 내구성, 인간지향적, 환경친화성, 전통사상

★★★ (2) 조명 시설물 설계

① **조명효과 주는 방식**
㉠ 상향식 조명 : 일반적인 조명 방식의 반대로 조명효과에 인상을 줄 수 있는 방식으로 식생이나 다른 조경적인 특색이 강조
㉡ 하향식 조명 : 상향식보다 덜 인상적이지만 수목의 정상 부분이나 다른 높은 구조물을 통해서 광선을 직접 비춤으로 지면에 질감상태를 나타낼 수 있는 특징
㉢ 산포식 조명 : 수목, 담, 장대에 설치한 일광등으로 빛을 넓은 지역에 부드럽게 펼쳐지게 하여 물체를 부드러운 달빛과 같은 인상을 주며 변이의 공간, 개인적 공간에 유용
㉣ 그림자와 질감을 나타내기 위한 조명 : 물체를 측면에서나 하향식으로 비춤으로 잔디 지역에 흥미를 첨가시켜 주거나 자연적인 성격을 가진 포장된 표면에 흥미를 줌
㉤ 강조하기 위한 조명 : 조경의 주체를 집중 조명하여 강조하는 방법

ⓑ 실루엣을 나타내기 위한 조명 : 정면의 물체에 단지 외곽 부피만을 배경면에 비춤으로 효과를 얻는 방법

ⓢ 간접에 의한 조명 : 빛을 필요한 지역에 재산포시키는 방법으로 반사면에 대해 광원을 직접 부딪치는 방식

② 각 공간별 조명 설계

㉠ 보행등 : 보행의 안전을 위해 계단이나 턱이 있는 곳은 반드시 발아래를 낮게 비추고, 인도나 보행길을 전체적으로 높게 비추는 이중적 조명방식이 필요. 보행로 경계에서 50cm 거리에 배치. 보행로 3lx

㉡ 정원등 : 낮은 실루엣을 강조하거나, 높은 조명보다는 낮은 조명으로 은은하고 부드러운 느낌을 주는 설계가 필요. 등주높이 2m 이하로 고압 수은형광등 사용.

㉢ 수목등, 잔디등 : 수목을 강조하기 위해 산포식, 상향식 조명을 사용하기도 하며, 하향식 조명 또한 나뭇잎들의 분산으로 은은한 분위기 조성. 잔디등 높이 1m 이하.

㉣ 공원등 : 공원 전체를 밝혀주는 높은 등이나 부분적 강조조명, 보행등 등 다양한 방법들이 사용됨. 중요장소 5~30lx, 기타장소 1~10lx, 휴게공간(운동, 놀이, 광장 등) 6lx 이상

㉤ 수중등 : 야간 분수에 다양한 색깔 조명을 사용하며 다양한 빛의 느낌으로 또 다른 환상적인 분위기를 분수쇼 등으로 연출 가능하며 방수에 신경써야함. 규정된 용기 속에 조명등을 넣고, 전선에 접속점을 만들지 말 것

ⓑ 그 외 : 현재 투광등, 광섬유조명 등의 다양한 개발로 야간에 색다른 느낌의 공간 연출이 가능하며, 대형스크린이나 레이저쇼 등의 연출로 다양하게 활용하고 있음

4 각종 포장설계 및 기타 시설물 설계

(1) 포장설계

① 재료 선정 방법

㉠ 생산량이 많고, 시공이 쉬우며, 내구성 및 내마모성이 클 것

㉡ 미끄럽지 않고 외관 및 질감이 좋은 것으로 선정

② 포장재 종류

㉠ 아스팔트, 콘트리트 : 차도나 통행이 많은 도로에 설치

㉡ 벽돌, 시멘트 블록 : 인도, 광장, 공원 등에 설치

㉢ 마사토, 자갈 : 공원내 원로, 주차장 등에 설치

㉣ 그 외 친환경 흙블럭, 구멍 뚫린 블록 : 중간에 식물이 자랄 수 있도록 배려

(2) 조경석(조경시공구조학 석재, 석축공편의 내용 외 설계관련사항)

Tip

최근 출제기준에 의한 수경시설물, 급·관수 시설, 조경구조물, 잔디 초화류식재, 비탈면, 인공지반, 생태복원 설계 등은 조경시공구조학의 각 공종별 공사와 조경식재의 내용과 중복되므로 각 과목을 참고 바람)

① 경관석 놓기

㉠ 중심석, 보조석 등으로 구분하여 크기, 외형 및 설치위치 등이 주변 환경과 조화를 이루도록 설치

㉡ 경관석 놓기는 무리지어 설치할 경우 주석과 부석의 2석조가 기본이며, 특별한 경우 이외에는 3석조, 5석조, 7석조 등과 같은 기수로 조합하는 것을 원칙으로 한다.

㉢ 4석조 이상의 조합은 1석조, 2석조, 3석조의 조합을 기준으로 조합한다.

㉣ 단독으로 배치할 경우 : 돌이 지닌 특징을 잘 나타낼 수 있도록 관상위치를 고려하여 배치

㉤ 무리 지어 배치할 경우 : 큰 돌을 중심으로 곁들여지는 작은 돌이 큰 돌과 잘 조화되도록 배치

㉥ 3석을 조합하는 경우 : 삼재미(천지인)의 원리를 적용하여 중앙에 천(중심석), 좌우에 각각, 지, 인을 배치한다.

㉦ 5석 이상을 배치하는 경우 : 삼재미의 원리 외에 음양 또는 오행의 원리를 적용하여 각각의 돌에 의미를 부여한다.

㉧ 돌을 묻는 깊이 : 경관석 높이의 1/3 이상이 지표선 아래로 묻히도록 한다.

② 디딤돌(징검돌) 놓기

㉠ 보행자를 위해 공원, 정원, 계류, 연못, 보행자공간, 기타 녹지 등에 적절한 간격과 형식으로 배치

㉡ 보행에 적합하도록 지면과 수평으로 배치한다.

㉢ 징검돌의 상단은 수면보다 15cm 정도 높게 배치하고 한 면의 길이가 30~60cm 정도로 되게 한다. 요소(시점, 종점, 분기점)에 대형이며 모양이 좋은 것을 선별하여 배치하고, 디딤 시작과 마침 돌은 절반 이상 물가에 걸치게 한다.

㉣ 배치 간격은 어린이와 어른이 보폭을 고려하여 결정하되, 일반적으로 40~70cm로 하며 돌과 돌 사이의 간격이 8~10cm 정도가 되도록 배치한다. 정원에서는 배치 간격을 20~30%로 줄인다.

㉤ 양발이 각각의 디딤돌을 교대로 디딜 수 있도록 배치하며, 부득이 한 발이 한 면에 2회 이상 닿을 경우 3.5… 등 홀수 회가 닿을 수 있도록 한다.

㉥ 디딤돌은 크기가 30cm 내외의 경우에는 디딤돌의 상면이 지표면보다 3cm 정도 높게 배치하고 50~60cm인 경우에는 지표면보다 6cm 정도 높게 배치한다.

ⓐ 디딤돌 및 징검돌의 장축은 진행방향에 직각이 되도록 배치한다.

ⓞ 디딤돌은 2연석, 3연석, 2·3연석, 3·4연석 놓기를 기본으로 한다.

③ **자연석 쌓기**

㉠ 주변지형과 어울리게 하며, 연석 쌓기의 상단부는 다소의 기복을 주어 자연석의 자연스러움을 보완, 강조

㉡ 자연석 쌓기의 높이는 1~3m 정도가 바람직하며 그 이상은 안정성에 대한 검토

㉢ 경사진 절·성토면에 돌쌓기를 할 경우에는 석재면을 경사지게 하거나 약간씩 들여놓아 쌓도록 한다.

㉣ 맨 밑에 놓는 기초석은 비교적 큰 것으로 안정감 있는 돌을 사용하여 지면으로부터 20~30cm 깊이로 묻히도록 한다.

㉤ 호안이나 기타 구조적 문제가 발생할 염려가 있는 곳은 콘크리트 기초로 보강한다.

④ **호박돌 쌓기** : 찰쌓기 원칙으로 바른층 쌓기하여 통줄눈이 생기지 않도록 함

⑤ **계단돌 쌓기(자연석 층계)**

㉠ 보행에 적합하도록 비탈면에 일정한 간격과 형식으로 지면과 수평이 되게 한다.

㉡ 계단의 최고 기울기는 30~35° 정도로 한다.

㉢ 한 단의 높이는 15~18cm, 단의 폭은 25~30cm 정도

㉣ 계단의 폭은 1인용일 경우 90~110cm, 2인용일 경우 130cm 정도

㉤ 돌계단의 높이는 2m를 초과할 경우 또는 방향이 급변하는 경우에는 안전을 위해 너비 120cm 이상의 층계참을 설치

⑥ 돌틈식재 : 자연석쌓기의 단조로움과 돌틈의 공간을 메우기 위해 관목류, 지피류, 화훼류 및 이끼류 등을 식물이 생육할 수 있도록 양질의 토양을 조성하고 수분을 충분히 공급하여 식재한다.

(3) 생태못 조성

① 종다양성을 높이기 위해 관목숲, 다공질공간 등 다른 소생물권과 연계되도록 한다.

② 못의 내부에 섬을 만들어 식생기반을 조성하고 야생동물을 유인하여 종다양성을 확보

③ 호안은 곡선으로 처리하고, 바닥에 적정한 기울기를 두어 다양한 생물서식공간으로 설계

④ 조류, 어류, 기타 곤충류 등을 유인하기 위하여 못 안과 못가에 수생식물을 배식

⑤ **오수정화 못** : 오수정화시설의 유출부에 설치하여 1차 처리된 방류수(방류수 20ppm)를 수원으로 물고기를 도입하고, 수질정화 기능이 있는 식물을 배식

⑥ **수서곤충 못** : 잠자리, 개똥벌레(반딧불이)를 비롯한 여러 곤충류와 어류가 공존할 수 있는 소생물권을 조성, 도입, 곤충의 생활 특성을 고려하여 유충이 살 수 있는 조건과 산란조건을 조성하여, 성충을 유인할 수 있는 서식공간을 설계

(4) 자연탐방로

① **노선** : 지형에 순응하여 등고선을 따라 설치하고, 인공요소의 흔적을 감추도록 하며 직선코스의 설치를 피한다.

② **노폭** : 적정노폭은 1.2m로 하되 최소 60cm(주변수목의 최소 개척폭 1.2m, 개척높이 2.1m)를 확보, 급경사지는 2.4~3.2m의 넉넉한 폭, 소방로를 겸하는 경우에는 최소 2.4m 이상

③ **포장** : 노선의 기울기가 30% 미만일 경우는 비포장으로 하며, 그 이상의 경사로는 자연석이나 통나무를 이용한 자연스런 계단식 보도를 설치

(5) 청소년 수련 시설

① **코스** : 산악 및 구릉지에 설치하는 것이 좋으며 계획대상지의 지형조건을 이용하여 적절한 코스를 설정

② **단위 시설** : 연쇄적으로 이용되도록 배치하며 규모에 따라 10~20개의 단위 시설을 설치, 단위시설 사이의 간격은 20~30cm 정도

③ **시설별 면적기준**

㉠ 단위시설 : 1개소당 100~200m^2

㉡ 실내집회장 : 150인까지 150m^2, 초과 1인당 0.8m^2

㉢ 야외집회장 : 150인까지 200m^2, 초과 1인당 0.7m^2

㉣ 강의실 : 1실당 50m^2 이상

㉤ 야영지 : 1인당 20m^2 이상

CHAPTER 06 조경설계

실전연습문제

01 조경설계기준상의 배수시설에 관한 설명으로 옳은 것은? [산업기사 11.03.02]

㉮ 표면배수 시 녹지의 식재면은 일반적으로 1/20 ~ 1/30 정도의 배수 기울기로 설계한다.

㉯ 개거배수는 지표수의 배수가 주 목적이므로 지표저류수, 암거로의 배수, 일부의 지하수 및 용도 등은 배수하지 않는다.

㉰ 암거배수 시 관은 관내부로 외부 토양수와 토사는 들어오지 못하도록 설계한다.

㉱ 사주법은 식재지가 불투수층으로 그 두께가 2 ~ 3m이고 하층에 불투수층이 존재하는 경우에는 하층의 불투수층까지 나무구덩이를 관통시키고 참흙을 넣어 객토하는 공법으로 설계한다.

풀이 ㉯ 개거배수는 지표수의 배수가 주목적이지만 지표저류수, 암거로의 배수, 일부의 지하수 및 용수 등도 모아서 배수한다.
㉰ 암거배수시 관은 관내부로 토양수가 쉽게 들어오되 토사는 들어오지 못하도록 설계한다.
㉱ 식재지가 불투수층으로 그 두께가 0.5 ~ 1m이고, 하층에 투수층이 존재하는 경우에는 하층의 투수층까지 나무구덩이를 관통시키고 모래를 객토하는 공법으로 설계한다.

02 다음 중 선의 용도를 설명한 것으로 틀린 것은? [산업기사 11.03.02]

㉮ 굵은 실선은 단면의 윤곽표시를 한다.

㉯ 가는 실선은 치수선, 인출선 등에 사용된다.

㉰ 파선은 중심선, 절단선, 기준선, 경계선, 참고선 등에 사용된다.

㉱ 2점 쇄선은 이동하는 부분의 이동 후의 위치를 가상하여 나타내는 선이다.

풀이 ㉰ 파선 : 숨은선이나 등고선에 사용

03 그림과 같은 절토면의 경사 표시가 바르게 된 것은? [산업기사 11.06.12]

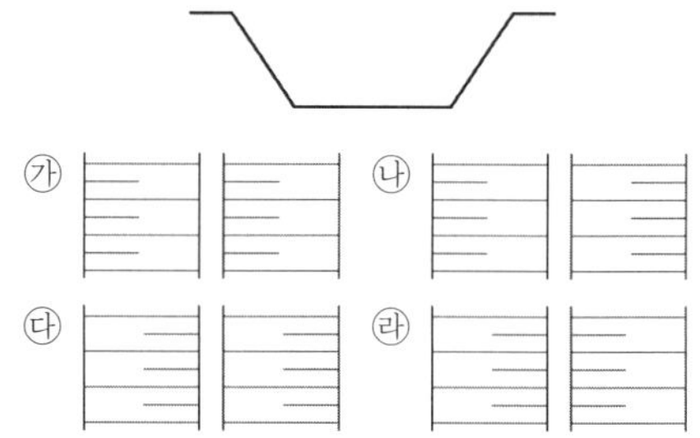

풀이 경사가 높은 쪽으로 촘촘히 그린다.

ANSWER 01 ㉮ 02 ㉰ 03 ㉯

04 차량과 보행인들의 통행을 조절하거나 또는 차량과 보행공간을 분리시키기 위하여 설치하는 시설로 30 ~ 70cm 정도의 높이를 가진 기둥 모양의 가로 장치물은? [산업기사 11.06.12]

㉮ 키오스크(Kiosk)
㉯ 가드레일(Guard Rail)
㉰ 볼라드(Bollard)
㉱ 식수함(Planter Box)

05 물체의 앞 또는 뒤에 화면을 놓고 시점에서 물체를 본 시선이 화면과 만나는 각 점을 연결하여 눈에 비치는 모양과 같게 물체를 그리는 것은? [산업기사 11.06.12]

㉮ 투시도법 ㉯ 정투상도법
㉰ 등각투상도법 ㉱ 부등각 투상도법

① 투시도(perspective drawing) : 눈에 보이는 대로 소점을 이용해 그리는 방법
• 종류 : 1점투시, 2점투시, 3점투시
② 투상도(projection drawing) : 일정한 법칙에 따라 물체를 평면상에 그대로 투상시키는 방법
• 종류 : 등각투상도, 이등각투상도, 부등각투상도

06 제도에 사용되는 글자에 관한 설명 중 옳지 않은 것은? [산업기사 12.03.04]

㉮ 숫자는 아라비아 숫자를 원칙으로 한다.
㉯ 문장은 왼쪽에서부터 가로쓰기를 원칙으로 한다.
㉰ 글자의 크기는 각 도면의 상황에 맞추어 알아보기 쉬운 크기로 한다.
㉱ 글자체는 수직 또는 15° 경사의 굴림체로 쓰는 것을 원칙으로 한다.

07 다음 물체를 화살표 방향에서 볼 때 제3각법에 의한 정면도 표현이 옳은 것은? [산업기사 12.05.20]

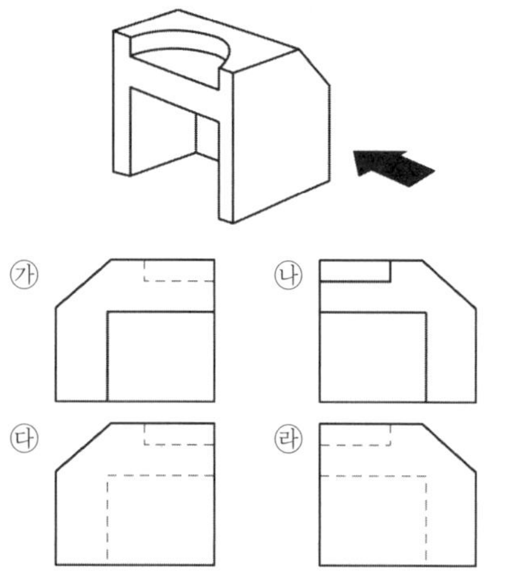

풀이 오른쪽 모서리에 대각선이 있으며, 뒤에 있는 선들은 점선으로 표시한다.

08 건설 재료의 단면표시 중 모르타르를 나타내는 것은? [산업기사 12.09.15]

㉮ 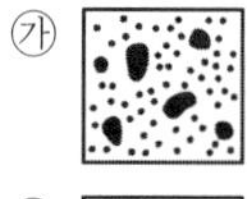 ㉯ 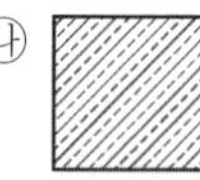
㉰ 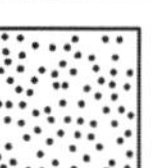 ㉱ 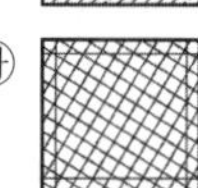

Part 1 조경계획 및 설계

ANSWER 04 ㉰ 05 ㉮ 06 ㉱ 07 ㉱ 08 ㉰

09 조경설계기준상의 경관석 놓기 방법으로 가장 거리가 먼 것은? [산업기사 12.09.15]

㉮ 돌을 묻는 깊이는 경관석 높이의 1/3 이상이 지표선 아래로 묻히도록 한다.
㉯ 5석 이상을 배치하는 경우에는 삼재미의 원리 외에 음양 또는 오행의 원리를 적용하여 각각의 돌에 의미를 부여한다.
㉰ 2석을 조합하는 경우는 삼재미(천지인)의 원리를 적용하여 중앙에 지, 좌우에 각각 천, 인을 배치한다.
㉱ 4석조 이상의 조합은 1석조, 2석조, 3석조의 조합을 기준으로 조합한다.

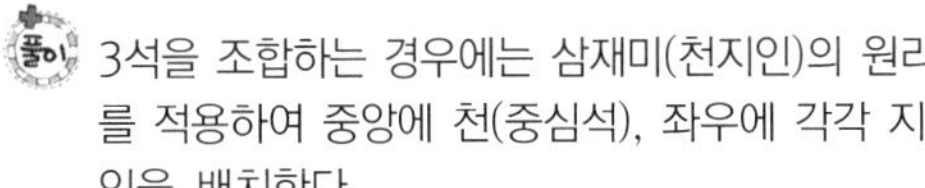
풀이 3석을 조합하는 경우에는 삼재미(천지인)의 원리를 적용하여 중앙에 천(중심석), 좌우에 각각 지, 인을 배치한다.

10 정투상법에서 제3각법에 대한 설명으로 옳지 않은 것은? [산업기사 13.03.10]

㉮ 평면도는 정면도의 아래의 그린다.
㉯ 우측면도는 정면도의 우측에 그린다.
㉰ 제3면각 안에 물체를 놓고 투상하는 방법이다.
㉱ 각 면에 보이는 물체는 보이는 면과 같은 면에 나타낸다.

풀이 **정투상법 제3각법**
평면도는 왼쪽 위 정면도 위에 그리며, 정면도는 평면도 아래에 그린다. 또 우측면도는 정면도 우측에 즉, 오른쪽 아래에 그린다.

11 그림과 같은 정면도와 평면도에 가장 적합한 우측면도는? [산업기사 13.06.02]

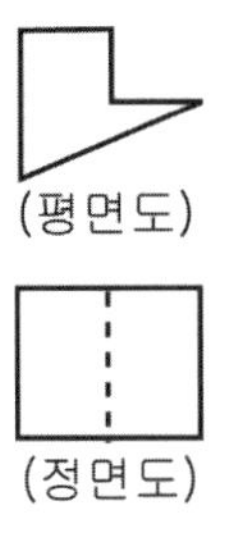

㉮ ㉯ ㉰ ㉱

12 다음 도면에서 A가 가리키는 선의 종류로 옳은 것은? [산업기사 13.06.02]

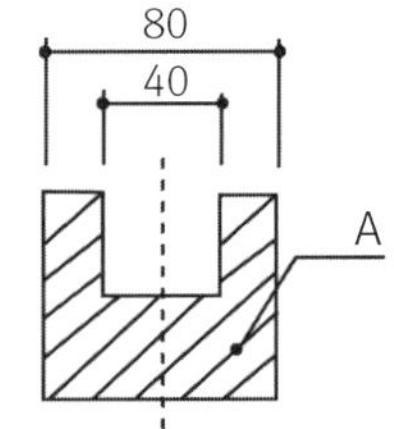

㉮ 중심선 ㉯ 해칭선
㉰ 절단선 ㉱ 가상선

13 다음 중 시방서의 작성은 어느 단계에 해당하는가? [산업기사 13.09.28]

㉮ 조사 ㉯ 기본계획
㉰ 설계 ㉱ 시공

ANSWER 09 ㉰ 10 ㉮ 11 ㉮ 12 ㉯ 13 ㉰

14 제도용지의 규격에 있어서 가로와 세로의 비로써 옳은 것은? [산업기사 13.09.28]

㉮ $\sqrt{2}:1$ ㉯ $2:1$
㉰ $\sqrt{3}:1$ ㉱ $3:1$

15 그림과 같은 입체도에서 화살표 방향을 정면으로 할 경우 정면도로 가장 적합한 것은? [산업기사 13.09.28]

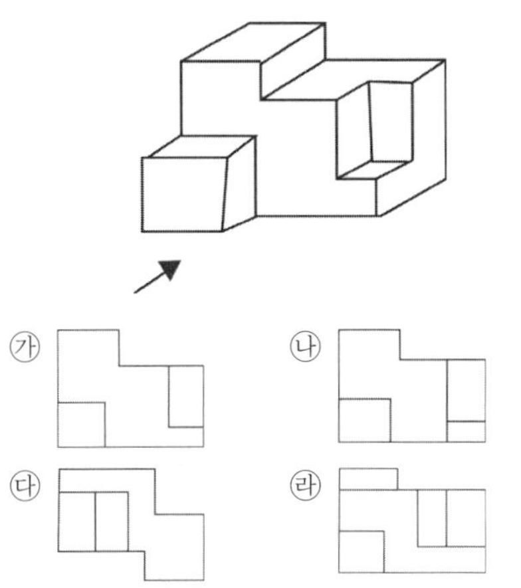

16 다음 중 어린이 공원에 설치될 그네의 설계기준으로 옳지 않은 것은? (단, 조경설계기준을 적용한다.) [산업기사 13.09.28]

㉮ 집단적인 놀이가 활발한 자리 또는 통행량이 많은 곳에는 배치하지 않는다.
㉯ 2인용을 기준으로 높이 2.3 ~ 2.5m, 길이 3.0 ~ 3.5m, 폭 4.5 ~ 5.0m를 표준규격으로 한다.
㉰ 지지용 수평파이프는 어린이가 올라 모험을 즐길 수 있는 단순하고 쉬운 구조로 설계한다.
㉱ 인장과 모래밭과의 높이는 35 ~ 45cm가 되도록 하며, 이용자의 나이를 고려하여 결정한다.

풀이 지지용 수평파이프는 어린이가 오르기 어려운 구조로 설계해야 한다.

17 표제란에 기입할 사항이 아닌 것은? [산업기사 14.03.02]

㉮ 도면 명칭 ㉯ 도면 번호
㉰ 기업체명 ㉱ 도면치수

풀이 **도면 표제란**
일정한 곳에 표제란을 통일 시켜 공사명칭, 도면명칭, 축척, 도면번호, 설계자명, 제도년월일, 제작회사명 등을 기재한다.

18 다음 제 3각법에 대한 설명으로 옳은 것은? [산업기사 14.03.02]

㉮ 정면도는 평면도 위에 그린다.
㉯ 배면도는 저면도 아래에 그린다.
㉰ 좌측면도는 정면도의 우측에 위치한다.
㉱ 눈 → 투상면 → 물체의 순서가 된다.

풀이 정면도는 평면도 아래, 배면도는 우측면도 우측에, 좌측면도는 정면도 좌측에,

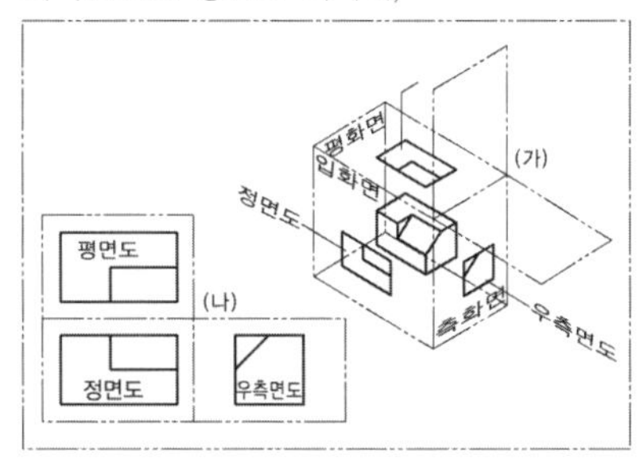

ANSWER 14 ㉮ 15 ㉮ 16 ㉰ 17 ㉱ 18 ㉱

19 조경설계기준상의 기본설계 시 「녹지」와 관련된 설명 중 옳지 않은 것은? [산업기사 14.05.25]

㉮ 녹지생태계 보전을 위하여 자생식물 및 향토수종을 적극 도입하며, 환경친화적인 재료를 사용한다.
㉯ 녹도의 폭원은 5 ~ 10m를 표준으로 하며, 주변의 가로경관 요소로부터 독립된 안정성, 쾌적성을 갖도록 설계한다.
㉰ 완충녹지는 공해발생지역이나 오염원, 시각적으로 부정적인 영향을 주는 시설을 차폐 또는 은폐할 수 있도록 설계한다.
㉱ 녹지 내부가 생물서식공간의 역할을 수행할 수 있고, 주변 자연환경을 고려하여 생태네트워크가 형성될 수 있도록 설계한다.

풀이 **조경설계기준 녹도**
폭원은 10~20m를 표준으로 하며 주변의 가로경관과 어울릴 수 있도록 자연스럽게 조성한다.

20 원에 내접하는 정육각형 그리기에서 작도법이 잘못 설명된 것은? [산업기사 14.05.25]

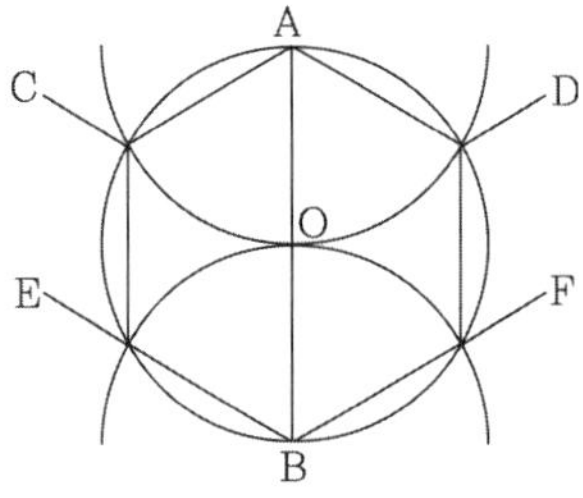

㉮ 직선 AOB(원의 중심선)를 그린다.
㉯ 원주와의 교점 C, D 및 E, F를 구한다.
㉰ A와 B를 중심으로 임의로 원호를 그린다.
㉱ 원주와의 교점을 순차직선으로 연결하면 원에 내접하는 정육각형이 된다.

 A와 B를 중심으로 중심 AO, BO를 반지름으로 하는 원호를 그려야 한다. 임의의 원호를 그리면 안 된다.

21 옥외공간에서 앉을 수 있는 요소로서 구성 가능한 부지 구조물이 아닌 것은? [산업기사 14.05.25]

㉮ 볼라드(Bollard) ㉯ 벽(Wall)
㉰ 플랜터(Planter) ㉱ 험프(Hump)

 **험프(Hump)**
과속방지턱으로 속도를 제한하기 위해 도로에 설치한 것으로 앉을 수 있는 것은 아니다.

22 판형재의 치수표시에서 강관의 표시방법으로 옳은 것은? [산업기사 14.05.25]

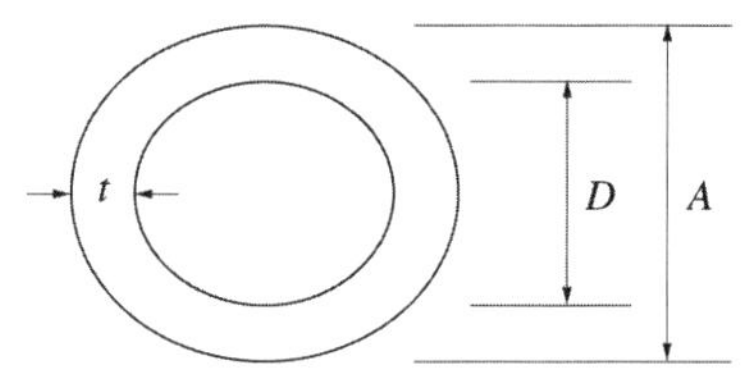

㉮ $\phi A\times t$ ㉯ $\phi D\times t$
㉰ $D\times t$ ㉱ $A\times t$

 • 원형강관 표시방법 : ϕ외경$\times t$(강관두께)

ANSWER
19 ㉯ 20 ㉰ 21 ㉱ 22 ㉮

23 조경설계기준상의 흙쌓기 식재지의 설명으로 옳지 않은 것은? [산업기사 14.09.20]

㉮ 흙쌓기 재료는 수직적으로 동질의 토양을 사용하여 정체수를 방지하고 토양수분의 이동이 쉽도록 한다.

㉯ 기존의 땅 위에 기존 토양보다 투수계수가 큰 토양을 쌓을 경우에는 정체수의 배수가 용이하도록 기존 지반의 표면을 2% 이상 기울게 마무리한다.

㉰ 식재지의 흙쌓기 깊이가 5m를 넘는 경우, 지반의 부등침하 및 미끄러짐이 우려되는 곳에서는 흙쌓기 높이 2m마다 2% 정도의 기울기로 부직포를 깔도록 한다.

㉱ 기존의 지반이 기울어진 경우에는 기존 지반과 흙쌓기층의 분리를 위해 기존 지반에 옹벽 구조물을 설치한 다음 흙쌓기 하도록 설계한다.

풀이 **조경설계기준 흙쌓기**
기존의 지반이 기울어진 경우에는 기존 지반과 흙쌓기 층의 분리를 방지하기 위해 기존 지반을 계단식으로 정리한 다음 흙쌓기 하도록 한다.

24 CAD 작업의 특징으로 옳지 않은 것은? [산업기사 14.09.20]

㉮ 도면의 분석, 제작이 정확하다.

㉯ 도면의 수정, 보완이 편리하다.

㉰ 도면의 관리, 보관이 편리하다.

㉱ 도면의 출력과 시간 단축이 어렵다.

풀이 CAD작업시 분석, 제작이 정확하고, 수정, 보완, 관리, 보관이 편리하며, 도면출력을 여러 개라도 빨리 할 수 있고, 한번 그려 놓으면 수작업보다 시간이 훨씬 단축된다.

25 조경설계기준 도로망은 도시의 형성을 결정할 뿐만 아니라 도시의 기능 수행을 위한 기본적인 시설로서 그 구성체계는 도시의 특징에 따라 다양하다. 다음 중 방상형의 도로에 관한 설명으로 옳지 않은 것은? [산업기사 14.09.20]

㉮ 교통의 흐름은 도시집중이 강하다.

㉯ 인구 100만 이상 대도시 계획에 적합하다.

㉰ 도심의 기념비적인 건물을 중심으로 사방과 연결된다.

㉱ 중심지를 기점으로 주요간선도로에 따라 도시개발축이 형성된다.

풀이 방사형도로는 고대도시에서 중요상징건물을 중심으로 사방으로 만들어진 형태로 도시집중성이 매우 강해서 현대의 대도시에는 적합하지 않은 형태이다.

26 다음 중 계단과 비교한 경사로(Ramp)의 특징 설명으로 가장 적합한 것은? [산업기사 14.09.20]

㉮ 비교적 짧은 수평거리가 요구된다.

㉯ 지체 부자유자에게 이용시 힘이 된다.

㉰ 장애인 등의 통행이 가능한 종단기울기는 1/18 이하로 한다.

㉱ 바닥표면은 광택이 있고, 보행이 자유롭게 표면이 매끄러운 재료를 채용한다.

풀이 **경사로**
최대 종단경사 1/18이며, 30m마다 참을 설치하며, 계단에 비해 수평거리가 길며, 바닥은 미끄럽지 않도록 하여야 한다.

ANSWER 23 ㉱ 24 ㉱ 25 ㉮ 26 ㉰

부분별 조경계획 및 설계

1 주거공간(단독, 집합)의 조경계획

1 단독주거 공간

(1) 정원의 변천

① 원시시대 : 실용적 측면, 자기 보호, 생활근거지
② 봉건시대 : 왕족, 귀족의 전유물, 외국산 수종 수집
③ 근대시대 : 정원의 대중화, 휴식, 보건, 미관
④ 현대 : 식물생태학적 관점, 공공정원

(2) 에크보(G. Eckbo)의 정원 공간구분

① 전정
㉠ 대문과 현관 사이의 공간
㉡ 공적에서 사적으로 전환되는 공간
㉢ 주택과 정원의 이미지 전달

② 주정
㉠ 주택 내 가장 중요한 사적 공간
㉡ 가장 특색 있게 내부 주거실과 외부 거실이 동선으로 연결되도록 할 것
㉢ patio : 중세 스페인에서 생긴 중정식 정원으로 거실에서 주정 사이의 반 건축적 공간

③ 후정
㉠ 우리나라 후원과 유사하고 실내공간의 휴식과 연결되며 조용하고 정숙한 공간
㉡ 내부에서 시선과 동선을 살리고, 외부에서의 시각 기능은 차단할 것

④ 측정(작업정)
㉠ 주방, 세탁실, 다용도실과 연결
㉡ 장독대, 빨래터, 건조장, 쓰레기 하치장, 채소밭, 가구집기 보관장소 설치

⑤ 문정 : 대문 중심의 주택에 진입하는 첫부분

(3) 에크보(G. Eckbo)의 정원 양식 분류

① **기하학적·구조적 정원** : 기하학적 골격, 식물 재료는 부요소
② **기하학적·자연적 정원** : 구조적인 골격. 식물 재료가 또한 중요
③ **자연적·구조적 정원** : 식물 재료나 물, 바위, 지형이 지배적이지만 기하학적 구성감이 있는 것
④ **자연적 정원** : 자연적 요소가 지배적이며, 다른 인위적 형태나 골격은 잘 드러나지 않는 것

(4) 정원수 배식의 원리

① 아름다움을 위주로 한 배식
② 화학적 구성의 배식
③ 입면형으로서의 구성
④ 관련과 대립의 구성
⑤ 조화와 연계로서의 구성
⑥ 요점식재
⑦ 실용식재

(5) 정원시설물 설계원리

① **원로** : 소정원에서 폭 60cm 전후, 대정원에서 1.8m 정도
② **테라스** : 빗물을 고려하여 정원 쪽으로 약간 경사지도록 함
③ **계단** : 1.4~1.8m 폭 적당
④ **퍼골라** : 통경선이 끝나는 곳에 설치
⑤ **연못** : 깊이 60cm, 윗 가장자리로부터 약 10cm 정도의 익류구 설치. 1 : 2 : 4철근콘크리트 사용

2 집합주거공간

(1) 아파트 조경계획

① 세대수에 따른 구분

구분	세대수	중심시설	공간권역(m)
인보구	20~50	어린이 놀이터	반경 30~40
근린분구	100~200	휴게소, 잡화점	100~150
소근린분구	300~500	생활편익시설	250~400
대근린분구	1000~1600	국민학교	600~800

② 인동간격

㉠ 동지의 정오를 포함하여 4시간 일조 가능해야 함

㉡ 동서방향으로 30도 이상 편향시키지 말 것

㉢ 건물의 높이 : 인동간격 : 건물길이 = 1 : 3 : 9

③ **아파트 조경계획의 과정** : 적지 선정 → 단지 분석 → 구획과 토지 이용계획 → 시설 배치 및 식재계획 → 실시설계

④ 공간별 경사도

지 역	경사도(%)	
	최대	최소
운전서비스지역, 주차장, 가로	8.0	0.5
집산도로 및 접근로	10.0	0.5
보도	4.0	1.0
경사로	15.0	·
놀이터(포장)	2.0	0.5
잔디	25.0	1.0
놀이터(잔디)	4.0	0.5
배수	10.0	1.0
잔디제방	25.0	1.0
초목제방	30.0	1.0

⑤ 아파트 단지 내 가로망의 기본유형별 특성

구분	형태	특성
1. 격자형		• 평지에서 도로 형성, 건물 배치가 용이함 • 토지 이용상 효율적이며, 평지에서는 정지 작업이 용이함 • 경관이 단조로우며, 지형의 변화가 심한 곳에서는 급구배 발생 • 북사면에서 일조상 불리하며, 접근로에 혼동이 오기 쉬우며, 교차점의 빈발
2. 우회형		• 통과교통이 상대적으로 적어서 주거환경의 안전성이 확보됨. • 사람과 차의 동선이 길어질 수 있음 • 불필요한 접근로가 발생되기 때문에 시공비가 증대됨.
3. 대로형		• 통과교통이 없어서 주거환경의 안정성이 확보됨. • 각 건물에 접근하는 데 불편함을 초래할 수 있음. • 건물군에 의해 단순하게 처리되지만, 도로의 연계체계가 미확보됨. • 공동공간이나 시설을 배치시킬 수 있으며 독특한 공간을 구성시킴.
4. 우회전진형		• 격자형에서 발생되는 교차점을 감소시킬 수 있음. • 통과교통이 상대적으로 배제되지만 동선이 길어질 수 있음. • 접근성에 있어 불편함을 초래하고 보행자와 교차가 빈번해짐. • 운전시에 급한 커브가 많이 발생되며, 방향성을 상실하기 쉬움.

⑥ 근로자주택 및 영구임대주택의 건설기준과 부대시설 및 복리시설의 설치기준(주택건설기준 등에 관한 규정 제2조. 개정 2015.5.6)

㉠ 진입도로

ⓐ 주택단지가 기간도로와 접하는 너비 또는 진입도로의 너비

주택단지의 총세대수	기간도로와 접하는 너비 또는 진입도로의 너비
300세대 미만 300세대 이상 1천세대 미만 1천세대 이상 2천세대 미만 2천세대 이상	6m 이상 8m 이상 12m 이상 15m 이상

ⓑ 주택단지의 진입도로가 둘 이상인 경우(너비 6m 미만의 도로는 기간도로와 통행거리 200m 이내인 경우에만 진입도로로 본다.)

주택단지의 총세대수	너비 4m 이상의 진입도로 중 2개의 진입도로 너비의 합계
300세대 이상 1천세대 미만 1천세대 이상 2천세대 미만 2천세대 이상	12m 이상 16m 이상 20m 이상

㉡ 주택단지 안의 도로

100세대 미만인 경우라도 막다른 도로로서 그 길이가 35m를 넘는 경우에는 그 너비를 6m 이상으로 하여야 한다.

기간도로 또는 진입도로에 이르는 경로에 따라 주택단지 안의 도로(최단거리의 것)를 이용하는 공동주택의 세대수	도로의 너비
100세대 미만 100세대 이상 500세대 미만 500세대 이상 1천세대 미만 1천세대 이상	4m 이상 6m 이상 8m 이상 12m 이상

㉢ 주차장(영구임대주택에 설치하는 주차장만 해당)

주차장 설치기준(대/m^2)		
서울특별시	광역시 및 수도권 내의 시지역	수도권 외의 시지역 및 수도권 내의 군지역과 그 밖의 지역
1/160	1/180	1/200

㉣ 100세대 이상의 근로자주택(영구임대주택) 부대시설 및 복리시설의 설치기준

<table>
<tr><th colspan="2" rowspan="2">시설의 종류</th><th colspan="4">시설의 규모</th><th rowspan="2"></th></tr>
<tr><th>100세대 이상 300세대 미만</th><th>300세대 이상 1천세대 미만</th><th>1천세대 이상 2천500 세대 미만</th><th>2천500 세대 이상</th></tr>
<tr><td colspan="2">가. 관리사무소</td><td colspan="4">세대당 $0.1m^2$를 더한 면적 이상
(면적의 합계가 $100m^2$를 초과하는 경우 $100m^2$까지로 할 수 있다)</td><td rowspan="5">2천500세대 이상의 주택을 건설하는 경우 이외에 「도시·군계획 시설의 결정·구조 및 설치기준에 관한 규칙」에 적합한 학교(초등학교·중학교·고등학교만)의 부지를 확보한다.</td></tr>
<tr><td rowspan="2">나. 주민공동시설</td><td>1) 주민운동시설 및 어린이놀이터</td><td colspan="2">세대당 $1.5m^2$를 더한 면적 이상</td><td colspan="2">$600m^2$에 세대당 $0.9m^2$를 더한 면적 이상</td></tr>
<tr><td>2) 주민운동시설 및 어린이놀이터를 제외한 주민공동시설</td><td colspan="4">세대당 $0.3m^2$를 더한 면적 이상
(영구임대주택의 경우 $0.2m^2$)</td></tr>
<tr><td colspan="2">다. 근린생활시설</td><td colspan="4">각 시설의 바닥면적을 합한 면적이 1천m^2를 넘는 경우 : 주차·하역 등에 필요한 공터를 설치, 주변에 소음·악취의 차단과 조경을 위한 식재 그 밖에 필요한 조치</td></tr>
<tr><td colspan="2">라. 유치원</td><td colspan="4">2000세대 이상 시 설립(300m 내 유치원 존재 시, 200m 내 학교보건법에 의한 유치원 존재 시, 노인·외국인 전용 아파트 시 제외)</td></tr>
</table>

2 레크리에이션계의 조경계획

1 공원 녹지계획

(1) 공원과 녹지의 정의

① 공원

㉠ 정의 : 국토의 계획 및 이용에 관한 법에 의해 설치되는 일종의 도시계획 시설

㉡ 특성 : 일정한 경계, 비건폐상태의 땅, 녹지와 공원시설, 제한되나 지정되지 않는 쓰임새

② 녹지
㉠ 좁은 뜻 : 법에 의해 설치되는 도시계획 시설
㉡ 넓은 뜻 : 공원뿐 아니라 하천, 산림, 농경지까지 포함한 오픈 스페이스

(2) 오픈 스페이스 개념

① 형질(생김새)로 본 오픈 스페이스 : 개방지, 비건폐지, 위요공간, 자연환경
② 기능상으로 본 오픈 스페이스 : 도시 안 모든 땅처럼 적극적이고 뚜렷한 기능을 가진 땅
③ 행태로 본 오픈 스페이스 : 시민이 자유롭게 선택하고 행동, 창조하며 여가를 즐길 수 있는 장소

(3) 오픈스페이스의 효용성

도시개발의 조절	도시개발형태의 조절	
	도시의 확산과 연담(도시가 맞붙어버림) 방지	
	도시개발의 촉진	
도시환경의 질 개선	도시생태계의 기반 조성	
	환경조절	화재의 방지, 완화
		공해의 방지, 완화
		미기후 조절
시민생활의 질 개선	창조적 생활의 기틀 제공	
	도시경관의 질 고양	

(4) 오픈 스페이스의 유형

① 법률에 의한 유형

도시공원	어린이공원	도시계획 구역 안에 자연경관의 보호와 시민의 건강, 휴양, 정서, 생활 향상에 기여하기 위한 도시공공시설
	근린공원	
	도시자연공원	
녹지	완충녹지	공해방지, 재해방지, 사고방지 등
	경관녹지	자연환경보전, 주민 일상생활 쾌적, 안전성 확보
각종 도시 계획 시설	유원지	시민의 복지향상에 기여하기 위한 오락, 휴양시설
	공공공지	주요 시설물, 환경보호, 경관유지, 시민의 휴식공간 확보
	광장	교통광장 - 교차점광장, 역전광장, 주요 시설광장 미적광장 - 중심대광장, 근린광장, 경관광장 지하광장
	공동묘지	묘지공원과 구별되는 도시계획 시설

	운동장	국제경기종목의 운동장, 골프장, 종합운동장 등
지역, 지구	녹지지역	녹지지역, 풍치지역, 개발제한구역
	풍치지역	

② 공공, 사유에 따른 오픈 스페이스

공공 오픈 스페이스	녹지(시설녹지, 공용녹지, 제한녹지), 각종공원, 공영운동장, 광장, 공원묘지, 공원도로, 공원분구원
준공공 오픈 스페이스	학교운동장, 공개원지, 사찰경내 및 묘지 기타 부속원지, 수로, 수면
사유 오픈 스페이스	개인정원, 민영운동장, 유원지, 경륜장, 경마장, 민영묘지, 민영분구원, 농지, 산림, 양묘지, 사유수면(유료낚시터)

③ 오픈 스페이스의 기능상 분류

㉠ 실용 오픈 스페이스 : 생산토지, 공급처리시설, 하천, 보전녹지

㉡ 녹지 : 원생지, 보호구역, 자연공원, 도시공원, 레크리에이션 시설, 도시개발에 의한 녹지

㉢ 교통용지 : 통행로, 주차장, 터미널, 교차시설, 경관녹지

④ 터나드(C. Tunnard)의 분류

㉠ 생산적 오픈 스페이스

㉡ 보호적 오픈 스페이스

㉢ 장식적 오픈 스페이스

(5) 도시공원

① 도시공원의 설치 및 규모의 기준(2019.1.4 개정)

공원구분	설기준	유치거리	규모
1. 생활권 공원			
㉮ 소공원	제한 없음	제한 없음	제한 없음
㉯ 어린이 공원	제한 없음	250m 이하	1,500m² 이상
㉰ 근린공원			
(1) 근린생활권근린공원(주로 인근에 거주하는 자)	제한 없음	500m 이하	10,000m² 이상
(2) 도보권근린공원(주로 도보권 안에 거주하는 자)	제한 없음	1,000m 이하	30,000m² 이상
(3) 도시지역권 근린공원(도시지역 안에 거주자)	해당도시공원의 기능을 충분히 발휘할 수 있는 장소에 설치	제한 없음	100,000m² 이상
(4) 광역권근린공원(광역적인 이용)	해당도시공원의 기능을 충분히 발휘할 수 있는 장소에 설치	제한 없음	1,000,000m² 이상

2. 주제공원			
㉮ 역사공원	제한 없음	제한 없음	제한 없음
㉯ 문화공원	제한 없음	제한 없음	제한 없음
㉰ 수변공원	하천·호수 등의 수변과 접하고 있어 친수 공간을 조성할 수 있는 곳에 설치	제한 없음	제한 없음
㉱ 묘지공원	정숙한 장소로 장래시가화가 예상되지 아니하는 자연녹지 지역에 설치	제한 없음	100,000m² 이상
㉲ 체육공원	해당도시공원의 기능을 충분히 발휘할 수 있는 장소에 설치	제한 없음	10,000m² 이상
㉳ 도시농업공원	제한 없음	제한 없음	10,000m² 이상
㉴ 법 제15조제1항제2호사목에 따른 공원	제한 없음	제한 없음	제한 없음

② 도시공원 안의 공원시설 부지면적(2019.1.4 개정)

공원구분	공원면적	공원시설 부지면적
1. 생활권 공원		
㉮ 소공원	전부 해당	100분의 20 이하
㉯ 어린이 공원	전부 해당	100분의 60 이하
㉰ 근린공원	(1) 30,000m² 미만	100분의 40 이하
	(2) 30,000m² 이상 100,000m² 미만	100분의 40 이하
	(3) 100,000m² 이상	100분의 40 이하
2. 주제공원		
㉮ 역사공원	전부 해당	제한 없음
㉯ 문화공원	전부 해당	제한 없음
㉰ 수변공원	전부 해당	100분의 40 이하
㉱ 묘지공원	전부 해당	100분의 20 이상
㉲ 체육공원	(1) 30,000m² 미만	100분의 50 이하
	(2) 30,000m² 이상 100,000m² 미만	100분의 50 이하
	(3) 100,000m² 이상	100분의 50 이하
㉳ 도시농업공원	전부 해당	100분의 40 이하
㉴ 법 제15조제1항 제2호 사목에 따른 공원	전부 해당	제한 없음

[비고] 바목에 따른 도시농업공원의 부지면적을 산정할 때 도시텃밭의 면적은 제외한다.

(6) 녹지

① 녹지의 유형과 목적

<table>
<tr><th>유형</th><th colspan="2">설치목적</th><th>설치장소</th><th>설치기준</th></tr>
<tr><td rowspan="4">완충녹지</td><td rowspan="2">공해의 방지/완화</td><td>생산시설의 공해 차단/완화</td><td>공장, 사업장 주변</td><td rowspan="4">녹지면적률 80% 이상, 원인시설 양측에 균등배치</td></tr>
<tr><td>교통시설의 공해차단/완화</td><td>철도, 고속도로 주변</td></tr>
<tr><td>재해의 방지/완화</td><td>재해발생 시 피난</td><td>공장, 사업장 주변</td></tr>
<tr><td>사고의 방지/완화</td><td>사고발생 시 피난</td><td>철도, 고속도로 주변</td></tr>
<tr><td rowspan="2">경관녹지</td><td>자연환경의 보전</td><td></td><td>필요한 지역</td><td rowspan="2">도시공원과 기능상 상충되지 않을 것</td></tr>
<tr><td colspan="2">주민 일상생활의 쾌적성과 안전성 확보</td><td>필요한 지역</td></tr>
</table>

② 녹지계획 수립과정의 유형

㉠ 단일형

ⓐ 지방 공공단체가 계획의 책임자

ⓑ 도시규모, 주민의향, 생활수준을 산정해 장래 레크리에이션 수요 산정

ⓒ 단점 : 주민의사 반영이 명확치 않다. 실천 뒤 검증이 되지 않는다.

㉡ 선택형

ⓐ 서로 관련 없는 전문가들이 만든 계획안 몇 가지 중에 주민이 좋다는 것으로 선정

ⓑ 단일형보다 그 지역의 자연적, 사회적 조건을 깊이 통찰하며, 주민요구 이해함

ⓒ 단점 : 많은 경비, 시간 소요, 계획 판단하는 준비 수준이 높아야 함. 결과예측 어려움

㉢ 연환형

ⓐ 목표, 주제가 결정되었을 때 계획안에 따라 어디까지 만족시켜 줄 것인가 미리 점검할 수 있는 단계를 짝지어 놓는 방법

ⓑ 장점 : 계획안 효과 제고를 위해 수정을 요하는 부분을 쉽게 찾을 수 있다. 도시계획의 다른 과정과 결합해 전체적 체계를 구성시킬 수 있는 장점

ⓒ 단점 : 녹지효과의 조직적 예측방법이 확립되어 있지 않는 것이 문제

(7) 공원녹지 체계계획

① **정의** : 도시 전체 구조 속에서 광역적 배치나 조직에 관한 사항을 다루는 계획

② **기본이념**

㉠ 도시의 과도한 인공성 완화

㉡ 산발적이고 자족적인 공원녹지의 한계극복

㉢ 현대 도시 속성을 수용해 자연환경 요소를 보존, 변경하여 인공환경의 질을 높이고자 함

③ 공원체계화의 역사

㉠ 개별공원 : 18~19C 급격한 도시화로 영국의 공원개방과 미국의 공원조성

㉡ 보스턴시 공원체계조성 : 옴스테드(Olmsted), 엘리엇(Eliot)의 계획으로 도시 전체 차원의 공원개념

㉢ 캔사스시 공원녹지체계 조성 : 카슬러(Kassler)가 조성

㉣ 미네아 폴리스시의 공원녹지체계 : 도시 주변에 산재한 호수 활용

④ 계획 개념

㉠ 핵화(focalization) : 가장 활동이 활발, 시각적 지배요소의 핵설정

예 도시 내 산, 구릉, 문화재, 광장

㉡ 위요(encirclement) : 주변에 핵을 감싸 성격 부각시킴

예 하천, 경관도로, 녹지대

㉢ 결절(nodalization) : 방향성이 다른 오픈 스페이스를 한곳에 만나게 하여 결절점 형성

예 결절점에 공원, 유원지, 광장 활성

㉣ 중첩(superimposition) : 정연한 인공환경 위에 자유롭고 개연성 큰 오픈 스페이스 체계 중첩함 예 도시내 작은하천, 복개도로, 구릉군, 보행자 전용도로 등

㉤ 관통(penetration) : 강력한 선적 오픈 스페이스가 인공환경 속을 뚫어 중첩을 강하게 함 예 하천, 능선, 대상광장 등

㉥ 계기(sequence) : 각 오픈 스페이스마다 독립, 완결되는 체험, 활동을 선형으로 연결해 시간의 흐름에 따라 더 풍성하고 총체적 체험을 제공

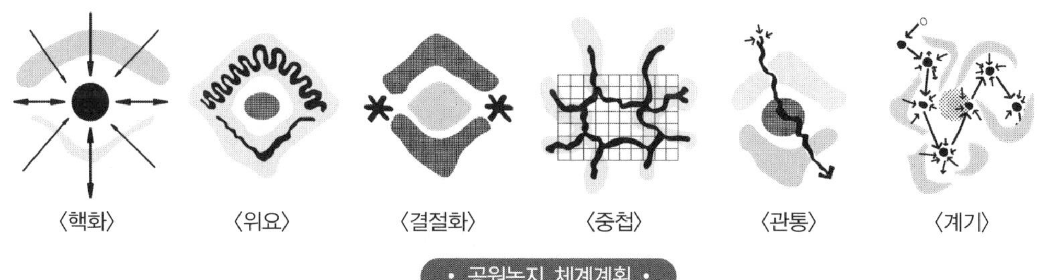

• 공원녹지 체계계획 •

(8) 공원계획

① **공원계획과정** : 계획과제 정립 → 지표계획 수립 → 물적계획 수립 → 사업진행계획 수립 → 관리계획 지침 제시

② **계획기준** : 접근성, 안정성, 쾌적성, 편익성, 시설 적지성

(9) 공원녹지 정책계획 중 수요분석

① 질적수요 : 이용자 행태, 의식파악에 의함

② 양적수요

㉠ 기능 분배방식 : 기능별로 적정비율 선정해 배분. 신도시개발, 대규모 단지조성시 유용

㉡ 생태학적 방식 : 산소공급지로 계산, 인식해 녹지수요 결정
1인 소모 산소공급에 필요한 수림 = $40m^2$

㉢ 인구기준 원단위적용방식 : 공원녹지 면적을 1인당 또는 1,000인당 요구면적으로 산출

㉣ 공원이용률에 의한 방식 : 유형별 이용률 감안해 공원수요 산출해 공원면적 수요산출

ⓐ $\text{전체공원면적} = \sum \frac{\text{공원이용자 수} \times \text{이용률} \times \text{1인당 활동면적}}{\text{유효면적률}}$

㉤ 생활권별 배분방식 : 어린이공원, 근린공원, 지구공원 등 생활권 위계별로 배치

③ 수용력

㉠ 동시 수용력 = 방문객수×최대일률×회전율×서비스율

㉡ 동시체제 이용자 수 = 최대일 이용자수×회전율

㉢ 회전율

체재시간	3	4	5	6
회전율	1/1.8	1/1.6	1/1.5	1/1.4

(10) 공원유형별 특성과 계획기준

	유아공원	유소년 공원	근린공원
정의	취학전 아동의 놀이터와 부인, 노인과 같은 보호자의 휴식, 교육을 위한 공원이다.	국민학생과 중학생을 이용자로 하는 놀이(play)위주의 활동을 위한 공원이다.	정주단위 내의 주민을 이용자로 하는 공원이다.
성격	• 정적이며 완결형이다.	• 정적활동과 동적활동이 구분되어 있다. • 완결형일 수도 있으나 교종, 근린공원 등과 연관시킬 수 있다.	• 정적활동과 동적활동이 구분되어 있다. • 복합목적을 수용하며, 소규모의 유아, 아동 공원도 포함할 수 있다.
대상권	• 어린이를 중심으로 함	• 아동의 행동권을 중심으로 한 자연사회	• 정주단위
유치거리 및 시간	150~200m 이내 도보 3~4분	500m 이내 도보 3~4분	800m 이내 도보 10분
주이용자	유아 및 보호자	취학아동	청소년, 가족, 노장년
적정규모	$500m^2$ 정도 1인당 $3 \sim 4m^2$	$2{,}500m^2$ 정도 1인당 $9 \sim 14m^2$	$1{,}500m^2$ 정도 주민 1인당 $1 \sim 2m^2$ 이용자 1인당 $25m^2$
후보지의 조건	• 보행자 전용도와 접합거나 교통사고 위험이 없는 것 • 규모가 큰 공원의 주변 • 유치원, 탁아소, 보육원과 근접한 곳 • 평탄지	• 교통이 안전한 곳 • 교정을 활용할 수 있는 곳 • 기타 규모가 큰 공원의 일부 • 평탄지 또는 약간의 구릉지	• 교통이 안전한 곳 • 접근이 균등하면서 용이한 곳 • 평탄지 또는 구릉
접근방법	도보	도보, 자동차	도보, 자동차
이용형태	계절, 기상과 관계없이 매일	계절, 기상과 관계없이 매일	아동, 청소년은 매일, 기타는 매주

	지구공원	중앙공원	종합공원	운동공원
정의	수개의 정주단위군을 이용권으로 하는 복합목적의 공원이다.	중심지 내에 설치되는 공원이다.	위락목적의 시민공원이다.	체육운동시설을 위주로 하는 활동이 이루어지는 공원이다.
성격	• 정적활동과 동적활동이 구분되어 있다. • 복합목적을 수용한다.	• 정적활동과 동적활동이 구분되어 있다. • 복합목적을 수용한다.	• 정적활동과 동적활동이 구분되어 있다. • 동식물원, 마리나 등과 같은 특수시설을 수용한다.	• 체육 위주의 동적활동 중심이다. • 각종 행사장도 포함된다.
대상권	• 수개의 정주단위군	• 도시지역	• 도시전역 및 관역전국	• 도시전역 및 관역전국
유치거리 및 시간	1.5km 이내	2 ~ 5km 이내	10 ~ 30km 이내	30 ~ 100km 이내
주이용자	청소년, 가족, 노장년	중심지 이용자	시민, 인근지역 주민	시민, 인근지역 주민 기타
적정규모	20,000m^2	개발불능지 전부	개발불능지 전부	90 ~ 100ha
후보지의 조건	• 교통이 안전한 곳 • 접근이 균등하면서 용이한 곳 • 평탄지 또는 구릉 • 건축용지로 쓰기 어려운 곳	• 도시 중심지 • 대중교통이 편리한 곳	• 환경조건이 특수시설 배치에 적합한 곳 • 대중교통이 편리한 곳 • 도시외곽	• 대중교통이 편리한 곳 • 일단의 토지 • 평탄지 또는 구릉, 수면
접근방법	자전거	지하철, 도보	지하철, 승용차, 자전거	지하철, 교외선, 지역간 도로
이용형태	주 3 ~ 4회	매일	주말	계절 및 주 2 ~ 3회

2 자연공원(제 4장의 2) 자연공원법 참고)

(1) 역사

① **최초지정** : 1872년 미국 국립공원제도 : "옐로우 스톤" 국립공원 지정

② **우리나라** : 1967년 공원법 제정, 지리산 국립공원 최초 지정
현재 22개 국립공원, 31개 도립공원, 31개 군립공원 지정(2019년 기준)

(2) 자연공원 시설별 계획기준

① 교통 운수시설

㉠ 차도 : 자동차를 이용하며 다음사항은 피할 것

ⓐ 원시적 자연환경지

ⓑ 아고산대, 급경사지로 붕괴하기 쉬운 지역

ⓒ 희귀식물, 동물, 곤충 서식지

ⓓ 우수 경관지

㉡ 보도 : 흥미 대상, 안정성, 풍치의 영향을 판단해 노선결정

㉢ 자연연구로

ⓐ 자연공원적 흥미 있는 곳을 보도와 연결해 조성해 놓은 곳

ⓑ 주의사항

- visitor center의 전시내용과 관계를 가질 것
- 연장 2~3km, 폭 1.5~2m
- 종단구배 10° 이하
- 이해하기 쉬운 표현방법
- 일관된 팸플렛, 설명판
- 보도는 보행에 편하고 배수가 양호할 것

㉣ 자전거 도로 : 자전거 반경은 차에 비해 적고, 차도와 완전 분리시킬 것
평균시속 15km로 주행자 시각적 이미지 중시할 것

㉤ 주차장 : 대규모 수목제지 피하고 원래 환경유지. 동선교차하지 않도록

㉥ 교량, 케이블카 : 불가피한 경우 자연손상치 않도록 하며, 원칙적으로는 금지

② **숙박시설** : 호텔, 여관, 야영장, 대피소

③ **운동시설** : 운동장, 수영장, 선유장, 스키장 등

④ **원지시설**

㉠ 원지

ⓐ 야외 레크리에이션 경관조성을 위한 공간으로 산책, 피크닉, 풍경감상

ⓑ 종류 : 피크닉 원지, 전망 원지, 차경 원지, 보존 원지

ⓒ 주의사항

- 5~6% 경사까지 가능. 12% 이하로 할 것 그 이상은 위험
- 자연지형을 살릴것
- 원지 내 원로 폭 1.5~2.0m

㉡ 휴식소

㉢ 전망시설

⑤ **위생시설** : 공중변소(우물에서 5m 이상 떨어질 것), 오염처리시설

⑥ **교화시설** : 박물관, 동식물원, 수족관, 박물 전시시설, 야외극장

⑦ 기타 표지판

★★★ (3) 계량계획

① 공공시설 수용력 규모산정

㉠ 공공시설 규모 = 연간이용자수×최대일률×회전율×시설이용률×단위규모

㉡ 주차장 = 최대시 이용실수×주차장 이용률(80~100%)×(1/차1대당 수용인원수 즉 1/10~1/45)×단위규모(25~75m^2)

㉢ 원지 = 최대시 체류객수×원지이용률(80~100%)×단위규모(15~20m^2)

㉣ 야영장 = 연간 이용자수×야영비(12~33%)×텐트 site 이용률(50%)×야영장 최대 일률(1/10~1/15~1/30)×단위규모(30m^2)

② 유료시설

㉠ 유료시설 수용력 = $\dfrac{\text{실수(연간 이용자 수)×시설 이용률×회전율}}{\text{365×경제적 이용률}}$

㉡ 유료시설 규모 = 경제적 수용력×단위규모

3 레크리에이션 계획

(1) 레크리에이션의 정의

① 드라이버(Drive)와 토처(Tocher)의 인간행태 관점에서의 정의

㉠ 레크리에이션은 관여로부터 결과하는 하나의 경험이다.

㉡ 레크리에이션은 그것을 하는 사람의 개인요구, 에너지, 시간, 인적자원, 돈 투입 요구된다.

㉢ 의무가 없는 시간에 발생하는 개인적이며 자유로운 선택

② 사전적인 정의

㉠ 레크리에이션 : 노동 후의 정신과 육체를 새롭게 하는 것

㉡ 여가(Leisure) : 활동의 중지에 의해 얻어지는 자유나 남는 시간

㉢ 관광(Tourism) : 레크리에이션을 위한 관광여행

㉣ 공원(Park) : 공공의 레크리에이션을 위한 장소

(2) 레크리에이션 계획의 개념 및 원칙

① 운영계획으로서의 개념

㉠ 계획과 운영과 연관된 계획이어야 한다.

㉡ 사용의 질적 수준을 고려해야 한다.(교육 프로그램을 통한 계몽, 정보제공)

㉢ 옥외레크리에이션 토지 이용계획에서 경험의 완충지역을 두는 것이 원칙

② 사회계획으로서의 개념

㉠ 드라이버(Driver)의 동기-편익모델 : 행태가 "개인적인 만족과 이들을 위한 질서있는 움직임"

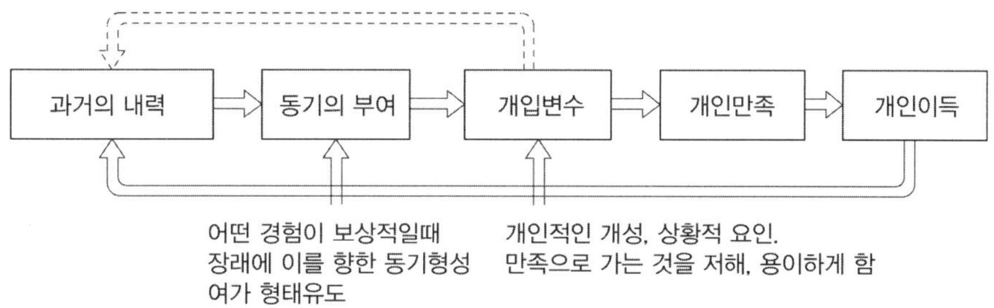

㉡ 머슬로(Moslow)의 욕구의 위계 : 욕구가 인간행동에 일차적인 영향을 준다는 가설에서 시작

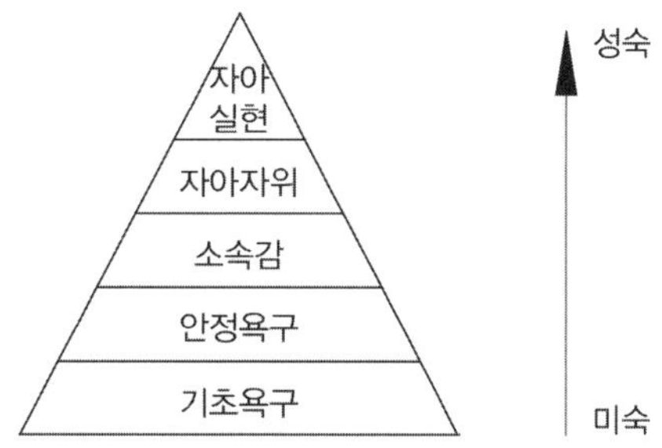

㉢ 레크리에이션 한계수용력

ⓐ 생태적, 물리적 한계수용력 : 자연자원에 장기적인 영향을 주지 않고 레크리에이션으로 이용되는 레벨결정

ⓑ 사회적, 심리적 한계수용력 : 주어진 레크리에이션 경험의 종류와 질을 유지하면서 개인의 이득을 최대로 하는 방법

ⓒ 알란 주벤빌(Alan Jubenvil)의 레크리에이션 경험모형

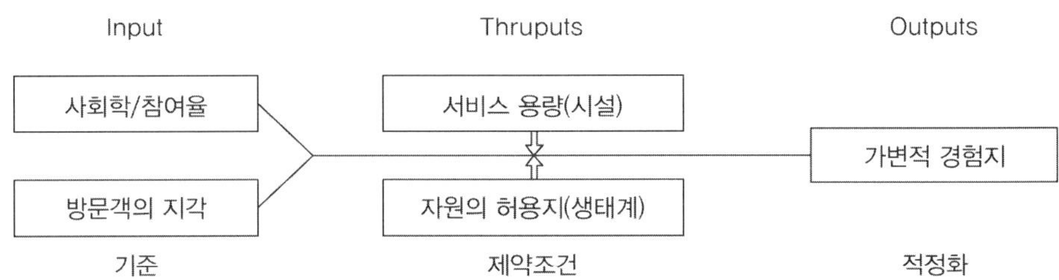

③ **자원계획으로서의 개념**

㉠ 자연의 미학 : 시각적 조화, 독특한 경관, 시각공해, 개발수단

㉡ 회복능력의 원칙 : 활동형의 개발은 정도가 클수록 자원형의 개발방향으로 돌아올 수 없다.

㉢ 자원의 잠재력 : 자원지역과 인구집중지역은 가까울수록 우선 개발되는 경향이 있다.

④ **서비스로서의 계획개념** : 대중 참여를 위한 중요한 수단으로 생각

(3) 옥외 레크리에이션 체계계획모델

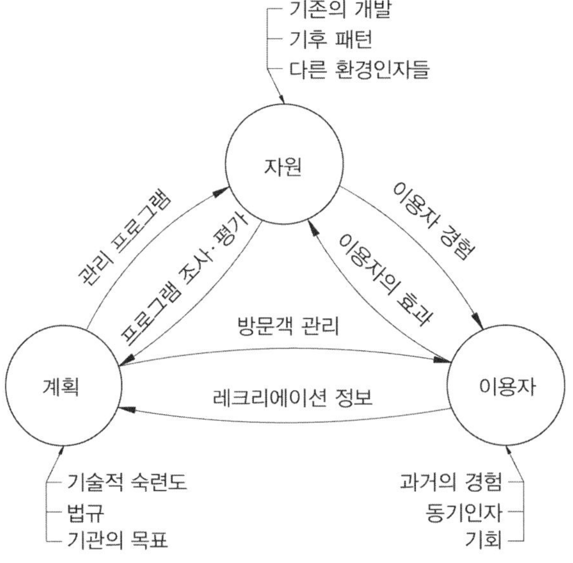

(4) 레크리에이션 계획의 접근방법

접근방법 / 내용	자원형 (resource approach)	활동형 (activity approach	경제형 (economic approach)	행태형 (behavioral approach)	혼합형 (combined approach)
개념	자원이 레크리에이션 기회의 종류와 양을 결정한다.	과거의 참여패턴이 장래의 기회를 결정한다. 또한 공급이 수요를 창출한다.	지역의 경제기반 또는 재원이 레크리에이션 기회의 양, 형태, 위치를 결정한다. 수요와 공급은 가격으로 환산	개인 및 그룹의 자유시간의 사용이 공적/사적 기회로 전환된다. 경험으로서의 레크리에이션	이용자 그룹과 자원타입을 분류하여 결합시킨다.
지표	한계수용력(natural carrying capacity) 환경 영향	인구비 기준 면적비 기준 선호도/참여율/방문객수	시장수요와 기회의 가격 B/C 분석 cost/effectiveness	이용자 선호도/만족도 잠재수요 및 유효수요	이용자 자원+자원
대상자	비도시지역, 국·도립공원, 자원공원 등	소도시(주로 공공공원)	대도시 또는 지역레벨	도시의 공공/민간개발	주로 지역레벨
기법의 발 견	Lewis(1961) McHarg(1969)	Batier(1967) Bannon(1976) N.R.P.A(1971)	Clawson and Knetch(1966)	Driver(1970) Gold(1973) Hester(1975)	Anderson의 N.A.C.(1959)

(5) 레크리에이션 수요

① 수요의 정의

㉠ 잠재수요 : 인간에게 본래 내재하는 수요지만 기존의 시설을 이용할 때만 반영되어 나타나며 적당한 시설, 접근수단, 정보가 제공되면 참여가 기대되는 수요

㉡ 유도수요 : 사람들로 하여금 그들의 여가 형태를 변경하여 참여시킬 수 있는 수요

㉢ 표출수요 : 기존의 레크리에이션 기회를 실제 이용하고 있는 수요

② 수요측정방법

㉠ 집중률(최대일률) : 최대일방문객의 연간방문객에 대한 비율. 계절에 따라 다름

㉡ 가동률(서비스율) : 최대일방문객의 연간방문객에 대한 비율

㉢ 회전율 : 1일 중 가장 방문객이 많은 시점의 방문객수와 그 날의 전체 방문객에 대한 비율

4 각종 레크리에이션 시설

(1) 리조트(Resort)

① **정의** : 일상 생활권에서 벗어나 일정거리 떨어져 있으면서 좋은 자연환경 속에 위치해 여유를 즐길 수 있는 공간

② **목적** : 자연속에서 심리적 여유와 정신적 스트레스 해소, 건강의 회복과 증진

③ **종류** : 스포츠 리조트(골프장, 스키장), 요양형 리조트(온천, 삼림욕장), 교양문화용 리조트(민속촌), 종합형 리조트

(2) 마리나(Marina)

① **정의** : 계류시설, 보관 수리시설 등 요트나 보트를 이용한 레크리에이션을 위한 해안 휴양지

② 입지조건

㉠ 수심 3~4m, 파도높이 1m 이내

㉡ 교통편리하며, 2~3시간에 유치할 수 있는 대도시가 있을 것

㉢ 풍향의 변화가 심하지 않을 것

(3) 해변 유원지

① 물의 레크리에이션 종류

㉠ 능동적(Active)인 것

ⓐ 자연환경에 의한 것 : 해수욕, 요트

ⓑ 인공적 시설에 의한 것 : 수영풀장

㉡ 수동적(Negative)인 것

ⓐ 자연환경에 의한 것 : 폭포관람, 유람선

ⓑ 인공적 시설에 의한 것 : 연못, 분수

② 자연조건

㉠ 동남, 남에 구릉지, 산이 있으면 바람직

㉡ 모래사장 기준 : 해안선 500m 이상, 폭 200~400m, 경사 2~10% 되어야 함

㉢ 부유물, 부유생물 없을 것

㉣ 수림지 있고, 한여름 24도 이상의 맑은 날 1주 이상, 수온 23~25℃, 풍속 5~10m/sec 이하

㉤ 물이 오염되지 않을 것(투시도 30cm 이상, pH 7.8~8.3)

㉥ 해수욕장 모래밭의 1인당 기준 면적 : 8~15m^2, 수영장 1인당 수변면적 : 4.6~9m^2

③ 사회적 조건
  ㉠ 생산시설, 도시시설과 결합하지 말 것
  ㉡ 교통시설 충분할 것

(4) 육상유원지

① 입지조건 : 구릉지를 이용한 입체적 지형, 도심에서 1시간 이내의 거리

② 면적기준
  ㉠ 최소한 6.6ha 필요, 운동시설 한 경우 16.5ha 필요
  ㉡ 1인당 200m^2 면적 필요
  ㉢ 전체의 1/3만 집약적 이용하고 나머지는 자연 그대로 활용

(5) 스키장

① 입지조건 : 북동향 사면이 가장 좋음. 동향, 북향도 양호

② 슬로프 : 15도 경사면 기준으로 1인당 최소 100m^2, 150m^2 적정
  경사가 클수록 폭이 넓어야 함(10° 이하일 때 10m 이상, 15°일 때 20m 이상, 30°일 때 40m 이상)

③ 리프트 : 경사 30° 이하, 폭 7m 정도, 속도 2.5m/sec 이하, 철탑간격 30~40m 이하

(6) 온천지

① 기능 : 숙박지형 온천, 요양지형 온천, 보양지형 온천, 관광지형 온천
  최근에는 관광지형이 가장 많음

② 수용능력 : 1인당 1일 온천물 소요량 : 700~900L, 온천온도 43℃

(7) 청소년 수련장, 야영장

① 야영장 선정기준
  ㉠ 평균습도 80% 전후의 온난한 기후
  ㉡ 완경사지며 배수가 양호한 곳
  ㉢ 식생과 경관이 양호하며, 강풍이 없고 비, 눈의 해가 없는 곳

② 텐트 수용공간
  ㉠ 텐트 캠프 : 1인당 50~60m^2
  ㉡ 캐빈 캠프 : 1인당 30m^2
  ㉢ 오토 캠프 : 1대당 200~300m^2

③ **청소년 수련시설 입지 기준** : 산악 및 구릉지에 설치하는 것이 좋으며 대상지 지형 활용

④ **시설별 면적기준**

㉠ 단위시설 : 1개소당 100~200m^2

㉡ 실내집회장 : 150인까지 150m^2, 초과 1인당 0.8m^2

㉢ 야외집회장 : 150인가지 200m^2, 초과 1인당 0.7m^2

㉣ 야영지 : 1인당 20m^2 이상

(8) 종합휴게소

① **설치장소** : 교통시설 내 휴식소, 공 원내 휴식소, 체육시설 내 휴식소, 휴양지 관광지 내 휴식소, 작업장 공장 내 휴식소

② **공간구분**

㉠ 정적 휴게공간 : 휴양녹지, 대화의 장

㉡ 동적 휴게공간 : 간이 어린이 놀이터, 간단한 운동시설

③ **면적기준**

㉠ 휴식소 면적 = 휴양지 이용객수×휴식소 이용률×1인당 소요면적

㉡ 휴식소 이용률 : 자연휴양소 0.1~0.13

㉢ 1인당 소요면적 : 1.5m^2

3 교통계의 조경계획

1 보행도로

① 폭원 10m 이하 도로에서는 보도를 만들지 않는 것이 좋다.

② 우리나라는 원칙적으로 시가지 간선도로에는 보도를 설치하도록 되어 있다.

③ **보도의 폭원** : 차도 전체폭의 1/4

④ **적정 보도폭**

보도폭	최소치(m)	적정치(m)
보도에 가로수 식재 시	2.25	3.25
보도 + 가로수 + 노상시설	2.25	3.00
보도만	1.50	2.25

2 고속국도

① **계획과정** : 기능노선 제시 → 조경 기초조사 → 조경기본계획수립 → 조경실시설계작성 → 시공 → 유지관리

② **도로설계의 재요소**

㉠ 횡단구배 : 직선부는 배수 때문에 구배, 곡선부는 편구배

ⓐ 편구배 $I=\dfrac{V^2}{127R}-f$

I : tan (6 ~ -2%) R : 곡선부 곡선반경(m) V : 차량의 속도[km/hr]

f : 노면과 타이어의 마찰계수(일반적 0.4 ~ 0.8, 습윤이나 동결 시 0.1
우리나라 70km/hr 이상일 때 0.1, 70km/hr 이하일 때 0.15)

㉡ 종단구배 : 노면이 중심선상의 양 지점 간 수평거리에 대한 수준차의 비

구분	평지부	산지부
종단구배 최대치	3(5)	5(7)
종단구배 최소치	0.5	0.5

㉢ 시거 : 자동차가 안전하게 주행하기 위해서 전방을 내다볼 수 있는 거리

ⓐ 안전시거 : 위험이 따르지 않은 정도의 시거

ⓑ 정지시거 : 전방에서 오는 차량을 인지하고 제동정지하는 데 필요한 시거

ⓒ 피주시거 : 핸들을 돌려 전방의 차량을 피하는 데 필요한 시거

ⓓ 추월시거 : 전방의 차량을 추월하는 데 필요한 시거

㉣ 선형(곡선부) : 평면도상에 나타난 도로중심선의 형상

ⓐ 곡선부에서의 선형은 원곡선 사용

ⓑ 원곡선의 종류 : 단곡선, 복합곡선, 배향곡선, 반향곡선

ⓒ 최소곡선장 : 곡선부의 교각이 작으면 곡선장이 짧게 됨에 따라 운전자의 핸들 조작 불편, 원심 가속도의 증가, 곡선반경에 대한 착각유발

㉤ 완화구간장 : 자동차가 직선부에서 곡선부로 출입 시 곡선반경이 무한에서 유한 또는 유한에서 무한으로 되는데 이때 직선부에서 곡선부로 들어가면서 점차 변화하도록 한 구간. 클로소이드 곡선을 많이 사용

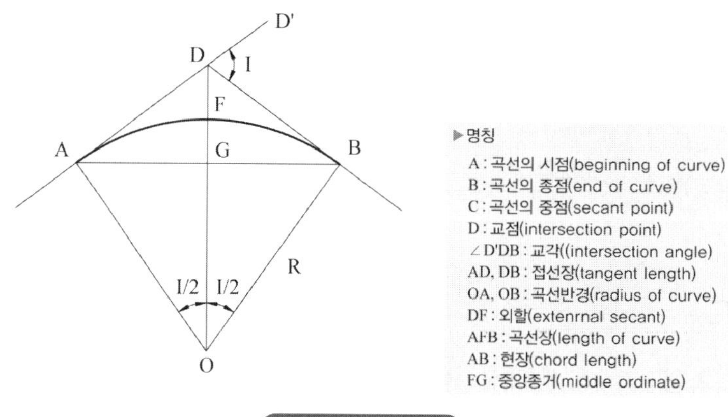

• 단곡선의 명칭 •

③ 휴게소 계획

ⓐ 단순휴게소(Rest area) : 단시간 휴식, 차량정비 점검 위한 무인 휴게실

ⓑ 지원휴게소(Service area) : 상업시설 갖춘 휴식시설. 단순휴식과 주유, 음식, 매점, 수리, 적재, 적하, 보관 등의 기능

㉡ 종류별 배치간격과 규모

종별		배치간격	규 모	기능(시설내용)
단순휴게소		표준 15km 최대 25km	표준 25~40대 최소 15대 최대 60대	주차장, 원지광장, 화장실, 매점 (최상한의 시설)
지원 휴게소	타입 1	표준 50km 최소 30km 최대 60km (교통량이 많은 주유 수요가 높은 경우)	표준 50~80대 최소 30대 최대 100대	주차장, 원지, 광장, 보도, 화장실, 매점, 주요소(최소 필요조건)
	타입 1	표준 50km 최대 100km	표준 100~150대 최소 70대 최대 200~250대	주차장, 원지, 광장, 보도, 화장실, 매점, 식당, 무료휴게소(비를 가릴 수 있는 시설구비), 주유소, 수리소

ⓒ 설치형태

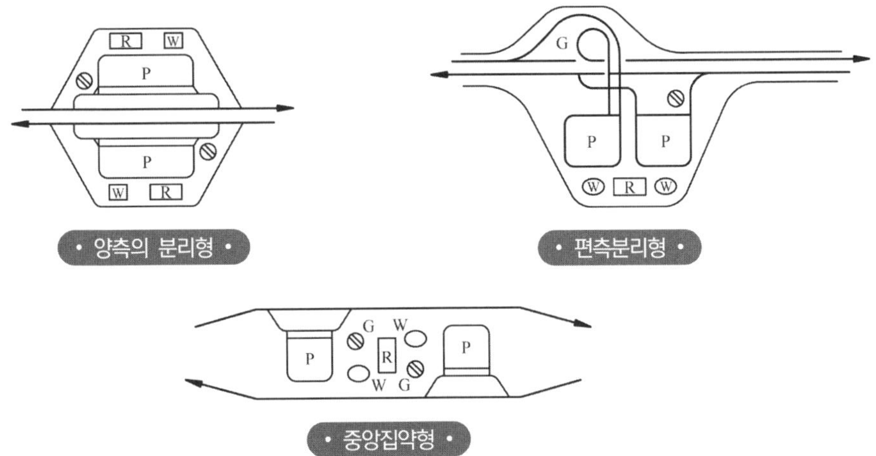

• 양측의 분리형 •

• 편측분리형 •

• 중앙집약형 •

④ 교차로

㉠ 기능 : 차량을 안전하게 고속도로에 유입, 유출시키며, 교통을 합류, 분화시킴

㉡ 종류

ⓐ 기본형 : 우절램프, 루프, 반직결램프, 직결램프

ⓑ 3지교차 : T형, Y형, 직결형, 나팔형

ⓒ 4지교차 : 다이아몬드형, 완전 클로버잎형, 불완전 클로버잎형

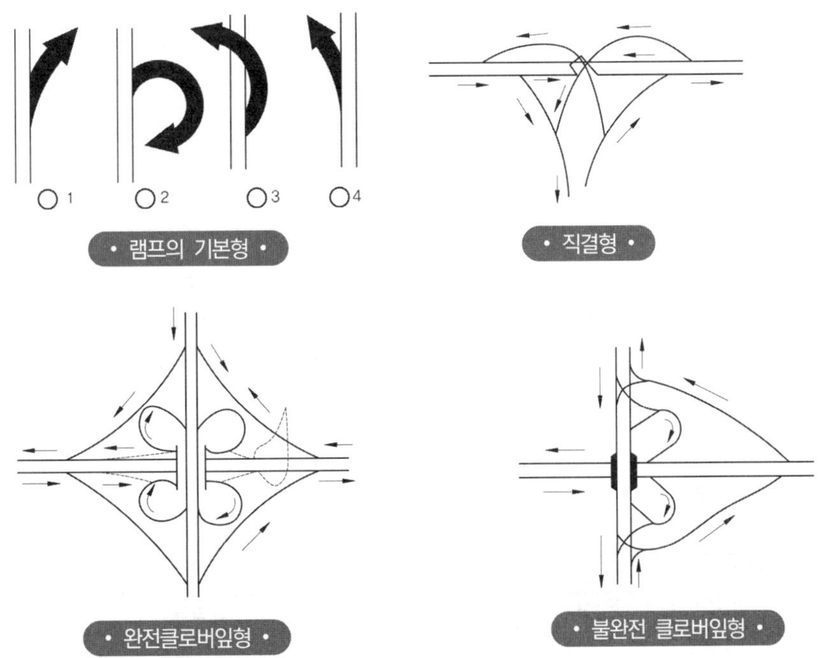

• 램프의 기본형 •

• 직결형 •

• 완전클로버잎형 •

• 불완전 클로버잎형 •

3 간선도로

① 설계속도

구분	지형	설계속도(km/hr)
제1종	평지부	80
	산지부	60
제2종	평지부	70
	산지부	50
제3종	평지부	50
	산지부	35
제4종	도시부	50
제5종	도시부	30

② 도로의 폭원

㉠ 차도 폭원 : 1차선 폭원 3.0~3.75m, 2차선 폭원 최소 6m 이상, 산지부 시가지 최소 5.5m

㉡ 보도 폭원 : 보행의 안전을 위해 10m 이하 도로에서는 보도를 두지 않음

㉢ 노견

ⓐ 목적 : 규정된 차도폭 보전, 고장차 대피, 완속차와 사람의 대피, 도로표지 등 노상시설 설치

ⓑ 최소 0.5m, 고속도로 1m 이상

ⓒ 시가지에 도로 있을 경우 0.75m 이상, 터널, 교량, 고속도로에서는 0.25m까지 축소가능

㉣ 분리대

ⓐ 4차선 이상의 도로에서 중앙분리대 만들며 우리나라는 차도폭원 14m 이상일 때 설치

ⓑ 분리대 폭 0.5m, 분리대에 노상시설 있을 경우 1.0m 이상

㉤ 노상시설대 : 공공시설, 도로표지, 가로등, 전무등 설치
공공시설의 폭 0.5m, 가로수, 노상시설이 있을 경우 1.0m 이상

㉥ 주차대 : 평행주차폭 2.5m, 직각주차폭 6.0m, 사선주차폭 6.0m

4 주차장계획

★★★ ① 크기

주차각도	폭	각도별폭	길이	차로폭	전체	회전반경(입구)
90도	2.7	2.7	5.7	7.2	18.6	R=3.8, 1.5
60도	2.7	3.1	6.3	5.4	18.0	R=3.8, 1.5
45도	2.7	3.8	5.9	3.9	15.7	R=3.8

★★★ ② 주차형식과 차로의 폭

주차형식	주차구획표시	주차 1대당 소요면적 (m^2/대)	차로의 폭	
			출입구가 2개 이상일 때	출입구가 1개일 때
평행주차	2.3 이상 / 9.6 (7.9) / 5.0 (3.3) / 차로 / 6.5		3.5m	5.5m
직각주차	5.0 / 16.0 / 6.0 / 차로 / 5.0 / 2.3	27.2	7.6m	7.6m
60도 대향주차	5.16 / 16.14 (15.14) / 5.5 (4.5) / 2.3 / 2.66 / 5.0 / 5.32	29.8	6.4m	6.4m
45도 대향주차	5.16 / 15.32 (13.28) / 5.0 (3.5) / 2.3 / 5.16 / 5.0 / 3.25	32.2	3.8m	5.5m
교차주차			3.8m	5.5m

Tip

노외주차장

노외주차장 출입구 너비는 3.5m 이상, 주차규모대수가 50대 이상인 경우는 출구와 입구 분리하거나 너비 5.5m 이상 출입구 설치할 것

③ **최대 허용구배** : 5%

④ **노상주차장 설치기준**

㉠ 주요 간선도로에는 가급적 설치하지 않으며, 완속차도, 분리대, 주차장 등이 있는 경우 간선도로에도 설치가능

㉡ 차도폭 6m 이상, 보차 구별이 있는 도로에만 설치가능

㉢ 보차구분이 없고 폭 8m 이상, 보행자의 통행에 지장이 없는 곳에 설치

㉣ 종단구배 4% 이하인 도로에 설치하며 평행주차가 바람직. 폭넓은 경우는 30° 허용

⑤ **노외주차장 설치 시 피해야 할 사항**

㉠ 교차점, 횡단보도, 건널목, 궤도부지 내

㉡ 교차점 옆, 가로 모퉁이에서 5m 이내

㉢ 안전지대의 우측 및 앞뒤에서 10m 이내

㉣ 버스, 노면전차 정류장에서 10m 이내

㉤ 건널목 앞뒤에서 10m 이내

㉥ 육교 아래, 거리, 터널에서 10m 이내

㉦ 폭 6m 미만의 가로

㉧ 구배 10% 이상의 가로

5 특수기능도로 계획

① 유보도

㉠ 도시 내 중심부, 상업, 업무, 위탁 등이 활발한 곳에 보행자가 확보할 수 있는 거리

㉡ 휴게공간, 보행, 심미적 공간 확보

㉢ 경우에 따라 천장과 가설물 개성화

② 자전거도로

㉠ 평균시속 15km, 최대구배 7%, 곡선반경 2.4m(최대 6m)

㉡ 보행로와 연계되어 주변경관의 연속성 유지, 경계부근 단처리 고려

㉢ 자전거 이용시설의 구조·시설 기준에 관한 규칙(2010.10.14)

ⓐ 설계속도(부득이한 경우 다음에서 10km 뺀 속도 가능)

- 자전거전용도로 : 시속 30km
- 자전거보행자겸용도로 : 시속 20km
- 자전거전용차로 : 시속 20km

ⓑ 자전거 도로의 폭 : 차로를 기준으로 1.5m 이상(부득이한 경우 1.2m 이상 가능)

ⓒ 곡선반경

- 설계속도 30km/hr 이상 : 27m
- 설계속도 20~30km/hr : 12m
- 설계속도 10~20km/hr : 5m

ⓓ 종단경사

- 7% 이상 : 제한길이 120m 이하
- 6~7% 미만 : 제한길이 170m 이하
- 5~6% 미만 : 제한길이 120m 이하
- 4~5% 미만 : 제한길이 350m 이하
- 3~4% 미만 : 제한길이 470m 이하

ⓔ 하향경사 정지시거

설계속도 / 경사도	10~20km/hr	20~30km/hr	30km/hr 이상
2% 미만	9	20	37
2~3%	9	21	38
3~5%	9	22	40
5~8%	9	23	41
8~10%	9	25	44

ⓕ 상향경사 정지시거

경사도 \ 설계속도	10~20km/hr	20~30km/hr	30km/hr 이상
2% 미만	8	20	35
2~3%	8	20	34
3~5%	8	20	33
5~8%	8	20	31
8~10%	8	20	31

ⓖ 시설한계 : 자전거의 원활한 주행을 위하여 폭은 1.5m 이상, 높이는 2.5m 이상(부득이한 경우 축소 가능)

③ 자동차 전용도로

㉠ 도시내 교통과 지역의 교통을 이어주는 기능

㉡ 다른 도로보다 밝게, 보호책, 분리시설물, 식재확보 필요

④ 보도

구분	포장재료	형태	폭	구배
상업	• 평탄하고 모듈이 크게 구분될 수 있는 것으로 한다. • 일률적인 것으로 할 수 있다.	• 단순한 것을 택한다. • 기본단위가 큰 것으로 한다.	넓을수록 좋다.	0.5~3%
위락	• 원색, 질감 등에서 눈에 띄는 것으로 한다. • 변화가 있는 것으로 할 수 있다.	• 변화가 있는 것을 택한다. • 다양한 것을 택한다.	적을수록 좋다.	0.5~8%
업무	• 부드럽고 균일한 것으로 한다. • 변화가 없어야 한다.	• 동일한 모듈을 택한다. • 크기에는 관계가 없다.	중간크기로 한다.	0.5~5%
주거	• 변화가 없어야 한다. • 부드러우면서 균질한 것으로 한다.	• 동일한 모듈을 택한다. • 기본단위를 작게 한다.	적을수록 좋다.	0.5~15%
공업	• 변화가 없어야 한다. • 동선을 강조할 수 있어야 한다.	• 동일한 모듈을 택한다. • 크기에는 관계가 없다.	넓을수록 좋다.	0.5~8%
현대건축	• 고층일수록 평탄하고 일률적인 것이 좋다. 저층일수록 다양한 재료를 사용할 수 있다. • 건축의 외장재료와 동질성을 지닌 것으로 한다.	• 고층일수록 개발단위가 크며 저층일수록 적다. • 수직적인 건축일 경우 형태를 단순하게 하고, 수평적인 경우 다양하게 한다.	교통량에 따라 달리한다.	0.5~15%
고건축	• 마사토, 전돌, 돌 등과 같은 재료를 활용한다. • 동선을 강조하기보다 건축물에 의해 종속적으로 결정된다.	• 균질하고 균일한 것으로 한다.	교통량에 따라 달리한다.	0.5~10%

⑤ 산책로
㉠ 종단최대구배 25% 이내
㉡ 산책로 길이 30~200m, 최소폭 1.2m
㉢ 결절점에 쉼터, 벤치 설치, 자연환경 최대로 존중한 노선 설정

⑥ 도로공원
㉠ 노변의 여지에 잔디밭, 식재공간 두어 휴게, 조경공간 설치
㉡ 주차장, 휴게실, 산책로 설치

⑦ 가로공원
㉠ 적극적으로 위락활동을 유도할 수 있는 가로
㉡ 조명, 휴게시설 중심으로 식재공간을 만들거나 넓은 잔디밭으로 만들 수 있다.

6 계단

① **원로구배** : 18% 초과하면 안전
② **계단구배** : 30~35°
③ 단높이(h)는 18cm 이하, 디딤면 너비(b)는 25cm 이상
계단은 반드시 2단 이상 설치할 것(안전상의 문제)

$$2h + b = 60\sim65(\text{cm})$$

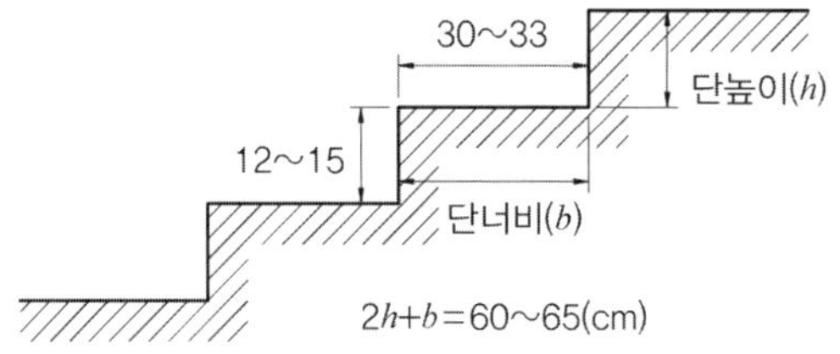

㉠ 공원 : 단높이 15cm, 디딤면 너비 30cm 적당
㉡ 캠퍼스 : 단높이 13cm, 디딤면 너비 37cm 적당
㉢ 정원 : 디딤면 너비 : 1.4~1.8m 적당

④ 계단참
㉠ 너비 : 1인용 90~110cm, 2인용 130cm 정도
㉡ 계단 높이가 3m 이상인 경우 설치
㉢ 보통 정원에서 3~5단마다 2~3단 너비의 참 설치

⑤ 난간
　㉠ 높이 80cm, 벽면에 설치할 경우 벽에서 3.5m 이상 떨어져
　㉡ 계단 폭 3m 초과하면 매 3m마다 난간 설치(단, 단높이 15cm, 단너비 30cm 이상은 예외)

7 경사로

① 10% 이하, 신체장애자를 위해서는 8% 경사
② 접근로 유효폭은 120cm 이상
③ 휠체어 사용 시 다른 휠체어 또는 유모차와 교행할 수 있게 50m마다 10.5m×1.5m 이상의 교행구역 설치

4 공장 및 산업단지 조경계획

1 공장조경의 필요성

① 산업공해의 완화 : 폐수, 폐기물, 소음, 악취 등의 처리
② 생활환경의 개선 : 자연환경의 보전, 주거환경의 정비 및 보호
③ 생활활동의 제고 : 효율적인 근로장의 배치, 생산, 운반, 보관, 관리 위한 공간구성
④ 복지시설의 확보 : 휴식, 운동, 산책, 조망, 위락 등의 활동을 위한 시설확보
⑤ 부수효과의 증대 : 방화, 방재

2 공장 공간구성

구분	시설
직접제조 활동공간	사무실, 작업장, 실험시험실, 장치용지, 검사장
간접제조 활동공간	재료창고, 제품창고, 야적장, 적하장, 폐기물처리장
지원설비공간	도로, 주차장, 변전소, 유류 및 가스저장소, 통신용지, 상·하수도용지
부수보조공간	수위실, 탈의실, 샤워실, 초소, 진입로, 출입공간, 정문, 경계공간
후생지원공간	식당, 휴게실, 목욕탕, 진료소, 기숙사, 주택, 체육관, 운동장, 잔디밭, 녹지

① 구내도로

㉠ 폭 4m, 차량의 교차를 위해서는 6m 이상

㉡ 도로 구배는 최소 0.5%, 최대 10.5% 이하여야 하며, 1~5%가 바람직

㉢ 일방향 도로체계가 바람직하며 보차 분리할 것

㉣ 회전반경 최소 20m 이상

② 주차장

㉠ 종업원용 주차장은 정문과 본관 사이에 두고, 운반용 주차장은 창고 근처에 구분

㉡ 주차간격은 차폭에 80cm 더하는 것을 최소폭

㉢ 주차장 표준조도는 50lx, 30~70lx 일반적

㉣ 이용대수를 충족하되 보행거리가 짧을수록 좋음

③ **식당** : 1인당 1.5m^2 정도의 면적 소요. 1,000명이 넘는 경우는 이용시간 달리하여 운영

④ **바람직한 공장의 공간구성** : 건축물 22%, 옥외작업장용지 2%, 도로, 주차장용지 33%, 녹지면적 25%, 운동시설면적 13%, 기타 4%

3 공장 공간별 식재방법

① **공장 주변부** : 수림대 폭 30m 이상 이상적, 상록수 : 낙엽수의 비 = 8 : 2

② **사무소에서 정문까지의 접근도로 주변 및 사무소주변부** : 조망 좋은 경관수와 넓은 잔디밭, 녹음수 배식

③ **공장건물 주변부** : 폭 5m 이상의 토지를 확보하고 계획적으로 녹화하여 공장건물을 차폐

④ **구내도로연변** : 보·차도 사이에 폭 1m 이상의 잔디대 보유해 녹음수 열식

⑤ 공장을 중심으로 한 녹지대

㉠ 공장에서부터 키가 작은 나무부터 큰나무 순서로 배식

㉡ 상록활엽수 양측에, 침엽수 중앙부에 배식

㉢ 공장주변의 주거지역에는 광역적인 녹지대 조성하고 주로 상록교목 식재

⑥ **운동광장** : 녹음수를 식재해 차단·완충효과, 풍치림 조성, 지역주민에게 개방

⑦ **확장예정지** : 나지에 잔디, 크로바를 파종해 피복하거나 묘목 식재해 공장 녹화하는 것이 바람직

4 산업단지 조경

① 산업공원

㉠ 특별한 설비계통, 교통, 서어비스 관리 등에 의해 분해, 구획하여 공장 특수용도

에 종합적으로 계획된 토지의 이용

ⓛ 근로작업 환경개선, 능률성 확보, 교통·공장확장에 따른 부지확보, 양호한 서비스 이용

ⓒ 설계 시 고려사항 : 적정부지, 소요면적, 건폐율, 노외주차장, 적하시설, 건물고, 창고면적과 창고관리규정, 고속도로와 도로로부터의 건축선 후퇴, 소방법규와 소방시설, 건축미관상 기본사항, 조경 요구사항, 건축 최소 안전요구사항, 유지관리사항 등

ⓔ 장점

ⓐ 공장의 유지관리비용 절감

ⓑ 소규모 공장이라도 대규모 공장에서 얻을 수 있는 지역적 서비스의 다양성 획득

ⓒ 시간이 지날수록 공장부지의 가치 증대와 안정성과 보완성을 제공받음

ⓓ 고용자에게 사회보장 서비스 제공, 세금 감면 등의 혜택

ⓜ 규모 : 미국의 경우 일반적 0.4~0.8ha

5 학교 및 캠퍼스 조경계획

1 학교환경조성의 기본전제

① 지적개발 조장하는 환경

② 심리적 안정감, 즐거움을 주는 곳

③ 보건적, 건강 증진케 하는 환경

④ 학생의 사회적 성장을 촉진하는 곳

⑤ 아름답고 깨끗한 환경

⑥ 지역주민의 교화장소가 되어야 함

2 학교의 공간구성계획

① **교사부지** : 전정구, 중정구, 측정구, 후정구

② **체육장 용지** : 운동공간, 놀이공간, 휴식공간

③ **야외실습지** : 교재원(수목원, 약초원, 화초원, 유실수원 등), 생산원(묘포장, 소동물사육장, 경작원, 온실, 비닐하우스 등)

④ **외곽녹지대** : 차폐식재, 방음식재, 방풍식재

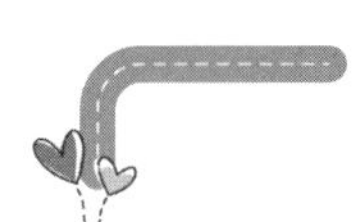

6 업무빌딩 및 상업시설의 조경계획

1 전정광장

① 건물앞의 동선을 끌어들이며, 도로와 건물사이의 과정적 공간의 역할
② 자체로 특징 있으면서 주변 주차장, 통로와 긴밀한 연관성이 있어야 한다.
③ **환경조형물 설치** : 주변환경과 어울리면서 건물, 오픈 스페이스, 조각이 통일성 있게
④ 주차, 보행인의 출입, 야외 휴식 및 감상 등 서로 상반되는 기능들이 동시에 만족

2 상업시설, 몰(mall) 공간

① 상업시설의 목적을 충분히 달성할 수 있는 보도의 확보와 가로조경
② 보행자전용도로나 대중교통만 통행하는 등의 쾌적한 공간 확보
③ 서비스 동선의 제공
④ **몰** : 이용객의 비나 해를 피할 수 있는 처리, 충분한 공간 필요. 다양한 행사나 이벤트 연출 가능

7 특수 환경의 조경계획

1 옥상정원

① 도시경관 개선에 크게 도움이 됨
② 인공지반 위에 만들어지는 것이기에 제반 고려사항, 제약조건들이 많다.
　㉠ 지반의 구조, 강도가 조경할 수 있을 정도가 되어야 한다.
　㉡ 배수시설과 방수, 급수위한 동력장치 고려
　㉢ 옥상의 기후조건(매우 덥거나 매우 춥고 바람이 많음)에 적합한 수종 선택
　㉣ 노출이 심하므로 프라이버시를 지키기 위한 담장, 녹음수, 정자 등이 필요

2 실내정원(인공지반)

① 호텔, 레스토랑, 아파트 쇼핑센터, 사무소, 미술관 등에 많이 설치

② 유의사항

㉠ 위치 선정, 조경요소의 선정, 건물 내부의 동선흐름, 이용패턴, 내부공간성격 등을 고려

㉡ 광선의 유입 : 자연광, 인공광 등 식물에게 필요한 광선 조달

㉢ 습도제공 : 실내는 매우 건조하기에 식물에게 필요한 적정량의 습도를 제공

㉣ 실내에서 잘 자라는 식물 재료의 선택

3 문화유적지 조경

① 기본계획

㉠ 정제된 관상수는 사용하지 않으며, 전지하지 않고 자연 그대로 둔다.

㉡ 고건물 기와에 동파를 주거나 습기를 지니게 하는 수종은 피한다.

㉢ 성곽 가까이에는 키가 큰 나무를 심지 않는다.

㉣ 생가에는 향나무가 좋으며, 민가조경에는 안마당에 나무를 심지 않고 장독대 주위에 작은 관목류를 식재한다.

㉤ 건물 후정이나 경사진 곳은 계단식 화개를 만든다.

② 설계기준

㉠ 축대쌓기 : 돌을 눕혀서 쌓고 들쑥날쑥한 돌을 세워 쌓는 형식으로 하기

㉡ 보도 : 직선을 피하고 많은 이용객이 있는 곳은 포장

㉢ 광장 : 판석이나 블록포장

㉣ 사찰경내나 석조물 앞, 고분 주위 경관 : 나무에 가려지지 않도록 하고 후면을 울창하게 배경식재할 것

㉤ 민가조경 : 유실수를 많이 식재

㉥ 시설물 : 가능한 자연석이나 화강석 등 자연적 재료를 사용할 것

4 골프장

① 입지선정기준

㉠ 교통 1시간 ~ 1시간 반 정도 소요되는 곳

㉡ 경치 양호하고 주변에 관광위락시설이 있는 곳

㉢ 동남향 경사지에 남북으로 긴 지형

㉣ 수원지가 될 수 있는 개울, 연못, 수림이 있는 곳

② 구성

㉠ 18홀 : 쇼트홀 4홀, 미들홀 10홀, 롱홀 4홀 60~100만m^2, 길이 6,500~7,000야드 소요, 72파로 구성

㉡ 9홀 : 기본. 쇼트홀 2홀, 미들홀 5홀, 롱홀 2홀

③ 설계요령

㉠ 홀 사이는 20~30야드 이상 차이둘 것

㉡ 쇼트홀은 1, 9, 10, 18번 피할 것

㉢ 18홀을 파 5로 어렵게, 9홀마다 하나씩은 쉽게 설계

㉣ 그린에서 티의 최대 하향구배 : 10~15%, 최대 상향구배 : 23%

④ 홀계획

㉠ 티(Tee) : 표준면적 400~500m^2, 표면배수를 위해 1.5% 정도 경사
잔디 : 한랭지는 크리핑 벨트, 온난지방은 들잔디

㉡ 그린(Green) : 홀의 종점부분으로 한 개의 홀에 1~2개 정도 설치
면적 600~900m^2, 경사 2~5%

㉢ 하자드(Hazard) : 연못, 계곡, 하천 등의 장애구역

㉣ 벙커(Bubkcr) : Tee에서 바라볼 수 있는 모래웅덩이로 벌칙을 주고 장애물로서 홀의 난이도에 변화주는 효과. 페어웨이와 그린에 설치

㉤ 라프(Rough) : 풀이 자라서 치기 어렵게 해둔 지역

㉥ 에이프런(Apron) : 그린 주위에 풀을 깎지 않고 방치해 둔 지역

㉦ 페어웨이(Fairway) : 짧게 잔디를 깎아 둔 곳. 최소폭원 30m, 일반적으로 40~50m 적당. 2~10% 경사, 25% 이상 안 됨

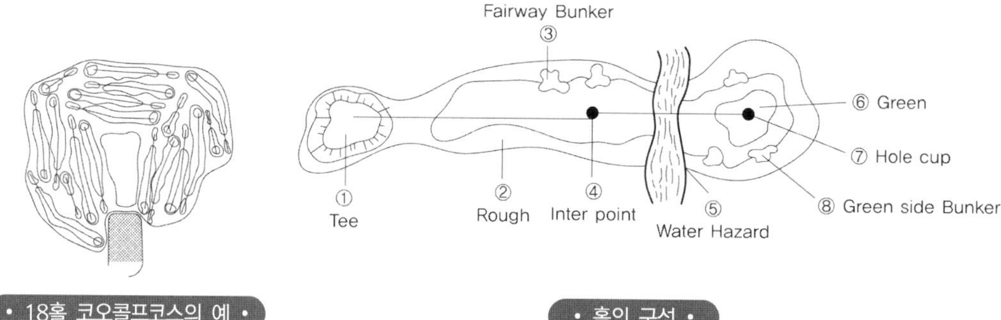

• 18홀 코오콜프코스의 예 •

• 홀의 구성 •

CHAPTER 07 부분별 조경계획 및 설계

실전연습문제

01 다음 중 인터체인지의 형식 중 고속도로상호 간의 출입에 쓰이며, 가장 넓은 면적이 필요한 것은? [산업기사 11.03.02]

㉮ 클로버형 ㉯ 트럼펫형
㉰ 다이아몬드형 ㉱ Y형

풀이

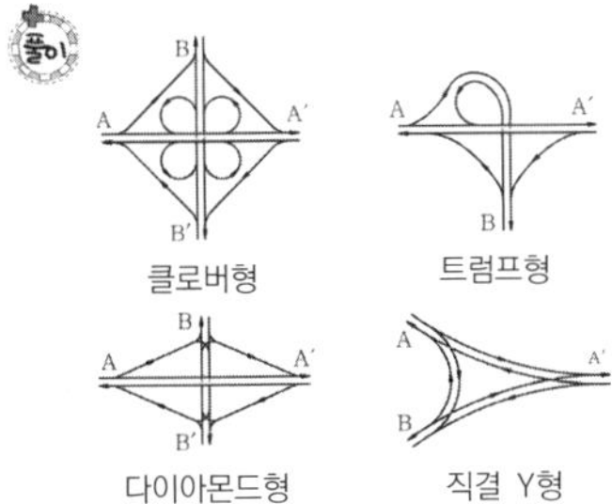

02 녹지계획 수립과정은 단일형, 선택형, 연환형으로 분류할 수 있다. 그중 연환형(連環型) 계획 수립과정이 장점이 아닌 것은? [산업기사 11.06.12]

㉮ 어느 한 단계의 수정시 정당성 여부를 점검할 수 있다.
㉯ 이용자가 가장 좋다고 생각되는 안(案)을 직접 선택할 수 있다.
㉰ 모든 단계의 시간적 계열의 짝지음이 수월해진다.
㉱ 도시계획의 다른 윤회(輪廻)와 결합시켜 전체적인 체계를 구성할 수 있다.

풀이 **연환형**
주제가 결정되었을 때 계획안에 따라 어디까지 만족시켜 줄 것인가 미리 점검한 수 있는 단계를 짝지어 놓은 방법으로 수정부분 쉽게 찾을 수 있으며, 도시계획의 다른 과정과 결합해 전체적 체계를 구성시킬 수 있는 방법
㉯의 설명은 선택형에 해당한다.

03 조경계획의 대상은 그 성격에 따라 몇 개의 그룹으로 나눌 수 있다. 레크리에이션계의 조경공간이 아닌 것은? [산업기사 11.10.02]

㉮ 도시공원 ㉯ 자연공원
㉰ 경승지 ㉱ 보행자 공간

풀이 **조경공간의 분류**
① 생활환경계 조경공간 : 주택정원, 도시주택 집합주택의 외부공간, 학교, 문화시설
② 레크리에이션계 조경공간 : 도시공원, 자연공원, 유원지, 해수욕장, 국립공원 등
③ 유통, 커뮤니케이션계 조경공간 : 고속도로, 자전거도로, 네이저트레일, 보행자전용도로
㉱ 유통 커뮤니케이션계에 해당된다.

04 연간 총 이용자수가 100,000명, 최대일률이 0.04, 시설개장시간이 8시간, 평균체재 시간이 4시간인 계획대상지의 최대시 이용자 수는? [산업기사 11.10.02]

㉮ 400명 ㉯ 800명
㉰ 2000명 ㉱ 3200명

풀이 최대 시 이용자 수 = 연간이용자수 × 최대일률 × 회전율
즉, 100000 × 0.04 × 4/8 = 2000(명)

ANSWER 01 ㉮ 02 ㉯ 03 ㉱ 04 ㉰

05 관광시설지의 소각로 위치 선정에 있어서 유의해야 할 사항으로 옳지 않은 것은? [산업기사 12.03.04]

㉮ 이용자의 시선에 잘 띄는 곳을 선정한다.
㉯ 가급적 교목으로 둘러싸여 있도록 한다.
㉰ 분진, 연기, 악취가 이용자에게 미치지 않도록 한다.
㉱ 쓰레기 운반 및 소각 후 재를 처리하기 용이한 곳을 선정한다.

06 주거단지 내 가로망 패턴 중 격자형 패턴의 특징에 해당되는 것은? [산업기사 12.03.04]

㉮ 동선이 길어질 수 있는 단점이 있다.
㉯ 통과 교통이 적어져서 안정성이 확보된다.
㉰ 동선간의 우선순위가 명확하여 접근로의 혼동이 적다.
㉱ 토지이용상 가장 효율적이나 지형의 변화가 심한 곳에서는 급구배가 발생하기 쉽다.

풀이 격자형 패턴은 동선이 짧고 토지이용상 효율적이나 통과교통이 많이 발생한다.

07 최대 시의 이용자 수가 2000명, 주차장 이용률이 90%, 차량 1대당 수용인원 수는 20명, 1대당 주차면적은 $40m^2$라면 주차장의 면적은? [산업기사 12.03.04]

㉮ $360m^2$　　㉯ $1400m^2$
㉰ $3600m^2$　　㉱ $4000m^2$

풀이 주차장면적 = 최대시 이용자수/1대당 수용인원수 ×주차장이용률×1대당 주차면적

따라서 $\frac{2000}{20} \times 0.9 \times 40 = 3600m^2$

08 보행자도로와 차도를 동일한 공간에 설치하고 보행자의 안전성을 향상하는 동시에 주거환경을 개선하기 위하여 차량통행을 억제하는 여러 가지 기법을 도입하는 방식은? [산업기사 12.05.20]

㉮ 보차혼용방식　　㉯ 보차병행방식
㉰ 보차공존방식　　㉱ 보차분리방식

09 레크리에이션 계획으로서의 조경계획의 접근방법 중 어느 지역사회의 경제적 기반이나 예산규모가 레크리에이션의 총량·유형·입자를 결정하는 방법은? [산업기사 12.05.20]

㉮ 자원접근방법　　㉯ 활동접근방법
㉰ 경제접근방법　　㉱ 행태접근방법

10 조경설계기준상의 도섭지 설계에 관한 설명으로 옳지 않은 것은? [산업기사 12.09.15]

㉮ 물의 깊이는 30cm 이내로 한다.
㉯ 물놀이에 따른 안정성을 고려하여야 한다.
㉰ 물을 이용하는 못·실개울 등과 연계하여 설치하며, 관리가 철저히 이루어질 수 있는 부위에 설치한다.
㉱ 도섭지의 바닥은 타일소재 마감을 통해 수시로 발생할 수 있는 이끼 등의 청소가 용이하도록 한다.

풀이 도섭지의 바닥은 둥근 자갈 등 이용에 안전하고 청소가 용이한 재료와 마감방법으로 설계한다.

ANSWER
05 ㉮ 06 ㉱ 07 ㉰ 08 ㉰ 09 ㉰ 10 ㉱

11 주간선도로와 보조간선도로의 배치간격 기준은? (단, 시군의 규모, 지형조건, 토지이용계획, 인구밀도 등은 감안하지 않는다.) [산업기사 12.09.15]

㉮ 1000m 내외 ㉯ 750m 내외
㉰ 500m 내외 ㉱ 250m 내외

12 1,200세대가 거주할 수 있는 공동주택을 건설하는 경우 주택단지 안의 녹지에 설치할 수 있는 휴게시설의 최소 수량은? [산업기사 13.03.10]

㉮ 2개소 ㉯ 3개소
㉰ 4개소 ㉱ 5개소

13 노외주차장의 부대시설 설치와 관련된 설명 중 (   ) 안에 해당되는 것은? [산업기사 13.03.10]

> 노외주차장에 설치할 수 있는 부대시설(관리사무소, 휴게소 및 공중화장실 등)의 총면적은 주차장 총시설면적(주차장으로 사용되는 면적과 주차장 외의 용도로 사용되는 면적을 합한 면적을 말한다.)의 (   )를 초과하여서는 아니된다.

㉮ 5% ㉯ 10%
㉰ 15% ㉱ 20%

14 어린이공원의 설계 시 고려해야 할 사항 중 적당하지 않은 것은? [산업기사 13.03.10]

㉮ 어린이의 주 이용시간은 늦은 아침과 오후이므로 이때 햇빛이 잘 드는 곳에 설치한다.
㉯ 그늘은 앉아서 노는 부분과 부모의 휴식처 부근에 배치한다.
㉰ 미끄럼틀, 놀이조각 등 집중적인 놀이시설물은 입구에서 먼쪽에 설치하여 혼잡해지지 않도록 한다.
㉱ 도섭지(渡涉池), 연못 등은 중앙이나 사방에서 잘 보이는 부분에 배치한다.

풀이 집중놀이시설은 잘 보이는 곳에 배치

15 바닥 포장이 가져야 할 기능적이고 구성적인 요소로서 가장 관계가 먼 것은? [산업기사 13.06.02]

㉮ 방향의 지시
㉯ 통행속도와 리듬의 지시
㉰ 지면의 용도지시
㉱ 가로막기의 지시

16 연간이용자수가 3만명, 3계절형(1/60), 시설개장시간은 10시간, 평균체재시간은 4시간인 시설지의 최대 시 이용자수는? [산업기사 13.09.28]

㉮ 125명 ㉯ 200명
㉰ 300명 ㉱ 500명

$$30000 \times \frac{1}{60} \times \frac{4}{10} = 200\text{명}$$

ANSWER
11 ㉰ 12 ㉮ 13 ㉱ 14 ㉰ 15 ㉱ 16 ㉯

17 표준 골프코스는 18홀, 72파(par)로 구성한다. 다음 중 표준 골프코스의 구성으로 알맞게 된 것은? [산업기사 13.09.28]

㉮ 쇼트홀 4개, 미들홀 8개, 롱홀 6개
㉯ 쇼트홀 4개, 미들홀 6개, 롱홀 8개
㉰ 쇼트홀 6개, 미들홀 6개, 롱홀 6개
㉱ 쇼트홀 4개, 미들홀 10개, 롱홀 4개

18 운전 시 눈높이는 보행 시 눈높이와 다르다. 운전 시 각종 표지판을 잘 볼 수 있는 적당한 높이는? [산업기사 14.03.02]

㉮ 1.07 ~ 1.2m ㉯ 1.5 ~ 1.7m
㉰ 2.07 ~ 2.3m ㉱ 2.5 ~ 3.05m

풀이 운전시는 운전자가 앉아 있는 높이 정도가 적당하다.

19 도시 오픈 스페이스(open space)의 기능 설명으로 옳지 않은 것은? [산업기사 14.03.02]

㉮ 도시인들에게 여가 활동, 스포츠, 휴식 등을 위한 공간을 제공한다.
㉯ 화재, 지진 등의 재해 시 도시민들이 신속하고 안전하게 대피할 수 있는 피난처로 사용된다.
㉰ 공원과 녹지로 구성되어 있기보다는 주로 운동장이나 도로 등에 인공적 요소와 함께 구성되어 있다.
㉱ 자투리땅을 활용, 텃밭 등이 제공되어 도시농업을 가능하게 한다.

풀이 도시 오픈스페이스는 공원, 녹지, 운동장, 유원지, 공동묘지 등이 모두 포함되어 있다.

20 S. Gold의 레크리에이션의 접근방법 5가지 분류에 해당되지 않는 것은? [산업기사 14.03.02]

㉮ 자원접근방법 ㉯ 활동접근방법
㉰ 경제접근방법 ㉱ 토지이용접근방법

S. Gold 레크리에이션 접근방법
① 자원접근방법
② 활동접근법
③ 경제접근법
④ 행태접근법
⑤ 종합접근법

21 레크레이션 계획의 접근방법 중에서 공간 혹은 시설들의 사회적·생태적인 최소·충분·적정 수준의 공간적 기준을 고려하는 방법은? [산업기사 14.03.02]

㉮ 인구비례법
㉯ 이용자 - 자원 계획방법
㉰ 한계수용능력 방법
㉱ 면적비율법

한계수용능력 방법
최소한의 한계를 수용할 수 있는가에 따른 기준으로 공간적 기준을 고려하는 방법

22 어린이공원의 유희시설에 가장 적당한 색채는? [산업기사 14.03.02]

㉮ 적색이나 황색 등의 난색 계통
㉯ 순백색 계통
㉰ 청색 계통
㉱ 흑(검정)색 계통

풀이 어린이공원 유희시설은 밝고 따뜻한 색이 어울림.

ANSWER 17 ㉱ 18 ㉮ 19 ㉰ 20 ㉱ 21 ㉰ 22 ㉮

23 도로설계시 운전자가 속도에 따른 물체를 지각하는 과정이 맞는 것은?

[산업기사 14.05.25]

㉮ 반응(Reaction) → 지각(Perception) → 판단(Judgement)
㉯ 지각(Perception) → 판단(Judgement) → 반응(Reaction)
㉰ 판단(Judgement) → 지각(Perception) → 반응(Reaction)
㉱ 지각(Perception) → 반응(Reaction) → 판단(Judgement)

풀이 **지각에서 반응까지의 과정**

① 지각 : 감각기관이 생리적 자극을 통해 "받아들이는 과정"
② 인지 : 개인의 환경에 대한 지식, 이미지, 가치관 등에 의해 "해석되는 과정"
③ 판단 : 뇌에서 어떤것인가를 식별하고 어떻게 행동할 것인가를 결정하는 과정
④ 반응 : 실지 행동으로 나타나는 과정

24 자연성이 강한 레크리에이션 공간의 시설물 배치계획 기준으로 옳은 것은?

[산업기사 14.05.25]

㉮ 시설물의 형태, 재료, 색채 등은 가능하면 주변경관과 대비를 이루도록 하여 이용자의 시선을 끌도록 한다.
㉯ 구조물의 평면이 장방형인 경우에는 장변이 등고선에 수직이 되도록 배치한다.
㉰ 유사한 기능의 시설물들은 한곳에 모아서 배치하기보다는 분산배치하여 이용자의 편의를 도모한다.
㉱ 시설물의 평면은 행위의 종류, 기능, 이용패턴에 따라서 결정되며, 시설물의 안전을 위한 구조도 동시에 고려되어야 한다.

풀이 ① 주변경관과 조화를 이루어야 한다.
② 장변이 등고선과 평행되도록 한다.
③ 유사한 기능들은 한곳에 모아 배치하는 것이 좋다.

ANSWER 23 ㉯ 24 ㉱

MEMO

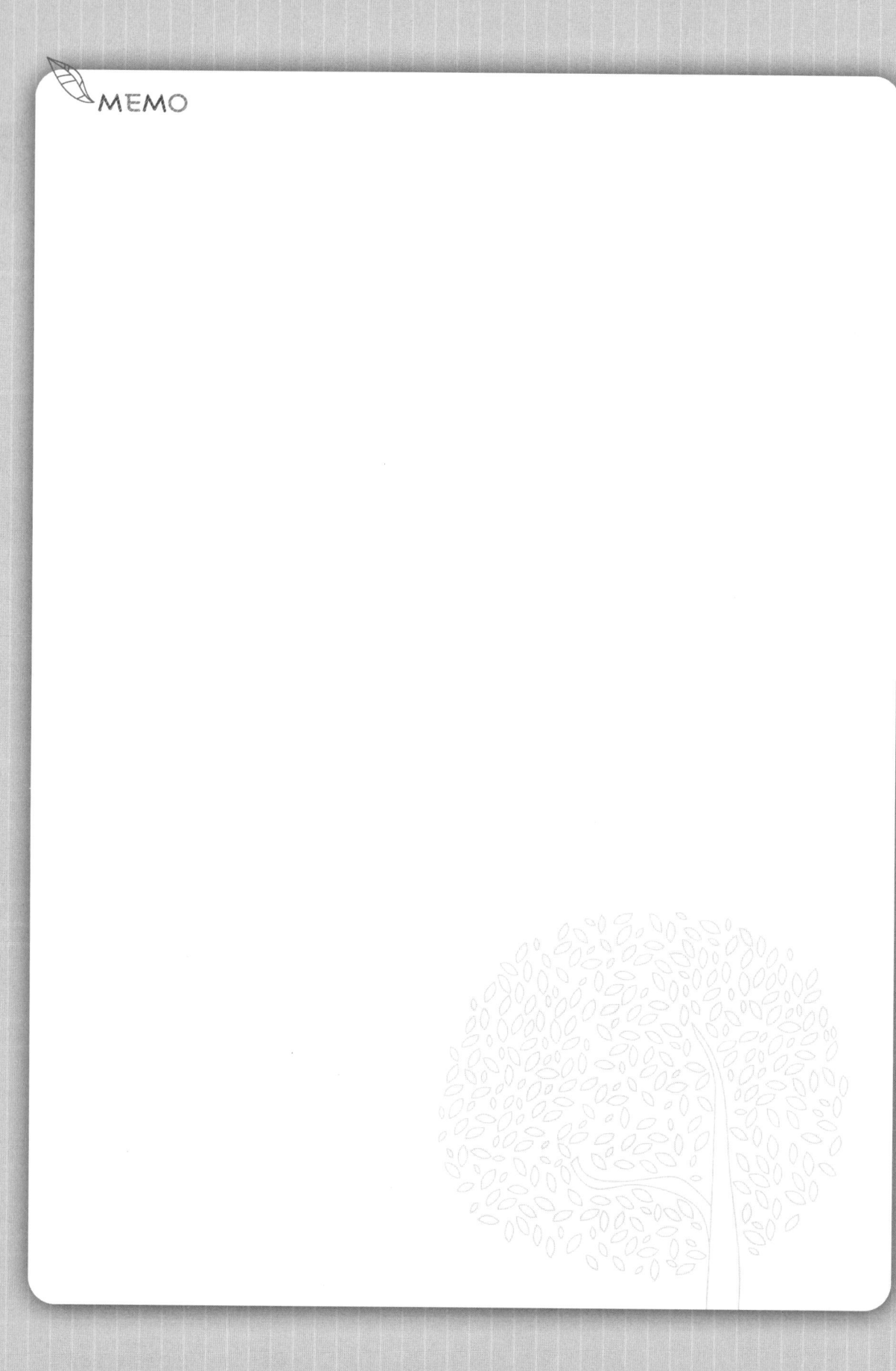

part 2

조경식재

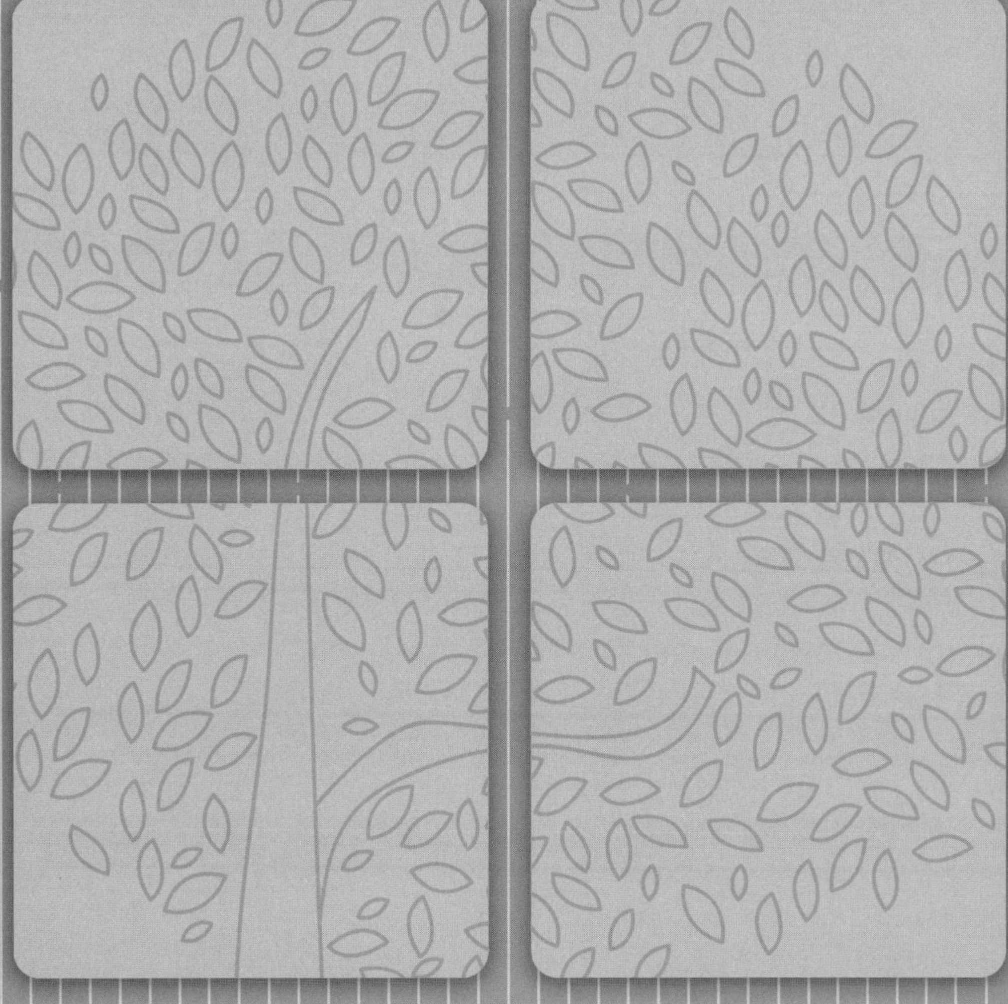

Industrial Engineer Landscape Architecture

식재일반

1 식재의 효과와 기능

1 식재의 의의

식재설계는 조경설계에 있어서 심미적 인자 및 생태적 인자를 고려한 식물의 기능적 이용을 다루는 것 즉, 시각적으로 바람직하고 생태적으로 건강한 식재를 하여 기능을 최대화함으로써 보다 나은 쾌적한 생활환경을 창조하는 데 기여하기 위한 노력이다.

2 식재의 효과

(1) 시각적 조절

① 섬광조절
- ㉠ 반사광에 의한 시각적 피로를 완화하는 기능
- ㉡ 수광지역에 가까이 식재할수록 차광효과가 높아진다.
- ㉢ 섬광이란 태양광과 인조광 등의 직사광을 모두 가리킴

② 공간 만들기
- ㉠ 식물의 건축적 이용에 해당
- ㉡ 식물에 의해 벽, 천장, 바닥면을 창조해 시각적 공간감을 부여함을 뜻함
- ㉢ 식물이 성장하면서 공간이 변화하므로 정확한 예측이 필요함

③ 사생활 조절
- ㉠ 식재의 높이와 투시도를 통해 시각적으로 격리하므로 사생활의 수준이 결정됨

④ 차폐
- ㉠ 차폐란 매력적이지 못한 경관이나 대상을 보다 좋은 소재를 사용하여 시각적으로 가리는 것
- ㉡ 차폐는 적극적 차폐(차폐를 통해 환경의 질을 높이려는 것)와 소극적 차폐(시야에서 단순히 추한 환경을 차단하는 것)가 있으며, 식재에 의한 차폐는 적극적 차폐에 해당함

⑤ 시선유도
㉠ 관찰자가 식재지를 통과해 지나감에 따라 주요 경관이 차츰 나타나게 하는 식재
㉡ 수목으로 경관을 짜서 시야를 제한해 시선유도함

(2) 물리적 울타리

① 식재에 의한 울타리는 사람의 이동을 효과적으로 조절할 수 있다.
② 식재 높이에 의해 조절효과가 달라짐
㉠ 90~180cm : 통행이 매우 효과적으로 조절됨
㉡ 180cm 이상 : 통행뿐 아니라 시선조절도 가능

(3) 기후조절(국지적인 미기후를 변화시키는 것)

① 태양복사 및 온도의 조절
㉠ 식물은 아스팔트나 어두운 표면보다 태양복사 반사비율이 높고, 흡수된 열도 빨리 방사함
㉡ 여름날 녹음수가 시원한 그늘을 제공하는 것이 대표적인 예
② 바람조절
㉠ 식물은 바람을 차단, 유도하여 쾌적한 기후를 형성함
㉡ 식재의 높이, 식재밀도, 식재폭에 의해 바람 감소율이 결정되며, 식재높이가 가장 중요하며, 다음으로 밀도와 형태가 중요함
㉢ 방풍효과가 미치는 거리는 바람막이 높이에 비례
ⓐ 대체로 높이의 5배 수평거리에서 방풍효과가 가장 큼
ⓑ 그 점을 지나 점점 풍속이 증가해 30배 거리에서 효과가 상실함
㉣ 조밀한 방풍림은 풍속을 75~85%까지 감소시킨다.
③ 강수 및 습도조절
㉠ 강우의 상당량이 잎에 모여 강수를 조절하며, 식물 체내에 상당량의 수분을 보유하고 있어 호흡작용으로 방출하여 습도를 조절함
㉡ 잎이 많고 증산량 많은 수종이 효과적

(4) 소음조절

① 식생은 고주파소음 조절에 효과가 더 크다.
② 수관이 지면에 거의 닿고 지엽이 밀생하는 상록수가 소음조절 효과가 크다.
③ 한 가지 수목만의 식재는 고음파 저음에는 효과 있으나 중음 조절능력이 떨어져 혼식이 더 바람직하며, 진디나 지피식물도 소음조절 효과가 상당함
④ 식재대는 크고 치밀하고, 최소한 7~8m 폭은 되어야 가능하며 넓을수록 좋다.

⑤ 소음조절식재는 마운딩과 함께 조절하면 효과가 높아진다.

(5) 공기정화

① 연기나 먼지, 오염가스를 흡수 또는 침착함으로서 공기를 정화
② 잎에 섬모가 있는 식물이 정화능력이 높다.
③ 180m 정도의 넓은 식재대는 먼지 감소율 75% 정도됨

(6) 토양침식 조절

① 빗물의 충격을 줄이고 뿌리에 의해 토양입자를 고정시켜며, 표면유수를 감소시켜 토양 침식을 억제함
② 잔디같은 지피식물이 가장 빠른 효과를 얻을 수 있음

3 식재의 기능

(1) 건축적 이용

① 사생활의 보호
② 차단 및 은폐
③ 공간분할
④ 점진적인 이해

(2) 공학적 이용

① 토양침식 조절
② 섬광조절
③ 음향조절
④ 반사광선 조절
⑤ 대기정화 작용
⑥ 통행조절

(3) 기상학적 이용

① 태양 복사열 조절 작용
② 바람의 조절 작용
③ 우수의 조절 작용
④ 온도의 조절 작용

⑤ 습도의 조절 작용

(4) 미적 이용

① 조각물로서의 이용
② 반사
③ 영상
④ 섬세한 선형미
⑤ 장식적인 수벽
⑥ 조류 및 소동물 유인
⑦ 배경용
⑧ 구조물의 유화

4 식물성상별 식재효과와 이용

① 교목
  ㉠ 가장 크고 영속적, 녹음수 기능이 가장 뚜렷함. 그 외 경관 프레임 형성, 차폐, 배경으로 사용
  ㉡ 상록성 교목은 겨울철 햇빛 필요지역에 식재하면 안 됨
② 관목
  ㉠ 인간척도 수준으로 공간 스케일을 만들 수 있음
  ㉡ 이용 가능한 수종이 많고 교목과 함께 하부식재로 이용
③ 지피식물
  ㉠ 관목과 함께 지표면의 흥미 있는 질감 주기
  ㉡ 외관 향상, 토양침식 억제효과
  ㉢ 통행이 많은 지역을 피하고, 관찰거리가 가까울수록 섬세하고 치밀하게 식재
④ 초화
  ㉠ 겨울을 나지 못해 영구적이지 못함
  ㉡ 경관 내 액세서리 용도로 화단식재, 초화경재식재 등으로 이용
  ㉢ 한 계절 택해 효과 극대화하도록 식재

5 푸르름의 효과

① **푸르름의 물리적 효과** : 기후완화, 대기정화, 소음방지, 방풍, 방화 등 주로 물리적인 환경요소를 완화하고 재해를 방지하는 기능에 대한 효과

② **푸르름의 심리적 효과** : 인간이 오감을 통해서 푸르름과 접촉할 때 인간의 심리에 미치는 효과

6 식재에 대한 사고

① 조경식재는 식물에 의한 환경형성효과나 환경보전 효과를 중요시하여 그것에 의하여 보다 나은 인간 생활공간을 구성하고자 하는 행위이다.

② 조경식재는 살아있는 식물 재료를 구사하여 공간구성을 하기 때문에 구성재료 자체가 생장, 생육 등 소위 생물로서의 생활 현상을 영위한다.

CHAPTER 01 식재일반

실전연습문제

01 수목을 건축적으로 이용했을 때 발생하는 기능과의 관계 설명으로 부적합한 것은? [산업기사 11.03.02]

㉮ 소공간의 특색을 인지시키는 분할 조정
㉯ 하나의 물체로서의 음향 감소
㉰ 특정한 경관의 은폐
㉱ 사생활의 보호

02 식재로 얻을 수 있는 기능 중 기상학적 효과는? [산업기사 11.06.12]

㉮ 태양 복사열 조절
㉯ 대기정화 작용
㉰ 토양 침식조절
㉱ 반사조절

풀이 ㉯·㉰·㉱ 항목은 공학적 이용에 해당
- 기상학적 이용 : 태양복사열 조절, 바람의 조절, 우수의 조절, 온도의 조절, 습도의 조절

03 실내공간의 식물 기능과 역할 중 식물을 이용하여 어떤 특정한 곳을 주변으로부터 격리시키는 건축적 기능은? [산업기사 11.10.02]

㉮ 사생활 보호 ㉯ 동선의 유도
㉰ 공기의 정화 ㉱ 음향의 조절

풀이
- 식물의 건축적 이용 : 사생활 보호, 차단 및 은폐, 공간분할, 점진적인 이해
- 식물의 공학적 이용 : 토양침식조절, 섬광조절, 음향조절, 반사광선조절, 대기정화작용, 통행조절

04 식물의 식재효과와 이용에 관한 설명으로 옳지 않은 것은? [산업기사 12.05.20]

㉮ 교목은 경관의 프레임을 형성한다.
㉯ 관목은 오픈스페이스에 공간감과 규모감을 준다.
㉰ 지피식물은 지표면의 외관을 향상시키고 토양의 침식을 억제하는 효과가 있다.
㉱ 초화류는 다른 경관요소와 견주어 두드러지지 않아야 한다.

05 조경식재의 기능을 건축적, 공학적, 기상학적, 미적으로 구분할 때 기상학적 이용 효과에 해당하는 것은? [산업기사 14.03.02]

㉮ 대기 정화작용
㉯ 섬광조절
㉰ 태양복사열 조절작용
㉱ 조류 및 동물유인

풀이
- 기상학적 이용
  ① 태양 복사열 조절 작용
  ② 바람의 조절 작용
  ③ 우수의 조절 작용
  ④ 온도의 조절 작용
  ⑤ 습도의 조절 작용
- 공학적 이용
  ① 토양침식조절 ② 섬광조절
  ③ 음향조절 ④ 반사광선 조절
  ⑤ 대기정화 작용 ⑥ 통행조절
- 미적 이용
  ① 조각물로서의 이용 ② 반사
  ③ 영상 ④ 섬세한 선형미
  ⑤ 장식적인 수벽 ⑥ 조류 및 소동물 유인
  ⑦ 배경용 ⑧ 구조물의 유화

ANSWER 01 ㉯ 02 ㉮ 03 ㉮ 04 ㉯ 05 ㉰

2 배식원리

1 정원구성에서 배식의 의의

① 관련과 대립으로서의 구성
② 아름다움으로서의 구성
③ 조화 및 연계로서의 구성
④ 단절, 혼합으로서의 구성
⑤ 생산성으로서의 구성

> Tip
> **정원수 아름다움의 3대 원리**
> 색채미, 형태미, 내용미

2 식재설계의 물리적 요소

(1) 형태

① 가장 먼저 고려해야 하는 요소
② 수목 형태종류
㉠ 원주형 : 양버들, 이탈리안 사이프레스, 비자나무 등
㉡ 원통형 : 측백나무, 사철나무, 포플러 등
㉢ 원추형 : 전나무, 삼나무, 독일가문비, 낙엽송, 금송, 개잎갈나무 등
㉣ 우산형 : 편백, 화백, 매화나무, 솔송나무 등
㉤ 탑형 : 개잎갈나무, 섬잣나무, 가이즈까 향나무 등
㉥ 원개형 : 느티나무, 팽나무, 산벚나무, 녹나무, 후피향나무, 회양목 등 지하고가 낮고 수목이 옆으로 확장하는 지엽을 형성
㉦ 타원형 : 녹나무, 느릅나무, 치자나무, 박태기나무 등
㉧ 난형 : 가시나무, 구실잣밤나무, 메밀잣밤나무 등
㉨ 역삼각형(편정형) : 느티나무, 계수나무, 자귀나무 등
㉩ 구형 : 반송, 수국 등
㉪ 횡지형(불규칙형) : 단풍나무, 자귀나무, 배롱나무, 석류나무 등
㉫ 종지형(종모양) : 수양버들, 싸리 등
㉬ 포복형 : 누운향나무, 뚝향나무, 진백 등
㉭ 피복형 : 잔디, 눈주목, 조릿대 등

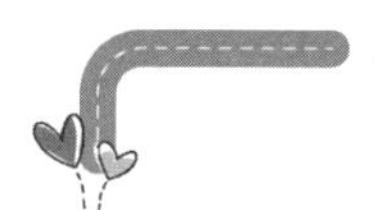

ⓐ 만경형 : 으름덩굴, 등나무, 능소화 등

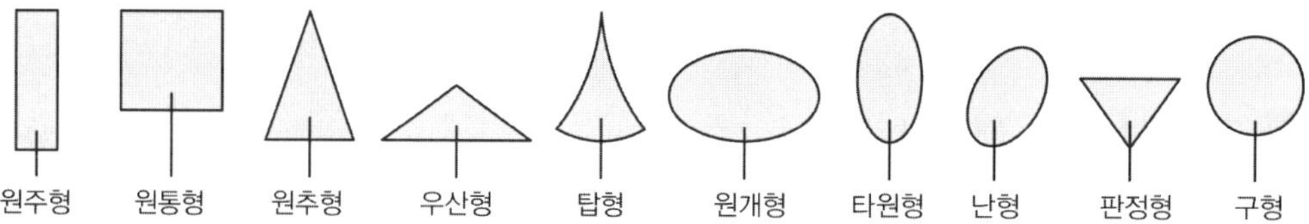

③ 대체로 낙엽관목류 - 직립형, 원형, 낙엽교목류 -원형, 난형, 능수형 상록성 수종 - 피라미드형이나 원형이 많다.

④ 식재설계 시 형태 이용 방법

㉠ 단일식재 시 3차원적인 볼록한 형태 - 여러 가지 시선을 돌아보게 하는 외부 체험적 특징, 오목한 형태 - 내부로부터의 시각적 경험이 유리한 형태임.

㉡ 여러 가지 수형을 다양하게 결합한 형태는 리드미컬한 선의 효과와 다양한 변화, 흥미를 제공함

(2) 질감

① 식재구성의 두 번째 요소

② **거친질감 수목** : 큰 잎, 줄기, 눈가진 식물, 듬성듬성한 잎을 가진 식물
고운질감 수목 : 두껍고 촘촘한 잎 가진 식물

③ 잎 표면의 질에 따라

㉠ 한쪽 광택, 한쪽 희게 보이는 잎 : 고운 질감

㉡ 길고 가는 엽병 가진 식물, 길고 뾰족한 모양의 식물 : 고운 질감

㉢ 작은 잎, 짧은 엽병 가진 식물 : 거친 질감

④ 바라보는 거리에 따라

㉠ 가까이에서는 잎 표면의 질감에 따라 느껴짐

㉡ 멀리서는 수목 전체의 질감에 따라 전체 빛과 음영의 효과로 느껴짐

⑤ 빛과 그림자에 따라

㉠ 부드러운 질감의 그림자 : 엷게 보임

㉡ 거친 질감의 그림자 : 진하게 보임

⑥ 식물연령에 따라

㉠ 어린식물 : 거친 질감(잎이 크고 무성)

㉡ 노목 : 부드러운 질감(작은 잎)

⑦ 식재설계 시 질감의 이용방법

㉠ 연속적 변화를 주기 위해 첫 번째 식물은 거친 한주 → 잎 크기가 앞의 1/2인 수목 3주 → 더 고운 잎 수목 7주 이러한 방법으로 자연스럽게 변화감 주기

㉡ 보는 시선을 거친 곳에서 고운 곳으로 이동되도록 함

㉢ 구석진 곳의 양끝은 거친 질감 식재. 관목식재군 다음에는 점차 중간 정도 질감이나 밀도 가진 수목을 사용하고 중간지점이나 모퉁이에는 제일 부드러운 질감의 수목 배치

㉣ 동일질감을 많이 사용하지 말고 적은 면적에는 거친 질감을 사용하지 말 것

㉤ 보는 사람에 따라 심리학적 물리학적 효과가 있으며

ⓐ 고운 질감 → 중간 질감 → 거친 질감 : 식재구성을 앞으로 끌어당긴다(공간이 가깝게 보임)

ⓑ 거친 질감 → 중간 질감 → 고운 질감 : 식재구성이 멀어 보임(공간이 멀어 보임)

(3) 색채

① 세 번째 디자인 요소로서 가장 강력한 호소력과 반응을 일으키는 요소

② 바라보는 거리, 직·간접의 빛의 양, 그늘의 양, 식재지역의 토양상태에 따라 색채가 다르게 보여짐

③ **설계가에게 주로 이용되는 색채종류**

㉠ 바탕색 : 기본색으로 경관에 나타난 조망과 잘 어울리도록 하기 위해 이용

㉡ 강조색 : 식재구성 중 어떤 특질을 강조하기 위해 사용

④ **식재 설계 시 색채 이용방법**

㉠ 울타리, 포장, 건물이 낮은 명도와 채도를 가진 중간색채를 갖게 해 한층 작고 멀게 보임

㉡ 정원에서 녹색 잎 식물 : 화려한 식물의 비를 9 : 1 정도 되게

㉢ 꽃 색은 같은 시기 개화 꽃이 조화를 이루게 함

㉣ 붉은 가지 말채나무, 수피가 흰 자작나무는 껍질과 잔가지에 특이한 색을 가짐으로 배경색과 조화를 이루게 배경으로 상록수를 식재하면 여름에 잎의 강한 대비와 겨울에는 진한 녹색 상록수 잎에 대비되는 수피가 매력적이 됨.

⑤ **식재구성에서 색채 사용 시 고려사항**

㉠ 사람들은 빛과 선명한 색에 쏠리는 심리적 경향이 있음

㉡ 잔잔한 빛과 시원한 색은 우울한 감상을 더욱 진하게 함

㉢ 밝은 빛, 따뜻한 색은 흥분시키는 경향이 있어 보는 사람의 시선을 공간을 통해 이동하게 유도할 수 있다.

㉣ 색변화는 연속성 파괴하지 않게 점진적 단계를 두어야 함

㉤ 따뜻한 색은 가깝게 전진하는 느낌, 찬색은 멀어져 후퇴하는 느낌

㉥ 희미하고 연한 색은 고운 질감, 밝고 선명한 색은 거친 질감의 느낌

3 식재설계의 미적요소

① 통일성

㉠ 동질성 창출을 위한 여러 부분들의 조화 있는 조합

㉡ 통일성은 6가지 요소(단순, 변화, 균형, 강조, 연속, 비례)의 성공적인 조합으로 달성

㉢ 통일성의 목적 : 매력과 주위를 집중시켜 디자인 이해를 도와 전체를 질서 있는 단위로 유기적 관련을 갖게 하는 것

② 단순

㉠ 단순은 우아함을 낳는다.

㉡ 단순함은 반복에서 창조된다.

㉢ 식물형태의 반복은 우리 눈이 경관 전체에 기분 좋게 옮겨 가게 하면 친숙한 장면에서 안도감을 느낌

㉣ 지루함을 방지하기 위해 주의 깊게 단순을 절제해야 함

③ 변화

㉠ 변화는 다양성, 대비를 가져옴

㉡ 지나친 반복은 단조로움을 가져오며, 지나친 변화는 혼잡한 경관을 만들어 냄.

④ 균형

㉠ 대칭균형과 비대칭균형으로 나눔

㉡ 색채를 활용하면 시각적 무게를 더해 줄 수 있음

㉢ 거친 질감은 무겁게 느껴지며, 고운질감은 가볍게 느껴짐

⑤ 강조

㉠ 경관출현에 극적효과 가짐

㉡ 주의력 집중, 시각적 구성 조절

㉢ 너무 많으면 불쾌, 혼돈감을 줌

㉣ 색채, 질감, 선 등을 활용해 강조 가능

⑥ 연속

㉠ 형태, 질감(고운 질감 → 중간 질감 → 거친 질감), 색채(밝은 색 → 중간 색 → 어두운 색)의 적절한 연속

㉡ 식물 집단의 생장능력 고려하여 연속감 있게

⑦ 스케일

㉠ 대상물의 절대적인 크기(대상물의 크기, 치수), 상대적 크기(비례로서 판단) 가리키는 척도

㉡ 부지의 크기에 따라서 작은 스케일의 부지는 조망거리가 짧아 식물체계의 미세한 부분까지 접근해 관찰할 수 있게 방향식물 사용 등을 고려해야 함

CHAPTER 01 식재일반

실전연습문제

01 "Zelkova serrata"의 수관 기본형으로 적당한 것은? [산업기사 11.06.12]

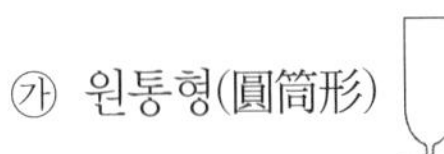

㉮ 원통형(圓筒形)

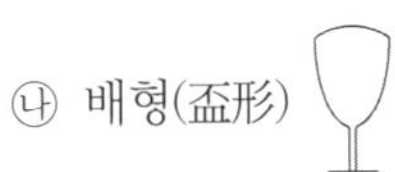

㉯ 배형(盃形)

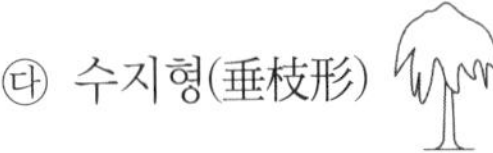

㉰ 수지형(垂枝形)

㉱ 구형(球形)

풀이 느티나무에 대한 설명

02 주변 요소와 주종관계를 형성함으로써 관찰자의 시선을 집중시키는 식재 기법은? [산업기사 11.10.02]

㉮ 연속　　㉯ 통일성
㉰ 강조　　㉱ 균형

03 수관의 질감(texture)이 거친 느낌을 주어 서양식 건물에 가장 잘 어울리는 수종은? [산업기사 12.03.04]

㉮ *Rhododendron schlippenbachii* Maxim
㉯ *Fatsia japonica* Decne & Planch
㉰ *Albizia julibrissin* Durazz
㉱ *Spiraea prunifolia for. simpliciflora* Nakai

풀이 ㉮ 철쭉　㉯ 팔손이나무
㉰ 자귀나무　㉱ 조팝나무

04 공간형성의 가장 기본적 요소인 바닥면(ground plane), 수직면(vertical plane), 관개면(overhead plane)을 식물재료를 이용하며 공간을 한정시키는 방법은? [산업기사 12.05.20]

㉮ 위요(enclosure)
㉯ 틀형성(enframement)
㉰ 축(axis)
㉱ 연속성(sequence)

05 경관식재에서 주연부식재는 주변의 지형과 식생, 경관 등과 조화되고, 생태적으로 안정된 식생구조를 얻기 위한 식재로 다음 중 주연부식재로 많이 사용되는 상록활엽수는? [산업기사 13.09.28]

㉮ *Camellia japonica* L.
㉯ *Symplocos chinensis for. pilosa* (Nakai) Ohwi.
㉰ *Stephanandia incisa* (Thunb.) Zabel var. incisa
㉱ *Carpinus laxiflora* (Siebold & Zucc.) Blume.

풀이 ㉮ *Camellia japonica* L. : 동백나무
㉯ *Symplocos chinensis for. pilosa* (Nakai) Ohwi. : 노린재나무
㉰ *Stephanandia incisa* (Thunb.) Zabel var. incisa : 국수나무
㉱ *Carpinus laxiflora* (Siebold & Zucc.) Blume. : 서어나무

ANSWER
01 ㉯　02 ㉰　03 ㉯　04 ㉮　05 ㉮

06 수관의 질감(質感)이 제일 거친 수종은?
[산업기사 14.03.02]

㉮ 느티나무　　㉯ 수양버들
㉰ 단풍나무　　㉱ 양버즘나무

- 양버즘나무 : 수피가 암갈색으로 껍질이 세로로 갈라지는 형태로 질감이 거칠다.
- 거친 수관의 질감 수종 : 플라타너스, 백합나무, 소철, 벽오동, 태산목 등

07 좁은 공간의 면적을 넓게 보이려면 시각자로부터 멀어져 가면서 어떤 방법으로 식재하여야 하는가? [산업기사 14.05.25]

㉮ 거친 질감으로부터 점점 고운 질감으로 식재
㉯ 거친 질감과 고운 질감을 교대로 식재
㉰ 고운 질감으로부터 점점 거친 질감으로 식재
㉱ 중간질감 → 고운질감 → 거친질감으로 식재

풀이 거친질감 수목은 더 가깝게, 고운질감 수목은 더 멀게 느껴짐으로 거친질감에서 고운질감으로 식재하는 것이 멀어져 보이는 효과 가져옴.

ANSWER 06 ㉱ 07 ㉮

3 식생과 토양

1 토양의 물리, 화학적 성질

① 물리적 성질

㉠ 점토 함유량에 따라

사토	사양토	양토	식양토	식토
12.5%	12.5~25%	25~37.5%	37~50%	50% 이상

㉡ 입경구분

점토	실토	세사	조사	자갈
0.002mm	0.002~0.02mm	0.02~0.2mm	0.2~2mm	2mm 이상

㉢ 수목에는 양토, 사양토 같은 보수력과 통기력 좋은 토양이 바람직

㉣ 단립(團粒)구조 토양이 식물에 좋음 : 단립(團粒)이란 몇 개 토립이 모여 하나의 덩어리를 만드는 것으로 비가 빨리 하층으로 스며들며, 비가 그치면 곧 큰 틈에는 공기, 작은 틈에는 물이 가득해 식물생육에 좋은 상태가 됨.

㉤ 식물 생육에 알맞은 흙의 용적비율 : 광물질(45%)+유기질(5%)+공기(20%)+수분(30%)

㉥ 토양 이학성을 나타내는 용어

ⓐ 용적중 : 일정용적의 토양 속에 함유되어 있는 건조세토의 중량. 용적중이 클 때는 토양구조의 발달이 불량하고 견밀한 경우가 많다.

ⓑ 공극률 : 토양이 차지하는 용적에 대해 물 및 공기가 차지하는 체적의 백분율. 공극률이 클수록 식재상의 조건은 좋다.

ⓒ 최대 용적량 : 토양이 포화수분상태에 놓여 있을 때의 함수량. 수치가 클수록 식물의 생육에 좋다.

ⓓ 최대 용기량 : 토양이 포화수분상태에 있을 때 그 속에 남아있는 공기량의 백분율

② 화학적 성질

㉠ 표토층 A층이 부식이 가장 많이 되어 식물에게 바람직

㉡ 표토층은 단립구조이며, 부식이 양분 보유능력과 물 흡수능력을 높이며, 미생물 발생을 촉진시킴

㉢ 토양의 화학적 성질 판단기준

C/N율	토양비옥도 판단기준
pH	pH 7에 가까울수록 식물에 유용
치환산도	수치가 작을수록 식물에 유용

2 토양 수분

① 종류
㉠ 흡습수 : 흙 입자 표면에 분자 간 인력에 의해 흡착되는 수분
㉡ 모관수 : 흙 공극의 표면장력에 의해 유지되는 수분, 식물이 이용 가능한 수분
㉢ 중력수 : 중력에 의해 아래로 이동하는 수분

② **식물이 이용 가능한 수분** : 모관수(pF 2.7~4.5) 중 pF 2.7~4.2 범위의 유효수
㉠ 영구 위조점 : pF 4.2에 도달하여 식물이 고사하는 점
㉡ 초기 위조점 : pF 3.9에 도달할 때
㉢ 위조점 : 시들은 식물을 습기 포화된 상황에 24시간 노출시켜도 회생되지 못할 때의 토양수분량. 따라서 초기위조점이 되기 전에 관수해야 함

3 토양 양분

① **식물에 필요한 다량원소** : C, H, O, N, P, K, S, Ca, Mg
② **식물에 필요한 미량원소** : Fe, Hn, Cu, Zn, B, Mo, Cl
③ **비료목** : 지력이 낮은 척박지에 지력을 증진시키기 위한 수단으로 근류근을 가진 수종.
예 아까시나무, 자귀나무, 싸리, 족제비, 칡, 사방오리나무, 산오리나무, 오리나무, 보리수 등

4 토양 반응(산도)

① 보통 점토 pH 5.0~6.5, 산림토양 pH 7.0보다 낮게, 보통은 pH 4.5~6.5, 콩과식물 pH 6.0 이상
② **토양의 부식질 함량** : 5~20% 적당
③ Kenturky Blue grass 적합 토양산도 : pH 6.0~7.8

5 토심(표토층의 깊이)

분 류	잔디, 초본	소관목	대관목	천근성교목	심근성교목
생존최소심도(cm)	15	30	45	60	90
생육최소심도(cm)	30	45	60	90	150

① 조경설계기준 토심기준

㉠ 식물의 생육토심

식물의 종류	생존 최소 토심(cm)			생육 최소 토심(cm)		배수층의 두께
	인공토	자연토	혼합토 (인공토 50% 기준)	토양등급 중급이상	토양등급 상급이상	
잔디, 초화류	10	15	13	30	25	10
소관목	20	30	25	45	40	15
대관목	30	45	38	60	50	20
천근성 교목	40	50	50	90	70	30
심근성 교목	60	75	75	150	100	30

㉡ 인공지반에 식재된 식물과 생육에 필요한 식재토심

형태상 분류	자연토양 사용 시(cm 이상)	인공토양 사용 시(cm 이상)
잔디/초본류	15	10
소관목	30	20
대관목	45	30
교목	70	60

Tip

최소유효심도란?

생육에 필요한 수분과 양분 및 호흡작용에 필요한 공기를 확보할 수 있는 동시에 근계의 보존이 가능한 깊이

6 토성

① **수목의 생육에 알맞은 토양** : 사양토, 양토, 식양토

② **식토** : 점토 함유량이 많아 토양 입자의 응집력이 크고 점성과 가소성, 보수력이 큼. 통기성이 나쁘고 배수성이 불량하며 점기가 크다.

③ **사토** : 보수성이 낮고 양분 흡착력이 약하다.

7 토양 견밀도(토양 경도)

① 잔디 18~24mm, 수목 23~25mm 정도에서 성장 우수

② **견밀토양에서 잘 생육하는 수목** : 소나무, 참나무류, 서어나무, 리기다 소나무, 젓나무, 일본잎갈나무, 느티나무 등

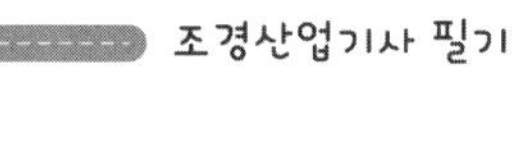

③ 견밀도가 낮은 토양에서 잘 생육하는 수종 : 밤나무, 느릅나무, 아카시아, 버드나무, 오리나무, 삼나무, 편백, 화백 등

8 토양단면

① A0층 : 부식질이 충분히 함유되어 있어 식물 생육에 가장 중요한 부분

② 토양단면도

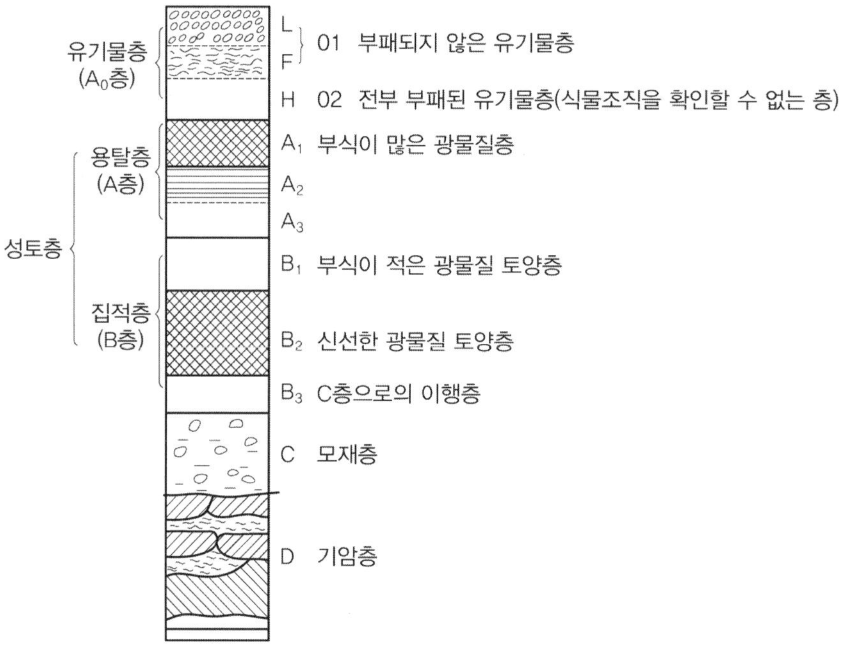

CHAPTER 01 식재일반

실전연습문제

01 식물생육에 가장 알맞은 토양 구성은 적당한 토양공기와 토양 수분이 있어야 뿌리의 호흡과 수분흡수가 적합하다. 다음 중 어느 것이 가장 적합한 토양 구성인가? (단, 구성비율은 무기물 : 유기물 : 토양공기 : 토양수분의 순이다.) [산업기사 11.03.20]

㉮ 5% : 45% : 30% : 20%
㉯ 45% : 5% : 25% : 25%
㉰ 5% : 35% : 40% : 20%
㉱ 45% : 5% : 30% : 20%

02 토양단면(soil profile) 중 미생물과 식물 활동이 왕성하고 낙엽의 분해 생산물이 침투되어 흑갈색을 띄며, 기후, 식생 등의 영향을 직접 받아 가용성염기류가 아래층으로 이동하는 토양 단면층은? [산업기사 12.03.04]

㉮ 유기물질(O층) ㉯ 용탈층(A층)
㉰ 직접층(B층) ㉱ 모재층(C층)

03 표토에 대한 설명으로 거리가 먼 것은? [산업기사 14.03.02]

㉮ 부식질을 많이 포함하고 있다.
㉯ 황갈색이나 갈색을 띤다.
㉰ 표층토 또는 A층이라고도 한다.
㉱ 양분을 많이 보유하고 있으며 수분 함유량이 크다.

풀이 • 표토 : 부식이 많이 이루어져 흑색, 암색을 띈다.

04 토양의 비옥도에 따른 분류 중 비옥한 토양을 좋아하는 수종만으로 구성된 것은? [산업기사 14.05.25]

㉮ 향나무, 소나무
㉯ 느티나무, 오동나무
㉰ 자작나무, 중국단풍
㉱ 등나무, 능수버들

풀이 **비옥지 요구도가 큰수종**

가시나무, 느티나무, 녹나무, 오동나무, 느릅나무, 밤나무, 가중나무, 은행나무, 팽나무, 동백나무, 낙우송, 가래나무, 층층나무, 피나무, 왕느릅나무

05 토양단면에서 부식이 바로 위에 있는 층보다 적고 갈색 또는 황갈색을 띠며 가용성 염기류가 많으며 비교적 견밀한 특징을 구비한 토양층은? [산업기사 14.09.20]

㉮ 모재층 ㉯ 용탈층
㉰ 집적층 ㉱ 유기물층

풀이 **토양의 단면**

1. Ao층 (유기물층)
   - L층(Litter Layer) : 낙엽이 분해되지 않고 원형 그대로 쌓여있음
   - F층(Fomentation Layer) : 낙엽이 소동물 혹은 미생물에 의해 분해되지만 다소 원형 유지. 식물의 조직을 육안으로 알 수 있고 유체 식별 가능
   - H층(Jumus Layer) : 육안으로 낙엽의 기원을 전혀 알 수 없는 유기물, 흑갈색
2. A층(표층) : 광물 토양의 최상층으로 외계와 접촉되어 그 영향을 직접 받는 층. 식물에 필요한 양분이 가장 풍부함.
3. B층(집적층) : 표층에 비해 부식함량이 적어 황갈색, 적갈색. 가용성 염기류가 많음
4. C층(모재층) : 광물질이 풍화된 층
5. D층(기암층)

ANSWER 01 ㉯ 02 ㉯ 03 ㉯ 04 ㉯ 05 ㉰

CHAPTER 2 식재계획 및 설계

1 식재계획

1 식재설계순서

부지분석 → 식재기능 선정 → 식물 선정 → 설계

2 녹지수립 과정

① **단일형** : 지방공공단체가 계획의 책임자로 모든 여건을 고려해 계획 결정하는 방식
② **선택형** : 전문가가 여러 안을 내놓으면 일반주민들의 의견으로 좋은 것을 결정하는 방법
③ **연환형** : 목표에 따라 계획안의 만족도를 점검할 수 있도록 짝지어 놓은 양식

★★★ 2 식재환경

1 온도

① **수목생육에 관한 온도** : 최적온도 : 24~34℃, 최고온도 36~46℃, 최저온도 : 0~16℃
② **유효온도** : 15℃ 이상이면 생장 등 생리활동 시작
③ **일반적 수목생장 최적온도** : 20℃ 내외
④ **적산온도** : 일정한 기간 내의 온도를 합산한 것
㉠ 일적산온도 : 일 평균기온으로부터 그 식물의 생육에 관여되지 않는 저온을 매일 가산해간 수치로 벚나무 개화나 단풍예측에 적용
㉡ 월적산온도 : 일적산온도와 같이 월평균기온을 매월 가산한 수치로 온량지수와 함께 식재수종 선정의 기준에 적용

㉢ 온량지수 : 식물의 생육 가능한 온도를 일 평균기온 5℃로 보고, 월평균기온이 5℃이상 되는 달의 평균기온으로부터 5℃를 제한수치를 1년간 합계한 수치. 식물의 종이나 삼림대의 분포한계와 밀접

㉣ 한량지수 : 각 월평균온도에서 5℃ 이하 되는 것을 골라 -5℃를 한 온도를 1년간 합계 한 수치

Tip

식물의 생육, 생장에 밀접한 관계가 있는 온도

유효온도, 적산온도, 연평균기온, 월평균기온, 최저기온

2 광선

① **식물의 생육에 필요한 광요인** : 빛의 강도, 빛의 성질, 빛의 계속시간

② **광파장** : 녹적색광이 식물생육에 필요

③ **광량**

㉠ 식물이 생장할 수 있는 광량 : 전수광량의 50%(음수), 전수광량의 70%(양수)

㉡ 잎 한 장에 대한 전수투광량 : 10~30%

㉢ 고사한계의 최소수광량 : 5%(음수), 6.5%(양수)

④ **광포화점** : 광도가 낮은 경우에 광합성을 위한 CO_2의 흡수와 호흡작용에 의한 CO_2의 방출이 같은 양을 이룰 때의 점, 즉 광포화점이 낮은 식물-음지식물, 광포화점이 높은식물-양지식물

3 공해

① 공해에 대한 내구성

㉠ 상록활엽수가 낙엽활엽수에 비해 강하다.

㉡ 상록수는 강해 보이지만 대체로 약하다.

㉢ 가장자리에 있는 나무가 피해를 입기 쉽다.

㉣ 봄에서 여름까지 생장최성기에 피해를 입기 쉽다.

㉤ 지표식물 : 인체보다 오염에 대한 감수성을 이용하여 오염에 가장 예민한 서양나팔꽃, 스카알렛, 오하라 등을 이용해 공해를 파악함

② SO2(아황산가스)

㉠ 급성장해서 엽맥 사이에 괴저현상 일어남

㉡ 잎의 기공으로 침입하며 잎 가장자리에 둥근 표백현상이 생긴다.

㉢ 기온이 높고 일사가 강할수록, 공중습도가 높을수록, 토양수분이 윤택할수록 피해가 크다.

㉣ 강도순서 : 소나무(약) - 삼나무 - 편백

③ 배기가스

㉠ 잎의 끝부분, 가장자리, 엽맥 사이에 흰백색, 갈색을 띈 반점이 생기고 황화현상

㉡ 낙엽수 - 낙엽기가 빨라지는 피해, 상록수 - 잎의 수가 적어지고 말라죽는 가지 늘어남

④ 분진과 매연

㉠ 가장 피해가 심한 수종 : 소나무, 가로수로 가장 피해가 적은 수종 - 은행나무

㉡ 대체로 침엽수가 활엽수보다 피해가 많다.

⑤ O3

㉠ 엽록소 파괴로 인해 동화작용이 억제되어 효소작용을 저해

⑥ 옥시탄트(광화학 스모그)

㉠ 자동차 배기가스에서 기인한 것

㉡ O_3, PAN, 이산화질소의 혼합물로서, 주성분은 90% O_3

㉢ 녹색의 백화현상, 잎의 적색화, 잎 표면의 백색화, 백색 소반점 출현, 불규칙한 대형 제크로시스 발현 등의 피해

⑦ 수목의 가스흡착능력과 매진 부착력

㉠ 상록활엽수가 낙엽활엽수보다 높다.

㉡ 강우로 인한 흡착물 용탈량 : 보통 90%, 오염이 심한 지구는 80% 이하

㉢ 수림의 내부에서 엽면에 부착되는 매진량 : 외주부에 비해 약 40% 감소

⑧ 도시림의 효과

㉠ SO2 가스에 대한 효과

ⓐ 수림 속 SO_2 농도는 주변 시가지에 비해 1/5 ~ 1/17로 감소

ⓑ 도시림의 외주부에 있어 SO_2 농도변화는 낮에 높고 심야에 낮다.

ⓒ 수림 내 SO_2 농도는 여름보다 겨울에 높다. (낙엽수가 잎이 떨어지기 때문)

㉡ 매연과 같은 입상오염물질에 대한 효과

ⓐ 도시림속의 부유매진량은 시가지의 1/2정도

ⓑ 수림내부에서 엽면에 부착되는 매진량은 외주부에 비해 약 40% 감소

ⓒ 수림의 두께가 증가할수록 매진량이 둔감하다.

ⓓ 수림의 매진 정화기능은 수엽에 의한 여과작용과 수림이 바람의 흐름을 변경시키는 간접작용에 의한 것

4 염분

① 해안지대의 염분 분포

㉠ 사토 : 염분이 빗물에 녹아 속히 용탈한다.

㉡ 점질토 : 투수성이 작기 때문에 거의 영구적으로 염분이 잔유한다.

② 염분에 의한 식물 장애

㉠ 염분의 결정이 기공을 막아 호흡작용을 저해하거나 엽면에 부착해 탈수현상을 일으키거나, 엽육 속으로 침투해 화학적 피해를 준다.

③ 내조 내염성

㉠ 식물이 피해를 입었을 때는 10시간 내에 맑은 물을 살포하여 세정하면 막을 수 있다.

㉡ 침엽수, 상록활엽수는 낙엽활엽수보다 내조성이 약하다.

㉢ 염분의 피해 한계농도 : 잔디 - 0.1%, 수목 - 0.05%

CHAPTER 09 식재계획 및 설계

실전연습문제

01 수목의 광보상점(光補償點)을 가장 잘 설명한 것은? [산업기사 11.03.02]

㉮ 호흡에 의한 CO_2 방출이 최대이다.
㉯ 광합성에 의한 CO_2 흡수가 최대이다.
㉰ 수목은 20000 ~ 80000 Lux에서 이루어진다.
㉱ 호흡에 의한 CO_2 방출량과 광합성에 의한 CO_2 흡수량이 동일하다.

02 다음 수목의 생장도(生長度)에 관한 설명으로 옳지 않은 것은? [산업기사 12.03.04]

㉮ 양수는 음수에 비해 어릴 때의 생장이 왕성하다.
㉯ 생장이 빠른 나무는 일반적으로 재질이 약하다.
㉰ 전나무는 어릴 때 생장속도가 빠르나 어느 정도 자란 뒤에는 더디다.
㉱ 새로 자라는 눈의 신장생장은 5월 하순 내지 6월 상순에 끝나는 것이 일반수종의 습성이다.

풀이 전나무는 어릴때부터 생장이 매우 느린 수종이다.

03 식물과 온도와의 관계에 관한 설명으로 틀린 것은? [산업기사 13.06.02]

㉮ 식물종에 따라 생육가능한 최저, 최고온도의 한계범위를 임계온도라 한다.
㉯ 식물의 생존에 가장 적합한 온도를 최적온도라 한다.
㉰ 온대지역의 목본식물들은 가을 온도저하에 따라 생장이 정지되는데 이러한 저온 적응양상을 항상성이라 한다.
㉱ 고위도지역에서 수목 분포를 제한하는 가장 중요한요인은 겨울과 여름철의 온도이다.

04 광선과 식물의 관계 설명으로 틀린 것은? [산업기사 14.05.25]

㉮ 식물이 광합성에 이용할 수 있는 가시광선영역을 광합성보상광이라 한다.
㉯ 자외선의 경우, 잎 각피층에 의해 거의 흡수된다.
㉰ 활엽수는 침엽수에 비해 700 ~ 1,000 nm파장의 근적외선을 더 많이 반사시킨다.
㉱ 광량은 일반적으로 광도(Light Intersity)로 표시하며 사용하는 단위는 촉광(Foot Candle) 또는 럭스(lx) 등이 있다.

풀이 식물이 가시광선만 광합성에 이용할 수 있다는 설명은 맞지만, 광합성보상광이라는 용어는 없음.
- 유사용어로 광보상점 : 광합성에 이용되는 CO_2의 양과 호흡으로 방출되는 CO_2의 양이 같을 때의 빛의 세기

ANSWER 01 ㉱ 02 ㉰ 03 ㉰ 04 ㉮

★★★ 3 기능식재

1 차폐식재

① **차폐란** : 외관상 보기 흉한 곳이나 구조물 등을 외부로부터 보이지 않게 시선이나 시계를 차단하는 것

② 차폐식재의 위치와 크기

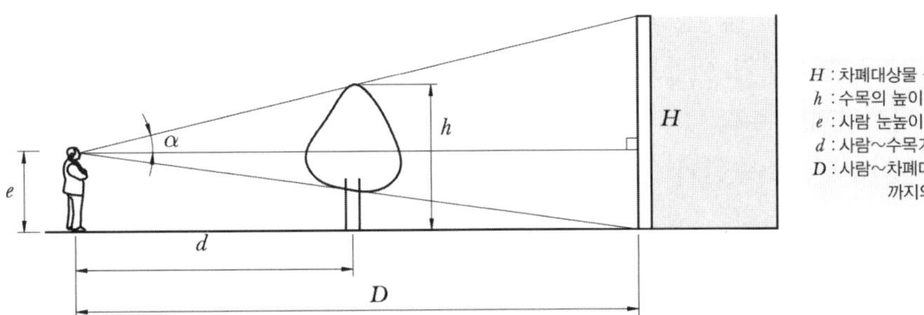

$\tan\ \theta = (h-e)/d = (H-e)/D$

즉, $h = \tan\theta \cdot d + e = d/D(H-e) + e$

즉, 시점에서 멀어질수록 큰 나무를 심어야 한다는 결론

③ 주행시 측방차폐

㉠ 사람이 차에 앉아 진행하면서 측방에 있는 건물 등이 보이지 않게 하는 것

㉡ $S = 2r/\sin\theta = d/\sin\theta$ (θ는 통상 30도) 적용하며 $S = 2d$

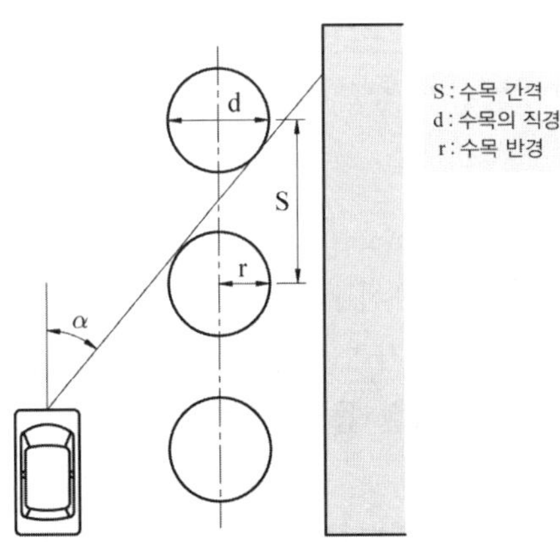

㉢ 즉, 열식수의 간격을 수관직경의 2배 이하로 잡는다면 전방을 주시하는 운전자에게 주변 차폐대상물은 차폐된다.

④ 주행 시 수목 사이로 풍경을 인지시키는 수법

㉠ 경관의 노출시간이 경관을 인지하는 시간보다 길어야 한다.

㉡ $w = vt$

(w : 나무사이간격, t : 경관인지시간(반응 시간+노출시간), v : 나무의 상대적속도)

⑤ 산울타리 차폐효과

㉠ 지엽이 밀생하여야 하며, 시점에 가까우면 나무의 간격이 좁아야 함

⑥ 카무플라즈(Camouflage)

㉠ 대상물을 눈에 띄지 않도록 하는 수법

㉡ 동질화수법 : 주위 사물의 형태와 색채, 질감이 같도록 하여 일체화 시키는 방법

예 군인들이 군복이나 얼굴 변장을 주변과 비슷하도록 하는 것

㉢ 분산수법 : 대상물의 일부를 가려 외관상 작고 분할되게 하여 하나의 종합된 형태로 인지하기 어렵도록 하는 수법

⑦ 차폐식재용 수종

㉠ 상록수로 수관이 크고 지엽이 밀생한 것

㉡ 적은 재료로 가장 큰 차폐효과는 교목을 두 줄로 교호식재하고 그 앞에 관목을 한 줄로 열식하는 방법이 바람직

㉢ 적합 수종

침엽수	가이즈까 향나무, 노간주나무, 미국측백, 연필향나무, 전나무, 주목, 측백나무, 편백, 향나무, 화백 등
상록활엽교목	가시나무, 감탕나무, 광나무, 구실잣밤나무, 금목서, 녹나무, 메밀잣밤나무, 아왜나무, 은목서, 제주광나무, 홍가시나무, 후피향나무 등
상록활엽관목	돈나무, 동백나무, 사철나무, 식나무, 유엽도, 팔손이나무 등
낙엽활엽교목	느티나무, 단풍나무, 미릅나무, 비슬나무, 산딸나무, 서어나무, 양버들, 은행나무, 참느릅나무, 홍단풍 등
만경류	남오미자(상록), 담쟁이덩굴, 덩굴(상록), 미국담쟁이, 인동덩굴, 칡 등

2 가로막기 식재

① **기능과 효과** : 부지주위나 부지내의 국부적 가로막기를 위해 조성되는 식재로 산울타리 화단이나 잔디밭의 가장자리 조성, 경계부에 대한 식재로 경계표시, 눈가림, 진입방지, 통풍조절, 일사량 조절 등의 기능

② 산울타리 조성방법

㉠ 수고 90cm 정도의 어린나무를 30cm 간격으로 일렬 내지 2열교호로 식재

㉡ 산울타리 표준높이 : 120cm, 150cm, 180cm, 210cm로 두께는 30~60cm 정도

㉢ 산울타리 경재식재 높이 : 30cm~1m

㉣ 방풍용 산울타리 : 3~5m

③ 산울타리용 수종
㉠ 맹아력이 강하고 전정에 강한 것
㉡ 지엽이 밀생하고 상록수가 바람직
㉢ 아랫가지가 오랫동안 말라죽지 않고 성질이 강한 것
㉣ 아름다운 것

④ 산울타리 전정 : 꽃나무일 경우는 개화 후에 실시. 나머지는 대체로 6월과 10월 두 번 전정

⑤ 가장자리 긋기용 수종(경계식재)
㉠ 원로나 화단, 잔디밭 가장자리에 높이 30~90cm, 너비 30~60cm 정도의 나무 심어 사람들의 침입에 의한 손상을 방지하기 위한 식재
㉡ 원로 폭이 좁을수록 낮게 하는 것이 바람직

⑥ 산울타리용 수종

양지 바른 곳에 적합한 수종	향나무, 가이즈까향나무, 가시나무류, 탱자나무, 화백, 편백, 삼나무, 측백나무, 꽝꽝나무, 덩굴장미, 명자나무, 무궁화, 개나리, 피라칸사, 회양목, 보리수나무, 사철나무, 아왜나무 등
일조 부족한 곳에 적합한 수종	주목, 눈주목, 식나무, 붉가시나무, 비자나무, 동백나무, 솔송나무, 광나무, 감탕나무, 회양목 등

3 녹음수

① 효과
㉠ 잎에 의해 햇빛이 차단되는 것으로 한 장의 잎을 투과하는 햇빛량은 전광선량의 10~30% 정도
㉡ 임외의 나지를 100으로 했을 때 임내의 상대적 일사량은 구성밀도에 따라 다르긴 하나 일반적으로 나지의 5~10% 정도

② 녹음수의 구조
㉠ 한 여름에 원로나 휴식 장소에 그늘이 생겨나도록 고려하면서 위치를 선정해야 함
㉡ 주택지에 대해서는 원칙적으로 동지에 하루 4시간 이상, 가능하면 6시간 정도의 일조를 받을 수 있게 고려.
㉢ 퍼골라나 등나무 아래 공간의 높이는 210cm 정도 되게

③ 녹음 식재용 수종 조건
㉠ 수관이 커야 함
㉡ 머리가 닿지 않을 지하고 유지(1.6~2.0m)
㉢ 낙엽교목
㉣ 잎이 넓고 악취나 가시, 병충해가 없는 수종
㉤ 근원부의 다짐에 별 지장을 받지 않는 수종

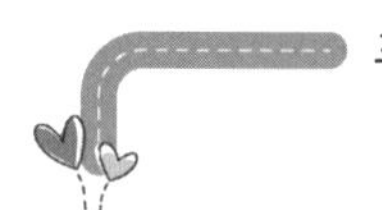

④ 수목의 그림자 길이 구하기

그림자 길이 = $H \times \cot\alpha$	H : 수목의 수고, α : 태양과 지면과의 각도

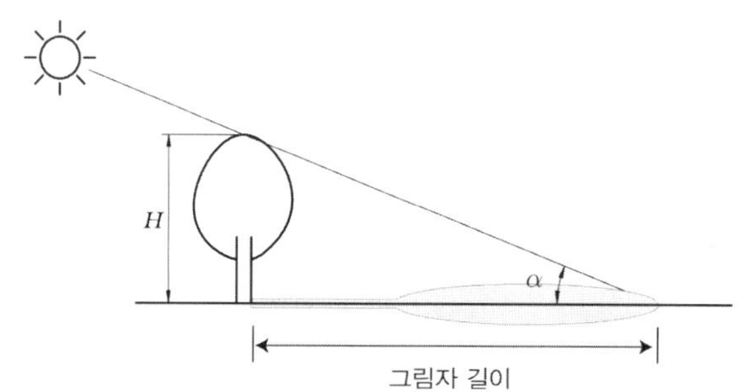

⑤ 녹음수용 수종

낙엽활엽대교목 (20m 내외)	가중나무, 고로쇠나무, 느티나무, 동백나무, 멀구슬나무, 은행나무, 일본목련, 칠엽수, 플라타너스, 회화나무, 백합나무, 팽나무, 목련 등
낙엽활엽소교목 (10m 내외)	단풍나무, 머귀나무, 염주나무, 예덕나무, 은백양, 회나무, 층층나무 등

4 방음식재

① 소음의 표시단위 : dB(데시벨)

② 방음대책

㉠ 충분한 거리를 둘 것

㉡ 담과 같은 차음효과를 갖는 구조물을 중간에 설치하는 방법

㉢ 노면을 부지보다 낮추어 도랑과 같은 생김새로 하거나, 노전에 둑을 쌓아올리는 방법

㉣ 길가에 식수대를 조성

㉤ 노면의 요철을 없애는 방법

㉥ 노면구배를 완만하게 하는 방법

③ 거리에 의한 소음의 감쇠현상

㉠ 점음원인 경우(소음의 원인이 되는 것이 정지해 있는 경우)

ⓐ 점음원의 감쇠량 : 거리가 2배 멀어질 때마다 6dB 감소한다.

ⓑ 소음원과 보호대상지간에 거리가 23m 이상 시 식재 방음효과가 유효함

ⓒ 고속도로 소음시 가장 효과적인 차폐율 : 식재폭 7.5~10.5m

㉡ 선음원인 경우(소음의 원인이 되는 것이 움직이는 경우) : 거리가 2배로 늘 때마다 3dB 감소

④ 차음구조물에 의한 감쇠현상

㉠ 차음체(담장)의 높이가 높을수록 차음효과가 크고, 파장이 짧은 음 즉, 주파수가 높은 음일수록 잘 감쇠한다.

㉡ 차음체의 위치는 음원에 가까울수록 차음효과가 크고 양자의 중간지점에 설치될 때 가장 효과가 떨어진다.

㉢ 수음점이 높은 경우 차음체를 음원에 접근해 설치하는 것이 효과적

⑤ **둑이나 절토, 성토에 의한 감쇠효과** : 차도와 병행해 노면보다 높은 둑은 차음담의 효과를 가짐

⑥ 식수에 의한 감쇠현상

㉠ 단위면적당 밀도, 배열방법, 수종, 수고, 지하고, 지엽밀도 등에 따라 감소효과 다름

㉡ 구조물보다는 감소효과가 적으나, 심리적 효과는 큼

㉢ 식수대를 수음점(소음방지 대상지 즉 주택지) 가까이 구성하는 것보다 가급적 소음원인 도로 가까이 위치하는 것이 좋다.

㉣ 도로의 중심선에서 15~24m 떨어진 곳에 식수대 가장자리 위치, 식수대 넓이 20~30m, 수고는 중앙부분이 13.5m 이상 되게 함

㉤ 시가지의 경우

ⓐ 도로 중심선에서 3~15m에 위치, 식수대 너비 3~15m

ⓑ 식수대와 가옥과의 거리 : 적어도 30m

ⓒ 도로에 따라 설치되는 식수대의 길이는 음원과 수음점의 거리와 거의 비슷한 거리

⑦ 완충지대에 관한 법규

㉠ 1종, 2종 주거전용지역 또는 양호한 주거환경을 보전할 필요가 있는 지역을 통과하는 간선도로는 차도 끝으로부터 너비 10m의 토지를 도로용지로 매수해야 함

㉡ 자동차 전용도로에서 야간의 시간당 최고 교통량이 3,000대를 넘는 지구는 너비 20m의 완충지대를 설치한다. 단 부근의 건물이 철근이나 블록 등 내구성이 높은 것이 많은 경우에는 10m로 한다.

⑧ 방음 식재용 수종의 조건

㉠ 지하고가 낮고 잎이 수직방향으로 치밀하게 부착하는 상록교목

㉡ 지하고가 높을 때는 교목과 관목을 짝짓는 수법 사용

㉢ 추위가 심한 곳에서는 상록수의 사용이 어려우므로, 낙엽수와 추위에 강한 상록수 혼용

㉣ 차량 소음인 경우는 배기가스에 강한 수종 선정

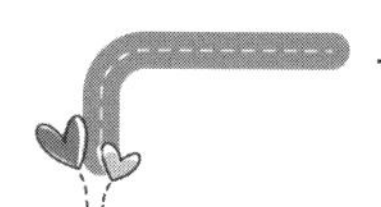

⑨ 방음용 수종

상록교목	구실잣밤나무, 녹나무, 모밀잣밤나무, 태산목, 감탕나무, 동강나무, 죽가시나무 등
상록관목	잣나무, 명자나무, 돈나무, 동백나무, 호랑가시나무, 다정큼나무, 식나무, 차나무, 팔손이나무, 회양목 등
낙엽교목	가죽나무, 벽오동, 왕버들, 참느릅나무, 피나무, 회화나무, 뽕나무, 층층나무 등
낙엽관목	산사나무, 쥐똥나무, 개막살나무, 매자나무 등
침엽수	가이즈까향나무, 둥근향나무, 비자나무, 편백 등

5 방풍식재

① 식재에 의한 방풍

㉠ 방풍이 미치는 범위

ⓐ 바람 위쪽에 대해 수고의 6~10배 거리

ⓑ 바람 아래쪽에 대해 25~30배의 거리

ⓒ 가장 효과가 큰 것은 바람 아래쪽의 수고 3~5배에 해당하는 지점으로 풍속의 65%가 감소함

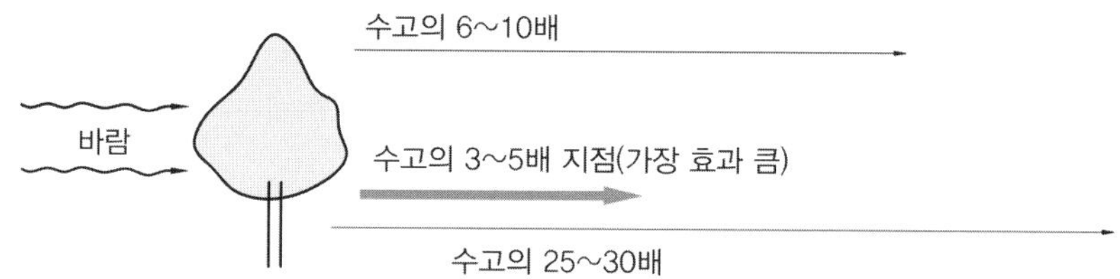

㉡ 수림의 밀폐도 : 수림 50~70%, 산울타리 45~55%

② 방풍림의 구조

㉠ 1.5~2m의 간격을 가진 정삼각형 식재가 가장 바람직

㉡ 5~7열의 수열로 10~20m 너비

㉢ 수림대의 길이 : 적어도 수고의 12배 이상 필요

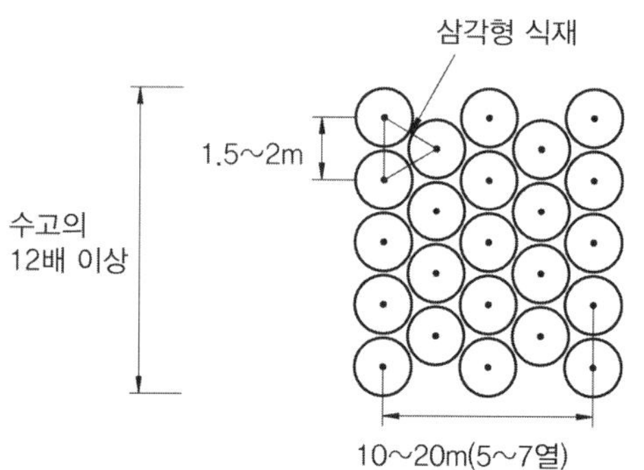

③ 방풍용 식재의 조건

㉠ 심근성이고 줄기나 가지가 바람에 꺾어지지 않는 수종

㉡ 지엽이 치밀한 상록수

㉢ 활엽수는 침엽수보다 줄기가 꺾어지기 어렵다.

④ 방풍용 수종

방풍용	소나무, 곰솔, 가시나무류, 향나무, 팽나무, 삼나무, 후박나무, 동백나무, 솔송나무, 녹나무, 대나무, 참나무, 편백, 화백, 감탕나무, 사철나무 등

6 방화식재

① 수목의 방화기능

㉠ 복사열 차단

㉡ 화염이 흐르는 것을 방지하고, 불꽃을 막아준다.

② 방화식재의 구조

㉠ 식수대가 두 줄인 경우

ⓐ 공지는 너비가 6m 이상

ⓑ 지표는 포장하거나 수면으로 조성

ⓒ 식수대는 수고 10m 이상 되는 교목을 서로 어긋나게 $4m^2$당 한 그루 밀도로 식재

ⓓ 식수대 너비는 6~10m 단위가 되게

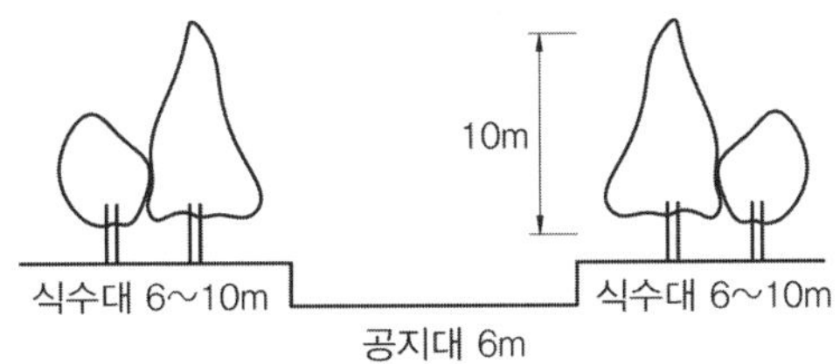

㉡ 건물과 옆 건물 간의 간격

ⓐ 3m 이하일 때 : 식재로만 방화효과 어려움. 블록담을 세워 가리도록 차폐식재

ⓑ 5m 정도일 때 : 추녀 밑과 창문을 중점으로 보호할 수 있게 높은 산울타리 조성하고 그 앞에 산울타리 배치

ⓒ 7m 정도일 때 : 교목을 2열 배치하되 각 식재열의 가지 끝을 2m 정도 떨어지게 해 연소속도를 낮춘다.

③ 방화 식재용 수종조건

㉠ 잎이 두텁고 함수량이 많은 것

㉡ 잎이 넓으며 밀생한 것

㉢ 상록수일 것 - 말라 죽은 잎이 오래 가지에 매달려 있지 않는 나무

㉣ 수관의 중심이 추녀보다 낮은 위치에 있을 것

㉤ 유지를 함유하고 연소성 높은 나무는 삼가할 것

방화용으로 부적합 수종	녹나무, 삼나무, 소나무, 구실잣밤나무, 모밀잣밤나무, 목서류, 비자나무, 태산목

㉥ 지엽, 줄기가 타도 다시 맹아하여 수세가 회복되는 나무

㉦ 침엽수는 활엽수보다 내화성이 약하다. (은행나무는 내화성이 강함)

④ 방화용 수종

방화용	가시나무류, 녹나무, 동백나무, 아왜나무, 후박나무, 식나무, 사철나무, 사스레피나무, 굴거리나무, 후피향나무, 광나무, 금송

7 방설식재

① 수림의 눈보라 방지기능

㉠ 풍속이 4~5m/sec에 달하면 눈보라가 일기 시작하며, 눈보라 이동량은 풍속의 3제곱과 비례한다.

㉡ 식재 밀도가 높을수록 방지기능이 높다.

㉢ 식재 너비가 넓을수록 방지기능이 높다.

㉣ 식재밀도, 너비가 같은 경우 수고가 높을수록 방지기능이 높다.

㉤ 다른 조건은 같을 때, 지하고가 낮을수록 방지기능이 높다.

㉥ 대체로 10열 정도의 수목이 방설기능이 크며, 너비 20~30m 정도이다.

② 눈보라 방지림의 구조

㉠ 최소 수림너비 30m 정도

㉡ 눈보라가 심하지 않은 곳은 20m 안팎

㉢ 용지 확보가 어려운 경우 두 줄로 임대설치하고 수림의 가장자리를 도로에서 15~20m 떨어지게 할 것

㉣ 인접지로부터 화재를 막기 위해 임연부 및 임단부에 최소 4m 너비의 방화선을 설치하고 지피물을 완전 제거하고 표토를 노출시켜야 함

㉤ 2개의 임대로 하나의 방설림 조성 시 간격이 6m 정도

㉥ 유목으로 조성 시 수목의 거리 간격은 1.4m 또는 2.0m씩 떼어 놓은 삼각배치함

ⓐ 1.4m인 경우 : ha당 약 5,100그루의 유목 필요

ⓑ 2.0m인 경우 : ha당 약 2,500그루의 유목 필요

㉦ 두 개의 수열로 조성 시 거리 간격을 1.2m씩 떼어 놓은 교호식재로 가급적 큰 유목 설치

방화식재
유목시 1.4~2m 삼각배치
방화선
4m
도로
15~20m
20~30m

③ 방설식재용 수종의 조건

㉠ 지엽이 밀생하는 직간성 나무

㉡ 심근성이고 생장이 왕성하여 바람에 강할 것

㉢ 조림이 쉬울 것

㉣ 눈에 의해 가지꺾임이 없을 것(가지가 튼튼할 것)

㉤ 아랫가지가 잘 마르지 않을 것

㉥ 척박지에도 잘 견딜 것

④ 방설용 수종

방설용	소나무, 스트로브 잣나무, 곰솔, 잣나무, 주목, 화백, 편백, 일본잎갈나무, 삼나무, 독일가문비, 떡갈나무, 갈참나무, 졸참나무, 상수리나무, 물푸레나무, 히말라야시더

⑤ 방설책

㉠ 높이 4m 정도로 말뚝을 쳐서 net를 세우거나 판책을 세운다.

㉡ 판책의 판자는 평탄지일 때는 가로로 붙이고, 경사지일 때는 세로로 붙인다.

㉢ 판책 너비 : 15~25cm, 두께 : 18~24mm, 판자사이 10cm씩 떼어 고착

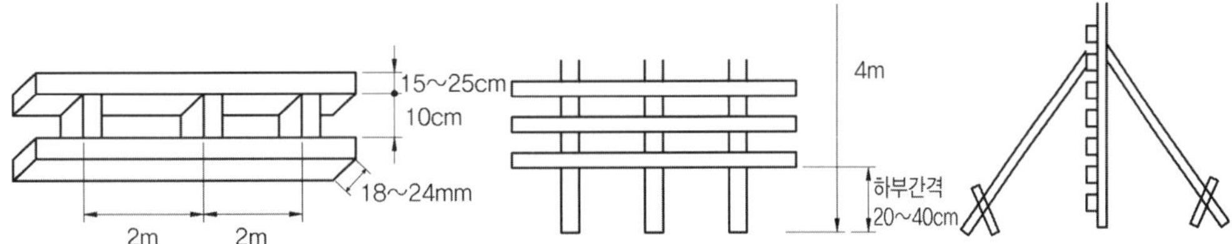

8 지피식재

① **지피식재** : 지피식물을 써서 지표를 평면적으로 낮게 덮어주는 식재수법

② **지피식재의 기능과 효과**

㉠ 바람에 흙이 날리는 것 방지 : 1/3 ~ 1/6 줄일 수 있음

㉡ 강우로 인한 진땅방지 : 럭비장, 야구장, 골프장 같이 우천에도 사용하는 곳에 유용

㉢ 침식 방지 : 경사면, 성토 절토의 침식 방지

㉣ 동상방지 : 겨울 기온저하로 인한 토양 동상방지

㉤ 미기후 완화 : 여름철에 잔디밭이 나지보다 온도가 낮고, 겨울에는 높다.

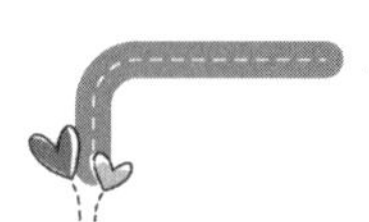

㉥ 운동, 휴식효과 : 넘어져도 덜 다침

㉦ 미적효과 : 푸르름의 효과, 색채효과, 눈이 부시지 않다.

③ 지피식재용 수종조건

㉠ 식물체의 키가 낮은 것(30cm 이하)

㉡ 다년생 식물로서 가급적 상록일 것

㉢ 비교적 속성이며, 번식력이 왕성한 것

㉣ 지표를 치밀하게 피복하여 나지를 남기지 않을 것

㉤ 깎기작업이나 잡초 뽑기, 병충해 방지 등 관리에 되도록 손이 덜 들것

㉥ 답압에 잘 견딜 것

㉦ 잎과 꽃이 아름답고 악취나 가시가 없고 즙이 적은 것

④ 지피용 식물

지피식물	잔디, 클로버, 맥문동, 타래붓꽃, 애기붓꽃, 양잔디, 이끼, 고사리, 대사초, 길상초, 왜곰취, 돌나무, 범의귀, 고려조릿대, 헤데라, 줄사철나무

4 경관조성식재

1 정형식 식재

① 개념, 원리

㉠ 시각적 강한 축선이 설치되며, 축선과 축선간 교차점 기준으로 질서, 균형, 규칙성, 균질성, 대칭성이 부여됨

㉡ 단위 식재공간 안에 식재재료는 수종, 크기, 형태 등 시각적 특성이 거의 균일해야 효과가 큼

㉢ 식물의 자연성보다 재료의 조형적 특성이 먼저 고려되는 식재수법

② 기법

㉠ 직선식재 : 강한 방향력과 표현력을 주는 방법

㉡ 무늬식재 : 키 작은 식재재료로 장식무늬의 도형을 구성하는 수법

예 중세 유럽의 미로정원, 프랑스 자수화단 등

㉢ 축선의 설정과 대칭식재

㉣ 비스타를 구성하는 수림 : 프랑스식 보스케(bosquet)를 절개해 vista 형성

③ 식재양식

㉠ 단식(표본식재) : 형태 우수한 정형수목을 중요한 자리, 교차점에 단독식재

㉡ 대식 : 축의 좌우에 형태, 크기 같은 동일수종나무를 쌍으로 식재

㉢ 열식 : 형태, 크기 같은 동일수종을 일정간격 줄지어 식재

㉣ 교호식재 : 열식을 변형해 같은 간격을 서로 어긋나게 식재

㉤ 집단식재 : 다수수목을 규칙적 배식해 mass로 양감을 형성하는 식재

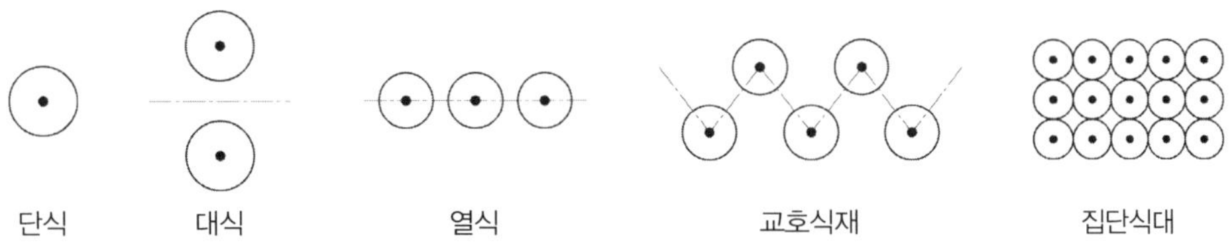

2 자연풍경식 식재

① 개념, 원리

㉠ 자연풍경과 유사한 경관재현

㉡ 비대칭적 균형감, 심리적 질서감 존중

㉢ 식물의 자연미 강조

② 기법

㉠ 비대칭적 균형식재 : 크기가 다르면서도 전체적 무게감이 대립적으로 안정된 상태

㉡ 사실적 식재 : 실제 존재하는 자연경관을 충실히 묘사. 18C 영국 자연풍경식 수법

③ 식재양식

㉠ 부등변 삼각형 식재 : 부등변 삼각형 형태로 비대칭균형을 이루도록 식재

㉡ 임의식재 : 다수수목을 부등변 삼각형 형태로 순차적으로 확대해가면서 식재

㉢ 모아심기 : 몇 그루 모아심어 단위 수목경관 만들기

예 세 그루 심기, 다섯 그루 심기, 일곱 그루 심기

㉣ 무리심기 : 모아심기보다 더 많은 수목을 식재

㉤ 배경식재 : 주경관의 배경을 구성하기 위해 임의식재 형태로 두드러지지 않게 식재

㉥ 주목(경관목) : 경관의 중심이 되어 경관을 지배하는 수목

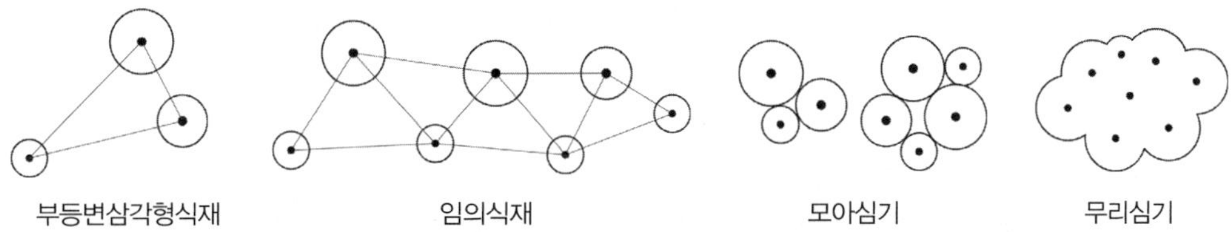

3 자유식재

① 개념, 원리
- ㉠ 2차 세계대전 이후 각국에서 사용
- ㉡ 인공적이면서도 선, 형태가 자유롭고 비대칭적 기법 사용
- ㉢ 새로운 조경양식으로 장식을 배제하면서 기능성을 중요시함

② 기법
- ㉠ 식재지 경관이 단순하며, 사용하는 수목의 종류가 적고 혼식하지 않음
- ㉡ 주요 근접지역에는 키 큰 대관목과 키 작은 소관목류로 수관 아래나 위로 시야가 트이게 함

③ **식재양식** : 특별한 양식이 없고 설계하면서 필요에 따라 자유로이 정형식, 자연풍경식 등을 이용하여 개발함

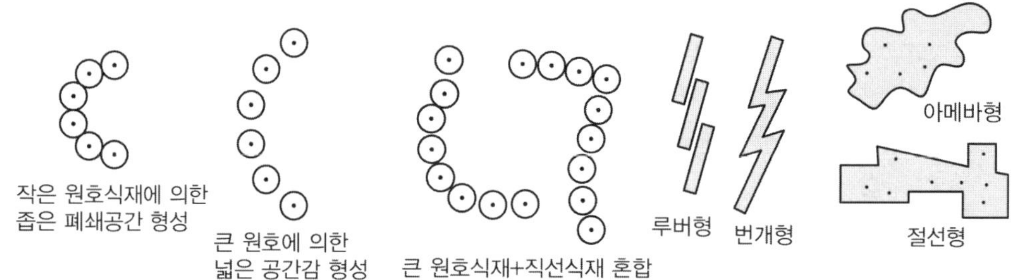

4 미적 효과와 관련한 경관 식재형식

① **표본식재** : 가장 단순하게 중요지점에 독립수를 식재하여 뛰어난 시각적 효과를 누리는 식재

② **강조식재** : 한 그루 이상의 수종으로 시각적 변화와 대비에 의한 강조효과를 만드는 식재

③ **군집식재** : 3~5그루 모아 식물군의 실루엣의 시각적 효과를 가짐. 무리식재

④ **산울타리 식재** : 한 종류의 수목을 선형으로 반복하는 식재

⑤ **경재식재** : 공간의 외곽 경계부위나 원로를 따라 식재하며 관목류를 주로 사용

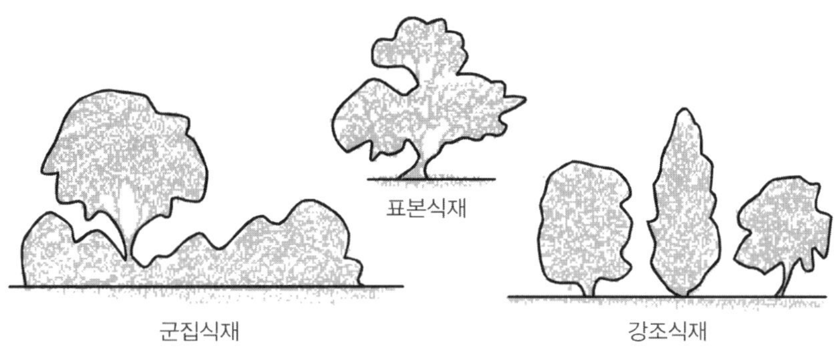

5 건물과 관련된 경관 식재형식

① **초점식재** : 건물의 현관 같이 초점이 되는 공간에 쉽게 인식할 수 있도록 하는 식재
② **모서리식재** : 건물의 모서리의 앞이나 옆에 식재해 건축선을 완화시키는 효과
③ **배경식재** : 건물과 주변경관을 융화시키기 위해 건물보다 키 큰 수종 식재
④ **가리기식재** : 보기 싫은 건축선의 외관을 향상하기 위해 가려주는 식재

CHAPTER 09 식재계획 및 설계

실전연습문제

01 무늬식재는 다음 중 어느 식재수법에 해당되는가? [산업기사 11.03.02]

㉮ 정형식재 ㉯ 자유식재
㉰ 산재식재 ㉱ 비정형식재

02 정형식 배식에 어울리는 수목이 갖는 조건으로 부적합한 것은? [산업기사 11.03.02]

㉮ 균형이 잡히고 개성이 강한 수목
㉯ 생장 속도가 빠른 수목
㉰ 사철 푸른 잎을 가진 수목
㉱ 다듬기 작업에 잘 견디는 수목

03 조릿대, 인동덩굴, 잔디, 맥문동 등의 식물로 지표를 치밀하게 피복하여 나지를 남기지 않도록 하고 양지성 식물과 음지성 식물의 조건을 가름하여 식재하는 식재기능은? [산업기사 11.03.02]

㉮ 지표식재 ㉯ 유도식재
㉰ 녹음식재 ㉱ 지피식재

04 종합경기장에 식재계획을 할 경우 주차장에 심어야 할 가장 적합한 녹음 수종으로만 짝지어진 것은? [산업기사 11.06.12]

㉮ 은행나무, 느티나무
㉯ 주목, 비자나무
㉰ 회양목, 식나무
㉱ 팔손이나무, 녹나무

 녹음수는 잎이 넓게 퍼지며 지하고가 높은 수종이 적합함.

05 부등변삼각형을 기본단위로 하여 그 삼각망을 순차적으로 확대하면서 다량의 수목을 배치하는 식재수법으로서 다음 중 가장 적합한 것은? [산업기사 11.06.12]

㉮ 교호식재 ㉯ 임의식재
㉰ 모아심기 ㉱ 무리심기

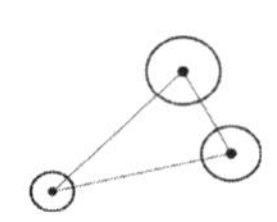

부등변삼각형식재

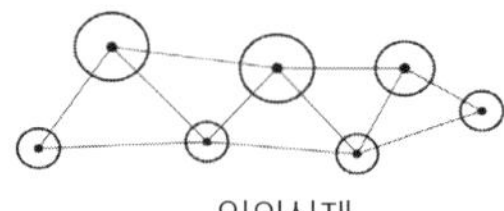

임의식재

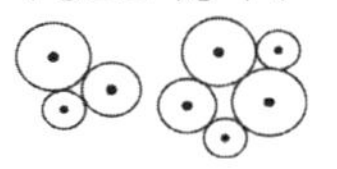

모아심기 미무리심기

ANSWER 01 ㉮ 02 ㉯ 03 ㉱ 04 ㉮ 05 ㉯

06 다음 중 방풍용 수목의 설명으로 맞는 것은? [산업기사 11.06.12]

㉮ 수목의 지하고율이 작을수록 바람에 대한 저항은 증대된다.
㉯ 천근성으로서 지엽이 치밀하지 않아야 한다.
㉰ 수목은 잎이 두껍고 함수량이 많은 넓은 잎을 가진 상록수가 적합하다.
㉱ 후박나무, 사철나무, 동백나무, 삼나무 등은 모두 방풍용 수목으로 적합하다.

방풍용 수목
지하고가 낮고, 심근성이 적합함.
㉰의 설명은 방화용수목

07 녹음수의 잎 1매에 의한 햇빛 투과양이 10%일 때 2매에 의한 반사흡수량은? [산업기사 11.10.02]

㉮ 90% ㉯ 93%
㉰ 96% ㉱ 99%

1매에 의해 투과된 10%중에서 2매임으로 다시 10%만 투과됨으로 1%가 투과됨. 따라서 반사흡수량은 99%임.

08 자연풍경식재의 정원수 기본 패턴에 해당하는 것은? [산업기사 11.10.02]

㉮ 부등변삼각형식재
㉯ 4본 식재
㉰ 열식(列植)
㉱ 표본식재

① 자연풍경식재 : 부등변 삼각형 식재, 임의식재, 모아심기, 무리심기, 배경식재, 경관목
② 정형식식재 : 단식, 대식, 열식, 교호식재, 집단식재
③ 자유식재 : 루버형, 번개형, 아메바형, 절선형

09 다음 자유형 식재에 관한 설명 중 틀린 것은? [산업기사 11.10.02]

㉮ 인공적이기는 하나 그 선이나 형태가 자유롭고 비대칭적인 수법이 쓰인다.
㉯ 기능성이 중요시되고 있다.
㉰ 직선적인 형태를 갖추는 경우가 많아지고 단순 명쾌한 형태를 나타낸다.
㉱ 부등변 삼각형 식재수법을 많이 쓴다.

㉱ 부등변 삼각형 식재는 자연풍경식 식재방법

10 달리고 있는 차량의 소음은 거리가 3배 멀어질 때 얼마만큼 감소하게 되는지 식 (D) $= L_1 - L_2 = 10\log_{10}\dfrac{d_2}{d_1}$ (dB)을 이용하여 계산하면 약 얼마인가? (단, 거리 d_1지점의 음압레벨을 L_1, 거리 d_2지점의 음압레벨을 L_2라 한다.) [산업기사 12.03.04]

㉮ 3dB ㉯ 5dB
㉰ 7dB ㉱ 9dB

$D = 10\log_{10}3 \fallingdotseq 4.77$
약 5dB

11 다음 중 그 지역의 위치를 알려줌과 동시에 상징성, 식별성이 높아 경관 향상에 도움을 주는 식재는? [산업기사 12.03.04]

㉮ 보호식재 ㉯ 지표식재
㉰ 차폐식재 ㉱ 경관식재

Part 2 조경식재

ANSWER
06 ㉱ 07 ㉱ 08 ㉮ 09 ㉱ 10 ㉯ 11 ㉯

12 다음 녹음수가 갖추어야 할 조건 중 부적합한 것은? [산업기사 12.05.20]

㉮ 수관(crown)이 커야 한다.
㉯ 지하고(枝下高)가 낮아야 한다.
㉰ 여름에는 짙은 그늘을 주고 겨울에는 낙엽 지어 햇빛을 가리지 않아야 한다.
㉱ 나무 주위를 밟아 다져져도 생육에 별 지장이 없는 수종이라야 한다.

풀이 지하고가 높아야 지나다닐때 불편하거나 시야가 가리지 않는다.

13 다음 중 방화용 수목의 요건으로 가장 부적합한 것은? [산업기사 12.09.15]

㉮ 잎이 두껍고 함수량이 많은 수목
㉯ 넓은 잎을 가진 상록성 수목
㉰ 가시나무류, 은행나무, 아왜나무
㉱ 지하고가 높은 수목

풀이 지하고가 높은 수목은 가로수나 녹음수의 조건에 해당

14 선식재(線植載)에 적당하며, 경계·시선유도 기능을 발휘하고, 전정 및 맹아력이 강한 수종으로만 구성된 것은? [산업기사 12.09.15]

㉮ 소나무, 개비자나무
㉯ 회양목, 서양측백
㉰ 단풍나무, 백합나무
㉱ 모과나무, 자귀나무

15 다음 설명에 해당하는 수종은? [산업기사 12.09.15]

> 장미과의 상록활엽관목, 가지가 많이 갈라지고 짧은 가지는 가시로 변하며 주홍색으로 빽빽하게 달리는 열매가 아름답다. 밀식하여 겨울철의 악센트 식재나 경계식재용으로 이용된다.

㉮ *Pyracantha angustifolia*
㉯ *Malus sieboldii*
㉰ *Prunus tomentosa*
㉱ *Eriobotrya japonica*

풀이
㉮ 피라칸사
㉯ 아그배나무
㉰ 앵두나무
㉱ 비파나무

16 방풍용 식재를 계획할 때 풍압에 대하여 약한 수종은? [산업기사 13.03.10]

㉮ *Populus euramericana* Guinier.
㉯ *Celtis sinensis* Pers.
㉰ *Carpinus laxiflora* Blume.
㉱ *Quercus acutissima* Carruth.

풀이
㉮ 이태리포플러
㉯ 팽나무
㉰ 서어나무
㉱ 상수리나무

ANSWER
12 ㉯ 13 ㉱ 14 ㉯ 15 ㉮ 16 ㉮

17 조경식물의 이용 분류적 특성 설명 중 틀린 것은? [산업기사 13.03.10]

㉮ 방풍용수는 심근성으로 지엽이 치밀한 가지와 줄기를 지닌 수종이 좋다.
㉯ 방진용수는 수관층이 넓거나 지면을 빽빽이 덮을 수 있는 수종이 좋다.
㉰ 방조용수는 강한 바람에 견디며 척박한 토양환경을 극복할 수 있는 수종이 좋다.
㉱ 방화용수는 비교적 잎이 선형으로 치밀하며 함수량이 많은 침엽수종이 좋다.

풀이 방화용수종은 상록수이며 잎이 넓은 것이 바람직.

18 다음 중 정형식재의 기본패턴에 속하지 않는 것은? [산업기사 13.03.10]

㉮ 대식 ㉯ 열식
㉰ 교호식재 ㉱ 부등변삼각형식재

풀이 부등변삼각형식재는 자연풍경식 식재에 해당함.

19 차폐용 수목의 조건으로 적합하지 않은 것은? [산업기사 13.06.02]

㉮ 상록으로 지엽이 치밀해야 한다.
㉯ 맹아력, 전정력이 강한 수목이라야 한다.
㉰ 수관이 크고 일정한 지하고가 유지되어야 한다.
㉱ 아랫가지가 잘 마르지 않는 수목이라 한다.

풀이 차폐용 수종은 잎이 밀생하고 촘촘하여 잘 가려주는 수종이라야 한다.

20 공장을 중심으로 한 주변의 녹지대 조성에 대한 설명 중 적당하지 않은 것은? [산업기사 13.06.02]

㉮ 녹지대의 조성 목적은 매연, 유독가스, 분진 등이 인근 주거 지역에 파급, 낙하하는 것을 막고, 여과효과를 기대하는데 있다.
㉯ 배식계획에 있어서는 공장 측으로부터 키가 큰 나무,중간나무, 키가 작은 나무 순으로 배식한다.
㉰ 배식수종은 상록 활엽수를 양 측에, 침엽수를 중앙부에 배식하고 나뭇잎이 서로 접촉할 정도로 심는다.
㉱ 공장 주변의 주거지역에는 광역적인 녹지대를 조성하고, 교목성 상록수를 심는 것이 바람직하다.

풀이 공장 배식계획은 공장측에서부터 키가 작은 나무, 중간나무, 키 큰 나무 순으로 식재한다.

21 다음 중 식수(植樹)에 의한 소음감쇠치에 영향을 미치는 조건으로 가장 거리가 먼 것은? [산업기사 13.06.02]

㉮ 식재수종과 수고
㉯ 수목의 질감과 광주기성
㉰ 수목의 지하고와 지엽밀도
㉱ 단위 면적당의 임목밀도와 수목 배열방법

풀이 식재에 의한 소음감쇠효과는 식재의 수고, 수종, 지하고, 밀도, 배식방법 등과 관련이 깊다.

ANSWER 17 ㉱ 18 ㉱ 19 ㉰ 20 ㉯ 21 ㉯

22 한 공간의 외관 경계부위나 원로를 따라 식재하여 여러 가지 효과를 얻고자 하는 식재형식으로 관목류를 주조로 하여 식재대를 구성하는 것은? [산업기사 13.09.28]

㉮ 산울타리 식재 ㉯ 군집식재
㉰ 경재식재 ㉱ 강조식재

㉮ 산울타리 식재 : 한 종류의 수목을 선형으로 반복하는 식재
㉯ 군집식재 : 3~5 그루 모아 식물군의 실루엣의 시각적 효과를 가짐. 무리식재
㉰ 경재식재 : 공간의 외관 경계부위나 원로를 따라 식재하며 관목류를 주로 사용
㉱ 강조식재 : 한 그루 이상의 수종으로 시각적 변화와 대비에 의한 강조효과를 만드는 식재

23 다음 중 방화수가 갖추어야 할 조건으로 옳지 않은 것은? [산업기사 13.09.28]

㉮ 잎이 많은 수분을 갖는 것
㉯ 상록수인 동시에 지엽이 밀생하고 있는 것
㉰ 잎이 작거나 가느다란 것
㉱ 수관의 중심이 추녀보다 낮은 위치에 있을 것

방화 식재용 수종의 조건
- 잎이 두텁고 함수량이 많은 것
- 잎이 넓으며 밀생한 것
- 상록수일 것
- 수관의 중심이 추녀보다 낮은 위치에 있을 것
- 유지를 함유하고 연소성 높은 나무는 삼갈 것
- 지엽, 줄기가 타도 다시 맹아하여 수세가 회복되는 나무
- 침엽수는 활엽수보다 내화성이 약하다.

24 다음 중 생울타리용 조경수로 가장 부적합한 것은? [산업기사 13.09.28]

㉮ *Ilex crenata* Thunb. var. crenata
㉯ *Poncirus trifoliata* Raf.
㉰ *Thuja orientalis* L.
㉱ *Corylopsis gotoana* var. coreana (Uyeki) T. Yamaz.

㉮ *Ilex crenata* Thunb. var. crenata : 꽝꽝나무
㉯ *Poncirus trifoliata* Raf. : 탱자나무
㉰ *Thuja orientalis* L. : 측백나무
㉱ *Corylopsis gotoana* var. coreana (Uyeki) T. Yamaz. : 히어리

25 공원에 인접해 있는 주택지를 차폐하려고 한다. 벤치에 앉아서 관망을 할 때, 벤치에서 주택까지의 거리는 50m, 주택의 높이는 3m일 때, 식재하려고 하는 위치까지의 거리는 20m 지점을 정하였다. 이 때 수목의 높이는 얼마가 좋은가? (단, 벤치에 앉아 있는 경우 눈의 높이는 110cm 이다.) [산업기사 14.03.02]

㉮ 1.85m ㉯ 1.86m
㉰ 1.90m ㉱ 1.96m

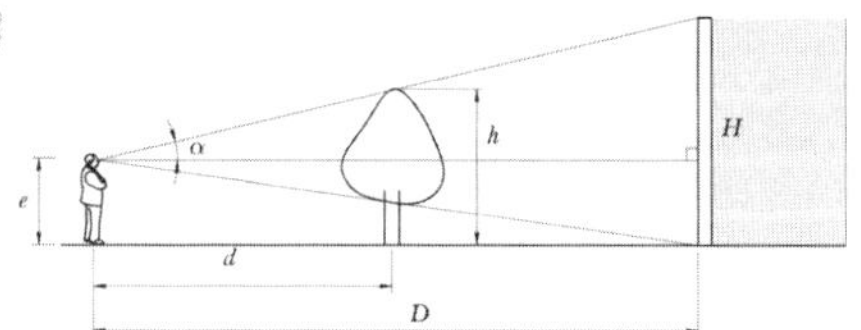

H : 차폐대상물 높이, h : 수목높이
e : 사람 눈높이, d : 사람~수목 거리
D : 사람~차폐 대상물까지의 거리
- 차폐식재의 위치와 크기

$$\tan\theta = \frac{(h-e)}{d} = \frac{(H-e)}{D}$$

$$\frac{(3-1.1)}{50} = \frac{(H-1.1)}{20}$$

H = 1.86cm

ANSWER 22 ㉰ 23 ㉰ 24 ㉱ 25 ㉯

26 방풍림 조성에 가장 부적합한 수목은?
[산업기사 14.03.02]

㉮ *Salix matsudana* for. tortuosa Rehder
㉯ *Abies holophylla* Maxim.
㉰ *Quercus myrsinaefolia* Blune
㉱ *Castanopsis sieboldii* Hatus.

 ㉮ 용버들(천근성수종이며 바람에 잘 흔들림)
㉯ 전나무
㉰ 가시나무
㉱ 구실잣밤나무
• 방풍림 : 심근성 수종, 지엽이 치밀한 상록수가 바람직

27 차폐식재용 수목으로 가장 알맞은 것은?
[산업기사 14.03.02]

㉮ 편백, 향나무
㉯ 눈향나무, 둥근향나무
㉰ 회양목, 꽝꽝나무
㉱ 사철나무, 아까시나무

 **차폐용 수종**
상록수로 수관이 크고 지엽이 밀생한 수목이 적당.
예 가이즈까 향나무, 노간주나무, 미국측백, 연필향나무, 전나무, 주목, 측백나무, 편백, 향나무, 화백 등

28 다음 중 산울타리 조성에 가장 많이 쓰이는 수종은?
[산업기사 14.05.25]

㉮ *Acer Pictum subsp.* mono Ohashi
㉯ *Platanus orientalis* L.
㉰ *Poncirus trifoliata* Raf.
㉱ *Aesculus turbinata* Blume

 ㉮ 고로쇠나무
㉯ 버즘나무
㉰ 탱자나무
㉱ 칠엽수
• 산울타리용 수종 : 지엽이 밀생한 상록수, 맹아력이 강하고 전정에 강한것 예)향나무, 가이즈까향나무, 가시나무류, 탱자나무, 화백, 편백, 삼나무, 측백나무, 꽝꽝나무, 덩굴장미, 명자나무, 무궁화, 개나리, 피라칸사, 회양목, 보리수나무, 사철나무, 아왜나무 등

29 자연풍경식 식재의 기본이 되는 식재 유형은?
[산업기사 14.05.25]

㉮ 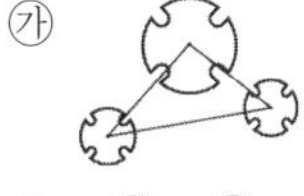
㉯ 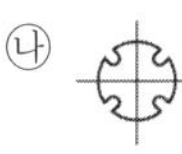
㉰ 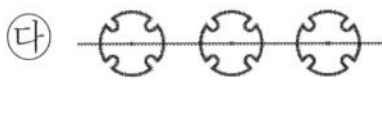
㉱ 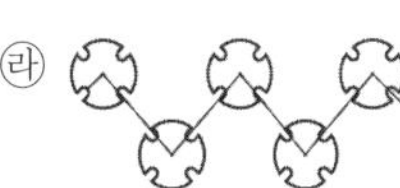

 ㉮ 부등변삼각형식재(자연풍경식)
㉯ 단식(정형식)
㉰ 열식(정형식재)
㉱ 교호식재(정형식)
• 자연풍경식 식재의 기본양식 : 부등변삼각형 식재, 랜덤식재(임의식재), 모아심기, 군식, 산재식재, 배경식재, 주목
• 정형식 식재의 기본양식 : 단식, 대식, 열식, 교호식재, 집단식재

ANSWER
26 ㉮ 27 ㉮ 28 ㉰ 29 ㉮

30 수목의 활용에 따른 분류 중 녹음용 수종의 조건으로 가장 관계가 적은 것은? [산업기사 14.09.20]

㉮ 가급적 수관이 커야 한다.
㉯ 보행자의 머리에 닿지 않을 정도의 지하고를 가져야 한다.
㉰ 수목의 무게를 견딜 수 있는 천근성이어야 한다.
㉱ 여름철에 짙은 그늘과 겨울철에 따듯한 햇빛을 줄 수 있는 낙엽교목이어야 한다.

 **녹음 식재용 수종 조건**
수관이 커야 함, 머리가 닿지 않을 지하고 유지(1.6 ~ 2.0m), 낙엽교목, 잎이 넓고 악취나 가시, 병충해가 없는 수종, 근원부의 다짐에 별 지장을 받지 않는 수종

31 우리나라 온대지방의 계절 특성상 녹음수로 가장 적합한 것은? [산업기사 14.09.20]

㉮ *Forsythia koreana*
㉯ *Celtis sinensis*
㉰ *Pinus koraiensis*
㉱ *Photinia glabra*

 ㉮ 개나리
㉯ 팽나무(낙엽교목으로 녹음수로 적당)
㉰ 잣나무
㉱ 홍가시나무
녹음수는 낙엽수이면서 지하고가 높은 교목으로 병충해가 없는 수종이 적당함.

ANSWER 30 ㉰ 31 ㉯

5 공간특성별 식재

1 주택정원, 공원 용도별 식재

① 주택정원
㉠ 건물과 어울리는 식재를 항상 고려해야 함
㉡ 녹음수를 제공해주는 테라스식재, 건물 뒷면의 배경식재

② 아동공원
㉠ 공원면적에 대한 식재지 면적 비율 : 약 40~60%
㉡ 식재지 m^2당 수목의 본수 : 교목류 0.1주, 관목류 0.2주
㉢ 수종선정기준 : 약 20~30종
(근린공원 50~100종, 운동공원 30~40종, 종합공원 50~100종)

③ 근린공원
㉠ 식재율 : 40~50%
㉡ 유지비용이 최소화되면서 그 지역의 토성과 토양에 적합하고 병충해와 공해에 강한 수종 선정

④ 지구공원
㉠ 공원과 주변지역을 차폐시키고, 바람을 막고, 내공해성 수종으로 오염도 조절
㉡ 공간구분을 명확히 하고, 인공구조물 주변에 배경식재를 함

⑤ 종합공원
㉠ 정적 후생을 위한 지역 : 정숙해야 하므로 상록수와 낙엽수를 식재하면서 낙엽활엽수를 많이 식재. 다양한 수종, 꽃, 열매, 향기가 있는 수종을 활용
㉡ 동적 후생을 위한 지역 : 상록수와 낙엽수의 비를 5 : 5로 적합하게 조성

⑥ 운동공원
㉠ 식재율 : 40%
㉡ 주변의 자연식생 파악, 조속히 녹화시켜 녹음수를 만들 것, 외곽에 3열 이상의 방풍, 차폐식재 필요
㉢ 정구, 농구, 배구장 코트 남쪽면에는 상록교목을 식재하면 겨울에 결빙이 생길 수 있음

⑦ 완충녹지
㉠ 공업단지 및 공업단지간 주변 : 10m^2당 교목 1주와 관목 3주, 상록수와 낙엽수를 8 : 2로 식재
㉡ 공장주변의 녹지대 : 여러 크기의 상록수 혼식이 효과적. 양쪽에 상록활엽수 심고 중앙에 침엽수와 활엽수를 적절히 선정

㉢ 토지 이용 상충지역 및 재해 발생지 : 방풍, 방화 녹지, 방설 녹지 등

⑧ 풍치공원

㉠ 입지조건과 작업종을 고려하여 그 지역의 자생종이 적합

㉡ 시각뿐 아니라 오감의 지각이 종합적으로 감지되도록 식재

⑨ 동·식물원

㉠ 병충해에 강하고, 벌레가 없으며, 값이 싸고, 수형, 꽃, 과실이 아름다운 수종

㉡ 교육적 가치가 있을 것

㉢ 가시나 독성이 없고, 동물의 먹이가 되는 열매가 있는 것

⑩ 사적공원

㉠ 보존구역 : 정적 공간으로 가장 한국적인 향토수종과 배치

㉡ 휴식구역 : 이용자들에게 녹음제공, 향토수종으로 열매와 꽃이 있는 수종이 바람직

㉢ 완충지역 : 위의 두 기능을 연결하는 지역으로 보존구역으로 차츰 정숙해지도록 식재

★★★★★ 2 도로식재

(1) 고속도로 식재

① 도로식재의 역할 : 운전자의 심리적 기능을 좋게 함

② 고속도로식재의 기능과 종류

기능	식재종류
주행	시선유도식재, 지표식재
사고방지	차광식재, 명암순응식재, 진입방지식재, 완충식재
방재	비탈면식재, 방풍식재, 방설식재, 비사방지식재
휴식	녹음식재, 지표식재
경관	차폐식재, 수경식재, 조화식재
환경보전	방음식재, 임연보호식재

③ 주행과 관련된 식재

㉠ 시선유도식재

ⓐ 주행 중의 운전자에게 도로의 선형변화를 미리 알 수 있게 시선을 유도하는 식재

ⓑ 도로의 곡률반경이 700m 이하가 되는 작은 곡선부에서 반드시 조성

ⓒ 곡률반경이 적을수록 식재밀도를 높여야 한다.

ⓓ 중앙분리대 : 길이 굽어 있을 때 앞쪽은 관목, 뒤쪽은 교목 식재

ⓔ 골짜기 구간 : 가장 낮은 구간은 피할 것 높은 곳은 교목, 낮은 곳은 관목식재

ⓕ 산형구간 : 높은 곳은 작은 나무, 낮은 곳은 큰 나무 식재

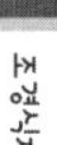

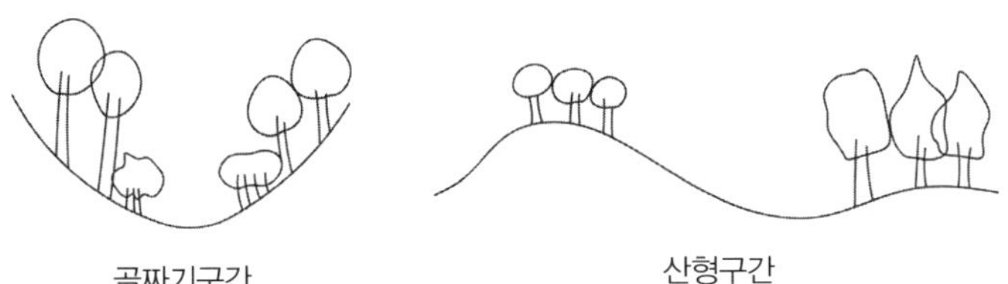

㉡ 지표식재

ⓐ 랜드마크를 형성시켜 주행자에게 그 위치를 알리고자 하는 식재수법

ⓑ 예로 인터체인지 앞 뒤 일정구간의 중앙분리대에 꽃나무를 심어 나머지구간과 쉽게 식별할 수 있게 하는 방법

④ 사고방지를 위한 식재

㉠ 차광식재

ⓐ 대향해서 주행해 오는 차량이나 측도로부터의 광선을 차단하기 위한 식재

ⓑ 차광식재의 식재간격 : $D=2r/\sin\theta$($\sin\theta$=헤드라이트 조사각 12°, r=수관반경)

$D=2r/0.2$ 즉 $D=10r$

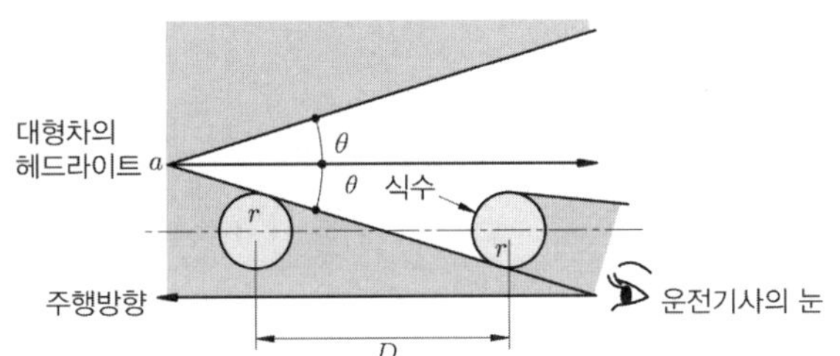

$$D=\frac{2\pi}{\sin\theta}$$

D : 식재간격

r : 식재반경

θ : 조사각

㉢ 식재간격과 수관폭

식재간격(D) (cm)	수관폭($2r$) (cm)
200	40
300	60
400	80
500	100
600	120

ⓓ 보통시거

설계속도(km/h)	시거(m)
120	210
100	160
80	110
60	75
50	55
40	40

ⓔ 승용차의 경우 눈높이가 150cm 정도이므로 수고는 150cm 정도면 된다.

ⓕ 가이즈까 향나무 - 차광성 우수, 금목서, 사철 - 차광성 불량

㉡ 명암순응식재

ⓐ 어두운 곳에서 밝은 곳으로, 밝은 곳에서 어두운 곳으로 갑작스레 들어가면 잠시 눈이 안 보이는 순응시간에 맞추어서 주위의 밝기를 차츰차츰 바꾸어 주는 식재

ⓑ 터널입구를 기점으로 200~300m 구간에 교목을 열식하여 서서히 명암이 조절되도록 함

㉢ 진입방지식재 : 도로의 외부로부터 고속도로 내부로 사람 또는 동물의 침입을 방지하는 식재

㉣ 쿠션식재(완충식재) : 차선 밖으로 튀어나간 차량의 충격을 완화시켜 사고를 최소화하게 하는 식재

⑤ 경관을 위한 식재

㉠ 차폐식재 : 도로 주변의 좋지 않은 경관을 가려 경관구성에 도움을 주는 상록수 식재

㉡ 조화식재

ⓐ 위화감을 주는 도로구조물에 대해 경관 및 식생과 조화를 이루도록 하는 식재

ⓑ 휴게시설 주변, 터널의 출입구, 오버브리지 시설부, 비탈면, 절토에 의한 천이면 등에 설치

㉢ 강조식재

ⓐ 도로경관의 단조로움에 변화를 주어 졸음이 오지 않도록 하는 식재

ⓑ 성토가 연속되는 곳은 비탈면에 교목을 군식, 절토지에는 관목이나 화목을 식재

㉣ 조망식재

ⓐ 휴게소 등 조망이 좋은 곳이나, 주행경관 중 대상경관을 적당히 은폐해 인상 깊은 경관으로 만드는 식재

ⓑ 전방에 있는 산악을 향해 도로 양측에 수목 열식해 비스타 형성, 터널 출구나 오버브리지 이용해 전방의 경관을 연관시켜 원근감을 증폭시키는 식재

⑥ 그 외 기타 식재

㉠ 임면보호식재

ⓐ 절개에 의해 헐벗은 임면이 생겨날 때 그 부분을 보호하고 경관을 개선하기 위해 관목류와 소교목류를 섞어서 식재

㉡ 비탈면 식재

ⓐ 진달래, 철쭉 등 관목류 - 1 : 2 경사

ⓑ 잣나무, 소나무, 단풍나무 등 교목, 소교목 - 1 : 3 경사

ⓒ 묘목 1 : 2 경사

⑦ 중앙분리대 식재

㉠ 중앙분리대 분리폭(너비) : 12m 이상적

㉡ 우리나라 경우 토지 이용상 문제로 120km/hr인 경우 분리대 너비 3m

㉢ 너비 2m 이하의 분리대는 식수 대신 방현망을 설치함

㉣ 우리나라 경부고속도로 중앙분리대 식재거리 : 직선거리 6m, 곡선거리 4m

㉤ 중앙분리대 식수방식

	식재수법	장점
정형식(整形式)	• 같은 크기 생김새의 수목을 일정간격으로 식재	• 정연한 아름다움
례식법	• 열식하여 산울타리 조성	• 차광효과가 큼 • 다듬기작업 용이 • 보행자 횡단제어 효과 등
랜덤식	• 여러 가지 크기, 형태의 수목을 동일하지 않은 간격으로 식재	• 식재열의 변화 • 동일크기 형태가 아니어도 좋다. • 약간 상해도 눈에 띄지 않음
루버식	• 짧은 산울타리를 루버와 같은 생김새로 배열하는 방식	• 열식보다는 수목수량이 적게 듬
무늬식	• 기하학적 도안에 따라 관목을 심어 정연하게 배열하는 방식	• 장식기능이 강함 • 시가지도로에 조성
군식법	• 무작위로 크고 작은 집단으로 식재	• 유지관리가 용이
평식법	• 분리대 전체 내용에 관목보식	• 보행자횡단금지 효과 등 • 기계화 관리가 용이

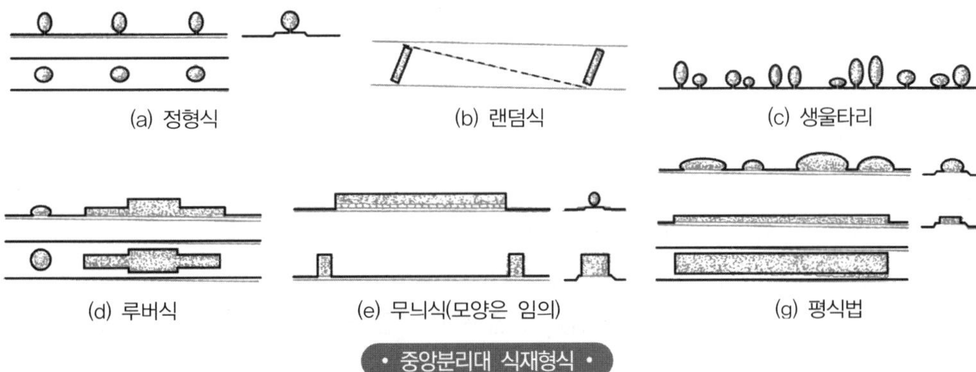

• 중앙분리대 식재형식 •

㉥ 중앙분리대 식재수종 배기가스나 건조에 내성이 강하고 지엽 밀생, 전정에 강한 상록수

교목	가이즈까향나무, 졸가시나무, 향나무
관목	꽝꽝나무, 다정큼나무, 돈나무, 둥근향나무, 섬쥐똥나무, 광나무, 아왜나무
화목	협죽도, 철쭉류, 큰꽃댕강나무

④ 인터체인지 식재

㉠ 두 개 이상의 도로가 만나는 지점에 설치되는 교통시설

㉡ 지방종 식재, 빈 공간은 잔디처리, 램프에는 키 큰 나무를 식재하면 시야 가리므로 위험

㉢ 인터체인지 종류

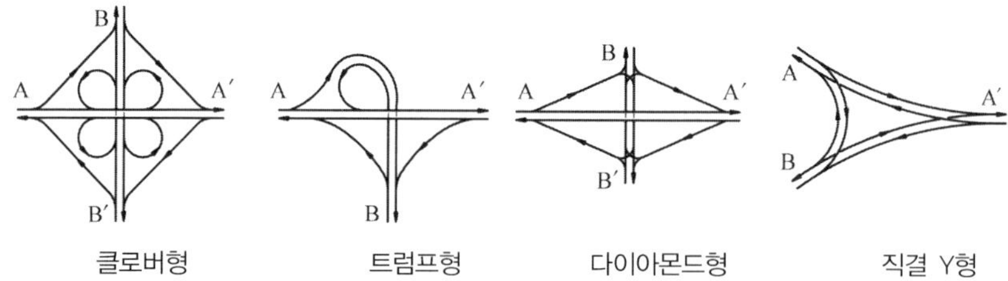

㉣ 인터체인지 식재

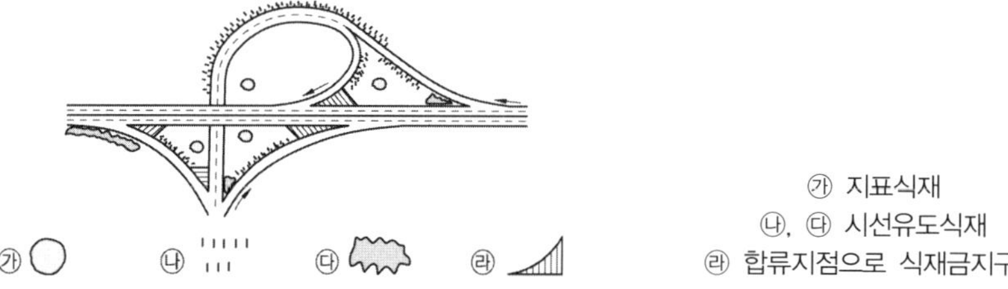

⑤ 고속도로 조경식재율

공간	Parking Area	Interchange	Service Area	노변식재
식재율	7~15%	5~10%	7~10%	1km당 양쪽 노면에 200그루가 표준

(2) 가로식재

① 가로수 식재 형식

㉠ 차도 곁에서 0.65m 이상 떨어져 심기

㉡ 건물로부터 5~7m 떨어져 심기

㉢ 수간거리는 수관이 인접수와 접촉하지 않도록 보통 6~10m 정도로 함

㉣ 가로수는 대지경계선과 관계없이 일정한 간격으로 심기

㉤ 특수효과를 위한 가로수를 제외하고는 한 가로변에는 동일수종 식재

㉥ 열간거리는 수간거리에 준하여 정하며 일반적으로 6m 이상

㉦ 3열 또는 그 이상 가로수에서는 서로서로 비껴 심어 수관배치를 자연적으로 해주며 열간거리를 5m 정도 줄여준다.

② 가로수 수종 조건

㉠ 적어도 교목 3.5m 이상, 흉고 6cm 이상, 지하고 1.8m 이상이어야 함

㉡ 줄기가 곧고 가지가 고루 발달되고 수형의 균형이 잡혀 있는 것
㉢ 생육상태가 양호하고 뿌리분의 크기는 근원직경의 4~6배 이상
㉣ 수피 손상이 없고 병충해 피해가 없을 것

③ 가로수용 수종

난대지방	주로 상록활엽수, 담팔수, 소귀나무 등
온대지방	주로 낙엽활엽수, 배롱나무, 참느릅나무 등
그 외	플라타너스, 은행나무, 가중나무, 능수버들, 미루나무, 녹나무, 유엽도, 후박나무, 후피향나무 등

④ 녹도
㉠ 통학, 산책 등을 위한 보행과 자전거 통행을 위주로 한 자연요소가 많은 도로
㉡ 녹도 양쪽에 교목과 관목의 식수대와 너비 1.5m 이상의 보도, 2m 이상의 자전거 도로로 구성되어 최소 너비 10m 내외가 되어야 함

3 공장식재

① 공장식재의 기능

분류	기능
경관상의 기능	주변환경 및 인공시설물과의 조화, 경관조성
작업상의 기능	종업원의 정서함양, 종업원의 작업능률 향상
대기상의 기능	대기정화기능, 방진기능, 기상완화기능
방재상의 기능	화재·폭발방지기능, 방풍·방조기능, 방음기능, 피난장소기능
휴게 및 레크리에이션 기능	휴게, 레크리에이션, 스포츠시설

② 공장유형별 수종 선택

공장 유형	재해	적정수종	
		남부지방	중부지방
석유화학지대	아황산 가스	태산목, 후피향나무, 녹나무, 굴거리나무, 아왜나무, 가시나무	화백, 눈향나무, 은행나무, 튤립나무, 버즘나무, 무궁화
제철공업지대 (금속·기계)	불화수계 염화수계	치자나무, 사스레피나무, 감탕나무, 호랑가시나무, 팔손이나무	아카시아나무, 참나무, 포플러, 향나무, 주목
임해공업지대	조해 염해	동백나무, 광나무, 후박나무, 돈나무, 꽝꽝나무, 식나무	향나무, 눈향나무, 곰솔, 사철나무, 회양목, 실란
시멘트 공업지대	분진 소음	삼나무, 비자나무, 편백, 화백, 가시나무	잣나무, 향나무, 측백, 가문비나무, 버즘나무

③ 오염 식재지역 조성방법
㉠ 성토법

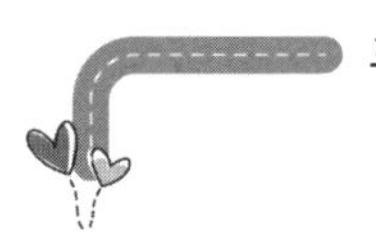

ⓐ 매립지반에 타 지역의 양질의 흙을 성토하여 식재조건을 완화하는 방법

ⓑ 성토두께 : 잔디 15cm, 관목 30cm, 교목 60~100cm 이상

ⓒ 배수효과가 적을 때는 배수구 파서 모래, 쇄석을 넣고 막히지 않게 모래로 피복해 암거배수함

ⓓ 배수구 크기 : 폭, 깊이 60~100cm, 간격 5~10m 내외

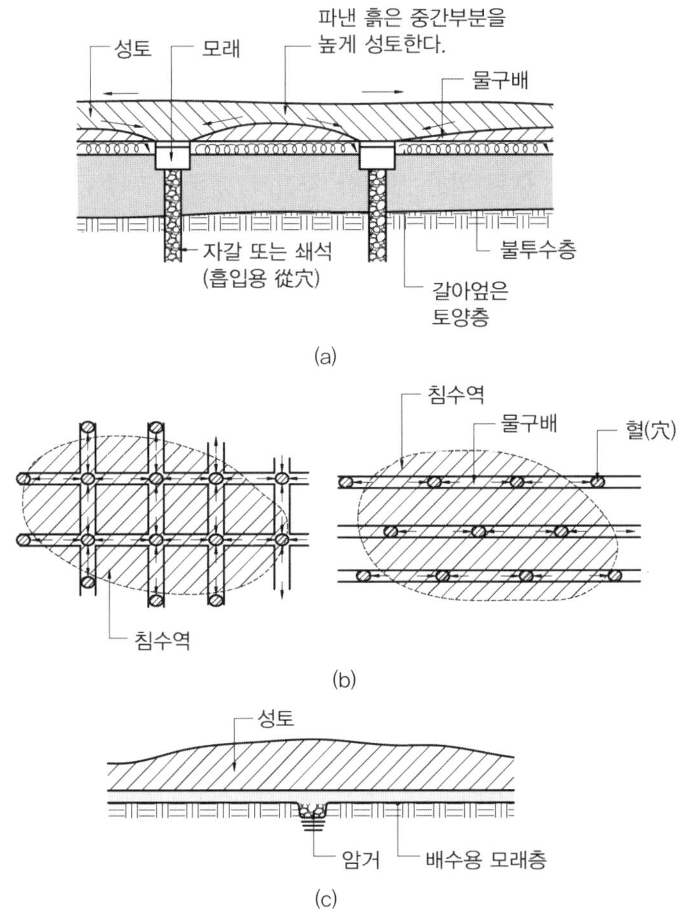

ⓛ 객토법

ⓐ 지반을 파내고 외부에서 반입한 토양으로 교체하는 공법

ⓑ 전지역에 객토하는 전면객토법, 수목 한그루마다 객토하는 단목객토법

ⓒ 객토량 : 묘목, 관목은 주당 $0.05m^3$, 3m 이상 교목일 때 주당 $0.2{\sim}0.3m^3$가 표준

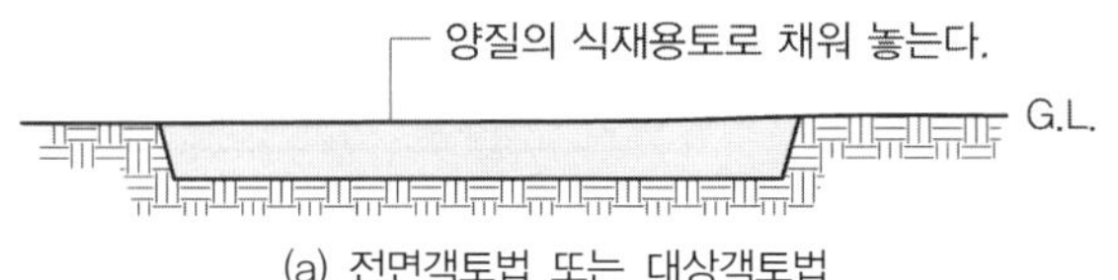

(a) 전면객토법 또는 대상객토법

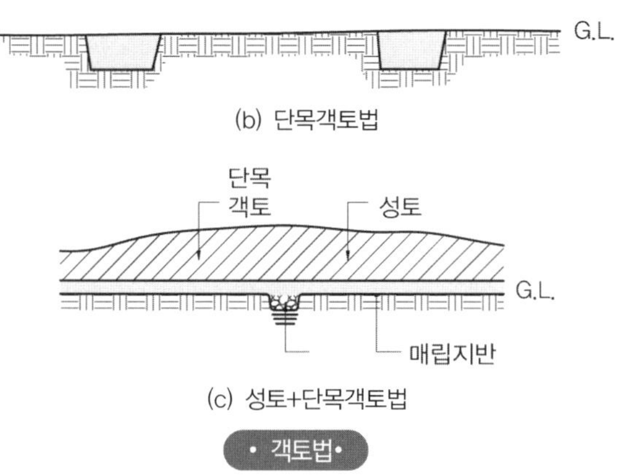

(b) 단목객토법

(c) 성토+단목객토법

• 객토법•

㉢ 사주법 및 사구법

ⓐ 사주법 : 오염층에 샌드파일(sand pile) 공법에 의해 길이 6~7m, 직경 40cm 정도의 철파이프를 오니층 아래의 원래 지표층에까지 넣어 흙을 파낸 후 파이프 속에 모래나 모래가 많은 산흙으로 채운 다음 철파이프를 빼내는 방법. 염분 제거, 배수에 효과가 많고 사주의 크기나 숫자가 많을수록 효과가 크다.

ⓑ 사구법 : 오니층이 가라앉은 가장 낮은 중심부에서 주변부를 통해 배수구를 파놓은 다음, 이 배수구 속에 모래 흙을 혼합하여 넣고, 이곳에 수목을 식재하는 방법

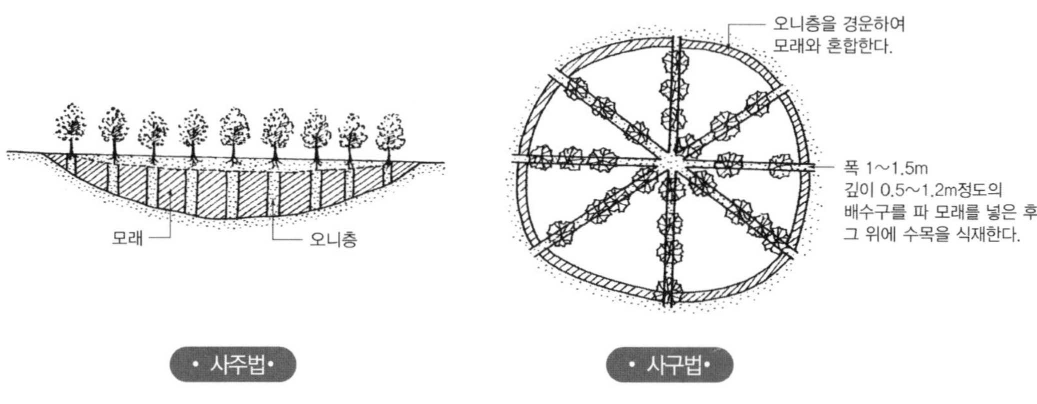

• 사주법•

• 사구법•

★★★ 4 학교식재

① 학교식재 선정방법

㉠ 교과서에 취급된 식물을 우선적으로 선정

㉡ 학생들의 기호를 고려하여 선정

㉢ 향토식물 선정

㉣ 관상가치가 있는 식물을 선정

㉤ 학교를 상징하고 학생들에게 애교심을 줄 수 있는 교목과 교화 선정

ⓗ 관리가 쉬운 수종 선정
ⓢ 야생동물의 먹이가 풍부한 식물 선정
ⓞ 주변환경에 내성이 강한 식물 선정
ⓙ 생장속도가 빠른 수목 우선적 선정
ⓒ 식물소재의 구들 여부를 확인 후에 선정

② 학교부지에 다른 식재

㉠ 전정구 : 건물과의 관계를 고려해 학교의 이미지를 심어주는 식재
㉡ 중정구 : 학생들의 휴식공간으로 벤치나 퍼골라를 설치하고 방화식재도 고려
㉢ 측정구 : 건물에 인접해 있고 휴식할 수 있게 녹음수 식재
㉣ 후정구 : 겨울철 북서풍을 막아줄 수 있는 상록수로 방풍식재

③ 체육장 용지의 식재

㉠ 운동공간 : 먼지 방지로 잔디밭이나 초생지를 조성할 수 있음
㉡ 체육장 주변 : 휴식공간으로 지하고 높은 녹음수 식재
㉢ 운동장 주변 : 관람용 스탠드지역으로 흙이나 잔디 스탠드 활용 가능

④ 야외 실습지의 식재

㉠ 교재원 : 교과서에 나오는 식물을 직접 공부하는 것으로 한곳에 모아 독립교재원 조성하거나 학교 전체에 분산시켜 분산교재원을 조성할 수도 있음
㉡ 생산원 : 묘포장, 소동물사육장, 경작원, 온실 등으로 직접 체험의 기회 제공

⑤ 외곽 녹지의 식재

㉠ 차폐식재 : 학교 밖의 좋지 못한 조망을 차폐할 대교목 식재
㉡ 방음식재 : 식재대 너비 20~30m 이상으로 식재
㉢ 방풍식재 : 내한성 강하고 지엽이 밀생한 상록수 중심의 낙엽수 적절히 섞어 식재

5 화단조성

① 계절에 의한 화단

㉠ 봄화단(3월하순~6월상순)
ⓐ 한해살이 : 팬지, 데이지, 프리뮬러, 금잔화, 알리섬, 양귀비
ⓑ 여러해살이 : 꽃잔디, 은방울꽃, 금계국, 붓꽃
ⓒ 알뿌리 : 튤립, 크로커스, 수선화, 무스카리, 히아신스

㉡ 여름화단(6월~9월중순)
ⓐ 한해살이 : 페튜니아, 색비름, 천일홍, 맨드라미, 일일초, 채송화, 봉선화, 접시꽃, 메리 골드
ⓑ 여러해살이 : 아스틸베, 리아트리스, 붓꽃, 옥잠화, 작약

ⓒ 알뿌리 : 글라디올라스, 만나, 다알리아, 튜베로스, 진자, 백합

㉢ 가을화단(10월초~11월말)

ⓐ 한해살이 : 베리골드, 맨드라미, 페튜니아, 토레니아, 코스모스, 살비아, 아게라텀, 과꽃

ⓑ 여러해살이 : 굴화, 루드베키아, 숙근플록스

ⓒ 알뿌리 : 달리아

㉣ 겨울화단(10월~2월말) : 꽃양배추

★★★ ② 양식에 의한 화단

㉠ 경재화단 : 건물, 담장, 울타리 등을 배경으로 그 앞쪽에 길게 만들어져 한쪽에서만 조망 가능한 화단

㉡ 기식화단 : 작은 면적의 잔디밭이나 광장 가운데 도는 주위에 있는 공간에 가운데 키 큰 화초와 가장자리에 키 작은 화초를 심어 사방에서 바라볼 수 있도록 한 화단

㉢ 카펫화단 : 광장이나 잔디밭 가운데 문양을 새겨 화초를 심은 화단

㉣ 리본화단 : 넓은 부지의 원로, 보행로, 도로 등 산울타리, 건물, 연못 따라 나비가 좁고 긴 화단

㉤ 암석화단 : 바위덩어리들 사이에 식물을 식재

㉥ 침상화단 : 보도에서 1m 정도 낮은 평면에 기하학적 모양으로 만든 화단

㉦ 용기화단 : 화분, 윈도박스, 다양한 식물재배용기 등에 식재한 화단

㉧ 수재화단 : 수생식물이나 수중식물을 용기에 심어 배치한 화단

CHAPTER 09 식재계획 및 설계

실전연습문제

01 다음 중 평면화단에 속하지 않는 것은? [산업기사 11.06.12]

㉮ 경재화단(border flower bed)
㉯ 카펫화단(carpet flower bed)
㉰ 리본화단(ribbon flower bed)
㉱ 포석화단(paved flower bed)

풀이 ㉮ 경재화단 : 건물, 담장, 울타리 등을 배경으로 그 앞쪽에 길게 만들어져 전면 앞쪽으로는 키 작은 화초로 뒤쪽으로는 점차 키 큰 화초로 배치하여 전체를 볼 수 있도록 꾸미는 입체화단
㉯ 카펫화단 : 광장이나 잔디밭 가운데 문양을 새겨 화초를 심은 화단
㉰ 리본화단 : 좁은 부지의 원로, 보행로, 도로 등 나비가 좁고 긴 화단
㉱ 포석화단 : 바닥을 넓게 포장한 듯한 화단

02 다음 녹도(綠道, 보행자 공간, Pedestrian space)에 대한 설명으로 옳지 않은 것은? [산업기사 11.06.12]

㉮ 일상생활과 직접 결합된 통학, 통근, 산책, 장보기 등을 위한 도로이다.
㉯ 보도와 자전거용 도로는 완전히 분리되도록 한다.
㉰ 도로에서 2.5m 높이까지는 교목의 가지가 돌출하는 일이 없어야 한다.
㉱ 일반적으로 프라이버시를 확보하기 위하여 멀리 바라보이지 않도록 하고 야간에는 국부조명이 되도록 한다.

풀이 녹도는 일상보도와 관계되는 누구나 이용하는 보행전용도로로서 프라이버시를 확보하기 어렵다.

03 다음 [보기]에서 설명하고 있는 식물은? [산업기사 11.06.12]

보기
- 개화기가 길고 강건하며 병해에 강하다.
- 여름철의 고온다습한 환경에서 한층 더 잘 자라고 계속 꽃 피우는 춘식구근이다.
- 생육적온은 25~28℃이며, 5℃이하에서는 생육이 중지되고 0℃이하에서는 죽어버린다.
- 양성식물로 생육개화에는 충분한 일조를 필요로 하고, 개화하는데 일장의 영향은 거의 받지 않으나 근경의 비대는 단일하에서 촉진된다.

㉮ 달리아 ㉯ 튤립
㉰ 칸나 ㉱ 히아신스

풀이 ㉮ 달리아 : 여름알뿌리
㉯ 튤립 : 봄 알뿌리
㉱ 히아신스 : 봄 알뿌리

ANSWER 01 ㉮ 02 ㉱ 03 ㉰

04 조경설계기준상 산업단지 및 공업지역의 완충녹지 설명 중 틀린 것은? [산업기사 11.06.12]

㉮ 주거전용지역이나 교육 및 연구시설 등 조용한 환경으로부터 녹지설치의 원인 시설이 은폐될 수 있는 형태로 한다. 이때 수고가 4m 이상으로 성장할 수 있는 수목의 녹화면적이 50% 이상이 되도록 한다.

㉯ 녹지의 폭원은 최소 50 ~ 200m 정도를 표준으로 하되 당해 지역의 특성과 인접 토지이용과의 관계, 풍향, 기후, 사회적·자연적 조건 등을 고려하여 적절한 폭과 길이를 결정한다.

㉰ 경관조경수를 주 수종으로 도입하며, 대기오염에 강한 낙엽수를 수림지대 주변부에 두고, 그 중심에 속성 녹화경관수목을 배식한다.

㉱ 완충녹지의 기능을 촉진하기 위하여 속성수와 완충기능 수종을 식물사회학적인 관계를 고려하여 군식 또는 군락 식재를 한다.

풀이 산업단지, 공업단지 주변에는 공해에 강한 상록수와 낙엽수를 적절히 혼합하여 식재하는 것이 바람직하다.

05 일반적인 정원수 선택조건으로 옳지 않은 것은? [산업기사 11.10.02]

㉮ 이식이 가능한 것

㉯ 그 지방에 생육 가능한 것

㉰ 관상면, 실용면으로 가치 있는 것

㉱ 진귀하고 외국에서 수입된 것

06 다음 중 일반적인 식재 구성상 교목 - 아교목 - 관목의 순서로 옳게 나열된 것은? [산업기사 11.10.02]

㉮ 전나무 - 단풍나무 - 산철쭉

㉯ 독일가문비 - 칠엽수 - 자귀나무

㉰ 회화나무 - 돈나무 - 꽝꽝나무

㉱ 수양버들 - 목련 - 회양목

07 가로수의 크기가 수고 5m, 수관직경 4m인 낙엽교목을 식재하고자 한다. 진행자의 시선 좌우 범위가 30°정도일 때 가로수로 측방 차단 효과를 얻기 위해서는 식재간격을 얼마 이하로 하면 되겠는가? [산업기사 12.05.20]

㉮ 12m　　㉯ 10m

㉰ 8m　　㉱ 6m

수목간격 $S = \frac{2r}{\sin\theta} = \frac{4}{\sin 30} = 8m$

(r : 수목의 반경, θ : 시선각도)

08 고속도로에서의 식재기능으로서 적합하지 않은 것은? [산업기사 12.09.15]

㉮ 지표식재　　㉯ 시선유도식재

㉰ 차광식재　　㉱ 가로수식재

ANSWER 04 ㉰ 05 ㉱ 06 ㉮ 07 ㉰ 08 ㉱

09 다음 고려시대의 정원식물에 관한 설명 중 적당하지 않은 것은? [산업기사 13.03.10]

㉮ 화훼류는 화려한 것보다 소박한 것을 즐겨 심었다.
㉯ 채원(菜園)에는 가지, 무, 아욱, 박 등이 가꾸어졌다.
㉰ 분식(盆植)식물로는 동백, 협죽도, 석창포, 대나무 등이 애용되었다.
㉱ 교목으로는 소나무와 측백, 전나무 등이 중요시 되었다.

10 다음 그림 중 가로수 식재방법으로 가장 적절한 것은? (단, 그림의 가로수는 도로기준으로 식재거리를 나타냄) [산업기사 13.03.10]

㉮
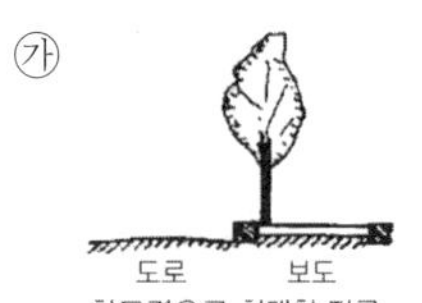

차도곁으로 최대한 접근

㉯
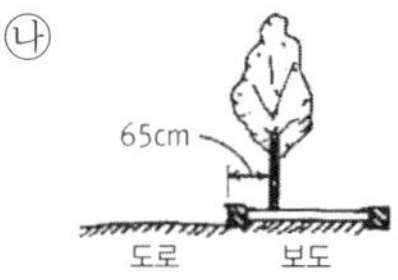

차도곁에서부터 65cm

㉰
1~5cm
도로 보도
차도곁에서부터 1~5m

㉱
도로 보도
차도곁에서 최대한 멀리

11 다음 녹화식물의 종류에서 감기형 식물에 해당하지 않는 것은? [산업기사 13.06.02]

㉮ 인동 ㉯ 으아리
㉰ 줄사철나무 ㉱ 노박덩굴

풀이 벽면녹화하는 덩굴성 식물의 감기형 식물은 담쟁이 덩굴, 으아리류, 송악, 노박덩굴 등이 있다.

12 주행 중 운전자가 도로 선형의 변화를 미리 알도록 하는 식재는? [산업기사 13.06.02]

㉮ 시선유도 식재 ㉯ 진입방지 식재
㉰ 명암순응 식재 ㉱ 지표 식재

풀이 시선유도식재는 도로형태와 같이 식재함으로써 멀리서도 도로의 선형변화를 알도록 해주는 식재

13 풍치공원 부지의 식생 입지 파악을 위해 필요한 조사사항으로 부적합한 것은? [산업기사 13.09.28]

㉮ 토지이용 현황과 군락의 조사
㉯ 주변 자연식생 조사
㉰ 토양 단면조사와 토양분석
㉱ 고손목과 잔존 교목 조사

14 정원수의 수형에 가장 예민하게 영향을 미치는 인자는? [산업기사 14.03.02]

㉮ 수분 ㉯ 영양분
㉰ 광선 ㉱ 품종

풀이 정원수는 빛의 방향에 따라 수형이 만들어지기도 하고, 광선의 강약에 따라 성장이나 수형이 달라지기도 한다.

ANSWER
09 ㉮ 10 ㉯ 11 ㉰ 12 ㉮ 13 ㉱ 14 ㉰

15 석유화학단지 내에서 식재설계를 할 때 가장 먼저 고려해야 할 공해 인자는?

[산업기사 14.05.25]

㉮ 조해(潮害)　　㉯ 아황산가스
㉰ 불화수소　　㉱ 분진

풀이 **다음 해당 공업지대 식새설계시 고려해야 할 공해 인자**
㉮ 조해(潮害) : 임해공업지대
㉯ 아황산가스 : 석유화학지대
㉰ 불화수소 : 제철공업지대
㉱ 분진 : 시멘트공업지대

16 다음 설명의 괄호 안에 적합한 구근류는?

[산업기사 14.05.25]

(　　)은/는 봄에 정식하여 여름에 개화하고 가을에 수확하는 춘식구근으로 월동의 한 수단으로 휴면에 들어가며 휴면은 주로 생체(구근) 내 발아억제물질과 발아촉진물질들의 균형에 의하는 것으로 (　　)휴면은 시간이 경과하면 자연적으로 타파된다. 번식방법은 실생, 분구, 자구 및 조직배양 등 여러 가지가 있으나 주로 자구에 의해 번식한다.

㉮ 수선화　　㉯ 백합
㉰ 크로커스　　㉱ 글라디올러스

 ㉮ 수선화(가을심기)
㉯ 백합(가을심기)
㉰ 크로커스(가을심기)
㉱ 글라디올러스(봄심기)

17 서울숲을 생태공원으로 재조성하고자 할 때 식재하기에 가장 부적합한 수종은?

[산업기사 14.09.20]

㉮ 소나무　　㉯ 서어나무
㉰ 종가시나무　　㉱ 갈참나무

풀이 **종가시나무**
난대림으로 우리나라 남해안, 제주도에 적합한 수종이다.

18 식물의 생활형은 가장 추운 계절에 생존하는 방법으로, 특히 새로 생장이 시작될 눈의 위치에 따라 구분된다. 다음 중 일년생 식물에 해당되지 않는 종은?

[산업기사 14.09.20]

㉮ 밭뚝외풀　　㉯ 돼지풀
㉰ 얼레지　　㉱ 주름잎

 • 얼레지 : 숙근성 여러해살이풀

ANSWER 15 ㉯　16 ㉱　17 ㉰　18 ㉰

6 특수지역식재

1 임해매립지 식재

① 임해매립지 환경조건

㉠ 매립재료 : 해저의 모래나 해감, 산비탈을 깎은 흙, 굴취잔토, 도시의 쓰레기 등

㉡ 통기성 불량, 가스나 열의 발생, 지반의 침하현상이 일어남

② 매립지 염분제거

㉠ 식물생육에 미치는 염분의 한계농도 : 수목(0.05%), 채소류(0.04%), 잔디(0.1%)

㉡ 탈염방법 : 2m 간격으로 깊이 50cm 이상, 너비 1m 이상되는 도랑 파고 그 속에 모래를 채워 사구를 만든 다음 도랑 이외의 곳에는 토양개선제나 모래를 혼합함으로써 투수성을 향상시켜 놓은 다음 전면에 걸쳐서 스프링클러로 물을 뿌려 탈염한다.

③ 임해매립지 주변 수림대 식재 밀도

㉠ 교목 성목 : 4m 이상 0.05주/m^2

㉡ 교목 어린나무 : 1.5~2m 이상 0.15주/m^2

㉢ 관목 : 0.5주/m^2

㉣ 상록 : 낙엽의 비 = 8 : 2

④ 매립지 비사방지책(모래가 날리는 것 방지)

㉠ 매립지 전면에 산흙을 10cm 정도 깊이로 피복하거나 방풍울타리로써 발이나 염화비닐로 엮은 네트를 친다.

⑤ 임해매립지 식생

㉠ 선구식물 : 내조성 강한 취명아주, 명아주, 망초, 실망초, 달맞이꽃

㉡ 물이 괴는 곳 : 갈대, 매자기, 부들, 골물의 군락

㉢ 건조한 것 : 마디풀, 금달맞이, 흰명아주 군락

㉣ 목본식물 : 비수리, 들콩

⑥ 해안수림 조성요령

㉠ 해안 최전선의 나무 : 수고 50cm 정도의 관목

㉡ 내륙으로 갈수록 차례로 키 큰 나무를 심어 수관선이 포물선형이 되도록 함

㉢ 식재 후 1년 동안은 식재지 앞쪽에 높이 1.8m 정도의 바람막이 펜스 설치

⑦ 해안식재용 수종

적용장소	수종
바닷물이 튀어 오르는 곳의 지피(S급)	버뮤다글라스, 잔디
바닷바람을 막는 전방 수림(특A급)	눈향나무, 다정큼나무, 돈나무, 섬쥐똥나무, 유카, 졸가시나무, 흑송
위에 이어지는 전방수림(A급)	볼레나무, 사철나무, 위성류, 유엽도
전방 수림에 이어지는 후방 수림(B급)	비교적 내조성이 큰 수종
내부 수림(C급)	일반 조경용 수종

2 옥상 및 인공지반에 대한 식재

① 구조상 제약조건

㉠ 하중

ⓐ 수목의 중량

수목 전체의 중량(W) =	수목의 지상부 중량(W_1)+수목의 지하부 중량(W_2)	
수목 지상부 중량(W_1)	$W_1 = f\pi(d/2)^2 HW_0(1+\mathrm{P})$	W_1 : 수목의 지상부 중량(kg) d : 흉고직경(m) H : 수고 f : 수간의 형상계수 W_0 : 수간의 단위체적당 생체중량 P : 지엽의 다소에 따른 할증률 (약 1.0(고립목) ~ 0.3(임목))
수목 지하부 중량(W_2)	접시분 $V=\pi r^3$ 보통분 $V=\pi r^3+1/6\pi r^3=3.6\pi r^3$ 조개분 $V=\pi r^3+1/3\pi r^3=4\pi r^3$ 따라서 $W_2 = V\times k$	V : 뿌리분의 체적(m^3) r : 뿌리분의 반경 W_2 : 뿌리분의 중량(kg) k : 뿌리분의 단위당 중량(kg/m^3) = 1.3t/m^3

ⓑ 토양의 중량 해결 : 경량토사용

경량토	용도	특성
버미큘라이트	식재토양층에 혼용	흑운모 변성암을 고온으로 소성한 것 다공질로 보수성, 통기성, 투수성이 좋다. 염기성 치환용량이 커서 보비력이 크다. pH 7.0 정도
펄라이트	식재토양층에 혼용	진주암을 고온으로 소성한 것 다공질로 보수성, 통기성, 투수성이 좋다. 염기성 치환용량이 작아 보비성이 없다. 중성~약알칼리성

경량토	용도	특성
화산자갈	배수층	화산 분출암 속의 수분과 휘발성 성분이 방출된 것
화산모래	배수층, 식재토양층에 혼용	다공질로 통기성, 투수성이 좋다.
석탄재	배수층, 식재토양층에 혼용	석탄 연소가 타지 않고 남은 덩어리 다공질로 통기성 투수성이 좋다. 한냉한 습지의 갈대나 이끼가 흙 속에서 탄소화된 것
피트	식재, 토양층에 혼용	보수성, 통기성, 투수성이 좋다. 염기성 치환 용량이 커서 보비성이 좋다. 산도가 높다.

㉡ 배수

ⓐ 슬라브의 방수층 → 굵은 화산이나 탄재찌꺼기 10~20cm → 왕모래 → 거친 모래 5cm → 경량재 섞은 흙

ⓑ 바닥면 2% 정도의 경사로 구배

㉢ **관수** : 매주 2번 관수시는 매회 25~35mm, 한번 관수 시는 40~50mm 장시간 관수

살수기 용량	$g = \dfrac{D \cdot SL \cdot Sm}{60 \cdot T}$	q : 살수기 용량(l/min) D : 살수깊이(mm) SL : 살수기 간격(m) Sm : 살수열의 간격(m) T : 관수시간(hr)
살수 강도	$I = \dfrac{60 \cdot q}{A}$	I : 살수강도(mm/hr) q : 살수기의 용량(l/min) A : 살수기 1개의 살수면적(m^2)(SL·Sm)

② 옥상토양의 환경과 배식

㉠ 옥상토양의 환경 : 콘크리트 슬래브의 열전도율이 높아 기온변동이 커 토양이 건조하며 양분이 적다.

㉡ 식재층의 조성 : 사질양토에 퇴비나 부엽토를 7 : 3 비율로 혼합하고 이것에 경량토를 3 : 1 ~ 5 : 1 비율이 되게

㉢ 식물의 선택 : 하중, 토양깊이, 식재위치, 바람, 토양비옥도, 토양건조 등을 고려 천근성으로 척박지에서도 잘 자라며, 전정이 용이하고, 자라는 속도가 비교적 느리며, 병충해에 강한 수종 선택

③ 옥상조경용 수종

상록침엽교목	가이즈까향나무, 섬잣나무, 소나무, 실화백, 주목, 편백, 향나무, 화백
상록침엽관목	눈향나무, 눈주목, 둥근측백, 둥근향나무
상록활엽교목	가시나무류, 동백나무, 동청목, 아왜나무, 후피향나무
상록활엽관목	광나무, 꽝꽝나무, 왜철쭉, 남천, 다정큼나무, 돈나무, 목서, 사스레피나무, 사쯔기나무, 사철나무, 서향, 식나무, 자금우, 피라칸사, 협죽도, 호랑가시나무, 회양목, 조릿대, 유카
낙엽활엽교목	단풍나무류, 대추나무, 때죽나무, 떡갈나무, 모감주나무, 목련, 백목련, 복자기, 붉나무, 산사나무, 서나무, 쉬나무, 자귀나무, 자작나무, 참빗살나무

활엽관목	가막살나무, 개나리, 고광나무, 고추나무, 골담초, 낭아초, 댕강나무, 라일락, 말발도리, 매발톱나무, 명자나무, 무궁화, 박태기, 백당나무, 병꽃나무, 보리수나무, 분꽃나무, 산철쭉, 산초나무, 생강나무, 앵두나무, 쥐똥나무
낙엽덩굴	노박덩굴, 능소화, 등나무, 모란, 인동덩굴, 으름덩굴
지피식물	잔디, 들잔디, 맥문동, 바위떡풀, 비비추, 송악, 아주가, 옥잠화, 파키산드라

7 실내식물환경조성 및 설계

1 실내공간 식재의 기능

① **상징적 기능** : 상징적으로 사용하여 감정을 나타내는 연상의 근거가 되게 함
② **감각적 기능** : 인간의 다양한 감정에 영향을 줌
③ **건축적 기능** : 구획의 명료화, 동선의 유도, 차폐효과, 사생활 보호, 인간척도로서의 역할
④ **공학적 기능** : 음향의 조절, 공기의 정화작용, 섬광과 반사광의 조절
⑤ **미적 기능** : 시각적 요소, 장식적 요소

2 실내식재의 환경여건

① 광선
㉠ 광도의 조절 : 빛의 세기가 광보상점 이상 광포화점 이하라야 식물이 자람. 실내에서는 내음성 식물이 적당
㉡ 광질의 조절
ⓐ 가시광선 중 파란색 파장은 식물의 키가 작고 줄기가 뚱뚱하고 잎색이 짙어짐
ⓑ 가시광선 중 빨간색 파장은 식물이 길고 날씬해지며 성글고 잎이 엷어짐
ⓒ 따라서 적절히 섞어서 사용
㉢ 빛의 공급시간 조절 : 일반적 일조시간은 12시간이나, 실내에서는 12~18시간 정도 필요

② 온도
㉠ 열대식물 25~30℃, 아열대식물 20~25℃, 온대식물 15~20℃
㉡ 실내정원의 낮 온도는 21~24℃, 밤 온도 15~18℃ 되도록 유지

③ **수분** : 식물체의 약 85%가 수분이며, 수동식, 점적관수, water loops system, 자체급수용기 등으로 급수함

④ **습도** : 식물 적정습도 70~90%이나 인간최적습도는 50~60%이므로 분수나 풀사용하면 효과적임
⑤ **토양** : 무게가 가볍고 배수력이 좋은 경량토(질석, 펄라이트, 피트모스, 수태, 피트)
⑥ **용기** : 이동식 플랜터, 붙박이식 플랜터의 형태로 재료, 크기, 모양에 따라 다양함
⑦ **배수** : 펄라이트, 작은 자갈, 숯, 스티로폼을 사용해 배수층 만듦
작은용기는 지름 2.5cm, 큰 용기는 4.5~6cm, 플랜터의 1/3까지 배수층

3 실내공간 특성에 따른 식물도입기법

① **섬기법** : 눈에 잘 띄는 곳에 섬처럼 정원 만드는 것
② **겹치기(Overlap) 기법** : 실내 몇 개층이 탁트여져 상층이 돌출되어 입체적인 식재형태
③ **캐스케이드 기법** : 벽면에 단을 만들어 식재하거나 폭포 주위에 식재

4 실내식물 설계

① **식물의 색채이용** : 단색, 강조색 등을 조화롭게 배치하고 공간의 질서를 갖도록 함
② **식물의 질감이용** : 질감의 변화가 점진적으로 효과를 가질 것
③ **식물의 수고이용** : 키 큰 식물부터 식재하며 나머지 작은 키 식물을 배치하고 지피류를 활용해 수풀 효과를 줄 것. 키 큰 식물을 중심에서 약간 옆으로 1/3지점쯤에 배치하면 효과적임
④ 낮은 광에 잘 자라고, 건조에 강한 잎보기 식물을 위주로 식재하며, 꽃식물은 단기로 활용

CHAPTER 09 식재계획 및 설계

실전연습문제

01 인공지반 위에 사용하는 경량토의 종류 중 진주암을 고온으로 소성한 것으로 염기성 치환용량이 작아 보비성(保肥性)이 없는 인공토양은? [산업기사 11.06.12]

㉮ 버미큘라이트 ㉯ 펄라이트
㉰ 피트 ㉱ 화산회토

풀이 ㉮ 버미큘라이트 : 흑운모, 변성암을 고온으로 소성한 것
㉰ 피트 : 염기성 치환용량이 크다.

02 실내식물의 환경 중 광선의 세기가 광보상점이상 광포화점 이하라야 식물이 건강하게 생육 할 수 있다. 빛의 세기가 너무 약하면 나타나는 현상은? [산업기사 11.06.12]

㉮ 잎이 황색으로 변한다.
㉯ 잎이 마르고 희게 된다.
㉰ 잎의 두께가 굵어진다.
㉱ 잎의 가장자리가 마르게 된다.

03 조경설계기준에서 정한 수간(樹幹)의 단위체적당 중량이 1340kg/m^3 이상인 수종으로만 짝지어진 것은? [산업기사 11.06.12]

㉮ 녹나무, 삼나무
㉯ 굴피나무, 화백
㉰ 굴거리나무, 칠엽수
㉱ 감탕나무, 상수리나무

풀이 수간의 단위체적당 중량
① 1340kg/m^3 이상 : 가시나무류, 감탕나무, 상수리나무, 호랑가시나무, 졸참나무, 회양목
② 1300 ~ 1340kg/m^3 : 느티나무, 목련, 참느릅나무, 사스레피나무, 쪽동백, 빗죽이나무, 말발도리
③ 1250 ~ 1300kg/m^3 : 단풍나무, 은행나무, 산벚나무, 굴거리나무, 일본잎갈나무
④ 1210 ~ 1250kg/m^3 : 소나무, 편백, 플라타너스, 칠엽수
⑤ 1170 ~ 1210kg/m^3 : 독일가문비나무, 녹나무, 삼나무, 왜금송, 일본목련
⑥ 1170kg/m^3 이하 : 금피나무, 화백

04 인공지반 위에 식재를 할 경우 아래층부터 지반구성 순서로 알맞은 것은? [산업기사 12.09.15]

㉮ 지하배수관 → 자갈 → 부직포 → 인공토양
㉯ 자갈 → 부직포 → 지하 배수관 → 인공토양
㉰ 부직포 → 지하배수관 → 자갈 → 인공토양
㉱ 지하배수관 → 자갈 → 인공토양 → 부직포

ANSWER 01 ㉯ 02 ㉮ 03 ㉱ 04 ㉮

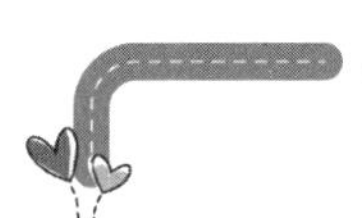

05 임해매립지에서는 특히 내조성, 내염성을 고려한 수종의 선택이 필요한데 우리나라에서 해안림을 조성할 때 방풍림으로 사용할 수 있는 상록활엽교목은?

[산업기사 13.03.10]

㉮ *Euonymus japonicus* Thunb.

㉯ *Castanopsis sieboldii* (Makino) Hatus.

㉰ *Melia azedarach* L.

㉱ *Ternstroemia gymnanthera* (Wight & Arn.) Sprague

㉮ 사철나무
㉯ 구실잣밤나무
㉰ 멀구슬나무
㉱ 후피향나무

06 다음 중 실내 식물의 형태와 이에 해당하는 식물의 예로 연결이 틀린 것은?

[산업기사 13.06.02]

㉮ 줄기강조형 - *Phoenix robelini*, *Bamboo Palm*

㉯ 덩굴형 - *Philodendron*류, *Ficus pumila*

㉰ 분수형 - *Dieffenbachia*, *Scindapsus*류

㉱ 부채형 - *Aglaonema*류, *Spathiphyllum*류

- *Bamboo Palm* : 대나무야자
- *Philodendron*류 : 내한성이 강한 숙근성 다년초로 붓꽃과에 속함
- *Ficus pumila* : 푸밀라 고무나무 – 쐐기풀목 뽕나무과의 상록 덩굴식물
- *Dieffenbachia* : 디펜바키아
- *Scindapsus* : 스킨답서스
- *Aglaonema* : 아글라오네마
- *Spathiphyllum* : 스파티필럼

07 실내 조경식물의 양분요소와 작용기능이 옳게 연결된 것은? [산업기사 13.06.02]

㉮ 질소(N) : 수분흡수와 당의 이동에 관여

㉯ 칼륨(K) : 단백질, 효소, 핵산의 구성

㉰ 유황(S) : 효소의 구성성분이며, 호르몬(IAA)을 합성

㉱ 마그네슘(Mg) : 엽록소의 구성성분이며, 각종 효소의 활성화

- 질소 : 단백질 구성요소
- 칼륨 : 단백질 합성에 관여하고, 수분조절

08 인공지반위에 식재할 때 고려해야 할 사항 중 적합하지 않은 것은? [산업기사 13.09.28]

㉮ 중량이 가벼운 흙을 쓰도록 한다.

㉯ 방수를 철저히 하여 빗물이 배수되지 않도록 유의한다.

㉰ 교목은 지주를 세워 바람에 쓰러지지 않도록 한다.

㉱ 스프링쿨러를 설치하여 주기적으로 관수를 해주어야 한다.

ANSWER 05 ㉯ 06 ㉰ 07 ㉱ 08 ㉯

09 다음 괄호 안에 공통으로 들어갈 매립지 복원공법은? [산업기사 14.09.20]

- ( )은 산흙 식재기반 조성시 하부층이 세립 미사질토인 경우 적용하는 공법이다.
- ( )은 세립 미사질토가 가장 많은 중심부에서 외곽부로 모래 배수구를 만들어 준 후, 그 위에 산 흙을 넣어 수목을 식재하는 방법이다.
- 사주법은 소요경비가 많이 들어 대단위일 때 사용되지만 ( )은 소규모 면적일 때 효과적이다.

㉮ 성토법 ㉯ 사공법
㉰ 사토객토법 ㉱ 사구법

풀이 ㉮ 성토법 : 매립지반에 타 지역의 양질의 흙을 성토하여 식재조건을 완화하는 방법
㉰ 객토법 : 지반을 파내고 외부에서 반입한 토양으로 교체하는 공법
㉱ 사구법 : 오니층이 가라앉은 가장 낮은 중심부에서 주변부를 통해 배수구를 파놓은 다음, 이 배수구 속에 모래 흙을 혼합하여 넣고, 이곳에 수목을 식재하는 방법으로 경비가 많이 들어 대규모일때 주로 사용

ANSWER 09 ㉱

CHAPTER 3 조경식물재료

1 조경식물의 학명분류 및 특성 분류

1 성상별 분류

분	성상	수종
낙엽활엽수	낙엽활엽교목	단풍나무, 느티나무, 목련, 자작나무, 칠엽수
	낙엽활엽관목	개나리, 조팝나무, 낙상홍, 좀작살나무
낙엽침엽수	낙엽침엽교목	낙우송, 매타세콰이어, 낙엽송, 은행나무
상록침엽수	상록침엽교목	소나무, 전나무, 개잎갈나무, 잣나무, 측백나무, 주목
	상록침엽관목	개비자나무, 눈향나무, 눈주목
상록활엽수	상록활엽교목	광나무, 가시나무, 차나무, 소귀나무
	상록활엽관목	피라칸사, 다정큼나무, 자금우
만경류	만경류	등나무, 칡나무, 청미래덩굴, 인동덩굴

2 수고에 따른 분류

분류	수고	수종
대교목	12m	소나무, 전나무, 은행나무, 느티나무
중교목	9~12m	단풍나무, 감나무, 때죽나무, 층층나무, 모감주나무, 아왜나무, 버드나무, 뽕나무, 감탕나무
소교목	3~6m	향나무, 동백나무, 배롱나무, 마가목, 살구나무, 꽃아그배나무, 자귀나무, 매화나무
대관목	3~4.5m	돈나무, 광나무, 금목서, 쥐똥나무, 무궁화
중관목	1~2m	회양목, 둥근주목, 싸리나무, 영산홍, 명자나무, 조팝나무, 해당화, 개나리, 매자나무, 병꽃나무, 고광나무, 박태기나무, 화살나무
소관목	1m 이하	수국, 철쭉, 진달래, 모란, 골담초, 꼬리조팝나무, 눈향나무
지피식물	30cm 이하	붓꽃, 옥잠화, 비비추, 원추리
만경류		능소화, 노박덩굴, 포도, 담쟁이덩굴, 머루, 송악, 오미자, 등나무

3 수령에 따른 분류

① 유목 : 수관의 길이가 수관폭보다 크고, 좌우대칭을 이룸
② 성목 : 수종 고유의 형태를 나타냄
③ 노목 : 가지가 옆으로 확장하여 운치 있는 수형

4 라운키에르에 식물생활형에 따른 분류

① 지상식물(거대, 대형, 소형, 왜소, 다육식물, 참생식물)
② 지표식물
③ 반지중심물
④ 지중식물(토중식물, 수중식물)
⑤ 하록성 식물
⑥ 한해살이

5 학명에 따른 분류

① 학명의 구성
㉠ 속명(식물의 일반적 종류) + 종명(각각 개체를 구별하는 수식적 형용사) + 명명자
㉡ 전 세계 공통으로 사용하며 정확성이 높지만, 라틴어라서 우리에게 생소한 면이 있다.

② 학명사용의 특성
㉠ 한 식물은 한 개의 학명을 가진다.
㉡ 학명은 속명에 종명이 연결된 이명식이다.
㉢ 한 종에 대하여 둘 또는 그 이상의 학명이 있으면 최초의 학명이 적당한 이름이다.
㉣ 속명은 대문자로 시작되고 종명은 소문자로 씀
㉤ 종명 뒤에 명명자의 이름을 연결
㉥ 서로 다른 두 식물군이 통합되었을 때는 더 오래된 군의 학명이 사용됨
㉦ 학명은 이탤릭체로 기울여 쓴다.

③ 종에 따른 학명(과거 출제문제에 등장한 수종 ✯ 표시)

종	학명
소철과(Cycaceae)	소철(*Cycas revoluta*)
은행나무과(Ginkgoaceac)	은행(*Ginkgo biloba*) ✯
주목과(Taxaceae)	개비자(*Cephalotaxus koreana*) 주목(*Taxus cuspidata*) ✯ 눈주목(*Taxus cuspidata var. nana*) 비자나무(*Torreya nucifera*) ✯
소나무과(Pinaceae)	젓나무(*Abies holophylla*) ✯ 구상나무(*Abies koreana*) ✯ 분비나무(*Abies nephrolepis*) 히말라야시더(*Cedrus deodara*) ✯ 일본잎갈나무(*Larix kaempfer*) ✯ 독일가문비(*Picea abies*) ✯ 방크스소나무(*Pinus banksiana*) 백송(*Pinus bungeana*) ✯ 소나무(*Pinus densiflora*) ✯ 반송(*Pinus densiflora 'Multicaulis'*) 잣나무(*Pinus koraiensis*) ✯ 리기다소나무(*Pinus rigida*) 곰솔(*Pinus thunbergiana*) ✯ 대왕송(*Pinus palustris*) 섬잣나무(*Pinus parviflora*) ✯ 푼겐스소나무(*Pinus pungens*) 스트로브스잣나무(*Pinus strobus*) ✯ 솔송나무(*Tsuga sieboldii*)
낙우송과(Taxodiacea)	삼나무(*Cryptomeria japonica*) 메타세쿼이아(*Metasequoia glyptostroboides*) ✯ 낙우송(*Taxodium distichum*) ✯ 금송(*Sciadopitys verticillata*) ✯
측백나무과(Cupressaceae)	편백(*Chamaecyparis obtusa*) ✯ 실편백(*Chamaecyparis obtusa var. pendula*) 화백(*Chamaecyparis pisifera*) ✯ 실화백(*Chamaecyparis pisifera var. filfera*) 비단화백(*Chamaecyparis pisifera var. squarrosa*) 향나무(*Juniperus chinensis*) ✯ 둥근 향나무(옥향나무)(*Juniperus chinensis var. globosa*) 가이즈까향나무(*Juniperus chinensis 'Kaizuka'*) ✯ 눈향나무(*Juniperus chinensis var. sargentii*) ✯ 스카이로켓향나무(*Juniperus scopulorum 'Skyrocket'*) 연필향나무(*Juniperus virginiana*) 서양측백나무(*Thuja occidentalis*) ✯ 측백나무(*Thuja orientalis*) ✯ 천지백(*Thuja orientalis for. sieboldii*)

종	학명
버드나무과(Salicaceae)	은백양(*Populus alba*) ★ 은사시나무(*Populus×albaglandulosa*) 미류나무(*Populus deltoides*) ★ 이탈리아포플러(*Populus euramericana*) 양버들(*Populus nigra var. italica*) 노랑버들(*Populus alba var. ritellina*) 왕버들(*Populus glandulosa*) ★ 용버들(*Salix matsudana 'Tortuosa'*) 능수버들(*Salix pseudo-lasiogyne*) ★
가래나무과(Juglandacea)	가래나무(*Juglans mandshurica*) 호두나무(*Juglans sinensis*) 중국굴피나무(*Pterocarya stenoptera*)
자작나무과(Betulaceae)	사방오리(*Alnus firma*) ★ 오리나무(*Alnus japonica*) ★ 물(산)오리(*Alnus hirsuta*) 자작나무(*Betula platyphylla var. japonica*) ★ 박달나무(*Betula schmidtii*) 난티잎개암나무(*Corylus heterophylla*) 개암나무(*Corylus heterophylla var. thunbergii*) 소사나무(*Carpinus coreana*) 서어나무(*Carpinus laxiflora*) ★
참나무과(Fagaceae)	밤나무(*Castanea crenata var. dulcis*) ★ 너도밤나무(*Fagus multinervis*) 상수리나무(*Quercus acutissima*) ★ 갈참나무(*Quercus aliena*) ★ 떡갈나무(*Quercus dentata*) ★ 신갈나무(*Quercus mongolica*) ★ 가시나무(*Quercus myrsinaefolia*) ★ 졸참나무(*Quercus serrata*) ★ 굴참나무(*Quercus variabilis*)
느릅나무과(Ulmaceae)	푸조나무(*Aphananthe aspera*) 팽나무(*Celtis sinensis*) ★ 시무나무(*Hemiptelia davidii*) 느릅나무(*Ulmus davidiana var. japonica*) ★ 느티나무(*Zelkova serrata*) ★
뽕나무과(Moraceae)	닥나무(*Broussonetia kazinoki*) ★ 꾸지뽕나무(*Cudrania tricuspidata*) 무화과(*Ficus carica*) ★ 천선과나무(*Ficus erecta*) 모람(*Ficus nipponica*) 뽕나무(*Morus alba*)
계수나무과(Cercidiphyllaceae)	계수나무(*Cercidiphyllum japonicum*) ★

종	학명
미나리아재비과(Ranunculaceae)	모란(*Paeonia suffruticosa*) 위령선(*Clematis florida*) 큰꽃으아리(*Clematis patens*)
으름덩굴과(Lardizabalaceae)	으름덩굴(*Akebia quinata*) 멀꿀(*Stauntonia hexaphylla*)
매자나무과(Berberidaceae)	매발톱나무(*Berberis amurensis*) 매자나무(*Berberis koreana*) 당매자나무(*Berberis poiretii*) 중국남천(*Nandina fortunei*) 남천(*Nandina domestica*)
목련과(Magnoliaceae)	태산목(*Magnolia grandiflora*) 백목련(*Magnolia hyptapeta*) 일본목련(*Magnolia hypoleuca*) 목련(*Magnolia kobus*) 함박꽃나무(*Magnolia sieboldii*) 별목련(*Magnolia stellata*) 자목련(*Magnolia quinquepeta*) 튤립나무(*Liriodendron tulipifera*) 오미자(*Schizandra chinensis*)
녹나무과(Lauraceae)	녹나무(*Cinnamomum camphora*) 월계수(*Laurus nobilis*) 생강나무(*Lindera obtusiloba*) 참식나무(*Neolitsea sericea*) 센달나무(*Persea japonica*) 후박나무(*Persea thunbergii*)
범의귀과(Saxifragaceae)	미국고광나무(*Hydrangea arborescens*) 나무수국(*Hydrangea paniculata*) 고광나무(*Philadelphus schrenckii*)
돈나무과(Pittosporaceae)	돈나무(*Pittosporum tobira*)
버즘나무과(Platanaceae)	단풍버즘나무(*Platanus acerifolia*) 양버즘나무(*Platanus occidentalis*) 버즘나무(*Platanus orientalis*)
장미과(Rosaceae)	채진목(*Amelanchier asiatica*) 풀명자(*Chaenomeles japonica*) 명자나무(*Chaenomeles lagenaria*) 코토네아스터(*Cotoneaster horizontalis*) 산사나무(*Crataegus pinnatifida*) 미국산사나무(*Crataegus scabrida*) 모과나무(*Cydonia sinensis*) 비파나무(*Eriobotrya japonica*) 가침박달(*Exochorda serratifolia*) 황매나무(*Kerria japonica*)

종	학명
장미과(Rosaceae)	죽단화(*Kerria japonica var. plena*) 야광나무(*Malus baccata*) 꽃사과(*Malus floribunda*) 사과나무(*Malus domestica*) 아그배나무(*Malus sieboldii*) 윤노리나무(*Pourthiaea villosa*) 살구나무(*Prunus armeniaca var. ansu*) 옥매화(*Prunus glandulosa*) 수양벚나무(*Prunus leveilleana var. pendula*) 매실나무(*Prunus mume*) 귀롱나무(*Prunus padus*) 올벚나무(*Prunus pendula var. ascendens*) 복사나무(*Prunus persica*) 자두나무(*Prunus salicina*) 열여수(*Prunus salicina var. columnaris*) 앵도나무(*Prunus tomentosa*) 산벚나무(*Prunus sargentii*) 왕벚나무(*Prunus yedoensis*) 피라칸사(*Pyracantha angustifolia*) 돌배나무(*Pyrus pyrifolia*) 다정큼나무(*Raphiolepis umbellata*) 병아리꽃나무(*Rhodotypos scandens*) 장미(*Rosa centifolia*) 찔레꽃(*Rosa multiflora*) 노란해당화(*Rosa xanthina*) 해당화(*Rosa rugosa*) 용가시나무(*Rosa maximowicziana*) 팥배나무(*Sorbus alnifolia*) 마가목(*Sorbus commixta*) 국수나무(*Stephanandra incisa*) 조팝나무(*Spiraea prunifolia var. simpliciflora*) 꼬리조팝나무(*Spiraea salicifolia*) 개쉬땅나무(*Sorbaria sorbifolia var. stellipila*)
콩과(Leguminosae)	자귀나무(*Albizzia julibrissin*) 족제비싸리(*Amorpha fruticosa*) 골담초(*Caragana sinica*) 박태기나무(*Cercis chinensis*) 개느삼(*Echinosophora koreensis*) 주엽나무(*Gleditsia japonica var. koraiensis*) 땅비싸리(*Indigofera kirilowii*) 낭아초(*Indigofera pseudo-tinctoria*) 조록싸리(*Lespedeza maximowiczii*) 참싸리(*Lespedeza cyrtobotrya*) 싸리(*Lespedeza bicolor*)

종	학명
콩과(Leguminosae)	다릅나무(*Maackia amurensis*) 애기등(*Wisteria japonica*) 칡(*Pueraria thunbergiana*) 꽃아카시아(*Robinia Hispida*) 아카시아나무(*Robinia pseudoacacia*) 회화나무(*Sophora japonica*) 등(*Wistaria floribunda*)
운향과(Rutaceae)	유자나무(*Citrus junos*) 귤나무(*Citrus unshiu*) 쉬나무(*Evodia daniellii*) 황벽나무(*Phellodendron amurense*) 탱자나무(*Poncirus trifoliata*)
먹구슬나무과(Meliaceae)	참중나무(*Cedrela sinensis*) 먹구슬나무(*Melia azedrach var. japonica*)
소태나무과(Simaroubaceae)	가중나무(*Ailanthus altissima*) 소태나무(*Picrasma quassioides*)
회양목과(Buxaceae)	좀회양목(*Buxus microphylla*) 회양목(*Buxus microphylla var. koreana*)
옻나무과(Anacardiaceae)	안개나무(*Cotinus coggygria*) 붉나무(*Rhus chinensis*)
감탕나무과(Aquifoliaceae)	호랑가시나무(*Ilex cornuta*) 감탕나무(*Ilex integra*) 대팻집나무(*Ilex macropoda*) 먼나무(*Ilex rotunda*) 낙상홍(*Ilex serrata*) 꽝꽝나무(*Ilex crenata*)
노박덩굴과(Celastraceae)	노박덩굴(*Celastrus orbiculatus*) 화살나무(*Euonymus alatus*) 줄사철나무(*Euonymus japonica var. radicans*) 사철나무(*Euonymus japonica*) 참빗살나무(*Euonymus sieboldiaus*)
단풍나무과(Aceraceae)	중국단풍(*Acer buergerianum*) 신나무(*Acer ginnala*) 고로쇠나무(*Acer mono*) 복장나무(*Acer mandshuricum*) 네군도 단풍(*Acer negundo*) 단풍나무(*Acer palmatum*) 홍단풍(*Acer palmatum var. sanguineum*) 당단풍(*Acer pseudo-sieboldianum*) 은단풍(*Acer saccharinum*) 설탕단풍(*Acer saccharum*) 산겨릅나무(*Acer tegmentosum*) 복자기(*Acer triflorum*)

종	학명
칠엽수과(Hippocastanaceae)	칠엽수(*Aesculus turbinata*) 마로니에(*Aesculus hippocastanum*)
포도과(Vitaceae)	담쟁이덩굴(*Parthenocissus tricuspidata*) 머루나무(*Vitis coignetiae*) 포도(*Vitis labrusca*)
피나무과(Tiliaceae)	피나무(*Tilia amurensis*) 염주나무(*Tilia megaphylla*)
벽오동과(Sterculiaceae)	벽오동(*Firmiana simplex*)
다래나무과(Actinidiaceae)	다래(*Actinidia arguta*)
차나무과(Theaceae)	동백나무(*Camellia japonica*) 비쭈기나무(*Cleyera japonica*) 사스레피나무(*Eurya japonica*) 우묵사스레피(*Eurya emarginata*) 노각나무(*Stewartia koreana*) 후피향나무(*Ternstroemia japonica*)
위성류과(Tamaricaceae)	위성류(*Tamarix chinensis*)
팥꽃나무과(Thymelaeaceae)	서향(*Daphne odora*)
보리수나무과(Elaeagnaceae)	보리수나무(*Elaeagnus umbellata*)
부처꽃과(Lythraceae)	배롱나무(*Lagerstroemia indica*)
석류과(Punicaceae)	석류(*Punica granatum*)
박쥐나무과(Alangiaceae)	박쥐나무(*Alangium platanifolium var. macrophylum*)
두릅나무과(Araliaceae)	오갈피(*Acanthopanax koreanum*) 황칠나무(*Dendropanax morbifera*) 팔손이(*Fatsia japonica*) 송악(*Hedera rhombea*) 음나무(*Kalopanax pictus*)
층층나무과(Cornaceae)	식나무(*Aucuba japonica*) 층층나무(*Cornus controversa*) 꽃산딸나무(*Cornus florida*) 말채나무(*Cornus walteri*) 흰말채나무(*Cornus alba*) 곰의말채나무(*Cornus brachypoda*) 산수유(*Cornus officinalis*)
진달래과(Ericaceae)	만병초(*Rhododendron brachycarpum*) 황철쭉(*Rhododendron japonicum*) 영산홍(*Rhododendron indicum*) 철쭉(*Rhododendron schlippenbachii*) 산철쭉(*Rhododendron yedoense var. poukhanense*) 진달래(*Rhododendron mucronulatum*)
자금우과(Myrsinaceae)	백량금(*Ardisia crenata*) 자금우(*Ardisia japonica*)

종	학명
감나무과(Ebenaceae)	감나무(*Diospyros kaki*)
때죽나무과(Styracaceae)	때죽나무(*Styrax japonica*) ★ 쪽동백(*Styrax obassia*)
노린재나무과(Symplocaceae)	노린재나무(*Symplocos chinensis var. pilosa*)
물푸레나무과(Oleaceae)	미선나무(*Abeliophyllum distichum*) ★ 개나리(*Forsythia koreana*) ★ 물푸레나무(*Fraxinus rhynchophylla*) ★ 이팝나무(*Chionanthus retusus*) ★ 광나무(*Ligustrum japonicum*) ★ 쥐똥나무(*Ligustrum obtusifolium*) ★ 영춘화(*Jasminum nudiflorum*) 목서(*Osmanthus fragrans*) 금목서(*Osmanthus fragrans var. aurantiacus*) ★ 은목서(*Osmanthus latifolius*) ★ 구골목서(*Osmanthus heterophylla*) 수수꽃다리(*Syringa dilatata*) ★ 정향나무(*Syringa palibiniana*) 털개회나무(*Syringa velutina*) 라일락(*Syringa vulgaris*) ★
협죽도과(Apocynaceae)	협죽도(*Nerium indicum*) ★ 마삭줄(*Trachelospermum asiaticum var. intermedium*) ★
마편초과(Verbenaceae)	좀작살나무(*Callicarpa dichotoma*) 작살나무(*Callicarpa japonica*) ★ 순비기나무(*Vitex rotundifolia*) 누리장나무(*Clerodendrum trichotomum*) ★
꿀풀과(Labiatae)	백리향(*Thymus quinquecostatus*)
현삼과(Scrophulariaceae)	참오동(*Paulownia tomentosa*) 오동나무(*Paulownia coreana*) ★
능소화과(Bignoniaceae)	개오동(*Catalpa ovata*) 꽃개오동(*Catalpa bignonioides*) 능소화(*Campsis grandiflora*) ★
꼭두서니과(Rubiaceae)	치자나무(*Gardenia jasminoides*) 백정화(*Serissa japonica*)
인동과(Caprifoliaceae)	댕강나무(*Abelia mosanensis*) 인동(*Lonicera japonica*) 아왜나무(*Viburnum awabuki*) ★ 병꽃나무(*Weigela subsessilis*)
무환자나무과(Sapin daceae)	모감주나무(*Koelreuteria paniculata*) ★ 무환자나무(*Sapindus mukurossi*)

종	학명
갈매나무과(Rhamnaceae)	대추나무(*Zizyphus jujuba var. inermis*)
조록나무과(Hamamelidaceae)	히어리(*Corylopsis coreana*) 조록나무(*Distylum racemosum*) 풍년화(*Hamamelis japonica*) ★ 미국풍나무(*Liquidambar stylaciflua*)
대극과(Euphorbiaceae)	굴거리나무(*Daphniphyllum macropodum*) ★ 좀굴거리나무(*Daphniphyllum glaucescens*) 예덕나무(*Mallotus japonica*)
아욱과(Malvaceae)	무궁화(*Hibiscus syriacus*) ★ 부용(*Hibiscus mutabilis*)
팥꽃나무과(Thymelaeaceae)	팥꽃나무(*Daphne genkwa*) ★
벼과(Gramineae)	오죽(*Phyllostachys nigra*) 이대(*Pseudosasa japonica*) 조릿대(*Sasa borealis*) ★

★★★★★ 6 소나무과 잎의 형태에 따른 분류

① 2엽속생 : 소나무, 반송, 해송, 방크소스나무, 금송, 육송, 곰솔

② 3엽속생 : 백송, 리기다소나무

③ 5엽속생 : 섬잣, 스트로브잣나무

★★★★★ 2 조경식물의 이용상 분류

※ 조경식물의 이용상의 분류에는

1. 생울타리 차폐용 수목
2. 녹음용 수목
3. 방풍용 수목
4. 방화용 수목
5. 방사, 방진용 수목
6. 방설용 수목
7. 방조용 수목
8. 방오용 수목으로 나누어지나

1, 2, 3, 4, 6번의 수종은 제 2장 식재계획 및 설계 중 2. 기능식재에 설명되어 있으므로 여기서는 5, 7, 8번에 관한 수종설명을 함

1 방사, 방진용 수목

① 미립자의 토양 이동을 막기 위해 토양을 굳힐 수 있는 수목 선택

② 생장이 빠르고 발근력이 왕성하며 뿌리뻗음이 깊고, 넓게 퍼지며, 지상부가 무성하면서 지엽이 바람에 상하지 않는 수종

③ 방사, 방진용 수종

방사, 방진용	눈향나무, 사철나무, 쥐똥나무, 동백나무, 보리장나무, 찔레나무, 해당화, 오리나무, 줄거리나무, 족제비싸리, 싸리나무류 등

2 방조용 수목

※ 제 2장 식재계획 및 설계 중 2 특수지역식재 중 1. 임해매립지 식재 참고

상록수	소나무, 녹나무, 히말라야시더, 참식나무, 후박나무, 향나무, 가이즈카향나무, 감나무, 개비자나무, 주목, 굴거리나무, 사스레피나무, 회양목, 아왜나무, 광나무, 돈나무, 사철나무, 다정큼나무, 소철, 인동덩굴, 눈주목, 서향, 협죽도, 식나무, 팔손이나무, 꽝꽝나무, 백량금
낙엽수	은행나무, 느티나무, 멀구슬나무, 버즘나무, 음나무, 가중나무, 위성류, 팽나무, 아까시나무, 회화나무, 노박덩굴, 층층나무, 왕쥐똥나무, 구기자, 해당화, 보리수나무, 예덕나무, 산딸나무, 쥐똥나무, 산초나무, 붉나무, 으름덩굴, 참빗살나무

3 방오용 수목

① 아황산가스에 강한 수목

침엽수	은행나무, 가이즈까향나무, 비자나무, 개비자나무, 개잎갈나무, 반송, 편백, 화백, 실편백, 향나무
상록활엽수	녹나무, 가시나무류, 후박나무, 굴거리나무, 월계수, 아왜나무, 감탕나무, 소귀나무, 광나무, 후피향나무, 꽝꽝나무, 동백나무, 돈나무, 사스레피나무, 사철나무, 협죽도, 호랑가시나무, 황칠나무, 남천, 다정큼나무, 식나무, 팔손이나무
낙엽활엽수	가중나무, 떡갈나무, 갈참나무, 멀구슬나무, 물푸레나무, 미루나무, 튤립나무, 벽오동, 상수리나무, 아까시나무, 오동나무, 일본목련, 졸참나무, 주엽나무, 참느릅나무, 칠엽수, 양버즘나무, 회화나무, 능수버들, 산오리나무, 용버들, 층층나무, 무궁화, 자귀나무, 쥐똥나무, 누리장나무, 왕쥐똥나무, 매자나무

② 아황산가스에 약한 수목

침엽수	낙엽송, 노간주나무, 젓나무, 섬잣나무, 가문비나무, 독일가문비, 대왕송, 삼나무, 소나무, 일본잎갈나무
낙엽수	고로쇠나무, 느티나무, 매실나무, 벚나무류, 감나무, 밤나무, 자작나무, 다릅나무, 단풍나무, 홍단풍, 히말라야시더

③ 배기가스에 강한 수목

침엽수	비자나무, 향나무, 가이즈까향나무, 편백, 화백, 측백나무, 눈향나무, 은행나무, 개잎갈나무, 반송
상록활엽수	굴거리나무, 녹나무, 태산목, 후피향나무, 아왜나무, 졸가시나무, 협죽도, 다정큼나무, 식나무, 감탕나무, 소귀나무, 먼나무, 꽝꽝나무, 월계수, 광나무, 돈나무, 동백나무, 비쭈기나무, 왜철쭉, 서향, 피라칸사
낙엽활엽수	벽오동나무, 참느릅나무, 버드나무류, 석류나무, 가중나무, 중국굴피나무, 물푸레나무, 자작나무, 중국단풍, 양버즘나무, 피나무, 겹벚나무, 위성류, 층층나무, 마가목, 무궁화, 산사나무, 가막살나무, 개나미, 댕강나무, 말발도리나무, 매자나무, 병꽃나무, 왕쥐똥나무, 꽃아까시나무
덩굴식물, 기타	등나무, 송악, 줄사철나무, 대나무류, 종려, 당종려, 소철, 워싱턴야자

④ 배기가스에 약한 수목

침엽수	삼나무, 소나무, 왜금송, 젓나무
상록활엽수	금목서, 은목서, 호랑가시나무
낙엽활엽수	단풍나무, 고로쇠나무, 벚나무류, 목련, 자목련, 튤립나무, 팽나무, 감나무, 매실나무, 무궁화, 수수꽃다리, 무화과나무, 자귀나무, 개쉬땅나무, 고광나무, 단풍철쭉, 명자나무, 박태기나무, 조팝나무, 산수국, 수국백당, 협죽도, 화살나무

CHAPTER 03 조경식물재료

실전연습문제

01 다음 중 상록 활엽교목으로만 나열된 것은? [산업기사 11.03.02]

㉮ 감탕나무, 동백나무, 구상나무
㉯ 함박꽃나무, 자작나무, 노각나무
㉰ 산수유, 후박나무, 먼나무
㉱ 조록나무, 황칠나무, 녹나무

02 "산목련"이라고 불리고 있는 수종으로 아취가 있는 수형과 순백색의 청순한 꽃이 특징적이며 상대습도가 높은 작은 공간의 강조식재에 적합한 수종은? [산업기사 11.03.02]

㉮ *Magnolia sieboldii*
㉯ *Magnolia obovata*
㉰ *Magnolia denudata*
㉱ *Magnolia kobus*

㉮ 함박꽃나무
㉯ 일본목련
㉰ 백목련
㉱ 목련

03 조경 수목의 연해(煙害) 증상이 아닌 것은? [산업기사 11.03.02]

㉮ 낙엽　　㉯ 반문(班紋)
㉰ 천공(穿孔)　　㉱ 표백

04 다음 장미과(科)에 해당되지 않는 것은? [산업기사 11.03.02]

㉮ *Spiraea prunifolia* for. *simpliciflora* Nakai
㉯ *Rosa multiflora* Thunb. var. *multiflora*
㉰ *Chaenomeles sinensis* Koehne
㉱ *Sophora japonica* L

㉮ 조팝나무, ㉯ 찔레꽃
㉰ 모과나무, ㉱ 회화나무(콩과)

05 다음 중 불에 견디는 성질이 가장 약한 수종은? [산업기사 11.03.02]

㉮ *Ligustrum japonicum*
㉯ *Cryptomeria japoinica*
㉰ *Daphniphyllum macropodum*
㉱ *Ternstroemia gymnanthera*

㉮ 광나무　　㉯ 삼나무
㉰ 굴거리나무　　㉱ 후피향나무

06 중국, 한국(울릉도), 일본이 원산지인 수목은? [산업기사 11.06.12]

㉮ *Aesculus tubinata*
㉯ *Cedres deodara*
㉰ *Juniperus chinensis*
㉱ *Prunus yedoensis*

㉮ 칠엽수, ㉯ 히말라야시더
㉰ 향나무, ㉱ 왕벚나무

ANSWER
01 ㉱　02 ㉮　03 ㉰　04 ㉱　05 ㉯　06 ㉰

07 다음 중 능소화과(科)에 속하는 수종은?
[산업기사 11.10.02]

㉮ 벽오동 ㉯ 꽃개오동
㉰ 오동나무 ㉱ 참오동나무

㉮ 벽오동과
㉯ 능소화과
㉰ 현삼과
㉱ 현삼과

08 다음 수목의 속명이 바르게 연결되지 않는 것은? [산업기사 11.10.02]

㉮ 소나무 - *Pinus*
㉯ 벚나무 - *Prunus*
㉰ 솔송나무 - *Tsuga*
㉱ 전나무 - *Larix*

㉱ 전나무 – *Abies*

09 다음 중 대기오염의 피해를 가장 받기 쉬운 수목은? [산업기사 11.10.02]

㉮ *Cryptomeria japonica* D.Don
㉯ *Platanus occidentalis* L.
㉰ *Ginkgo biloba* L.
㉱ *Viburnum odoratissmum* var. awabuki Zabel ex Rumpler

㉮ 삼나무
㉯ 양버즘나무(플라타너스)
㉰ 은행나무
㉱ 아왜나무
대기오염의 피해를 입기 쉬운 수종은 가로수로 식재할 수 없다.

10 소나무류(hard pine)와 잣나무류(soft pine)의 식별에 있어 옳지 않은 것은?
[산업기사 12.03.04]

㉮ 잣나무류는 잎이 5개 이고, 소나무류는 잎이 2~3개이다.
㉯ 잣나무류의 유관속은 1개이고, 소나무류의 유관속은 2개이다.
㉰ 잣나무류는 실편(實片)은 끝이 얇고 가시가 없으며, 소나무류의 실편은 끝이 두껍고 가시가 있다.
㉱ 잣나무류는 침엽이 달렸던 자리가 도드라졌고, 소나무류는 잎이 달렸던 자리가 밋밋하다.

분류	소나무류	잣나무류
잎	2~3개	5개
유관속	2개	1개
실편	끝이 두껍과 가시있음	끝이 얇고 가시 없음
수피	적갈색, 흑갈색	회갈색, 암갈색
껍질 거친정도	소나무 〉 잣나무	
잎의 거친정도	소나무 〈 잣나무	
잎	반달꼴	세모꼴
열매	5cm정도	10~15cm 정도
잎집	끝까지 붙어있음	떨어지고 없음
씨	날개가 있음	날개가 없음

11 다음 목련과(科) 중 원산지가 우리나라인 것은? [산업기사 12.03.04]

㉮ *Magnolia liliflora* Desr.
㉯ *Magnolia denudata* Desr.
㉰ *Magnolia grandiflora* L.
㉱ *Magnolia kobus* DC.

풀이
㉮ 자목련(중국)
㉯ 백목련(중국)
㉰ 태산목(북아메리카)
㉱ 목련

ANSWER 07 ㉯ 08 ㉱ 09 ㉮ 10 ㉱ 11 ㉱

Part 2 조경식재

12 단풍나무류는 여러 종이 있는데 사람들에게 친근감을 갖게 하는 수종이다. 다음 중 이 식물에 대한 특징으로 옳지 않은 것은? [산업기사 12.03.04]

㉮ 햇빛이 잘 들면서도 습기 있는 비옥지를 좋아한다.
㉯ 잎 모양에 따른 분류 중 네군도단풍은 복엽에 해당된다.
㉰ 강 전정으로 굵은 가지를 잘라 수형을 조성한다.
㉱ 성목을 이식했을 때는 수세가 약해진다.

풀이 단풍나무는 자연스런 형태로 키우는 것이 바람직

13 다음 중 학명의 장점이 아닌 것은? [산업기사 12.03.04]

㉮ 정확성이 높다.
㉯ 쉽게 배울 수 있고 기억하기 쉽다.
㉰ 전 세계적으로 동일하게 통용된다.
㉱ 명명법이 국제 식물 명명규칙에 의하여 통제된다.

14 다음 중 같은 과(科)에 속하지 않는 수종은? [산업기사 12.03.04]

㉮ 후박나무　㉯ 다릅나무
㉰ 월계수　㉱ 생강나무

풀이 다릅나무는 콩과, 나머지는 녹나무과

15 다음 중 콩과에 속하지 않은 종은? [산업기사 12.03.04]

㉮ *Pueraria lobata* Ohwi
㉯ *Wisteria floribunda* DC. for. floribunda
㉰ *Sophora japonica* L
㉱ *Rhus javanica* L

풀이 ㉮ 칡　㉯ 등
㉰ 회화나무　㉱ 붉나무(옻나무과)

16 녹나무과 식물 중 낙엽성인 식물은 무엇인가? [산업기사 12.05.20]

㉮ 녹나무　㉯ 후박나무
㉰ 센달나무　㉱ 생강나무

17 다음 중 능수버들에 대한 설명이 아닌 것은? [산업기사 12.05.20]

㉮ 가지가 밑으로 처져 시선을 끌어 내린다.
㉯ 수위가 높은 습지를 좋아하기 때문에 강변, 냇가, 연못가, 호숫가 등에서 흔히 볼 수 있다.
㉰ 열매는 5월에 익는다.
㉱ 중국이 원산이며 소지는 적갈색이다.

풀이 능수버들 원산지는 북아메리카이며 소지는 황록색이다.

18 노박덩굴과에 속하는 수종으로만 짝지어진 것은? [산업기사 12.05.20]

㉮ 참빗살나무, 복자기
㉯ 사철나무, 화살나무
㉰ 긴보리수나무, 팥배나무
㉱ 때죽나무, 아왜나무

풀이 **노박덩굴과**
노박덩굴, 화살나무, 줄사철나무, 사철나무, 참빗살나무

ANSWER
12 ㉰　13 ㉯　14 ㉯　15 ㉱　16 ㉱　17 ㉱　18 ㉯

19 다음 설명에 적합한 수종은? [산업기사 12.05.20]

> 참나무과 중에서 수피가 두꺼운 코르크층이 발달하여 깊게 갈라지며 잎은 도피침형으로 잎 뒷면에 회백색의 가는 털이 있고 가장자리에 가시모양의 돌기를 가진 예리한 톱니가 있는 수종

㉮ *Quercus variabilis*
㉯ *Quercus aliena*
㉰ *Quercus dentata*
㉱ *Quercus mongolica*

㉮ 굴참나무
㉯ 갈참나무
㉰ 떡갈나무
㉱ 신갈나무

20 Styrax japonicus는 무슨 수종인가? [산업기사 12.05.20]

㉮ 쪽동백나무 ㉯ 미선나무
㉰ 때죽나무 ㉱ 좀쪽동백나무

21 식물명명의 기본원칙에 해당되지 않은 것은? [산업기사 12.09.15]

㉮ 분류군의 학명은 선취권에 따른다.
㉯ 학명은 라틴어화하여 표기한다.
㉰ 식물의 학명은 동물의 학명과 관계가 있다.
㉱ 분류군의 학명은 표본의 명명기본이 된다.

22 우리나라에서 자생하는 참나무류는 성상에 따라 크게 2가지로 구분할 수 있다. 다음 중 성상이 다른 수종은? [산업기사 12.09.15]

㉮ *Quercus aliena*
㉯ *Quercus acuta*
㉰ *Quercus dentata*
㉱ *Quercus serrata*

㉮ 갈참나무(낙엽활엽)
㉯ 상수리나무(상록활엽)
㉰ 떡갈나무(낙엽활엽)
㉱ 졸참나무(낙엽활엽)

23 다음 중 학명상에 한국이 원산지라는 의미가 담겨있는 수종이 아닌 것은? [산업기사 12.09.15]

㉮ 구상나무 ㉯ 개나리
㉰ 잣나무 ㉱ 느티나무

㉮ *Abies koreana* Wilson
㉯ *Forsythia koreana* Nak.
㉰ *Pinus koraiensis* Siebold & Zucc.
㉱ *Zelkova serrata* Makino

24 다음 중 *Quercus* 속명이 아닌 식물은 무엇인가? [산업기사 12.09.15]

㉮ 신갈나무 ㉯ 가시나무
㉰ 밤나무 ㉱ 상수리나무

밤나무 속명은 *Castanea*

ANSWER 19 ㉮ 20 ㉰ 21 ㉰ 22 ㉯ 23 ㉱ 24 ㉱

25 돈나무의 학명은 무엇인가? [산업기사 13.03.10]

㉮ *Pittosporum tobira* (Thunb.) W.T. Aiton
㉯ *Chaenomeles speciosa* (Sweet) Nakai
㉰ *Lespedeza maximowiczii* C.K.Schneid.
㉱ *Rhus javanica* L.

 ㉮ 돈나무
㉯ 산당화
㉰ 조록싸리
㉱ 붉나무

26 Pinus 속에 속하지 않는 수종은? [산업기사 13.03.10]

㉮ 반송(盤松) ㉯ 금송(金松)
㉰ 적송(赤松) ㉱ 해송(海松)

 • 금송 : 낙우송과

27 버드나무과(科) 수종에 대한 설명으로 옳지 않은 것은? [산업기사 13.03.10]

㉮ 이른 봄 일찍 푸른 잎이 난다.
㉯ 봄철 하얀 솜털에 암그루에서만 날리는 종모(씨털)이다.
㉰ 왕버들은 능수버들에 비해서 가지가 아래로 쳐지지 않는다.
㉱ 수양버들의 학명은 *Salix pseudolasiogyne* 이고, 능수버들은 *Salix babylonica* 이다.

풀이 • 수양버들 : *Salix babylonica*
• 능수버들 : *Salix pseudo-lasiogyne*

28 상록침엽수에 해당하는 수종은? [산업기사 13.03.10]

㉮ *Larix kaempferi* Carriere
㉯ *Taxodium distichum* Rich.
㉰ *Ginkgo biloba* L.
㉱ *Taxus cuspidata* Siebold & Zucc.

 ㉮ 일본잎갈나무
㉯ 낙우송
㉰ 은행나무
㉱ 주목

29 다음 중 단풍나무과(科)에 속하는 수종이 아닌 것은? [산업기사 13.03.10]

㉮ 복장나무 ㉯ 음나무
㉰ 고로쇠나무 ㉱ 신나무

 • 음나무 : 두릅나무과

30 다음 중 원추형의 아름다운 수형을 갖고, 차폐식재나 생울타리용으로 많이 사용되는 수종으로 *Thuja occidentalis*와 같은 과(科)의 식물은? [산업기사 13.06.02]

㉮ 메타세쿼이아 ㉯ 주목
㉰ 노간주나무 ㉱ 독일가문비

 문제는 서양측백나무로 측백나무과에 대한 질문으로 노간주나무가 측백나무과임.

31 학명이 이명법(binomials)이라고 불리우는 이유는? [산업기사 13.06.02]

㉮ 속명 + 명명자로 구성되기 때문이다.
㉯ 보통명 + 종명으로 구성되기 때문이다.
㉰ 속명 + 종명으로 구성되기 때문이다.
㉱ 종명 + 명명자로 구성되기 때문이다.

ANSWER 25 ㉮ 26 ㉯ 27 ㉱ 28 ㉱ 29 ㉯ 30 ㉰ 31 ㉰

32 다음 중 층층나무과(科)의 수종으로만 구성된 것은? [산업기사 13.06.02]

㉮ 산딸나무, 산사나무
㉯ 산수유, 흰말채나무
㉰ 노각나무, 곰의말채
㉱ 식나무, 쪽동백나무

• 층층나무과 : 식나무, 층층나무, 꽃산딸나무, 말채나무, 흰말채나무, 산수유 등

33 우리나라 남부의 해안지역에 많이 분포하는 상록활엽교목 수종으로 내염성이 강하고, 방풍림과 경관수로 사용되는 나무는? [산업기사 13.06.02]

㉮ *Nandina domestica* Thunb
㉯ *Castanea crenata* Siebold & Zucc
㉰ *Machilus thunbergii* Siebold & Zucc
㉱ *Corylus heterophylla* Fisch. ex Trautv. var. heterophylla

㉮ 남천
㉯ 밤나무
㉰ 후박나무
㉱ 개암나무

34 도심의 자동차 왕래가 잦은 지역에 식재하기 가장 부적합한 것은? [산업기사 13.09.28]

㉮ 금목서, 단풍나무
㉯ 태산목, 양버즘나무
㉰ 감탕나무, 가중나무
㉱ 식나무, 향나무

배기가스에 약한 수종
삼나무, 소나무, 금목서, 은목서, 단풍나무, 벚나무, 목련, 팽나무, 자귀나무 등

35 Magnolia sieboldii K. Koch에 대한 설명으로 가장 거리가 먼 것은? [산업기사 13.09.28]

㉮ 향기가 없다.
㉯ 낙엽활엽소교목이다.
㉰ 꽃은 5~6월에 개화한다.
㉱ 산목련이라고도 불린다.

Magnolia sieboldii K. Koch : 함박꽃나무

36 학명의 종명 이름 중 서식지를 표현한 것은? [산업기사 13.09.28]

㉮ pendula　　㉯ orientale
㉰ alpina　　㉱ ravenii

• alpina : 높은 지대를 의미한다.

37 다음 수종 중 수피가 녹색인 종은? [산업기사 13.09.28]

㉮ *Paulownia coreana* Uyeki
㉯ *Firmiana* simplex (L.) W. F. Wight.
㉰ *Catalpa ovata* G.Don
㉱ *Lonicera japonica* Thunb.

㉮ *Paulownia coreana* Uyeki : 오동나무(회갈색)
㉯ *Firmiana simplex* (L.) W. F. Wight. : 벽오동(녹색)
㉰ *Catalpa ovata* G.Don : 개오동(회색)
㉱ *Lonicera japonica* Thunb. : 인동덩굴(적갈색)

ANSWER
32 ㉯　33 ㉰　34 ㉮　35 ㉮　36 ㉰　37 ㉯

38 다음 설명하는 특징을 갖는 식물은? [산업기사 14.03.02]

- 두릅나무과에 해당한다.
- 뿌리는 천근성이다.
- 남해안 일대와 울릉도에서 잘 자란다.
- 음수 또는 반음수로 양지에서도 잘 자란다.
- 줄기덩굴은 10m 정도 자라며, 오래된 줄기는 갈색이고, 잎은 아이비와 유사하다.
- 열매는 둥글고 검은색이며, 지름이 8~10mm로 다음해 5월 초~7월 초에 성숙한다.

㉮ 기린초　　㉯ 구절초
㉰ 상사화　　㉱ 송악

㉮ 기린초(돌나물과)
㉯ 구절초(국화과)
㉰ 상사화(수선화과)
㉱ 송악(두릅나무과)

39 다음 중 목련과(科) 수종에 대한 설명으로 틀린 것은? [산업기사 14.03.02]

㉮ 태산목은 상록활엽교목이다.
㉯ 목련은 중국원산이고, 백목련은 한국원산이다.
㉰ 함박꽃나무, 백합나무는 모두 꽃보다 잎이 먼저 난다.
㉱ 일본목련은 5월에 잎이 핀 다음 꽃이 가지 끝에 한 개씩 달리며, 강렬한 꽃향기가 있는 방향성 수종이다.

풀이 • 목련 : 한국이 원산이며, 백목련은 중국원산임.

40 다음 중 과(科)명과 식물명이 바르게 연결된 것은? [산업기사 14.03.02]

㉮ 현삼과 - 개오동
㉯ 벽오동과 - 벽오동
㉰ 능소화과 - 참오동
㉱ 현삼과 - 꽃개오동

㉮ 능소화과 - 개오동
㉯ 벽오동과 - 벽오동
㉰ 현삼과 - 참오동
㉱ 능소화과 - 꽃개오동

41 다음 중 수목의 분류상 만경목(蔓莖木)에 해당하지 않는 것은? [산업기사 14.05.25]

㉮ *Campsis grandifolia* K. Schum.
㉯ *Celastrus orbiculatus* Thunb.
㉰ *Stauntonia hexaphylla* Decne.
㉱ *Rhodotypos scandens* Makino

풀이
㉮ 능소화
㉯ 노박덩굴
㉰ 멀꿀
㉱ 병아리꽃나무(장미목 장미과)

42 화살나무(Euonymus alatus)에 대한 설명으로 틀린 것은? [산업기사 14.05.25]

㉮ 잎은 대생하며, 엽병이 짧다.
㉯ 열매는 삭과로 적색으로 익는다.
㉰ 꽃은 적색으로 뿌리는 심근성이다.
㉱ 건조에 매우 강하다.

풀이 ㉰ 꽃은 황록색으로 뿌리는 천근성이다.

ANSWER 38 ㉱ 39 ㉯ 40 ㉯ 41 ㉱ 42 ㉰

43 다음 중 결핍증상이 오래된 잎에서부터 시작되고 줄기가 가늘고 잎이 작아지며 잎 전체가 황록색이 되게 하는 원소는? [산업기사 14.05.25]

㉮ Fe ㉯ N
㉰ K ㉱ Ca

 ㉮ Fe결핍 : 활엽수-어린잎 황화. 크기작고 조기낙엽, 조기낙과, 열매-암색, 침엽수-白化현상.
㉯ N결핍 : 활엽수잎이 황록색으로 변하고 조기낙엽, 줄기가 가늘고 잎이 작아짐.
㉰ K결핍 : 황화현상, 잎이 쭈굴쭈굴해지고 말린다. 끝부분이 고사. 화아는 적게 맺힘. 침엽이 환, 황갈색으로 변함. 끝 부분이 괴사·묘목의 경우 서리피해 받기 쉽다. 과일의 수량이 감소
㉱ Ca결핍 : 백화현상

44 장미과(科)의 벚나무속(屬)에 해당되지 않은 것은? [산업기사 14.05.25]

㉮ 매실나무 ㉯ 모과나무
㉰ 살구나무 ㉱ 자두나무

 • 모과나무 : 장미목 장미과 명자나무속

45 꽃창포[Iris *ensata* var. spontanes (Makino) Nakai]에 관한 설명으로 옳지 않은 것은? [산업기사 14.05.25]

㉮ 여러해살이 풀이다.
㉯ 붓꽃(科)에 해당한다.
㉰ 산야의 습지, 부엽 등이 많이 쌓이고 비옥하며 습기가 많은 양지바른 곳에서 자란다.
㉱ 높이 1m 가량으로 털이 있으며, 4~5월에 원줄기 또는 가지 끝에서 보라색의 꽃이 핀다.

풀이 ㉱ 높이 1m 가량으로 털이 없고, 6~7월에 원줄기 또는 가지 끝에서 보라색 꽃이 핀다.

46 *Berberis koreana*의 설명으로 맞는 것은? [산업기사 14.09.20]

㉮ 꽃은 3월에 붉은 색으로 핀다.
㉯ 성상은 상록활엽교목이다.
㉰ 우리나라 자생수종이다.
㉱ 줄기에는 가시가 있으며, 열매는 흑색이다.

풀이 **매자나무에 관한 설명**
꽃(5월 노란색), 낙엽활엽관목, 우리나라 자생종, 줄기에 가시 있으며, 열매는 적색 또는 암갈색

47 다음 설명하는 수종은? [산업기사 14.09.20]

> 단풍나무과(科)로 낙엽활엽이다.
> • 학명은 *Acer pictum subsp.* mono Ohashi이다.
> • 잎은 마주나기하고 달걀형으로 꼬리 모양으로 길어지는 첨첨두이며, 뒷면 맥액에 흰털이 있으며, 가장자리에 톱니가 없다.
> • 꽃은 새가지 끝에서 잎과 같이 나오는 산방화서로 1기화이며 연한 황록색을 보인다.
> • 노란색의 단풍이 아름답다.

㉮ 복자기 ㉯ 단풍나무
㉰ 고로쇠나무 ㉱ 신나무

 *Acer pictum* subsp. mono Ohashi : 고로쇠나무

48 다음 중 참나무과(科)에 해당하지 않는 것은? [산업기사 14.09.20]

㉮ 가시나무 ㉯ 개암나무
㉰ 너도밤나무 ㉱ 상수리나무

 • 개암나무 : 자작나무과

ANSWER 43 ㉯ 44 ㉯ 45 ㉱ 46 ㉰ 47 ㉰ 48 ㉯

3 조경식물의 형태적 특성

1 조경식물의 규격표시

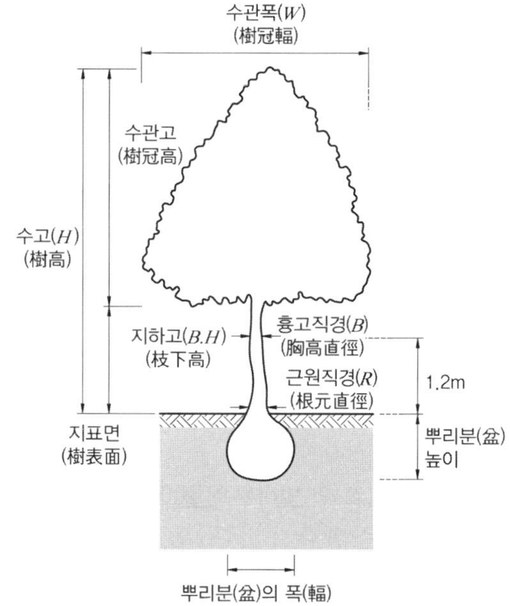

① 수고(H) : 지면에서 수관의 맨 위 끝부분까지 수직적 높이
② 수관폭(W) : 수목의 최대나비. 덩굴식물 규격표시에 중요
③ 지하고(B.H) : 수관의 맨 아래 가지에서 지면까지의 수직거리 가로수 수종 선택 시 중요
④ 흉고직경(B) : 지상에서 가슴높이에 있는 줄기의 지름. 주로 120cm 정도 높이
⑤ 근원직경(R) : 줄기가 가슴높이 전후에서 갈라진 수종에 대해 지상부와 지하부가 마주치는 줄기의 지름. 주로 지상 30cm 정도에서 측정
⑥ 줄기 수(CA) : 줄기가 지면에서 여러 가지로 갈라지는 관목의 경우 줄기의 개수를 세는 것

2 조경식물의 규격 표시방법

① H×B : 흉고의 직경을 잴 수 있는 일정한 형태의 수형을 가진 낙엽활엽교목류

예 백합나무(H3.0×B5), 왕벚나무(H3.0×B5), 은행나무(H4.0×B5), 버즘나무, 은단풍, 플라타너스, 일본목련, 회화나무, 산벚나무, 살구나무, 자작나무, 참나무, 메타세쿼이아, 녹나무

② H×W : 지상부 수간이 가지와 지엽들로 둘러싸여 흉고를 재기 어려운 교목류와 대부분의 관목

예 독일가문비(H8.0×W4.0), 섬잣나무(H2.0×W1.0), 스트로브 잣나무, 잣나무, 전나무, 오엽송, 독일가문비, 금송, 동백나무, 구상나무, 서양측백, 주목, 병꽃나무, 반송, 명자나무, 가이즈까 향나무, 측백, 자귀나무, 협죽도, 개비자나무, 돈나무, 붉나무 그리고 대부분의 관목으로 회양목, 쥐똥나무, 사철나무, 수수꽃다리, 철쭉류, 산철쭉, 화살나무, 영산홍 등

③ H×R : 지상부 수간의 형태와 원직경이 현저히 나타나는 수종

예 감나무(H2.0×R5), 느티나무(H3.0×R6), 청단풍, 모과나무, 매화나무, 자귀나무, 굴참나무, 신갈나무, 상수리나무, 낙우송, 층층나무, 생강나무, 매화, 목련, 꽃사과, 때죽나무, 백목련, 벽오동, 배롱나무, 산수유, 칠엽수, 아왜나무, 동백나무, 후박나무, 오리나무, 함박꽃나무, 물푸레나무, 만경류(등나무) 등

④ 특이하게 기록하는 것들

- $H \times W \times L$: 눈향($H\,0.3 \times W\,0.4 \times L\,0.8$)
- $H \times W \times R$: 소나무($H\,3.0 \times W\,1.5 \times R\,10$)
- $H \times L \times R$: 등나무($H\,3.0 \times L\,2.0 \times R\,6$)
- $H \times W \times$ 가지수 : 개나리($H\,1.2 \times W\,0.6 \times$ 5지), 쥐똥나무

3 수관의 모양과 특성에 따른 분류

수평			특성	수종
정형	직선형	원주형	기둥 같은 긴 수관 형성	무궁화, 비자, 양버들
		원통형	아래·위 수관폭이 같음	무궁화, 사철나무, 측백나무
		원추형	상단이 뾰족한 긴 삼각형	가이즈까향나무, 낙엽송, 리기다소나무, 삼나무, 섬잣나무, 젓나무
		우산형	수관이 우산모양	네군도단풍, 복숭아나무, 솔송나무, 왕벚나무, 편백, 화백
	곡선형	피라미드형	위·아래의 수관선이 양쪽으로 들어가는 원추형 곡선모양	독일가문비나무, 히말라야시더
		원개형	지하고 낮게 지엽이 옆으로 확장	녹나무, 후피향나무, 회양목
		타원형	수관이 타원모양	동백, 박태기나무, 치자나무
		난형	수관이 달걀모양	가시나무, 꽃사과, 구실잣나무, 동백나무, 모밀잣밤나무
		편정형	수관 상부가 평면 또는 곡선을 이루는 술잔 모양	계수나무, 느티나무
		구형	수관이 공모양	반송, 수국
부정형		횡지형	가지가 옆으로 확장	단풍나무, 배롱나무, 석류나무, 자귀나무
		능수형	가지가 길게 아래로 늘어짐	능수버들, 딱총나무, 수양벚나무, 싸리나무, 황매
		포복형	줄기가 지표를 따라 생육	누운향나무
		피복형	수관 하단선이 지표 가까이 닿음	눈주목, 진달래, 조릿대, 주목, 산철쭉
		만경형	다른 물체에 기대어 자람	능소화, 등나무, 으름덩굴, 인동덩굴, 줄사철

4 잎의 특성에 따른 분류

① 잎 모양에 따른 분류

② 잎차례에 따른 분류

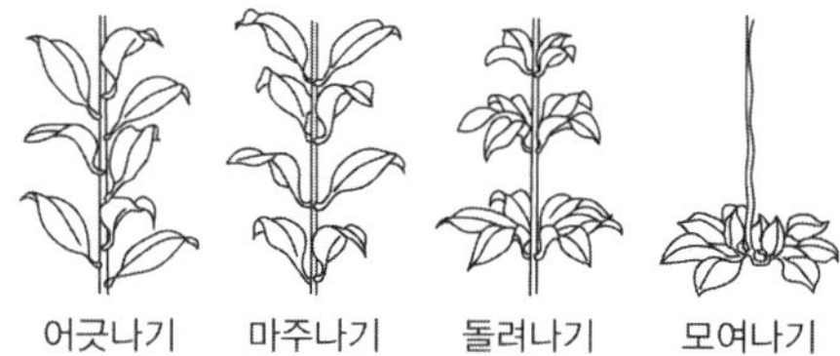

③ 잎맥의 종류에 따른 분류

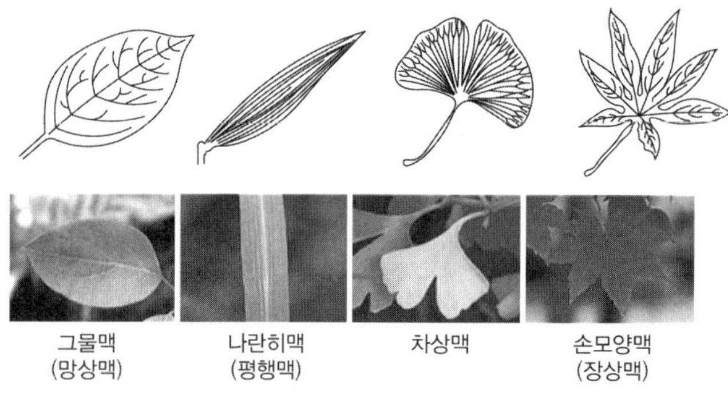

④ 잎맥의 종류에 따른 분류

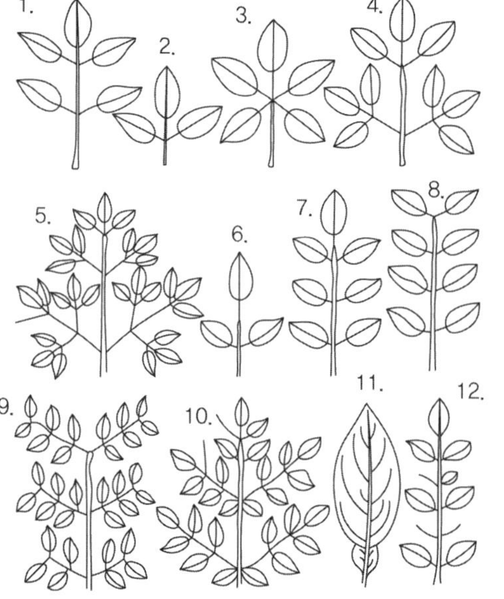

복엽

1. a) 소탁엽(stipel)
   b) 소엽병(petiolule)
   c) 소엽(leaflet)
   d) 총엽병(rachis)

2~5. 장상복엽(palmately compound leaf)
2. 3출엽(ternated or trifoliolate leaf)
3. 5출엽(pemtafoliolate leaf)
4. 2회 3출엽(biternate leaf)
5. 3회 3출엽(triternate leaf)

6~10. 우상복엽(pinnately compound leaf)
6. 기수 1쌍 우상복엽(oddpinnate unijuate, leaves)
7. 기수 1회 우상복엽
8. 우수 1회 우상복엽(even–pinnate leaf)
9. 우수 2회 우상복엽(even–bipinnate leaf)
10. 기수 2회 우상복엽(odd–bipinnate leaf)
11. 단신복엽(unifoliolate compound leaf)
12. 부제 우상복엽(interrupted pinnate compound leaf)

4 조경식물의 생리, 생태적 특성

1 꽃의 생리, 생태적 특성(개화기, 색상에 따른 분류)

빨간색	봄	진달래, 박태기나무, 산철쭉, 동백나무, 명자나무, 모란, 월계화 등
	여름	배롱나무, 협죽도, 자귀나무, 석류나무, 능소화 등
	가을	무궁화, 싸리, 늦동백나무, 부용
흰색	봄	목련, 흰철쭉, 조팝나무, 산사나무, 딱총나무, 고광나무 등
	여름	장미, 치자나무, 산딸기, 불두화, 마가목, 모란, 이팝나무, 산딸나무, 층층나무 등
	가을	은목서, 백정화, 호랑가시나무, 차나무 등
	겨울	팔손이나무
노란색	봄	개나리, 산수유, 황매화, 풍년화 등
	여름	장미, 골담초, 황철쭉
	가을	금목서
	겨울	비파나무
보라색	봄	자목련, 등나무, 라일락, 모란 등
	여름	수국, 무궁화, 멀구슬나무, 정향나무, 모란 등
	가을	싸리나무, 부용 등

2 열매가 아름다운 수목

적색	옥매, 해당화, 마가목, 동백, 산수유, 감탕나무, 사철나무 등
황색	살구나무, 매화나무, 복사나무, 자두나무, 탱자나무, 치자나무, 모과나무 등
보라색	생강나무, 분꽃나무, 작살나무, 개머루, 노린재나무 등

3 줄기 색채가 아름다운 수목

백색	백송, 분비나무, 플라타너스, 자작나무, 양버즘나무, 서어나무, 동백나무 등
갈색	편백, 배롱나무, 철쭉류
흑갈색	곰솔, 독일가문비, 가문비나무, 오죽, 팽나무, 상수리나무, 갈참나무, 히말라야시다 등
적갈색	소나무, 주목, 가라목, 노각나무, 흰말채나무, 삼나무, 모과나무, 섬잣나무 등

4 향기가 좋은 수목

명자나무, 비파나무, 가문비나무, 녹나무, 모란, 보리장, 모과나무, 개비자나무, 전나무, 구상나무, 유자나무 등

5 단풍이 아름다운 수목

붉은색	단풍나무, 화살나무, 산벚나무, 참빗살나무, 낙상홍, 단풍철쭉, 남천, 감나무, 붉나무, 마가목, 산딸나무, 매자나무, 담쟁이 덩굴 등
황색	은행나무, 중국단풍, 튤립나무, 포플러, 석류나무, 메타세쿼이아, 고로쇠나무, 오리나무, 양버즘나무, 칠엽수, 느티나무, 층층나무, 떡갈나무, 철쭉류, 배롱나무, 때죽나무, 피나무, 벽오동, 다릅나무 등

Tip

단풍의 색소

백색(안토시안), 노랑색(카로티노이드), 황갈색(탄닌), 갈색(카테콜)

CHAPTER 03 조경식물재료

실전연습문제

01 꽃이나 잎의 형태와 같이 보다 작은 식물학적 차이점을 지닌 것으로 식물의 명명에서 "for."로 표기하는 것은? [산업기사 11.03.02]

㉮ 품종 ㉯ 재배품종
㉰ 이명 ㉱ 변종

02 다음 식물 호르몬 중 스트레스의 감지, 잎, 꽃, 열매의 탈리현상, 가을 낙엽 등 식물 노화촉진 효과와 가장 관계가 있는 것은? [산업기사 11.03.02]

㉮ IAA ㉯ Cytokinin
㉰ Gibberellin ㉱ Abscisic acid

풀이 ㉮ IAA : 식물체내 생장 조절 호르몬인 인돌아세트산
㉯ Cytokinin : 식물체내에서 분화를 촉진시키는 것으로 식물의 생장점 조직을 배양할시 처리하면 뿌리, 줄기, 잎으로 분화가 이루어진다.
㉰ Gibberellin : 생장조절 호르몬

03 다음 [보기]는 *Leguminosae*에 속하는 식물종을 설명한 것이다. 가장 적합한 종은? [산업기사 11.03.02]

보기
- 야생상태에서도 자라는 낙엽만경(蔓莖)식물로, 길이는 10m에 달하고 소지는 흑색 또는 밤색이다.
- 꽃은 5월에 잎과 같이 피고 연한 자주색으로 소화편은 길이 12~25mm이고 잔털이 있다.
- 잎은 기수우상복엽으로 소엽은 13~19개 달리고 범어사, 속리산 등에 지생한다.

㉮ 등나무 ㉯ 조록싸리
㉰ 칡 ㉱ 다릅나무

leguminosae : 콩과

04 다음 중 여름에 붉은 색의 꽃이 피는 수종은? [산업기사 11.03.02]

㉮ *Abliophyllum distichum* Nakai
㉯ *Lagerstroemia indica* L
㉰ *Wisteria floribunda* DC. *for. floribunda*
㉱ *Linders obtusiloba* Blume

㉮ 미선나무(3~4월 흰색, 연분홍색)
㉯ 배롱나무(7~9월 붉은꽃)
㉰ 등나무(5월 연보라)

ANSWER 01 ㉮ 02 ㉱ 03 ㉮ 04 ㉯

05 외떡잎식물의 특징이 아닌 것은?

[산업기사 11.03.02]

㉮ 떡잎이 한 장이다.
㉯ 보통 엽맥이 그물맥(망상맥)이다.
㉰ 관다발조직이 줄기 내에 흩어져 있다.
㉱ 보통 원뿌리가 없는 수염뿌리를 가지고 있다.

 ㉯ 외떡잎식물은 나란히맥이며, 쌍떡잎식물은 그물맥

06 종자의 품질을 나타내는 기준인 순량률이 50%, 실중이 60g, 발아율이 90%라고 할 때, 종자의 효율은? [산업기사 11.03.02]

㉮ 27%　　㉯ 30%
㉰ 45%　　㉱ 54%

$$종자의\ 효율 = \frac{순량률 \times 발아율}{100}$$

$$즉,\ \frac{50 \times 90}{100} = 45\%$$

07 "*Buxus koreana* nakai ex Chung & al"종자의 채취시기로 가장 적합한 것은?

[산업기사 11.03.02]

㉮ 10월 중순　　㉯ 7월 초순
㉰ 5월 초순　　㉱ 3월 중순

풀이 회양목에 관한 설명

08 다음 중 [보기]의 특징에 적합한 것은?

[산업기사 11.06.12]

보기

- 꽃은 7~8월에 개화하고, 지름 4~5cm로서 흔히 적색이지만 백색도 있다.
- 가지 끝에 취산화서로 달리고 소화경이다.
- 꽃받침은 5개로 깊게 갈라지며 꽃잎은 윗부분이 5개로 갈라져서 수평으로 퍼지고 후부에 실 같은 부속체가 있다.
- 수술은 5개로서 화토에 달리며 꽃밥 끝에 털이 달린 실 같은 부속체가 있다.

㉮ 협죽도　　㉯ 자금우
㉰ 불두화　　㉱ 만병초

 ㉯ 자금우(6월개화)
㉰ 불두화(5~6월개화)
㉱ 만병초(7월에 흰색, 분홍색꽃)

09 다음 그림과 설명이 의미하는 식물은?

[산업기사 11.10.02]

- 가을에 붉게 물드는 단풍과 겨울 내내 달려 있는 붉은 열매가 아름다워 악센트식재등에 유리하다.
- 높이가 3m에 달하고 밑에서 줄기가 많이 갈라지며, 겨울철에 줄기가 붉게 변한다.

ANSWER 05 ㉯ 06 ㉰ 07 ㉯ 08 ㉮ 09 ㉱

㉮ *Melia azedarach* L.
㉯ *Elaeagnus umbellata* Thunb.
㉰ *Pyracantha angustifolia* C.K.Schneid.
㉱ *Nandina domestica* Thunb.

풀이 ㉮ 멀구슬나무(노란열매, 암갈색 수피)
㉯ 보리수나무(붉은열매, 잎이 어긋달린 긴 타원형)
㉰ 피라칸사(흰꽃, 붉은 열매, 잎끝이 둔한 모양)
㉱ 남천

10 광색소인 파이토크롬(phytochrome)에 대한 설명으로 옳은 것은? [산업기사 11.10.02]

㉮ 분자량이 1200Dalton가량 되는 두 개의 동일한 poly peptide로 구성되어 있다.
㉯ 식물체내 대부분의 기관에 존재하지만, 생장점 부근이 가장 적다.
㉰ 아주 높은 광도에서만 반응한다.
㉱ 암흑 속에서 기른 식물체에서 많이 검출된다.

풀이 **식물의 빛 수용체 종류는 파이토크롬과 청색광수용체 두가지**
① 파이토크롬 : 빨간색과 적외선을 감지하는 물질로 파이토크롬이 빨간빛을 받으면 파이토크롬으로 바뀌면서 식물체 내에서 다양한 반응들을 조절하는 기능을 함.
② 청색광수용체 : 파란색 빛을 감지하는 것으로 파란색 빛을 받으면 빛을 감지해서 빛이 있는 쪽으로 식물이 굽어지도록 하거나, 엽록체를 재배열하여 강한 빛에 손상되지 않도록 하거나, 기공을 열어서 광합성에 필요한 이산화탄소가 많이 들어오도록 하는 작용을 함

11 종자가 바람에 의해 산포되기 가장 어려운 수종은? [산업기사 11.10.02]

㉮ 단풍나무　　㉯ 소나무
㉰ 모감주나무　　㉱ 느릅나무

풀이 **모감주나무**
씨앗이 열매안에 들어 있으며 10월 익으면서 3개로 갈라져 그 안에서 흑색의 종자가 나오기 때문에 바람에 날리기 어렵다.

12 가을에 꽃향기를 풍기는 수종은? [산업기사 12.03.04]

㉮ *Prunus mume* Siebold & Zucc.
㉯ *Daphne odora* Thunb.
㉰ *Osmanthus fragrans var. aurantiacus* Makino.
㉱ *Gardenia jasminoides* Ellis.

㉮ 매실나무(3 ~ 4월)
㉯ 서향(3 ~ 4월)
㉰ 금목서(10월)
㉱ 치자나무(6 ~ 7월)

13 다음 식물의 열매 모양이 삭과(蒴果, capsule)로 분류되지 않는 것은? [산업기사 12.03.04]

㉮ 무궁화　　㉯ 자귀나무
㉰ 진달래　　㉱ 수수꽃다리

삭과
열매가 다 익어서 껍질이 마르면, 몇 갈래로 갈라지거나 구멍이 생기면서 씨앗이 터져 나오는 열매. 끈끈이대나물, 도라지, 왕질경이, 애기똥풀, 피마자, 괭이밥, 봉선화, 무궁화, 달맞이꽃, 진달래, 수수꽃다리, 오동나무, 참깨, 채송화, 쇠별꽃, 나팔꽃 등
자귀나무 열매는 꼬투리에 달림.

ANSWER
10 ㉱　11 ㉰　12 ㉰　13 ㉯

14 다음 중 능수버들, 현사시나무, 양버즘나무의 공통점은? [산업기사 12.03.04]

㉮ 암수딴그루이다.
㉯ 충매화 수종이다.
㉰ 종모(씨털)가 날린다.
㉱ 우리나라 자생종이다.

15 다음 중 가을 단풍에 있어 황색을 보이게 하는 색소는? [산업기사 12.03.04]

㉮ carotene ㉯ phicobilin
㉰ anthocyanin ㉱ monoterpere

16 *Philadelphus schrenkii의 꽃 색깔은 무엇인가?* [산업기사 12.03.04]

㉮ 적색 ㉯ 황색
㉰ 백색 ㉱ 자주색

풀이 고광나무에 대한 설명으로 꽃이 흰색이다.

17 종자를 정선한 후 곧 노천매장해야 할 수종으로만 짝지어진 것은? [산업기사 12.03.04]

㉮ 소나무, 무궁화 ㉯ 오리나무, 해송
㉰ 삼나무, 전나무 ㉱ 잣나무, 은행나무

18 다음 중 조경수목의 식재시 규격표시 방법이 다른 것은? (단, 건설공사표준품셈을 적용한다.) [산업기사 12.05.20]

㉮ *Chaenomeles sinensis*
㉯ *Chionanthus retusus*
㉰ *Prunus yedoensis*
㉱ *Zelkova serrata*

풀이 ㉮ 모과나무(H×R근원직경)
㉯ 이팝나무(H×R근원직경)
㉰ 왕벚나무(H×B흉고직경)
㉱ 느티나무(H×R근원직경)

19 다음 식물 중 잎의 형태가 복엽이 아닌 종은? [산업기사 12.05.20]

㉮ *Maackia amurensis*
㉯ *Sophora japonica*
㉰ *Cercis chinensis*
㉱ *Robinia pseudoacacia*

풀이 ㉮ 다릅나무
㉯ 회화나무
㉰ 박태기나무(호생하며 단엽)
㉱ 아카시나무

20 잎이 나오기 이전에 개화하는 수종으로만 구성되지 않은 것은? [산업기사 12.05.20]

㉮ 자목련, 개나리
㉯ 백목련, 배롱나무
㉰ 박태기나무, 배나무
㉱ 벚나무, 살구나무

ANSWER 14 ㉰ 15 ㉮ 16 ㉰ 17 ㉱ 18 ㉰ 19 ㉰ 20 ㉯

21 다음 중 열매를 식용하는 식물이 아닌 종은? [산업기사 12.05.20]

㉮ *Morus alba*
㉯ *Castanea crenata*
㉰ *Styrax japonicus*
㉱ *Quercus acutissima*

㉮ 뽕나무
㉯ 밤나무
㉰ 때죽나무
㉱ 상수리나무

22 5장의 작은 잎은 달걀형이며, 끝이 오목하고 가장자리는 밋밋하다. 소시지모양의 열매는 10월에 자갈색으로 익어 흰색 속살을 먹을 수 있는 덩굴성 수종은? [산업기사 12.05.20]

㉮ 으름덩굴 ㉯ 능소화
㉰ 인동덩굴 ㉱ 등나무

23 다음 중 잎의 수가 다른 한 종은? [산업기사 12.09.15]

㉮ *Pinus koraiensis* Siebold & Zucc.
㉯ *Pinus bungeana* Zucc. ex Endl.
㉰ *Pinus parviflora* Siebold & Zucc.
㉱ *Pinus strobus* L.

㉮ 잣나무(5엽)
㉯ 백송(3엽)
㉰ 섬잣나무(5엽)
㉱ 스트로브 잣나무(5엽)

24 식물의 주요기관 중 잎은 단엽(單葉)과 복엽(複葉)으로 분류된다. 다음 중 단엽인 수종은? [산업기사 12.09.15]

㉮ 복자기 ㉯ 등
㉰ 쉬나무 ㉱ 팔손이

- 단엽식물 : 잎 자루 하나에 잎이 하나인 것 (예 : 배나무, 감나무, 벚나무, 팔손이 등)
- 복엽식물 : 하나의 잎 자루에 여러 개의 잎이 붙어 있는 식물. (예 : 아카시아 등)

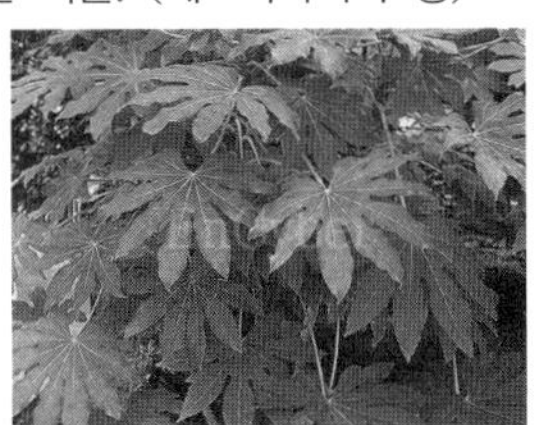
팔손이잎 사진

25 수관폭(樹冠幅)에 대한 설명으로 옳지 않은 것은? [산업기사 12.09.15]

㉮ 타원형 수관폭은 최대층의 수관축을 중심으로 한 최단폭과 최장폭을 평균한 것을 택한다.
㉯ 건설공사표준품셈에 의거하여 식재시 규격표시는 W로 한다.
㉰ 도장지는 길이 1m 이상의 것만 제외시킨다.
㉱ 수평으로 생장하는 조형된 수관의 경우에는 수관폭의 최장폭을 수관길이로 사용한다.

풀이 도장지는 모두 제거한다.

ANSWER
21 ㉰ 22 ㉮ 23 ㉯ 24 ㉱ 25 ㉰

Part 2 조경식재

26 다음 설명에 적합한 수종은? [산업기사 12.09.15]

> • 늘 푸른 작은 키(관목) 나무이다.
> • 이른 봄에 꽃이 피고 암꽃과 수꽃이 따로 있다.
> • 전역에 출현하나 경북, 충북을 중심으로 하는 석회암지대의 지표식물이다.
> • 잎은 마주나고 가장자리는 밋밋하다.
> • 꽃받침 잎은 4장이고 열매는 삭과이다.

㉮ *Buxus koreana* Nakai ex Chung & al.
㉯ *Euonymus japonicus* Thunb.
㉰ *Ilex crenata* Thunb. var. *crenata*
㉱ *Thuja orientalis* L.

 ㉮ 회양목
㉯ 사철나무
㉰ 꽝꽝나무
㉱ 측백나무

27 선화후엽(先化後葉)식물 중 꽃은 황색이고, 열매는 검은색인 식물은? [산업기사 12.09.15]

㉮ *Lindera obtusiloba* Blume
㉯ *Abeliophyllum distichum* Nakai
㉰ *Prunus yedoensis* Matsum.
㉱ *Rhododendron mucrionulatum* Turcz. var. *mucronulatum*

 ㉮ 생강나무(황색꽃)
㉯ 미선나무(흰색꽃)
㉰ 왕벚나무(흰색꽃)
㉱ 진달래(붉은꽃)

28 '황매화'와'죽단화'에 대한 설명 중 틀린 것은? [산업기사 13.03.10]

㉮ 모두 4~5월에 황색 꽃이 핀다.
㉯ 황매화는 홑꽃이고, 죽단화는 겹꽃이다.
㉰ 모두 잎 특성은 복거치이다.
㉱ 모두 열매는 핵과이다.

 황매화는 견과

29 다음 중 열매의 형태가 시과(samara)에 해당되는 수종은? [산업기사 13.03.10]

㉮ 층층나무 ㉯ 참느릅나무
㉰ 산벚나무 ㉱ 윤노리나무

 층층나무(핵과), 산벚나무(핵과), 윤노리나무(이과)

30 다음 덩굴성 식물의 특성이 옳게 연결된 것은? [산업기사 13.03.10]

㉮ 덩굴손 - 인동
㉯ 부착근 - 능소화
㉰ 갈고리와 같은 가시 - 등나무
㉱ 줄기감기 - 줄사철

 줄기 자신이 감는 것(등나무·참마)과 잎자루가 감는 것(참으아리·배풍 등), 덩굴손에 의하는 것(쥐참외·거지덩굴), 부착근(附着根)에 의하는 것(담쟁이덩굴·상춘)

ANSWER 26 ㉮ 27 ㉮ 28 ㉱ 29 ㉯ 30 ㉯

31 다음은 무슨 식물에 대한 설명인가? [산업기사 13.03.10]

> 황색의 꽃이 5월에 피고 겨울철에 녹색의 줄기가 관상가치가 있으며, 원산지는 일본이다.

㉮ *Malus baccata* Borkh.
㉯ *Kerria japonica DC. for. japonica*
㉰ *Spiraea prunifolia var. simpliciflora*
㉱ *Sorbaria sorbifolia var. stellipila*

㉮ 야광나무
㉯ 황매화
㉰ 조팝나무
㉱ 쉬땅나무

32 학명의 종명 중 잎의 모양(leaf form)을 표현한 것은? [산업기사 13.06.02]

㉮ stellata ㉯ parviflora
㉰ glabra ㉱ umbellata

33 *Cercis chinensis* Bunge에 대한 설명으로 맞는 것은? [산업기사 13.09.28]

㉮ 열매는 협과로 8~9월경에 성숙한다.
㉯ 낙엽활엽교목으로 음수이다.
㉰ 원산지는 일본으로 이식이 쉽다.
㉱ 꽃색은 황색으로 산울타리용으로 적합하다.

- *Cercis chinensis* Bunge : 박태기나무
- 열매는 협과로 8~9월경에 성숙한다.
- 낙엽활엽관목이고 원산지는 중국으로 이식이 쉽지 않다.
- 꽃은 자홍색이다.

34 다음 [보기] 중 ( ) 안에 적합한 용어는? [산업기사 13.09.28]

> 보기
> 식물체 표면의 표피세포의 표면무늬는 식물군이나 종에 따라 다르다. 쌍자엽식물은 (㉠), 단자엽 식물은 (㉡)을 가지고 있다.

㉮ ㉠ : 평행맥, ㉡ : 장상맥
㉯ ㉠ : 그물맥, ㉡ : 부정맥
㉰ ㉠ : 망상맥, ㉡ : 평행맥
㉱ ㉠ : 격자맥, ㉡ : 원형맥

35 다음 생강나무와 산수유에 대한 설명 중 틀린 것은? [산업기사 13.09.28]

㉮ 둘 다 이른 봄에 노란색 꽃이 핀다.
㉯ 둘다 잎의 배열은 대생이다.
㉰ 생강나무는 낙엽활엽관목이고, 산수유는 낙엽활엽교목이다.
㉱ 생강나무는 녹나무과, 산수유는 층층나무과이다.

풀이 생강나무는 호생, 산수유는 대생이다.

36 다음 수종 중 가지에 가시가 있는 것은? [산업기사 13.09.28]

㉮ 당매자나무 ㉯ 노간주나무
㉰ 호랑가시나무 ㉱ 피나무

ANSWER
31 ㉯ 32 ㉰ 33 ㉮ 34 ㉰ 35 ㉯ 36 ㉮

Part 2 조경식재

37 다음 중 열매의 형태가 다른 수종은? [산업기사 13.09.28]

㉮ 전나무 ㉯ 구상나무
㉰ 비자나무 ㉱ 분비나무

 ㉮ 전나무 열매 : 난형 또는 원통형
㉯ 구상나무 열매 : 원통형
㉰ 비자나무 열매 : 도란형 또는 타원형
㉱ 분비나무 열매 : 원통형

38 다음 중 화백과 편백의 특징으로 틀린 것은? [산업기사 14.03.02]

㉮ 편백은 수관이 둔원추형(鈍圓錐形)이고, 수피는 붉은기가 진하며 박리하는 껍질의 폭이 넓다.
㉯ 편백의 구과(毬果)는 화백보다 크며, 종자는 과린(果鱗)에 1 ~ 5개가 붙고 갈색으로서 윤택이 적으며 날개의 폭이 좁다.
㉰ 화백은 잎과 잎 사이의 각이 작으며, 좌우상하의 잎 크기가 거의 같다.
㉱ 화백의 종자는 과린에 1 ~ 5개가 붙으며 검정색으로서 어느 정도 윤택이 있고 날개의 폭이 넓으며, 편백에 비하여 수습지(水濕地)를 싫어한다.

 화백의 종자는 과린에 5 ~ 8개 붙으며, 검정색으로 윤택이 있고, 날개의 폭이 넓으며, 편백에 비하여 수습지(水濕地)를 좋아한다.

39 다음의 조경용 수종 중 꽃의 관상기간이 가장 긴 것은? [산업기사 14.03.02]

㉮ *Chaenomeles speciosa* (Sweat) Nakai
㉯ *Forsythia koreana* (Rehder) Nakai
㉰ *Paeonia suffruticosa* Andr.
㉱ *Lagerstroemia indica* L.

 ㉮ 산당화
㉯ 개나리
㉰ 모란
㉱ 배롱나무(7 ~ 9월 100일간 꽃을 피운다.)

40 다음 중 꽃보다 잎이 먼저 나오는 수종은? [산업기사 14.03.02]

㉮ *Abeliophyllum distichum* Nakai
㉯ *Cercis chinensis* Bunge
㉰ *Forsythia koreana* Nakai
㉱ *Magnolia sieboldii* K.Koch

 ㉮ 미선나무
㉯ 박태기나무
㉰ 개나리
㉱ 함박꽃나무
• 꽃이 잎보다 먼저 나오는 수종 : 개나리, 산수유, 미선나무, 박태기나무, 진달래, 생강나무 등

41 지상의 줄기가 일 년 넘게 생존을 지속하며 목질화되어 비대성장을 하는 만경목(蔓莖木)에 해당하지 않는 것은? [산업기사 14.03.02]

㉮ 마삭줄, 담장이덩굴
㉯ 인동덩굴, 능소화
㉰ 송악, 으름덩굴
㉱ 작약, 멀꿀

풀이 작약은 작약과 작약속의 여러해살이 풀로 만경목이 아님.

ANSWER 37 ㉰ 38 ㉱ 39 ㉱ 40 ㉱ 41 ㉱

42 꽃이 무성화로만 이루어진 수종은?
[산업기사 14.03.02]

㉮ 나무수국 ㉯ 돈나무
㉰ 수국 ㉱ 백당나무

• 무성화(수술이 퇴화하여 종자를 맺지않는 꽃) : 수국, 불두화

43 다음 중 수피에 코르크가 잘 발달하는 수목은? [산업기사 14.03.02]

㉮ 향나무 ㉯ 졸참나무
㉰ 황벽나무 ㉱ 푸조나무

• 코르크가 잘 발달한 수목 : 굴참나무, 황벽나무

44 오래된 아랫가지는 밑으로 처져서 원추형 수관을 이루며 수피는 회갈색인 수종은?
[산업기사 14.05.25]

㉮ *Zelkova serrate* Makino
㉯ *Ginkgo biloba* L.
㉰ *Picea abies* H. Karst.
㉱ *Pinus densiflora* f. *erecta* Uyeki

㉮ 느티나무
㉯ 은행나무
㉰ 독일가문비(원추형수관, 회갈색수피)
㉱ 금강소나무

45 수목의 측아(側芽) 발달을 억제하며 정아 우세를 유지시켜 주는 호르몬은?
[산업기사 14.05.25]

㉮ 옥신(Auxin)
㉯ 지베렐린(Gibberellin)
㉰ 사이토키닌(Cytokinin)
㉱ 아브시스산(Abscisic Acid)

㉮ 옥신(Auxin) : 줄기의 신장에 관여하는 식물생장호르몬
㉯ 지베렐린(Gibberellin) : 벼의 키다리병균에 의해 생산된 고등식물의 식물생장조절제로 신장촉진작용, 종자발아촉진작용, 개화촉진작용, 착과(着果)의 증가작용, 열매의 생장촉진작용 등의 작용
㉰ 사이토키닌(Cytokinin) : 생장을 조절하고 세포분열을 촉진하는 역할을 하는 물질
㉱ 아브시스산(Abscisic Acid) : 식물의 성장 중에 일어나는 여러 과정을 억제하는 식물호르몬

46 단풍색이 붉은 것으로만 구성된 것은?
[산업기사 14.05.25]

㉮ 때죽나무, 이팝나무
㉯ 튤립나무, 계수나무
㉰ 화살나무, 복자기
㉱ 주목, 회양목

㉮ 때죽나무(노란단풍), 이팝나무(노란단풍)
㉯ 튤립나무(노란단풍), 계수나무(노란단풍)
㉰ 화살나무(붉은단풍), 복자기(붉은단풍)
㉱ 주목, 회양목(상록수로 단풍이 들지 않는다.)

47 수피에 얼룩무늬가 있어 감상가치가 높은 수종이 아닌 것은? [산업기사 14.09.20]

㉮ *Stewartia pseudocamellia* Maxim
㉯ *Crataegus pinnatifida* Bunge
㉰ *Pinus bungeana* Zucc ex Endl
㉱ *Chaenomeles sinensis* Koehne

㉮ 노각나무
㉯ 산사나무(수피는 대부분 회색)
㉰ 백송
㉱ 모과나무

ANSWER 42 ㉰ 43 ㉰ 44 ㉰ 45 ㉮ 46 ㉰ 47 ㉯

48 잎은 어긋나기하며 홀수 깃모양겹잎이고, 열매는 협과, 원추형이고 염주상으로 10월경에 성숙, 8월경 황백색 꽃이 아름답고 꼬투리가 특이하다. 예로부터 정자목으로 이용되어 왔으며, 녹음식재, 완충식재, 가로수로도 이용되는 수종은?

[산업기사 14.09.20]

㉮ 가중나무 ㉯ 왕벚나무
㉰ 참죽나무 ㉱ 회화나무

 **회화나무**

예로부터 정자나무로 유명하며 녹음수, 가로수로 이용됨

49 다음 중 수목의 잎이 호생(互生)인 것은?

[산업기사 14.09.20]

㉮ *Cercidiphyllum japonicum*
㉯ *Cercis chinensis*
㉰ *Euodia daniellii*
㉱ *Syringa oblata* var. *dilatata*

 ㉮ 계수나무(마주나기)
㉯ 박태기나무(호생 : 어긋나기)
㉰ 쉬나무(마주나기)
㉱ 수수꽃다리(마주나기)

50 다음 중 4월에 꽃이 피는 방향성의 물푸레나무과(科) 식물은? [산업기사 14.09.20]

㉮ *Acer palmatum* Thunb.
㉯ *Prunus mume* Siebold & Zucc. *for* mume
㉰ *Lenicera japonica* Thunb.
㉱ *Syringa oblata* var. *dilatata* Rehder

 ㉮ 단풍나무(단풍나무과)
㉯ 매실나무(장미과)
㉰ 인동(인동과)
㉱ 수수꽃다리(물푸레나무과)

51 다음 조경식물의 영양번식에 관한 설명으로 틀린 것은? [산업기사 14.09.20]

㉮ 삽목의 대표적인 발근촉진물질은 옥신(Auxin)이다.
㉯ 삽목은 식물체의 일부를 상토에 꽂아 절단면으로부터 부정근을 발생시키는 방법이다.
㉰ 취목은 분리된 두 식물체의 조직을 유합시켜 하나의 식물체를 만드는 방법이다.
㉱ 분주는 충분히 성장한 조경식물을 포기나누기하여 번식시키는 방법이다.

 **취목**

모식물의 줄기(가지) 일부분에서 뿌리가 뻗어나오는 것을 기다려 모식물에서 떼어 하나의 식물체로 만드는 방법

52 음수는 하층식생으로서도 장기간 생육이 가능하며 주위의 직경생장이 촉진된다. 오래된 가지에도 잎이 살아 있으므로 지하고가 낮고 혼효림을 잘 이루며 높은 임분밀도를 유지할 수 있고 성숙기에 늦게 도달하는 특징이 있다. 다음 중 음수로 분류할 수 없는 것은? [산업기사 14.09.20]

㉮ 비자나무 ㉯ 칠엽수
㉰ 굴거리나무 ㉱ 버드나무

 • 버드나무 : 양수식물

53 다음 식물종과 향기가 유발되는 식물기관의 연결이 옳지 않은 것은?

[산업기사 14.09.20]

㉮ 생강나무 - 가지 ㉯ 분꽃나무 - 꽃
㉰ 계수나무 - 열매 ㉱ 로즈마리 - 잎

 계수나무 – 꽃

ANSWER 48 ㉱ 49 ㉯ 50 ㉱ 51 ㉰ 52 ㉱ 53 ㉰

5 조경식물의 내환경성

1 산림식생과 기온에 따른 수종

난대림	후피향나무, 녹나무, 생달나무, 동백나무, 빗죽이나무, 돈나무, 붉가시나무, 가시나무, 감탕나무, 후박나무, 식나무, 구실잣밤나무, 모밀잣밤나무
온대남부	개비자나무, 대나무, 곰솔, 산초나무, 사철나무, 굴피나무, 팽나무, 줄사철나무, 백동백, 단풍나무, 서어나무, 소나무, 오동나무
온대중부	때죽나무, 졸참나무, 신갈나무, 향나무, 젓나무, 소나무
온대북부	박달나무, 신갈나무, 시닥나무, 정향나무, 잣나무, 젓나무, 잎갈나무
한대림	가문비나무, 분비나무, 낙엽송, 종비나무, 잣나무, 젓나무, 주목, 눈잣나무

2 수목과 온도

한랭지	계수나무, 고로쇠나무, 네군도단풍, 독일가문비, 목련, 서양측백, 산벚나무, 아까시나무, 은단풍, 은행나무, 일본잎갈나무, 자작나무, 잣나무, 주목, 포플라, 버즘나무, 피나무, 매자나무, 박태기나무, 산철쭉, 수수꽃다리, 쥐똥나무, 진달래, 철쭉, 해당화, 화살나무
온난지	가시나무, 굴거리나무, 녹나무, 단팥수, 동백나무, 붉가시나무, 자귀나무, 후박나무, 돈나무, 유엽도

3 수목과 광조건

강음수	나한백, 왜금송, 주목, 눈주목, 식나무, 팔손이나무, 사철나무, 굴거리나무, 개비자나무, 꽝꽝나무, 회양목, 돈나무, 사스레피나무, 종려, 동청목
음수	비자나무, 가문비나무, 독일가문비나무, 젓나무, 눈측백, 너도밤나무, 구상나무, 솔송나무, 함박꽃나무, 비쭈기나무, 섬쥐똥나무, 종려, 녹나무, 아왜나무, 먼나무, 월계수, 감탕나무, 생달나무, 참식나무, 다정큼나무, 화살나무, 치자나무, 광나무, 멀굴, 송악, 개쉬땅나무, 이팝나무, 노각나무
중용수	동백나무, 산다화, 후박나무, 가시나무류, 차나무, 섬잣나무, 편백, 잣나무, 단풍나무류, 느릅나무류, 서어나무류, 황매화, 남천, 호두나무, 팽나무, 꽃아까시나무, 회나무, 참나무류, 벽오동, 목련류, 철쭉류, 태산목, 매화나무, 고추나무, 댕강나무, 수국, 말채나무, 명자나무, 낙상홍, 미선나무, 아그배나무, 탱자나무, 석류나무, 산초나무, 목서류, 병꽃나무, 개나리, 골담초, 담쟁이덩굴, 오갈피나무

양수	삼나무, 측백나무, 노간주나무, 개잎갈나무, 사스레피나무, 곰솔, 소나무, 대왕송, 낙우송, 버드나무류, 떡갈나무, 느티나무, 벚나무류, 오동나무, 튤립나무, 산사나무, 다정큼나무, 멀구슬나무, 장미류, 아카시아나무, 호랑가시나무, 플라타너스, 개오동나무, 비피나무, 박태기나무, 조팝나무, 무궁화, 매화나무, 살구나무, 자두나무, 복숭아나무, 배나무, 감나무, 밤나무, 꽃아그배나무, 협죽도, 해당화, 석류나무, 배롱나무, 모란, 일본목련, 대추나무, 자귀나무, 가중나무, 갈참나무, 향나무, 층층나무, 소철, 죽류, 모과나무, 보리장나무, 부용, 쥐똥나무, 산수유, 등나무, 유카
강양수	낙엽송, 자작나무, 예덕나무, 드름나무, 붉나무, 순비기나무

4 수목과 토양

① 토성에 따른 식재 수종

사양토에 적합	은행나무, 젓나무, 솔송나무, 히말라야시더, 소나무, 곰솔, 섬잣나무, 삼나무, 금송, 향나무류, 자작나무, 모란 가시나무류, 목련, 태산목, 병꽃나무, 돈나무, 버즘나무, 해당화, 매화, 벚나무류, 등나무, 싸리나무류, 가중나무, 회양목, 사찰나무, 동백나무, 광나무, 오동나무, 능소화, 유카
양토에 적합	주목, 눈주목, 잣나무, 낙우송, 메타세쿼이어, 수양버들, 포플러, 은백양, 졸참나무, 갈참나무, 목련류, 피라칸사, 장미류, 단풍나무류, 칠엽수, 무궁화, 배롱나무, 층층나무, 산딸나무, 철쭉류, 아왜나무
식양토에 적합	개비자나무, 편백, 화백, 상수리나무, 느티나무, 튤립나무, 벽오동, 살구나무, 자두나무, 감나무, 호랑가시나무, 비자나무, 아왜나무, 서어나무, 석류나무, 야광나무, 명자나무, 산당화
사질토에 적합	곰솔, 향나무, 감탕나무, 돈나무, 순비기나무, 해당화, 사철나무, 협죽도, 다정큼나무, 아까시나무, 뽕나무, 위성류, 보리수나무, 자귀나무, 등나무, 인동덩굴
급경사지에 견디는 수종	삼나무, 소나무, 솔송나무, 일본잎갈나무, 젓나무, 편백, 화백, 아까시나무, 싸리나무, 칡, 조릿대, 참대

② 표토층의 심도에 다른 수종

심근성	소나무, 비자나무, 젓나무, 주목, 곰솔, 가시나무, 구실잣밤나무, 굴거리나무, 녹나무, 종가시나무, 참식나무, 태산목, 후박나무, 소귀나무, 금목서, 동백나무, 은목서, 호랑가시목서, 고로쇠나무, 굴참나무, 느티나무, 떡갈나무, 목련, 튤립나무, 상수리나무, 은행나무, 졸참나무, 칠엽수, 팽나무, 호두나무, 회화나무, 단풍나무, 모과나무, 수양벚나무, 홍단풍, 마가목, 백목련, 자목련, 싸리나무, 조록싸리
천근성	가문비나무, 독일가문비나무, 솔송나무, 일본잎갈나무, 편백, 눈주목, 미루나무, 아까시나무, 양버들, 자작나무, 사시나무, 은수원사시나무, 황칠나무, 매화나무

③ 토양수분에 따른 수종

습지에 잘 견디는 수종	낙우송, 가문비나무, 수양버들, 은백양, 호두나무, 가래나무, 자작나무, 물푸레나무, 층층나무, 벽오동, 팔손이나무, 버드나무, 황매화, 삼나무, 사철나무
건조지에 잘 견디는 수종	은행나무, 향나무, 곰솔, 조릿대류, 해당화, 소나무, 섬잣나무, 가이즈까향나무, 누운향나무, 졸참나무, 갈참나무, 매자나무, 찔레나무, 낙산홍, 명자나무, 매화, 아까시나무, 가중나무, 호랑가시나무, 리기다소나무, 오리나무류, 싸리류, 은수원사시나무

④ 토양견밀도에 다른 수종

견밀토양에서 잘 생육하는 수종	소나무, 참나무류, 서어나무, 리기다소나무, 젓나무, 일본잎갈나무, 느티나무
견밀도 낮은 토양에서 잘 자라는 수종	밤나무, 느릅나무, 아까시나무, 버드나무, 오리나무, 삼나무, 편백, 화백

⑤ 토양산도에 따른 수종

강산성에 견디는 수종	가문비나무, 리기다소나무, 밤나무, 산방오리나무, 싸리나무류, 상수리나무, 소나무, 아까시나무, 잣나무, 젓나무, 종비나무, 편백, 곰솔
약산성~중성에 견디는 수종	가시나무, 갈참나무, 녹나무, 느티나무, 떡갈나무, 붉가시나무, 삼나무, 일본잎갈나무, 졸참나무
석탄암지대에 견디는 수종	가래나무, 개나리, 고광나무, 낙우송, 남천, 너도밤나무, 단풍나무, 들매나무, 물푸레나무, 비슬나무, 비파나무, 사시나무, 생강나무, 서어나무, 소귀나무, 소태나무, 조팝나무, 황매화, 호두나무, 회양목

⑥ 토양양분에 따른 분류

척박지에서 잘 견디는 수종	소나무, 곰솔, 노간주나무, 향나무, 소귀나무, 졸가시나무, 떡느릅나무, 버드나무, 상수리나무, 아까시나무, 오리나무, 왕버들, 자작나무, 졸참나무, 중국단풍, 능수버들, 다릅나무, 산오리나무, 보리수나무, 자귀나무, 싸리나무, 등나무, 인동덩굴, 해당화
비옥지에서 요구도가 큰 것	가시나무, 느티나무, 녹나무, 오동나무, 느릅나무, 밤나무, 가중나무, 은행나무, 팽나무, 동백나무, 낙우송, 가래나무, 층층나무, 피나무, 왕느릅나무
비료목	다릅나무, 아까시나무, 자귀나무, 주엽나무, 싸리나무, 족제비싸리, 오리나무

6 실내 조경식물 재료의 특성

1 실내공간별 설계

① **현관** : 첫인상을 주는 부분으로 깨끗하고 경쾌한 계절에 맞는 음지 초화류와 절화 식재

예 테리스, 신고니움, 안스리움, 피트니아, 페페로미아, 스킨답서스 등

② **거실** : 동선의 분기점이며 가족의 주생활장소로 밝고 쾌적하게 설계

예 파키라, 고무나무류, 드라세나 등

2 실내조경 식물 특성

① 낮은 광에서 잘 자라며 고온, 다습, 건조에 강한 식물

② 잎보기 식물을 주로 하며 꽃피는 식물은 단기로 활용
③ 짙은 녹색보다 옅은 녹색 선호

3 특성별 식물 종류

① 어두운 곳에 어울리는 음지식물 : 테리스, 신고니움, 안스리움, 피트니아, 페페로미아 등
② 밝고 경쾌한 이미지 주는 반그늘 또는 양지식물 : 파키라, 고무나무류, 드라세나 등
③ 밝고 화려한 색을 활용하는 식물 : 아라우카리아, 아디안텀, 아스플레니움, 프테리스 등
④ 성장이 빠른 식물 : 아글라오네마, 피토니아, 쉐플레라, 선란, 신고니움 등
⑤ 꽃식물 : 아프리칸 바이올렛, 아프리아봉선화, 안스리움, 스파티필름, 아펠란드라 등

실전연습문제

01 다음 중 우리나라에서 내동성이 가장 강한 것은? [산업기사 11.06.12]

㉮ 자작나무 ㉯ 녹나무
㉰ 비자나무 ㉱ 감탕나무

02 다음 중 내음성 조경수로만 구성된 것은? [산업기사 11.06.12]

㉮ 굴거리나무, 소나무
㉯ 주목, 비자나무
㉰ 편백, 조팝나무
㉱ 측백나무, 이팝나무

풀이 **내음성(음지에서도 잘 자라는 수종)**
비자나무, 가문비나무, 젓나무, 눈측백, 구상나무, 솔송나무, 녹나무, 아왜나무 등

03 산성 토양에 가장 잘 견디는 것은? [산업기사 11.06.12]

㉮ *Buxus koreaana* Nakai ex Chung
㉯ *Pinus Koraiensis* Sieb. & Zucc.
㉰ *Acer Palmatum* Thunb. ex Murray
㉱ *Fraxinus rhynchophylla* Hance

㉮ 회양목
㉯ 잣나무
㉰ 단풍나무
㉱ 물푸레나무

04 알칼리성 토양에서 잘 자라는 수종은? [산업기사 11.10.02]

㉮ *Ilex cornuta* Lindl. & Paxton
㉯ *Rhododendron schlippenbachii* Maxim
㉰ *Picea jezoensis* Siebold & Zucc.
㉱ *Acer palmatum* Thunb. ex Murray

㉮ 호랑가시나무
㉯ 철쭉
㉰ 가문비나무
㉱ 홍단풍

05 다음 중 심근성 수종은? [산업기사 11.10.02]

㉮ *Populus nigra* var. italica Koehne
㉯ *Machilus thunbergii* Siebold & Zucc
㉰ *Robinia pseudoacacia* L.
㉱ *Picea jezoensis* Carriere

㉮ 양버들(천근성)
㉯ 후박나무
㉰ 아카시나무(천근성)
㉱ 가문비나무(천근성)

ANSWER
01 ㉮ 02 ㉯ 03 ㉯ 04 ㉱ 05 ㉯

06 일반적인 양수(陽樹)의 외형적 특징 설명이 틀린 것은? [산업기사 11.10.02]

㉮ 유묘시 생장이 빠르나 나이가 많아짐에 따라 차차 느려진다.
㉯ 가지는 소생하고 수관이 개방적이며, 아래가지는 일찍 말라 떨어져 버린다.
㉰ 지엽이 밀생하고 가지를 치밀하게 치며 아래가지가 내부로 향한다.
㉱ 줄기의 선단부와 굵은 가지가 남쪽 또는 햇볕이 있는 쪽으로 자라는 습성이 있다.

풀이 음수식물이 주로 지엽이 치밀하고 아래가지가 내부로 향하는 경향이 많음.

07 실내의 내음성 식물이 빛의 광도가 너무 강하였을 때의 현상은? [산업기사 12.05.20]

㉮ 잎이 황색으로 변한다.
㉯ 점차적으로 잎이 떨어진다.
㉰ 잎의 두께가 얇아지고 줄기가 가늘어진다.
㉱ 잎이 마르고 희게 되며 나중에는 죽게 된다.

08 식물들은 토양산도(土壤酸度)에 따라 생육상태가 차이가 있다. 다음 중 산성토에 가장 강한 것은? [산업기사 12.09.15]

㉮ *Rhododendron schlippenbachii* Maxim.
㉯ *Fagus engleriana* Seemen ex Diels.
㉰ *Acer palmatum* Thunb.
㉱ *Buxus koreana* Nakai ex Chung & al.

풀이 ㉮ 철쭉
㉯ 너도밤나무
㉰ 단풍나무
㉱ 회양목

09 다음 수목의 식재환경 중 음수(陰樹)가 생장할 수 있는 광량(光量)은 전수광량(全數光量)의 몇 % 내외인가? [산업기사 12.09.15]

㉮ 5% ㉯ 15%
㉰ 25% ㉱ 50%

10 다음 식물 중 그늘에서 생육이 불량한 수종인 것은? [산업기사 13.03.10]

㉮ *Chionanthus retusus* Lindl. & Paxton
㉯ *Taxus cuspidata* Siebold & Zucc.
㉰ *Daphniphyllum macropodum* Miq.
㉱ *Fatsia japonica* Decne. & Planch.

풀이 ㉮ 이팝나무
㉯ 주목
㉰ 굴거리나무
㉱ 팔손이나무

11 다음 중 남해안 및 제주도지역에 자생하는 상록활엽교목으로 중부지방에서 식재가 곤란한 수종은? [산업기사 13.03.10]

㉮ *Machilus thunbergii* Siebold & Zucc.
㉯ *Liriodendron tulipifera* L.
㉰ *Magnolia denudata* Desr.
㉱ *Magnolia sieboldii* K.Koch

풀이 ㉮ 후박나무
㉯ 백합나무
㉰ 백목련
㉱ 함박꽃나무

ANSWER 06 ㉰ 07 ㉱ 08 ㉮ 09 ㉱ 10 ㉮ 11 ㉮

12 수목들이 숲에서 경쟁할 때 가장 중요한 요소는 빛으로 양수는 높은 광도에서 광합성을 효율적으로 한다. 다음 중 가장 높은 광도에서 광합성을 하는 식물은? [산업기사 13.06.02]

㉮ 개비자나무 ㉯ 방크스소나무
㉰ 편백 ㉱ 칠엽수

 강양수 교목수종이 가장 높은 광도에서 광합성 하는 식물이므로 방크소스 소나무가 해당함.

13 뿌리혹박테리아의 도움을 얻어 공중질소(空中窒素)를 이용하는 비료목(肥料木)인 것은? [산업기사 13.06.02]

㉮ *Fatsia japonica* Decne. & Planch
㉯ *Pinus thumbergii* Parl.
㉰ *Elaeagnus umbellata* Thunb.
㉱ *Abeliophyllum distichum* Nakai

- 비료목 : 다릅나무, 아카시나무, 자귀나무, 주엽나무, 싸리나무, 쪽제비싸리, 오리나무, 보리수나무 등이며, *Elaeagnus umbellata* thunb.는 보리수나무임.
- *Fatsia japonica* Decne. & Planch : 팔손이나무
- *Pinus thumbergii* Parl : 곰솔
- *Elaeagnus umbellata* Thunb. : 보리수나무
- *Abeliophyllum distichum* Nakai : 미선나무

14 다음 중 내조성(耐潮性)이 가장 강한 수종은? [산업기사 13.06.02]

㉮ *Pinus thunbergii* Parl.
㉯ *Picea abies*(L.) H.Karst.
㉰ *Pinus densiflora* Siebold & Zucc.
㉱ *Acer buergerianum* Miq.

 ㉮ 곰솔
㉯ 독일가문비
㉰ 소나무
㉱ 중국단풍

15 다음 중 석회암지대(염기성토양)에서도 가장 잘 견딜 수 있는 수종은? [산업기사 13.09.28]

㉮ *Pinus rigida* Mill.
㉯ *Lespedeza bicolor* Turcz.
㉰ *Abies holophylla* Maxim.
㉱ *Acer palmatum* Thunb.

 ㉮ *Pinus rigida* Mill. : 리기다소나무(강산성)
㉯ *Lespedeza bicolor* Turcz. : 싸리나무(강산성)
㉰ *Abies holophylla* Maxim. : 전나무(강산성)
㉱ *Acer palmatum* Thunb. : 단풍나무(염기성)

16 다음 중 우리나라 난대림 지역에서 분포하는 수종으로만 짝지어진 것은? [산업기사 13.09.28]

㉮ 녹나무, 구실잣밤나무
㉯ 잣나무, 피나무
㉰ 팽나무, 서어나무
㉱ 소나무, 자작나무

ANSWER
12 ㉯ 13 ㉰ 14 ㉮ 15 ㉱ 16 ㉮

17 조경 수목의 내음성과 관련된 설명 중 옳은 것은? [산업기사 14.03.02]

㉮ 극음수는 전광의 30~60%에서 생존이 가능하다.
㉯ 낙엽송, 금송, 회양목, 개비자나무는 모두 양수다.
㉰ 솔송나무, 너도밤나무, 가문비나무는 전광량의 3~10%에서 생존이 가능하다.
㉱ 양수는 낮은 광도에서 음수는 높은 광도에서 광합성 효율이 높다.

㉮ 극음수 : 전광의 1~3%, 음수 : 전광의 3~10%, 중성수 : 전광의 10~30%, 양수 전광의 30~60%, 극양수 : 전광의 60% 이상
㉯ 낙엽송(극양수), 금송, 회양목, 개비자나무(극음수)
㉱ 양수는 높은 광도에서, 음수는 낮은 광도에서 광합성 효율이 높다.

18 자작나무과의 낙엽활엽소교목으로 주로 중부 이남의 해안가 산지에 자생하는 수목은? [산업기사 14.03.02]

㉮ 박달나무 ㉯ 소사나무
㉰ 물오리나무 ㉱ 참개암나무

• 소사나무 : 1000m 이하 해변 산기슭에 주로 자생

19 다음 중 가지가 밑으로 처지는 수형을 가졌고 하천, 호수 등 토양수분이 많은 곳을 좋아하는 종은? [산업기사 14.05.25]

㉮ *Betula ermanii*
㉯ *Pinus thunbergii*
㉰ *Juglans mandshurica*
㉱ *Salix pseudolasiogyne*

㉮ 시스래나무
㉯ 곰솔
㉰ 가래나무
㉱ 능수버들

ANSWER
17 ㉰ 18 ㉯ 19 ㉱

조경식물의 생태와 식재

1 식물생태계의 특성

1 생태적 천이(Succession)

① 천이의 정의 : 시간에 따른 군집 구조의 예측 가능한 일정한 변화

② 천이의 종류

㉠ 1차천이 : 바위나 모래, 정지된 물처럼 황폐한 공간에서부터 발생

㉡ 2차천이 : 기존 군락이 산불, 홍수 같이 인위적으로 파괴되어 일어나는 것

③ 천이의 순서 : 나지 → 1년생 초본 → 다년생 초본 → 음수관목 → 양수교목 → 음수 교목

④ 천이별 식물

㉠ 나지식물 : 망초, 개망초

㉡ 1년생 초본 : 쑥, 쑥부쟁이

㉢ 다년생 초본 : 억새

㉣ 음수관목 : 싸리, 붉가시나무, 개옻나무, 찔레

㉤ 양수 교목 : 소나무, 참나무류

㉥ 음수 교목 : 서어나무, 가치박달나무

⑤ 선구식물(Pioneer) : 황폐한 땅에 처음으로 들어오는 식물

⑥ 극상(Climax)

㉠ 천이가 완결되어 안정된 상태에 들어선 상태. 다양한 층의 산림구조 가짐

㉡ 넓은 지리적 분포를 보이는 육상 극상군락을 생물군계라 하는데 이는 온대초지, 툰드라, 온대림, 사막, 열대우림, 고산지대 등을 말함

2 수생생태계(호수나 연못)

① 추수식물(정수식물, 물가에서 자라는 식물)

㉠ 습지의 가장자리에 살며, 뿌리는 물 속 바닥에 내리고 줄기와 잎을 물속에서 뻗치고 있는 식물.

㉡ 예 갈대, 줄, 부들, 창포 등

② 부엽식물(물위에 잎을 내는 식물)

㉠ 뿌리를 물속 밑바닥에 내리고 잎은 물에 떠 있는 식물

㉡ 예 가래, 마름, 수련, 어리연꽃 등

③ 부유식물(물위에 떠서 사는 식물)

㉠ 몸을 물위에 띄우고 생활하는 식물

㉡ 예 개구리밥, 물옥잠, 자라풀, 생이가래 등

④ 침수식물(물속에 잠겨 사는 식물)

㉠ 모든 부분이 물속에 잠겨 있는 식물

㉡ 예 붕어마름, 물수세미, 검정말, 나사말 등

3 비오톱(Biotop)

① **정의** : 생물이 생육, 서식하는 장소 즉, 생활할 수 있는 환경을 갖춘 장소
서식처(habitat)는 특정한 종이나 개체의 서식공간, Biotop은 생물군집의 서식공간

② **특성** : 비오톱 지도를 작성해 관리 보호함
대체로 연못이나 수변공간이 많고 암반이나 황무지도 비오톱의 대상이 됨

4 라운키에르의 식물생활형

식물의 생육에 적합하지 않은 시기에 형성되는 휴면아의 위치에 따라 지상식물, 지표식물, 반지하식물, 지중식물, 1년생 식물로 구분됨

CHAPTER 04 조경식물의 생태와 식재

실전연습문제

01 잣나무 군락지에서는 초본식물의 침입과 종자발아가 어렵기 때문에 2차 천이가 잘 진행되지 못한다. 이러한 현상을 무엇이라 하는가? [산업기사 11.03.02]

㉮ 극성(polarity)
㉯ 역작용(reaction)
㉰ 피드백(feedback)
㉱ 타감작용(allelopathy)

풀이 **타감작용**
어떤 식물에서 생성되는 화학물질이 다른 식물의 종자 발아나 생육에 영향을 미치는 현상을 말함

02 다음 생육별 구분에 따른 식물 구분이 옳은 것은? (단, 내수성 식물을 습성, 정수, 부엽, 침수식물로 구분한다.) [산업기사 12.03.04]

㉮ 침수식물 - 석창포
㉯ 정(추)수식물 - 부들
㉰ 습성식물 - 물수세미
㉱ 부엽식물 - 거머리말

- 정수식물 : 갈대, 줄, 부들, 창포 등
- 부엽식물 : 가래, 마름, 수련, 어리연꽃 등
- 부유식물 : 개구리밥, 물옥잠, 자라풀, 생이가래 등
- 침수식물 : 붕어마름, 물수세미, 검정말, 나사말 등

03 생태적 천이의 순서가 올바르게 연결된 것은? [산업기사 12.05.20]

㉮ 나지 → 1년생초본 → 다년생초본 → 음수교목 → 양수교목 → 초지
㉯ 1년생초본 → 다년생초본 → 관목림기 → 양수교목 → 나지
㉰ 나지 → 1년생초본 → 다년생초본 → 관목림기 → 양수교목 → 음수교목
㉱ 나지 → 다년생초본 → 1년생초본 → 관목림기 → 양수교목 → 음수교목

04 야생동·식물보호법상 멸종위기 야생동·식물 1급에 속하는 식물종은? [산업기사 12.05.20]

㉮ 광릉요강꽃(*Cypripedium japonicum*)
㉯ 단양쑥부쟁이(*Aster altaicus var. uchiyamae*)
㉰ 가시연꽃(*Euryale ferox*)
㉱ 매화마름(*Ranunculus kazusensis*)

풀이 **멸종 위기 야생동·식물 1급**
광릉요강꽃, 나도풍란, 만년콩, 섬개야광나무, 암매, 죽백란, 털복주머니란, 풍란, 한란

ANSWER 01 ㉱ 02 ㉯ 03 ㉰ 04 ㉮

05 야생생물 보호 및 관리에 관한 법률 시행 규칙상 멸종위기 야생생물 Ⅱ급에 속하지 않는 식물종은? [산업기사 13.03.10]

㉮ 이삭귀개(*Utricularia racemosa*)
㉯ 가시연꽃(*Euryale ferox*)
㉰ 단양쑥부쟁이(*Aster altaicus var. uchiyamae*)
㉱ 미선나무(*Abeliophyllum distichum*)

① 멸종위기 야생생물 1급

번호	종 명
1	광릉요강꽃 *Cypripedium japonicum*
2	나도풍란 *Serides japonicum*
3	만년콩 *Euchresta japonica*
4	섬개야광나무 *Cotoneaster wilsonii*
5	암매 *Diapensia lapponica var. obovata*
6	죽백란 *Cymbidium lancifolium*
7	털복주머니란 *Cypripedium guttatum*
8	풍란 *Neofinetia falcata*
9	한란 *Cymbidium kanran*

② 멸종위기 야생생물 2급

번호	종 명
1	가시연꽃 *Euryale ferox*
2	가시오갈피나무 *Eleutherococcus senticosus*
3	각시수련 *Nymphaea tetragona* var. *minima*
4	개가시나무 *Quercus gilva*
5	개병종 *Astilboides tabularis*
6	갯봄맞이꽃 *Glaux maritima* var. *obtusifolia*
7	구름병아리난초 *Gymnadenia cucullata*
8	금자란 *Gastrochilus fuscopunctatus*
9	기생꽃 *Trientalis europaea* ssp. *arctica*
10	끈끈이귀개 *Drosera peltata* var. *nipponica*
11	나도승마 *Kirengeshoma koreana*
12	날개하늘나리 *Lilium dauricum*
13	넓은잎제비꽃 *Viola mirabilis*
14	노랑만병초 *Rhododendron aureum*
15	노랑붓꽃 *Iris koreana*
16	단양쑥부쟁이 *Aster altaicus* var. *uchiyamai*
17	닻꽃 *Halenia corniculata*
18	대성쓴풀 *Anagallidium dichotomum*
19	대청부채 *Iris dichotoma*
20	대흥란 *Cymbidium nipponicum*
21	독미나리 *Cicuta virosa*
22	매화마름 *Ranunculus trichophyllus* var. *kazusensis*
23	무주나무 *Lasianthus japonicus*
24	물고사리 *Ceratopteris thalictroides*
25	미선나무 *Abeliophyllum distichum*
26	백부자 *Aconitum coreanum*
27	백양더부살이 *Orobanche filicicola*
28	백운란 *Vexilabium yakusimensis* var. *nakaianum*
29	복주머니란 *Cypripedium macranthum*
30	분홍장구채 *Silene capidatum*
31	비자란 *Thrixspermum japonicum*
32	산작약 *Paeonia obovata*
33	삼백초 *Saururus chinensis*
34	서울개발나물 *Prerygoplerum neurophyllum*
35	석곡 *Dendrobium moniliforme*
36	선제비꽃 *Viola raddeana*
37	섬시호 *Bupleurum latissimum*
38	섬현삼 *Scrophularia takesimensis*
39	세뿔투구꽃 *Aconitum austrokoreenes*
40	솔붓꽃 *Iris ruthenica var. nana*
41	솔잎란 *Psilotum undum*
42	순채 *Brasenia schreberi*
43	애기송이풀 *Pedicularis ishidoyana*
44	연잎꿩의다리 *Thalictrum coreanum*
45	왕제비꽃 *Viola websteri*
46	으름난초 *Cyrtosia septentrionalis*
47	자주땅귀개 *Utricularia yakusimensis*
48	전주물꼬리풀 *Dysophylla yatabeana*
49	제비동자꽃 *Lychnis wilfordii*
50	제비붓꽃 *Iris laevigata*
51	제주고사리삼 *Mankyua chejuense*
52	조름나물 *Menyanthes trifoliata*
53	죽절초 *Sarcandra glabra*
54	지네발란 *Cleisostoma scolopendrifolium*
55	진노랑상사화 *Lycoris chinensis var. sinuolata*
56	차걸이란 *Oberonia japonica*
57	초령목 *Michelia compressa*
58	층층둥굴레 Polygonatum stenophyllum
59	칠보치마 *Metanarthecium luteo-viride*
60	콩짜개란 *Bulbophyllum drymoglossum*
61	큰바늘꽃 *Epilobium hirsutum*
62	탐라란 *Gastrochilus japonicus*
63	파초일엽 *Asplenium antiquum*
64	한라솜다리 *Leontopodium hallaisanense*
65	한라송이풀 *Pedicularis hallaisanensis*
66	해오라비난초 *Habenaria radiata*
67	홍월귤 *Arctous alpinus var. japonicus*
68	황근 *Hibiscus hamabo*

06 다음 중 수생식물이 아닌 것은? [산업기사 13.06.02]

㉮ 색비름 ㉯ 검정말
㉰ 수련 ㉱ 마름

• 색비름 : 1년초 관엽식물

07 다음 설명의 (　　)에 적합한 용어는? [산업기사 13.09.28]

> (　　)은 논, 밭, 과수원, 조림지 등과 같이 인간의 경제적 활동에 의해 지속적으로 유지되고 있는 식생으로 농촌경관의 주요 요소이다.

㉮ 천이식생 ㉯ 이차식생
㉰ 대상식생 ㉱ 잠재식생

ANSWER 05 ㉮ 06 ㉮ 07 ㉰

㉮ 천이식생 : 식물의 군집이 시간의 추이에 따라 변천해가는 현상
㉯ 이차식생 : 훼손이 되었거나 산불이 난 후 다시 식물들이 자라난 식생
㉰ 대상식생 : 인간에 의한 영향을 받음으로서 대치된 식생
㉱ 잠재식생 : 인간에 의한 영향을 제거했다고 가정했을 때 예상되는 자연식생

08 벼과(科)의 정수식물로 수질정화 기능이 가장 강한 종은? [산업기사 14.03.02]

㉮ 갈대 ㉯ 큰고랭이
㉰ 생이가래 ㉱ 개연꽃

정수식생
뿌리는 물안 토양에 있고 줄기가 물 밖에, 잎은 공기중에 나옴 예)갈대, 부들, 창포, 줄, 물옥잠, 미나리 등

09 다음은 온대중부지역의 천이단계를 나타낸 것이다. 괄호 안의 단계에 들어갈 적합한 수종은? [산업기사 14.05.25]

> 나지 → 일·이년생초본기 → 다년생초본기 → (　　) → 양수성교목림기 → 음수성교목림기 → 극상림기

㉮ 찔레나무 ㉯ 신갈나무
㉰ 소나무 ㉱ 서어나무

풀이 나지 → 일·이년생초본기 → 다년생초본기 → (양수관목림) → 양수성교목림기 → 음수성교목림기 → 극상림기
㉮ 찔레나무(양수관목)
㉯ 신갈나무(음수)
㉰ 소나무(양수교목)
㉱ 서어나무(음수)

10 최소 생존 개체군(MVP)를 유지시키기 위해 필요한 서식지의 크기(면적)를 무엇이라 하는가? [산업기사 14.09.20]

㉮ 최소보호면적(Minimum Preservation Area)
㉯ 최소유효면적(Minimum Effective Area)
㉰ 최소생존면적(Minimum Survival Area)
㉱ 최소역동면적(Minimum Dynamic Area)

최소역동면적(MDA)
최소 생존 개체군을 유지시키기 위해 필요한 서식지 크기

11 도시 내 생물서식처 기능을 촉진할 수 있는 녹지공간 특성에 관한 설명으로 틀린 것은? [산업기사 14.09.20]

㉮ 면적 : 소면적보다는 대면적일수록 좋다.
㉯ 주연부의 길이 : 긴 것보다 짧을수록 좋다.
㉰ 산재 녹지 : 격리보다는 인접하여 위치할수록 좋다.
㉱ 녹지 형태 : 막대형보다는 원형일수록 좋다.

- 주연부의 길이 : 길이가 길고 폭이 클수록 넓은 면적의 전이대가 조성되어 다양한 서석처가 된다.
- 주연부 : 2개 이상의 서로 다른 군집이나 식물이 만나는 부분으로 두 부분의 이질성을 전이시켜 주는 선형의 이행부

12 다음 생태적 배식(Ecological Planting)과 관련된 용어 중 식생천이의 발전과정에 포함되는 것은? [산업기사 14.09.20]

㉮ 식물군락 ㉯ 극성상
㉰ 식재수법 ㉱ 경관보전

극성상(Climax)
천이가 완결되어 안정된 상태에 들어 선 상태. 다양한 층의 산림구조를 가지는 에너지의 평형상태

ANSWER 08 ㉮ 09 ㉮ 10 ㉱ 11 ㉯ 12 ㉯

2 군집의 생태

1 식물군락(Plant Community)

① **식물군락** : 식생의 구성단위로 동일한 종군이 출현하여 성립하는 식물사회
군락의 구성단위 - 군집

② **식물군락 성립시키는 환경요인**

㉠ 외적요인 : 기후, 토양, 생물적 요인(인간에 의한 벌목, 경작, 곤충의 영향 등)

㉡ 내적요인

ⓐ 경합(경쟁) : 제한된 자원을 차지하기 위해 자리싸움을 하는 것

ⓑ 공존 : 비슷한 생물학적 조건으로 하나의 기반을 공동으로 이용하여 집합생활을 하는 것

2 삼림식생의 계층

교목층, 소교목층, 관목층, 초본층, 선태층으로 나눔

3 식물군락 분류

① **표징종** : 군집에 공통적인 종. 표징종에 따라 아군단, 군단, 오더, 클래스로 나눔

② **우점종** : 양적으로 군집을 점유하는 종으로 아군집, 변군집, 아변군집, 파시스로 나눔

③ **추이대** : 두 개 이상의 이질적인 군집 사이의 중간부분

④ **전형** : 한 표징종이나 식별종을 갖지 않는 부분

4 식생의 종류

① **자연식생** : 인간의 영향을 받지 않고 자연 그대로의 상태로 생육하고 있는 식생

② **원식생** : 인간에 의한 영향을 받기 이전의 자연식생

③ **대상식생** : 인간에 의한 영향을 받음으로써 대치된 식생

④ **잠재자연식생** : 인간에 의한 영향을 제거했다고 가정했을 때 예상되는 자연식생

5 식생형의 분류 단위

① **군계(formation)** : 독특한 기후조건에 의해 형성된 지질학적 지역 내에서의 식물과 동물의 특수한 배열

② **군단(alliance)** : 군집, 군목 내 하위단위 예 신갈나무 – 잣나무군단

③ **군집(community)** : 생물군계 내에서 동일집단을 형성하고 작용하면서 존재하는 개체군들의 집합

④ **군총(association)** : 뚜렷한 특징으로 쉽게 알아 볼 수 있는 집합

3 개체군의 생태

1 개체군

① **의미** : 특정장소에 동시에 차지하고 있는 같은 종의 생물군

② **밀도** : 단위면적이나 체적에서의 개체수 또는 생체량

③ **특성** : 개체의 구성밀도, 출생률, 이입률, 이출률, 유전적 구성, 분산

④ **Allee 성장형** : 적절한 밀도일 때 최대 생존을 갖는다.

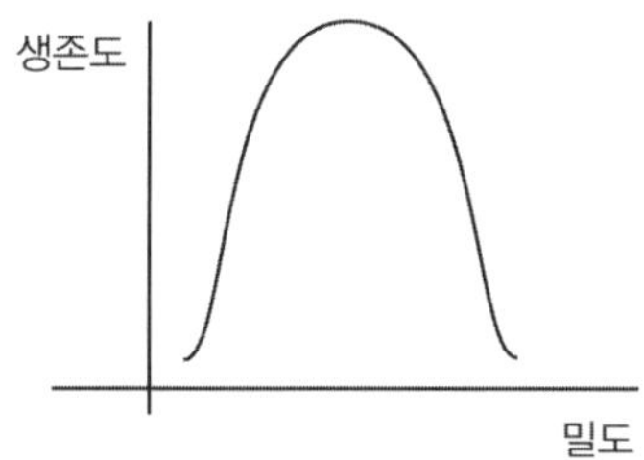

2 개체군들 상호간의 작용

① **중립** : 둘 이상의 종이 서로 영향을 받지 않는 것

② **경쟁** : 두 종이 서로 상대적으로 같은 환경여건을 차지하기 위해 노력하는 것

③ **공생** : 서로 다른 종이 밀접한 관련을 유지하면서 어느 한쪽은 어떤 이익을 얻는 것

④ **편리공생** : 서로 다른 종이 한쪽은 이익을 얻지만 한쪽은 이해가 없는 관계

⑤ **상리공생** : 두 생물 모두에게 이익이 되는 공생관계

⑥ **기생** : 기생생물이 숙주라 불리는 생물의 체내나 체외에서 양분을 얻는 관계

4 개체군락구조의 측정

1 군락조성표

① **의미** : 조사 쿼드라트 내의 모든 출현종의 피도, 우점도를 기록한 것

② **특징** : 이것을 기준으로 그 지역의 식물군락의 구분이나 광역적 비교 가능
식생군락을 이해하기 위한 기본적인 데이터로 식생도 작성의 기초가 됨

③ **방법**

㉠ 현지에서 우점종을 기초로 입지조건이 가능한 균질한 식생을 선정해 쿼드라트 설치

㉡ 쿼드라트 크기 : 수림 10m×10m, 초지 2m×2m

㉢ 조사시점의 식생계층을 교목층, 아교목층, 관목층, 초본층으로 구분해 각각 식피율 조사

㉣ 각 계층별 출현종의 식물의 피도(被度)와 수도(數度)를 조합한 우점도(優點度)와 군도(群度) 기록 : 이는 브라운 블랑케의 종합피도측정법에 의한 것임

㉤ 우점도 5단계, 군도 5단계로 구성

㉥ 우점도 : 1단계 - 다수이지만 피도 낮거나 소수이지만 피도 높은 것
2단계 - 매우 많은 수
3단계 - 조사면적의 1/4~1/2 피복
4단계 - 조사면적의 1/2~3/4 피복
5단계 - 조사면적의 3/4 이상 피복

2 브라운 블랑케(Braun Branque)의 식생조사

① 식물의 피도, 군도, 상재도로 식생조사

② **피도** : 식물 전체 피복률과 층별식피율의 백분율. 피복률 7단계로 구성

③ **군도** : 조사구 내의 개개 식물의 배분상태로 5단계로 구성

㉠ 1단계 : 단독으로 서식하는 것

㉡ 2단계 : 군상, 총상으로 생육하는 것

㉢ 3단계 : 반상으로 생육하는 것

㉣ 4단계 : 작은 군락조성하거나, 큰 반점형태

㉤ 5단계 : 융단상태 같이 전면 덮는 것

④ **상재도** : 각 식물종이 전체 조사구에 나타나는 빈도 %

⑤ **조사구역** : 교목림 15~500m^2, 관목림 50~200m^2

⑥ 군락식별표

㉠ 5mm 눈금 속에 피도와 군도기입, 상재도가 높은 순서로 상재도표 만들기

㉡ 조사구의 배열순서나 식물종의 배열을 바꾸어 가면서 여러 차례 짝지음을 바꾸어 식별종군을 알기 쉬운 생김새로 grouping하여 상재도와 연관하여 군락식별표를 만듦

3 각종 군락측도

① **빈도** : 군락 내 종의 분포의 일양성, 종간의 양적 관계 알기 위해 측정

㉠ $\text{빈도(F)} = \dfrac{\text{어떤 종의 출현 쿼드라트 수}}{\text{조사한 총 쿼드라트 수}} \times 100$

㉡ $\text{상대빈도(RF)} = \dfrac{\text{어떤 종의 빈도}}{\text{전종의 빈도의 총화}} \times 100$

② **밀도** : 단위 넓이당 개체수

평균밀도 : 그 종의 1개체가 출현하는 평균적 넓이

㉠ $\text{밀도(D)} = \dfrac{\text{어떤 종의 개체수}}{\text{조사한 총 넓이}} = \dfrac{\text{어떤 종의 총 개체수}}{\text{조사한 총 쿼드라트 수}}$

㉡ $\text{평균밀도(M)} = \dfrac{\text{조사한 총 넓이}}{\text{어떤 종의 총 개체수}} = \dfrac{1}{D}$

③ **수도** : 밀도와 관계하는 추정적 개체수 또는 출현한 쿼드라트만큼의 평균개체수

㉠ $\text{수도(A)} = \dfrac{\text{어떤 종의 총 개체수}}{\text{어떤 종의 출현한 쿼드라트 수}} = 100 \times \dfrac{D}{F}$

④ **피도(C)** : 식물의 지상부의 지표면에 대한 피복비율. 100% 넘을 수도 있다.

⑤ **우점도**

㉠ 우점도 : 피도, 또는 종 군락 내에 우열의 비율을 종합적으로 나타내는 척도로 사용

㉡ Braun-Blanquet의 피도와 수도의 조합에 의한 우점도를 7계급으로 나눔

ⓐ DFD지수 = 상대밀도 + 빈도 + 상대피도

ⓑ 상대우점값(IV) = 상대밀도 + 상대빈도 + 상대피도

ⓒ 적산우점도(종합적 우점도 : SDR) = 밀도비 + 빈도비 + 피도비(%)

⑥ **Sorensen 지수**

$$S = 2\left(\frac{C}{A+B}\right)$$

(S : Sorensen 지수, A : A종수, B : B종수, C : 조사구에서 조사된 공통종의 수)

CHAPTER 04 조경식물의 생태와 식재

실전연습문제

01 식생(vegetation)을 분류하는 가장 기본적인 단위는? [산업기사 11.10.02]

㉮ 종 ㉯ 군집
㉰ 우점도 ㉱ 천이

- 군집 : 생물군계내에서 동일집단 형성하고 작용하면서 존재하는 개체군들의 집합
- 우점도 : 양적으로 군집을 점유하는 정도
- 천이 : 시간에 따른 군집구조의 예측 가능한 일정한 변화

02 녹지자연도(DGN : Degree Of Green Naturality)의 녹지공간의 자연성 정도를 구분하는 지표로 가장 적합한 것은? [산업기사 12.09.15]

㉮ 녹지공간의 자연성을 나타내는 지표로 1 ~ 11등급으로 나누어 판정한 결과
㉯ 녹지공간의 자연성을 나타내는 지표로 0 ~ 5등급으로 나누어 판정한 결과
㉰ 녹지공간의 자연성을 나타내는 지표로 0 ~ 10등급으로 나누어 판정한 결과
㉱ 녹지공간의 자연성을 나타내는 지표로 1 ~ 5 등급으로 나누어 판정한 결과

03 다음 식물 중 기생식물에 해당되지 않는 종은? [산업기사 13.09.28]

㉮ 겨우살이 ㉯ 실새삼
㉰ 이삭귀개 ㉱ 초종용

풀이 이삭귀개는 우리나라 각처의 습한 곳에서 자라는 다년생 식충식물이다.

04 다음 중 식생조사와 관련된 용어 설명으로 틀린 것은? [산업기사 14.03.02]

㉮ 개체수 : 조사구내의 개체수로서 어떤 식물종의 수를 하나하나 세어서 계산한다.
㉯ 빈도 : 어떤 군집에 있어서 구성종의 분포상 특성을 나타내는 척도로서 어떤 식물종이 나타나 조사구를 총 조사구에 대한 백분율로 나타낸 것이다.
㉰ 피도 : 군집에 있어서 모든 종의 투영면적 가운데 한 종의 투영면적을 백분율로 나타낸 것을 상대피도라고 한다.
㉱ 군도 : 단위면적당 개체수로서, 총조사면적 또는 조사된 방형구 가운데 어떤 종의 개체수를 백분율로 나타낸 것이다.

- 군도 : 조사구 내의 개개 식물의 배분상태

05 식생(Vegetation)을 분류하는 가장 기본적인 단위는? [산업기사 14.09.20]

㉮ 종 ㉯ 군집
㉰ 우점도 ㉱ 천이

풀이
- 식물군락 : 식생의 구성단위로 동일한 종군이 출현하여 성립하는 식물사회.
- 군집 : 식물군락의 구성단위

따라서 식생의 가장 기본단위는 군집임.

ANSWER 01 ㉯ 02 ㉰ 03 ㉰ 04 ㉱ 05 ㉯

식재공사

1 이식계획

1 가지주 설치 : 수고 4.5m 이상의 수목에 설치

2 뿌리돌림

① **목적** : 이식력이 약한 수종의 뿌리분의 세근을 발달시키는 작업

② **시기** : 이식기로부터 6개월~2년 전에 실시, 봄보다 가을이 효과적

③ **방법**

㉠ 정지 : 지엽이 밀생한 수관을 정지해 수분유실을 막는다.

㉡ 수직파기 : 굴취폭은 분 크기보다 30cm 이상 크게 해 새끼감기가 가능하도록 함

㉢ 환상박피 : 남겨둔 굵은 곁뿌리를 뿌리분에서 15~20cm 길이로 환상박피해 새뿌리가 생기도록 함

㉣ 허리감기 : 뿌리분 측면 위에서 아래로 마포로 감싸 새끼줄로 감아주는 것

㉤ 되묻기

㉥ 죽 쑤기 : 뿌리분 묻고, 충분히 관수한 뒤 막대기로 쑤셔 공기를 빼 뿌리분과 흙이 밀착되게 함

3 굴취 : 이식을 위해 수목을 캐내는 작업

① **구덩이 파기** : 분뜨기 작업을 위해 뿌리분 주변 돌려 파기

② **분뜨기** : 흙이 떨어지지 않게 새끼, 가마니, 철사 등 재료로 잘 고정시킴.

㉠ 뿌리분 크기 : 근원직경의 3～5배

- 뿌리분 직경 : 24+(근원직경−3)×d(d : 상록수는 4, 낙엽수는 5)

㉡ 뿌리분 깊이 : 세근의 밀도가 현저히 감소되는 부위까지

㉢ 뿌리분 모양 : 둘레는 원형, 옆면은 수직, 밑면은 둥글게 다듬기

㉣ 뿌리분 종류 : 조개분(심근성 수종), 접시분(천근성 수종), 보통분(일반수종)

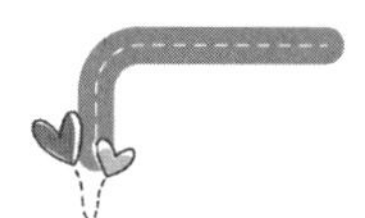

③ **전정** : 기본형 훼손되지 않는 범위 내에서 증산억제 및 운반에 도움되게 전정

④ **수간보호** : 1.2m 수간되는 부위에 가마니와 보조목 대고 철선으로 고정해 수간의 손상을 방지

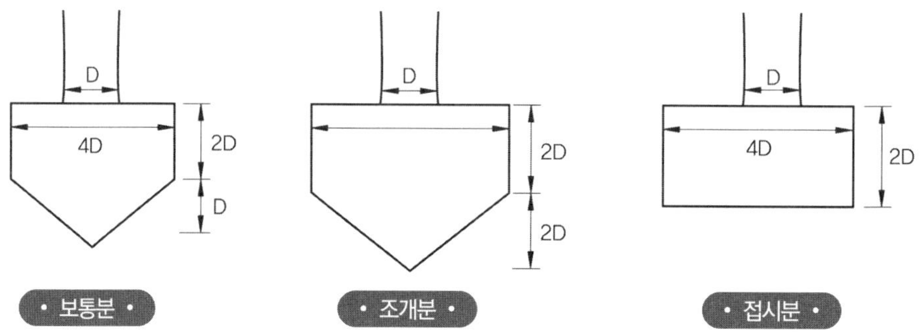

4 운반과 가식

① 작은 나무나 근거리 운반 : 목도, 이륜차, 리어카
큰나무, 장거리 운반 : 트럭, 트레일러

② 운반 시 주의점

㉠ 뿌리분의 보토를 철저히 할 것

㉡ 세근이 절단되지 않도록 충격을 주지 않아야 함

㉢ 수목의 줄기는 간편하게 결박

㉣ 이중 적재를 금함

㉤ 비포장 도로 운반 시에는 뿌리분이 충격받지 않게 완충재로 흙이나 가마니, 짚을 깔고 서행운전

㉥ 수목과 접촉하는 고형부에는 완충재 삽입

㉦ 수송 도중 바람에 의한 증산 억제와 강우로 인한 뿌리분 토양 유실 방지를 위해 증산억제제 살포

㉧ 차량 용량에 따라 적정 수량만 적재

③ 가식

㉠ 정의 : 당일 식재가 원칙이나 불가피한 경우에 다른 곳에 임시로 심어 두는 것

㉡ 방법 : 바람이 없고, 약간 습하며 그늘지고, 배수가 양호하며, 본 식재지와 가까우면서 다른 공사에 영향을 주지 않는 장소에 땅을 약간 파 뿌리와 수관이 맞닿을 정도로 놓고 흙 덮은 후 관수해 줌

5 수목의 이식시기

① **낙엽수** : 3월 중하순~4월 중순(해토 직후), 10월 중순~11월 중순(휴면기 시작)
② **상록침엽수** : 3월 중순~4월 중순, 9월 하순
③ **상록활엽수** : 새잎이 나기 전, 6월 상순~7월 상순(신록이 굳은 시기)
④ **기타 수종** : 배롱나무 4~6월, 석류나무, 대나무 5~7월, 야자나무 6~7월, 유카·목련 5~6월

2 수목식재

1 가식

당일 식재가 원칙이나 그렇지 못할 경우에 임시로 다른 곳에 식재

2 식재구덩이 파기

구덩이 크기는 분 크기의 1.5배 이상

3 심기

식재 구덩이에 경관을 고려하여 정확한 방향을 정한 후 식재 심는 깊이는 원래 수목이 심어져 있던 깊이만큼 심는다.

4 묻기(객토)

기초 토양이 불량한 경우 구덩이에서 파낸 흙을 모두 버리고 비옥한 토양을 채워넣는 것 부식질이 풍부하고 배수 양호한 사질양토가 적합

5 물조임

물을 식재 구덩이에 충분히 넣고, 각목이나 삽으로 흙이 밀착되게 쑤셔준 다음, 복토를 하고 흙으로 둥글게 물집을 쌓아준다.

6 지주 세우기 : 외부충격에 흔들리지 않게 지주 설치

① **지주의 재료** : 박피 통나무, 각목, 고안된 재료(파이프, 와이어 로프, 플라스틱) 등 목재는 방부 처리하고, 지주목과 수목 결박 부위에 완충재(고무, 목재, 새끼)를 넣어 수간 손상 방지

② **지주의 종류 및 방법**

종 류	수목크기	특 징
단각지주	수고 1.2m 이하	1개 말뚝에 주간 묶어 사용
이각지주	수고 2m 이하	양쪽에 각목이나 말뚝설치
3각 4각지구	수고 4.5m 이하	통행량이 많은 곳에 설치. 경사70도
삼발이 지주소형	수고 5m 이하	경관상 중요지점이 아닌 곳에 설치
삼발이 지주대형	수고 5m 이상	
삼발이 버팀형	견고한지지 필요 시와 근원직경 20cm 이상	
당김줄형	수고 4.5m 이상	비용 저렴. 경관적 가치가 요구되는 중요지점
매몰형		경관상 매우 중요한 지점
연계형		군식되어 있을 때 나무끼리 연결

7 뒷정리

잔토깔기, 잡재료의 청소 등 식재현장 주변 정리

CHAPTER 05 식재공사

실전연습문제

01 수목의 이식시기로 가장 적합한 것은? [산업기사 11.06.12]

㉮ 근(根)계 활동 시작 직전
㉯ 근(根)계 활동 시작 후
㉰ 발아 정지기
㉱ 새 잎이 나오는 시기

풀이 뿌리가 활동 시작하기 전에 이식하면 활착이 잘 된다.

02 식재 공사시 뿌리돌림을 할 경우 분의 크기는 근원직경의 몇 배로 작업해야 하는 것이 가장 이상적인가? [산업기사 11.06.12]

㉮ 2배 ㉯ 4배
㉰ 6배 ㉱ 10배

03 근원줄기가 A, B 2개인 경우 뿌리분의 크기를 근원직경의 4~5배로 하기 위하여 분반경(盆半徑)을 구하는 식은? [산업기사 11.06.12]

㉮ (A둘레+B둘레)$\times\frac{1}{2}$

㉯ (A둘레+B둘레)$\times\frac{1}{3}$

㉰ (A둘레+B둘레)$\times\frac{1}{4}$

㉱ (A둘레+B둘레)$\times\frac{PI}{2}$

04 수목을 굴취한 후 운반하기 위한 보호조치 방법으로 옳지 않은 것은? [산업기사 11.10.02]

㉮ 뿌리분의 보토를 철저히 한다.
㉯ 세근이 절단되지 않도록 충격을 주지 않아야 한다.
㉰ 수목과 접촉하는 고형부에는 완충재를 삽입한다.
㉱ 가지는 결박하지 않고 효율적으로 이중적재 한다.

풀이 수목운반시에는 이중적재를 금한다.

05 소나무 이식시 줄기에 새끼를 감고 진흙으로 수피를 감싸는 가장 중요한 목적은? [산업기사 12.03.04]

㉮ 소나무의 미관상 증진을 위해
㉯ 이식후 수목의 C/N율을 맞추기 위해
㉰ 소나무 좀벌레의 침입방지를 위해
㉱ 수분부족과 강한 광선에 의한 수피의 피소를 막기 위해

06 식재상(植栽上) 가장 이상적인 지하수위(地下水位)는 얼마인가? (단, 주로 토양단면의 상태를 조사할 경우) [산업기사 12.05.20]

㉮ 0.5m 이하 ㉯ 0.5 ~ 10m
㉰ 1.0 ~ 1.5m ㉱ 2.0m 이상

ANSWER 01 ㉮ 02 ㉯ 03 ㉯ 04 ㉱ 05 ㉰ 06 ㉱

07 다음 중 뿌리를 조개분 형태로 떠야 가장 효과적인 수종은? [산업기사 12.09.15]

㉮ *Quercus myrsinaefolia* Blume
㉯ *Picea abies* H. Karst.
㉰ *Larix kaempferi* Carriere
㉱ *Salix chaenmeloides Kimura var. chaenomeloides*

㉮ 가시나무(심근성)
㉯ 독일가문비나무(천근성)
㉰ 일본잎갈나무(천근성)
㉱ 왕버들(천근성)
조개분은 심근성 수종에 해당

08 지접의 종류 중 다음 그림과 같은 접목 방법은? [산업기사 12.09.15]

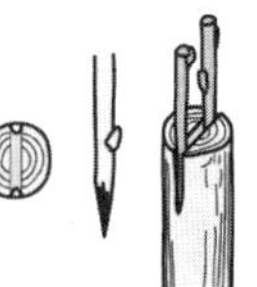

㉮ 설접(舌接) ㉯ 절접(切接)
㉰ 할접(割接) ㉱ 안접(鞍接)

할접
대목의 직경이 접수보다 클 경우에 이용하기 좋으며, 대목을 수직으로 짜개고 다듬은 접수를 삽입하는데 접수는 양면이 대칭이 되는 긴 쐐기모양으로 한다.

- 접붙이는 방법 : 절접(깍아접), 짜개접(할접), 박접(껍질 벗겨 접수 끼우기), 눈접, 호접(부름접, 두 그루 나란히 심어 수피벗겨 비닐로 묶어두는 것), 근접(뿌리접)

09 굴취할 때 뿌리분의 크기를 결정하는 공식으로 알맞은 것은? (단, N = 근원직경, d = 상수 4 ~ 5이다) [산업기사 13.03.10]

㉮ 24+(N-1)d ㉯ 20+(N+2)d
㉰ 20+(N+3)d ㉱ 24+(N-3)d

10 다음 중 이식을 하면 반드시 수간에 흙바르기 양생을 해야 할 수종은? [산업기사 13.06.02]

㉮ 목련류 ㉯ 소나무류
㉰ 은행나무 ㉱ 단풍나무

소나무류는 이식하기가 어려운 수종으로 이식시 많은 관리를 요한다.

11 조경공사의 식재시방서로 작성한 내용 중 옳지 않은 것은? [산업기사 13.06.02]

㉮ 수목의 운반은 뿌리가 손상되지 않도록 하고, 당일 식재를 원칙으로 한다.
㉯ 식재지의 토질은 단립(團粒)구조로 조정 토촉 하며, 토양입자 50%, 수분 25%, 공기 25%의 구성비를 원칙으로 한다.
㉰ 물받이는 수관폭의 1/3 또는 뿌리분의 크기보다 약간 크게 하여, 높이 10㎝ 정도 흙으로 만든다.
㉱ 관수는 일출, 일몰시보다는 햇빛이 많이 쪼이는10 ~ 15시 정도에 주는 것을 원칙으로 한다.

관수는 일출, 일몰시에 하는 것이 바람직하다.

12 중부지방의 동백나무 이식 적기로 가장 적합한 것은? [산업기사 13.09.28]

㉮ 4월 상순에서 중순
㉯ 5월에서 6월
㉰ 9월 상순에서 중순
㉱ 2월에서 3월

ANSWER
07 ㉮ 08 ㉰ 09 ㉱ 10 ㉯ 11 ㉱ 12 ㉯, ㉰

13 **운반 중 뿌리와 수형이 손상되지 않도록 실시하는 보호조치로 옳지 않은 것은?**

[산업기사 14.05.25]

㉮ 뿌리분의 보토를 철저히 한다.

㉯ 수목과 접촉하는 고형부에는 완충재를 삽입한다.

㉰ 운반 중 바람에 의한 증산을 억제하며 강우로 인한 뿌리분의 토양유실을 방지하기 위하여 덮개를 씌우는 등 조치를 취한다.

㉱ 차량의 적재용량과 수목의 무게 및 부피에 따라 이중적재 등의 효율적 방법과 적정 수량만을 적재한다.

풀이 **조경공사 표준시방서**

운반중 뿌리와 수형이 손상되지 않도록 다음과 같은 보호조치

① 뿌리분의 보토를 철저히 한다.
② 세근이 절단되지 않도록 충격을 주지 않아야 한다.
③ 가지는 간편하게 결박한다.
④ 이중적재를 금한다.
⑤ 비포장도로로 운반할 때는 뿌리분이 충격을 받지 않도록 흙, 가마니, 짚 등의 완충재료를 깐다.
⑥ 수목과 접촉하는 고형부에는 완충재를 삽입한다.
⑦ 운반 중 바람에 의한 증산을 억제하며 강우로 인한 뿌리분의 토양유실을 방지하기 위하여 덮개를 씌우는 등 조치를 취한다.
⑧ 차량의 용량과 수목의 무게 및 부피에 따라 적정 수량만을 적재한다.

14 **근원직경이 10cm인 수목을 4배 보통분으로 뜰 때 뿌리분의 깊이로 가장 적합한 것은?**

[산업기사 14.05.25]

㉮ 10 ~ 30cm ㉯ 30 ~ 50cm
㉰ 50 ~ 70cm ㉱ 70 ~ 90cm

• 보통분 : 뿌리분 크기는 근원직경의 3 ~ 5배. 따라서 뿌리분 깊이는 30 ~ 50cm가 바람직함.

ANSWER 13 ㉱ 14 ㉯

Part 2 조경식재

3 초본류식재

1 초화류 식재

① **객토** : 화초의 특성에 따라 유기질 토양으로 배양토 조성

② **토심** : 최소토심 30~40cm

③ **식재방법** : 바닥을 부드럽게 파서 고른 후 뿌리가 상하지 않도록 근원부위를 잡고 약간 들어올리는 듯하면서 재배용토가 재빨리 사이에 빈틈없이 채워지도록 심고 충분히 관수. 심은 후 액비를 주면 도움

④ **수종** : 맥문동, 이끼, 헤데라(아이비), 돌나무 등

2 잔디 식재

① 잔디 종류

한국잔디(난지형)	서양잔디(한지형)
들잔디(Zoysia japonica), 비로드 잔디(Zoysia tenuifolia), 금잔디(Zoysia matrella), 갯잔디(Zoysia sinica), 왕잔디(Zoysia macrostachya)	Kenturky bluegrass, Bent grass(품질이 좋고 골프장 그린에서 사용), Fescue grass, Rye grass(정착활력도 가장 빠름), Weeping live grass
버뮤다 그래스(서양잔디이면서 난지형) 버팔로 그라스(　　〃　　)	

② **잔디 규격** : 가로 30cm, 세로 30cm, 흙두께 3cm

③ **잔디 떼식재 공법**

㉠ 평떼 공법(전면 붙이기)

ⓐ 잔디 식재 전면적에 걸쳐 뗏장을 1~2cm 간격으로 맞붙이는 방법

ⓑ 단시일내 잔디밭 조성 가능

㉡ 줄떼 공법

ⓐ 잔디장은 5, 10, 15, 20cm 정도로 잘라 줄떼붙이기 간격을 15, 20, 30cm로 식재

ⓑ 뗏장 간격이 높아 호미로 잔디뿌리가 흙속에 묻히도록 표토를 파 가면서 붙이기

㉢ 어긋나게 붙이기

ⓐ 잔디장을 20~30cm 간격으로 어긋나게 놓거나 서로 맞물려 어긋나게 배열

㉣ 떼심기 방법

ⓐ 뗏장을 붙인 후 롤러로 고른 후 세토를 전면에 균일하게 살포하고 다시 진압

ⓑ 잔디장 사이에 잡초가 함유되지 않은 흙을 채우고 충분히 관수

ⓒ 경사면 시공 시는 잔디장 1매당 2개의 떼꽂이로 고정하고 경사면 아래에서 위로 시공

• 떼심기 방법 •

④ 잔디 파종

㉠ 5~6월 외기온도 20~25℃일 때 종자와 모래를 섞어 가로 세로로 파종

㉡ 난지형 잔디 발아적온 : 20~25℃, 5~6월경에 파종

㉢ 한지형 잔디 발아적온 : 10℃, 11월 초순에도 가능. 3~6월, 8~9월경 파종

4 특수환경지의 식재

1 비탈면

① 종자판 붙임 공법(식생 매트공법)

㉠ 종자와 비료를 매트 모양의 종자판에 부착시켜 식재 지역 전면에 피복하는 방법

㉡ 비탈면 녹화나 평탄지 잔디광장 조성에 사용

㉢ 여름과 겨울에도 시공 가능하며 시공 직후부터 보호효과를 얻을 수 있는 장점

② 종자 살포 공법(Seed Spray)

㉠ 방법 : 기계와 기구를 이용하여 압축 공기와 압력수에 의해 종자를 뿜어 붙이는 공법

㉡ 절토비탈면 : 종자와 비료에 진흙을 섞어 뿜어 붙여 표토층이 얇고 급경사 절토지에 적합

㉢ 성토 비탈면, 매립지 : 진흙은 사용하지 않고 종자와 비료만 뿜어 붙이는 공법

㉣ 특성 : 공기가 단축되고 광대한 면적에 시공이 용이, 암비탈면, 마사토, 비탈면 등에 녹화가 가능하고 파종시기에 제한이 적다.

2 쓰레기 매립지

식재 적합한 토양으로 객토 후 식재

3 연약지반

매트류를 부설하거나 양호한 토양을 두껍게 부설한 후 식재

4 인공지반

지반의 완전방수와 토양의 경량제, 인공토 사용

참고 제2장 식재계획 및 설계의 ❼ 실내식물환경조성 및 설계

5 임해매립지

탈염법으로 토양 염분제거. 군식과 비료목 식재. 방풍과 염분에 강한 수종 식재.

참고 제2장 식재계획 및 설계의 ❻ 특수지역식재

6 습지설계

적은 수량으로 환경유지가 가능함. 계단식 논 방식이 가장 용이함

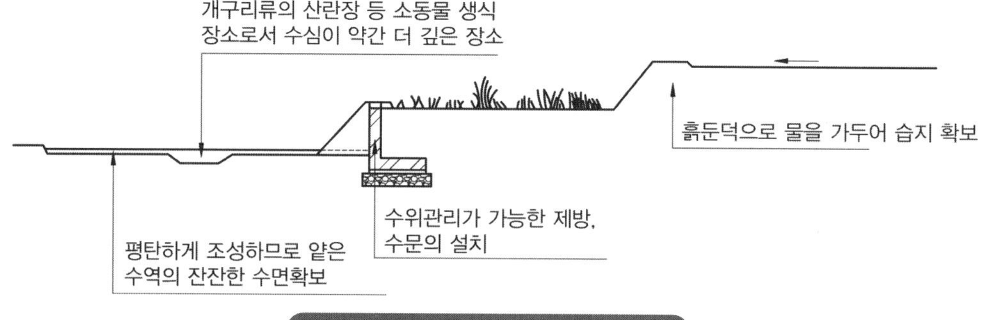

• 습지의 계단식 논 형태로의 조성방식 •

7 다양한 생물적 조건을 바탕으로 수제(水際)환경을 조성하여 수서식물대 조성이나, 생물서식지 공간을 조성하는 것

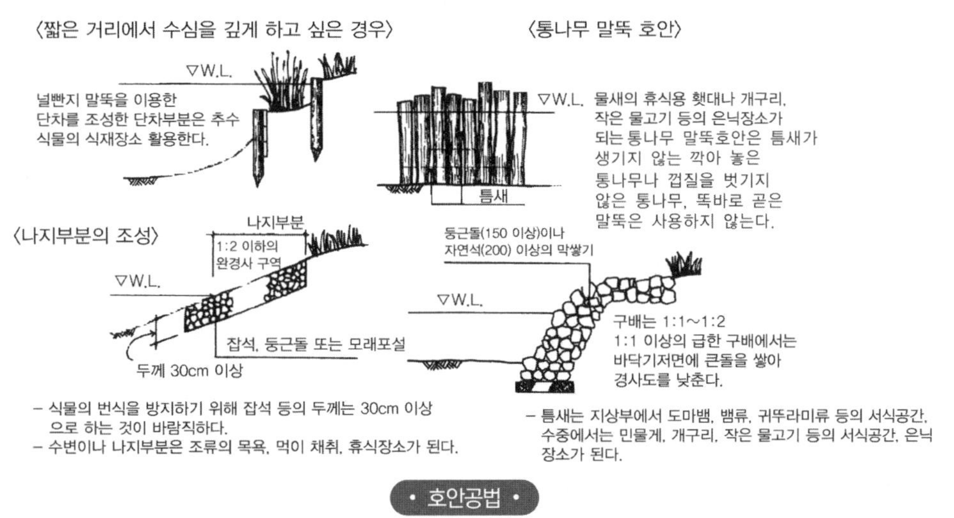

• 호안공법 •

8 연못, 늪 저수지 등 정체수역의 녹화

수제환경과 수변환경, 물부분 등 각 공간별 서식환경에 맞는 식물로 조성하여 다양한 생태를 형성해야 함

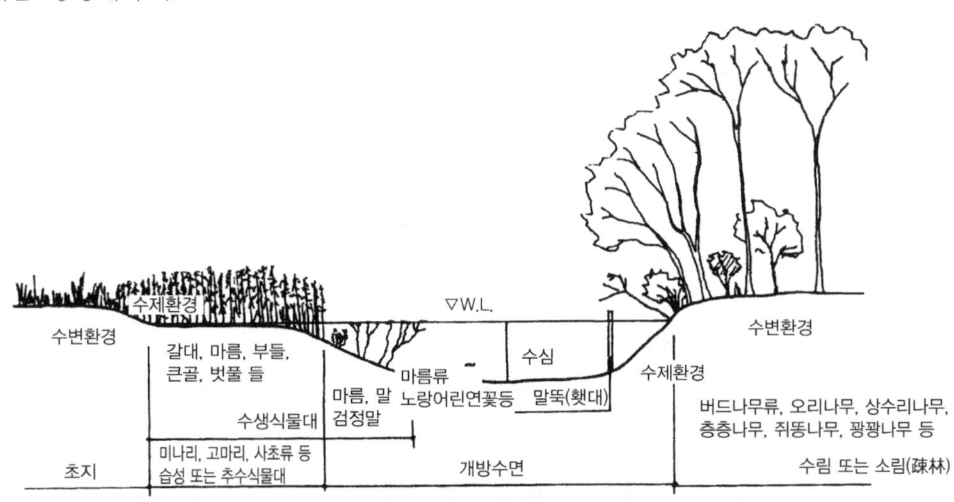

• 정체수역환경의 단면모식구조도 •

- 연못의 밑바닥은 적색점토나 점토 등의 자연소재나 방수소재로 하며, 방수소재로는 비닐이나 콘크리트는 피하고, 팽윤성 고형물(스메크타이트) 등을 사용한다.

CHAPTER 05 식재공사

실전연습문제

01 잔디(떼)나 잔디 종자를 시공하는 공법이 아닌 것은? [산업기사 11.03.02]

㉮ 플러그 공법(Plugging)
㉯ 평떼 공법
㉰ 씨드 매트 공법(Seed mat)
㉱ 캐이슨 공법(Caisson method)

풀이 ㉱ 케이슨 설치를 위해 공장제작품을 사용하는 토목공법

02 잔디 뿌리의 생장 및 토양의 조건이 가장 우수한 토양경도 지수는? (단, Yamanaka식 토양경도계를 사용한 것으로 본다.) [산업기사 11.10.02]

㉮ 18mm 이하 ㉯ 18 ~ 23mm
㉰ 24 ~ 27mm ㉱ 28 ~ 30mm

03 비탈면의 안정을 위해 잔디의 떼심기를 할 때 그 내용이 잘못된 것은? [산업기사 12.05.20]

㉮ 잔디생육에 적합한 토양의 비탈면경사가 1 : 1보다 완만할 때에는 비탈면을 일시에 녹화하기 위해서 흙이 붙어 있는 재배된 잔디를 사용하여 붙인다.
㉯ 비탈면 줄떼다지기는 잔디폭이 10cm 이상 되도록 하고, 비탈면에 10cm 이내 간격을 수평골을 파서 수평으로 심고 다짐을 철저히 한다.
㉰ 비탈면 전면(평떼)붙이기는 줄눈에 십자줄이 형성되도록 틈새를 만들어 붙이며, 잔디 소요면적은 비탈면 면적보다 조금 적게 적용한다.
㉱ 잔디 1매당 적어도 2개의 떼꽂이로 잔디가 움직이지 않도록 고정한다.

풀이 평떼붙이기는 1 ~ 2cm 간격으로 전면에 붙이는 것으로 소요면적은 비탈면면적과 같다.

04 한국잔디의 설명으로 옳지 않은 것은? [산업기사 12.09.15]

㉮ 발아가 잘 되지 않아서 주로 영양번식에 의존한다.
㉯ 답압에 약하기 때문에 과도한 이용을 금해야 하며, 병충해에 약하여 자주 약제를 살포하여야 한다.
㉰ 완전포복경으로 지하경이 왕성하게 뻗어 옆으로 기는 성질이 강하다.
㉱ 난지형 잔디로 여름철에는 잘 자라지만, 겨울철이나 아주 추운 지방에서는 생육이 정지된다.

풀이 한국잔디는 답압에 강하다.

05 다음 중 켄터키블루그래스(kentucky blue-grass)가 가장 잘 자라는 pH의 범위는? [산업기사 13.03.10]

㉮ 2.2 ~ 3.8 ㉯ 4.2 ~ 4.8
㉰ 5.2 ~ 5.8 ㉱ 6.0 ~ 7.8

ANSWER 01 ㉱ 02 ㉯ 03 ㉰ 04 ㉯ 05 ㉱

06 다음 중 난지형(暖地型)의 잔디는?

[산업기사 13.06.02]

㉮ *kentucky bluegrass*
㉯ *bermudagrass*
㉰ *bentgrass*
㉱ *red* fescue

• 난지형잔디 : 한국형 잔디 대부분과 서양잔디 중 버뮤다 그라스

07 다음 중 난지형 잔디류에 속하는 것은?

[산업기사 14.05.25]

㉮ 버팔로그라스
㉯ 이탈리안라이그라스
㉰ 톨 훼스큐
㉱ 크리핑벤트그라스

• 난지형잔디 : 한국형 잔디와 버뮤다그라스, 버팔로 그라스가 해당됨

ANSWER 06 ㉯ 07 ㉮

5 식재 후 조치

1 가지솎기

손상된 지엽이나 가지를 솎아내어 수분증산을 막는다.

2 물받이

수관폭의 1/3 정도 또는 뿌리분 크기보다 약간 크게 해 높이 10cm 정도로 함

3 수피감기

새끼줄, 거적, 가마니 등을 싸 수분증발 억제

4 시비 및 관수

비료가 직접 뿌리에 닿지 않도록 시비하고 관수는 일출일몰 시에 시행

5 멀칭

토양수분 유지와 비옥도 증진, 잡초발생억제 등을 위해 수피, 낙엽, 볏짚, 콩깍지 등 제재소에서 나오는 부산물을 뿌리분 주위에 5~10cm 두께로 피복하는 것

6 약제살포

수분증산억제제와 영양제를 뿌려주고, 상태가 나쁜 수목은 수간주사 실시

CHAPTER 05 식재공사

실전연습문제

01 수목을 식재한 후 지주목 설치의 가장 중요한 목적은? [산업기사 11.10.02]

㉮ 지주는 수목의 요동을 막고, 활착을 조장하는 역할을 한다.
㉯ 지주목의 설치 그 자체가 관상의 주 대상이 된다.
㉰ 지주목은 가급적 가장 저렴한 재료를 이용하므로 경제상 유리하다.
㉱ 철사로 설치함이 지주목의 기능으로서 효과가 가장 크다.

02 수목식재가 경관상 매우 중요한 위치일 때의 지주목 설치 유형은? [산업기사 12.05.20]

㉮ 단각형 ㉯ 매몰형
㉰ 삼발이형 ㉱ 이각형

ANSWER
01 ㉮ 02 ㉯

MEMO

part 3

조경시공 구조학

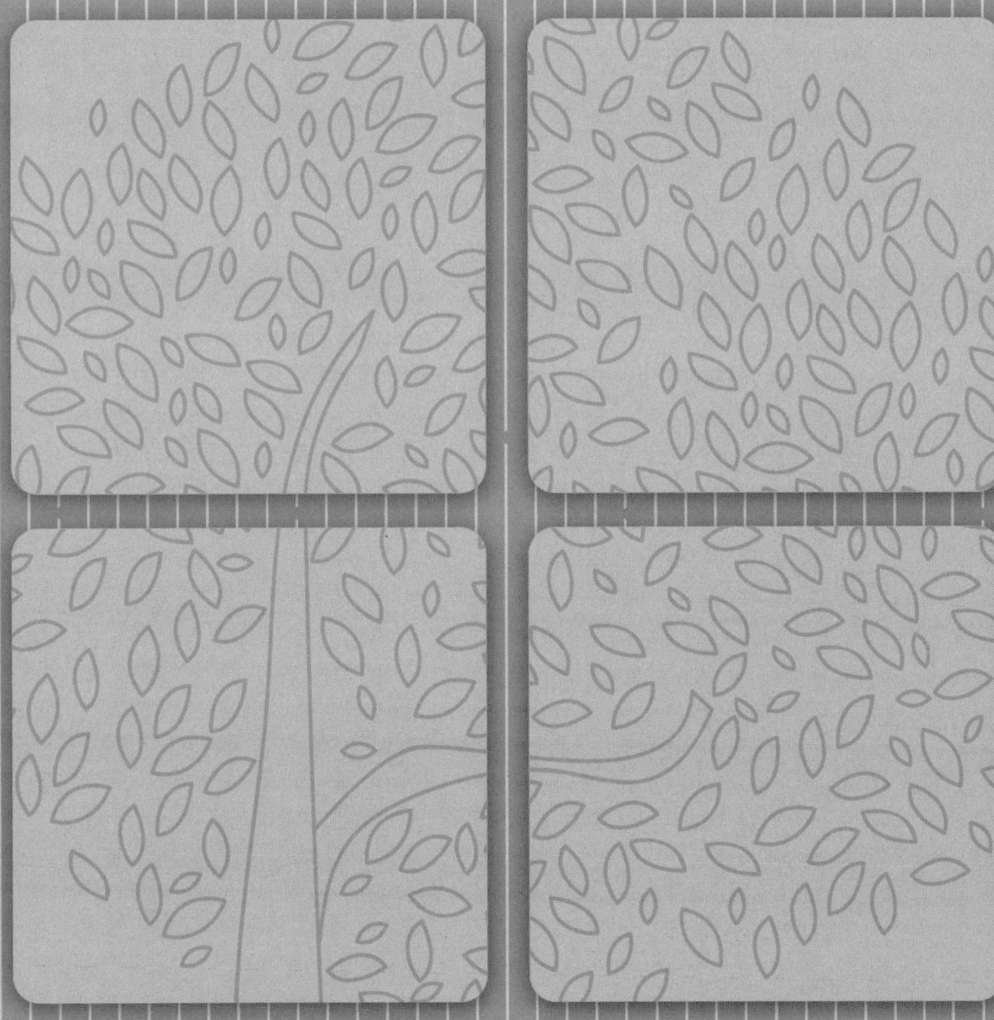

Industrial Engineer Landscape Architecture

시공의 개요

1 조경시공재료

1 조경시공재료의 적용

① **재료의 종류** : 자연재료(흙, 돌, 물, 식물 등) + 인공재료(시멘트, 콘크리트, 금속재, 합성수지재 등) + 조경시설물 + 조명재료 등

② **현재 재료의 발달** : 1970년대 인조목, 인조암, 최근 재활용 소재의 생태복원재료, 향토소재 등

2 시공재료의 분류

구분		주요재료
생산방법에 의한 분류	천연재료	목재, 석재, 골재, 점토 등
	인공재료	콘크리트 및 제품, 금속제품, 요업제품, 석유화학제품 등
화학적 조성에 의한 분류	무기재료	금속재료 : 철재, 알루미늄, 구리, 납, 아연, 합금류 등
		비금속재료 : 석재, 시멘트, 벽돌, 유리, 석화, 콘크리트, 도자기류 등
	유기재료	천연재료 : 목재, 아스팔트, 섬유류 등
		합성수지 : 플라스틱, 도료, 접착제 등
사용목적에 의한 분류	구조재료	목구조재(목재), 철근콘크리트구조재(철근, 콘크리트), 철골구조재(형강), 조적구조재(석재, 벽돌, 블록) 등
	수장재료	내·외장재 : 타일, 유리, 도료, 금속판, 섬유판, 석고판 등
		차단재 : 페어글라스, 유리섬유, 암면, 아스팔트, 실링재 등
		채광재료 : 유리, 플라스틱 등
		창호재 : 목재, 금속재, 플라스틱재, 셔터 등
		방화 및 내화 : 방화문, 방화셔터, PC부재, 내화벽돌, 내화모르타르, 내화점토 등
		기타 : 포장, 장식재, 방수재, 접착재, 가구재, 긴결재 등
	설비재료	급배수 및 수경시설재료, 냉·난방재료, 전기조명재료 등
공사구분에 의한 분류		식재공사용, 석재공사용, 목공사용, 철근콘크리트공사용, 조적공사용, 타일공사용, 방수공사용, 금속공사용, 미장공사용, 포장공사용, 수경시설공사용, 수장시설용, 설비공사용, 생태환경복원공사용 재료 등

3 시공재료의 요구성능

① 사용목적에 맞는 품질
② 사용환경에 알맞은 내구성 및 보존성
③ 대량생산 및 공급이 가능하며 가격이 저렴할 것
④ 운반취급 및 가공이 용이할 것

4 조경식물 재료의 요구성능

① 식재지역 환경에 적응성이 큰 식물
② 미적·실용적 가치가 있는 식물
③ 이식 및 유지·관리가 용이한 식물
④ 수목시장이나 생산지에서 입수가 용이한 식물 등

5 시공재료의 현장적응성

① 주변환경과 조화로운 색채, 형태, 질감 등이 요구되는 재료
② 개별 재료특성이 부각되면서 전체적인 조형미가 요구됨
③ 장소적 의미의 문화전통성이나 토속성이 반영되어야 함
④ 이용자의 관점에서 편리하고 안전하며 쾌적한 재료
⑤ 실용적이면서 가능한 최선의 재료 선호성이 고려되어야 함

6 시공재료의 규격화

① **우리나라 한국산업규격(KS) 밑줄은 건설관련 재료** : 16개 부분 <u>기본(A)</u>, <u>기계(B)</u>, <u>전기(C)</u>, <u>금속(D)</u>, 광산(E), <u>토건(F)</u>, 일용품(G), 식료품(H), 섬유(K), <u>요업(L)</u>, <u>화학(M)</u>, 의료품(P), 수송기계(R,) 조선(V), 항공(W), 정보산업(X)

> **Tip**
> 밑줄 그은 부분은 조경과 관계 있는 분야로 기호를 암기하기

② **국제기준** : ISO(국제표준화기구), SI(국제적 단위계) 우리나라는 ISO 선택
③ **미국** : ASTM(미국재료시험협회), ACI(미국콘크리트협회), FS(연방규격과 특허)
④ 영국(BS), 중국(CNS), 일본(JIS), 독일(DIN) 등

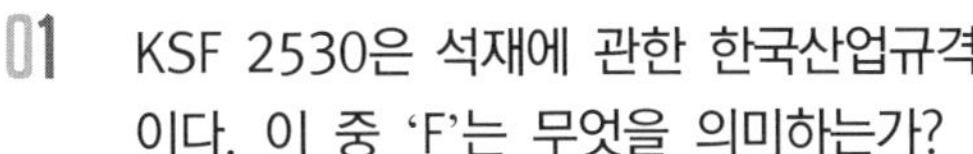

실전연습문제

01 KSF 2530은 석재에 관한 한국산업규격이다. 이 중 'F'는 무엇을 의미하는가? [산업기사 11.03.02]

㉮ 토건부분을 나타내는 기호이다.
㉯ 토건부분의 규격이 분류된 순서이다.
㉰ 토건부분의 세부항목을 구분한 기호이다.
㉱ 토건부분의 규격을 제정한 순서이다.

A - 기본 부문
B - 기계 부문
C - 전기 부문
D - 금속 부문
E - 광산 부문
F - 토건 부문
G - 일용품 부문
H - 식료품 부문
K - 섬유 부문
L - 요업 부문
M - 화학 부문
P - 의료 부문
R - 수송 기계 부문
V - 조선 부문
W - 항공 부문
X - 정보 산업 부문

ANSWER
01 ㉮

2 시방서

1 시방서의 포함내용

① 시공에 대한 보충 및 주의사항
② 시공방법의 정도, 완성정도
③ 시공에 필요한 각종 설비
④ 재료 및 시공에 관한 검사
⑤ 재료의 종류, 품질 및 사용

2 도면 시방서간의 적용순위

현장설명서 → 공사 시방서 → 설계도면 → 표준시방서 → 물량내역서

모호한 경우 감독자의 지시에 따른다.

3 시방서의 분류

① **표준시방서** : 발주처 또는 설계가가 활용하기 위해 시설물별로 정해 놓은 표준적인 시공기준으로 한국조경학회에서 만들고 국토해양부에서 제정한 것, 토지공사, 수자원공사 등 공기업에서 만든 것들도 있다.
② **전문시방서** : 표준시방서를 근거하여 시설물별 공종을 대상으로 특정한 공사의 시공을 위한 시공기준
③ **공사 시방서** : 표준시방서와 전문시방서를 기본으로 공사수행을 위한 시공방법, 자재성능, 규격 등 도급자가 해당 공사에 대한 내용을 적은 도급계약서류에 포함되는 것

공사 시방서는 강제기준의 역할이며, 표준시방서는 기초자료이기에 강제성은 없으나 전체 공종을 포괄하는 것으로 중요하다.

4 시방서 작성요령

① 공법과 마감상태 등 정밀도를 명확하게 규정한다.
② 공사 전반에 걸쳐서 중요사항을 빠짐없이 기록한다.

③ 간단 명료하게 기술하고, 명령법이 아닌 서술법으로 한다.
④ 설계도면의 내용이 불충분한 부분은 보충 설명한다.
⑤ 재료의 품목을 명확하게 규정하고 선정에는 신중을 기한다.
⑥ 중복 기재를 피하고, 설계도면과 시방서 내용이 상이하지 않도록 한다.
⑦ 작성순서는 공사 진행 순서와 일치하도록 한다.

5 시방서 작성순서 : 공사 진행 순서와 일치시킨다.

① 건설공사의 명칭 및 위치, 규모 등의 개괄적인 사항 작성
② 공사 진행 순서에 따라 공사 각 부문에 관하여 명확하고 상세히 기술
③ 주의사항 및 질의응답사항 등 포함시켜 공사비 견적에 편리하도록 하여 시공지침 및 기준이 되도록 한다.

6 시방서 용어정리

① **발주자** : 해당공사의 시행주체로서, 공사를 시행하기 위하여 입찰을 부여하거나 공사를 발주하고 계약을 체결하여 이를 집행하는 자
② **수급인** : 공사에 관해 발주자와 도급계약을 체결한 자 또는 회사를 말하며, 기타 규정에 의거 인정된 수급인의 대리인과 승계인을 포함한다.
③ **하수급인** : 수급인으로부터 건설공사를 하도급받은 자
④ **감독자** : 공사감독을 담당하는 자로서 발주자가 수급인에게 감독자로 통고한 자와 그의 대리인 및 보조자를 포함한다. 발주자가 감리원을 선정한 경우에는 감리원이 감독자를 대신한다.
⑤ **감리원** : 발주자의 위촉을 받아 공사의 시공과정에서 발주자의 자문에 응하고 설계도서 대로의 시공여부를 확인하는 등의 감리를 행하는 자
⑥ **현장대리인(현장기술관리인)** : 관계법규에 의하여 수급인이 지정하는 책임 시공기술자로서 그 현장의 공사관리 및 기술관리, 기타 공사업무를 시행하는 현장요원
⑦ **계약문서** : 계약서, 설계서, 공사입찰유의서, 공사계약 일반조건, 공사계약 특수조건 및 산출내역서
⑧ **설계서** : 공사 시방서, 설계도면, 물량내역서 및 현장설명서 및 질의응답서
⑨ **지시** : 감독자(혹은 발주자, 감리원)가 현장대리인(혹은 수급인)에게 권한의 범위 내에서 필요사항을 지시하고 실시케 함
⑩ **승인** : 수급인(혹은 현장대리인)으로부터 요청된 사항에 대해, 감독자(혹은 발주자, 감리원)가 권한의 범위 내에서 서면으로 허락함

⑪ **협의** : 감독자(혹은 발주자, 감리원)와 현장대리인(혹은 수급인)이 대등한 입장에서 합의함을 뜻함

⑫ **유지관리** : 시공 중의 각 공정별 유지관리와 부분공사 완료 후 준공시점까지의 유지관리, 준공 후 일정기간(보통 하자기간에 이루어지는 공정)의 유지관리와 별도의 계약조건에 의한 조경유지관리 공정에서 행하여지는 유지관리를 포함한다.

CHAPTER 01 시공의 개요

실전연습문제

01 안내시설의 시공과 관련된 설명으로 틀린 것은? [산업기사 14.05.25]

㉮ 아크릴판은 KS규정에 적합한 일반용 메타크릴 수지판으로, 메타크릴산 메틸을 80% 이상을 포함하여야 한다.

㉯ 게시판의 경우 우천 시 게시물의 보호를 위하여 불투명한 합성수지의 보호덮개를 설치해야 녹슮을 방지하고, 글씨 상태를 유지할 수 있다.

㉰ 글씨 및 문양표가 작업이 끝난 후에는 마감표면상태를 정리하고 각 재료에 따른 적정한 보호양생조치를 해야 한다.

㉱ 석재바탕 글자새김의 경우 형태의 크기는 설계도면에 의하며, 글자의 깊이는 특별히 정하지 않는 한 글자 폭에 대하여 1/2 내지 같은 치수로 하고, 글자를 새기는 순서는 글자를 쓰는 순서와 동일하게 한다.

풀이 **조경공사 표준시방서**

게시판의 경우 우천 시 게시물의 보호를 위하여 투명한 유리 또는 합성수지의 보호덮개를 설치해야 한다.

02 일반 콘크리트용 내부 진동기의 사용방법에 관한 설명으로 옳은 것은? [산업기사 14.05.25]

㉮ 재진동을 할 경우에는 초결이 일어난 것을 확인한 후 실시한다.

㉯ 진동다지기를 할 때는 내부진동기를 하중 콘크리트 속으로 0.1m 정도 찔러 넣는다.

㉰ 1개소당 진동시간은 다짐할 때 시멘트 페이스트가 표면 상부로부터 약간 부족한 높이까지로 한다.

㉱ 내부진동기는 비스듬하게 찔러 넣으며, 삽입간격은 일반적으로 0.8m 이상으로 하는 것이 좋다.

풀이 **콘크리트 표준시방서 내부진동기 사용방법**

1. 진동다지기를 할 때에는 내부진동기를 하층의 콘크리트 속으로 0.1m 정도 찔러 넣는다.
2. 내부진동기는 연직으로 찔러 넣으며, 그 간격은 진동이 유효하다고 인정되는 범위의 지름 이하로서 일정한 간격으로 한다. 삽입간격은 일반적으로 0.5m 이하로 하는 것이 좋다.
3. 1개소당 진동 시간은 다짐할 때 시멘트 페이스트가 표면상부로 약간 부상하기까지 한다.
4. 내부진동기는 콘크리트로부터 천천히 빼내어 구멍이 남지 않도록 한다.
5. 내부진동기는 콘크리트를 횡방향으로 이동시킬 목적으로 사용하지 않아야 한다.
6. 진동기의 형식, 크기 및 대수는 1회에 다짐하는 콘크리트의 전 용적을 충분히 다지는 데 적합하도록 부재 단면의 두께 및 면적, 1시간당 최대 타설량, 굵은 골재 최대 치수, 배합, 특히 잔골재율, 콘크리트의 슬럼프 등을 고려하여 설정한다.
7. 거푸집 진동기는 거푸집의 적절한 위치에 단단히 설치한다.
8. 재 진동을 할 경우에는 콘크리트에 나쁜 영향이 생기지 않도록 초결이 일어나기 전에 실시한다.

ANSWER 01 ㉯ 02 ㉯

03 조경공사 표준시방서상의 「시공 및 공정관리」에 관한 설명으로 옳은 것은?

[산업기사 14.09.20]

㉮ 수급인은 시공계획에 따라 예정공정표를 작성 후 즉시 감독자의 승인을 얻는다.

㉯ 규정시간 외 또는 휴일작업을 행할 필요가 있을 경우에는 근로자와 협의 시는 사전에 감독자의 승인 없이 할 수 있다.

㉰ 부적기 식재, 천재지변 등 공사의 지연이 불가피한 경우에는 감독자의 승인 없이 공사기간을 연장할 수 있다.

㉱ 공사시행상의 형편에 따라 작업시간의 연장을 감독자가 인정할 때에는 품질확보에 지장이 없는 한 수급인은 그 지시에 따라야 한다.

풀이 조경공사 표준시방서 공정관리

① 수급인은 시공계획에 따라 실시공정표를 작성하고 감독지의 승인을 얻는다.

② 규정시간 외 또는 휴일작업을 행할 필요가 있을 경우에는 사전에 감독자의 승인을 얻어야 한다.

③ 부적기 식재, 천재지변의 공사의 지연이 불가피한 경우에는 감독자의 승인을 받아 공사기간을 연장할 수 있다.

④ 공사시행상의 형편에 따라 작업시간의 연장이나 단축, 또는 야간작업의 필요성을 감독자가 인정할 때에는 품질확보에 지장이 없는 한 수급인은 그 지시에 따라야 한다.

ANSWER

03 ㉱

3 공사계약 및 시공방식

1 공사계약

① 계약의 범위 : 발주자는 정확한 계약목적물의 완성, 계약상대자에게는 계약의 이행에 따른 정당한 대가를 요구하는 것

② 계약체결 및 절차

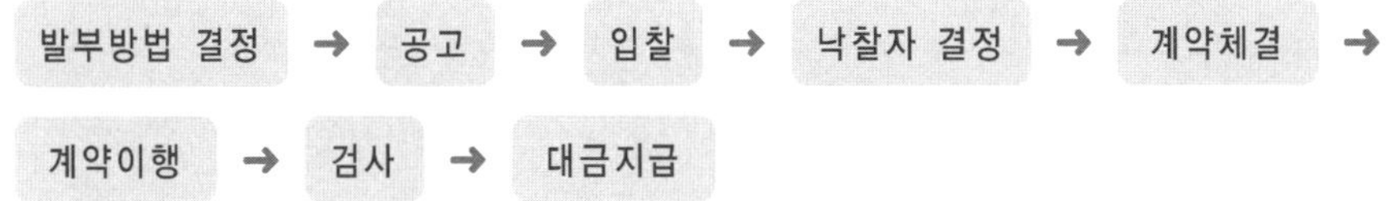

2 계약서 및 도급계약 내용

① 공사내용, 설계서(설계도면, 시방서 등), 공사비 내역서, 공정관리표 등
② 도급금액
③ 공사의 착공일과 준공일
④ 도급 금액의 지불방법
⑤ 설계변경, 공사중지, 천재지변의 경우 발생하는 손해부담에 관한 규정
⑥ 설계변경, 물가변동 등에 의한 도급금액 또는 공사내용의 변경에 관한 사항
⑦ 하도급대금 지급보증서의 교부에 관한 사항(하도급계약의 경우)
⑧ 산업안전보건법 규정에 의한 표준안전관리비, 산업재해보상보험법에 의한 산업재해보상보험료, 고용보험법에 의한 고용보험료 등에 관한 사항
⑨ 당해공사에서 발생된 폐기물의 처리방법과 재활용에 관한 사항
⑩ 인도를 위한 검사시기 및 공사완성 후의 도급금액의 지급시기
⑪ 계약이행 지체의 경우 위약금, 지연이자의 지급 등 손해배상에 관한 사항
⑫ 하자담보 책임기간과 담보방법 및 분쟁발생 시 해결방법에 관한 사항

3 입찰의 흐름

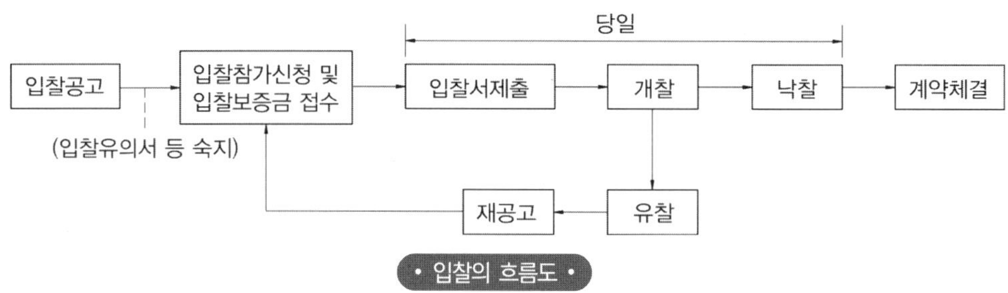

• 입찰의 흐름도 •

4 입찰의 준비사항

경쟁입찰의 경우 입찰전 건설업자가 견적할 수 있는 일정기간을 주어야 한다.(건설산업기본법)

공사예정금액	공사현장 설명일로부터 기간
30억 원 이상	20일 이상
10억 원 이상	15일 이상
1억 원 이상	10일 이상
1억 원 미만	5일 이상

5 입찰과 낙찰

① **입찰자** : 입찰보증금 납입하고 입찰보증금은 공사계약보증금으로 대체

② **낙찰** : 입찰 시 견적의 오산, 부당가격, 오기 등이 있어도 예정가격 이내라면 낙찰가능하며 재입찰, 제3입찰을 거쳐서도 낙찰자가 없을 경우 최저가격입찰자와 수의계약으로 낙찰

6 입찰제도의 합리화와 제도

① **입찰제도의 합리화** : 입찰방식의 결정, 입찰참가자와 자격심사, 낙찰가격의 제한, 공사의 분리발주, 발주공사 도급보증제도

② **우리나라 입찰제도** : 최저가격으로 낙찰하지만 부실공사를 막기 위한 다음의 조건이 있다.

㉠ 중·소규모 공사계약시 : 예정가격 86.5~87.74% 이상 중에서 낙찰하는 제한적 평균가 낙찰제 적용

㉡ 중·대형공사계약시 : 최저가격 순으로 공사 수행능력과 내부 상태, 과거 계약이행의 성실도, 입찰가격 등 종합 심사하여 85점 이상 시 낙찰

7 입찰 관련 용어

① **추정가격** : 예정가격 결정 및 입찰공고에 앞서 추산하여 공사비를 계상한 금액
② **예정가격** : 발주자가 입찰 전에 결정기준으로 삼기 위해 작성한 금액
③ **입찰참여방법** : 직접입찰, 상시입찰, 우편입찰, 전자입찰
④ **보증금** : 입찰보증금(낙찰자가 계약을 체결하지 않을 시 미반환하는 것으로 의지 없는 참가자를 막기 위한 것), 계약보증금(도급자가 계약 불이행 시 반환하지 않는 것으로 도급자의 시공계약 보증을 위한 것으로 공사 완료 후 반환함)
⑤ **제한적 최저가 낙찰제** : 덤핑예방을 위해 예정가격 이하이고 적정가격 범위 이상인 최저가격 입찰자를 낙찰하는 제도
⑥ **담합** : 입찰 경쟁 사간에 미리 낙찰자를 정하여 입찰에 참여하는 부정행위
⑦ **덤핑** : 예정가격 80% 이하로 저가도급을 맡은 부당행위

8 공사 시공방식

① **직영방식** : 사업자가 직접 계획을 세우고 재료구입, 노무자 동원, 시설물 투입, 가설물 등 일체의 공사를 직접하는 것
㉠ 장점 : 입찰경쟁의 피해 방지, 입찰의 복잡한 행정절차가 필요 없음. 공사비가 절감되며 양호한 품질을 가져옴
㉡ 단점 : 공정관리 차질 우려, 공사비가 예산보다 초과되기 쉽고, 공사 종사원 능률이 저하되어 공사기간 지연

② **도급방식** : 시공 전문인에게 공사를 줌
㉠ 일식도급 : 공사 전반을 한 사람에게 도급
ⓐ 장점 : 시공 책임 한계가 분명, 공사관리가 용이, 계약 및 감독이 용이, 전체 공사비 예측 가능, 공사비 절감 효과
ⓑ 단점 : 도급자의 주관적 해석에 의한 설계해석으로 부실공사 및 공사비 증대
㉡ 분할도급 : 공사를 세분해서 각기 따로 도급자 결정. 전문공종별, 공정별, 공구별, 직종별·공종별
ⓐ 장점 : 공사의 질적 향상 기대, 중소업자의 균등기회 부여
ⓑ 단점 : 공사 전체의 통제관리 번거로움. 가설 및 시공기계 설치의 중복으로 공사비 증대

㉢ 공동 도급 : 2개 이상의 도급자가 공동 출자회사 조직하여 시공

ⓐ 장점 : 공사이행의 확실성, 기술·자본·위험부담의 분산과 감소, 기술 확충, 신용도 증대

ⓑ 단점 : 한 회사에 도급시키는 것보다 경비 증대, 공동 출자 회사 간 의견차이 발생

㉣ 설계·시공일괄도급(턴키도급, turn-key base contract) : 계획, 설계, 재료, 시공, 가동 단계까지 건설업자가 조달하여 준공 후 인도하는 방식으로 대형시설공사에 적용

ⓐ 장점 : 설계·시공이 동일업체이므로 공정관리가 쉽고, 공사비 절감, 공기단축, 공법의 연구 및 개발, 창의성 있는 설계 유도 및 책임시공에 의한 기술개발 가능

ⓑ 단점 : 설계·견적기간이 짧아 계획안 부실 우려, 최저가 낙찰제로 설계내용의 우수성 미반영 우려, 품질저하 우려, 대형 건설업자만 참여하게 되어 덤핑 우려, 중소건설업체 육성을 저해, 공사비 절감을 위한 설계의 질적 저하 우려

ⓒ 특징 : 우리나라의 경우 100억원 이상인 경우 실시
발주기간의 입찰안내서, 현장설명서 외에는 모두 계약상대자가 작성
발주기관이 예정가격을 작성하지 않기에 낙찰률도 없다.

9 도급금액 결정방식

① **종액도급** : 총공사비를 경쟁입찰에 붙여 최저가 입찰자와 계약을 체결하는 제도

㉠ 장점 : 경쟁입찰로써 공사비를 절감, 총공사비가 산정되어 있어 발주자가 원가관리, 자금예정이 용이

㉡ 단점 : 공정관리를 잘해야 공정을 수행할 수 있고, 설계변경 시 발주자와 대립이 있을 수 있다. 입찰 전에 설계도면·시방서가 완비되어 있어야 하므로 소요시간이 길다.

② **단가도급(내역입찰도급)** : 일정기간 시공과 관련된 재료 및 노력이 요구될 때 재료단가, 노력단가 또는 재료와 노력이 가해진 수량 및 면적· 체적단가만 결정하여 공사도급하는 방식

㉠ 장점 : 설계변경에 따른 수량 증감과 공사비 산정 용이

㉡ 단점 : 공사 전체 총수량을 고려하지 않아 공사비 상대적으로 증가 우려, 준공까지 소요되는 총공사비 예측의 어려움

㉢ 우리나라 : 추정가격 50억원 이상인 중·대형 규모공사 중 대안입찰, 턴키입찰을 제외한 공사에 실시하며, 반드시 현장설명회에 참가하여야 한다.

㉣ 내역입찰 : 입찰 시 총액을 기재한 입찰서에 입찰금액의 산출기준이 되는 산출내역서를 첨부하는 입찰방식이라서 내역입찰이라고도 한다.

③ **실비정산 보수가산도급** : 발주자·감독자·시공자의 3자 입회하에 공사실비와 보수를 협의, 결정하여 시공자에게 공사비 지급하는 방법
직영·도급공사의 장점을 살리고 단점 제거한 방식
㉠ 장점 : 시공자는 예상치 못한 손해를 입을 우려가 없어짐
㉡ 단점 : 공사기간이 지연되고 공사비가 증가되기 쉽다.
㉢ 실비 : 원도급자의 이윤을 제외한 일체 소요경비, 하도급자가 제시한 견적금액
㉣ 실비정산 보수가산도급에서 실비 : 원도급자의 이윤을 제외한 일체 소요경비로 일체의 실비에 일정비율을 곱한 금액을 보수로 받고, 이 보수에서 인건비·영업비·이윤 등 일체를 지출하는 것
㉤ 보수에 포함되는 비용 : 본점 및 공사 관계 지점에서 직·간접으로 사용한 인건비 및 영업비, 업체비용에 대한 이자, 현장사무소에 직·간접으로 사용한 일체의 인건비 및 영업비, 회사를 유지·발전시키기 적당하고 정당한 이윤

CHAPTER 01 시공의 개요

실전연습문제

01 도급자가 공사를 착공하기 전에 공사내용과 공기를 가장 효과적으로 달성하면서 집행가능한 최소의 투자를 전제하여 시공계획과 손익의 목표를 합리적으로 표현한 금액적 계획서를 일반적으로 무엇이라고 하는가? [산업기사 11.03.02]

㉮ 목표예산 ㉯ 실행예산
㉰ 도급예산 ㉱ 소요예산

02 일정한 자격요건을 갖춘 자들에게 동일한 조건에서 서로의 경쟁을 통하여 입찰하게 하는 방법이나 지나친 경쟁으로 인하여 낮은 공사금액으로 입찰하여 공사의 질을 저해할 우려가 있는 입찰 방식은? [산업기사 11.03.02]

㉮ 공개경쟁입찰
㉯ 제한경쟁입찰
㉰ 지명경쟁입찰
㉱ 제한적평균가낙찰제

03 공사시공방법에 있어서 전문 공사별, 공정별, 공구별로 도급을 주는 방법은? [산업기사 11.06.12]

㉮ 분할도급 ㉯ 공동도급
㉰ 일식도급 ㉱ 직영도급

04 단독도급과 비교하여 공동도급(joint venture)방식의 특징으로 거리가 먼 것은? [산업기사 11.10.02]

㉮ 2인 이상의 업자가 공동으로 도급함으로써 자금 부담이 경감된다.
㉯ 대규모 공사를 단독으로 도급하는 것보다 적자 등의 위험 부담이 분담된다.
㉰ 공동도급 구성된 상호간의 이해 충돌이 없고 현장관리가 용이하다.
㉱ 고도의 기술을 필요로 하는 공사일 경우, 경험기술이 부족한 업자도 특히 그 공사에 능숙한 업자를 구성원으로 참여시켜 안전하게 대처할 수 있다.

풀이 공동도급은 여러 업자들로 구성되어 상호 이해 충돌이 일어날 수 있다.

05 기성금에 대한 설명으로 옳은 것은? [산업기사 12.03.04]

㉮ 공사가 진행되면서 시공이 완성된 부분에 대해 도급자가 발주자로부터 지급받는 대금이다.
㉯ 공사가 완공되어 계약한 공사대금을 발주자가 지불하는 금액이다.
㉰ 공사계약이 체결되었을 때, 시공 준비를 위해 계약금액의 일정률을 발주자로부터 지급받는 금액이다.
㉱ 정해진 공사 기간 내에 공사를 완성하지 못했을 때 도급자가 발주자에게 납부하는 금액이다.

ANSWER 01 ㉯ 02 ㉮ 03 ㉮ 04 ㉰ 05 ㉮

06 입찰방식 중 PQ(pre-qualification) 제도에 관한 설명으로 틀린 것은? [산업기사 12.03.04]

㉮ 매 공사 혹은 입찰 때마다 실시한다.
㉯ 입찰 참가 자격을 사전 심사하는 제도를 말한다.
㉰ PQ제도를 통해 발주자는 각 업체의 능력을 정확히 파악할 수 있다.
㉱ 능력있는 시공업체를 평가하기 위해 일정 기간마다 주기적으로 시행한다.

07 다음의 공사입찰 방법 중 가장 공개적이고 공사수주 희망자에게 기회를 균등하게 줄 수 있으며, 경제성이 있는 입찰방법은? [산업기사 12.09.15]

㉮ 수의계약
㉯ 일반경쟁입찰
㉰ 제한적 평균가 낙찰제
㉱ 설계·시공일괄입찰

08 감리원의 권한과 의무에 관한 설명 중 옳지 않은 것은? [산업기사 13.03.10]

㉮ 감리계약문서에 규정된 업무를 성실히 수행하고 기밀을 유지해야 한다.
㉯ 감리원은 공사가 설계서대로 시행되고 있지 않다고 판단될 경우 감독청에 시정과 시공중지를 명령할 수 있다.
㉰ 수급인 등이 시정조치가 이행되지 않을 경우 발주자에게 즉시 보고하여 필요한 조치를 취해야 한다.
㉱ 감리계약문서에 별도로 명시하지 않는 한 해당 공사의 제반사항에 대하여 감독자로서의 권한과 의무를 갖는다.

풀이 감리원은 공사가 설계도서대로 실시되고 있지 않다고 판단될 경우에는 수급인에게 시정과 시공중지 등을 명령할 수 있으며, 수급인 등이 이에 따르지 아니할 경우에는 발주자에게 즉시 보고하여 필요한 조치를 취해야 한다.

09 감독자가 공사의 일시증지를 지시할 수 있는 경우가 아닌 것은? [산업기사 13.09.28]

㉮ 준공까지 공사기한에 여유가 있을 경우
㉯ 시공자가 설계도서대로 시공하지 않을 경우
㉰ 공사 종사원의 안전에 영향을 미치게 될 경우
㉱ 시공자의 공사시공방법이 미숙하여 조잡한 공사가 우려될 경우

Part 3 조경시공구조학

ANSWER 06 ㉱ 07 ㉯ 08 ㉯ 09 ㉮

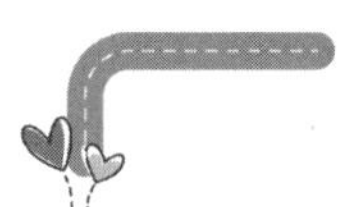

10 다음 설명하는 입찰방식은? [산업기사 14.05.25]

- 최저 낙찰제의 과도한 경쟁으로 덤핑 입찰을 방지한다.
- 예상가격 10억원 미만 공사의 낙찰자 결정 방법으로서 예정가격의 85% 이상의 금액으로 입찰한 자가 1인인 경우는 이를 낙찰자로 한다.
- 낙찰 적격자가 2인 이상인 경우에는 낙찰적격자의 입찰금액을 평균하여 이 금액 바로 아래에 가까운 금액으로 입찰한 자를 낙찰자로 정한다.

㉮ 제한경쟁입찰
㉯ 지명경쟁입찰
㉰ 제한적평균가낙찰제
㉱ 일반경쟁입찰

 ㉮ 제한경쟁입찰 : 필요시 참가자의 자격을 제한. 일반경쟁입찰과 지명 경쟁입찰의 단점을 보완한 중간적 제도

㉯ 지명경쟁입찰 : 자금력과 신용 등에서 적합하다고 인정되는 3 ~ 7개의 특정 회사를 선정하여 입찰시키는 방법

㉰ 제한적평균가낙찰제 : 예산가격 10억원 미만 공사의 낙찰자 결정방법으로 예정가격의 85% 이상의 금액으로 입찰한자가 1인인 경우는 이를 낙찰자로 하고, 2인 이상일 경우 낙찰적격자의 입찰금액을 평균하여 가까운 금액에 낙찰하는 방법

㉱ 일반경쟁입찰 : 일정한 자격을 갖춘 불특정다수의 공사수주 희망자를 입찰경쟁에 참가시켜 가장 유리한 조건을 제시한 자를 낙찰자로 선정하여 계약을 체결하는 입찰방법

11 조경공사에 있어서 시방서, 설계도면 등 설계서간의 내용이 상이한 경우 적용순서로 옳게 된 것은? [산업기사 14.09.20]

㉮ 현장설명서 → 공사내역서 → 특별시방서 → 설계도면
㉯ 공사내역서 → 설계도면 → 현장설명서 → 특별시방서
㉰ 설계도면 → 물량내역서 → 공사시방서 → 현장설명서
㉱ 현장설명서 → 공사시방서 → 설계도면 → 물량내역서

 현장설명서가 가장 중요하며, 그 다음 공사시방서, 설계도면, 물량내역서 순이다.

ANSWER 10 ㉰ 11 ㉱

4 공사의 입찰방법

1 일반경쟁입찰

① **정의** : 관보, 신문 등을 통하여 일정한 자격을 가진 불특정 다수의 희망경쟁에 참가케 하여 가장 유리한 조건을 선정 계약 체결하는 것
② **장점** : 저렴한 공사비, 기회균등
③ **단점** : 낙찰자의 신용, 기술, 경험, 능력의 불확실
④ **적용** : 정부, 지방자치단체, 정부투자기관의 계약은 공정성을 위해 사용

2 제한경쟁입찰

① **정의** : 계약의 목적, 성질 등에 필요하다고 인정될 때 참가자의 자격을 제한할 수 있도록 한 제도
② **조건** : 공사비 10억원 초과, 특수한 장비, 기술, 공법에 의한 공사일 경우, 관할 시·도에 주 영업소가 있는 자로 제한

3 지명경쟁입찰

① **정의** : 자금력, 신용 등에 있어서 적당하다고 인정되는 특정 다수의 경쟁참가자를 지명하여 입찰방법에서 낙찰자 결정
② **장점** : 시공상의 신뢰성, 부당한 업자 제거
③ **단점** : 담합의 우려가 크다.

4 제한적 평균가 낙찰제

① **정의** : 중·소규모 공사 대상으로 예산가격 미만의 낙찰자 중 86.5~87.745%(우리나라의 경우) 이상 되는 입찰자를 가려내 입찰금액의 평균치 바로 아래에 있는 입찰자를 낙찰하는 제도
② **장점** : 과도한 경쟁으로 인한 덤핑입찰 방지, 중·소건설업체의 수주기회 부여
③ **단점** : 기술개발 의욕의 위축, 계획적 수주가 불가능하여 사행심 조장

5 대안입찰

발주자가 작성한 설계서에서 대체가 가능한 공종에 대해 다른 대안제출이 허용된 공사의 입찰

① **의도** : 설계·시공상의 기술능력 개발을 유도하고 설계경쟁으로 공사 품질향상을 위한 것
② **적용** : 우리나라는 추정가격 100억원 이상인 공사 중 중앙건설기술심의위원회의 심의에서 결정된 경우 적용
③ **대안** : 설계도서상의 대체가 가능한 공종에 대해 기본방침의 변경없이 발주자가 작성한 설계에 대체될 수 있는 동등 이상의 기능 및 효과를 가진 신공법·신기술·공기단축 등이 반영되어 설계서상의 가격보다 낮고 공사기간을 초과하지 않는 범위에서 시공할 수 있는 대안

6 설계 시공일괄입찰

① **정의** : 발주가가 제시하는 설계와 시공내용 일체를 조달하여 준공 후 인도할 것을 약정하는 방식

7 수의계약(특명입찰)

① **정의** : 예정가격을 미리 결정한 후 이를 공개하지 않고 견적서를 제출하여 경쟁입찰에 단독으로 참가하는 형식
② **집행기준**
  ㉠ 계약의 성질상 특정인의 기술이 필요하여 경쟁을 할 수 없는 경우
  ㉡ 천재지변, 긴급행사 등
  ㉢ 비밀을 요하는 공사일 때
  ㉣ 추정가격 1억원 이하의 일반공사(전문 : 7천만원, 전기·정보통신공사 등 : 5천만원)
  ㉤ 준공시설물의 하자에 대한 책임구분이 곤란한 경우로서 직전 또는 현재의 시공자와 계약을 하는 경우
  ㉥ 작업상의 혼잡 등으로 동일현장에서 2인 이상의 시공자가 공사를 추진할 수 없는 경우로서 현재의 시공자와 계약을 하는 경우
  ㉦ 마감공사에 있어서 직전 또는 현재의 시공자와 계약을 하는 경우
③ **조건** : 발주자가 물량내역서를 교부하지 않기에 수급인이 산출내역서(공종, 물량, 규격, 단위, 수량, 금액 기재)를 직접 작성해 착공계 제출 시 제출해야 한다.

5 공정표 종류

1 사선 공정표

① 공사 기성고, 재료 반입량, 노무자 수 등을 세로축에, 기간을 가로축에 하여 공사 진척 상황을 표시한 것 일반적으로 S자형이 이상곡선

② **단점** : 공사결과 추적 분석하는 데 편리하나 작업의 관련성을 나타낼 수 없음

2 횡선식 공정표

한눈에 파악 가능, 각 작업에 대한 상세한 일수나 내용을 알기 어렵다.

① **장점** : 공정별, 전체 공사 시기 등이 일목요연하여 알아보기 쉽다. 단순하여 작성하기 쉽고 수정하기 쉽다.

② **단점** : 작업 상호 간의 관계가 불분명하다. 전체의 합리성이 떨어지고 관리통제가 어렵다. 대형공사에서는 세부공사를 표현하기 어렵다.

③ **용도** : 간단한 공사, 공정의 비교, 시급을 요하는 공사, 개략적인 공정표 필요시

3 기성고 공정곡선

① **정의** : 그래프식 공정표로 1일 공사기성량을 누계곡선으로 표현한 것

② **목적** : 공정의 움직임 파악이 어려운 횡선식 공정표를 보완하기 위해 예정공정과 실시공정을 대비시켜 진도관리를 하기 위함

③ **방법** : 공사기간을 횡축(월별), 공사비를 종축에 표시하고, 각 월의 공사비를 누계한 예정공정곡선을 그린다.

④ **특징** : 기성고 공정곡선은 초기에는 준비단계로 증가하지 않고, 중간시점에서 많이 증가하며, 준공시점에는 차츰 감소하는 S자형 곡선을 보인다.

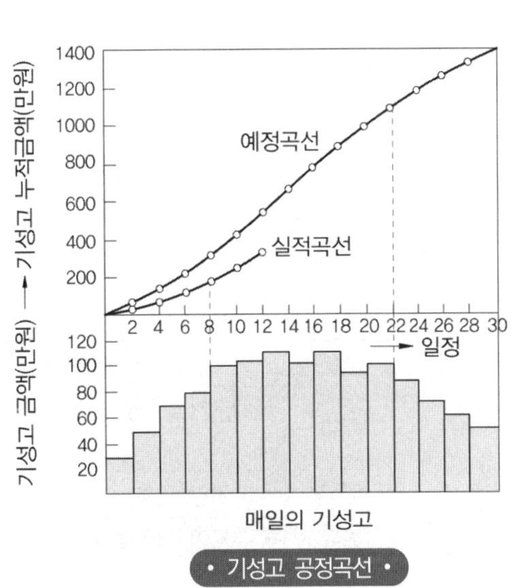

• 기성고 공정곡선 •

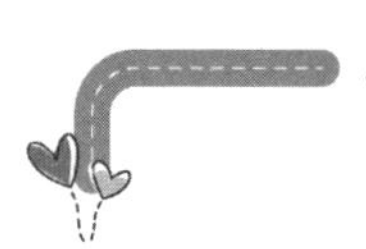

⑤ **바나나곡선(banana curve)** : 기성고 공정곡선의 상하에 상한선과 하한선을 허용한 한계선을 그려서 안전구역내 유지되도록 하기 위한 곡선

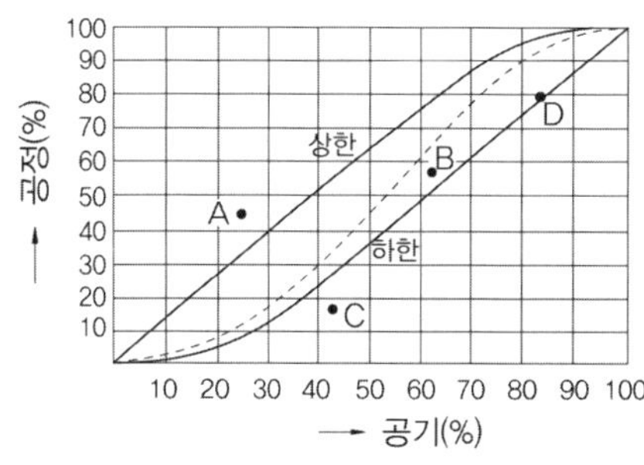

① A점은 예정보다 많이 진척된 경우
– 허용한계선 바깥이므로 비경제적
② B점은 예정에 가까운 진척의 경우
③ C점은 허용한계를 벗어나 늦어진 경우
– 공기단축의 대책이 필요함
④ D점은 하한선에 근접한 경우
– 공정의 독려가 필요하다.

• 바나나곡선 •

4 네트워크식 공정표

작업의 관련성, 방향 파악이 쉬우나 작성하기 어렵다.

① **장점** : 공사 전체의 파악이 쉽다.
작업의 흐름 및 작업 상호관계가 명확히 표시된다.
공사계획 관리면에서 신뢰도가 높다.
공사의 완급정도 및 상호관계가 명확하여 중점관리를 할 수 있다.

② **단점** : 작성이 어렵고 시간을 많이 요한다.
작성 및 검사에 숙련을 요하며 수정하기 어렵다.

③ **용도** : 복잡한 공사, 중요한 공사, 대형공사

④ **종류**
㉠ 퍼트(PERT) : 효율적인 작업순서 관계파악
㉡ 시피엠(CPM) : 비용을 최소화하는 것을 추구
㉢ 램프스(RAMPS) : 시간과 비용을 동시에 진행

⑤ PERT와 CPM의 차이

구분	PERT	CPM
개발	미해군개발, Polaris 잠수함탄도미사일 개발에 응용	Dupont사 플랜트 보전에 이용
주목적	공사기간 단축	공사비용 절감
활용	신규사업, 비반복사업, 대형 project	반복사업, 경험이 있는 사업
요소작업 시간추정	3점 추정 $t_e = \frac{t_o + 4t_m + t_p}{6}$ t_e : 소요시간, t_o : 낙관시간 t_m : 정상시간, t_p : 비관시간	1점 추정 $t_e = t_m$ t_e : 소요시간, t_o : 낙관시간 t_m : 정상시간, t_p : 비관시간

구분	PERT	CPM
일정계산	결합점 중심의 일정계산 ① 최조시간 ET, TE(earlist expected time 또는 earliest time) ② 최지시간 LT, TL(latest allowable time 또는 latest time)	1. 작업중심의 일정계산 ① 최조개시시간(EST) ② 최지개시시간(LST) ③ 최조완료시간(EFT) ④ 최지완료시간(LFT) 2. 작업중심의 여유시간 ① 총여유(TF) ② 자유여유(FF) ③ 간섭여유(IF) ④ 독립여유(INDF)
주공정	LT−ET = 0(굵은선)	TF−FF = 0(굵은선)
일정계획	일정계산이 복잡 결합점 중심의 이완도 산출	일정계산이 자세하고 작업 간 조정 가능 작업 재개에 대한 이완도 산출

5 횡선식 공정표와 네트워크 공정표 비교

구분	횡선식 공정표	네트워크 공정표
형태	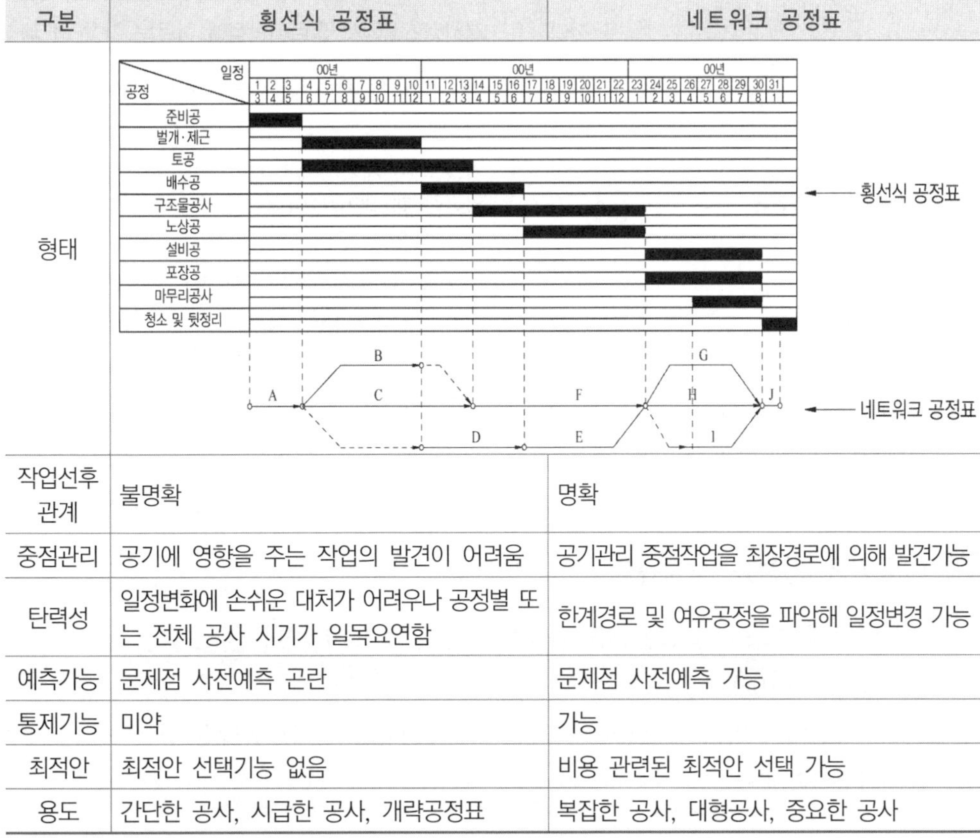	
작업선후 관계	불명확	명확
중점관리	공기에 영향을 주는 작업의 발견이 어려움	공기관리 중점작업을 최장경로에 의해 발견가능
탄력성	일정변화에 손쉬운 대처가 어려우나 공정별 또는 전체 공사 시기가 일목요연함	한계경로 및 여유공정을 파악해 일정변경 가능
예측가능	문제점 사전예측 곤란	문제점 사전예측 가능
통제기능	미약	가능
최적안	최적안 선택기능 없음	비용 관련된 최적안 선택 가능
용도	간단한 공사, 시급한 공사, 개략공정표	복잡한 공사, 대형공사, 중요한 공사

6 네트워크 공정표 작성

1 네트워크 공정표(CPM식) 용어정리

	용 어	기호	내 용
1	작업(job=activity)	⟶	작업 화살표로 위에 작업명, 아래에 시간 적음
2	결합점(event=node)	○	개시점, 종료점, 결합점으로 작업의 시작과 종료를 표시
3	더미(dummy)	·······▸	명목상의 작업으로 작업이나 시간적인 요소는 없고, 작업 상호 관계만 표시
4	EST (Earlist starting time)	EST LST / LFT EFT	가장(작업을 시작하는) 빠른 개시 시
5	EFT (Earlist finishing time)		가장(작업을 끝낼 수 있는) 빠른 종료 시
6	LST (Latest starting time)		가장 늦은 개시시각 (공기에 영향 없이 작업을 가장 늦게 개시해도 되는 시각)
7	LFT (Latest finishing time)		가장 늦은 종료시각 (공기에 영향 없이 작업을 가장 늦게 종료하여도 좋은 시각)
8	크리티컬 패스 (Critical path)	CP	개시결합점에서 종료결합점에 이르는 가장 긴 패스
9	플로트(float)		작업의 여유시간(공기에 영향을 주지 않고 지연시킬 수 있는 시간)
10	Total float	TF	가장 빠른 개기시각에 시작하여 가장 늦은 종료시각으로 완료할 때 생기는 여유시간 • TF = LFT − EFT
11	Free float	FF	해당 작업과 후속 작업이 모두 가장 빠른 개시 시각에 시작하여도 존재하는 여유시간 • FF = 후속작업 EST − 그 작업의 EFT
12	Dependent float	DF	후속작업의 TF에 영향되는 플로트 • DF = TF − FF

2 네트워크 공정표 작성규칙

① 양쪽에 대응하는 결합점을 가지는 작업은 반드시 하나이다.

ⓘ──→ⓙ

② 결합점에 들어오는 작업들이 모두 종료되지 않으면 그 결합점에서 나오는 작업은 시작할 수 없다.

③ 네트워크의 개시결합점과 완료결합점은 각각 하나이다.

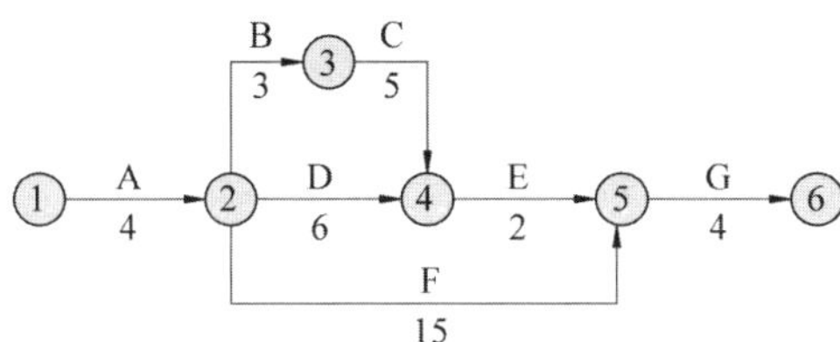

④ 하나의 결합점에서 두 개 이상의 작업이 동시에 시작하여 동시에 종료할 때는 반드시 더미를 사용하고 결합점을 추가한다. 즉, 결합점과 결합점 사이의 작업은 반드시 하나이어야 한다.

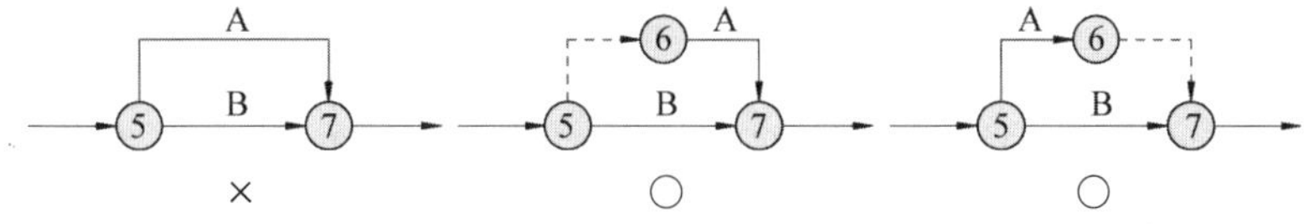

⑤ 작업들의 종속관계(예 A, B작업이 끝나야 C작업을 시작할 수 있는 경우)를 나타내는 경우 더미를 사용하여 종속관계를 나타내 준다. 즉, 선행작업이 하나의 결합점에서 만나서 종료해야 후속작업이 가능하다.

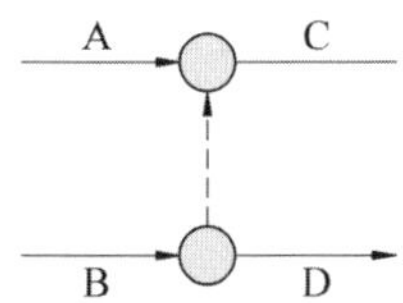

⑥ 선행작업이 두 개 이상일 경우 선행작업들을 하나로 모을 수 있도록 배치시킨다.

⑦ 화살표는 역진하거나 회전하여서는 안 된다.

⑧ 화살표가 가능한 교차하지 않도록 한다.

⑨ 더미는 꼭 필요한 경우 사용하며, 의미가 없는 더미가 중복되지 않도록 한다.

3 공사기간 산정 방법

① EST(최조개시시각), EFT(최지완료시간) 계산방법

㉠ 전진계산한다.

㉡ 개시결합점의 EST는 0이다.

㉢ 작업의 EFT는 그 작업의 EST+공기

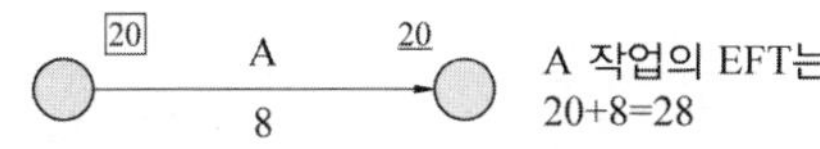

㉣ 표시방법

ⓜ 어떤 작업의 EST는 선행작업의 EFT 중에서 최댓값으로 한다.

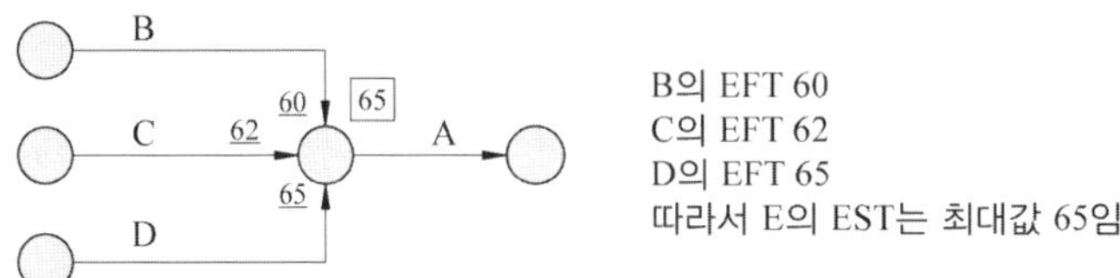

ⓑ 종료결합점으로 들어가는 작업의 EFT중 최댓값이 계산공기(T)이다.

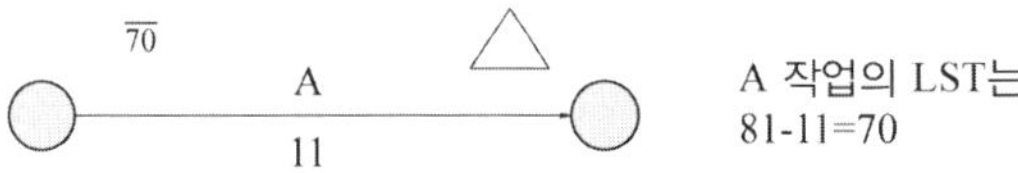

② LST(최지개시시각), LFT(최지완료시각) 계산방법

㉠ 역진계산한다.

㉡ 완료결합점에 들어가는 작업의 LFT를 그 공사의 공기로 한다.

㉢ 어떤 작업의 LST는 그 작업의 LFT에서 공기를 감한 기간이다.

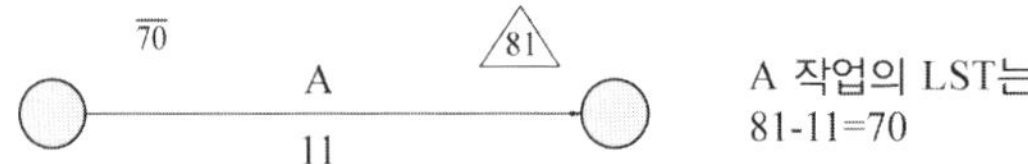

㉣ 작업의 LFT는 그 후속작업의 LST중에서 최솟값으로 한다.

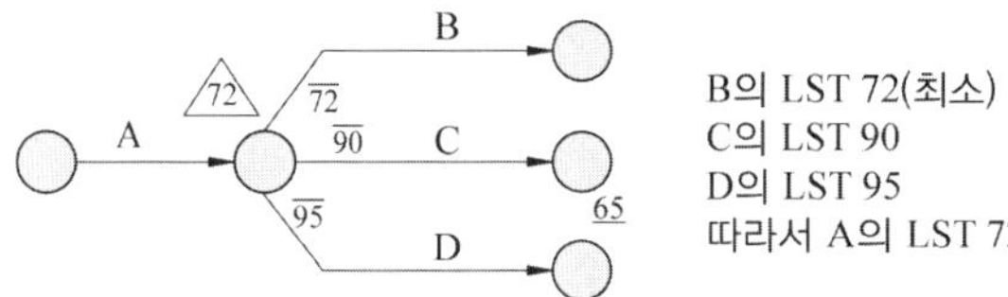

ⓜ LST, LFT 계산은 역진으로 개시결합점까지 진행한다.

4 여유시간 계산

① 여유시간의 개념

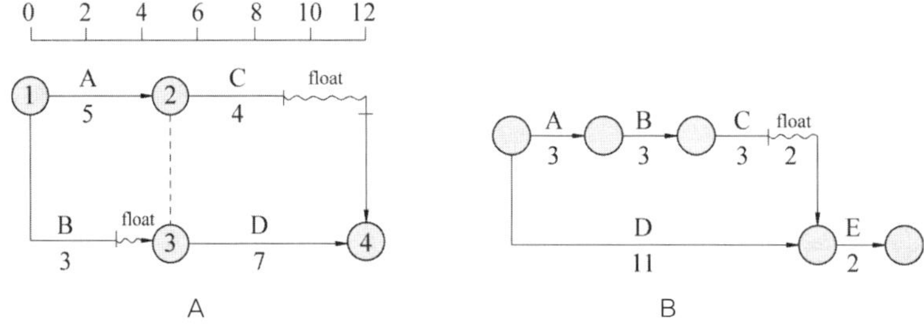

A　　　B

㉠ A 타임스케일도에서 보면 B작업이 2일, C작업이 3일 여유시간이 있는 것을 쉽게 알 수 있다.

㉡ B 그림에서 C작업의 여유 2일은 A, B, C 모두가 공유할 수 있는 시간으로 총여유시간이라 한다.

㉢ B 그림에서 C의 2일은 자유여유라 하는데, A, B에는 없으며 C에만 적용되는 여유시간으로 이는 연속되는 작업에서 합류결합점 직전의 작업만이 자유여유를 가지게 되는 원칙에 의한 것이다.

② 여유시간 계산방법

㉠ TF(총여유시간) = LFT - EFT

㉡ FF(자유여유시간) = 후속작업의 EST - 당해작업의 EFT

㉢ DF(종속여유시간) = TF - FF

③ 여유시간 표시방법

5 CP(Critical Path, 최장기간) 계산방법

① 여유시간이 모두 0인 공사가 주공정선이 됨

② 공사기간이 가장 긴 기간으로 연결한 기간이 주공정선이 됨

③ CP는 개시결합점에서 종료결합점까지의 가장 긴 최장코스를 말하며 이것의 합이 공기이다.

예제

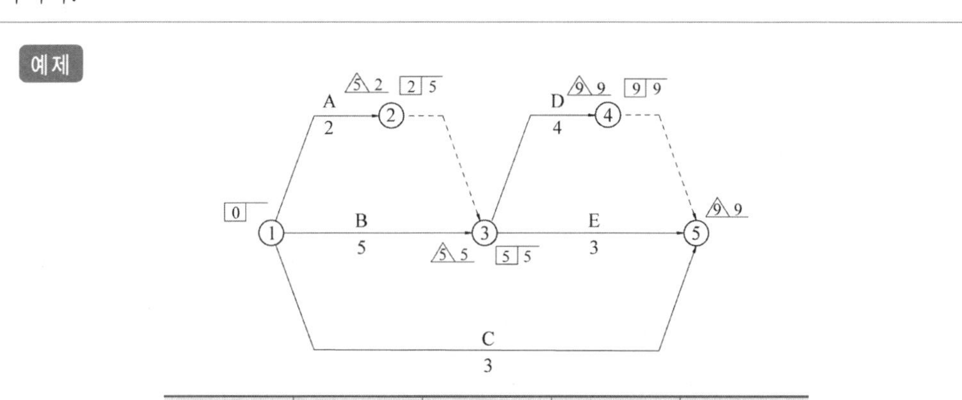

작업명	TF	FF	DF	CP
A	3	3	0	
B	0	0	0	*
C	6	6	0	
D	0	0	0	*
E	1	1	0	

CP =TF, FF, DF 모두 0인 과정

CHAPTER 01 시공의 개요

실전연습문제

01 VE(Value Engineering)의 사고방식으로 적당하지 않은 것은? [산업기사 11.03.02]

㉮ 비용절감
㉯ 기능 중심의 접근
㉰ 제품 위주의 사고
㉱ 사용자 중심의 사고

풀이 **VE(가치공학)**
원가절감과 제품가치를 동시에 추구하기 위해 제품의 개발에서부터 설계, 생산, 유통, 서비스 등 모든 경영활동의 변화를 추구하는 경영기법

02 네트워크 공정표 작성에 대한 설명으로 옳지 않은 것은? [산업기사 12.03.04]

㉮ 동그라미(○)는 결합점(Event, node)이라 한다.
㉯ 동일 네트워크에 있어서 동일 번호가 2개 이상 있어서는 안 된다.
㉰ 작업(activity)은 화살표(→)로 표시하고, 화살표의 시작과 끝에는 동그라미(○)를 표시한다.
㉱ 일반적으로 화살표(→)의 윗부분에 소요시간을, 밑부분에 작업명을 표기한다.

풀이 화살표 위에 작업명, 아래에 소요시간을 표시한다.

03 CPM(critical path method)에 관한 설명 중 옳지 않은 것은? [산업기사 12.05.20]

㉮ 3점 시간 추정
㉯ 공비절감이 주목적
㉰ 요소작업 중심의 일정계산
㉱ 반복사업, 경험이 있는 사업 등에 사용

04 다음의 네트워크 공정표에서 주공정선(CP)과 공사기간이 바르게 표기된 것은? [산업기사 12.05.20]

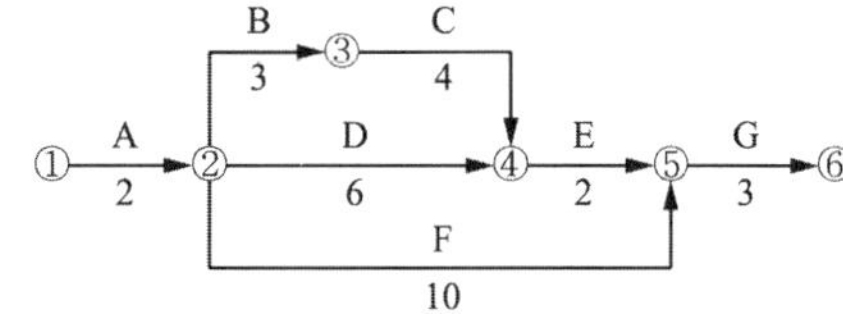

㉮ CP(A → B → C → E → G), 공사기간 15일
㉯ CP(A → B → C → E → G), 공사기간 14일
㉰ CP(A → D → E → G), 공사기간 14일
㉱ CP(A → F → G), 공사기간 15일

풀이 주공정선(Critical Path)는 가장 기간이 긴 경로이다.

ANSWER 01 ㉰ 02 ㉱ 03 ㉮ 04 ㉱

05 네트워크 공정표에 계산방법에 관한 설명으로 틀린 것은? [산업기사 14.05.25]

㉮ 작업의 LST는 그 작업의 LFT에서 작업 소요일수를 뺀 값으로 한다.

㉯ 완료 결합점의 EST는 0(Zero)이며, 이때의 LST값을 지정공기로 한다.

㉰ 종료 결합점에서 들어가는 각 작업의 EFT값 중 최댓값을 계산공기로 한다.

㉱ 개시결합점의 EST는 0(Zero)이며, 각 작업의 EST, EFT는 작업흐름에 따라 계산한다.

풀이 완료 결합점의 LFT값이 지정공기이다.

06 기성고 공정곡선에서 각점의 공정현황에 대한 설명으로 틀린 것은? [산업기사 14.05.25]

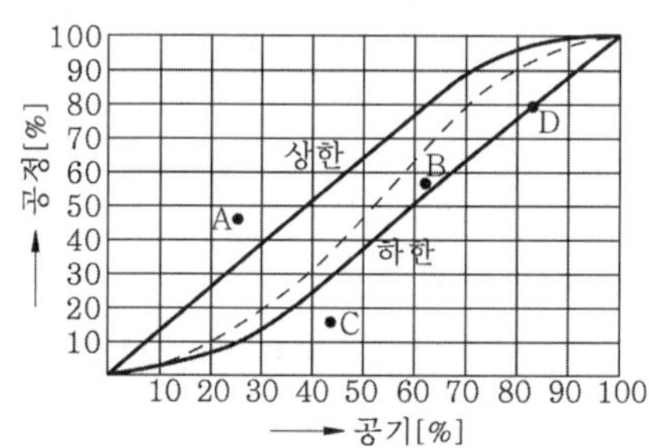

㉮ A : 공사기간 25% 시점이다.

㉯ B : 예정공정보다 실적공정이 훨씬 진척되어 있다.

㉰ C : 경제적 시공이 되고 있다.

㉱ D : 공정진척률(기성고)은 43% 정도이다.

풀이 ㉮ A : 공사기간 25% 시점이며, 부실공사 우려가 있으니 충분히 검토할 사항
㉯ B : 예정공정보다 실적공정이 훨씬 진척되어 있다.
㉰ C : 공정이 대단히 늦었으므로 공정촉진을 요함
㉱ D : 공정진척률(기성고)은 43% 정도이며, 하한 한계선 안에 있으나 더욱 공정촉진을 요함

07 에로우 네트워크 공정표 중 화살표 아래에 기입하는 내용으로 가장 적합한 것은? [산업기사 14.09.20]

㉮ 작업명칭 ㉯ 소요일수
㉰ 작업구간 ㉱ 작업의 선후

풀이 **에로우 네트워크 공정표 표시**
화살표 아래 소요일수, 화살표 위 작업명

Part 3 조경시공구조학

ANSWER 05 ㉯ 06 ㉰ 07 ㉯

조경시공일반

1 공사준비

1 보호대상의 확인 및 관리

① **문화재의 보호** : 부지 내에 문화재가 있거나 문화재 발굴이 예상되는 공사현장에서는 보호조치를 철저히 하고, 공사 도중 매장문화재가 발굴된 경우 즉시 작업을 중지하고 문화재보호법의 규정에 따른다.

② **기존수목의 보호** : 기존수목은 공사과정에서 가지 절단, 수피 손상 등 직접적 피해뿐 아니라 차량통행, 사재 야적, 토양 고결 등으로 고사할 우려가 있으므로 보호용 울타리, 지지대, 투수성 포장공법 등의 환경친화적 노력이 필요하다.

③ **자연생태계의 보호**

㉠ 자연성 높은 지역의 피해사례 : 토양답압, 배수체계의 변화, 수림대 및 습지의 훼손 등

㉡ 시공기술자들의 자연생태계에 대한 인식의 재고가 요구

㉢ 공사 착수 전 자연생태계 보호를 위한 적절한 교육과 보호조치 필요

㉣ 불가피한 경우 생태조사를 통한 환경특성과 군집구조를 확인해 보존 및 재생방안 마련

④ **구조물 및 기반시설의 보호**

㉠ 파손되기 쉬운 재료로 만들어진 구조물은 합판으로 보호

㉡ 기존 포장구간은 도로 우회시키며, 부득이한 경우 탄성이 있는 완충재를 덮거나 판자, 철판을 이용하여 하중을 포장 바깥쪽으로 작용하도록 한다.

㉢ 얕게 매설된 기반시설은 사전에 자료를 수집하여 경고 및 차단시설을 설치하고 유사 시 안전체계를 구축하여야 한다.

2 지장물의 제거

① **구조물** : 포장 시설이나 기초와 같은 것으로 소형고압블록 같이 재활용이 가능한 것은 수집하고, 현장에서 재활용이 어려운 것은 잘게 분리하여 재활용 업체에 보내거나 폐기한다.

② **기반공급시설** : 전기, 가스, 상하수도 등과 같은 기반공급시설에서 불필요한 것은 제거, 차단하여야 준공 후 관리에 혼돈을 주지 않으므로, 관련법규를 준수하고 전문가에 의해 작업하도록 한다.

3 부지배수 및 침식 방지

① **표면배수로 설치** : 가능한 표면유출거리를 작게 하고 경사면의 경사를 완만하게 하여 침식을 최소화해야 한다.

② **조기녹화** : 표면유출과 침식을 줄이기 위해 비탈면은 공사 초기에 파종한다.

③ **임시저수시설, 물막이공 설치** : 공사부지 내 우수 및 혼탁류가 외부로 유출되어 주변 지역에 피해를 주지 않도록 부지 규모가 큰 경우에 설치

4 재활용

① **조경재료의 재활용** : 블록이나 포장재를 경계 및 계단용 재료로 사용, 파쇄된 콘크리트를 포장재료로 사용, 수목 식재를 위해 골라낸 돌은 맹암거용 재료로 사용 등

② 재활용 재료 촉진을 위한 정책 필요

③ 재활용 고무매트, 재활용 플라스틱 수목보호 홀덮개 및 지지대, 재생플라스틱 배수관, 파쇄 콘크리트를 이용한 포장재 등 새롭게 개발 가능한 재활용 재료의 도입이 필요

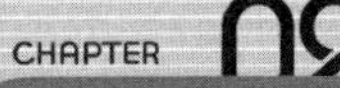

CHAPTER 09 조경시공일반

실전연습문제

01 토양침식에 대한 설명으로 옳지 않은 것은? [산업기사 11.06.12]

㉮ 토양의 침식량은 유거수량이 많을수록 적어진다.

㉯ 토양유실량은 강우량보다 최대강우강도와 관계가 있다.

㉰ 경사도가 크면 유속이 빨라져 무거운 입자도 침식된다.

㉱ 작물의 생장은 투수성을 좋게 하여 토양유실량을 감소시킨다.

풀이 유거수량이란 땅위를 흐르는 물로서 많을수록 토양의 침식량이 많아진다.

ANSWER

01 ㉮

2 토양 및 토질

1 토양의 분류

① 토양입자의 크기에 따른 분류(국제토양학회법, 미국농무성법에 의한 표)

구 분	국제토양학회법	미국농무성법
자갈(gravel)	〉2.00	〉2.00
왕모래(very corse sand)	-	2.00~1.00
거친모래(coase sand)	2.00~0.20	1.00~0.50
중모래(medium sand)	-	0.50~0.25
가는모래(fine sand)	0.20~0.02	0.25~0.10
고운모래(very fine sand)	-	0.10~0.05
가루모래(silt)	0.02~0.002	0.05~0.002
찰흙(clay)	0.002 이하	0.002 이하

② 토양입자의 조성에 따른 분류

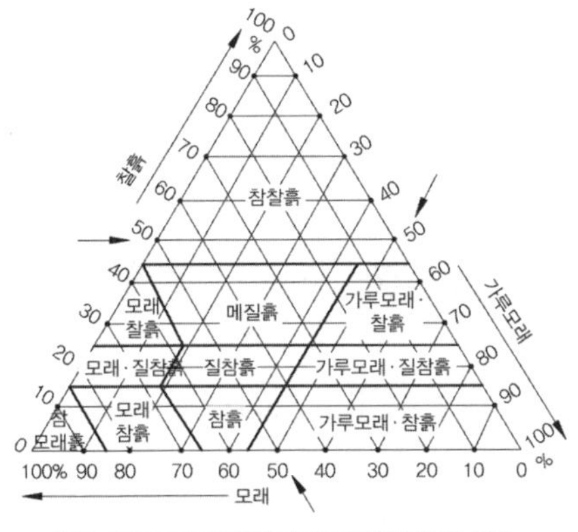

• 국제토양학회법에 의한 토성 구분 •

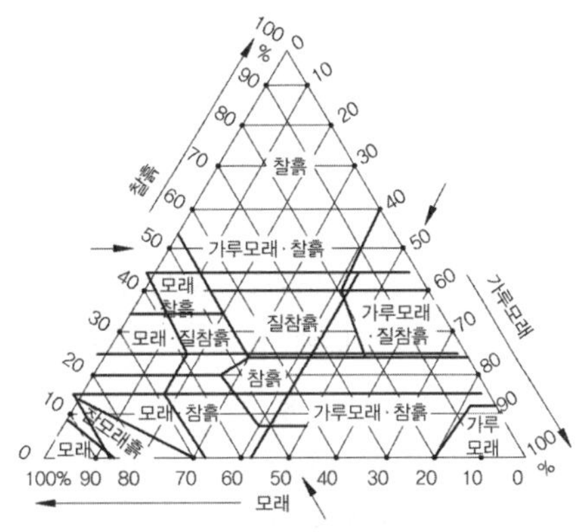

• 미국농부성법에 의한 토성 구분 •

③ 입도와 견지성에 의한 분류

㉠ AASHTO 분류법(A 분류법)

ⓐ Hogentoyler에 의해 고안된 것

ⓑ 입도, 액성한계, 소성지수를 이용하여 0~20 범위의 군지수(G.I)를 산출하고, 군지수를 A-1에서 A-7까지 7군으로 분류

ⓒ A-1은 입도에 따라 A-1-a, A-1-b로 다시 나누며, A-2는 액성한계와 소성지수에 따라 A-204, A-2-5, A-2-6, A-2-7로 다시 나누며, A-7은 소성지수에 따라 A-7-5, A-7-6으로 세분한다.

ⓓ 군지수 사용 : 도로건설을 위한 노상토 평가에 사용하며, 군지수가 클수록 노상토로서 부적합하다.

<table>
<tr><th colspan="2" rowspan="2">일반적 분류</th><th colspan="7" rowspan="2">조립토
(0.075mm체 통과량≦35%)</th><th colspan="4">세립토
(0.075mm체 통과량≧35%)</th></tr>
<tr><th colspan="2">실토</th><th colspan="2">점토</th></tr>
<tr><td colspan="2" rowspan="2">군분류</td><td colspan="2">A-1</td><td rowspan="2">A-3</td><td colspan="4">A-2</td><td>A-4</td><td>A-5</td><td>A-6</td><td>A-7</td></tr>
<tr><td>A-1-a</td><td>A-1-b</td><td>A-2-4</td><td>A-2-5</td><td>A-2-6</td><td>A-2-7</td><td></td><td></td><td></td><td>A-7-5
A-7-6</td></tr>
<tr><td rowspan="3">체통과량</td><td>2.0mm(%)
(10번체)</td><td>50 이하</td><td></td><td></td><td></td><td></td><td></td><td></td><td></td><td></td><td></td><td></td></tr>
<tr><td>0.42mm(%)
(40번체)</td><td>30 이하</td><td>50 이하</td><td>51 이하</td><td></td><td></td><td></td><td></td><td></td><td></td><td></td><td></td></tr>
<tr><td>0.075mm(%)
(20번체)</td><td>15 이하</td><td>25 이하</td><td>10 이상</td><td>35 이하</td><td>35 이하</td><td>35 이하</td><td>35 이하</td><td>36 이상</td><td>36 이상</td><td>36 이상</td><td>36 이상</td></tr>
<tr><td rowspan="2">연경도</td><td>액성한계(%)</td><td></td><td></td><td></td><td>40 이하</td><td>41 이상</td><td>40 이하</td><td>41 이상</td><td>40 이하</td><td>41 이상</td><td>40 이하</td><td>41 이상</td></tr>
<tr><td>소성지수(%)</td><td>6 이하</td><td></td><td>NP</td><td>10 이하</td><td>10 이하</td><td>11 이상</td><td>11 이상</td><td>10 이하</td><td>10 이하</td><td>11 이상</td><td>11 이상</td></tr>
<tr><td colspan="2">군지수</td><td>0</td><td></td><td>0</td><td colspan="2">0</td><td colspan="2">4이하</td><td>8 이하</td><td>12 이하</td><td>16 이하</td><td>20 이하</td></tr>
<tr><td colspan="2">주성분의 종류</td><td colspan="2">암편, 자갈 및 모래</td><td>세사</td><td colspan="4">가루모래질 또는 점토질의 자갈 및 모래</td><td colspan="2">가루모래질토</td><td></td><td>점토질토</td></tr>
<tr><td colspan="2">노상으로서의 가부</td><td colspan="5">우~양호</td><td colspan="6">가~불가</td></tr>
</table>

ⓛ 통일분류법

ⓐ Casagrande가 제안한 분류법으로 도로 등 시설의 설치기반 토양에 대한 분류방법으로 우리나라에서 흙의 공학적 분류방법으로 KS F 2424에 규정되어 있다.

ⓑ 입도와 견지성을 근거로 2개의 로마자를 조합하여 표시. 첫째 문자는 흙의 형, 둘째 문자는 흙의 속성을 나타낸다.

ⓒ 단, S, M, O, C로 표시되는 흙은 액성한계와 소성지수로 표현한 소성도표로 분류한다.

ⓓ 제1문자

- 200번체(0.074mm)에 50% 이상 통과하면 세립토(M,C,O), 50% 이하면 조립토(G,S)
- 조립토는 4번체(4.76mm)에 50% 통과하면 모래(S), 50% 이하면 자갈(G)
- 세립토는 입자지금으로 분류할 수 없기에 소성도로 실트(M), 점토(C), 유기질토(O)로 구분, 이탄은 색과 냄새로 분류

ⓔ 제2문자

- 조립토는 200번체의 통과량 5% 이하인 경우 균등계수, 곡률계수로 입도판단
- 입도가 골고루 섞여 있으면 W, 입도가 고르지 못하면 P
- 200번체 통과량이 5~12%, 12% 이상일 때는 소성도와 소성지수 이용해 M, C로 구분. 세립토는 액성한계 50% 기준으로 고압축성(H), 저압축성(L)으로 표시

2 토양의 조성

① 토양의 구조

㉠ 단립구조(單粒構造) : 모래알과 같이 입자가 하나하나 떨어져 있는 것으로 자갈, 모래, 조립질 흙에서 볼 수 있는 대표적인 구조로 충분히 다지면 구조물의 기반으로 적합한 토양

㉡ 입단구조(粒團構造) : 찰흙과 같이 입경이 극히 작아서 입자들 간의 전기적 작용이나 점착력에 의해 입자들이 집단화되어 벌집모양이나 면모구조를 이루는 것으로 공극이 크거나 결합이 느슨해서 가벼운 하중에도 쉽게 파괴되므로 시설물 기반보다는 식물생육 기반으로 적당하다. 자연토양의 구조는 단립에서 시작하여 서로 뭉쳐서 입단으로 발달한다.

② 자연토양의 구조

㉠ 판상구조 : 토양입자가 수평방향으로 배열되어 수분이 아래로 잘 빠지지 않는다. 습윤지대나 A층에서 주로 나타남

㉡ 주상구조 : 프리즘 또는 기둥 모양의 세로 구조로 수분 침투나 증발이 잘 일어나며, 찰흙 함량이 많은 염류토의 심토, 건조지나 습윤배수불량지에 나타남

㉢ 괴상구조 : 판상구조보다 크며 가로와 세로의 비율이 거의 같은 다면체 형태로 밭이나 산림, 심토에서 주로 나타나며 상당히 큰 덩어리로 되어 있다.

㉣ 입상구조 : 가장 흔한 형태로 토양 표층에 나타나며, 입자 지름 약 1 ~ 2mm 구형으로 뭉쳐 있으며, 입단 사이 공극에 물이 저장되어 식물에게 적합함. 입상구조는 주로 경작지 토양, 유기물이 많은 토양에서 잘 발견되며 인위적인 영향을 크게 받는다.

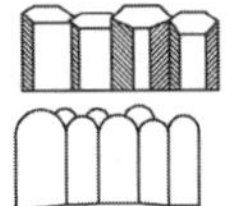

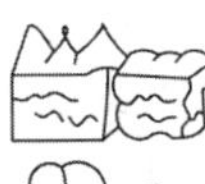

③ 토양의 구성과 공극

㉠ 토양은 3상(고상, 액상, 기상)으로 구성된다. 고상이 제일 크고, 그 다음 액상, 기상 순이다. 액상과 기상은 서로 반대되는 관계로 액상이 늘어나면 기상이 줄고, 기상이 커지면 액상이 줄어든다.

㉡ 공극 : 액상과 기상을 합하여 공극이라 한다. 사질토보다 양질토가 공극량이 많으며, 심토보다는 표토에서 공극량이 크다.

㉢ 토양의 3상(미사질양토) : 무기물(광물) 45% + 유기물 5% + 물 25% + 공기 25%

3 토양의 조사분석

① 토양도

㉠ 제작과정 : 항공사진 해독, 현지 토양조사 및 토양분류, 토양분석, 토양도 제작

㉡ 조사목적에 따른 분류

ⓐ 개략토양조사 : 넓은 지역 즉, 도 이상의 지역에 적용. 작도단위별 최소면적 0.25ha, 조사지점 간의 거리 500~1000m

ⓑ 반정밀토양조사 : 한 지역에 대하여 일부에는 개략토양조사, 그 밖에는 정밀토양 조사하는 방법

ⓒ 정밀토양조사 : 가장 중요한 방법으로 일반적으로 소지역, 군 단위 범위와 개개 부지계획에 적용. 작도단위는 토양형, 토양상을 사용하며, 기본도의 축척 1 : 25,000보다 큰 대축척이며, 토양도는 1 : 25,000으로 제작. 지도상 표시되는 작도단위별 최소면적은 0.25ha, 조사지점 간 거리는 100~200m

② **현지토양조사** : 제한된 부지의 상세조사

㉠ 과정 : 조사지점 선정, 토양시료 채취 및 조제, 모양의 물리적 화학적 특성에 대한 분석

㉡ 토양단면조사

ⓐ 자연토양인 경우 : 토양형별로 조사, 동일 토양형일 경우 0.5ha당 1개소

ⓑ 인위적 반입토양인 경우 : 토양의 특성이 바뀌는 지점마다 토양단면 조사

ⓒ 조사용 구덩이 : 가로 1m, 세로 1.5m, 깊이 1m로 하며, 한쪽 면에는 단면과 축상이 각각 30cm인 계단을 설치

㉢ 조사내용 : 목적에 따라 일반적 토양사항, 단면내용, 물리적(입도, 투수성, 유효수분량, 토양경도 등) 특성분석, 화학적(토양산도, 전기전도도, 염기치환용량, 전질소량, 유기물 함량 등) 특성분석

③ 토질조사와 토질시험

㉠ 토질조사 : 퇴적토의 지질학적 조사, 토층단면에서의 각 토층의 두께와 분포조사, 기초암반의 위치와 암질 조사, 지하수의 양과 위치 등에 관한 조사로 조경에서는 표층의 토질조사가 제일 중요함

㉡ 토질시험

ⓐ 흙의 분류 및 판별시험 : 입도시험, 컨시스턴시 시험

ⓑ 흙의 공학적 성질을 파악하기 위한 시험 : 전단시험, 투수시험, 압밀시험, 다짐시험, C.B.R시험

ⓒ 자연지반의 성질을 알기 위한 시험 : 각종 관입시험, 평판재하시험, 노반의 C.B.R 및 지반계수시험 등

4 흙의 성질

① 흙의 기본성질

간극비 (공극비)	흙입자 부분의 체적에 대한 간극체적의 비(얼마나 비어 있나?) 대략, 모래 e=0.4~1.0, 점토 e=0.8~3	
	$e=\frac{V_v}{V_s}$	V_s : 흙입자 부분체적 V_v : 간극체적 e : 간극비
간극률 (공극률)	흙덩이 전체체적에 대한 간극체적의 백분율	
	$n=\frac{V_v}{V}\times 100$	V : 흙덩이 전체 체적 V_v 간극체적
간극비와 간극률의 관계식	$e=\frac{n}{1-n}$ $n=\frac{e}{1+e}$	
함수비	흙입자 부분의 중량에 대한 함유수분 중량의 비	
	$\omega=\frac{W_w}{W_s}\times 100$	W_w : 110℃±5℃로 24시간 노건조 시킬 때 증발한 수분중량 W_s : 110℃±5℃로 24시간 노건조된 흙의 중량
함수율	흙 전체 중량에 대한 함유수분 중량과의 백분비	
	$\omega'=\frac{W_w}{W}\times 100$	
함수비와 함수율의 관계식	$\omega'=\frac{100\omega}{100+\omega}$	
비중	흙입자 중량을 이것과 같은 용적의 15℃ 증류수의 중량으로 나눈 것	
	겉보기비중 (흙전체중량에 대한 것) $G=\frac{r}{rw}=\frac{W}{V}\cdot\frac{1}{rw}$	rw : 물의 단위중량(g/cm³, t/m³) r : 흙 전체의 단위중량(g/cm³, t/m³) rs : 흙입자만의 단위중량(g/cm³, t/m³)
	진비중 (흙입자만의 중량에 대한 것) $G_s=\frac{rs}{rw}=\frac{W_s}{V_s}\cdot\frac{1}{rw}$	
포화도	흙 속에 포함된 간극만의 체적에 대한 함유수분 체적의 비	
	$S=\frac{Vw}{Vv}\times 100$	S가 100%는 공기가 전혀없이 물이 채워진 상태
전체단위중량	흙을 자연상태에 있을 때의 단위중량으로 습윤단위중량	
	$r_t=\frac{W}{V}=\frac{G+S\cdot e}{1+e}rw=\frac{1+\omega}{1+e}Grw$	
건조단위중량	흙을 노건조 시켰을 때의 단위중량	
	$r_d=\frac{W_s}{V}=\frac{G\cdot rw}{1+e}$	

건조단위중량과 전체단위중량의 관계	$r_d = \dfrac{r_t}{1+\omega}$
포화단위중량	흙이 수중 또는 완전포화 시의 단위중량
	$r_{sat} = \dfrac{W}{V} = \dfrac{G+S \cdot e}{1+e} rw = \dfrac{G+e}{1+e} rw$
수중단위중량	흙이 지하수위 아래에 있어 물의 무게만큼 부력을 받는 중량
	$r_{sub} = r_{sat} - rw = \dfrac{G+e}{1+e} rw - rw = \dfrac{G-1}{1+e} rw$

② **토양의 팽창** : 물의 양성이 점토나 부식의 음성과 만나 토양입자를 부풀게 하는데 건조한 모래에 5~6% 수분 가하면 25% 정도까지 팽창하며, 계속 수분을 가하면 점착력이 약해져 입자가 분리되면서 체적이 감소한다.

③ **토양의 수축** : 토양이 말라서 용적이 줄어드는 것

㉠ 수축의 단계 : 정규수축(삼투압이나 극성에 의해 흡수된 물이 마를 때 물의 감소량에 비례하여 수축하는 것) → 잔수축(정규수축 다음으로 일어나는 미세한 수축) → 수축한계(더 이상 줄지 않는 한계점)

㉡ 반-데르-발스(Van der Waals)의 힘 : 수축한계에 이른 토양입자는 반-데르-발스의 힘에 의해 견고히 결속되는데, 이 힘은 접촉면이 클수록 크기 때문에 모래알과 같이 표면적이 작을 때는 결속력이 약하고, 찰흙이나 몬모릴로나이트는 매우 강하다.

④ **흙 속의 수리특성**

㉠ 흙의 투수성 : 흙 속의 공극을 통해 물이 침투하는 현상으로 구조물의 침하나 붕괴, 표면수의 지하침투와 관련이 깊다. 사질토가 점토질보다 투수계수가 높다.

㉡ 흙의 동해 : 겨울철에 토양온도가 0℃ 이하로 내려가 지표면 아래의 토양수분이 동결하여 얼음층이 생기고, 이에 따라 구조물의 기초 등에 피해를 일으키는 현상

ⓐ 동상현상 : 흙 속의 공극수가 동결하여 흙 속에 얼음층이 형성되어 부피팽창에 따라 지표면이 위로 떠올려지는 현상

ⓑ 연화현상 : 동결했던 지반이 기온의 상승으로 융해하여 흙 속에 다량의 수분이 생겨 지반이 연약화되는 현상

ⓒ 동해방지 조치

- 심토층 배수로 지하수위 낮추기
- 세립질 흙을 동상이 발생하지 않는 조립질 흙으로 치환
- 조립질 흙으로 된 차단층을 지하수위보다 높은 위치에 설치
- 동결깊이보다 위에 있는 흙은 잘 동결하지 않는 자갈, 쇄석, 석탄재를 사용한다.
- 포장면 아래 지표 가까운 부분에 외기와 단열을 위해 석탄재, 이탄 찌꺼기, 코크스 등 단열재 사용

• 지표의 흙을 $CaCl_2$, $MaCl_2$, NaCl 등 화학약품으로 처리하여 동결온도를 내린다.
• 보온장치 설치한다.

ⓓ 동결심도 : 춘천 120mm, 서울 100mm, 대전 85mm, 대구 80mm, 부산 20mm 등

⑤ **흙의 다짐** : 토양 내 기상의 공극을 제거하고 물과 토양입자가 함께 결합하도록 진동, 충격을 가해서 인공적으로 흙의 밀도를 높이는 작업

㉠ 다짐밀도 : 토질, 함수량, 다짐에너지에 따라 달라진다.

㉡ 건조한 흙의 함수비를 증가 시키면서 다짐시험 : 수화단계(함수비 20.7% 이내), 윤활단계(함수비 26% 정도), 팽창단계(함수비 44.7% 정도), 포화단계(함수비 55% 정도), 윤활단계를 지나 최적함수비 31%에 달한다면 건조밀도가 점점 낮아지면서 팽창단계, 포화단계로 간다.

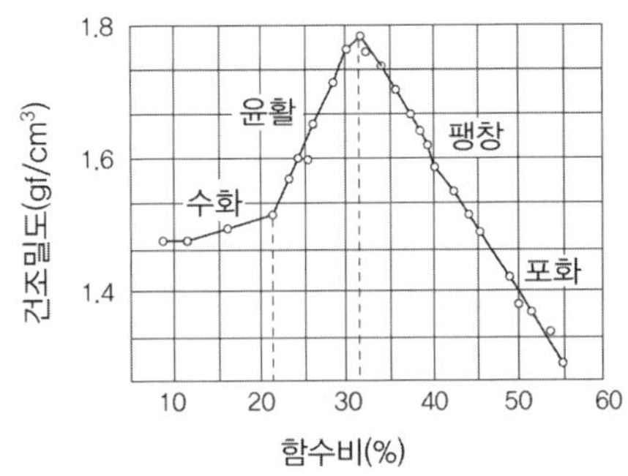

㉢ 토질의 다짐효과 : 흙을 다지면 공극이 매우 작아져 투수성이 저하되고, 전단강도와 압축강도는 높아져서 안전성이 커진다. 최적함수비가 높은 사질양토를 시공기계로 다졌을 때 전압횟수가 대부분 5회일 때 건조밀도가 급격히 증가한다.

5 포장공간의 설계

① 노반 및 노상의 지지력 시험

㉠ 평판재하시험 : 도로와 같은 흙 구조물의 기초 지지력계수를 얻기 위한 시험으로 지지력은 재하판의 재하중강도에 재하판의 침하량을 나누어 구하며, 콘크리트 포장 설계에 사용된다.

㉡ C.B.R(Califonia bearing ratio test) 시험(KS F2320, KS F2321에 규정)

ⓐ C.B.R(노상지지력비) : 직경 5cm 강제원봉을 공시체 속에 관입시켜 그때의 관입깊이에서의 표준 하중강도에 대한 시험 하중강도와의 비를 백분율로 표시한 것

ⓑ 여기서, 표준 하중강도란 잘 다져진 쇄석에 직경 5cm 강봉을 관입시켰을 때 침하하는 관입깊이에 따른 하중강도를 말한다.

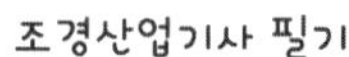
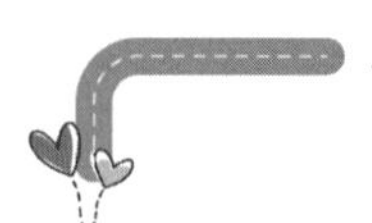

ⓒ 지지력 측정의 필요 : 노상의 지지력이 크면 포장의 두께를 얇게 해도 되며, 지지력이 작으면 포장의 두께를 두껍게 해야 하는 등 가소성 포장(즉, 아스팔트 포장) 두께를 결정하는 요소이다.

6 전단강도와 사면의 안정

① 흙의 전단강도

㉠ 전단응력 : 흙에 면해서 구조물의 외력이 작용하면 흙 내부 각 점에 응력이 생겨 활동을 일으키다가 파괴된다.

㉡ 전단저항 : 흙 속에 전단응력이 생길 때 활동에 대하여 저항하려는 힘

㉢ 전단강도 : 전단저항이 한계에 이르러 파괴되기 시작하는 강도

㉣ 전단강도 측정식(쿨롱Coulomb 방정식)

전단강도식	$S=C+\sigma\tan\phi$	S : 흙의 전단강도(kg_f/cm^2) C : 점착력(kg_f/cm^2) σ : 흙의 내부마찰각 $\tan\phi$: 마찰계수

㉤ 흙의 종류에 따른 전단응력

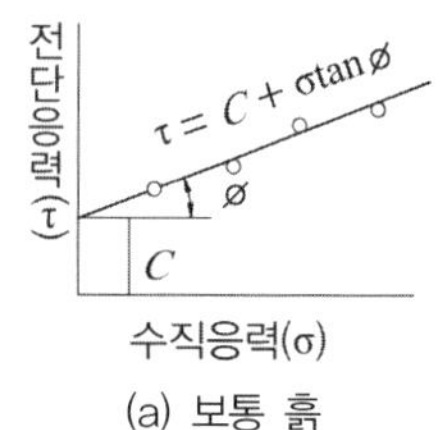

(a) 보통 흙

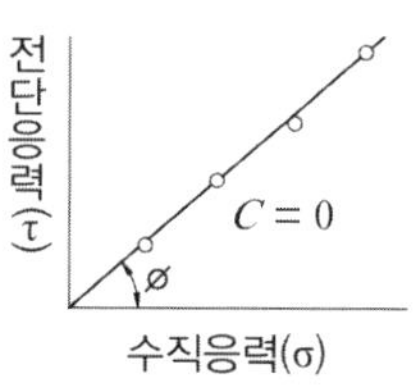

(b) 점착력이 없는 흙

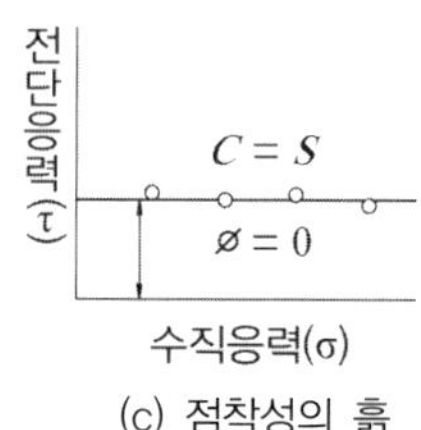

(c) 점착성의 흙

② 사면의 안정

㉠ 전단응력이 그 흙이 가지고 있는 전단강도를 넘지 않는 것이 안정하며, 따라서 전단응력을 줄이고 전단강도를 높이기 위한 조치가 필요하다.

㉡ 흙 속의 전단응력 높이는 원인

ⓐ 외적요인 : 건물, 물, 눈 등 외력의 작용, 함수비의 증가에 따른 흙의 단위중량 증가, 균열 내에 작용한 수압 등

ⓑ 내적요인 : 흡수로 인한 점토의 팽창, 공극수압의 작용, 수축·팽창·인장으로 생기는 미세한 균열, 다짐 불충분, 융해로 인한 지지력 감소 등

㉢ 사면의 종류

ⓐ 직립사면 : 연직으로 절취된 사면으로 암반이나 일시적 점토사면에 나타남

ⓑ 반무한사면 : 일정한 경사를 가진 사면이 계속되어 펼쳐진 것으로 일반 경사진 산이 해당되며, 활동면이 깊이에 비해 길이가 긴 평판상으로 만들어진다.

ⓒ 단순사면 : 사면의 일반적 형태로 사면의 길이가 한정되어 있으며, 사면의 선단

부와 꼭지부가 평면을 이루고 활동면의 위치에 따라 기초암반의 위치가 깊을 때는 저부파괴, 얕을 때는 사면 내 파괴, 중간일 때는 사면선단파괴가 일어남

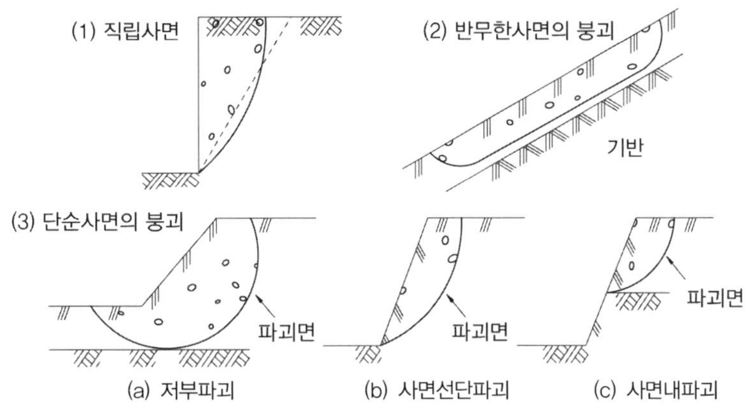

㉣ 사면의 안정 계산 : 임계활동면(가장 위험한 활동면)을 찾아 저항하는 힘 계산해 안정성 판단. 활동에 저항하는 힘이 활동을 일으키는 힘보다 크면 안정하다. 안전율 F는 1보다 커야 안정하다.

안전율(F)	안정성 여부
〈1.0	불안정
1.0~1.2	안정적이나 다소 불안
1.3~1.4	굴착이나 성토에 대해서는 안전, earth dam에 대해서는 불안
〉1.5	earth dam에도 안전, 지진을 고려할 때 필요

안전율	평면활동일 때 $F = \frac{\text{활동에 저항하는 힘(S)}}{\text{활동을 일으키는 힘}(\tau)}$	
	원형활동일 때 $F = \frac{\text{활동에 저항하는 힘의 활동원의 중심에 대한 모멘트}}{\text{활동을 일으키는 힘의 활동원의 중심에 대한 모멘트}}$	
	점토사면에 대한 Taylor의 안전율 $F = \frac{\text{흙이 발휘할 수 있는 최대 점착력}}{\text{흙이 현재 나타내고 있는 점착력}}$	
	$F_c = \frac{C_e}{C_d}$	C_e : 토질고유의 점착력 C_d : 사면안정 위해 필요한 점착력 ϕ_e : 토질 고유의 마찰력 ϕ_d : 사면안정 위해 필요한 마찰력 F_c : 점착력 안전율 F_ϕ : 마찰력 안전율 F_s : 전단강도 안전율 S : 전단강도 τ : 전단응력 σ' : 유효응력에 의한 수직응력
	$F_\phi = \frac{\phi_e}{\phi_d}$	
	$F_s = \frac{S}{\tau} = \frac{C_e + \sigma' \tan\phi_e}{C_d + \sigma' \tan\phi_d}$	

7 비탈면의 보호

① 비탈면 녹화공법

㉠ 종자뿜어붙이기공

ⓐ 압축공기를 이용한 모르타르건방법 : 종자, 비료, 토양에 물을 섞어 뿜어붙이기 절토비탈면, 높은 비탈면과 급구배 장소에 적합

ⓑ 수압에 의한 펌프 기계파종기방법 : 종자, 비료, 파이버를 물과 혼합해 살포. 절·성토 비탈면 어느 곳에나 사용 가능하나 낮은 장소에 적합

㉡ 식생매트 : 종자, 비료를 붙인 매트를 피복해 녹화

㉢ 평떼붙임공 : 평떼를 비탈면 전면에 붙여 떼꽂이로 고정. 절, 성토 어느 곳에나 사용

㉣ 식생띠공 : 종자, 비료 부착한 띠모양의 종이를 일정 간격으로 삽입하며 인공줄떼공법이라고도 함. 피복효과가 빠르다.

㉤ 줄떼심기공 : 주로 성토비탈면에 길이 30cm, 너비 10cm 반떼심기

㉥ 식생판공 : 종자와 비료 섞은 판을 깔아 붙이기. 판자체가 두꺼워 객토효과

㉦ 식생자루공 : 종자, 비료, 흙을 자루망에 넣고 비탈면 수평으로 판 골속에 넣어 붙이기, 급경사지, 풍화토 지반시공에 적합

㉧ 식생구멍공 : 비탈면에 일정 간격 구멍파고 혼합물을 채워넣는 공법
비료 유실이 적고 단단한 점질토나 절토비탈면에 적합

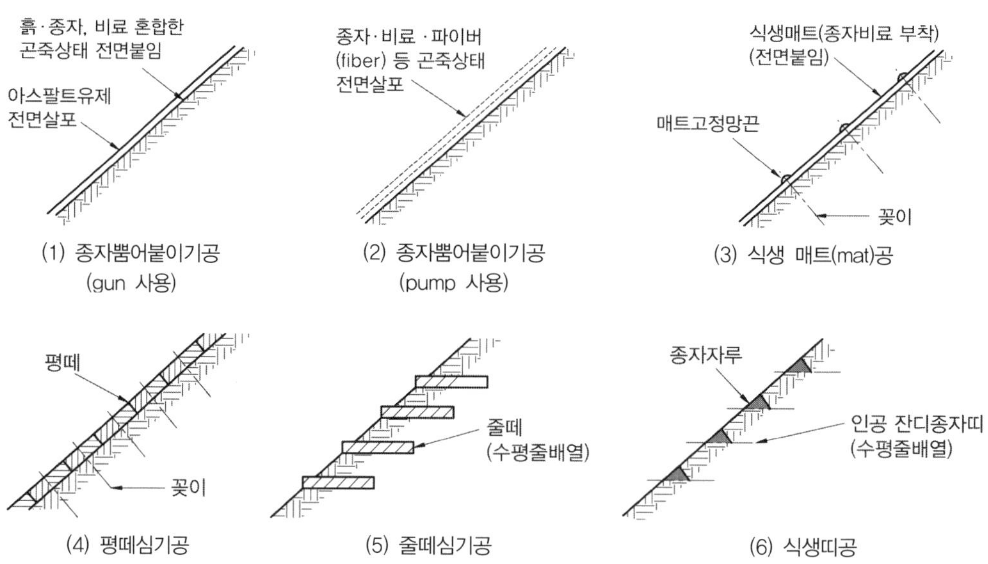

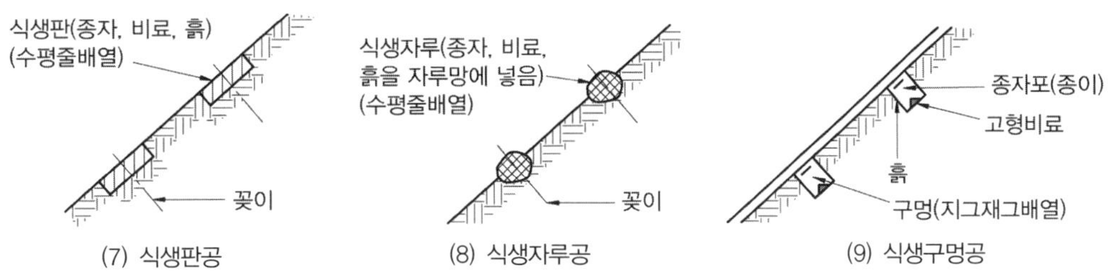

(7) 식생판공 (8) 식생자루공 (9) 식생구멍공

② **구조개선공법** : 구조재 자체 자중이나 자체강도를 이용하여 비탈면 붕괴를 예방하는 구조공법

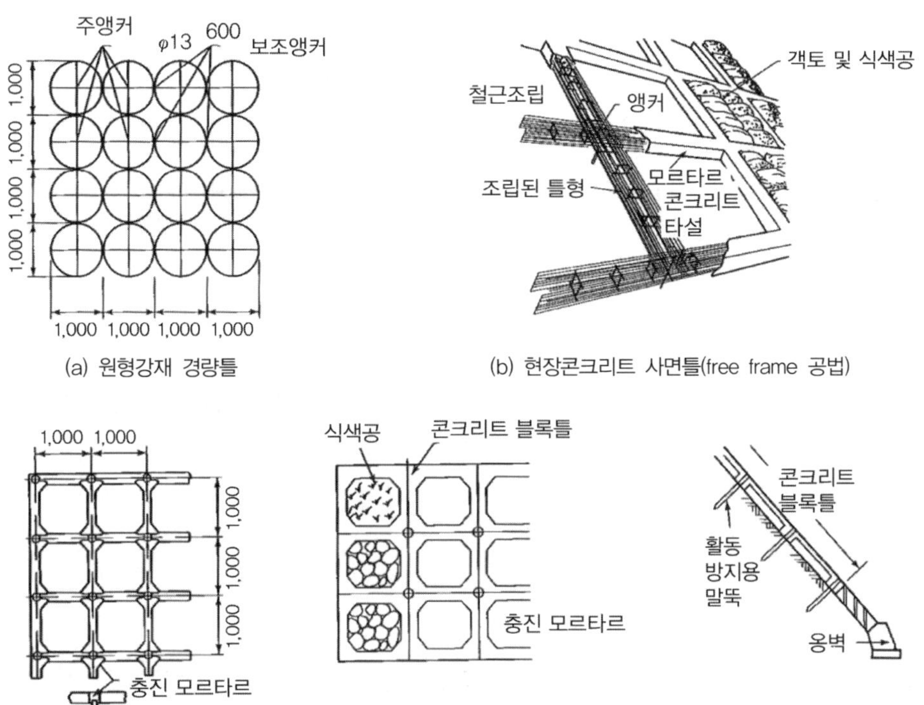

(a) 원형강재 경량틀

(b) 현장콘크리트 사면틀(free frame 공법)

(c) 콘크리트블럭틀에 돌과 식생을 병용

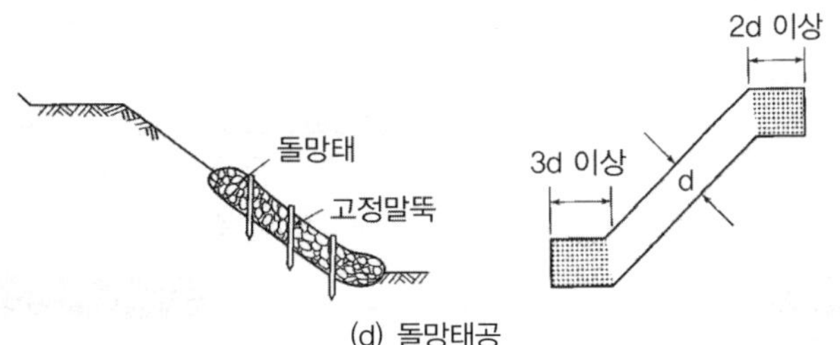

(d) 돌망태공

③ 배수공법

㉠ 지표배수공법

ⓐ 수로운반공법 : 지표수를 모으기 위해 비탈어깨, 소단, 비탈기슭에 설치되는 집수로와 집수된 지표수를 비탈면 외부로 방류하기 위해 수로 조성

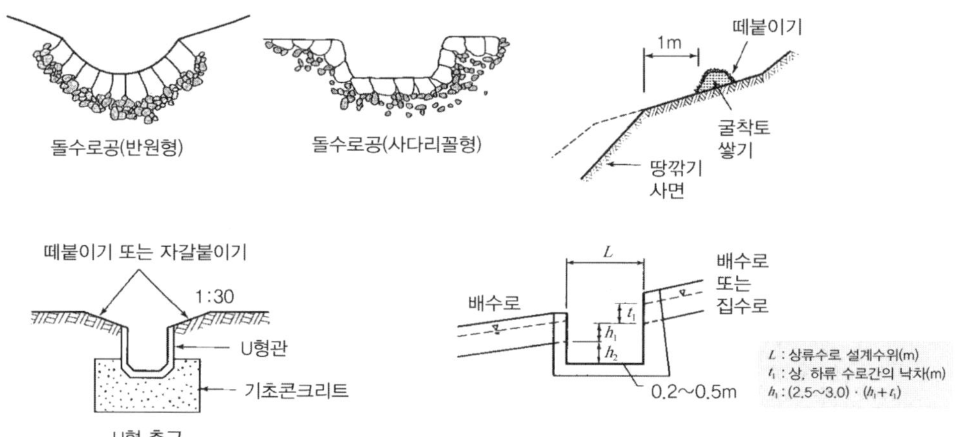

ⓑ 표면배수공법 : 비탈면녹화와 같이 잔디, 지피식생을 도입하는 방법으로 매트나 블랭킷을 이용해 지표면이나 수로경사면을 덮어 침식을 완화하는 방법

㉡ 지하배수공법 : 맹암거(지표면으로부터의 침투수를 배제하고, 지반조건이 습하거나 투수성이 낮은 점성토 사면에 효과적), 수평배수공법, 집수정공법, 배수터널공법, 지하수차단공법 등

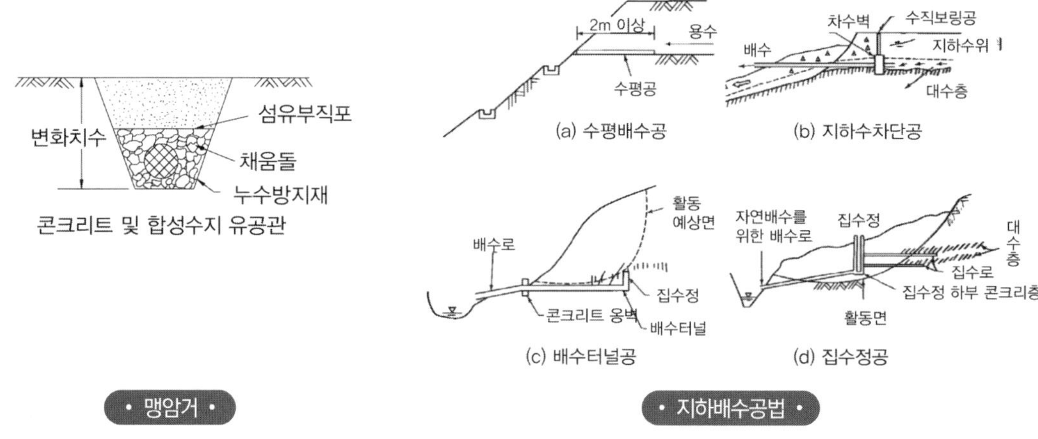

• 맹암거 •

• 지하배수공법 •

8 토압과 구조물

① 토압

㉠ 정의 : 지형 내부에서 생기는 응력과 흙과 구조물 사이의 접촉면에서 생기는 모든 힘으로 토양의 무게, 옹벽의 배면경사, 표토의 습윤상태, 휴식각에 의해 변함

㉡ 종류

ⓐ 주동토압 : 압력으로 회전하거나 왼쪽으로 약간 이동 → 배토증가 → 파괴

ⓑ 수동토압 : 옹벽을 배면쪽으로 밀면 배토의 압축을 받아 압축이 커져서 파괴될 때의 압력

ⓒ 정지토압 : 주동·수동토압이 평행을 이룰 때

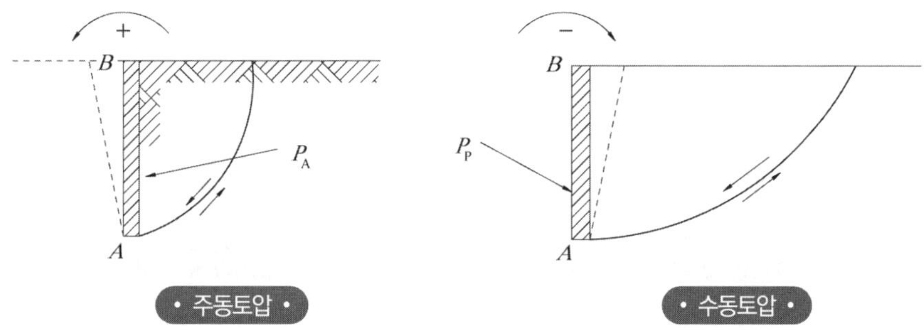

• 주동토압 •　　• 수동토압 •

② 옹벽의 종류

㉠ 중력식 옹벽

ⓐ 일반적으로 상단이 좁고 하단이 넓은 형태로 무근 콘크리트 옹벽, 조적식 옹벽이 해당됨

ⓑ 자체무게는 토압에 저항하도록 설계

ⓒ 4m 정도까지 비교적 낮은 경우에 유리

ⓓ 반중력식 옹벽 : 철근으로 보강해 구조체 두께를 얇게 하여 자중을 줄이는 만큼 중심 위치를 낮추고 내부에 생기는 인장력을 철근이 받도록 설계

㉡ 캔틸레버식 옹벽

ⓐ 기단 위의 성토가 주중으로 간주되므로 중력식 옹벽보다 경제적

ⓑ 역T형, L형이 있으며, 6m까지 사용가능

ⓒ 철근콘트리트로 구성. 수직 슬라브와 수평 슬라브로 이루어져 수직과 수평적 기초가 철근으로 일치되게 경결되고 기초부분 한 방향으로 돌출시켜 안전성 유지

ⓓ 기초폭 : 수평하중일 때 높이의 0.45배, 과재하중일 때 높이의 0.6배

㉢ 부축벽 옹벽

ⓐ 철근 콘크리트 옹벽으로 강도가 부족할 경우에 보강하기 위해 수직벽과 직교된 밑판 위에 일정한 간격으로 부벽을 연결한 것

ⓑ 뒷부벽식이 일반적이며, 앞부벽식도 있다.

㉣ 조립식 옹벽 : 콘크리트 블록을 사용하는 것으로 다양한 곡선을 만들 수 있는 장점이 있는 반면 옹벽 배면의 수압을 줄이기 위한 별도의 조치가 필요하다.

③ 옹벽에 토압을 일으키는 배토

㉠ 배토 : 흙의 휴식각 외부에 옹벽과 접하는 토양

㉡ 휴식각 : 흙을 높이 쌓아두면 미끄러져 내려와 안정되는 경사면의 각도

㉢ 토압 작용점

ⓐ 배토의 지표면이 옹벽과 평행할 경우 : 수평하중은 옹벽높이의 1/3지점에서 작용

ⓑ 배토의 지표면이 경사진 경우 : 경사진 지표면에 평행하게 옹벽 높이 1/3지점에서 하중이 작용

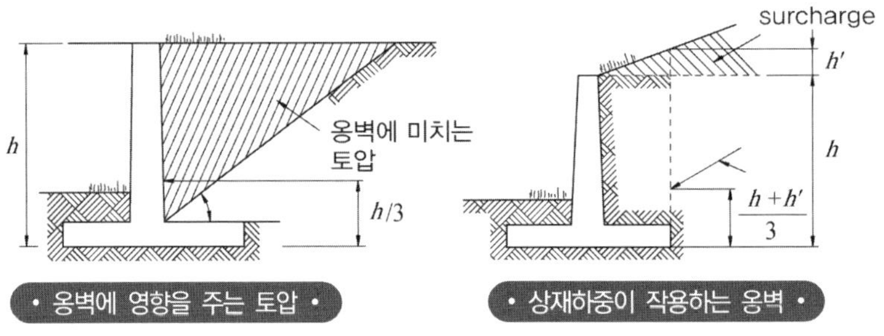

• 옹벽에 영향을 주는 토압 • • 상재하중이 작용하는 옹벽 •

㉣ 옹벽에 작용하는 토압과 작용점

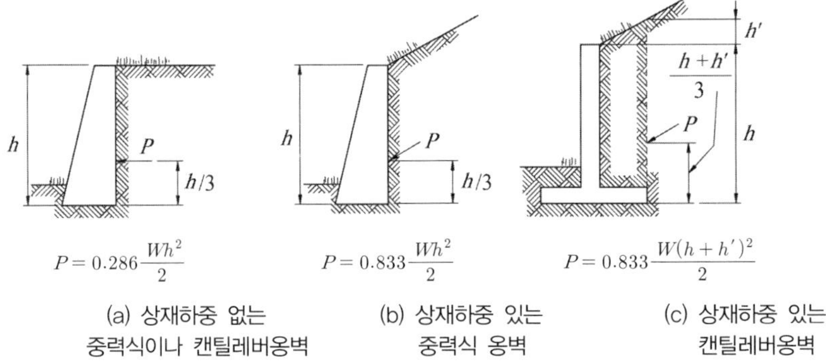

$P = 0.286\dfrac{Wh^2}{2}$ $P = 0.833\dfrac{Wh^2}{2}$ $P = 0.833\dfrac{W(h+h')^2}{2}$

(a) 상재하중 없는 중력식이나 캔틸레버옹벽 (b) 상재하중 있는 중력식 옹벽 (c) 상재하중 있는 캔틸레버옹벽

④ 옹벽의 안정 조건

㉠ 일반적 안정 : 옹벽에 작용하는 토압과 옹벽의 중량의 합력이 옹벽기부의 중앙삼분점(middle third) 부분에 작용하면 등분포하중이 작용해 안정하다.

㉡ 활동(sliding)에 대한 안정 : 옹벽의 중량과 그것이 지지하고 있는 토양의 중량의 합에 마찰계수를 곱한 마찰력이 저항력인데, 이 저항력이 활동력보다 1.5~2.0배 되면 안정

㉢ 전도(overturning)에 대한 안정 : 저항모멘트가 회전모멘트보다 2배 이상되면 안정

㉣ 침하(settlement)에 대한 안정 : 지반의 지지력이 외력의 최대압축응력보다 크면 안정

CHAPTER 09 조경시공일반

실전연습문제

01 흙의 휴식각에 대한 설명 중 틀린 것은? [산업기사 11.10.02]

㉮ 휴식각은 일반적으로 함수율이 증가할 수록 작아진다.

㉯ 실제 흙의 휴식각에는 응집력과 부착력이 작용하게 된다.

㉰ 흙 입자 간 마찰력만으로서 중력에 대하여 정지하는 흙의 사면 각도이다.

㉱ 흙막이가 없는 경우 흙파기 경사는 경사각의 2배 또는 기초파기 윗면 나비는 +0.6H이다.

02 토양의 구조에 대한 설명 중 옳은 것은? [산업기사 12.03.04]

㉮ 판상구조는 수직 배수가 잘되며 충적토에서 발견할 수 있다.

㉯ 주상구조는 수직배수가 잘 안되며, 찰흙의 함량이 많은 표토에서 보기 쉽다.

㉰ 괴상구조는 각괴(角塊)와 원괴(圓塊)로 나누어지며 표토에서 많이 발견된다.

㉱ 입상구조는 서로 연하여 겹치거나 쌓여서 입단(粒團) 사이의 공극에 물이 저장되어 생물생육에 적합한 조건이다.

풀이 **토양의 구조**

① 입상구조 : 가장 흔한 형태로 토양 표층에 나타나며, 입자 지름 약 1 ~ 2mm 구형으로 뭉쳐 있으며, 입단사이 공극에 물이 저장되어 식물에게 적합하다.

② 판상구조 : 토양입자가 수평방향으로 배열되어 수분이 아래로 잘 빠지지 않는다. 습윤지대나 A층에서 주로 나타난다.

③ 괴상구조 : 판상구조보다 크며 가로와 세로의 비율이 거의 같은 다면체 형태로 밭이나 산림에 주로 나타난다.

④ 주상구조 : 프리즘 또는 기둥 모양의 세로 구조로 수분 침투나 증발이 잘 일어나며 건조지나 습윤배수불량지에 나타난다.

03 흙의 모세관 현상에 대한 설명으로 옳지 않은 것은? [산업기사 12.09.15]

㉮ 간극비가 크면 모관상승고는 작아진다.

㉯ 모세관 현상은 물의 표면장력 때문에 발생된다.

㉰ 흙의 유효입경이 크면 모관상승고는 커진다.

㉱ 모관상승 영역에서 간극수압은 부압, 즉 (-)압력이 발생된다.

풀이 모관상승고란 모관현상에 의하여 물이 모세관 내에서 상승하는 한계로 흙의 입도가 작을수록 커진다.

04 토양단면의 각 층위를 지표면으로부터 정확하게 나열한 것은? [산업기사 12.09.15]

㉮ 용탈층 → 집적층 → 모재층 → 모암 → 유기물층

㉯ 집적층 → 모암 → 모재층 → 유기물층 → 용탈층

㉰ 모재층 → 유기물층 → 집적층 → 용탈층 → 모암

㉱ 유기물층 → 용탈층 → 집적층 → 모재층 → 모암

Part 3 조경시공구조학

ANSWER 01 ㉱ 02 ㉱ 03 ㉰ 04 ㉱

05 어느 흙의 자연함수비가 그 흙의 액성한계보다 높다면 그 흙은 어떤 상태인가?

[산업기사 13.06.02]

㉮ 고체상태에 있다.
㉯ 소성상태에 있다.
㉰ 액체상태에 있다.
㉱ 반고체상태에 있다.

06 흙의 안식각이란 무엇을 나타내는가?

[산업기사 13.09.28]

㉮ 흙의 마찰각 ㉯ 자연 비탈각
㉰ 흙깎기 경사각 ㉱ 흙쌓기 경사각

풀이 안식각이란 흙 등을 쌓거나 깎아 냈을 때 그것의 자연상태로 생기는 경사면이 수평면과 이루는 각이며, 일명 휴식각이라고도 한다.

ANSWER 05 ㉰ 06 ㉯

3 지형 및 시공측량

1 지형의 묘사

① **음영법** : 지표기복에 따라 명암이 생기는 이치를 응용
　㉠ 수직음영법 : 빛이 수평으로 비추었을때 평행으로 동등한 강도를 가지는 기법
　㉡ 사선음영법 : 빛이 왼쪽에 있다고 가정하여 남동으로 그림자를 표시한 것
　㉢ 쇄상선법 : 쇄상선의 간격, 굵기, 길이, 방향 등에 의해 표시

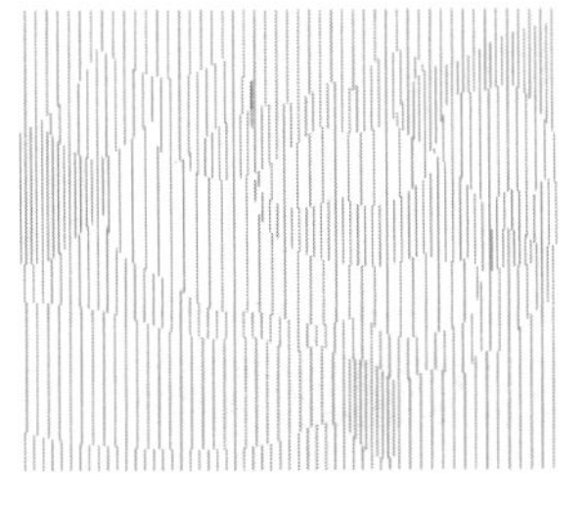
• 수직음영법 •

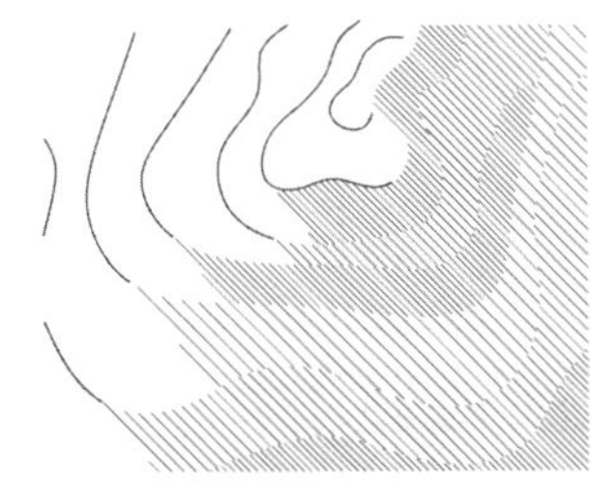
• 사선음영법 •

• 쇄상선법 •

　　ⓐ 급경사는 굵고 짧게, 완경사는 가늘고 길게 표현
　　ⓑ 기복의 변화는 잘 나타내나 고저의 표현이 안 됨
　　ⓒ 야외에서 그리기 어려우며 제도에 용이하지 않음
　　ⓓ 쇄상선은 등고선간의 최단거리이며 등고선에 대해 수직인 선

② **점고선법** : 등고선으로 나타내기 어려운 부분을 숫자로 표기하는 방법
③ **단면도에 의한 방법** : 토지의 수직적 지형을 나타내는 데 이용
④ **지형모형법** : 3차원적 형상을 나타내는 것으로 일반적으로 이용하기 어렵다.
⑤ **단채법(채색법)** : 높이의 증가에 따라 진한 색으로 변화시키는 방법
⑥ **등고선법** : 지표의 같은 점을 선으로 연결한 것으로 가장 널리 사용하는 방법

2 등고선의 정의 및 특징

① 등고선상의 모든 점은 동일한 높이를 갖는다.
② 모든 등고선은 분리되거나 합치되지 않고 등고선 자체의 완결성을 갖는다.
③ 동심원을 이루는 집중된 등고선은 항상 산정, 최저지역이다.
④ 높이가 다른 등고선은 수직면이나 돌출부를 제외하고는 교차하거나 만나지 않는다.

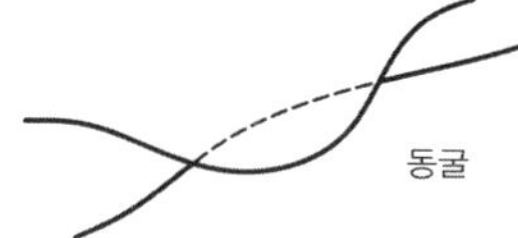

⑤ 등고선 간격이 동일할 때는 경사는 일정하다.

⑥ convex slope(凸형)은 높은 지형의 등고선의 간격이 넓다.
concave slope(凹형)은 낮은쪽으로 갈수록 등고선 간격이 넓다.

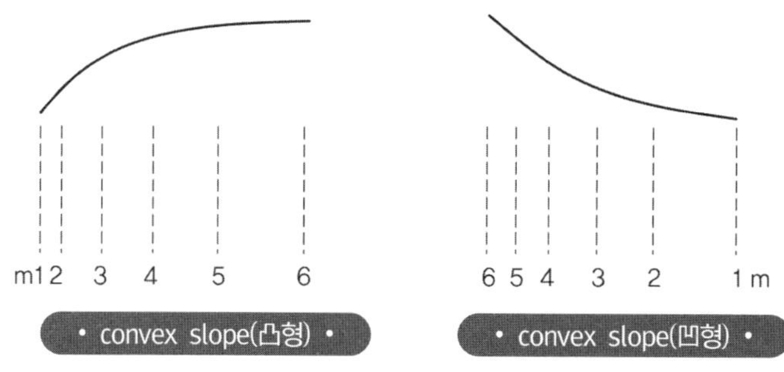

⑦ 산정과 계곡의 등고선

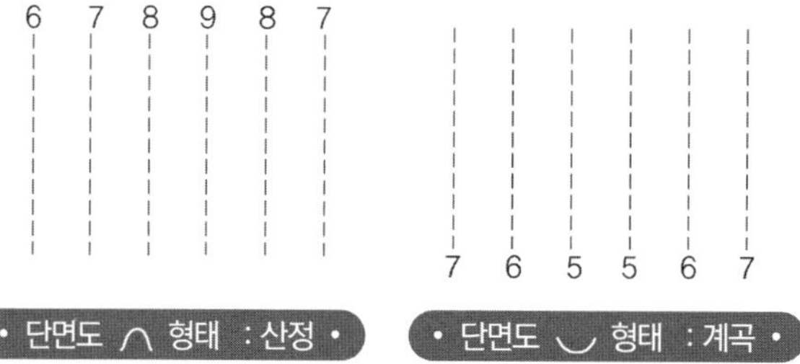

⑧ 등고선의 간격이 좁을수록 경사의 정도가 심하다.

⑨ 간격이 넓을수록 완경사

⑩ 등고선이 없을 때는 두 등고선 사이 중간을 이등분해서 생각

⑪ 두 개의 등고선에서 최단거리는 등고선에 직각되는 거리임

⑫ 산령와 계곡이 만나 이들의 등고선이 서로 쌍곡선을 이루는 것 같은 부분을 안부(鞍部)(saddle) 즉, 고개라 함

3 등고선의 종류와 간격

① **주곡선** : 기본선. 가는 실선으로 표시

② **계곡선** : 주곡선 5개마다. 굵은 실선으로 표시

③ **간곡선** : 주곡선의 1/2, 가는 파선으로 표시

④ **조곡선** : 간곡선의 1/2. 가는 점선으로 표시

종류 \ 축척	1/50,000	1/25,000	1/10,000
주곡선	20m	10m	5m
계곡선	100m	50m	25m
간곡선	10m	5m	2.5m
조곡선	5m	2.5m	1.25m

4 등고선 읽는 용어들

① **지성선** : 지모(地貌)의 골격이 되는 선

② **지성변환점** : 지성이 변화하는 지점

③ **산령선** : 분수령. 지표면의 최고부를 연결한 선. AA, A'A'

④ **계곡선** : 지표면의 최저부, 계곡의 최저부의 선. BB선

⑤ **방향전환점** : 계곡선과 산령선이 그 방향을 바꾸어 다른 방향으로 향하는 것
계곡이 합류하는 점, 산령이 분기하는 점. a, a'. b, b'점

⑥ **경사변환점** : 산령선, 계곡선상의 경사상태가 변하는 점. C_1, C_2, C_3점

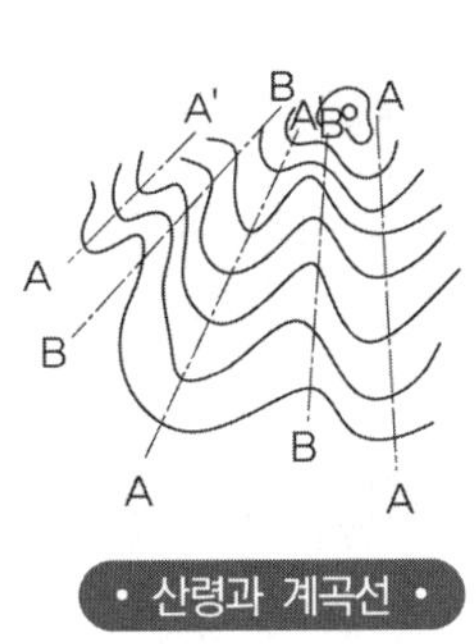

• 산령과 계곡선 •

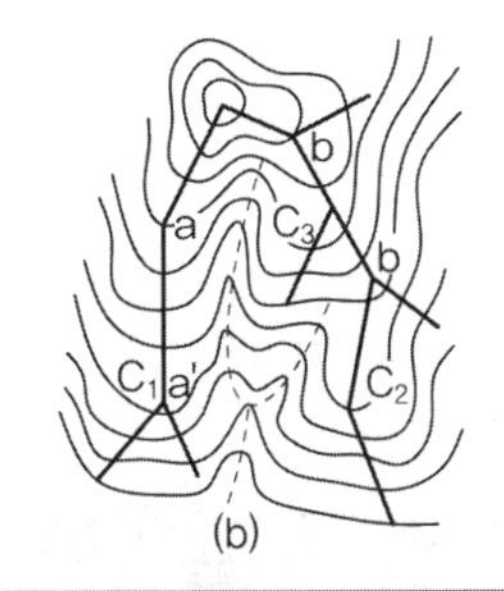

• 방향전환점과 경사변환점 •

5 지형도

① 지형도 종류

㉠ 대축척 : 1 : 1,000 이상

㉡ 중축척 : 1 : 1,000 ~ 1 : 10,000

㉢ 소축척 : 1 : 10,000 이하

㉣ 기본지형도 : 1 : 5,000, 1 : 25,000. 1 : 50,000

㉤ 경사변경을 위해 쓰이는 축척 : 1 : 300, 1 : 600(1 : 500), 1 : 1,200(1 : 1,000)

② **우리나라 지형도 도식(지형도의 기호와 표현약속)** : 도식기호, 주기, 난외주기로 구성

㉠ 도식기호 : 위치, 투영면, 도상표현 한도, 색도, 음영 등 기본원칙과 지형, 지물 표시하는 기호

㉡ 주기 : 인공물과 자연물의 명칭, 산정의 표고, 등고선 수치, 수심 등 기호로만 표시하기 어려운 내용을 설명하는 것

㉢ 난외주기 : 지형도의 표제, 인접도와의 관계, 내용설명 등 필요한 사항을 도곽 외부에 간결하게 기입하는 것

㉣ 우리나라 지형도 도엽번호 예 NI52-6-02일 때 지형도 읽는 방법

ⓐ NI : UTM좌표구역으로 N은 북반부, I는 적도에서 북방으로 위도 4°씩 A, B, C...로 부여한 것임으로 I는 위도 32° ~ 36°를 나타낸다.

ⓑ 52 : 경도 180°를 기준으로 동쪽으로 경도 6°씩 1,2,3... 번호를 붙인 것으로 52는 경도 126°~132°E

ⓒ 6 : 1 : 25,000 축척의 번호

ⓓ 02 : 1 : 25,000 축척의 도면을 28개 구역으로 번호를 부여해 만든 1 : 50,000 도면의 위치

6 측량일반

① **측량의 의의** : 지구표면상의 여러 점의 상호관계위치를 측정하여 이들 방향, 각도, 고도 측정하여 그의 형상, 넓이, 부피를 산정하고 지도 작성하여 다시 현장에 옮기는 작업

② **측량의 기준**

㉠ 형상의 기준 : 우리나라는 Bessel의 기준 사용. 지구의 회전타원체 모양에 대한 것으로 편평도 Bassel 1 : 299.15 사용

㉡ 위치 기준 : 경도, 위도 기준에 대한 것

ⓐ 경도기준 : 영국 그리니치 천문대, 위도중심 : 적도

ⓑ 우리나라 대삼각본점 : 적영도, 거제도. 대삼각본점간의 거리 = 41758.98m

㉢ 높이의 기준

ⓐ 측정방법 : 만조에서 간조까지 변화하는 해수면의 높이를 장기간 측정해 얻은 평균값 즉 수준원점

ⓑ 우리나라 수준원점 : 인천

③ **측량의 오차**

㉠ 과오 : 측량자의 부주의, 미숙

㉡ 정오차 : 측지기구의 신축에 의한 오차, 관측의 횟수에 따라 수반

㉢ 부정오차 : 원인이 불분명, 관측할 때마다 변화. "최소자승법"에 의해 조정

㉣ 지구의 곡률반지름 : 지구는 평면이 아니라 구형이기에 곡률반지름 허용오차 1/10,000
즉, 110km까지는 평면으로 보아도 되지만 그 이상일 때는 곡선임을 고려

④ **수평거리측정**

㉠ 줄자에 의한 관측법 : 삼각측량, 기선측량 같은 매우 정확한 값이 필요시만 사용

㉡ 전자기파거리측량(EDM) : 적외선, 레이저광선, 극초단파 등의 전자기파를 이용하여 거리를 관측하는 방법으로 장애물이 있어도 간편하게 측량이 가능함

⑤ **수직거리측량(직접수준측량)** : 조경에서는 레벨을 사용한 표척의 눈금차이를 구하는 직접 수준측량 사용

㉠ 직접수준측량 용어

ⓐ 고저기준점(수준점. B.M : bench mark) : 고저측량의 기준이 되는 점으로 기준 수준 면에서의 높이를 정확히 구하여 놓은 점

ⓑ 고저측량망(수준망. leveling net) : 각 고저기준 점간을 왕복 관측하여 그 관측차가 허용오차 이내가 되도록 고저기준점을 만들고 다시 원출발점과 다른 표고의 고·저기준점 사이를 연결하여 망을 이룬 것

ⓒ 후시(B.S. : back-sight) : 높이를 알고 있는 기지점에 세운 표척의 눈금을 읽는 것

ⓓ 전시(F.S : fore-sight) : 표고를 구하려는 점에 세운 표척의 눈금을 읽는 것

ⓔ 기계고(I.H. : instrument height) : 기계를 고정시켰을 때 지표면으로부터 망원경의 시준선까지의 높이(I.H = G.H.+B.S.)

ⓕ 지반고(G.H. : ground height) : 표척을 세운 점의 표고

ⓖ 전환점(T.P. : turning point) : 전시와 후시를 같이 취하여 전후의 측량을 연결하는 점으로 이동하거나 침하되지 않도록 해야 한다.

ⓗ 중간점(I.P. : intermediate point) : 전시만을 읽는 점

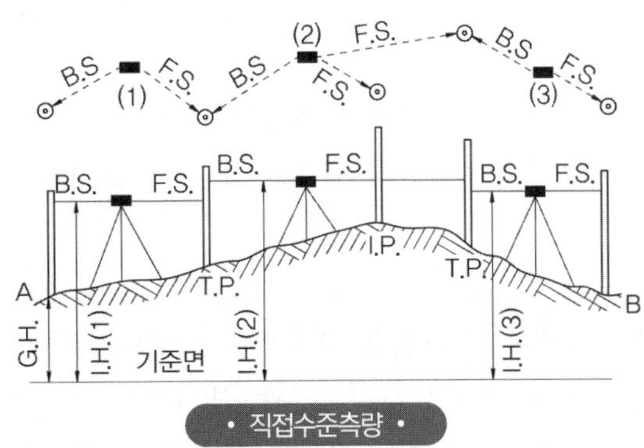

• 직접수준측량 •

㉡ 두 점 간의 고저차 계산방법

후시합 - 전시합(= ΣB.S. - ΣF.S) = $(a_1 + a_2 + a_3 \cdots)$-$(b_1 + b_2 + b_3 \cdots)$

즉, B점의 표고는 A점표고 + (후시의 합-전시의 합)

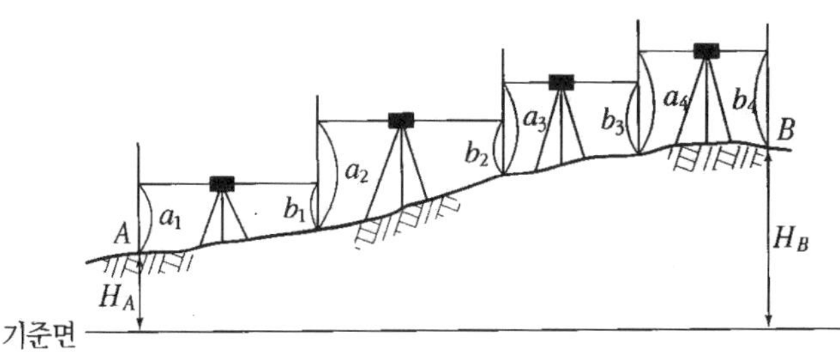

㉢ 야장기입법

ⓐ 고차식(2란식) : 후시와 전시의 2란만으로 고저차를 나타내어 2점 간 높이만 구하는 것이 주목적으로 점검이 용이하지 않다.

ⓑ 승강식 : F.S값이 B.S값보다 작을 때는 그 차를 승란에, 클 때는 강란에 기입하여 검산할 수 있으나, 중간점이 많을 때는 계산이 복잡하고 시간이 많이 걸림

ⓒ 기고식 : 시준높이를 구한 다음 여기에 임의의 점의 지반높이에 그 후시를 가하여 기계높이를 얻은 다음 이것에서 다른 점의 전시를 빼어 그 점의 지반높이를 얻는 방법으로 후시보다 전시가 많을 때 편리하고, 중간시가 많은 경우 편리하나 완전한 검산을 할 수 없는 단점

⑥ **평판측량** : 평판을 위에 엘리데이더로 목표물의 방향, 거리, 각도, 높이차를 관측해 직접 현장에서 위치를 결정하는 측량방법으로 가장 오래된 방법이며, 현장에서 평면도를 작성함으로 시간과 노력이 적게 들고 소규모 측량에 효과적이나 제도지 수축 등의 오차가 발생한다.

㉠ 평판측량기 구조 : 평판, 삼각, 엘리데이드, 구심기와 추, 자침함

㉡ 평판설치법

ⓐ 정치(수평맞추기) : 평판 수평되게 하여 지상의 측점과 도면상 점이 수직선상에 오도록 맞추기

ⓑ 치심(중심맞추기) : 평판상의 측점위치를 지상의 측점과 일치시키는 것

ⓒ 표정(방향맞추기) : 평판상 그려진 모든 선을 이것에 해당하는 선과 평행하게 평판 돌리는 것

㉢ 평판 측량방법

ⓐ 방사법 : 장애물 없는 넓은 지역에 가장 많이 사용하는 방법 필요지점을 시준해 선 긋고 직접 줄자로 거리를 재는 방법으로 측량은 쉬우나 오차 검토 불가능

ⓑ 전진법 : 측량구역이 좁고 길거나 장애물이 있을 때 사용하는 방법으로 측점에서 측점으로 차례로 방향과 거리를 관측하여 전진하면서 도상에서 트래버스를

만들어가며 측정한다. 오차 검사가 가능하나 평판을 옮기는 횟수가 많아 시간이 많이 걸린다.

ⓒ 교선법 : 2개 또는 3개의 기지점에서 방향선을 그어 그 교점에서 미지점의 위치를 도상에서 결정하는 방법으로 방향선의 교각은 90° 내외가 바람직하다.

- 전방교선법 : 기지점에서 미지점의 위치를 결정하는 방법으로 측량지역이 넓고 장애물이 있어 목표점까지 거리를 재기가 곤란한 경우 사용
- 후방교선법 : 기지의 3점으로부터 미지의 점을 구하는 방법으로 레만법, 베셀법, 투사지법이 있다.
- 측방교선법 : 전방교회법과 후방교회법을 겸한 방법으로 기지의 2점 중 한점에 접근이 곤란한 경우 기지의 2점을 이용하여 미지의 한 점을 구하는 방법

⑦ **삼각측량**

㉠ 정의 : 가장 많이 사용되는 수평위치 측량 방법으로 측지학적 측량(지구의 곡률을 고려하여 측량하는 방법), 평면삼각측량(지구의 곡률을 고려하지 않고 평면으로 간주하여 측량하는 방법)

㉡ 삼각측량의 원리

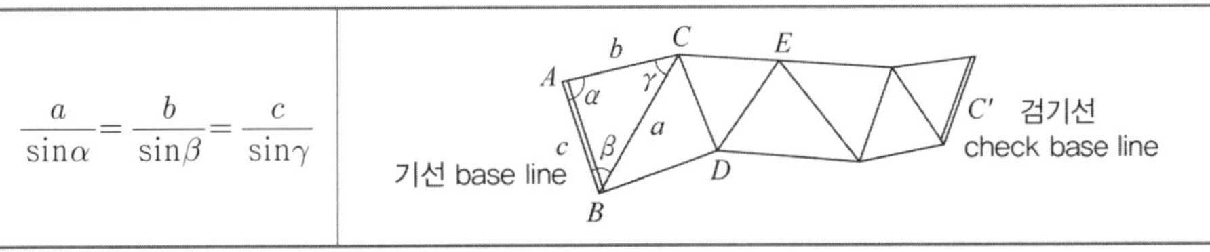

$$\frac{a}{\sin\alpha}=\frac{b}{\sin\beta}=\frac{c}{\sin\gamma}$$

㉢ 삼각점 : 경위도원점을 기준으로 경위도 정하고, 고저기준원점(수준원점)을 기준으로 표고를 정한다.

㉣ 삼각망 : 지역 전체를 고른 밀도로 덮는 삼각형으로 광범위한 지역 측량에 사용

⑧ **다각측량**

㉠ 정의 : 기준이 되는 측점을 연결하는 기선의 길이와 그 방향을 관측하여 측점의 위치를 결정하는 방법으로 세부 측량 기준이 되는 골조 측량

㉡ 종류

ⓐ 개방다각형 : 기지점에서 미지점까지 몇 개의 지점으로 연결측량하는 것으로 정확도가 낮고 노선측량 답사에 사용된다.

ⓑ 결합다각형 : 기지점에서 시작해 기지점으로 연결되는 방법으로 정확도가 가장 높고 대규모 정밀 측량에 적용

ⓒ 폐합다각형 : 어떤 측점에서 시작해 차례로 측량을 하고 다시 출발점으로 되돌아오는 방법으로 측량결과를 점검할 수 없고, 소규모 토지의 기준점을 결정하는 데 사용할 수 있어 조경에서 효과적으로 사용함

ⓓ 다각망 : 앞 3가지 방법을 필요에 따라 그물망으로 연결한 방법

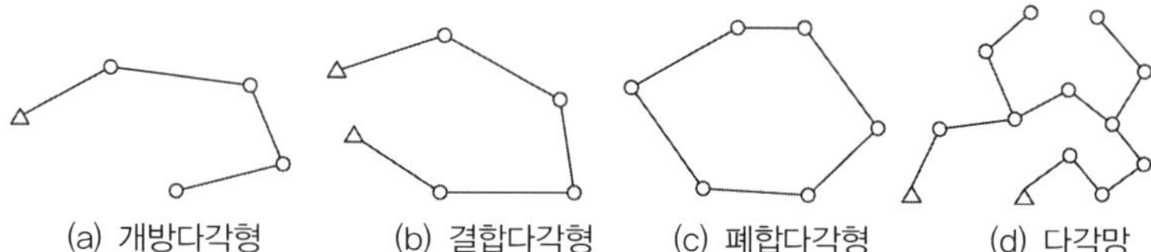

㉢ 폐합다각형 측량의 오차

허용오차	$E_a = \pm \varepsilon_a \sqrt{n}$	ε_a : 수평각의 허용오차 n : 각관측수
허용오차범위	시가지 : $0.3' \sqrt{n} \sim 0.5/ \sqrt{n}$ 평탄지 : $0.5' \sqrt{n} \sim 1' \sqrt{n}$ 산림이나 복잡한 지형 : $1.5' \sqrt{n}$	
폐합오차	$\varepsilon = \sqrt{\varepsilon_l^2 + \varepsilon_d^2}$	ε_l : 폐합오차 ε의 위거성분 ε_d : 폐합오차 ε의 경거성분
폐합오차 조정	트랜시트 법칙	조정량 = $\frac{\text{해당(경)위거}}{\text{(위)경거의 절대값의 총합}}$ ×(위)경거의 오차량
	콤파스 법칙	조정량 = $\frac{\text{해당 측선의 길이}}{\text{측선의 총합}}$ ×(위)경거의 오차량

7 좌표 및 측점

① **좌표** : 평면직교좌표의 원리에 따라 건축물, 기초바닥선, 기둥중심선 위치나 굴곡부, 진입부 등의 곡선반경의 중심점, 맨홀이나 집수정 등 배수시설 등의 위치는 미리 정해 놓은 기준선으로부터 거리를 좌표로 표시하면 복잡한 치수선 없이 도면을 작성할 수 있다. 좌표 예 (21+56.02 S, 5+56.42 E), (20+94.22 S, 5+36.42 E)

② **측점** : 도로나 하수도의 중심선과 같은 선형 구조물의 위치를 정하는 데 사용되며, 시작점을 0+00에서 시작하여 일정간격으로 측점번호를 1, 2, 3…순서로 매긴 다음 각 측점에서 곡선부, 접선장, 완화곡선시점 등의 위치를 0+68.29, 1+59.43와 같이 표시한다.

CHAPTER 09 조경시공일반

실전연습문제

01 지형도에 관한 설명 중 옳은 것은? [산업기사 11.03.02]

㉮ 1/10000 지형도에서 등고선 간격은 10m이다.
㉯ 계곡선이란 주곡선 10개마다 굵은 선으로 표시한 선이다.
㉰ 경사가 완만하면 등고선 간격이 좁아진다.
㉱ 최대경사의 방향은 반드시 등고선과 직각으로 교차한다.

 ㉮ 1/10000에서 등고선 간격을 5m
㉯ 계곡선은 주곡선 5개마다
㉰ 경사가 완만하면 등고선 간격이 넓어진다.

02 지상고도 2,000m의 비행기 위에서 화면거리 152.7mm의 사진기로 촬영한 수직공중 사진상에서 길이 50m의 교량은 몇 mm 정도로 촬영되는가? [산업기사 11.06.12]

㉮ 1.2mm ㉯ 2.5mm
㉰ 3.8mm ㉱ 4.2mm

사진축척 $\frac{1}{m} = \frac{152.7}{2000} = 0.07635$
따라서 $0.07635 \times 50 =$ 약 3.8mm

03 GIS에서 기존의 도면을 이용하여 자료를 입력하는 방법으로 어느 정도 훼손된 도면도 입력이 가능하며 불필요한 속성, 주기는 선택하여 입력하지 않을 수 있는 것은? [산업기사 11.10.02]

㉮ 디지타이저 ㉯ 위상영상
㉰ 스캐너 ㉱ GPS

 **디지타이저**
기존을 도면을 바탕에 깔고 펜으로 따라 그려넣는 방법으로 입력 시 불필요한 것들을 제외할 수 있다.

04 아래 그림과 같이 장애물이 있는 지역에서 BC의 거리는 얼마인가? (단, A, B, C는 직삼각형이다.) [산업기사 11.10.02]

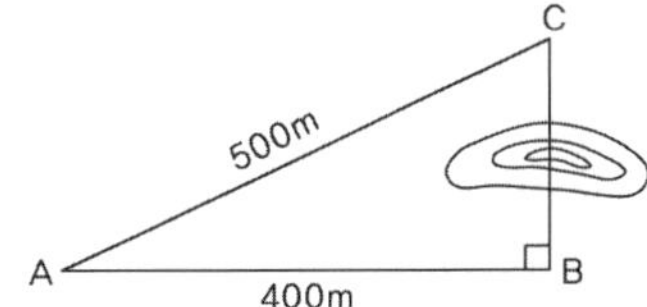

㉮ 300m ㉯ 400m
㉰ 500m ㉱ 600m

 $400^2 + BC^2 = 500^2$
따라서, BC = 300m

ANSWER
01 ㉱ 02 ㉰ 03 ㉮ 04 ㉮

05 노선측량에서 완화곡선이 아닌 것은?

[산업기사 11.10.02]

㉮ 3차 포물선
㉯ 머리핀 곡선
㉰ 클로소이드 곡선
㉱ 렘니스케이트 곡선

풀이 **완화곡선의 종류**

3차포물선, 고차포물선, 반파장 sine체감곡선, 활권선, 렘니스케이트 곡선, 클로소이드

06 다음과 같은 삼각형 ABC의 면적은? (단, 헤론의 공식을 이용하여 계산한다.)

[산업기사 11.10.02]

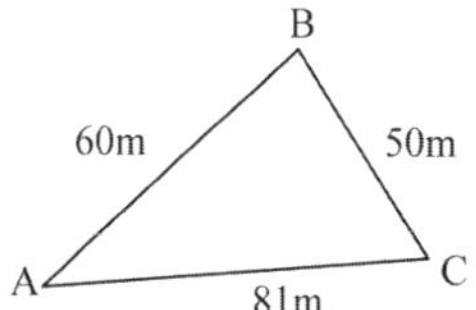

㉮ $153.04m^2$　㉯ $235.09m^2$
㉰ $1495.57m^2$　㉱ $2227.50m^2$

풀이 **헤론의 공식**

삼각형 면적 $S=\sqrt{s(s-a)(s-b)(s-c)}$

$s=\frac{a+b+c}{2}$ 임.

$s=\frac{60+50+81}{2}=95.5$

따라서,

$S=\sqrt{95.5(95.5-60)(95.5-50)(95.5-81)}$
$\fallingdotseq 1495.57m^2$

07 평판측량에서 이용되는 앨리데이드의 시준판에 새겨진 한 눈금의 크기는 얼마인가?

[산업기사 12.03.04]

㉮ 전·후 시준판의 간격의 1/100
㉯ 앨리데이드 길이의 1/100
㉰ 전·후 시준판의 간격의 1/200
㉱ 앨리데이트 길이의 1/200

08 수준측량의 야장기입법이 아닌 것은?

[산업기사 12.09.15]

㉮ 고차식　㉯ 기고식
㉰ 승강식　㉱ 종단식

풀이 **수준측량 야장기입법**

① 고차식 기입법 : 2점의 높이를 구하는 것이 목적으로 도중에 있는 측점의 지반고를 구할 필요가 없을 때 사용
② 기고식 기입법 : 기계고를 구하여 각 측점의 지반고를 구하는 방법
③ 승강식 기입법 : 종단측량 등에서 각 점의 지반고가 필요할 때 사용

ANSWER　05 ㉯　06 ㉰　07 ㉮　08 ㉱

09 수준측량의 관측값으로부터 표고계산을 한 결과이다. 각 측점의 표고 중 틀리게 계산된 측점은? (단, 측점 No.1의 표고는 10.000m임) [산업기사 12.09.15]

측점	후시(m)	전시(m)	표고(m)
No.1	1.865		10.000
No.2		0.237	11.628
No.3	2.332	1.075	10.790
No.4		1.562	11.250

㉮ No.1 ㉯ No.2
㉰ No.3 ㉱ No.4

㉮ No.1 = 10.000m
㉯ No.2 = 10.000+1.865-0.237 = 11.628m
㉰ No.3 = 10.000+1.865-1.076 = 10.790m
㉱ No.4 = 10.790+2.332-1.562 = 11.560m

10 실제 두 점 사이의 거리 40m가 도상에서 2mm로서 표시될 때 축적은? [산업기사 12.09.15]

㉮ 1 : 3000 ㉯ 1 : 25000
㉰ 1 : 20000 ㉱ 1 : 10000

$\frac{2mm}{40000mm} = \frac{1}{20000}$

11 아래의 축척별 등고선 간격으로 옳지 않은 것은? [산업기사 12.09.15]

	축적	주곡선	계곡선	간곡선	조곡선
A	1 : 500	1.0m	5.0m	0.5m	0.25m
B	1 : 1000	1.0m	5.0m	0.5m	0.25m
C	1 : 2500	5.0m	25.0m	2.5m	1.25m
D	1 : 5000	5.0m	25.0m	2.5m	1.25m

㉮ A ㉯ B
㉰ C ㉱ D

12 직접법으로 등고선을 측정하기 위하여 A점에 레벨을 세우고 기계 높이 1.5m를 얻었다. 70m 등고선 상의 P점을 구하기 위한 표척(staff)의 관측값은? (단, A점 표고는 71.6m이다.) [산업기사 13.03.10]

㉮ 1.0m ㉯ 2.3m
㉰ 3.1m ㉱ 3.8m

기계고+(A점표고−70m) = 1.5+(71.6−70)
= 1.5+1.6
= 3.1m

13 등고선의 성질에 대한 설명으로 옳지 않은 것은? [산업기사 13.06.02]

㉮ 등고선은 교차하거나 합쳐지지 않는다.
㉯ 등고선과 최대 경사선은 수직을 이룬다.
㉰ 경사가 같은 곳에서는 등고선 간의 간격도 같다.
㉱ 등고선은 도면의 안 또는 밖에서 반드시 폐합한다.

풀이 등고선은 동굴이나 절벽에서는 교차하거나 합쳐진다.

ANSWER 09 ㉱ 10 ㉰ 11 ㉰ 12 ㉰ 13 ㉮

Part 3 조경시공구조학

14 평판측량에 대한 설명으로 옳지 않은 것은? [산업기사 13.06.02]

㉮ 대단위 지역의 지형도 측량에 많이 사용한다.
㉯ 현장에서 측량이 잘못된 곳을 발견하기 쉽다.
㉰ 복잡한 지형이나 시가지, 농지 등의 세부측량에 이용할 수 있다.
㉱ 현장에서 직접 대상물의 위치를 관측하여 축척에 맞게 평면도를 그리는 측량이다.

풀이 지형도 같은 고저가 있는 공간은 고저측량을 사용

15 다음 설명 중 ( ) 안에 들어갈 용어 또는 기호는? [산업기사 13.06.02]

㉮ 등경사　㉯ 凸
㉰ 凹　㉱ 안부

16 축척 1/1000의 지형도를 이용하여 축척 1/5000 지형도를 제작하려고 한다. 1/5000 지형도 1장의 제작을 위해서는 1/1000 지형도가 몇 장이 필요한가? [산업기사 13.06.02]

㉮ 5매　㉯ 15매
㉰ 25매　㉱ 30매

 1/5 크기임으로 길이로 1/5, 면적으로 1/25임을 명심할 것. 따라서 1/1000 지도 25매로 1/5000 지도 1장을 만들 수 있다.

17 축척 1 : 500 지형도 (30cm×30cm)를 기초로 하여 축척이 1 : 2500인 지형도(30cm×30cm)를 제작하기 위해서는 축척 1 : 500 지형도가 몇 매 필요한가? [산업기사 13.09.28]

㉮ 5매　㉯ 10매
㉰ 15매　㉱ 25매

 $500^2 : 2500^2 = 1 : x$

$x = \frac{2500^2}{500^2} = 25$

18 지상 고도 2000m의 비행기 위에서 화면거리 152.7mm의 사진기로 촬영한 수직공중 사진상에서 길이 50m의 교량은 몇 mm 정도로 촬영되는가? [산업기사 13.09.28]

㉮ 1.2mm　㉯ 2.5mm
㉰ 3.8mm　㉱ 4.2mm

 2000 : 152.7 = 50 : x
x = 3.81

19 실제 두 점간의 거리 50m를 도상에서 2mm로 표시하는 경우 축척은? [산업기사 14.03.02]

㉮ 1 : 1000　㉯ 1 : 2500
㉰ 1 : 25000　㉱ 1 : 50000

 $\frac{1}{m} = \frac{\text{도상거리}}{\text{실제거리}}$

따라서 $\frac{1}{m} = \frac{0.002}{50}$, m = 25000

즉, 1 : 25000

ANSWER
14 ㉮　15 ㉰　16 ㉰　17 ㉱　18 ㉰　19 ㉰

20 GIS의 특징에 대한 설명으로 틀린 것은?

[산업기사 14.03.02]

㉮ 사용자의 요구에 맞는 주제도 제작이 용이하다.

㉯ 수치데이터로 구축되어 지도축척의 변경이 쉽다.

㉰ GIS데이터는 CAD데이터에 비해 형식이 간단하다.

㉱ GIS데이터는 자료의 통계분석이 가능하며 분석결과에 따른 다양한 지도 제작이 가능하다.

풀이 GIS데이터는 수치지도로서 데이터들를 분석하고 결합하기에 CAD데이터보다 더 많은 데이터와 형식을 가지고 있다.

21 그림과 같이 직접법으로 등고선을 측량하기 위하여 레벨을 세우고 표고가 40.25m인 A점에 세운 표척을 시준하여 2.65m를 관측했다. 42m인 등고선 위의 점 B에서 시준하여야 할 표척의 높이는?

[산업기사 14.03.02]

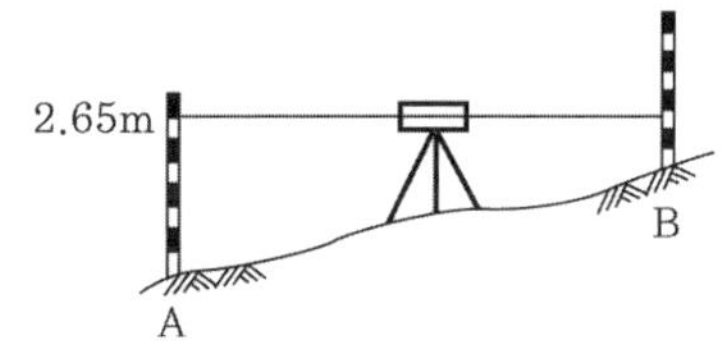

㉮ 0.90m　　㉯ 1.40m

㉰ 3.90m　　㉱ 4.40m

풀이 미지점 지반고 = 기지점 지반고+Σ후시−Σ전시

따라서, 40.25+2.65−h = 42h=0.9m

22 축척 1 : 5,000의 지형도를 만들기 위해 축척 1 : 500의 지형도를 이용한다면 1 : 5,000 지형도의 1도면에 필요한 1 : 500 지형도는?

[산업기사 14.05.25]

㉮ 10매　　㉯ 50매

㉰ 100매　　㉱ 1,000매

풀이 면적에 관한 것임으로 축척을 제곱한다.

$\left(\frac{5000}{200}\right)^2$ = 100매

23 10m에 대해서 10cm 늘어난 줄자를 사용해서 거리를 측정하였더니 450.2m가 되었다. 실제 길이는 얼마인가?

[산업기사 14.09.20]

㉮ 450.2m　　㉯ 454.7m

㉰ 459.2m　　㉱ 464.7m

풀이 측정횟수에 비례해 곱하여 계산한다.

10m에 10cm 늘어남 = 1m에 1cm 늘어남

(450.2×0.01)+450.2 = 454.702

Part 3 조경시공구조학

ANSWER 20 ㉰ 21 ㉮ 22 ㉰ 23 ㉯

4 정지 및 표토복원

1 일반사항

현장의 흙을 분석하여 작업기반 마련과 부지를 정지하고, 식물생육에 적합한 표토는 반드시 모아두었다가 활용할 것

2 정지작업의 고려사항

① **흙의 양** : 토량이 충분한지 반입, 반출해야 하는지 확인
② **흙의 질** : 식물생육과 관련하여 시설물 설치에 적합한 흙인지 확인
③ **정지작업의 과정에 대한 이해** : 중장비 공정과 장비이용의 효율성 고려
④ **날씨에 의한 영향 고려**
㉠ 점토나 유기물이 많은 토양이 젖어 있을 때는 정지작업을 하지말 것
㉡ 다짐을 위해서 완전히 건조한 흙보다는 적정한 수분을 함유하고 있을 때 다짐할 것
㉢ 부지의 배수상태를 파악하고 정지작업으로 인해 새롭게 웅덩이가 만들어지지 않도록 할 것
㉣ 정지작업과정에서 발생하는 침식을 방지할 것

3 정지작업의 준비 및 시행

① **현장조건의 파악** : 설계도서와 현장조건의 일치여부를 검토하고 대책 마련
② **정지작업** : 정지작업이란 부지를 조성하기 위해 성토와 절토작업을 말한다.
㉠ 정지작업 마감면 높이 : 추후 설치될 기초 및 기층부와 상층 마감부 두께를 고려할 것
㉡ 절토 : 현재 높이가 계획보다 높은 경우에 시행
㉢ 성토 : 성토지반은 사전에 다져서 안정된 성토면을 이루고, 성토부 침하를 고려해 여유 있게 성토하며, 물을 가하면 성토효과를 높일 수 있다.
㉣ 식재지 성토 : 식물생육에 부적합한 토양일 경우 흙을 치환하여 성토할 것

4 정지 및 토공사, 성토와 절토의 체적

(1) 정의 : 계획에 따라 땅의 형태를 만드는 작업

(2) Grading의 기본원칙

① 모든 건물의 인접지역은 그 건물에서 반대방향으로 경사지게 한다.

② 평면은 배수경사를 지녀야 한다.

③ 부지 소유권, 경계지 넘어선 경사를 두지 말 것

④ 폭우에 대비해 배수지역을 충분히 확보

⑤ 경사안정도, 안식각에 대한 고려

⑥ 토지가 평지이고, 등고선 간격이 균등할 때 등고선 중간에 1/2, 1/3선의 간곡선, 세곡선을 넣어 자세히 한다.

⑦ 절토시 top soil은 식물성장에 중요한 부분이므로 모아두었다가 성토 시에 재이용한다.

⑧ **토량변화 고려**

　㉠ L = 흐트러진 상태의 토량/자연상태의 토량 〉 1

　㉡ C = 다져진 상태의 토량/자연상태의 토량 〈 1(암반일 경우 제외)

⑨ 경사도 = 높이차/수평거리 × 100(%)

(3) 정지계획의 목적

① **기능적 목적** : 자연배수로의 특징이나 하수도 위치까지의 구배 결정, 자연배수를 위한 습지대 조성, 방음, 방축, 식재를 위한 방축만들기, 시설물 입지를 위한 경사도 조절 등

② **미적 목적** : 평탄한 대지에 관심 제공, 시계유지 및 차단, 구조물과 대지의 조화, 공간의 크기와 모양의 착각 강조, 지형과 수원의 경관상 연결, 순환로의 강조와 조절

③ **정지계획을 위한 준비** : 경사분석도, 배수도, 지질도, 식생현황도, 문화적인 지도(인공구조물, 설비물)

(4) 정지공사의 방법

① **평탄지 조성 방법**

　㉠ 흙깎기(절토) : 토취장, 연못 등을 조성하기 위한 것으로 표토 보존이 중요. 낮은 등고선을 높은 쪽으로 그려 연결

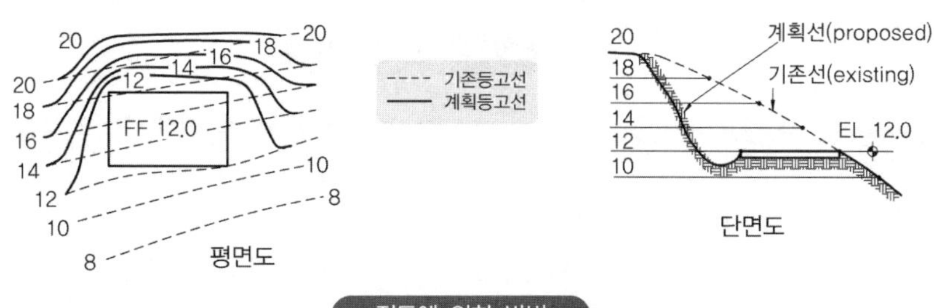

• 절토에 의한 방법 •

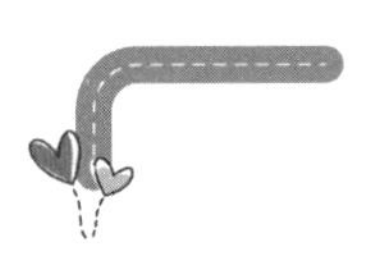

㉡ 흙쌓기(성토) : 30~60cm마다 다짐실시, 흙쌓기 비탈면경사 1:1.5, 더돋기 실시. 높은 등고선을 낮은 쪽으로 그려 연결

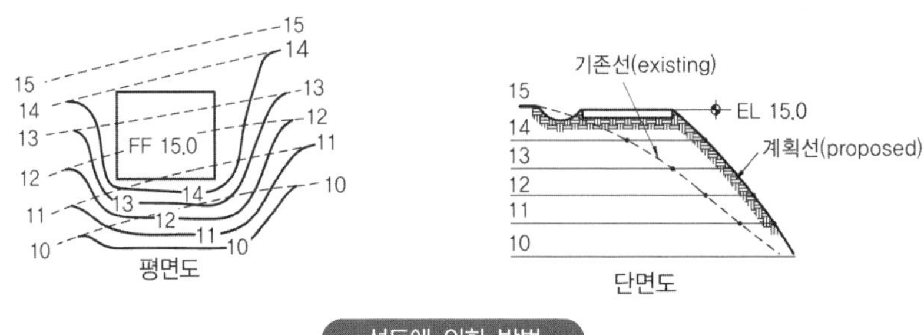

• 성토에 의한 방법 •

㉢ 성토와 절토의 혼합 : 비용을 감소시키며 중간 높이의 등고선을 선택한다.

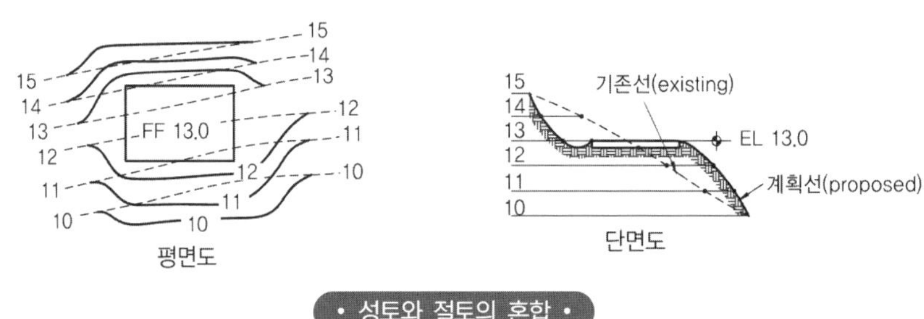

• 성토와 절토의 혼합 •

㉣ 옹벽에 의한 방법 : 등고선이 합병되어 나타나며 가장 실제적

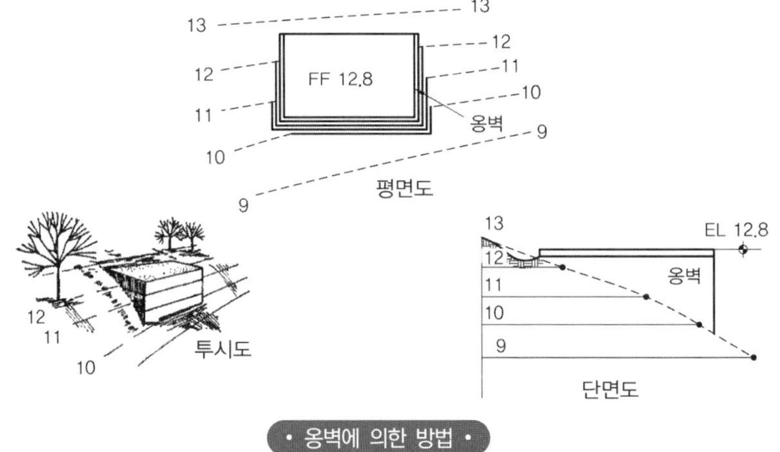

• 옹벽에 의한 방법 •

② 순환로 조성 방법

㉠ 절토에 의한 방법 : 도로에 수직으로 낮은 등고선에서 위로 올라감

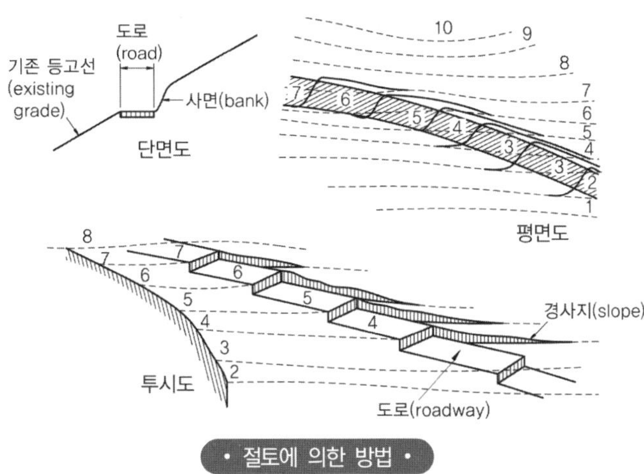

• 절토에 의한 방법 •

㉡ 성토에 의한 방법 : 도로에 수직되게 높은 등고선에서 시작

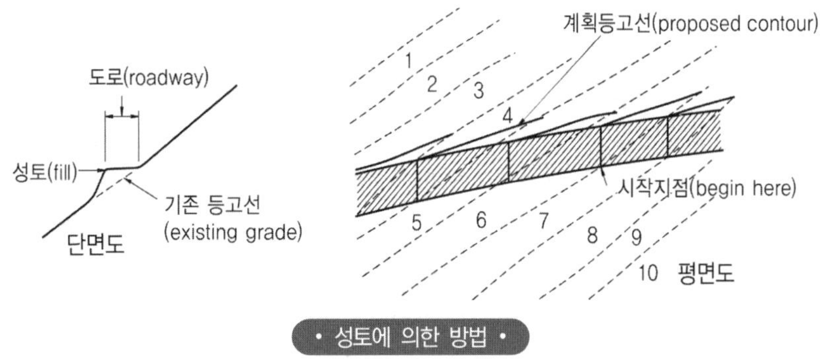

• 성토에 의한 방법 •

㉢ 절토와 성토에 의한 방법 : 등고선의 반반씩 성·절토를 하면 공사비 절감, 경제적

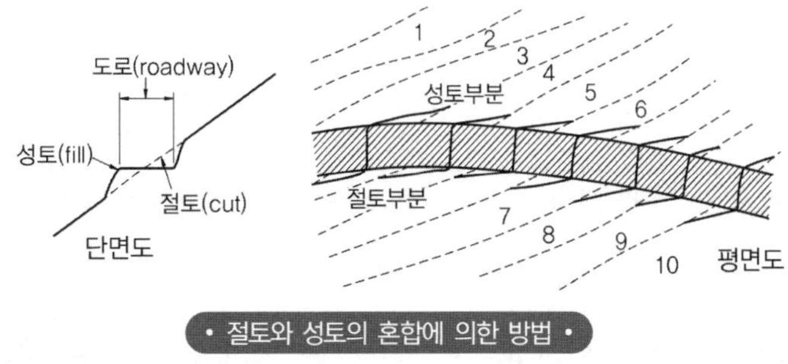

• 절토와 성토의 혼합에 의한 방법 •

③ 각 조성방법의 장·단점

㉠ 절토에 의한 방법

ⓐ 장점 : 지반이 안정되며, 급경사지에 사용 가능함

ⓑ 단점 : 절토한 흙을 처리의 문제

㉡ 성토에 의한 방법

ⓐ 장점 : 이용면적을 넓힌다.

ⓑ 단점 : 성토할 흙 찾거나 운반하기 어렵고, 침식이나 산사태 등 지반이 불안정하다.

㉢ 성토와 절토에 의한 방법 : 가장 많이 사용하는 방법으로 대규모의 대지에서 성토량과 절토량의 균형이 맞으면 흙 처리문제가 발생하지 않아 경제적

(5) 토공량 계산식

양단면평균법	$V=\dfrac{I(A_1+A_2)}{2}$	I : 양단면간 거리 A_1, A_2 : 양단면의 면적
중앙단면법	$V=\mathrm{A_m}\times\ell$	A_m : 중앙단면 면적 ℓ : 양단면간의 거리
각주공식	$V=\dfrac{I(A_1+4A_m+A_2)}{6}$	I : 양단면간의 거리 A_1, A_2 : 양단면의 면적 A_m : 중앙단면 면적
점고법	$V=\dfrac{1}{4}A(h_1+h_2+h_3+h_4)$	A : 수평저면적 h_1, h_2, h_3, h_4 : 각 점의 수직고
거형분할식	$V=\dfrac{1}{4}A(\Sigma h_1+2\Sigma h_2+3\Sigma h_3+4\Sigma h_4)$	A : 수평저면적 $\Sigma h_1 \sim \Sigma h_4$: 각 정점의 높이합 ($h \sim h_4$까지 각 정점은 만나는 거형의 수에 따른다.)
삼각형분할식	$V=\dfrac{1}{3}A(\sum h_1+2\sum h_2+3\sum h_3+ \cdots 8\sum h_8)$	A : 수평저면적 $\Sigma h_1 \sim \Sigma h_8$: 각 정점의 높이합 ($h_1 \sim h_8$까지 각 정점은 만나는 거형의 수에 따른다.)
등고선법	$V=\dfrac{h}{3}\left\{\begin{matrix} A_1+4(A_2+A_4+\cdots A_{n-1}) \\ +2(A_3+A_5+\cdots A_{n-2})+A_n \end{matrix}\right\}$	h : 등고선 간격 n : 단면수 $A_1 \sim A_n$: 등고선으로 둘러싸인 면적 ※ 참고 : 등고선법은 각주공식을 여러 번 겹쳐 놓은 것과 같다.
독립기초 터파기량	$V=\dfrac{h}{6}((2a+a')b+(2a'+a)b')$	
줄기초 터파기량	$V=\dfrac{a+b}{2}\times h\times \ell$	

Tip

체적계산법의 실체적과의 크기비교

양단면평균법(실체적보다 크다) 〉 각주공식(실체적) 〉 중앙단면적(실체적보다 작다)

Tip

심프슨 제1법칙(기준선과 불규칙한 경계선으로 둘러싸인 면적을 구하는 법칙)

$$A = \frac{d}{3}\{y_1 + y_n + 4(y_2 + y_4 + y_6 + \cdots + y_{n-1}) + 2(y_3 + y_5 + \cdots + y_{n-2})\}$$

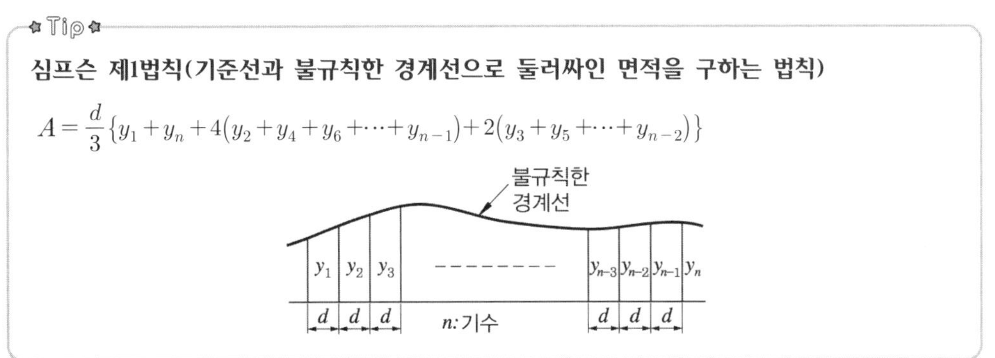

5 표토의 채취, 보관, 복원

① **표토** : 지표면의 토양중 토층의 A층에 해당하며, 암색 또는 암갈색으로 다량의 미생물, 유기물을 포함하고 있어 식물생육에 적합한 토양

② **표토의 채취** : 식물생육에 반드시 필요하므로 모아두었다가 복원해야 하며, A층이 고른 두께로만 분포하지 않기 때문에 B층도 포함될 수 있도록 계획한다.

③ **표토의 채취·보관·복원과정** : 표층식생의 제거→임시 침식 방지시설의 설치→표토의 채취→표토의 포설→개략적인 정지

④ **표토의 채취 및 보관**

㉠ 채취공법 : 일반채취법, 계단식 채취법, 표층 절취법

㉡ 운반거리를 최소화하며, 가적치 장소는 배수 양호하고 평탄, 바람 영향이 적은 곳

㉢ 가적치 최적두께 : 1.5m 기준으로 최대 3.0m를 넘지 않도록 한다.

⑤ **표토의 깊이** : 일반적으로 잔디·초화류 20~30cm, 관목 50cm, 소교목 70cm, 대교목 100cm

CHAPTER 09 조경시공일반

실전연습문제

01 다음과 같은 높이를 갖는 지형을 100m 높이로 정지 작업할 때 절취해야 할 토량은? (단, 하나의 기본 구형은 5m×10m이다.) [산업기사 11.10.02]

(단위 : m)

100.4	100.6	100.3	100.3
100.5	100.5	100.4	100.4
100.3	100.4	100.3	100.2
100.3	100.6	100.5	

㉮ $65m^3$　㉯ $98m^3$
㉰ $126m^3$　㉱ $165m^3$

0.4	0.6	0.3	0.3
0.5	0.5	0.4	0.4
0.3	0.4	0.3	0.2
0.3	0.6	0.5	

h_1	h_2	h_2	h_1
h_2	h_4	h_4	h_2
h_2	h_4	h_3	h_1
h_1	h_2	h_1	

- 공식

$$V = \frac{1}{4}A(\Sigma h_1+2\Sigma h_2+3\Sigma h_3+4\Sigma h_4)$$

$\Sigma h_1 = 0.4+0.3+0.2+0.+0.5 = 1.7$

$\Sigma h_2 = 0.6+0.3+0.5+0.4+0.3+0.6 = 2.7$

$\Sigma h_3 = 0.3$

$\Sigma h_4 = 0.5+0.4+0.4 = 1.3$

즉, $V = \frac{1}{4}\times(5\times10)(1.7+2\times2.7+3\times0.3+4\times1.3)$
$= 165m^3$

02 식생(植生)의 생육이 적당하지 않고 용수(湧水)가 있는 절토 비탈면이 강우로 자주 유실되어 유지관리가 어려운 곳에 가장 적합한 비탈면 보호 공법은? (단, 비탈면 구배는 1 : 0.8 이하의 완구배의 비탈면) [산업기사 12.03.04]

㉮ 콘크리트 격자형 블록 및 심줄박기공법
㉯ 편책공법
㉰ 시멘트모르타르 및 콘크리트 뿜어 붙이기공법
㉱ 낙석방지망공법

풀이 **콘크리트 격자형 블록 및 심줄박기공**
유수가 있는 절토비탈면, 표준구배보다 급한 성토비탈면, 식생이 적당하지 않고 표면 무너질 우려 있는 경우에 적합

03 흙의 성토작업에서 아래 그림과 같은 쌓기 방법은? [산업기사 12.05.20]

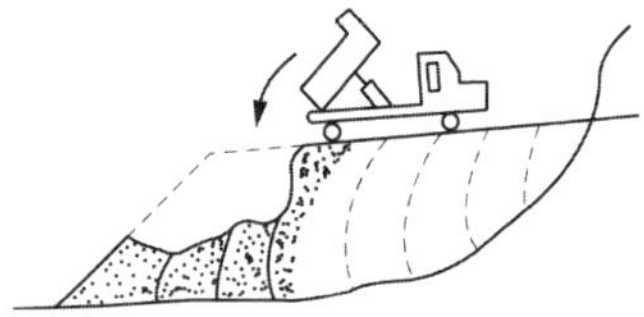

㉮ 물다짐 공법　㉯ 비계층 쌓기
㉰ 수평층 쌓기　㉱ 전방층 쌓기

 **성토 방법**

- 수평층 쌓기 : 수평층으로 쌓아 올려서 다지는 공법으로 얇은 층 쌓기
- 전방층 쌓기 : 전방에 흙을 투하하면서 쌓는 공법
- 비계층 쌓기 : 가교식 비계를 만들어 레일을 깔아 흙을 투하하면서 쌓는 공법
- 물운반에 의한 흙 쌓기 : 펌프로 송수관에 물을 압입후 노즐로 분출시켜 쌓는 공법
- 물다짐 공법 : 되메우기등의 작업으로 모래의 표면장력을 제거하여 다짐하는 방법
- 유용토 쌓기 : 토공의 균형을 위해 동일 장소에서 땅깎기한 흙으로 흙 쌓기하는 공법

ANSWER 01 ㉱ 02 ㉮ 03 ㉱

04 일반적으로 콘크리트의 크리프 변형에 관한 설명으로 옳지 않은 것은?
[산업기사 12.09.15]

㉮ 시멘트양이 많을수록 크다.
㉯ 부재의 건조 정도가 높을수록 크다.
㉰ 재하시의 재령이 짧을수록 크다.
㉱ 부재의 단면치수가 클수록 크다.

풀이 1. 크리프 변형 : 일정한 지속하중 하에 있는 콘크리트가 하중은 변함이 없는데도 불구하고 시간이 지나면서 변형이 점차로 증가하는 현상
2. 콘크리트 크리프 변형의 증가요인 : 재령이 짧을수록 응력이 클수록, 부재의 치수가 작을수록, 대기중 습도가 낮을수록, 대기의 온도가 높을수록, 물시멘트비가 클수록, 단위 시멘트양이 많을수록, 다짐이 나쁠수록 증가한다.

05 다음 그림과 같이 성토를 실시하려고 할 때 그 순서가 맞는 것은?
[산업기사 13.03.10]

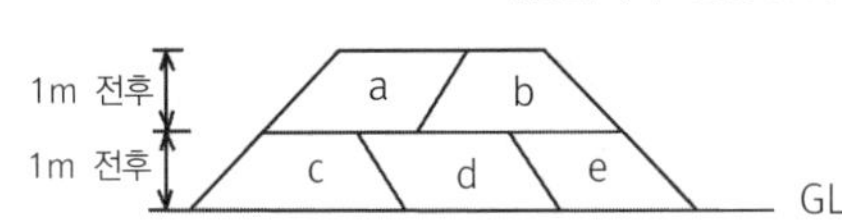

㉮ a → b → c → d → e
㉯ c → d → e → b → a
㉰ c → d → e → a → b
㉱ e → d → b → c → a

06 부지의 조성작업순서가 옳게 나열된 것은?
[산업기사 13.06.02]

㉮ 굴삭, 운반 → 벌개, 제근 → 성토, 고르기 → 다지기
㉯ 성토, 고르기 → 벌개, 제근 → 굴삭, 운반 → 다지기
㉰ 벌개, 제근 → 성토, 고르기 → 굴삭, 운반 → 다지기
㉱ 벌개, 제근 → 굴삭, 운반 → 성토, 고르기 → 다지기

07 다음 비탈면 녹화공법은 기계시공과 인력시공으로 구분할 수 있다. 다음 중 기계시공에 해당하는 것은? [산업기사 13.09.28]

㉮ 볏짚거적덮기　　㉯ 식생혈공
㉰ 식생반공　　㉱ 식생자루공법

08 토공사에서 자연상태에서의 터파기의 양이 $10m^3$, 되메우기의 량이 $7m^3$일 때 잔토 처리량은 얼마인가? (단, L = 1.1, C = 0.8, 다짐은 고려하지 않음)
[산업기사 14.03.02]

㉮ $2.3m^3$　　㉯ $3.0m^3$
㉰ $4.0m^3$　　㉱ $17.0m^3$

풀이 자연상태의 흙을 떠내어 흐트러진 상태가 되면 $10 \times 1.1 = 11m^3$
되메우기 양 $7m^3$를 빼면 $11-7 = 4m^3$

09 보통 흙 쌓기의 경우 높이 3m 미만으로 대지 조성시 더돋기의 양은 높이의 얼마 정도로 하는 것이 좋은가?
[산업기사 14.09.20]

㉮ 3 ~ 5%　　㉯ 10%
㉰ 20%　　㉱ 30%

더돋기
토질이나 시공법에 따라 다르나, 대체적으로 성토 높이의 10% 정도

ANSWER 04 ㉱ 05 ㉯ 06 ㉱ 07 ㉯ 08 ㉰ 09 ㉯

5 가설공사

1 가설시설 분류

① **직접가설시설** : 공사용 도로, 전력 및 급수설비, 규준틀, 비계, 동바리
② **간접가설시설** : 가설건물(현장사무실, 창고, 숙소), 가설울타리, 가식장, 가설주차장

2 가설울타리

특별시방서 규정이 없을 시 1.8m 이상이며, 미관상 필요한 곳에는 조립식 울타리를 설치하고 출입구는 편리한 곳에 설치하며, 건축공사와 병행할 때는 조경공사에서 따로 설치하지 않는다.

3 가설건물

가설사무소, 가설변소, 노무자숙소, 작업장, 가설창고, 식당 등으로 건축에서는 연면적에 따라, 토목에서는 공사금액에 따라, 조경에서는 관계자와 협의하여 결정하며, 임시설치 시설로서 사전에 관할 주민자치센터에 신고하여 허가받아야 한다.

① **가설사무소** : 주진입로에서 접근이 용이하고 현장을 관망할 수 있는 장소에 설치하며, 대부분 패널로 된 조립식 건물, 개량된 컨테이너 사용. 전기, 급수, 위생시설 등 부대시설 설치
② **가설창고**
　㉠ 경제적 가치가 높은 현장에서 사용하는 재료·기계·공구를 저장하는 것으로 안전상 사무실 주변에 설치
　㉡ 시멘트창고 설치 시 주의사항
　　ⓐ 바닥은 지면에서 30cm 이상 높게 깔판을 깔고, 그 위에 방습시트를 깐다.
　　ⓑ 주변에 배수도랑을 두고 우수의 침투를 방지한다.
　　ⓒ 바람에 날리지 않게 방풍하고, 공기유통 차단을 위해 개구부를 최소화한다.
　　ⓓ 시멘트 사용은 먼저 반입된 것부터 사용한다.
　　ⓔ 시멘트 쌓는 높이 13(10~15)포대, 장기간 둘 때는 7포대 이상 쌓지 않는다.
　　ⓕ $1m^2$당 쌓기는 30~50포대
　　ⓖ 시멘트 창고 필요면적 : $A = 0.4 \times \frac{N}{n}$
　　(A : 창고면적, n : 시멘트 쌓아올리는 단수, N : 저장포대수)

4 가설공급시설

① **용수** : 도시지역에서는 가설상수도 또는 다량의 물이 필요할 때 미리 관정하여 쓰고 연못 등의 용수로 사용하며, 자연지역에서는 연못, 계곡의 물 사용

② **전력공급과 전기설비** : 최대전력량을 기준으로 관할 한국전력지사에 임시동력 또는 전등 사용을 신청하여 승인 받아 사용. 전선은 통행에 방해되지 않도록 지중매설, 전주에 배선하며, 사용장소에 분전반을 두어 개별 스위치, 브레이커, 단자 설치해 접속. 누전이나 안전사고에 주의

③ **가식장** : 반입된 수목을 임시로 가식하기 위한 장소로 공사에 지장이 없는곳, 바람이 심하게 불거나 먼지가 심하게 날리지 않는 장소로 사질양토의 배수가 잘되는 곳 선정

5 공사용 도로

① **현장 접근로** : 가능한 간단한 경로로 선정, 시계확보, 도로교통에 방해되지 않도록, 접근이 쉽도록, 파손되기 쉬운 지하기반시설이 없는 곳, 시공작업에 방해되지 않는 곳에 위치

② **가설도로** : 대부분 하중이 큰 중장비가 통행하기 때문에 부지에 노반과 보조기층을 깔고 임시로 설치하면 사전에 다짐효과를 얻을 수 있어 유리. 조경공사의 경우 보행로, 주차장 설치 시나 잔디식재지에 가설도로 설치 시 지나친 다짐이 발생하므로 잔디 식재 전에 토양 경운 하여야 한다.

6 현장관리

(1) 공정관리

① **시공관리 3대 목표** : 공정관리(공사기한 단축), 품질관리(품질유지), 원가관리(경제성)

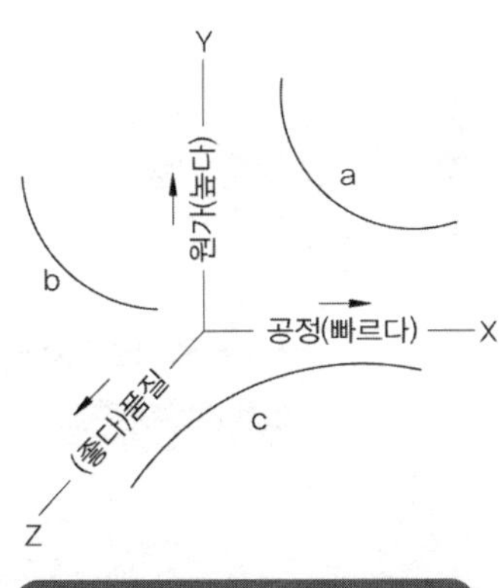

• 공정·원가·품질의 상관관계 •

② **공정계획 절차** : 부분 시공순서 결정 - 시공기간 산정 - 총공사기간 내에서 시공속도 균등배치 - 각 공정 시간 내 진행 - 공기 내 공사가 종료되도록 하며, 공정표를 작성하여 관리한다.

㉠ 최적공기 : 직접비(노무비, 재료비, 가설비, 기계운반비 등), 간접비(관리비, 감가상각비 등)를 합한 총건설비가 최소로 되는 가장 경제적인 공기

㉡ 표준공기 : 표준비용(각 공종의 직접비가 최소로 투입되는 공법으로 시공하면 전체 공사의 총직접비가 최소가 되는 비용)에 요하는 공기로 직접비가 최소가 되는 공기로 공사의 직접비를 최소로 하는 최장공기(그림에서 A지점)

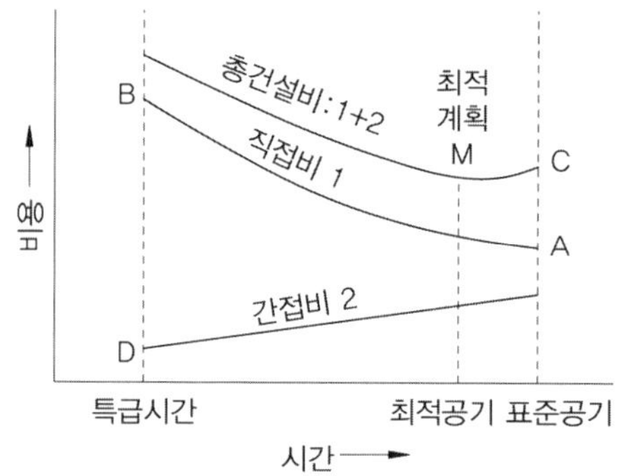

공사초기에는 준비자금이 많이 필요하다. 간접비는 공사 진행에 따른 부수적인 것으로 시간이 지날수록 증가한다.

• 공기 및 건설비 곡선 •

㉢ 채산속도 : 공사 채산성을 확보하고, 손익분기점 이상의 시공성과를 유지하기 위해 낙관할 수 있는 공정속도(채산성 : 수입과 지출 등의 손익을 따져서 이익이 나는 정도)

㉣ 경제속도 : 손익분기점 이상의 채산속도를 유지하기 위해 여러 조건에 적정한 관리가 병행될 때의 속도

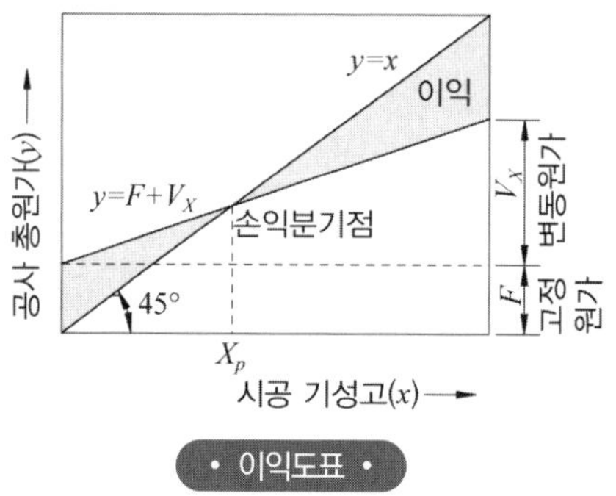

• 이익도표 •

ⓜ 기대시간 : 건설공사 작업요소시간 산정 시 추정치로 계산한 공사기간

$$D = \frac{1}{6}(a+4m+b)$$

a : 낙관시간(정상상태에서 시공목적물을 완성시키는 데 필요한 최소시간)
m : 정상시간(가장 타당하다고 판단되는 최적시간)
b : 비관시간(천재지변을 제외하고 예상되는 최악의 상황기간)

(2) 품질관리

① **정의** : 물품이 가지는 효용으로 기능적 품질과 외관, 설계 등의 비기능적 품질까지 포함하는 여러 조건들을 평가한 것

② **기능과 목적**

품질관리 기능	품질관리의 목적
1. 품질의 설계(Design)	1. 시공능률의 향상
2. 공정의 관리(Make)	2. 품질 및 신뢰성의 향상
3. 품질의 보증(Sell)	3. 설계의 합리화
4. 품질의 시험(Test)	4. 작업의 표준화

③ **품질관리 대상(5M)** : 사람(Men), 재료(Materials), 기계(Machines), 자금(Money), 공법(Methods)

④ **품질관리 종류**

㉠ 통계적 품질관리(SQC : Statistical quality control) : 좋은 품질을 경제적으로 생산하기 위해 생산의 모든 단계에 통계적인 수법을 사용하는 것

㉡ 통합적 품질관리 (TQC) : 각 부문의 품질유지와 개선 노력을 체계적, 종합적으로 조정하는 체계

ⓐ 품질유지 - 평상시관리 - 관리도법
ⓑ 품질향상 - 작업개선 - 공정실험법
ⓒ 품질보증 - 공사의 검사 - 발취검사

⑤ **품질관리의 기능** : 품질설계(design), 공정관리(make), 품질의 보증(sell), 품질의 시험(test)

⑥ **품질활동의 목적** : 시공능률의 향상, 품질 및 신뢰성의 향상, 설계의 합리화, 작업의 표준화

⑦ **표준화와 통계적 방법의 활용** : 계량치, 계수치, 통계량, 도수분포와 히스토그램, 파레토도(Pareto Diagram : 불량 발생건수를 크기 순서대로 나열해 놓은 그래프), 체크시트, 그 외 그래프

⑧ **조경공사의 품질관리** : 시공단계에 따라 즉, 시공 전, 시공 중, 시공 후로 구분하여 적용하는 것이 좋으며, 살아있는 식물을 다루기 때문에 보강공사나 재시공이 생기지 않도록 하는 것이 중요하다.

(3) 원가관리

① **원가관리 지표** : 실행예산과 실제 시공비를 대조하여 차액분석, 공사예산편성

② **원가관리 저해요인** : 시공관리의 불철저, 작업의 비능률, 작업대기시간의 과다, 부실시공에 따른 재시공작업 발생, 물가 등 시장정보 부족, 자재 및 노무, 기계의 과잉조달

③ **원가관리 수단** : 가동률 향상, 기계설비 정비, 품질관리 강화, 공정관리 개선, 공법 개선, 구매방법 개선, 현장경비 절감

④ **자금조달계획**

㉠ 수급인의 시공수입 : 선급금, 중간 기성금, 준공금

㉡ 자금조달계획 : 자금 지출시기는 발생 시점보다 약간 늦으므로 계획을 조정하고, 지출액이 수령액보다 많을 시 부족액을 조달할 수 있는 계획을 세워야 자금관리가 원활함

(4) 안전관리

① 재해의 원인

㉠ 인적원인 : 심리적 원인(미지와 미숙련, 부주의와 태만)
생리적 원인(신체의 결함, 질병과 피로)
기타(노약자, 복장의 불비 등)

㉡ 물적원인

ⓐ 설비 : 구조, 재료 및 안전설비의 불완전, 협소한 작업장

ⓑ 작업 : 정비·점검 및 수리의 불량, 기계공구의 불비, 급속한 시공, 불합리한 지시 등

ⓒ 기타 : 예산부족, 공기상의 불합리 등

㉢ 천후원인 : 추위, 바람, 더위, 비, 눈 등

② 안전대책

㉠ 안전관리 고려사항

ⓐ 계획단계 : 자연재해의 방지, 시공중, 준공 후 자연환경의 보전대책 검토

ⓑ 설계단계 : 건설된 시설이나 구조물 등의 안전성 확보 검토

ⓒ 시공단계 : 노동재해나 현장 주변의 제3자 재해 방지 검토

㉡ 안전대책 실시내용 : 안전관리기구의 구성, 노동재해기구의 방지계획, 안전교육의 실시, 매일 현장점검, 현장의 정리정돈, 위험장소의 기술적 안전대책 검토, 응급시설의 완비 등

(5) 노무관리, 자재관리, 자금관리, 장비관리

① **노무관리** : 시공계획에 따른 인부들을 효과적으로 배치하고 작업반장 등으로 관리

② **자재관리** : 시공에 필요한 자재를 시간에 맞추어 필요한 장소에 최소의 비용으로 공급하는 관리

③ **자금관리** : 경제적으로 시공하기 위해 재료비, 노무비, 그 밖의 장부를 기록해 분석하여 관리

④ **장비관리** : 공사에 사용되는 기계, 장비의 공정에 맞춘 효율적 이용에 관한 관리

CHAPTER 09 조경시공일반

실전연습문제

01 시공현장에서 기본적인 안전관리의 대책으로 옳지 않은 것은? [산업기사 12.03.04]

㉮ 안전관리 기구의 구성
㉯ 매일 현장점검
㉰ 응급시설의 완비
㉱ 준공일의 단축 일정

02 공사 중 사고를 미연에 방지하기 위한 안전 관리 대책이 아닌 것은? [산업기사 14.05.25]

㉮ 산재보험의 가입
㉯ 안전관리 기구 구성
㉰ 매일 현장점검
㉱ 안전교육의 실시

풀이 산재보험은 사고가 일어났을 때 보상에 관한 대책으로 사고방지대책은 아니다.

ANSWER 01 ㉱ 02 ㉮

CHAPTER 3 공종별 공사

1 조경재료 일반

1 재료와 제품

① **재료** : 어떤 물건을 만드는 데 사용되는 물질로 가공하지 않은 그대로의 것
② **제품** : 재료를 이용하여 만든 물품으로 특정 기능을 갖는 목적물
③ **조경자재산업** : 조경수 조경식재공사, 조경시설물
④ **조경자재산업 발전방향** : 고품질 조경자재 생산, 생산 및 유통 과정의 효율화, 친환경 기술의 개발, 고기능 고부가가치형 기술 개발, 산학협동연구의 증진

2 재료의 표준 규격화

① **한국산업표준(KS)** : 산업표준화법에 근거하여 만든 국가표준으로 기본부문(A)부터 정보부문(X)까지 21개 부문으로 구성. 조경 관련되는 항목은 금속(D), 건설(F), 요업(L), 화학(M)부문이다.
② **외국 국가표준** : ASTM(미국), TOCT(러시아), CSA(캐나다), CNS(중국), NF(프랑스), JIS(일본), DIN(독일), BS(영국)
③ **국제표준** : ISO(국제표준화기구)로 164개국이 가입. ISO 9000(품질경영규격), ISO 14000(환경경영시스템 규격) 등이 있다.

3 특허와 신기술

① **건설신기술(국토교통과학기술진흥원)** : 1990년부터 시행해 2013년 기준 693개 지정. 조경신기술 19개 지정(대부분이 비탈면녹화공법, 옥상녹화, 하천호안녹화 등)
② **환경신기술(환경부 한국환경산업기술원)** : 환경기술 및 환경산업 지원법에 의거 수질, 대기, 폐기물, 생태복원 등으로 구분되어 2012년 기준 전체 425개, 조경분야 7개 인증

③ **신기술인증(NET. 산업통상자원부 기술표준원)** : 산업기술혁신촉진법에 의거 신기술 상용화와 구매력 창출을 조성함

④ **녹색인증** : 저탄소 녹색성장 기본법에 의거 녹색기술 인증, 녹색사업 인증, 녹색전문기업 확인, 녹색기술제품 확인 등 4가지로 구분. 2013년 기준 1074개 인증

⑤ **산업재산권** : 조경분야 특허 등록건수 2006년 기준 4,399건. 조경분야 실용신안 등록 2006년 기준 2,523건으로 시멘트 및 콘크리트 제품, 포장재, 수목관리재가 주를 이룬다.

4 조경재료의 일반적 성질

① **역학적 성질** : 강도, 경도, 강성, 소성, 탄성, 점성 등

㉠ 탄성 : 재료의 외력이 작용하여 순간적으로 변형되었다 외력이 제거되면 원래 형태로 회복되는 성질

㉡ 소성 : 재료에 작용하는 외력이 어느 한도에 이르러 외력의 증가 없이도 변형이 증대하는 성질

㉢ 점성 : 재료에 외력이 작용했을 때 변형이 하중속도에 따라 영향을 받는 성질

㉣ 강도 : 재료에 외력이 작용할 때 그 외력에 의한 변형과 파괴 없이 저항할 수 있는 응력으로서 압축강도, 인장강도, 휨강도, 전단강도 등이 있음

㉤ 경도 : 재료의 단단한 정도

㉥ 강성 : 재료가 외력에 강한 성질

② **물리적 성능** : 비중, 흡수, 함수, 투과, 반사 등

㉠ 비중 : 동일한 체적을 4℃ 물의 중량으로 나눈 값

㉡ 함수율 : 재료 속에 포함된 수분의 중량을 건조 시의 중량으로 나눈 값

㉢ 흡수율 : 재료를 일정시간 물 속에 넣었을 때 재료의 건조중량에 대한 흡수량의 비

㉣ 열전도율 : 재료의 마주하는 면에 단위온도차를 주었을 때 단위시간당 전해지는 열량

㉤ 연화점 : 재료에 열을 가하면 물러져 액체로 변하는 상태에 달하는 온도

㉥ 인화점 : 연화상태에 계속 열을 가하면 가스가 발생해 불에 닿으면 인화하는 지점

㉦ 투과율 : 광선이 재료의 투과정도

③ **화학적 성능** : 화학반응 및 화학약품에 의한 부식, 변질 등

④ **내구성능** : 산화, 변질, 재해, 충해 등

⑤ **내화성능** : 연소, 발연, 인화 등

⑥ **감각적 성능** : 색채, 명도, 오염 등

⑦ **생산성능** : 생산성, 가공성, 공해, 운반 등

CHAPTER 03 공종별 공사

실전연습문제

01 취성(脆性, brittleness)이 큰 재료로만 짝지어진 것은? [산업기사 12.03.04]

㉮ 주철, 유리 ㉯ 목재, 섬유
㉰ 납, 금 ㉱ 고무, 구리

 취성이란 외력을 받았을 때 소성 변형을 거의 보이지 않고 파괴되는 성질로 재료가 깨지는 성질

02 물체에 힘을 가했을 때 파괴되지 않고 모양이 변화되고, 힘이 제거된 후에도 원형으로 돌아가지 않는 성질을 나타내는 것은? [산업기사 14.03.02]

㉮ 탄성(彈性, Elasticity)
㉯ 점성(粘性, Viscosity)
㉰ 소성(塑性, Plasticity)
㉱ 연성(延性, Ductility)

 ㉮ 탄성(彈性, Elasticity) : 재료의 외력이 작용하여 순간적으로 변형되었다 외력이 제거되면 원래 형태로 회복되는 성질
㉯ 점성(粘性, Viscosity) : 재료에 외력이 작용했을 때 변형이 하중속도에 따라 영향을 받는 성질
㉰ 소성(塑性, Plasticity) : 재료에 작용하는 외력이 어느 한도에 이르러 외력의 증가 없이도 변형이 증대하는 성질
㉱ 연성(延性, Ductility) : 탄성한계 이상의 힘을 받아도 파괴되지 않고 늘어나는 성질

03 다음 금속 재료 중 전성(展性, Malleability)이 가장 큰 것은? [산업기사 14.05.25]

㉮ 알루미늄 ㉯ 은
㉰ 철 ㉱ 니켈

 **전성**
압축력에 대하여 물체가 부서지거나 구부러짐이 일어나지 않고, 물체가 얇게 영구변형이 일어나는 성질로 금, 은, 주석, 알루미늄이 높다.

04 다음 중 동해, 건습, 온도변화 등의 풍화작용에 저항하는 성질을 가리키는 용어는? [산업기사 14.09.20]

㉮ 내후성 ㉯ 내마모성
㉰ 내식성 ㉱ 내화학약품성

 ㉮ 내후성 : 각종 기후에 견디는 성질
㉯ 내마모성 : 마모에 견디는 성질
㉰ 내식성 : 부식이 일어나기 어려운 성질
㉱ 내화학약품성 : 화학약품에 대해 견디는 정도

ANSWER 01 ㉮ 02 ㉰ 03 ㉯ 04 ㉮

2 조경재료별 특성과 공사

1 목재와 목공사

(1) 목재의 특성

① 목재의 장점
- ㉠ 가볍고 운반하기 쉽다.
- ㉡ 가공하기 쉽고 외관이 아름답다.
- ㉢ 중량에 비해 강도가 크고, 열, 소리, 전기 등의 전도성이 작다.
- ㉣ 온도에 대한 팽창, 수축이 비교적 작다.
- ㉤ 생산량이 많으며 구입이 용이하다.
- ㉥ 가격이 비교적 저렴하다.

② 목재의 단점
- ㉠ 가연성이며, 부식성이 크다.
- ㉡ 함수량이 증감에 따라 팽창, 수축하여 변형, 균열이 생기기 쉽다.
- ㉢ 재질, 강도 등의 균질성이 적다.
- ㉣ 크기에 제한을 받는다.

(2) 목재의 규격

① 치수표시방법
- ㉠ 제재치수 : 톱날의 중심 간 거리를 목재치수로 호칭 - 구조재, 일반재
- ㉡ 제재 정치수 : 제재해 나온 목재 자체에 정미치수를 호칭한 것 - 특수 수장재, 건축 가구재
- ㉢ 마무리 치수 : 제재목에 대패질 등 기타 마무리 손질한 목재의 치수 - 창호재, 정밀가구재

② 목재의 규격
- ㉠ 목재 정척 : 1.8m(6자), 2.7m(9자), 3.6m(12자) 즉 1자 = 30cm
- ㉡ 각재의 단면 : 기본 12, 10.5, 9cm 오림목(4등분 정도 이하인 것), 대각재(한 변의 너비가 타변의 2배 이상인 것)

③ 목재규격분류기준

원목	통나무 (전혀 제재하지 않는 원목)	(대구경) 말구지름이 30cm 이상	
		(중구경) 말구지름이 14~30cm	
		(소구경) 말구지름이 14cm 미만	
	조각재 (제작전에 4면을 따내고 그 최소단면에 있어서 차변을 보완, 4면의 합계에 대하여 차변의 합계가 80% 미만인 사각의 원목)	(대조각재) 최소단면이 30cm 이상	
		(중조각재) 최소단면이 14~30cm	
		(소조각재) 최소단면이 14cm 미만	
제재목	각재류 (폭이 두께의 3배 미만인 제재목)	각재 : 두께가 6cm 이상 되는 각재류	(정각재) 횡단면이 정방형 (평각재) 횡단면이 장방형
		소각재 : 두께가 6cm 미만인 각재류	(정소각재) 횡단면이 정방형 (평소각재) 횡단면이 장방형
	판재류 (두께가 6cm 미만이고 폭이 두께의 3배 이상 되는 제재목)	후판재 : 두께가 3cm 이상 되는 판재류	
		판재 : 두께가 3cm 미만이고 폭이 12cm 이상	
		소폭판재 : 두께가 3cm 미만이고 폭이 12cm 미만	

(3) 목재 재적 계산법

① 단위기준

㉠ m법

ⓐ $1m^3 = 1m \times 1m \times 1m = 1{,}000dm^3 = 299.475$재

ⓑ $1dm^3(l) = 1{,}000cm^3 = 0.2995$재

㉡ 척관법

ⓐ 1재(사이) = 1치×1치×12자 = 0.12세제곱척

ⓑ 1석 = 1자×1자×10자 = 10세제곱척 = 83.3재

ⓒ 기타 : 1보드피트 = 1'×1'×1''=0.703재

② 재적 계산법

통나무 (원목) 계산법	길이×중앙 단면적
	길이×(원구면적+말구면적)1/2
	길이×(원구면적+말구면적+4×중앙 단면적)×1/6
	산림청 시행 계산법 • 길이 6m 미만일 때 : $D^2 \times L \times \frac{1}{10{,}000}(m^3)$ • 길이 6m 이상일 때 : $(D+\frac{L'-4}{2})^2 \times L \times \frac{1}{10{,}000}(m^3)$ (D : 통나무의 말구지름(cm), L 통나무의 길이(m), L' : 통나무의 길이로 1m 미만의 끝수 끊어버린 것(m))

제재목	$T \times W \times L \times \frac{1}{10,000}$ (m^3) (T : 제재목의 두께(cm), W : 제재목의 폭(cm), L : 제재목의 길이(m))
판재	쪽널을 펴놓아 $1m^2$이 되는 단위로 취급

(4) 목재 방부법

① 표면 탄화법
- ㉠ 목재의 표면을 불에 그을려서 표면을 탄화시키는 것
- ㉡ 장점 : 처리 간단, 가격 저렴
- ㉢ 단점 : 탄화한 부분에 습기가 침입하기 쉬워 효과의 영속성이 적음
- ㉣ 주사용지 : 말뚝, 울타리 등 땅 속에 묻는 기둥 등에 많이 사용

② 약제 도포법
- ㉠ 외부의 습기, 균류, 충류의 침입을 막기 위해 목재의 건조한 표면에 약제를 칠하는 방법
- ㉡ 약제 종류 : 페인트, 바니스, 크레오소트, 타르, 아스팔트

③ 약제 주입법
- ㉠ 방부제 속에 목재를 담가두는 방법
- ㉡ 약제 종류 : 크레오소트, C.C.A방부(크롬, 구리, 비소의 화합물을 고압으로 처리)
- ㉢ C.C.A 방부의 특징
  - ⓐ 목재를 제작치수로 제단, 마감 후에 방부처리
  - ⓑ 방부효과 크고, 지속성 크고, 냄새 없고, 취급이 용이
  - ⓒ 비바람에 강하고 수중에서 효과 크며, 사람·동물에게 해가 없다.

(5) 목재 함수율

$$W = \frac{W_1 - W_2}{W_2} \times 100$$

(W : 함수율, W_1 : 건조전 중량, W_2 : 전건중량)

① **전건중량** : 환기가 양호한 건조기 속에 100 ~ 105℃로 건조 시켜 함량에 도달했을 때 중량

② 목재에 세균 번식할 수 있는 함수율
- ㉠ 적당세균 : 30 ~ 60%
- ㉡ 미약세균 : 25% 이하
- ㉢ 세균없음 : 22 ~ 23% 이하

(6) 목재의 강도

① 비중이 높은 것부터 낮은 순서로

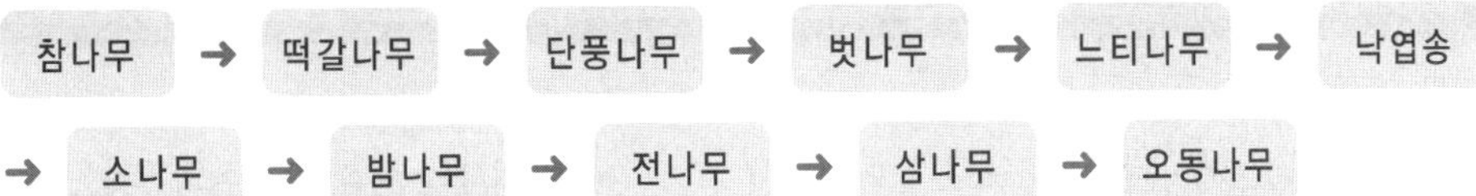

② 압축강도 높은 것부터 낮은 순서로

참나무 → 낙엽송 → 단풍나무 → 벗나무 → 느티나무 → 전나무 → 떡갈나무 → 소나무 → 삼나무 → 오동나무 → 밤나무

③ 휨강도 높은 것부터 낮은 순서로

참나무 → 단풍나무 → 벗나무 → 느티나무 → 낙엽송 → 전나무 → 떡갈나무 → 소나무 → 오동나무 → 밤나무 → 삼나무

(7) 목공사

① 목재의 접합과 목재시설의 설치

㉠ 턱이음 : 두 부재의 연결부에 반대되는 턱을 만들어 잇는 방법

㉡ 장부이음 : 한쪽에는 톱, 자귀 등으로 장부 만들고 다른 쪽에는 장부가 낄 장부구멍을 파서 밀착되게 결구하는 방식

㉢ 턱끼음 : 한 부재에 홈을 파고 끼임 부재에는 턱을 깎아 접합하는 방식

㉣ 턱짜임 : 연결되는 2개의 부재에 모두 턱을 만들어 서로 직각, 경사되게 물리게 하는 방법

㉤ 사괘짜임 : 기둥머리에 4개축 만들어 ㅈ자형으로 짜임하는 기법

② 목재의 고정 및 연결

㉠ 목재접착제 : 초산비닐 수지에멀션 목재접착제, 요소수지 목재접착제, 페놀수지 목재접착제, 목재용 카세인접착제, 멜라민·요소 공축합성수지 목재접착제

㉡ 목구조용 철물 : 못, 나사못, 볼트, ㄱ자쇠, 감잡이쇠, 꺽쇠 등 접합철물

③ 목재시설의 제작 및 설치

㉠ 작업순서 : 절단 - 건조 - 구멍뚫기, 따내기 - 방부처리 - 이음 및 접합

㉡ 목재시설의 기초 : 각종 철물 이용해 지면과 분리하며, 목재기둥 매설 시는 부식방지

㉢ 목재의 부착 : 콘크리트나 석재, 금속재와 연결하는 경우 ㄱ형강, 플렌지 접합 등으로 견고히 처리

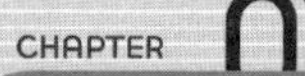

CHAPTER 03 공종별 공사

실전연습문제

01 목재의 결점에 관한 설명으로 틀린 것은? [산업기사 11.03.02]

㉮ 옹이부위는 압축강도에 약하다.
㉯ 부패는 균의 작용으로 썩은 부분이다.
㉰ 껍질이 속으로 말려든 것을 입피(入皮)라고 한다.
㉱ 수심이 수축이나 균의 작용에 의해서 생긴 crack을 원형갈림이라 한다.

02 다음 중 합판의 특성 설명으로 옳지 않은 것은? [산업기사 11.10.02]

㉮ 제품이 규격화되어 사용에 능률적이다.
㉯ 목재를 완전히 이용할 수 있고 목재의 결점을 보완할 수 있다.
㉰ 팽창, 수축 등에 의한 결점이 없고 방향에 따른 강도의 차이가 없다.
㉱ 일반목재에 비하여 내구성, 내습성이 작으나 접합하기가 쉽다.

03 목재의 성질 중 단점에 해당하는 것은? [산업기사 12.03.04]

㉮ 구조재료 중 중량이 가볍다.
㉯ 열전도율이 작다.
㉰ 산에 대한 저항성이 크다.
㉱ 수분 흡수성이 강하다.

풀이 목재는 수분을 잘 흡수해 부패되기 쉽다.

04 목재의 탄성적 성질의 영향인자에 대한 설명으로 옳지 않은 것은? [산업기사 12.03.04]

㉮ 식물체의 리그닌은 강성을 크게 한다.
㉯ 목재비중이 커지면 세포의 강성이 증가된다.
㉰ 옹이에 의해 그 주위에 뒤틀린 목리가 형성되면 강성은 감소된다.
㉱ 목재의 열분해 이하의 온도에서 온도가 증가하면 강성은 증가한다.

풀이 목재의 강성은 온도가 증가할수록 감소한다.

05 평균함수율 60%인 어떤 목재의 전중량(全重量)이 4150g이라면 이 목재를 평균함수율 8%까지 건조시켰을 때 건조를 통해 감소된 수분량은 얼마인가? [산업기사 12.05.20]

㉮ 1349g　　㉯ 2801g
㉰ 4150g　　㉱ 5499g

목재 함수율 $= \dfrac{\text{건조 전 중량} - \text{전건중량}}{\text{전건중량}} \times 100$

따라서, $60 = \dfrac{4150 - \text{전건중량}}{\text{전건중량}} \times 100$

즉, 전건중량은 2593.75g

8% 함수율에서 건조전 중량을 구하면

$8 = \dfrac{\text{건조 전 중량} - 2593.75}{2593.75} \times 100$

여기서 건조 전 중량은 2801.25g

따라서, 두 가지 경우의 건조 전 중량을 빼면 감소된 수분량이 나오므로,

4150-2801.25 = 1348.75

즉, 1349g

ANSWER 01 ㉮ 02 ㉱ 03 ㉱ 04 ㉱ 05 ㉮

06 목재의 물리적 성질을 나타내는 인자 중에서 수종이나 변, 심재 부분에 따라 변화하지 않고 거의 일정한 값을 가지는 것은? [산업기사 12.05.20]

㉮ 강도 ㉯ 수축률
㉰ 공극율 ㉱ 진비중

07 목재의 강도에 영향을 끼치는 인자로 거리가 먼 것은? [산업기사 12.09.15]

㉮ 함수율 ㉯ 조직학적 성질
㉰ 비중 ㉱ 수축과 팽창량

08 다음 중 인장강도(kg/cm^2)가 가장 큰 목재는? [산업기사 12.09.15]

㉮ 소나무 ㉯ 느티나무
㉰ 오동나무 ㉱ 낙엽송

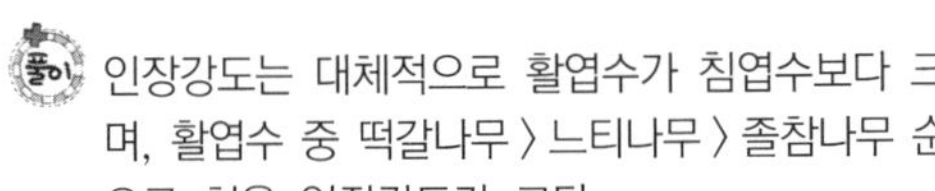

풀이 인장강도는 대체적으로 활엽수가 침엽수보다 크며, 활엽수 중 떡갈나무 〉 느티나무 〉 졸참나무 순으로 허용 인장강도가 크다.

09 공극(孔隙)을 함유하지 않은 목재실질(木材實質)의 비중을 무엇이라 하는가? [산업기사 12.09.15]

㉮ 진비중 ㉯ 전건비중
㉰ 용적밀도 ㉱ 생재비중

10 목재의 수축 및 팽윤과 관련되어서 발생하는 현상이 아닌 것은? [산업기사 13.03.10]

㉮ 할열 ㉯ 비틀림
㉰ 응력완화 ㉱ 건조응력

 **응력**

재료에 압축, 인장, 굽힘, 비틀림 등의 하중(외력)을 가했을 때, 그 크기에 대응하여 재료 내에 생기는 저항력으로 수축·팽창 시에 완화되지 않는다.

11 목재의 탄성계수에 관한 설명 중 맞는 것은? [산업기사 13.06.02]

㉮ 강도에 반비례한다.
㉯ 함수율에 비례한다.
㉰ 모든 목재가 동일하다.
㉱ 비중이 증가할수록 탄성계수도 증가한다.

 탄성계수란 탄성물질이 응력을 받았을 때 일어나는 변형률의 정도를 말하는 것으로 강도와 비례하며, 목재의 종류에 따라 다르고, 비중이 증가할 수록 탄성계수도 증가한다.

12 다음 중 목재의 전기저항에 가장 적은 영향을 미치는 인자는? [산업기사 13.09.28]

㉮ 수종 ㉯ 온도
㉰ 함수율 ㉱ 섬유주향

ANSWER 06 ㉱ 07 ㉱ 08 ㉯ 09 ㉮ 10 ㉰ 11 ㉱ 12 ㉮

13 목재의 비저항(比抵抗)에 대한 설명으로 틀린 것은? [산업기사 14.03.02]

㉮ 목재의 비저항은 온도상승에 따라 감소한다.
㉯ 목재의 비저항은 수종에 따라 그 차이가 크다.
㉰ 횡단면의 비저항은 섬유방향의 비저항보다 크다.
㉱ 목재의 비저항은 함수율이 높아짐에 따라 적어진다.

 **비저항**
물질이 얼마나 전류를 잘 흐르게 하는가에 대한 단위 면적당 단위 길이당 저항을 말하며 목재의 수종에 따라서는 거의 차이가 없으며, 온도가 상승하거나, 함수율이 높아지면 비저항은 적어진다.

14 목재의 방사방향의 전기저항을 섬유방향과 비교하면? [산업기사 14.03.02]

㉮ 크다. ㉯ 작다.
㉰ 같다. ㉱ 크거나 작다.

 **목재의 전기저항**
유방향이 가장 적고, 방사방향(나이테에 수직한 방향)은 섬유방향보다 2.5 ~ 4배 더 크다.
즉, 섬유방향 〈 방사방향 〈 접선방향

15 수축과 팽윤에 직접 관여하지 않는 목재 수분은? [산업기사 14.09.20]

㉮ 결합수 ㉯ 자유수
㉰ 흡착수 ㉱ 일시적 모관수

- 목재 자유수 : 목재 건조 시에 처음 자유수가 증발하며, 이는 목재의 수축과 팽윤과는 무관하다.
- 목재 흡착수 : 자유수가 증발한 다음 목재 섬유포화점 이하에서 흡착수가 증발하는데 이것이 목재의 수축과 팽윤에 관계된다.

16 목재의 비중에 대한 설명으로 틀린 것은? [산업기사 14.09.20]

㉮ 목재의 강도와 상관관계를 갖는다.
㉯ 목재실질 만의 비중을 진비중이라고 한다.
㉰ 비중의 크기와 추재율과는 상관관계를 갖지 않는다.
㉱ 목재의 비중은 수종, 산지 생육상태, 부위에 따라 다르다.

 **목재의 비중**
추재율(나이테 중에서 추재가 차지하는 비율)이 클수록 목재는 더욱 치밀해져서 비중이 커지며 강도도 커진다.

ANSWER 13 ㉯ 14 ㉮ 15 ㉯ 16 ㉰

2 석재와 석공사

(1) 석재의 특성

① 풍부한 지하 자원을 가지고 있는 우수한 조경소재
② **용도** : 자연상태 그대로, 건축구조용, 돌쌓기, 포장용, 외관장식용
③ **단점** : 자체 중량이 커 운반 경비가 많이 들고 평지가 아니면 작업조건이 불리함
④ **개발품** : 단점을 보완하기 위해 콘크리트 인조석, FRP 인조석

(2) 석재의 분류

① **형상별 분류**

㉠ 건설공사용 석재 : 적합한 강도를 갖고 균열이나 결점이 없고 질이 좋은 치밀한 것이며, 풍화나 동결의 해를 받지 않는 것
㉡ 판석 : 두께 15cm 미만, 너비가 두께의 3배 이상
㉢ 각석 : 너비가 두께의 3배 미만
㉣ 다듬돌 : 각석, 주석과 같이 일정 규격으로 다듬어져 건축, 포장공사에 쓰여지는 것
㉤ 막다듬돌 : 다듬돌을 만들기 위해 다듬돌 규격치수 가공에 필요한 여분치수 가진 돌
㉥ 견치돌 : 정사각형으로 다듬어진 돌. 접촉면 폭은 전면 1변 길이의 1/10 이상, 접촉면 길이는 1변 평균길이의 1/2 이상인 돌(직각으로 잰 길이가 최소변의 1.5배 이상)
㉦ 깬돌 : 견치돌보다 치수가 불규칙하고 뒷면이 없는 돌로 접촉면의 폭과 길이는 각각 전면의 한 변 평균 길이의 약 1/2과 1/3이 되는 돌
㉧ 깬 잡석 : 모암에서 일차 폭파한 원석을 파쇄한 돌
㉨ 사석 : 막 깬돌 중 유수에 견딜 수 있는 중량을 가진 큰 돌
㉩ 야면석 : 천연석으로 표면 가공하지 않은 것으로서 운반이 가능하고 공사용으로 사용
㉪ 호박돌 : 호박형의 천연석으로 가공하지 않은 상태의 지름이 18cm 이상
㉫ 조약돌 : 가공하지 않은 천연석으로 지름 10~20cm 정도의 계란형 돌
㉬ 굵은 자갈 : 가공하지 않은 천연석으로 지름 7.5~20cm 정도
㉭ 자갈 : 천연석으로 지름 0.5~7.5cm 정도의 둥근 자갈
㉮ 굵은 모래 : 지름 0.25~2mm 정도의 알맹이 돌
㉯ 잔모래 : 지름 0.05~0.25mm 정도의 알맹이 돌

② 경연에 의한 분류

㉠ 일반적 분류

종류	상태	일반적인 분류	압축강도(kg/cm^2)	경도	비중	흡수율(%)
연석	약간풍화	집괴암, 현마암, 석회암, 혈암, 사암, 역암	100~500	11.0	2~2.5	5~15
보통암	약간풍화	석회암, 안산암, 분암, 점판암, 현무암	500~1,100	15.0	2.5~2.7	5 미만
경석	풍화없음	화강암, 안산암, 사암, 규암, 결정편암, 섬록암	1,100~1,500	18.5		
극경암	풍화없음	규암, 각암, 경안산암, 경사암, 안산암, 현무암	1,500 이상	19.5		

㉡ 자주 다루어지는 석재의 강도와 비중

석재 \ 강도	압축강도(kg/cm^2)	비중	흡수율(%)
화강암	1,450~2000	2.62~2.69	0.33~0.5
안산암	1,050~1,150	2.53~2.59	1.83~3.2
사암	360	2.5	13.2
응회암	90~370	2~2.4	13.5~18.2
대리석	1,000~1,800	2.7~2.72	0.09~0.12

㉢ 석재 흡수율(%)

$$\frac{W_3 - W_1}{W_2} \times 100$$

(W_1 : 절대 건조공기 중 수량, W_2 : 96시간 증류수 속에 담근 후 수중에서 측정한 수량
W_3 : 96시간 증류수 속에 담근 후 공기 중에서 측정한 수량)

③ 산지별 분류

㉠ 산석 : 산의 능선부에 묻혀 마모되고 이끼가 낀 돌

㉡ 수석(하천석) : 유수에 의해 마모되고 무늬와 석질이 뚜렷한 것

㉢ 해석 : 해변의 파도로 마모되고 무늬가 아름다운 것 염분 제거 후 사용할 것

④ 이용에 따른 분류

㉠ 경석 : 공간 구성상 주요 지점에 하나 또는 2~3개를 배치하여 석산, 계곡의 분위기 연출

㉡ 조석(군석) : 크고 작은 돌을 조합해 석산의 형태, 계곡 분위기 연출

㉢ 수석 : 위치, 크기에 관계없이 돌 하나가 지닌 형태, 질감, 색 감상

㉣ 징검돌 : 보행을 위해 배치, 공간의 미적 구성 기능

⑤ 성인(成因)에 의한 분류

성인에 의한 분류		암석종류
화성암	심성암	화강암, 섬록암, 반려암
	화산암	안산암(휘석, 각섬, 운모, 석영)
		석영, 조면암
수성암 (퇴적암)	쇄설암	점판암, 이판암, 나판암
		사암, 역암
		응회암
	유기암	석회암
	침적암	석고
변성암	수성암계	대리석
	화성암계	사문암

(3) 가공석의 종류

① **마름돌** : 긴면에서 직사각형 육면체가 되게 다듬은 돌. 대체로 30×30cm, 길이 50~60cm

② **견치돌** : 돌쌓기공사에 많이 사용. 골쌓기 원칙.

③ **대리석** : 원석을 2~5cm 두께로 톱켜기 한 돌.
주성분은 탄산석회로 600~800℃에서 생석회로 변한 것
풍우받는 외장용으로 부적당하며 마모에 약해 출입바닥에 부적합

④ **인조석(모조석)** : 시멘트의 일종으로 씻어서 긁어낸 다음 잔다듬한 모조석(캐스트 스톤)

⑤ **테라조** : 모조석의 일종. 대리석 부스러기로 만든 판

⑥ **막깬돌** : 소규모 돌쌓기에 사용. 길이는 면길이의 1.5배 이상, 면은 정사각형에 가까움

⑦ **간사(間砂)** : 약 20~30cm 정도의 모진 막돌로 석축, 돌쌓기에 사용

⑧ **사괴석(四塊石)** : 15~25cm 정도의 각석으로 한식 건물의 바깥벽담, 방화벽에 사용

⑨ **장대석(長臺石)** : 네모지고 긴 석재로 전통공간의 후원, 섬돌, 디딤돌에 사용

⑩ **판석(板石)** : 두께 15cm 미만, 폭이 두께의 3배 이상으로 궤도용으로 사용

⑪ **각석(角石)** : 폭이 두께의 3배 미만이고 폭보다 길이가 긴 직육면체형으로 구조용.

⑫ **경계석(境界石)** : 포장면을 구획하는 것으로 두께 10~30cm, 너비 10~250cm, 길이 100cm 정도의 화강석 규격품

(4) 정원석

① 정원석 형태에 따른 분류

㉠ 입석(立石) : 서 있는 것

㉡ 평석(平石) : 밑이 평평한 것

㉢ 환석(丸石) : 둥글둥글한 것
㉣ 각석(角石) : 삼사각형
㉤ 사석(斜石) : 비스듬히 누운 돌
㉥ 횡석(橫石) : 눕혀 놓은 것
㉦ 와석(臥石) : 소가 누워있는 모양

② **색채, 광택** : 운치 있고, 차분한 흑색계 무난
③ **경도** : 경도가 높은 것은 기품과 운치 있는 것이 많고 무게감 있어 보인다.
④ **정원석 사용방법**
㉠ 축석(築石) (축석의 순서 : 근석 → 동석 → 천석 → 구석돌)
ⓐ 사경적 축석 : 자연의 경치를 그대로 본떠서 쌓아올리는 것
ⓑ 상징적 축석 : 어떠한 자연적 경치 상징
ⓒ 구성적 축석 : 돌을 써서 어떠한 아름다움을 나타냄
㉡ 배석(配石) : 사경적, 상징적, 구성적 배석
㉢ 치석(置石) : 장식용으로 단 1개의 아름다운 생김새를 가진 돌을 가장 잘 눈에 띄는 자리에 놓는 수법
㉣ 근체(根締) : 정원수의 밑둥에 앉혀서 수간의 기부를 가려 자연미를 높이는 동시에 운치를 주고자 하는 수법
⑤ **오행석** : 영상석, 체동석, 심체석, 기각석, 지형석

⑥ 돌을 사용한 경사면 수법

㉠ 붕괴적

ⓐ 자연 그대로의 돌이 계곡, 산록지대에 쌓여 안정상태를 이루고 있는 모양을 재생하여 쌓아올리는 수법

ⓑ 1.5m 한계로 천단부는 수평으로 적석의 단면은 凹가 되도록 한다.

㉡ 옥석적

ⓐ 직경 20~40cm 정도의 둥근돌을 쌓아올리는 방법

ⓑ 크기가 고른 옥석을 쌓아올리기에 아름답지만 기하학적이므로 자연식 정원에는 안 어울림

ⓒ 사면의 중앙부가 오목해지도록 쌓기

㉢ 면적(평적)

ⓐ 납작하고 편평한 생김새의 자연석을 쌓아올리는 수법

ⓑ 자연주의의 양식정원에 수직이 되도록 쌓아올린다.

⑦ 폭포 돌짜임(농석조)

㉠ 방법 : 수락석 → 농부석 → 동자석

㉡ 수락석은 어두운 청석 사용. 폭포 주변부나 배경에는 나무를 심어 어둡게 함

⑧ 디딤돌

㉠ 크기 : 한발용 직경 25cm, 두발용 50~60cm

㉡ 두께 : 10~15cm, 간격 : 8~10cm, 중심거리 : 50cm

㉢ 지표보다 3~6cm 정도 높아지도록 앉힌다.

㉣ 방법

ⓐ 돌의 머리가 경관의 중심을 향하도록 놓는다.

ⓑ 돌의 긴쪽이 걸어가는 방향에 대해서 가로로 놓이도록 앉힌다.

(5) 석재 다듬기

① **혹다듬질** : 메다듬질, 큰망치

② **정다듬** : 거친정, 고운정, 줄정

③ **잔다듬** : 도두락망치, 날망치

④ **물갈기** : 금강사 순돌갈기, 기계갈기, 손갈기

⑤ **표면 가공형태 거친순서** : 혹두기 〉 정다듬 〉 도두락다듬 〉 잔다듬

(6) 석축공

① 석재판붙임

㉠ 외관이 아름답고 내구성 있게 하기 위해 우수한 원석을 가공해 제작

㉡ 화강석판석 붙이기, 대리석 붙임

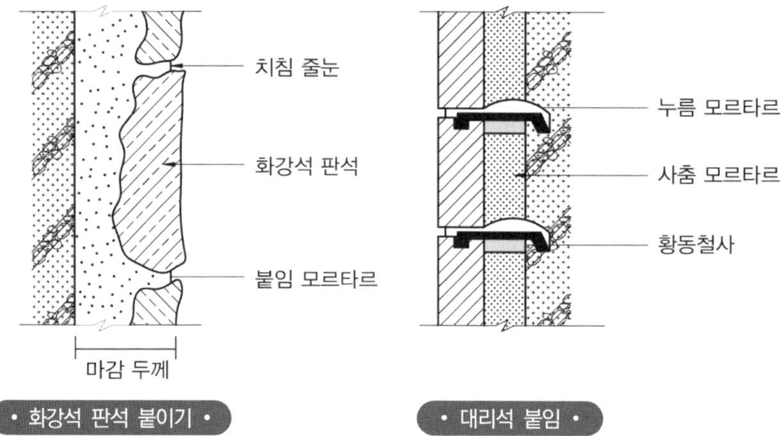

• 화강석 판석 붙이기 •

• 대리석 붙임 •

② 자연석 쌓기

㉠ 못의 호안, 축대 또는 벽천 등의 수직적 구조물에 자연석을 수직, 사선으로 사면이 되도록 설치하는 것

㉡ 쌓기 평균 뒷길이 0.5m, 공극률 40%, 실적률 60%, 단위중량 $2.65ton/m^3$

㉢ 가로쌓기 : 약간 경사진 수직면을 쌓을 때 하부가 안정되도록 고임돌 뒷채움 콘크리트해 무너지지 않도록 하며, 돌틈 생기지 않게 잔돌 끼우기

㉣ 세워쌓기

ⓐ 터파기한 지면을 다지거나 콘크리트 기초하고 그 위에 자연석 세우기

ⓑ 사충돌, 고인돌, 받침돌, 콘크리트사층 설치

ⓒ 윗돌은 하부석의 윗부분 뒤에 약간 걸리게 세우기

ⓓ 흙 채워가며 쌓기, 흙 채우기, 다지고 나서 지면 고르기해 마무리

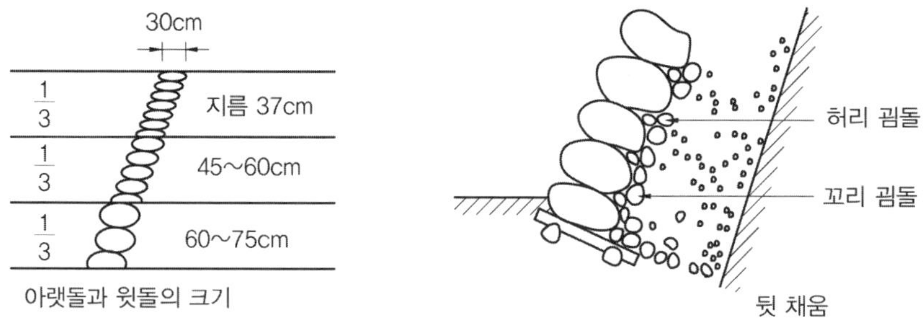

아랫돌과 윗돌의 크기

③ 돌쌓기

㉠ 돌쌓기 공법의 분류

ⓐ 재료에 의한 분류 : 호박돌, 마름돌, 견치돌, 막깬돌, 콘크리트블록 등의 돌쌓기

ⓑ 구조에 의한 분류 : 치장식, 중력식

ⓒ 뒷채움 유무에 의한 분류 : 메쌓기(뒷채움 없음), 찰쌓기(뒷채움 있음)

ⓓ 쌓는 방법에 의한 분류 : 구갑쌓기, 줄쌓기, 화살날개 무늬쌓기, 골쌓기, 켜쌓기

ⓒ 공법

ⓐ 야면석 쌓기 : 호박돌보다 모양이 큰 자연석으로 모양이 정연하지 못하다.

ⓑ 깬돌쌓기 : 산석을 적당한 크기로 깨어 줄쌓기, 골쌓기 등 어떤 형태로든 쌓기

ⓒ 견치돌쌓기 : 30×30×45cm 규격의 네모뿔형을 규칙적으로 쌓기

ⓓ 귀갑쌓기 : 재래식 전통공법으로 사찰 등에 사용

ⓔ 줄쌓기

ⓕ 골쌓기 : 면의 네모진 석재의 축선이 수평축에서 45도가 되도록 직각 석재를 쌓기

ⓖ 화살날개 무늬쌓기 : 골쌓기의 변형

ⓗ 메쌓기 공법 : 뒷채움을 하지 않고 돌과 흙을 뒤섞어서 일종의 구조를 만듦 메쌓기 접촉부위 5~10mm

ⓘ 찰쌓기 공법 : 뒷채움 콘크리트를 사용하며, 줄눈 모르타르를 발라서 시공 2~3m^{2}마다 1개의 비율로 지름 3~6cm 물빼기관 설치

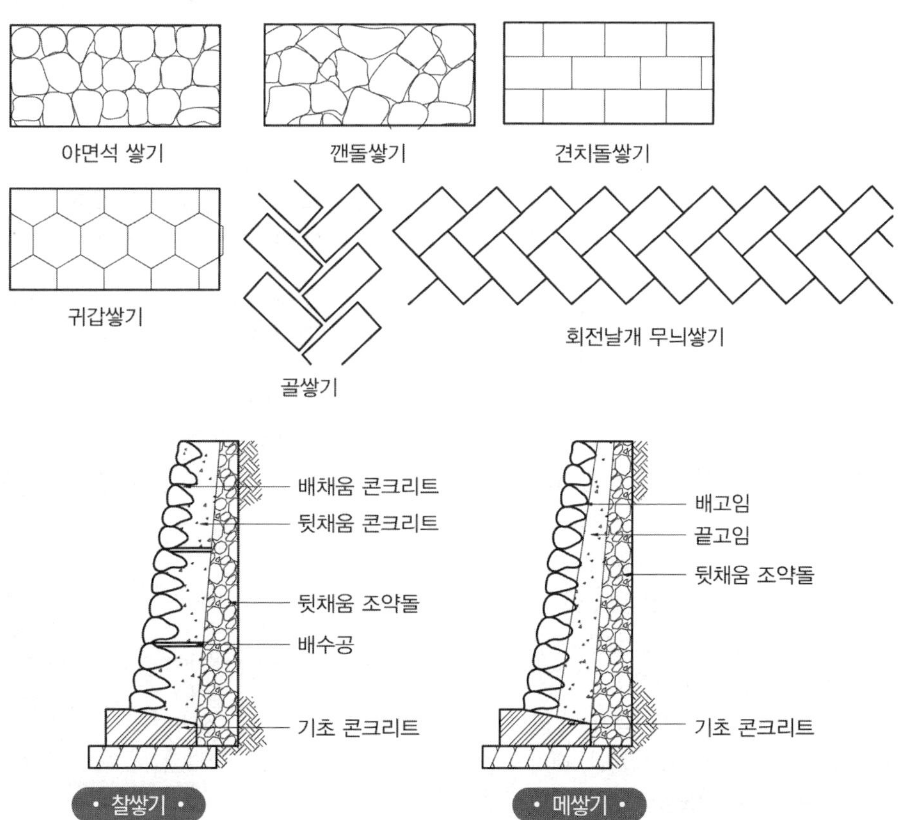

CHAPTER  공종별 공사

실전연습문제

01 암석을 구성하고 있는 조암광물의 집합상태에 따라 생기는 눈 모양을 무엇이라고 하는가? [산업기사 11.06.12]

㉮ 석목 ㉯ 석리
㉰ 층리 ㉱ 절리

 ㉮ 석목 : 암반 내 층에서 볼 수 있는 천연적 균열상, 절리 등으로 결정의 병행상태에 따라 절단이 용이한 방향성
㉰ 층리 : 지층을 이루는 암석의 층상 배열상태
㉱ 절리 : 암석에 외력이 가해져서 생긴 균열

02 석재(石材)의 표면가공 방법이 아닌 것은? [산업기사 11.06.12]

㉮ 할석 ㉯ 화염처리
㉰ 손다듬기 ㉱ 갈기 및 광내기

 **할석**
견치돌에 준한 재두 방추형으로 견치돌보다 치수가 불규칙하고 일반적으로 뒷면이 없는 돌

03 다음 중 석재에 대한 설명 중 틀린 것은? [산업기사 11.10.02]

㉮ 인장강도는 압축강도보다 크다.
㉯ 내구성, 내수성, 내화학성이 풍부하다.
㉰ 종류가 다양하고 색조에 광택이 있어 외관이 장중 미려하다.
㉱ 화열을 받으면 화강암과 같이 균열을 일으키거나 파괴되고 석회암, 대리석과 같이 분해되어 강도를 상실하는 것도 있다.

 석재의 인장강도는 일반적으로 압축강도의 1/10 ~ 1/20 정도에 불과하다.

04 암석은 생성원인에 따라 화성암, 변성암, 퇴적암으로 구분된다. 다음 중 생성 원인이 다른 암석은? [산업기사 11.10.02]

㉮ 화강암 ㉯ 안산암
㉰ 섬록암 ㉱ 편마암

 ㉮·㉯·㉰는 화성암, ㉱는 퇴적암
① 화성암 : 현무암, 안산암, 유문암, 반려암, 섬록암, 화강암
② 변성암 : 역암, 사암, 셰일, 석회암, 응회암, 암염 등
③ 퇴적암 : 점판암, 편암, 편마암, 규암(사암), 석회암(대리암), 녹색편암, 각섬암(현무암), 편마암(화강암)

05 석재의 성인(成人)에 의한 분류 중 대리석은 어디에 해당되는가? [산업기사 12.05.20]

㉮ 화성암 ㉯ 변성암
㉰ 수성암 ㉱ 퇴적암

 **석재의 성인에 의한 분류**

성인에 의한 분류		암석종류
화성암	심성암	화강암, 섬록암, 반려암
	화산암	안산암(휘석, 각섬, 운모, 석영)
		석영, 조면암
수성암 (퇴적암)	쇄설암	점판암, 이판암, 나판암
		사암, 역암
		응회암
	유기암	석회암
	침적암	석고
변성암	수성암계	대리석
	화성암계	사문암

ANSWER 01 ㉯ 02 ㉮ 03 ㉮ 04 ㉱ 05 ㉯

06 조경공사표준시방서의 돌쌓기 중 찰쌓기에 대한 설명으로 옳지 않은 것은? [산업기사 13.03.10]

㉮ 시공에 앞서 돌에 부착된 이물질을 제거하여야 한다.
㉯ 뒷고임 돌로 고정하고 콘크리트로 채워가면서 쌓되, 맞물림 부위는 견치돌의 경우 10mm 이하, 막 깬 돌쌓기에서는 25mm 이하를 표준으로 한다.
㉰ 전면 기울기는 높이가 1.5m까지 1 : 0.25, 3m까지 1 : 0.3을 기준으로 한다.
㉱ 줄쌓기를 원칙으로 하여 1일 쌓기 높이는 1.0m 미만을 기준으로 한다.

풀이 1일쌓기 높이는 1.2m를 표준으로 하고 최대 1.5m 이내로 하며, 이어쌓기 부분은 계단형으로 마감한다.

07 다음 그림과 같은 돌쌓기 방식은? [산업기사 13.06.02]

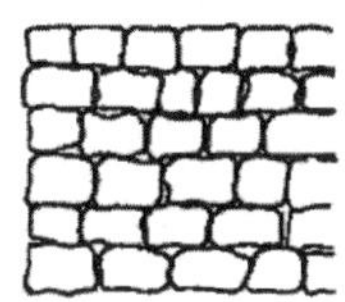

㉮ 다듬돌바른층쌓기
㉯ 막돌층지어쌓기
㉰ 마름돌바른층쌓기
㉱ 허튼층쌓기

08 견치석을 이용하여 찰쌓기로 옹벽을 만들 때 뒤채움 잡석을 배수공으로 위치에 넣는 이유로 가장 적합은 것은? [산업기사 13.06.02]

㉮ 토압에 견딜 수 있도록 완충역할을 한다.
㉯ 옹벽 뒤쪽에 토양내에 있는 자유수를 배수시켜 토압을 감소시킨다.
㉰ 중력식 옹벽에서 옹벽에서 무게를 증대시켜 지지력을 높게 해준다.
㉱ 옹벽 뒤쪽의 흙이 얼어서 옹벽을 미는 힘을 완화시킨다.

풀이 배수공은 토압을 줄이는 데 목적이 있다.

09 다음 중 석재의 일반적 강도에 관한 설명으로 옳지 않은 것은? [산업기사 13.09.28]

㉮ 강도는 중량에 비례한다.
㉯ 함수율이 클수록 강도는 저하된다.
㉰ 구성입자가 작을수록 압축강도가 크다.
㉱ 강도의 크기는 휨강도 〉 인장강도 〉 압축강도이다.

풀이 석재의 강도는 일반적으로 압축강도가 휨강도나 인장강도보다 매우 크다.

10 석재의 비중은 조암광물의 성질, 비율, 공극의 정도 등에 따라 달라진다. 다음 중 일반적으로 비중이 가장 높은 것은? [산업기사 13.09.28]

㉮ 화강암　　㉯ 안산암
㉰ 사문암　　㉱ 응회암

㉮ 화강암 비중 : 2.62 ~ 2.69
㉯ 안산암 비중 : 2.53 ~ 2.59
㉰ 사문암 비중 : 2.76
㉱ 응회암 비중 : 2 ~ 2.4

ANSWER
06 ㉱ 07 ㉰ 08 ㉯ 09 ㉱ 10 ㉰

11 석재의 일반적 강도에 관한 설명으로 옳지 않은 것은? [산업기사 14.03.02]

㉮ 석재의 강도는 중량에 비례한다.
㉯ 석재의 함수율이 클수록 강도는 저하된다.
㉰ 석재의 구성입자가 작을수록 압축강도가 크다.
㉱ 석재의 강도의 크기는 휨강도 > 압축강도 > 인장강도 이다.

• 석재강도 : 압축강도 > 인장강도 > 휨강도

12 화성암(火成岩)의 분류에서 염기성암(鹽基性岩)에 속하는 것은? [산업기사 14.03.02]

㉮ 안산암 ㉯ 현무암
㉰ 화강암 ㉱ 석영반암

풀이 **염기성암**
SiO_2 함량이 45% ~ 52%인 것으로 현무암, 반려암, 화성암이 해당된다.

13 면이 네모진 돌을 수평줄눈이 부분적으로 연속되고, 세로줄눈이 일부 통하도록 쌓는 돌쌓기 방식으로 가장 적합한 것은? [산업기사 14.05.25]

㉮ 허튼쌓기 ㉯ 바른층쌓기
㉰ 허튼층쌓기 ㉱ 층지어쌓기

㉮ 허튼쌓기 : 큰 돌을 먼저 쌓고 그 돌 쌓기 사이로 작은 돌을 메워 넣은 방식
㉯ 바른층쌓기 : 돌의 면 높이를 같게 하여 가로줄눈이 일직선이 되도록 쌓는 방법
㉰ 허튼층쌓기 : 불규칙한 돌을 사용하여 가로, 세로줄눈이 일정하지 않게 흐트려 쌓는 일
㉱ 층지어쌓기 : 2 ~ 3회마다 수평줄눈이 일직선으로 연속되게 쌓는 방식

14 다음 설명하는 경관석의 종류는? [산업기사 14.09.20]

> 동글동글한 돌로, 축석에는 바람직하지 못한 돌이나 무리로 배석하여 복합적인 경관이 형성될 수 있어야 한다.

㉮ 횡석 ㉯ 평석
㉰ 환석 ㉱ 와석

풀이
㉮ 횡석 : 눕혀 놓은 것
㉯ 평석 : 밑이 평평한 것
㉰ 환석 : 둥글둥글한 것
㉱ 와석 : 소가 누워 있는 모양

ANSWER 11 ㉱ 12 ㉯ 13 ㉰ 14 ㉰

3 콘크리트재와 콘크리트 공사

(1) 시멘트

① **시멘트** : 교착재의 총칭으로 포틀랜드 시멘트가 대표적(영국 포틀랜드 지방의 자연석과 색깔이 비슷하여 붙여진 이름)이며, 시멘트 주성분은 실리카, 알루미나, 산화철, 석회

② **시멘트 특성**

㉠ 석회암에 진흙과 광석찌꺼기를 섞어 1,000~1,200℃에서 가열해 만듦

㉡ 단위 : 포대, 1포대 = 40kg(0.026m^3), 시멘트 1m^3 = 1,500kg

㉢ 응결시간 : 초결 1시간, 종결 10시간

③ **시멘트 종류**

㉠ 포틀랜드 시멘트

ⓐ 보통 포틀랜드 시멘트 : 조경공사로 많이 사용. 생산량이 많고 제조공정이 비교적 쉽고 성질이 대단히 좋아 가장 많이 사용. 단위용적중량 : 1,300~2,100kg/m^2, 비중 3.1~3.15. 거푸집 보호 안 된 콘크리트 양생기간 = 7일 이상

ⓑ 백색 포틀랜드 시멘트 : 치장용, 구조용으로 적합

ⓒ 조강 포틀랜드 시멘트 : 공사를 서두를 때, 겨울철 공사에 적합 보통 포틀랜드 시멘트 28일 강도를 7일 만에 만듦.

ⓓ 중용열 포틀랜드 시멘트

- 수화작용에 의한 발열량을 낮게 하는 것이 목적
- 조기강도는 낮으나 장기강도는 크며, 체적의 변화가 적어서 균열이 적다.
- 내침식성, 내구성 강함
- 댐, 도로포장용, 방사능 차단, Mass 콘크리트에 사용

종류	기간	강도(kg/cm^2)
조강 포틀랜드 시멘트	재령 1일간 강도	120
	재령 3일간 강도	210
중용열 포틀랜드 시멘트	재령 3일간 강도	70
	재령 7일간 강도	125
보통 포틀랜드 시멘트	재령 3일간 강도	85
	재령 7일간 강도	150
	재령 28일 강도	245

㉡ 혼합시멘트

ⓐ 실리카 포틀랜드 시멘트 : 방수용으로 사용

ⓑ 플라이 애쉬(flay ash) 시멘트 : 알의 모양이 둥글어서 동일한 장기강도를 얻을 수 있고, 워커빌리티가 좋아지므로 사용 수량을 적게 할 수 있다.

ⓒ 고로시멘트

- 고철에서 선철을 만들때 나오는 광재를 공기 중에서 냉각시켜 잘게 부순 것을 포틀랜드 시멘트, 크림커와 혼합해 적당히 분쇄해 분말로 만든 것
- 초기강도는 적지만 팽창이 적고 화학작용에 대한 저항성이 큼
- 장기에 걸쳐 강도 증가되며 응결 시 발열량이 적다.
- 해수, 하수, 공장폐수 접하는 공사에 적합

④ 용어

㉠ 시멘트 클링커(cement clinker) : 최고온도까지 소성이 이루어진 후에 공기를 이용하여 급랭시켜 소성물을 배출하고 난 후의 화산암 같은 검은 입자

㉡ 비중 : 보통포틀랜드 시멘트 비중 3.05~3.17 풍화할수록, 소성이 불충분할수록 비중은 작아진다.

㉢ 분말도 : 시멘트 1g 중의 전립자의 표면적을 cm^2로 표시한 것 분말도가 클수록 물에 접촉하는 면이 크고 응결이 빠르며, 발열량이 많아 초기강도 크다.

㉣ 시멘트풀 : 시멘트에 물을 부은 것

⑤ 시멘트의 경화과정

㉠ 수화작용 : 시멘트에 물을 가하면 화학변화를 일으켜 새로운 화합물을 만드는 작용

㉡ 응결과정 : 수화작용에 의해 점차 유동성을 잃어 굳어지는 상태. 1시간 뒤부터 응결을 시작해 10시간 후에 완료. 강도는 양생온도 30도까지는 높을수록 커지고, 재령이 커짐에 따라 강도가 높아진다. 우리나라 보통포틀랜드 시멘트 응결시간을 초결 4시간, 종결 6시간 전후

㉢ 경화과정 : 응결을 끝낸 시멘트가 더욱 더 조직을 견고히 강도를 증가 시켜 나가는 과정으로 경화촉진제 $CaCl_2$. 분말도가 높을수록, 알루미나분이 많은 시멘트일수록 급결성되고, 물·시멘트비가 작으면 온도가 높을수록 응결이 빨라진다.

(2) 골재

① 크기에 따른 분류

㉠ 잔골재(모래) : 5mm 채에 쳐서 중량비로 85% 이상 통과하는 골재.
단위무게 1,450~1,700kg/m^3 **참고** 모래의 단위 = 루베

㉡ 굵은 골재(자갈) : 5mm 채에 쳐서 중량비로 85% 이상 남는 골재
단위무게 1,550~1,850kg/m^3

② 형성원인에 따른 분류

㉠ 천연골재 : 강모래, 강자갈, 바다모래, 바다자갈, 육지모래, 육지자갈, 산모래, 산자갈 등

㉡ 인공골재 : 부순모래, 부순자갈 등

㉢ 산업부산물 이용골재 : 고로슬래그 부순모래, 고로슬래그 부순자갈

㉣ 재생골재 : 콘크리트 폐기물 분쇄한 부순모래, 부순자갈

③ 비중에 따른 종류

㉠ 보통골재 : 전건비중 2.5~2.7 정도, 강모래·강자갈·부순모래·부순자갈 등

㉡ 경량골재 : 전건비중 2.0 이하의 천연의 화산재, 경석, 인공의 질석, 펄라이트 등

㉢ 중량골재 : 전건비중 2.8 이상으로 중정석, 철광석 등에서 얻은 골재

④ 골재의 품질

㉠ 강도가 단단하고, 강하며 시멘트풀이 경화되었을 때 최대강도 이상이어야 한다.

㉡ 골재 표면 : 거칠고 구형에 가까워야 하며, 표면이 매끄럽거나 모양이 편평하면 좋지 않다.

㉢ 잔 것과 굵은 것이 골고루 혼합된 것이 좋다.

㉣ 유해량 이상의 염분이 없어야 하고, 진흙이나 유기불순물 등 유해물이 없어야 한다.

㉤ 운모가 포함된 골재는 콘크리트 강도를 떨어뜨리고, 풍화되기 쉽다.

㉥ 마모에 견딜 수 있고 화재에 견딜 수 있어야 한다.

㉦ 입도가 균일한 것보다 크기가 다른 것이 섞여 있는 것이 좋다.

⑤ 골재의 공극률

㉠ 공극률이 적은 골재를 사용한 콘크리트는 수밀성, 내구성 증가

㉡ 공극률 너무 크면(지나친 잔골재) 분리되고, 너무 작으면(지나친 굵은골재) 모르타르의 소요량이 적어짐

㉢ 잔골재 공극률 : 30~40%

⑥ 골재함수율

㉠ 함수율(%) = $\frac{\text{습윤상태 - 절건상태}}{\text{절건상태}}$

㉡ 표면수율(%) = $\frac{\text{습윤상태 - 표면건조내부포수상태}}{\text{표면건조내부포수상태}}$

㉢ 흡수율(%) = $\frac{\text{표면건조내부포수상태 - 절건상태}}{\text{절건상태}}$

㉣ 유효 흡수율(%) = $\frac{\text{표면건조내부포수상태 - 기건상태}}{\text{기건상태}}$

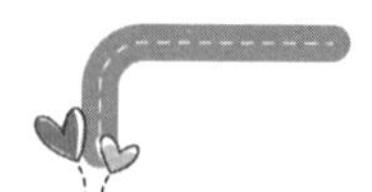

(3) 시멘트 혼화재료

> **참고** 혼화재(混和材)와 혼화제(混和劑)의 비교
> 혼화재 : 사용량이 비교적 많아 자체용적이 콘크리트 배합계산에 포함되는 것
> 예) 포졸란, 암석분말
> 혼화제 : 사용량이 적어 배합계산에서 제외되는 것
> 예) AE제, 감수제, 지연제, 촉진제, 급결제, 방수제 등

① 혼화재

㉠ 종류 : 플라이애시, 고로슬래그 분말, 인공 포졸란류

㉡ 효과 : 콘크리트 수화열 저감효과, 워커빌리티 증진, 초기강도의 저하, 장기 강도의 증진, 알칼리 골재반응 억제효과

㉢ 팽창재 : 수축균열 방지효과

㉣ 플라이애시 : 석탄을 원료로 하는 화력발전소에서 미분탄을 약 1400~1500℃ 고온으로 연소시켰을 때 회분이 용융되어 고온의 연소가스와 함께 굴뚝에 이르는 도중에 급격히 냉각되어 표면장력에 의해 구형이 되는 0.5~100μm의 미세한 분말

㉤ 플라이애시 사용 시 장점 : 유동성 개선, 장기강도 개선, 수화열 감소, 알칼리 골재반응 억제, 황산염에 대한 저항성이 큼, 콘크리트 수밀성 향상

② 혼화제

㉠ A·E제

ⓐ 독립된 공기를 콘크리트 중에 균일하게 분포해 가동성이 좋아지게 함

ⓑ 콘크리트 내구성은 증가하나 강도가 약간 떨어짐

ⓒ 종류 : 프로텍스(protex), 다렉스(darex), 빈솔레진(vinsol resin)

ⓓ 매스콘크리트에 유리

㉡ 분산제

ⓐ 시멘트 입자를 분산시켜 콘크리트 워커빌리티를 증대하며 단위수량 감소시킴

ⓑ 블리딩(bleeding)이 적어 시멘트 입자의 분산으로 물과 접촉하는 면적이 증가해 수화작용 촉진, 강도증진에 도움

㉢ 방수제 : 지하실 등 방수가 필요한 곳에 사용

㉣ 포졸란 : 해수에 대한 화학적 저항성, 수밀성 개선

㉤ 경화촉진제 : 주성분 $CaCl_2$(염화칼슘), Na_2SiO_3(규산나트륨). 수중콘크리트에 사용

㉥ 그 외 : 방동·방한제, 수화발열억제제, 시멘트착색안료제, 감수제 등

(4) 물

상수도, 공업용수, 지하수 및 하천수 등 음용 가능할 정도의 깨끗한 물

(5) 콘크리트의 배합

① 배합표시방법

㉠ 절대용적배합 : 콘크리트 $1m^3$당 절대용적(ℓ)으로 표시하는 가장 기본되는 방법 시멘트, 잔골재, 굵은 골재를 각각 용적으로 배합. 예로 1 : 2 : 4(철근콘크리트에 사용), 1 : 3 : 6(무근콘크리트에 사용, 강도가장 강함)

㉡ 표준계량용적배합 : 콘크리트 $1m^3$당 시멘트 포대수, 골재 단위용적중량(다져진 상태)으로 표시

㉢ 현장계량용적배합 : 콘크리트 $1m^3$당 시멘트 포대수, 골재 현장계량용적(m^3, 다져지지 않은 상태)으로 표시

㉣ 임의계량용적배합 : 콘크리트 $1m^3$당 현장계량용적배합으로 사용하거나, 통계량용적배합과 다른 임의용적배합계량방법이 적용

㉤ 중량배합 : 콘크리트 $1m^3$당 중량(kg)으로 표시. 레미콘 제조에 주로 사용하며, 절대용적배합의 재료량에 비중 곱하여 계산

㉥ 복식배합 : 골재는 용적(ℓ) 기준, 시멘트는 중량(kg) 사용. 프랑스, 벨기에에서 주로 사용

② 콘크리트 공사의 순서

㉠ 콘크리트의 배합

㉡ 비비기

ⓐ 방법 : 재료의 혼합상태가 균등질이 되어 성형성, 작업성이 좋아지고 큰 강도를 낼 수 있도록 충분히 비빈다.

ⓑ 종류 : 인력비비기(삽비비기 순서 : 잔골재 → 시멘트 → 물 → 굵은골재 → 물) 기계비비기(믹서배합 : 처음에 물 넣고 모래, 시멘트, 골재 넣고 섞기)

㉢ 운반

㉣ 치기(타설) : 운반한 콘크리트를 거푸집 속에 처넣는 작업

㉤ 다지기 : 공극을 없애고 거푸집 구석구석 들어가도록 하기 위함

㉥ 보양 : 응결·경화가 완전히 이루어지도록 표면을 덮어 수분 증발하지 않도록 하는 것 보양온도 20℃ 전후, 최고 35℃ **참고** 콘트리트 동결온도 : −3℃

(6) 콘크리트 공사 관련용어

① 블리딩(Bleeding)

㉠ 콘크리트 친 후 물이 위로 2~4시간 정도 스며 나오는 현상

㉡ 이 현상이 심하면 콘크리트는 다공질이 되고 강도·수밀성·내구성이 저하됨

② 슬럼프 테스트(Slump test)

㉠ 콘크리트 작업의 워커빌리티를 측정하는 방법

㉡ 콘크리트 위에 무거운 물건을 떨어뜨려 내려앉는 높이(cm)로 측정해 표시

③ 워커빌리티(Workability)

㉠ 반죽질기 정도에 따라 재료가 굳지않는 콘크리트 성질

㉡ 시멘트 양이 많거나 미세한 입자는 워커빌리티 좋아짐

㉢ 입자가 모나거나 납작한 것은 워커빌리티를 해친다.

④ **성형성** : 거푸집 제거 시 거의 모양이 변하지 않으면서 굳지않는 콘크리트의 기본성질

⑤ **피니셔빌리티(finisherbility)** : 표면 마무리 작업의 난이도를 나타내는 굳지 않은 콘크리트 성질

⑥ 물과 시멘트의 비 (W/C)

㉠ 물과 시멘트의 중량비에 따라 콘크리트 강도 결정하는 것

- $W/C = \frac{\text{물무게}}{\text{시멘트무게}} \times 100$
- Abrams가 제창, 일반적으로 40~70%

⑦ **콘크리트 흡수율** : 15~22%

⑧ 레미콘(ready mixed concrete)

㉠ 시멘트 제조회사가 만들어 팔고 있는 굳지 않은 상태의 콘크리트

㉡ 현장협소하거나 기초, 지하콘크리트 공사 시, 긴급공사, 균등질 요구 시 등에 사용

㉢ 가설비, 기계손료, 인건비, 동력비 감소

⑨ 콘크리트에 사용하는 철근

㉠ 이형철근 : 표면에 凹凸(요철)이 있어 부착강도를 원형철근의 2배 정도 높이는 것

㉡ 원형철근 : 표면이 매끄럽고 지름 9~32mm 정도

⑩ **강도(압축강도)** : 인장강도의 8~10배로 재령 28일째 강도를 나타냄

(7) 콘크리트 배합설계방법

① **물·시멘트비(W/C)** : 물과 시멘트의 중량백분율. 물·시멘트비가 낮을수록 높은 강도이다.

② 굵은 골재의 치수와 슬럼프

㉠ 굵은 골재의 최대치수가 클수록 단위수량, 단위시멘트양이 줄어들고, 소요 워커빌리티를 가진 경제적 콘크리트를 만들 수 있다.

㉡ 슬럼프치는 소정의 워커빌리티를 얻을 수 있게 한다.

(8) 콘크리트 성질

① 콘크리트 요구성질

㉠ 소요강도를 얻을 수 있을 것

㉡ 적당한 워커빌리티를 가질 것

㉢ 균일성을 유지하도록 할 것

㉣ 내구성이 있을 것

㉤ 수밀성 등 기타 수요자가 요구하는 성능을 만족시킬 것

㉥ 가장 경제적일 것

② 굳지않은 콘크리트 성질 및 시험법

㉠ 굳지않은 콘크리트(fresh concrete) : 경화한 콘크리트로 비빔 직후부터 거푸집 내에 부어넣어 소정의 강도를 발휘할 때까지의 콘크리트를 말함

㉡ 워커빌리티(workability) : 반죽의 질긴 정도로 콘크리트를 운반해서 부어넣기까지 재료분리가 발생하지 않고 적당한 반죽질기를 가지는 성질

ⓐ 슬럼프시험 : KS F 2402에 규정. 슬럼프통에 3회 나누어 채운 다음 슬럼프통을 올리면 콘크리트는 가라앉는데 이때 가라앉은 정도가 슬럼프값(cm). 슬럼프값이 클수록 묽다.

ⓑ 공기량 : 일반적으로 3~6%(4.5±1.5%)로 단위용적 중량방법, 공기실 압력법(가장 많이 사용), 용적법, 블리딩시험, 응결시험 등

(9) 특수콘크리트의 시공

① **한중콘크리트** : 콘크리트 동결우려가 있을 때 일평균 기온이 4℃ 이하일 때 AE제, AE감수제 등의 혼화제를 사용해 공기포 도입하는 콘크리트

② **서중콘크리트** : 기온이 높아 콘크리트의 슬럼프 저하나 수분 증발 등의 위험이 있을 경우 소요 품질에 달할 때까지 슬럼프 저하, 발열 등 강도에 관하여 시방서에 따라 관리를 하는 것으로 일평균 25℃ 이상이나 일최고온도가 35℃ 이상일 때 적용된다.

③ **경량콘크리트** : 콘크리트는 강도에 비해 비중이 크기 때문에 자중이 커서 경량골재 등을 사용하여 제조하는 콘크리트

④ **유동화콘크리트(베이스 콘크리트 base concrete)** : 믹서로 비빔을 완료한 된 비빔 콘크리트에 유동화제를 첨가하여 혼합하여 유동성을 증대시킨 콘크리트

⑤ **고내구성 콘크리트** : 높은 내구성이 요구되는 구조물을 위해 내구성에 영향을 미치는 염화물 이온제거, 동결융해 피해 축소, 물·시멘트비 등에 민감히 적용하여 관리하는 콘크리트

⑥ **매스콘크리트** : 부재단면의 최소치수가 80cm 이상, 수화열에 의한 콘크리트 내부 최고온도와 외기온도 차가 25℃ 이상되는 콘크리트로 높은 수화열이 발생하기 때문에 수화열에 의한 균열 방지대책이 필요

⑦ **수밀콘크리트** : 콘크리트 중 수밀성이 높은 콘크리트로 수조, 수영장 등에 밀실하고 경화 후에도 균열이 발생하지 않는 배합

⑧ **팽창콘크리트** : 팽창제를 넣어 비빈 것으로 경화한 후에 체적팽창을 일으키는 콘크리트로 건조수축에 의한 균열을 최소화한 것

⑨ **섬유보강 콘크리트** : 모르타르나 콘크리트에 강섬유, 유리섬유 등을 골고루 분산시켜 압축강도 증진, 전단강도, 휨강도를 향상한 콘크리트

⑩ **고유동 콘크리트** : 굳지않은 콘크리트 상태에서 재료분리에 대한 저항성을 손상시키지 않고 유동성을 현저히 높인 콘크리트의 총칭으로 부어넣기 할 때 진동, 다짐을 하지 않아도 거푸집 내에서 완전히 충전할 수 있는 자기 충전성을 갖춘 콘크리트로 슬럼프 플로값 60±10cm

⑪ **폴리머콘크리트** : 강도의 증대, 균열특성의 개선, 대기조건과 각종 열악한 환경조건에 대해 새롭게 고안된 모르타르 및 콘크리트로 폴리머를 첨가한 콘크리트

⑫ **식생콘크리트** : 식물이 육성할 수 있는 콘크리트로 콘크리트 구조물에 부착생물, 암초성 생물 등 부착 서식할 수 있도록 공극률 확보, 중화 처리하여 하천제방, 댐 경사면, 수중생물 서식공간 등에 많이 활용

(10) 철근공사

① **개요** : 콘크리트 자체로는 휨, 전단, 비틀림에 약해 균열 발생하기에 인장응력이 강한 철근+압축응력이 강한 콘크리트를 결합

② **철근재료**

㉠ 원형철근 : 단면이 원형, 표준길이 4.5m 그 외 6.0~9.0m

㉡ 이형철근 : 표면에 두 줄의 돌기와 마디가 있는 철근으로 부착력이 원형철근의 40% 이상. 표준길이는 4.5m 그 외 5.0~9.0m

㉢ 고장력 이형철근, 기타 각강, 철근

CHAPTER 03 공종별 공사

실전연습문제

01 조경공간 내에 콘크리트 벤치를 설치할 경우 공사순서가 맞는 것은? [산업기사 11.03.02]

> ⓐ 터파기
> ⓑ 형틀 만들기(거푸집 설치)
> ⓒ 콘크리트치기
> ⓓ 모르타르 바르기
> ⓔ 조약돌 넣어 다지기

㉮ ⓐ → ⓑ → ⓒ → ⓓ → ⓔ
㉯ ⓐ → ⓒ → ⓑ → ⓓ → ⓔ
㉰ ⓐ → ⓔ → ⓑ → ⓒ → ⓓ
㉱ ⓐ → ⓔ → ⓒ → ⓑ → ⓓ

02 다음 설명하는 콘크리트 관련 용어는? [산업기사 11.03.02]

> 1회에 비비는 콘크리트, 모르타르, 시멘트, 물, 혼화재 및 혼화제 등의 양

㉮ 반죽질기(consistency)
㉯ 배치(batch)
㉰ 절대용적(absolute volume)
㉱ 포졸란(pozzolan)

03 다음 설명에 적합한 시멘트의 종류는? [산업기사 11.06.12]

> • 수화열이 보통시멘트보다 적으므로 댐이나 방사선 차폐용, 매시브한 콘크리트 등 단면이 큰 콘크리트용으로 적합하다.
> • 조기강도는 보통시멘트에 비해 작으나 장기강도는 보통시멘트와 같거나 약간 크다.
> • 건조수축은 포틀랜드시멘트 중에서 가장 작다.
> • 화학저항성이 크고 내산성이 우수하다.

㉮ 백색포틀랜드시멘트
㉯ 조강포틀랜드시멘트
㉰ 중용열포틀랜드시멘트
㉱ 실리카시멘트

04 한중콘크리트로서 시공하여야 하는 기준이 되는 기상조건에 대한 설명으로 옳은 것은? [산업기사 11.06.12]

㉮ 하루의 평균기온이 0℃ 이하가 되는 기상조건
㉯ 하루의 평균기온이 4℃ 이하가 되는 기상조건
㉰ 일주일의 평균기온이 0℃ 이하가 되는 기상조건
㉱ 일주일의 평균기온이 4℃ 이하가 되는 기상조건

ANSWER 01 ㉰ 02 ㉯ 03 ㉰ 04 ㉯

05 생콘크리트의 측압에 대한 영향이 가장 적은 것은? [산업기사 11.06.12]

㉮ 콘크리트의 발열
㉯ 온도 및 대기의 습도
㉰ 생콘크리트의 다지기 방법
㉱ 콘크리트의 부어넣기 속도

풀이 **크리트 측압이 증가하는 요인**
콘크리트 비중이 클수록, 슬럼프값이 클수록, 타설속도가 빠를수록, 온도 습도가 낮을수록, 진동기 사용 시, 철근량이 적을수록 등

06 다음의 혼화재료 중 콘크리트의 워커빌리티를 개선하는 효과가 없는 것은? [산업기사 11.06.12]

㉮ AE제 ㉯ 감수제
㉰ 포졸란 ㉱ 발포제

07 아스팔트의 물리적 성질에 대한 설명으로 틀린 것은? [산업기사 11.06.12]

㉮ 아스팔트의 열팽창계수는 상온 200℃까지 범위에서 대개 $(6.0 \sim 6.2) \times 10^{-4}$ /℃) 정도이다.
㉯ 아스팔트의 비중은 일반적으로 약 1.0 ~ 1.1 정도이다.
㉰ 아스팔트의 인화점은 원유의 종류, 제조방법, 침입도에 의하여 다르지만 대체로 250 ~ 320℃ 범위에 있다.
㉱ 아스팔트의 침입도는 온도 상승에 따라 감소한다.

08 콘크리트용 골재로서 요구되는 성질에 대한 설명 중 옳지 않은 것은? [산업기사 11.06.12]

㉮ 골재의 입형은 가능한 한 편평, 세장하지 않을 것
㉯ 골재의 강도는 경화시멘트페이트의 강도를 초과하지 않을 것
㉰ 골재의 입도는 조립에서 세립까지 연속적으로 균등히 혼합되어 있을 것
㉱ 골재는 시멘트페이스트와의 부착이 강한 표면구조를 가져야 할 것

09 굵은 골재의 각 함수 상태에 계량한 값이 다음과 같다. 이때 표면수량과 함수량(%)은 얼마인가? [산업기사 11.10.02]

- 절대건조상태 : 94kgf
- 공기건조상태 : 97kgf
- 표면건조 포화상태 : 99kgf
- 습윤상태 : 100kgf

㉮ 표면수량 2.06%, 함수량 5.0%
㉯ 표면수량 1.01%, 함수량 6.38%
㉰ 표면수량 2.06%, 함수량 7.05%
㉱ 표면수량 1.01%, 함수량 6.0%

풀이 표면수율(%) = (습윤상태-표면건조내부포화상태)/표면건조내부포화상태×100
즉, (100-99)/99×100 = 1.01%
함수량 = (습윤상태-절대건조상태)/절대건조상태×100
즉, (100-94)/94×100 = 6.38%

ANSWER 05 ㉮ 06 ㉱ 07 ㉱ 08 ㉯ 09 ㉯

10 콘크리트의 균열발생 방지법으로 옳지 않은 것은? [산업기사 12.03.04]

㉮ 팽창재를 사용한다.
㉯ 물시멘트비를 작게 한다.
㉰ 단위시멘트양을 증가시킨다.
㉱ 타입시 콘크리트의 온도상승을 작게 한다.

11 클링커와 고로슬래그, 석고를 혼합 분쇄하여 제조된 시멘트로 화학물질에 견디는 힘이 강해서 하수도공사나 바다 속의 공사에 주로 사용되는 것은? [산업기사 12.03.04]

㉮ 조강포틀랜드시멘트
㉯ 보통포틀랜드시멘트
㉰ 중용열포틀랜드시멘트
㉱ 고로시멘트

12 콘크리트 타설 시 주의사항으로 옳지 않은 것은? [산업기사 12.05.20]

㉮ 콘크리트의 낙하거리는 1m 이하로 한다.
㉯ 타설 시 콘크리트가 매입철근에 충격을 주지 않도록 주의한다.
㉰ 운반거리가 가까운 곳에서부터 타설을 시작하여 먼 곳으로 진행해 나간다.
㉱ 콘크리트의 재료분리를 방지하기 위하여 횡류(橫流), 즉 옆에서 흘려 넣지 않도록 한다.

13 AE제를 사용하는 콘크리트의 특성에 대한 설명 중 옳지 않은 것은? [산업기사 12.09.15]

㉮ 강도가 증가된다.
㉯ 단위수량이 저감된다.
㉰ 동결융해에 대한 저항성이 커진다.
㉱ 워커빌리티가 좋아지고 재료의 분리가 감소된다.

풀이 AE제를 사용하면 내구성은 증가하나 강도가 약간 떨어짐

14 다음 설명의 ( ) 안에 적합한 수치는? [산업기사 12.09.15]

> 인력굴착의 경우 굴착기계를 투입 시공할 수 없는 협소한 지역으로 원지반으로부터 깊이 ( ) 이상의 굴착은 터파기로 보고 그 외의 경우는 절취로 본다. 발파의 경우 절취와 터파기의 개념도 이에 준한다.

㉮ 10cm ㉯ 15cm
㉰ 20cm ㉱ 30cm

ANSWER 10 ㉰ 11 ㉱ 12 ㉰ 13 ㉮ 14 ㉰

15 조기강도가 작고 장기강도가 큰 시멘트로 체적 변화가 적고 균열 발생이 적어 댐 공사, 단면이 큰 구조물 공사에 적합한 것은? [산업기사 13.03.10]

㉮ 보통포틀랜드시멘트
㉯ 조강포틀랜드시멘트
㉰ 백색포틀랜드시멘트
㉱ 중용열포틀랜드시멘트

풀이 **중용열 포틀랜드 시멘트**
수화작용에 의해 발열량을 낮게 하는 것이 목적이며 조기강도는 낮으나 장기강도는 크며, 체적 변화가 적어 균열이 적어서 댐, 도로공사, 방사능 차단, Msaa 콘크리트에 사용함.

16 일반 콘크리트의 양생방법 설명으로 옳지 않은 것은? [산업기사 13.03.10]

㉮ 콘크리트 타설 후 경화가 될 때까지 양생기간 동안 직사광선에 대한 보호조치를 한다.
㉯ 보통포틀랜드시멘트의 경우 일평균 기온이 10℃일 때 습윤양생 기간을 7일을 표준으로 한다.
㉰ 막양생을 할 경우에는 충분한 양의 막양생제를 적절한 시기에 균일하게 살포하여야 한다.
㉱ 재령 3일까지는 해수에 씻기지 않도록 주의한다.

17 콘크리트 타설 후 재료분리현상에 대한 설명으로 틀린 것은? [산업기사 13.03.10]

㉮ 풍화된 시멘트를 사용하면 재료분리현상이 심해진다.
㉯ AE제를 사용하면 억제할 수 있다.
㉰ 단위수량이 너무 많은 경우 발생한다.
㉱ 물시멘트비를 늘리면 억제할 수 있다.

물시멘트비가 증가하면 재료분리현상이 심해진다.

18 굳지 않은 콘크리트의 성질에 관한 설명으로 옳지 않은 것은? [산업기사 13.06.02]

㉮ 사용되는 단위수량이 많을수록 콘크리트의 컨시스턴시는 커진다.
㉯ 비빔시간이 너무 길면 수화작용을 촉진시켜 워커빌리티가 나빠진다.
㉰ 시멘트는 분말도가 높아질수록 점성이 낮아지므로 컨시스턴시도 커진다.
㉱ 입형이 둥글둥글한 강모래를 사용하는 것이 모가 진부순모래의 경우보다 워커빌리티가 좋다.

시멘트 분말도가 높을수록 점성이 증가한다.

19 어느 골재의 실적률이 60%일 때 이 골재의 공극률은 몇 %인가? [산업기사 13.06.02]

㉮ 12.5% ㉯ 20%
㉰ 25% ㉱ 40%

ANSWER 15 ㉱ 16 ㉱ 17 ㉱ 18 ㉰ 19 ㉱

20 콘크리트 타설 시 주의사항으로 옳지 않은 것은? [산업기사 13.06.02]

㉮ 자유낙하높이를 가능한 작게 한다.
㉯ 타설시 콘크리트가 매입철근에 충격을 주지 않도록 주의한다.
㉰ 운반거리가 가까운 곳에서부터 타설을 시작하여 먼 곳으로 진행해 나간다.
㉱ 콘크리트의 재료분리를 방지하기 위하여 횡류(橫流), 즉 옆에서 흘려 넣지 않도록 한다.

21 콘크리트의 거푸집 측압에 관한 일반적인 설명으로 틀린 것은? [산업기사 13.09.28]

㉮ 타설속도가 빠르면 측압이 커진다.
㉯ 철근량이 작을수록, 온도가 높을수록 측압이 크다.
㉰ 응결시간이 빠른 시멘트를 사용할수록 측압이 작다.
㉱ 단면이 작은 벽보다 단면이 큰 기둥에서 측압이 크다.

풀이 **측압이 크게 작용하는 요인**
- 슬럼프가 클수록, 타설속도가 빠를수록, 기온이 낮을수록
- 거푸집의 수밀성이 높을수록, 다짐이 많을수록, 타설 높이가 높을수록

22 골재의 함수 상태에 따른 설명으로 옳지 않은 것은? [산업기사 13.09.28]

㉮ 표건상태 : 내부는 포화상태이나 표면은 수분이 없는 상태
㉯ 습윤상태 : 골재의 내부는 이미 포화상태이고, 표면에도 수분이 있는 상태
㉰ 기건상태 : 골재를 공기 중에 24시간 이상 건조하여 골재 속에 수분이 없는 상태
㉱ 절건상태 : 골재를 100 ~ 110℃의 온도 상태에서 중량변화가 없어질 때까지 건조하여 골재 속의 모세관 등에 흡수된 수분이 거의 없는 상태

풀이 **기건상태**
공기 중의 습도와 재료의 습도가 평형이 된 상태 또는 골재를 대기 중에 방치하여 건조한 것으로서 내부에 약간 수분이 있는 상태이다.

23 다음 시멘트 중 수경률이 가장 큰 시멘트는? [산업기사 13.09.28]

㉮ 보통 포틀랜드 시멘트
㉯ 백색 포틀랜드 시멘트
㉰ 조강 포틀랜드 시멘트
㉱ 중용열 포틀랜드 시멘트

Part 3 조경시공구조학

ANSWER 20 ㉰ 21 ㉯ 22 ㉰ 23 ㉰

24 콘크리트의 현장시공계획을 세울 때 고려해야 할 사항과 거리가 먼 것은? [산업기사 14.03.02]

㉮ 콘크리트의 골재 계량방법을 결정한다.
㉯ 콘크리트의 공사현장까지 운반방법을 결정한다.
㉰ 레미콘의 운반시간에 관한 도로 교통량을 고려한다.
㉱ 레미콘 공장의 선정 및 공사 현장까지의 거리계획을 세운다.

풀이 ㉮ 콘크리트의 골재 계량방법을 결정한다. 콘크리트 배합설계 시 고려할 사항이다.

25 레미콘 25-21-12에서 '25'는 무엇을 의미하는가? [산업기사 14.03.02]

㉮ 압축강도(MPa)
㉯ 굵은 골재 크기(mm)
㉰ 슬럼프(cm)
㉱ 인장강도(MPa)

풀이 레미콘 25(굵은 골재의 최대치수) - 21(압축강도) - 12(슬럼프)

26 플라이애시(fly ash)를 사용한 콘크리트의 특징으로 틀린 것은? [산업기사 14.03.02]

㉮ 수밀성이 향상된다.
㉯ 건조수축이 적어진다.
㉰ 워커빌리티가 개선된다.
㉱ 조기강도가 증가한다.

풀이 플라이애시 콘크리트는 조기강도가 강하다.

27 시멘트의 단위용적중량은 시멘트의 비중, 분말도, 풍화 정도에 따라 다르나 일반적인 표준치(kg/m^3)로 가장 적당한 값은? (단, 자연상태를 기준으로 한다.) [산업기사 14.03.02]

㉮ 1300 ㉯ 1500
㉰ 1700 ㉱ 2000

• 시멘트 단위용적중량 표준치 : $1500kg/m^3$

28 다음 수중 콘크리트의 설명 중 괄호 안에 알맞은 것은? [산업기사 14.05.25]

> 현장타설 콘크리트말뚝 및 지하연속벽 콘크리트는 수중에서 시공할 때 강도가 대기 중에서 시공할 때 강도의 (㉠)배, 안정액 중에서 시공할 때 강도가 대기 중에서 시공할 때 강도의 (㉡)배로 하여 배합강도를 설정하여야 한다.

㉮ ㉠ 0.8 ㉡ 0.7 ㉯ ㉠ 0.7 ㉡ 0.8
㉰ ㉠ 0.7 ㉡ 0.7 ㉱ ㉠ 0.6 ㉡ 0.9

풀이 **콘크리트 표준시방서 수중콘크리트**
현장타설 콘크리트말뚝 및 지하연속벽 콘크리트는 수중에서 시공할 때 강도가 대기 중에서 시공할 때 강도의 (0.8)배, 안정액 중에서 시공할 때 강도가 대기 중에서 시공할 때 강도의 (0.7)배로 하여 배합강도를 설정하여야 한다.

ANSWER 24 ㉮ 25 ㉯ 26 ㉱ 27 ㉯ 28 ㉮

29 분말도가 큰 시멘트의 성질에 대한 설명으로 틀린 것은? [산업기사 14.09.20]

㉮ 색이 어둡게 되며 비중이 커진다.
㉯ 블리딩이 적고 워커블한 콘크리트가 얻어진다.
㉰ 물과 혼합 시 접촉 표면적이 커서 수화작용이 빠르다.
㉱ 풍화하기 쉽고 건조수축이 커져서 균열이 발생하기 쉽다.

풀이 **분말도가 큰 시멘트**
색이 밝고 비중이 가볍다.

30 중용열 포틀랜드 시멘트에 대한 설명으로 옳은 것은? [산업기사 14.09.20]

㉮ 장기강도가 작다.
㉯ 한중 콘크리트에 적합하다.
㉰ 수화열에 크게 만든 것이다.
㉱ 댐공사 등의 매스 콘크리트용으로 적합하다.

풀이 **중용열 포틀랜드 시멘트**
① 수화작용에 의한 발열량을 낮게 하는 것이 목적
② 조기강도는 낮으나 장기강도는 크며, 체적의 변화적어서 균열이 적다.
③ 내침식성, 내구성 강하다.
④ 댐, 도로포장용, 방사능 차단, Mass 콘크리트에 사용

31 골재의 공극률이 30%일 때 골재의 실적률은? [산업기사 14.09.20]

㉮ 0.3% ㉯ 0.7%
㉰ 30% ㉱ 70%

풀이 실적률 = 100-공극률
따라서 70% 실적률이다.

ANSWER
29 ㉮ 30 ㉱ 31 ㉱

Part 3
조경시공구조학

4 금속재와 금속공사

(1) 금속의 장단점

① 장점

㉠ 강도, 경도, 내마모성 등 역학적 성질이 뛰어나다.

㉡ 고유의 특유한 광택을 갖는다.

㉢ 열 및 전기의 양도체로 전성과 연성이 높다.

㉣ 변형과 가공이 자유롭다.

㉤ 역학적인 결점은 합금을 통해 개선이 가능하다.

② 단점

㉠ 비중이 크므로 재료의 응용범위가 제한된다.

㉡ 산소와 쉽게 결합하여 녹이 발생한다.

㉢ 가공설비가 많이 필요하며, 제작비용이 과다하다.

(2) 금속의 종류

① 철금속

㉠ 순철 : 순수한 철로 연질이며, 탄소 함유량 0.035%

㉡ 탄소강 : 강(鋼, steel)이라 하며, 0.035~1.7% 탄소를 함유해 담금질 등 열처리가 가능해 일반적 철제품에 사용된다.

㉢ 주철 : 무쇠, 선철이라고도 하며, 1.7% 이상의 탄소를 함유한 철은 주물을 제작하는데 사용하며, 배수파이프, 맨홀뚜껑, 가로시설, 조각, 정원시설, 가로수 보호덮개 등에 사용된다.

㉣ 스테인리스강 : 탄소강에 10.5% 이상의 크롬, 니켈, 몰리브덴, 티타늄 등의 금속이 첨가된 것으로 내식성이 뛰어나고 기계적 성질이 우수해 조경시설물, 조형물에 많이 사용됨

㉤ 내후성 강재 : 강에 구리, 크롬, 니켈, 인을 혼합한 것으로 대기 중에서 산화막을 형성하여 특유의 녹슨 듯한 적색을 띈다.

㉥ 표면처리강 : 강의 표면을 보호하기 위해 아연도금, 알루미늄, 아연합금도금, 납합금도금, 유기코팅 등의 보호조치를 한 것

② 비철금속

㉠ 구리 : 비중 8.94, 열팽창계수 0.017mm/mk, 전기 및 열 전도성이 높고 전연성이 뛰어나 가공 및 접합이 용이. 화학적 저항성이 커 내식성이 양호

㉡ 황동 : 놋쇠라고도 하며, 50% 이상의 구리에 아연을 가한 것 전연성, 내식성이 뛰어나며 금색광택으로 주로 난간, 계단 논슬립, 지붕, 나사, 볼트, 정원장식물 등에 사용된다.

㉢ 청동 : 구리에 주석 10~20%를 넣은 것으로 황동보다 단단하고 부식에 의한 청동색과 높은 내구성, 내마모성이 있어 환경조각으로 많이 사용

㉣ 알루미늄 : 철에 이은 제2의 금속으로 비중 2.7로 낮으면서 강도가 높고 내식성 풍부해 가공이 용이하여 조경에서 펜스, 가드레일, 볼라드, 알루미늄 캐스팅 의자, 그레이팅 등 경량구조물에 사용됨

(3) 철강재의 가공 및 제작(조경공사 시방서 15-3장 참고)

① **녹막이 처리** : 강철 및 철금속 제품은 녹막이처리 및 도금처리 해야 한다.

② **절단** : 변형되지 않도록 절단기나 가스절단 등 마무리 치수를 고려해 절단한다.

③ **구멍뚫기** : 드릴로 뚫는 것이 원칙이나, 지름 13mm 이하인 경우 전단 구멍뚫기, 30mm 이상인 경우 가스 구멍뚫기를 한다.

④ **성형** : 상온이나 적열상태로 하며, 가열가공은 적열상태로 시행

⑤ **용접**

㉠ 용접은 해당작업의 공인자격증을 소유한 용접공에 의해 시행해야 한다.

㉡ 철강재의 용접은 가스용접, 불활성가스 아크용접, 아르곤가스용접 등의 방법을 사용하고 재료 및 부위별 용접방식의 선택은 설계도면 및 공사 시방서에 따른다.

㉢ 모재의 용접면은 용접 전에 도료, 기름, 녹, 수분, 스케일 등 용접에 지장이 있는 것을 제거하여야 한다.

㉣ 용접봉은 습기를 흡수하지 않도록 보관하고 피복재의 박탈, 오손, 변질, 흡습, 녹이 발생한 것은 사용해서는 안 되며, 흡습이 의심되는 용접봉은 재건조하여 사용하여야 한다.

㉤ 용접부 간격은 스페이서를 이용하여 조정해야 하며, 중심을 맞추기 위하여 관에 무리한 외력을 가해서는 안된다.

㉥ 우천 또는 바람이 심하게 불거나 기온이 0℃ 이하일 때에는 용접을 행해서는 안된다.

㉦ 용접은 원칙적으로 하향자세로 하고 관의 경우 회전하면서 한다.

⑥ 볼트, 리벳접합

⑦ 설치

(4) 금속 부식방지 표면 피복법

① 페인트, 바니시 등 도료를 사용한다.

② 아스팔트, 콜타르 등 광유성재를 도포한다.

③ 고무 및 합성수지로 소부한다.

④ 아연도금이나 주석도금을 한다.

⑤ 인산염 용액에 금속을 담가 표면에 피막을 형성한다.

⑥ 모르타르 및 콘크리트로 피복하면 강표면에 형성되는 $Fe(OH)_2$는 알칼리 중에서도 안정

(5) 금속제품

① 구조용 강재 : 형강, 봉강, 강관, 강판

② 금속선 및 금속망(용접철망, 크림프철망, 직조철망, 엑스펜디드 메탈)

③ 긴결재 또는 이음재 : 못, 볼트 및 너트, 리벳, 목구조용 철물

CHAPTER 03 공종별 공사

실전연습문제

01 금속의 주요한 특징으로 옳지 않은 것은? [산업기사 12.03.04]

㉮ 열전도율, 전기전도율이 크다.
㉯ 일반적으로 결정구조를 갖고 있다.
㉰ 일반적으로 소성가공이 가능하다.
㉱ 순수한 금속일수록 저온에서의 전자이동이 어려워진다.

풀이 금속은 전자이동이 매우 잘된다.

02 다음 그림에서 A는 무엇을 나타내는가? [산업기사 12.03.04]

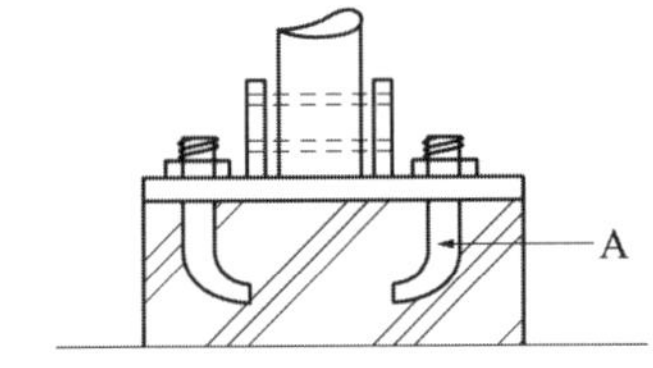

㉮ 철근 ㉯ 앵커볼트
㉰ 와이어 메시 ㉱ 너트

03 강재의 열처리 방법으로 옳지 않은 것은? [산업기사 12.05.20]

㉮ 불림 ㉯ 단조
㉰ 담금질 ㉱ 뜨임질

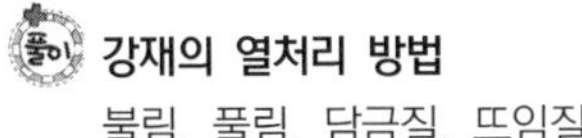

풀이 **강재의 열처리 방법**
불림, 풀림, 담금질, 뜨임질

04 투명성, 기계적 강도, 내수성은 좋지만 내충격성이 약하며, 발포제를 사용하여 넓은 판으로 만들어 단열재로서 널리 사용되며, 장식품과 일용품으로도 성형하여 사용되는 열가소성 수지는? [산업기사 12.05.20]

㉮ 요소수지 ㉯ 실리콘수지
㉰ 염화비닐수지 ㉱ 폴리스티렌수지

풀이
- 열가소성 수지 : 염화비닐, 아크릴, 폴리에틸렌
- 열경화성 수지 : FRP, 요소수지, 멜라민수지, 폴리에스테르 수지, 페놀수지, 실리콘수지, 우레탄 등

05 다음 중 알루미늄의 특성으로 옳지 않은 것은? [산업기사 12.05.20]

㉮ 내화성이 부족하다.
㉯ 알칼리나 해수에 침식되기 쉽다.
㉰ 순도가 높을수록 내식성이 좋지 않다.
㉱ 콘크리트에 접하거나 흙 중에 매몰된 경우에 부식되기 쉽다.

풀이 알루미늄의 내식성은 순도가 높을수록 높다.

06 다음 중 금속의 부식을 최소화하기 위해 사용하는 방법으로 가장 부적합한 것은? [산업기사 13.03.10]

㉮ 가능한 한 이종(異種) 금속을 인접 또는 접촉시켜 사용한다.
㉯ 균질한 것을 선택하고 사용시 큰 변형을 주지 않도록 한다.
㉰ 큰 변형을 준 것은 가능한 한 풀림(annealing)하여 사용한다.

ANSWER 01 ㉱ 02 ㉯ 03 ㉯ 04 ㉱ 05 ㉰ 06 ㉮

㉱ 표면을 평활하게 깨끗이 하며 가능한 한 건조상태로 유지한다.

07 비철금속 중 알루미늄 재료에 대한 설명으로 옳은 것은? [산업기사 13.09.28]

㉮ 순도가 높은 것은 표면에 산화피막이 생겨 잘 부식된다.
㉯ 알루미늄은 독특한 흰 광택을 지닌 중금속으로 광선 및 열 반사율이 크다.
㉰ 연성, 전성이 나빠서 가공하기 어렵고 얇은 부재로 만들기도 어렵다.
㉱ 산이나 알칼리 및 해수에 침식되기 쉬우므로 해안가 공사 시 특히 주의해야 한다.

08 강의 조직을 미세화하고 균질의 조직으로 만들며 강의 내부변형 및 음력을 제거하기 위하여 변태점 이상의 높은 온도로 가열한 후 대기중에서 냉각시키는 열처리방법은? [산업기사 13.09.28]

㉮ 풀림(annealing)
㉯ 불림(normalizing)
㉰ 담금질(quenching)
㉱ 뜨임질(tempering)

㉮ 풀림 : 금속 재료를 적당한 온도로 가열한 다음 서서히 상온(常温)으로 냉각하는 조작
㉯ 불림 : 강(鋼)의 조직을 표준상태로 하기 위하여 변태점 이상의 적당한 온도로 가열한 후 대기 중에서 냉각하는 열처리
㉰ 담금질 : 급랭함으로써 금속이나 합금의 내부에서 일어나는 변화를 막아 고온에서의 안정 상태 또는 중간 상태를 저온·온실에서 유지하는 조작
㉱ 뜨임질 : 강도와 경도를 증가시키는 담금질한 금속 재료에 강인성이나 더 높은 경도를 부여하기 위해 적당한 온도로 다시 가열했다가 공기 중에서 서서히 냉각하는 열처리 방법

09 강은 사용목적에 따라 조직을 변경시키는 열처리 및 가공에 의해서 성질을 개선 향상시키는 효과가 크다. 다음 중 회전하는 롤러 사이에 재료를 통과시켜 판재, 형재, 관재 등으로 성형하는 가공법은? [산업기사 14.05.25]

㉮ 판금 ㉯ 불림
㉰ 단조 ㉱ 압연

㉮ 판금 : 금속 재료로 된 판을 접거나 오려서 원하는 모양의 제품을 만드는 것
㉯ 불림 : 강(鋼)의 조직을 표준상태로 하기 위하여 변태점 이상의 적당한 온도로 가열한 후 대기 중에서 냉각하는 열처리
㉰ 단조 : 금속 재료를 일정한 온도로 가열한 다음 압력을 가하여 어떤 형체를 만드는 작업
㉱ 압연 : 금속의 소성(塑性)을 이용하여 고온이나 상온의 금속재료를 회전하는 두 롤 사이를 통과시켜 판(板)·봉(棒)·관(管)·형재(形材)등으로 가공하는 방법

10 비철금속 재료 중 알루미늄에 대한 설명으로 옳지 않은 것은? [산업기사 14.09.20]

㉮ 알칼리에 침식된다.
㉯ 전기와 열의 양도체이다.
㉰ 융점은 640 ~ 660℃ 정도이다.
㉱ 열에 의한 팽창계수는 콘크리트와 유사하다.

풀이 **알루미늄**
열에 의한 팽창계수는 콘크리트보다 2배 정도 크다.

ANSWER 07 ㉱ 08 ㉯ 09 ㉱ 10 ㉱

5 점토 및 타일과 조적공사

(1) 생성과정에 따른 종류

① **1차점토** : 암석이 풍화한 위치에 그대로 남아 있는 점토로 상대적으로 가소성이 적고 입자가 크다.

㉠ 고령토 : 물이나 탄산 등에 의한 화학적 작용으로 바위와 돌이 분해되어 생긴 순수한 진흙으로 도자기의 원료

㉡ 도석 : 화강암, 석영 등 장석질 암석은 풍화하면 장석이 되는데 충분한 풍화작용이 일어나지 않아 입자가 거친 덩어리 상태로 남아 있는 것으로 도자기, 고급타일에 사용

② **2차점토** : 물이나 바람에 의해 이동하여 침적된 미세한 입자의 집합체로 불순물이 함유되어 있어 소성액이 유색이다.

㉠ 볼클레이(ball clay) : 화강암질 암석이 멀리 밀려가 쌓인 것으로 엷은 황갈색

㉡ 석기점토 : 많은 장석질을 함유

㉢ 내화점토 : 규산, 알루미나, 물을 주성분으로 약간의 철분과 불순물을 포함하며, 고온소성하면 유리질 물질을 생성하여 단열벽돌, 경질내화벽돌에 사용

㉣ 도기점토 : 예전에 사용하던 도자기 재료이며 건축용 적벽돌, 타일, 화분 등에 사용됨

㉤ 벤토나이트 : 입자가 작은 점토로 화산재가 분해되어 만들어진 것으로 물을 가하면 부풀어 올라 팽유토라고도 한다.

(2) 점토 제품의 종류

① **점토벽돌** : 점토나 고령토 등을 원료로 혼련, 성형, 건조, 소성시켜 만든 벽돌로 한국산업규격 KS L 4201

② **타일** : 점토 또는 암석의 분말을 성형, 소성하여 만든 박판제품의 총칭

㉠ 원료 : 장석, 도석, 납석, 고령토, 규석

㉡ 성형제조 방법 : 건식방법(압력으로 찍어내는 것), 습식방법(반죽으로 만들며 표면이 거칠어 외벽용 타일로 주로 사용)

㉢ 구분

ⓐ 호칭명에 따른 구분 : 내장타일, 외장타일, 바닥타일, 모자이크타일

ⓑ 소재의 질에 따른 구분 : 자기질 타일, 석기질 타일, 도기질 타일

ⓒ 유약의 유무에 따른 구분 : 시유타일, 무유타일

③ **테라코타** : 구운 흙으로 붉은 도기 점토를 반죽하여 상대적으로 낮은 800~900℃에서 소성한 조각이나 속이 빈 대형의 점토제품으로 모양과 색을 자유롭게 연출할 수 있어 조경에서는 부조판, 화분, 플랜터 등에 사용하지만 제작비가 많이 든다.

(3) 조적공사

① 재료의 종류

㉠ 보통벽돌 : 형상대로 틀에 넣어 성형. 가열온도에 따라 광채벽돌, 생벽돌 생성

ⓐ 표준형 : 190×90×57mm

ⓑ 기존형 : 210×100×60mm

㉡ 내화벽돌 : 열에 강해 1580℃ 이상에서 연소

㉢ 시멘트 벽돌 : 보통벽돌보다 강도는 약하나 고압 성형한 고압시멘트벽돌

② 벽돌공사의 장·단점

㉠ 장점 : 풍화에 강, 내화·내구성 있다. 시공용이, 형태와 색채가 자유롭다. 화학작용에 대한 저항력이 강하며 미관상 보기 좋다.

㉡ 단점 : 형태가 작아 쌓는 시간이 많이 걸린다. 숙련공이 필요하며 횡력에 약하다.

③ 벽돌쌓기 방법

㉠ 영국식 : 구조가 가장 튼튼함

㉡ 프랑스식 : 매단에 길이쌓기, 마구리쌓기를 번갈아 쌓기

㉢ 길이쌓기 : 굴뚝 등 반장벽 쌓기에 적합

㉣ 마구리쌓기

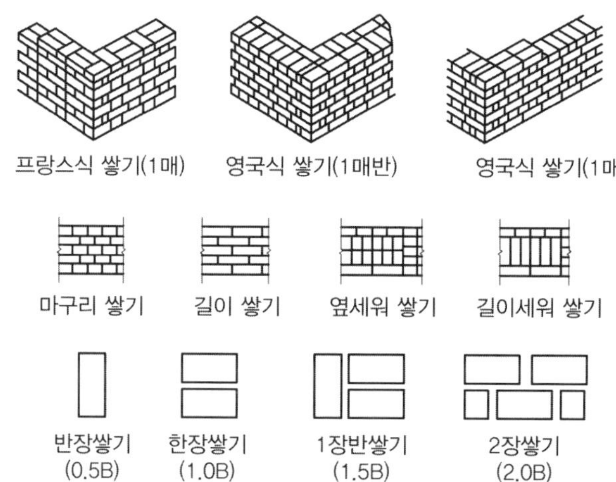

㉤ 벽돌쌓기 유의사항

ⓐ 벽돌을 10분 이상 물에 담가 충분히 흡수시킨 뒤 사용

ⓑ 1회에 쌓아올릴 수 있는 높이 1.2m(20단) 이하, 12시간 경과 후 다시 쌓기

ⓒ 줄눈은 가로 세로 10mm가 표준, 9mm도 가능

ⓓ 규준틀, 표준을 만들어 보통 3단마다 심줄을 그어 높이를 표시한 후 쌓기

ⓔ 모르타르 배합비 : 보통 1 : 3, 중요한 곳 1 : 2, 치장줄 1 : 1 또는 1 : 2

④ 치장 줄눈(벽돌사이 이음줄)의 종류

CHAPTER 03 공종별 공사

실전연습문제

01 벽높이 1.2m, 길이 6m의 벽돌 담장을 1.0B로 설치할 때 소요되는 벽돌은 몇 매인가? (단, 표준형 시멘트 벽돌로 시공하며, 할증율은 3%를 고려한다.)

[산업기사 12.05.20]

㉮ 540매 ㉯ 556매
㉰ 1073매 ㉱ 1105매

풀이 표준형 벽돌 1.0B의 단위당 벽돌 필요개수는 149매
따라서, $149 \times 1.2 \times 6 \times 1.03 = 1104.984$
즉 1105매 소요됨.

02 벽돌에 생기는 백화를 방지하기 위한 방법으로 가장 거리가 먼 것은?

[산업기사 12.09.15]

㉮ 벽돌면 상부에 빗물막이를 설치한다.
㉯ 줄눈 모르타르에 석회를 넣어 바른다.
㉰ 파라핀 도료를 발라 염류가 나오는 것을 방지한다.
㉱ 10% 이하의 흡수율을 가진 양질의 벽돌을 사용한다.

03 규격은 표준형 벽돌로 $1m^2$에 0.5B 벽돌을 쌓을 때 소요되는 벽돌의 양은 약 얼마인가? (단, 줄눈간격은 1cm이며, 반드시 할증률을 고려한다.) [산업기사 12.09.15]

㉮ 69매 ㉯ 77매
㉰ 92매 ㉱ 96매

풀이 표준형벽돌 0.5B $1m^2$ 필요량은 75매, 벽돌 할증률(시멘트벽돌 5%, 내화벽돌, 붉은벽돌 3%),
따라서, $75 \times 1.03 = 77.25$매(3% 적용 시)
$75 \times 1.05 = 78.75$매(5% 적용 시)
∴ 약 77매

04 양질 도토 또는 장석분을 원료로 하여 흡수율이 1% 이하로 거의 없으며, 소성온도가 약 1230~1460℃인 점토 제품은?

[산업기사 13.06.02]

㉮ 토기 ㉯ 자기
㉰ 석기 ㉱ 도기

05 저급점토, 목탄가루, 톱밥 등을 혼합하여 성형 후 소성한 것으로 단열과 방음성이 우수한 벽돌은? [산업기사 13.06.02]

㉮ 중량벽돌 ㉯ 경량벽돌
㉰ 내화벽돌 ㉱ 보통벽돌

ANSWER 01 ㉱ 02 ㉯ 03 ㉯ 04 ㉯ 05 ㉯

06 다음 그림이 나타내는 벽돌쌓기 방법은?
[산업기사 13.06.02]

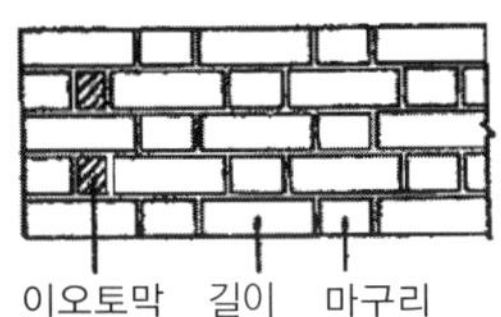

㉮ 영식쌓기　　㉯ 불식쌓기
㉰ 미식쌓기　　㉱ 화란식쌓기

07 다음 조경시설을 공사에 필요한 가설공사 중 규준틀 설치에 관한 설명으로 틀린 것은? [산업기사 13.09.28]

㉮ 수평규준틀은 벽돌쌓기, 블록쌓기 등 조적공사의 수평보기에 사용된다.
㉯ 규준틀은 통나무 또는 각목을 사용한다.
㉰ 규준틀은 건축물의 주요지점에 설치하여 건축물의 모양과 위치를 측정한다.
㉱ 수평규준틀은 규준틀 설치 평면 배치도를 작성하여 개소당 품을 적용하는 것이 원칙이다.

풀이 벽돌쌓기, 블록쌓기 등 조적공사에는 세로규준틀을 사용한다.

08 다음 그림과 같은 벽돌의 쌓기 방식으로 가장 적합한 것은? [산업기사 13.09.28]

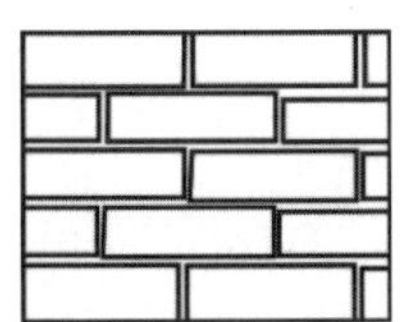

㉮ 마구리쌓기　　㉯ 길이쌓기
㉰ 옆세워쌓기　　㉱ 길이세워쌓기

09 다음 중 좋은 품질의 벽돌을 선정하는 데 있어 검토사항으로 부적합한 것은?
[산업기사 14.09.20]

㉮ 균일한 세립(細粒) 조직을 가질 것
㉯ 흡수율이 크고, 고열을 받아도 이상이 없을 것
㉰ 균열, 열목, 기포, 소립석 또는 괴상(塊狀)의 석회부분이 없을 것
㉱ 표면에 나타나는 부분은 평활(平滑)해야 하나 접합부분은 거칠어야 할 것

 **벽돌**
흡수율이 낮은 것이 바람직

ANSWER 06 ㉯ 07 ㉮ 08 ㉯ 09 ㉯

6 합성수지, 미장 및 도장재와 공사

(1) 합성수지

① **정의** : 석탄, 석유, 천연가스 등의 원료를 인공적으로 합성시켜 얻은 고분자 물질

② **종류**

㉠ 열가소성 수지 : 폴리에틸렌(PE) 수지, 폴리프로필렌(PP) 수지, 염화비닐(PVC) 수지, 염화비닐리덴(PVDC) 수지, 초산비닐(PVDC) 수지, 메타크릴(PMMA) 수지, 폴리카보네이트(PC) 수지, 폴리스티렌(PS) 수지, ABS 수지, 불소(PTFE) 수지, 폴리아미드, PET 수지

㉡ 열경화성 수지 : 페놀(PF) 수지, 요소(UF) 수지, 멜라민(MF) 수지, 알키드(AIK) 수지, 불포화 폴리에스테르(UP) 수지, 에폭시(EP) 수지, 규소(SI) 수지, 폴리우레탄(PUR) 수지

㉢ 탄성중합체 : 스타이렌 부다티엔 고무, 클로로프렌(네오프렌) 고무, EPDM 고무

㉣ 대표적 4대 합성수지 : PVC(염화비닐 수지), PS(폴리스틸렌 수지), PP(폴리프로필렌 수지), PE(폴리에틸렌 수지)

③ **성질**

㉠ 열에 대한 성질 : 내열성 약하고 열에 의한 팽창수축이 심해 연소시 유독가스 발생

㉡ 내후성이 약하여 외부공간에서 취약하다.

㉢ 역학적 성질 : 비중 0.9~2.0으로 콘크리트에 비해 경량이며 강도가 크며 강화재로 유리섬유를 넣어서 유리섬유 강화 플라스틱으로 사용

㉣ 내마모성이 약해 외부 공간에서 흠이 나기 쉽다.

㉤ 가공성, 성형성 높으며 내약품성은 콘크리트나 강보다 우수하다.

㉥ 전기절연성 우수하고, 외관이 자유롭고, 접착성이 좋다.

④ **조경용 합성수지 제품** : 합성수지 매트 및 네트, 합성목재, 잔디보호 매트 및 투수성 플라스틱 포장재, GFRP, 배수 및 저류시설, 막구조용 섬유, 생분해성 플라스틱

(2) 도장재

① **도료** : 구조재의 용도상 필요한 물리·화학적 성질을 강화시키고 미관을 증진시킬 목적으로 재료의 표면에 피막을 형성시키는 액체재료

② **도료의 구성** : 유지, 수지, 건조제, 가소제, 분산제, 안료(무기안료, 유기안료, 체질안료), 용제

③ **도료의 분류(한국산업규격)** : 수성도료, 유성도료, 방청도료, 래커도료, 바니시, 도료용 희석제, 분체도료

④ 종류

재료	종류	특성
페인트	수성페인트	유기질 도료, 무기질 도료
	유성페인트	안료를 보일류에 이겨 만든 것 건조 빠르고 광택 우수, 내후성, 내마모성 우수
	에나멜페인트	안료를 바니스에 이겨서 만든 페인트. 두껍고 색채 및 광택이 좋음
	녹막이페인트	연단페인트 많이 사용. 철재・경금속재의 녹이 생기는 것을 방지
바니시	유성 바니시, 휘발성 바니시	유용성 수지류를 건성류에 가열·용해하여 휘발성 용제로 희석한 것 목재부 도장에 많이 사용하며 옥외에는 잘 사용하지 않는다.
합성수지 도료	에폭시 수지도료	단단하고, 내마모성이 좋고, 내산·내알칼리성이 우수해 콘크리트 바닥에 사용
	합성수지 에멀션 페인트	외부도장에 많이 사용하며, 물을 사용하기에 화재와 폭발의 위험이 없어 옥내·외 외부도장에 가장 많이 사용
	그 외 알카드 수지도료, 폴리에스테르 수지도료 등	
특수도료	방청도료	금속 부식방지도료로 녹막이 도료라 함
	본타일	합성수지와 체질안료 혼합해 입체무늬 내는 뿜칠용 도료
	단청 도료	안료를 아교풀에 개어 솔칠하는 도료로 목재내부 보호

⑤ **녹방지 도료** : 알미늄 분도료, 연단도료, 산화철도료, 광명단

(3) 도장공사

① **목부 유성페인트 공사** : 바탕 만들기(오염물 제거, 샌드페이퍼 문지르기, 수직처리, 용이처리 구멍메우기) → 초벌칠 → 퍼티칠 → 샌드페이퍼 문지르기 → 재벌칠 1회째 → 샌드페이퍼 문지르기 → 재벌칠 2회째 → 정벌칠

② **철부 유성페인트 공사** : 바탕 만들기(오염물의 제거, 유류 제거, 녹떨기, 화학처리, 피막마감) → 방청제 메우기 및 퍼티칠 → 샌드페이퍼 문지르기 → 재벌칠 1회째 → 샌드페이퍼 문지르기 → 재벌칠 2회째 → 샌드페이퍼 문지르기 → 정벌칠

③ **에나멜 페인트칠** : 유성페인트칠과 같으며 건조가 빠르기 때문에 뿜칠이 좋다.

④ **수성페인트** : 바탕 만들기 → 바탕누름 → 초벌칠 → 페이퍼 문지르기 → 정벌칠

⑤ **바니시** : 바탕 만들기(바탕조정, 눈먹임, 착색, 색흠 바로잡기, 색누름 등) → 초벌칠하기 → 페이퍼 문지르기 → 재벌칠하기 → 페이퍼 문지르기 → 정벌칠하기 → 마무리

⑥ **분체도장** : 합성수지를 고체 분말형태로 하여 피도물에 코팅하는 분말수지를 유기용제나 물에 용해하는 도장하는 것 소지조정(오염물제거) → 1차 도색 → 1차 열처리 → 2차 도색 → 제색

(4) 미장공사

① 미장재료

㉠ 시멘트 : 보통포틀랜드 시멘트, 백색 시멘트

㉡ 석회 : 생석회, 소석회, 산화마그네슘

㉢ 기타 : 석고, 흙, 점토 등

② 미장공사

㉠ 종류 : 시멘트 모르타르 바름, 석회 바름, 인조석 바름, 테라조 바름

㉡ 모르타르 용적 배합비

ⓐ 1 : 1 (치장줄눈, 방수, 기타 중요한 곳)

ⓑ 1 : 2 (미장용 정벌 바르기, 기타 중요한 곳)

ⓒ 1 : 3 (미장용 정벌 바르기, 쌓기 줄눈)

ⓓ 1 : 4 (미장용 초벌 바르기)

ⓔ 1 : 5 (기타 중요하지 않는 곳)

7 기타 옥외포장재, 생태복원재

(1) 옥외포장재

① 분류

㉠ 생산소재에 따른 분류 : 자연재료, 인공재료

㉡ 제조방식에 따른 분류

ⓐ 혼합물계 : 아스팔트계, 콘크리트계, 수지계, 흙, 목질계

ⓑ 도포계 : 우레탄 포장, 수지모르타르 포장

ⓒ 제품계 : 소형 고압블록 포장, 석재타일 포장, 점토바닥벽돌, 벽돌포장, 고무블록 포장, 잔디블록 포장

② 포장재료별 특성

㉠ 아스팔트 콘크리트 포장 : 경제성, 내구성 높아 도로, 주차장, 자전거도로, 산책로, 광장 등에 사용

㉡ 콘크리트 포장 : 가장 일반적 포장으로 공원, 도로, 주차장, 자전거도로, 산책로, 광장에 사용

㉢ 블록 포장

ⓐ 소형고압블록 포장 : 보행로, 주차장, 광장 등에 사용

ⓑ 점토바닥벽돌 포장 : 보행로, 광장, 휴게공간 등에 사용

ⓒ 벽돌포장 : 보행로, 정원 등에 사용

ⓓ 목재블록포장 : 정원, 휴게공간, 데크 등에 사용

ⓔ 투수블록 포장 : 보행로, 주차장, 광장, 공개공지 등에 사용
ⓕ 석재 및 자연석 포장류 : 보행로, 광장, 휴게공간에 사용
ⓖ 타일포장 : 콘크리트 기초 위에 접착. 보행로, 광장에 사용
ⓗ 흙 포장류 : 마사토 포장(운동장, 자연산책로), 혼합토포장(자연산책로, 전통공간)
ⓘ 기타 : 색조포장, 우드칩 포장, 우레탄 포장, 인조잔디 포장, 고무칩 포장

(2) 생태복원재

① **식물 부산물** : 분쇄한 짚, 매트, 롤, 폐지 멀칭재 등
② **식물 발생재** : 식물의 지엽부와 목질부를 혼합하여 재활용
③ **목재** : 목재 멀칭재, 목재 침상, 다공성 목편 콘크리트 블록, 목재 블록
④ **콘크리트** : 다공질 콘크리트 블록(녹화 가능), 공동 콘크리트 투수 블록
⑤ **석재** : 개비온(금속망에 석재 채워 호안에 사용하는 공법), 돌망태, 자연석, 화산석
⑥ **합성수지** : 합성수지 네트, 매트, 주머니, 잔디보호 플라스틱 포장재 등으로 사용. 환경위해성 문제로 인해 친환경 합성수지 개발이 필요

CHAPTER 03 공종별 공사

실전연습문제

01 플라스틱의 특성에 대한 설명 중 옳지 않은 것은? [산업기사 11.06.12]

㉮ 내식성이 우수하다.
㉯ 약알칼리에 약하다.
㉰ 일반적으로 비흡수성이다.
㉱ 화학약품에 대한 저항성은 열경화성 수지와 열가소성 수지가 다른 특성을 갖고 있다.

풀이 플라스틱은 산성에 약하다.

02 다음 중 열경화성 합성수지는? [산업기사 11.10.02]

㉮ 아크릴수지 ㉯ 페놀수지
㉰ 염화비닐수지 ㉱ 폴리에틸렌수지

풀이 ① 열가소성 수지 : 염화비닐, 아크릴, 폴리에틸렌
② 열경화성 수지 : FRP, 요소수지, 페놀수지, 멜라민 수지, 폴리에스테르 수지, 실리콘, 우레탄 등

03 다음 중 폴리에스테르수지(Polyester Resin)에 관한 설명으로 가장 부적합한 것은? [산업기사 14.05.25]

㉮ 전기절연성이 우수하다.
㉯ 내약품성이 우수하다.
㉰ 욕조, 파이프 등에 사용된다.
㉱ 불포화 폴리에스테르수지는 열가소성 수지이다.

풀이 ㉱ 불포화 폴리에스테르수지는 열경화성 수지
• 열경화성 수지 : FRP, 프란수지, 요소수지, 멜라민수지, 폴리에스테르 수지, 페놀수지, 실리콘, 우레탄 등
• 열가소성 수지 : 염화비닐, 아크릴, 폴리에틸렌

04 다음 중 하천 제방의 기부에 대한 보호를 위해 가장 적합한 공법이며, 비교적 유속이 빠르고 세굴이 우려되는 지역에 활용되는 것은? [산업기사 14.05.25]

㉮ 격자블럭공
㉯ 습식종자뿜어붙이기
㉰ 돌망태공
㉱ 지오웨브공법

풀이 **습식종자뿜어붙이기**
분사식 씨뿌리기공법 중에서 식생기재(토양, 인공토양, 토양개량제 등), 침식방지제 및 종자 등을 압력수를 사용하여 압송해서 뿜어붙이는 공법으로 하천 제방기부에 대한 보호에 가장 적합한 공법

05 건설에서 구조재료용으로 사용되는 플라스틱의 장점에 대한 설명으로 틀린 것은? [산업기사 14.09.20]

㉮ 내수성 및 내습성이 양호하다.
㉯ 공장에서 대량생산이 가능하다.
㉰ 탄성계수가 크고 변형이 작다.
㉱ 적은 중량으로 인해 구조물의 경량화가 가능하다.

풀이 **플라스틱**
탄성계수가 작고, 열에 매우 약해 열변형이 잘 일어난다.

ANSWER 01 ㉯ 02 ㉯ 03 ㉱ 04 ㉰ 05 ㉰

3 공종별 공사

1 포장공사

(1) 포장의 종류

① 용도별 종류 : 차량전용도로포장, 보행자전용도로포장, 관리용도로포장, 자전거전용도로포장, 주차장 포장, 운동장 포장

② 사용재료별 종류

㉠ 인공재료 : 아스팔트, 시멘트 콘크리트, 벽돌, 콘크리트 블록, 타일 등

㉡ 자연재료 : 호박돌, 조약돌, 자연석·판석 포장, 마사토포장 등

③ 포장단면 처리 용어 설명

㉠ 표층 : 교통에 의해 마모되며 빗물침투방지, 평탄하고 미끄럼 방지되어야 함

㉡ 기층 : 표층에서의 하중을 분산시키는 역할

㉢ 보조기층 : 교통하중 분산과 노상이 안전하게 노상토 침투방지

㉣ 노상 : 포장 하부 흙부분으로 강도가 균등해 지지력을 갖게 해야 함

㉤ 프라임코트 : 기층 위에 포장층 포설 위해 액체 아스팔트를 뿌리는 것

㉥ 택코트 : 기초 포장면과 새 아스팔트 혼합을 양호하게 하기 위해 아스팔트 재료를 뿌려주는 것

㉦ 실코트 : 포장면의 내구성·수밀성·미끄럼저항 증가를 위해 아스팔트 재료, 골재를 살포해 견고히 만든 얇은 층

④ 재료별 포장방법

㉠ 흙다짐

ⓐ 적용기준 : 정구장, 배구장, 배드민턴장 등 운동장 포장, 공원산책로, 자연공원, 등산로 등의 도로포장에 적용

ⓑ 시공방법

- 모든 토공사 완료되고 인접 배수시설, 구조물시설 완료, 뒷채움 끝난 다음 시행
- 보조기층 연약, 동결 시 포설하지 말 것
- 포설 후 전압 고려해 설계두께 30% 더한 두께로 고르게 할 것
- 다짐 완성 후 두께오차 ±10% 이내 되도록

㉡ 블록포장

ⓐ 적용기준 : 보도, 주차장, 광장, 퍼골라 바닥, 옥상 등 모든 단위포장재료 포함

ⓑ 시공방법

- 기초침하가 생기지 않게 충분히 다지고 평탄하게 할 것
- 성토지반일 경우 균등한 지지력을 얻도록 0.5ton 이상 진동롤러로 전압함

- 깔기 전 최종바닥 높이 10cm 위에 수평, 평형 위한 실눈 띄우기
- 블록 깐 후 가는 모래 전면에 살포하고 줄눈 안에 쓸어 넣어 줄눈틈 메우기
- 모래깔기 두께 최소 4cm, 다진 후 모래두께 3cm 되도록
- 안정층 포설 모래입도 2~8mm, 포설 후 까는 모래 3mm 이하

ⓒ 합성수지포장

ⓐ 적용기준 : 운동장(육상경기장, 정구장, 배구장 등), 건물옥상 등 바닥포장

ⓑ 시공방법

- 재료는 KS 규격품을 사용할 것
- 접착제는 용제와 잘 혼합해 균질하게 도포하여 요철이 생기지 않도록 하며 화기에 주의
- 온도 10℃ 이하에서는 접착력 떨어지므로 주의

ⓓ 인조잔디포장

ⓐ 적용기준 : 운동장, 실내골프장, 옥상 등

ⓑ 시공방법

- 잡석층 위에 아이콘 콘크리트 타설 후 접착제 바르고 잔디 깔기
- 이음부위 틈 생길 시 무거운 것으로 눌러 잘 고정

ⓔ 투수콘 포장

ⓐ 적용기준 : 공원, 유원지도로, 주차장, 자전거도로, 산책로 등에 포장

ⓑ 시공방법

- 모래, 마사층, 골재층은 재료 분리 없게 기계로 충분히 전압
- 투수콘 혼합물은 분리 생기지 않게 롤러기계 사용해 신속전압
- 주변 토사유입으로 투수공 막혀서 투수효과가 감소되지 않도록 경계석 설치할 것

ⓕ 아스팔트, 콘크리트포장

ⓐ 적용기준 : 보도, 자전거도로, 공원내 도로, 광장, 주차장 등

ⓑ 시공방법

- 수목근원부는 포장하지 않고 일정 거리 이상 떨어져 시공
- 줄눈 : 부등침하, 온도변화로 수축, 팽창에 의한 파손을 막기 위해 일정간격 설치
- 팽창줄눈 : 새로 포장하는 곳, 기존 포장구조물과 만나는 곳에 반드시 설치 지반조건에 따라 팽창줄눈 부위에 포장면 상하이동 우려되는 곳에 설치
- 수축줄눈 : 콘크리트 타설 후 완전히 굳기 전 슬라브 표면을 일정 간격으로 자르는 것 배치간격 최대 7m 이내
- 콘크리트 포장 시 양쪽 모서리는 줄눈용 흙손으로 모따기 할 것
- 콘크리트 4℃ 이하, 30℃ 이상에는 포설하지 말 것

⑤ 각 포장별 단면도

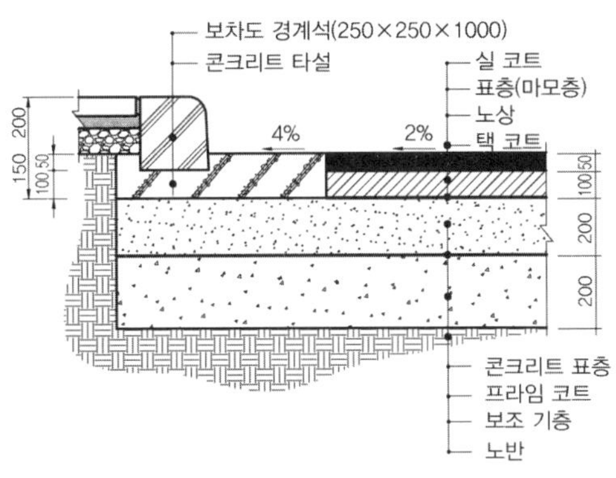

• 아스팔트 콘크리트 포장 단면 예 •

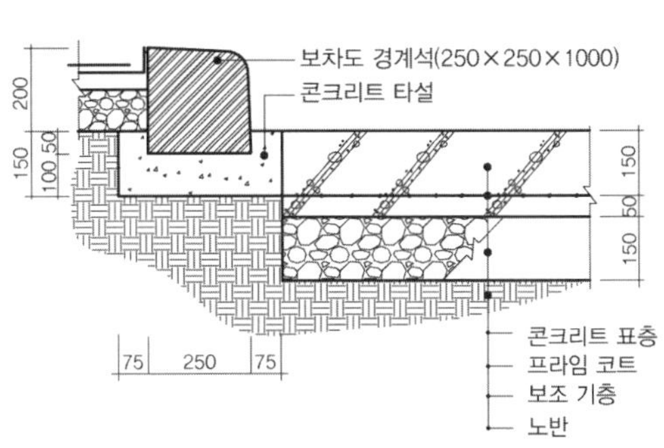

• 시멘트 콘크리트 포장 단면 예 •

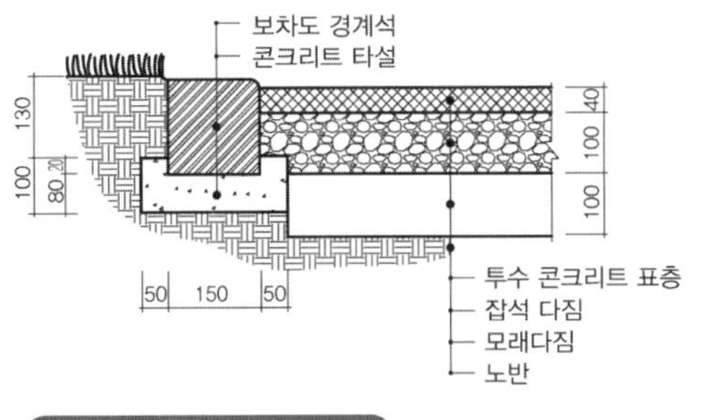

• 투수콘 포장 단면 예 •

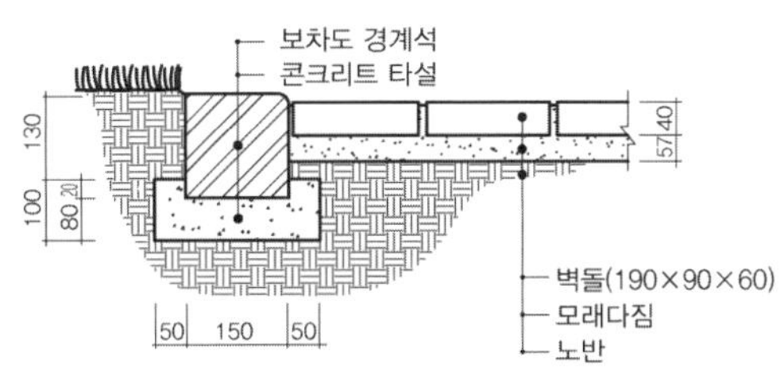

• 벽돌 포장 단면 예 •

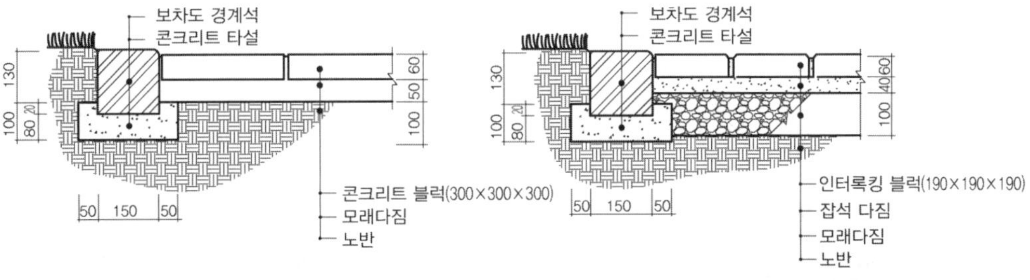

• 콘크리트 보도블록 포장 단면 예 •

• 소형 고압 블록 포장 단면 예 •

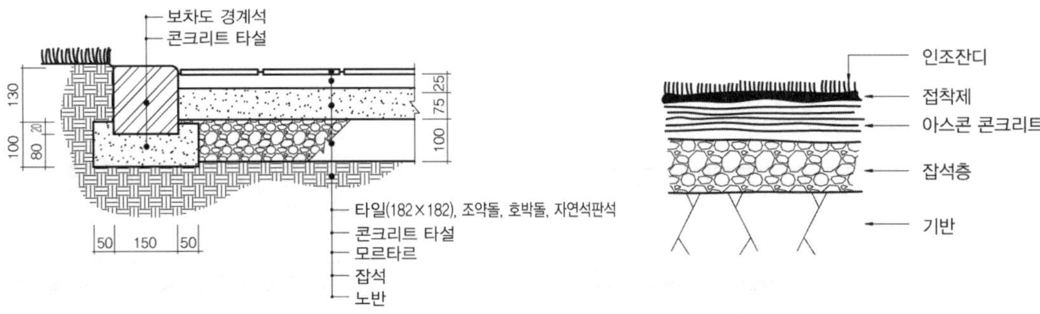

• 타일포장, 조약돌, 호박돌, 자연석 포장 단면 예 •

• 인조잔디 포장 단면 예 •

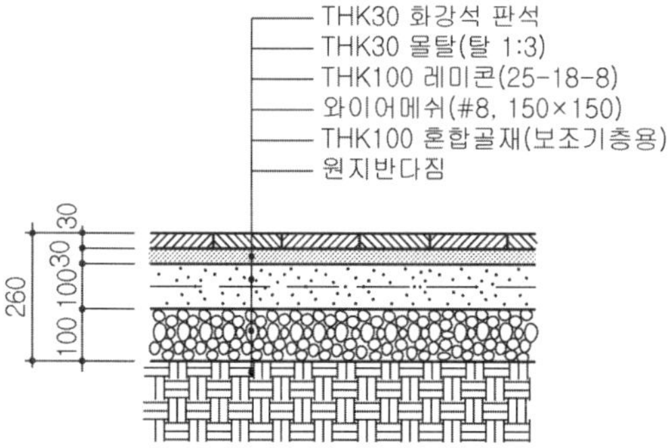

• 화강석판석 시공 단면 예 •

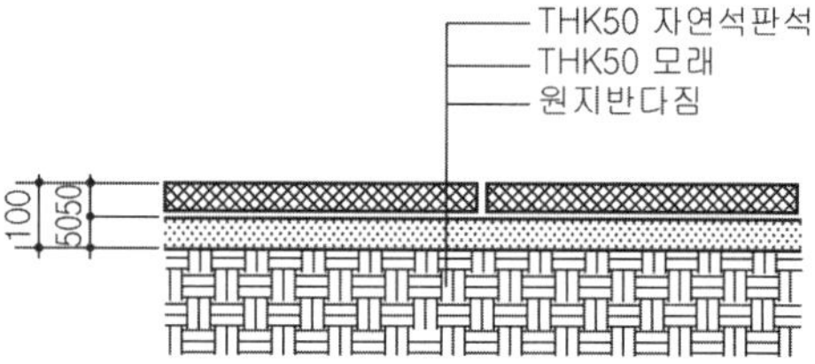

• 자연석판석 시공 단면 예 •

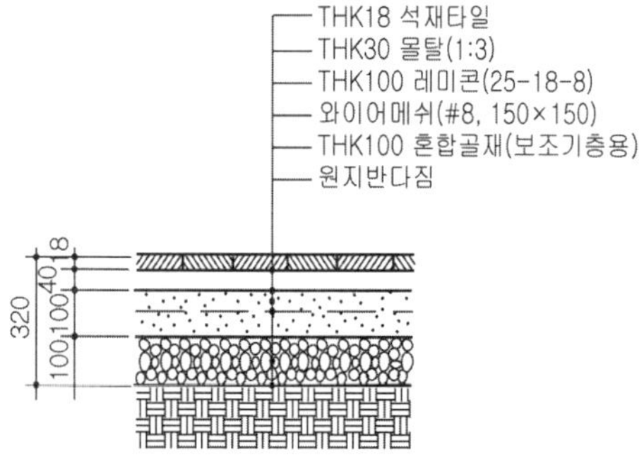

• 석재타일 시공 단면 예 •

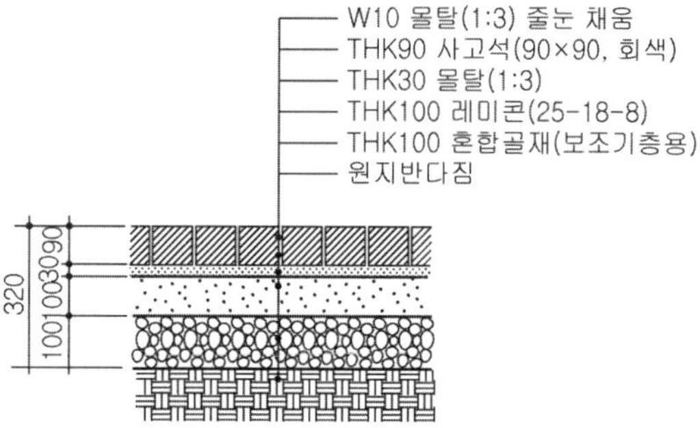

• 사고석 시공 단면 예 •

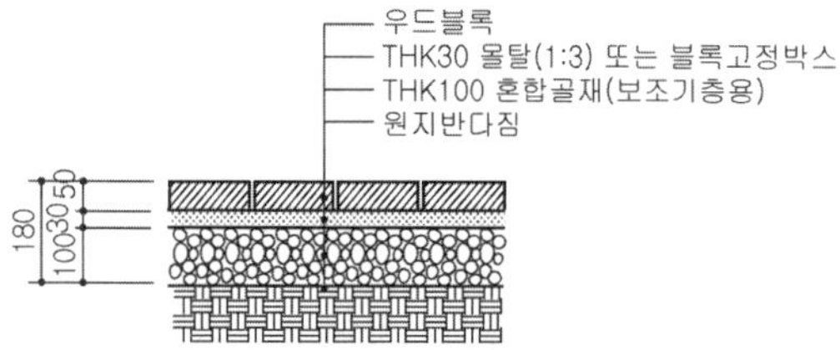

• 우드블록 시공 단면 예 •

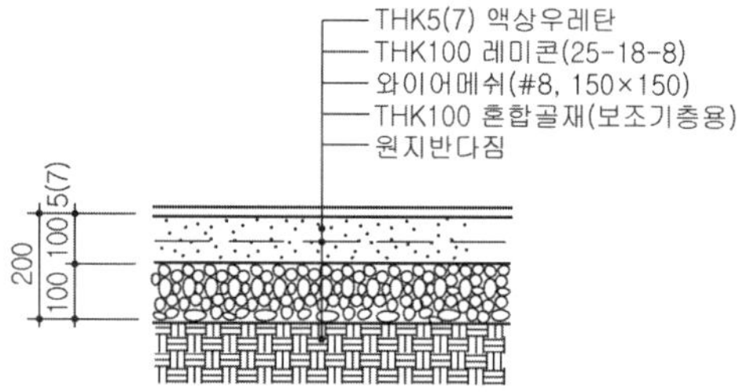

• 우레탄포장 시공 단면 예 •

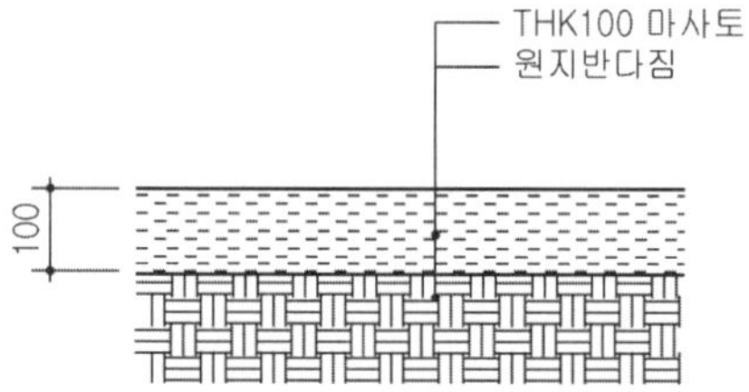

• 마사토포장(산책로) 시공 단면 예 •

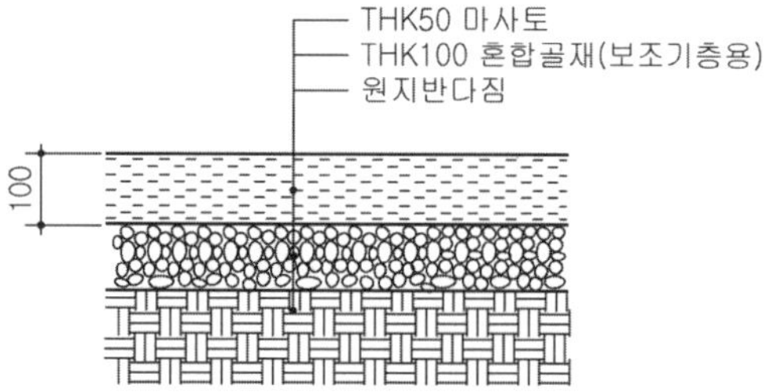

• 마사토포장(운동장) 시공 단면 예 •

공종별 공사

실전연습문제

01 다음 중 경기장의 육상트랙에 많이 사용되는 탄성포장의 재료는? [산업기사 11.03.02]

㉮ 유색아스팔트
㉯ 폴리우레탄+생고무
㉰ 붉은색의 화산회 토양
㉱ 폴리에스테르수지+유색아스팔트

02 투수아스팔트콘크리트 포장 및 투수콘크리트 포장에 대한 설명으로 옳지 않은 것은? [산업기사 14.05.25]

㉮ 공원이나 유원지의 도로, 주차장, 자전거 도로, 산책로, 광장 등의 포장에 적용한다.
㉯ 원지반토가 설계상의 것과 상이할 때 또는 상태가 나쁠 때에는 환토하여야 하며, 노상면은 깨끗하게 정리한다.
㉰ 투수아스팔트 혼합물과 달리 온도저하가 빠른 아스팔트콘크리트 포설은 전압 시의 온도관리에 신중을 기하여야 한다.
㉱ 마무리면은 20m마다 임의의 1점에 있어서 두께 차이가 9mm 이상 되어서는 안 된다.

풀이 ㉰ 아스팔트콘크리트와 달리 온도저하가 빠른 투수아스팔트 혼합물 포설은 전압 시의 온도관리에 신중을 기하여야 한다.

ANSWER 01 ㉯ 02 ㉰

2 배수공사

(1) 배수계획

① 배수의 종류

㉠ 표면배수 : 지표에서 물의 관리, 운반, 저장 처리

㉡ 심토층 배수 : 지하수의 관리, 조절, 보호

② 배수방법

㉠ 명거배수 : 배수구를 지표면에 노출 시킨 배수

㉡ 암거배수(배수관배수) : 배수관을 지하에 매설하여 처리하는 배수

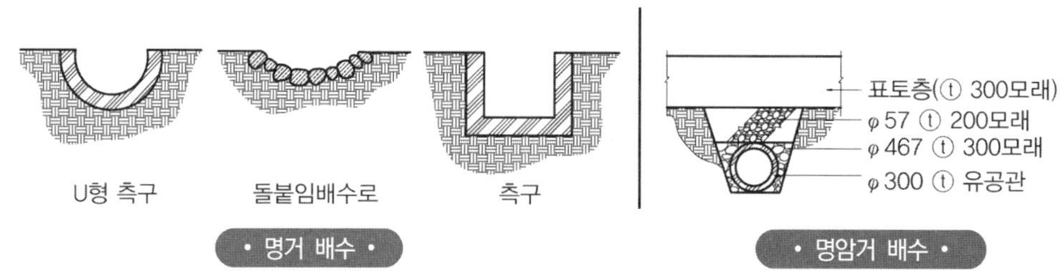

• 명거 배수 •　　• 명암거 배수 •

㉢ 심토층배수 : 심토층에서 유출되는 물을 유공관이나 사갈층형성으로 처리

㉣ 심토전면배수 : 표면배수와 심토층 배수를 동시에 시행

③ 배수관 배수방법

㉠ 합류식 : 우수와 오수를 동일한 관에 배수하는 방법
비용이 적게 들며, 관거 크고 검사가 편리하지만, 많은 양의 물을 오염 처리해야 하는 단점

㉡ 분류식 : 비용이 많이 들며, 오수·우수관을 잘못 연결해 문제가 발생할 수도 있으나, 오수만 오염 처리하면 되기에 경제적임. 현재 대부분 분류식을 채택함

④ 배수계통

㉠ 직각식 : 하수를 강에 직각으로 연결하는 관거로 배출. 신속하고 구축비 절감

㉡ 차집식 : 오수를 직접 하천으로 방류하지 않고 차집거로 모았다가 우수 때 하천으로 방류

㉢ 선형식 : 지형이 한 방향으로 규칙적 경사를 가질 때, 하수처리 관계상 전체지역의 하수를 한 개의 어떤 장소로 집중시켜야 할 때 사용

㉣ 방사식 : 지역이 광대해 하수를 한곳에 모으기 곤란할 때

㉤ 평행식 : 토지의 고저차가 심하거나 광대한 지역에서 이 방법이 합리적일 때 사용

㉥ 집중식 : 사방에서 한 지점으로 집중적으로 흐르게 해 다른 지점으로 이동. 저지구의 중간 펌프장으로 집중 양수할 경우

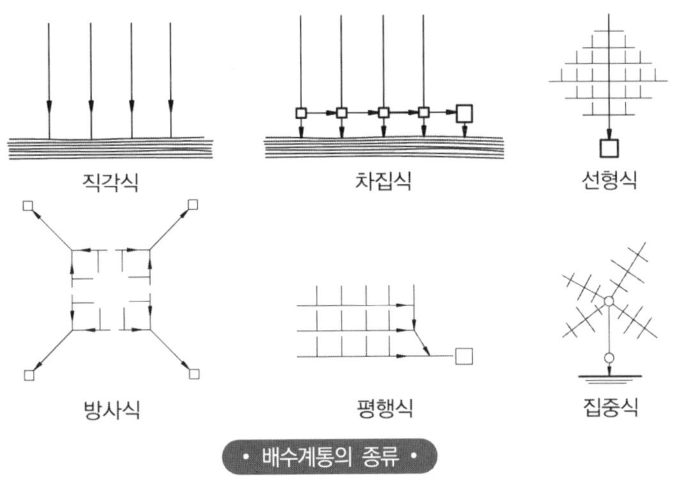

• 배수계통의 종류 •

⑤ 간선 및 지선

㉠ 간선 : 하수 종말처리장, 토구에 연결, 도입되는 모든 노선

㉡ 지선

ⓐ 간선 매설하고, 각 건물이나 배수지역으로부터 관거배수설치와 표면배수를 원활히 하기 위한 것

ⓑ 지선망 계통을 결정하는 방침

- 우회곡절을 피할 것
- 교통이 빈번한 가로, 지하매설물이 많은 가로에는 대관거 매설 회피
- 폭원이 넓은 가로에서는 소관거 2조로 시설, 양측에 설치
- 급한 고개에는 구배가 급한 대관거를 매설하지 말 것

(2) 우수량

① **강우강도** : 어느 시간 내에 내린 비의 깊이로 보통 mm/hr로 표시

② **유출계수** : 단위시간의 유출량과 강우량의 비

지역	공원 광장	잔디밭 정원	삼림지구	상업지역	주거지역	공업지역
유출계수	0.1~0.3	0.05~0.25	0.01~0.2	0.6~0.7	0.3~0.5	0.4~006

③ 우수유출량 산정

우수유출량	$Q=\frac{1}{360}CIA$	Q : 우수유출량(m^3/sec) C : 유출계수 I : 강우강도(mm/hr) A : 배수면적(ha)
	$Q=\frac{1}{360}C\cdot\frac{b}{Tta}\cdot A$ $T=t_1+\frac{L}{V60}$	T : 유달시간(min) a, b : 각 지방의 상수 t_1 : 유입시간(분) L : 거리(m) V : 유속(m/sec)

(3) 표면배수계통의 설계

① 개수로

㉠ 자연하천, 운하용수로, 배수로 등의 흐름은 반드시 자유수면을 갖는데 이 수로를 총칭함

㉡ 뚜껑이 없는 수로, 덮여 있는 수로 모두 물이 일부만 차 흐르면 개수로에 해당

㉢ 개수로의 흐름은 정수압이나 다른 압력에 의해 흐르는 것이 아니고, 흐름에 작용하는 중력이 수면방향의 분력에 의해 자유수면을 가지는 흐름

② 평균유속공식(Manning 공식)

평균유속공식	$V=\frac{1}{n}R^{\frac{2}{3}}I^{\frac{1}{2}}$	V : 평균유속(m/sec) R : 동수반경(경심)(cm) I : 유역의 평균경사 n : 수로의 조도계수

㉠ 일반적 유속 : 잔디수로(0.6~1.22), 포장된 수로나 관수로(0.6~2.44)

(4) 지하우수배수관 설계

① 배수관거

㉠ 정의 : 우수를 지표 유입구에서 집수시켜 처리함. 즉 하수처리장이나 토구로 운반하는 밀폐된 도관

㉡ 관거의 형상

ⓐ 수리학상 유리할 것

ⓑ 하중에 대하여 경제적일 것

ⓒ 축조가 용이할 것

ⓓ 유지 관리상 경제적일 것

㉢ 배수관거의 구배 및 유속의 한계

ⓐ 지형에 순응하며 구배를 정한 수, 관거의 크기 결정

ⓑ 유속이 작을 때 : 최소 0.6m/sec 이상의 유속 되도록 설계

ⓒ 소구경관거일 때 : 0.9m/sec 이상 유속 되도록

ⓓ 유속이 과대할 때 : 최대 1.5~2.5m/sec

ⓔ 배수관거의 유속은 상류에서 하류로 갈수록 크게, 하류로 갈수록 완만하게 설계

ⓕ 보통 유속한계 : 0.9~1.5m/sec

ⓖ 자정 작용 갖는 이상적 유속 : 1.0~1.8m/sec

② 관거의 유속과 유량 공식

유속	$V = C\sqrt{RI}$	V : 유속(m/sec) C : 평균유속계수 R : 경심A/P(m) A : 유수단면적 P : 윤변 I : 수면구배
유량	$Q = A \cdot C\sqrt{RI}$	Q : 유량(m^3/sec) A : 유수단면적(m^2)

③ 최소관경
㉠ 오수관거 및 우수토실의 오수관 : 200mm 이상
㉡ 우수관거 및 합류관거 : 250mm 이상

④ 관거의 접합 및 연결
㉠ 관거접합에서 평면상으로 합류 또는 굴곡의 관중심선에 대한 교각이 60도 이내
㉡ 그 접합부는 곡선을 사용함
㉢ 내경 100mm 이상의 관거는 접합개소의 곡선반경을 관내경의 5배 이상으로 함

⑤ 관거의 설치
㉠ 합류식 하수거를 가로중앙에 배치 : 양측 하수도와의 거리, 구배에서 편리
㉡ 노폭이 넓을 때 양측보도 밑에 설치 : 건축물의 기초 손상주의
㉢ 오수관거의 최소 피토 : 1.2m
㉣ 우수관거 : 도로폭 좁고 교통량이 적은 곳. 보도 60cm, 차도 1m, 최대 3m

⑥ 유출을 조절하기 위한 시설
㉠ 체수지 : 하수거의 중간에 설치해 유출량을 감소시키기 위한 시설
㉡ 익류언 설치 : 완전언, 잠언

⑦ 부대시설
㉠ 유입벽과 유출벽 : 물을 명거에서 암거로 유출입시키는 것
㉡ 배수유입구조물
ⓐ 낙하유입
- 지역배수구(area drain) : 소규모 지역에 가장 낮은 곳에 뚜껑 덮어 만듦
- French drain : 경사진 주차장 입구, 계단의 상하단, 진입로 입구
- 측구(side gutter) : 도로나 수유지 경계선 따라 도로 수지내 설치하는 배수로

ⓑ 집수지(catch basin) : 구조물 바닥에 침전지를 설계하는 것
ⓒ 지선하수거 : 하수관거를 부설하는 도로 양측에 설치
ⓓ 우수받이(빗물받이)(street inlet) : 측구에서 흘러나오는 빗물을 하수본관으로 유하시키기 위해 측구 도중에 우수받이 설치
ⓔ 연결하수관 : 우수받이에 집수하는 우수를 하수도관에 연결하는 관

㉢ 접근할 수 있는 구조물

ⓐ 맨홀 : 관거 내의 검사, 청소를 위한 출입구

- 종류 : 표준맨홀, 낙하맨홀, 측면맨홀, 계단맨홀, 연동맨홀
- 맨홀 설치간격(거의 관경의 120배 정도)

관거내경	30cm 이하	60cm 이하	90cm 이하	120cm 이하	130cm 이하
맨홀설치 최대간격	50m	75m	100m	130m	160m

ⓑ 등공(lamp hole) : 맨홀 대용으로 오수관거의 통기 목적으로 맨홀간격 100m를 초과할 때마다 그 중간에 내경 25cm의 등공설치

ⓒ 세척장치 : 세척 요하는 유속 2.5m/sec 이하 시 300~600m 거리 세척할 수 있는 유량 저수해 일시에 방류하는 방법

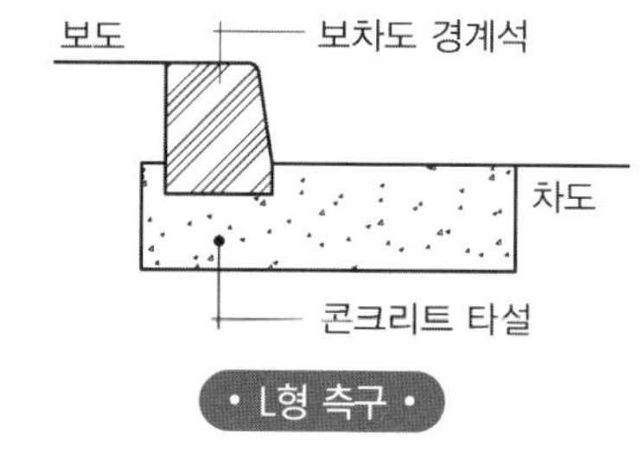

• L형 측구 •

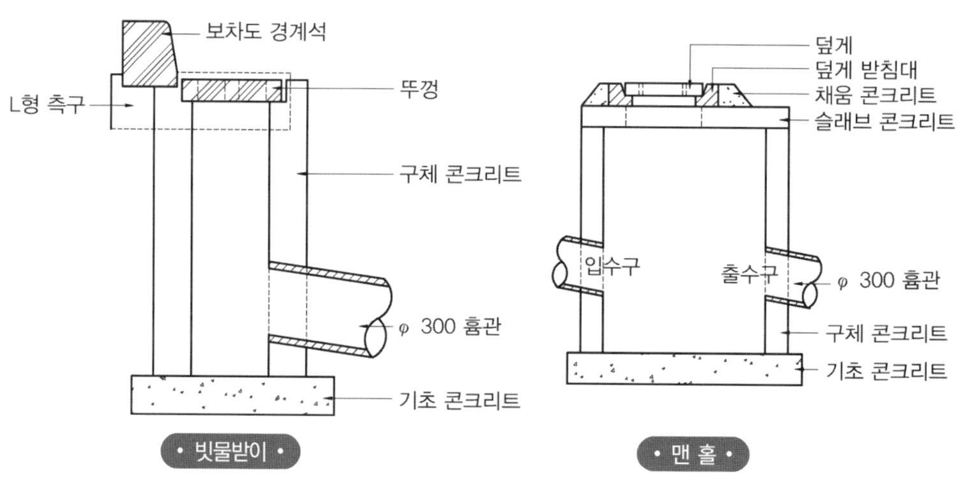

• 빗물받이 •

• 맨 홀 •

(5) 심토층 배수설계

① **정의** : 지표면에서 투수층을 따라 움직이면서 흐르는 물

② **심토층 배수의 역할**

㉠ 불침투성인 토양이나 진흙, 암석으로부터 물 운반

㉡ 기초벽으로부터 스며나오는 물 제거

㉢ 낮은 평탄지역의 지하수위를 낮추기 위함

㉣ 불안정한 지반을 제거

㉤ 지하에 있는 배수관과 결합하여 표면유출 운반하여 처리

③ 배수계획

㉠ 완화배수 : 평탄한 지역에 높은 지하수위 가진 곳에 적용

㉡ 차단배수 : 지하수가 일반적으로 높은 수리경사를 가진 급경사지에 채택

㉢ 자갈피복 : 자갈로 집수하여 제거, 유수의 유출은 지하배수로서 처리

④ 심토층 배수의 배치유형

㉠ 어골형(herringbone type)

ⓐ 경기장 같은 평탄지에 적합

ⓑ 전지역에의 배수가 균일하게 요구되는 지역

ⓒ 주관은 중앙에 경사지게 설치

ⓓ 지관은 최장 30m 이하, 45도 이하 교각 가지게 함

㉡ 즐치형(gridiron type)

ⓐ 소면적의 전 지역을 균일하게 배수

ⓑ 지역경계 부근에 주관 설치해 주관 한쪽 끝에 지관설치 연결한 것

㉢ 선형(fun shaped type)

ⓐ 1개 지점에 집중되게 설치

ⓑ 2곳에서 집수. 배수구 만들어 배수

ⓒ 주관, 지관 구분 없이 같은 크기관이 부채살모양으로 1개 지점에 집중

㉣ 차단형(intercepting system)

ⓐ 도로법면에 많이 사용

ⓑ 경사면 자체의 유수방지를 하기위해 경사면 바로 위에 배수구 설치해 경사면으로 되는 것을 유수막는 것

㉤ 자연형(natural type)

ⓐ 대규모 공원같이 완전한 배수가 요구되지 않는 지역에 사용

ⓑ 지형에 따라 자연 등고선을 고려해 주관 설치, 주관 중심으로 양측에 지관설치

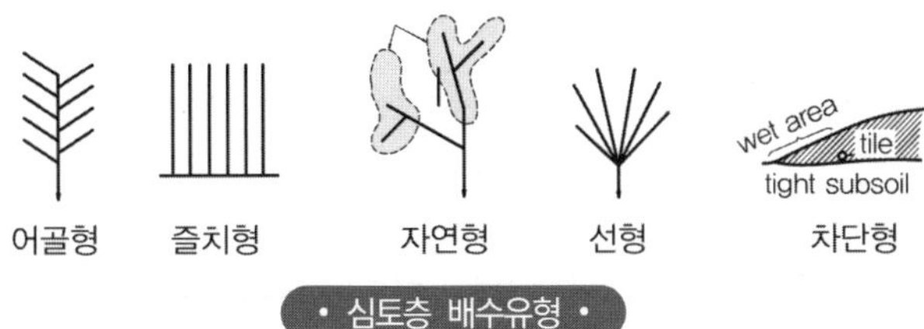

• 심토층 배수유형 •

⑤ 관거의 기준

㉠ 관거의 크기 : Manning 공식에 의해 결정. 일반적으로 주관 150~200mm, 지관 100mm

㉡ 경사 : 침전물이 정체되지 않게 충분한 유속을 갖도록 최소유속 0.6m/sec, 1% 경사 100mm 관경인 콘크리트관, 도관은 1.2%가 최소

㉢ 깊이와 간격 : 동결선 이하

㉣ 유출구

ⓐ 명거 유출 시는 명거의 수면보다 60cm 정도 높게 배출구 설치

ⓑ 하수거로 배수 시는 맨홀 같은 배수구조물을 이용하며, 하수거보다 최소 15cm 이상 높게 설치

3 관수공사

(1) 관수의 종류

① **낙수식 관수(drip irrigation)** : 교목 및 관목류에 사용한다. 낙수기를 통해 개개의 수목에 급수하여 물이 깊게 흡수된다. 뿌리가 깊은 교목, 관목에 적당하며, 시설비는 많이 드나 물을 절약할 수 있다.

② **살수식 관수(sprinkler system)** : 살수기에 의한 것으로 초화류나 잔디 등 밀식되어 있는 경우에 적합

(2) 살수기

① **주요 부품** : 분무정부(head), 밸브(valve), 조절장치(control device), 관(pipe), 부속품(fitting), 펌프(pump)

② **밸브 종류**

㉠ 수동조절 밸브 : 고정식 또는 기반식 살수기와 함께 작용

ⓐ 구체밸브 : 쉽게 수리할 수 있고 압력과 흐름을 효과적으로 조정

ⓑ 게이트 밸브 : 구체밸브보다 저렴하며 물에 이물질, 모래 등이 있으면 밸브의 대받이나 쇄기모양받이를 유지하기 어렵다.

ⓒ 급연결 밸브 : 압력이 작용하고 있는 살수시설에 빨리 작동시키기 위해 사용

㉡ 원격조절 밸브 : 중앙조절지점에서 물을 개폐시키는 것을 자동으로 관개하는 시설

㉢ 방향조절밸브 : 물이 다른 방향으로 흐르지 않도록 사용하는 것

③ **살수기의 종류**

㉠ 분무살수기

ⓐ 고정된 동체와 분사공만으로 된 가장 간단한 살수기

ⓑ 살수형태 : 정방형, 구형, 원형, 분원형

ⓒ 사용지역 : 좁은 잔디지역과 불규칙한 지역에 대해 사용하는 것이 효과적

ⓓ 수압 1~2kg/cm^2, 살포범위 6~12m, 시간당 25~50mm 관수 요구시 사용

ⓛ 분무입상살수기: 분무공은 같으나 물이 흐를 때 동체가 입상관에 의해 분무공이 지표면 위로 올라오게 한 장치로 물이 흐르지 않으면 다시 지표면과 같게 됨

ⓒ 회전살수기

ⓐ 관개지역에 살수하도록 회전하여, 여러 개의 분무공을 갖는다.

ⓑ 살수형태 : 원형, 분원형

ⓒ 회전원리 : 분사작용, 충격작용, 마찰작용, 전동운동

ⓓ 수압 2~6kg/cm^{2}에서 작동. 살수범위 24~60m, 시간당 2.5~12.5mm

ⓔ 사용지역 : 넓은 잔디지역에 효과적

ⓔ 회전입상살수기

ⓐ 단순히 물이 흐르면 동체로부터 분무공이 올라와서 살수되는 것

ⓑ 가장 많이 사용하는 것

ⓜ 특수살수기

ⓐ 계류살수기 : 바람의 영향을 적게 받고, 낮은 압력하에서도 작동하며 계속적인 적은줄기로 물을 살포하는 형태(잔디지역에는 부적당)

ⓑ 거품식 살수기 : 물이 식물의 잎에 접촉되는 것이 만족스럽지 않은 지역에 사용

④ **펌프**

ⓖ 원심펌프

ⓐ 펌프나 모터가 일반적으로 함께 장치된 펌프

ⓑ 원심력만으로 살수하기에 토출부 저항이 증대되면 수량감소

ⓒ 펌프정지 시 물 낙하방지는 흡입관 입구에 후트밸브 달아 조절

ⓛ 터번펌프

ⓐ 실제로 수원에 잠겨 있고, 깊은 우물에서 퍼 올리는 문제를 해결하는데 용이.

ⓑ 곧은 긴 굴대 필요

ⓒ 잠항펌프

ⓐ 수원에 잠입, 동력선과 연결시켜 작동

ⓑ 깊은 우물에 설치가능. 많은 유량이 요구되는 사업에 효과적

(3) 살수관개시설 설계

① **관수량 결정**

ⓖ 토양의 보수력, 살수 중에 일어나는 수분의 손실량과 잔디의 생육에 따른 증산량에 따라 좌우

ⓛ 잔디, 관목숲의 요구량 : 보통기후에서 1주일에 25mm, 따뜻한 기후에서 1주일에 45mm

ⓒ 골프코스의 경우 : 그린 50mm, 페어웨이 25mm

② **살수기 배치와 간격**

ⓖ 삼각형 배치가 가장 효과적인 균등계수(85~95%)를 가짐

ⓛ 간격 : 살수 작동직경의 60~65%, 열과 열사이 간격 0.87d

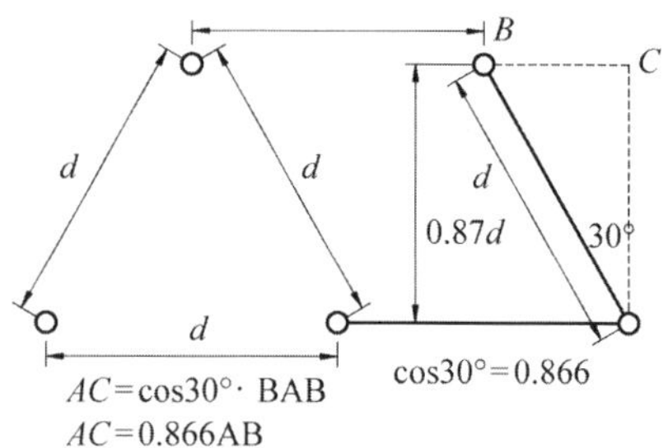

③ 살수 강도

㉠ 토양종류, 경사, 피복식생, 기후나 바람 등 여러 조건에 따라 결정됨

㉡ 보통 살수강도는 10mm/hr가 적합

㉢ 살수기 용량과 살수강도 구하는 식

살수기 용량	$q = \dfrac{DS_r S_m}{60T}$	q : 살수기 용량(ℓ/min) T : 관개시간(hr) S_r : 살수기 간격(m) S_m : 살수열 간격(m) D : 살수심(mm) I : 살수강도(mm/hr)
살수강도	$I = \dfrac{60q}{A}$	A : 살수기 1개의 살수면적(m^2) 살수강도 〈 허용관개강도 되어야 함 $A = S_r \times S_m$

④ 급수원에 따른 분배방법

㉠ 직선분배방법 : 일반적인 단거리에 적합. 요구지점이 멀수록 마찰손실이 축적되기에 더 큰 관이 필요

㉡ 환상식 분배방법 : 살수지점까지 2개의 분배선에 의해 균등하게 배분하며, 설치 시 많은 비용이 들어 효력 증가시키기 어려운 단점

㉢ 이중급수원 분배방식 : 두 방향에서 유수되도록 하며 실제적이지 못한 방법

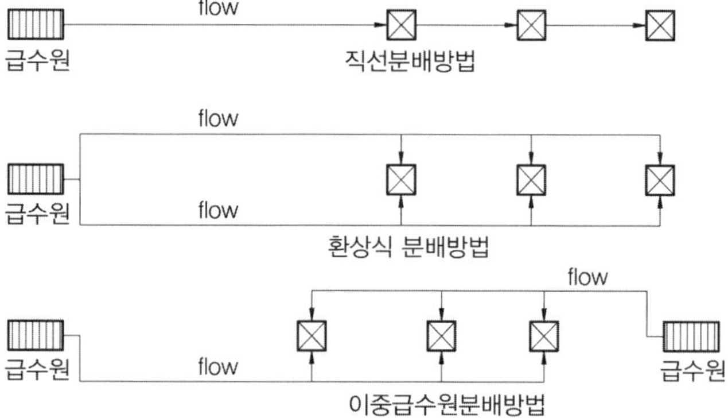

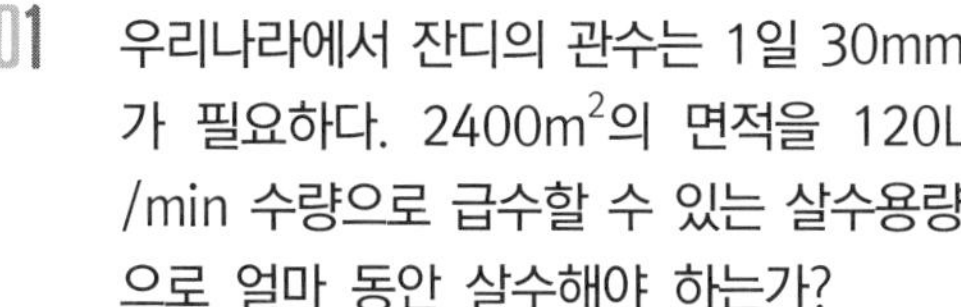

실전연습문제

01 우리나라에서 잔디의 관수는 1일 30mm가 필요하다. 2400m^2의 면적을 120L/min 수량으로 급수할 수 있는 살수용량으로 얼마 동안 살수해야 하는가? [산업기사 11.03.02]

㉮ 4시간 ㉯ 6시간
㉰ 10시간 ㉱ 20시간

$\frac{2400 \times 30}{120} = 600\text{min}$
따라서, 10시간

02 배수에 대한 설명 중 옳은 것은? [산업기사 11.03.02]

㉮ 집중식은 배수량이 저수용량을 초과할 경우에는 저지대가 침수할 우려가 있으나, 강제배제 방식을 취하므로 효율적이다.
㉯ 지하배수 시의 어골형은 경기장 등 평탄지역에 적합하다.
㉰ 배수계통에서 방사식은 좁은 지역에 유리하다.
㉱ 차집식은 오수가 직접 하천으로 유하되므로 불리하다.

풀이 ㉮ 집중식 : 사방에서 한 지점으로 집중적으로 흐르게 해 다른지점으로 이동하는 것으로 저지구의 중간 펌프장으로 집중양수할 경우에 사용한다.
㉰ 방사식 : 지역이 광대해 하수를 한곳에 모으기 곤란할 때 사용
㉱ 차집식 : 오수를 직접 하천으로 방류하지 않고 차집거로 모았다가 우수때 하천으로 방류

03 다음 중 관수공사에 사용되는 재료가 아닌 것은? [산업기사 11.03.02]

㉮ 펌프 ㉯ 유공관
㉰ 검사밸브 ㉱ 스프링클러

 ㉯ 유공관 : 배수구내에 매설하는 배수용관

04 평지 보통토양의 잔디밭에서 표면 강우유출계수(Runoff coefficient)로 가장 적합한 것은? (단, 2~7% 경사의 점질토 지역을 대상으로 한다.) [산업기사 11.03.20]

㉮ 0.05 ㉯ 0.2
㉰ 0.5 ㉱ 0.7

05 우수유출량(Q)의 계산식은 $\frac{1}{360}C \cdot I \cdot A$ 이다. 여기서 "I"는 무엇을 의미하는가? [산업기사 11.06.12]

㉮ 유출계수 ㉯ 배수면적
㉰ 강우강도 ㉱ 강우용량

 C : 유출계수, A : 배수면적

ANSWER 01 ㉰ 02 ㉯ 03 ㉯ 04 ㉯ 05 ㉰

06 살수기를 선정할 때 고려해야 하는 살수기의 제원 설명 중 (   ) 안에 알맞은 내용은? [산업기사 11.06.12]

> 동일한 회로 내에 살수기에 작동하는 압력은 제조업자가 권장하는 계통의 효과적인 작동압력의 범위 내에 있어야 하고, 적어도 작동압력의 오차는 (   ). 만약 그렇지 못할 경우에는 관의 길이를 줄이거나 별도의 밸브를 설치하여 조정하여야 한다.

㉮ 동일 지관이므로 같게 한다.
㉯ 각 살수기 작동압력의 3% 이내이어야 한다.
㉰ 각 살수기 작동압력의 10% 이내이어야 한다.
㉱ 고려 없이 면적에 따라 한 지관에 얼마든지 설치한다.

07 잔디지역의 면적 0.7ha, 유출계수 0.25, 강우강도 25mm/hr일 때, 우수유출량은 약 몇 m^2/sec인가? [산업기사 12.05.20]

㉮ 0.0012 ㉯ 0.0121
㉰ 0.4380 ㉱ 4.3750

우수유출량 $Q = \frac{1}{360} CIA$
(C : 유출계수, I : 강우강도(mm/hr)
A : 배수면적(ha))

따라서, $Q = \frac{0.25 \times 25 \times 0.7}{360} \fallingdotseq 0.0121$

08 배수에 대한 설명으로 옳지 않은 것은? [산업기사 12.05.20]

㉮ 심토층 배수는 토양의 습윤의 조절과 제거를 위한 것이다.
㉯ 어골형 배치는 경기장과 같은 평탄한 지역에 가장 적합하다.
㉰ 차단배수는 평탄한 지역에 높은 지하수위를 가진 곳에 적용한다.
㉱ 배수가 효율적으로 이루어지기 위해서는 토양이나 포장재의 다공성이 결정한다.

09 1시간에 100mm 강우가 내릴 때 면적 100m×100m 주차장의 우수유출량은 얼마인가? (단, 유출계수는 0.9 이다) [산업기사 13.03.10]

㉮ $9m^3$/sec ㉯ $2.5m^3$/sec
㉰ $0.9m^3$/sec ㉱ $0.25m^3$/sec

우수유출량 $Q = \frac{1}{360} CIA$
(C : 유출계수, I : 강우강도(mm/ha)
A : 배수면적(ha))

따라서, $Q = \frac{1}{360} \times 0.9 \times 100(mm/hr) \times 1(ha)$
$= 0.25m^3/sec$

10 다음 중 배수관거의 시공성을 고려하여 선정 시 가장 거리가 먼 것은? [산업기사 13.06.02]

㉮ 수리학상 유리할 것
㉯ 하중에 대하여 경제적일 것
㉰ 축조가 용이한 것
㉱ 미관이 좋은 것

ANSWER 06 ㉰ 07 ㉯ 08 ㉰ 09 ㉱ 10 ㉱

11 배수 지역이 방대해서 하수를 한 곳으로 모으기 곤란할 경우에 이용하는 배수 계통은? [산업기사 13.09.28]

㉮ 방사식(放射式) ㉯ 선형식(扇形式)
㉰ 직각식(直角式) ㉱ 차집식(遮集式)

㉮ 방사식 : 지역이 광대해 하수를 한곳에 모으기 곤란할 때
㉯ 선형식 : 지형이 한 방향으로 규칙적 경사가질 때, 하수처리 관계상 전체지역의 하수를 한 개의 어떤 장소로 집중시켜야 할 때 사용
㉰ 직각식 : 하수를 강에 직각으로 연결하는 관거로 배출, 신속하고 구축비를 절감
㉱ 차집식 : 오수를 직접 하천으로 방류하지 않고 차집거로 모았다가 우수때 하천으로 방류

12 다음 배수관계에서 살수기의 종류 중 대규모적 자동살수관개 조직으로 오늘날 가장 많이 이용되는 살수기는? [산업기사 14.03.02]

㉮ 분무살수기 ㉯ 분무입상살수기
㉰ 회전살수기 ㉱ 회전입성살수기

㉮ 분무살수기 : 고정된 동체와 분사공만으로 된 가장 간단한 살수기
㉯ 분무입상살수기 : 분무공은 같으나 물이 흐를 때 동체가 입상관에 의해 분무공이 지표면 위로 올라오게 한 장치로 물이 흐르지 않으면 다시 지표면과 같게 된다.
㉰ 회전살수기 : 관개지역에 살수하도록 회전하여, 여러 개의 분무공을 갖는다.
㉱ 회전입성살수기 : 단순히 물이 흐르면 동체로부터 분무공이 올라와서 살수되는 것으로 가장 많이 사용한다.

13 심토층 배수에서 비교적 소면적의 전 지역을 균일하게 배수시키기 위하여 지역경계 부분에 주관을 설치하고 주관의 한쪽 측면에 지관을 설치, 연결하는 방법은? [산업기사 14.03.02]

㉮ 어골형(herringbone type)
㉯ 평행형(gridiron type)
㉰ 선형(fan shaped type)
㉱ 차단형(intercepting system)

㉮ 어골형(herringbone type) : 경기장 같은 평탄지에 적합, 전지역에의 배수가 균일하게 요구되는 지역
㉯ 평행형(gridiron type) : 즐치형. 소면적의 전 지역을 균일하게 배수
㉰ 선형(fan shaped type) : 1개 지점에 집중되게 설치
㉱ 차단형(intercepting system) : 도로법면에 많이 사용하며, 경사면 자체 유수방지위해 경사면 바로 위에 배수구 설치해 경사면으로 유수 막는 것

ANSWER
11 ㉮ 12 ㉱ 13 ㉯

4 수경시설 기타 일반 토목공사

(1) 수경시설

① 분수와 풀

㉠ 노즐의 종류

ⓐ 단일구경노즐 : 투명하고 부드러운 물기둥을 얻기 위한 가장 단순한 형태

ⓑ 에어레이팅 노즐 : 많은 공기 물방울과 혼합된 물기둥을 일으키기에 높은 압력이 필요하며 먼거리에서 분수를 보고자 할 때

ⓒ 형태를 이루게 하는 노즐 : 특수한 노즐로 꽃모양, 버섯모양 등의 효과 만듦

㉡ 펌프의 종류

ⓐ 원심력 펌프 : 높은 작동 압력과 많은 유량이 요구되는 분수, 풀에 사용. 근처에 시설장소를 만들어야 하기에 시각적으로 나쁘다.

ⓑ 잠항 펌프 : 물속에 넣어 사용하는 것으로 작은 분수에 사용하며 또 다른 시설장소가 필요없다. 40cm 이하의 수위에서는 사용할 수 없다.

ⓒ 터빈펌프 : 고저차가 클 때 유리하며 흡입높이 최대 약 6m, 깊은 물에 적당

㉢ 분수, 풀 설계 시 고려사항

ⓐ 규모 : 전체적인 공간 환경에 적합한 분수나 풀의 크기, 용량 결정

ⓑ 수반 : 적정 물 깊이 35~60cm로 그보다 작으면 수변 아래 등을 설치하기 어렵다.

ⓒ 바닥 : 맑은 물을 유지하는 경우에 바닥 패턴이나 질감이 효과를 증대시킬 수 있다.

ⓓ 단(edge)과 갓돌(copings) : 미끄럽지 않게 수면차이 고려해 단 설치

ⓔ 립(lips)과 원류보(weirs) : 떨어지는 물의 효과를 다루는 방법

- 립 : 떨어지는 물의 난류와 희게 보이는 물의 효과는 립위를 흐르는 수심에 대한 용적과 수평면에 따라 움직여 나오는 유속에 대해 직접적으로 비례함
- 원류보 : 원류보 뒤에 풀이 물의 동요를 감소할 수 있기 때문에 많은 용량의 물을 부드러운 면으로 흐르게 하기 쉽다.

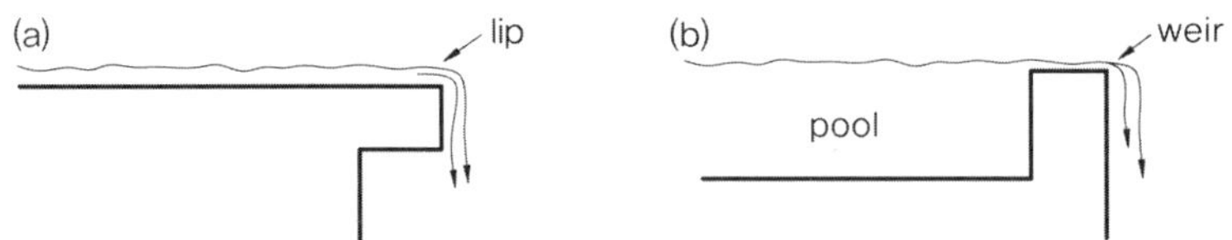

② 연못

㉠ 바닥처리 : 진흙다짐처리(진흙, PE필름, 자갈 등으로 처리), 콘크리트 바닥 처리

㉡ 익류구(overflow)는 위 가장자리로부터 약 10cm 되는 곳에 만들고, 배수구 설치

㉢ 퇴수, 급수시설 : 퇴수구 높이는 표준수면과 같게, 급수구는 그보다 높게 하며 노출되지 않도록 함

㉣ 필요시 수생식생 및 어류 사용

(2) 전기시설 공사

① 용어

㉠ 조도(illumination) : 단위면에 수직으로 투하된 광속밀도

ⓐ 어떤 면 위의 조도는 광원의 광도에 비례하고 거리의 제곱에 반비례한다.

ⓑ 주요시설 2.01lux, 원로·광장 0.51lux

㉡ 균일도 : 최고, 최저의 조도와 그 평균치의 차가 30% 이하가 되도록 한다.

㉢ 광속 : 방사속 중에 육안으로 느끼는 부분으로 단위는 루멘(lm)

㉣ 광도 : 광원의 세기를 표시하는 단위. 발광체가 발하는 광속의 밀도 단위. 단위 cd

㉤ 휘도 : 발광면 또는 조명면에 빛나는 율. 단위 스틸브(sb), 니트(nt) 사용

② 광원의 종류와 특성비교

종류	백열전구	할로겐램프	형광등	수은등	나트륨등
용량	2~1,000W	500~1,500W	6~110W	40~1,000W	20~400W
효율	7~22lm/W	20~22lm/W	48~80lm/W	30~55lm/W	80~150lm/W
수명	1,000~1,500h	2,000~3,000h	7,500h	10,000h	6,000h
전등 부속 장치	불필요	불필요	안정기 등 부속 장치가 필요	안정기가 필요	안정기 등 부속 장치가 필요
용도	비교적 좁은 장소의 전반조명, 액센트조명, 기분을 주로 한 효과를 얻기가 쉽다, 대형인것은 높은 천장, 각종 투광조명에 적합하다.	장관형은 높은 천장이나 경기장, 광장 등의 투광조명에 적합하다. 단관형은 영사기용에 적합하다.	옥내외, 전반조명, 국부조명에 적합하다. 명시를 주로 한 양질 조명을 경제적으로 얻을 수 있다. 또한, 간접 조명에 의해서 무드 조명에도 효과적이다.	한등당 큰 광속을 얻을 수 있고, 또한 수명이 길어, 높은 천장, 투광조명, 도로조명에 적합하다.	광질의 특성 때문에 도로조명, 터널조명에 적합하다.
광색 광질	적색 고휘도	적색 고휘도	백색(조절) 저휘도	청백색 고휘도	등황색(저압) 황백색(고압)

③ 조명효과 주는 방식

㉠ 상향식 조명

ⓐ 일반적인 조명 방식과 반대로 조명효과에 인상을 줄 수 있는 방식

ⓑ 식생이나 다른 조경적인 특색이 강조될 수 있다.

ⓒ 우수한 확산성과 낮은 휘도로 위생적인 시각조건을 갖는다.

㉡ 하향식 조명

ⓐ 상향식보다 덜 인상적

ⓑ 수목의 정상 부분이나 다른 높은 구조물을 통해서 광선을 직접 비춤으로 지면에 질감 상태를 나타낼 수 있는 특징

㉢ 산포식 조명
ⓐ 수목, 담, 장대에 설치한 일광등에 의해 이루어짐
ⓑ 빛을 넓은 지역에 부드럽게 펼쳐지게 한다.
ⓒ 물체를 부드러운 달빛과 같은 인상을 주며 변이의 공간, 개인적 공간에 유용

㉣ 그림자와 질감을 나타내기 위한 조명
ⓐ 물체를 측면에서나 하향식으로 비추므로 이루어진다.
ⓑ 질감을 나타내기 위한 조명은 잔디 지역과 자연적인 성격을 가진 포장된 표면에 흥미를 줄 수 있다.

㉤ 강조하기 위한 조명
ⓐ 조경의 주체를 단지 집중 조명하는 것과 연결
ⓑ 강조는 뚜렷한 대조를 보여주는 어떤 다른 방식의 조명에 의해서도 이루어질 수 있다.

㉥ 실루엣을 나타내기 위한 조명 : 정면의 물체에 단지 외곽 부피만을 배경면에 비추므로 효과를 얻는 방법

㉦ 간접에 의한 조명 : 빛을 필요한 지역에 재산포하는 방법으로 반사면에 대해 광원을 직접 부딪치는 방식

④ 가로조명

㉠ 조명기구
ⓐ 주두형 : 등주의 꼭대기에 직접 설치하는 기구
ⓑ 현수형 : 등주로부터 팔을 내어 매달리게 하는 형
ⓒ 하이웨이형 : 등주에 팔을 내고 이에 기구를 가설하는 것으로 도로조명에 효율적

㉡ 가로조명기구의 배치
ⓐ 직선도로 : 대칭식, 지그재그식, 중앙열식, 편측식 등 높이 6~10m, 간격 30~40m
ⓑ 곡선도로 : 대칭식 또는 편측배치일 경우는 곡선의 바깥쪽에 설치
곡률반경이 적을수록 조명 기구의 간격을 짧게 한다.
ⓒ 교차점 : 다른 곳보다 많은 조도가 요구되며 십자로에서는 십자로 끝낸 왼쪽에 배치

⑤ 터널조명

㉠ 입구조명 : 200lux를 유지해야 함
㉡ 조명기구 배열 : 대칭식 $S \leqq 2.5H$, 중앙배열식 $S \leqq 1.5H$, 지그재그배열식 $S \leqq 1.5H$(S : 가설간격, H : 가설높이)

⑥ 주택 및 인도조명

㉠ 가로등 높이 : 4m를 초과하면 안 됨
㉡ 등주의 간격 : 60cm보다 작게

⑦ 고속도로 조명

㉠ 1개 기둥당 3~6개 전구로 등주가 높고 등이 밝아야 함

㉡ 고압수은 형광등, 고압나트륨램프 사용

㉢ 전지역에 50lux 비추도록 함

㉣ 교차로에서 등주높이 25m, 간격 75~100m

⑧ 분수용 조명장치 설치요령

㉠ 규정된 용기 속에 수중조명등을 설치할 것

㉡ 기구에 따라 정해진 최대수심을 넘지 않는 범위 내에서 설치할 것

㉢ 규정용량을 넘는 전구 사용치 말 것

㉣ 수중전용조명기구는 수면위로 노출시켜 사용하지 말 것

㉤ 대기전압은 150V 이하로 할 것

㉥ 이용전선 0.75mm^2 이상의 방수된 전선을 사용할 것

㉦ 전선에는 접속점을 만들지 말 것

㉧ 조명등의 금속제품에는 접지공사를 할 것

CHAPTER 03 공종별 공사

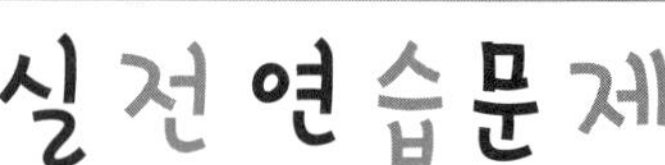

실전연습문제

01 다음 공원조명에 관한 설명 중 옳지 않은 것은? [산업기사 11.06.12]

㉮ 그림자 조명은 실루엣조명과 대조적인 조명방식으로 물체의 측면이나 하향으로 빛을 비춤으로써 이루어진다.
㉯ 수목이나 시설물을 돋보이도록 하려면 나트륨 등을 쓰는 것이 좋다.
㉰ 공원조명은 보안성, 효율성, 쾌적성 등을 고려해서 설치한다.
㉱ 조명용 각종 배선은 지하매설 방식이 바람직하다.

풀이 나트륨등은 광질의 특성 때문에 도로조명, 터널조명에 적합하며, 액센트조명은 백열전구나 형광등을 사용한다.

02 다음 광원(光源)에 대한 설명으로 옳지 않은 것은? [산업기사 12.03.04]

㉮ 할로겐등은 수은등을 보완하여 만든 것으로 수은등보다 다소 수명이 짧은 편이다.
㉯ 고압수은등은 나트륨등 보다 물상(物像)의 분해 능력이 좋아 공원에 사용한다.
㉰ 백열전구는 광색이 따뜻한 느낌을 주기 때문에 휴식을 위한 자리의 조명에 알맞다.
㉱ 고압나트륨은 노란색으로 발광되며, 미적 효과를 연출하기 용이하지만, 물체의 색을 구별하기 상당히 어려우며, 곤충이 모여들지 않는 특징이 있다.

03 토공사용 기계로서 흙을 깎으면서 동시에 기체 내에 담아 운반하고 깔기작업을 겸할 수 있으며, 작업거리는 100~1500m 정도의 중장거리용으로 쓰이는 것은? [산업기사 12.05.20]

㉮ 트렌처
㉯ 그레이더
㉰ 파워쇼벨
㉱ 캐리올 스크레이퍼

04 다음 설명하는 조명등으로 가장 적합한 것은? [산업기사 12.09.15]

- 모든 조명등 중에서 가장 효율성이 높은 것으로 전기에너지의 80%를 빛으로 변환할 수 있으며, 수명이 다할 때까지 밝기가 거의 변함이 없다.
- 안개 속에서 먼 거리까지 잘 비치는 성질을 가지고 있다.
- 스위치를 넣은 후 약 10분 정도 경과되어야 발광하게 되며, 발광색은 황갈색이어서 물체의 색을 구별하기 어렵다.

㉮ 형광등 ㉯ 고압수은등
㉰ 저압나트륨등 ㉱ 백열전구

ANSWER 01 ㉯ 02 ㉯ 03 ㉱ 04 ㉰

05 옥외조명에 사용되는 광원으로서 상대적으로 연색성이 높지만 에너지 효율성이 낮고 램프수명이 짧은 것은? [산업기사 13.03.10]

㉮ 고압나트륨등 ㉯ 백열등
㉰ 수은등 ㉱ 메탈할라이드등

풀이 효율이 제일 높은 것은 나트륨등, 수명이 가장 긴 것은 수은등이며, 효율과 수명이 모두 낮은 것은 백열등

06 연못을 조성하여 관리할 때 적합하지 않은 물 관리기법은? [산업기사 13.03.10]

㉮ 퇴수구의 높이는 표준수면 높이와 같게 한다.
㉯ 급수구의 높이는 표준수면보다 높게 하여야 한다.
㉰ 급수구의 높이는 바닥면과 일치하여야 한다.
㉱ 급수구나 퇴수구는 외부에 노출이 되지 않는 것이 좋다.

풀이 급수구의 높이는 표준수면보다 높게 하여야 한다.

07 다음 [보기]는 어느 종류의 램프를 설명하고 있는가? [산업기사 13.06.02]

보기
- 발산하는 빛이 천연주광에 매우 가깝다.
- 초기 발광시간이 필요치 않고 순간 재점등이 가능하다.
- 단점으로는 가격이 비싸다.

㉮ 메탈할라이드램프
㉯ 할로겐램프
㉰ 나트륨램프
㉱ 크세논램프

풀이 **크세논램프**
크세논가스 속에서 일어나는 방전에 의한 발광을 이용한 램프로 각종의 광원(光源) 중에서 자연광에 가장 가까운 빛을 낸다.

08 물체에 단지 외곽부의 형태를 강조하기 위하여 물체 뒤에 있는 배경면을 조명하여 물체의 형태를 극적인 형태로 연출하기 위한 조명은? [산업기사 14.05.25]

㉮ 산포조명 ㉯ 강조조명
㉰ 실루엣조명 ㉱ 투시조명

㉮ 산포조명 : 부드러운 달빛 같은 인상을 주며, 물체와 아주 희미한 그림자 사이에 최소한의 대조를 보여줌
㉯ 강조조명 : 특정부분을 밝게하여 강조하는 조명
㉰ 실루엣조명 : 물체의 단지 외각 부피만을 배경면에 비추어 내는 효과

09 연못공사에서 오버 플로우(Over Flow)에 대한 설명 중 옳지 않은 것은? [산업기사 14.05.25]

㉮ 연못의 일정한 수면높이를 조절하기 위한 장치이다.
㉯ 연못의 수질을 조절하는 장치이다.
㉰ 가급적 이용자의 눈에 띄지 않도록 설치한다.
㉱ 오버 플로우의 높이는 목표기준수면의 높이와 같게 해야 한다.

Over flow(익류구)
위 가장자리로부터 약 10cm 되는 곳에 있는 배수구로 수압조절 장치

Part 3 조경시공구조학

ANSWER 05 ㉯ 06 ㉰ 07 ㉱ 08 ㉰ 09 ㉯

5 운반 및 기계화시공

(1) 기계화시공의 장점

① 공사기간의 단축이 가능하다.
② 공사의 품질이 향상된다.
③ 대규모 공사에서는 공사비가 절감된다.
④ 인력에 의해 불가능한 공사도 쉽게 처리할 수 있다.
⑤ 안전사고를 감소시킬 수 있다.

(2) 기계화시공의 단점

① 기계의 구입과 관리비용이 많이 든다.
② 숙련된 운전자와 관리자가 필요하다.
③ 소규모 공사에서는 공사비가 고가이다.
④ 인력을 대신하므로 실업률이 증가한다.
⑤ 기계부품, 연료, 정비 및 관리를 위한 시설이 필요하다.

(3) 건설기계 선정

공사규모, 기간, 공사목적, 현장조건 등 최소 공사비의 장비 선택

(4) 건설기계 종류

① 불도저
㉠ 단거리 절토, 성토, 정비, 흙 운반작업에 사용
㉡ 작업장치 조작방식에 따른 분류 : 유압식, 케이블식
㉢ 구동장치에 의한 분류 : 무한궤도식, 차륜식(타이어식)
㉣ 무한궤도식 불도저 장단점

장점	① 접지면적이 크고 차체 중량이 무한궤도상에 분포되므로 견인력이 자중의 약 80%까지 크다. ② 접지압이 작기 때문에 연약한 지반이라도 주행이 가능하다. ③ 경사지 35도 정도까지 올라가며, 선회반경이 작다.
단점	① 최대속도가 9km/ha로 고속운전이 곤란하다. ② 운전 및 보수가 어려우며, 제작비 및 수리비가 크다.

㉤ 차륜식 불도저 장단점

장점	타이어식으로 운전속도가 빠르다.
단점	① 속도가 빨라 사고방지, 위험방지를 하여야 한다. ② 타이어 특성상 미끄러지거나 접지압이 작아 토양에 빠지는 것을 주의해야 한다.

② **백호**

㉠ 사용 : 가장 기동력이 좋으며 굴삭작업, 대형목 이식, 자연석 놓기 등 조경공사에 가장 많이 사용됨

㉡ 유압식 백호이며 파워셔블군에 속하는 굴삭기계임

㉢ 차륜식 백호 : 기동성이 좋고 이동이 편리함

㉣ 무한궤도식 백호 : 접지압이 작아 연약지반에서도 용이함

㉤ 습지 백호 : 습지작업을 위해 넓은 특수 구동판 장착

㉥ 특징

ⓐ 경량으로 이동 또는 운반이 편리하고, 자체적으로 좌우 독립주행이 용이하기에 협소한 장소에서도 작업이 가능

ⓑ 동력 전달이 유압배관뿐이므로 구조가 간단하고 정비가 용이

ⓒ 운전 조작이 쉽고 사이클 타임이 빨라 작업능률이 좋다.

ⓓ 굴삭 또는 주행 시 충격력을 흡수하므로 과부하에 대해서도 안전함

③ **로더** : 불도저의 속도를 보완한 것

㉠ 종류 : 차륜식, 무한궤도식, 레일식, 세미 크롤러식 등

㉡ 차륜식 : 주행속도가 빠르고 기동성이 좋지만, 굴삭력은 약해 흐트러진 재료 적재에 사용

㉢ 무한궤도식 : 굴삭력은 떨어지지만 일반적인 굴삭과 적재에는 파워셔블보다 경제적. 접지압이 작아 연약지반 작업도 가능

㉣ 적재방식에 따른 분류 : 프런트 엔드식, 오버 헤드식, 스윙식, 투웨이식, 연속식 등 일반적으로 프런트 엔드식을 많이 사용함

④ **덤프트럭**

㉠ 적재함 하역방법 : 후방 45~65도, 측방 45~55도 기울어지게 함

㉡ 소형과 대형 덤프트럭의 비교

구분	소형 덤프트럭	대형 덤프트럭
장점	1. 기동성이 좋아 운반거리 짧을 때 유리 2. 작업 중 1~2대가 고장나도 작업공정에 큰 영향없음 3. 적재시간 짧고, 대기시간의 발생에 따른 보조작업에 유리	1. 운반단가가 낮아 공사비 절감 2. 작업대수 적어 작업관리 용이, 정비비 절감 3. 시간손실 적어 작업능률 높음
단점	1. 공사단가가 비쌈 2. 작업대수가 많아 정비비가 증가 3. 대기가 많아지므로 작업 관리가 복잡하고, 시간적 손실이 큼	1. 운반로 훼손이 크고 도로 유지보수 필요 2. 고장 발생 시 작업공정에 영향을 줌 3. 대기시간 발생 시 공사비 증가

⑤ **크레인**

㉠ 용도 : 중량물을 수직으로 올리고 내리는 기계

㉡ 사용 : 대형수목 및 자연석 적재, 운반, 쌓기, 놓기에 사용

⑥ 진동 콤팩터

㉠ 구조 : 내연기관으로 진동의 발생장치와 평판 진동체를 조합해 자주식 전용 트렉터에 부착한 것

㉡ 사용 : 포장공사에 널리 사용하는 하항력 다짐기계

(5) 건설기계 작업종류별 분류

작업종류	건설기계종류
벌개, 제근	불도저(레이크도저)
굴삭	로더, 굴삭기, 불도저, 리퍼, 셔블계굴삭기(파워셔블, 백호, 드래그라인, 크렘쉘)
적재	로더, 버킷식엑스커베이터, 셔블계굴삭기(파워셔블, 백호, 드래그라인, 크렘쉘)
굴삭, 적재	로더, 굴삭기, 버킷식엑스커버이터, 셔블계굴삭기(파워셔블, 백호, 드래그라인, 크렘쉘)
굴삭, 운반	불도저, 스크레이퍼
운반	불도저, 덤프트럭, 벨트컨베이어
부설	불도저, 모터그레이더
함수량 조절	살수차
다짐	롤러(타이어, 탬핑, 진동, 로드), 불도저, 진동콤팩터, 래머, 탬퍼
정지	불도저, 모터그레이더
도랑파기	굴삭기, 트렌처

6 도로공사

(1) 도로의 종류

① **지역간도로(freeway)** : 도시와 도시 중심을 연결하는 차량만 통행하는 도로

② **고속도로(expressway)** : 입체교차로를 갖추며 원거리 도시들을 연결하는 도로로 도시의 광대한 스케일과 구성미를 감지할 수 있는 경관을 제공함

③ **간선도로(arterials)**

㉠ 장거리 이용교통을 대량 수송하는 기능

㉡ 주변의 토지나 건물에서 도시 제반활동이 가능하도록 차량출입을 허가함

㉢ 신호등, 교차로에 의해 교통을 조절

㉣ 운행서비스와 노상서비스 간의 마찰이 심함

④ **집산도로(collector streets)**

㉠ 지구 내 도로로부터 발생하는 교통을 모아 간선도로 또는 이 집산도로변에 위치한 시설물에 교통을 유도시킬 수 있도록 체계화된 도로

㉡ 주거 밀도의 고저에 따라 구획 간격

㉢ 노상주차 가능, 도시 부대시설 설치

㉣ 도시조경에 있어 지구의 독자성이 보다 강조됨

⑤ 지구 내 도로(local streets)

㉠ 지구제반활동이 가능하도록 사람, 차량의 출입을 원활하게 함

㉡ 통과교통을 허용하지 않음

㉢ 노상주차지로서 사용 가능

⑥ 막다른 도로(cul-de-sac)

㉠ 끝에서 차량이 원형으로 회전하여 돌아나오는 형태

㉡ 120m 정도의 짧은 도로

(2) 도로계획

① 노선계획

㉠ 도로망의 기본계획에 따라 우선순위가 높고 긴급을 요하는 노선순으로 선정함

㉡ 도로현황, 자동차 이용현황, 경제조사, 측량조사, 지질·토지조사, 기상·수리조사 등 필요

㉢ 기술적 고려

ⓐ 가장 완만한 구배의 노선 선택

ⓑ 오르막 구배가 급하면 우회하며 되도록 직선으로 설계

ⓒ 건조 용이, 통풍이 쉬운 곳 용이, 지하수 대책 고려

ⓓ 타 교통과의 교차점 유의

ⓔ 하천과 되도록 직각으로 교량 건설

② 경관계획

㉠ 도로설계의 미(美)는 위치, 노선 설정, 단면, 척도, 환경적 영향, 건축적 상세도, 조경개발에 대한 고려 등을 통해 이루어진다.

㉡ 운전하는 데 쾌적해야 한다.

㉢ 시각적인 경험의 다양성을 제공해야 한다.

㉣ 흥미 있는 시계와 운전자에게 연속적으로 펼쳐지는 흐름으로 매력적인 이미지 제공

③ 운전자의 지각특성에 따른 설계기준 조절

㉠ 운전자의 판단시간 : 인식, 판단, 반응의 과정과 시간을 고려해야 함

㉡ 속도에 따른 운전자의 초점거리와 시계반경

시간당 속도(KPH)	시선 초점거리(m)	시계반경(°)
40	180	100
72	365	65
105	610	40

(3) 도로의 설계요소

① 속도의 종류

㉠ 지점속도(spot speed) : 어떤 지점을 자동차가 통과할 때의 순간적인 속도

㉡ 주행속도(running speed) : 자동차가 어떤 구간을 주행한 시간으로 정지시간은 미포함

㉢ 구간속도(overall speed) : 어떤 구간을 주행하기 위해 소요된 전체시간과 그 구간의 거리로부터 구하는 속도로 정지시간 포함

㉣ 운전속도(operation speed) : 운전자가 도로상황에 대해 유지해 나갈 수 있는 속도

㉤ 한계속도(optimum speed) : 교통용량이 최대가 되는 속도

㉥ 설계속도(design speed) : 도로조건만으로 정한 최고속도로 대체로 주행속도보다 빠르다.

ⓐ 도로의 구조, 시설 기준에 관한 규칙 제8조 설계속도에 관한 규정
설계도는 도로의 기능별 구분에 따라 다음 표의 속도 이상으로 한다. 다만, 지형 상황 및 경제성 등을 고려하여 필요한 경우에는 다음 표의 속도에서 시속 20킬로m 이내의 속도를 뺀 속도를 설계속도로 할 수 있다. 〈개정 2011. 12.23.〉

도로 기능별 구분		설계속도(킬로m/시간)			
		지방지역			도시지역
		평지	구릉지	산지	
고속도로		120	110	100	100
일반도로	주간선도로	80	70	60	80
	보조간선도로	70	60	50	60
	집산도로	60	50	40	50
	국지도로	50	40	40	40

ⓑ 제1항에도 불구하고 자동차 전용도로의 설계속도는 시속 80킬로m 이상으로 한다. 다만, 자동차 전용도로가 도시지역에 있거나 소형차도로일 경우에는 시속 60킬로m 이상으로 할 수 있다.

② 도로폭원의 재요소

㉠ 차도(vehicle way)

ⓐ 차량 통행에만 쓰이는 목적의 도로 대체로 3.0 ~ 3.75m

ⓑ 미국에서 1차선은 3.0~3.6m

ⓒ 지방도로 설계속도 80km/kr 시 최소폭원 7m

ⓓ 완속차 많은 시가지의 경우 분리대와 완속차도를 만들어 고속차와 분리하며 폭원 3.5m 이상

㉡ 보도(pedestrian way)

ⓐ 폭원 10m 이하 도로에서는 보도를 만들지 않는 것이 좋다.

ⓑ 우리나라는 원칙적으로 시가지 간선도로에는 보도를 설치하도록 되어 있다.

ⓒ 보도의 폭원 : 차도 전체폭의 1/4

ⓓ 적정 보도폭

보도폭	최소치(m)	적정치(m)
보도에 가로수 식재 시	2.25	3.25
보도+가로수+노상시설	2.25	3.00
보도만	1.50	2.25

㉢ 노견(shoulder)

ⓐ 노견의 목적

- 차도를 규정된 폭원으로 보전
- 고장차를 대피
- 자동차의 속도를 내기 위해 횡방향에 여유를 둔다.
- 완속차, 사람을 대피
- 도로표지, 및 전주 등 노상시설을 설치

ⓑ 폭 : 최소한 0.5m, 고속도로에서는 1m 이상, 시가지에 보도 없을 때는 0.75m 이상

㉣ 분리대(median strip)

ⓐ 보통 4차선 이상 도로에서는 중앙분리대가 좋다.

ⓑ 우리나라에서 차도폭원 14m 이상일 때 고려하며, 보통 0.5m, 노상시설 있을 때 1m 이상

㉤ 노상시설대(street strip)

ⓐ 차도폭원 14m일 때 노상시설 있으면 1m 이상, 없으면 0.5m 이상으로 설치

ⓑ 공공시설 설치 시는 0.5m 정도이지만, 식수대 설치 시 1m 정도되어야 함

㉥ 건축한계와 건축선

ⓐ 건축한계 : 도로폭원 내 각 부분에서 높이의 범위 내 장애물을 없애기 위한 공간. 도로 위 4.5m, 보도 위 3.0m로 규정

ⓑ 건축선 : 대지의 건축물이나 공작물을 설치할 수 있는 한계선 통과도로시 도로폭 4m, 막다른 골목시 6m 이내에는 건물을 설치할 수 없다.

(4) 도로설계의 재요소

① **횡단구배** : 노면 종류에 상관없이 배수를 위하여 차도를 향해 편구배 2% 표준

② 종단구배

㉠ 노면의 중심선에서 경사를 가지고 표시하며, 수평거리와 양단높이 차의 비로 표시

㉡ 오르막 구배일 때는 자동차의 속도가 떨어지고 연료 손실량 많고 타이어 마모 증가

㉢ 구배의 대소에 따라 구배의 길이의 한도 즉, 제한장이 필요

㉣ 제한장이 넘는 긴 오르막에서는 제한장 이내마다 2.5%보다 완만한 구배를 50m 이상 설치

㉤ 노면배수를 위한 최소구배 0.5%

③ 시거(sight distance) : 전방을 내다볼 수 있는 거리

㉠ 시거의 종류 : 보통도로에서는 정지시거, 피주시거, 고속도로에서는 추월시거 포함

㉡ 제동정지시거 : 전방 차량을 인지하고 제동 정지하는 데 필요한 거리

㉢ 피주시거 : 전방 차량을 인지하고 핸들을 돌려 정지하는 데까지의 거리

④ 선형(곡선부)

㉠ 정의 : 평면선형을 말하며 평면도상에 나타난 도로중심선의 형상

㉡ 곡선의 종류 : 단곡선, 복합곡선, 배향곡선, 반향곡선

㉢ 곡선반경 : 곡선 부분에서 자동차가 직선부와 같이 안전하게 주행할 수 있는 곡선 반경

㉣ 최소곡선장

ⓐ 운전자의 핸들조작의 범위를 고려한 곡선장 결정

ⓑ 원심가속도의 증가율이 커질 경우, 적어도 완화구간장의 2배가 필요

ⓒ 교각 5~7도 사이에 가장 착각하기 쉬우므로 7도를 한계로 이보다 클 때는 최소곡선장을 일정하게 하고 작을 때는 최소곡선장을 점차 크게 한다.

㉤ 편구배

ⓐ 원심력에 대한 보정으로 차량의 회전 반대방향으로 구배를 높이는 것

ⓑ 곡선부에서 미끄러지는 위험을 감소시키고 차량을 도로의 오른쪽으로 향해 유지하도록 유인한다.

곡선반경	$R \geq \frac{V^2}{127(i+f)}$	f : 노면과 타이어의 마찰계수 (우리나라 70km/hr 이상 시 0.1 (우리나라 70km/hr 이하 시 0.15 i : tanα(α: 편구배가 수평과 이루는 각도)
최소 곡선장	$L = R\theta = \frac{2\pi R}{360} I$	θ A L B θ
편구배	$I = \frac{V^2}{127R} - f$	I : 편구배(cm/m) f : 횡마찰계수(cm/m) V : 설계속도(KPH)

㉥ 곡선부의 차도광폭 : 자동차가 곡선부 통과 시에 뒷바퀴는 앞바퀴보다 내측을 지나고 이때 다른 차선을 침범하지 않도록 곡선부 차폭은 직선부보다 넓어야 함

㉦ 완화구간장 : 직선부에서 곡선부로 점차적으로 변화하도록 하는 구간으로 클로소이드 곡선(곡선장에 반비례해 곡선반경이 감소하는 성질을 가진 곡선)이 적합함

㉧ 교차

ⓐ 평면교차 : 단순교차, 로터리교차가 있으며 회전에 따른 반경을 고려해야 함

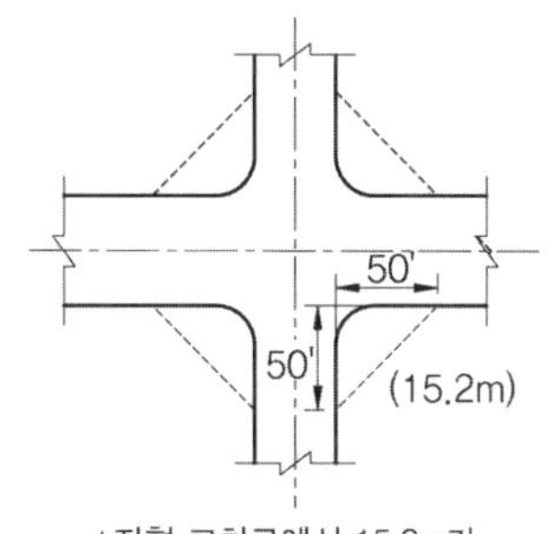

+자형 교차로에서 15.2m가 되는 삼각형 지역은 시각에 방해물이 없어야 한다.

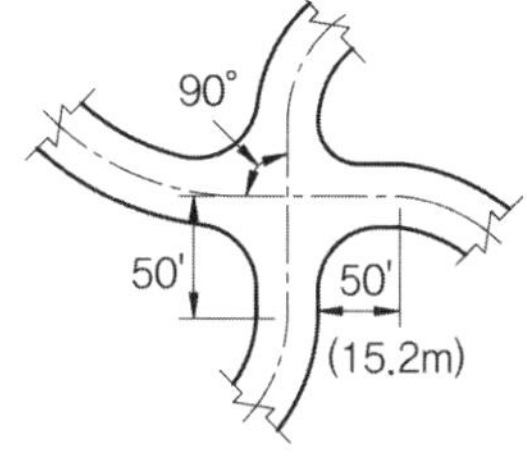

교차로 접근하는 도로는 12.5m 이내에는 90°를 유지

ⓑ 입체교차 : 고가도, 지하도 등

- 장점 : 차량속도 유지, 시간과 경비의 절약
- 단점 : 넓은 용지 필요, 구조물의 건설과 유지비가 많이 듦

(5) 도로의 설계

① **수평노선 설정** : 평면에서 본 도로, 곡선부분과 직선부분을 말함

㉠ 단곡선의 명칭

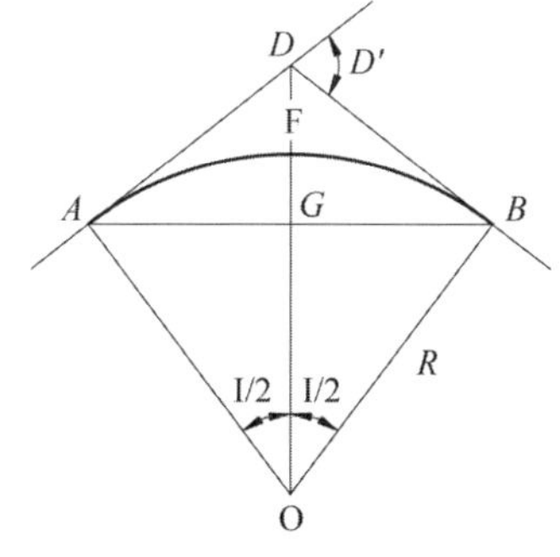

$\overline{AD}$: 접선장	A : 시점
$\overline{AFB}$: 곡선장	B : 종점
$\overline{AO}$: 곡선반경	F : 중점
$\overline{AB}$: 현장	D : 교점
$\overline{DF}$: 외할	∠I : 교각
$\overline{FG}$: 중앙종거	

• 단곡선 명칭 •

ⓛ 곡선장(100피트의 현에 대한 중심각의 표시방법)과 접선장 구하는 공식

곡선장	$L = \frac{2\pi RI}{360} = \frac{RI}{57.3}$	$L = \frac{100I}{D}$	I : 접선장의 교차각 R : 호의 반지름
접선장	$T = R\tan\frac{I}{2}$		

② **수직노선 설정** : 단면에서 본 도로, 도로의 요철, 경사, 종단곡선장을 말함

㉠ 종단곡선 : 두 구배를 적당한 곡선으로 원활하게 연결하는 곡선

ⓛ 최소수직곡선은 경사의 차이가 3% 이상 되어야 급격한 동요를 피할 수 있다.

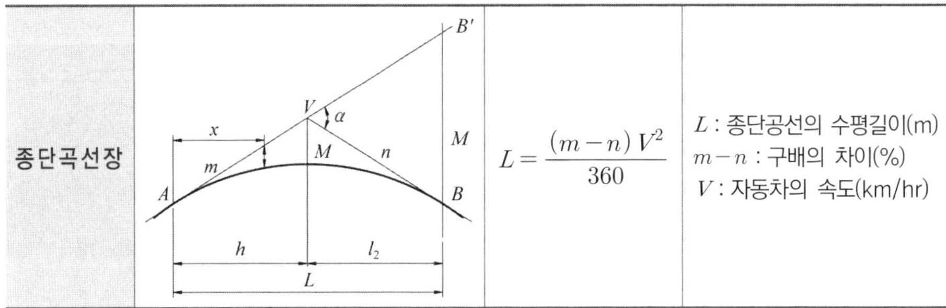

$$L = \frac{(m-n)V^2}{360}$$

㉢ 수직곡선장 : 완화곡선과 같이 연직면 내에서 차량의 급격한 운동을 완화시키는 것이 목적

③ **수평노선과 수직노선 설정의 조정**

㉠ 수평, 수직 노선의 변화는 동시에 시작하고 끝나면 안 됨

ⓛ 급작스런 수평곡선은 수직곡선의 정상 또는 그 부근에 설계되어서는 안 됨

㉢ 연속적으로 긴 경사지역에서 짧게 소규모의 움푹 파진 곳이나 짧고 뜻밖의 표면이 붕기되는 지점은 피한다.

㉣ 반향곡선 사이에 짧은 직선 구간이 사용되면 불만족스러운 상태가 발생한다.

CHAPTER 03 공종별 공사

실전연습문제

01 다음 중 건설기계와 해당 건설기계의 주된 작업 종류의 연결이 틀린 것은? [산업기사 11.03.02]

㉮ 크램쉘 - 굴착 ㉯ 백호 - 정지
㉰ 파워쇼벨 - 굴착 ㉱ 그레이더 - 정지

 ㉯ 백호 – 굴착

02 다음 설명의 ( ) 안에 적합한 것은? [산업기사 11.03.02]

> 주차장법 시행규칙상의 노상주차장의 구조·설비기준상 종단경사도(자동차 진행방향의 기울기를 말한다.)가 ( )퍼센트를 초과하는 도로에 설치하여서는 아니된다.

㉮ 2 ㉯ 4
㉰ 5 ㉱ 8

03 도로의 곡선장(곡선장)이 너무 짧아서 생기는 결함이 아닌 것은? [산업기사 11.03.02]

㉮ 운전자가 핸들조작에 불편을 느낀다.
㉯ 원심가속도(원심가속도)의 증가율이 커진다.
㉰ 원곡선반경이 실제보다 커 보인다.
㉱ 도로가 절곡되어 있는 것 같이 보인다.

04 도로의 수평노선에서 곡선반경이 20m이고, 접선장의 교각이 30도일 때 곡선장은 약 얼마인가? [산업기사 11.06.12]

㉮ 1.67m ㉯ 5.24m
㉰ 10.47m ㉱ 12.14m

곡선장 $= \frac{2\pi RI}{360}$(R : 곡선반경, I : 교각)

$\frac{2 \times 3.14 \times 20 \times 30}{360}$ = 약 10.47

05 다음 중 건설기계와 해당 건설기계의 주된 작업 종류의 연결이 옳지 않은 것은? [산업기사 11.06.12]

㉮ 백호 - 정지
㉯ 크림쉘 - 굴착
㉰ 파워쇼벨 - 굴착
㉱ 그레이더 - 정지

 백호 – 굴착기

ANSWER

01 ㉯ 02 ㉯ 03 ㉰ 04 ㉰ 05 ㉮

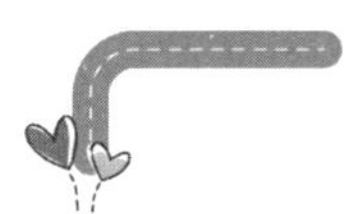

06 토공사용 기계로서 흙을 깎으면서 동시에 기체 내에 담아 운반하고 깔기작업을 겸할 수 있으며, 작업거리는 100 ~ 1500m 정도의 중장거리용으로 쓰이는 것은?

[산업기사 11.10.02]

㉮ 트렌처 ㉯ 그레이더
㉰ 파워쇼벨 ㉱ 캐리올스크레이퍼

풀이 ㉮ 트랜처 : 본체 트랙터에 연속적으로 달린 버킷을 연결한 다음, 버킷을 회전시켜 흙을 파내는 굴착기
㉯ 그레이더 : 땅고르기, 측구(側溝)의 굴착, 노반(路盤)이나 경사면을 형성하는 작업을 하는 굴착기
㉰ 파워쇼벨 : 기계가 위치한 지면보다 높은 곳의 토사를 퍼올리는 데 적합한 굴착기
㉱ 캐리올 스크리이퍼(carry-all scraper) : 굴착, 싣기, 흙운반, 고르기의 일관 작업을 하나의 기계로 할 수 있는 운반기계(스크레이퍼) 중 동력을 갖지 않고 트랙터로 견인되어 작업하는 스크레이퍼

07 다음 불도저(bull dozer)의 특성에 대한 설명으로 옳지 않은 것은?

[산업기사 12.03.04]

㉮ 작업 범위는 소형 50m에서 대형 100m 정도이다.
㉯ 무한궤도식(無限軌道式)은 연약지반에서도 어느 정도 작업이 용이하다.
㉰ 토사의 절토, 성토, 정지, 운반 등의 작업에 쓰이는 대표적인 토공 기계이다.
㉱ 절토작업시 오르막경사에서는 능률이 상승되고 내리막 경사에서는 능률이 저하된다.

풀이 절토작업시는 내리막 경사가 능률이 더 좋다.

08 유압식 백호우의 특징으로 맞지 않는 것은?

[산업기사 12.05.20]

㉮ 이동 또는 운반이 편리하고 좌우 독립주행이 용이하다.
㉯ 동력전달이 유압배관뿐이므로 구조가 간단하고 정비가 용이하다.
㉰ 조작이 쉽고 싸이클 타임이 빨라서 작업능률이 좋다.
㉱ 굴착 또는 주행시의 충격력을 흡수하므로 과부하에 대해 불안전하다.

09 콘크리트 다짐기계 중 비교적 두께가 얇고 면적이 넓은 도로 포장 등의 다지기에 사용되는 것은?

[산업기사 13.03.10]

㉮ 래머(rammer) ㉯ 내부진동기
㉰ 표면진동기 ㉱ 거푸집진동기

10 클로소이드 곡선(clothoid curve)에 대한 설명으로 옳지 않은 것은?

[산업기사 13.03.10]

㉮ 고속도로에 널리 이용된다.
㉯ 곡률이 곡선의 길이에 비례한다.
㉰ 완화곡선(緩和曲線)의 일종이다.
㉱ 클로소이드 요소는 모두 단위를 갖지 않는다.

풀이 Clothoid 요소에는 길이의 단위로 된 것과 단위가 없는 것이 있다.

ANSWER 06 ㉱ 07 ㉱ 08 ㉱ 09 ㉰ 10 ㉱

11 목재 가공용 기계인 둥근톱의 안전수칙으로 옳지 않은 것은? [산업기사 13.03.10]

㉮ 톱이 먹히지 않을 때는 일단 후퇴시켰다가 켠다.
㉯ 가공재를 송급할 때 톱니의 정면에서 실시한다.
㉰ 다 켜갈 무렵에 더욱 주의하여 가볍게 서서히 켠다.
㉱ 톱 위에 15cm 이내의 개소에 손을 내밀지 않는다.

풀이 가공재를 송급할 때는 톱니의 정면을 피하고 측면에서 실시한다.

12 편경사(cant)에 대한 설명으로 틀린 것은? [산업기사 13.06.02]

㉮ 편경사는 완화곡선 설치에 사용된다.
㉯ 편경사는 도로 및 철도의 선형설계에 적용된다.
㉰ 편경사는 차량 속도는 제곱에 비례하고 곡선반지름에 반비례한다.
㉱ 차량의 곡선부 주행시 뒷바퀴가 앞바퀴보다 항상 안쪽으로 지나는 현상을 고려하기 위한 것이다.

풀이 편경사란 평면곡선부에서 자동차가 원심력에 저항할 수 있도록 하기 위하여 설치하는 횡단경사

13 아스팔트 포장차도의 횡단경사는 배수를 위하여 노면을 몇 %로 하여야 하는가? [산업기사 14.03.02]

㉮ 0.8 ~ 1.5 ㉯ 1.5 ~ 2.0
㉰ 2.0 ~ 4.0 ㉱ 3.0 ~ 6.0

풀이 **횡단구배**
노면의 배수를 위한 구배로 아스팔트 포장도로 1.5 ~ 2%

14 다음 그림과 같은 도로 횡단면의 면적은 얼마인가? [산업기사 14.03.02]

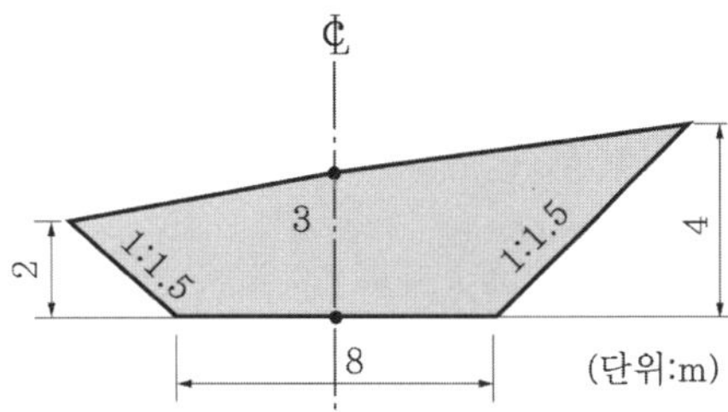

㉮ 27.5m^2 ㉯ 37.5m^2
㉰ 55m^2 ㉱ 75m^2

풀이

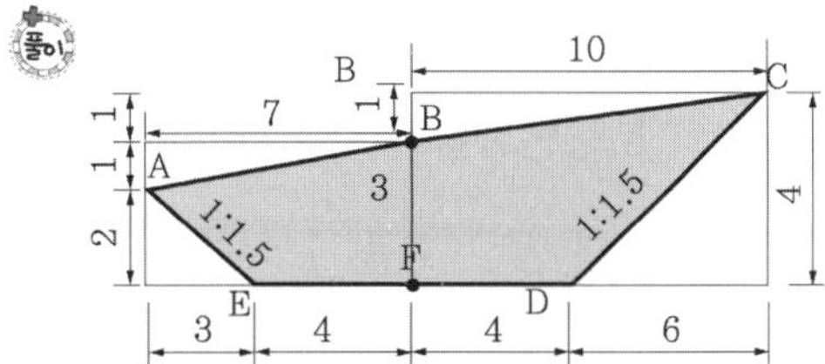

전체를 사각형으로 보고 도로 횡단면이 아닌 삼각형 부분 4개를 빼준다.
AE가 1 : 1.5임으로 높이가 2, 밑변길이가 3
CD가 1 : 1.5임으로 높이가 4, 밑변길이가 6

ABEF면적 : $(7\times3)-\left(\frac{2\times3}{2}\right)-\left(\frac{7\times1}{2}\right)=14.5$

BCDF면적 : $(10\times4)-\left(\frac{6\times4}{2}\right)-\left(\frac{10\times1}{2}\right)=23$

따라서 14.5+23 = 37.5m^2

15 다짐용 건설기계에 해당하지 않는 것은? [산업기사 14.05.25]

㉮ Tire Roller
㉯ Vibro Compactor
㉰ Rammer
㉱ Trencher

풀이 **Trencher(트랜처)**
도랑등의 깊은 부분을 굴착할 때 사용되는 trencher로 흙을 파서 bucket으로 위로 올리는 형식의 굴착기계

ANSWER 11 ㉯ 12 ㉱ 13 ㉯ 14 ㉯ 15 ㉱

조경적산

1  수량산출

1 토공량

① 토량변화율

토량체적변화율 $L = \dfrac{\text{흐트러진 상태의 체적}(m^3)}{\text{자연 상태의 체적}(m^3)}$ $C = \dfrac{\text{다져진 상태의 체적}(m^3)}{\text{자연 상태의 체적}(m^3)}$

L 〉 1, C 〈 1(L값은 1보다 크고, C값은 1보다 작다.(다만, C값은 암석, 조약돌, 역질토일 때는 1보다 크다.)

② 체적환산계수(f)표

구하는 Q / 기준이 되는 q	자연상태의 토량	흐트러진 상태의 토량	다져진 후의 토량
자연상태의 토량	1	L	C
흐트러진 상태의 토량	1/L	1	C/L
다져진 후의 토량	1/C	L/C	1

③ 터파기 계산공식

독립기초파기	$A = \dfrac{h}{6}\{(2a+a')b+(2a'+a)b'\}$	b, a, h, a', b'
줄기초파기	$A = \dfrac{a+b}{2}h \times$(줄기초길이)	h, b, a
양단면평균법	$V = \dfrac{I}{2}(A_1 + A_2)$	I : 양단면간의 거리 A_1, A_2 : 양단면의 면적
중앙단면법	$V = A_m \times \ell$	A_m : 중앙단면 면적 ℓ : 양단면간의 거리

각주공식	$V=\frac{I}{6}(A_1+4A_m+A_2)$	I : 양단면간의 거리 A_1, A_2 : 양단면의 면적 A_m : 중앙단면 면적
점고법	$V=\frac{1}{4}A(h_1+h_2+h_3+h_4)$	A : 수평저면적 h_1, h_2, h_3, h_4 : 각점의 수직고
거형분할식	$V=\frac{1}{4}A(\Sigma h_1+2\Sigma h_2+3\Sigma h_3+4\Sigma h_4)$	A : 수평저면적 Σh_1~Σh_4 : 각정점의 높이합 (h~h_4까지 각 정점은 만나는 거형의 수에 따른다.)
삼각형분할식	$V=\frac{1}{3}A(\Sigma h_1+2\Sigma h_2+3\Sigma h_3 \cdots +8\Sigma h_8)$	A : 수평저면적 Σh_1~Σh_8 : 각정점의 높이합 (h_1~h_8까지 각 정점은 만나는 거형의 수에 따른다.)
등고선법	$V=\frac{h}{3}\left\{\begin{matrix} A_1+4(A_2+A_4+\dots+A_{n-1}) \\ +2(A_3+A_5+\dots+A_{n-2})+A_n \end{matrix}\right\}$	h : 등고선 간격 n : 단면수 A_1~A_n : 등고선으로 둘러싸인 면적

④ 되메우기

㉠ 적용 범위 : 터파기한 장소에 구조물 설치한 후 잔여공간에 파낸 흙을 되메우는 작업

㉡ 되메우기토량 = (터파기체적 − 기초부 체적)× 체적변화율 C

⑤ 잔토처리

㉠ 적용 범위 : 터파기 한 흙에서 되메우기 하고 남은 잔여토량을 버리는 작업

㉡ 잔토처리량 = 터파기 체적-되메우기 체적
= 터파기 체적-(되메우기 체적+돋우기 체적) : 흙돋우기 시행 시
= 구조체 제척(돋우기 없을 시)

2 기계장비의 시공능력 산정

인력운반	$Q=N\times q$ $N=\frac{VT}{(120L+Vt)}$ $Cm=120L/V+t$	Q : 1일 운반량(m^3, kg) N : 1일 운반회수 Cm : 1회 운반소요시간 q : 1회운반량(m^3, kg) T : 1일 실작업시간(450분) L : 운반거리(m) t : 적재, 적하소요시간(3분) V : 왕복평균속도(m/hr)
목도운반	운반비= $\frac{M}{T}\times A(\frac{120L}{V}+t)$	M : 필요한 목도공의 수(인) T : 1일 실작업시간(450분) L : 운반거리(m) V : 왕복 평균속도(km/hr) t : 준비작업시간(2분) 목도공 1회운반량 : 40kg 경사지 환산거리 : 환산계수×L

Part 3 조경시공구조학

불도저	$Q=\dfrac{60q\cdot f\cdot E}{Cm}$ $q=q^0\times e$ Cm =전진시간+후진시간 +기어변속시간(0.25분)	Q : 시간당 작업량(m^3/hr) q : 삽날의 용량(m^3) q^0 : 거리를 고려하지 않는 삽날의 용량(m^3) e : 운반거리 계수 f : 토량 환산 계수 E : 작업효율 Cm : 1회 사이클 시간(분)
백호우 로더	$Q=\dfrac{3600q\cdot K\cdot f\cdot E}{Cm}$	Q : 시간당 작업량(m^3/hr) q : 버키트의 용량(m^3) f : 토량 환산 계수 E : 작업효율 K : 버키트 계수 Cm : 1회 사이클 시간(초)
덤프트럭	$Q=\dfrac{60q\cdot f\cdot E}{Cm}$ $q=\dfrac{T}{r^t}\cdot L$ Cm = 적재시간+적하시간+왕복시간 +대기시간 + 적재함 덮개 설치 및 해체시간	Q : 1시간당 흐트러진 상태의 작업량(m^3/hr) q : 흐트러진 상태의 덤프트럭 1회 적재량(m^3) r^t : 자연상태에서의 토석의 단위중량(ton/m^3) T : 덤프 트럭의 적재용량(ton) L : 토량 환산계수에서의 토량변화율 f : 토량 환산 계수 E : 작업효율(0.9) Cm : 1회 사이클시간(분)
롤러	$Q=\dfrac{1000\cdot V\cdot W\cdot E\cdot D\cdot f}{N}$ $A=\dfrac{1000\cdot V\cdot W\cdot E}{N}$	Q : 시간당 다짐토량(m^3/hr) V : 다짐속도(km/hr) E : 작업효율 f : 체적환산계수 A : 시간당 다짐면적(m^2/hr) W : 롤러의 유효폭(m) D : 펴는 흙의 두께(m) N : 소요다짐횟수
플레이트 콤팩트	$Q=\dfrac{1000\cdot V\cdot W\cdot E\cdot D\cdot f}{N}$ $A=\dfrac{1000\cdot V\cdot W\cdot E}{N}$	Q : 시간당 다짐토량(m^3/hr) V : 다짐속도(km/hr) E : 작업효율 f : 토량환산계수 A : 시간당 다짐면적(m^2/hr) W : 롤러의 유효폭(m) D : 펴는 흙의 두께(m) N : 소요다짐횟수
경운기	$Q=\dfrac{60\cdot q\cdot f\cdot E}{Cm}$ $Cm=(L/V_1)+(L/V_2)+t$	Q : 1시간당 작업량(m^3/hr) q : 흐트러진 상태의 경운기 1회 적재량(m^3) f : 토량 환산 계수 E : 작업효율(0.9) Cm : 1회 사이클시간(분) V_1 : 적재 시 속도(m/분) V_2 : 공차 시 속도(m/분) L : 거리(m) t : 적재 적하시간(분)
이동식 임목파쇄기	93.25kW용 $Q=6.0$(m^3/hr) 354.35~402.84kW용 $Q=q\cdot K\cdot S\cdot E$	Q : 시간당 파쇄능력(m^3/hr) q : 354.35kW의 시간당 표준파쇄량(m^3/hr) = 26(m^3/hr) K : 임목파쇄기의 규격별 능력계수 E : 작업효율 S : 임목파쇄기의 스크린계수

3 벽돌 수량산출(표준규격 벽돌 기준수량)

(m²당, 단위 : 매)

벽돌 두께 \ 벽 두께	0.5B	1.0B	1.5B	2.0B	2.5B	3.0B
210×100×60(기존형)	65	130	195	260	325	390
190×90×57(표준형)	75	149	224	299	373	447

면적산출방법 (m^2당 벽돌수량)	$N=\dfrac{1}{(l+n)(d+m)}$	N : $1m^2$에 필요한 벽돌의 수(매/m^2) l : 벽돌의 길이(m) d : 벽돌의 두께(m) n : 세로줄눈 너비(m) m : 가로줄눈 너비(m)
체적산출방법 (m^3당 벽돌수량)	$N=\dfrac{1}{(l+n)(b+n)(d+m)}$	N : $1m^3$에 필요한 벽돌의 수(매/m^3) l : 벽돌의 길이(m) d : 벽돌의 두께(m) b : 벽돌의 너비(m) m : 가로줄눈 너비(m) n : 세로줄눈 너비(m)

4 콘크리트, 거푸집 수량산출

① 콘크리트 재료량

㉠ 용적배합비 $\ell : m : n$이고, 물·시멘트비 X%일때

$V=\dfrac{\ell W_c}{g_c}+\dfrac{m W_s}{g_s}+\dfrac{n W_g}{g_g}+W_cX$	V : 콘크리트의 비벼내기량(m^3) W_c : 시멘트의 단위용적무게(kg/m^3 또는 kg/ℓ) W_s : 표면건조, 내부포화상태 모래의 단위용적무게 (kg/m^3 또는 kg/ℓ) g_c : 시멘트의 비중 즉, 시멘트소요량 C = ℓ/V(ton) g_s : 모래의 비중 즉, 모래소요량 S = m/V(m^3) g_g : 자갈의 비중 즉, 자갈소요량 G = n/V(m^3)

㉡ 배합비 1 : m : n 인 콘크리트 1m2당 재료량(V : 비벼내기량)

ⓐ 시멘트양 : 1/V(m^2) 이때 시멘트 단위용적중량은 500kg/m^3이므로 무게로 환산 가능

ⓑ 모래양 : m/V(m^2)

ⓒ 자갈양 : n/V(m^2)

ⓓ 물의 양 : 시멘트 중량×물·시멘트비

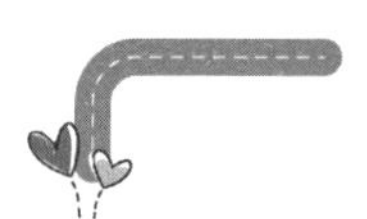

② 콘크리트 수량산출

연속기초	$V=$ 기초단면적 × 중심연장길이	거푸집 면적 산출 시 양쪽 마구리 부분과 줄기초와 줄기초가 만나는 부분은 제외한다.
독립기초 산출 방법 1	$V=\frac{h}{6}[(2a+a')b+(2a'+a)b']$	
독립기초 산출 방법 2	$V=\frac{h}{3}[ab+a'b'+\sqrt{(a'b)\cdot(ab')}]$	

③ 거푸집 면적산출

기초	기울기 30도 기준으로 $\theta \geqq 30$도는 경사면으로, $\theta < 30$도는 수직면 (D)로 산출
기둥	기둥 둘레길이×기둥높이(이때, 기둥의 윗층바닥면은 뺀다.)
벽체	(벽면적-개구부면적)×2
보	(기둥간의 내부길이×바닥판 두께를 뺀 보의 옆면적)×2
계단	계단너비×챌면 층높이×계단수(옥외계단은 챌면의 면적만 계산)
개구부	$1m^2$ 이하의 개구부는 거푸면적에서 제외하지 않는다.
접합부	기초와 지중보, 지중보와 기둥, 기둥과 보, 큰보와 작은보, 기둥과 벽체, 보와 벽, 바닥판과 기둥의 접합부 면적은 거푸집 면적에서 제외하지 않는다.

5 수목 및 잔디양

① 규격표시

㉠ 수목은 형상에 따라 H×B, H×W, H×R로 표시하며 주수로 계산한다.

㉡ 잔디 및 초화류 : 피목 면적(m^2)으로 계산하며, 잔디는 뗏장수로 계산하기도 한다.

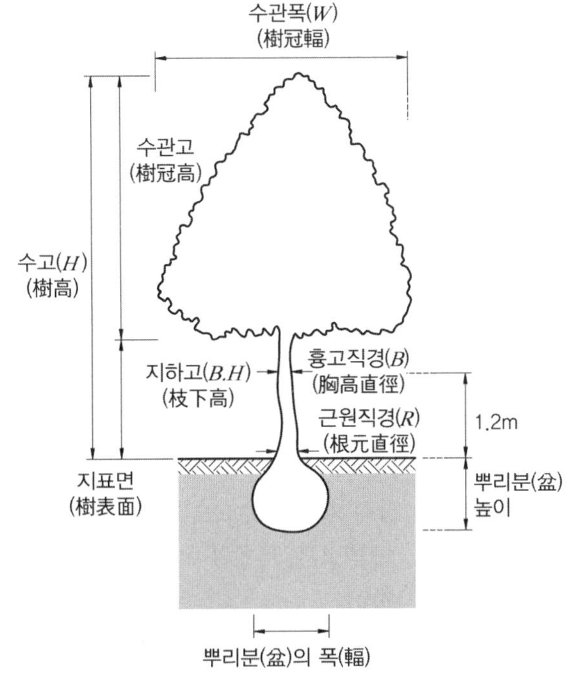

② 식재공사 수목의 중량 구하는 공식

뿌리분 크기	뿌리분 지름(cm)$=24+(N-3)\times d$	N : 근원직경(cm) d : 상수(상록수 4, 낙엽수 5)
수목의 지상부 중량	$W_1 = k\times\pi\times(\frac{d}{2})^2\times H\times\omega_1\times(1+p)$	k : 수간형상계수(0.5) d : 흉고직경, 근원직경×0.8 H : 수고(m) ω_1 : 수간의 단위중량(kg/m^2) p : 지엽의 다소에 따른 할증률
수목의 지하부 중량	$W_2 = V\times\omega_2$	V : 뿌리분 체적(m^3) ① 접시분 $V=\pi r^3$ ② 보통분 $V=\pi r^3+\frac{1}{6}\pi r^3$ ③ 조개분 $V=\pi r^3+\frac{1}{3}\pi r^3$ ω_2 : 뿌리분의 단위체적중량(kg/m^2)

2 표준품셈, 일위대가표

1 수량산출의 개념, 목적

① 시공현장에서의 소요재료, 물량을 집계한 것으로 총공사비 산정의 중요과정
② 종류
　㉠ 설계수량 : 실시설계, 상세설계도에 따라 산출한 것
　㉡ 계획수량 : 설계도에 명시되지 않은 시공계획 수립상 소요되는 수량
　㉢ 소요수량 : 손실량을 예측해 부가한 할증수량

2 수량산출기준

① 수량은 C.G.S.(즉, Centimeter-Gram-Second) 사용
② 수량단위, 소수위는 표준품셈단위표준에 의한다.
③ 소수점 한 자리까지 구하고 4사5입(반올림)
④ 분도는 분까지, 원주율, 삼각함수의 유효숫자는 3자리로 한다.
⑤ 순서에 의거해 계산하고 약분법은 사용하지 않는다. 각 분수마다 값을 구해 합산하며, 소수 2자리까지 계산한다.
⑥ 면적계산은 수학공식 삼각법(3회 이상 측정한 평균)을 사용한다.
⑦ 체적은 공식에 의거가 원칙이나 토사입적은 양단면평균값에 그 단면 간 거리를 곱해 산출
⑧ 다음 체적과 면적은 구조물 수량에서 공제하지 않는다.
　㉠ 콘크리트 구조물 중의 말뚝머리
　㉡ 볼트의 구멍
　㉢ 모따기 또는 물구멍
　㉣ 이음줄눈의 간격
　㉤ 포장공종의 1개소당 $0.1m^2$ 이하의 구조물 자리
　㉥ 철근콘트리트 중의 철근
　㉦ 조약돌 중의 말뚝 체적 및 책동목
　㉧ 강구조물의 리베트 구멍

3 재료 및 금액의 단위

① 재료 : C.G.S 원칙

㉠ 모래, 자갈 : 단위수량 m^3, 소수 2위까지 사용

㉡ 조약돌 : 단위수량 m^3, 소수 2위까지 사용

㉢ 모르타르, 콘크리트 : 단위수량 m^3, 소수 2위까지 사용

㉣ 목재 : 규격이 길이 m, 소수 1위 사용할 때 - 단위수량 m^2, 소수 2위 사용
규격이 폭·두께 cm, 소수 1위 사용할 때 - 단위수량 m^3, 소수 3위 사용

② 금액

종목	단위	지휘	비고
설계서의 총액	원	1,000	이하 버림(단, 10,000원 이하의 공사는 100원 이하 버림)
설계서의 소계	원	1	미만 버림
설계서의 금액한	원	1	미만 버림
일위대가표의 계금	원	1	미만 버림
일위대가표의 금액란	원	0.1	미만 버림

③ 재료의 단위중량

종별	형상	중량(kg/m^2)
암석	화산암 안산암 사암 현무암	2,600~2,700 2,300~2,710 2,400~2,790 2,700~3,200
자갈	건조 습기 포화	1,600~1,800 1,700~1,800 1,800~1,900
모래	건조 습기 포화	1,200~1,700 1,700~1,800 1,800~1,900
점질토	보통의 것 자갈이 섞인 것 자갈이 섞이고 습한 것	1,500~1,700 1,600~1,800 1,900~2,100
목재 소나무 소나무(적송) 미송	생송재(生淞材) 건재(乾材)	800 580 590 420~700
시멘트 철근콘크리트 콘크리트 시멘트모르타르		1,500 2,400 2,300 2,100

4 할증량(조경에서 중요한 부분만 발췌)

① **재료의 할증** : 할증은 재료의 손실량을 말하는 것으로 재료비의 단가 계산시에 할증량을 포함한 소요량을 곱해서 산출한다.

종류		할증률(%)
노상 및 노반재료	모래	6
	부순돌·자갈·막자갈	4
	석분	0
	점질토	6
강재류	원형철근	5
	이형철근	3
	일반볼트	5
목재	각재	5
	판재	10
합판	일반용합판	3
	수장용합판	5
벽돌	붉은벽돌	3
	시멘트벽돌	5
	내화벽돌	3
블록	경계블록	3
	호안블록	5
	시멘트블록	4
조경용 수목		10
잔 디		10

② **품의 할증**

㉠ 법정 근로시간 : 1일 8시간, 1주에 44시간, 1주일 12시간 한도로 연장근무 가능

㉡ 군사작전 지구내 20%, 도서지구·공항·산악지역 50%, 야간작업 20% 등

㉢ 소운반 운반거리 : 20m 이상일 때 할증. 경사면 소운반거리 = 직고 1m를 수평거리 6m로 계산

㉣ 공구손료 : 직접노무비의 3%까지 계상

5 조경관련 품셈

① **정의** : 공사 목적물의 달성을 위해 단위 물량당 소요하는 노력과 물질을 수량으로 표시한 것으로 건설교통부에서 표준품셈을 제정하여 시행

② 조경공사에 주로 적용하는 표준품셈 예

㉠ 자연석 공사(톤당)

ⓐ 자연석 놓기 : 조경공 2인+보통인부 2인

ⓑ 자연석 쌓기 : 조경공 2.5인+보통인부 2.5인

㉡ 잔디공사

ⓐ 평떼 : 보통인부 0.069인, 떼 뜰 경우 0.06일

ⓑ 줄떼 : 보통 인부 0.062인, 떼 뜰 경우 0.03인

ⓒ 전면파종 : 특별인부 0.015인

(6) 일위대가표 작성

① 일위대가(재료의 단위 규격당 노무의 단위, 인당 필요한 수량의 표를 만드는 것) 종류

㉠ 기초일위대가 : 수량산출 없이 표준품셈에서 적용되는 항목을 추출해 작성할 수 있는 터파기, 콘크리트, 거푸집 등에 해당

㉡ 단위일위대가 : 기산출된 단위공종별 수량에 단가 또는 기초일위대가를 곱하여 작성한 것 기본적인 단위 시공 1단위당 순공사비로서 파고라 1개소, 화강석포장 $1m^2$, 소나무 1주 등을 기준으로 재료비, 노무비, 경비를 계산한 것이다.

② 일위대가표 작성 예

㉠ 시비(관목) (식재면적 $100m^2$당)

품목	규격	단위	수량	단가	금액	비고
비료	유기질	kg	100			비료의 종류는 지역 여건에 따라 선택
고형복합비료	산림용	개	200			
조경공		인	0.3			
보통인부		인	0.8			
계						

㉡ 수목전정(낙엽수 흉고직경 B 10cm 미만) (주당)

품목	규격	단위	수량	단가	금액	비고
조경공		인	0.05			
보통인부		인	0.015			
계						

㉢ 자연석 놓기 (ton 당)

품목	규격	단위	수량	단가	금액	비고
자연석	목도석	ton	1.0			
조원공		인	2.0			
보통인부		인	2.0			
계						

3 공사비 산출

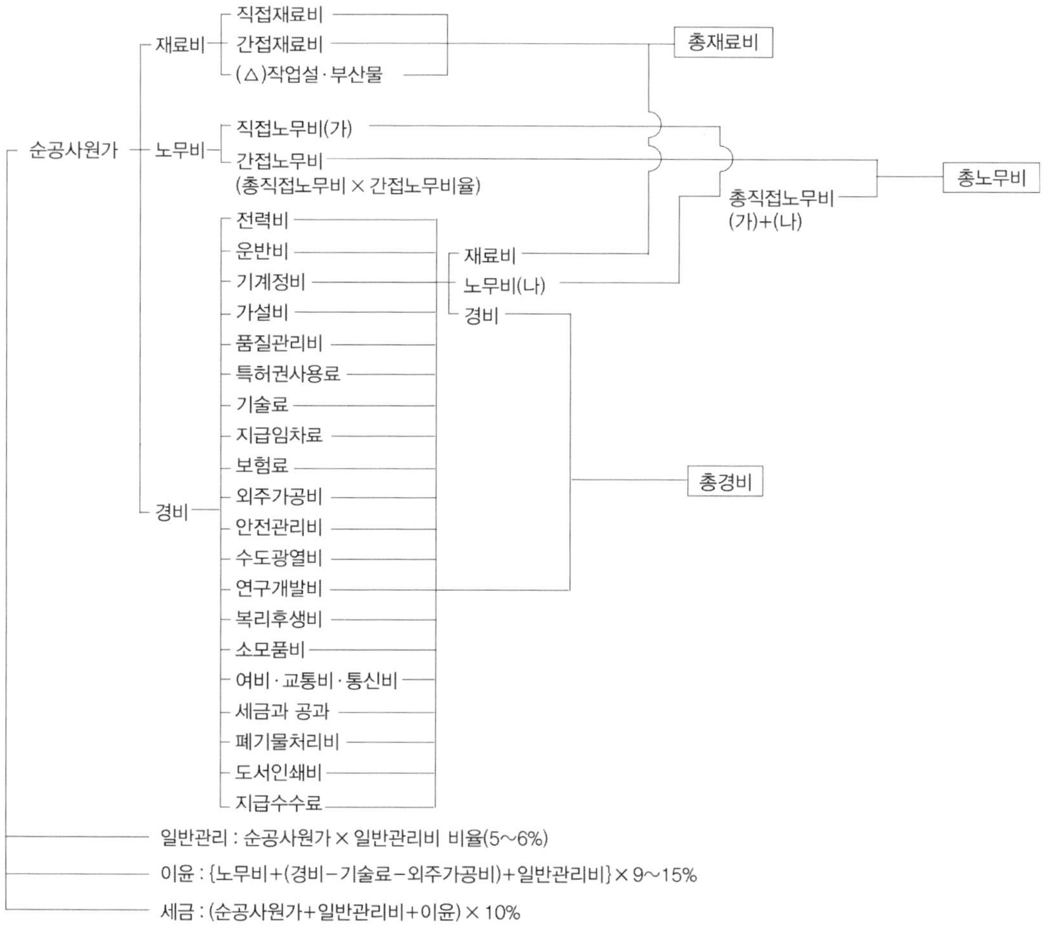

*총공사원가 = 순공사원가+일반관리비+이윤+세금

1 공사비

① **재료비** : 직접재료비+간접재료비-작업부산물

㉠ 직접재료비 : 공사 목적물의 실체. 주요 재료비와 부분품비

㉡ 간접재료비 : 공사에 보조적으로 소비되는 재료. 소모성 물품의 가치 소모재료비, 소모공구·기구·비품비, 가설재료비가 해당

㉢ 부대비용 : 재료에 직접 관련되어 발생하는 구입 후 경비. 운임, 보험료, 보관비 등

㉣ 작업설, 부산물 : 작업 잔재료 중 환금이 가능한 재료로 재료비에서 공제 시멘트 공포대, 공드럼, 수목의 할증분

② **노무비(직접노무비+간접노무비)**

㉠ 직접노무비 : 공사현장에서 작업에 종사하는 사람에게 지급하는 수당상여금, 퇴직급여충당금

㉡ 간접노무비 : 공사장에서 직접 일하지 않고 보조적 작업을 하는 사람의 임금
간접노무비 = 직접노무비×간접노무비율 예 현장사무소 직원

③ **경비**

㉠ 종류 : 전력비, 운반비, 기계경비, 특허권사용료 등 위 표를 참고할 것

㉡ 경비 중 전력비, 운반비, 기계경비, 가설비, 품질관리비의 재료비와 노무비는 각 총재료비와 총노무비에 포함됨

④ **일반관리비** : 공사업체를 지속하기 위해 발생하는 비용으로 순공사비 합계의 6%를 초과할 수 없다.

⑤ **기타경비** : (재료비 + 노무비)×6% 정도

⑥ **이윤** : (노무비 + (경비 - 기술료 - 외주가공비) + 일반관리비)×9~15%
(순공사원가 + 일반관리비 - 재료비)×9~15%

⑦ **세금** : (순공사원가 + 일반관리비 + 이윤)×10%

⑧ **총공사비** : 순공사원가(재료비 + 노무비 + 경비) + 일반관리비 + 이윤 + 세금

2 총공사비 산출

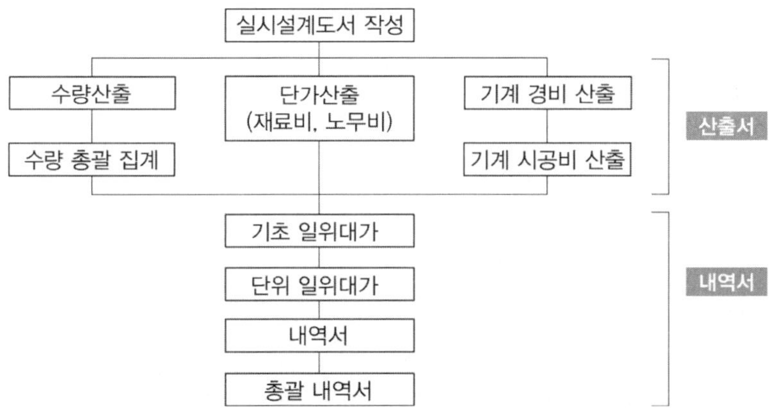

① **내역서(순공사비)** : 수량과 일위대가에 의해 산정된 단가를 곱하여 공사비를 추출하는 것

② **총괄내역서** : 내역서에 간접노무비, 산업재해 보상보험료, 고용보험료 등 총공사원가와 총공사비를 산출하는 것

CHAPTER  조경적산

실전연습문제

01 그림과 같은 모양의 토적을 계산할 때 양단면평균법을 V_a, 중앙단면법을 V_m, 각주공식에 의한 방법을 V_p라 할 때 각 방법에 의해 산출된 토적의 값 관계를 옳게 설명한 것은? [산업기사 11.03.02]

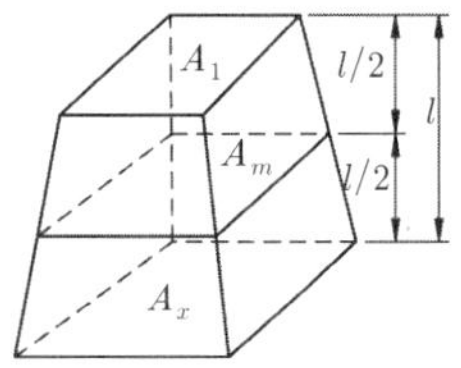

㉮ $V_m < V_p < V_a$ ㉯ $V_p < V_m < V_a$
㉰ $V_m < V_a < V_p$ ㉱ $V_a < V_p < V_m$

02 표준형 벽돌 8000매를 2.5B로 쌓으려 한다. 벽돌쌓기 1000매당 표준품셈표에는 조적공은 1.0인, 보통인부는 0.6인이 설정되어 있다. 단, 벽돌 5000매 이상 10000매 미만일 때는 품을 10% 가산한다. 조적공 노임은 50000원, 보통인부 노임은 30000원일 때, 총 노무비는 얼마인가? [산업기사 11.03.02]

㉮ 544,000원 ㉯ 598,400원
㉰ 624,000원 ㉱ 689,600원

- 조적공 : $8 \times 1.0 \times 1.1 \times 50,000 = 440,000$
- 보통인부 : $8 \times 0.6 \times 1.1 \times 30,000 = 158,400$
- 따라서, $440,000 + 158,400 = 598,400$

03 다음 지형도와 같은 지형을 만들기 위하여 성토량을 계산하려고 한다. 각 절단면의 단면적은 다음과 같고 절단면과 절단면의 간격을 5m라고 할 때 성토량은 약 얼마인가? (단, A-A' 단면적 : $5m^2$, B-B' 단면적 : $4m^2$, C-C' 단면적 : $3m^2$, D-D' 단면적 : $4m^2$, E-E' 단면적 : $5m^2$, F-F' 단면적 : $6m^2$) [산업기사 11.06.12]

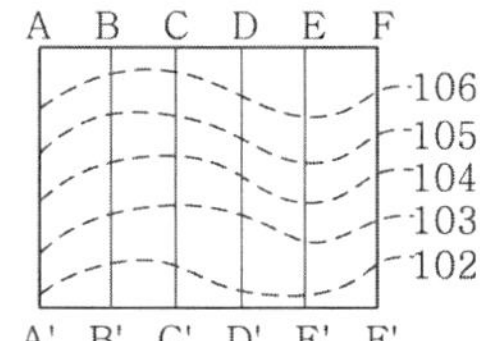

㉮ $21.5m^3$ ㉯ $43m^3$
㉰ $107.5m^3$ ㉱ $215m^3$

 양단면평균법으로 산출

$$\left(\frac{5+4}{2}\times 5\right)+\left(\frac{4+3}{2}\times 5\right)+\left(\frac{3+4}{2}\times 5\right)+\left(\frac{4+5}{2}\times 5\right)+\left(\frac{5+6}{2}\times 5\right)=107.5m^3$$

04 다음 중 칠공사에서의 철제계단(양면칠) 소요면적계산으로 옳은 것은? [산업기사 11.10.02]

㉮ 경사면적×(2.5 ~ 3배)
㉯ 경사면적×(3 ~ 5배)
㉰ 경사면적×2배
㉱ 경사면적×1.5배

ANSWER
01 ㉮ 02 ㉯ 03 ㉰ 04 ㉯

05 다음 (　　) 안에 각각 적합한 용어는?

[산업기사 11.10.02]

(①)는 공사시공 과정에서 발생하는 재료비, 노무비, 경비의 합계액을 말하며, (②)는 기업유지를 위한 관리활동부분에서 발생하는 제비용을 말하고, (③)는 공사계약 목적물을 완성하기 위해 직접 작업에 종사하는 종업원 및 노무자에게 제공되는 노동력의 대가를 말한다.

㉮ ① 순공사비 ② 공사원가 ③ 간접노무비
㉯ ① 공사원가 ② 일반관리비 ③ 간접노무비
㉰ ① 순공사비 ② 공사원가 ③ 직접노무비
㉱ ① 공사원가 ② 일반관리비 ③ 직접노무비

06 다음 중 건설산업기본법의 분류에 따른 건설공사에 속하지 않는 것은?

[산업기사 11.10.02]

㉮ 산업설비공사
㉯ 환경시설공사
㉰ 조경공사
㉱ 문화재수리공사

풀이 **건설산업기본법에 의한 건설공사 종류**

토목공사, 건축공사, 산업설비공사, 조경공사, 환경시설공사, 그 밖에 명칭에 관계없이 시설물을 설치·유지·보수하는 공사(시설물을 설치하기 위한 부지조성공사를 포함한다) 및 기계설비나 그 밖의 구조물의 설치 및 해체공사 등을 말한다. 다만, 다음 각 목의 어느 하나에 해당하는 공사는 포함하지 아니한다.

가. 「전기공사업법」에 따른 전기공사
나. 「정보통신공사업법」에 따른 정보통신공사
다. 「소방시설공사업법」에 따른 소방시설공사
라. 「문화재 수리 등에 관한 법률」에 따른 문화재 수리공사

07 토량 $470m^3$를 불도저로 작업하려고 한다. 작업을 완료하기까지의 소요시간을 구하면? (단, 불도저의 삽날용량은 $1.2m^3$, 토량환산 계수는 0.8, 작업효율은 0.8, 1회 사이클 시간은 12분이다.) [산업기사 11.10.02]

㉮ 120.40시간　㉯ 122.40시간
㉰ 132.40시간　㉱ 140.40시간

풀이 Q : 시간당 작업량(m^3/hr)
g : 삽날 용량
f : 토량환산계수
E : 작업효율
Cm : 1회 사이클 시간

$$Q = \frac{60 \cdot g \cdot f \cdot E}{Cm}$$

즉, $Q = \frac{60 \times 1.2 \times 0.8 \times 0.8}{1.2} = 3.84m^3/hr$

따라서, 토량 $470m^3$ 작업해야 하므로

$\frac{470}{3.84} \fallingdotseq 122.4$시간

08 설계서의 단위 표준에 관한 설명으로 옳은 것은? (단, 건설표준품셈을 적용한다.)

[산업기사 12.03.04]

㉮ 공사 연장 : km　㉯ 떼 : mm
㉰ 견치돌 : m　㉱ 벽돌 : mm

풀이 ㉮ 공사연장 : m
㉯ 떼 : cm
㉰ 견치돌 : cm
㉱ 벽돌 : mm

ANSWER 05 ㉱ 06 ㉱ 07 ㉯ 08 ㉱

Part 3 조경시공구조학

09 아래 설명의 ( )에 적합한 값은? [산업기사 12.03.04]

> 건설표준품셈에 포함된 것으로 규정된 소운반 거리는 20m 이내의 거리를 말하므로 소운반이 포함된 품에 있어서 소운반 거리가 20m를 초과 할 경우에는 초과분에 대하여 이를 별도 계상하며 경사면의 소운반 거리는 직고 1m를 수평거리 ( )m의 비율로 본다.

㉮ 2 ㉯ 4
㉰ 6 ㉱ 8

10 건축부문에서 일위대가표를 작성할 때 일위대가표의 계금 단위표준은 어떻게 적용시키는가? [산업기사 12.05.20]

㉮ 0.1원까지는 쓰고 그 이하는 버린다.
㉯ 1원까지는 쓰고 그 미만은 버린다.
㉰ 1원까지 쓰고 소수위 1위에서 사사오입한다.
㉱ 0.1원까지는 쓰고 소수위 2위에서 사사오입한다.

11 할증률에 대한 설명으로 옳은 것은? [산업기사 12.05.20]

㉮ 잔디의 할증률은 5%이다.
㉯ 조경수목의 할증률은 8%이다.
㉰ 시멘트의 할증률은 정치식일 때는 2%이다.
㉱ 품셈의 각 항목에 할증률이 포함 또는 표시되어 있는 것도 할증을 재적용한다.

풀이 잔디와 조경수목의 할증률은 10%

12 덤프트럭의 1회 사이클 시간(Cm)을 결정할 때 포함되는 시간이 아닌 것은? [산업기사 12.05.20]

㉮ 적재시간
㉯ 적하시간
㉰ 교통정체시간
㉱ 적재함 덮개 설치 및 해체시간

풀이 덤프트럭의 1회 사이클 시간(Cm)
= 적재시간+적하시간+왕복시간+대기시간
+적재함 덮개 설치 및 해체시간

13 다음 중 설계서의 단위 및 소수의 표준 중 옳게 적용되지 않은 것은? (단, 건설공사표준품셈의 단위수량에 한정한다.) [산업기사 12.09.15]

㉮ 토적(체적) : $56.78m^3$
㉯ 공사폭원 : $23.45m^3$
㉰ 모르타르 : $12.35m^3$
㉱ 조약돌 : $8.51m^3$

풀이 공사폭원 단위는 m 소수위 1위

14 다음 중 건설공사표준품셈의 적산 적용기준으로 옳지 않은 것은? [산업기사 12.09.15]

㉮ 붉은 벽돌의 할증률은 3%이다.
㉯ 모따기의 체적은 구조물의 수량에서 공제한다.
㉰ 설계서의 총액은 1,000원 이하는 버린다.
㉱ 수량의 계산은 지정 소수의 이하 1위까지 구하고 끝수는 4사5입한다.

풀이 모따기 체적은 구조물의 수량에서 공제하지 않는다.

ANSWER 09 ㉰ 10 ㉯ 11 ㉰ 12 ㉰ 13 ㉯ 14 ㉯

15 기계경비 산정과 관련된 시간당 손료계수를 구성하는 3가지 요소가 아닌 것은?
[산업기사 13.03.10]

㉮ 상각비계수 ㉯ 관리비계수
㉰ 정비비계수 ㉱ 경비계수

풀이 **시간당 손료계수 3가지 요소**
상각비계수, 관리비계수, 정비비계수

16 다음에 열거한 것 중 체적과 면적을 구조물의 수량에서 공제할 수 있는 것은?
[산업기사 13.03.10]

㉠ 볼트의 구멍
㉡ 이음줄눈의 간격
㉢ 철근 콘크리트중의 철근
㉣ 콘크리트 중에 매설한 ∅300의 철골재 파이프

㉮ ㉠ ㉯ ㉡
㉰ ㉢ ㉱ ㉣

 다음 체적과 면적은 구조물 수량에서 공제하지 않는다.
a. 콘크리트 구조물 중의 말뚝머리
b. 볼트의 구멍
c. 모따기 또는 물구멍
d. 이음줄눈의 간격
e. 포장공종의 1개소당 $0.1m^2$ 이하의 구조물 자리
f. 철근콘트리트 중의 철근
g. 조약돌 중의 말뚝 체적 및 책동목
h. 강구조물의 리베트 구멍

17 다음 수목 중 굴취시 흉고직경(B) 기준에 의하여 품셈을 산정하는 수종은?
[산업기사 13.03.10]

㉮ 계수나무 ㉯ 모과나무
㉰ 대추나무 ㉱ 선향나무

18 다음 중 공공공사의 적산 시 효율적이고 건설시장의 동향을 즉각적으로 반영할 수 있으므로 예정가격작성에 적합한 방식이나 표준화된 공종 분류와 내역체계 아래 오랜 기간 동안 축적된 공사비 자료가 필요한 공사비 산정방식은?
[산업기사 13.03.10]

㉮ 실적공사비에 의한 방식
㉯ 원가계산에 의한 방식
㉰ 표준품셈에 의한 방식
㉱ 거래실례가격(시장단가)에 의한 방식

19 건축 부분의 재료 중 일반적인 추정 단위중량이 옳지 못한 것은? (단, 건설공사 표준품셈상의 자연상태이다.)
[산업기사 13.06.02]

㉮ 암석(화강암) : $2600 \sim 2700kg/m^3$
㉯ 자갈(건조) : $1600 \sim 1800kg/m^3$
㉰ 모래(습기) : $1700 \sim 1800kg/m^3$
㉱ 미송 : $1800 \sim 2400kg/m^3$

 • 미송 : $420 \sim 700kg/m^3$

20 공사용 재료의 경사면 소운반 거리 산정 시 수직높이 3m는 수평거리 얼마에 해당하는가? (단, 건설공사표준품셈을 기준으로 한다.)
[산업기사 13.09.28]

㉮ 15m ㉯ 18m
㉰ 21m ㉱ 24m

풀이 경사면 소운반거리는 직고 1m를 수평거리 6m로 계산한다.
$3 \times 6 = 18$

ANSWER 15 ㉱ 16 ㉱ 17 ㉮ 18 ㉮ 19 ㉱ 20 ㉯

Part 3 조경시공구조학

21 다음 재료 중 재료 할증률이 가장 작은 것은? [산업기사 13.09.28]

㉮ 원형철근 ㉯ 원석(마름돌용)
㉰ 블록 ㉱ 조경용 수목

㉮ 원형철근 : 5%
㉯ 원석(마름돌용) : 30%
㉰ 블록 : (경계블록 3%, 호안블록 5%, 시멘트블록 4%)
㉱ 조경용 수목 : 10%

22 리어카의 1회 운반량은 250kg이다. 콘크리트를 현장배합하기 위해 시멘트 $2m^3$를 동시에 운반할 때 리어카는 몇 대가 필요한가? (단, 시멘트의 단위중량은 1500kg/m^3이다.) [산업기사 13.09.28]

㉮ 6대 ㉯ 12대
㉰ 18대 ㉱ 24대

풀이 시멘트 중량 : $2m^3 \times 1500kg/m^3 = 3000kg$
$3000kg/250kg = 12$대

23 인력 터파기 표준품셈에 관한 설명으로 틀린 것은? [산업기사 14.03.02]

㉮ 터파기 깊이가 깊어질수록 품은 감소한다.
㉯ m^3당 보통 인부의 터파기 품이 설정되어 있다.
㉰ 협소한 독립기초의 터를 팔 때에는 품을 50%까지 가산할 수 있다.
㉱ 현장 내에서 소운반하여 깔고 고르는 잔토처리는 m^3 당 0.2인을 별도 계상한다.

풀이 터파기 깊이가 깊어질수록 품은 증가한다.

24 금액의 단위표준에 대한 다음 설명 중 옳은 것은? [산업기사 14.03.02]

㉮ 설계서의 소계는 10원까지로 한다.
㉯ 설계서의 금액란은 1000원까지로 한다.
㉰ 설계서의 총액은 1000원까지로 한다.
㉱ 일위대가표의 계금은 0.1원까지로 한다.

㉮ 설계서의 소계는 1원 미만은 버린다.
㉯ 설계서의 금액란은 1원 미만은 버린다
㉰ 설계서의 총액이 10,000원 이하의 공사는 100원 이하는 버린다. 즉 1000원까지로 한다.
㉱ 일위대가표의 계금은 1원 미만은 버린다.

25 다음 지형의 체적계산법 중 단면법에 의한 계산법으로서 비교적 가장 정확한 결과를 얻을 수 있는 것은? [산업기사 14.05.25]

㉮ 점고법
㉯ 중앙단면법
㉰ 양단면평균법
㉱ 각주공식에 의한 방법

풀이 • 각주공식 : 가장 실체적에 가까운 공식
양단면평균법(실체적보다 크다) 〉 각주공식(실체적) 〉 중앙단면적(실체적보다 작다)

ANSWER 21 ㉰ 22 ㉯ 23 ㉮ 24 ㉰ 25 ㉱

26 조경수목의 흉고직경 측정방식의 설명 중 괄호 안에 적합한 숫자는?

[산업기사 14.05.25]

> 「흉고직경(B)」은 지표면으로부터 1.2m 높이의 수간의 직경을 말한다. 단, 둘 이상으로 줄기가 갈라진 수목의 경우는 다음과 같이 한다(단위 : cm).
>
> (가) 각 수간의 흉고직경 합의 (　　)%가 그 수목의 최대 흉고직경보다 클 때는 흉고직경 합의 (　　)%를 흉고직경이라 한다.
>
> (나) 각 수간의 흉고직경 합의 (　　)%가 그 수목의 최대 흉고직경보다 작을 때는 최대 흉고직경을 그 수목의 흉고직경으로 한다.

㉮ 50　　㉯ 60

㉰ 70　　㉱ 80

조경공사 표준시방서 수목식재에 관한 내용으로 70%에 해당

27 공사발주자가 공사발주를 위한 예정가격을 책정하기 위한 것으로서 실시하는 공사비 산정의 일반과정으로 옳은 것은?

[산업기사 14.09.20]

> ㉠ 기획(안) 및 예산책정
> ㉡ 현장조사
> ㉢ 설계도서 작성·검토
> ㉣ 수량산출
> ㉤ 공사방법결정
> ㉥ 단위품셈결정
> ㉦ 단가결정
> ㉧ 일위대가표작성
> ㉨ 직접공사비 산정
> ㉩ 간접공사비 산정
> ㉪ 공사비집계·검토
> ㉫ 발주·시공

㉮ ㉠ → ㉡ → ㉢ → ㉣ → ㉤ → ㉥ → ㉦ → ㉧ → ㉨ → ㉩ → ㉪ → ㉫

㉯ ㉠ → ㉡ → ㉢ → ㉥ → ㉣ → ㉤ → ㉦ → ㉧ → ㉨ → ㉩ → ㉪ → ㉫

㉰ ㉠ → ㉡ → ㉢ → ㉣ → ㉤ → ㉥ → ㉦ → ㉧ → ㉩ → ㉨ → ㉪ → ㉫

㉱ ㉠ → ㉡ → ㉢ → ㉥ → ㉣ → ㉤ → ㉦ → ㉧ → ㉩ → ㉨ → ㉪ → ㉫

풀이 **발주자의 적산**

기획안 및 예산책정 → 현장조사 → 설계도서 작성·검토 → 수량산출 → 공사방법 결정 → 단위품셈 결정 → 단가결정 → 일위대가표 작성 → 직접공사비 산정 → 간접공사비 산정 → 공사비집계·검토 → 발주·시공

28 잣나무(H0.3×W1.5) 10주에 대한 식재비와 객토량을 산출하면 얼마인가? (단, 조경공사는 50,000원/인, 보통인부는 35,000원/인이다.)

[산업기사 14.09.20]

(단위 : 주당)

수고(m)	조경공(인)	보통인부(인)
1.0 이하	0.07	0.06
1.1 ~ 1.5	0.09	0.07
1.6 ~ 2.0	0.11	0.09
2.1 ~ 2.5	0.15	0.12
2.6 ~ 3.0	0.19	0.14
3.1 ~ 3.5	0.23	0.17
3.6 ~ 4.0	0.29	0.20
4.1 ~ 4.5	0.33	0.23
4.6 ~ 5.0	0.38	0.27

㉮ 식재비 : 14,400원,　객토량 : 1.89m^3

㉯ 식재비 : 144,000원,　객토량 : 1.89m^3

㉰ 식재비 : 14,400원,　객토량 : 2.41m^3

㉱ 식재비 : 144,000원,　객토량 : 2.41m^3

풀이 **잣나무 식재비(H2.6~3.0에 해당하는 수치 적용)**

- 식재비 : (0.19×50,000+0.14×35,000×10) = 144,000
- 객토량 : 0.189×10 = 1.89m^3

ANSWER

26 ㉰　27 ㉮　28 ㉯

기본구조 역학

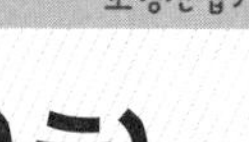

1 구조설계의 개념과 과정, 힘과 모멘트

1 구조계산의 과정

① 하중산정 : 중력하중, 풍하중, 지진하중, 적재하중, 시공하중
② 반력산정
③ 외응력산정 : 곡모멘트, 전단력, 축력
④ 내응력산정
⑤ 내응력과 재료의 허용강도 비교

2 구조 용어

① 힘(force) : 힘의 3요소(작용점, 방위와 방향, 크기)

$\overline{OA}$는 힘의 크기
→는 힘의 방향, OA는 힘의 방위
상향 +, 하향 −

② 모멘트(moment) : 힘의 한 점에 대한 회전능률

M = pa 시계방향 +, 반시계방향 −	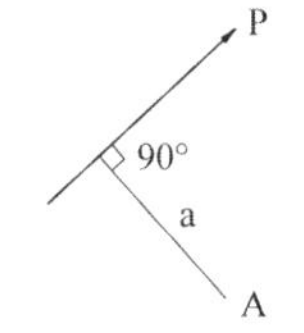	M : 모멘트(kg · cm/t · m) p : 힘의 크기 a : 힘까지의 거리(모멘트팔) A : 모멘트의 중심

③ 우력(couple force) : 방향과 작용점만 다르고 힘의 크기와 방위가 같을 경우

$M = Px_1+P(a-x_1) = Pa$ (O_1처럼 모멘트중심이 우력 사이에 있을 때) $M = Px_2-P(x_2-a) = Pa$ (O_2처럼 모멘트중심이 우력 바깥에 있을 때)	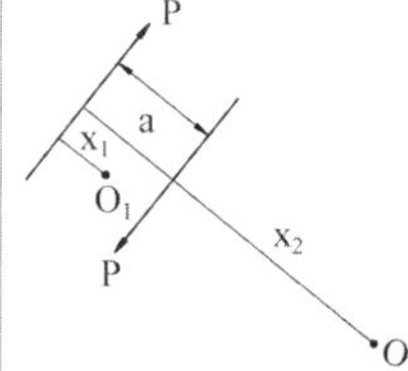	M : 우력의 모멘트 P : 힘의 크기 a : 우력 사이의 거리(우력의 팔) x_1, x_2 : 모멘트중심까지의 거리

④ 합력과 분력(resultant and component)

㉠ 합력 : 물체에 작용하는 여러 개의 힘을 한 개의 힘으로 합성하였을 때 그 힘의 물체 전체에 대한 역학적 효과가 힘의 합성 전과 동일하고 한 개로 대치된 힘을 여러 개의 힘에 대한 합력이라고 함

㉡ 분력 : 물체에 작용하는 한 개의 힘을 물체 전체의 역학적 효과에 아무런 변동도 주지 않는 여러 개의 힘으로 분해할 때 이 분해된 여러 개의 힘들을 주어진 한 개에 대한 분력이라 함

⑤ 반력(reaction)

㉠ 구조물에 하중이 작용하면 그 지점에 반력이 발생한다.

㉡ 구조물의 외력은 하중 + 외력인 전외력이다.

㉢ 구조물에서 생기는 반력 : 수평반력, 수직반력, 모멘트반력

2 구조물

1 하중의 종류

① **이동하중** : 구조물 위를 이동하는 하중. 구조물에 대한 영향은 시시각각으로 변한다.

② **고정하중** : 구조물 자신의 무게. 구조물 위에 정지된 물품의 무게(정하중, 사하중)

③ **집중하중** : 하중이 한 점에 집중하여 작용 예 자동차의 차륜

④ **분포하중** : 일정 면적, 길이에 동일한 세력으로 분포(등분포하중)

2 하중의 계산

① **적재하중(활하중)** : 역학적 효과가 동등하다고 인정되는 바닥면당 등분포하중으로 환산하여 계산을 진행

② **설하중(snow load)** : 눈의 단위중량으로 내린 직후 $2kg/m^2$, 경과된 후 $3kg/m^2$. 수평면보다 경사면의 설하중이 더 가벼우며 산간지방은 장기하중, 온난지방은 단기하중

③ **풍하중(wind load)** : 우리나라 최대풍속 50m/sec, 바람의 속도압 $150kgm^2$

④ **고정하중(dead load)** : 보, 주, 지붕률과 같은 구조체 자체 무게로 구조체 체적에 재료의 단위용적을 곱한다.

3 지점과 반력

① **지점** : 구조물에 하중이 작용할 때 구조물이 정지상태에 있기 위해 구조물을 지지하기 위한 곳

㉠ 이동지점(roller) : 지단에 직교하는 방향으로만 부재의 운동이 구속되어 이동 및 회전이 가능하기에 수직반력만 발생함

㉡ 회전지점(hinge) : 돌쩌귀, 정착볼트처럼 회전은 가능하지만 이동이 안 되기에 수평반력, 수직반력 두 가지가 발생한다.

㉢ 고정지점(fixed) : 부재가 다른 벽 등에 단단히 고정되어 있기에 이동, 회전 모두 할 수 없어 수평반력, 수직반력, 회전반력 세 가지가 발생한다.

② **반력** : 각 지점에는 하중과 평형을 유지하기 위해 반력이 발생한다.

4 구조물의 정지조건

① 구조물에 작용하는 외력과 내력이 균형을 이루면 구조물은 안전하게 정지한다.

② 각 힘의 수평분력의 합, 수직분력의 합, 모멘트의 합이 모두 0이 되어야 한다.

5 구조물의 역학적 분류

① **정정구조물** : 안정된 구조물 중 힘의 균형이 3개의 정지조건식을 이용해 구할 수 있는 총 반력수가 수평, 수직, 회전반력 3개인 구조물

② **부정정구조물** : 구조물 총 반력수가 3개보다 많아 탄성이론, 기타 특수이론에 의해 더 많은 조건식들이 필요한 구조물

CHAPTER 05 기본구조 역학

실전연습문제

01 보(beam)의 구조에 대한 내용 중 한쪽 단은 고정되고 다른 한쪽 단은 지지점이 없는 보의 형태는? [산업기사 11.03.02]

㉮ 단순보 ㉯ 캔틸레버보
㉰ 내민보 ㉱ 고정보

풀이

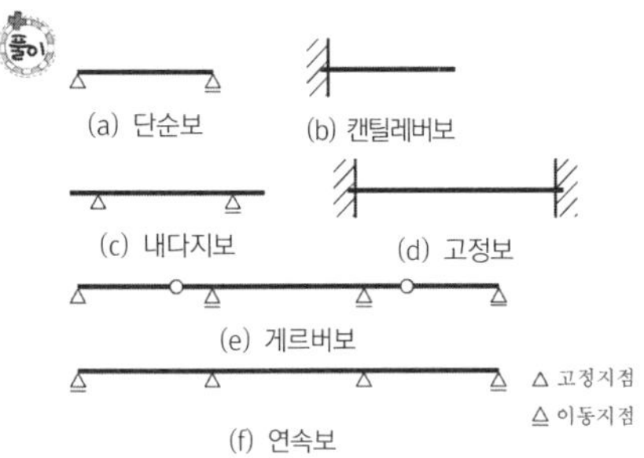

02 구조물에 하중이 작용하면 각 지점(支點)에 생기는 힘을 무엇이라 하는가? [산업기사 12.03.04]

㉮ 반력(反力) ㉯ 합력(合力)
㉰ 분력(分力) ㉱ 우력(偶力)

03 힘과 모멘트에 관한 설명 중 옳지 않은 것은? [산업기사 12.09.15]

㉮ 모멘트는 거리에 반비례한다.
㉯ 힘의 1점에 대한 회전 능률을 모멘트라 부른다.
㉰ 힘은 작용점, 방향, 크기로 나타낸다.
㉱ 크기가 같고 작용선이 평행하며, 방향이 반대인 한 쌍의 힘을 우력이라 한다.

풀이 모멘트는 거리에 비례한다.

04 다음 그림과 같은 힘의 O점에 대한 모멘트의 크기는? [산업기사 13.03.10]

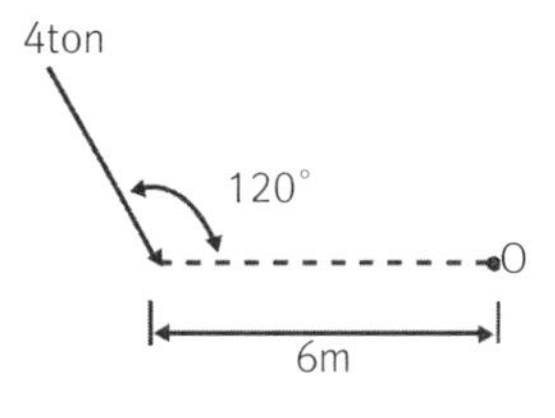

㉮ -24t·m ㉯ -12t·m
㉰ -8t·m ㉱ -4t·m

05 지점과 반력에 대한 설명 중 옳지 않은 것은? [산업기사 13.06.02]

㉮ 구조물의 반력은 수평반력·수직반력·모멘트 반력의 3가지가 있다.
㉯ 지점은 부재의 운동상태에 따른 반력의 생성상태에 따라 이동지점, 회전지점, 고정지점으로 나뉜다.
㉰ 회전지점에 발생되는 반력은 수평반력과 수직반력이다.
㉱ 이동지점에는 수직반력과 모멘트 반력이 발생한다.

풀이
- 이동지점 : 수직반력이 발생.
- 회전지점 : 수직반력, 수평반력
- 고정지점 : 수직반력, 수평반력, 모멘트반력

ANSWER 01 ㉯ 02 ㉮ 03 ㉮ 04 ㉯ 05 ㉱

Part 3 조경시공구조학

06 하중에 대한 설명으로 옳지 않은 것은?

[산업기사 14.03.02]

㉮ 하중은 이동여부에 따라 고정하중과 활하중으로 나뉜다.

㉯ 하중은 작용면적의 대소에 따라 집중하중과 순간하중으로 나뉜다.

㉰ 하중은 작용시간에 따라 장기하중과 단기하중으로 나뉜다.

㉱ 고정하중은 정하중 또는 사하중이라고도 한다.

풀이 하중은 작용면적의 대소에 따라 집중하중과 분포하중으로 나뉜다.

07 구조계산은 구조물에 작용하는 모든 외력들이 구조물상에 어떻게 분포되는가를 조사하는 이른바 외응력(External Stress)에 관한 계산을 하는 것이다. 이때 구조물에 생기는 외응력이 아닌 것은?

[산업기사 14.09.20]

㉮ 합력(Resultant Force)

㉯ 휨 모멘트(Bending Moment)

㉰ 축 방향성(Axial Force)

㉱ 비틀림 모멘트(Twisting Moment)

풀이 **외응력의 종**

곡모멘트(휨모멘트), 전단력, 축력(축방향성), 열모멘트, 비틀림 모멘트

ANSWER 06 ㉯ 07 ㉮

3 부재의 선택과 크기결정

① 단순보(simple beam) : 한 개의 보가 양단에 지지되어 그 일단이 회전지점이고 타단이 가동지점으로 지지하여 있는 것

② 캔틸레버보 : 한 단이 고정지점, 타단은 자유인 상태

③ 내다지보 : 지점의 구조는 단순보와 같으나 보의 한 단 또는 양 단의 지점에서 바깥쪽으로 내다지 되어 있는 것

④ 고정보 : 보의 양단을 메워넣고 고정한 것

⑤ 게르버보 : 보를 3개 이상의 지점으로 지지. 단순보와 내다지보를 조합한 것

⑥ 연속보 : 한 개의 보를 3개 이상으로 지지

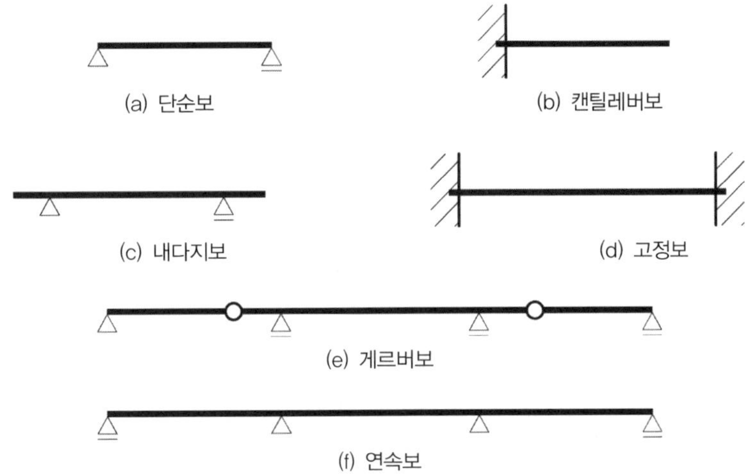

2 외응력

① 종류(외응력은 곡모멘트, 전단력, 축력, 열모멘트로 구성)

㉠ 곡(휨)모멘트(bending moment) : 구조물에 작용하는 외력들이 구조물상의 한 점을 회전하려고 하는 회전 능률

㉡ 전단력(shear) : 부재를 전단하려고 하는 외력의 세력

㉢ 축력(axial force) : 구조물상의 한 점에서 부재를 축 방향으로 압축, 인장하려고 하는 외력의 세력. 압축일 때 -, 인장일 때 +

㉣ 열모멘트(twisting moment) : 부재의 축선에서 이탈하여 축과 직교하는 하중

외응력	단면의 좌측을 생각할 때 부호	단면의 우측을 생각할 때 부호
축력방향	인장 +	인장 +
	압축 -	압축 -
전단력	상향 +	상향 -
	하향 -	하향 +
곡(휨)모멘트	상향(시계방향) +	상향(반시계방향) +
	하향(반시계방향) -	하향(시계방향) -

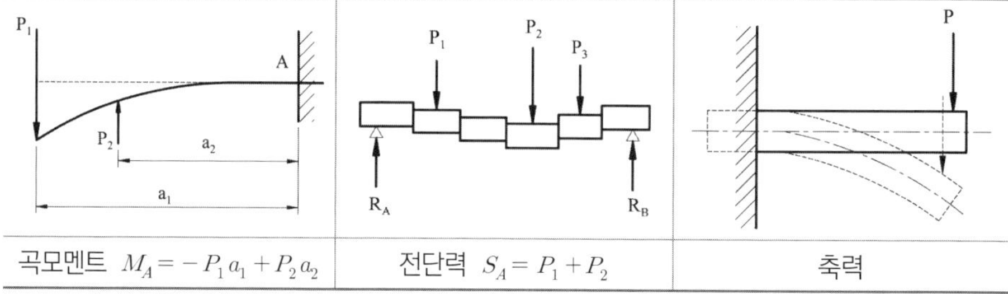

곡모멘트 $M_A = -P_1 a_1 + P_2 a_2$	전단력 $S_A = P_1 + P_2$	축력

② 외응력 산정

㉠ 1개의 집중하중이 작용하는 단순보

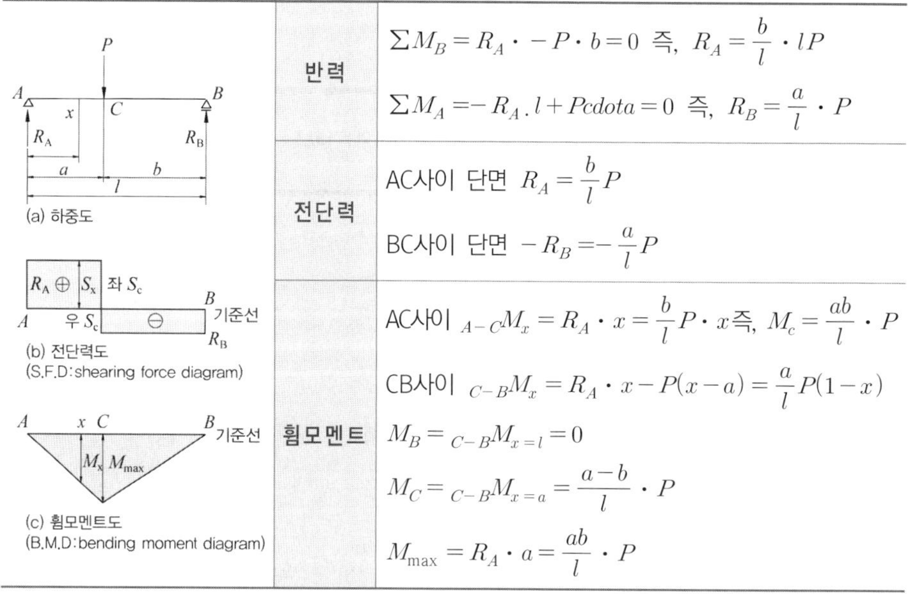

반력	$\Sigma M_B = R_A \cdot - P \cdot b = 0$ 즉, $R_A = \frac{b}{l} \cdot lP$ $\Sigma M_A = -R_A . l + Pcdota = 0$ 즉, $R_B = \frac{a}{l} \cdot P$
전단력	AC사이 단면 $R_A = \frac{b}{l}P$ BC사이 단면 $-R_B = -\frac{a}{l}P$
휨모멘트	AC사이 $_{A-C}M_x = R_A \cdot x = \frac{b}{l}P \cdot x$즉, $M_c = \frac{ab}{l} \cdot P$ CB사이 $_{C-B}M_x = R_A \cdot x - P(x-a) = \frac{a}{l}P(1-x)$ $M_B = {}_{C-B}M_{x=l} = 0$ $M_C = {}_{C-B}M_{x=a} = \frac{a-b}{l} \cdot P$ $M_{max} = R_A \cdot a = \frac{ab}{l} \cdot P$

✔ 연습문제

$P=1.2t$, A, B, C, $a=4m$, $b=2m$, $l=6m$, R_A, R_B

(a) 하중도

0.4t ⊕, ⊖ 0.8t

(b) S.F.D

⊕1.6t·m

(c) B.M.D

반력	$R_A=\frac{b}{l}P=\frac{1.2\times 2}{6}0.4t$ $R_B=\frac{a}{l}P=\frac{1.2\times 4}{6}=0.8t$ 검산 : $R_A+R_B-P=0.4+0.8-1.2=0$
전단력	${}_{A-C}S=R_A=0.4t$ ${}_{C-B}S=-R_B=-0.8t$
휨모멘트	$M_A=0,\ M_B=0$ $M_C=M_{\max}=R_A a=0.4\times 4=1.6\text{t}\cdot\text{m}$

㉡ 등분포하중이 보 전체에 작용하는 단순보

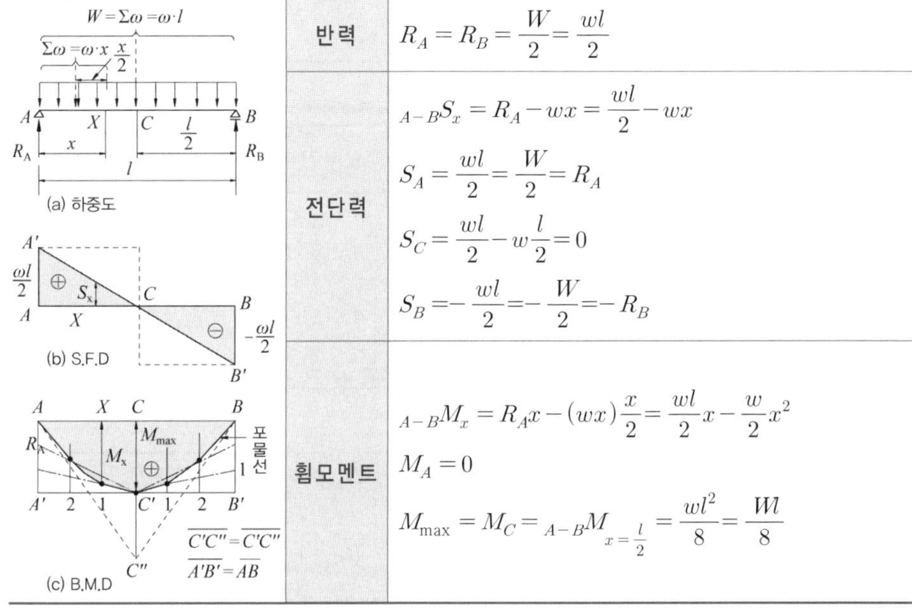

(a) 하중도

(b) S.F.D

(c) B.M.D

반력	$R_A=R_B=\frac{W}{2}=\frac{wl}{2}$
전단력	${}_{A-B}S_x=R_A-wx=\frac{wl}{2}-wx$ $S_A=\frac{wl}{2}=\frac{W}{2}=R_A$ $S_C=\frac{wl}{2}-w\frac{l}{2}=0$ $S_B=-\frac{wl}{2}=-\frac{W}{2}=-R_B$
휨모멘트	${}_{A-B}M_x=R_Ax-(wx)\frac{x}{2}=\frac{wl}{2}x-\frac{w}{2}x^2$ $M_A=0$ $M_{\max}=M_C={}_{A-B}M_{x=\frac{l}{2}}=\frac{wl^2}{8}=\frac{Wl}{8}$

✔ 연습문제

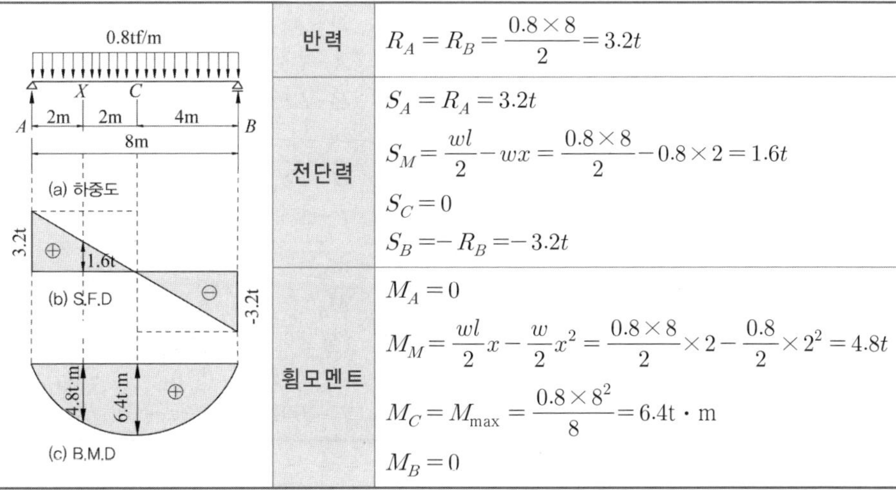

(a) 하중도

(b) S.F.D

(c) B.M.D

반력	$R_A=R_B=\frac{0.8\times 8}{2}=3.2t$
전단력	$S_A=R_A=3.2t$ $S_M=\frac{wl}{2}-wx=\frac{0.8\times 8}{2}-0.8\times 2=1.6t$ $S_C=0$ $S_B=-R_B=-3.2t$
휨모멘트	$M_A=0$ $M_M=\frac{wl}{2}x-\frac{w}{2}x^2=\frac{0.8\times 8}{2}\times 2-\frac{0.8}{2}\times 2^2=4.8t$ $M_C=M_{\max}=\frac{0.8\times 8^2}{8}=6.4\text{t}\cdot\text{m}$ $M_B=0$

ⓒ 집중하중이 작용하는 캔틸레버보

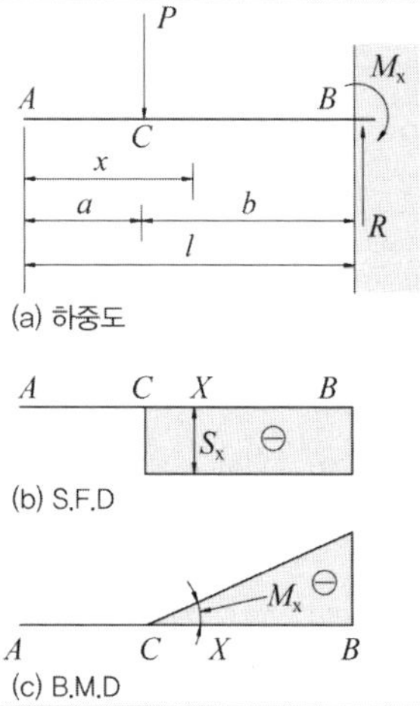

(a) 하중도 (b) S.F.D (c) B.M.D

반력	$\sum Py = R - P = 0 \therefore R = P = \lvert S_B \rvert$ $\sum M_B = -Pb + M_r = 0 \therefore M_r = Pb = \lvert M_B \rvert$
전단력	$0 < x < a \quad {}_{A-C}S_x = 0 \quad \therefore S_A = 좌S_C = 0$ $a < x < 1 \quad {}_{C-B}Sx = -P \quad \therefore 우S_C = S_B = -P$
휨모멘트	힘의 평행조건식에 의해 $0 < x < a \quad {}_{A-C}Mx = 0 \quad \therefore M_A = M_C = 0$ $a < x < 1 \quad {}_{C-B}M_x = -P(x-a)$ $\therefore M_C = {}_{C-B}M_{x=a} = -P(a-a) = 0$ $M_B = {}_{C-B}M_{x=l} = -P(l-a) = -Pb$

ⓔ 간접하중을 받는 단순보

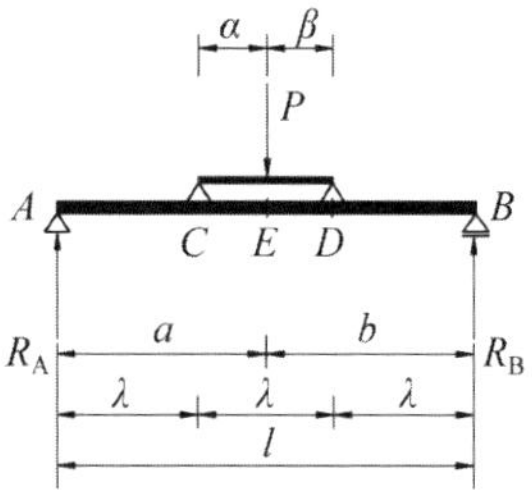 반력	$R = P = \lvert SB \rvert Mr = Pb = \lvert MB \rvert$
전단력	$o < \chi < aS_A = 좌S_C = 0$ $o < \chi < \ell S_A = 우S_C = -P$
휨모멘트	$o < \chi < aM_A = M_C = 0$ $o < \chi < \ell M_B = -pb$

ⓜ 집중하중을 받는 내다지보

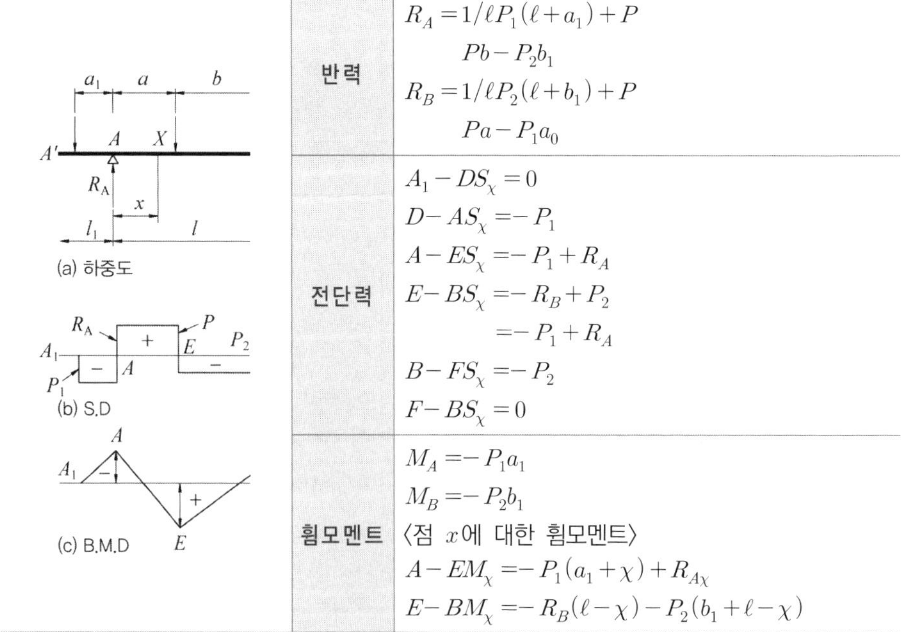

(a) 하중도 (b) S.D (c) B.M.D

반력	$R_A = 1/\ell P_1(\ell + a_1) + P$ $Pb - P_2 b_1$ $R_B = 1/\ell P_2(\ell + b_1) + P$ $Pa - P_1 a_0$
전단력	$A_1 - DS_\chi = 0$ $D - AS_\chi = -P_1$ $A - ES_\chi = -P_1 + R_A$ $E - BS_\chi = -R_B + P_2$ $= -P_1 + R_A$ $B - FS_\chi = -P_2$ $F - BS_\chi = 0$
휨모멘트	$M_A = -P_1 a_1$ $M_B = -P_2 b_1$ 〈점 x에 대한 휨모멘트〉 $A - EM_\chi = -P_1(a_1 + \chi) + R_{A\chi}$ $E - BM_\chi = -R_B(\ell - \chi) - P_2(b_1 + \ell - \chi)$

3 내응력

① **정의** : 외력에 의해 구조물의 단면 내에 생기며, 직접적으로 구조물의 각 부분에 작용하는 외응력에 따라 단면 내에 유발되는 힘

② **특성** : 내응력의 합은 외응력의 크기와 같다.

③ **종류**

㉠ 곡응력 : 보에 작용하는 외력들이 축에 직교하고 단면의 대칭축 내에 있을 때 보에 생기는 곡모멘트는 대칭 곡모멘트인데 이로 인해 보의 단면 내 생기는 곡응력을 말함

㉡ 단면성질계수

ⓐ 정의 : 구조부재 내에 생기는 내응력의 값을 구하는 계산요소

ⓑ 종류

- 단면 1차 모멘트(cm^3) : 단면중심을 구할 때 면적에 길이를 곱한 것
- 단면 2차 모멘트(cm^4) : 응력산정에 많이 사용하며 면적에 거리제곱을 곱한 것

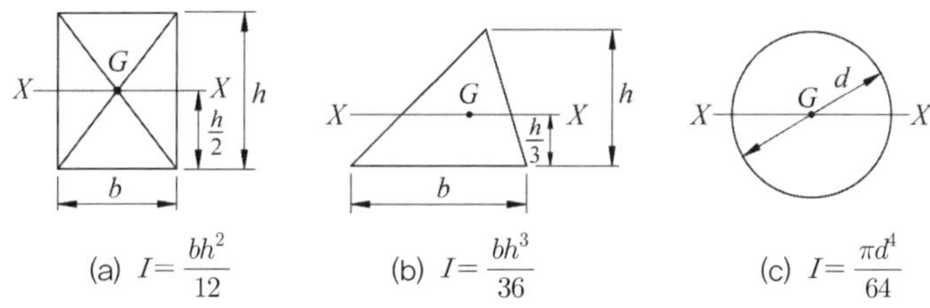

(a) $I=\frac{bh^2}{12}$ (b) $I=\frac{bh^3}{36}$ (c) $I=\frac{\pi d^4}{64}$

- 단면극 2차 모멘트(cm^4) : 응력산정에 사용하며 면적에 길이제곱을 곱한 것
- 단면상호 모멘트 : 측심응력, 비대칭곡선에 의한 곡응력 계산 시에 사용
- 단면 2차반경(cm) : 장주설계식에 사용

㉢ 전단응력

ⓐ 축에 직교방향으로 직교하려는 성질

ⓑ 축직교 하중에 의해 부재 내에 수직, 수평방향의 전단응력이 동시에 발생

㉣ 비트는 응력 : 축에 수직압력으로 꼬이는 현상으로 전단응력의 일종

㉤ 편심응력 : 단면상에서 편심축력이 작용하는 점이 부재단면의 대칭축상에 있지 않을 때나, 대칭축이 없는 단면에 편심축력이 작용할 때 부재 단면 내에 생기는 응력과 같은 것

㉥ 장주응력

ⓐ 장주 : 축력에 의한 평균축 응력이 재료의 탄성한계 이내에서 벌써 좌굴현상이 나타나는 주

ⓑ 장주응력 : 편심응력과 같으며 실용 구조 계산에서 장주 설계 시 장주단면 내 응력 분산 조사하는 일은 없고, 그 평균 축응력을 기준해 설계를 진행함

4 보의 설계과정

① 작용하는 최대 휨모멘트 M_{max}와 최대 전단력 S_{max}를 구한다.

② 최대 휨모멘트 M_{max}에 대해서 필요한 단면계수 Z_r을 다음과 같이 산출한다.

$$\sigma = \frac{M}{Z_r} \qquad Z_r \geq \frac{M_{max}}{\sigma_a}$$

③ 이 단면계수 Z_r에서 크고 가까운 단면계수를 가진 단면을 가정한다.

④ 전단응력에 대해서 안전한지의 여부를 검토한다. $r_{max} \leqq r_a$

⑤ 가정단면의 검산을 한다.(최대휨응력이 허용응력 이하인지, 단면이 견딜 수 있는 최대 휨모멘트가 보에 작용하는 최대휨모멘트 이상인지 검산)

⑥ 추가로 부재의 허용가능처짐률이 실제처짐률보다 높게 조정한다.

5 장·단주 설계

① 단주

도심에 축방향 압축력이 작용하는 단주	압축응력 $\sigma_c = -\frac{P}{A}$ P : 외력, A : 단면적
편심하중이 작용하는 단주	압축응력 $\sigma_c = -\frac{P}{A}$ 휨모멘트에 의한 응력 $\sigma = \pm\frac{M}{Z}$

② **장주** : 장주의 좌굴현상은 기둥의 세장비와 양 끝의 지지상태에 따른 좌굴의 길이에 따라 달라진다.

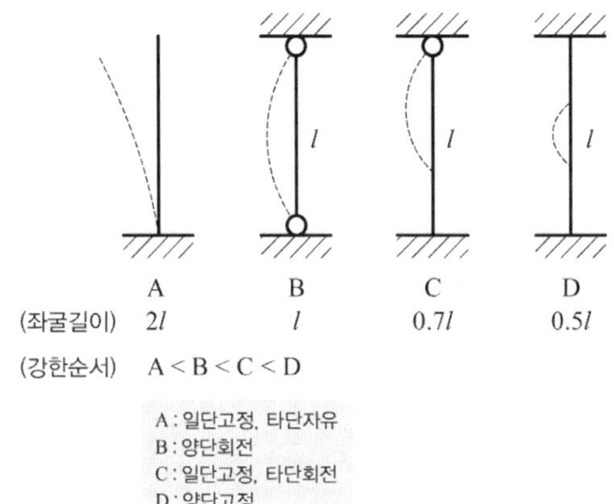

6 담장의 구조설계

(1) 담장

① 담장 붕괴의 원인

㉠ 기초파괴, 전도 : 재료의 허용인장응력을 초과하는 기초에 작용하는 최대편심하중에 기인한 것으로 가장 고려해야 함

㉡ 전도에 의한 파괴 : 풍압이나 외압에 의해 넘어 지려는 성질이 저항하려는 모멘트보다 클 때 파괴

㉢ 기초의 부동침하 : 상부구조에 일종의 강제 변형을 주는 것이기에 구조물에 인장응력, 압축응력이 생김

㉣ 균열 : 인장응력에 직각방향으로 침하가 적은 부분에서 많은 부분에 빗방향으로 발생

② 편심응력의 산정

㉠ Middle third 원칙

ⓐ 응력이 작용한 단면을 세 부분으로 나눌 때 중앙부에 작용해야 안전하다는 원칙

ⓑ 모든 외력과 응력이 압축력이고, 구조물의 합력이 기초의 middle third에서 작용하는 것을 의미함

㉡ 편심하중

ⓐ 기초의 중심에서 편심거리 e만큼 움직였을 때 작용하는 하중

ⓑ 편심축력 P가 작용할 때 중심점 O를 중심으로 수직방향으로 d/3지점이 middle third

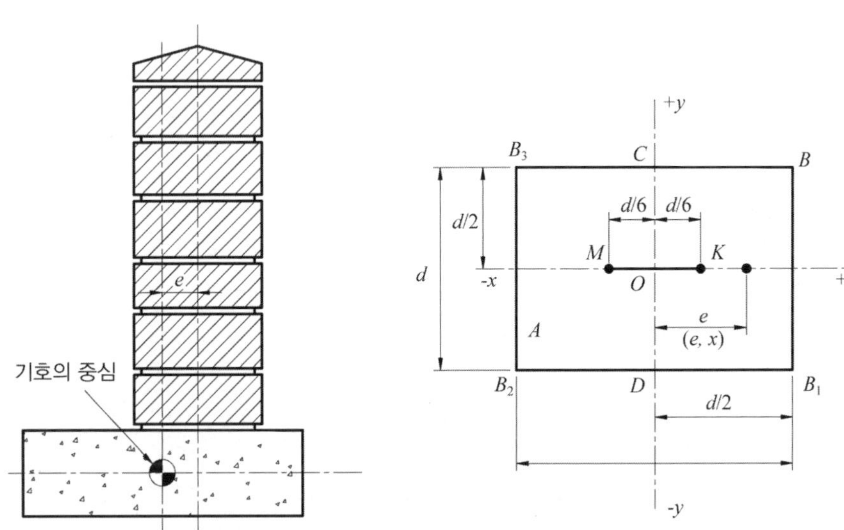

Part 3 조경시공구조학

③ 전도모멘트(overtuning)와 저항모멘트(resisting moments)

㉠ 담장 : 바람에 의한 전도모멘트를 고려해야 하며 저항모멘트 〉 전도모멘트 되어야 안전

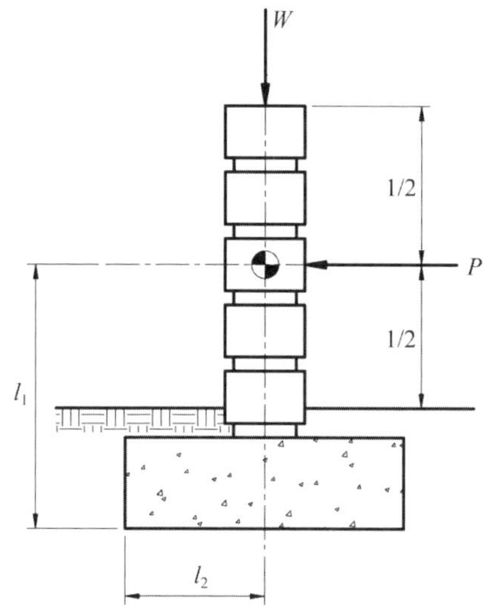

M_r(저항모멘트) = wl_2
M_o(저항모멘트) = Pl_1
∴ $M_r 〉 M_o$ 되어야 안전

㉡ 울타리

ⓐ 풍하중에 대한 안정은 말뚝의 깊이와 토양의 성질에 따른다.

ⓑ 말뚝 깊이 : 속도압 145kg/m^{2}까지는 울타리 높이의 1/3
속도압 145kg/m^2 이상일 때는 높이의 1/2이 지하에 묻혀야 함

④ 담장의 측지

㉠ 측지 : 조적식 담장일 경우 안정을 유지하기 위해 중간중간에 세우는 벽기둥

㉡ 측지 사이의 최대 허용거리 : 속도압에 따라 기둥 사이의 거리와 담장의 폭의 비로 결정

예 속도압 195kg/m^2 되는 곳에 1.0B벽돌 담장을 쌓을 경우
L/T = 12(아래표), 벽돌담장의 폭(T) = 21cm(기존형벽돌 1.0B이기에). 따라서 L = 2.52m 즉 2.52m마다 측지를 세우는 것이 좋다.

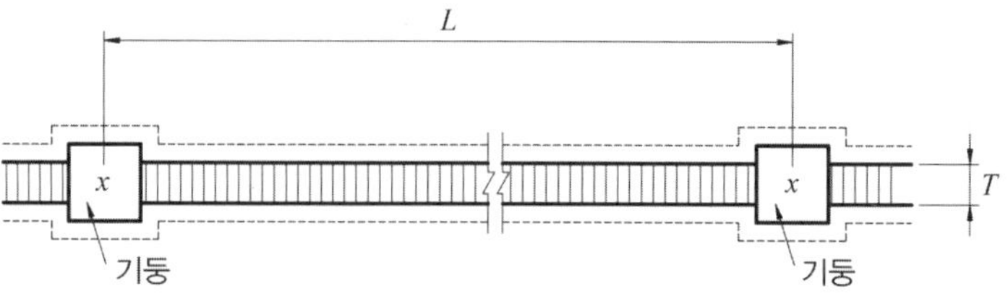

속도압		최대비율 (L/T)
Lb/ft²	kg/m²	
5	24	35
10	49	25
15	73	20
20	98	18
25	122	16
30	147	14
35	171	13
40	195	12

7 데크의 구조설계

① **설계하중계산** : 데크의 모양에 따라 나누어 각 면적에 하중을 곱하여 전체하중 산출

② **각 구조요소에 전달되는 하중과 다이어그램 계산** : 각 보의 지지면적에 대한 보에 작용하는 하중도를 계산한다.

③ **구조재 단면의 결정** : 반력, 최대전단력, 최대휨모멘트를 산출하여 최댓값보다 낮아서 안전한지 검증한다.

8 옹벽의 안전성 검토

① 옹벽의 안정조건

㉠ 활동에 대한 저항력 : 수평력의 1.5배 이상

㉡ 저항력 : 옹벽 뒤의 토압에 대한 회전력의 2배 이상

㉢ 옹벽이 지반을 누르는 힘보다 지지력이 커서 부동침하에 대한 안정성이 있어야 함

㉣ 옹벽재료가 외력보다 강한 재료로 구성되어야 함

② 옹벽에 작용하는 토압

㉠ 정의 : 지형 내부에서 생기는 응력과 흙과 구조물 사이의 접촉면에서 생기는 모든 힘으로 토양의 무게, 옹벽의 배면경사, 표토의 습윤상태, 휴식각에 의해 변함

㉡ 종류

ⓐ 주동토압 : 압력으로 회전하거나 왼쪽으로 약간 이동 → 배토 증가 → 파괴

ⓑ 수동토압 : 옹벽을 배면 쪽으로 밀면 배토의 압축이 커져서 파괴될 때의 압력

ⓒ 정지토압 : 주동·수동토압이 평행을 이룰 때

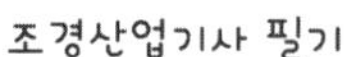

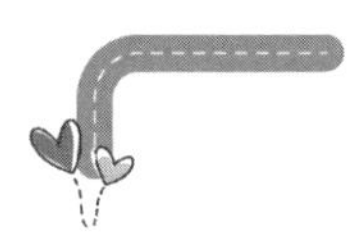

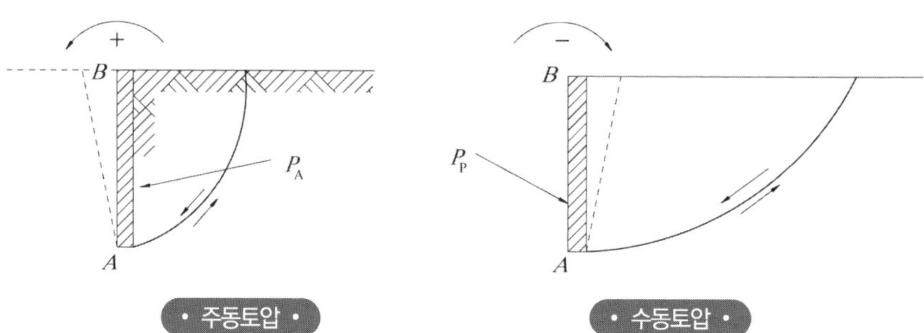

• 주동토압 • • 수동토압 •

㉢ 활동에 대한 안정성 : $P < W \cdot u$

(P : 토압의 합계, W : 옹벽과 저판 위에 있는 흙의 중량의 합계, u : 마찰계수)

㉣ 배토

ⓐ 배토 : 흙의 휴식각 외부에 옹벽과 접하는 토양

ⓑ 휴식각 : 흙을 높이 쌓아두면 미끄러져 내려와 안정되는 경사면의 각도

ⓒ 토압 작용점

- 배토의 지표면이 옹벽과 평행할 경우 : 수평하중은 옹벽 높이의 1/3지점에서 작용
- 배토의 지표면이 경사진 경우 : 경사진 지표면에 평행하게 옹벽 높이 1/3지점에서 하중이 작용

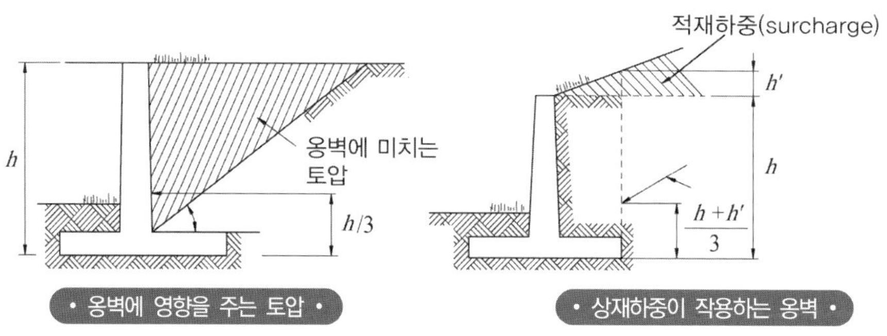

• 옹벽에 영향을 주는 토압 • • 상재하중이 작용하는 옹벽 •

㉤ 옹벽에 작용하는 토압 구하는 공식

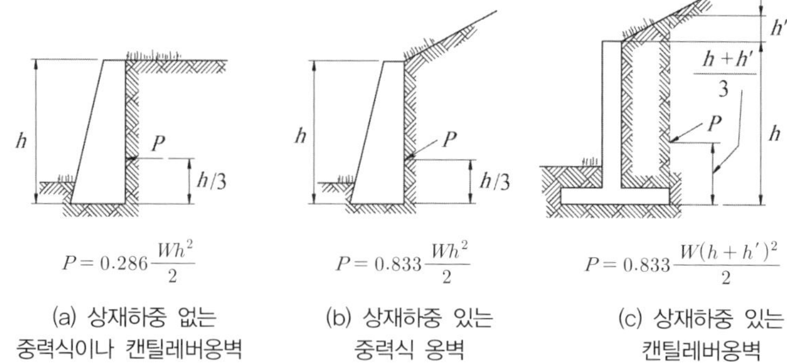

$P = 0.286\dfrac{Wh^2}{2}$ (a) 상재하중 없는 중력식이나 캔틸레버옹벽

$P = 0.833\dfrac{Wh^2}{2}$ (b) 상재하중 있는 중력식 옹벽

$P = 0.833\dfrac{W(h+h')^2}{2}$ (c) 상재하중 있는 캔틸레버옹벽

CHAPTER 05 기본구조 역학

실전연습문제

Part 3 조경시공구조학

01 어느 옹벽의 전도력은 2000kg·m이고 전도저항력은 5000kg·m이다. 이때 전도의 안전계수는 얼마인가?

[산업기사 11.06.12]

㉮ 0.4　㉯ 1.5
㉰ 2.0　㉱ 2.5

$\frac{5000}{2000} = 2.5$

02 바람의 속도압이 171kgf/m^2 되는 곳에 표준형 벽돌 1.0B로 담장을 설치하려 한다. 담장의 측지 사이 거리(L)와 담장의 폭(T)의 최대비가 13일 때 측지의 간격은 얼마인가? [산업기사 11.10.02]

㉮ 2.28m　㉯ 2.47m
㉰ 2.52m　㉱ 2.73m

L/T = 13(L : 측지의 간격, T : 벽돌담장폭)
즉, T는 표준형벽돌이므로 19cm
따라서 L/0.19(m) = 13
L = 2.47(m)

03 다음 그림과 같이 양단이 회전단인 부재의 좌굴축에 대한 세장비는? (단, 기둥의 길이는 6.6m이고, 단면은 30×50cm이다.)

[산업기사 11.10.02]

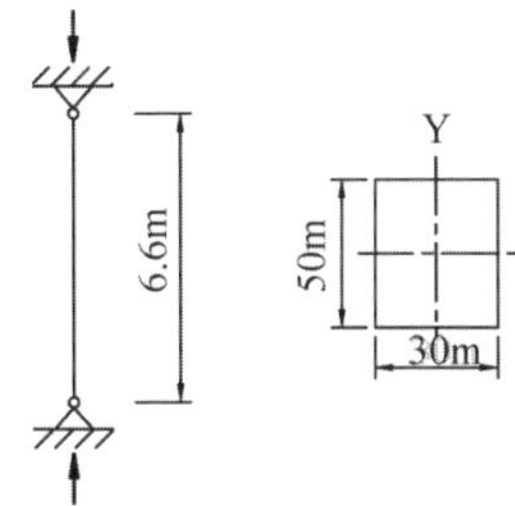

㉮ 76.21　㉯ 84.28
㉰ 94.64　㉱ 103.77

세장비 $\lambda = \frac{\ell(\text{기둥의 길이})}{r\min(\text{최소회전반경})} = \frac{\ell}{\sqrt{\frac{I}{A}}}$

① ℓ : 유효길이(기둥의 길이)
② A = bh = 0.3×0.5 = 1.5
③ I(사각형일 경우) $= \frac{bh^3}{12} = \frac{1}{12} \times 0.5 \times 0.3^3$

즉, $\lambda = \frac{6.6}{\sqrt{\frac{\frac{1}{12} \times 0.5 \times 0.3^3}{0.3 \times 0.5}}} = 76.21$

ANSWER 01 ㉱ 02 ㉯ 03 ㉮

04 다음 그림과 같이 하중을 받고 있는 보에서 지점 B의 반력이 3W라면 하중 3W의 재하 위치 x는 얼마인가?

[산업기사 11.10.02]

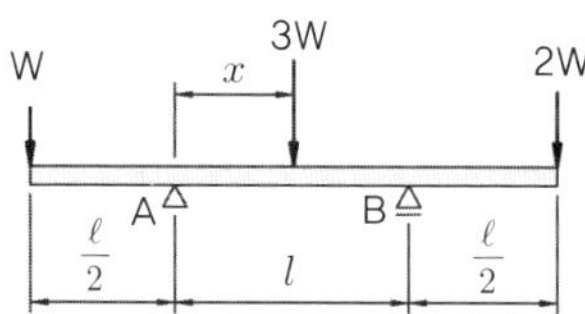

㉮ $\frac{l}{2}$ ㉯ $\frac{l}{4}$

㉰ $\frac{l}{6}$ ㉱ $\frac{l}{8}$

$\Sigma M_A = 0$

$w \times \frac{\ell}{2} - 3w \times x + 3w \times \ell - 2w \times \frac{3\ell}{2} = 0$

$3wx = 3w\ell + \frac{w\ell}{2} - 3w\ell$

$x = \frac{\ell}{6}$

05 콘크리트 옹벽의 활동에 대한 안정조건은 토질의 종류에 따라 마찰계수 값이 다르게 적용된다. 이와 관련하여 콘크리트에 대한 자갈의 마찰계수 값으로 옳은 것은?

[산업기사 12.03.04]

㉮ 0.20 ㉯ 0.40
㉰ 0.50 ㉱ 0.90

06 그림과 같은 내민보에서 20kN과 40kN의 집중하중이 작용한다. 단면 m-m에서의 전단력의 크기는 몇 kN인가?

[산업기사 12.05.20]

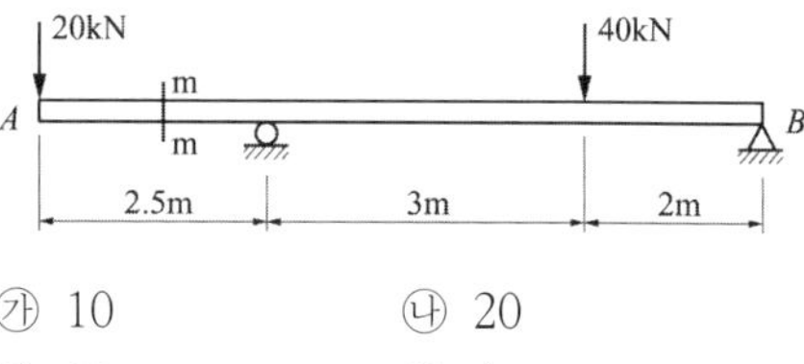

㉮ 10 ㉯ 20
㉰ 30 ㉱ 40

전단력 Vmm+20 = 0
따라서 전단력 Vmm = −20kN(↓)

07 옹벽 등 구조물의 뒤채움 재료에 대한 조건으로 틀린 것은? [산업기사 12.05.20]

㉮ 다짐이 양호해야 한다.
㉯ 압축성이 좋아야 한다.
㉰ 투수성이 있어야 한다.
㉱ 물의 침입에 의한 강도 저하가 적어야 한다.

08 그림과 같은 보에서 점B에서 반력의 크기는 몇 kN인가? [산업기사 12.09.15]

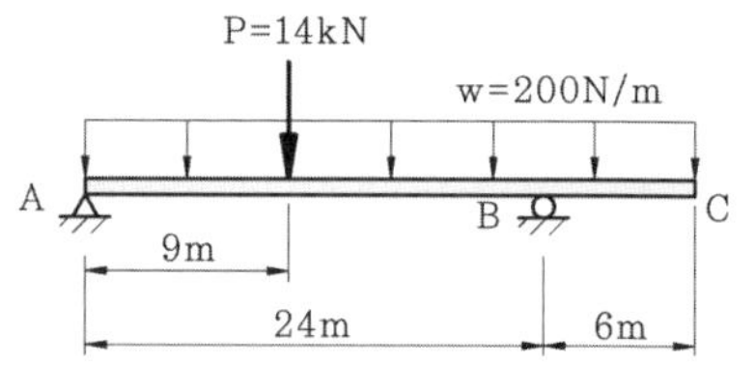

㉮ 7 ㉯ 9
㉰ 11 ㉱ 13

$\Sigma M_A = 0$

$R_B \times 24m - 14kN \times 9m - 0.2kN/m \times 30m \times 15m = 0$

$R_B = 9kN$

ANSWER 04 ㉰ 05 ㉰ 06 ㉯ 07 ㉯ 08 ㉯

09 그림과 같은 외팔보에 등분포하중이 작용하고 있다. 보에서 발생되는 최대 굽힘 모멘트의 크기는 몇 N·m인가?

[산업기사 13.03.10]

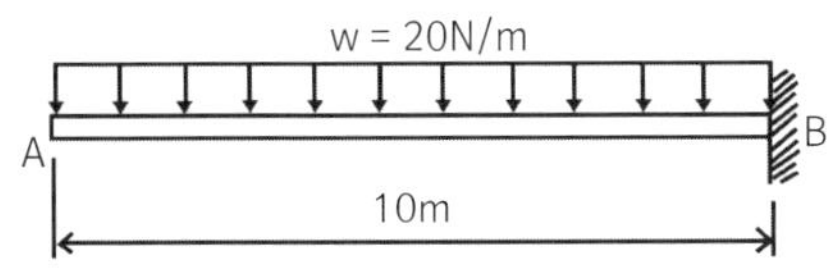

㉮ 500 ㉯ 1000
㉰ 1500 ㉱ 2000

풀이 캔틸레버보는 최대굽힘모멘트가 B에서 발생한다.
따라서 $\Sigma M_B = 0$
$M_B - 20 \times 10 \times 5 = 0$
$M_B = 1000N/m$

10 그림과 같은 보에서 지점 A에서의 반력이 0이 되려면 P는 몇 kN인가?

[산업기사 13.09.28]

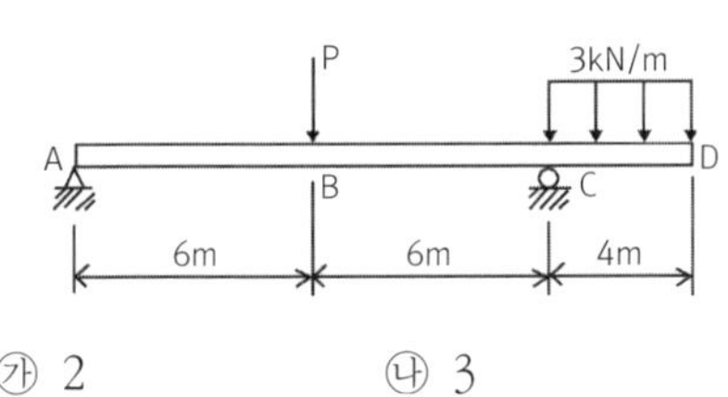

㉮ 2 ㉯ 3
㉰ 4 ㉱ 5

11 다음 그림과 같은 보에서 D점에서의 반력은?

[산업기사 14.03.02]

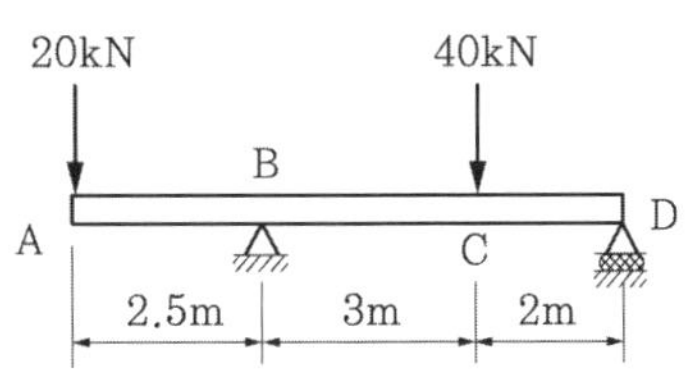

㉮ 7kN ㉯ 14kN
㉰ 21kN ㉱ 28kN

풀이 $\Sigma M_B = -20 \times 2.5 + 40 \times 3 - R_o \times 5 = 0$
$R_o = 14kN$

12 그림과 같은 단순보에 사다리꼴 형태의 분포 하중이 작용한다. 지점 A에서의 반력의 크기는 몇 kN인가? [산업기사 14.05.25]

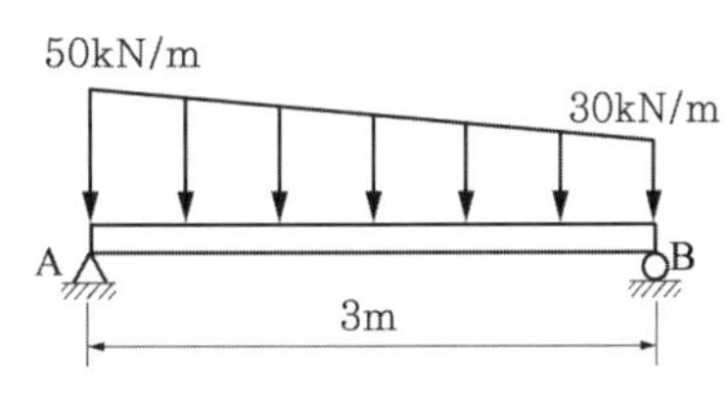

㉮ 50 ㉯ 55
㉰ 60 ㉱ 65

풀이 사다리꼴을 사각형과 삼각형으로 나누어 계산하며
사각형 부분 R_1 : $30kN \times 3 = 90kN$

삼각형 부분 R_2 : $\frac{1}{2} \times 20kN \times 3 = 30kN$

$R_A \times 3 - R_1 \times \frac{1}{2} - R_2 \times \frac{2}{3} = 0$

$R_A \times 3 - 90 \times \frac{1}{2} - 30 \times \frac{2}{3} = 0$

$R_A = 65kN$

ANSWER 09 ㉯ 10 ㉰ 11 ㉯ 12 ㉱

13 옹벽단면의 경제성이 높으며, 높이 6m 이상의 상당히 높은 흙막이 벽에 쓰이는 옹벽은? [산업기사 14.09.20]

㉮ 중력식 옹벽
㉯ 캔틸레버 옹벽
㉰ 부축벽 옹벽
㉱ 조립식 콘크리트 옹벽

풀이 ㉮ 중력식 옹벽 : 돌쌓기, 무근 콘크리트 사용. 보통 4m 이하 옹벽
㉯ 캔틸레버식 옹벽 : 기단위의 성토가 주중으로 간주되므로 중력식옹벽보다 경제적이며, 5m 내외의 높지 않은 곳에 사용
㉰ 부벽식옹벽 : 안정성 중시한 철근콘크리트 옹벽으로 5~7m 정도 높이 옹벽

14 그림과 같은 내민보의 점 A에 모멘트가, 점 C에 집중하중이 작용한다. 지점 B의 단면에 작용하는 굽힘 모멘트의 크기는 몇 kNm인가? [산업기사 14.09.20]

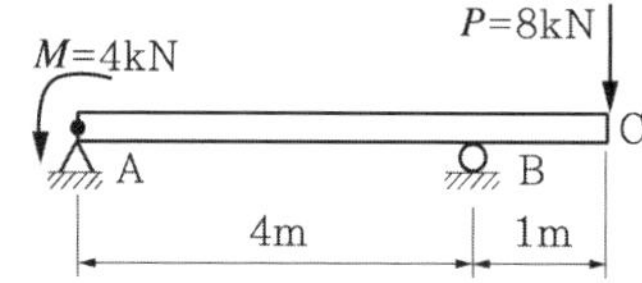

㉮ 4 ㉯ 8
㉰ 12 ㉱ 16

ANSWER 13 ㉰ 14 ㉯

part 4

조경관리

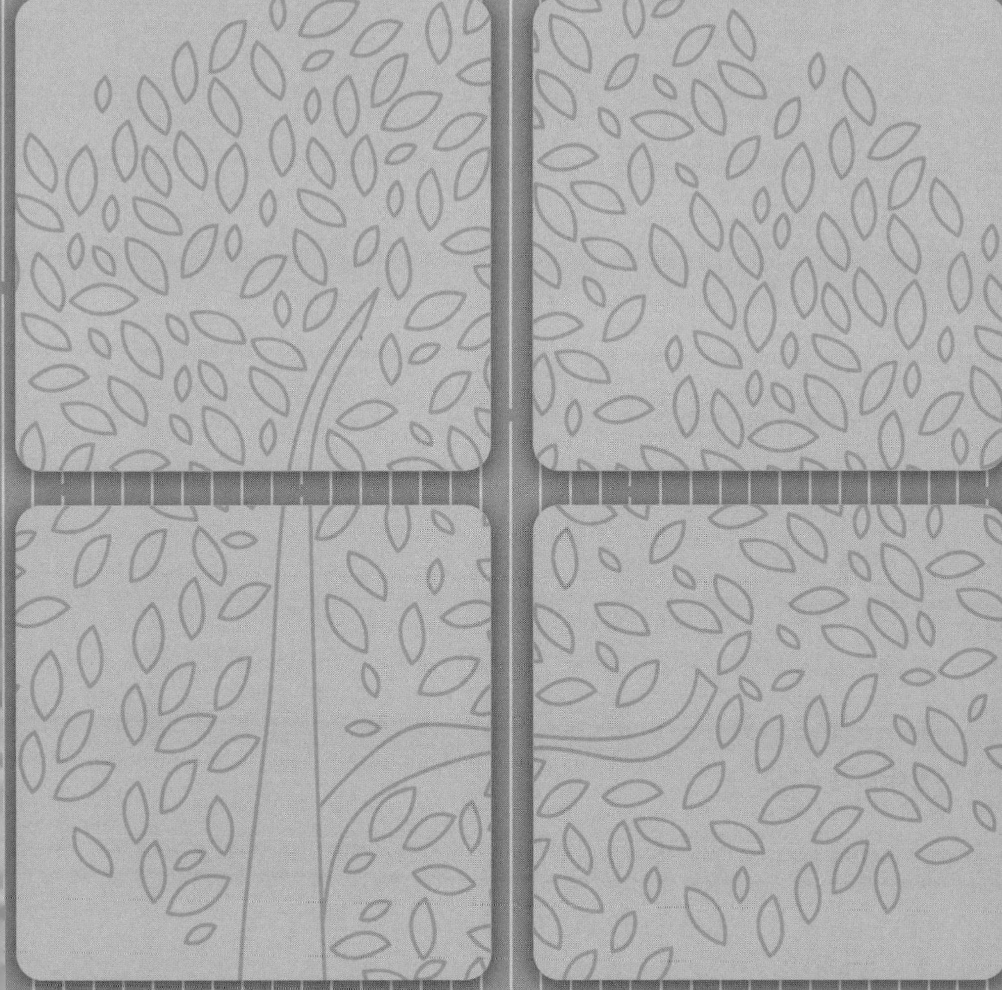

Industrial Engineer Landscape Architecture

조경관리 서문

1. 조경관리란?

환경의 재창조와 쾌적함의 연출로서 조경공간의 질적 수준 향상과 유지를 기하고 운영 및 이용에 관해 관리하는 것

2. 조경관리의 구분

① 유지관리 : 조경 수목, 시설물 등을 점검, 보수하여 원활한 서비스 제공이 가능하도록 하여 본래의 기능을 양호한 상태로 유지하고자 함이 목적

② 운영관리 : 시설관리에 의해 얻어지는 이용 가능한 구성요소를 더 효과적이며 안전하게, 더 많이 이용하게 하기 위한 방법에 대한 것

③ 이용관리 : 조성목적에 맞게 이용을 유도. 적극적인 이용을 위한 프로그램 개발, 작성, 홍보함

3. 조경관리계획의 입안

① 관리목표의 결정 → ② 관리계획의 수립 → ③ 관리조직의 구성 → ④ 각 관리조직의 업무확정 및 협조체계 수립 → ⑤ 관리업무의 수행 → ⑥ 업무의 평가

4. 조경관리의 특성

① 관리대상자원의 변화성

② 비생산성

③ 조경공간 기능의 다양성, 유동성

5. 조경관리의 지표

① 경영특성 : 관리주체의 법적성격, 이용주체의 성격, 법체계, 경영방침, 조직체계

② 입지특성 : 사회적, 물리적, 자연적 입지특성

③ 시설특성 : 공간, 설비, 재료 특성

CHAPTER 1 조경관리의 운영 및 인력관리

 1 운영관리계획

1 운영관리 계획

① 운영관리의 시스템

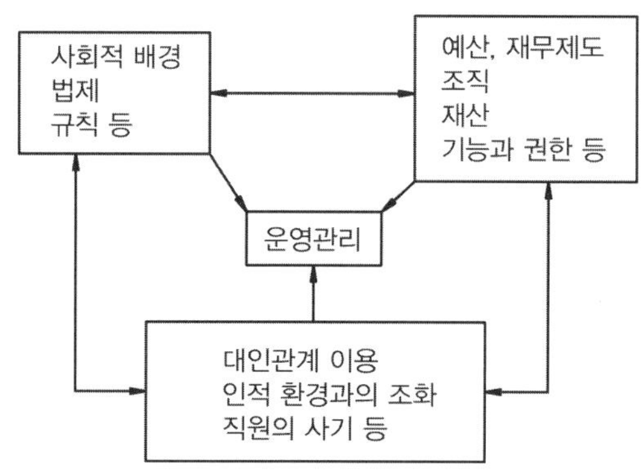

② **이용조사** : 이용자수의 계측, 연간, 월별, 계절별, 요일별, 시간별 이용상황, 이용행태, 이용의식, 심리상황 등 조사

③ **양의 변화** : 조성비의 0.8~1.2% 경비 소요
  ㉠ 부족이 예측되는 시설의 증설 : 출입구, 매점, 화장실, 음수대, 휴게시설 등
  ㉡ 이용에 의한 손상이 생기는 시설의 보충 : 잔디, 벤치, 음수대, 울타리 등 제시설물
  ㉢ 내구연한이 된 각종 시설물 : 각종 시설물
  ㉣ 군식지의 생태적 조건변화에 따른 갱신

④ **질의 변화**
  ㉠ 조경공간의 기능적인 면에서나 대상물의 내적인 요구의 변화로 발생
  ㉡ 양호한 식생의 확보가 다음의 원인으로 곤란한 경우가 많다.
    ⓐ 대기오염
    ⓑ 지표면의 폐쇄로 인한 토양수분 부족과 토양조건 악화
    ⓒ 포장면과 건축물의 증가로 복사열의 급증과 일조량의 감소
    ⓓ 야간조명으로 인한 일장효과의 장해

ⓔ 귀화식물의 증대
ⓕ 지형변화나 식물의 무계획적 벌채 등으로 인한 자연조건의 급변

㉢ 개방된 토양면의 확보가 중요한데 다음의 원인으로 곤란한 경우가 있다.
ⓐ 조경공간에 대한 이용밀도의 급증
ⓑ 포장재료의 발전
ⓒ 인공적 시설의 급등

⑤ 관리계획의 추적, 검토내용
㉠ 이용조사에 의한 시민요구의 구체적 행동의 평가
㉡ 관리단계의 지장이 되는 원인의 분석
㉢ 구체적 시민의 요구

2 운영관리의 체계

① **관리조직** : 생활공간의 쾌적성 요구, 여가시간 증대에서 오는 생활패턴 변화로 인해 관리 대상물 자체의 다양함과 사회적 변화에 적절히 대응하는 인적, 기술적 관리체계의 확보가 필요

② **관리인원** : 관리작업, 내용을 계량화, 단순화하여 각 작업별로 1ha당 소요인원 산출

③ **예산**
㉠ 축척된 자료에 의한 합리적, 객관적 관리계획에 입각해 잡을 것
㉡ 관리비 상승요인 : 이용자 다양한 요구도, 고도레벨의 레크리에이션 요구도, 열악한 입지 조건, 특수환경에서의 녹지, 인건비 상승 등

3 운영관리의 방식

	직영방식	도급방식
대상	• 재빠른 대응이 필요한 업무 • 연속해서 행할 수 없는 업무 • 진척상황이 명확치 않고 검사하기 어려운 업무 • 금액이 적고 간편한 업무 • 일상적으로 행하는 유지 관리적인 업무	• 장기에 걸쳐 단순작업을 행하는 업무 • 전문적 지식, 기능, 자격을 요하는 업무 • 규모가 크고, 노력, 재료 등을 포함하는 업무 • 관리 주체가 보유한 설비로는 불가능한 업무 • 직영의 관리인원으로서는 부족한 업무
장점	• 관리책임이나 책임 소재가 명확 • 긴급한 대응이 가능 • 관리실태를 정확히 파악 • 임기응변적 조치 가능 • 이용자에게 양질의 서비스 제공 • 애착심을 가지므로 관리 효율의 향상	• 규모가 큰 시설의 관리가 효율적 • 전문가를 합리적으로 이용 • 번잡한 노무관리를 하지 않고 관리의 단순화 • 전문적 지식, 기능, 자격에 의한 양질의 서비스를 기할 수 있다. • 관리비가 싸고 장기적으로 안정된다.

	직영방식	도급방식
단점	• 업무의 타성화 • 관리직원의 배치전환 여지가 적다. • 인건비가 필요이상 든다. • 인사정체가 되기 쉽다.	• 책임의 소재나 권한의 범위가 불명확 • 전문업자를 충분히 활용 못할 수 있다.

4 관련법규 중 공원대장

① 조서내용
- ㉠ 공원의 명칭 및 종류
- ㉡ 구역 및 면적
- ㉢ 공원지정 연월일 및 공고번호
- ㉣ 공원계획의 개요
- ㉤ 공원시설의 개요
- ㉥ 주요자연경관 및 문화경관
- ㉦ 공원보호구역에 관한 사항

② **도면** : 기본도와 부속도면을 사용하되, 다음 사항이 표시되어야 함
- ㉠ 공원구역 및 보호구역의 경계
- ㉡ 행정구역의 명칭
- ㉢ 공원계획의 내용
- ㉣ 주요공원시설의 명칭 및 위치
- ㉤ 토지 이용 계획도

2 유지관리계획

1 연간작업계획

	작업종류	작업시기 및 횟수													적요
		4월	5월	6월	7월	8월	9월	10월	11월	12월	1월	2월	3월	연간 작업횟수	
식재지	전정(상록)		━	━			━	━						1 ~ 2	
	전정(낙엽)				━	━			━	━	━	━	━	1 ~ 2	
	관목다듬기		━	━	━	━	━	━	━					1 ~ 3	
	깎기(생울타리)		━	━	━	━	━	━	━					3	
	시비			━						━	━	━	━	1 ~ 2	
	병충해 방지		━	━	━	━	━	…			━	━		3 ~ 4	살충제 살포
	거적감기							━	━			━		1	동기 병충해 방제
	제초 · 풀 베기	━	━	━	━	━	━	━	━					3 ~ 4	
	관수			━	━	━								적의	식재장소, 토양조건 등에 따라 횟수 결정
	줄기감기		━											1	햇빛에 타는 것으로부터 보호
	방한	━							━	━			…	1	난지에는 3월부터 철거
	지주결속 고치기	…	…	…	━	━	━	…	…	…	…	…	…	1	태풍에 대비해서 8월 전후에 작업
잔디밭	잔디깎기		━	━	━	━	━	━						7 ~ 8	
	떼밥주기	━										━	━	1 ~ 2	운동공원에는 2회 정도 실시
	시비	━	━	━	━	━	━					━	━	1 ~ 2	
	병충해 방지	━		━	━	━	━						━	3	살균제 1회, 살충제 2회
	제초	━	━	━	━	━	━	━						3 ~ 4	
	관수				━	━	━							적의	
화단	식재교체	━	━	━	━	━	━	━	━	━			━	4 ~ 5	
	제초		━	━	━	━	━	━	━	━				4	식재 교체기간에 1회 정도
	관수(pot)	━	━	━	━	━	━	━	━	━	━	━	━	70 ~ 80	노지는 적당히 행한다.
원로	풀 베기	…	━	━	━	━	━	━						5 ~ 6	
	제초	━	━	━	━	━	━	━						3 ~ 4	
광장	제초 · 풀 베기		━	━	━	━	━	━						4 ~ 5	
자연림	잡초 베기	…	…	━	━	━	━	━						1 ~ 2	
	병충해 방지	━	━	━		…								2 ~ 3	
	고사목 처리	━	━	━	━	━	━	━	━	━	━	━	━	1	연간작업
	가지치기	━				━	━	━	━	━	━	━	━		

2 시설정비 보수계획

시설의 종류	구조	내용년수	계획보수(중요함)	보수사이클(중요함)	정기점검보수	보수의 목표	적요
원로·광장	아스팔트 포장	15년			균열	전면적의 5 ~ 10% 균열 함몰이 생길 때(3 ~ 5년), 전반적으로 노화가 보일 때(10년)	
	평판 포장	15년			평판고쳐놓기 평판교체	전면적의 10% 이상 이탈이 생길 때(3~5년) 파손장소가 특히 눈에 띌 때(5년)	
	모래자갈 포장	10년	노면수정 자갈보충	반년 ~ 1년 1년	배수정비	배수가 불량할 때 진흙청소(3 ~ 5년)	
분수		15년	전기·기계의 조정점검 물교체, 청소, 낙엽 제거	1년 반년 ~ 1년 3 ~ 4년	펌프, 밸브 등 교체 절연성의 점검을 행한다.	수중펌프 내용연수(5 ~ 10년) 펌프의 마모에 따라서 연못, 계류의 순환펌프에도 동일 적용	
파골러	철재	20년	도장	3 ~ 4년	서까래 보수	서까래의 부식도에 따라서 목제 5 ~ 10년 철제 10~15년 갈대발 2 ~ 3년	
	목재	10년	도장	3 ~ 4년	서까래 보수	상동	
벤치	목재	7년	도장	2 ~ 3년	좌판 보수	전체의 10% 이상 파손, 부식이 생길 때(5 ~ 7년)	
	플라스틱	7년			좌판 보수 볼트, 너트 조이기	전체의 10% 이상 파손, 부식이 생길 때(3 ~ 5년) 정기점검시 처리	
	콘크리트	20년	도장	3 ~ 4년	파손장소 보수	파손장소가 특히 눈에 띌 때(5년)	
그네	철재	15년	도장	2 ~ 3년	좌판 교체 볼트조이기, 기름치기, 쇠사슬, 고리마모교체	부식도에 따라서 조속히(3 ~ 5년) 정기점검 때 처리 마모도에 따라서 조속히(5 ~ 7년)	
미끄럼틀	콘크리트제철제	15년	도장	2 ~ 3년	미끄럼판 보수	마모도에 따라서(5 ~ 7년)	
모래사장	콘크리트	20년	모래보충 연석도장	1년 2 ~ 3년	모래 경운 배수 정비	모래보충시 처리	
정글짐	철재	15년	도장	2 ~ 3년	볼트, 너트 조이기	정기점검시 처리	철봉, 등반봉 등 금속제 놀이기구에도 적용
시소		10년	도장	2 ~ 3년	베어링 보수, 좌판 보수	삐걱삐걱 소리가 난다(베어링마모)(3 ~ 4년) 부식도에 따라서(특히 손잡이가 떨어지기 쉽다)	
목제놀이기구		10년	도장	2 ~ 3년	부품 교체	정기점검 때 처리 마모도, 부식도에 따라서	도장은 방부제 도포를 포함

시설의 종류	구조	내용 년수	계획보수 (중요함)	보수사이클 (중요함)	정기점검보수	보수의 목표	적요
야구장		20년	그라운드면 고르기 잔디 손질 조명시설보수점검정비	1년 1년 1년	Back Net 교체 모래보충 조명등의 교체	파손상황에 따라서(5년) 모래의 소모도에 따라서(1 ~ 2년)	
테니스 코트	전천후 코트	10년			코트보수 네트교체 바깥울타리보수	균열, 파손상황에 따라서(3 ~ 5년) 네트의 파손도에 따라서(2 ~ 3년) 파손상황에 따라서(2 ~ 3년)	
	클레이 코트	10년		1년	네트교체 바깥울타리보수	네트의 파손도에 따라서(2 ~ 3년) 파손상황에 따라서(2 ~ 3년)	
화장실	목조	15년	도장	2 ~ 3년	문 보수 배판보수 탱크청소	파손상황에 따라서(1년) 〃 (1년) 정기점검시 처리(1년)	도장은 방부제 도포를 포함. 문, 배관류는 임시보수가 많다.
	철근 콘크리트조	20년	도장	3 ~ 4년	문 보수 배판보수 변기류보수	파손상황에 따라서(1년) 〃 (1년) 〃 (1년)	문, 배관은 임시보수가 많다.
시계탑		15년	분해점검 도장 시간조정	1 ~ 3년 2 ~ 3년 반년 ~ 1년	유리 등 파손장소 보수	파손상황에 따라서(1 ~ 2년)	임시보수의 경우가 많다.
담장·등	파이프제 울타리	15년	도장	2 ~ 3년	파손장소 보수	파손상황에 따라서(1 ~ 3년)	
	철사울타리	10년	도장	3 ~ 4년	파손장소 보수	파손상황에 따라서(1 ~ 2년)	
	로프 울타리	5년			로프교체 파손장소 보수 기둥교체	파손 부식상황에 따라서(2 ~ 3년) 〃 (1 ~ 2년) 〃 (3 ~ 5년)	
안내판	철재	10년	안내글씨 교체	3 ~ 4년	파손장소 보수	파손상황에 따라서	
	목재	7년	안내글씨 교체	2 ~ 3년	파손장소 보수	파손상황에 따라서	
가로등		15년	전주도장 전등청소	3 ~ 4년 1 ~ 3년	전등교체 부속기구교체 (안정기, 자동 점멸기 등)	끊어진 것, 조도가 낮아진 것 절연저하·기능저하 안정기(5 ~ 10년) 자동점멸기(5 ~ 10년) 전선류(15 ~ 20년) 분전반(15 ~ 20년)	

3 재해안전대책

(1) 사고의 종류

① 설치하자에 의한 사고

㉠ 시설의 구조자체의 결함에 의한 것

예 시설물의 구조상 접속부에 손이 끼거나 사용, 내구성이 다하는 등의 구조자체의 결함에 의한 사고

㉡ 시설설치의 미비에 의한 것

예 제대로 고정되지 않아 시설이 쓰러지는 사고

㉢ 시설배치의 미비에 의한 것

예 그네 뛰어 내리는 곳에 벤치가 있어 충돌

② 관리하자에 의한 사고

㉠ 시설의 노후 파손에 의한 것

예 시설의 노후로 인한 파손부위에 상처입거나 시설에 깔리는 사고

㉡ 위험장소에 대한 안전대책 미비에 의한 것

예 접근방지용 펜스 미설치 사고

㉢ 이용시설 이외의 시설의 쓰러짐, 떨어짐에 의한 것

예 블록, 간판이 떨어짐, 맨홀뚜껑이 제대로 닫혀 있지 않거나 부식되어 쓰러지는 사고

㉣ 위험물 방치에 의한 것

예 유리조각 방치, 낙엽 소각 후 재를 만진 아이가 화상입은 사고

③ 이용자, 보호자, 주최자의 부주의에 의한 사고

㉠ 이용자 자신의 부주의, 부적정 이용에 의한 것

예 그네를 잘못 타다가 떨어지거나 미끄럼틀에서 거꾸로 떨어지는 사고

㉡ 유아, 아동의 감독, 보호 불충분에 의한 것

예 유아가 방호책을 기어넘어 연못에 빠지는 사고

㉢ 행사주최자의 관리 불충분에 의한 것

예 관객이 백네트에 기어 올라갔다가 백네트가 기울어져 다치는 사고

④ 자연재해 등에 의한 사고

4 안전대책(중요)

(1) 사고방지대책

① 설치하자에 대한 대책

㉠ 시설은 설치 후에도 이용방법, 이용빈도 등을 조사해 관찰할 것

㉡ 시설의 구조자체, 설치미비, 배치미비 등으로 생긴 사고는 결함이 있다고 인정될 경우 철거, 개량, 보강 조치해야 함

② 관리하자에 대한 대책

㉠ 시설관리업무의 일환으로 계획적, 체계적 순시 점검필요

㉡ 시설노후, 위험장소 안전대책 미비, 시설의 떨어짐, 위험물 방치 등에 의한 사고는 시설관리업무의 체계화로 빠른 조치가 가능하게 하고 재료의 성질에 따라 안전기준 설정, 점검사항에 대한 표를 만들어 점검한다.

③ 이용자, 보호자, 주최자의 부주의에 대한 대책

㉠ 시설의 개량 또는 안내판 등 이용지도 필요

(2) 사고처리

① 사고자의 구호

② 관계자에 통보

③ 사고상황의 파악 및 기록

④ 사고책임의 명확화

(3) 보상대책 : 피해자에 대한 손해배상

CHAPTER 01 조경관리의 운영 및 인력관리

실전연습문제

01 다음 중 관리하자에 의한 사고로 볼 수 없는 것은? [산업기사 11.03.02]

㉮ 시설의 구조 자체의 결함에 의한 것
㉯ 시설의 노후, 파손에 의한 것
㉰ 위험장소에 대한 안전대책 미비에 의한 것
㉱ 위험물 방치에 의한 것

풀이 ㉮ 설치하자에 의한 사고

02 조경시설물의 유지관리 작업계획 중 비정기적인 작업이 아닌 것은? [산업기사 11.03.02]

㉮ 개량 ㉯ 하자보수
㉰ 계획수선 ㉱ 재해대책

03 야영장의 내부가 고사 된 수목에 겉만 보고 텐트 줄을 지지하였는데 폭풍으로 고사목이 쓰러져 야영객이 다쳤다면, 다음 중 어떤 유형의 사고에 가장 근접하겠는가? [산업기사 11.10.02]

㉮ 설치하자에 의한 사고
㉯ 관리하자에 의한 사고
㉰ 이용자 부주의에 의한 사고
㉱ 자연재해에 의한 사고

풀이 관리소홀에 의한 사고

04 건설현장의 재해발생 원인은 관리적 원인, 기술적 원인, 정신적 원인으로 구분한다. 그중 관리적 원인에 해당하는 것은? [산업기사 11.10.02]

㉮ 정신적인 동요
㉯ 장비조작기준의 부적당
㉰ 점검 보전의 불충분
㉱ 안전기준의 부정확

05 도급방식의 구분 중 도급방식에 의한 조경관리 대상에 해당하지 않는 것은? [산업기사 11.10.02]

㉮ 전문적 지식이나 기능을 요하는 업무
㉯ 금액이 적고 간편한 업무
㉰ 관리주체가 보유한 설비나 장비로는 곤란한 업무
㉱ 직영의 인원으로 부족한 업무

ANSWER 01 ㉮ 02 ㉰ 03 ㉯ 04 ㉱ 05 ㉯

06 안전사고 발생시의 사고처리 순서로서 알맞은 것은? [산업기사 12.03.04]

㉮ 관계자에의 통보 → 사고자의 구호 → 사고상황의 파악 및 기록 → 사고책임의 명확화
㉯ 사고자의 구호 → 관계자에의 통보 → 사고상황의 파악 및 기록 → 사고책임의 명확화
㉰ 관계자에의 통보 → 사고상황의 파악 및 기록 → 사고자의 구호 → 사고책임의 명확화
㉱ 사고자의 구호 → 사고상황의 파악 및 기록 → 관계자에의 통보 → 사고책임의 명확화

07 조경 관리계획의 수립절차 순서로 가장 옳은 것은? [산업기사 12.05.20]

㉮ 관리목표 결정 → 관리계획 수립 → 관리조직 구성
㉯ 관리계획 수립 → 관리목표 결정 → 관리조직 구성
㉰ 관리조직 구성 → 관리목표 결정 → 관리계획 수립
㉱ 관리목표 결정 → 관리조직 구성 → 관리계획 수립

08 근린공원의 잔디 제초에 소요되는 작업단가는 m^2당 250원이 소요된다. 잔디 제초 작업률이 0.5, 작업횟수가 연 2회라고 한다면, $3000m^2$ 규모의 잔디 제초에 소요되는 연간 관리비는? [산업기사 12.05.20]

㉮ 35만원 ㉯ 75만원
㉰ 150만원 ㉱ 300만원

풀이 $3000 \times 0.5 \times 2 \times 250 = 750000$원

09 다음 중 시설물의 설치하자에 해당되는 것은? [산업기사 12.09.15]

㉮ 유리조각을 방치하여 어린이가 손을 다쳤다.
㉯ 그네에서 떨어지거나 미끄럼틀에서 거꾸로 떨어졌다.
㉰ 시설이 노후화되어 파손부위에 의해 상처를 입었다.
㉱ 그네에서 뛰어내리는 곳에 벤치가 배치되어 어린이들이 충돌하였다.

풀이 ㉮·㉰ 관리하자
㉯ 이용자 부주의
㉱ 설치하자

10 조경현장에서의 재해는 그 발생 원인에 따라 여러 가지(인적원인, 물적원인 등)로 구분할 수 있다. 다음 중 인적원인에 해당하는 것은? [산업기사 12.09.15]

㉮ 방호설비에 결함이 있었다.
㉯ 작업장의 조명이 부적절하였다.
㉰ 작업자와의 연락이 불충분하였다.
㉱ 작업장 주위가 정리정돈 되어 있지 않았다.

11 다음 중 시설물의 안전관리에 관한 특별법상 안전점검의 종류가 아닌 것은? [산업기사 12.09.15]

㉮ 정기점검 ㉯ 긴급점검
㉰ 정밀점검 ㉱ 임시점검

ANSWER 06 ㉯ 07 ㉮ 08 ㉯ 09 ㉱ 10 ㉰ 11 ㉱

12 다음 조경시설물 중 보수 사이클이 가장 짧은 것은? [산업기사 12.09.15]

㉮ 분수의 전기, 기계등의 조정점검
㉯ 벤치의 도장
㉰ 시계탑의 분해점검
㉱ 분수의 물 교체, 청소낙엽제거

 ㉮ 1년
㉯ 목재 2 ~ 3년, 콘크리트 3 ~ 4년
㉰ 1 ~ 3년
㉱ 반년 ~ 1년

13 안전관리에 있어서 설치하자의 사고에 들지 않는 것은? [산업기사 13.03.10]

㉮ 시설의 구조자체 결함
㉯ 시설설치의 미비
㉰ 시설배치의 미비
㉱ 위험장소의 안전대책 미비

- 위험장소의 안전대책 미비 : 관리하자에 해당

14 일반적으로 조경관리는 유지관리, 운영관리, 이용관리로 구분된다. 다음 중 운영관리에 해당되는 것은? [산업기사 13.03.10]

㉮ 식재수목, 잔디
㉯ 건축물, 조경시설물
㉰ 예산, 조직
㉱ 홍보, 이용지도

풀이 **운영관리**
예산, 재무제도, 조직, 재산, 기능과 권한 등에 관련된다.

15 다음 중 2 ~ 3년에 한 번씩 보수가 필요한 기구가 아닌 것은? [산업기사 13.03.10]

㉮ 목재벤치, 시소
㉯ 목조화장실, 미끄럼틀
㉰ 목재놀이기구, 목재벤치
㉱ 분수, 야구장

- 분수 내용연수 15년, 보수싸이클 1년(펌프, 벨브 교체), 3 ~ 4년(절연성 점검)
- 야구장 내용연수 20년, 보수사이클 1년(Net 교체, 모래보충, 조명등 교체)

16 조경 시설물 유지관리의 일반적인 목표를 볼 수 없는 것은? [산업기사 13.06.02]

㉮ 조경 공간의 청결 유지
㉯ 건강하고 안전한 공간 조성
㉰ 관리주체와 이용자간의 유대감 강화
㉱ 유지관리비의 절감 및 조기집행

17 기술적인 관리유형으로서 본래의 기능을 양호한 상태로 유지하고자 하는 것이 주된 목적이며, 크게 수목과 시설물의 관리로 구분되는 것은? [산업기사 14.03.02]

㉮ 이용관리 ㉯ 운영관리
㉰ 유지관리 ㉱ 경영관리

풀이 **조경관리의 구분**
① 유지관리 : 조경 수목, 시설물 등을 점검, 보수하여 원활한 서비스 제공이 가능하도록 하여 본래의 기능을 양호한 상태로 유지하고자 함이 목적
② 운영관리 : 시설관리에 의해 얻어지는 이용 가능한 구성요소를 더 효과적이며, 안전하게 더 많이 이용하게 하기 위한 방법에 대한 것
③ 이용관리 : 조성목적에 맞게 이용을 유도. 적극적인 이용을 위한 프로그램 개발, 작성, 홍보함

ANSWER 12 ㉱ 13 ㉱ 14 ㉰ 15 ㉱ 16 ㉱ 17 ㉰

18 다음 중 점검시기에 따른 안전점검의 종류에 해당하지 않는 것은? [산업기사 14.05.25]

㉮ 수시점검 ㉯ 임시점검
㉰ 정기점검 ㉱ 특수점검

풀이 **안전점검의 종류**

㉮ 수시점검 : 매일 작업 전. 작업 또는 작업 후에 일상적으로 실시하는 점검을 말하며 작업자, 작업책임자, 관리감독자가 실시하고 사업주의 안전순찰도 넓은 의미에서 포함된다.
㉯ 임시점검 : 정기점검 실시 후 다음 점검기일 이전에 임시로 실시하는 점검의 형태. 기계, 기구 또는 실시의 이상 발견 시에 임시로 점검하는 점검
㉰ 정기점검 : 일정시간마다 정기적으로 실시하는 점검으로 법적기준 또는 사내 안전 규정에 따라 해당 책임자가 실시하는 점검
㉱ 특별점검 : 기계, 기구 또는 설비의 신설, 변경 또는 고장 수리 등으로 비정기적인 특정 점검을 말하며 기술책임자가 실시한다.

19 연간평균근로자수가 400명인 사업장에서 연간 2건의 재해로 인하여 4명의 재해자가 발생하였다. 근로자 1일 9시간씩 연간 300일을 근무하였을 때 이 사업장의 연천인율은 약 얼마인가? [산업기사 14.05.25]

㉮ 1.85 ㉯ 4.44
㉰ 5.00 ㉱ 10.00

연천일율 $= \left(\dfrac{\text{재해자수}}{\text{근로자수}}\right) \times 100$

따라서 $\dfrac{4}{400} \times 1000 = 10.00\%$

20 공원에서 사고가 발생하였을 때 사고처리 절차 중 옳은 것은? [산업기사 14.05.25]

㉮ 사고발생 통보 → 사고자 응급처치 → 병원호송 → 관계자 통보 → 사고상황 파악
㉯ 사고발생 통보 → 사고상황 파악 → 사고자 응급처치 → 병원호송 → 관계자 통보
㉰ 사고발생 통보 → 관계자 통보 → 사고자 응급처치 → 병원호송 → 사고상황 파악
㉱ 사고발생 통보 → 사고상황 파악 → 관계자 통보 → 사고자 응급처치 → 병원호송

풀이 사고발생시 사고자에 대한 응급처치와 병원호송이 가장 중요

21 다음 중 조경수목과 시설물의 유지관리 계획수립에 필요하지 않은 것은? [산업기사 14.05.25]

㉮ 식물의 생장, 기상 상태조사
㉯ 이용자 행태별 조사
㉰ 시설물 훼손방지를 위한 이용제한
㉱ 관리대상의 종류 조사

풀이 시설물 파손행위는 시설물 유지관리시 고려사항이지만, 훼손방지를 위해 이용제한을 하는 것이 아니라 정기점검으로 보수, 도색 등을 관리하여야 한다.

ANSWER 18 ㉱ 19 ㉱ 20 ㉮ 21 ㉰

22 조경 유지 관리의 작업계획을 작성할 때 다음 중 식재지의 연간 작업 횟수를 가장 많이 계획해야 하는 작업 종류는? [산업기사 14.09.20]

㉮ 전정 ㉯ 제초
㉰ 시비 ㉱ 방한

 **식재지 연간 작업횟수**
전정(1 ~ 2), 재초(3 ~ 4), 시비(1 ~ 2), 방한(1)

23 관리예산 책정시 작업률이 1/4이라면 이것이 의미하는 것은? [산업기사 14.09.20]

㉮ 4년에 1회 작업을 한다.
㉯ 분기별로 1회 작업을 한다.
㉰ 작업시 1/4명이 참가한다.
㉱ 작업당 소요시간이 1/4이다.

 **작업률**
년간 작업하는 횟수를 말하며, 1/4은 4년에 한번을 의미한다.

24 조경현장에서 작업자가 착용하는 가죽제 발보호 안전화의 완성품 성능 시험 항목이 아닌 것은? [산업기사 14.09.20]

㉮ 침수시험 ㉯ 충격시험
㉰ 내압박시험 ㉱ 박리시험

가죽제 안전화 성능시험 항목
내압박성, 내충격성, 내답발성(날카로운 것이 들어오지 못하도록 하는 성질), 박리저항

ANSWER 22 ㉯ 23 ㉮ 24 ㉮

조경식물 관리

1 정지 및 전정

1 정지·전정의 정의, 목적, 효과

① 정의

㉠ 정지(整枝, training) : 수목의 수형을 영구히 유지 또는 보존하기 위해 줄기나 가지의 생장을 조절하여 심은 목적에 알맞은 수형을 인위적으로 만들어가는 기초정리작업

㉡ 전정(剪定, pruning) : 수목의 관상, 개화결실, 생육상태 조절 등의 목적에 따르거나, 조경수의 건전한 발육을 위해 가지나 줄기의 일부를 잘라내는 정리작업

㉢ 정자(整姿, trimming) : 나무 전체의 모양을 일정한 양식에 따라 다듬는 것

㉣ 전제(剪除, trailing) : 생장력에는 관계가 없는 필요 없는 가지나 생육에 방해가 되는 가지를 잘라버리는 작업

② 목적

㉠ 미관상 목적 : 미적 조형미를 높이기 위함

㉡ 실용상 목적 : 방화, 방풍, 가로수 등의 원래 목적 달성을 위함

㉢ 생리상 목적 : 지엽이 너무 밀생한 수목을 정지해 병충해 방지 및 저항력을 강하게 함. 꽃이나 열매 맺는 수목은 강한 가지를 전정해 생장을 억제하고 개화 결실 촉진. 이식한 수목을 전정하여 수목 크기 조정하고 공간에 적응하도록 함

③ 효과

㉠ 수관을 구성하는 가지들을 균형 있게 발육시키며 고유의 수형 유지

㉡ 수관 내부에 바람이 잘 통하게 하여 병충해 발생을 억제하고 충실한 새 가지 발육을 도와줌

㉢ 화목, 열매수종의 개화, 결실 촉진

㉣ 도장지나 허약한 가지를 제거해 건전한 가지 생육을 도움

㉤ 수목형태를 조절해 정원의 넓이나 건물과 조화를 이루게 함

㉥ 수목의 기능적 목적(차폐, 방풍, 방화)의 효과를 높임

2 정지, 전정의 목적에 따른 분류

① 조형을 위한 전정
㉠ 의의 : 수목의 본래 특성, 자연의 조화미, 개성미, 수형 등을 효과적으로 살리기 위한 전정
㉡ 시기 : 식물의 생육이 중지된 10℃, 낙엽수 10월 말~11월 말, 봄 3월 중순 ~ 4월 중순
㉢ 방법
ⓐ 고사지, 병지, 허약지는 절단
ⓑ 주지를 결정하고 나머지를 잘라냄
ⓒ 수관 내부는 환하게 솎고, 외부는 수형에 지장이 없을 정도로 잘라냄
ⓓ 교차지와 난지를 잘라냄
ⓔ 수형을 축소, 왜화시킬 때 봄에 수액이 유동하기 전에 몇 개의 맹아를 남기고 강전정

② 생장을 조정하기 위한 전정
㉠ 의의 : 묘목이나 어린 나무의 병충해를 입은 가지나 고사지, 손상지 제거해 생장을 조장하려는 목적
㉡ 방법
ⓐ 묘목육성 시 : 아래쪽의 곁가지를 적당히 자르거나 곁가지 끝을 일정한 길이로 다듬어 키성장 촉진
ⓑ 추위에 약한 수종 : 주간을 잘라 곁가지를 강하게 키움
ⓒ 벚나무, 오동나무 빗자루병 : 허약한 잔가지가 밀생하는 병으로 잘라내 소각
ⓓ 왕벚나무가 겹벚나무 밑줄기분에 움이 돋아나는 경우 : 수세가 약해지므로 자르기

③ 생장을 억제하기 위한 전정
㉠ 의의 : 일정한 형태로 유지시키거나 일정한 공간에 필요 이상으로 자라지 않게 하기 위해서 실시
㉡ 방법
ⓐ 크기 억제 : 느티나무, 배롱나무, 단풍나무, 모과나무 등 맹아력 강한 수종의 굵은 가지 길이를 줄이고 잔가지를 발생시킴
ⓑ 도장 억제 : 소나무의 순꺾기, 팽나무, 단풍나무의 순따기와 잎따기

④ 갱신을 위한 전정
㉠ 의의 : 맹아력 강한 활엽수 중에 너무 늙은 나무나 개화 불량한 가지를 자르는 것
㉡ 방법 : 팽나무 굵은 가지를 잘라 새 가지 형성시키기

⑤ 생리조정을 위한 전정
㉠ 의의 : 이식할 때 뿌리 손상으로 지엽이 말라 죽는 것을 방지하는 전정

㉡ 방법 : 소나무처럼 맹아력 약한 수종은 부분적으로 솎아내고, 맹아력 강한 수종(팽나무, 느티, 배롱, 모과, 수양버들)은 굵은 가지 잘라도 됨

⑥ 개화결실을 촉진시키기 위한 전정

㉠ 의의 : 과수나 화목류의 개화 촉진, 결실 위주의 관상, 개화 결실 동시에 촉진

㉡ 방법

ⓐ 수액이 유동하기 전에 실시 : 사계장미
개화 직후에 실시하는 경우 : 개나리, 진달래

ⓑ 감나무 : 매년 결실을 위해서는 매년 전정

ⓒ 매화나무 : 해마다 꽃피고 난 후 가지를 강전정하면 많은 꽃

ⓓ 묵은 가지나 병충해 걸린 것은 수액이 유동하기 전에 제거

ⓔ 약지는 짧게, 강지는 길게 자른다.

ⓕ 마지막 눈을 외측으로 남기고 자른다.

ⓖ 장미, 개나리 등은 신지 나올 부분 20cm 남겨두고 강전정

ⓗ 교차지, 평행지, 역지, 직간지, 내측지, 동지, 분얼지, 도장지 등은 이용에 따라 제거

3 정지, 전정의 도구

① 사다리

② 톱

㉠ 전정가위로 자르기 힘든 큰 가지나 썩은 노목을 제거 시에 사용

㉡ 톱의 종류 : 대지용(大枝用) 36~45cm, 소지용(小枝用) 25~30cm 날의 폭은 4~5cm

㉢ 요령 : 대지를 자를 때는 단번에 자르지 않고 여러 번 나누어 자르기
소지의 경우 톱날을 가지 사이에 끼워 넣고 단번에 자르기

③ 전정가위

㉠ 지름 3cm 정도의 가지를 주로 자르는 가위

㉡ 요령

ⓐ 가는가지 자를 때는 전정할 가지에 가위날을 밑으로 가게 하여 전정가위를 잡고 날을 직각으로 대어 단번에 자른다.

ⓑ 굵은가지는 전정가위를 위쪽에서 앞쪽으로 수직으로 돌리면서 자르면 가위날도 상하지 않고 힘도 덜 든다.

④ 적심가위 또는 순치기가위 : 연하고 부드러운 가지, 끝순, 수관 내부의 가늘고 약한가지를 자르거나 꽃꽂이 할 때 주로 사용하며, 지름 1cm 이하의 가지 자를 때만 사용

⑤ **적과가위, 적화가위** : 꽃눈이나 열매 솎을 때, 과일 수확에 사용

⑥ **고지가위** : 높은 곳의 가지나 열매를 채취하기 위해 장대 끝에 가위를 달아 사용

⑦ **긴자루 전정가위** : 자르기 힘든 지름 3cm 이상 굵은 가지를 자를 때 쓰는 대형가위

⑧ **산울타리 전정가위** : 산울타리의 가지나 잎을 빨리 다듬기 위해 만들어진 가위

⑨ **산울타리용 전동식 전정기** : 전기나 휘발유의 힘을 사용한 것

⑩ **혹가위 및 보조용 칼** : 도려내는 작업 시 사용

4 정지, 전정의 시기

① 일반적 전정시기

㉠ 낙엽활엽수 : 잎이 단단해진 7~8월, 낙엽후 10~12월, 신록이 굳어진 3월

㉡ 상록활엽수 : 이른봄 3월, 9~10월

㉢ 침엽수 : 한겨울 피한 11~12월, 이른봄

② 수종별 전정시기

전정시기	수종	비고
봄전정 (4, 5월)	상록활엽수(감탕나무, 녹나무 등)	잎이 떨어지고 새잎이 날 때 전정
	침엽수(소나무, 반송, 섬잣나무 등)	순꺾기(5월 상순)
	봄꽃나무(진달래, 철쭉류, 목련 등)	화목류는 꽃이 진 후 곧바로 전정
	여름꽃나무(무궁화, 배롱나무, 장미 등)	눈이 움직이기 전에 이른봄 전정
	산울타리(향나무류, 회양목, 사철나무 등)	5월말
	과일나무(복숭아, 사과, 포도 등)	이른봄 전정
여름전정 (6, 7, 8월)	낙엽활엽수(단풍나무류, 자작나무 등)	강 전정은 피한다.
	일반수목	도장지, 포복지, 맹아지 제거
가을전정 (9, 10, 11월)	낙엽활엽수 일부	강전정은 동해를 받기 쉽다.
	상록활엽수 일부	남부 지방에서만 전정
	침엽수 일부	묵은잎 적심
	산울타리	2번 정도 전정
겨울전정 (12, 1, 2, 3월)	일반수목	수형을 잡아주기 위한 굵은 가지 전정
	교차지, 내향지, 역지 등	가지 식별이 가능하므로 전정

★★★★★ ③ 전정을 하지 않는 수종

구분	수종
침엽수	독일가문비, 금송, 히말라야시더, 나한백 등
상록활엽수	동백나무, 늦동백나무(산다화), 치자나무, 굴거리나무, 녹나무, 태산목, 만병초, 팔손이, 남천, 다정큼나무, 월계수 등
낙엽활엽수	느티나무, 팽나무, 회화나무, 참나무류, 푸조나무, 백목련, 튤립나무, 수국, 떡갈나무

5 방법

① 정지, 전정 시 고려사항

㉠ 주변환경과 조화를 이루어야 한다.

㉡ 수목의 생리, 생태특성 등을 잘 파악해야 한다.

㉢ 전정을 가지런히 하여 각 가지의 세력을 평균화하고 수목의 미관을 유지시킨다.

★★★★ ② 정지, 전정의 일반원칙

㉠ 무성하게 자란 가지는 제거한다.

㉡ 지나치게 길게 자란 가지는 제거한다 : 윗가지는 짧게 아랫가지는 길게, 강하게 자라는 가지는 1/3~1/4 정도로 가볍게 전정

㉢ 수목의 주지(主枝)는 하나로 자라게 한다.

㉣ 평행지를 만들지 않는다.

㉤ 수형이 균형을 잃을 정도의 도장지는 제거한다.

ⓐ 도장지 : 힘이 강한 가지의 기부에 자리 잡은 부정아가 어떤 자극을 받아 굵고 생장이 왕성한 가지

ⓑ 도장지는 일단 반 정도 잘라 힘을 줄여준 다음 이듬해 봄에 바짝 잘라준다.

㉥ 역지, 중하지, 난지를 제거한다.

ⓐ 역지 : 수관 안쪽으로 역행해 자라는 가지

ⓑ 중하지 : 똑바로 아래방향으로 처진 가지

ⓒ 난지 : 방향이 잡히지 않는 난잡한 생김새로 자란 가지

㉦ 같은 모양의 가지나 정면으로 향한 가지를 만들지 않는다.

㉧ 뿌리 자람의 방향과 가지의 유인을 고려한다.

㉨ 기타 불필요한 가지를 제거한다.

③ 정지, 전정의 기술

㉠ 굵은 가지 치는 방법

ⓐ 상록수는 2/3, 낙엽수는 1/3 정도 쳐서 생육을 도와주는 것

ⓑ 시기 : 이른 봄 눈이 움직이기 전
해토되기 전에 수액이 오르는 나무(단풍)는 11~12월
상록활엽수는 4월 상, 중 맹아 직전

ⓒ 방법

- 지름 5~6cm 정도의 가지는 기부에서 10cm 내외 되는 곳을 톱으로 자르고 남은 부분은 자른다.
- 지름 5~6cm 이상 가지는 기부에서 10~15cm 되는 곳에 굵기의 1/3 정도 썬 다음 톱으로 돌려 약간 바깥쪽을 위에서 내려 썰면 수피가 벗겨지지 않게 썰림

- 직각으로 자른다.
- 자른 자리는 콜타르, 클레오소트, 우수프런 등으로 소독

㉡ 가지의 길이를 줄이는 방법

ⓐ 시기
- 상록활엽침엽수 : 4월 ~ 장마 전까지
- 낙엽수 : 낙엽 직후~싹트기 전
- 화목류 : 꽃이 지고 난 후

ⓑ 방법
- 엽아 바로 위에서 잘라준다.
- 새로 날 가지의 신장을 위해 아래쪽에 있는 눈은 남긴다.
  (가지가 밑으로 처지는 수양버들, 수양벚나무는 위쪽의 눈 남김)
- 비스듬히 자르며, 강한 가지는 길게, 약한 가지는 짧게 잎을 2~3개 남기고 자른다.

㉢ 가지를 솎는 방법

ⓐ 잔가지, 도장지 등을 없애기 위해 2~3년에 1번씩 작업

ⓑ 시기 : 낙엽수는 낙엽 진 후, 상록활엽수, 침엽수는 겨울 제외한 언제나 가능

㉣ 부정아를 자라게 하는 방법

ⓐ 전정 : 바깥쪽의 가지를 전부 다듬고 새로운 곁가지를 자라게 하는 방법

ⓑ 깎아다듬기 : 신초의 발육이 정지되는 늦봄~6월중순, 9월에 다시 한 번 실시

★★★ ⓒ 적아와 적심
- 적아(눈지르기) : 불필요한 눈을 제거하는 것으로 전정이 불가능한 수목에 이용 예 벚나무, 모란, 자작
- 적심(순지르기) : 지나치게 자라는 가지의 신장 억제를 위해 신초의 끝부분을 따버리는 것
  예 소나무 매해 4~5월, 순이 5~10cm 될 무렵(수형 빨리 만들 수 있음), 향나무 5~6월
- 적아와 적심의 횟수 : 상록수는 7~8월 1회, 신장이 빠른 낙엽수는 이른 봄 신아발생기, 여름
- 적아와 적심의 효과 : 곁눈발육 촉진, 새로 자라는 가지의 배치를 고르게 하고 개화 촉진

ⓓ 적엽(잎따기) : 우거진 잎이나 묵은 잎따기, 일반활엽수 7~8월, 소나무 8월, 삼나무 편백 3~8월

ⓔ 유인 : 지주목, 철사, 새끼 등을 이용해 원하는 수형을 만들어 가는 것
예 소나무류, 단풍나무류, 매화나무, 느티나무, 벚나무

ⓕ 가지비틀기 : 가지가 너무 뻗어나가는 것 방지
예 분재용

ⓖ 아상 : 원하는 자리에 새로운 가지를 나오게 하거나 꽃눈을 형성시키기 위해 이른 봄에 눈의 위쪽이나 아래쪽에 상처를 내어 생장촉진, 억제효과

ⓗ 단근

- 근원직경 5~6배 넓이로 원을 그려 위치를 40~50cm 깊이로 파서 뿌리를 적당한 각도 30도, 45도로 1년에 2~3번 정도 자름
- 지상부 균형유지, 노화현상 방지, 도장억제, 아랫가지 발육을 좋게 하고 꽃눈의 수를 늘림

실전연습문제

01 다음 전지 및 전정할 때 일반적으로 잘라야 하는 가지로 적합하지 않은 것은? [산업기사 11.06.12]

㉮ 줄기의 중간부분에 돋아난 가지
㉯ 개화·결실 가지
㉰ 안으로 향한 가지
㉱ 아래를 향한 가지

02 그림의 은선은 가지의 기부가 굵은 지융부가 있는 활엽수의 가지치기 부위를 나타낸 것이다. 가장 적당한 부위는? [산업기사 11.10.02]

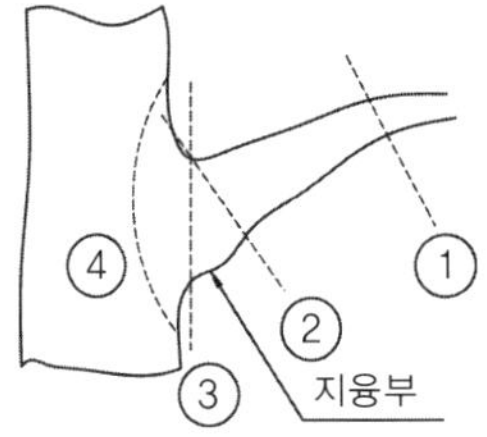

㉮ ① ㉯ ②
㉰ ③ ㉱ ④

03 다음 중 수목의 부정아(不定芽)를 유도하기 위한 직접적인 조치로 가장 적합한 것은? [산업기사 11.10.02]

㉮ 객토와 경운 ㉯ 복토와 멀칭
㉰ 단근과 적심 ㉱ 관수와 배수처리

풀이 ① 단근 : 근원직경 5 ~ 6배 넓이고 원을 그려 위치를 40 ~ 50cm 깊이로 파서 뿌리를 적당한 각도 30고, 45도로 1년에 2 ~ 3번 정도 자르는 것으로 지상부의 균형유지, 노화현상 방지, 도장억제 등의 효과
② 적심(순지르기) : 지나치게 자라는 가지의 신장 억제를 위해 신초끝을 따버리는 것

04 다음 중 정지, 전정의 일반원칙에 해당되지 않는 것은? [산업기사 12.03.04]

㉮ 무성하게 자란 가지는 제거한다.
㉯ 지나치게 길게 자란 가지는 제거한다.
㉰ 수목의 주지는 하나로 자라게 한다.
㉱ 평행지가 되도록 유인한다.

풀이 평행지는 제거한다.

05 소나무의 새순을 치는 작업은 어디에 목적을 두고 있는가? [산업기사 12.03.04]

㉮ 생장억제 ㉯ 갱신을 위해서
㉰ 생리현상 조절 ㉱ 생장조장

06 전정의 목적 중 생장을 억제하기 위한 전정에 해당되지 않는 것은? [산업기사 12.09.15]

㉮ 산울타리의 다듬기 작업
㉯ 소나무의 새순을 치는 작업
㉰ 상록활엽수의 잎사귀를 따는 작업
㉱ 감나무의 가지치기 작업

풀이 나무 가지치기는 개화결실을 촉진시키기 위한 전정에 해당

ANSWER 01 ㉯ 02 ㉯ 03 ㉰ 04 ㉱ 05 ㉮ 06 ㉱

07 다음 중 동절기의 전정 방법에 해당되는 것은? [산업기사 13.03.10]

㉮ 도장지를 전정
㉯ 꽃이 진 후 곧바로 전정
㉰ 수형을 잡아주기 위한 굵은 가지를 전정
㉱ 맹아지를 전정

08 다음 중 조경수목의 정지·전정을 목적별로 분류한 것이 아닌 것은? [산업기사 13.03.10]

㉮ 조형을 위한 전정
㉯ 생장을 조정하기 위한 전정
㉰ 뿌리의 세근 발근촉진을 위한 단근 전정
㉱ 생리조정을 위한 전정

목적별 정지·전정 분류
1. 조형을 위한 전정
2. 생장을 조정하기 위한 전정
3. 생장을 억제하기 위한 전정
4. 갱신을 위한 전정
5. 생리조정을 위한 전정
6. 개화결실을 촉진시키기 위한 전정

09 화목류(花木類)의 전정시기가 가장 알맞은 것은? [산업기사 13.03.10]

㉮ 이른 봄 ㉯ 장마 직후
㉰ 늦가을 ㉱ 개화 직후

화목류는 개화 결실을 촉진하기 위해서는 개화 직후에 실시

10 소나무에서 아랫잎 따기 작업을 실시하는 시기는? [산업기사 13.06.02]

㉮ 이른봄 ㉯ 늦봄
㉰ 여름 ㉱ 가을부터 초겨울

11 크게 자란 나무를 작게 유지하기 위하여 동일한 위치에서 새로 자란 가지를 1 ~ 3년 간격으로 모두 잘라 버리는 반복전정을 무엇이라고 하는가? [산업기사 13.09.28]

㉮ 생울타리 전정 ㉯ 두목작업
㉰ 적심 ㉱ 토비어리

적심
지나치게 자라는 가지의 신장억제를 위해 신초의 끝부분을 따버리는 것

12 봄에 꽃이 피는 진달래, 철쭉류 등과 같이 꽃을 감상하기 위한 목적으로 하는 수목의 전정 시기는? [산업기사 13.09.28]

㉮ 꽃이 진 직후
㉯ 늦가을 낙엽이 진 직후
㉰ 이른 봄 싹트기 전
㉱ 겨울철 휴면기

화목류는 개화 직후에 실시한다.

13 수목 전정시 소나무 순지르기(摘芯)가 적합한 시기는? [산업기사 14.03.02]

㉮ 봄 ㉯ 여름
㉰ 가을 ㉱ 겨울

적심(순지르기)
지나치게 자라는 가지의 신장 억제를 위해 신초의 끝부분을 따버리는 것으로 소나무는 매해 4 ~ 5월에 실시

ANSWER
07 ㉰ 08 ㉰ 09 ㉱ 10 ㉱ 11 ㉯ 12 ㉮ 13 ㉮

14 다음 중 정지·전정의 목적에 따른 분류에 해당하지 않는 것은? [산업기사 14.03.02]

㉮ 조형(造形)을 위한 정지전정
㉯ 개화결실을 촉진시키기 위한 정지전정
㉰ 수목의 유통가격을 높이기 위한 정지전정
㉱ 생장을 억제하기 위한 정지전정

풀이 **전정의 목적**
① 조형을 위한 전정
② 생장을 조정하기 위한 전정
③ 갱신을 위한 전정
④ 생장을 억제하기 위한 전정
⑤ 생리조정을 위한 전정
⑥ 개화결실을 촉진시키기 위한 전정

15 다음 능소화 수종관리 설명 중 틀린 것은? [산업기사 14.05.25]

㉮ 수술에는 갈고리가 있어 어린이가 놀다가 실명(失明)할 위험이 있어 어린이공원 주위에는 식재하지 않는다.
㉯ 8~9월에 피는 나팔모양의 황색꽃은 개화기간이 길고 아름다워 관상가치가 높으므로 적소에 식재한다.
㉰ 줄기에 흡반이 발달하였으므로 죽은 나무나 벽 등의 미관상 보완이 필요한 곳에 붙여 꽃의 아름다움을 감상할 수 있다.
㉱ 산야(山野)에 자라는 반상록 덩굴성이고, 나무에 기어 올라 아름다운 수형을 만든다.

 풀이 • 능소화 : 낙엽성 덩굴식물이다.

16 가로수 전정에 관한 설명 중 괄호 안에 알맞은 것은? [산업기사 14.09.20]

• 수목의 정상적인 생육장애요인의 제거 및 외관적인 수형을 다듬기 위해 (㉠)을 실시하며 도장지, 포복지, 맹아지, 평행지 등을 제거한다.
• 수형을 잡아주기 위한 굵은 가지전정으로 수목의 휴면기간인 (㉡)을 실시하여 허약지, 병든가지, 교차지, 내향지, 하지 등을 잘라낸다.

㉮ ㉠ 6~8월 사이에 하계전정, ㉡ 12~3월 사이에 동계전정
㉯ ㉠ 12~3월 사이에 동계전정, ㉡ 6~8월 사이에 하계전정
㉰ ㉠ 4~5월 사이에 춘계전정, ㉡ 9~11월 사이에 추계전정
㉱ ㉠ 9~11월 사이에 추계전정, ㉡ 4~5월 사이에 춘계전정

풀이 **조경공사 표준시방서 전정**
① 수목의 정상적인 생육장애요인의 제거 및 외관적인 수형을 다듬기 위해 6월~8월 사이에 하계전정을 실시하며 도장지, 포복지, 맹아지, 평형지 등을 제거한다.
② 수형을 잡아주기 위한 굵은 가지 전정으로 수목의 휴면기간인 12월~3월 사이에 동계전정을 실시하며 허약지, 병든가지, 교차지, 내향지, 하지 등을 잘라낸다.

ANSWER 14 ㉰ 15 ㉱ 16 ㉮

2 시비

1 결핍된 양분의 현상과 이의 보정

① 토양비료의 다량원소

	특징	결핍현상	시비방법
질소(N)	• 단백질의 구성원소 • 뿌리줄기의 잎의 발육 촉진, 생장에 필요한 비료	• 활엽수의 경우 : 황록색으로 변함. 잎 크기가 작고 두껍다. 조기 낙엽현상. 눈의 크기도 작고 적색 또는 적자색으로 변함 • 침엽수의 경우 : 침엽이 짧다.	• 토양에 시비 : 1~2kg/100m^2 • 엽면시비 : 물 1ℓ당 1kg씩 희석하여 시비 ※ 과용하면 동해·상해받기 쉽다.
인(P)	• 핵산·효소의 구성요소 • 뿌리부분의 발육 촉진, 새로운 눈이나 잔가지의 형성을 돕고 조직을 튼튼하게 • 전염병 발생 줄임	• 잎 밑부분에 적색·자색으로, 조기낙엽하며, 개화 지연, 열매 크기가 작다. • 침엽이 구부러지며 하부에서 점차 고사	• 사질토인 경우 : 1~2kg/100m^2 • 점토인 경우 : 2~4kg/100m^2
칼륨(K)	• 단백질합성에 관여 • 수분조절 • 생장이 왕성한 부분에 多. 뿌리나 가지의 생육촉진 • 건조에 강하게 하기 위해 필요(K_2O) • K_2O : 잔디의 발육에 중요 세포분열과 삼투압에 영향이 크다.	• 황화현상, 잎이 쭈글쭈글해지고 말린다. • 끝부분이 고사. 화아는 적게 맺힘 • 침엽이환, 황갈색으로 변함. 끝부분이 괴사 • 묘목의 경우 서리 피해받기 쉽다. • 과일의 수량이 감소	• 사질토 : 2~8kg/100m^2 • 점토 : 8~15kg/100m^2
칼슘(Ca) : 석회	• 세포를 튼튼하게 하며 식물체가 웃자라는 것 방지 • 액제 채내 유기산과 화합하고 중화하여 꽃 화아형성을 좋게 함	• 잎의 백화, 황화현상. 엽선이 뒤틀린다. • 새 가지 잎의 끝부분 고사, 뿌리는 끝 부분이 갑자기 짧아져서 고사 • 정단부분(頂端)의 생육정지, 잎의 끝부분 고사	• 알칼리성 토양의 경우 황산칼슘을 사질토에 : 40~75kg/100m^2 • 황산칼슘을 점토에 : 75~150kg/100m^2
마그네슘 (Mg)		• 활엽수 : 잎이 얇아져 부스러지기 쉽다. 조기 낙엽현상, 잎맥과 잎가 부위에 황백화. 정상보다 작은 크기의 열매 • 침엽수 : 잎 끝부분이 황 or 적으로 변함	• 토양에 시비하는 경우 (황산마그네슘) - 사토 : 12~25kg/100m^2 - 점토 : 25~75kg/100m^2 • 엽산살포 → 100ℓ당 25kg 희석해 잎에 살포
황(S)		• 활엽수 : 잎이 짙은 황록색으로 변함 질소의 부족현상과 비슷 • 침엽수 : 잎 끝부분이 황색 or 적색으로 변함	(황산칼슘) - 사토 : 5~8kg/100m^2 - 점토 : 8~12kg/100m^2

② 토양비료의 미량원소

	결핍현상	시비방법
붕소 (B)	• 활엽수 : 잎이 적색, 어린잎에 증상이 먼저 나타난다. 작고 두꺼워진다. 열매는 쭈그러지고 괴사한다. • 침엽수 : 끝부분이 'J' 형태로 굽어지며 정아·측아가 고사한다.	• 토양(Borax 투여) - 사토 : 0.2~0.5kg/100m^2 - 점토 : 0.5~1.0kg/100m^2 • 엽면시비(붕산 H_3BO_2) - 100ℓ당 0.125~0.250kg을 희석
구리 (Cu)	• 활엽수 : 정상보다 크기가 작다. 새 가지의 끝부분이 갈색 • 침엽수 : 어린 침엽은 잎 끝부분이 고사·조기 낙엽현상	• 토양(황산동 투여) - 사토 : 0.25~1.5kg/100m^2 - 점토 : 1.5~5.0kg/100m^2 • 엽면시비 - 100ℓ당 0.5~0.8kg 희석
철 (Fe)	• 활엽수 : 어린잎 황화, 크기가 작다. 조기낙엽, 조기낙과 열매-암색 • 침엽수 : 백화(白化)현상	• 토양시비(황산철) - 사토 : 12kg/100m^2 - 점토 : 18kg/100m^2 • 엽면시비 - 0.5kg/물100ℓ
망간 (Mn)	• 활엽수 : 잎이 황색, 엽맥 따라 녹색선이 생김, 열매 작아짐 • 침엽수 : 철분의 부족현상과 함께 나타난다. 구별이 어렵다.	• 토양시비(황산망간) - 2~10kg/100m^2 • 엽면시비 - 0.25~1.0kg/물100ℓ
몰리브덴 (Mo)	• 활엽수 : 질소 부족현상과 비슷 잎폭이 좁아지고 꽃 작아짐	• 토양시비(Na_2, M_OSO_4, M_OO_4, $2H_2O(NH_4)$) - 2~20kg/100m^2 • 엽면시비 - 10~100kg/물100ℓ 희석
아연 (Zn)	• 활엽수 : 잎이 황색, 엽폭 좁고, 낙엽. 눈이 가늘고 끝부분 고사. 열매는 가늘고 끝부분 고사 • 침엽수 : 가지와 잎의 크기가 매우 작고 황색	• 토양시비(chelate) - 1kg/100m^2 • 엽면시비 - 0.125~0.25kg/물100ℓ

2 시비방법

① **표토시비법** : 작업방법이 신속하나 비료의 유실량이 많다. 질소시비에 적당
성숙한 교목에 비료주는 부위는 수관외주선의 지상투영부위 20cm 내외가 바람직함

② **토양내 시비법** : 깊이 20~30cm, 간격 0.6~1.0m 정도의 구덩이를 파서 용해하기 어려운 비료 시비에 적당

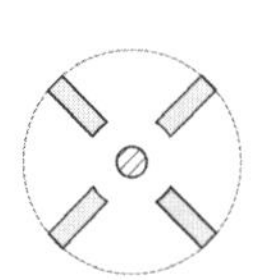
방사성시비법

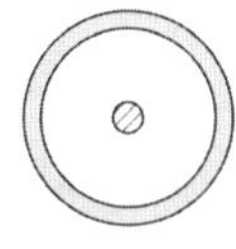
윤상시비법

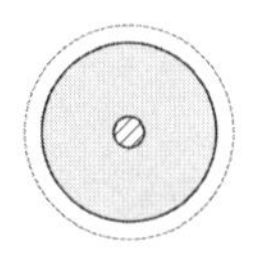
전면시비법

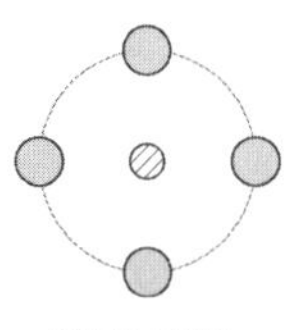
대상시비법

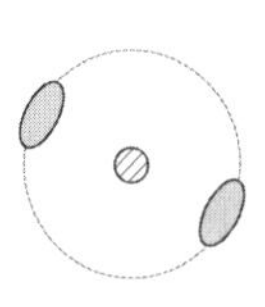
점시비법

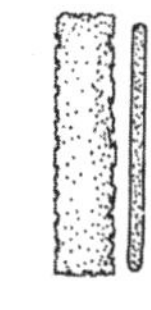
선상시비법

〈토양내 시비법의 종류〉

③ **엽면시비법** : 물 1L당 60~120ml 비율로 희석해 직접 엽면에 살포하는 것으로 미량원소 부족 시 효과가 좋다.

④ **수간주사법** : 수목에 드릴로 구멍을 내 비료 주입하거나 링거병 달기
주로 5~8월 사이에 거목이나 경제성 높은 수목에 적당

★★ 3 시비시기

① **기비(밑거름, 지효성)** : 늦가을 낙엽수 10월 말~11월 말, 땅 얼기전까지, 2월 말~3월 말 잎 피기 전 예 두엄, 계분 즉 질소질(N) 비료

② **추비(덧거름, 속효성)** : 수목 생장기인 4월 말~6월 말까지. 사토에서는 추비를 많이 함
예 칼륨(K) 비료

③ **화비** : 꽃이 지거나, 열매를 딴 후 수세를 회복하기 위해 시비하는 속효성 비료
예 황산암모늄, 질산암모늄, 요소 등 인산질(P) 비료

실전연습문제

01 다음 인산질 비료 중 인산의 함량이 가장 많이 포함되어 있는 것은?

[산업기사 11.03.02]

㉮ 과린산석회 ㉯ 중과린산석회
㉰ 인산암모늄 ㉱ 용성인비

㉮ 인산20%와 석고60%로 이루어진다.
㉯ 인산함량 44~48%
㉰ 인산일암모늄 : 질소 12% 인산 P_2O_5 61%
인산이암모늄 : 질소 21%, 인산 53%
㉱ 인산함량 : 18~20 %

02 우리나라 토양의 점토는 주로 카올리나이트 계통의 점토 광물로 이루어져 있다. 다음 중 카올리나이트(kaolinite)에 관한 설명으로 옳지 않은 것은? [산업기사 11.03.02]

㉮ 온난·습윤한 기후조건 하에서 염기물질이 신속히 용탈될 때 많이 생성된다.
㉯ 양이온 치환용량이 높다.
㉰ 1 : 1격자형 점토광물이다.
㉱ 단위구조 사이의 인력이 세다.

풀이 ㉯ 광물 중 양이온 치환용량이 낮다.

03 토양입자의 침강속도를 측정하여 토양의 입경을 구분할 때 이용되는 Stokes식 내의 독립변수 중 침강속도에 영향을 주는 인자로 고려되지 않는 것은?

[산업기사 11.06.12]

㉮ 물의 점성계수 ㉯ 물의 밀도
㉰ 입자의 반경 ㉱ 입자의 형태

풀이 침강속도는 스토크스 법칙에 따라 퇴적물의 밀도가 클수록, 유채의 밀도와 점성도가 작을수록, 퇴적물 입자가 클수록 커진다고 한다.

04 점토광물이 형태상의 변화없이 내·외부의 이온이 치환되어 점토광물 표면에 음전하를 갖게 하는 현상을 무엇이라 하는가?

[산업기사 11.06.12]

㉮ 동형치환 ㉯ pH 의존전하
㉰ 변두리 전하 ㉱ 잠시적 전하

㉮ 동형치환 : 형태상의 변화 없이 내·외부의 이온이 치환되는 현상
㉯ pH 의존전하 : pH 변화에 따라 이온의 교환능력이 변하는 전하
㉰ 변두리 전하 : 파괴된 변두리에서 생성되는 전자
㉱ 잠시적 전하 : 주위 환경이 달라짐에 따라 변동을 가져오는 전하

ANSWER 01 ㉰ 02 ㉯ 03 ㉱ 04 ㉮

05 다음 중 생리적 반응상 산성 비료에 해당되는 것은? [산업기사 11.06.12]

㉮ 황산칼륨 ㉯ 석회질소
㉰ 용성인비 ㉱ 중과린산석회

06 철이 결핍된 식물에 나타나는 대표적인 증상은? [산업기사 11.10.02]

㉮ 잎이 찢어진다.
㉯ 줄기가 마른다.
㉰ 잎이 누렇게 된다.
㉱ 잎이 위쪽으로 말린다.

07 다음 [보기]는 암석의 화학적 풍화작용 중 무엇을 설명한 것인가? [산업기사 12.03.04]

보기
- 무수물이 함수물로 되는 작용
- 암석의 풍화과정 중 이 작용이 일어나면 이로 인하여 팽창이 발생하여 물리적 풍화를 조장
- 대표적인 예는 적철광이 갈철광으로 변하는 것

㉮ 가수분해(hydrolysis)
㉯ 산화작용(oxidation)
㉰ 수화작용(hydration)
㉱ 탄산화작용(carbonation)

08 다음 엽면시비에 관한 설명으로 틀린 것은? [산업기사 12.03.04]

㉮ 주로 물에 비료를 희석하여 살포한다.
㉯ 빠른 효과를 위하여는 고농도로 희석하여 연속처리한다.
㉰ 미량원소 중 체내 이동이 잘 안되는 Fe, Mn 등의 결핍 시에 활용된다.
㉱ 수용액을 고압분무기로 잎에 직접 뿌려주는 방법으로서 수용성 비료를 사용해야 한다.

풀이 엽면시비는 주로 0.3% 정도의 농도로 희석하며 고농도는 식물에 해를 줄 수 있다.

09 다음 중 네슬러(Nessler)시 약으로 검출할 수 있는 비료의 성분은? [산업기사 12.05.20]

㉮ NO_3^- ㉯ K^+
㉰ $H_2PO_4^-$ ㉱ NH_4^+

풀이 네슬러 시약은 암모니아, 암모늄을 추출하는 시약

10 무기양분의 재이동은 사부(篩部)를 통하여 나온 후 도관(導管)으로 옮겨가 다른 기관으로 운반되는데 이동성이 가장 큰 원소는? [산업기사 12.05.20]

㉮ S ㉯ Ca
㉰ K ㉱ P

ANSWER 05 ㉮ 06 ㉰ 07 ㉰ 08 ㉯ 09 ㉱ 10 ㉱

Part 4 조경관리

11 주요한 토양생성 작용에는 다음과 같은 것들이 있다. 이 중 저습지 또는 배수가 불량한 곳에서 주로 나타나는 것은? [산업기사 12.05.20]

㉮ 라테라이트화 작용(laterization)
㉯ 글라이화 작용(gleization)
㉰ 포드졸화 작용(podzolzation)
㉱ 석회화 작용(calcification)

풀이 **토양생성인자에 의한 주요 토양생성작용**

① 포드졸화 작용(podzolization) : 박테리아의 활동에 지장이 있을 정도의 저온이나 삼림이 자랄 만큼 수분이 충분한 기후에서 진행되는 토양생성작용으로 서안해안성기후, 온난대륙성기후, 고산지역에 전형적으로 나타난다. 소나무나 전나무 같은 침엽수 삼림에서 가장 활발히 진행됨. 용탈층과 집적층의 발달이 특징이다.
② 라테라이트화 작용(laterization) : 열대우림기후, 사바나기후, 아열대습윤기후 등의 고온다습한 기후하에서 진행된다. 토양이 붉은색을 보이며 토층의 발달이 분명하지 않고, 농업에 적합하지 않다.
③ 석회화작용(calcification) : 수분의 증발량이 강수량보다 많은 반건조지역 또는 스텝기후지역에서 진행됨. 탄산칼슘이 주된 성분으로 집적되며 염기의 순환이 일어나는 A층과 토양의 부식이 풍부한 B층이 두드러진다.
④ 글레이화 작용(gleization) : 냉량 또는 한랭습윤기후지역 중에서 지하수위가 높은 저습지나 배수가 불량한 곳에서 진행되는 작용이다. 툰드라 지후나 습윤 대륙성기후지역에서 나타난다. 강산성의 토탄층 밑에 글레이층이라 불리는 치밀한 점토질 물질로 이루어진 토층이 특징이다.
⑤ 염류화 작용(salinization) : 건조지역에서 가용성 염류가 토양의 표면에 집적되는 과정이다. 염류화 작용은 농경에 큰 장애요인이 되며 제거에 경비와 시간이 많이 든다.

12 중량법(重量法, gravimetry)에 의한 토양 수분측정 과정에서 젖은 토양 시료의 중량이 50g, 110℃ 건조기에서 건조한 토양의 중량이 40g이면 이 토양의 무게기준 수분함량은? [산업기사 12.09.15]

㉮ 5% ㉯ 10%
㉰ 25% ㉱ 50%

$$수분함량 = \frac{건조전중량 - 건조중량}{건조중량} \times 100$$

따라서, $\frac{50-40}{40} \times 100 = 25\%$

13 주어진 환경조건에서 제한요인이 되는 양분의 공급량에 대한 수확량이 점차 줄어드는 현상은? [산업기사 13.03.10]

㉮ 최소양분율
㉯ 에머슨 효과
㉰ 그레샴의 법칙
㉱ 수확체감의 법칙

수확체감의 법칙

농업생산을 할 때 생산기술 등 여러 조건을 변화시키지 않고 일정면적의 토지에 투하하는 자본, 노동, 비료 등을 점차 증가하면 수량은 점차 증가하지만, 증가비율은 점차 감소하는 현상. 즉 노동력이 늘거나 비료를 많이 주면 수량은 증가하지만 투자에 비례해 수확량이 감소할 것이다.

ANSWER 11 ㉯ 12 ㉱ 13 ㉱

14 토양콜로이드 중 양이온교환용량(CEC)이 가장 큰 것은? [산업기사 13.03.10]

㉮ 부식(humus)
㉯ 일라이트(illite)
㉰ 카올리나이트(kaolonite)
㉱ 몬모릴로나이트(montmorillonite)

풀이 **양이온교환용량**
특정 pH에서 일정량의 토양에 전기적 인력에 의하여 다른 양이온과 교환이 가능한 형태로 흡착된 양이온의 총량으로 가장 큰 것은 부식이다.

15 활엽수의 경우 잎이 황화현상을 보이며, 침엽수의 경우 침엽이 황색, 적갈색으로 변하며 끝부분이 괴사하는 것은 어떤 성분의 결핍으로 인한 것인가? [산업기사 13.03.10]

㉮ N ㉯ P
㉰ K ㉱ Ca

16 양이온 치환용량이 11.0cmolc/kg인 토양의 치환성 Ca^{2+}, Mg^{2+}, K^{+}, Na+이 각각 5.2, 2.4, 0.4, 0.3cmol°/kg이 존재하고 나머지 치환성 양이온이 H로 채워져 있다. 이 토양의 염기포화도는? [산업기사 13.06.02]

㉮ 12.3% ㉯ 24.5%
㉰ 49.0% ㉱ 75.5%

풀이 $\frac{11}{5.2+2.4+0.4+0.3}\times 100 \fallingdotseq 75.454545$
즉, 75.5%

17 토양에 처음부터 존재하던 양분이나 비료로 준 성분이 아래층으로 이동하는 현상(용탈)을 시험하는 방법은? [산업기사 13.06.02]

㉮ 수경법
㉯ 동위원소 이용법
㉰ 라이시미터(lysimeter) 시험
㉱ 자동라디오그래피(autoradiography)법

풀이 **라이시미터 시험**
증발산량계라고 하며, 토양침투수와 증발수량 등을 측정하기 위하여 직경, 높이가 2m 정도의 용기로 상단을 지면에 매몰하여 측정하는 것

Part 4 조경관리

18 다음 [보기]에서 설명하는 비료는? [산업기사 13.06.02]

보기
- 주성분은 인산1칼슘과 황산칼슘이다.
- 회백색 또는 담갈색의 분말이다.
- 강산성이고 특유의 냄새가 있다.
- 염기성 비료와 배합하면 좋지 않다.

㉮ 용성인비 ㉯ 질산칼슘
㉰ 토머스인비 ㉱ 과린산석회

19 수피에 구멍을 내어 비료성분을 주입하는 시비법에 해당하는 것은? [산업기사 13.09.28]

㉮ 수간주사법 ㉯ 엽면시비법
㉰ 토양 내 시비법 ㉱ 표토시비법

㉮ 수간주사법 : 수목에 드릴로 구멍을 내 비료 주입
㉯ 엽면시비법 : 물에 희석해 직접 엽면에 살포
㉰ 토양 내 시비법 : 구덩이를 파서 용해하기 어려운 비료시비
㉱ 표토시비법 : 작업방법이 신속하나 비료의 유실량이 많다.

ANSWER
14 ㉮ 15 ㉰ 16 ㉱ 17 ㉰ 18 ㉱ 19 ㉮

20 괴란산석회나 어박(漁粕), 계분 등과 같은 인산질비료는 식물의 어느 부분의 성장을 주로 돕는가? [산업기사 13.09.28]

㉮ 잎을 무성하게 하며, 생육을 촉진시킨다.
㉯ 개화 수를 증가시키고 결실을 돕는다.
㉰ 가지나 줄기의 비대를 촉진시킨다.
㉱ 뿌리의 신장에 도움을 준다.

풀이 **인(P)의 결핍현상**
활엽수의 경우 잎의 밑부분이 적색 또는 자색으로 변하며, 어린 잎의 경우 정상적인 잎보다는 크기가 약간 작다. 또한 조기에 낙엽현상이 생긴다. 꽃의 수는 적게 맺히며, 열매는 그 크기가 작아진다. 침엽수의 경우 침엽이 구부러진다.

21 다음 중 조경수목에 대한 시비방법으로 옳은 것은? [산업기사 14.03.02]

㉮ 시비 횟수는 1년에 2~3회가 충분하며 추비는 완효성비료가 좋다.
㉯ 과린산석회와 계분은 섞어서 시비해서는 안 된다.
㉰ 석회질소는 뿌리에 직접 닿지 않게 하며 황산암모늄과 과린산석회의 혼용을 금한다.
㉱ 윤상시비는 수관 외곽의 투영 선상에 깊이 20cm 정도로 구덩이를 4~6개 파서 비료를 묻어준다.

풀이 ㉮ 시비 횟수는 1년에 1~2회로 추비는 속효성 비료를 준다.
㉯ 과린산석회와 계분과 같은 인산질 비료는 섞어서 시비해도 된다.
㉱ 천공시비는 수관 외곽의 투영 선상에 깊이 20cm 정도로 구덩이를 4~6개 파서 비료를 묻어준다.

22 다음 [보기]에서 설명하는 영양 원소는? [산업기사 14.03.02]

보기
- 식물체 내에서 이동이 어렵기 때문에 결핍증상은 생장점이나 저장기관에 주로 나타난다.
- 결핍은 사질토에서 나타나기 쉽고 대개 석회가 많은 토양에서 볼 수 있다.
- 결핍하면 사과 등에서 과실이 오그라드는 병(축과병)이 발생한다.
- 활엽수 가지에 로제트병이 발생하고, 꽃은 적게 달리며, 열매는 조기 낙과한다.

㉮ Cl ㉯ B
㉰ Mo ㉱ Zn

B(붕소)
주로 꽃의 형성, 개화, 과실형성에 관여하며 결핍 시 잎의 변색, 열매괴사 등의 현상

23 어느 토양의 진비중(입자밀도)이 2.6이고, 가비중(용적밀도)이 1.3이었다. 이 토양의 공극률은? [산업기사 14.03.02]

㉮ 40% ㉯ 45%
㉰ 50% ㉱ 55%

$$공극률 = \frac{진비중-가비중}{진비중} \times 100$$
$$= \frac{2.6-1.3}{1.3} \times 100 = 50\%$$

24 식물체 안에서 질산의 환원에 필요한 미량 요소는? [산업기사 14.05.25]

㉮ B ㉯ Mn
㉰ Mo ㉱ Cl

- Mo(몰리브덴) : 질산환원의 효소인자

ANSWER 20 ㉯ 21 ㉰ 22 ㉯ 23 ㉰ 24 ㉰

25 토양에서의 부식(腐植)의 기능으로 거리가 먼 것은? [산업기사 14.05.25]

㉮ 입단화를 촉진한다.
㉯ 보수력을 증대시킨다.
㉰ 점토함량을 증가시킨다.
㉱ 토양의 완충능을 증대시킨다.

풀이 토양이 부식하면 부식산에 의해 점토의 함량이 부족해진다.

26 토양 중에 존재하는 수용성 수소이온 농도를 측정하여 얻을 수 있는 토양산성은? [산업기사 14.05.25]

㉮ 잠산성 ㉯ 활산성
㉰ 치환산성 ㉱ 가수산성

풀이 ㉮ 잠산성 : 토양입자의 확산 이중층 내부에 흡착되어 있는 수소이온
㉯ 활산성 : 토양용액 중의 활성유리 수소이온 농도
㉰ 치환산성 : 토양 교질물에 흡착된 수소 및 Al 이온의 농도

27 다음 중 토양 내 시비방법이 아닌 것은? [산업기사 14.09.20]

㉮ 수간주사법 ㉯ 대상시비법
㉰ 윤상시비법 ㉱ 선상시비법

풀이 **수간주사법**
토양내 시비법이 아니라 수목의 수피에 구멍을 내어 약을 주입하는 것

28 석회질 비료의 설명으로 틀린 것은? [산업기사 14.09.20]

㉮ 소석회는 비료용 석회로 가장 많이 이용된다.
㉯ 황산석회는 석고라고도 하며, 탄산염이 원인이 되는 알칼리성 토양의 개량에 알맞다.
㉰ 탄산삭회는 석회암이나 석회석을 화학적 가공을 통해 만든 것이다.
㉱ 생석회는 산성토의 중화와 토양의 물리적 성질을 개선시키는 데 매우 유효하다.

풀이 **탄산석회**
석회석, 대리석, 방해석, 아라이나이트 등으로서 산출하며, 석회석의 주성분이다. 농용석회로도 사용되고 카바이트 제조 원료도 된다.

29 토양의 구성은 3대 성분 또는 4대 성분으로 나눌 수 있다. 다음 중 토양의 4대 구성성분으로만 구성된 것은? [산업기사 14.09.20]

㉮ 모래, 점토, 공기, 물
㉯ 광물질, 미생물, 물, 공기
㉰ 유기물, 광물질, 교질물, 물
㉱ 광물질, 유기물, 공기 물

풀이 **토양의 4대 구성성분**
25% 공기, 25% 물, 5% 유기물, 45% 광물과 무기물

ANSWER 25 ㉰ 26 ㉯ 27 ㉮ 28 ㉰ 29 ㉱

★★★ 3 제초 및 관수

1 제초

① 잡초의 분류

㉠ 1년생 : 돌피, 명아주, 바랭이, 석류풀, 마디풀, 쇠비름, 이탈리아호밀풀, 포아풀류

㉡ 다년생 : 우산풀, 토끼풀, 쑥, 서양민들레, 야생마늘류, 괭이밥류, 질경이류, 크로바

② 제초

㉠ 물리적(인력 제거, 깎기, 경운, 유기물이나 비닐, 왕모래 사용한 제초)방법
화학적(접촉성 제초제, 이행성 제초제, 토양소독제 사용)방법

㉡ 잡초의 뿌리 및 지하경을 완전히 제거해야 하며 제거된 잡초는 멀리 방출하여 처리

③ 제초제

㉠ 크로바 제초제 : 2.4D, BPA, CAT(씨마진), ATA, banble-D

㉡ 아미이드 계통의 제초제 : 마세트, 라쏘, 스템에프-34, 2.4D

㉢ 비선택성 제초제 : 근사미, 그라목손, 글라신액제, 파라크액제
난지형 잔디의 겨울잡초 제거 시 모든 초화류의 제초

㉣ 발아전 제초제 : 시마진, 데브니놀, 론파, 닥탈, 론스타, 스톰프, 시드론, 베네핀

㉤ 광엽 경엽처리제 : 2.4D, MCPP, 반벨 및 반벨디, 밧사그란 등

④ 제초제 사용방법

㉠ 액제 : 제조제를 물에 잘 녹여 조제해 액제로 만든 것

㉡ 유제 : 기름에 녹는 약제를 녹여서 사용

㉢ 수화제 : 물에 잘 녹지않는 약제를 표면적 넓은 다른 물질과 물에 잘 젖게 하는 물질을 첨가해 물에 잘 퍼지게 조제한 것

㉣ 입제 : 약제에 중량제를 섞어 입자로 조제한 것 소면적에 사용하는 낮은 농도 제초제

2 관수

① 관수시기 판단요령

㉠ 식물을 주의 깊게 관찰해 잎이 시들기 전에 관수, 기온이 5℃ 이상이며, 토양온도 10℃ 이상인 날이 10일 이상 지속될 때 관수.

㉡ 토양의 건습 정도로 판단

㉢ 장력계, 전기저항계 사용(영구위조점 1500cb) 판단

㉣ 증산흡수율 측정

㉤ 엽면의 온도 측정 : 수분이 적으면 호흡작용이 감소해 엽면 온도가 올라감

② **관수방법**

㉠ 지표면 관수 : 인력, 기계를 이용한 인공살수

㉡ 엽면관수 : 잎에 관수하는 것으로 이식수목의 활착, 노거수 등에 효과적

③ **관수시기** : 구름 낀 날, 일출 일몰 시가 원칙

④ **관개방법**

㉠ 침전식 관개 : 수간 주위에 도랑을 파 유수, 호스, 스프링클러 등에 의해 수분을 공급해 측방에서 천천히 스며들게 함

㉡ 도랑식 관개 : 도랑의 경사로, 유속에 따라서 도랑 이용해 비교적 균일하게 관수

㉢ 점적식 관개 : 호스가 식물체 줄기 근처로 지나가면서 작은 구멍을 통해 소량의 물을 조금씩 내보내는 것 수량이 감소되고 식물의 잎, 꽃에 물이 고이는 일 없고 병해 방제에 도움됨

㉣ 지하 관개법 : 지하에 유공관 설치해 관개

㉤ 살수관개법(Sprinkler Irrigation)

고정식	분무살수기	고정된 본체와 분사공으로 가장 간단한 살수기 다른 살수기보다 저렴. 낮은 수압에도 작동 6~12m 직경의 살포범위
	분무입상 살수기	분무형과 같으나 본체가 지표면위로 올라왔다 들어갔다함 잔디 깎을 때 표면에 노출된 기계가 없어 편리
회전식	회전살수기	회전하면서 넓은 지역에 살수. 높은 수압에서 작동 24~60m 직경의 살포범위 넓은 잔디밭에 사용이 효과적
	회전입상 살수기	회전하면서도 지표면에 올라왔다 내려갔다 하는 형태 오늘날 대규모 지역에 가장 많이 사용
특수살수기		스팀스프레이(계속적으로 작은 물줄기를 살포하나 살수가 균일하지 못함) 거품식(물이 식물에 접촉되는 것이 만족스럽지 않은 지역에 사용)

CHAPTER 09 조경식물 관리

실전연습문제

01 관수시 실시하는 ET(evapotranspiration)의 측정으로 옳은 것은? [산업기사 11.03.02]

㉮ 식물의 호흡과 수분으로부터 증산되어 하루에 유실되는 수분의 양
㉯ 태양열에 의해 단위초당 유실되는 수분의 양
㉰ 태양열에 의해 단위분당 유실되는 수분의 양
㉱ 식물의 호흡과 토양으로부터 증산되어 단위시간 당 유실되는 수분의 양

02 가로수에 유공관(有孔管, perforated pipe)을 설치하여 얻고자 하는 효과로 옳은 것은? [산업기사 11.03.02]

㉮ 통기성 및 관수의 효율성을 높인다.
㉯ 다양한 디자인으로 경관을 개선한다.
㉰ 통행인으로 인한 답압을 줄인다.
㉱ 가로변 쓰레기와 먼지를 흘려보낸다.

03 광조건에 따른 암발아 잡초에 해당하지 않는 것은? [산업기사 11.03.02]

㉮ 냉이 ㉯ 서양민들레
㉰ 광대나물 ㉱ 별꽃

암발아
빛에 의하여 발아가 억제되는 종자로 맨드라미속(屬)·비름속, 호박·오이·참외 등의 오이과 식물, 시클라멘·광대나물 등이 해당한다.
㉯ 서양민들레는 광발아

04 엽맥이나 잎 가장자리, 수피 등이 직사광선을 받았을 때 잎이 갈색이 되거나 수피의 일부에 급격한 수분증발이 생겨 조직이 고사되는 현상은? [산업기사 11.03.02]

㉮ 일소현상 ㉯ 위황현상
㉰ 일액현상 ㉱ 일비현상

풀이 **일소현상**
건조 때문에 수피의 일부분에 급격한 수분증발이 일어나 조직이 말라죽는 현상

05 잡초 종자가 발아되기 전 토양에 살포하면 발아할 때 뿌리에서 흡수되어 잡초를 없앨 수 있는 것은? [산업기사 11.06.12]

㉮ 패러콰디클로라이드액제
㉯ 연소산염제
㉰ 시마진수화제
㉱ 나드분제

06 잡초의 유용성에 대한 설명으로 틀린 것은? [산업기사 11.06.12]

㉮ 잡초 중에는 논둑 및 경사지 등에서 지면을 덮어 토양 유실을 막아준다.
㉯ 작물과 같이 자랄 경우 빈 공간을 채워 작물의 도복을 막아준다.
㉰ 근연 관계에 있는 식물에 대한 유전자은행으로서의 역할을 할 수 있다.
㉱ 유기물이나 중금속 등으로 오염된 물이나 토양을 정화하는 기능을 가진 종들이 있다.

ANSWER
01 ㉱ 02 ㉮ 03 ㉯ 04 ㉮ 05 ㉰ 06 ㉯

풀이 잡초의 유용성
토양에 유기물 퇴비공급, 야생동물의 서식처, 먹이제공, 토양침식/유실방지, 자연경관, 환경보전, 작물개량을 위한 유전자자원, 토양/수질정화

07 작물이 흡수할 수 있는 토양수분(유효수분)의 수분장력은 pF값으로 얼마나 되는가? [산업기사 11.10.02]

㉮ 0.5 ~ 1.5 ㉯ 1.5 ~ 2.5
㉰ 2.5 ~ 4.5 ㉱ 4.5 ~ 6.5

08 식물의 수분상태를 조절하는 데 가장 중요한 역할을 하는 필수원소는? [산업기사 12.03.04]

㉮ Fe ㉯ Mg
㉰ Ca ㉱ K

09 다음 중 수목의 관수 방법이 아닌 것은? [산업기사 12.05.20]

㉮ 침수식 관수법
㉯ 도랑식 관수법
㉰ 방사상식 관수법
㉱ 스프링클러식(Springkler) 관수법

10 종내경합(Intra-specific competition)이란? [산업기사 12.09.15]

㉮ 작물과 잡초 간 경합
㉯ 동일 종 내의 잡초 간 경합
㉰ 여러 작물과 한 잡초 간 경합
㉱ 서로 다른 잡초 초종 간 경합

11 다음은 어떤 잡초에 대한 설명인가? [산업기사 12.09.15]

- 종자보다 근경으로 번식한다.
- 잎을 물위에 띄우는 부유성 다년생잡초이다.
- 지하경을 내고 분지신장을 하며 옆으로 뻗어가면서 생육한다.
- 학명은 *Potamogeton distinctus A. BENN*이다.

㉮ 올미 ㉯ 벗풀
㉰ 가래 ㉱ 너도방동사니

12 새잎과 새가지가 생장하기 시작한 후에 수목을 이식하였다. 이런 경우에 지엽(枝葉)의 수분증발을 억제하여 활착을 도와주기 위해 처리하는 약제는? [산업기사 13.03.10]

㉮ 도포제 ㉯ 증산억제제
㉰ 발색제 ㉱ 분산제

13 다음 제초제와 그 작용기작이 옳지 않은 것은? [산업기사 13.03.10]

㉮ 엽록소 형성 저해 pyrazol계
㉯ 옥신작용의 교란 triazine계
㉰ 단백질 합성 저해 carbamate계
㉱ 세포분열 저해 dinitroanilin계

풀이 triazine계 제초제
잡초발생 전 또는 작물을 심기 전에 토양에 처리하는 제초제로 화본과 및 광엽잡초 방제에 효과적이며, 트리아진계는 광에 의해 활성화되어 녹색조직의 황화 및 고사를 유발하는 광합성 저해제로 식물체 내의 엽록체가 작용점이다.

Part 4 조경관리

ANSWER
07 ㉰ 08 ㉱ 09 ㉰ 10 ㉯ 11 ㉰ 12 ㉯ 13 ㉯

14 열처리나 침수처리 등의 잡초방제방법을 무슨 방제법이라고 하는가? [산업기사 13.06.02]

㉮ 경종적 방제법 ㉯ 물리적 방제법
㉰ 생태적 방제법 ㉱ 예방적 방제법

15 다음 관수방법 중 물의 효용도가 가장 높은 관수 방법은? [산업기사 13.06.02]

㉮ 점적관수식 ㉯ 분무관수식
㉰ 스프링클러식 ㉱ 전면관수식

풀이 **점적관수식**
호스가 식물체 줄기 근처로 지나가면서 작은 구멍을 통해 소량의 물을 조금씩 내보내는 것으로, 수량이 적게 들고 병해방제에 도움이 된다.

16 영구위조점에서의 토양수분장력(pF) 값은 어느 정도인가? [산업기사 13.09.28]

㉮ 3.2 ㉯ 4.2
㉰ 5.2 ㉱ 6.2

17 다음 중 2년생 잡초에 대한 설명으로 틀린 것은? [산업기사 13.09.28]

㉮ 지칭개, 망초 등이 속한다.
㉯ 로제트(rosette) 형태로 월동한다.
㉰ 주로 온대지역에서 볼 수 있는 잡초이다.
㉱ 월동이후 화아분화하여 개화, 결실한 후 고사한다.

18 다음 약제 중 비선택성제초제에 해당하는 것은? [산업기사 14.03.02]

㉮ 포클로르페뉴론액제
㉯ 에테폰액제
㉰ 글리포세이트액제
㉱ 디티아주론수화제

비선택성제초제
염소산나트륨, 붕사, 비산염, 트리클로로아세트산, 글리포세이트액제, 근사미, 그라목손

19 광엽잡초와 화본과잡초의 분류로 옳은 것은? [산업기사 14.03.02]

㉮ 광엽잡초 - 돌피
㉯ 광엽잡초 - 명아주
㉰ 화본과잡초 - 여뀌
㉱ 광엽잡초 - 바랭이

- 광엽잡초 : 쌍자엽 식물로서 망상맥을 가지고 있는 잎이 넓은 잡초로 망초, 토끼풀, 쑥, 냉이, 비름, 물달개비, 가래, 가막사리, 명아주 등
- 화본과 잡초 : 잎은 어긋나기이며, 입맥이 평행한 특성이 있으며, 돌피, 바랭이, 뚝새풀, 강아지풀, 갈대, 억새 등

ANSWER
14 ㉯ 15 ㉮ 16 ㉯ 17 ㉱ 18 ㉰ 19 ㉯

4 병해충방제

1 병해

(1) 용어 정리

① **병원** : 병을 일으키는 원인이 되는 것

② **병원체** : 병원이 생물이거나 바이러스일 때

③ **주인(主因)** : 병의 주된 원인

④ **유인(誘因)** : 상처, 기상조건이 식물과 주인(主因)의 친화성인 상호관계를 도와 병을 유발하는 경우

⑤ **기주식물** : 병원체가 이미 침입해 정착한 병든 식물

⑥ **감수체** : 병원체가 침입하기 전에 병에 걸릴 수 있는 상태의 식물

⑦ **병원성** : 병원체가 감수성인 수목에 침입하여 병을 일으킬 수 있는 능력

⑧ **침해력** : 병원체가 감수성인 수목에 침입하여 그 내부에 정착하고 양자간에 일정한 친화 관계가 성립될 때까지 발휘하는 힘

⑨ **발병력** : 수목에 병을 일으키게 하는 힘

⑩ **병징(病徵)(symptom)** : 병든 식물 자체의 조직변화에 유래하는 이상
비전염성병, 바이러스병, 마이코플라즈마에 의한 병은 병징만 나타남

⑪ **표징(標徵)(sign)** : 병원체 자체가 병든 식물체상의 환부에 나타나 병의 발생을 알리는 것 병원체가 진균일 때 대부분 표징이 나타남

⑫ **감염(感染)(infection)** : 식물에 침입한 병원체가 그 내부에 정착하여 기생관계가 성립되는 과정

⑬ **병환(炳環)(disease cycle)** : 발병한 기주식물에 형성된 병원체가 새로운 기주식물에 감염하여 병을 일으키고 병원체를 형성하는 일련의 연속적인 과정

조경관리

(2) 병원의 종류

① 생물성 원인 : 전염성병(기생성병)

a	바이러스에 의한 병		진딧물 매개체
b	파이토플라즈마에 의한 병		빗자루병
c	세균에 의한 병		세균무름병(바이올렛, 아이리스, 백합), 풋마름병(다알리아), 목썩음병
d	곰팡이에 의한 병	진균	녹병, 흰가루병, 가지마름병, 그을음병, 묘입고병, 검은무늬병, 시들음병, 회색곰팡이병, 역병
e		점균	
f		조균	
g	종자식물에 의한 병		
h	선충에 의한 병		

② 비생물성 원인 : 비전염성병(비기생성병)

㉠ 부적당한 토양조건에 의한 병

㉡ 부적당한 기상조건에 의한 병

㉢ 유해물질에 의한 병

㉣ 농기구 등 기계적 상해

(3) 수목의 주요 병징

색깔변화	① 황화 예 소나무, 낙엽송 황화현상 ② 위황화 : 철 부족, 석회 과잉, 바이러스에 의해 예 오동나무 빗자루병, 밤나무 ③ 은색화 : 표피하에 부자연한 공기층 형성되어 예 자색비늘버섯에 의한 활엽수 은색화 ④ 백화 : 염색체 형성 안 되거나 유전적, 바이러스에 의한 것 예 사철나무 ⑤ 자색화, 적색화 예 소나무, 낙엽송 자색화병, 침엽수 입고병 ⑥ 청변 예 소나무 청변병 ⑦ 국소적 변색 : 반점(플라타너스 갈점병, 버드나무류 윤반병) ⑧ 얼룩(뽕나무 오엽병)
천공	세균, 균류에 의한 경우, 연해, 동해에 의한 경우 예 벚나무 천공성 갈반병
위조	이병식물의 전신 일부가 시드는 경우 예 입고병, 아카시아 자귀나무 위조병
괴사	세포, 조직이 죽는 것 예 활엽수 반점병류, 삼나무 적고병
위축	질병에 의해 기관의 크기가 작아지는 것 예 뽕나무 위축병, 밤나무 위황병, 소나무소엽병
비대	예 진달래, 동백나무 비대병, 버드나무 잎자루병
기관의 탈락	예 낙엽송 낙엽병
암종	일부가 부풀어 혹이 생기는 경우 예 소나무 혹병
빗자루 모양	환부에 가늘고 병든 소지가 총생하는 것 예 대추나무, 오동나무, 벚나무 빗자루병
잎마름	예 소나무 엽고병, 삼나무 적고병, 밤나무 통고병
지고	작은가지의 끝에 가까운 부분이 고사하는 경우 예 삼나무 흑점지고병, 낙엽송 선고병
동고 및 부란	국소적 고사 예 오동나무 부란병, 밤나무 동고병, 분비나무 동고병
분비	조직에서 액즙, 점질물, 수지가 나오는 경우 예 복숭아 수지병, 편백나무 수지병
부패	조직이 썩는 경우

(4) 병원체의 전반

① 전반(傳搬)(dissemination) : 병원체가 여러 방법으로 다른 식물체에 운반되는 것

② 전반방법

a	바람에 의한 전반	잣나무 털녹병균, 밤나무 줄기마름병균, 밤나무 흰가루병균
b	물에 의한 전반	근두암종병균, 묘목의 입고병균, 향나무 적성병균
c	곤충, 소동물에 의한 전반	오동나무, 대추나무 빗자루병균, 포플러 모자이크병균
d	종자에 의한 전반	오리나무 갈색무늬병균, 호두나무 갈색부패병균
e	묘목에 의한 전반	잣나무 털녹병균, 밤나무 근두암종병균
f	식물체의 영양번식기관에 의한 전반	오동나무, 대추나무 빗자루병균, 포플러 아카시아 모자이크병균
g	토양에 의한 전반	묘목의 입고병균, 근두암종병균
h	기타방법에 의한 전반	① 건전한 뿌리와 병든 뿌리가 접촉하여 전반 ② 벌채 후 통나무와 재목 등에 병원균이 잠재해 전반

(5) 식물병의 방제법

① 예방법

1	비배관리	질소비료 과잉 - 동해, 상해받기 쉽다. 황산암모니아 - 토양 산성화 인산질, 가리질 비료 - 전염병 발생을 적게 함
2	환경조건의 개선	토양전염병 - 일광부족이나 토양습도 부족 시 발생
3	전염원의 제거	병든 가지, 잎은 제거하여 소각
4	중간기주의 제거	잣나무 털녹병 - 송이풀 까치밥나무 포플러 입녹병 - 낙엽송
5	윤작실시	연작에 의해 피해 심한 병 : 침엽수 입고병, 오리나무 갈색무늬병, 오동나무 탄저병, 뿌리혹 선충병
6	식재식물 검사	
7	작업기구, 작업자의 위생관리	
8	종묘소독	종묘소독제 : 유기수은제, 티람제, 캡탄제
9	토양소독	토양소독제 : 클로로피크린, 포르말린, PCNB제, 티람제, DAPA제, NCS제
10	약제살포	
11	검역	
12	수병의 발생예찰	미리 예상해 방제책을 강구하는 목적
13	임업적 방제법	수종 선택, 종자의 산지, 묘목의 취급과 식재방법, 벌채시기
14	내병성 품종 이용	

② 치료법

㉠ 내과적 요법 : 약제주입, 살포, 뿌리의 흡수작용 이용

㉡ 외과적 요법 : 병환부 잘라내고 보강

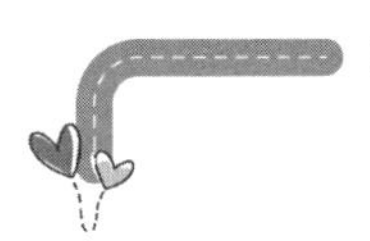

ⓐ 가지에 대한 처리 : 자른 부위에 석회황합제, 크레오소트 발라 소독, 페인트, 접밀, 발코트 등 발라 방수

ⓑ 줄기에 대한 처리 : 공동생긴 경우 소독, 방수처리 후에 빈 구멍에 시멘트, 아스팔트, 수지 등으로 채우기

ⓒ 뿌리에 대한 처리 : 죽은 뿌리 자르고 토양살균제로 노출될 곳 바르고 살균제 뿌리고 흙으로 덮기

③ 살균제

구분		내용
동제(보르도액)		6-12식 석회보르도액 : 물 1L에 유산동 6g, 생석회 12g 4두식 보르도액 : 황산동 450g, 생석회 450g + 물 4斗(80L) (황산동과 생석회를 다른 통에 만들어 석회유에 황산동을 부어야 함) 1차전염이 일어나기 약 1주일 전에 살포 바람이 없는 약간 흐린 날 살포
유기수은제		종자소독에 한해서만 사용. 그늘에서 제조하며 1~2일안에 사용할 것
황제	무기황제	석회황합제 : 적갈색 물약, 흰가루병, 녹병의 방제, 강알칼리 황 : 미분말, 미세할수록 효과 좋음. 흰가루병, 녹병 방제
	유기황제	a. 지네브제 : 녹병에 효과. 다이센 Z-78, 파제이트 b. 마네브제 : 녹병에 효과. 다이센 M-22 c. 퍼밤제 : 녹병, 흰가루병, 점무늬병에 효과. 퍼메이트 d. 지람제 : 퍼밤제와 효과 같음. 저얼레이트 e. 티람제 : 종자소독, 토양소독에 사용. 아라산, 티오산 f. 아모밤제 : 각종 녹병, 흰가루병에 효과. 다이센스테인리스
기타 유기합성살균제		a. PCNB제 : 라이족토니아(Rhizotonia)균에 의한 입고병에 효과 큼 b. CPC제 : 휴면기살포제 c. 캡탄제 : 종자소독, 잿빛곰팡이병, 모잘록병에 효과

④ 농약희석 물의 양 구하기

$$\text{물의 양} = \text{원액의 용량} \times \left(\frac{\text{원액의 농도}}{\text{희석하려는 농도}} - 1\right) \times \text{원액의 비중}$$

(6) 식물의 주요 병해와 방제약제

① 흰가루병

㉠ 병징 : 주야 온도차가 크고 습기 많을때 주로 잎에 흰곰팡이가 생기는 병

㉡ 피해수목 : 사철나무, 단풍나무, 배롱나무, 가중나무, 밤나무, 참나무, 감나무, 물푸레나무, 느티나무

㉢ 방제약 : 톱신수화제, 석회유황합제, 포리독신, 가라센, 다이센 M-45, 지오판수화제 200배액, 황수화제 500배액, 4-4식 보르도액

② 탄저병

㉠ 병징 : 주로 장마철에 잎, 줄기에 갈색반점이 생기며 주로 어린묘목에 많이 발생

㉡ 피해수목 : 녹나무, 오동나무, 호두나무, 아까시나무, 옻나무, 물푸레나무, 감나무, 대추나무, 동백나무, 무화과

㉢ 방제약 : 만코지수화제, 지네브수화제 400-500배액, 보르도액, 디프라탄, 다이젠 M-45, 다이젠 Z-7

③ 잎녹병

㉠ 병징 : 4월 초에 1개월간 침엽수에 황색이나 황백색 주머니 포자가 형성돼 가을에 흑색 덩어리로 변함

㉡ 피해수목 : 잣나무, 소나무, 젓나무, 버드나무, 향나무

㉢ 방제약 : 석회황합제 1000배액, 지네브 수화제 600배액, 만코지 수화제 600배액(9~10월에 2주간격으로 2~3번 살포)

④ 입고병(잎잘록병)

㉠ 병징 : 나무의 지체부가 갈색으로 변하여 넘어지며, 토양에서 감염

㉡ 피해수목 : 소나무류

㉢ 방제약 : 종자소독(우수푸른, 메르크톤), 토양소독(PCNB, 다찌가렌) 질소질 비료의 과잉을 피하고 인산질 비료를 많이 시비함. 관수, 배수, 통풍에 유의

⑤ 털녹병

㉠ 병징 : 5월 상~중순에 황색가루가 줄기에 발생

㉡ 피해수목 : 가시나무류, 잣나무류

㉢ 방제 : 만코지 수화제 600배액 월 2회 8월까지 살포. 8월 전 중간기주 제거(송이풀, 까치밤나무)

⑥ 잎마름병

㉠ 병징 : 6월경 잎에 갈색반점이 생기며 주로 장마철에 많이 발생

㉡ 피해수목 : 밤나무, 감나무, 소나무, 편백

㉢ 방제 : 4-4식 보르도액, 만코지 수화제 500배액 2주간격으로 살포

⑦ 그을음병

㉠ 병징 : 흡즙성 해충의 배설물이 기생하여 균체가 검은색이라 그을음 생긴 것처럼 보임

㉡ 피해나무 : 소나무, 주목, 대나무, 감나무

㉢ 방제 : 4월 초~9월에 메치온 수화제 살포

⑧ 빗자루병

㉠ 병징 : 가지의 일부에 잔가지가 많이 발생. 마이코플라즈마균에 의한 것

㉡ 피해나무 : 오동나무, 대추나무, 벚나무

㉢ 방제 : 8-8식 보르도액, 파라티온유제, 메타유제 1000배액

⑨ 갈색무늬병

㉠ 병징 : 주로 봄부터 가을 사이에 잎에 갈색 병반이 발생

㉡ 피해수목 : 무궁화, 라일락, 굴거리나무, 개나리

㉢ 방제 : 만코지수화제, 마네브수화세, 동수화제 500~600배액

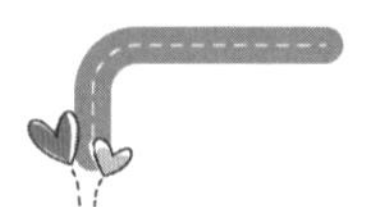

⑩ 그 외

㉠ 단풍나무 가지마름병(가지에 암갈색 병반, 겨울에 석회황제 10배 살포)

㉡ 은행나무 자줏빛날개무늬병(자색의 균사가 뿌리를 고사시킴. 뿌리제거하고 PCNB살포)

㉢ 모과나무 적성병(향나무 중간기주 제거. 마이탄수화제 600배액)

㉣ 장미 부탄병(줄기에 농갈색 병반. 소독 후 발코트 바르기)

☆☆☆☆☆ 2 충해

(1) 조경식물 주요해충

흡즙성 해충	깍지벌레류	살충제 : 메티온유제, 메카밤유제, 디메토유제 살포 천적 : 무당벌레류 풀잠자리
	응애류	살충제 : 테디온유제, 디코풀유제, 벤지란유제, 다노톤유제 천적 : 무당벌레, 풀잠자리, 거미
	진딧물류	살충제 : 메타유제, 마라톤유제, 아시트수화제, 펜토유제 천적 : 무당벌레류, 꽃등애류, 풀잠자리류, 기생봉
식엽성 해충	노랑쐐기나방, 독나방, 버들재주나방, 솔나방, 어스랭이나방, 오리나무잎벌, 잣나무 넓적잎벌레, 짚시나방, 참나무 재주나방, 텐트나방, 흰불나방	
	살충제 : 대부분 디프액제, 메프수화제, 쥬론수화제	
천공성 해충	미끈이하늘소, 박쥐나방, 버들바구미, 소나무좀, 측백하늘소 등	
	살충제 : 대부분 메프유제, 테라빈수화제, 파라티온 등	
충영형성해충	밤나무혹벌	천적 : 꼬리좀벌, 노랑꼬리좀벌, 상수리좀벌, 큰다리남색좀벌류
	솔잎혹파리	살충제 : 오메톤유제, 포스팜액제, 테믹 15%(땅의 유충방제), 나크 3%(성충우화기에 지면살포) 천적 : 산솔새, 솔잎혹파리먹좀벌, 혹파리등뿔먹좀벌; 혹파리살 이먹좀벌 등
묘포해충	거세미나방, 땅강아지, 풍뎅이류, 복숭아명나방 살충제 : 대부분 마라톤유제, 디프제, 파라티온유제	

(2) 소나무의 3대 해충

① **솔나방** : 마라톤유제수관, 디프액제, 파라티온

② **소나무좀** : 천적인 개미붙이, 줄침노린재 이용

③ **솔잎혹파리** : 5월초 테믹 15% 뿌리부근에 살포, 성충우화기에 나크 3% 지면에 살포 천적 산솔새, 솔잎혹파리먹좀벌, 혹파리등뿔먹좀벌, 혹파리살이먹좀벌 등

(3) 그 외 주요 해충

① 흰불나방

㉠ 유충이 잎을 먹으면서 실을 토해 잎을 싸고 그 속에서 군식

㉡ 1년에 2~3회 발생
㉢ 발견이 쉽고 가로수, 정원수에 피해를 줌
㉣ 포플러류, 버즘나무에 피해

② 박쥐나방
㉠ 유충구멍을 초기에 발견해 마라톤 500배액 주입하고 구멍을 진흙으로 막기
㉡ 6월 이전에 나무하부 잡초제거
㉢ 지표에 마라톤, 파라티온 살포
㉣ 발생장소에 끈끈이 발라 유충 침입방지

3 노거수목 관리

(1) 상처치료

굵은 가지 3단계로 자르기. 상처부 절단면에 도료(오렌지 셀락, 아스팔렘 페인트, 크세오소트 페인트, 접목용 밀랍, 하우스 페인트, 라놀린 페인트)를 발라 부패방지

(2) 뿌리 보호

① 나무우물(tree wall) 만들어 산소공급
② 절토 시 뿌리가 노출되지 않게
③ 포장 시 뿌리와 수분 통할 수 있는 공간 만들어 주기
④ 뿌리 보호판(tree gate) 설치

(3) 공동처리단계

깨끗이 닦아내기 → 공동내부 다듬기 → 버팀대 박기 → 살균, 치료하기

(4) 공동충전제

특수충전제, 콘크리트, 아스팔트 혼합물, 폴리우레탄폼, 고무블럭, 벽돌, 나무 덩어리 등

(5) 수간주입 및 수간주사

① 병충해 걸린 나무나 수세가 약한 나무의 회복을 위해
② **주입시기** : 수액이동이 활발한 5월 초~9월 말 사이에 증산작용이 활발하고 맑게 갠 날 실시
③ **방법** : 수간주입(나무밑 근처에 구멍을 앞뒤로 비스듬히 뚫어 주입)
수간주사(주사기 바늘을 줄기의 물관부에 찔러 약제(메네델, 레인보) 공급)

CHAPTER 09 조경식물 관리

실전연습문제

01 솔잎혹파리의 생물적 방제 차원에서 피해지에 방사하는 천적은? [산업기사 11.03.02]

㉮ 솔잎혹파리먹좀벌
㉯ 상수리좀벌
㉰ 노랑꼬리좀벌
㉱ 남색긴꼬리좀벌

02 지표식물인 천일홍(Gomphrena globosa)에 인공 즙액을 접종한 결과로 진단할 수 있는 병은? [산업기사 11.03.02]

㉮ 벼 흰잎마름병(BLB)
㉯ 벼 줄무늬잎마름병(RSV)
㉰ 뽕나무 오갈병(MLO)
㉱ 감자 X 바이러스(PVX)

03 천막벌레나방에 대한 설명으로 옳지 않은 것은? [산업기사 11.03.02]

㉮ 활엽수를 가해한다.
㉯ 1년에 2회 발생하며, 유충으로 월동하여 4월 중·하순에 부화한다.
㉰ 수컷은 황갈색이고, 암컷은 담등색이다.
㉱ 유충이 가지의 갈라진 부분에 거미줄로 천막을 치고 모여산다.

풀이 ㉯ 성충은 5~8월에 나타나며 알로 월동한다.

04 따뜻한 지방에서는 포플러 잎녹병균이 중간기주인 일본잎갈나무를 거치지 않고도 직접 전염하여 병을 일으킬 수 있는데 그 이유는? [산업기사 11.03.02]

㉮ 녹포자로 월동하기 때문에
㉯ 동종기생성 병원균이기 때문에
㉰ 포플러잎에서 여름포자로 월동하기 때문에
㉱ 포플러잎에서 겨울포자로 월동하기 때문에

05 20% 메프(Mep) 유제(비중 1.0) 200cc를 0.05%의 살포액을 만드는 데 소요되는 물의 양은? [산업기사 11.03.02]

㉮ 79900cc ㉯ 79800cc
㉰ 79700cc ㉱ 79600cc

$$\text{용액의 농도} = \frac{\text{용액의 양}}{\text{용액의 양}+\text{물의 양}} \times 100$$

따라서 $20 = \frac{x}{200} \times 100$

따라서 용액의 양은 40cc

이것을 0.05%로 희석해야 하므로

$$0.05 = \frac{40}{200\text{cc}+\text{물의 양}} \times 100$$

따라서 물의 양은 79800cc

ANSWER 01 ㉮ 02 ㉱ 03 ㉯ 04 ㉰ 05 ㉯

06 다음 해충 가운데 암컷이 불완전 변태를 하는 종(種)은? [산업기사 11.03.02]

㉮ 북방수염하늘소
㉯ 매미나방
㉰ 솔껍질깍지벌레
㉱ 솔잎혹파리

07 농약의 구비조건으로 틀린 것은? [산업기사 11.06.12]

㉮ 다른 약제와 혼용이 어려워야 한다.
㉯ 적은 양으로도 약효과가 확실하여야 한다.
㉰ 인축에 대하여 피해를 주지 않아야 한다.
㉱ 사용 작물에 대하여 약해를 일으키지 않아야 한다.

08 코흐의 4원칙(Koch's postulates)에 합당하지 않은 것은? [산업기사 11.06.12]

㉮ 병든 생물체에 병원체로 의심되는 특정 미생물이 존재해야 한다.
㉯ 미생물이 분리되어 기주식물이나 인공배지에서 순수 배양되어야 한다.
㉰ 순수배양한 미생물을 동일 기주에 접종하였을 때 동일한 병이 발생되어야 한다.
㉱ 발병한 부위에서 접종한 미생물과 동일한 성질을 가진 미생물이 재분리 배양되어야 한다.

풀이 **코흐의 4원칙**
① 특정 질병에는 그 원인이 되는 하나의 생물체가 있다.
② 그 생물을 순수 배양으로 얻을 수 있다.
③ 배양한 세균을 실험동물에 투입했을 때 똑같은 질병을 유발시켜야 한다. 예를 들어 분리 배양한 결핵균을 실험동물에 주입했을 때 결핵이 일어나야 한다.
④ 그 병에 걸린 실험동물에서 다시 그 세균을 분리할 수 있어야 한다.

09 다음 중 솔나방(송충이)에 대한 설명으로 틀린 것은? [산업기사 11.06.12]

㉮ 번데기는 방추형이고 갈색이며 고치는 긴 타원형이고 황갈색이며 표면에 유충의 센털이 군데군데 박혀 있다.
㉯ 일년중에서 6～7월에 주로 소나무 잎에 붙어 있는 고치 속의 번데기를 집게로 따서 죽이거나 소각한다.
㉰ 알에서부터 성충이 되기까지는 자연폐사율이 낮다.
㉱ 나무껍질이나 지피물 사이에서 5령충으로 월동한다.

10 어떤 농약을 500배로 희석하여 10아르(a)당 100리터씩 3헥타르(ha)에 처리하고자 할 때 필요한 농약의 양은 얼마인가? [산업기사 11.06.12]

㉮ 1.5kg ㉯ 6kg
㉰ 15kg ㉱ 30kg

10아르 = 0.01헥타르 = 100m^2
사용량을 계산하면, 0.1ha : 100L = 3ha : x
x = 3000L
500배액이란 물 10L에 대해 원액 20g이므로, 3000L에 대해 6000g 즉 6kg 원액필요

11 피레트린(Pyrethrin) 살충제는 충제의 어느 부분에 작용하여 효과를 내는가? [산업기사 11.06.12]

㉮ 근육독 ㉯ 피부독
㉰ 신경독 ㉱ 원형질독

풀이 **피레트린**
피레트린은 천연살충제로 곤충의 기문(氣門) 또는 피부를 통하여 침입하며, 침입 즉시 신경을 마비시켜 죽게 하는 것

ANSWER 06 ㉰ 07 ㉮ 08 ㉯ 09 ㉰ 10 ㉯ 11 ㉰

12 조경수 병징(symptom)에 해당하는 것은? [산업기사 11.06.12]

㉮ 잎의 변색 ㉯ 균사체
㉰ 포자 ㉱ 버섯

 **병징**
병든 식물 자체의 조직변화에 유래하는 이상을 말하며, 주로 색의 변화, 천공, 괴사증의 현상이 나타난다.

13 파이토플라스마(phytoplasma)가 수목으로 전반되는 주요한 수단은? [산업기사 11.06.12]

㉮ 바람 ㉯ 물
㉰ 농기계 ㉱ 매개충

 **파이토플라스마**
바이러스와 세균의 중간영역에 있는 것으로 우리나라 대추나무 빗자루병이 해당되며 매개충에 의해 병을 옮기는 것이다.

14 식생으로 인하여 그늘이 지게되면 식물의 종자 발아가 억제되는데 그 이유를 파이토크롬(phytochrome)과 관련하여 옳게 설명한 것은? (단, Pfr은 적외선광, Pr은 적색광이다.) [산업기사 11.10.02]

㉮ Pfr/Pr의 비율과는 관계없다.
㉯ Pfr/Pr의 비율이 낮기 때문이다.
㉰ Pfr/Pr의 비율이 높기 때문이다.
㉱ Pfr/Pr의 비율이 같기 때문이다.

15 기생성 종자식물에 의한 수목의 피해현상과 관계가 먼 것은? [산업기사 11.10.02]

㉮ 감염부위의 비대
㉯ 뿌리 썩음
㉰ 수목의 양·수분 탈취
㉱ 줄기와 가지마름

기생성 종자식물
다른 나무의 가지나 어린 줄기에 침입하여 기주식물로부터 물과 무기양분을 흡수해서 살아가는 식물

16 농약의 입제(粒濟)에 대한 설명으로 옳지 않은 것은? [산업기사 11.10.02]

㉮ 살포가 용이하고 환경오염이 적다.
㉯ 제조과정이 다른 제형보다 간단하고 값이 저렴하다.
㉰ 입자가 크므로 농약을 살포하는 농민에 대하여 안전성이 높다.
㉱ 다른 제형에 비하여 많은 양의 주성분이 투여되어야 목적하는 방제효과를 얻을 수 있다.

 **농약의 입제**
침투이행성이 있는 농약을 쌀알 형태의 증량제에 흡착 또는 피복시키든가 증량제와 혼합한 후 쌀알 형태로 만든 것으로 알맹이가 비교적 무거워 비산의 위험이 적고 다른 제형보다 안전하게 사용할 수 있으나 줄기나 잎에 부착되는 양이 적어 흡수이행성이 필요하며 단위면적당 사용량이 많고 가격이 비싼 단점이 있다.

17 참나무 시들음병의 매개충은? [산업기사 11.10.02]

㉮ 없음 ㉯ 광릉긴나무좀
㉰ 솔수염하늘소 ㉱ 오리나무잎벌레

ANSWER 12 ㉮ 13 ㉱ 14 ㉯ 15 ㉯ 16 ㉯ 17 ㉯

18 리바이짓드 유제 30%를 250배로 희석해서 10a당 5말을 살포하여 해충을 방제하고자 할 때 리바이짓드 유제 30%의 소요량은 몇 mL인가? (단, 1말은 18L로 한다.)

[산업기사 11.10.02]

㉮ 144 ㉯ 244
㉰ 288 ㉱ 360

물의 양 = 원액 × 희석배수 - 원액
18 × 5 = 원액 × 250 - 원액
따라서, 원액은 0.361L 약, 360ml이다.

19 다음 [보기]가 설명하는 곤충의 목(目)은?

[산업기사 11.10.02]

보기
- 빠는 입틀을 갖는다.
- 오른쪽 큰턱이 퇴화하여 좌우 모양이 다르다.
- 단성생식 종(種)도 있으나 주로 양성생식을 한다.
- 불완전변태를 한다.
- 대부분 초식성이다.

㉮ 나비목 ㉯ 흰개미목
㉰ 딱정벌레목 ㉱ 총채벌레목

20 약제를 식물의 줄기, 잎, 뿌리에 처리하여 식물 전체로 확산시켜서 이 식물을 섭식하는 해충에 살충력을 나타내는 약제의 종류는?

[산업기사 11.10.02]

㉮ 훈증제 ㉯ 소화중독제
㉰ 화학불임제 ㉱ 침투성살충제

21 농약의 성분이 20%인 분제 5kg을 5%의 분제로 만들려면 희석용 증량제가 몇 kg 더 필요한가?

[산업기사 12.03.04]

㉮ 10kg ㉯ 15kg
㉰ 20kg ㉱ 25kg

5kg중 농약성분 1kg임. 따라서 5%가 되려면 전체 20kg중에 농약 1kg이면 된다.
즉, 전체 20kg-(농약성분 1kg)-(원래 있던 농약 외 성분 4kg) = 15kg

22 파이토플라스마(Phytoplasma)는 다음 중 어느 것에 감수성이 있는가?

[산업기사 12.03.04]

㉮ Benlate ㉯ Penicillin
㉰ Tetracycline ㉱ Streptomycin

파이토플라스마(Phytoplasma)의 항생제는 Tetracycline

23 병원균을 영양배지에 접종한 후 포자나 균총을 관찰하여 진단하는 방법을 무엇이라 하는가?

[산업기사 12.03.04]

㉮ 육안 진단 ㉯ 배양적 진단
㉰ 해부학적 진단 ㉱ 생리화학적 진단

Part 4 조경관리

ANSWER
18 ㉱ 19 ㉱ 20 ㉱ 21 ㉯ 22 ㉰ 23 ㉯

24 대추나무 빗자루병에 대한 설명으로 옳지 않은 것은? [산업기사 12.03.04]

㉮ 병원체가 나무 전체에 분포하는 전신성 병이다.
㉯ 벚나무는 대추나무 빗자루병의 기주식물이다.
㉰ 빗자루병에 걸린 나무는 결실이 되지 않는다.
㉱ 마름무늬매미충(Hishimonus sellatus)에 의해 매개된다.

풀이 대추나무 빗자루병은 매개충에 의해 전염되며 대추나무가 매개충의 기주식물이다.

25 식물의 병반이나 상처부위에 직접 발라서 병을 방제하는 방법은? [산업기사 12.03.04]

㉮ 분의법 ㉯ 독이법
㉰ 도포법 ㉱ 관주법

26 다음 중 분열조직을 가해하는 천공성 해충이 아닌 것은? [산업기사 12.03.04]

㉮ 미끈이하늘소 ㉯ 박쥐나방
㉰ 버들바구미 ㉱ 참나무재주나방

풀이 참나무재주나방은 식엽성 해충

27 벚나무에 피해가 심한 복숭아유리나방의 피해방제를 위한 약제 살포는 어느 시기에 2~3회 수간 살포하여야 하는가? [산업기사 12.03.04]

㉮ 성충우화 최성기인 7~8월
㉯ 부화유충 최성기인 7~8월
㉰ 성충우화 최성기인 5~6월
㉱ 부화유충 최성기인 5~6월

복숭아유리나방
유충으로 월동하며, 노숙유충은 5월 하순경 성충으로 발생하고, 어린 유충은 8월하순경 발생하므로 성충우화 최성기인 7~8월 방제가 적합하다.

28 다음 [보기] 중 ( ) 안에 들어갈 알맞은 범위는? [산업기사 12.03.04]

보기
수간주입은 나무 밑에서부터 높이 (~) 되는 부위에 드릴로 지름 5mm, 깊이 3~4mm 되게 구멍을(~) 각도로 비스듬히 뚫고 주입구 구멍 안의 톱밥 부스러기를 깨끗이 제거한다.

㉮ 25~30cm, 5°~10°
㉯ 5~10cm, 20°~30°
㉰ 25~30cm, 50°~60°
㉱ 5~10cm, 50°~60°

29 다음 중 곤충의 변태조절호르몬을 분비하는 것은? [산업기사 12.05.20]

㉮ 지방체 ㉯ 편도세포
㉰ 알라타체 ㉱ 존스톤기관

곤충의 변태는 뇌의 분비세포에서 나오는 호르몬이 전흉선을 자극하여 에크디손(ecdyson)의 분비를 촉진시키는데 그때 알라타체에서 나온 유충호르몬이 충분히 있어야 한다. 알라타체 호르몬(juvenile hormone)은 곤충이 유충일때 전흉선 호르몬과 협동하여 유충의 탈피를 일으키고, 난소의 발육을 억제하여 유충 형질을 유지하게 한다.

ANSWER 24 ㉯ 25 ㉰ 26 ㉱ 27 ㉮ 28 ㉯ 29 ㉰

30 호두나무가 분비하는 저글란(juglonc)의 작용은? [산업기사 12.05.20]

㉮ 보습작용 ㉯ 정균작용
㉰ 제초작용 ㉱ 생육촉진작용

풀이 호두나무 저글란은 살균, 살충, 항생작용을 하는 것으로 이 식물이 뻗어 있는 주면의 초본식물들을 죽이는 역할을 한다.

31 보르도액의 주성분은? [산업기사 12.05.20]

㉮ 크롬 ㉯ 구리
㉰ 비소 ㉱ 붕소

풀이 **보르도액**
황산구리와 산화칼슘으로 만든다.

32 병원균 중에서 병자각(柄子殼) 및 병포자(柄胞子)를 형성하는 것은? [산업기사 12.05.20]

㉮ 향나무 녹병균
㉯ 밤나무 흰가루병
㉰ 소나무 잎떨림병균
㉱ 오리나무 갈색무늬병균

33 Agrobacterium tumefaciens가 일으키는 증상은? [산업기사 12.05.20]

㉮ 혹 ㉯ 궤양
㉰ 시들음 ㉱ 붉은별무늬

풀이 근두암종병균에 관한 것으로 병원균은 아그로박테리움 투메파키엔스(Agrobacterium tumefaciens), 뿌리줄기나 잎에 혹이 생긴다.

34 포스팜 50% 액체 50cc를 포스팜 농도 0.5%로 희석하려고 할 경우 요구되는 물의 양은? (단, 원액의 비중은 1 이다.) [산업기사 12.05.20]

㉮ 6000cc ㉯ 5500cc
㉰ 4950cc ㉱ 4500cc

풀이 물의양 = 원액의 용량×(원액의 농도/희석하려는 농도-1)×원액의 비중

따라서, $50(\frac{0.5}{0.005}-1)\times 1 = 4950cc$

35 Monostichella coryli 병원균에 의해 묘목뿐만 아니라 성목에도 흔히 발생되는 수목병은? [산업기사 12.05.20]

㉮ 삼나무 붉은마름병
㉯ 은행나무 잎마름병
㉰ 개암나무 탄저병
㉱ 자작나무 갈색점무늬병

풀이 Monostichella coryli 병원균은 불완전균류에 속하는 곰팡이의 일종으로 개암나무 탄저병을 일으킨다.

36 다음 중 토양서식균으로 볼 수 없는 것은? [산업기사 12.09.15]

㉮ *Botrytis* ㉯ *Pythium*
㉰ *Fusarium* ㉱ *Rhizoctonia*

풀이 Botrytis는 과일에 하얗게 끼는 곰팡이균

ANSWER 30 ㉰ 31 ㉯ 32 ㉱ 33 ㉮ 34 ㉰ 35 ㉰ 36 ㉮

37 병원체의 활동과 병의 진행을 알려주는 일련의 과정을 무엇이라 하는가? [산업기사 12.09.15]

㉮ 병환 ㉯ 병삼각형
㉰ 코흐의 원칙 ㉱ 미생물병원설

38 소나무 잎떨림병균이 월동하는 곳은? [산업기사 12.09.15]

㉮ 주변의 잡초
㉯ 중간기주의 잎
㉰ 소나무 뿌리와 줄기
㉱ 땅 위에 떨어진 병든 잎

39 4%의 2.4-D 농도는 몇 ppm인가? [산업기사 12.09.15]

㉮ 40 ㉯ 400
㉰ 4000 ㉱ 40000

40 최근 공해로 인한 수목의 피해가 급증하고 있다. 대기오염의 피해로서 황산화물(SO_X)의 피해가 아닌 것은? [산업기사 12.09.15]

㉮ 소량의 이산화황은 수목생육에 도움이 된다.
㉯ 급성피해는 고농도의 아황산을 단시간 내에 흡수하는 것을 말한다.
㉰ 만성피해는 낮은 농도의 이산화황이 장기간 흡수되는 것을 말한다.
㉱ 엽록소의 파괴를 가져와 세포가 붕괴되어 심한 경우 고사한다.

41 다음 중 소나무류에 피해를 주는 솔잎혹파리의 천적이 아닌 것은? [산업기사 12.09.15]

㉮ 혹파리등뿔먹좀벌
㉯ 검정무늬납작맵시벌
㉰ 혹파리반뿔먹좀벌
㉱ 혹파리살이먹좀벌

풀이 **솔잎혹파리 천적**
혹파리살이먹좀벌, 솔잎혹파리먹좀벌, 혹파리등뿔먹좀벌, 혹파리반뿔먹좀벌

42 다음 중 잎을 주로 섭식하는 식엽성(食葉性) 해충이 아닌 것은? [산업기사 12.09.15]

㉮ 호두나무잎벌레 ㉯ 어스렝이나방
㉰ 밤나무혹벌 ㉱ 잣나무넓적잎벌

 밤나무혹벌은 충영형성해충

43 유전적 변이 또는 바이러스가 원인이 되어 엽록소가 전혀 형성되지 않아 백색으로 나타나는 병징은? [산업기사 13.03.10]

㉮ 황화(yellowing)
㉯ 위황화(chlorosis)
㉰ 은백화(silvering)
㉱ 백화(albication)

44 다음 중 소나무좀의 생활사에 대한 설명으로 옳지 않은 것은? [산업기사 13.03.10]

㉮ 성충으로 월동한다.
㉯ 1마리가 여러 개의 신소를 가해한다.
㉰ 기온이 낮을 때 비교적 활동이 원활하다.
㉱ 유충이 모갱과 직각으로 구멍을 뚫고 식해한다.

ANSWER
37 ㉮ 38 ㉱ 39 ㉱ 40 ㉮ 41 ㉯ 42 ㉰ 43 ㉱ 44 ㉰

45 **병균이 종자의 표면에 부착해서 전반(傳搬)되는 것은?** [산업기사 13.03.10]

㉮ 잣나무 털녹병균
㉯ 밤나무 줄기마름병균
㉰ 오리나무 갈색무늬병균
㉱ 근두암종병균(뿌리혹병균)

46 **담자균류가 형성하지 않는 포자는?** [산업기사 13.03.10]

㉮ 겨울포자 ㉯ 여름포자
㉰ 녹포자 ㉱ 포자낭포자

풀이 담자균류에 속하는 녹병균은 주로 소생자(小生子)·녹포자·여름포자·겨울포자의 4종류의 포자를 가진다.

47 **사과나 뽕나무의 잎말이나방의 방제에 주로 사용되는 유기인계 약제는?** [산업기사 13.06.02]

㉮ 베노밀(benomyla) 수화제
㉯ 다조멧(dazomet) 입제
㉰ 디클로르보스(dichlorvos) 유제
㉱ 피라졸레이트(pyrazolate) 액상수화제

풀이 **디클로르보스 유제**
유기인계 농약으로 사과잎말이 나방이나 심식나방 방제에 사용된다.

48 **다음 중 해충의 생물적 방제에 대한 설명으로 옳지 않은 것은?** [산업기사 13.06.02]

㉮ 무당벌레는 유충과 성충 모두 진딧물류를 즐겨 먹는다.
㉯ 맵시벌류는 산란관을 이용해 기주의 체내에 알을 낳는다.
㉰ 바이러스에 감염된 유충은 행동이 둔하고, 몸이 경직되어 죽는다.
㉱ Bacillus thuringiensis는 나방류의 유충 방제에 많이 사용한다.

풀이 생물적 방제는 해충의 천적이나, 미생물과 같은 생물을 이용하여 작물의 병해충을 방제하는 것을 말한다.

49 **큰 수목의 공동(空洞, cavity)을 외과 수술할 때 충전제로서 적당하지 못한 것은?** [산업기사 13.06.02]

㉮ 에폭시수지 ㉯ 밭흙
㉰ 실리콘 ㉱ 우레탄 고무

50 **다음 중 살충제의 해충에 대한 복합 저항성(multiple resistance)을 가장 잘 설명한 것은?** [산업기사 13.06.02]

㉮ 살충작용이 다른 2종 이상에 대하여 동시에 해충이 저항성을 나타내는 현상
㉯ 동일 살충제를 해충개체군 방제에 계속 사용하면 저항력이 강한 개체만 만들어지는 현상
㉰ 어떤 해충개체군 내에 대다수의 개체가 해당 살충제에 대하여 저항력을 가지는 해충계통이 출현되는 현상
㉱ 어떤 살충제에 대하여 저항성이 발달한 해충이 한번도 사용한 적이 없지만 작용기구가 같은 살충제에 저항성을 나타내는 현상

Part 4 조경관리

ANSWER
45 ㉰ 46 ㉱ 47 ㉰ 48 ㉰ 49 ㉯ 50 ㉮

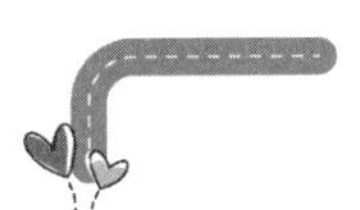

51 주로 상처가 나지 않도록 주의함으로써 병을 예방할 수 있는 것은? [산업기사 13.06.02]

㉮ 근두암종병 ㉯ 녹병
㉰ 흰가루병 ㉱ 털녹병

풀이 근두암종병의 병원균(Agrobacterium tumefaciens)인 뿌리혹박테리아는 병든 조직 속에서 월동하나, 토양 속에서도 오랫동안 살 수 있으며, 대부분 상처를 통해 침입한다.

52 수목 지상부 외과수술의 순서가 맞는 것은? [산업기사 13.06.02]

㉮ 고사지 절단 - 부패부 제거 - 살균처리 - 살충처리 - 방부처리 - 방수처리
㉯ 살균처리 - 살충처리 - 방부처리 - 방수처리 - 고사지 절단 - 부패부 제거
㉰ 부패부 제거 - 살균처리 - 살충처리 - 고사지 절단 - 방부처리 - 방수처리
㉱ 살균처리 - 살충처리 - 고사지 절단 - 부패부 제거 - 방부처리 - 방수처리

53 다음 중 발병초기에 주로 외과적인 처치에 의해 병환부를 도려내고 약제 처리를 통해 방제할 수 있는 병으로 가장 적합한 것은? [산업기사 13.06.02]

㉮ 부란병 ㉯ 탄저병
㉰ 흰가루병 ㉱ 갈색무늬병

풀이 부란병은 주로 전정부위나 동해를 입은 곳 등을 통해 감염하기 때문에 전정부위는 바짝 잘라 적용약제를 바르고 동해를 입지 않도록 한다.

54 유실수 중에서 밤나무의 종실(種實)을 가해하는 해충은? [산업기사 13.09.28]

㉮ 밤나무혹벌 ㉯ 밤나무재주나방
㉰ 밤나무왕진딧물 ㉱ 복숭아명나방

55 수목병 발생과 관련된 병삼각형(disease triangle)의 구성 주요인이 아닌 것은? [산업기사 13.09.28]

㉮ 시간 ㉯ 환경
㉰ 기주식물 ㉱ 병원균

풀이 **병삼각형**
발병에 관계하는 3대 요소인 기주, 병원체(주인), 환경요인(유인) 3가지 요소의 상호관계

56 8000ppm을 퍼센트 농도로 바꾸면 얼마인가? [산업기사 13.09.28]

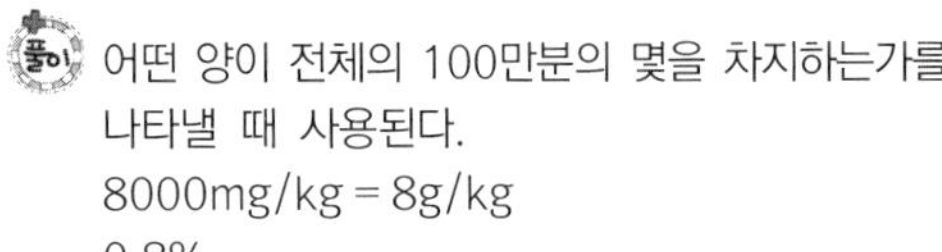

㉮ 0.08% ㉯ 0.8%
㉰ 8% ㉱ 80%

풀이 어떤 양이 전체의 100만분의 몇을 차지하는가를 나타낼 때 사용된다.
8000mg/kg = 8g/kg
0.8%

57 참나무 시들음병에 대한 설명으로 틀린 것은? [산업기사 13.09.28]

㉮ 매개충은 광릉긴나무좀이다.
㉯ 피해목은 초가을에 모든 잎이 낙엽된다.
㉰ 피해목의 변재부는 병원균에 의하여 변색된다.
㉱ 매개충의 암컷등판에는 곰팡이를 넣는 균낭이 있다.

ANSWER 51 ㉮ 52 ㉮ 53 ㉮ 54 ㉱ 55 ㉮ 56 ㉯ 57 ㉯

풀이 참나무 시들음병
광릉긴나무좀이 원인 매개체로 참나무에 구멍을 내어 그 안에 라펠리아 병원균을 퍼트려 감염. 줄기의 수분 통로를 막아 말라 죽게 한다.

58 농약의 품질불량이 원인이 되어 일어나는 약해가 아닌 것은? [산업기사 13.09.28]

㉮ 동시사용으로 인한 약해
㉯ 원제 부성분에 의한 약해
㉰ 불순물의 혼합에 의한 약해
㉱ 경시변화에 의한 유해성분의 생성에 의한 약해

59 1년에 두 번 이상 발생하는 해충은? [산업기사 13.09.28]

㉮ 솔나방　　㉯ 밤바구니
㉰ 낙엽송잎벌　　㉱ 대벌레

60 다음 중 수목의 식재지에 멀칭을 함으로써 기대되는 효과가 아닌 것은? [산업기사 14.03.02]

㉮ 토양구조가 개선된다.
㉯ 잡초의 발생이 억제된다.
㉰ 태양열의 복사 및 반사를 증가시킨다.
㉱ 토양의 침식과 수분의 증발을 억제한다.

풀이 멀칭의 효과
토양의 습기유지, 잡초발생 억제, 토양결빙 방지, 수분증발 억제, 토양구조의 개선
멀칭 : 토양수분 유지와 비옥도 증진, 잡초발생억제 등을 위해 수피, 낙엽, 볏짚, 콩깍지 등 제재소에서 나오는 부산물을 뿌리분 주위에 5 ~ 10cm 두께로 피복하는 것

61 다음 중 곤충의 외부형태에 대한 설명으로 틀린 것은? [산업기사 14.03.02]

㉮ 가슴은 앞가슴, 가운데가슴, 뒷가슴의 3 부분으로 구분된다.
㉯ 일반적으로 각 가슴에 1쌍씩의 다리가 있다.
㉰ 앞가슴과 가운데가슴에는 보통 1쌍의 날개를 지니고 있다.
㉱ 날개는 대개 얇은 막질(膜質)로 되어 있고, 그 속에는 기관(氣管)에서 변화한 맥(vein)이 있다.

풀이 ㉰ 가운데가슴과 뒷가슴에 1쌍씩의 날개가 있다.

62 농약의 효력을 충분히 발휘하도록 하기 위하여 첨가하는 물질을 일컫는 용어는? [산업기사 14.03.02]

㉮ 기피제　　㉯ 훈증제
㉰ 유인제　　㉱ 보조제

풀이 보조제
약의 효력을 증진시키기 위한 보조약제

63 다음 중 밤바구미의 생활환과 관련된 설명으로 옳지 않은 것은? [산업기사 14.03.02]

㉮ 이듬해 7월 중순부터 땅속에서 번데기가 된지 약 2주 후에 우화한다.
㉯ 산란기간은 8월 하순 ~ 10월 중순까지이나 최성기는 9월 중하순이다.
㉰ 연 2회 발생하고, 수피하(樹皮下)에 산란한다.
㉱ 날개에는 크고 작은 담갈색 무늬가 있으며 중앙에 회황색의 횡대가 있다.

풀이 밤바구미
연1회 발생하고, 과육과 종피 사이에 산란한다.

ANSWER
58 ㉮　59 ㉮, ㉰　60 ㉰　61 ㉰　62 ㉱　63 ㉰

64 녹병균 중에서 기주교대(寄主交代)는 다음 어느 경우에 이루어지는가? [산업기사 14.03.02]

㉮ 동종 기생성
㉯ 이종 기생성
㉰ 수종(數種) 기생성
㉱ 이주(異株) 기생성

풀이 **기주교대**
이종 기생성균이 생활사를 완성하기 위해 기주를 바꾸는 것

65 농약을 1000배로 희석해서 200L를 살포할 경우 필요한 소요 농약의 액량은? [산업기사 14.03.02]

㉮ 150mL ㉯ 200mL
㉰ 250mL ㉱ 300mL

$$\text{소요농약량} = \frac{\text{단위면적당 농약살포약량}}{\text{희석배수}}$$

$$= \frac{200{,}000\text{mL}}{1{,}000} = 200\text{mL}$$

66 잣나무 털녹병균의 담자포자에 대한 설명으로 옳은 것은? [산업기사 14.05.25]

㉮ 중간기주에서 월동한다.
㉯ 녹포자(銹胞子)가 발아하여 생성한다.
㉰ 여름포자(夏胞子)가 발아하여 생성한다.
㉱ 잣나무에 침입 후 균사상태로 월동한다.

풀이 **잣나무 털녹병균의 담자포자**
잣나무에 침입해 균사상태로 월동하며, 녹포자가 비산하여 중간기주인 송이풀류에 침입해 여름포자를 형성하며, 여름포자는 잎으로 전염하여 갈색털 모양의 겨울포자퇴로 변해 이것에서 담자포자가 형성하여 잣나무로 침입한다.

67 아황산가스의 식물체 내 유입은 주로 어느 곳을 통하는가? [산업기사 14.05.25]

㉮ 기공 ㉯ 책상조직
㉰ 통도조직 ㉱ 해면조직

풀이 **아황산가스 유입**
식물의 호흡작용 시 기공을 통해 유입되어 광합성작용 저해 등 피해

68 식물병 중 표징을 관찰할 수 없는 경우는? [산업기사 14.05.25]

㉮ 사과나무 탄저병
㉯ 사철나무 그을음병
㉰ 대추나무 빗자루병
㉱ 포도나무 잿빛곰팡이병

풀이 **대추나무 빗자루병**
마이코플라즈마에 의한 병으로 주로 병징(병든 식물체의 조직변화)인 황화, 생장축소, 엽화현상만 주로 나타나며 표징(병원체 자체가 환부에 나타나는 것)은 관찰할 수 없다.

69 다음 중 식물병의 예방법으로 부적당한 것은? [산업기사 14.05.25]

㉮ 전염원의 제거 ㉯ 중간기주의 제거
㉰ 외과수술 ㉱ 토양소독

풀이 **외과수술**
수간이 여러 요인에 의해 상처, 공동이 생겼을 때 공동을 메우거나 하는 조치로 예방법은 아니다.

ANSWER 64 ㉯ 65 ㉯ 66 ㉱ 67 ㉮ 68 ㉰ 69 ㉰

70 농약의 사용목적에 따른 분류에 해당하는 것은? [산업기사 14.05.25]

㉮ 유기인계 ㉯ 살응애제
㉰ 호흡저해제 ㉱ 과립수화제

풀이 **농약의 사용목적에 따른 분류**
살균제, 살충제, 살응애제, 토양 소독제, 살서제, 동시 방제제, 식물 생장 조정제, 전착제, 제초제, 선택적 제초제, 절대적 제초제 등

71 말라치온(Malathion)에 대한 설명으로 틀린 것은? [산업기사 14.05.25]

㉮ 접촉독제이다.
㉯ 적용대상의 범위가 넓다.
㉰ 대표적인 고독성 약제이다.
㉱ 선택성의 침투이행성약제이다.

풀이 **말라치온**
독성이 다른 유기인제에 비해 비교적 약하다.

72 참나무류에 치명적인 피해를 주는 참나무 시들음병을 매개하는 곤충은? [산업기사 14.05.25]

㉮ 광릉긴나무좀 ㉯ 솔수염하늘소
㉰ 북방수염하늘소 ㉱ 털두꺼비하늘소

풀이 **참나무 시들음병**
병원균 Reffaelea sp. 매개충은 광릉긴나무좀

73 대기오염의 2차적 오염물질 중에서 주로 PAN($C_2H_3NO_3$, Peroxyacetyl Nitrate)에 의한 피해를 입는 부위는? [산업기사 14.09.20]

㉮ 상피조직세포 ㉯ 표피조직세포
㉰ 책상조직세포 ㉱ 해면유조직

풀이 **해면유조직**
식물의 잎을 구성하는 조직의 하나로 세포의 모양이나 배열이 불규칙하고 세포간극이 많아 해면을 닮은 유조직이어서 붙여진 이름이다. 잎의 표면은 보통 책상조직, 뒷면은 해면조직으로 되어 있는데, 처음에는 PAN과 같은 대기오염물질은 처음에는 표면유조직에 피해를 주고, 그리고는 잎의 뒷면의 해면유조직까지 피해를 입힌다.

Part 4 조경관리

74 중력식 수간주입에 대한 설명으로 옳은 것은? [산업기사 14.09.20]

㉮ 비용이 많이 든다.
㉯ 구멍을 뚫을 필요가 없다.
㉰ 약액의 분산에 문제가 많다.
㉱ 다량의 약액을 주입할 수 있다.

풀이 **수간주입**
병충해 걸린 나무나 수세가 약한 나무의 회복을 위해 수액이동이 활발한 5월 초 ~ 9월 말 사이에 증산작용이 활발하고 맑게 갠날 실시하며, 나무밑 근처에 구멍을 앞뒤로 비스듬히 뚫어 주입하여 효과가 빠르고, 다량의 약을 주입할 수 있다.

75 병의 삼각형 구성 요소에 해당되는 것은? [산업기사 14.09.20]

㉮ 사람 ㉯ 환경
㉰ 지역 ㉱ 시기

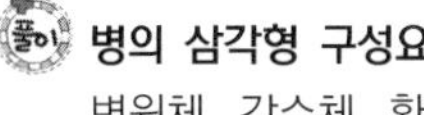

풀이 **병의 삼각형 구성요소**
병원체, 감수체, 환경

ANSWER
70 ㉯ 71 ㉰ 72 ㉮ 73 ㉱ 74 ㉱ 75 ㉯

76 다음 중 기계적 방제법(Mechanical Control)이 아닌 것은? [산업기사 14.09.20]

㉮ 포살법 ㉯ 가열법
㉰ 경운법 ㉱ 소살법

풀이 가열법
온도, 습도, 광선 등과 함께 물리적 방제법에 해당한다.

77 균근(Mycorrhizae)의 설명으로 가장 적합한 것은? [산업기사 14.09.20]

㉮ 식물의 뿌리에 조류(Algae)가 붙어있는 형태이다.
㉯ 균사가 식물 뿌리에 감염하여 공생하는 특수형태의 뿌리이다.
㉰ 박테리아가 식물 뿌리에 침입하여 부식된 형태의 뿌리이다.
㉱ 근류균이 식물 뿌리에 침입하여 질소 고정작용을 하는 새로운 형태의 뿌리이다.

 **균근**
고등식물의 뿌리와 균류가 긴밀히 결합하여 일체되고 공생관계가 맺어진 뿌리를 말하며, 외생균근과 내생균근으로 나뉜다. 균류는 식물에게서 유기영양분을 얻고, 식물체의 뿌리를 통한 무기영양소와 수분흡수를 촉진한다.

78 누런솔잎벌의 연간 발생 세대수와 월동 충태수는? [산업기사 14.09.20]

㉮ 연 1세대-알 ㉯ 연 2세대-성충
㉰ 연 2세대-유충 ㉱ 연 1세대-번데기

풀이 누런솔잎벌
연 1회 발생하며, 알로 월동한다. 유충은 소나무나 해송의 잎을 먹으며, 10 ~ 11월에 성충이 나타난다.

79 기생성 종자식물이 수목에 미치는 주요 피해로 거리가 먼 것은? [산업기사 14.09.20]

㉮ 국부적 이상비대
㉯ 기주로부터 양분과 수분 탈취
㉰ 저장물질의 변화 및 생장 둔화
㉱ 태양광선의 차단에 의한 생장 불량

풀이 기생
기생생물이 숙주라 불리는 생물의 체내나 체외에서 양분을 얻는 관계로 숙주식물의 양분과 수분을 빼앗아 저장물질의 변화 및 생장둔화나 국부적 이상비대는 가져올 수 있으나, 태양을 가릴 만큼 크지 않아 태양광선 차단과는 거리가 멀다.

ANSWER 76 ㉯ 77 ㉯ 78 ㉮ 79 ㉱

★★★ 5 동해방지(저온의 해 및 고온의 해)

1 저온의 해(한해(寒害))

① 한해의 종류
- ㉠ 한상(寒傷) : 열대식물 같은 종류가 0℃ 이하 저온에서 식물 체내의 결빙은 일어나지 않으나 생활기능 장애를 받아 죽는 것
- ㉡ 동해(凍害) : 식물체 조직 내 결빙이 일어나 그 조직이 상해 죽는 것

② 상해(霜害)의 종류
- ㉠ 만상(晩霜, spring frost)
  - ⓐ 원인 : 초봄에 발육이 시작된 후 0℃ 이하로 갑자기 기온이 하강해 피해
  - ⓑ 피해부위 : 어린가지의 고사, 낙엽교목의 잎 고사, 침엽수 엽침고사
  - ⓒ 피해 입는 수목 : 회양목, 말채나무, 피라칸사, 참나무류, 미국 팽나무, 물푸레나무
- ㉡ 조상(早霜, autumn frost) : 초가을 서리에 의한 피해
- ㉢ 동상(冬霜, winter frost) : 겨울 동안 유현상태에 생긴 해

③ 한해를 입기 쉬운 수종 : 질소비료의 혜택을 입은 수종, 늦가을에 생장을 많이 한 수목

④ 한해의 현상
- ㉠ 상렬(霜裂)
  - ⓐ 정의 : 겨울밤 수액이 얼어 부피가 증대해 수간외층이 냉각, 수축해 수선방향으로 갈라지는 것
  - ⓑ 발생수종 : 유목이나 배수 불량한 토양, 낙엽교목에서 주로 발생
  - ⓒ 관리방법 : 계속되는 생렬과 융합은 균류침입장소가 되므로 수간에 사이잘 크라프트지를 감아주거나, 백도제, 볼트박음으로 결합시켜줌
- ㉡ cup-shakes : 상렬과 반대상황에서 발생. 수간 외층조직이 태양광선에 의해 온도가 높다가 갑자기 온도가 낮아져 외층조직이 내층조직보다 급속한 팽창으로 나이테를 따라 분리되는 현상
- ㉢ 상해옹이 : 수목 수간, 가지, 갈라진 지주에서 발생. 남쪽이나 서쪽 노출지역에 많이 발생. 지면 가까이있는 수목껍질이나 신생조직이 저온에 피해를 받기 쉽다.

⑤ 동해의 부분에 따른 형태분류
- ㉠ 초고형 : 정상의 끝순만 온도의 급강하나 찬바람에 피해를 받는 것
- ㉡ 아고형 : 이른 봄이나 늦가을에 나온 제일 어린 연한 싹의 동해
- ㉢ 동고형 : 수목의 수간밑둥 1m 이하의 수피부분이 이상기온강하로 동해
- ㉣ 반동고형 : 동고형과 같이 부분적으로 수간 밑부분이 반만 피해

㉤ 완전고사형 : 전체 수목이 동해받아 죽음

㉥ 전면수관고사형 : 상록수일 때 수관의 지엽만이 동해받아 죽음

㉦ 부분수관고사형 : 부분적으로 고사. 북쪽보다는 남쪽에 더 많은 동해가 있음

㉧ 지고형 : 낙엽수에서 부분적으로 가지가 동해를 입어 발생한 피해

⑥ 지형과 시기, 방향에 따른 동해

㉠ 오목한 지형에 있는 수종

㉡ 일교차가 심한 남쪽경사면에 있는 수종

㉢ 맑고 바람 없는 날

㉣ 성목보다 유령목에 더 많은 피해

㉤ 건조토양보다 과습토양에 더 많은 피해

㉥ 늦가을과 이른 봄, 비가 많이 오는 추운 겨울에 많이 발생

⑦ 월동작업

㉠ 줄기싸주기 : 이식수목이나 지하고 높은 나무일 때 수분증발 억제하고 병충해 방제효과 있음. 마포, 유지, 새끼 이용해 줄기 싸주기

㉡ 뿌리덮개 : 수분증발 억제와 잡초방지 효과. 예리한 풀잎, 왕겨, 퇴비, 비닐로 덮기

㉢ 방풍 : 바람이 심한 지역에 식재할 경우 수분이 증발하지 않도록 줄기 및 가지 감기

㉣ 방한 : 기온 5℃ 이하로 하강 시 짚싸주기, 뿌리덮개, 관목류 동해방지덮개 등 조치

㉤ 뗏밥주기

⑧ 월동방법

㉠ 성토법 : 사계장미 같이 월동 약한 관목에 이용. 수간을 30~50cm 흙으로 성토

㉡ 피복법 : 지표를 20~30cm 두께로 낙엽, 왕겨, 짚으로 피복

㉢ 매장법 : 석류, 장미류에 사용. 뿌리 전체를 파내 60cm 깊이의 땅에 묻음

㉣ 포장법 : 내한성이 약한 낙엽화목류(목백일홍, 모과, 장미, 벽오동)에 이용. 짚감기

㉤ 방풍법 : 내산성 약한 상록교목(가이즈까, 히말라야시다) 담, 방풍벽, 비닐, 짚 이용

㉥ 훈연법 : 늦가을, 초봄에 내리는 서리피해 방지나 싹나온 후 급강하 온도 조절

㉦ 관수법 : 서리 내렸을 때 아침 일찍 관수하여 서리를 녹임

㉧ 시비조절법 : 질소질 비료를 사용하지 말고 인산질 비료 중심으로 골고루 사용

2 고온의 해

① 고온의 해의 종류

㉠ 일소(日燒, sunscald)

ⓐ 정의 : 건조 때문에 엽맥, 잎에 직사광선을 받아 잎이 갈색, 수피가 고사하는 현상. 콘크리트 포장지역, 아스팔트 차도 같은 곳에서 많이 발생

ⓑ 관리방법 : wilt · pruf 잎에 살포, 비료와 적절한 물주기, 칼슘 결핍 시나 브롬, 염화나트륨 과다 시 고사 우려

㉡ 한해(旱害, drought injury)

ⓐ 토양습도 부족, 통풍불량, 결빙토양, 상해, 질병 등 수분이 결핍되어 줄기와 가지에 해를 주고 질병을 일으킴.

ⓑ 뿌리 거들링(girdling) 현상 : 수간이 수직으로 토양에 쑥 들어가거나 수간주위가 땅속으로 움푹들어가면 뿌리가 변형띠를 이룬 거들링 증세임

㉢ 피소(皮燒) : 코르크층이 발달되지 않은 수종이 만서, 서편에 위치하여 태양광선의 직사광선을 받아 입은 피해. 수간감기로 관리

② 한해(旱害)대책

㉠ 관수 : 가장 이상적 방법으로 이른 봄과 6월이 가장 심함. 물받이 만들어 관수

㉡ 갈아엎기 : 수분 증발 억제하기 위함

㉢ 퇴비사용 : 건조 토양 시 퇴비로 토양 보수력 증가 시킴

㉣ 차광 : 작은 유목이나 관목에 사용

㉤ 짚깔기(멀칭, mulching) : 가뭄 방지

㉥ 수피감기 : 가뭄과 겨울철 수피의 동해 예방

CHAPTER 09 조경식물 관리

실전연습문제

01 다음은 멀칭(mulching)의 효과에 관한 설명이다. 가장 거리가 먼 것은? [산업기사 12.05.20]

㉮ 토양침식 방지
㉯ 토양 비옥도 증진
㉰ 태양열 복사 감소
㉱ 잡초발생 조장

 멀칭은 잡초발생을 억제시킨다.

02 나무줄기 하단부에 백색페인트를 발라 놓은 이유는? [산업기사 13.03.10]

㉮ 경계를 표시하기 위해서
㉯ 땅에서 올라오는 해충을 퇴치하기 위해서
㉰ 줄기로 침입하는 병원균을 방제하기 위해서
㉱ 나무줄기의 볕뎀(일소, 피소)을 줄이기 위해서

ANSWER 01 ㉱ 02 ㉱

6 실내 조경식물관리

1 온도조절

적정온도를 유지시키고, 냉난방기구의 바람이 직접 닿지 않게 한다.

2 수분, 습도조절

잎 표면이 건조하므로 자주 잎면에 분무기로 적셔준다. 소형분수와 안개분수 같은 것을 활용하면 좋다.

3 용기

배수구와 물받이가 있거나 배수구가 없을 시는 배수층을 만들어야 한다.

4 배수

펄라이트, 자갈, 숯 등의 배수층을 작은 용기는 지름 2.5cm, 큰화분은 4.5~6cm의 배수층을 만든다. 실내정원에서의 플랜터는 1/3 정도까지 배수층을 만든다.

5 관리

① 병해충을 입은 식물은 발견 즉시 제거 또는 방제하여 조속히 처리할 것
② 배수에 이상이 있거나 용기 주변 인공지반에 배수문제로 누수 발생 시 조속히 방수처리
③ 외부식생과 달리 냉난방에 의한 피해 발생하지 않도록 냉난방기 방향 조절
④ 근접이용객이 많은 실내식물은 사람에 의한 물리적 피해를 입을 가능성이 크므로 예방과 피해 후 교체나 절단 등 조속한 관리 필요

7 기타 관리사항

1 잔디관리

(1) 사용용도에 따른 분류

① 사용이 많은 곳 : Tall fescue, Perennial ryegrass, Zoysiagrass, Bermudagrass
② 사용이 적으면서 푸른 기간이 오래 지속되기를 원하는 곳 : Kenkucky bluegrass, Perennial ryegarss, Tall fescue
③ 겨울철의 혹심한 추위가 예상되는 곳 : Kentucky bluegrass
④ 여름철의 고온건조가 심한 곳 : Zoysiagrass, Bermudagrass, Tall fescue
⑤ 그늘이 예상되는 곳 : Fine fescue, Zoysiagrass, Kenturky bluegrass
⑥ 물에 잠길 우려가 있는 곳 : Tall fescue, Bermudagrass
⑦ 염해가 심히 예상되는 곳 : Tall fescue, Bermudagrass, Zoysiagrass
⑧ 집중적인 관리가 어려운 곳 : Fine fescue, Tall fescue, Zoysiagrass

(2) 번식방법

① 종자번식
㉠ 종류 : 대부분 잔디. Perennial ryegrass, Kenturky bluegrass, Fine fescue, Tall fescue, Creeping bentgrass
㉡ 종자번식의 장점 : 비용이 저렴, 균일하고 치밀한 잔디면 조성 가능, 작업이 용이
㉢ 종자번식의 단점 : 조성시일이 오래 걸리며, 조성 시까지 답압이 없어야 하며 파종기가 제한되어 있고, 경사지에 파종하기 어렵다.

② 영양번식
㉠ 종류 : Zoysiagrass, Kentucky bluegrass, Creeping bentgarss
㉡ 장점 : 짧은 시일 내 조성 가능. 공사 시기 제한 없음. 조성공사가 매우 안전하고 경사지에도 가능
㉢ 단점 : 비용이 많이 들고, 공사기간이 많이 걸린다.

(3) 잔디조성 단계

전반적인 토목공사 → 표면의 준비→ 표토의 준비 → 발아 전 제초 → 파종 → Sprigging, 줄떼 및 평떼 → 기타방법 분사파종 → 조성 후 관리

(4) 잔디지역의 토양

① PH 6.0~7.0 사이, 양이온총량(CEC) 15~20me/100g
② 유기물 3~15me/100g
③ 배수통기 좋을 때 CEC 높을수록 식물생육에 유리

(5) 관수, 배수

① 내습성 약한 잔디는 물빠짐이 좋도록 원로보다 약간 높게 조성
② 관수 시 물이 20~30cm 깊이로 들어갈 수 있도록
③ 한번에 25~30mm 관수
④ 이른 아침이나 늦은 오후에 관수

(6) 잔디깎기

① **시기** : 난지형은 6~8월 2회, 9월 중 1회. 한지형은 4월 1~2회, 5~10월 주 1회씩
② **유의사항**
㉠ 지나치게 길게 자라도록 방치하면 안 됨
㉡ 잘려진 잎은 끝나는 대로 긁어모아 걷어낼 것
㉢ 깎은 뒤에 거름줄 것
㉣ 깎는 빈도와 높이는 규칙적으로
㉤ 이슬이 있거나 비온 뒤 물기 있을 때는 잘 안 깎임
㉥ 너무 길게 자란가지는 예초기로 자르면 안되고, 처음에는 높게 차츰 짧게 자를것
③ **잔디 깎는 높이**
㉠ 골프장 Green Bent grass : 3~4mm
㉡ 중간정도 높이 한국잔디, Kenturky bluegrass, Perennial ryegrass : 12~37mm
㉢ 정원용 잔디 경우 한지형은 50mm, 한국잔디 Zoysiagrass 30~40mm

(7) 잔디의 제초

① **물리적 방제** : 인력 제거, 깎기, 경운
② **화학적 방제**
㉠ 발아전 제초제 : CAT, TCTP, PCP
㉡ 광엽 경엽처리제 : 2.4D, MCPP, BPA, TCBA, 반벨, 반벨디
㉢ 비선택적제초제 : 근사미, 그라목손

③ 잔디 깎는 기계

㉠ 핸드모아(hand mower) : 인력으로 바퀴가 돌아가면서 날이 돌아서 깎는 것
50평 미만의 작은 잔디밭 관리

㉡ Green mower : 핸드모어보다 약간 크며 동력으로 깎는다.
골프장 그린, 테니스코트 등 섬세한 곳에 사용

㉢ Rotary mower : 날이 수평으로 돌아서 깎이며 깎이는 면이 거침
50평 이상의 골프장 러프, 공원 수목지역에 사용

㉣ Approach mower : 잔디품질이 좋게 유지되어야 하는 넓은 지역에 사용. 속도가 빠름

㉤ Gang mower : 골프장, 운동장, 경기장 등 5000평 이상의 대면적에 사용
트랙터나 짚차에 달아서 사용. 경사지에도 사용할 수 있다.

(8) 잔디의 시비

① 잔디에 사용하는 비료

㉠ 속효성 비료 : 황산암모늄, 질산암모늄, 요소

㉡ 완효성 비료 : IBDU, UF, SCU

② **시비시기** : 봄부터 7월 말 생장기, 8월 이후 즉, 한국형 잔디는 봄·여름에, 서양 잔디는 봄·가을에

③ **시비량** : 토양에 따라 다르나 질소(N) : 인산(P) : 칼륨(K)으로 3 : 1 : 2가 통상

(9) 잔디의 객토(뗏밥)

① **정의** : 잔디 포복경이 노출되어 생장이 나쁘거나 답압으로 떼가 쇠약할 때 4~6월경 비옥한 흙 0.5~1cm 정도 뿌려 노출된 포복경을 덮어 주어 부정아와 부정근을 발생시켜 치밀한 잔디밭을 만드는 방법

② 방법

㉠ 시기 : 한지형은 이른 봄이나 가을, 난지형은 늦봄에서 초여름

㉡ 횟수 : 잔디 생육이 왕성할 때 1~2회

㉢ 객토량 : 두께 1.6~4.1mm 정도 다시 줄 때는 15일 지난 후에

㉣ 흙성분 : 세사2 + 토양1 + 유기물(퇴비, 어박, 대두박)

㉤ 효과 : 비료유출을 막고 비료와 동시에 행해지므로 잔디의 분얼과 생육 촉진
잔디밭 흙의 개량. 흙을 소독하여 잡초와 병충해 방지

㉥ 방법 : 뗏밥이 잔디 사이에 잘 스며들도록 빗자루로 쓸어준다.
뗏밥을 주고 금방 물을 줄 필요없다.

(10) 기타 재배관리방법

① Core aerification : 통기작업. 단단한 토양에 구멍내 허술하게 채우기
물과 양분, 뿌리생육이 용이하나 구멍이 해충의 근거지가 될 수 있음
② Slicing : 칼로 토양을 베어주는 작업. 잔디의 포복경, 지하경을 잘라주어 통기작업
③ Spiking : 못 같은 것으로 구멍을 내는 것으로 효과는 떨어지나 회복시간이 짧다.
④ Vertical mowing : slicing과 유사하나 토양 표면까지 잔디만 잘라주는 역할
⑤ Rolling : 표면정리작업. 습해, 건조의 해를 받지 않게 봄철 들뜬 토양을 눌러주는 것
⑥ Topdressing : 배토. 잔디 뗏밥 주는 작업(위 9번항 참고)

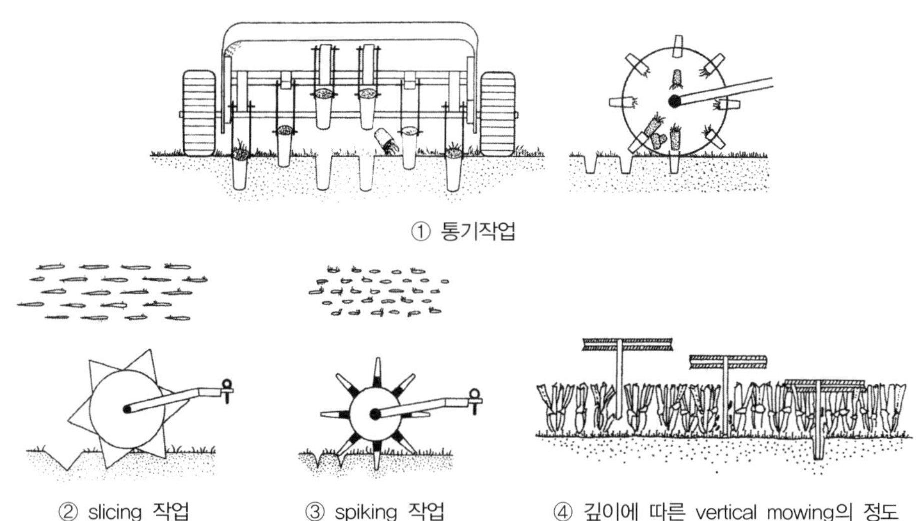

① 통기작업

② slicing 작업　③ spiking 작업　④ 깊이에 따른 vertical mowing의 정도

(11) 잔디의 병충해와 방제

한국 잔디병	고온성병	녹병(rust)	병징 : 등황색반점, 커피가루 같은 포자 발생 원인 : 영양 불균형, 답압, 배수불량에서 나타남 방제법 : 다이젠, 석회황합제, 보르도액
		황화병	병징 : 원형상태의 황화현상 원인 : 고온건조, 일조 부족, 심한 풀깎기, 객토 과다 등 방제법 : 우스푸론, 메르크론, 오소사이드
		입고병	병징 : 잎끝에서 황색이 갈색되다가 시듦 원인 : 그늘진 곳, 통풍불량, 잔디 포장된 곳에 주로 발생 방제법 : 메르크론, PCP90%수화제
		반엽병	병징 : 담갈색의 반점 원인 : 질소과용, 과도한 잔디 깎기 방제법 : 우스푸론, 다이젠 살표
	저온성병	후라리움 패치 (Fusarium patch)	병징 : 이른 봄 원형상태로 황화현상 원인 : 저온다습이나 질소비료 과잉 방제법 : 다이젠, 마네브수화제

서양 잔디병	고온성병	문고병 (Brown patch)	병징 : 잎이 물에 잠긴 것처럼 처지며 미끌하다. 발생 시기 : 3월~11월 원인 : 질소과다, 태치의 축척. Bentgarss에 많음
		백색부패병 (Smild mold)	원인 : 고온다습 방제 : 오소사이드 살포
		황갈반점병 (Dollar spot)	병징 : 15cm 정도의 병반 원인 : 밤낮 기온차가 심하고 고온 다습 방제법 : 다이젠 실포, 적절한 시비
		면부병 (Rythium blight)	병징 : 잎이 물에 잠긴 것처럼 땅에 눕는다. 원인 : 고온다습, 여름우기때 곰팡이균에 의함 방제법 : 지상부를 건조한 상태로 유지
	저온성병	설부병 (Snow mold)	병징 : 3~4월 엷은 회색에서 갈색으로 변하면서 줄기와 잎이 고사 방제법 : 오소사이드, 세레산 살포
		후라리움 패치 (Fusarium patch)	병징 : 이른 봄 원형상태의 황화현상 원인 : 저온다습이나 질소비료 과잉 방제법 : 다이젠, 마네브수화제

2 초화류관리

(1) 토양관리

① 통기성, 배수성, 보수성, 보비성, 병충해, 잡초 방제

② **토양개량제 선택 시 유의사항** : 토양공극량 크고, 답압에 높은 저항성, 낮은 가격, 병균이나 해충 없는 것

③ **유기물질** : 토탄류, 짚, 왕겨, 줄기, 목재부산물, 동식물 노폐물

④ **토양배합** : 중점토일 때 밭흙 : 유기물질 : 굵은 골재 = 1 : 2 : 2,
중간토일 때 1 : 1 : 1, 경점토일 때 1 : 1 : 0

(2) 시비방법

전면시비, 측면시비, 엽면시비 등 작물에 따라 적용

(3) 월동관리

① **화단의 부지선택** : 가능한 지대가 낮고 움푹 들어간 지역에 화단조성을 피할 것

② **보온막 설치** : 식물을 비닐이나 짚으로 씌운다.

③ **가온** : 온실이나 불을 피거나 하여 온도를 높여줌

(4) 병충해방제

① 조화류의 주병해

㉠ 곰팡이에 의한 병 : 흰가루병, 그을음병, 녹병, 묘입고병

㉡ 세균에 의한 병 : 세균성무름병, 풋마름병, 목썩음병

㉢ 바이러스에 의한 병 : 구근류에 주로 나타나며 잎에 주름살이 생기거나 위축됨

② 충해 : 진딧물, 응애, 깍지벌레, 나방류, 파리류에 의한 병

★★★★ 3 비탈면 관리

(1) 비탈면 보호시설공법

① 식생공

㉠ 종자뿜어붙이기공

ⓐ 압축공기를 이용한 모르타르건방법 : 종자, 비료, 토양에 물 섞어 뿜어붙이기. 절토비탈면, 높은 비탈면과 급구배 장소에 적합

ⓑ 수압에 의한 펌프 기계파종기방법 : 종자, 비료, 파이버를 물과 혼합해 살포. 절·성토 비탈면 어느 곳에나 사용 가능하나 낮은 장소에 적합

㉡ 식생매트 : 종자, 비료 붙인 매트를 피복해 녹화

㉢ 평떼붙임공 : 평떼를 비탈면 전면에 붙여 떼꽂이로 고정. 절, 성토 어느 곳에나 사용

㉣ 식생띠공 : 종자, 비료 부착한 띠모양의 종이를 일정 간격으로 삽입, 인공줄떼공법이라고도 함. 피복효과가 빠르다.

㉤ 줄떼심기공 : 주로 성토비탈면에 길이 30cm, 너비 10cm 반떼 심기

㉥ 식생판공 : 종자와 비료 섞은 판을 깔아 붙이기. 판자체가 두꺼워 객토효과

㉦ 식생자루공 : 종자, 비료, 흙을 자루망에 넣고 비탈면 수평으로 판 골속에 넣어 붙이기 급경사지, 풍화토 지반시공에 적합

㉧ 식생구멍공 : 비탈면에 일정 간격 구멍을 파고 혼합물을 채워넣는 공법
비료 유실이 적고 단단한 점질토나 절토비탈면에 적합

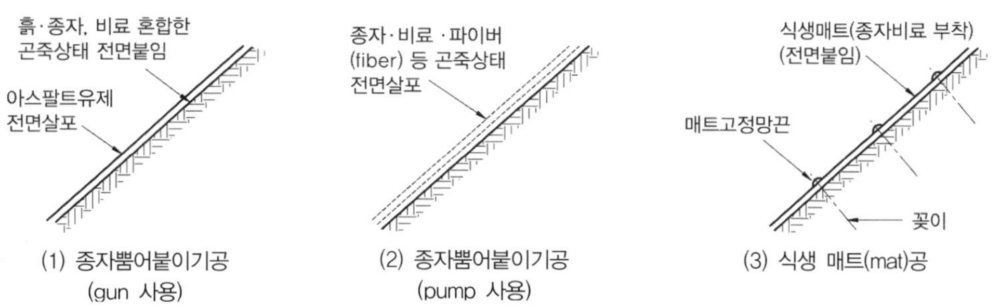

(1) 종자뿜어붙이기공 (gun 사용)　(2) 종자뿜어붙이기공 (pump 사용)　(3) 식생 매트(mat)공

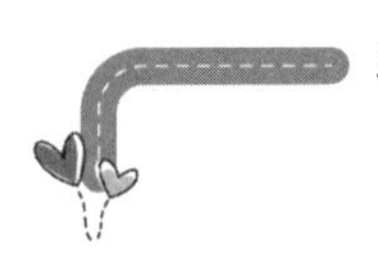

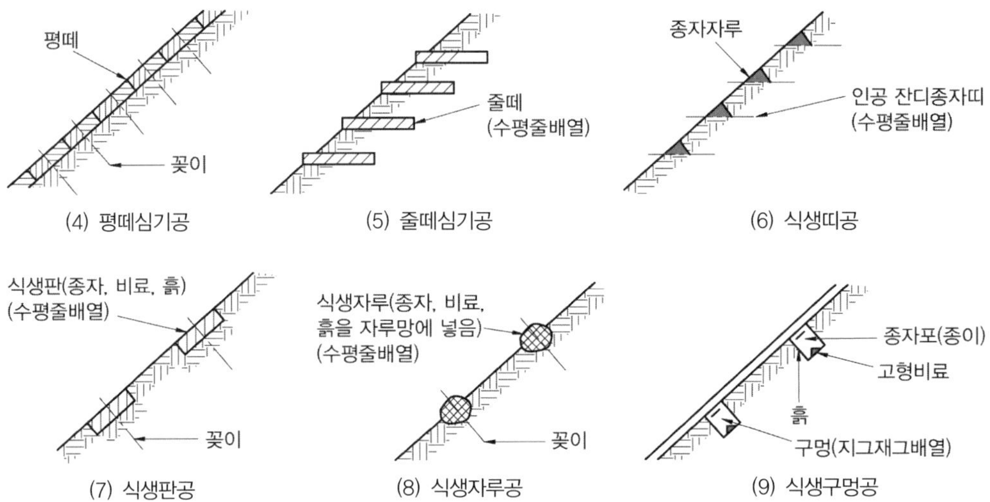

(4) 평떼심기공 (5) 줄떼심기공 (6) 식생띠공

(7) 식생판공 (8) 식생자루공 (9) 식생구멍공

② 구조물에 의한 비탈면보호공

㉠ 돌붙임 및 블록붙임공 : 완구배로 접착력 없는 토양, 식생 곤란한 풍화토, 점토의 경우

㉡ 콘크리트판 설치공 : 암의 절리가 많은 지역에서 콘크리트 격자공이나 모르타르 뿜어 붙이기공으로는 약하다고 생각되는 경우

㉢ 콘크리트 격자형블록 및 심줄박기공 : 유수가 있는 절토비탈면, 표준구배보다 급한 성토 비탈면, 식생이 적당하지 않고 표면이 무너질 우려가 있는 경우

㉣ 시멘트 모르타르 및 콘크리트 뿜어붙이기공 : 용수가 없고, 붕괴 우려가 없는 지역에 풍화되어 적석이 예상되는 암, 식생이 부적당한 곳에 시공

㉤ 편책공법 : 식생이 생육되기까지 비탈면의 토사유출을 방지하기 위해 일시적으로 사용 비탈면에 나무말뚝을 박고 나뭇가지, 대나무, 아연, 철망 등을 뒷면에 붙인 뒤 흙 채워 넣는다.

㉥ 비탈면 돌망태공 : 비탈면에 용수가 있어 토사유출 우려가 있는 경우

㉦ 낙석방지망공 : 절토비탈면에 낙석 우려가 있는 곳, 3m×3m망

㉧ 낙석방지책공 : 절토비탈면이 길어서 집중호우에 낙석 예상되는 경우

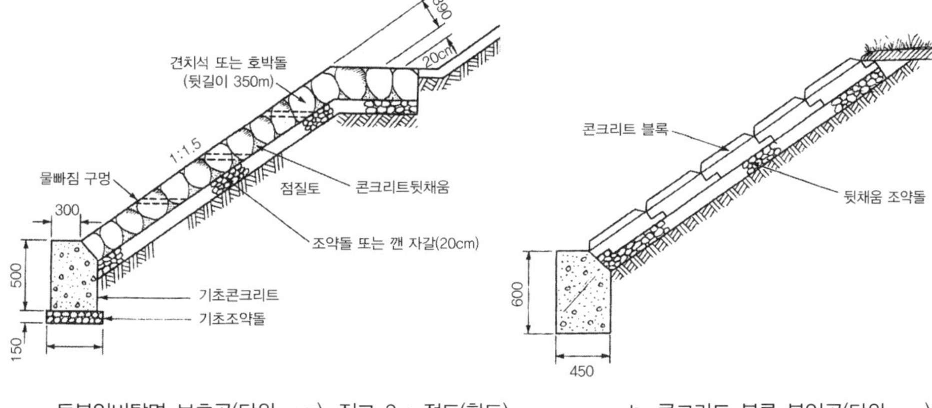

a. 돌붙임비탈면 보호공(단위 mm), 직고 3m 정도(한도)

b. 콘크리트 블록 붙임공(단위 mm)

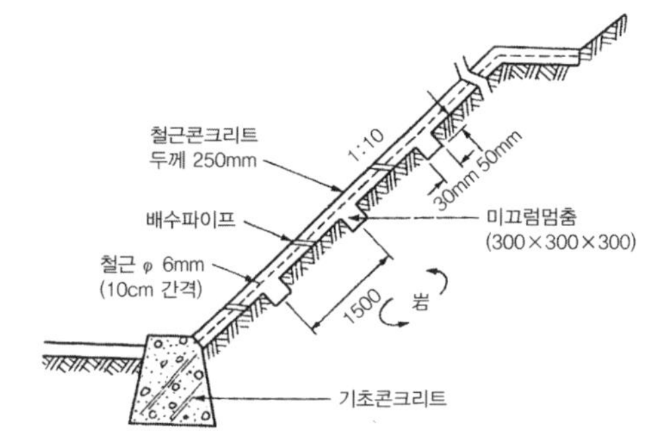

c. 콘크리트판 설치공(단위 mm)

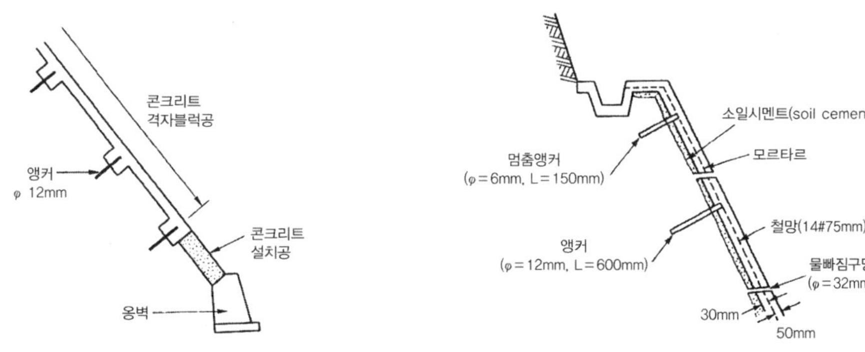

d. 비탈면 격자블럭 설치공

e. 모르타르 뿜어붙이기공(단위 mm)

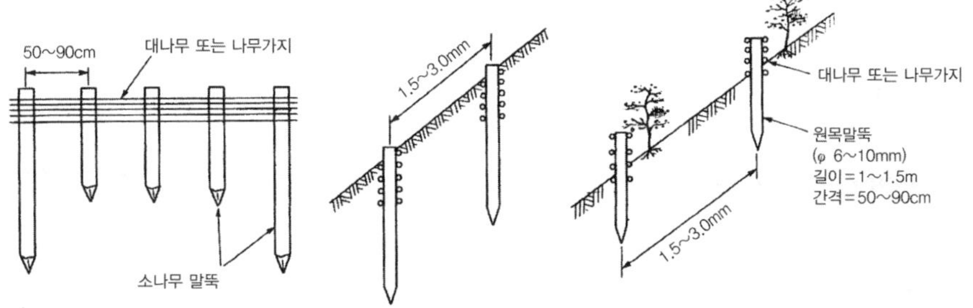

① 대표적인 것의 예 ② 편책을 묻어서 하는 경우 ③ 편책의 일부를 표면에 나오게 하는 경우

f. 비탈면 보호 편책공

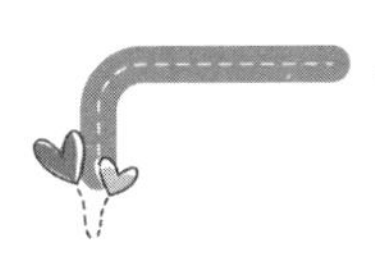

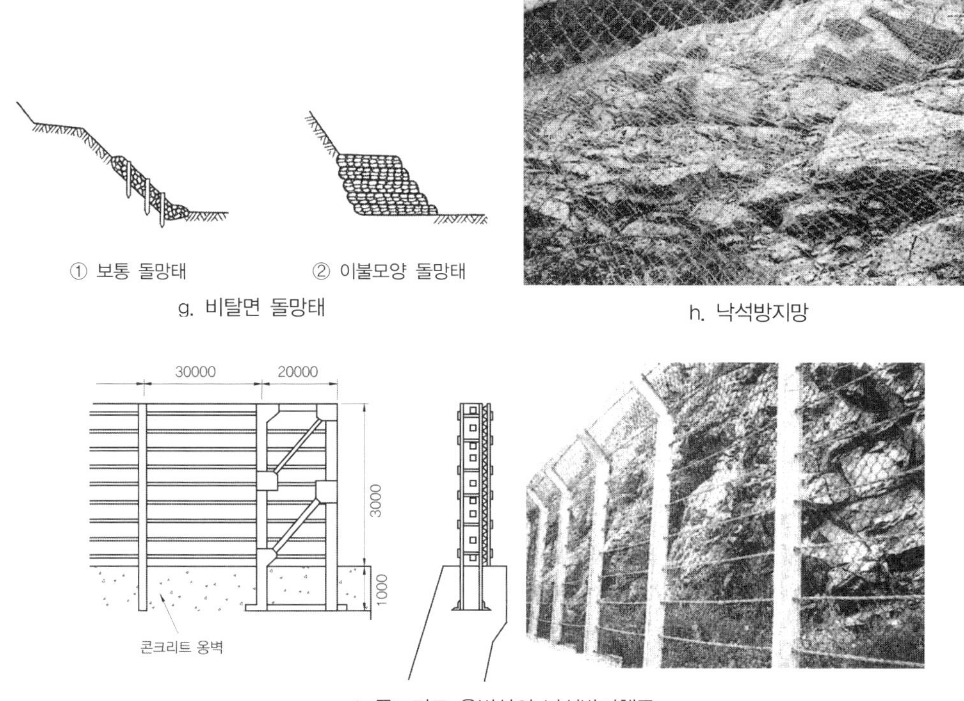

① 보통 돌망태　② 이불모양 돌망태

g. 비탈면 돌망태

h. 낙석방지망

i. 콘크리트 옹벽상의 낙석방지책공

(2) 비탈면 유지관리

① 식생공에 의한 비탈면 유지관리
- ㉠ 연 1회이상 시비 : 약한 농도로 여러 번 하는 것이 좋다.
- ㉡ 잡초제거 및 풀베기 작업 : 초장 10cm 이상 6~10월 시행
- ㉢ 관수 및 병충해 방제 : 비탈면 상단부 관리가 중요

② 구조물에 의한 비탈면보호공의 유지관리
- ㉠ 보호공 자체의 노후화에 의한 변형
- ㉡ 비탈면 자체의 변형
- ㉢ 주로 균열, 파손, 꺼짐, 용수 등의 상황을 파악해 보수

4 옹벽 관리

(1) 옹벽의 유형 및 구조

① **중력식 옹벽** : 돌쌓기, 무근 콘크리트 사용. 보통 4m 이하 옹벽

② **반중력식 옹벽** : 중력식을 철근으로 보강한 것

③ **역 T형 옹벽** : 옹벽 높이가 약간 높은 철근 콘크리트 옹벽

④ **L형옹벽** : 경제성이 높은 5m 내외의 옹벽

⑤ **부벽식옹벽** : 안정성 중시한 철근콘크리트 옹벽으로 5~7m 정도 높이 옹벽
⑥ **지지벽 옹벽** : 부벽식보다 안정성이 떨어짐
⑦ **블록옹벽** : 콘크리트 블록 사용해 중량이 가벼워 비탈면 구배 높이거나 뒷채움 두껍게 할 때
⑧ **돌 쌓기 옹벽** : 자연석, 잡석, 깬돌 사용해 메쌓기, 찰쌓기(뒷채움콘크리트 있는 것) 한 것

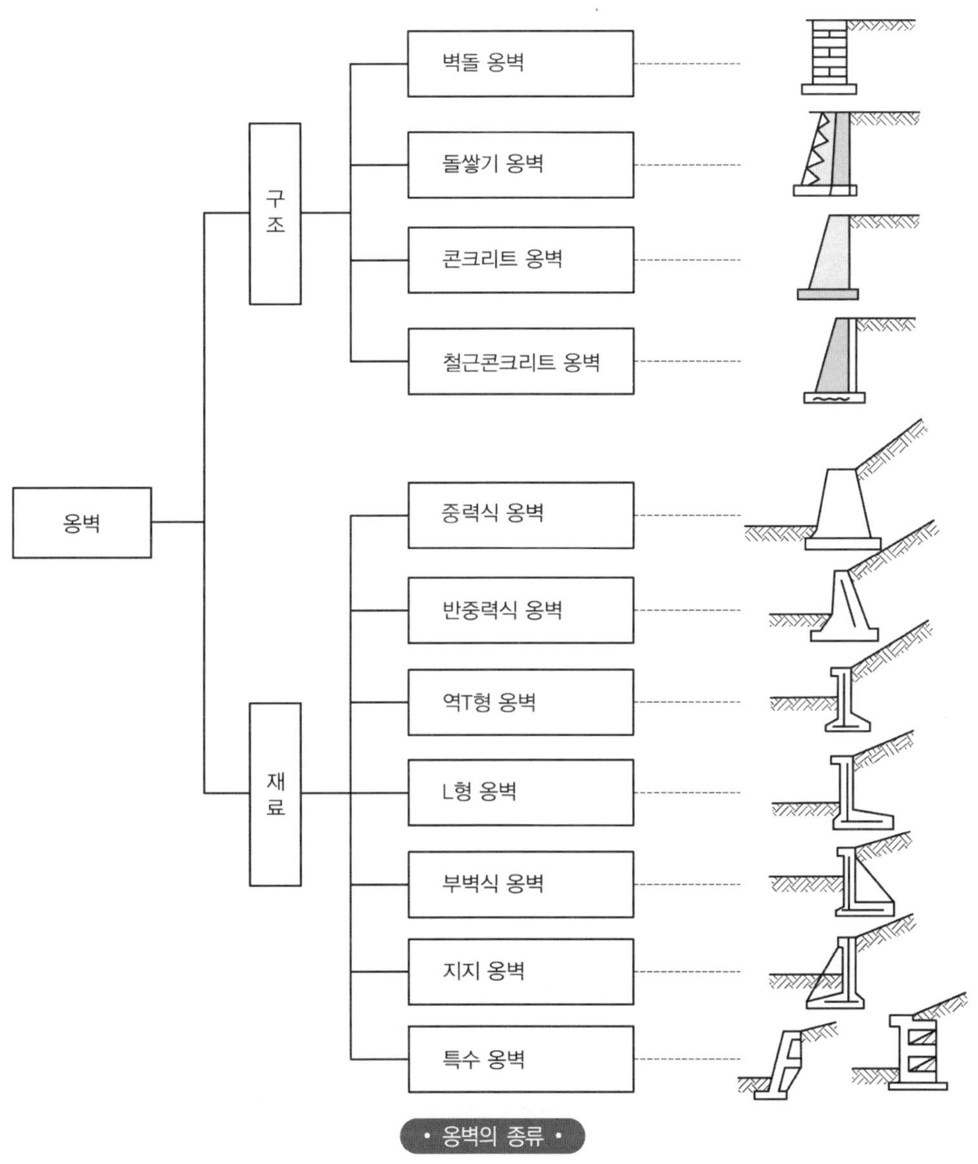

• 옹벽의 종류 •

(2) 파손형태

경사, 침하 및 부등침하, 이음새 어긋남, 균열, 이동, 세굴

(3) 보수 유지관리

① 석축옹벽

㉠ 균열 있을 때 : 배수구 만들어 토압감소, 재시공

㉡ 구멍 났을 때 : 뒷면에 이상이 없으면 콘크리트로 채움, 이상 있으면 그 부분 재시공

㉢ 옆으로 넘어지려고 할 때 : 뒷면토압이 옹벽에 비해 크면 콘크리트 옹벽 설치 석축기초 세굴이 원인이면 세굴 부분을 채우고 콘크리트나 사석암으로 성토

② 콘크리트 옹벽(앞으로 넘어질 우려 있을 때)

㉠ P.C 앵커공법 : 기존 기초지반이 좋을 때

㉡ 부벽식 콘크리트 옹벽공법 : 기초지반이 암이고 기초가 침하될 우려 없을 때

㉢ 말뚝에 의한 압성토공법 : 옹벽이 활동을 일으킬 때 옹벽 전면에 암을 따서 압성토하는 공법

㉣ 그라우팅 공법 : 옹벽 뒷면의 지하수를 배수구멍에 유도시키고 토압을 경감시키는 공법

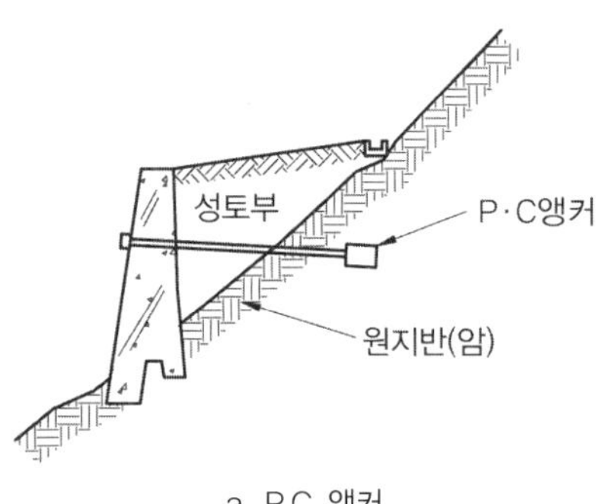

a. P.C 앵커

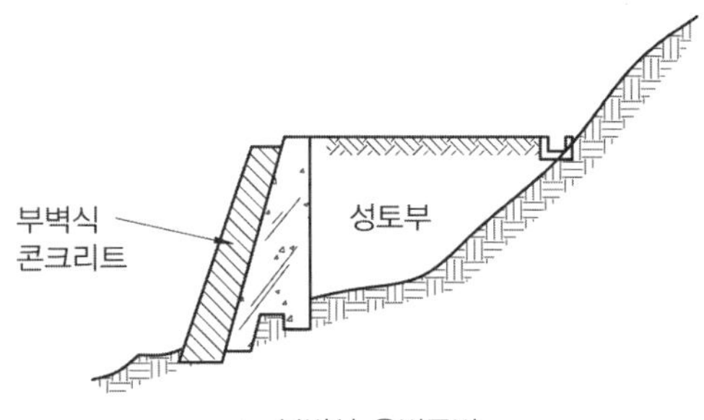

b. 부벽식 옹벽공법

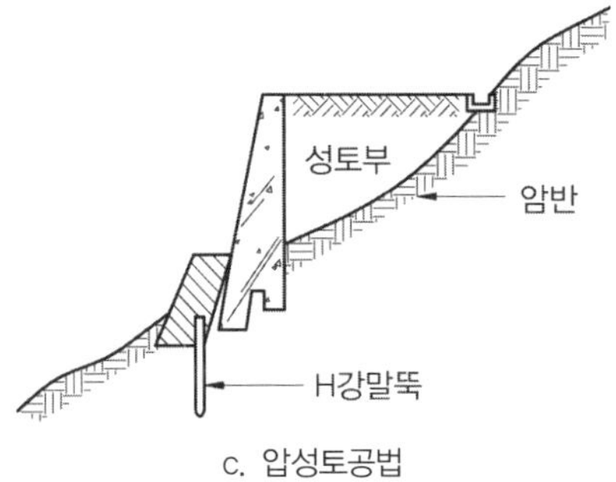

c. 압성토공법

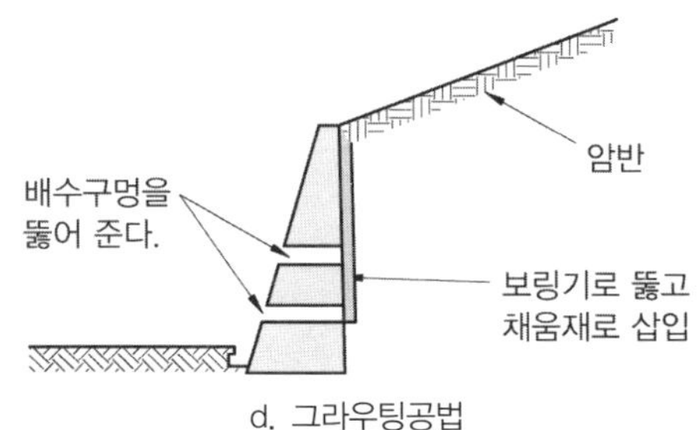

d. 그라우팅공법

CHAPTER 09 조경식물 관리

실전연습문제

01 골프장의 잔디를 낮은 잔디 깎기 하였을 때 효과로 틀린 것은? [산업기사 11.03.02]

㉮ 엽폭을 감소시켜서 보다 재질감이 좋은 잔디를 만들 수 있다.
㉯ 분얼경을 촉진하므로 결국 줄기밀도가 증가하여 지표면을 조밀하게 해주어 잔디의 질에 좋은 영향을 줄 수 있다.
㉰ 엽면적의 감소로 광합성량이 떨어지므로 탄수화물의 저장량이 감소한다.
㉱ 식물조직이 단단해지므로 병이나 해충에 대하여 강해지게 된다.

02 잔디관리 중 통기 갱신용 작업에 해당되지 않는 것은? [산업기사 11.06.12]

㉮ 코링(coring)
㉯ 롤링(rolling)
㉰ 슬라이싱(slicing)
㉱ 스카이킹(spiking)

풀이 ㉯ 롤링 : 표면정리 작업으로 습해나 건조의 해를 받지 않게 봄철 들뜬 토양을 눌러주는 것

03 초화류의 재배에 알맞은 토양조건이 아닌 것은? [산업기사 11.06.12]

㉮ 배수성 ㉯ 통기성
㉰ 보비성 ㉱ 점토성

04 난지형(暖地型) 잔디에 뗏밥을 주는 시기는 언제가 가장 적당한가? [산업기사 11.10.02]

㉮ 3 ~ 4월 ㉯ 6 ~ 7월
㉰ 10 ~ 11월 ㉱ 12 ~ 2월

잔디 뗏밥 주는 시기
한지형은 이른 봄이나 가을, 난지형은 늦봄에서 초여름

05 잔디밭 관리에 있어서 에어레이션(aeration)의 실시 목적이 아닌 것은? [산업기사 11.10.02]

㉮ 북더기 잔디의 제거
㉯ 두꺼운 잔디층 조성
㉰ 투수성 촉진
㉱ 산소의 공급

에어레이션
단단한 토양에 구멍내 허술하게 채워서 통기작업하는 것으로 물과 양분, 뿌리생육이 용이하도록 함

06 잔디밭에 많이 발생하는 잡초가 아닌 것은? [산업기사 12.03.04]

㉮ 토끼풀 ㉯ 올미
㉰ 질경이 ㉱ 바랭이

올미는 주로 논에 자란다.

ANSWER

01 ㉱ 02 ㉯ 03 ㉱ 04 ㉯ 05 ㉯ 06 ㉯

07 잔디밭의 관수에 대한 설명으로 적당하지 않은 것은? [산업기사 12.03.04]

㉮ 갓 조성된 잔디밭에는 수압을 약하게 하여 관수한다.
㉯ 관수는 보통 저녁이나 야간에 하는 것이 좋다.
㉰ 잔디의 밀도가 높을수록 지표면의 수분 증발이 적으므로 관수의 양이 적어진다.
㉱ 잔디의 사용이 많은 지역일수록 관수량 및 관수의 회수가 많아야 한다.

풀이 잔디의 양이 많으면 그만큼 관수도 더 필요함.

08 초화류 재배관리에 바람직한 토양조건으로 가장 거리가 먼 것은? [산업기사 12.03.04]

㉮ 통기성 ㉯ 호흡성
㉰ 배수성 ㉱ 보비성

09 비탈면보호공에 대한 설명으로 옳은 것은? [산업기사 12.05.20]

㉮ 종자뿜어붙이기공, 식생판공, 떼붙임공은 식생공의 공종이다.
㉯ 긴 비탈면 전체가 지하수작용에 의해 움직이는 것을 절토면의 붕괴라고 한다.
㉰ 비탈면 식생공은 비료가 포함되어 있으므로 추가 시비가 필요없다.
㉱ 비탈면 식생은 어깨부보다 하단부의 상태가 나쁘므로 중점관리해야 한다.

풀이 **비탈면보호공**

1. 식생공 : 종자뿜어붙이기공, 식생매트, 평떼붙임공, 식생띠공, 줄떼심기공, 식생판공, 식쟁자루공, 식생구멍공 등
2. 구조물에 의한 비탈면보호공 : 돌붙임 및 블록붙임공, 콘크리트판 설치공, 콘크리트 격자형 블록 및 심줄박기공 등

10 난지형 잔디의 알맞은 생육적 온도는? [산업기사 12.05.20]

㉮ 5 ~ 10℃ ㉯ 10 ~ 15℃
㉰ 20 ~ 25℃ ㉱ 25 ~ 35℃

11 수간(樹幹)감기는 큰 나무 이식 시에 해주어야 하는데 그 효과로 적당하지 않은 것은? [산업기사 12.05.20]

㉮ 이식시 수간의 보호와 상처를 예방한다.
㉯ 줄기가 강한 햇볕에 타는 것을 막아준다.
㉰ 상해(霜害)나 병해충 방지를 해준다.
㉱ 줄기로부터 새가지가 나오도록 해준다.

12 토목공사로 인한 절토(切土, soil cut)지역에서 수목을 보호하기 위해 실시되는 기법에 해당되는 것은? [산업기사 12.09.15]

㉮ 수직 유공관 깔기
㉯ 수평 유공관 놓기
㉰ 마른우물(dry well) 파기
㉱ 석축(retaining wall) 쌓기

13 다음 중 잔디의 녹병(rust) 발생원인과 거리가 먼 것은? [산업기사 13.06.02]

㉮ 고온다습과 질소과다
㉯ 질소결핍, 영양결핍, 시비불균형
㉰ 지나친 답압, 배수불량
㉱ 심한 풀 깎기와 객토과다

ANSWER 07 ㉰ 08 ㉯ 09 ㉮ 10 ㉱ 11 ㉱ 12 ㉱ 13 ㉱

14 같은 조건하에서도 일시적으로 발아를 중지하고 휴면의 형태를 취하여 부적격 환경을 극복하려는 종자의 발아습성을 무엇이라 하는가? [산업기사 13.09.28]

㉮ 발아 기회성 ㉯ 발아 계절성
㉰ 발아 주기성 ㉱ 준동시성 발아

㉮ 발아 기회성 : 일장보다는 같은 계절에서도 변이성이 큰 온도조건에 기회적으로 감응하여 발아하게 되는 특성(온도반응)
㉯ 발아 계절성 : 계절의 특성을 더욱 일정하게 잘 나타내는 일장에 반응하여 휴면을 타파하고 발아하게 되는 특성(일장반응)

15 다음 중 잔디의 잎과 줄기에 불규칙한 황녹색 또는 황갈색의 점이 마치 동전처럼 무수히 나타나며, 주로 초여름과 초가을에 발병하는 것은? [산업기사 13.09.28]

㉮ 브라운 패치(Brown patch)
㉯ 잔디 탄저병(Anthracnose)
㉰ 붉은 녹병(Rust)
㉱ 달라스팟(Dollar spot)

Dollar spot은 지름 15cm 이하의 병반을 나타내며 밤낮의 기온차가 심할 때, 비료가 부족할 때 나타난다. 아침에 이슬을 제거해주면 병 발생 기회를 줄여 주며 병 발생 기온은 15 ~ 20℃로 볼 수 있다.

16 뗏밥주기에 관한 설명으로 부적합한 것은? [산업기사 13.09.28]

㉮ 잔디의 생육을 돕기 위하여 한지형 잔디는 봄, 가을에 뗏밥을 준다.
㉯ 잔디의 생육을 돕기 위하여 난지형 잔디는 늦봄에서 초여름에 뗏밥을 준다.
㉰ 뗏밥의 양은 잔디깎기의 정도에 따라 조절하는데, 잔디의 생육이 왕성할 때 얇게 1 ~ 2회 준다.
㉱ 뗏밥의 두께는 1 ~ 2cm 정도로 주고, 다시 줄 때에는 30일이 지난 후에 주어야 하며, 봄철에 두껍게 한 번에 주는 경우에는 3 ~ 5cm 정도로 시행한다.

풀이 뗏밥을 다시 줄 때는 15일이 지난 후에 시행한다.

17 다음 중 잔디의 관수방법으로 적합하지 않은 것은? [산업기사 13.09.28]

㉮ 잎과 줄기에 관수한다.
㉯ 땅이 흠뻑 젖도록 관수한다.
㉰ 햇볕이 잘 쪼이는 정오에 실시한다.
㉱ 필요시 액체비료를 혼합하여도 좋다.

풀이 관수는 일출 시나 일몰 시에 하는 것을 원칙으로 한다.

18 다음 중 비탈면 우수침식방지를 위한 식생공법이 아닌 것은? [산업기사 14.03.02]

㉮ 종자 뿜어붙이기공법
㉯ 유묘 식재공법
㉰ 식생 매트공법
㉱ 떼 붙임공법

풀이 **비탈면 식생공법**
종자뿜어붙이기공, 식생매트, 평떼붙임공, 식생띠공, 줄떼심기공, 식생판공, 식생자루공, 식생구멍공

ANSWER
14 ㉰ 15 ㉱ 16 ㉱ 17 ㉰ 18 ㉯

Part 4 조경관리

19 다음 중 초화류의 월동관리 방법으로서 가장 적합하지 않은 것은? [산업기사 14.05.25]

㉮ 보호막의 설치 ㉯ 가온
㉰ 저온에서의 순화 ㉱ 성토

 **성토**
잔디의 객토로 흙을 뿌려주는 것이 있으나, 이른봄이나 가을에 시행하는 것으로 잔디의 분얼과 생육을 촉진하기 위해 시행하는 것으로 월동과는 관계없다.

20 잔디 조성 후 표토층이 부분적인 개량 및 개선방법이 아닌 것은? [산업기사 14.09.20]

㉮ 통기작업(Core Aerification)
㉯ 로터리 모어(Rotary Mower)
㉰ 버티컬 모잉(Veritical Mowing)
㉱ 배토(Topdressing)

 ㉮ Core aerification(통기작업) : 단단한 토양에 구멍내 허술하게 채운다. 물과 양분, 뿌리생육이 용이하다.
㉯ Rotary mower : 날이 수평으로 돌아서 깎이며 깎이는 면이 거친 것이 특징인 잔디 깎는 방법의 일종으로 표토개량과 관계없다.
㉰ Vertical mowing : slicing과 유사하나 토양 표면까지 잔디만 잘라주는 역할
㉱ Topdressing(배토) 잔디 뗏밥 주는 작업

21 다음 중 종자뿜어붙이기에 관한 설명으로 옳지 않은 것은? [산업기사 14.09.20]

㉮ 파종 후 6개월 이내에 발아되지 않거나 전면에 고루 발아되지 않고 일부만 발아되었을 때에는 처음과 동일한 공법으로 재파종하여야 한다.
㉯ 파종면이 건조한 경우에는 종자의 발아를 촉진하고 분사부착물의 침투를 좋게 하기 위하여 $1m^2$당 1~3L의 물을 미리 살포한다.
㉰ 비료는 질소, 인산, 칼리의 성분이 혼합된 복합비료를 사용하되 재료조달계획 승인시 감독자의 승인을 받은 것을 사용한다.
㉱ 공사의 효율을 위하여 잔디종자를 섬유(Fiber), 색소, 접착제, 비료 등과 물로 혼합하여 고압분사기로 파종하는 잔디 조성공사에 적용한다.

풀이 **조경공사 표준시방서**
파종 후 1개월 이내에 발아되지 않거나 전면에 고루 발아되지 않고 일부만 발아되었을 때에는 처음과 동일한 공법으로 재파종하여야 한다.

22 잔디병의 일종인 라지패치(Large Pacth)에 대한 설명으로 틀린 것은? [산업기사 14.09.20]

㉮ 원형 또는 동공형 병징이 형성된다.
㉯ 한국잔디에 발생률이 높은 고온성병이다.
㉰ 북더기잔디(Thatch)의 집적을 유도하여 지면보온을 꾀함으로써 예방할 수 있다.
㉱ 발병지의 잔디는 구름형태로 시들고 직립경의 아래쪽에 병균이 침입하여 줄기가 쉽게 뽑혀 나온다.

 **라지패치**
북더기잔디는 병원균의 서식처임으로 이를 제거하여 병을 예방하여야 한다.

ANSWER 19 ㉱ 20 ㉯ 21 ㉮ 22 ㉰

CHAPTER 3 시설물의 특수관리

1 시설물 관리 개요

1 유지관리의 목표

① 조경공간과 시설을 항시 깨끗하고 정돈된 상태로 유지한다.
② 경관미가 있는 공간과 시설을 조성, 유지한다.
③ 공간과 시설을 건강하고 안전한 환경조성에 기여할 수 있도록 유지관리한다.
④ 유지관리를 통해 쾌적하고 즐거운 휴게, 오락 기회를 제공함으로써 관리 주체와 이용자간에 좋은 유대관계가 형성되도록 한다.

2 유지관리와 시간, 인력, 장비, 재료의 경제성

① 시간 절약
② 인력의 절약
③ 장비의 효율적 이용
④ 재료의 경제성

3 시설물 유지관리 고려사항

이용밀도, 날씨, 지형, 감독자의 수와 기술수준, 조경시설 이용 프로그램, 이용자의 시설물 파손행위

2 기반시설물 관리

1 배수시설

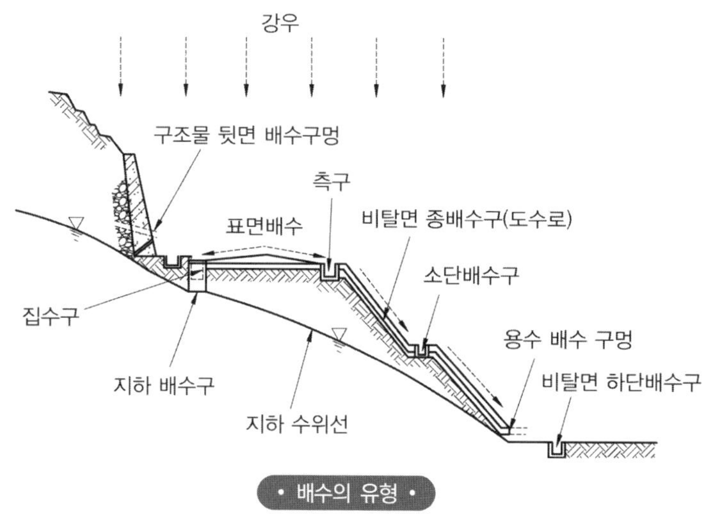

• 배수의 유형 •

(1) 표면배수

① **정의** : 강우에 의해 발생한 지표면을 따라 흐르는 물 또는 인접하는 지역에서 원지 내로 유입하여 들어오는 물을 처리하는 배수형태

② 시설 구조와 각 유지관리

㉠ 측구(gutter)

ⓐ 정의 : 도로상이나 인접부지의 우수물을 다른 배수처리지점으로 이동시키는 도랑

ⓑ 종류 : 재료에 따라 토사측구, 잔디 및 돌붙임측구, 돌 및 블록쌓기측구, 콘크리트측구

형상에 따라 L형, U형, 반원형, V형, 사다리꼴

ⓒ 유지관리

- 정기적인 점검으로 토사나 낙엽 등 찌꺼기가 쌓이지 않도록 청소
- 저면구배를 일정하게 유지하고, 유수에 의한 토사측구 침식이나 퇴적이 현저한 곳은 필요에 따라 콘크리트측구로 개조
- 콘크리트 제품은 연결이음새의 결함이 많아 누수되기 쉬우므로 보수 교체 실시

㉡ 빗물받이홈(집수구)

ⓐ 정의 : 배수되는 물을 한 곳에 모아 다시 배수계통으로 보내는 배수시설

ⓑ 관리

- 찌꺼기가 쌓여 물빠짐이 방해되어 물이 유출되지 않게 정기적인 청소
- 주변 토사나 콩자갈 등이 유출되거나 지반이 침하되어 집수구가 솟아 올라 물이 유입되지 않을때는 집수구를 절단하여 낮춘다.
- 주변지반보다 솟아있거나 움푹 들어 있을 때는 통행에 위험하므로 즉시 조치
- 뚜껑이 분실, 파손되었을 경우 위험하므로 보수 전 울타리, 표지판을 설치하고 교체 보수

㉢ 배수관, 도수관

ⓐ 정의 : 다른 집수구나 배수지로 흘려보내는 관

ⓑ 관리

- 오물에 의해 유수단면이 좁아졌는지 관측, 판단 개량
- 누수나 체수 발견 시 즉시 보수
- 기초 불량하여 침하되거나 경사 급격히 달라질 때는 재설치나 개량

㉣ 맨홀(manhole)

ⓐ 정의 : 지하배수관거를 점검하고 청소를 하거나 전력, 통신 케이블 관로의 접속과 수리 등을 위해 사람이 출입할 수 있는 통로

ⓑ 관리

- 주변지반보다 솟아있거나 움푹 들어가 있을 때는 통행에 위험하므로 즉시 조치
- 뚜껑이 분실, 파손되었을 경우 위험하므로 보수 전 울타리, 표지판을 치고 교체 보수

(2) 지하배수

① **정의** : 지반 내의 배수를 목적으로 하여 지표면를 밑의 지하수위 저하시키든지, 지하에 고인물, 지면으로부터 침투하는 물을 배수하는 형태

② **시설구조**

㉠ 암거배수시설 : 배수관거에 의해 지표수 처리하는 시설

㉡ 유공관 배수시설 : 지하수와 같이 심토층에서 용출되는 물이나 지표수가 지하로 침투한 물을 차단해 배수하는 시설

㉢ 자갈, 모래층의 맹암거배수시설

③ **관리사항**

㉠ 설치년월, 배치위치, 구조 등 명시한 도면을 별도로 만들어 놓는다.

㉡ 배수 유출구가 기능 다하는지 주의 관찰

㉢ 지하배수시설은 유출구 외에는 육안으로 보이지 않기에 비온 뒤에는 항상 이상유무를 유출구를 통해 확인한다.

㉣ 배수기능이 떨어질 때는 다른 위치에 재설치하는 것이 효과적
㉤ 지하배수가 불충분할 때는 새로운 시설을 설치하는 것이 좋다.

(3) 비탈면배수

① 정의 : 강우에 의한 빗물이나 표면 유수 등을 비탈면으로 유입되지 않게 하는 것. 비탈면의 지하수를 안전하게 비탈면 밖으로 배수하는 방법

② 시설구조
㉠ 비탈면 어깨배수구 : 인접지역에서 흘러 들어오는 것을 차단하는 것
㉡ 종배수구 : 비탈면 자체에 내리는 우수를 흘러내리게 하는 것
㉢ 소단배수구 : 비탈면 소단에 가로로 받아 종배수구에 연결시키는 것

③ 관리사항
㉠ 높은 성토비탈면의 소단배수구 및 절·성토비탈면 상단의 어깨배수구 정기 점검
㉡ 배수구의 무너진 흙, 낙석, 잡초 등의 수시 제거
㉢ U형 콘크리트 제품은 지반의 부등침하로 이음새가 어긋나는 경우가 많으므로 재설치

★★★ 2 도로 및 광장 포장공사

(1) 용도별 포장유형

① 자전거 및 관리용 차량도로
㉠ 아스팔트 콘크리트 포장
㉡ 시멘트 콘크리트 포장

② 보도, 광장, 원로
㉠ 블록포장
㉡ 타일포장
㉢ 화강석 및 자연석 평판포장
㉣ 토사 포장

(2) 토사포장

① 포장방법
㉠ 혼합물(자갈이나 깬돌+모래, 점토)을 30~50cm 깔아 다지기
㉡ 노면자갈의 최대굵기는 30~50mm 이하, 노면 총두께의 1/3 이하
㉢ 점토질은 10% 이하, 모래질은 30% 이하
㉣ 노면자갈 = 자갈(30~50mm) 55~75% + 모래(2~0.07mm) 15~30% + 점토(0.07 이하) 5~10%

② 보수, 시공방법

㉠ 개량 : 지반치환공법, 노면치환공법, 배수처리공법

㉡ 보수

ⓐ 흙먼지방지 : 살수, 약품살포, 역청재료의 혼합법

ⓑ 노면요철부처리 : 노면 횡단경사 3~5% 유지, 노면자갈 1~4회/1년 보충

ⓒ 동상, 진창흙 방지 : 흙을 비동상성 재료로 바꾸고 배수시설로 지하수위 저하

ⓓ 도로배수 : 배수불량지역에 토사측구 굴착

(3) 아스팔트 콘크리트 포장

① 포장단면도

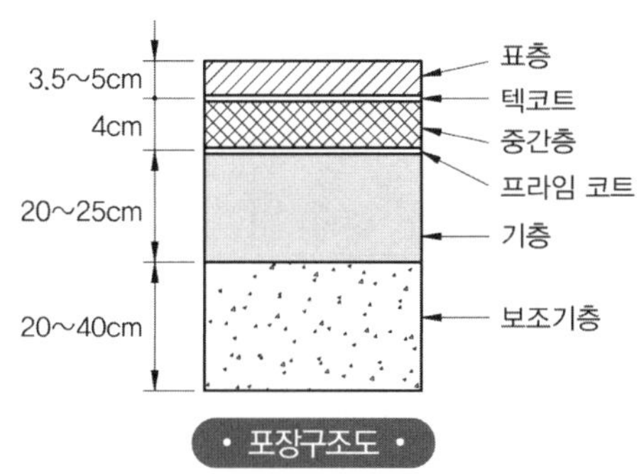

• 포장구조도 •

② 점검

㉠ 노면상황조사 : 균열조사, 요철조사

㉡ 노면 상세조사 : 처짐량, 균열, 요철, 미끄럼 저항, 침하량, 마모, 박리조사

③ 파손원인

㉠ 균열 : 아스콘 혼합물 배합이 나쁠 때, 아스팔트 노화 시, 아스팔트 두께가 부족할 때

㉡ 국부적 침하 : 기초 노체의 시공불량, 노상의 지지력 부족이 원인임

㉢ 파상의 요철 : 지지력 불균일, 아스팔트 과잉, 아스콘의 입도불량, 공극률 부족시

㉣ 노면연화 : 아스팔트 과잉, 골재입도불량, 택코트 과잉

㉤ 박리 : 표층 품질 불량, 지하수위 높은 곳이나 차량기름이 떨어진 곳

④ 보수, 시공방법

★★★ ㉠ 균열에 의한 파손

ⓐ 패칭공법(patching) : 가열혼합식, 상온혼합식, 침투식 공법
파손부위 절단 → 택코트시행 → 가열된 아스팔트 혼합물 주입살포 → 다지기 → 표면에 석재, 모래살포 → 식으면 개통

ⓑ 표면처리공법 : 차량통행이 적고 피해가 심각하지 않은 부위에 골재나 아스팔트만으로 균부분을 메우거나 덮어씌우는 방법

ⓒ 덧씌우기 공법(overlay) : 파손 부위를 패칭과 같이 부분보수

㉡ 국부적 침하에 의한 파손

ⓐ 꺼진 곳 메우기 : 경미한 침하일 때 절단하고 택코트, 혼합물을 사용해 메우기

ⓑ 치환설치 : 절단 → 골재로 메우기 → 프라임코트 → 중간층 → 택코트 → 표층

㉢ 파상의 요철에 의한 훼손 : 요철은 깎아내고 표면은 덧씌우기

㉣ 표면연화에 의한 파손 : 석분, 모래 균등히 살포하여 전압

㉤ 박리 : 패칭, 덧씌우기, 부분적 박리일 때는 꺼진 곳 메우기 처리

(4) 시멘트 콘크리트 포장

① 포장구조

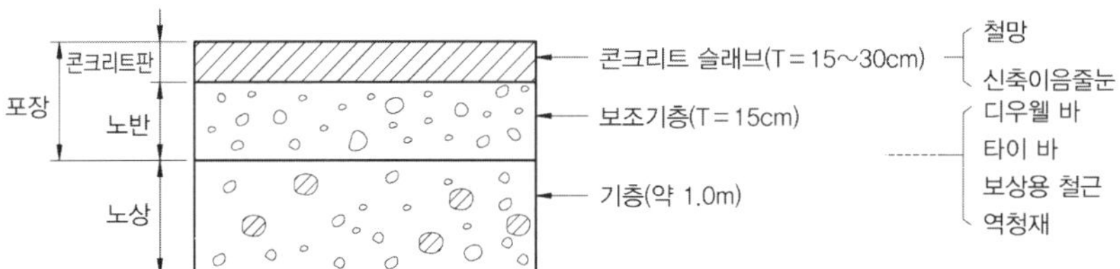

② 파손원인

㉠ 콘크리트, 슬래브 자체의 결함

㉡ 노상, 보조기층의 결함

③ 파손형태 : 균열, 융기, 단차, 마모에 의한 바퀴자국, 박리, 침하

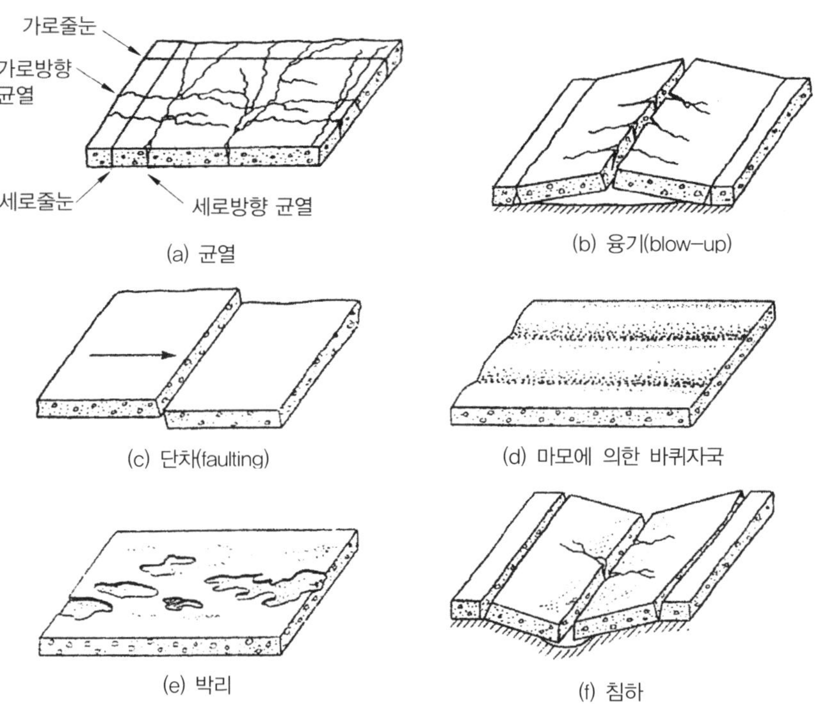

(a) 균열

(b) 융기(blow-up)

(c) 단차(faulting)

(d) 마모에 의한 바퀴자국

(e) 박리

(f) 침하

④ 보수 및 시공

㉠ 줄눈 및 표면의 균열

ⓐ 충전법 : 쓰레기 제거 → 접착제(프리미어) 살포 → 충전재 주입 → 열 나면 모래뿌리기

ⓑ 꺼진 곳 메우기 : 아스팔트 유제 채우기. 심한 곳은 아스팔트 모르타르, 혼합물로 메우기

ⓒ 덧씌우기 : 전면적 파손 우려가 있는 경우

ⓓ 모르타르 주입공법 : 포장판과 기층과의 공극을 메워 기층의 지지력 회복시킴.

- 시공방법 : 주입구멍 뚫기 → 공기 불어넣어 청소 → 가열 아스팔트나 시멘트 모르타르 주입 → 구멍에 마개 → 주입재료가 굳으면 마개 떼고 시멘트 모르타르 채우기 → 시멘트는 3일간 양생

ⓔ 패칭 : 넓은 면적에 파손이 심할 때 기계로 인한 공사

㉡ 콘크리트 슬래브 꺼짐 : 노상, 노면의 결함과 표면의 균열로 우수가 들어가 노반이 파손되었을 때 초기는 주입공법, 심하면 메우기나 패칭

㉢ 박리 : 저온이 오랫동안 지속 시 초기는 시멘트풀, 심하면 시멘트 모르타르 바르기

(5) 블록포장

① 포장유형

㉠ 시멘트 콘크리트 재료 : 콘크리트 평판블럭, 벽돌블럭, 인터로킹블럭

㉡ 석재료 : 화강석 평판 블록, 판석블럭

㉢ 목재료 : 목판블럭

② 포장구조

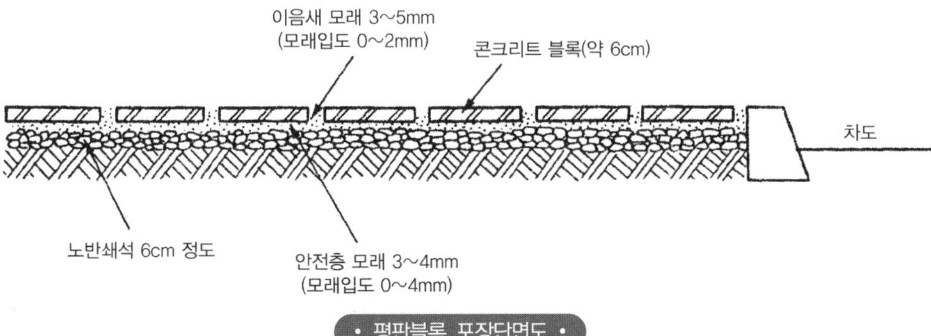

• 평판블록 포장단면도 •

③ **점검** : 제품 자체의 파손, 시공불량 파손

④ **파손원인** : 블록모서리 파손, 블록자체 파손, 블럭 포장 요철, 단차이, 표면의 만곡

⑤ **보수 및 시공방법** : 위치 선정 → 블록제거 → 기층보수 → 기층진압 → 안전층 모래(3~4cm) → 콤팩트 진압 → 블록깔기 → 충진모래 삽입(빗자루로 쓸기) → 콤펙트 다짐 → 검사

3 급수, 관수시설

① 급수관의 정기적 검사. 수압 검사해 급수관의 상태 파악
② 낡은 급수관은 부식, 이물질로 채워져 수질상태 악화시킴
③ 정기적인 교체와 관 매설 도면을 별도로 관리

CHAPTER 03 시설물의 특수관리

실전연습문제

01 석축 옹벽에 대한 일반적인 보수공법으로 재시공 할 경우에 해당하지 않는 것은? [산업기사 11.03.02]

㉮ 땅무너짐과 같은 대규모 붕괴에 의해 지형자체가 변경된 경우
㉯ 옹벽의 노후화, 대규모 파손으로 보강이나 보수가 불가능한 경우
㉰ 보수하여도 안전하지 못하여 새로 설치하는 것이 좋다고 판단되는 경우
㉱ 뒷면 토압이 옹벽에 비해 커서 석축 전체가 옆으로 넘어지려고 하는 경우

02 다음 중 성토 비탈면의 사전 점검 사항에 해당하지 않는 것은? [산업기사 11.03.02]

㉮ 비탈면의 형상
㉯ 주위의 유수(流水)상태
㉰ 암석의 풍화정도
㉱ 기초지반 및 환경상태

03 다음 설명에 해당되는 배수시설은? [산업기사 11.03.02]

> 표면배수의 일종으로서 광장이나 도로상의 물이나 인접부지 주변의 빗물을 다른 배수처리시설로 이동시키는 배수도랑을 의미하며, 재료나 형상에 따라 여러 유형으로 구분할 수 있다.

㉮ 집수구　　㉯ 맹암거
㉰ 맨홀　　㉱ 측구

풀이

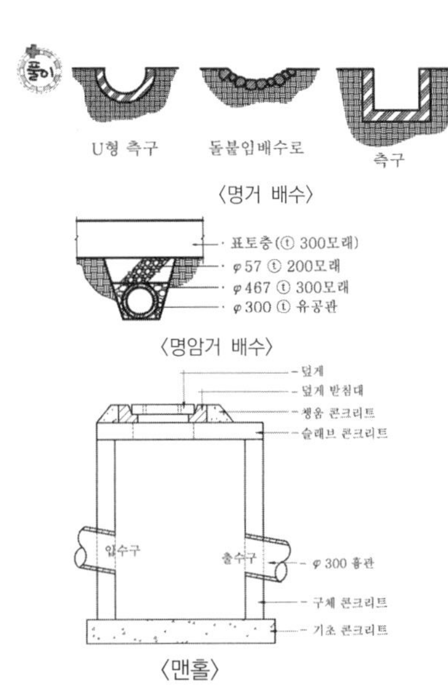

04 콘크리트의 균열을 줄이기 위한 종합적인 대책으로 적합하지 않은 것은? [산업기사 11.06.12]

㉮ 수화열이 낮은 시멘트를 선택할 것
㉯ 양생방법에 주의할 것
㉰ 1회의 타설 높이를 줄일 것
㉱ 단위 시멘트양을 많게 할 것

풀이 단위 시멘트양이 많으면 균열이 일어난다.

05 도로의 포장상태 유지를 위해 고려해야 할 사항이 아닌 것은? [산업기사 11.06.12]

㉮ 도로포장에 설치된 배수시설을 점검한다.
㉯ 지하 매설물의 파손을 점검한다.
㉰ 포장면의 수평면을 확인한다.
㉱ 도로면의 질감 변화를 살핀다.

ANSWER 01 ㉱ 02 ㉰ 03 ㉱ 04 ㉱ 05 ㉱

Part 4 조경관리

06 특수 제작된 고밀도 폴리에틸렌(HDPE) 수지를 이용하여 비탈면 다듬기공사를 한 곳에 지형에 따라 일정한 규격의 너비, 길이, 두께로 제작된 섹션을 상부와 하부에 줄을 맞추어 고정시키고 서로 연결한 후 섹션 안에 흙을 채우는 공법은?

[산업기사 11.10.02]

㉮ 원지반식생정착공법(CODRA공법)
㉯ 자연표토복원공법(SF 녹화공법)
㉰ 녹생토암절개면보호식재공법(R/S녹생토공법)
㉱ 지오웨브(Geoweb)공법

㉮ 원지반식생정착공법(CODRA SYSTEM) : 절·성토 사면 보호 및 조기 녹화는 물론 자연 천이의 촉진을 통해 훼손 생태계의 복구를 위하여 개발된 공법으로 자연이 지닌 복원력을 이용, 원지반에 직접 식물을 정착시키는 공법
㉯ 자연표토복원공법 : 자연상태의 표토를 재현하는 시스템화된 녹화공법으로, 훼손된 비탈면지역을 주변식생과 생태적, 경관적으로 조화된 자연으로 복구하는 환경친화적인 녹화공법
㉰ 녹생토암절개면보호식재공법 : 건설현장에서 흔히 발생되는 경암, 연암, 풍화암 등에 앵커핀으로 철망을 고정한 후 유기물과 필수영양과 녹생토에 양잔디나 야생초, 목본류 종자를 혼합해 암절개면에 분사해 식생기반을 조성하는 공법

07 다음 중 콘크리트 옹벽이 앞으로 넘어질 우려가 있을 때 옹벽 뒷면의 지하수를 배수 구멍에 유도시키고 토압을 경감시키는 공법은?

[산업기사 11.10.02]

㉮ 그라우팅공법
㉯ P·C앵키공법
㉰ 부벽식콘크리트공법
㉱ 압성토공법

㉯ 기존 기초지반이 좋을 때
㉰ 기초지반이 암이고 기초가 침하될 우려 없을때
㉱ 옹벽이 활동을 일으킬 때 옹벽 전면에 암을 다서 압성토하는 공법

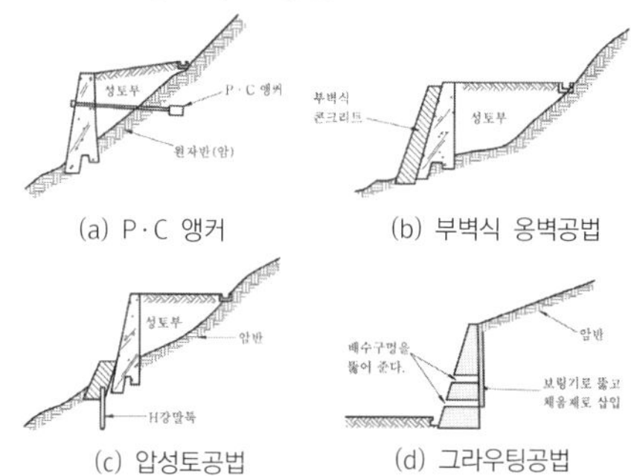

(a) P·C 앵커 (b) 부벽식 옹벽공법
(c) 압성토공법 (d) 그라우팅공법

08 다음 중 파손된 아스팔트 도로포장 부분 주위를 4각형이 되도록 절단하여 때낸 후 보수를 실시하는 부분 보수방법은?

[산업기사 11.10.02]

㉮ 표면처리공법 ㉯ 덧씌우기공법
㉰ 패칭공법 ㉱ 치환공법

㉮ 표면처리공법 : 차량통행이 적고 피해가 심각하지 않은 부위에 골재나 아스팔트만으로 균부분을 메우거나 덮어씌우는 방법
㉯ 덧씌우기공법 : 파손부위를 패칭과 비슷한 방법으로 덧씌우는 방법
㉱ 치환공법 : 국부적 침하에 의한 파손 보수 시공 방법

ANSWER
06 ㉱ 07 ㉮ 08 ㉰

09 **배수가 불량한 도로의 관리를 위해 도로 양측에 총 연장 4km 길이의 그림과 같은 측구를 굴착하고 자갈을 채우려한다. 소요되는 총 자갈량은?** (단, 할증률과 공극은 무시한다.) [산업기사 11.10.02]

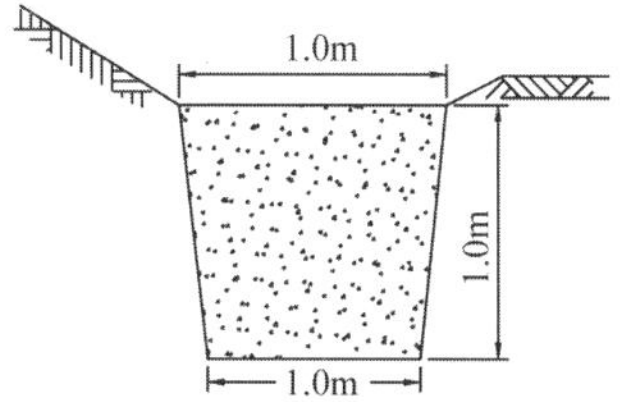

㉮ $3600m^3$ ㉯ $1800m^3$
㉰ $900m^3$ ㉱ $450m^3$

풀이 사다리꼴 체적구하는 공식으로 면적 구해서 길이를 곱한다.
$(1.0+0.8)/2 \times 1 \times 4000 = 3600m^3$

10 **방치하였을 때 우수가 침투하여 노상이나 노체에 현저한 파손을 초래함으로써 발생 즉시 보수하여야 하는 아스팔트 콘크리트 포장 파손의 유형은?** [산업기사 12.03.04]

㉮ 박리(剝離) ㉯ 표면연화(軟化)
㉰ 균열(龜裂) ㉱ 파상(波狀)의 요철

11 **비탈면 암반 녹화안정공법의 하나인 시멘트 모르타르 뿜어붙이기 공법을 사용할 경우 뿜어붙이기의 적합한 두께는?** [산업기사 12.03.04]

㉮ 2 ~ 4cm ㉯ 5 ~ 10cm
㉰ 10 ~ 15cm ㉱ 15 ~ 25cm

12 **측구, 맹암거 등을 활용하여 시공하는 도로 보수공법은?** [산업기사 12.05.20]

㉮ 급수처리공법 ㉯ 표면유수처리공법
㉰ 배수처리공법 ㉱ 노면치환공법

13 **배수시설의 점검시 유의해야 할 사항과 가장 관련이 없는 것은?** [산업기사 12.09.15]

㉮ 노면 및 갓길 부분의 배수시설 상황
㉯ 지하 배수시설 유출구의 물 빠짐 형태
㉰ 주변의 유입수, 토사의 유출 상황
㉱ 집수구, 맨홀, 노즐 분사구의 상태

14 **다음 중 유지관리 작업이 가장 용이한 포장공법은?** [산업기사 12.09.15]

㉮ 시멘트콘크리트포장
㉯ 아스팔트포장
㉰ 블록포장
㉱ 타일포장

풀이 블록포장은 부서진 블록만 교체하면 되기 때문에 다른 것보다 쉽다.

ANSWER 09 ㉮ 10 ㉰ 11 ㉯ 12 ㉰ 13 ㉱ 14 ㉰

15 아스팔트포장에 그림과 같은 부분을 패칭(patching)하려 할 때 필요한 아스팔트양은? (단, 두께를 100mm으로 한다)

[산업기사 13.03.10]

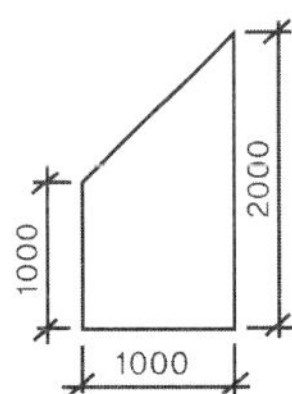

㉮ $0.15m^3$　　㉯ $0.30m^3$
㉰ $0.45m^3$　　㉱ $0.60m^3$

$(1\times1+\frac{1\times1}{2})\times0.1 = 0.15m^3$

16 토사포장도로의 유지관리 공법 중 일반적으로 개량공법으로 분류되지 않는 것은?

[산업기사 13.03.10]

㉮ 노면요철부 처리공법
㉯ 지반치환공법
㉰ 노면치환공법
㉱ 배수처리공법

토사포장 보수 시공 개량방법
지반치환공법, 노면치환공법, 배수처리공법

17 보도블록포장 보수 시 노반층 위에 부설하는 모래의 일반적인 두께로 가장 적합한 것은?

[산업기사 13.03.10]

㉮ 0.5 ~ 1cm　　㉯ 4 ~ 6cm
㉰ 8 ~ 10cm　　㉱ 12 ~ 15cm

18 아스팔트 포장의 파손 중 기초노체의 시공불량(성토다짐부족, 혼합물, 전압부족 등), 노상의 지지력 부족 및 불균일 등이 원인이 되어 발생하는 현상은?

[산업기사 13.06.02]

㉮ 균열　　㉯ 국부적 침하
㉰ 표면연화　　㉱ 박리

19 콘크리트의 균열을 줄이기 위한 대책으로 옳은 것은?

[산업기사 13.06.02]

㉮ 재료를 사용하기 전에 미리 온도를 높인다.
㉯ 단위 시멘트양을 많게 한다.
㉰ 1회의 타설 높이를 높인다.
㉱ 수화열이 낮은 시멘트를 선택한다.

풀이 수화열에 의하여 콘크리트의 온도가 상승하여 온도차의 최댓값이 25 ~ 30℃ 정도에 이르면 열응력이 발생하고 온도균열이 형성된다. 따라서 수화열이 낮은 시멘트를 선택하면 균열을 줄일 수 있다.

20 콘크리트 옹벽이 앞으로 무너질 염려가 있을 때 조치사항으로 적당하지 않은 것은?

[산업기사 13.09.28]

㉮ 원지반의 암질이 좋을 때는 P.C앵커로서 원지반과 콘크리트 옹벽을 묶어 놓는다.
㉯ 기초의 침하우려가 없을 때는 옹벽 앞면에 부벽식 콘크리트 옹벽을 설치한다.
㉰ 옹벽 뒷면에 지하수 배수구멍을 뚫고 물을 콘크리트옹벽 바깥으로 유도하여 토압을 경감시킨다.
㉱ 옹벽 기초부분 앞에 도랑을 파서 옹벽의 활동을 유도하여 무너짐을 막도록 한다.

ANSWER
15 ㉮　16 ㉮　17 ㉯　18 ㉯　19 ㉱　20 ㉱

21 아스콘 혹은 콘크리트 포장의 균열이 보이고 일부 침하현상과 부분적으로 박리현상이 생겼을 때 이용되는 공법은? [산업기사 13.09.28]

㉮ 그라우팅공법
㉯ 패칭(Patching) 공법
㉰ P.C 앵커공법
㉱ 편책공법

풀이 ㉮ 그라우팅, ㉰ P.C앵커공법은 콘크리트옹벽의 보수방법
㉯ 패칭공법 : 포장균열, 국부침하 등 넓은 면적이거나 파손이 심할 때 파손부분을 떠내고 보수하는 방법
㉱ 편책공법 : 구조물에 의한 비탈면 보호공법

22 시멘트콘크리트 포장도로의 경우에 발생하는 하자의 원인 중 콘크리트, 슬래브 자체의 결함이 그 원인이 되어 일어나는 원인 항목과 가장 관련이 없는 것은? [산업기사 14.03.02]

㉮ 슬립바, 타이바를 사용하지 않아서 생기는 균열
㉯ 줄눈의 설계나 시공의 부적합에 의한 융기현상
㉰ 물시멘트비, 다짐, 양생 등의 결함
㉱ 동결융해로 인한 지지력의 부족

풀이 **콘크리트, 슬래브 자체의 결함에 따른 원인**
① 슬립바(Slipbar), 타이바(Tiebar)를 사용하지 않았기 때문에 균열 발생
② 세로줄눈과 가로줄눈 설계나 시공이 부적합하여 수축에 의한 균열이나 융기현상 발생
③ 시공 시 물시멘트비, 다짐, 양생 등의 결함에 의해 발생

23 배수시설의 점검 및 보수에 관한 지침사항으로 가장 적합하지 않는 것은? [산업기사 14.05.25]

㉮ 측구, 집수구, 맨홀 등의 토사 퇴적상태 점검
㉯ 지하 배수시설의 물 빠지는 상태 점검
㉰ 각 배수시설의 파손 및 결함 상태 점검
㉱ 배수구멍이 파손된 곳은 동절기에 점검 수리

풀이 파손, 결함은 발견 즉시 점검하는 것이 바람직

24 시멘트 콘크리트 포장의 파손 원인 중 콘크리트, 슬래브 자체의 결함에 따른 원인에 해당되는 것은? [산업기사 14.05.25]

㉮ 지지력 부족에 의한 균열 및 침하 발생
㉯ 배수시설 불충분으로 노상을 연약화할 경우 발생
㉰ 겨울철에 동결융해로 인하여 지지력이 부족할 경우 발생
㉱ 슬립바(Slipbar), 타이바(Tiebar)를 사용하지 않았기 때문에 균열 발생

풀이 **콘크리트, 슬래브 자체의 결함에 따른 원인**
① 슬립바(Slipbar), 타이바(Tiebar)를 사용하지 않았기 때문에 균열 발생
② 세로줄눈과 가로줄눈 설계나 시공이 부적합하여 수축에 의한 균열이나 융기현상 발생
③ 시공 시 물시멘트비, 다짐, 양생 등의 결함에 의해 발생

ANSWER 21 ㉯ 22 ㉱ 23 ㉱ 24 ㉱

25 다음 중 아스팔트 콘크리트 포장 시 포장 균열의 보수방법 중 틀린 것은? [산업기사 14.09.20]

㉮ 팽창줄눈공법
㉯ 패칭(Patching)공법
㉰ 표면처리공법
㉱ 덧씌우기(Overlay)공법

풀이 **아스팔트포장 균열보수방법**

㉯ 패칭공법(patching) : 가열혼합식, 상온혼합식, 침투식 공법
파손부위 절단 → 택코트 시행 → 가열된 아스팔트 혼합물 주입살포 → 다지기 → 표면에 석재, 모래 살포 → 식으면 개통
㉰ 표면처리공법 : 차량통행이 적고 피해가 심각하지 않은 부위에 골재나 아스팔트만으로 균부분을 메우거나 덮어씌우는 방법
㉱ 덧씌우기공법(overlay) : 파손부위를 패칭과 같이 부분보수

26 콘크리트 옹벽이 앞으로 무너질 염려가 있을 때 취하는 조치 중 적당하지 않는 것은? [산업기사 14.09.20]

㉮ 기존 지반의 암질이 좋을 때에는 P.C 앵커로서 원지반과 콘크리트 옹벽을 묶어 놓는다.
㉯ 기초의 침하 우려가 없을 때는 옹벽 앞면에 부벽식 콘크리트 옹벽을 설치한다.
㉰ 옹벽 뒷면의 지하수를 배수구멍을 뚫어 콘크리트 옹벽 바깥으로 유도시켜 토압을 경감시킨다.
㉱ 저항력이 옹벽 뒷면의 토압에 대한 회전력의 1 : 1배 이상 되도록 조정한다.

풀이 • 옹벽의 안정성 : 저항력이 옹벽 뒷면의 토압에 대한 회전력의 2배 이상 되도록 한다.

옹벽 안정성 검토 조건

① 활동(Sliding)에 대한 저항력은 수평력의 1.5배 이상(활동에 대한 검토)
② 저항력이 옹벽 뒷면의 토압에 대한 회전력의 2배 이상(전도에 대한 검토)
③ 옹벽지반을 누르는 힘보다 지지력이 커서 기초가 부동침하에 대한 안정성이 있어야 함(침하에 대한 검토)
④ 옹벽의 재료가 외력보다 강한 재료로 구성되어야 한다.

ANSWER 25 ㉮ 26 ㉱

3 편익 및 노후시설물 관리

1 간판 및 표지시설

(1) 표지판 유형

① 유도표지 : 장소의 지명, 다음 대상지 및 주요시설물이 위치한 장소의 방향, 거리 표시
② 안내표지 : 탐방대상지 위치, 거리, 소요시간, 방향 등 대상지 안내도
③ 해설표지 : 문화재나 유물의 배경과 가치의 중요성 설명
④ 도로표지 : 통행상 금지, 제한을 전달해 도로사용 규칙 주지

(2) 표지판의 재료

사용재료	가공상태	재료의 특성	비고
목재	• 자연상태 • 인공상태 • 자연과 인공의 복합	• 자연환경과 조화를 이루기가 쉽다. • 내구성이 약하다.	
석재	• 자연상태 • 인공상태 • 자연과 인공의 복합	• 내구성이 강하다. • 자연환경과 조화를 이루기가 쉽다. • 가공이 어렵고, 용도가 한정된다.	
금속재	• 인공상태	• 내구성이 강하고, 주조성이 좋다. • 가공 및 조립이 용이하다. • 도장할 경우 퇴색 및 벗겨질 우려가 있다.	• 법랑은 내구성이 강하고(10년), 아름다우나 충격에 약하다. • 알루미늄은 가볍고 녹슬지 않으나(5년), 해수에 약하다.
콘크리트재	• 인공상태 • 자연형태를 모방한 변형	• 다양한 형태의 제작이 가능하다. • 목재가 가지는 결이나 표피의 효과를 낼 수 있다. • 미관상 목재나 석재에 뒤진다.	• 자연적인 배경과 조화를 고려해야 한다.
합성수지재 (아크릴, 플라스틱)	• 인공상태	• 내구성이 약해서 문자판과 지주로 사용하기 어렵다.	

(3) 표지판 손상부분 점검

구분		점검항목
재료별	목재	• 부패된 부분 • 잘라지거나 뒤틀린 부분, 파손된 부분
	석재	• 충격에 의해 파손되거나 금이 간 부분
	금속재	• 파손된 부분, 뒤틀리거나 찌그러진 부분
	콘크리트재	• 금이 가거나 갈라진 부분, 파손된 부분 • 기초의 노출상태
	연와재, 합성수지재	• 금이 가거나 파손된 부분, 흠이 생긴 곳
기타		• 문자나 사인이 보이지 않는 부분 • 소정의 방향을 향해 있지 않는 것, 넘어진 것 • 도장이 벗겨진 곳, 퇴색한 곳

(4) 유지관리

① 전반적인 관리

㉠ 청소 : 포장도로, 공원에서는 월 1회, 비포장도로는 월 2회

㉡ 도장 : 2~3년에 1회

② 보수, 교체

㉠ 재료의 특징에 대한 보수는 벤치, 야외탁자와 동일

㉡ 접합부분 이완 시 잘 조이며, 부품 마모나 녹이 심하게 슨 것은 교체

㉢ 글자, 사인 등 손상 시는 수정, 보수, 도장이 벗겨진 경우 재도장

2 벤치, 야외탁자

(1) 재료별 특징

재료	장점	단점
목재 (자연목, 제재목)	• 감촉이 부드럽다. • 4계절을 통하여 이용하기 좋다. (열 전도율이 낮음) • 수리가 용이하다. • 무늬모양이 아름답다.	• 파손되기 쉽다. • 습기에 약하며 썩기 쉽다. • 병충해의 피해를 받기 쉽다. • 내화력이 좋다.
철재 (특수강, 주철, 강철)	• 가장 튼튼하다. • 가공하기 쉽다. • 무게가 있고, 안정감이 있다. • 내구성이 좋다.	• 시각적, 촉각적으로 찬 느낌을 준다. • 기온에 민감하다. • 녹슬기 쉽다.

재료	장점	단점
콘크리트재 (제치장, 모르타르 바름, 연마, 타일붙임, 인조석물갈기, 자연석 붙임)	• 자유로운 형태조작이 가능하다. • 표면처리를 다양하게 할 수 있다. • 내구성이 좋다. • 제작비가 저렴하다. • 유지관리가 용이하다.	• 감촉이 딱딱하다. • 파손된 부분은 아주 흉하다. • 알칼리 성분이 스며 나와 미관상 좋지 않다.
합성수지재	• 성형 가공되기 때문에 자유로운 디자인이 가능하다. • 제작된 제품은 색채가 쉽게 변하지 않는다.	• 파손되면 보수가 곤란하다. • 높은 강도가 요구된다.
도기재	• 색채와 무늬가 아름답다. • 쉽게 더러워지지 않는다. • 변화 있는 형태의 창조가 가능하다.	• 파손되면 부분보수가 곤란하다.
석재 (자연석, 가공석)	• 견고하다. • 외관이 아름답다. • 내구성이 좋다. • 유지관리가 용이하다.	• 제작 및 운반이 곤란하다. • 값이 비싸다. • 감촉이 딱딱하다.

(2) 목재관리

① 목재의 기본적 성질에 의한 보수방법

㉠ 인위적 힘에 의한 파손 : 파손부분 교체 및 보수

㉡ 온도와 습도에 의한 파손 : 파손부위 제거 후 나무못 박기, 빠데 채움, 교체

㉢ 균류에 의한 피해 : 균은 20~30℃, 목재 함수율 20% 이상에서 생육함. 방균제 살포, 부패 제거후 나무못 박기, 빠데 채움, 교체

㉣ 충류에 의한 피해 : 유기염소계통, 유기인계통 방충제 살포

② 유지관리

㉠ 부패되었을 경우

ⓐ 충류

- 건조제 가해하는 충류 : 가루나무좀류, 개나무좀류, 빗살수염벌레류, 하늘소류
- 습윤제 가해하는 충류 : 흰개미류
- 목재방부제 종류 : 유기염소계통, 유기인계통, 붕소계통, 불소계통

ⓑ 균류

- 포자상태로 공기 중에 존재. 목재 표면에 떨어져 적당 수분, 온도 주어져 발아
- 목재 방균제 : 유상 방부제(타르, 크레오소트) 유속성 방부제(유기은 화합물, 클로로 페놀류) 수용성 방수제(C.C.A, P.C.A.P)

㉡ 갈라졌을 경우

ⓐ 목재 피목되어 있는 페인트, 이물질 청소

ⓑ 빠데를 갈라진 틈에 매우기

ⓒ 목재와 빠데 바른 부분이 일치하도록 샌드페이퍼로 문지르고 마무리

ⓓ 목재 부패 방지를 위해 조합페인트, 바니스칠 등 도장처리

㉢ 교체

ⓐ 지면과 접하고 있는 목재부분은 썩기 쉬우니 모르타르 바르거나 정기적 방부제 칠

ⓑ 매끈히 대패질 → 연결 볼트, 철물 제거 → 새좌판 조정후 연결해 고정 → 마감

★★★ (3) 콘트리트재 부분 유지관리

① 균열부 보수

㉠ 표면 실링(sealing)공법

ⓐ 0.2mm 이하의 균열부에 적용

ⓑ 애폭시계 재료를 폭 3cm, 깊이 3mm 도포

ⓒ 알칼리성 골재 반응할 경우 폴리우레탄으로 표면방수 실링해 반응 정지시킬 것

㉡ V자형 절단공법

ⓐ 균열부를 V자로 잘라내 충전재를 삽입하는 것

ⓑ 표면실링보다 확실. 누수가 있는 곳의 애폭시계 주입제 사용이 적절치 못한 경우

ⓒ 충전재 삽입 후 파이프를 통해 지수재(폴리우레탄 계열) 주입

㉢ 고무벽(gum)식 주입공법

ⓐ 주입구와 주입파이프 중간에 고무튜브 설치하는 것

ⓑ 고무튜브를 직경 2배까지 팽창시키고 압력을 주어 파이프 통해 주입재 삽입

② 연약부 보수

㉠ 시멘트 모르타르에 의한 보수

ⓐ 표면에서 수직으로 절단하고 내부는 원형으로 만든다.

ⓑ 중력비 1 : 1 조강시멘트, 세사 0~2mm 모르타르 사용

㉡ 콘크리트 뿜어붙이기에 의한 보수

ⓐ 뿜어붙이기층은 1회당 2~5cm로 건식법을 사용해 호스로 공급

③ 전면 재시공

㉠ 파손이 심해 전면시공이 경제적일 때, 부분보수 시 미관상 크게 손상 시 등 사용

(4) 철재부분

① 인위적인 힘에 의한 파손관리

㉠ 나무망치로 복원, 부분절단 후 교체

㉡ 용접 시는 젖거나 바람이 많이 불거나, 기온이 0℃ 이하일 때는 삼가

② 온도, 습도에 의한 부식관리

㉠ 약한부식 : 샌드페이퍼로 닦아낸 후 도장, 심한 부식 : 부분절단 후 교체

(5) 석재부분

① 파손부분 보수

㉠ 알코올 세척후 접착제(에폭시계, 아크릴계)로 접착

㉡ 완전 경화될 때까지 고무로프로 견고히 잡아 매기

㉢ 접착제 사용은 대기상온 7℃ 이상에서 할 것

② 균열부분 보수

㉠ 작은 균열폭 : 표면실링공법

㉡ 큰 균열폭 : 고무벽식 주입공법 사용

(6) 합성수지재, 도기재

① 파손원인 : 강한 힘, 열 등에 잘 파손됨

② 파손부위는 부분보수 할 수 없고 교체해야 함

3 휴지통

(1) 손상점검항목

구분	점검항목
철재	용접 등의 접합부분, 충격에 의해 비틀리거나 파손된 부분, 부식된 부분
목재	접합부분, 갈라진 부분, 파손된 부분, 부패된 부분
콘크리트재	파손된 부분, 갈라진 부분, 금이 간 부분, 침하된 부분
합성수지재	갈라진 부분, 파손된 부분, 변형된 부분
기타	도장이 벗겨진 곳, 퇴색된 곳, 담배불이나 화재 등으로 인한 파손상태 등

(2) 유지관리

① 전반적 관리

㉠ 이용량에 따라 개수가 증가함

㉡ 벤치나 야외탁자 주위는 쓰레기가 많으므로 설치개수나 장소 재검토

② 보수, 교체

㉠ 벤치, 야외탁자와 동일

㉡ 이용자가 많은 곳은 접합부 볼트, 너트를 충분히 조인다.

㉢ 본체, 뚜껑, 지지부속이 꺾이고 굽은 것은 보수, 교체

4 음수대

(1) 손상점검항목

구분		점검항목
개통별	급수관	• 매설장소에 있어서 누수 및 함몰이 현저한 지반침하 등의 이상 유무 • 제수변 내의 퇴수용 밸브, 게이트밸브 등의 개폐를 행하여 작동상태 확인 • 제수변 내부에 토사의 유입 유무 • 제수변의 파손 유무
	배수관	• 맨홀을 점검하여 오물 및 오수가 괸 곳 • 배수관 내의 오수의 흐름상태 • 배수관 내, 매설지 표면의 움푹한 곳, 함몰 등의 유무, 드레인의 상태 확인
재료별	철재	• 용접 등의 접합부분, 충격에 비틀린 곳, 파손된 곳, 부식된 곳
	콘크리트재	• 금이 간 곳, 파손된 곳, 침하된 곳
	도기재, 블록재	• 금이 간 곳, 파손된 곳
기타		• 제수변의 먼지 및 오물 적재상태, 작동 여부, 도장이 벗겨진 곳, 퇴색된 곳, 접합부분 등

(2) 유지관리

① 전반적 유지관리

㉠ 배수구가 막히지 않게 찌꺼기 제거

㉡ 3계절형인 곳은 겨울에 gate 밸브 잠가 물 빼기, 동파 방지

㉢ 제수변은 손상입지 않게 외부인 출입이 없는 곳에 설치

② 보수, 교체

㉠ 급수관

ⓐ 누수 시 밸브 잠그고 관리

ⓑ 염화비닐관 : 내산성, 내약품성이 좋고 녹이 슬지 않고, 가볍고 시공이 용이(장점) 5℃ 이하 저온에 약하고 60℃ 이상 고온에 위험(단점)

㉡ 본체 마감면 : 인조석 바르기, 테라조 바르기, 타일 붙이기, 석재 붙이기

5 유희시설

(1) 유희시설의 유형

고정식	정적 놀이시설	진동계	그네, 늘어진 손잡이
		요동계	시소
		회전계	회전그네, 메리고라운드
	동적 놀이시설	현수운동계	정글짐, 철봉
		활강계	미끄럼틀
		등반계	정글짐, 비탈면 오르기
		수직계	늑목(수직래더)
		수평계	수평대, 플레이스탭
	조합놀이시설		조합놀이대, 미로, 놀이벽, 조각놀이대
이동식	구성놀이		어린이 상상력, 창조력을 통해 조립 제작하는 형태로 모래성, 구조물 만들기 놀이형식

(2) 유희시설의 재료

제한 이용시설	목재와 합판, 철재, 플라스틱, F.R.P, 석재, 가죽 등
유용한 재료	케이블, 릴, 드럼통, 콘크리트관, 전신주, 침목, 타이어, 튜브 등
폐자재	폐비행기, 폐자동차, 폐보트, 폐수레, 블록, 마닐라 로프, 통나무, 그물망, 판자집, 농기구 등
기타재료	모래, 진흙, 물, 수목, 장난감 등

(3) 유지관리

① 전반적 관리

㉠ 염분, 대기오염 심한 곳은 가급적 스테인리스 제품을 사용

㉡ 파손 우려 시설물을 사용하지 못하게 조치하고 즉시 보수할 것

② 보수, 교체

㉠ 철재 유희시설 : 방청처리, 접합부 조이기, 연결부의 벌어짐 등 심한 경우는 교환 회전 부분에 잡음이 생기면 정기적으로 구리스 주입

㉡ 목재 유희시설 : 방부처리, 연결부분 조이기, 기초보수

㉢ 콘크리트재 유희시설 : 철근 노출 시 보충, 3년에 1번씩 미관도장

㉣ 합성수지재 유희시설 : 마모, 퇴색, 깨지기 쉽고 부분보수보다는 전면교체

6 조명시설

(1) 광원의 유형과 특성

백열등	• 수명이 짧고 효율이 낮음 • 열이 나며 전구가 소형, 광속유지 우수하고 색채연출 가능
형광등	• 자연스럽고 청명한 색채 • 빛이 둔하고 흐려 강조조명에 쓸 수 없다. • 면하는 기온, 조건하에서 전등발광과 효율을 일정하게 유지하기 어려움
수은등	• 수명이 가장 길다. • 녹색, 푸른색 외 색채연출이 불량한 것은 보완한 인을 코팅한 전등 사용
금속할로겐등	• 빛 조절이나 통제가 용이하며 색채연출 우수 • 고출력의 높은 전압에서만 작용해 정원, 광장에서 사용 곤란
나트륨등	• 열효율 높고, 투시성이 뛰어남 • 설치비는 비싸고, 유지관리비는 싸다.

(2) 옥외등주의 특성

등주재료	제작	장점	단점
철 재	• 합금, 강철 혼합으로 제조	• 내구성이 강하다. • 페넌트 부착이 용이하다.	• 부식을 피하기 위해 방부 처리를 요한다. • 무겁다.
알루미늄	• 알루미늄 합금으로 제조	• 부식에 대한 저항력이 강하고 유지관리에 용이하다. • 가벼워서 설치가 용이하다. • 비용이 저렴하다.	• 내구성이 약하다. • 페넌트 부착이 곤란하다.
콘트리트재	• 철근콘크리트와 압축 콘크리트의 원심적 기계과정에 의해 제조	• 유지관리가 용이하다. • 부식에 강하다. • 내구성이 강하다.	• 무겁다. • 설치에 중장비를 요한다. • 타 부속물 부착이 곤란하다.
목재	• 미송, 육송 등으로 제조	• 전원적 성격이 강하다. • 초기의 유지관리가 용이하다.	• 부패를 막기 위해 크레오소트, C.C.A 등으로 방부처리를 요한다.

(3) 유지관리

① 형광등, 수은등, 고압나트륨등은 전용의 조광형안정기로 1주당 광속조절

② 나트륨등은 1개의 등주에 2개의 등기구를 설치해야 경제적

③ 등기구 청소는 1년에 1회 이상, 3~5년에 1번씩 도장

4 건축물관리

1 건축물 제비용 백분율

유지관리비 75%, 건설비 20%, 준비 계획비 3%, 설계비 2%

2 건물과 설비 유지관리 접근방법

① 보수관리 위주의 접근방법 : 문제점의 해결을 중심으로, 예산부족 시 사용, 비경제적
② 예방관리 위주의 접근방법 : 사전 발견과 예방조치 중심, 경제적, 초기 비용 많음.

3 예방 유지관리 작업의 분담

① 구역별 분담방법
   ㉠ 특징 : 일정구역 내의 건물을 개인에게 분담. 대규모공원, 오락시설단지에 적합
   ㉡ 장점 : 예방이 수월, 현장보수 용이, 서류작업과 왕래에 소요시간이 적다. 대상지 특성 파악이 용이하며 융통성 부여됨
   ㉢ 단점 : 개인능력이 한계가 있어 전문적이지 못함
② 분야별 분담방법
   ㉠ 특징 : 분야별 기술자가 조를 이루어 작업
   ㉡ 장점 : 각 특성에 따라 인력배치가 융통적임
   ㉢ 단점 : 대상지가 넓고 친숙도 적다. 책임한계가 불명확, 인력낭비

4 청소

① 청소요원결정방법
   ㉠ 면적에 의한 청소요원수 결정
   ㉡ 특정지역별 측정에 의한 방법
   ㉢ 계량적 분석방법에 의한 결정 : 가장 효과적이고 정확한 인원 산출이 가능하며 종합적 작업계획 작성 가능
② 청소작업할당
   ㉠ 개인할당 청소
      ⓐ 홀로 책임지므로 성취욕이 강해짐

ⓑ 여러 가지 임무를 수행하므로 단조로움이 덜하다.

ⓒ 이직률을 줄일 수 있다.

ⓓ 작업불량, 파손, 사소한 도난에 대한 책임이 생긴다.

ⓔ 작업진행에 대한 정리가 쉬워진다.

㉡ 조할당청소

ⓐ 전문화로 인한 효과로 많은 일을 할 수 있다.

ⓑ 동료와 협동심, 책임감이 증진

ⓒ 개인할당보다 청소비품이 덜 필요하다.

ⓓ 청소작업이 보다 균등하게 분배된다.

ⓔ 갑작스런 결근으로 차질을 예방할 수 있다.

③ 청소대행

㉠ 장점 : 상황에 맞게 적절한 계획 수립 경제적, 효율적, 전문적

㉡ 단점 : 융통성 없어서 지체되는 경우 발생, 별도의 수당을 요구함

㉢ 방안 : 대규모 시설일수록 비경제적이기에 고도의 기술과 시설이 필요한 일은 도급을 주고 그 밖의 일은 자체 인력을 활용하는 것이 바람직

CHAPTER 03 시설물의 특수관리

실전연습문제

01 다음 중 철재 놀이시설의 녹막이 칠에 부적합한 도료는? [산업기사 11.03.02]

㉮ 광명단 ㉯ 역청질도료
㉰ 아연분말도료 ㉱ 크레오소트유

풀이 ㉱ 목재방부재

02 다음 광원의 종류 중 가장 평균수명이 긴 것은? [산업기사 11.06.12]

㉮ 백열등 ㉯ 형광등
㉰ 수은등 ㉱ 할로겐등

풀이 **광원중 수명이 가장 긴 것**
수은등, 효율이 가장 높은 것은 나트륨등

03 다양한 표지판의 유형 중 안내표지에 대한 설명으로 가장 적합한 것은? [산업기사 12.05.20]

㉮ 효율적인 관광을 유도하고 교육적인 효과를 강조한다.
㉯ 통행상 일정행위의 금지 또는 제한을 전달하여 도로사용상의 규칙을 주지시킨다.
㉰ 탐방이 주가되는 대상지에 대한 관광, 이용시설 및 이용방법에 대하여 안내한다.
㉱ 문자나 기호를 디자인하여 표지판이 위치한 장소의 지명과 대상지 등을 표시한다.

04 철재 및 석재 벤치의 관리에 관한 설명으로 옳지 않은 것은? [산업기사 12.09.15]

㉮ 철재부위에 녹이 생긴 경우 사포로 닦아낸 후 재도장한다.
㉯ 염분과 이산화탄소 발생이 심한 지역에 철재 부위의 녹 발생이 특히 심하다.
㉰ 석재의 균열부 보수에는 표면 실링공법과 고무 압식 주입방법이 쓰인다.
㉱ 석재 파손부위를 접착시킬 경우 약 24시간 이상 고정시켜 접착을 도모한다.

05 표지판의 유지관리를 설명한 것 중 옳은 것은? [산업기사 13.06.02]

㉮ 강판이나 강관의 청소는 강한 크리너를 사용한다.
㉯ 도장이 퇴색된 곳은 재도장을 하되 도장은 2~3년에 1회씩 칠한다.
㉰ 표지판의 방향이 뒤틀어지거나 지주가 구부러진 것 등은 정기보수 시 보수한다.
㉱ 철판에 법랑 입힘을 한 경우 법랑이 깨어졌을 때는 수시로 현장에서 보수한다.

풀이 표지판 방향이 뒤틀어지거나 지주가 구부러진 것은 수시로 보수하며, 법랑이 깨어졌을 때는 교체한다.

06 조경 시설물의 유지관리 사항으로 거리가 먼 것은? [산업기사 13.09.28]

㉮ 청소 ㉯ 폐수물질의 제거
㉰ 도장 ㉱ 보수

조경관리

ANSWER
01 ㉱ 02 ㉰ 03 ㉰ 04 ㉯ 05 ㉯ 06 ㉯

07 다음 각종 가로등 중에서 일반적으로 가장 수명이 긴 것은? [산업기사 14.03.02]

㉮ 수은등 ㉯ 백열등
㉰ 할로겐등 ㉱ 나트륨등

종류	백열전구	할로겐램프
용량	2 ~ 1,000W	500 ~ 1,500W
효율	7 ~ 22lm/W	20 ~ 22lm/W
수명	1,000 ~ 1,500h	2,000 ~ 3,000h

08 음수대의 보수방법 중 인조석바르기의 마무리 작업 내용으로 옳지 않은 것은? [산업기사 14.03.02]

㉮ 한번 바를 때의 두께는 6mm 이하로 하여 충분히 누르면서 바른다.
㉯ 바름면은 바람 또는 직사광선 등에 의한 급속한 건조를 피하고 동절기에는 보온양생한다.
㉰ 인조석이 잘 부착되도록 본체의 바탕면을 거칠게 한 후 물축임을 한다.
㉱ 초벌 바름 후 바름이 마르기 전에 바로 재벌 및 정벌 바름을 한다.

풀이 ㉱ 초벌 바름 후 바름이 충분히 시간이 경과 후 재벌 및 정벌 바름을 한다.

09 다음 중 조경관련 시설물의 유지관리에 관한 설명으로 부적합한 것은? [산업기사 14.05.25]

㉮ 기반·편익·유희시설물관리, 설비관리, 건축물 관리공사를 포함한다.
㉯ 기반·편익·유희시설 중 기반시설은 부분적으로 보수를 반복하거나, 내용(耐用)한도에 달했을 경우에는 전면적으로 교체 또는 개조를 행한다.
㉰ 예방보전의 청소는 응급청소(연못, 분수의 물빼기 청소, 안내판, 포장면의 오물청소 등)와 상시청소(풀의 개장기간 전후의 청소 등)로 구분하여 시행한다.
㉱ 배수처리시설은 기구의 보전과 방류수 또는 재이음수로서 수질유지를 위해 측정, 검사하고 그 결과에 따라 유량이나 농도를 조정하여야 한다.

풀이 ㉰ 예방보전의 청소 : 일상청소, 정기청소, 특별청소로 구분

ANSWER 07 ㉮ 08 ㉱ 09 ㉰

CHAPTER 4 이용관리 계획

1 공원 이용관리

1 이용자 관리

① 이용지도

㉠ 정의 : 공원 내 조례에 의해 금지되어 있는 행위의 금지, 주의, 이용안내, 레크리에이션 지도, 상담 등으로 이용자가 쾌적하고 편리하게 이용할 수 있도록 배려하는 것

㉡ 사례 : 공원자원봉사계획(다양한 연령층의 발룬티어가 참가해 31개 미국 주립공원에서 안내 등 이용지도), 놀이공원

㉢ 이용지도의 구분

목 적	내 용	대상이 되는 행위·시설
공원녹지의 보전	조례 등에 의해 금지되어 있는 행위의 금지 및 주의	식물의 채취, 공원녹지의 손상·오손·출입금지구역, 광고물의 표시, 불의 사용 등
안전·쾌적이용	위험행위의 금지 및 주의	놀이기구로부터 뛰어내림, 풀에서의 위험행위, 아동공원에서 어른들이 골프·야구를 하는 행위 등
	특수한 시설 혹은 위험을 수반하는 시설의 올바른 이용방법 지도	모험광장, 물놀이터, 수면이용시설(보트풀), 사이클링, 승마장, 롤러스케이트장, 트레이닝기구, 각종 경기장
유효이용	이용안내	시설의 유무소개, 공원 내의 루트
	레크리에이션 활동에 대한 상담·지도	식물관찰·조류관찰·오리엔티어링·게이트볼 등의 지도, 유치원·학교 등의 단체에 대한 활동프로그램의 조언

㉣ 이용지도 방법

ⓐ 지도원에 의한 상주지도, 순회지도

ⓑ 요일, 일시를 정해 행하는 정기지도 외에 표지, 간판, 팜플렛 등에 의한 안내, 주의

ⓒ 레크리에이션 활동에 대해 상담창구에 의한 지도, 교실의 개최, 활동의 조직화 등

ⓜ 이용자가 원하는 이용지도의 형태
ⓐ 각 공원녹지에서 가능한 놀이지도
ⓑ 각종 스포츠의 규칙이나 놀이방법지도
ⓒ 식물이나 원예지식에 관한 지도
ⓓ 계절별 꽃감상 및 볼만 한 장소에 대한 정보전달 및 지도
ⓔ 지역의 역사 등 교양적인 내용에 관한 지도

② 행사
㉠ 행사계획의 필요성
ⓐ 행정홍보의 수단
ⓑ 커뮤니티 활동의 일환
ⓒ 공원녹지 이용의 다양화를 도모하는 수단
㉡ 행사개최의 형태
ⓐ 공공적인 목적의 행사 : 교통안전, 도시녹화, 자연보호 등 캠페인
ⓑ 체력, 건강향상, 오락을 위한 행사 : 운동회, 축제, 쇼 등
ⓒ 문화향상을 위한 행사 : 전람회, 연주회, 연극, 강연회, 심포지엄, 노래자랑대회 등
㉢ 행사개최 방법 : 기획 → 제작 → 실시 → 평가
㉣ 행사기획 시 유의사항
ⓐ 시설이 설치목적에 맞을 것
ⓑ 관계법령을 준수할 것
ⓒ 행사는 가능한 한 풍부한 내용을 갖도록 할 것
ⓓ 계절, 일시를 고려하여 행사계획을 세울 것
ⓔ 예산에 맞는 내용을 정할 것
ⓕ 대안을 만들어 놓을 것
ⓖ 통상이용자에 대한 배려

③ 홍보, 정보제공
㉠ 목적 : 유용한 이용, 이용촉진을 도모하며, 사회교육, 계몽, 이용자의 만족도를 높이는 것
㉡ 방법 : 홍보지, TV, 라디오의 홍보 프로그램, 영화, 기자의 발표, 소책자, 기타 간행물

④ 의견청취
㉠ 목적 : 관리주체와 주민과의 쌍방의 정보교류 가능해 상호 신뢰 쌓기
㉡ 방법 : 이용자 모니터제도, 설문조사, 시설견학, 시정간담회, 요망사항 및 애로점 상담, 주민조직·이용자 단체와 관리자와의 연락협의, 이용자에 의한 운영위원회 설치 등

2 주민참가

① **정의** : 주민이 결정과정에 참가해 주민 자신과 관련행정당국과의 의견을 조정하는 것

② **종류**

㉠ 주민과의 대화(요구형 → 토의형) : 주민조직과의 대화, 각종 간담회, 시장과 담화하는 날 결정, 현지사찰

㉡ 행정에의 참가(대결형 → 협력형) : 물가안정시민회의, 고속자동차선 검토 전문위원회, 주민연락협의회

㉢ 정책에의 참가(주민참가의 정책형성) : 내일의 도시를 생각하는 시민회의, 시민심포지엄, 교통심의회, 그린시민회의

㉣ 기반 만들기(활동의 기반 만들기) : 시민상담, 종합페트롤, 일조조정위원회, 주택환경과

③ **발전과정**

㉠ 내셔널 트러스트(The National Trust) 운동 : 영국 로버트 헌터경이 만들어 국민에 의한 국토보존과 관리의 의미 가짐. 아름다운 자연과 건축물을 구입해 보존하도록 함

㉡ 풍치보전회 : 내셔널 트러스트의 영향으로 일본 가마쿠라에서 효시
「上에서 下」로의 성격 가짐

㉢ 안시타인의 발전과정 : 비참가형(치료, 조작) → 형식적 참가(정보제공, 상담, 유화) → 시민권력의 단계(파트너십, 권한위양, 자치관리)

④ **주민참가의 조건**

㉠ 규모 및 전문성이 주민의 수탁능력을 넘지 않을 것

㉡ 주민참가에 의해 효과가 기대될 것

㉢ 운영상 주민의 자발적 참가, 협력을 필요요건으로 할 것

㉣ 주민참가에 있어서 이해의 조정과 공평심을 가질 것

⑤ **주민참가활동의 내용**

청소	제초
놀이기구의 점검	공원을 사용한 레크리에이션 행사의 개최
병충해방제	금지행위, 위험행위의 주의
화단식재	사고, 고장 등의 통보
어린이의 놀이지도	열쇠 등의 보관
공원관리에 관한 제안	관수
시설기구 등의 대출	시비
공원이용에 관한 규칙 만들기	공원 녹화관련 행사의 개최
공원에 관한 홍보	

⑥ 주민참가의 효과

㉠ 연대감, 상호신뢰, 융화감이 생긴다.

㉡ 단체 상호 간의 친목을 도모할 수 있다.

㉢ 친구를 사귈 수 있다.

㉣ 행정과 주민과의 신뢰감이 쌓인다.

㉤ 노인들의 건강관리에 좋다.

㉥ 봉사정신이 길러진다.

㉦ 정서교육에 좋다.

㉧ 공중도덕심, 공공애호정신이 생긴다.

㉨ 자기 자신들의 공원이라고 하는 관심과 애착심 생긴다.

㉩ 안전하게 이용할 수 있다.

⑦ 관련제도의 사례

㉠ 소공원관리계약제도(미국) : 공원 레크리에이션국과 근린주민그룹 간에 공원의 일상적 관리에 대한 계약 체결. 즉 주민단체가 일상적 관리를 하고 행정당국은 소정의 비용을 지급하는 것

㉡ 공원애호회(일본) : 「도시공원의 관리의 강화에 대하여」라는 지시에 의해 관리 강조

㉢ 녹화협정(일본) : 지역주민이 자주적으로 녹지가 풍부한 생활환경을 창조 관리코자 하는 주민의 의사를 반영하기 위해 관련된 사항을 제도화한 것 도시녹지보존법에 의거

이용관리계획

실전연습문제

01 다음 중 조경공간의 이용관리에 해당되는 것은? [산업기사 11.06.12]

㉮ 식재수목에 대한 관리
㉯ 기반시설물에 대한 관리
㉰ 관리예산에 대한 관리
㉱ 행사에 대한 홍보 및 프로그램 관리

ANSWER

01 ㉱

2 레크리에이션 시설이용 관리

1 레크리에이션 관리의 개요

① **개념** : 이용자들의 쾌적한 레크리에이션 활동과 녹지공간의 만족스러운 이용을 최대한 보장하면서도 레크리에이션 자원을 유지, 보수할 수 있게 하기 위한 관리행위

② **옥외 레크리에이션관리의 두가지 측면**

㉠ 부지의 생태적 측면 : 주 관심대상. 부지생태에 악영향을 미치는 요인 - 반달리즘, 무지, 과밀이용 등

㉡ 이용에 관련된 사회적 측면 : 이용자 관리에서 다룸

③ **일반적 원칙**

㉠ 레크리에이션 자원의 관리는 사회적 가치와 연계되므로 자원의 관리라 할지라도 이용자의 문제가 바로 유지관리의 문제이다.

㉡ 자원의 보전도 중요하지만, 이용자의 레크리에이션 경험의 질도 중요하다.

㉢ 부지의 변형은 가능하다.

㉣ 접근성은 이용자의 레크리에이션 이용에 결정적인 영향을 준다.

㉤ 레크리에이션 자원은 단순히 이용활동에 제공될 뿐 아니라 자연적인 경관미를 제공한다.

㉥ 레크리에이션자원의 파괴는 돌이킬 수 없게 되는 한계가 있고, 일단 이러한 상태에 이르면 부지의 원상회복은 불가능하다.

④ **레크리에이션 관리의 목표설정 기준** : 경제적 효율성, 균형성, 공공적 요구에 부응하는 것

⑤ **레크리에이션 공간관리의 기본전략**

㉠ 완전방임형 관리전략 : 가장 원시적인 방법으로 오늘날 과잉 이용공간에는 적용할 수 없다.

㉡ 폐쇄 후 자연회복형 : 부지 악화 발생 시 자연이 스스로 회복할 수 있도록 하는 것으로 시간이 많이 걸리고 이용자들의 불만을 가져옴. 자원중심형 자연지역에 적용

㉢ 폐쇄 후 육성관리 : 폐쇄 후 집중 육성관리 즉, 외래종 도입, 토양통기작업, 시비 등

㉣ 순환식 개방에 의한 휴식기간 확보 : 충분한 시설과 공간이 추가적으로 확보되었을 때 가능

㉤ 계속적인 개방, 이용상태하에서 육성관리 : 최소한의 손상이 발생한 경우에 유효하며 가장 이상적인 방법

2 레크리에이션 관리의 체계

① 옥외 레크리에이션 관리체계의 세 가지 기본요소 : 이용자, 자연자원기반, 관리

② 레크리에이션 관리체계의 주요기능 관점에서의 세 가지 부체계

㉠ 이용자관리

ⓐ 이용자의 레크리에이션 경험과 질을 극대화하기 위한 사회적 환경관리

ⓑ 이용자관리 프로그램과 이용자에 대한 이해 부분으로 나누어짐

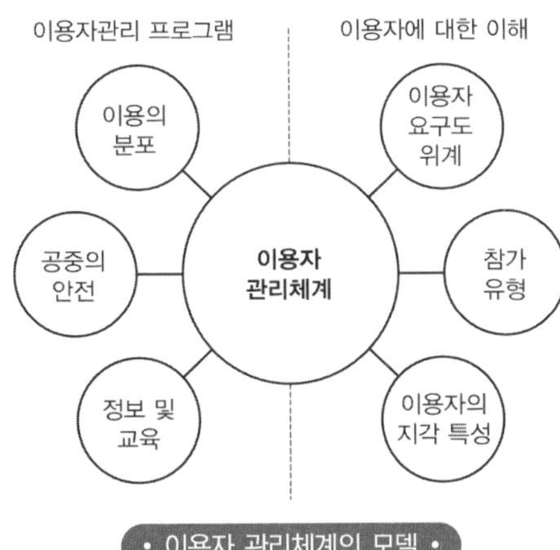

• 이용자 관리체계의 모델 •

㉡ 자원관리 : 모니터링과 프로그램으로 두 가지 단계의 작업으로 구성

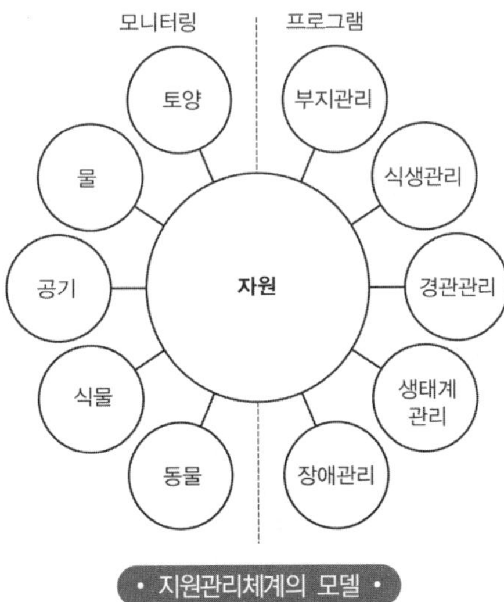

• 지원관리체계의 모델 •

㉢ 서비스관리

ⓐ 이용자를 수용하기 위해 물리적인 공간을 개발하거나 특정 서비스를 제공하는 것

ⓑ 제한인자들과 관리 프로그램들로 나누어짐

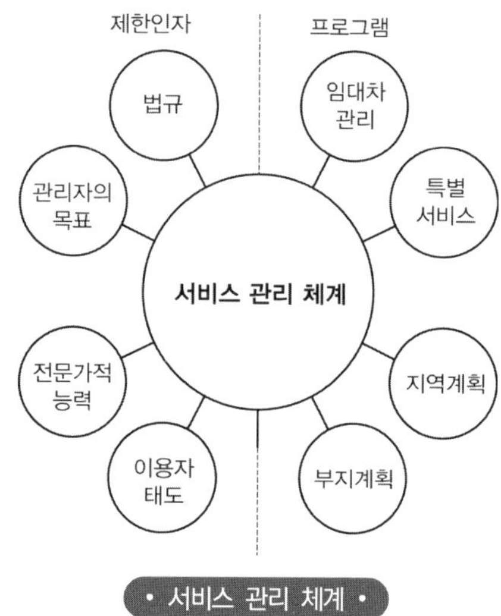

• 서비스 관리 체계 •

㉣ 옥외 관리체계의 통합적 모델 : 위 3가지 관리가 복합, 상호 연관되어짐

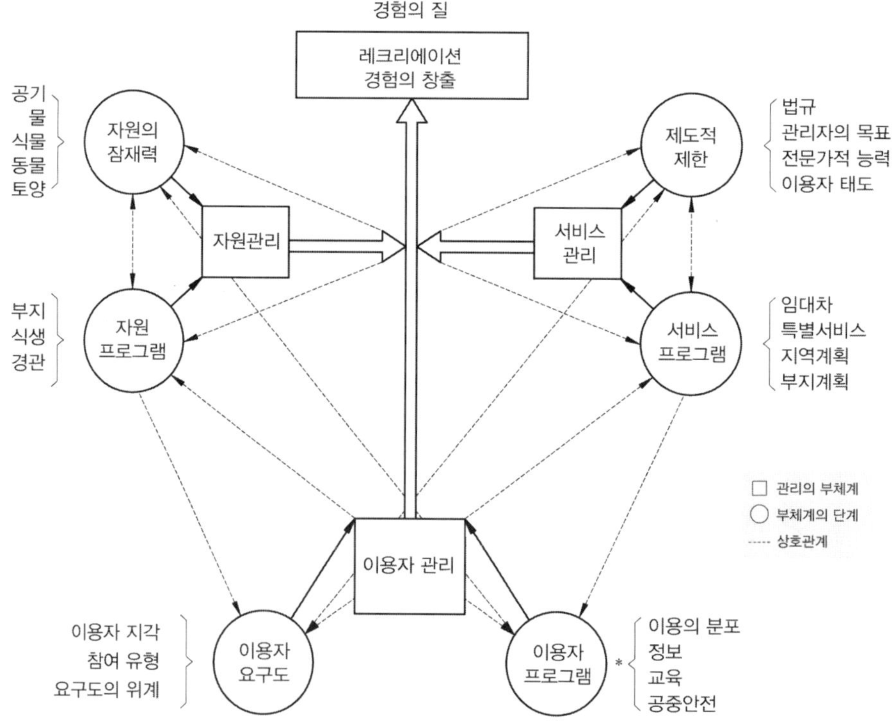

• 옥외의 관리체계의 통합모델 •

3 레크리에이션 부지의 관리

① 도시공원녹지의 관리

㉠ 특징 : 이용자중심형 공간이므로 자원보전보다는 이용자 레크리에이션요구도에 주안점

㉡ 식물관리

ⓐ 수목관리 : 녹음, 장식, 차폐, 관상 등의 기능 유지하기 위한 식생이 대상

예 전정, 전지, 시비, 병충해방제, 관수, 지주목 설치, 교체, 보식

ⓑ 수림지관리 : 장기적인 관점에서 식물공간 형성을 목적으로 수림 관리하는 것

예 하예(하부식생 베어내는 것), 가지치기, 제벌, 지주목 설치 및 교체, 시비, 보식

ⓒ 잔디관리 : 활동목적 잔디와 장식관상목적 잔디로 나눔

예 잔디깎기, 시비, 배토, 복토, 제초, 병충해방제, 관수, 통기작업

ⓓ 초화류관리 : 식재(재료입수, 정지, 시비, 관수), 관리(관수, 시비, 제초, 병충해방제, 적심)로 나눔

ⓔ 식물관리비 계산 : 식물관리비 = 식물의 수량×작업률×작업회수×작업단가

㉢ 시설관리

ⓐ 목적 : 시설의 기능을 충분히 발휘하고, 한적하고 쾌적한 이용을 하기 위한 것

ⓑ 건물관리 : 예방보전(점검, 청소, 도장, 기구 점검 등), 사후보전(임시점검, 보수)

ⓒ 공작물 관리 : 토목시설과 소공작물로 구분되며 부분적 보수나 전면교체 등 관리 건물관리와 마찬가지로 예방보전과 사후관리로 나눔

㉣ 설비관리

ⓐ 급수설비 : 배관계통, 기기누수, 파손의 정기점검, 보수

ⓑ 배수설비, 처리시설 : 배수계통 및 각종 기기의 정기청소, 점검, 보수, 처리시설의 운전, 작동상황점검, 운전조건의 조정 및 청소, 유입수 및 방류수의 수질검사

ⓒ 전기설비 : 배전반설비, 배전설비

② 자연공원지역의 관리

㉠ 특징 : 자원중심형 공간으로 이용보다는 자원보전에 관점을 두며, 모니터링이 중요

㉡ 이용자 손상의 관리

ⓐ 레크리에이션에 의한 손상의 속성 : 손상의 상호관련성, 이용과 손상의 관계성, 손상에 대한 내성의 변화, 활동특성에 따른 손상, 공간특성에 따른 영향을 파악해야 한다.

ⓑ 이용자에 의한 손상의 종류

- 생태적 손상(식생, 토양, 수질, 야생동물 등)
- 사회 심리적 영향 (다른 이용자의 이용에 따른 혼잡감, 이용활동에 대한 불쾌감, 흔적에 대한 만족도 감소 등)

㉢ 이용자에 의한 손상관리의 절차
- 1단계 : 기초자료의 사전평가 및 검토
- 2단계 : 관리목표의 검토
- 3단계 : 주요 영향지표의 설정
- 4단계 : 주요 영향지표의 표준설정
- 5단계 : 표준과 현재조건의 비교
- 6단계 : 바람직하지 않은 손상의 발생원인 검토
- 7단계 : 관리전략의 검토 설정
- 8단계 : 실행

㉢ 모니터링 : 좋은 모니터링의 조건

ⓐ 영향을 유효 적절히 측정할 수 있는 지표 설정

ⓑ 측정 기법이 신뢰성 있고 민감해야 함

ⓒ 비용이 많이 들지 않아야 한다.

ⓓ 측정단위들의 위치설정이 합리적

㉣ 산쓰레기 관리

ⓐ 특징 : 쉽게 소각 안 되며, 수집처리 곤란지역이 많고, 이용형태에 따라 발생량과 위치가 다르다. 일상생활 쓰레기와 다르며, 기동력에 의해 처리할 수 없어 효율이 떨어진다.

ⓑ 산쓰레기 관리전략
- 대상지 특성 파악
- 이용자 특성 파악
- 장려보상의 선택

★★★ 4 레크리에이션 수용능력

① 개념 및 정의

㉠ Wager(1951) : 레크리에이션 수용능력이란 용어 처음 사용

㉡ 개념, 정의의 변화과정

학자	연도	개념/정의	특징
J.V.K Wagar	1951	3가지 요인 • 이용자의 태도 • 토양, 식생 등의 내성/회복능력 • 가능한 관리의 총량	• 수용능력의 인자를 설명한 최초의 연구
James & Ripley	1963	수용능력 : 행락 이용을 수용할 수 있는 생물적/물리적 한계	• 물리적/생태적 수용능력

학자	연도	개념/정의	특징
LaPage	1963	심미적(aesthetic) 수용능력 생물적(biotic) 수용능력 • 레크리에이션의 질(quality)과 이용과의 만족도(satisfaction)에 준거함	• 이용자측면이 수용능력 산정에 반영됨 • 최초의 수용능력 분류 시도
Chubb & Ashton	1696	• 생물학적, 물리적 악화 또는 행락경험의 질 저하 없이 행락지역이 수용할 수 있는 이용자의 수와 기간 • 공간용량 : 주어진 시간에 만족스럽게 수용할 수 있는 최대이용자수 • 수용용량 : 심각한 악영향 없이 수용될 수 있는 이용의 양	• 수용능력의 분류 시도
O'Riordan	1696	환경용량(environmental capacity) : 어떤 장소를 이용하는 이용자들의 만족도의 합이 최대가 될 수 있는 용량	• total satisfaction(총만족량) 개념의 도입
Lime & Stankey	1971	이용자의 경험과 물리적 환경의 질 저하가 없는 수준에서 개발된 지역에 의해 일정기간 유지될 수 있는 이용의 성격 3가지 구성요소로 이루어짐 • 관리목적(management) • 이용자의 태도(user) • 자원에 대한 행락의 영향(resource)	• 수용능력의 3가지 구성요소 설정/이론적 기반확립
Penfold (conservation foundation)	1972	본질적인 변화 없이 외부영향을 흡수할 수 있는 능력 ① 물리적 수용능력 ② 생리적 수용능력 ③ 심리적 수용능력	• 수용능력 분류체계의 확립/오늘날의 통설
Sudia & Simpson	1972	한 행락자가 행락에 제공할 수 있는 이용자수로서 이의 기본요인은 공원계획 및 개발의 요소들이다. • 설계 수용력(design capacity) • 최대 수용력(maximum capacity) • 적정 수용력(optimum capacity)	수용능력의 용량 수준 분화
Godschalk & Parker	1975	• 수용능력 개념을 환경계획의 조작적 도구, 수단(operational tool)으로 이용가능성을 제안함 • 환경적 용량 (environmental capacity) • 제도적 용량 (institutional capacity) • 지각적 용량 (perceptual capacity)	• 수용능력의 이론적 측정기법의 개발(예 수리모형)
근등삼웅 (일본)	1980	• 표준 수용력(standard capacity) • 한계 수용력(critical capacity) • 적정 수용력(optimum capacity)	• 수용능력의 수준 분화

② 분류 발전과정

La Page (1963)	Chubb & Ashton(1969)	O'riordan (1969)	Aldredge (1972)	Penfold (1972)	Godschal & Parker(1975)
1. 생물학적 수용능력 2. 미학적 수용능력	1. 수용능력 2. 공간적 수용능력	1. 환경적 수용능력	1. 시설 수용능력 2. 자원내구 수용능력 3. 이용자 수용능력	1. 물리적 수용능력 2. 생태적 수용능력 3. 심리적 수용능력	1. 환경 수용능력 2. 제도적 수용능력 3. 지각적 수용능력

* 음영처리 부분은 시험에 많이 출제된 적이 있는 중요한 부분임

③ 레크리에이션 수용능력의 결정인자

㉠ 고정적 결정인자

ⓐ 특정활동에 대한 참여자의 반응정도

ⓑ 특정활동에 필요한 사람의 수

ⓒ 특정활동에 필요한 공간의 최소면적

㉡ 가변적 결정인자

ⓐ 대상지의 성격

ⓑ 대상지의 크기와 형태

ⓒ 대상지 이용의 영향에 대한 회복능력

ⓓ 기술과 시설의 도입으로 인한 수용능력 자체의 확장 가능성

④ Knudson(1984)의 수용능력 산정 시 고려해야 할 영향요인

㉠ 자원기반의 특성 : 지질, 토양, 지형, 향, 식생, 기후, 물, 동물

㉡ 관리의 특성 : 정책, 관리, 설계

㉢ 이용자의 특성 : 이용자 심리, 설비의 유형, 사회적 관심 및 이용 패턴

⑤ 수용능력과 관리(다음 세가지 기본 구성요소)

㉠ 관리목표 : 다양한 레크리에이션 기회의 제공을 위해 각종 공간의 물리적, 생태적, 사회적 조건들을 관리 프로그램을 통해 조성, 유지, 발전시키기 위한 지침

㉡ 이용자 태도 : 관리자가 선호하는 공간과 이용자들이 추구하는 공간은 다르다.

㉢ 물리적 자원에의 영향 : 이용에 의한 변화를 어느 정도까지 허용할 것인가

⑥ 수용능력과 관리기법

관리유형	방법	구체적인 조절기법
부지관리 (부지설계·조성 및 조경적 측면에 중점을 둠)	부지강화 (harden site) 이용유도 (channel use) 시설개발 (develop facilities)	• 내구성 있는 바닥재료 도입 • 관수(irrigate) • 시비(fertilize) • 재식재(revegetate) • 내성이 강한 수종으로 교체 • 지피류 및 상부식생의 제거 → 이용 • 장애물 설치(기둥, 담장, 가드레일) • 보행자동선, 교량 등의 설치 • 조경(식재, 패턴 등) • 비이용구역으로의 접근성 제고 • 공중위생시설의 설치 • 숙박시설의 개발 • 임대시설(매점 등)의 개발 • 활동위주의 시설개발(캠핑, 피크닉, 보트장, 놀이시설, 운동시설 등)
직접적 이용제한 (이용형태, 개인적 선택권의 제한 및 강한 통제에 중점을 둠)	정책강화 구역별 이용 (zone use) 이용강도의 제한 (restrict use intensity) 활동의 제한 (restrict activities)	• 세금의 부과 • 구역감시의 강화, 그린벨트 • 상충적 이용의 공간적 구분, 시간대별 이용 • 시간에 따라 이용구분 • 순환식 이용 • 예약제의 도입, 휴식년제 적용 • 접근로에 있어서의 이용제한 • 이용자수의 제한 • 지정된 장소만 이용케 함 • 이용시간의 제한 • 캠프 파이어(camp fires)의 제한, 취사금지 • 낚시 및 사냥의 제한 등
간접적 이용제한 (이용형태를 조절하되 개인의 선택권을 존중하고, 간접적인 조절을 함)	물리적 시설의 개조 (alter physical facilities) 이용자에 정보를 제공함 (inform users) 자격요건의 부과 (set eligibility requirements)	• 접근로의 증설 및 감소 • 캠프장 등 집중이용 장소의 증설 및 감축 • 야생동물의 수를 늘리거나 줄임 • 구역별 특성을 홍보함 • 주변지역에서의 행락기회의 범위를 설정·홍보함 • 이용자들에게 생태학의 기본개념을 교육함 • 저밀도이용구역 및 일반적인 이용패턴을 홍보함 • 일정한 입장료의 부과 • 탐방로, 구역 및 계절 등에 따른 이용요금의 차등부과 • 생태학적 이해도 및 행락활동에 있어서의 기술을 요구함

⑦ 레크리에이션 시설 수용력

㉠ 전체공원면적 = $\sum \frac{\text{공원이용자 수} \times \text{이용률} \times \text{1인당 활동면적}}{\text{유효면적률}}$

㉡ 동시수용력 = 방문객 수×최대일률×회전율×서비스율

㉢ 동시체제 이용자 수 = 최대일 이용자 수×회전율

㉣ 회전율

체재시간	3	4	5	6
회전율	1/1.8	1/1.6	1/1.5	1/1.4

CHAPTER 04 이용관리계획

실전연습문제

01 국립공원의 관리 중 순환개방에 의한 휴식기간 확보를 위한 관리방법은 무엇을 말하는가? [산업기사 11.06.12]

㉮ 이용객의 수요가 충당될 수 있는 충분한 공간이 개발, 확보되어 교대로 폐쇄와 개방이 이루어지면서 관리가 이루어지는 방법
㉯ 계속 개방되어 이용객이 충분한 공간을 이용하면서 관리하는 방법
㉰ 일정 부분을 개방하여 관리하는 방법
㉱ 자연적으로 회복 가능하도록 개방하는 관리방법

02 레크리에이션 수용능력의 결정인자는 고정인자와 가변인자로 구분된다. 다음 중 고정적인 결정인자에 해당되는 것은? [산업기사 12.03.04]

㉮ 대상지의 크기와 형태
㉯ 특정 활동에 대한 참여자의 반응 정도
㉰ 대상지 이용의 영향에 대한 회복 능력
㉱ 기술과 시설의 도입으로 인한 수용능력 자체의 확장 가능성

풀이
1. 고정적 결정인자
① 특정활동에 대한 참여자의 반응정도
② 특정활동에 필요한 사람의 수
③ 특정활동에 필요한 공간의 최소면적
2. 가변적 결정인자
① 대상지의 성격
② 대상지의 크기와 형태
③ 대상지 이용의 영향에 대한 회복능력
④ 기술과 시설의 도입으로 인한 수용능력 자체의 확장 가능성

03 옥외 레크리에이션 관리체계가 아닌 것은? [산업기사 12.05.20]

㉮ 식생관리(Vegetation management)
㉯ 이용자관리(Vistor management)
㉰ 자원관리(Resource management)
㉱ 서비스관리(Service management)

04 관리유형에 따라 레크리에이션 이용의 강도와 특성의 조절을 위한 관리기법 중 직접적 이용제한의 방법은? [산업기사 12.09.15]

㉮ 이용유도
㉯ 시설개발
㉰ 구역별 이용
㉱ 이용자에게 정보제공

풀이 **수용능력과 관리기법**
① 부지관리 : 부지강화, 이용유도, 시설개발
② 직접적 이용제한 : 정책강화, 구역별 이용, 이용강도의 제한, 활동의 제한
③ 간접적 이용제한 : 물리적 시설의 개조, 이용자에게 정보를 제공함, 자격요건의 부과

ANSWER 01 ㉮ 02 ㉯ 03 ㉮ 04 ㉰

05 레크레이션 관리의 기본전략 중 "폐쇄 후 육성관리"에 대한 설명으로 가장 적합한 것은? [산업기사 13.06.02]

㉮ 짧은 폐쇄, 회복기에도 최대한의 회복효과를 얻을 수 있다.
㉯ 가장 원시적이고, 재래적인 방법이다.
㉰ 회복하는데 많은 시간이 소요되는 문제점이 있다.
㉱ 충분한 시간과 공간이 있는 경우 적용이 가능하다.

풀이 폐쇄 후 육성 관리하면 빠른 시간에 회복 가능하지만, 이용을 할 수 없는 단점이 있다.

06 레크레이션 관리체계의 기본요소에 해당하지 않는 것은? [산업기사 13.06.02]

㉮ 이용자 ㉯ 만족도
㉰ 자원 ㉱ 관리

풀이 **레크레이션 관리체계 기본요소**
이용자, 자원, 관리

07 레크레이션 수용능력의 고정적 결정인자에 해당하지 않는 것은? [산업기사 13.09.28]

㉮ 특정활동에 대한 참여자의 반응정도
㉯ 특정활동에 대한 필요한 사람의 수
㉰ 특정활동에 필요한 공간의 최소면적
㉱ 대상지의 크기와 형태

풀이
- 레크리에이션 수용능력의 고정적 결정인자
  - 특정활동에 대한 참여자의 반응정도
  - 특정활동에 필요한 사람의 수
  - 특정활동에 필요한 공간의 최소면적
- 레크리에이션 수용능력의 가변적 결정인자
  - 대상지의 성격
  - 대상지의 크기와 형태
  - 대상지 이용의 영향에 대한 회복능력
  - 기술과 시설의 도입으로 인한 수용능력 자체의 확장 가능성

08 레크레이션 공간의 관리에 있어서 가장 이상적인 관리 전략은? [산업기사 14.03.02]

㉮ 폐쇄 후 육성관리
㉯ 폐쇄 후 자연회복형
㉰ 계속적인 개방·이용상태 하에서 육성관리
㉱ 순환식 개방에 의한 휴식기간 확보

풀이 개방상태에서 육성관리하는 것이 가장 이상적이나, 최소한의 손상이 있을 경우에 해당하며 환경파괴의 정도와 회복정도에 따라 폐쇄 후 자연회복이나, 폐쇄 후 육성관리 방법, 휴식기간 등을 활용할 수도 있다.

09 관리유형에 따른 적절한 레크리에이션 이용의 강도와 특성을 조절하기 위한 관리기법 중 직접적 이용제한에 해당되는 것은? [산업기사 14.05.25]

㉮ 캠프장 등 집중이용 장소의 증설과 같은 물리적 시설의 개조
㉯ 저밀도 이용구역 등과 같은 정보를 이용자들에게 제공
㉰ 일정한 입장료의 부과와 같은 자격요건의 부과
㉱ 접근로에 있어서의 이용제한, 이용자수의 제한과 같은 이용강도의 제한

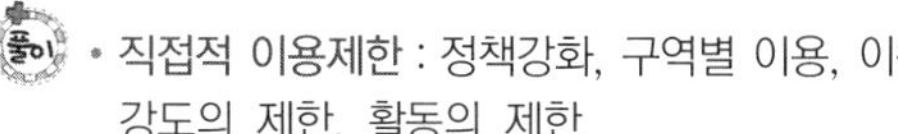

풀이
- 직접적 이용제한 : 정책강화, 구역별 이용, 이용강도의 제한, 활동의 제한
- 간접적 이용제한 : 물리적 시설의 개조, 이용자에 정보를 제공함, 자격요건의 부과

ANSWER 05 ㉮ 06 ㉯ 07 ㉱ 08 ㉰ 09 ㉱

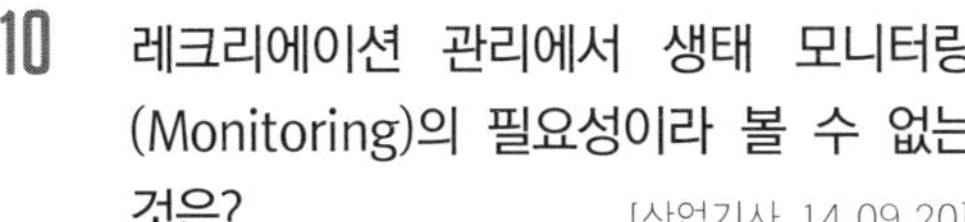

10 레크리에이션 관리에서 생태 모니터링(Monitoring)의 필요성이라 볼 수 없는 것은? [산업기사 14.09.20]

㉮ 장래 재평가 자료로 활용
㉯ 자연자원의 지속적 이용
㉰ 적정 수용 능력의 판단 자료
㉱ 최대 이용자 확보를 위한 홍보자료 수집

풀이 **생태 모니터링**
환경을 생태적으로 관리하기 위한 것으로 이용자 확보와는 관계가 없다.48

ANSWER
10 ㉱

MEMO

부록

최근기출문제

Industrial Engineer Landscape Architecture

2017 1회 조경산업기사 최근기출문제

2017년 3월 5일 시행

제 1 과목 조경계획 및 설계

001 인도의 타지마할(Taj mahal)은 어떤 목적으로 만든 공간인가?

① 왕궁(王宮) ② 분묘(墳墓)
③ 귀족 별장(別莊) ④ 상류주택정원

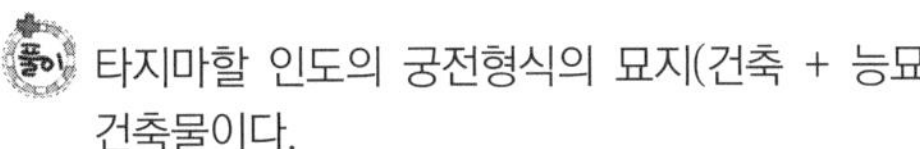

풀이 타지마할 인도의 궁전형식의 묘지(건축 + 능묘) 건축물이다.

002 백제무왕이 궁궐 남쪽에 지원(池園)을 꾸민 기록과 거리가 먼 것은?

① 음양석 배치
② 연못에 섬 축조
③ 물을 끌어 들여 활용
④ 연못 주위에 버드나무 식재

풀이 • 동서강목의 궁남지 기록 : 궁성의 남쪽에 못을 파고 20여 리 밖에서 물을 끌어들이고 사방의 언덕에 버드나무를 심고, 못 속에 섬을 만들어 방장선산을 모방하였다.

003 곡수로를 만들고 그곳에서 유상곡수연을 펼치던 문화와 관계가 있는 기록은?

① 창랑정기 ② 난정기
③ 청연각연기 ④ 오홍원림기

풀이 • 중국 진나라 왕희지 난정기 : "절강성 소흥의 난저산 난정에서 곡수에 띄워 술잔에 술을 마시면서 시를 지었다"는 기록이 있으며 우리나라 통일신라 포석정이 이의 영향을 받았다.

004 통일신라의 동궁과 월지(안압지) 관련 문헌으로 가장 거리가 먼 것은?

① 삼국사지 ② 동경잡기
③ 양화소록 ④ 동국여지승람

풀이 • 강희안의 양화소록 : 조선시대 조경식물에 관한 최초문헌

005 고대 서부아시아의 공중정원(Hanging Garden)에 대한 설명으로 옳지 않은 것은?

① 이슬람시대 4분원의 효시가 되었다.
② 지구라트에 연속된 계단식 테라스로 구성되었다.
③ 네부카드네자르 왕이 왕비를 위해서 축조하였다.
④ 벽체의 구조는 벽돌에 아스팔트를 발라 굳혀서 만들었다.

풀이 공중정원은 현대의 Roof Garden(옥상정원)의 효시가 되었다.

ANSWER 001 ② 002 ① 003 ② 004 ③ 005 ①

006 한나라 태액지에 대한 설명으로 틀린 것은?

① 태호석을 채취했었다.
② 봉래, 영주, 방장의 세 섬이 있었다.
③ 신선사상을 반영한 정원양식이었다.
④ 연못 가장자리에는 대리석이나 청동으로 만든 조각물을 배치하였다.

풀이 태호석은 당나라(A.D 618 ~ 907) 시대 사용 시작

007 로마시대의 주택에서 아트리움(atrium)의 설명으로 틀린 것은?

① 모양은 사각형이었다.
② 바닥은 돌로 포장되어 있었다.
③ 사적(私的)인 공간인 제 2중정이라고도 한다.
④ 폼페이(Pompeii) 주택의 내정(內庭)을 말한다.

풀이 로마 주택정원 공간에서 아트리움은 제1중정으로 전정에 해당한다. 제2중정은 페리스트리움(Peristylium)으로 주정에 해당한다.

008 상류주택에 모란(牡丹)이 대규모로 심겨졌던 국가는?

① 발해　② 신라
③ 고구려　④ 백제

풀이 발해 귀족들은 저택에 연못 꾸미고 모란을 식재하여 정원 조성하였다.

009 조경계획의 조사분석 항목인자는 7가지로 구분되는데, 이 중 지권(地圈)과 관련성이 가장 먼 것은?

① 토양　② 지하수
③ 지질　④ 경사도

풀이 조사분석 항목

항목	내용
1. 자연적 인자	생태적 분석과 관계 있음
2. 지권	토양, 지질, 지형, 경사도 분석 등
3. 수권	수문, 지표수, 우수배수, 지하수 분석 등
4. 대기권	기후 및 일기
5. 생물권	식생, 야생동물 등
6. 문화적 인자	토지이용, 교통동선, 인공구조물 등 현황, 변천과정, 역사 등
7. 미학적 인자	시각적 특성, 경관의 가치, 경관의 이미지 등

010 조경과 관련된 학문영역의 설명으로 틀린 것은?

① 사회적 요소에는 인간의 행태, 사회적 가치, 규범 등이 있다.
② 표현기법에는 표현방법, 표현기술 등 미적 훈련을 위한 분야가 있다.
③ 자연적 요소에는 지질, 토양, 수문, 지형, 기수, 식생. 야생동물 등이 있다.
④ 설계방법론에는 식재공법, 우수배수, 포장기술, 구조학, 재료학 등이 있다.

풀이 • 공학적 지식 : 식재공법, 우수배수, 포장기술, 구조학, 재료학

011 조경계획의 사회 행태적 분석 중 인간행태 관찰의 특성이라 볼 수 없는 것은?

① 정적(靜的)인 행태를 관찰하는 것이다.
② 행태가 일어나는 상황을 보다 절실하게 파악할 수 있다.
③ 인터뷰를 하는 경우에는 얻지 못하는 내용을 직접 관찰 시에는 수집이 가능 하다.
④ 관찰자는 행위자들이 관찰자 자신을 어느 정도 인식하도록 할 것인가를 결정해야 한다.

ANSWER
006 ① 007 ③ 008 ① 009 ② 010 ④ 011 ①

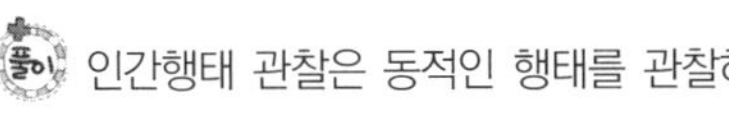

풀이 인간행태 관찰은 동적인 행태를 관찰하는 것이다.

012 다음 중 체육시설업의 분류 방법이 다른 것은?

① 스키장업　　② 태권도장업
③ 무도학원업　　④ 빙상장업

풀이 체육시설의 설치·이용에 관한 법률 제 10조(체육시설업의 구분,종류)

1. 등록·체육시설업 : 골프, 스키, 자동차경주업
2. 신고·체육시설업 : 요트장업, 조정장업, 카누장업, 빙상장업, 승마장업, 종합체육시설업, 수영장업, 체육도장업, 골프연습장업, 체력단련장, 당구장업, 썰매장업, 무도학원업, 무도장업

(정답 이의제기가 많았으나 받아들여지지 않았음)

013 조경계획을 위한 물리적 분석 중에서 지역성 분석에 포함되는 항목으로서 거시적 분석 항목이 아닌 것은?

① 주변 지형과의 관계
② 주변 지역과의 연관성
③ 접근로 및 위치
④ 경사분석도

풀이 **지역성 분석조사**

1. 지형의 거시적 파악 : 지형의 형성, 물리적, 생태적 현상 등을 주변지역 계획 대상지와 함께 분석
2. 지형의 미시적 파악 : 계획구역의 도면표시, 산정과 계곡의 능선흐름, 등고선의 간격, 개천이나 하천 등 유수패턴, 동선체계, 소로, 등산로, 경사방향

014 도시의 자연적 환경을 보전하거나 이를 개선하고 이미 자연이 훼손된 지역을 복원, 개선함으로써 도시경관을 향상시키기 위하여 설치하는 녹지를 무엇이라 하는가? (단, 도시공원 및 녹지 등에 관한 법률을 적용한다.)

① 생산녹지　　② 완충녹지
③ 연결녹지　　④ 경관녹지

풀이 도시공원 및 녹지 등에 관한 법률 제35조(녹지의 세분) : 녹지는 그 기능에 따라 다음 각 호 와 같이 세분한다.

1. 완충녹지 : 대기오염, 소음, 진동, 악취 그 밖에 이에 준하는 공해와 각종 사고나 자연재해, 그 밖에 이에 준하는 재해 등의 방지를 위하여 설치하는 녹지
2. 경관녹지 : 도시의 자연적 환경을 보전하거나 이를 개선하고 이미 자연이 훼손된 지역을 복원, 개선함으로써 도시경관을 향상시키기 위하여 설치하는 녹지
3. 연결녹지 : 도시 안의 공원, 하천, 산지 등을 유기적으로 연결하고 도시민에게 산책공간의 역할을 하는 등 여가, 휴식을 제공하는 선형의 녹지

015 그림에서 제 3각법에 따라 도면을 작성할 때 평면도는?

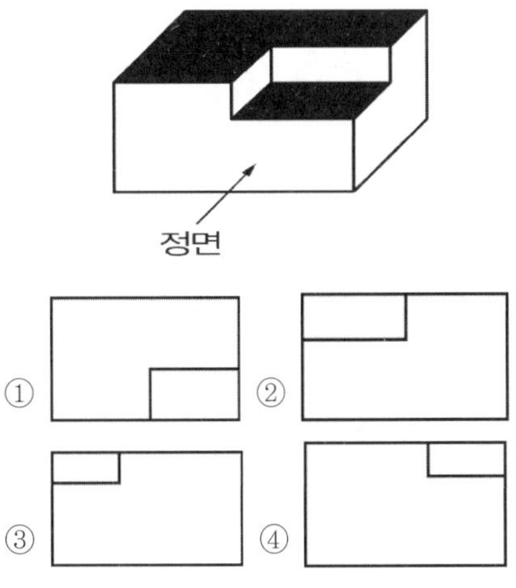

ANSWER　012 ②　013 ④　014 ④　015 ①

풀이 제3각법 도면작성법

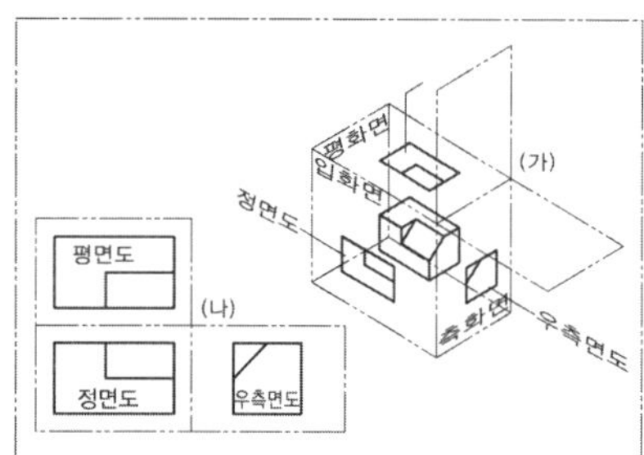

016 평행주차형식 외의 경우에 일반형(A)과 장애인전용(B) 주차단위구획의 최소 규모 기준이 모두 맞는 것은? (단, 단위는 m, 표시는 너비 × 길이로 한다.)

① A : 2.0 × 5.0, B : 3.3 × 6.0
② A : 2.0 × 6.0, B : 3.3 × 6.0
③ A : 2.3 × 5.0, B : 3.3 × 5.0
④ A : 2.3 × 6.0, B : 3.3 × 5.0

풀이 **주차장법 시행규칙 제3조(주차장의 주차구획)**

1. 주차장의 주차단위구획은 다음 각 호와 같다.

1) 평행주차형식의 경우

구분	너비	길이
경형	1.7m 이상	4.5m 이상
일반형	2.0m 이상	6.0m 이상
보도와 차도의 구분이 없는 주거지역의 도로	2.0m 이상	5.0m 이상
이륜자동차 전용	1.0m 이상	2.3m 이상

2) 평행주차형식 외의 경우

구분	너비	길이
경형	2.0m 이상	3.6m 이상
일반형	2.3m 이상	5.0m 이상
확장형	2.5m 이상	5.1m 이상
장애인 전용	3.3m 이상	5.0m 이상
이륜자동차 전용	1.0m 이상	2.3m 이상

017 주택정원의 공간 중 가장 이용이 많이 이루어지며, 우리나라의 전통마당에 해당되는 공간은?

① 후정　② 전정
③ 작업정　④ 주정

풀이 주정은 가족의 사적인 공간으로 가장 많은 이용이 있는 우리나라 마당과 유사한 개념

018 다음 선과 관련된 설명 중 틀린 것은?

① 강의 흐름은 S커브의 한 형태라 할 수 있다.
② 방향은 수직, 수평 및 좌우 사방향(斜方向)이 있다.
③ 선은 점보다 훨씬 강력한 심리적 효과를 가지고 있다.
④ 곡선 중에서 기하곡선은 가장 여성적인 아름다움을 준다.

풀이 기하곡선은 수학적, 과학적 느낌으로 이지적이며 자연곡선이 여성적이 느낌이다.

019 색의 감정적인 효과 설명으로 옳지 않은 것은?

① 고채도, 고명도의 색은 화려하다.
② 색의 중량감은 채도에 의한 영향이 가장 크다.
③ 색의 온도감은 색상에 의한 효과가 가장 크다.
④ 채도가 낮고 명도가 높은 색은 부드러워 보인다.

풀이 색의 중량감은 명도에 의한 영향이 가장 크다.

ANSWER 016 ③ 017 ④ 018 ④ 019 ②

020 다음 공장정원의 설계 시 ( ) 안에 해당하는 것은?

> • 공장정원의 바닥은 나지로 남겨두어서는 안 된다.
> • 공해물질에 내성이 강하고 먼지의 흡착력이 강한 활엽수의 식재면적을 전체 수목식재면적(수관부 면적)의 ( )% 이상으로 정한다.

① 40　② 50
③ 60　④ 70

 • 조경설계기준 3.3.11 : 공장정원
1. 공장정원의 바닥은 나지로 남겨두어서는 안 된다.
2. 공해물질에 내성이 강하고 먼지의 흡착력이 강한 활엽수의 식재면적을 전체 수목식재면적 (수관부 면적)의 70% 이상으로 정한다.

제 2 과목 조경식재

021 다음 중 자생종이면서 상록수가 아닌 수종은?

① 붓순나무　② 미선나무
③ 죽절초　④ 비쭈기나무

1. 붓순나무(*Illicium anisatum*) - 상록활엽소관목
2. 미선나무(*Abeliophyllum distichum*) - 낙엽관목, 우리나라에서만 자람. 천연기념물, 멸종위기 야생식물 2급
3. 죽절초(*Sarcandra glabra* (Thunb.) Nakai) - 상록아관목, 제주도 자생
4. 비쭈기나무(*Cleyera japonica* Thunb.) - 상록활엽소교목

022 조경수목을 식재할 때 가장 이상적인 지하수위(地下水位)는 얼마인가? (단, 주로 토양단면의 상태를 조사할 경우)

① 0.5m 이하　② 0.5 ~ 1.0m
③ 1.0 ~ 1.5m　④ 2.0m 이상

023 수피에 얼룩무늬가 있어 감상가치가 높은 수종이 아닌 것은?

① *Stewartia pseudocamellia*
② *Crataegus pinnatifida*
③ *Pinus bungeana*
④ *Chaenomeles sinensis*

1. *Stewartia pseudocamellia* - 노각나무
2. *Crataegus pinnatifida* - 산사나무
3. *Pinus bungeana* - 백송
4. *Chaenomeles sinensis* - 모과나무

024 "*Zelkova serrata*"의 수관 기본형으로 적당한 것은?

① 
원통형(圓筒形)

② 
배형(盃形)

③ 
수지형(垂枝形)

④ 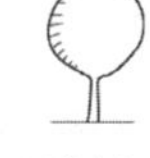
구형(球形)

 • *zelkova serrata* - 느티나무로 배형

ANSWER 020 ④ 021 ② 022 ④ 023 ② 024 ②

025 다음 [보기] 중 ( ) 안에 적합한 용어는?

> 보기
> • 식물체 표면의 표피세포의 표면무늬는 식물군이나 종에 따라 다르다.
> • 쌍자엽식물은 (ㄱ), 단자엽식물은 (ㄴ)을 가지고 있다.

① ㄱ : 평행맥, ㄴ : 장상맥
② ㄱ : 그물맥, ㄴ : 부정맥
③ ㄱ : 망상맥, ㄴ : 평행맥
④ ㄱ : 격자맥, ㄴ : 원형맥

풀이 **쌍자엽식물과 단자엽식물의 비교**

형질	쌍자엽	단자엽
부름켜	있음	없음
잎맥	대개 망상맥	대개 평행맥
뿌리계	1차근과 부정근	부정근
줄기의 유관속	환상배열	산재배열

026 학명의 종명(種名) 중 잎의 모양(leaf form)을 표현한 것은?

① stellta ② parviflora
③ glabra ④ umbellata

027 '산목련'이라고 불리고 있는 수종으로 순백색의 청순한 꽃과 아치형 수형을 가진 수종은?

① Magnolia sieboldii
② Magnolia obovata
③ Magnolia denudata
④ Magnolia kobus

 1. Magnolia sieboldii – 함박꽃나무(산에서 자라는 목련이라는 뜻으로 산목련이라고도 부른다.)
2. Magnolia obovata – 일본목련
3. Magnolia denudata – 백목련
4. Magnolia kobus – 목련

028 하부식재(지피;地被)용 식물의 조건으로 맞는 것은?

① 1년생 자생식물
② 내음성이 약한 식물
③ 피복속도가 빠른 식물
④ 꽃과 잎이 관상가치가 없는 식물

 하부식재용으로 1년생보다는 다년생, 내음성이 강한식물과 피복속도가 빠르고, 관상가치가 좋은 식물이 적당하다.

029 굴취 된 수목을 차량으로 운반 시 유의하여야 할 사항으로 틀린 것은?

① 수목의 호흡작용을 위하여 시트(천막)를 덮지 않도록 한다.
② 진동을 방지하기 위하여 차량 바닥에 흙이나 거적을 깐다.
③ 부피를 작게 하기 위하여 가지를 죄어 맨다.
④ 운반시는 땅바닥에 끌어대는 일이 없도록 한다.

 잎이나 뿌리의 수분이 날아가지 않도록 덮어두어야 한다.

030 잔디 종자의 수명을 연장하는 방법으로 틀린 것은?

① 저온저장 ② 충분한 건조
③ 수분의 공급 ④ 산소의 제약(制約)

 종자의 저장조건 중 가장 중요한 것은 온도와 습도로서 건조하거나, 저온인 상태에서 종자의 수명이 연장된다.

ANSWER 025 ③ 026 ③ 027 ① 028 ③ 029 ① 030 ③

031 실내의 내음성 식물이 빛의 광도가 너무 강한 때의 현상은?

① 잎이 황색으로 변한다.
② 점차적으로 잎이 떨어진다.
③ 잎의 두께가 얇아지고 줄기가 가늘어진다.
④ 잎이 마르고 희게 되며 나중에는 죽게 된다.

032 옥상녹화 시 식재할 때 가장 고려해야 할 것은?

① 식재의 간격 ② 식재의 형태
③ 병충해 관리 ④ 관수와 배수

• 옥상녹화 시 고려사항 : 지반의 구조, 하중, 배수시설과 방수, 옥상의 기후조건

033 다음은 온대중부지역의 천이단계를 나타낸 것이다. ( ) 안의 단계에 들어갈 적합한 수종은?

> 나지 → 일 · 이년생초본기 → 다년생초본기 → ( ) → 양수성교목림기 → 음수성교목림기 → 극상림기

① 찔레나무 ② 신갈나무
③ 소나무 ④ 서어나무

• 천이단계 : 나지 → 1 ~ 2년생 초본 → 다년생 초본 → 음수성 관목 → 양수성 교목 → 음수성 교목 → 극상림

① 찔레나무(Rosa multiflora) - 낙엽활엽관목(음수 관목)
② 신갈나무(Quercus mongolica) - 낙엽활엽관목(양수 교목)
③ 소나무(Pinus densiflora) - 상록침엽교목(양수 교목)
④ 서어나무(Carpinus laxiflora) - 낙엽활엽교목(음수 교목)

034 일반적으로 수목의 거친 질감을 구성하는 것으로 틀린 것은?

① 커다란 잎
② 굵고 큰 가지
③ 산만하게 형성된 수관형
④ 밀집된 잔가지

밀집된 잔가지는 부드러운 질감에 해당

035 다음 [보기]에서 설명하고 있는 식물은?

> **보기**
> • 남부유럽 원산의 국화과 추파 일년초로서 비교적 내한성이 강하다.
> • 식물체 전체에 솜털이 있고 재배식물의 초장은 30 ~ 60cm 정도, 분지하는 습성이 있다.
> • pH는 7.0 정도가 적당하며 배수가 잘되는 곳이라면 직사광선에서 잘 자란다.
> • 절화 및 화단 · 분화용이 있으면 꽃색은 보통 노란색, 오렌지색 및 살구색이고 대부분 겹꽃이다.

① 금어초 ② 천일홍
③ 글록시니아 ④ 금잔화

① 금어초 : 일이년생, 높이 20 ~ 80cm, 꽃부리는 기부가 두툼한 입술모양(그 모양이 헤엄치는 금붕어 같아 금어초라 불림)
② 천일홍 : 줄기 전체에 털이 있으며 높이 40cm, 7 ~ 10월 개화(보라색, 붉은색 등)
③ 글록시니아 : 온실에서 재배하는 여러살이풀, 10 ~ 15cm, 8월 개화(흰색, 적자색) 잎 전체에 부드러운 털로 덮여있다.

Appendix 최근기출문제

ANSWER
031 ④ 032 ④ 033 ① 034 ④ 035 ④

036 다음 수종 중 잎의 질감이 고운 것은?

① 자귀나무 ② 오동나무
③ 벽오동 ④ 일본목련

 자귀나무 잎은 다른 것에 비해 잎이 작고 우상복엽으로 고운질감이다.

037 바람이 강한 지방에서 방풍을 겸해서 택지 주위에 산울타리를 조성할 때 그 높이는 어느 정도가 가장 알맞은가?

① 1 ~ 2m ② 3 ~ 5m
③ 5 ~ 8m ④ 8m 이상

 방풍림을 위한 산울타리용은 대체로 높이의 5배 수평거리에서 방풍효과가 가장 크며, 점점 품속이 증가해 30배 거리에서 효과가 상실한다. 또한 수고가 너무 높으면 나무가 쓰러질 우려가 있다.

038 학명이 이명법(binomials)이라고 불리는 이유는?

① 속명 + 명명자로 구성
② 보통명 + 종명으로 구성
③ 속명 + 종명으로 구성
④ 종명 + 명명자로 구성

 학명은 속명과 종명으로 이루어진 라틴어 명명법이다.

039 수목의 뿌리분포를 가정(假定)하는 가장 적당한 기준은?

① 수고(樹高) ② 수관폭(樹冠幅)
③ 분지수(分枝數) ④ 수간(樹幹)의 굵기

 수목은 토양, 수종에 따라 뿌리가 깊게 퍼지거나 옆으로만 퍼질 수도 있지만, 대체로 수관폭에 비례하여 뿌리가 수관폭보다 더 넓게 퍼져 있다.

040 예로부터 마을의 정자목으로 이용된 수종은?

① *Paeonia suffruticoda*
② *Lonicera japonoca*
③ *Aucuba japonica*
④ *Zelkova serrata*

 ① *Paeonia suffruticoda* – 모란
② *Lonicera japonoca* – 인동덩굴(금은화)
③ *Aucuba japonica* – 식나무
④ *Zelkova serrata* – 느티나무

제 3 과목 조경시공

041 비탈면녹화와 관련된 설명 중 틀린 것은?

① 녹화공법의 안정성 및 경제성은 물론 선정된 녹화식물의 생육과 식물군락 형성에 가장 적합한 공법을 선정하되, 동일 비탈면에는 동일공법의 적용을 원칙으로 한다.
② 토양의 비탈면 기울기가 1 : 1보다 완만할 때에는 급할 때보다 비탈면을 단계적으로 녹화하기 위해서 잔디종자를 사용하여 발아시킨다.
③ 피복도와 생육상태를 감안한 일반적인 파종적기는 4 ~ 6월 또는 9 ~ 10월이며, 파종시기에 따라 종자배합을 적절히 조정하여야 한다.
④ 비탈면 줄떼다지기는 잔디폭이 0.1m 이상이 되도록 하고, 비탈면에 0.1m 이내 간격으로 수평골을 파서 수평으로 심고 다짐을 철저히 한다.

 비탈면이 1:1보다 완만할 때는 종자보다 비료, 흙, 종자가 모두 포함되어 있는 롤형매트잔디와 같은 잔디매트를 사용한다.

ANSWER 036 ① 037 ② 038 ③ 039 ② 040 ④ 041 ②

042 조적용 모르타르의 강도 중 가장 중요한 것은?

① 압축강도 ② 전단강도
③ 접착강도 ④ 인장강도

풀이 조적용 모르타르는 벽돌을 부착시키고, 접착시키는 용도가 가장 크기 때문에 접착강도가 가장 중요하다.

043 실개울의 수경연출 시 흐르는 물에서 음향 효과와 동시에 수포를 발생시키기 위해서는 매닝공식(Manning Formula)을 기준으로 할 경우 일반적인 유속(A)과 경사(B)는 얼마를 유지하여야 하는가?

① A : 0.5 ~ 1.0m/s, B : 10 ~ 11%
② A : 1.0 ~ 1.5m/s, B : 12 ~ 15%
③ A : 1.7 ~ 1.8m/s, B : 16 ~ 17%
④ A : 2.0 ~ 2.5m/s, B : 18 ~ 20%

풀이 **평균유속공식(Manning 공식)**

$V=\frac{1}{n}R^{\frac{2}{3}}I^{\frac{1}{2}}$ (V = 평균유속(m/sec), R= 동수반경(cm), I = 유역의 평균경사, n = 수로의 조도계수)이며 유속은 동수반경, 평균경사, 수로의 조도계수에 영향을 받는 것으로 흐르는 물의 음향 효과와 수포가 발생되기 위해서는 경사 16 ~ 17%가 되어야 되며 유속 1.7 ~ 1.8m/s가 되어야 한다.

044 도로계획의 종단면도에서 알 수 없는 것은?

① 계획고 ② 지반고
③ 성토고 ④ 면적

풀이 면적을 알기 위해서는 단면도와 평면도가 필요하다.

045 혼화재료 중 사용량이 비교적 많아서 그 자체의 부피가 콘크리트 비비기 용적에 계산되는 혼화재에 해당되지 않는 것은?

① 팽창재
② 플라이애쉬
③ 고성능 AE감수제
④ 고로슬래그 미분말

풀이
- 혼화재 : 사용량이 비교적 많아 자체용적이 콘크리트 배합계산에 포함되는 포졸란, 암석분말 같은 것
- 혼화제 : 사용량이 적어 배합계산에서 제외되는 것으로 AE제, 감수제, 지연제, 촉진제 등이 있다.

046 조경공사 시 시공에 있어서 수급인을 대신하여 공사현장에 관한 일체의 사항을 처리하는 권한을 갖는 자를 말한다. 일반적으로 현장소장 등이라고 불리고 있는 자는?

① 감독자 ② 감리자
③ 시공주 ④ 현장대리인

047 수고 2.0m인 주목 15주를 인력시공으로 식재할 때의 공사비는?

- 주목 1주당 가격 : 200,000원
- 수고 2.0m 1주 식재하는 데 필요한 인부수 : 조경공 0.2인
- 조경공의 일일 노임 : 100,000원
- 재료비와 노임은 할증률을 적용하지 않음

① 220,000원 ② 330,000원
③ 3,300,000원 ④ 4,500,000원

- 주목15주 재료비 : 200,000 x 15 = 3,000,000
- 주목15주 노무비 : 100,000 x 0.2 x 15 = 300,000
- 합계 : 3,300,000

042 ③ 043 ③ 044 ④ 045 ③ 046 ④ 047 ③

048 지표의 임의의 한 점에서 그 경사가 최대로 되는 방향을 표시하는 선을 말하며 등고선에 직각으로 교차하는 것을 무엇이라 하는가?

① 분수선 ② 유하선
③ 합수선 ④ 경사변환선

① 분수선 : 빗물이 능선을 경계로 좌우로 흐른다 하여 능선을 분수선이라 한다.
② 유하선 : 최대경사선이라고도 하며, 지표 경사면의 최대경사각 방향을 보여주는 선
③ 합수선 : 지표면의 낮은 곳을 연결한 선으로 물이 흐르는 선
④ 경사변환선 : 동일방향의 경사면에서 경사의 크기가 서로 다른 두 면이 접합할 때 이 접합선을 경사변환선이라 한다.

049 표준품셈에 대한 설명 중 틀린 것은?

① 공사의 예정가격 산정 시 활용할 수 있다.
② 표준품셈에서 제시된 품은 일일 작업시간 8시간을 기준한 것이다.
③ 재료비, 노무비 직접경비가 포함된 공종별 단가를 계약단가에서 추출하여 유사 공사의 예정가격 산정에 활용하는 방식이다.
④ 건설공사의 예정가격 산정시 공사규모, 공사기간 및 현장조건 등을 감안하여 가장 합리적인 공법을 채택 적용한다.

표준품셈은 원가계산방식을 위한 것으로 ③번의 설명은 실적공사비 적산방식이다.

050 콘크리트의 워커빌리티(Workability)와 관련된 설명으로 틀린 것은?

① 타설할 때 공기연행제(AE제)를 첨가하면 워커빌리티가 크게 개선된다.
② 타설할 때 콘크리트에 단위수량이 많으면 워커빌리티가 좋아진다.
③ 타설할 때 충분히 잘 비비면 워커빌리티가 좋아진다.
④ 적정한 배합을 갖지 못하면 워커빌리티가 좋지 않다.

• 워커빌리티 : 반죽질기 정도에 따라 재료가 굳지 않는 콘크리트 성질
• 콘크리트에 단위수량이 많으면 묽어져서 재료가 분리되며 워커빌리티를 해친다.

051 임해매립지 식재기반조성 시 흙쌓기의 설명 중 ( )안에 알맞은 것은?

> 흙쌓기 가능지역의 경우 매립흙쌓기로 인한 침하를 고려하여 흙쌓기 소요 높이의 15 ~ 20%를 가산하여 매립흙쌓기하며 최소 흙쌓기 높이는 ( )m로 한다.

① 1.0 ② 1.5
③ 2.0 ④ 2.5

임해매립지 식재기반조성 중 흙쌓기(조경공사 표준시방서)
1) 흙쌓기에 사용할 토량은 가급적 표토로서 본 장 2-3-1(식재기반조성-일반식재기반)의 2.1(재료일반) 해당 항목에 따른다.
2) 흙쌓기 가능 지여그이 경우 매립성토로 인한 침하를 고려하여 흙쌓기 소요높이의 15 ~ 20%를 가산하여 매립하며 최소 흙쌓기 높이는 1.5m로 한다.
3) 마운딩처리 시 기울기는 본 장 2-2-2(조경토공) 의 3.7(마운딩조성) 해당 항목에 따른다.
4) 흙쌓기가 불가능한 지역의 경우에는 본 장 2-3-1(식재기반조성 -일반식재기반)의 3.1(토양의 심도) 해당항목에 따라 생육심도를 기

ANSWER 048 ② 049 ③ 050 ② 051 ②

준으로 1.2배 깊이를 양질의 토양으로 객토하되 철저히 배수처리 되도록 한다.

052 다음 수준측량의 야장에서 측점3의 지반고는 얼마인가?

(단위 : 주당)

측점	후시	전시		승강	지반고
		T.P	I.P		
A	2.216				50.000
1	3.713	0.906		1.310	51.310
2			2.821	0.892	52.202
3	4.603	1.377		2.336	(　　)
B		0.522		4.081	57.727

① 53.646m　② 52.620m
③ 52.336m　④ 51.202m

 • 지점3의 지반고 : 57.727 - 4.081 = 53.646

053 체적환산에 적용되는 토양변화율과 관련된 설명으로 옳은 것은?

① 경암과 풍화암의 C값은 1이 넘는다.
② 절토 토량의 운반비 산정을 위해 적용한다.
③ 흐트러진 상태의 체적을 자연상태의 체적으로 나눈 값이다.
④ 토양의 체적환산계수 f값 산정 시에는 적용하지 않는다.

 ① 체적의 변화율

종별	L	C
경암	1.70 ~ 2.00	1.30 ~ 1.50
보통암	1.55 ~ 1.70	1.20 ~ 1.40
연암	1.30 ~ 1.50	1.00 ~ 1.30
풍화암	1.30 ~ 1.35	1.00 ~ 1.15

② 체적환산계수표

기준이 되는 q ＼ 구하는 Q	자연상태의 체적	흐트러진 상태의 체적	다져진 후의 체적
자연상태의 체적	1	L	C
흐트러진 상태의 체적	1/L	1	C/L

054 목재 방부제에 관한 설명으로 틀린 것은?

① 방부제는 침투성이 있어야 한다.
② 크레오소트는 80 ~ 90°C로 가열 후 도포한다.
③ 유성방부제에는 염화아연 4% 용액, 황산구리 등이 있다.
④ 방부제의 조건으로는 사람과 가축에 해가 없는 것이어야 한다.

 염화아연 4% 용액, 황산구리 등은 목재 방부제의 화학적 성질에 따른 분류로 수용성 무기계화합물에 해당한다.

055 어느 공사현장에서 사토장까지의 거리가 12km라고 한다. 덤프트럭을 이용하여 적재한 토사를 사토하고 적재 장소까지 돌아오는 데 소요되는 왕복시간은? (단, 적재 시 평균주행속도는 50km/h이며, 공차 시의 평균주행속도는 적재 시보다 20% 증가한다.)

① 28.8분　② 26.4분
③ 24.0분　④ 20.0분

 • 적재장에서 사토장까지 적재 운반시간
= 12km ÷ 50km/h = 0.24h = 14.4분
• 사토장에서 적재장까지 공차 운반시간
= 12km ÷ (50×1.2)km/h = 0.2h = 12분
• 왕복시간 = 26.4분

ANSWER
052 ①　053 ①　054 ③　055 ②

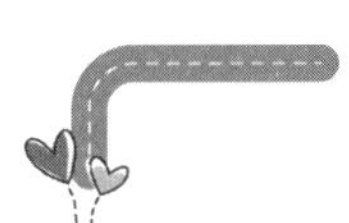

056 살수기(撒水器)에 관한 설명으로 옳지 않은 것은?

① 분무살수기는 고정된 동체와 분사공 만으로 된 가장 간단한 살수기이다.
② 분무입상살수기는 살수 시 긴 잔디에 의해 방해를 받지 않는다.
③ 분류살수기는 바람의 영향을 적게 받으며, 낮은 압력 하에서도 작동한다.
④ 회전입상살수기는 낮은 압력에서도 작동되며, 소규모 관개지역에서 사용한다.

- 회전입상살수기 – 회전하면서도 지표면에 올라왔다 내려갔다 하는 형태로 오늘날 대규모 지역에 가장 많이 사용한다.

057 플라스틱 재료에 관한 설명으로 옳지 않은 것은?

① 아크릴수지는 투명도가 높아 유기유리로 불린다.
② 멜라민수지는 내수, 내약품성은 우수하나 표면경도가 낮다.
③ 불포화 폴리에스테르수지는 유리섬유로 보강하여 사용되는 경우가 많다.
④ 실리콘수지는 내열성, 내한성이 우수한 수지로 콘크리트의 발수성 방수도료에 적당하다.

멜라민수지는 내열성, 내수성, 내약품성, 접착성이 우수하고 표면강도가 매우 높은 것이 특징이다.

058 다음 모멘트의 설명 중 옳지 않은 것은?

① 모멘트의 단위는 kg · m, t · m이다.
② 힘의 크기는 중량단위로 표시한다.
③ 모멘트는 모멘트 팔과 힘의 크기 곱으로 구한다.
④ 모멘트 부호는 회전방향이 시계방향일 때 (-)로 표시한다.

- 모멘트 : 힘의 한 점에 대한 회전능률
- M=pa(M : 모멘트(kg · cm/t · m)/p : 힘의 크기/a : 힘까지의 거리(모멘트팔))
- 시계방향 + 이며, 반시계방향 – 로 표시한다.

059 다음과 같은 네트워크 공정표에서 한계경로는?

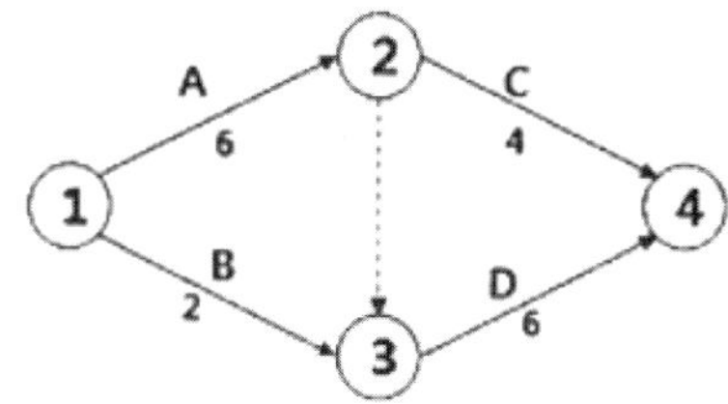

① 1 → 2 → 4
② 1 → 3 → 4
③ 1 → 2 → 3 → 4
④ 1 → 3 → 2 → 4

한계경로(CP – critical path)는 개시 결합점에서 완료 결합점에 이르는 최장경로를 말한다.
① 1 → 2 → 4(A + C = 10)
② 1 → 3 → 4(B + D = 8)
③ 1 → 2 → 3 → 4(A + D = 12)
④ 1 → 3 → 2 → 4(B + C = 6)

ANSWER 056 ④ 057 ② 058 ④ 059 ③

060 수량산출시 체적 혹은 면적을 구조물의 수량에서 공제하여야 되는 것은?

① 목재 각재의 모따기 체적
② 철근 콘크리트 중의 철근
③ 포장공사 이음줄눈의 간격
④ 보도블럭 포장 공종의 1개소당 면적이 $1m^2$ 되는 맨홀 면적

풀이 수량산출시 다음 체적과 면적은 구조물 수량에서 공제하지 않는다.
① 콘크리트 구조물 중의 말뚝머리
② 볼트의 구멍
③ 모따기 또는 물구멍
④ 이음줄눈의 간격
⑤ 포장공종의 1개소 당 $0.1m^2$ 이하의 구조물 자리
⑥ 철근콘크리트 중의 철근
⑦ 조약돌 중의 말뚝체적 및 책동목
⑧ 강구조물의 리베트 구멍

제 4 과목 조경관리

061 벤치, 야외탁자의 관리에 관한 설명으로 옳은 것은?

① 바닥지면에 물이 고이는 곳은 자연적인 현상으로 큰 문제가 되지 않는다.
② 노인, 주부 등이 장시간 머무르는 곳의 목재벤치는 내구성이 강한 석재나 콘크리트재로 교체한다.
③ 이용자의 수가 설계 시의 추정치보다 많은 경우에는 이용실태를 고려하여 개소를 증설하여 이용자 편의를 도모한다.
④ 여름철 녹음 부족, 겨울철 햇빛이 잘 들지 않는 곳의 시설에는 차광시설, 녹음수 등은 식재하거나 설치할 수 없다.

풀이 ① 바닥지면에 물이 고이는 곳은 배수시설을 하거나, 지면이 고르도록 재포장, 보수한다.
② 오랜시간 머무르는 곳은 목재로 사용한다.
④ 여름철 녹음 부족, 겨울철 햇빛이 잘 들지 않는 곳의 시설은 녹음수, 차광시설 등을 설치한다.

062 병원체의 활동과 병의 진행을 알려주는 일련의 과정을 지칭하는 용어는?

① 병환　② 병삼각형
③ 코희의 원칙　④ 미생물병원설

풀이 ① 병환(disease cycle) : 발병한 기주식물에 형성된 병원체가 새로운 기주식물에 감염하여 병을 일으키고 병원체를 형성하는 일련의 연속적인 과정
② 병삼각형 : 병을 일으키는 병원체, 감수체, 환경의 세 가지 요인의 상호관계
③ 코흐의 원칙 : 병원체를 확인할 때 적용되는 원칙
④ 미생물병원설 : 어떤 특정한 미생물이 어떤 특정한 질병을 일으킨다는 원리

063 유지관리 계획에 영향을 미치는 요인으로 가장 거리가 먼 것은?

① 시공방법
② 계획이나 설계목적
③ 관리대상의 질과 양
④ 이용빈도와 이용실태

풀이 유지관리는 시설, 수목들의 점검, 보수 등을 통해 원래의 기능을 원활히 수행할 수 있도록 하는 것이다.

ANSWER 060 ④ 061 ③ 062 ① 063 ①

064 건조 목재벤치를 가해하는 충류에 해당하지 않는 것은?

① 솔수염하늘소　② 가루나무좀
③ 개나무좀　④ 빗살수염벌레

 ① 솔수염하늘소 : 소나무 재선충병이 솔수염하늘소에 기생한다.
② 가루나무좀 : 목재의 내부를 갉아먹어 표면만 얇게 남긴다.
③ 개나무좀 : 애벌레가 나무 속을 파먹는 것으로 유명한 곤충
④ 빗살수염벌레 : 애벌레가 판재와 썩은 나무를 먹는 곤충

065 유기물이 토양에 첨가되면 일반적으로 식물의 생장에 유리해지는데, 이러한 근거는 유기물이 토양의 물리적, 화학적 성질을 개선해주기 때문이다. 유기물의 토양 개선 내용으로 적합하지 않은 것은?

① 토양공극과 통기성을 증가시켜 준다.
② 토양온도의 변화 폭을 크게 해준다.
③ 토양미생물이 필요로 하는 에너지를 제공한다.
④ 토양의 무기양료에 대한 흡착능력(보존능력)을 향상시킨다.

 유기물이 토양에 첨가되면 토양온도를 상승시킨다.

066 역T형 옹벽과 비슷하지만 안정성이 더 요구되거나 높은 옹벽에 적용되며 저판이 길기 때문에 저판상의 성토가 자중으로 간주되므로 안정되며 경제성이 높은 옹벽은?

① L형 옹벽　② 중력식 옹벽
③ 부벽식 옹벽　④ 지지벽 옹벽

 ② 중력식 옹벽 : 돌쌓기, 무근 콘크리트 사용, 보통 4m 이하 옹벽
③ 부벽식 옹벽 : 안정성 중시한 철근 콘크리트 옹벽으로 5 ~ 7m 정도 높이 옹벽
④ 지지벽 옹벽 : 부벽식보다 안정성이 떨어진다.

067 24%의 A유제 100mL를 0.03%로 희석하여 진딧물에 살포하려 한다. 물의 양은 얼마로 하여야 하는가? (단, A유제 비중은 1로 한다.)

① 18,000mL　② 24,000mL
③ 47,120mL　④ 79,900mL

 $$물의\ 양 = 원액의\ 용량 \times \left(\frac{원액의\ 농도}{희석하려는\ 농도} - 1\right) \times 원액의\ 비중$$

$$\chi = 100 \times \left(\frac{24}{0.03} - 1\right) \times 1 = 79900ml$$

068 도시공원대장에 기입해야 할 사항이 아닌 것은?

① 공원의 관리방법
② 공원의 연혁
③ 지구단위계획 사항
④ 공원시설에 관한 사항

 도시공원 및 녹지 등에 관한 법률 시행규칙 별표 8. 도시공원대장의 작성기준

1. 도시공원(법 제2조제3호가목에 따른 공원)대장에 포함되어야 할 사항
   가. 도시공원의 종류 및 명칭
   나. 도시공원의 위치
   다. 공원관리청 또는 공원관리자의 성명 및 주소
   라. 도시공원의 관리방법
   마. 도시공원의 연혁
   바. 도시공원부지에 대한 토지소유자별 명세와 사유지에 대하여 공원관리청이 보유하고 있는 소유권 외의 권리의 명세
   사. 공원시설에 관한 내용
   아. 건폐율의 합계
   자. 제11조 제1항 각 호의 규정에 의한 공원시설의 부지면적의 합계와 해당도시공원

ANSWER 064 ① 065 ② 066 ① 067 ④ 068 ③

의 부지면적에 대한 비율

차. 점용목적물에 관한 내용

카. 도면은 축척 5천분의 1 이상의 지적이 명시된 지형도를 사용하여야 하며 다음의 사항을 표시하여야 한다.

069 응애류(mite)에 관한 설명 중 틀린 것은?

① 잎의 즙액을 빨아 먹는다.
② 침엽수에도 폭넓게 피해를 준다.
③ 천적으로 바구미, 사슴벌레 등이 있다.
④ 수관에서 불규칙하게 피해증상(황화현상)이 나타난다.

- 응애류 천적 : 무당벌레, 풀잠자리, 거미

070 소나무나 섬잣나무 등의 높은 부분을 사다리를 사용하지 않고 끝가지를 전정하거나 열매를 채취 시 사용하기 적합한 가위의 종류는?

① 적과가위 ② 순치기가위
③ 대형전정가위 ④ 갈고리전정가위

- 적과가위 : 꽃눈이나 열매 솎을 때, 과일 수확에 사용
- 순치기가위 : 연하고 부드러운 가지, 끝순, 수관 내부의 가늘고 약한가지 자르거나 꽃꽂이 할 때 주로 사용

071 옥외 레크리에이션 관리체계의 3가지 기본요소와 가장 거리가 먼 것은?

① 이용자(Visitor)
② 계획가(Planner)
③ 관리(Management)
④ 자연자원기반(Natural Resource Base)

- 옥외 레크리에이션 관리체계 3가지 기본요소 : 이용자, 자연자원기반, 관리

072 노거수(老巨樹)관리에 있어서 공동(空胴)의 처리 과정 중 D에 해당하는 것은?

> 부패한 목질부 제거 → (A) → (B) → (C) → (D) → 마감처리

① 버팀대 박기
② 살균 및 치료하기
③ 공동 내부 다듬기
④ 공동충전재료 메우기

- A : 공동 내부 다듬기
- B : 버팀대 박기
- C : 살균, 치료하기 공동충전재료 메우기

최근기출문제

073 점토광물이 형태상의 변화없이, 내·외부의 이온이 치환되어 점토광물 표면에 음전하를 갖게 하는 현상을 무엇이라 하는가?

① 동형치환 ② pH의존전하
③ 변두리 전하 ④ 잠시적 전하

074 골프장의 잔디를 낮은 잔디 깎기 하였을 때 효과로 틀린 것은?

① 엽폭을 감소시켜서 보다 재질감이 좋은 잔디를 만들 수 있다.
② 식물조직이 단단해지므로 병이나 해충에 대하여 강해지게 된다.
③ 엽면적의 감소로 광합성량이 떨어지므로 탄수화물의 저장량이 감소된다.
④ 분얼경의 형성을 촉진시키므로 결국 줄기밀도가 증가하여 지표면을 조밀하게 해준다.

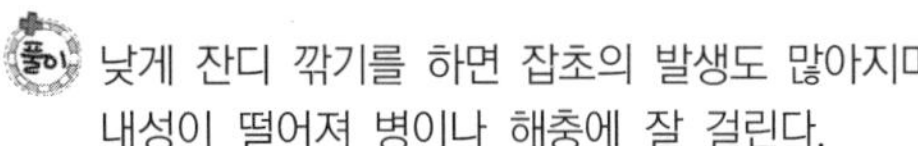
낮게 잔디 깎기를 하면 잡초의 발생도 많아지며 내성이 떨어져 병이나 해충에 잘 걸린다.

ANSWER

069 ③ 070 ④ 071 ② 072 ④ 073 ① 074 ②

075 잔디에 잘 발생되는 녹병의 재배적(화학적) 방제법에 해당되지 않는 것은?

① 충분한 양으로 오전에 관수한다.
② 질소질 비료를 살표하여 시비로 생육을 도모한다.
③ 메프로닐 수화제를 발병 초부터 7일 간격으로 3회 살포한다.
④ 조경수의 전정이나 차폐수 등을 잘 관리하여 공기의 흐름을 원활히 한다.

풀이 메프로닐 수화제는 잔디 갈색잎마름병 방제에 사용

076 유희시설물 목재부분의 이상 유무를 점검하는 데 가장 거리가 먼 것은?

① 갈라진 부분이나 뒤틀린 부분
② 축 및 축수의 마모나 이완상태
③ 부패되거나 충해에 의한 손상 여부
④ 충격에 의한 파손이나 이용에 의한 마모상태

풀이 축, 축수의 마모와 이완상태는 철재부분의 점검사항이다.

077 벚나무 빗자루병의 병원체는 무엇인가?

① 세균 ② 담자균
③ 자낭균 ④ virus

풀이 빗자루명은 자낭균에 의해 발생하며 벚나무, 오동나무, 대추나무 등에 주로 감염된다.

078 두 제초제를 혼합 시 나타나는 길항작용(拮抗作用, antagonism)의 정의로 가장 적합한 것은?

① 혼합시의 처리 효과가 단독처리 시의 효과보다 큰 것을 의미
② 혼합 시의 효과가 단독처리 시의 효과와 같은 것을 의미
③ 혼합 시의 처리효과가 활성이 높은 물질의 단독효과보다 작은 것을 의미
④ 혼합 시의 처리효과가 단독처리 시의 효과보다 크지도 작지도 않은 것을 의미

풀이 하나의 물질의 작용이 다른 하나의 물질에 의해 저해 또는 억제되는 경우 양자는 서로 길항적이라고 하고, 이 작용을 길항 작용이라고 한다. 또 이와 같은 저해현상을 길항저해라고 하며, 상호 길항작용을 가지는 물질을 길항물질이라고 한다. 따라서 길항작용의 물질을 혼합하면 효과가 떨어진다.

079 훈증제가 갖추어야 할 조건으로 틀린 것은?

① 비인화성이어야 한다.
② 휘발성이 크고 농도가 균일하여야 한다.
③ 침투성이 커서 약제가 쉽게 도달하여야 한다.
④ 훈증할 목적물에 이화학적으로 변화를 주어야 한다.

풀이 • 훈증제 : 상온에서 쉽게 증발하여 그 가스가 살균력, 살충력을 가진 농약이다. 사용하는 경우에는 가스의 유실을 막기 위하여 밀실이나 천막에서 사용하며, 토양에서는 주입 후 흙으로 덮거나 비닐시트로 덮어 주어야 하며, 훈증할 목적물에 이화학적으로 변화를 주어서는 안 된다.

ANSWER 075 ③ 076 ② 077 ③ 078 ③ 079 ④

080 종자 비료 그리고 흙을 혼합하여 망(net)에 넣고 비탈면의 수평으로 판 골(滑) 속에 넣어 붙이는 공법으로 유실이 적으며, 유연성이 있기 때문에 지반에 밀착하기 쉬운 것은?

① 식생띠공　② 식생판공
③ 식생자루공　④ 식생구멍공

풀이 ① 식생띠공 : 종자, 비료 부착한 띠모양의 종이를 일정간격으로 삽입하는 공법
② 식생판공 : 종자와 비료 섞은 판을 깔아 붙이는 공법
③ 식생자루공 : 종자, 비료, 토양을 섞은 그물자루를 수평 골속에 넣는 공법
④ 식생구멍공 : 비탈면에 일정 간격 구멍을 파고 혼합물을 채워넣는 공법

ANSWER 080 ③

2017 2회 조경산업기사 최근기출문제

2017년 5월 7일 시행

제 1 과목 조경계획 및 설계

001 프랑스 보르 뷔 콩트(Vaux-le-Vicomte)는 어느 정원 양식에 속하는가?

① 중정식(中庭式)
② 노단건축식(露壇建築式)
③ 자연풍경식(自然風景式)
④ 평면기하학식(平面幾何學式)

풀이 보르 뷔 콩트는 르노트르가 만든 최초의 평면기하학식 정원이다.

002 당(唐)나라 시기의 정원을 알 수 있는 문헌은?

① 시경 ② 동파종화
③ 춘추좌씨전 ④ 낙양명원기

풀이 ① 시경 : 주나라 서적
② 동파종화 : 당나라 백거이(백락천)
③ 춘추좌씨전 : 주나라 서적
④ 낙양명원기 : 송나라 이격비

003 우리나라 민가정원에서 일반적으로 안뜰에 정심수를 심지 않았던 이유로 전해오는 것은?

① 자손이 귀해진다.
② 집안이 빈곤해진다.
③ 마당에 그늘이 든다.
④ 보기가 싫기 때문이다.

풀이 정심수란 마당 중앙에 심는 나무라는 뜻이지만 실제로 심기는 마당 중앙을 비껴서 심는다. 그것은 마당 모양이 '口'형이고, 나무가 '木'이 되어 '困'(곤할 곤) 자의 뜻이 된다 하였기 때문이다.

004 일본에서 대표적인 평정고산수 수법의 정원이 있는 곳은?

① 서방사 ② 용안사
③ 금각사 ④ 평등원

풀이 ① 서방사 : 회유임천식
② 용안사 : 평정고산수식
③ 금각사 : 축산임천식
④ 평등원 : 침전조정원

ANSWER
001 ④ 002 ② 003 ② 004 ②

005 고려시대 궁궐조경의 설명으로 옳은 것은?

① 첩석성산을 만들고 아름다운 화목으로 화려하게 꾸몄다.
② 공간배치는 불교의 영향으로 풍수설을 배척하였다.
③ 만월대 궁원의 공간배치는 동서축을 기본으로 한다.
④ 고려시대 화원은 궁궐의 조경을 관리하던 곳이다.

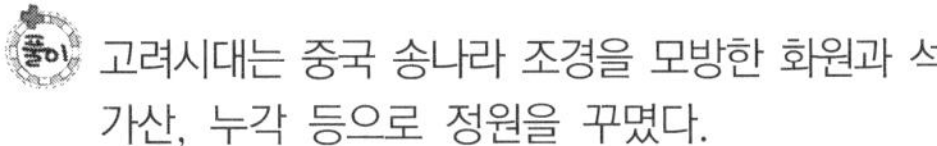
풀이 고려시대는 중국 송나라 조경을 모방한 화원과 석가산, 누각 등으로 정원을 꾸몄다.

006 고정원 및 동천(洞天)의 유적과 가장 가까운 개념은?

① 사찰(寺刹)　　② 염승(厭勝)
③ 원림(園林)　　④ 수림지(樹林地)

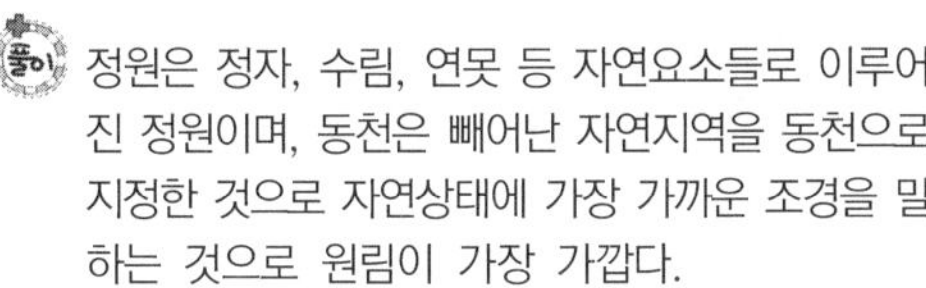
풀이 정원은 정자, 수림, 연못 등 자연요소들로 이루어진 정원이며, 동천은 빼어난 자연지역을 동천으로 지정한 것으로 자연상태에 가장 가까운 조경을 말하는 것으로 원림이 가장 가깝다.

007 조성시기가 가장 빠른 르네상스(Renaissance) 시대의 정원은?

① 메디치장(Villa Medici)
② 토스카나장(Villa Toscana)
③ 아드리아나장(Villa Adriana)
④ 로렌티아나장(Villa Laurentiana)

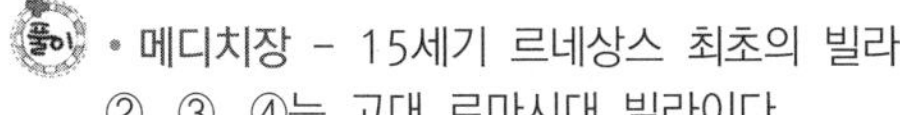
풀이 • 메디치장 - 15세기 르네상스 최초의 빌라.
②, ③, ④는 고대 로마시대 빌라이다.

008 다음 작자와 저서의 연결이 잘못된 것은?

① 계성 : 난정기(蘭亭記)
② 귤준망 : 작정기(作庭記)
③ 백거이 : 동파종화(東坡種花)
④ 이격비 : 낙양명원기(洛陽名園記)

풀이 왕희지의 난정기, 이계성의 원야 3권이다.

009 야외음악당의 바닥에 다음 중 어느 색을 주조(主調)로 처리하면 청중의 감정효과가 가장 크게 되겠는가?

① 주황색　　② 연두색
③ 파랑색　　④ 남색

풀이 난색계열의 색이 한색보다 감정적이다.

010 「국토의 계획 및 이용에 관한 법률」의 도시 · 군 기본계획의 수립권자가 될 수 없는 사람은?

① 군수　　② 시장
③ 광역시장　　④ 환경부장관

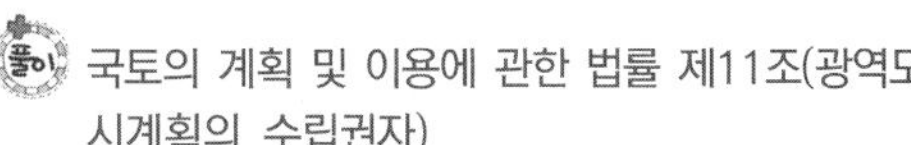
풀이 국토의 계획 및 이용에 관한 법률 제11조(광역도시계획의 수립권자)
- 국토교통부장관, 시 · 도지사, 시장 또는 군수는 다음 각 호의 구분에 따라 광역도시계획을 수립하여야 한다.

011 환경분석시 사용하는 지리정보체계라고 부르는 프로그램은?

① GIS　　② IMGRID
③ SYMAP　　④ CAD

풀이 • GIS : Geographic Information System(지리정보체계)

Appendix 최근기출문제

ANSWER 005 ① 006 ③ 007 ① 008 ① 009 ① 010 ④ 011 ①

012 기본설계(Preliminary Design)에서 행할 사항이 아닌 것은?

① 정지계획 ② 배수설계
③ 식재계획 ④ 공정표

풀이 공정표는 시공단계에서 이루어지는 것이다.

013 주택단지 쿨데삭 도로의 일반적 기능별 구분을 나타낸 것으로 옳은 것은?

① 길이 : 240m(최대), 회전반경 : 12m
② 길이 : 15 ~ 18m(최대), 회전반경 : 9m
③ 길이 : 18 ~ 24m(최대), 회전반경 : 12m
④ 폭 : 24m

014 국립공원의 지정 시 거쳐야 할 지정절차를 순서대로 맞게 나열한 것은?

① 관할 시 · 도지사 및 군수의 의견청취 → 주민설명회 및 공청회의 개최 → 관계 중앙행정기 관장과의 협의 → 국립공원위원회의 심의
② 관계 중앙행정기관장과의 협의 → 관할 시 · 도지사 및 군수의 의견청취 → 주민설명회 및 공청회의 개최 → 국립공원위원회의 심의
③ 주민설명회 및 공청회의 개최 → 관할 시 · 도지사 및 군수의 의견청취 → 관계 중앙행정기관장과의 협의 → 국립공원위원회의 심의
④ 관할 시 · 도지사 및 군수의 의견청취 → 관계 중앙행정기관장과의 협의 → 국립공원위원회의 심의 → 주민설명회 및 공청회의 개최

풀이 자연공원법 제4조의2(국립공원의 지정 절차) : 환경부장관이 필요한 서류를 작성하여 결정
① 주민설명회 및 공청회의 개최
② 관할 시 · 도지사 및 군수의 의견 청취
③ 관계 중앙행정기관의 장과의 협의
④ 제9조에 따른 국립공원위원회 심의
- 제1항에 따른 국립공원의 지정에 필요한 서류는 대통령령으로 정한다.
- 제4조의 3 도립공원의 지정 : 시 · 도지사
- 제4조의 4 군립공원의 지정 : 군수

015 조경설계의 방위표시 방법에 대한 설명 중 틀린 것은?

① 단순하고 알아보기 쉬워야 한다.
② 확실하고 직선적인 화살표로 한다.
③ 항상 도면의 위쪽이나 오른쪽에 두고 때로는 도면에서 생략한다.
④ 가능하면 수직으로 세워 끝이 위로 가게 하고, 수평선에서 위쪽으로 약간의 각을 준다.

풀이 방위표는 일반적으로 도면의 오른쪽 하단에 표시하며 반드시 넣어야 한다.

016 축(axis)에 대한 설명으로 옳지 못한 것은?

① 지향적(指向的) ② 자연적(自然的)
③ 질서적(秩序的) ④ 우세적(優勢的)

풀이 축은 동선과 관계되기도 하며 공간의 배열을 질서 있게 해주는 것이다.

ANSWER 012 ④ 013 ① 014 ③ 015 ③ 016 ②

017 일반적인 조경포장의 설명 중 (   ) 안에 적합한 것은?

> • 포장지역의 표면은 배수구나 배수로 방향으로 최소 (A)% 이상의 기울기로 설계한다.
> • 산책로 등 선형구간에는 적정거리마다 (B)나 횡단배수구를 설계하고, 광장 등 넓은 면적의 구간에는 외곽으로 뚜껑 있는 (C)를 두도록 하며, 비탈면 아래의 포장경계부에는 측구나 수로를 설치한다.

① A : 0.03 B : 종단배수구 C : 측구
② A : 0.1 B : 측구 C : 빗물받이
③ A : 0.3 B : 종단배수구 C : 맹암거
④ A : 0.5 B : 빗물받이 C : 측구

 **포장의 표면 배수 기울기**
- 원로, 보행자도로, 자전거도로 : 1.5 ~ 2.0%
- 광장 : 0.5 ~ 1.0%

018 기계적 효능과 미적질서를 통일시킴으로써 보다 완벽한 공간의 창조를 위한 선구적 디자인 교육기관이었던 것은?

① 에꼴드 보자르 ② 바우하우스
③ 하바드 ④ 로얄아카데미

 • 바우하우스(Bouhaus) : 독일의 국립조형학교로 예술적 창작과 공학적 기술의 통합을 목표로 새 시대의 공예, 디자인, 건축의 쇄신을 꾀하고자 함.

019 다음 중 조경설계기준 상의 운동시설에 대한 설명으로 틀린 것은?

① 육상경기장 코스의 폭은 0.8m를 표준으로 한다.
② 배구장은 바람의 영향을 받기 때문에 주풍방향에 수목 등의 방풍시설을 마련한다.
③ 농구코트의 방위는 남-북 축을 기준으로 하고, 가까이에 건축물이 있는 경우에는 사이드라인을 건축물과 직각 혹은 평행하게 배치한다.
④ 축구장의 표면은 잔디로 하며, 잔디가 아닐 경우는 스파이크가 들어갈 수 있을 정도의 경도로 슬라이딩에 의한 찰과상을 방지할 수 있는 포장으로 한다.

풀이 육상경기장 코스의 폭은 1.25m를 표준으로 한다.

020 다음 설명의 (   ) 안에 적합한 것은?

> 색의 맑고 탁함, 색의 순수한 정도, 혹은 색의 강약을 나타내는 성질이다. 진한 색과 연한 색, 흐린 색과 맑은 색 등은 모두 (   )의 높고 낮음을 가리키는 용어다.

① 색상 ② 명도
③ 조도 ④ 채도

ANSWER
017 ④ 018 ② 019 ① 020 ④

제 2 과목 조경식재

021 차량이 주행할 때 측방차폐효과를 얻기 위한 열식수(列植樹)의 수고가 4m, 수관반경이 2m인 경우에 가로수의 식재거리는 얼마를 유지해야 하는가? (단 진행방향에 대한 시각은 30°이다.)

① 4m　② 6m
③ 8m　④ 12m

- 주행시 측방차폐 식재거리(D) = 2r / sinθ = 2x2 /sim30 = 8m (r : 수관반경, sinθ : 자동차 헤드라이트 조사각)

022 식재형식은 정형식, 자연풍경식, 자유식으로 분류한다. 다음 중 자연풍경식(自然風景式) 식재의 기본패턴에 해당하지 않는 것은?

① 임의(랜덤)식재　② 배경식재
③ 무늬식재　④ 부등변삼각형식재

- 무늬식재 : 정형식 식재 기법 중 한 가지
- 자연풍경식 식재양식 : 부등변 삼각형 식재, 임의식재, 모아심기, 무리심기, 배경식재, 주목

023 양수로서 물속에서도 생육이 가능할 정도로 수분을 좋아하고 뿌리의 호흡을 위해 지상으로 울퉁불퉁하게 나온 천근성 기근(aerial root)이 발달한 수종은?

① 낙우송　② 일본잎갈나무
③ 삼나무　④ 거제수나무

024 다음 [보기]의 설명에 해당하는 초화류는?

> 보기
> - 두해살이풀로 전국 각처에 분포한다.
> - 높이가 2.5m에 달하고 원줄기는 녹색이며, 털이 있고 원주형이다.
> - 꽃을 촉규화(蜀葵花)라 한다.
> - 종자번식하고 열매는 접지 모양의 삭과이다.

① 꽃양배추　② 매리골드
③ 접시꽃　④ 천일홍

025 토양의 부식질 함량이 어느 정도 함유되어야 수목의 생장에 가장 좋은가?

① 0.5 ~ 5%　② 5 ~ 20%
③ 20 ~ 30%　④ 30 ~ 40%

토양의 부식질 함량은 5 ~ 20%가 가장 적당하다.

026 소나무과(科) 식물의 잎 특성 중 엽속(Needle Fascicle)내 잎의 수가 다른 것은?

① 소나무　② 곰솔
③ 리디다소나무　④ 방크스소나무

소나무과 잎의 형태에 따른 분류
- 2엽속생 : 소나무, 반송, 해송, 방크스소나무, 금송, 육송, 곰솔
- 3엽속생 : 백송, 리기다소나무
- 5엽속생 : 섬잣나무, 스트로브잣나무

ANSWER
021 ③　022 ③　023 ①　024 ③　025 ②　026 ③

027 다음 수목 중 학명이 틀린 것은?

① 수양버들 : *Salix koreensis*
② 계수나무 : *Cericidiphyllum japonicum*
③ 함박꽃나무 : *Magnolia sieboldii*
④ 조팝나무 : *Spiraea prunifolia* for. simpliciflora

풀이 • 수양버들 : *Salix babylonica*

028 양버즘나무(*Platanus occidentalis* L.)의 특징으로 옳은 것은?

① 원산지는 한국이다.
② 꽃은 이가화이며 암꽃은 붉은색이다.
③ 공해에 약하여 가로수로 부적합하다.
④ 열매는 지름이 3cm 정도로 둥글게 1개씩 달린다.

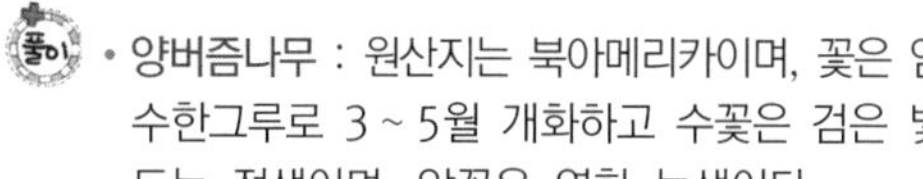

풀이 • 양버즘나무 : 원산지는 북아메리카이며, 꽃은 암수한그루로 3~5월 개화하고 수꽃은 검은 빛 도는 적색이며, 암꽃은 연한 녹색이다.
• 생육환경 : 토심이 깊고 배수가 양호한 사질양토를 좋아하며, 각종 공해에는 강하나 충해에는 약하다.

029 다음 중 미적효과와 관련된 식재형식이 아닌 것은?

① 표본식재 ② 강조식재
③ 군집식재 ④ 초점식재

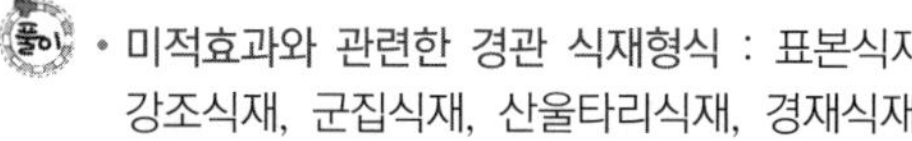

풀이 • 미적효과와 관련한 경관 식재형식 : 표본식재, 강조식재, 군집식재, 산울타리식재, 경재식재
• 초점식재 : 건물과 관련된 경관 식재형식으로, 건물의 현관 같이 초점이 되는 공간에 쉽게 인식할 수 있도록 하는 식재

030 다음 식물의 생육환경에 대한 설명 중 적합하지 않은 것은?

① 토질은 배수성과 통기성이 좋은 사질양토를 표준으로 한다.
② 단립(團粒)구조로서 일정용량 중 토양입자 50%, 수분 25%, 공기 25%의 구성비를 표준으로 한다.
③ 지하수위(地下水位)는 잔디의 경우 -30 ~ -20cm 정도 되는 것이 수분흡수가 용이하여 가장 좋다.
④ 식물의 생육에 알맞은 입단의 굵기는 1 ~ 5mm이고 근모는 0.001mm 이하의 공극으로는 침입할 수 없다.

풀이 지하수위는 잔디의 경우 -60cm 이하는 되어야 하며 -100cm가 가장 적합하다.

031 일반적으로 교목 식재작업에 대한 설명으로 옳지 못한 것은?

① 식재 후 멀칭을 해준다.
② 나무의 정부(頂部)가 수직이 되도록 한다.
③ 구덩이 속에 흙을 50% 정도 넣은 후 물조임(물반죽)을 한다.
④ 가로수 식재의 마감면은 보도 연석면보다 3cm 이하로 끝마무리 한다.

풀이 • 물조임 : 수목 앉히기가 끝난다음 물을 식재 구덩이에 충분히 넣고, 각목이나 삽으로 흙이 밀착되게 쑤셔준 다음, 복토를 하고 흙으로 동글게 물집을 쌓아준다.

ANSWER 027 ① 028 ④ 029 ④ 030 ③ 031 ③

032 종자 채집 후 정선을 위해 풍선법을 활용하기 가장 적합한 수종은?

① 옻나무 ② 가문비나무
③ 주목 ④ 목련

풀이 **종자의 선별법(정선)**

㉠ 수선법 : 무겁고 좋은 종자는 물에 가라앉고 불량종자는 물에 뜬다.(잣나무, 향나무, 주목, 옻나무, 측백나무, 밤나무, 참나무 등의 충해종자분리에 유리)
㉡ 풍선법 : 날개 및 가벼운 과피, 쭉정이를 선풍기로 분리(이깔나무, 소나무, 오리나무, 자작나무 등)
㉢ 사선법 : 종자의 직경보다 조금 작은 철망과 조금 큰 철망 2개를 사용하여 선별
㉣ 입선법 : 굵은 씨앗이나 열매를 눈으로 보고 손으로 알맹이를 선별(밤나무, 호두나무, 상수리 등)

033 리조트 단지 입구에 대형 수목을 식재하여 랜드마크를 형성하려고 한다. 식재기법으로 맞는 것은?

① 지표식재 ② 경계식재
③ 차폐식재 ④ 지피식재

풀이
- 지표식재 : 랜드마크를 형성시켜 주행자에게 그 위치를 알리고자 하는 식재수법
- 경계식재 : 경계에 나무를 심어 사람들의 침입에 의한 손상방지하기 위한 식재
- 차폐식재 : 외관상 보기 흉한 곳이나 구조물 등을 외부로부터 보이지 않게 시선이나 시계를 차단하는 것
- 지피식재 : 지피식물을 써서 지표를 평면적으로 낮게 덮어주는 식재수법

034 조경수목별 월별 개화기의 연결이 맞지 않은 것은?

① 2, 3월 : 호랑가시나무, 목서
② 3, 4월 : 물오리나무, 회양목
③ 4, 5월 : 모과나무, 서어나무
④ 6, 7월 : 치자나무, 자귀나무

풀이
- 목서 : 9월 개화
- 호랑가시나무 : 4월 개화

035 조경수 배식에서 실용적인 목적을 위해서 식재되는 녹음수 선정 시 가장 부적합한 수종은?

① 위성류 ② 느티나무
③ 팽나무 ④ 벽오동

풀이
- 위성류 : 정원수나 연못가의 풍치목으로 주로 이용되며 잎이 활엽수이긴 하지만, 침엽수 같아서 침엽수로 활용된다.

036 다음 식물 중 진달래과(Ericaceae)에 해당하지 않는 것은?

① 만병초 ② 영산홍
③ 철쭉 ④ 죽단화

풀이
- 죽단화 : 황매화라고도 불리며 장미과에 해당

037 다음 식물 중 부유식물이 아닌 것은?

① 부레옥잠 ② 생이가래
③ 개구리밥 ④ 붕어마름

풀이
- 침수식물 : 붕어마름, 물수세미, 검정말, 나사말 등

ANSWER
032 ② 033 ① 034 ① 035 ① 036 ④ 037 ④

038 다음 중 내한성이 가장 약한 수종은?

① 구상나무 ② 자작나무
③ 전나무 ④ 개잎갈나무

 • 개잎갈나무(히말라야시다) : 내한성이 약하여 온대 남부지방의 바람이 적은 곳에 주로 식재

039 다음 중 인동덩굴에 대한 설명으로 틀린 것은?

① 반상록 활엽덩굴성 관목이다.
② 번식은 분근이 가장 용이하다.
③ 꽃은 6~7월에 백색으로 피었다가 후에 황색으로 변한다.
④ 줄기는 왼쪽으로 감아 올라가고, 1년생 가지는 청록색으로 속이 비어 있으며, 털이 밀생한다.

 • 인동덩굴 줄기 : 오른쪽으로 감아 올라가고, 황갈색 털이 밀생하며, 오래된 줄기의 껍질이 얇게 벗겨지고, 속이 비어 있다.

040 잔디의 일반적인 특성 중 밟힘에 견디는 힘(내답압성, 耐踏壓性)이 가장 약(弱)한 것은?

① 한국잔디
② bermuda grass
③ bentgrass
④ kentyucky bluegrass

 • 내답압성 : 한국잔디(매우 강함), bermuda grass, Kentyucky grass(보통), bentgrass(약함)

제 3 과목 조경시공

041 건설공사 표준품셈에 따른 운반공사에 대한 설명 중 틀린 것은?

① 인력 1회 운반량은 보통토사 25kg이다.
② 1일 실작업시간은 360분을 적용한다.
③ 고갯길인 경우 수직거리 1m를 수평거리 6m의 비율로 적용한다.
④ 품에서 규정된 소운반 거리는 20m 이내의 거리를 말한다.

 • 1일 실작업시간 : 8시간(480분)이며 30분 휴식시간을 뺀 450분 적용

042 항공사진에서 수목의 종류를 판독하는 데 가장 중요한 것은?

① 음영 ② 색조
③ 형태 및 배치 ④ 촬영조건

 낙엽수, 침엽수, 토양 등을 판단하는 것으로 색조를 활용한다.

043 재료의 할증률이 나머지 재료와 다른 것은?

① 목재(각재) ② 일반볼트
③ 이형철근 ④ 시멘트벽돌

풀이 **재료의 할증**
• 목재(각재) : 5%
• 일반볼트 : 5%
• 이형철근 : 3%
• 시멘트 벽돌 : 5%

ANSWER 038 ④ 039 ④ 040 ③ 041 ② 042 ② 043 ③

044 다음 [보기]의 설명은 품질관리를 위한 어떤 도구 특징에 해당하는가?

보기
가로축에 시공불량의 내용이나 원인을 분류해서 크기순으로 나열하고 세로축에 불량도를 잡아 막대그래프를 작성하고, 누적비율을 꺾은선으로 표시한 것이다.

① 체크시트 ② 파레토도
③ 히스토그램 ④ 산점도

풀이 〈TQC 7가지 도구〉
1. 파레토도 : 불량 등 발생건수를 분류항목별로 나누어 크기 순서대로 나열해 놓은 그림
2. 특성요인도 : 결과에 원인이 어떻게 관계하고 있는가를 한 눈에 알 수 있도록 작성한 그림
3. 층별 : 집단을 구성하고 있는 많은 데이터를 몇 개의 부분집단으로 나누는 것
4. 산점도 : 대응되는 두 개의 짝으로 된 데이터를 그래프 용지 위에 점으로 나타낸 그림
5. 히스토그램 : 계량치의 데이터가 어떠한 분포를 하고 있는지 알아보기 위하여 작성하는 그림
6. 체크시트
7. 각종 그래프

045 다음 석재 중 수성암(퇴적암)에 속하며 준경석 또는 대부분 연석으로 내화성이 강하나, 흡수성이 크기 때문에 한랭지에서 풍화되기 쉬운 결점이 있는 것은?

① 대리석 ② 화강암
③ 응회암 ④ 점판암

046 다음 「자전거 이용시설의 구조·시설 기준에 관한 규칙」 설명 중 A와 B에 적합한 값은?

- 자전거전용도로 : 시속 (A)킬로미터
- 자전거도로의 폭은 하나의 차로를 기준으로 (B)미터 이상으로 한다.

① A : 25, B : 1.0
② A : 30, B : 1.5
③ A : 25, B : 1.2
④ A : 30, B : 1.2

풀이 자전거 이용시설의 구조·시설 기준에 관한 규칙 제4조(자전거도로의 설계속도) : 자전거도로의 설계속도는 다음 각 호의 구분에 따른 속도 이상으로 한다. 다만, 지역상황등에 따라 부득이하다고 인정되는 경우에는 다음 각 호의 속도에서 10킬로미터를 뺀 속도 이상을 설계속도로 할 수 있다.
1. 자전거전용도로 : 시속 30키로미터
2. 자전거보행자겸용도로 : 시속 20키로미터
3. 자전거전용차로 : 시속 20키로미터
제 5조 (자전거도로의 폭) : 자전거도로의 폭은 하나의 차로를 기준으로 1.5m 이상으로 한다. 다만, 지역 상황 등에 따라 부득이하다고 인정되는 경우에는 1.2m 이상으로 할 수 있다.

047 경량(輕量) 콘크리트의 설명으로 옳은 것은?

① 직접 흙에 접하는 부분에는 사용하지 않는다.
② 흡수율이 크므로 골재를 완전히 건조시켜서 사용한다.
③ 시공이 용이하여 사전 재료의 처리가 필요 없다.
④ 철근의 이음길이와 정착 길이는 보통 콘크리트보다 짧게 한다.

풀이
- 흡수율이 커서 골재를 2 ~ 3일 전에 살수하여 사용한다.
- 시공이 번거롭고 사전 재료처리가 필요하다.
- 철금의 이음길이와 정착길이는 보통 콘크리트보다 길게 한다.

ANSWER 044 ② 045 ③ 046 ② 047 ①

048 공사의 발주방법 중 자금력과 신용 등에서 적합하다고 인정되는 특정 다수의 경쟁 참가자가 입찰하는 방법은?

① 대안입찰
② 공개경쟁입찰
③ 지명경쟁입찰
④ 제한적평균가낙찰제

풀이 ① 대안입찰 : 발주자가 작성한 설계서에서 대체가 가능한 공종에 대해 다른 대안 제출이 허용된 공사의 입찰
② 공개경쟁입찰 : 관보, 신문 등을 통하여 일정한 자격을 가진 불특정 다수의 희망경쟁에 참가케 하여 가장 유리한 조건을 선정해 계약 체결하는 것
③ 지명경쟁입찰 : 자금력, 신용 등에 있어서 적당하다고 인정되는 특정 다수의 경쟁참가자를 지명하여 입찰방법에서 낙찰자 결정
④ 제한적 평균가 낙찰제 : 예산가격 10억원 미만의 공사에서 가격의 85% 이상 되는 입찰자를 가려내 입찰금액의 평균치 바로 아래에 있는 입찰자를 낙찰하는 제도

049 목재의 열에 관한 성질 중 옳지 않은 것은?

① 가벼운 목재일수록 착화되기 쉽다.
② 겉보기 비중이 작은 목재일수록 열전도율은 작다.
③ 섬유에 평행한 방향의 열전도율이 섬유 직각 방향의 열전도율보다 작다.
④ 목재는 불에 타는 단점이 있으나 열전도율이 낮아 여러 가지 용도로 사용되고 있다.

풀이 온도가 상승하면 목재의 섬유의 평행한 방향의 열전도율이 횡단방향의 열전도율보다 크다.

050 타일의 소지(素地) 중 규산을 화학성분으로 한 석영 · 수정 등의 광물로서 도자기 속에 넣으면 점성을 제거하는 효과가 있으며, 소지 속에서 미분화하는 것은?

① 납석　　② 규석
③ 점토　　④ 고령토

051 8ton 덤프트럭에 자연상태의 사질양토를 굴착하여 적재하려 한다. 흐트러진 상태의 덤프트럭 1회 적재량은 얼마인가? (단, 사질양토 단위중량 : 1800kg/m3, L = 1.20, C = 0.85)

① $4.33m^3$　　② $4.80m^3$
③ $5.00m^3$　　④ $5.33m^3$

흐트러진 상태의 덤프트럭 1회 적재량

$= \frac{T}{r^t} \times L$ (T = 덤프트럭의중량, r^t = 토석의단위중량, L = 토양변화율)

= 8,000 / 1,800 x 1.20 = 5.3333

052 생태호안 복구공사용 재료로 사용하기 가장 부적합한 것은?

① 섶단　　② 돌망태
③ 격자블럭　　④ 갈대뗏장

053 표면건조 포화상태의 잔골재 500g을 건조시켜 기건 상태에서 측정한 결과 460g, 절대건조상태에서 측정한 결과 440g이었다. 이때 흡수율은?

① 8%　　② 8.7%
③ 12%　　④ 13.6%

ANSWER 048 ③ 049 ③ 050 ② 051 ④ 052 ③ 053 ④

 흡수율 = (표면건조포화상태 - 절건상태) / 절건상태 x 100 = (500-440) / 440 x 100 = 13.636363%

054 비탈면 보호용 격자블록 시공과 관련된 설명으로 틀린 것은?

① 비탈면에 용수가 있을 때에는 배수로를 설치하여 시공면에 물이 흘러들지 않도록 하여야 한다.
② 앵커봉을 비탈면에 박을 때에는 연결판(조립판)이 파손되지 않도록 지면에 45° 각도로 찔러 고정시켜야 한다.
③ 비탈면 보호용 격자블록의 설치는 비탈끝 아래쪽에서부터 위쪽으로 시공하게 되므로 격자블록의 속채움 흙을 확보할 수 있도록 여유 공간을 확보하여야 한다.
④ 격자블록 내에 식재하기 위해서는 도입식물의 원활한 생육을 위하여 채집표토를 채워서 충분히 다진 후 식재하며, 채집표토가 없을 때에는 생육기반재를 채우도록 한다.

 앵커봉을 비탈면에 박을 때에는 연결판(조립판)이 파손되지 않도록 지면에 직각으로 고정시켜야 한다.

055 표준품셈의 적용기준 중 수량의 계산에 관한 설명으로 적합하지 않은 것은?

① 절토(切土)량은 원지반을 절토한 후 흐트러진 상태의 양으로 계산한다.
② 수량의 계산은 지정 소수의 이하 1위까지 구하고, 끝수는 4사5입 한다.
③ 분수는 약분법을 쓰지 않으며, 각 분수마다 그의 값을 구한 다음 전부의 계산을 한다.
④ 면적의 계산은 보통 수학공식에 의하는 외에 삼사법(三斜法)이나 구적기(Planimeter)로 한다.

절토량은 자연상태의 설계도의 양으로 계산한다.

056 녹지부지의 면적 측량에서 평판측량의 방법에 해당하지 않는 것은?

① 방위각법(方位角法)
② 방사법(放射法)
③ 교회법(交會法)
④ 전진법(前進法)

 • 평판측량방법 : 전진법(단전진법, 복전진법), 교회법(전방교회법, 측방교회법, 후방교회법), 방사법

057 Manning 등류경험식(평균유속공식)에 대한 설명 중 틀린 것은?

$$V = \frac{1}{n} R^{\frac{2}{3}} I^{\frac{1}{2}}$$

① 유속은 경사가 급할수록 빨라진다.
② 배수로 표면이 거칠수록 유속은 느려진다.
③ 동수반경(경심)이 크면 유속이 빨라진다.
④ 윤변(물이 닿는 면의 길이)이 길어지면 유속이 빨라진다.

 V = 평균유속(m/sec), R = 동수반경(경심)(cm), I = 유역의 평균경사, n = 수로의 조도계수
윤변이 길어지면 유속이 느려진다.

ANSWER
054 ② 055 ① 056 ① 057 ④

058 다음 그림에서 각주공식을 이용한 토량은? (단, 단위는 m이다.)

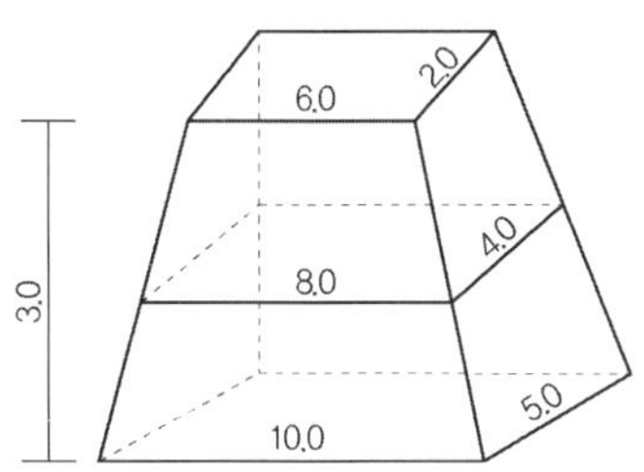

① $47.0m^3$　　② $95.0m^3$
③ 141.0m　　④ $282.0m^3$

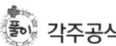

 각주공식

$$V=\frac{l(A_1+4A_m+A_2)}{6}$$

l= 양단면 간의거리, A_1, A_2 = 양단면의 면적, A_m = 중앙단면의 면적

$$V=\frac{3(12+4\times32+50)}{6}=95m^3$$

059 건물, 주차장, 운동장 등은 평탄한 지반이 요구된다. 평탄한 지역을 조성하는 방법에 속하지 않는 것은?

① 절토에 의한 방법
② 성토에 의한 방법
③ 옹벽에 의한 방법
④ 배수구 처리에 의한 방법

060 가로 5m, 세로 3m인 벽을 1.0B 기본벽돌(190 X 90 X 57)로 쌓으려 한다. 개구부가 $2m^2$이고, 할증률은 3%를 적용할 때 필요한 벽돌 매수는? (단, 매수는 소수 첫째자리에서 반올림한다.)

① 1,004매　　② 1,159매
③ 1,995매　　④ 2,302매

 • 표준형 벽돌(190*90*57) 1.0B m^2당 매수 : 149매
가로 5m * 세로 3m 인 벽 면적 = $15m^2$, 개구부 2 m^2 따라서 면적은 15-2=$13m^2$
149 x 13 x 1.03 = 1,995.11

제 4 과목 조경관리

061 다음에서 설명하는 (　) 안에 해당되는 작용은?

> 산이나 알칼리성 물질을 물에 가했을 때보다 동물의 혈액, 식물의 즙액에 가했을 때가 수소이온 농도의 변환화가 훨씬 적다. 이와 같이 토양에서도 pH의 변화에 확실하게 작용하는 저항력이 있으며 이것을 토양의 (　)이라 한다.

① ~~완충작용~~　　② ~~길항작용~~
③ ~~수용작용~~　　④ ~~흡수작용~~

062 다음 설명에 해당하는 살충제는?

> • 식물의 뿌리나 잎, 줄기 등으로 약제를 흡수시켜 식물체 내의 각 부분에 도달하게 하고, 해충이 식물체를 섭식함으로써 사망하는 것으로, 가축의 먹이에 혼합하거나 주사하여 기생하는 해충을 방제하기도 한다.
> • 식물체 내에 약제가 흡수되어 버리므로 천적이 직접적으로 피해를 받지 않고 식물의 줄기나 잎 내부에 서식하는 해충에도 효과가 있다.

① 소화중독제　　② 화학불임제
③ 접촉살충제　　④ 침투성살충제

ANSWER　058 ②　059 ④　060 ③　061 ①　062 ④

풀이 • 살충제의 분류 : 접촉살충제, 소화중독제, 흡입독제, 침투성살충제

063 옹벽의 유지관리에 대한 설명으로 틀린 것은?

① 옹벽이 파손되어 보수가 불가능할 경우 재시공 설치한다.
② 옹벽의 경사를 확인하여 변화 상태를 점검한다.
③ 옹벽이 전도위험이 있을 때는 P · C앵커 공법을 사용한다.
④ 깬 돌 메쌓기 옹벽은 배수관의 설치 및 관리가 찰쌓기보다 중요하다.

찰쌓기는 콘크리트 뒷채움을 하는 공법으로 배수를 위해 $2m^2$마다 지름 3 ~ 6cm 배수관을 설치해야 한다.

064 다음 [보기]의 설명에 해당되는 시민참여의 형태는?

> 보기
> 시민참여를 안시타인의 이론에 따라 크게 3유형으로 구분했을 때 실질적인 주민참여 단계인 시민권력의 단계에 해당
> 정부, 일반 시민, 시민단체, 학생, 기업, 기타 이해 당사자(stakeholder)가 고루 참여

① 시민자치(citizen control)
② 파트너십(partnership)
③ 상담자문(consultation)
④ 조작(manipulation)

065 잣나무 털녹병균의 침입부위(A)와 시기(B)가 맞는 것은?

① A : 잎 B : 3 ~ 4월
② A : 줄기 B : 3 ~ 4월
③ A : 잎 B : 9 ~ 10월
④ A : 줄기 B : 9 ~ 10월

잣나무 털녹병균은 겨울포자가 발아하여 담자포자를 형성해 10월까지 잣나무 잎의 기공을 통해 침입하여 감염시킨다.

066 수목 생장시기인 봄에 늦게 내린 서리에 의한 피해는?

① 만상 ② 춘상
③ 조상 ④ 추상

• 만상 : 초봄에 발육이 시작된 후 0℃ 이하로 갑자기 기온이 하강해 피해
• 조상 : 초가을 서리에 의한 피해

067 피레트린(Pyrethrin) 살충제는 충제의 어느 부분에 작용하여 효과를 내는가?

① 원형질독 ② 신경독
③ 근육독 ④ 피부독

풀이 살충제는 신경독, 원형질독, 피부독, 호흡독, 근육독이 있으며, 피레트린은 곤충의 신경계 계통을 자극이나 마비시키는 신경독의 일종이다.

068 건물의 청소를 위해 적절한 청소요원의 수를 결정하는 방법이 아닌 것은?

① 면적에 의한 방법
② 특정지역별 측정에 의한 방법
③ 계량적 분석 방법에 의한 방법
④ 이용자수의 측정에 의한 방법

ANSWER
063 ④ 064 ② 065 ③ 066 ① 067 ② 068 ④

069 곤충의 채집법 가운데 비행하는 곤충을 채집하기에 가장 부적당한 방법은?

① 말레이즈트랩(malaise trap)
② 함정트랩(pitfall trap)
③ 페로몬트랩(pheromone trap)
④ 유아등(light trap)

 • 함정트랩 : 땅속의 곤충이나 절지동물을 생포하기 위해 사용하는 것

070 건축물 관리는 예방보전과 사후보전으로 구분되는데, 이 중 사후보전에 해당되는 작업은?

① 청소 ② 도장
③ 일상 · 정기점검 ④ 보수

풀이 • 예방보전 : 점검, 청소, 교체 등
• 사후보전 : 임시점검, 보수 등

071 다음 중 성토비탈면의 점검사항으로 가장 관계가 먼 것은?

① 비탈면의 침식유무
② 비탈면의 균열유무
③ 암석의 풍화정도
④ 보호공의 변화상태

072 다음은 전정 및 정지에 대한 요령이다. 이 중 적당하지 않은 것은?

① 길게 자란 가는 가지를 다듬을 때에는 옆눈이 있는 곳의 위에서 가지터기를 6 ~ 7mm가량 남겨 두어야 한다.
② 굵고 큰 가지의 전정은 지피융기선을 기준으로 하여 수간의 지륭을 그대로 남겨 둘 수 있는 각도를 유지하여 바짝 자른다.
③ 중간 정도의 가지는 10cm 정도 남겨 놓고 자르는 것이 병해충의 침입 방지에 좋다.
④ 소나무류의 순따기는 생장력이 너무 강하다고 생각될 때에는 1/3 ~ 1/2만 남기고 꺾어 버린다.

073 솔잎혹파리의 천적으로 생물적 방제를 위해 방사하는 것은?

① 상수리좀벌
② 노란꼬리좀벌
③ 솔잎혹파리먹좀벌
④ 남색긴꼬리좀벌

풀이 • 솔잎혹파리 천적 : 솔잎혹파리먹좀벌, 산솔새, 혹파리등뿔먹좀벌, 혹파리살 이먹좀벌 등

074 비탈면을 식생공법으로 시공할 때 식생공사를 선상(線狀) 혹은 대상(帶狀)으로 시공하는 시공법을 선적녹화방식(線的綠化方式) 또는 선적녹화공법(線的綠花工法)이라고 한다. 선적녹화방식에 해당되는 것은?

① 식생구멍심기
② 종자뿜어붙이기공법
③ 식생자루심기공법
④ 거적덮기공법

ANSWER
069 ② 070 ④ 071 ③ 072 ③ 073 ③ 074 ③

• 식생구멍공 : 비탈면에 일정 간격 구멍 파고 혼합물을 채워넣는 공법
• 종자뿜어붙이기공
- 압축공기를 이용한 모르타르건법 : 종자, 비료, 토양에 물 섞어 뿜어붙이기, 절토 비탈면, 높은 비탈면과 급구배 장소에 적합
- 수압에 의한 펌프 기계파종기법 : 종자, 비료 파이베를 물과 혼합해 살포 절, 성토 비탈면 어느 곳에나 사용가능하나 낮은 장소에 적합
• 식생자루공 : 종자, 비료, 흙을 자루망에 넣고 비탈면 수평으로 판 골속에 넣어 붙이기공. 급경사지, 풍화토 지반시공에 적합

075 다음 설명하는 잔디 관리 기계는?

• 밀생한 잔디 깎기용, 잡초 예초용
• 잔디밭 150m² 이상의 면적에 곱게 깎지 않아도 되는 골프장
• 어떤 장소에서도 손쉬운 방향전환과 경쾌한 후진이 가능
• 안전한 작업이 가능

① 자동 스워퍼 ② 스파이크 에어
③ 로터리모어 ④ 3연갱모아

076 다음 중 사용환경 범주 H1 "건재해충 피해환경 및 실내사용 목재"에 사용 가능한 방부제는?

① AAC ② ACQ
③ ACC ④ CuAz

• H1 : 건재해충 피해환경 방부제 BB, AAC
실내사용 목재 방부제 IPBC, IPBCP

077 수목시비에 관한 설명 중 옳지 않은 것은?

① 시비 시에 비료가 뿌리에 직접 닿지 않도록 주의한다.
② 화목류의 시비는 잎이 떨어진 후에 효과가 빠른 비료를 준다.
③ 환상시비는 뿌리분 둘레를 깊이 0.3m, 가로 0.3m, 세로 0.5m 정도로 흙을 파내고 소요량의 부숙된 유기질 비료를 넣은 후 복토한다.
④ 지효성의 유기질 비료는 덧거름으로 황산암모늄과 같은 속효성 거름을 밑거름으로 주는 것이 좋다.

지효성의 유기질 비료는 밑거름으로 질소질 비료를 준다.
황산암모늄 같은 속효성 비료는 꽃이 지거나, 열매를 딴 후 수세를 회복하기 위해 시비한다.

078 레크리에이션 수용능력 개념의 설정에 있어서 총 만족량(total satisfaction) 개념을 도입한 사람은?

① O' Riordan ② Rodgers
③ Lucas ④ Reiner

• O' Riordan : 수용능력에 대해 어떤 장소를 이용하는 이용자들의 만족도의 합이 최대가 될 수 있는 용량인 환경용량에 대한 개념과 이 모두의 총만족량에 대한 개념을 도입하였다.

079 수목의 뿌리수술에 가장 적당한 시기는?

① 봄 ② 여름
③ 가을 ④ 겨울

ANSWER
075 ③ 076 ① 077 ④ 078 ① 079 ①

080 잔디의 뗏밥주기를 하는 이유로 적당하지 않은 것은?

① 잔디면을 평탄하게 하며 잔디 깎기를 용이하게 한다.
② 호광성(好光性) 잡초종의 발아율을 낮춘다.
③ 지상부 잔디 생장점의 동결을 방지한다.
④ 토양 멀칭(mulching) 효과로 건조를 방지한다.

풀이 **잔디밭 뗏밥주기**

잔디 생육이 왕성할 때 모래나 흙을 1 ~ 2회 주며, 두께 1.6 ~ 4.1mm 정도이다. 비료와 함께 주면 잔디의 분얼과 생육을 촉진시킬 수 있다. 토양 멀칭효과로 건조를 예방한다.

ANSWER
080 ②

2017 4회 조경산업기사 최근기출문제

2017년 9월 23일 시행

제 1 과목 조경계획 및 설계

001 『낙양명원기』란 조경관련 서적을 집필한 사람은?

① 이어(李漁) ② 계성(計成)
③ 송만종(宋萬鍾) ④ 이격비(李格非)

• 이격비 - 낙양명원기 (중국 송나라) : 사대부들의 정원을 묘사한 기록

002 다음 중 장식화단인 파트레(Parterre)와 소로(allee)를 가장 많이 이용한 정원은?

① 그리스 정원
② 영국 정원
③ 프랑스 정원
④ 이탈리아 정원

풀이 Parterre(파트레)와 allee(소로)는 평면기하학식 정원인 프랑스 정형식정원에서 많이 사용하였다.

003 다음 중 고려시대에 성행하다가 조선시대에 잘 사용되지 않은 정원 시설은?

① 정자
② 석가산
③ 연못
④ 화오(花塢) 또는 화계(花階)

• 석가산 : 고려시대 중국에서 들어와 궁궐 등에 많이 축조하였으며, 조선시대 민가정원에 약간의 흔적이 남아있으며 조선후기에는 자연경치 존중에 반대되는 것이어서 쇠퇴하였다.

004 조선시대 정원에 사용되었던 괴석은 무엇을 가리키는 말인가?

① 괴이한 생김새의 자연석
② 물건에 앉기 위해 네모나게 다듬은 돌
③ 시간을 확인하기 위해 석재로 만든 장식물
④ 돌 화분을 올려놓기 위해 아름답게 조각해 놓은 돌

• 괴석 : 기이한 형질의 자연석을 홀로 앉히거나 석함에 심어 세워놓았다.

005 19세기 영국에서 왕가소유의 영지를 일반 대중에게 개방했던 공원이 아닌 것은?

① 버큰헤드 파크
② 하이드 파크
③ 그린 파크
④ 캔싱턴 가든

• 버큰히드 파크(Birkenhead Park) : 1843년 조셉 팩스턴(Joseph Paxton)이 설계한 시민의 힘으로 개방된 최초의 도시공원

ANSWER
001 ④ 002 ③ 003 ② 004 ① 005 ①

006 **조경사(造景史)를 연구하는 목적으로 가장 부적합한 것은?**

① 세계 조경의 역사의 흐름을 파악하기 위하여
② 조경설계의 원류를 파악하여 현대에 접목시키기 위하여
③ 고유한 조경양식에 대한 국가 간 상호영향을 최소화하기
④ 여러 가지 인자에 의해 영향을 받은 조경양식의 특징을 연구하기 위하여

007 **경복궁의 후원에 위치하며 주렴계(周濂溪)의 애련설(愛蓮說) 구절에서 명칭을 따온 곳은?**

① 대조전(大造殿)
② 낙선재(樂善齋)
③ 교태전(交泰殿) 후원
④ 향원정(香猿亭)과 연지(蓮池)

 • 향원정 : 경복궁 북쪽 후원영역에 향원지라는 이름의 네모난 연못이 조성되어 있고, 그 연못의 중앙에 둥그런 섬을 조성하여 육각지붕의 2층 정자를 향원정이라 한다. 향원(香遠)이란 이름의 뜻은 〈태극도설〉을 지은 중국 송나라 주돈이의 애련설 중 향원익청(香遠益淸, 향기는 멀수록 맑다)에서 따와 지은 것으로 여겨지고 있다.

008 **고대 중국의 정원 가운데 봉래산을 쌓고 가장 먼저 신선사상을 반영한 정원은?**

① 진시황의 난지궁과 난지
② 송 휘종의 경림원(瓊林苑)
③ 청 건륭제의 원명원(圓明園)
④ 당 현종의 화청궁 정원(華淸宮 庭園)

009 **도시공원 중 생활권공원의 유형에 해당하지 않는 것은?** (단, 도시공원 및 녹지 등에 관한 법률을 적용)

① 소공원　　② 어린이공원
③ 근린공원　　④ 체육공원

풀이 **도시공원 및 녹지 등에 관한 법률 제 15조 (도시공원의 세분 및 규모)**

1. 국가도시공원 : 제19조에 따라 설치, 관리하는 도시공원 중 국가가 지정하는 공원
2. 생활권공원 : 도시생활권의 기반이 되는 공원의 성격으로 설치, 고나리하는 공원으로서 다음 각 목의 공원
   가. 소공원 : 소규모 토지를 이용하여 도시민의 휴식 및 정서함양을 도모하기 위하여 설치하는 공원
   나. 어린이공원 : 어린이의 보건 및 정서생활의 향상에 이바지하기 위하여 설치하는 공원
   다. 근린공원 : 근린거주자 또는 근린생활권으로 구성된 지역생활권 거지주의 보건, 휴양 및 정서생활의 향상에 이바지하기 위하여 설치하는 공원
3. 주제공원 : 생활권공원 외에 다양한 목적으로 설치하는 다음 각 목의 공원
   가. 역사공원 : 도시의 역사적 장소나 시설물, 유적·유물 등을 활용하여 도시민의 휴식, 교육을 목적으로 설치하는 공원
   나. 문화공원 : 도시의 각종 문화적 특징을 활용하여 도시민의 휴식, 교육을 목적으로 설치하는 공원
   다. 수변공원 : 도시의 하천가 호숫가 등 수변공간을 활용하여 도시민의 여가, 휴식을 목적으로 설치하는 공원
   라. 묘지공원 : 묘지 이용자에게 휴식 등을 제공하기 위하여 일정구역에 묘지와 공원시설을 혼합하여 설치하는 공원
   마. 체육공원 : 주로 운동경기나 야외활동 등 체육활동을 통하여 건전한 신체와 정신을 배양함을 목적으로 설치하는 공원
   바. 도시농업공원 : 도시민의 정서순화 및 공동체의식 함양을 위하여 도시농업을 주된 목적으로 설치하는 공원
   사. 그 밖에 특별시, 광역시, 특별자치시, 도, 특별자치도에 따른 서울특별시, 광역시 및

ANSWER
006 ③　007 ④　008 ①　009 ④

특별자치시를 제외한 인구 50만 이상 대도시의 조례로 정하는 공원

010 도시 · 군관리계획 설계도면에서 도시계획 지역의 구분과 지역 표현색의 연결이 틀린 것은?

① 관리지역 - 무색 ② 도시지역 - 빨강
③ 상업지역 - 보라 ④ 주거지역 - 노랑

 • 상업지역 - 주황

011 조경계획을 계획의 과정에 의해 분류할 때 구체적인 시설물의 지정과 공간분할이 토지상에 정확하게 3차원적으로 표현되며, 시공을 위한 재료와 수량, 시행방법을 표현한 실질적인 계획은?

① 구상계획 ② 기본계획
③ 실시계획 ④ 관리 · 운영계획

012 공원관리청은 자연공원을 효과적으로 보전하고 이용할 수 있도록 하기 위하여 용도지구를 공원계획으로 결정할 수 있다. 다음 중 용도지구에 해당되지 않는 것은?

① 공원자연보존지구
② 공원자연경관지구
③ 공원마을지구
④ 공원문화유산지구

 **자연공원법 제 18조(용도지구)**

1. 공원자연보존지구 : 다음 각 목의 어느 하나에 해당하는 곳으로서 특별히 보호할 필요가 있는 지역
   ① 생물다양성이 특히 풍부한 곳
   ② 자연생태계가 원시성을 지니고 있는 곳
   ③ 특별히 보호할 가치가 높은 야생 동식물이 살고 있는 곳
   ④ 경관이 특히 아름다운 곳
2. 공원자연환경지구 : 공원자연보존지구의 완충공간으로 보전할 필요가 있는 지역
3. 공원자연마을지구 : 취락을 밀집도가 비교적 낮은 지역으로서 주민이 취락생활을 유지하는 데에 필요한 지역
4. 공원밀집마을지구 : 취락의 밀집도가 비교적 높거나 지역생활의 중심 기능을 수행하는 지역으로서 주민이 일상생활을 유지하는 데에 필요한 지역

013 다음 중 지형경관(Feature landscape)을 구성하는 경관요소가 될 수 있는 것은?

① 높은 절벽
② 숲속의 호수
③ 계곡 끝에 있는 폭포
④ 고속도로

 • 지형경관 : 독특한 형태와 큰 규모의 지형지물이 강한 인상을 주는 경관

014 경관생태학에서 의미하는 패치(patch)의 예로 가장 적합하지 않은 것은?

① 초원의 동물 이동로
② 농경지의 잔여 산림지역
③ 산림 내의 소규모 초지
④ 사막의 오아시스가 적어진다.

 • 경관생태학의 패치 : 경관조각이라고 하며 경계부를 가지는 경관지역을 말하며 잔류조각, 재생조각, 도입조각, 환경조각, 교란조각 등이 생기며 패치의 크기와 형태는 외부작용에 의해 변화한다.

ANSWER 010 ③ 011 ③ 012 ② 013 ① 014 ①

015 옥상정원 설계 시 중점 주의사항으로 가장 거리가 먼 것은?

① 오염물질의 정화
② 식재토양층의 깊이
③ 수목 및 토양의 하중
④ 옥상 바닥의 보호 및 방수

 **옥상정원 설계시 고려사항**
- 지반의 구조, 강도(수목 및 토양의 하중 고려)
- 배수시설과 방수, 급수를 위한 동력장치 고려
- 옥상의 기후조건에 적합한 수종선택

016 토양의 단면에 대한 설명으로 틀린 것은?

① A층은 기후, 식생, 생물 등이 영향을 가장 강하게 받는 층이다.
② B층은 황갈색 내지 적갈색이며, 표층에 비해 부식 함량이 적은 층이다.
③ H층은 분해가 진행되어 육안으로 낙엽의 기원을 전혀 알 수 없는 유기물층이다.
④ L층은 낙엽이 분해되었지만 원형을 다소 유지하고 있어 식물조직을 육안으로 알 수 있다.

풀이 • L층 : 낙엽이 분해되지 않고 원형 그대로 쌓여 있다.

017 다음 설명하는 선의 종류는?

- 조경설계에서 도면의 내용물 자체에 수목명, 본수, 규격 등의 설명을 기입할 때 사용하는 가는 실선
- 치수, 가공법, 주의사항 등을 넣기 위하여 가로에 대하여 45°의 직선을 긋고 문자 또는 숫자를 기입하는 선

① 인출선　② 중심선
③ 치수선　④ 치수 보조선

018 도심에 위치한 건축물들 사이에 작은 쌈지공원을 조성하고자 한다. 다음 중 가장 필요한 조사 항목은 무엇인가?

① 미기후 조사　② 가시권 분석
③ 지질 구조 조사　④ 이용객 형태 조사

 이용자들이 많은 도심 건축물 사이에 있는 아주 작은 공원(쌈지공원)이므로 자연환경 분석보다 인문환경분석이 더 중요하다.

019 경사로 및 계단의 설계 내용으로 틀린 것은?

① 휠체어사용자가 통행할 수 있는 경사로의 유효폭은 120cm 이상으로 한다.
② 연속 경사로의 길이 20m마다 1.2m × 1.2m 이상의 수평면으로 된 참을 설치할 수 있다.
③ 옥외에 설치하는 계단의 단수는 최소 2단 이상으로 하며 계단바닥은 미끄러움을 방지할 수 있는 구조로 설계한다.
④ 높이 2m를 넘는 계단에는 2m 이내마다 당해 계단의 유효폭 이상의 폭으로 너비 120cm 이상인 참을 둔다.

 연속경사로의 길이 30m 마다 1.5m x 1.5m 이상의 수평면으로 된 참을 설치할 수 있다.

020 색의 대비현상에 관한 설명으로 틀린 것은?

① 색차가 클수록 대비현상이 강해진다.
② 대비되는 부분을 계속해서 보면 대비효과가 적어진다.
③ 두 색 사이에 무채색 테두리를 두르면 대비 효과가 커진다.
④ 자극과 자극 사이의 거리가 멀어질수록 대비현상이 약해진다.

ANSWER
015 ①　016 ④　017 ①　018 ④　019 ②　020 ③

제 2 과목 조경식재

021 다음 그림과 같이 잔디를 줄떼심기 할 경우 심는 간격을 줄떼 잔디의 폭과 동일하게 하면 잔디는 전체 면적의 얼마 정도가 필요한가?

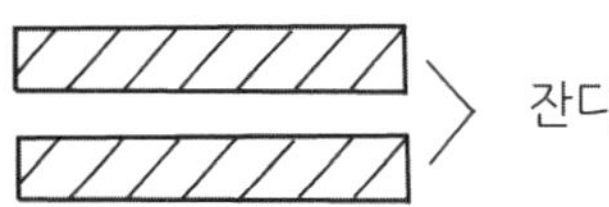

① 25% ② 50%
③ 75% ④ 100%

 똑같은 간격으로 띄우기 때문에 전체면적의 50%만 잔디가 차지한다.

022 토양의 이학적 성질에서 식물생육에 알맞은 흙의 용적비율(용積比率) 중 무기물의 비율로 적합한 것은? (단, 조성은 무기물, 공기, 물, 유기물로 구성)

① 5% ② 20%
③ 25% ④ 45%

 무기물 45%, 유기물 5%, 토양공기 25%, 토양수분 25%

023 다음 중 우리나라 중부지방의 월별 개화 수종에 대한 연결 중 틀린 것은?

① 2 ~ 3월 : 싸리
② 4 ~ 5월 : 모란
③ 6 ~ 7월 : 자귀나무
④ 7 ~ 8월 : 능소화

풀이 • 싸리 개화기 : 7 ~ 8월

024 수목의 속명(屬名)이 옳지 않게 연결된 것은?

① 벚나무 - Prunus
② 소나무 - Pinus
③ 솔송나무 - Tsuga
④ 전나무 - Larix

- 학명 = 속명 + 종명
- 벚나무 : Prunus yedoensis
- 소나무 : Pinus densiflora
- 솔송나무 : Tsuga sieblodii
- 전나무 : Abies holophylla

025 덩굴성으로 분류할 수 없는 수종은?

① 송악 ② 줄사철나무
③ 멀꿀 ④ 담팔수

- 송악 : 상록활엽만경목
- 줄사철나무 : 상록덩굴성
- 멀꿀 : 상록활엽만경목
- 담팔수 : 상록활엽교목

026 임해매립지에서는 특히 내조성, 내염성을 고려한 수종의 선택이 필요한데 우리나라에서 해안림을 조성할 때 방풍림으로 사용할 수 있는 상록활엽교목은?

① 멀구슬나무 ② 사철나무
③ 구실잣밤나무 ④ 후피향나무

- 구실잣밤나무 (참나무과 상록활엽교목) : 내한성이 약하며 난온대 기후대의 해안가에서 생육하며 척박한 환경에서도 생육이 좋다. 수관폭이 넓고 지하고가 높아 방풍식재, 방화식재 등으로 이용 가능하다.

ANSWER 021 ② 022 ④ 023 ① 024 ④ 025 ④ 026 ③

027 수목의 수피 색깔이 틀린 것은?

① 자작나무 : 백색 ② 곰솔 : 황색
③ 벽오동 : 녹색 ④ 낙우송 : 적갈색

풀이 • 곰솔의 수피 색깔 : 흑갈색

028 낙엽속의 유기질 질소가 곰팡이나 박테리아에 의해 분해되면 발생하는 것은?

① NH_4 ② NH_3
③ CH_4 ④ N_2

029 다음 중 능소화과(科)에 속하는 수종은?

① 벽오동 ② 꽃개오동
③ 오동나무 ④ 참오동나무

풀이 • 벽오동 : 벽오동과
• 꽃개오동 : 능소화과
• 오동나무 : 현삼과
• 참오동나무 : 현삼과

030 고광나무(Philadelphus schrenkii)의 꽃 색깔로 가장 적합한 것은?

① 적색 ② 황색
③ 백색 ④ 자주색

풀이 • 고광나무의 꽃 : 4 ~ 5월에 개화, 백색, 총상화서

031 상록활엽교목에 해당되지 않는 수종은?

① 녹나무 ② 구실잣밤나무
③ 돈나무 ④ 참식나무

풀이 • 돈나무 : 상록활엽관목

032 다음 산수유와 생강나무에 대한 설명 중 틀린 것은?

① 둘 다 잎의 배열은 대생이다.
② 둘 다 이른 봄에 노란색 꽃이 핀다.
③ 생강나무는 녹나무과, 산수유는 층층나무과이다.
④ 생강나무는 낙엽활엽관목이고, 산수유는 낙엽활엽교목이다.

풀이 • 산수유의 잎 : 대생, 장타원형
• 생강나무의 잎 : 호생, 난형 또는 난상원형

033 다음 중 수피에 가시가 없는 수종은?

① 산초나무 ② 해당화
③ 산사나무 ④ 가시나무

풀이 • 가시나무 : 잎의 거치가 예리한 잔 톱니가 있다.

034 광선과 식물의 관계에 대한 설명으로 틀린 것은?

① 식물이 광합성에 이용할 수 있는 가시광선영역을 광합성 보상광이라 한다.
② 자외선의 경우, 잎 각피층에 의해 거의 흡수한다.
③ 활엽수는 침엽수에 비해 700 ~ 1000㎚ 파장의 근적외선을 더 많이 반사시킨다.
④ 광량은 일반적으로 광도(light intensity)로 표시하며 사용하는 단위는 촉광(foot candle) 또는 럭스(lux) 등이 있다.

ANSWER
027 ② 028 ① 029 ② 030 ③ 031 ③ 032 ① 033 ④ 034 ①

035 우리나라 문화재 보호구역을 식재보수 계획하고자 할 때 고려해야 할 사항이 아닌 것은?

① 가능한 희귀수종으로 한다.
② 그 지역에 자라는 향토수종으로 한다.
③ 주변 환경과 어울리는 수종으로 한다.
④ 이식이 용이하고 관리가 쉬운 수종으로 한다.

036 고속도로의 사고방지를 위한 조경 식재방법으로 거리가 먼 것은?

① 지표식재 ② 차광식재
③ 명암순응식재 ④ 완충식재

- 고속도로의 사로방지를 위한 식재방법 : 차광식재, 명암순응식재, 진입방지식재, 완충식재

037 식재로 얻을 수 있는 "건축적 기능"이라고 볼 수 없는 것은?

① 공간 분할 ② 대기 정화작용
③ 사생활의 보호 ④ 차단 및 은폐

- 축적 기능 : 구획의 명료화, 동선의 유도, 차폐효과, 사생활 보호, 인간척도로서의 역할
- 공학적 기능 : 음향의 조절, 공기의 정화작용, 섬광과 반사광의 조절

038 비탈면의 안정을 위해 잔디식재를 할 때 그 설명이 틀린 것은?

① 잔디 1매당 적어도 2개의 떼꽂이로 잔디가 움직이지 않도록 고정한다.
② 비탈면 전면(평떼)붙이기는 줄눈에 십자줄이 형성되도록 틈새를 만들며, 잔디 소요면적은 비탈면면적보다 조금 적게 적용한다.
③ 비탈면 줄떼다지기는 잔디폭이 10㎝ 이상 되도록 하고, 비탈면에 10㎝ 이내 간격으로 수평골을 파서 수평으로 심고 다짐을 철저히 한다.
④ 잔디생육에 적합한 토양의 비탈면경사가 1 : 1보다 완만할 때에는 비탈면을 일시에 녹화하기 위해서 흙이 붙어 있는 재배된 잔디를 사용하여 붙인다.

풀이 평떼붙이기는 서로 교차되도록 붙여 십자줄눈이 생기지 않도록 한다.

039 한국(울릉도), 중국, 일본이 원산지인 수목은?

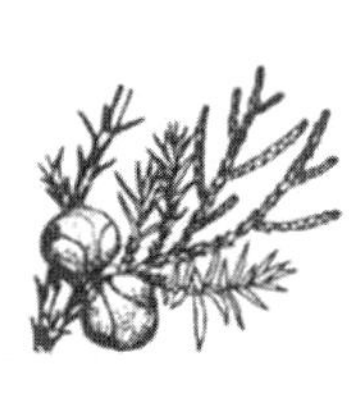

① Aesculus turbinata Blume
② Cedrus deodara Loudon
③ Juniperus chinensis L.
④ Prunus yedoensis Matsum.

- Aesculus turbinata Blume : 칠엽수(원산지 : 일본)
- Cedrus deodara Loudon : 개잎갈나무(원산지 : 히말라야 서부)
- Juniperus chinensis L. : 향나무(원산지 : 한국, 중국, 일본, 몽고)
- Prunus yedoensis Matsum. : 왕벚나무(원산지 : 제주도, 전남 해남 자생)

ANSWER
035 ① 036 ① 037 ② 038 ② 039 ③

040 가로수로서 능수버들(Salix pseudolasiogyne)의 단점에 해당하는 것은?

① 수형(樹形) ② 생장력(生長力)
③ 토양 적응성 ④ 병해충(病害蟲)

• 능수버들의 단점 : 병충해에 약하며, 지저분하게 잎, 가지, 꽃 등을 떨구고 암나무는 봄에 눈 같은 씨털을 날리는 단점이 있다.

제 3 과목 조경시공

041 평떼붙임을 하여야 할 녹지 면적을 Auto CAD로 측정하였더니 328.5472m²가 나왔다. 실제 설계서에서 적용해야 할 면적은 몇 m² 로 표기해야 하는가? (단, 건설공사 표준품셈을 적용한다.)

① 332m² ② 329m²
③ 328.5m² ④ 328.55m²

• 표준품셈 수량산출기준 : 소수점 한 자리까지 구하고 4사5입

042 구조계산의 첫 번째 단계에 대한 설명으로 옳은 것은?

① 구조물에 생기는 외응력을 계산한다.
② 구조물에 작용하는 하중을 산정한다.
③ 구조물의 각 지점에 생기는 반력을 계산한다.
④ 재료의 허용강도와 내응력의 크기를 서로 비교한다.

풀이 구조계산의 과정
① 하중산정 : 중력하중, 풍하중, 지진하중, 적재하중, 시공하중
② 반력산정
③ 외응력산정 : 곡모멘트, 전단력, 축력
④ 내응력산정
⑤ 내응력과 재료의 허용강도 비교

043 흙의 성토작업에서 아래 그림과 같은 쌓기 방법은?

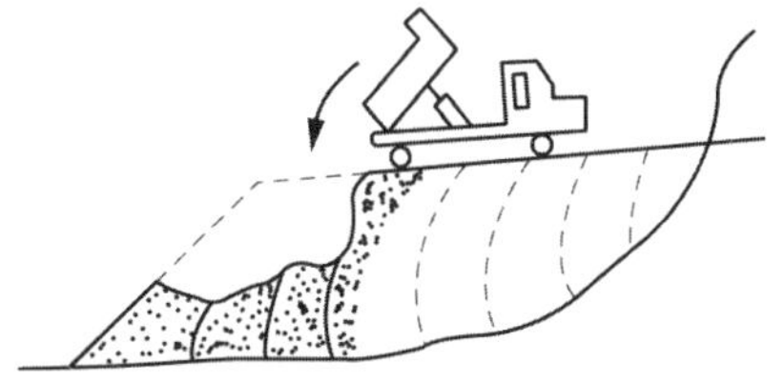

① 물다짐 공법 ② 비계층 쌓기
③ 수평층 쌓기 ④ 전방층 쌓기

044 대형 수목과 자연석의 적재 및 장거리 운반, 쌓기, 놓기 등에 효과적으로 사용되는 장비는?

① 크레인 ② 로드롤러
③ 콤팩터 ④ 로더

Appendix 최근기출문제

ANSWER 040 ④ 041 ③ 042 ② 043 ④ 044 ①

045 다음 중 시공계획의 내용을 순서대로 옳게 나열한 것은?

> ㉠ 계약조건, 현장조건을 이해하기 위해 사전 조사를 한다.
> ㉡ 시공순서, 방법을 검토하여 방침을 결정한다.
> ㉢ 기계 및 인원의 설정 및 공정에 따른 작업 계획을 수립한다.
> ㉣ 노무 · 재료 등의 조달 · 수송계획을 수립한다.

① ㉠ → ㉢ → ㉣ → ㉡
② ㉠ → ㉡ → ㉢ → ㉣
③ ㉠ → ㉡ → ㉣ → ㉢
④ ㉠ → ㉢ → ㉡ → ㉣

046 다음 중 옥상녹화에 대한 설명으로 가장 부적합한 것은?

① 건축으로 훼손된 도심지의 녹지 및 토양 생태계를 인공지반 위에 복원하는 의미로서 도시의 열섬현상을 완화하고 건축물의 냉난방에 소요되는 에너지를 절약하는 효과가 있다.
② 창으로 자연광이 유입되거나 인공광의 도입이 가능한 지하, 발코니, 베란다 등에 식물의 생장을 위한 기반조성과 식재 등으로 기후조절 및 환경미화의 효과가 있다.
③ 옥상조경과 옥상녹화는 건축물의 중량 허용에 따른 토심과 교목의 식재여부로 구분하며, 옥상녹화는 최소한의 토심으로 지피식물이나 관목류를 피복하는 형태이다.
④ 여름철의 경우 옥상녹화를 도입한 건물의 표면온도는 일반적인 옥상보다 낮아 에너지를 절감할 수 있다.

풀이 ②은 실내조경에 대한 설명이다.

047 다음 중 우수 시 우수관으로 흘러 들어가기 직전에 우수받이(Catch basin)를 설치하는 주된 목적은?

① 유속을 줄이기 위해
② 하수냄새가 발생하는 것을 방지하기 위하여
③ 우수로부터 모래나 침전성 물질을 제거시키기 위하여
④ 우수관의 용량 이상으로 유입되는 것을 방지하기 위한 유량조절을 위하여

048 단독도급과 비교하여 공동도급(joint venture) 방식의 특징으로 거리가 먼 것은?

① 2인 이상의 업자가 공동으로 도급함으로서 자금부담이 경감된다.
② 공동도급을 구성한 상호 간의 이해 충돌이 없고 현장 관리가 용이하다.
③ 대규모 공사를 단독으로 도급하는 것보다 적자 등의 위험 부담이 분담된다.
④ 고도의 기술을 필요로 하는 공사일 경우, 경험기술이 부족한 업자도 특히 그 공사에 능숙한 업자를 구성원으로 참여시켜 안전하게 대처할 수 있다.

풀이 ②은 단독도급 방식의 특징이며, 공동도급은 이해충돌이 많아진다.

ANSWER 045 ② 046 ② 047 ③ 048 ②

049 다음 중 계획우수량과 관련된 용어 설명 중 틀린 것은?

① 유출계수 : 유출계수는 토지이용도별 기초유출계수로부터 총괄유출계수를 구하는 것을 원칙으로 한다.
② 우수유출량의 산정식 : 최소계획우수유출량의 산정은 합리식에 의하는 것을 원칙으로 한다.
③ 확률년수 : 하수관거의 확률년수는 10 ~ 30년, 빗물펌프장의 확률년수는 30 ~ 50년을 원칙으로 한다.
④ 유달시간 : 유입시간과 유하시간을 합한 것으로서 전자는 최소단위배수구의 지표면 특성을 고려하여 구하며, 후자는 최상류관거의 끝으로부터 하류 관거의 어떤 지점까지의 거리를 계획유량에 대응한 유속으로 나누어 구하는 것을 원칙으로 한다.

풀이 우수유출량의 산정 합리식은 최대계획 우수유출량 공식이다.

$$Q = \frac{1}{360} CIA$$

(Q : 우수유출량 (㎥/sec) / C : 유출계수 / I : 강우강도 / A : 배수면적 (ha))

050 콘크리트 혼화제 중 경화(硬化) 시 응결촉진제의 주성분으로 사용되며 조기강도를 크게 하는 것은?

① 산화크롬 ② 이산화망간
③ 염화칼슘 ④ 소석회

• 경화촉진제 : $CaCl_2$(염화칼슘), Na_2SiO_3(규산나트륨). 수중콘크리트에 주로 사용하며, 조기강도를 크게 한다.

051 다음 재료 중 건설공사 표준품셈에 따른 할증률이 적합하지 않은 것은?

① 붉은 벽돌 : 3%
② 조경용 수목 : 10%
③ 목재(판재) : 5%
④ 석재판 붙임용재(부정형 돌) : 30%

• 표준품셈의 할증률 : 목재(각재) : 5%, 목재(판재) : 10%

052 보통토사 $200m^3$, 경질토사 $100m^3$의 터파기에 필요한 노무비는 얼마인가? (단, 보통토사 터파기에는 $1m^3$당 보통인부 0.2인, 경질토사 터파기에는 $1m^3$당 보통인부 0.26인의 품이 소요되며, 보통 인부의 노임은 50000원/일이다.)

① 1,000,000원 ② 2,300,000원
③ 3,000,000원 ④ 3,300,000원

• 보통토사 터파기 노무비 = 200 x 50,000 x 0.2 = 2,000,000
• 경질토사 터파기 노무비 = 100 x 50,000 x 0.26 = 1,300,000
총 = 3,300,000

053 리어카로 토사를 운반하려 한다. 총 운반거리는 50m인데, 이 중 30m가 10%의 경사로이다. 총 운반수평거리는 얼마로 계산하여야 하는가?

[경사 및 운반방법에 따른 계수의 값]

	8%	9%	10%	12%	14%	16%
리어카	1.67	1.82	2.00			
트롤리	15.6	17.1	18.5	2.04	2.24	2.50

① 60m ② 80m
③ 100m ④ 120m

ANSWER
049 ② 050 ③ 051 ③ 052 ④ 053 ②

풀이 경사도 10%일 때 리어카의 계수는 2이므로, (30 x 2) + 20 = 80m

054 A점과 B점의 표고는 각각 145m, 170m이고 수평거리는 100m이다. AB선상에 표고가 160m 되는 점의 A점으로부터 수평거리는 얼마인가?

① 20m ② 40m
③ 60m ④ 80m

풀이 100 : 25 (AB의 높이차) = x : 15 (AX의 높이차)
x = 60m

055 품의 할증에 관한 설명이 틀린 것은?

① 도서지구, 공항 등에서는 인력품을 50%까지 가산할 수 있다.
② 굴취시 야생일 경우에는 굴취품의 20%까지 가산할 수 있다.
③ 관목류 식재시 지주목을 설치하지 않을 때는 식재품을 20%까지 감할 수 있다.
④ 군작전 지구 내에서는 작업능률에 현저한 저하를 가져올 때는 작업할증률을 20%까지 가산할 수 있다.

풀이 표준품셈 4-4-2
나무높이에 의한 식재 시 지주목을 세우지 않을 때는 다음의 요율을 감한다.
• 인력시공시 : 인력품의 10%
• 기계시공시 : 인력품의 20%
따라서, 나무높이 3m까지는 인력시공 품으로 계상하므로 관목은 10%까지 감할 수 있다.

056 목재에 대한 설명으로 옳지 않은 것은?

① 비중에 비하여 강도가 크다.
② 온도에 대하여 팽창, 수축성이 비교적 작다.
③ 함수량의 증감에 따라 팽창, 수축성이 크다.
④ 재질이나 강도가 균일하고 알칼리에 견디는 힘이 크다.

057 단위 시멘트양이 300kg, 단위수량(水量)이 180kg일 때 물시멘트비(W/C)는 몇 %인가?

① 30% ② 60%
③ 80% ④ 160%

풀이 **물과 시멘트의 비 (W/C)**

$$W/C = \frac{물무게}{시멘트무게} \times 100$$

= (180/300) x 100 = 60

058 콘크리트에 사용되는 골재의 품질요구조건으로 틀린 것은?

① 실적률이 클 것
② 표면이 거칠고 둥근 것
③ 시멘트 강도 이상의 견고한 것
④ 석회석, 운모 함유량이 클 것

풀이 골재는 콘크리트 및 강재에 나쁜 영향을 주는 유해물질을 함유해서는 안 된다.

ANSWER 054 ③ 055 ③ 056 ④ 057 ② 058 ④

059 건설공사를 건설업자에게 도급한 자로서 해당 공사의 시행주체이며 공사를 시행하기 위하여 입찰을 부여하거나 공사를 발주하고 계약을 체결하여 이를 집행하는 자를 무엇이라 하는가?

① 발주자 ② 수급인
③ 감리원 ④ 현장대리인

060 맨홀의 배수 관거내경이 100cm 이하일 때 맨홀의 최대 설치 간격은?

① 50m ② 75m
③ 100m ④ 150m

풀이 **맨홀 설치간격**

관거 내경	30cm 이하	60cm 이하	90cm 이하	120cm 이하	130cm 이하
맨홀 설치 최대 간격	50m	75m	100m	130m	160m

제 4 과목 조경관리

061 절토 비탈면에 대한 일상적 점검 이외에 상세점검을 실시하기에 가장 적당한 시기는?

① 봄의 신초 발생 후
② 여름의 우기 전
③ 여름의 우기 후
④ 가을의 낙엽 전

풀이 여름 우기 전에는 절토비탈면 상태를 상세점검하여 우기의 산사태, 비탈면 붕괴에 대비하여야 한다.

062 다음의 연중 식물관리 항목 중 작업 개시 시기가 가장 빠른 것은? (단, 3월부터 이듬해 2월까지 중 시기적으로 처음 개시 작업을 기준으로 한다.)

- A : 생울타리(관목)의 전정
- B : 잔디의 시비작업
- C : 수목의 지주 결속
- D : 수목의 줄기감기(피소방지)

① A ② B
③ C ④ D

풀이
- A : 생울타리(관목)의 전정(6월)
- B : 잔디의 시비작업(4 ~ 9월)
- C : 수목의 지주 결속(7 ~ 9월)
- D : 수목의 줄기감기(피소방지)(5월)

063 시멘트 콘크리트 포장의 파손원인이 콘크리트 슬래브 자체의 결함으로 볼 수 없는 것은?

① 줄눈 시공 불량으로 인한 균열
② 동결 융해로 인한 지지력 결함
③ 다짐 및 양생의 불량으로 인한 결함
④ 슬립바(slipbar)의 미사용으로 인한 균열

풀이 동결 융해는 외부요인에 의한 것이다.

ANSWER 059 ① 060 ③ 061 ② 062 ② 063 ②

064 유희시설의 재료별 유지관리에 관한 설명 중 옳지 않은 것은?

① 목재시설의 도장이 벗겨진 부분은 즉시 방부 처리하여 부패를 방지한다.
② 합성수지제에 균열이 생긴 경우는 전면 교체 하는 것이 효과적이다.
③ 해안의 염분, 대기오염이 심한 지역에서는 철재에 강력한 방청처리가 반드시 필요하다.
④ 콘크리트 부위의 보수는 파손부분을 평평히 매끄럽게 깎아내고 그곳에 콘크리트를 재타설한다.

풀이 콘크리트 보수는 V자형이나 파손부위를 깊게 절단하여 보수한다.

065 동물(곤충)의 몸속에서 생산되고, 몸 밖으로 분비, 배출되어 같은 종의 다른 개체에 특이적인 생리작용을 나타내는 물질은?

① 알로몬(allomone)
② 호르몬(hormone)
③ 페로몬(pheromone)
④ 카이로몬(kairomone)

066 시설물 유지관리의 연간작업 계획 중 정기적으로 하는 작업으로 분류하기 가장 부적합한 것은?

① 점검 ② 청소
③ 계획수선 ④ 하자처리

067 환경조건에 따른 제초제의 살초효과에 대한 설명으로 틀린 것은?

① 습도는 높을수록 약효는 빨리 나타난다.
② 살초효과는 대체로 저온보다 고온일 때 높다.
③ 사질토나 저습지에서는 약해가 생기고, 약효는 떨어진다.
④ 약물의 감수성은 노화부분이 연약부분보다 민감하다.

풀이 약물의 감수성은 연약부분이 노화부분보다 민감하다.

068 목재시설물의 균류에 의한 부패를 막을 수 있는 방부제로 가장 거리가 먼 것은?

① 크레오소트유
② 나프텐산구리
③ 산화크롬 · 구리화합물
④ 지방산 금속염계

풀이
- 목재 방균제 : 유상방부제 (타르, 크레소오트), 유속성 방부제 (유기은 화합물, 클로로 페놀류), 수용성 방수제 (C.C.A, P.C.A.P)
- 나프텐산구리는 목재 방부재이다.

069 수목의 그을음병을 방제하는데 가장 적합한 것은?

① 방풍시설을 설치한다.
② 중간 기주를 제거한다.
③ 해가림시설을 설치한다.
④ 흡즙성 곤충을 방제한다.

풀이 **그을음병**
- 병징 : 흡즙성 해충의 배설물이 기생하여 균체가 검은색이라 그을음이 생긴 것처럼 보인다.
- 피해나무 : 소나무, 주목, 대나무, 감나무
- 방제 : 4월 초 ~ 9월 초에 메치온 수화제 살포

ANSWER 064 ④ 065 ③ 066 ④ 067 ④ 068 ② 069 ④

070 절토비탈면에 상단의 외부로부터 빗물이 흘러 비탈면의 내부로 넘쳐흐르고 있다. 다음 중 어느 배수시설을 주로 보수하는 것이 효과적인가?

① 산마루도수로 ② 비탈면도수로
③ 소단배수구 ④ 하단배수로

 비탈면은 물에 의해 붕괴, 흙 무너짐이 가장 심각한 문제이며, 상단이 빗물이 흘러내리므로 산마루도수로를 보수하여야 한다.

071 수목의 월동작업 시 동해의 우려가 있는 수종과 온난한 지역에서 생육 성장한 수목을 한랭한 지역에 시공하였거나 지형·지세로 보아 동해가 예상되는 장소에 식재한 수목을 일반적으로 기온이 몇 ℃ 이하로 하강하면 방한조치를 하여야 하는가?

① 10 ② 7
③ 5 ④ 0

- 월동작업 중 방한 : 기온 5℃ 이하로 하강 시 짚싸주기, 뿌리덮개, 관목류 동해방지덮개 등으로 조치한다.

072 수목전정의 원칙과 가장 거리가 먼 것은?

① 수목의 역지는 제거한다.
② 수목의 굵은 주지는 제거한다.
③ 무성하게 자란 가지는 제거한다.
④ 수형이 균형을 잃을 정도의 도장지는 제거한다.

풀이 수목의 주지는 하나로 자라게 한다.

073 깍지벌레 방제를 위하여 B유제 40%를 0.01%로 하여 ha당 500L를 살포하려면 ha당 소요되는 원액량(cc)은? (단, 비중은 1로 한다.)

① 100cc ② 125cc
③ 250cc ④ 500cc

$$물의양 = 원액의 용량 \times (\frac{원액의 농도}{희석하려는 농도} - 1) \times 원액의 비중$$

$$500 = \chi \times (\frac{40}{0.01} - 1) \times 1 ≒ 0.125cc$$

074 조경시설물의 효율적인 유지관리를 위하여 필요한 항목으로서 가장 관계가 적은 것은?

① 시간절약
② 인력의 절약
③ 고가 재료의 채택
④ 장비의 효율적 이용

075 일반적인 식재 후 관리방법으로 맞지 않는 것은?

① 연 1회 정기적으로 병충해 발생 시에는 만성 시에 효과적으로 대처한다.
② 겨울의 추위나 건조한 강풍에 피해가 예상되는 수목은 11월 중에 지표로부터 1.5m 높이까지의 수간에 모양을 내어 짚 또는 녹화마대로 감싸준다.
③ 교목과 관목은 연 2회 이상 수세와 수형을 고려하여 정지 · 정전하며 형태를 유지시킨다.
④ 숙근지피류는 필요한 경우 하절기 직사광노출 등에 의한 생육장애가 발생하지 않도록 차광막 등을 설치한다.

ANSWER
070 ① 071 ③ 072 ② 073 ② 074 ③ 075 ①

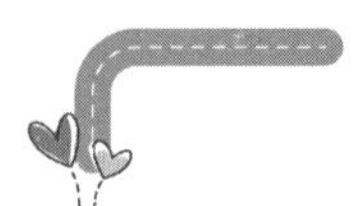

 병해충이 정기적으로 나타날 때는 미리 관리해 주어야 한다.

076 다음 중 가해 수종이 주로 침엽수가 아닌 해충은?

① 버들바구미 ② 솔거품벌레
③ 소나무좀 ④ 북방수염하늘소

 • 버들바구미 : 흡즙성 해충으로 포플러나 버드나무 같은 낙엽성 줄기에 해를 입힌다.

077 연간평균근로자수가 400명인 사업장에서 연간 2건의 재해로 인하여 2명의 재해자가 발생하였다. 근로자가 1일 9시간씩 연간 300일을 근무하였을 때 이 사업장의 연천인율은 약 얼마인가?

① 1.85 ② 4.44
③ 5.00 ④ 10.00

풀이 연천인율 $= \dfrac{\text{1년간의 사상자수}}{\text{1년간의 평균 근로자수}} \times 1{,}000$
= (2 / 400) x 1,000 = 5

078 다음 잔디관리와 관련된 설명 중 옳지 않은 것은?

① 뗏밥은 잔디의 생육이 불량할 때 두껍게 3회 정도 구분하여 준다.
② 시비는 가능하면 제초작업 후 비오기 직전에 실시하며 불가능시에는 시비 후 관수한다.
③ 잔디시비는 질소, 인산, 칼리 성분이 복합된 비료를 1회에 m^2당 30g씩 살포한다.
④ 잔디 깎기 횟수는 사용목적에 부합되도록 실시하되 난지형 잔디는 생육이 왕성한 6 ~ 9월에 집중적으로 실시한다.

 뗏밥은 잔디 생육이 왕성할 때 1 ~ 2회 정도 시행한다.

079 다음 부식성분 중 알칼리에 불용성인 성분은?

① humin
② humic acid
③ fulvice acid
④ hymatomelanic acid

 • humin : 부식 중의 알칼리 비용해 부분으로 부식질 속에 포함되는 갈색 또는 흑색의 물질

080 다음 초화류의 관수(灌水, irrigation) 요령으로 틀린 것은?

① 겨울철에는 이른 아침에 충분히 관수하여야 한다.
② 식물이 활착을 한 후에는 자주 관수할 필요가 없다.
③ 어린 모종일 때는 건조하지 않을 정도로 관수해야 한다.
④ 파종 후에는 씨가 이동하지 않도록 고운 물뿌리개나 분무기로 관수한다.

ANSWER 076 ① 077 ③ 078 ① 079 ① 080 ①

1회 조경산업기사 최근기출문제

2018년 3월 5일 시행

제 1 과목 조경계획 및 설계

001 인도 무굴정원의 가장 중요한 정원 요소는?

① 물 ② 원정(園亭)
③ 녹음수 ④ 화훼(花卉)

인도 조경의 특징
수경 중심의 물을 가장 중요시하였으며, 원정, 녹음수, 높은 담장 등의 요소로 이루어져 있다.

002 중국 서호(西湖) 10경의 무대가 되는 곳과 거리가 먼 것은?

① 소주지방 ② 백제(白堤)
③ 소제(蘇堤) ④ 소영주(小瀛州)

서호
항주 지방에 있으며 인공제방인 백제, 소제와 인공섬 소영주, 호심정, 완공돈이 있다.

003 15세기 후반부터 일본정원에서 바다 풍경을 상징적으로 묘사하기 위해 평면(平面)에 모래를 깔고 돌을 짜 맞추어(石組) 구성된 양식은?

① 축산식(築山式)
② 임천식(林泉式)
③ 평정고산수(平庭枯山水)
④ 축산고산수(築山枯山水)

② 임천식, 회유임천식 : 정원에 연못, 섬을 만들고 다리를 연결해 주변을 회유하며 감상하는 수법
③ 평정고산수식 : 식물은 일체 쓰지 않고 석축, 모래로 자연을 상징화하는 수법
④ 축산 고산수식 : 나무를 극소수로 사용하며, 다듬어 산봉우리 생김새를 나타내고, 바위를 세워 폭포 연상, 왕모래로 냇물이 흐르는 것을 연상시키는 수법

004 옥상정원의 기원이라고 할 수 있는 것은?

① 김나지움
② 아도니스 가든
③ 페리스틸리움
④ 파라디소

아도니스원
아테네 부인들이 아도니스 신을 기리기 위해 만든 것으로 단명식물(아네모네)을 pot에 심어 배치하였으며, 후에 Pot Garden, Roof Garden으로 발전하였다.

005 다음 일본의 정원양식 중 가장 늦게 나타난 양식은?

① 다정식 ② 침전임천식
③ 회유임천식 ④ 축산고산수식

일본양식 변천사
임천식 → 침전식 → 회유임천식 → 축산임천식 → 고산수식 → 다정식 → 회유식 → 축경식

ANSWER
001 ① 002 ① 003 ③ 004 ② 005 ①

006 르네상스 시대의 이탈리아 정원(庭園)의 가장 큰 특징은?

① 축경식(縮景式)
② 노단건축식(露壇建築式)
③ 평면기하학식(平面幾何學式)
④ 사실주의 풍경식(寫實主義 風景式)

풀이 ① 축경식 : 일본
② 노단건축식 : 이탈리아
③ 평면기하학식 : 프랑스
④ 사실주의 풍경식 : 영국

007 아시리아 제국에 조성된 사르곤 2세의 궁전 수렵원과 거리가 먼 것은?

① 인공호수
② 입구의 탑문(pylon)
③ 인공언덕
④ 향기 나는 수목

 탑문은 이집트 주택정원의 특징

008 창덕궁 후원의 정자(亭子) 중 물에 뜬 것과 같은 부채꼴 모양으로 된 것은?

① 관람정 ② 부용정
③ 애련정 ④ 청의정

 **부채꼴 모양 정자**
창덕궁 관람정(조선), 졸정원 여수동좌헌(중국 명나라), 사자정(중국 원나라)

009 다음 중 대지의 조경과 관련한 설명 중 틀린 것은?

① 면적이 200제곱미터 이상인 대지에 건축을 하는 건축주는 해당 지방자치단체의 조례로 정하는 기준에 따라 조경이나 그 밖에 필요한 조치를 하여야 한다.
② 건축물의 옥상에 조경이나 그 밖에 필요한 조치를 하는 경우에는 옥상 부분 조경면적의 3분의 2에 해당하는 면적을 조경면적으로 산정할 수 있다.
③ 옥상조경의 경우 전체 조경 면적의 100분의 50을 초과할 수 없다.
④ 조경 면적은 공개공지 면적으로 합산할 수 없다.

풀이 **건축법시행령 27조2(공개공지 등의 확보)**
공개공지 등의 면적은 대지 면적의 100분의 10 이하의 범위에서 건축조례로 정한다.

010 다음 현황종합분석도에서 화살표의 방향이 의미하는 것으로 가장 적합한 것은?

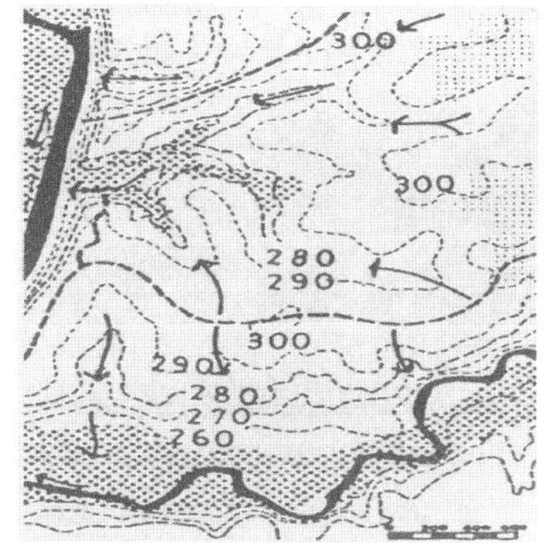

① 능선 ② 스카이라인
③ 물의 흐름 ④ 풍향

 화살표는 계곡을 따라 흐르는 물의 방향

ANSWER
006 ② 007 ② 008 ① 009 ④ 010 ③

011 비용편익분석(Cost-Benefit Analysis)과 관련이 없는 용어는?

① 소비자잉여(Consumer's Surplus)
② 비용-편익비(B/C Ratio)
③ 순현재가치(Net Present Value)
④ 수입(Revenue)

비용편익분석
여러 정책 대안 가운데 목표 달성에 가장 효과적인 대안을 찾기 위해 각 대안이 초래할 비용과 편익을 비교·분석하는 기법을 말한다. 즉 어떤 프로젝트와 관련된 편익과 비용들을 모두 금전적 가치로 환산한 다음 이 결과를 토대로 프로젝트의 소망성을 평가하는 방법을 말한다. 각 대안의 비교에는 비용편익비(費用便益比, B/C ratio), 순현재가치(純現在價値, net present value), 내부수익률(內部收益率, IRR) 등의 기준이 사용된다.

012 동선 계획을 구체화하는 과정에서 공간의 경험과 체험이 연속되도록 기능과 시설을 배치하고자 하는 것을 무엇이라 하는가?

① scale ② sequence
③ contrast ④ context

sequence
시퀀스는 연속되는 장면과 장면의 연결로 이동하는데 따른 경관의 변화, 관찰자의 이동에 따른 변화에 대한 상호관련적 연속성을 말한다.

013 도시의 '오픈스페이스'의 기능으로 가장 거리가 먼 것은?

① 미기후 조절
② 도시 확산의 억제
③ 재해의 방지
④ 토지 이용의 제고

도시 개발의 조절	도시 개발 형태의 조절	
	도시의 확산과 연담(도시가 맞붙어버림) 방지	
	도시 개발의 촉진	
도시 환경의 질 개선	도시 생태계의 기반 조성	
	환경 조절	화재의 방지, 완화
		공해의 방지, 완화
		미기후 조절
시민생활의 질 개선	창조적 생활의 기틀 제공	
	도시 경관의 질 고양	

014 계획 설계 과정 중 법규 검토, 제한성, 가능성, 프로그램 개발 등을 검토하고 결정하는 단계는 어느 단계인가?

① 용역 발주 ② 조사
③ 분석 ④ 프로젝트 정의

015 다음 중 케빈 린치(Kevin Lynch)가 주장하는 도시 경관의 요소는?

① 자연(nature), 통로(paths), 지구(districts), 결절점(nodes), 랜드마크(landmarks)
② 경계(edges), 통로(paths), 지구(districts), 결절점(nodes), 랜드마크(landmarks)
③ 경계(edges), 연못(ponds), 지구(districts), 결절점(nodes), 랜드마크(landmarks)
④ 경계(edges), 통로(paths), 지구(districts), 울타리(walls), 랜드마크(landmarks)

ANSWER
011 ④ 012 ② 013 ④ 014 ③ 015 ②

016 고속도로 조경에서 안전운행을 위한 기능에 포함되지 않는 식재 유형은?

① 완충식재 ② 지표식재
③ 차광식재 ④ 시선유도식재

풀이 **고속도로식재의 기능**

기능	식재종류
주행	시선유도식재, 지표식재
사고 방지	차광식재, 명암순응식재, 진입방지식재, 완충식재
방재	비탈면식재, 방풍식재, 방설식재, 비사방지식재
휴식	녹음식재, 지표식재
경관	차폐식재, 수경식재, 조화식재
환경보전	방음식재, 임면보호식재

017 그림과 같은 평면도에 대한 정면도로 가장 옳은 것은?

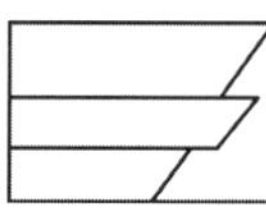

① 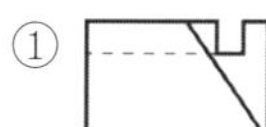 ② 
③ 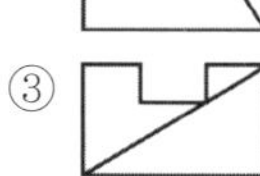 ④ 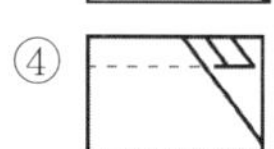

018 다음 중 보색관계로 옳은 것은?

① 빨강 - 초록 ② 노랑 - 보라
③ 녹색 - 주황 ④ 파랑 - 연두

 노랑-남색, 녹색-자주색, 파랑-주황

019 제도용지 A_3의 크기가 297mm×420mm이다. A_2 용지의 긴 변의 길이는 얼마인가?

① 420mm ② 594mm
③ 841mm ④ 1089mm

 A_2의 긴 변은 A_3 짧은 변의 2배로 594mm이다.

020 다음 중 건축물의 특정한 층이 계획해서 정한 선의 수직면을 넘어 돌출하여 건축할 수 없는 것으로, 보행 공간이나 공동 주차 통로 등의 확보가 필요한 것에 지정하는 것은?

① 건축지정선 ② 건축한계선
③ 벽면지정선 ④ 벽면한계선

풀이

구분	목적	건축제한
건축 지정선	• 가로 경관의 연속적인 형태를 유지 • 중요 가로변의 건축물 정돈	• 건축물의 외벽면이 계획에서 정한 지정선의 수직면에 일정 비율 이상 접해야 함
건축 한계선	• 가로 경관이 연속적인 형태를 유지하거나 고밀도의 기성 시가지 내의 공공공간 확보	• 부대시설을 포함한 건축물 지상부의 외벽면이 계획에서 정한 선의 수직을 넘어 돌출하여 건축할 수 없음
벽면 지정선	• 상점가의 1층 벽면을 가지런히 하거나 고층부의 벽면의 위치를 지정하는 등 특정층의 벽면의 위치를 규제	• 건축물 특정 층의 외벽면이 계획에서 정한 선의 수직면에 일정 비율 이상 접해야 함
벽면 한계선	• 특정한 층에서 보행 공간(공공 보행 통로 등)등을 확보	• 건축묵 특정 층이 계획에서 정한 선의 수직면을 넘어 돌출하여 건축할 수 없음

ANSWER
016 ② 017 ④ 018 ① 019 ② 020 ④

제 2 과목 조경식재

021 하천 내 조사한 식물종 리스트 중 자생종인 것은?

① 호밀풀 ② 말냉이
③ 개망초 ④ 마디꽃

풀이 호밀풀, 말냉이, 개망초는 귀화식물이다.

022 건물, 담장, 울타리를 배경으로 하여 앞쪽에 장방형으로 길게 만들어져 한쪽에서만 바라볼 수 있는 화단은?

① 경재화단(border flower bed)
② 리본화단(ribbon flower bed)
③ 포석화단(paved flower bed)
④ 카펫화단(carpet flower bed)

풀이 **화단의 종류**

① 평면화단
- 카펫화단(모전화단) : 작은 초화류로 양탄자 모양으로 기하학적 무늬를 만든 화단
- 리본화단 : 건물이나 울타리 앞면, 보행로 양쪽에 키 낮은 화초로 리본처럼 길게 만든 화단
- 포석화단 : 전원, 잔디밭의 통로, 분수, 연못, 조각물 주위에 편평한 돌을 깔고 키 낮은 화초를 심어 만든 화단

② 입체화단
- 기식화단 : 조경의 중앙이나 동선의 교차점에 원형, 타원형, 각형 화단을 만들고 사방에서 관람할 수 있도록 만든 화단
- 경재화단 : 진입로나 담장, 건물을 배경으로 뒤쪽부터 키가 큰 식물을 심고, 앞쪽으로 키 작은 식물을 심는 화단
- 노단화단 : 경사진 땅에 자연석 쌓아 계단 모양으로 만들고 초화류를 식재한 화단
- 석벽화단 : 경사지에 자연석 축대를 쌓고 자연석 사이에 관목, 초화류 식재
- 침상화단 : 지면보다 낮은 공간에 sunken 시켜 만든 화단

023 다음 중 꽃 색깔이 다른 수종은?

① 조팝나무 ② 국수나무
③ 층층나무 ④ 생강나무

풀이 생강나무 – 황색, 나머지 – 백색

024 수목의 식재로 얻을 수 있는 기능 중 기상학적 효과는?

① 반사 조절
② 대기정화 작용
③ 토양 침식 조절
④ 태양 복사열 조절

풀이 **기상학적 이용**
- 태양 복사열 조절
- 바람의 조절
- 우수의 조절
- 온도의 조절
- 습도의 조절

공학적 이용
- 토양 침식 조절
- 섬광 조절
- 음향 조절
- 반사광선 조절
- 대기정화 작용
- 통행 조절

025 서울 숲을 생태공원으로 재조성하고자 할 때 동해를 받을 우려가 있어 식재가 힘든 수종은?

① 소나무 ② 서어나무
③ 종가시나무 ④ 갈참나무

풀이 동해를 입기 쉬운 수종은 난대림 수종으로 종가시나무, 동백나무, 돈나무, 감탕나무, 후박나무 등이 있다.

ANSWER 021 ④ 022 ① 023 ④ 024 ④ 025 ③

026 다음 설명의 ㉠, ㉡에 적합한 용어는?

> 식물은 암흑상태에서는 광합성 대신 호흡작용만 하기 때문에 (㉠)를 방출한다. 또한, 식물이 살아가기 위해서는 광도가 최소한 (㉡) 이상으로 유지되어야만 한다.

① ㉠ : O_2, ㉡ : 광포화점
② ㉠ : O_2, ㉡ : 광보상점
③ ㉠ : CO_2, ㉡ : 광보상점
④ ㉠ : CO_2, ㉡ : 광포화점

풀이
- 광보상점 : 식물에 의한 이산화탄소의 흡수량과 방출량이 같아져서 식물체가 외부 공기 중에서 실질적으로 흡수하는 이산화탄소의 양이 0이 되는 광의 강도
- 광포화점 : 식물의 광합성 속도가 더 이상 증가하지 않을 때의 빛의 세기

027 다음 설명의 ㉮, ㉯에 알맞은 용어는?

> 종의 (㉮)은 섬과 육지의 떨어진 거리와 상관성이 있고, 종의 (㉯)은 섬의 크기와 상관성이 있다.

① ㉮ 사멸률, ㉯ 생존율
② ㉮ 생존율, ㉯ 사멸률
③ ㉮ 유출률, ㉯ 유입률
④ ㉮ 유입률, ㉯ 유출률

풀이 섬생물지리학에 관한 이론이다.

028 으름덩굴(*Akebia quinata*)의 설명으로 틀린 것은?

① 개화 시기는 7월이다.
② 가지에 털이 없으며 갈색이다.
③ 음수나 양지에서 잘 자란다.
④ 형태는 낙엽활엽덩굴식물이다.

풀이 으름덩굴의 개화 시기는 4월 말~5월 중순

029 녹도(green way)에 대한 설명으로 틀린 것은?

① 자전거 통행을 고려하여 안전시거를 확보한다.
② 수목의 지하고는 2.5m 이상이 되도록 한다.
③ 향토수종을 식재하고, 기존 수목을 최대한 활용하며 식생구조는 다층형으로 식재한다.
④ 보행녹도의 폭은 최소 4m 이상의 폭원을 확보하며 수목식재 및 휴게공간을 설치한다.

풀이 녹도는 통학, 산책 등을 위한 보행과 자전거 통행을 위주로 한 자연요소가 많은 도로로 보행녹도의 폭은 최소 6m 이상의 폭원을 확보하여 수목식재 및 휴게공간을 설치한다.

ANSWER 026 ③ 027 ④ 028 ① 029 ④

030 우리나라 온대지방의 계절 특성상 녹음수로 가장 적합한 것은?

① *Forsythia koreana*
② *Celtis sinensis*
③ *Pinus koraiensis*
④ *Photinia glabra*

① 개나리
② 팽나무
③ 잣나무
④ 홍가시나무

031 겨울에 낙엽이 지는 수종은?

① 광나무(*Ligustrum japonicum*)
② 가시나무(*Quercus myrsinaefolia*)
③ 낙우송(*Taxodium distichum*)
④ 굴거리나무(*Daphniphyllum macropodum*)

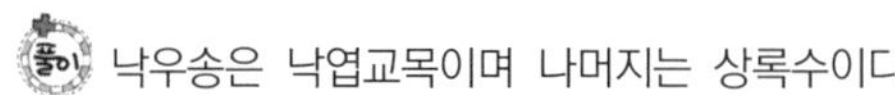
낙우송은 낙엽교목이며 나머지는 상록수이다.

032 미루나무(*Populus delroides*)의 특성으로 틀린 것은?

① 수고 30m, 지름 1m 정도로 자란다.
② 종자로 번식시키고 있으나 대부분 삽목에 의한다.
③ 하천변이나 습윤 비옥한 계곡 지역이 식재적지이다.
④ 꽃은 6~7월에 피고 꼬리모양꽃차례로서 암수 한 그루이다.

풀이 꽃은 3~4월에 핀다.

033 다음 [보기]가 설명하는 수종은?

> [보기]
> 열매는 둥글고 지름 1cm 정도로서 9~10월에 적색으로 성숙하며 명감 또는 망개라고 한다. 종자는 황갈색이며 5개 정도이다.

① 인동덩굴 ② 광나무
③ 청미래덩굴 ④ 송악

034 비탈면 녹화(잔디, 수목식재)에 관한 설명으로 틀린 것은?

① 덩굴 식재 시 식혈의 크기는 직경 30cm, 깊이 30cm로 한다.
② 잔디 고정은 떼꽂이를 사용하여 잔디 1매당 2개 이상 견실하게 고정한다.
③ 잔디 생육에 적합한 토양의 비탈면 경사가 1 : 1보다 완만할 때에는 흙이 붙어 있는 재배된 잔디를 사용한다.
④ 비탈면 줄떼다지기는 잔디 폭을 10cm 이상으로 하고, 비탈면에 25cm 이내 간격으로 수평골을 파서 수평으로 심고 다짐을 철저히 한다.

풀이 **조경공사표준시방서**
비탈면 줄떼다지기는 잔디폭이 0.1m 이상 되도록 하고 비탈면에 0.1m 이내 간격으로 수평골을 파서 수평으로 심고 다짐을 철저히 한다.

ANSWER
030 ② 031 ③ 032 ④ 033 ③ 034 ④

035 식물 명명의 기본원칙에 해당되지 않는 것은?

① 분류군의 학명은 선취권에 따른다.
② 규약은 대부분 소급 적용할 수 없다.
③ 분류군의 학명은 표본의 명명기본이 된다.
④ 각 분류군은 오직 하나의 이름만을 가진다.

풀이 식물명명규약은 특별한 제한이 없는 한 소급력이 있다.

036 다음 자유식재의 패턴에 해당되지 않는 것은?

① 루버형 ② 번개형
③ 선형 ④ 절선형

풀이 **자유식재**
루버형, 번개형, 아메바형, 절선형 등

037 조경설계기준상 산업단지 및 공업지역의 완충녹지 설명 중 틀린 것은?

① 주택지와 접한 공업지역의 경우 완충녹지의 폭은 30m 이상이어야 한다.
② 공업지역과 주택지역 사이에 설치되는 완충녹지의 폭은 100m 정도로 한다.
③ 경관조경수를 주 수종으로 도입하며, 대기오염에 강한 낙엽수를 수림지대 주변부에 두고, 그 중심에 속성 녹화 경관수목을 배식한다.
④ 녹지의 폭원은 최소 50~200m 정도를 표준으로 하되 당해 지역의 특성과 인접 토지이용과의 관계, 풍향, 기후, 사회적·자연적 조건 등을 고려하여 적절한 폭과 길이를 결정한다.

풀이 환경정화수를 주 수종으로 도입하며, 대기오염에 강한 상록수를 수림지대 중심부에 주목으로 두고, 그 주변에 속성 녹화 수목과 관목을 배식한다.

038 녹음용 수목의 조건으로 적합하지 않은 것은?

① 낙엽활엽수가 바람직하다.
② 수관폭이 가능한 한 넓어야 한다.
③ 답압에 견딜 수 있어야 한다.
④ 지하고가 낮은 종을 우선으로 한다.

풀이 녹음용은 지하고가 높아 사람의 키에 닿지 않는 것이 좋다.

039 원형 또는 타원형의 수형을 갖는 수종은?

① 동백나무 ② 느티나무
③ 배롱나무 ④ 삼나무

• 느티나무, 배롱나무 – 배상형
• 삼나무 – 원추형

040 다음 중 다공질 경량토(多孔質 輕量土)에 해당하지 않는 것은?

① 펄라이트(pearlite)
② 화산(火山) 모래
③ 생명토(生命土)
④ 버미큘라이트(vermiculite)

경량토
버미큘라이트, 펄라이트, 화산자갈, 화산모래, 석탄재, 피트 등

ANSWER 035 ② 036 ③ 037 ③ 038 ④ 039 ① 040 ③

제 3 과목 조경시공

041 골재의 단위용적 중량을 계산할 때 골재는 어느 상태를 기준으로 하는가? (단, 굵은 골재가 아닌 경우이다.)

① 습윤 상태
② 기건 상태
③ 절대건조 상태
④ 표면건조 내부포화 상태

042 다음 조경공사의 표준품셈 설명 중 ( ) 안에 알맞은 수치는?

> 근원(흉고)직경에 의한 조경수목의 굴취 시 야생일 경우에는 굴취품의 ( )% 까지 가산할 수 있다.

① 3 ② 5
③ 10 ④ 20

043 지상에 있는 임의 점의 표고를 숫자로 도상에 나타내는 지형의 표시 방법은?

① 점고법 ② 등고선법
③ 채색법 ④ 우모법

 ① 점고선법 : 등고선으로 나타내기 어려운 부분을 숫자로 표기하는 방법
② 등고선법 : 지표의 같은 점을 선으로 연결한 것으로 가장 널리 사용하는 방법
③ 단채법(채색법) : 높이의 증가에 따라 진한 색으로 변화시키는 방법

044 주차공간의 폭이 넓어 충분한 여유가 있을 경우 설치가 가능하며, 동일 면적에 가장 많은 주차를 할 수 있는 주차 배치 방법은?

① 30° 주차 ② 45° 주차
③ 60° 주차 ④ 90° 주차

풀이 **주차 1대당 소요면적(m^2/대)**
- 직각주차 : 27.2
- 60° 주차 : 29.8
- 45° 주차 : 32.2으로 90° 직각주차가 면적을 가장 적게 차지하므로 많이 주차할 수 있다.

045 보행자 전용도로의 설명 중 ( ) 안에 알맞은 숫자는?

> 보행자 전용도로의 너비는 ( )m 이상으로 하고, 필요한 경우 경사로나 계단을 설치하며, 경사로는 어린이나 노약자, 신체장애인이 스스로 오를 수 있는 기울기로서 최대 ( )%를 초과하지 않도록 한다.

① 1.0, 10 ② 1.5, 8
③ 2.0, 10 ④ 2.5, 8

046 다음 공정표의 전체 소요 공기(工期)는?

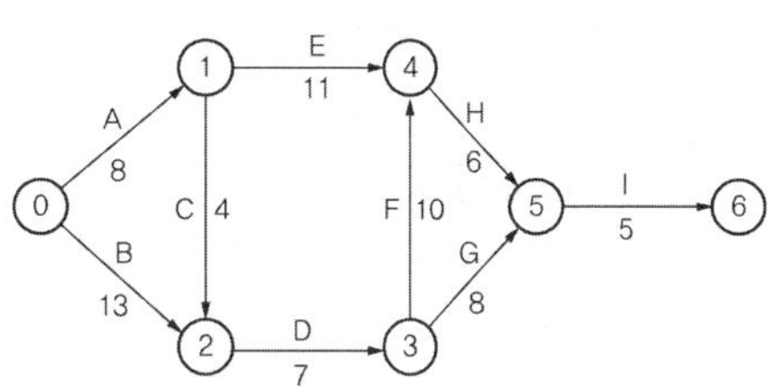

① 30일 ② 40일
③ 41일 ④ 42일

 ⓪→②→③→④→⑥ : 13+7+10+6+5=41일

ANSWER
041 ③ 042 ④ 043 ① 044 ④ 045 ② 046 ③

Appendix 최근기출문제

047 건설공사의 입찰 방식에 따른 분류에 해당하지 않는 것은?

① 공개경쟁입찰
② 제한경쟁입찰
③ 공동입찰
④ 특명입찰

풀이 **공사의 입찰 방법**
- 일반경쟁입찰
- 제한경쟁입찰
- 지명경쟁입찰
- 제한적 평균가 낙찰제
- 대안입찰
- 설계시공일괄입찰
- 수의계약(특명입찰)

048 주요 조경자재 중 굳지 않은 콘크리트(레디믹스트 콘크리트)의 품질관리시험 항목으로 옳은 것은?

① 흡수율 ② 휨강도
③ 인장강도 ④ 압축강도

풀이 **굳지 않은 콘크리트 품질관리 항목**
슬럼프 시험, 공기량, 온도, 압축강도, 알칼리양 등

049 다음 대표적인 범주의 표준화(산업규격) 예로 틀린 것은?

① 영국 - ES(England Standards)
② 일본 - JIS(Japan Industrial Standards)
③ 국제표준화규격 - ISO(Intenational Standards Organization)
④ 유럽연합 - EN(European Norm)

풀이 영국 - BS

050 입찰, 견적, 계약용 적산의 올바른 진행과정은?

㉠ 수량 산출
㉡ 단가 결정
㉢ 직접공사비 결정
㉣ 간접공사비 결정
㉤ 공사비 집계 검토
㉥ 견적서 제출
㉦ 시공계획 수립
㉧ 설계도서 검토·작성
㉨ 현장 설명
㉩ 입찰참가·지명

① ㉩ → ㉨ → ㉧ → ㉣ → ㉢ → ㉡ → ㉠ → ㉤ → ㉦ → ㉥
② ㉩ → ㉨ → ㉧ → ㉠ → ㉦ → ㉡ → ㉢ → ㉣ → ㉤ → ㉥
③ ㉩ → ㉨ → ㉧ → ㉡ → ㉠ → ㉦ → ㉢ → ㉣ → ㉤ → ㉥
④ ㉩ → ㉨ → ㉧ → ㉦ → ㉠ → ㉡ → ㉢ → ㉣ → ㉤ → ㉥

051 플라스틱의 특성에 관한 설명 중 옳지 않은 것은?

① 내식성이 우수하다.
② 약알칼리에 약하다.
③ 일반적으로 비흡수성이다.
④ 화학약품에 대한 저항성은 열경화성 수지와 열가소성수지가 다른 특성을 갖고 있다.

풀이 플라스틱은 약알칼리성에 내성이 크다.

ANSWER 047 ③ 048 ④ 049 ① 050 ② 051 ②

052 안전율을 고려하여 허용응력을 구조재의 최고강도보다 상당히 적게 하는 이유로 틀린 것은?

① 재료가 부식하거나 풍화하여 부재단면이 감소할 수 있다.
② 구조 계산 과정에서 발생하는 계산 착오를 고려한 것이다.
③ 구조 재료의 성질이 반드시 같지 않으며, 내부결함이 있을 수 있다.
④ 구조 재료의 강도는 하중이 정적 또는 동적으로 작용하는가에 따라 큰 차이가 있다.

풀이 구조 계산 과정 이론이 완벽하지 않으며, 실제로 다양한 변수들이 생길 수 있다.

053 조경공사의 견적 시 수량 계산에 관한 사항 중 틀린 것은?

① 절토량은 자연 상태의 설계도의 양으로 한다.
② 수량은 C.G.S 단위와 척, 관 단위를 병행함을 원칙으로 한다.
③ 볼트의 구멍 부분은 구조물의 수량 계산에서 공제하지 아니한다.
④ 면적의 계산 중 구적기(Planimeter)를 사용하는 경우 3회 이상 측정하여 그 중 정확하다고 생각되는 평균값으로 정한다.

풀이 수량은 C.G.S 단위를 원칙으로 한다.

054 경사면에 따라 거리를 측정하여 다음 그림과 같았다. 이 때의 AC의 수평거리를 구한 값은?

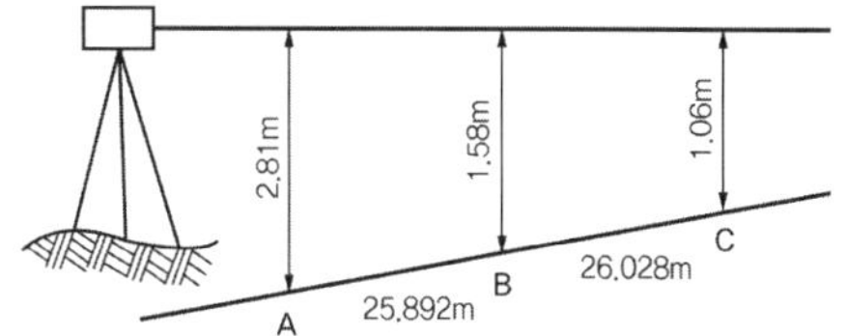

① 50.590m　② 51.890m
③ 50.188m　④ 51.188m

풀이 D : 수평거리, L : 경사거리, H : 고저차

$D=\sqrt{L^2-H^2}$

$=\sqrt{(25.902+26.028)^2-(2.81-1.06)^2}$

$=51.890\text{m}$

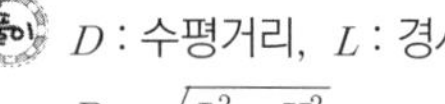

055 흙의 수분 함량에 따른 상태 변화에 대한 설명 중 틀린 것은?

① 수분 함량에 따라 유동성, 가소성, 이쇄성, 강성을 갖는다.
② 소성상한과 소성하한 사이의 차를 소성지수라고 한다.
③ 수분 함량에 따른 토양의 상태 변화를 견지성이라 한다.
④ 가소성을 나타내는 최대수분을 소성하한, 최소수분을 소성상한이라 한다.

풀이 가소성을 나타내는 최소수분을 소성하한, 최대수분을 소성상한이라 한다.

ANSWER
052 ② 053 ② 054 ② 055 ④

056 건설부분의 재료 중 일반적인 추정 단위중량이 틀린 것은? (단, 건설공사 표준품셈상의 조건은 자연 상태 또는 건재 등을 알맞게 적용)

① 암석(화강암) : 2600~2700kg/m^3
② 자갈(건조) : 1600~1800kg/m^3
③ 모래(습기) : 1700~1800kg/m^3
④ 소나무(적송) : 1800~2400kg/m^3

풀이 • 소나무(적송) : 590kg/m^3

057 다음 중 조경공사 표준시방서상의 설계 변경 조건에 해당되는 것은?

① 가식장 이동 시
② 현장 사무실 위치 이동 시
③ 공사 시행 중 발주자의 방침 변경 시
④ 재료 보관 창고 설치 방법 변경 시

풀이 **설계 변 경조건**
- 공사 시행 중 발주자의 계획 및 방침 변경으로 인한 일부 공사의 추가, 삭제 및 물량의 증감
- 공법, 현장 여건의 변동 및 수량의 변경 시
- 골재원과 부토용 토취장의 위치 및 운반거리 변경
- 필요시 수목의 보호 및 양생조치 비용의 계상
- 지도점검이나 자재검사 과정에서 설계 변경이 필요하거나 또는 기타 감독자의 지시가 있는 경우

058 공사비의 산출 시 금액의 단위표준이 맞는 것은?

① 설계서의 총액 : 100원 이하의 버림
② 설계서의 소계 : 10원 미만 버림
③ 설계서의 금액란 : 1원 미만 버림
④ 일위대가표의 금액란 : 0.1원 미만 반올림

풀이 • 설계서의 총액 : 1000원 이하 버림
• 설계서의 소계 : 1원 미만 버림
• 일위대가표의 금액란 : 0.1원 미만 버림

059 하수도 배수체계에서 합류식의 장점이 아닌 것은?

① 비용이 적게 든다.
② 침전물이 생기지 않는다.
③ 관리가 용이하다.
④ 관 내부의 환기가 용이하다.

풀이 합류식은 우천 시 다량의 토사가 유입되어 침전물이 생긴다.

060 축적 1 : 200과 축척 1 : 600에서 1변이 3cm인 정사각형의 실제 면적비는?

① 1 : 3　　② 1 : 6
③ 1 : 9　　④ 1 : 12

1:200에서 3cm = 실제 6m
1:600에서 3cm = 실제 18m
면적은 각각 36m^2, 324m^2이므로 1:9이다.

제 4 과목 **조경관리** 

061 80%의 A 수화제 원액을 0.02%로 희석하여 20L의 용액을 만들려면 A 수화제의 원액은 얼마가 필요한가?

① 2cc　　② 4cc
③ 5cc　　④ 8cc

$$\text{소요원액량} = \frac{\text{사용할 농도} \times \text{살포량}}{\text{원액 농도}} = \frac{0.02 \times 20}{80} = 0.005\text{L}$$

즉, 5cc

ANSWER 056 ④　057 ③　058 ③　059 ②　060 ③　061 ③

062 진딧물의 천적에 속하지 않는 것은?

① 기생벌류　② 나방류
③ 무당벌레류　④ 풀잠자리류

 **진딧물의 천적**
무당벌레류, 꽃등애류, 풀잠자리류, 기생봉, 기생벌류 등

063 식물(기주)이 병에 견디는 힘이 약해 병에 쉽게 걸리는 성질을 나타내는 용어는?

① 내병성　② 이병성
③ 면역성　④ 비기주 저항성

064 유희시설의 유지관리에 관한 설명으로 틀린 것은?

① 철재 유희시설은 방청 처리를 해야 하며 가급적 스테인리스를 사용하고 있다.
② 파손 시설은 보호조치를 취하고 이용할 수 없는 시설을 방치해서는 아니 된다.
③ 바닥모래는 어린이의 안전을 위하여 최대한 가는 모래를 사용한다.
④ 놀이터 내에는 물이 고이지 않게 하고 항상 모래 면을 평탄하게 한다.

풀이 바닥모래는 바람에 날리지 않도록 굵은 모래를 깐다.

065 질소(N) 성분의 결핍 현상에 대한 설명으로 가장 거리가 먼 것은?

① 활엽수의 경우 황록색으로 변색된다.
② 침엽수의 경우 잎이 짧고 황색을 띤다.
③ 눈(shoot)의 크기는 지름이 다소 짧아지고 작아진다.
④ 조기에 낙엽이 되거나 잎이 부서지기 쉽다.

 ④ 조기에 낙엽이 되거나 잎이 부서지기 쉽다.
→ 마그네슘(Mg) 결핍 현상

066 다음 설명과 같이 식재 선정 및 관리에 주의해야 하는 수종은?

보기
- 수술에는 갈고리가 없어 어린이가 주로 이용하는 조경시설 주위에는 실명(失明)할 위험이 있어 주위에 식재하지 않는다.
- 8~9월에 피는 나팔 모양의 황색꽃은 개화 기간이 길고 아름다워 관상 가치가 높다.
- 줄기에 흡반이 발달하여 죽은 나무, 벽 등에 미관 보완 목적으로 식재한다.

① 마삭줄
② 등수국
③ 인동덩굴
④ 능소화

067 가로수에 유공관(有孔管, perforated pipe)을 설치하여 얻고자 하는 효과로 옳은 것은?

① 통기성 및 관수의 효율성을 높인다.
② 다양한 디자인으로 경관을 개선한다.
③ 통행인으로 인한 답압을 줄인다.
④ 가로변 쓰레기와 먼지를 흘려보낸다.

풀이 유공관을 매설하여 관수를 효과적으로 조절할 수 있다.

ANSWER
062 ② 063 ② 064 ③ 065 ④ 066 ④ 067 ①

Appendix 최근기출문제

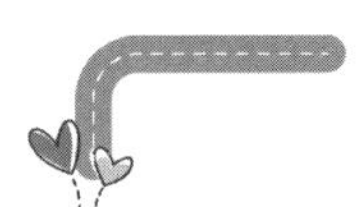

068 적심(摘芯)에 관한 설명으로 가장 적합한 것은?

① 상록성 관목류의 전정을 통칭하는 뜻이다.
② 토피어리 전정의 한 방법이다.
③ 꽃눈 조절을 위한 과수의 전정 방법이다.
④ 새로 나온 연한 순을 자르는 것이다.

풀이 **적심(순지르기)**
지나치게 자라는 가지의 신장 억제를 위해 신초의 끝부분을 따버리는 것 예 소나무 : 매해 4~5월, 순이 5~10cm 될 무렵(수형을 빨리 만들 수 있음), 향나무 : 5~6월

069 다음은 포장의 결함에 의해 발생되는 파손 형태 모식도이다. 침하(沈下)현상의 모식도를 표현한 것은?

① 
② 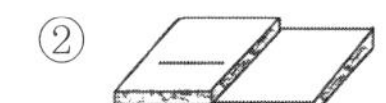
③ 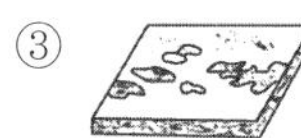
④ 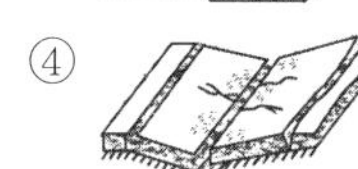

① 융기
② 단차
③ 침하
④ 박리

070 관리예산 책정 시 작업률이 1/4이라면 이것이 의미하는 것은?

① 4년에 1회 작업을 한다.
② 분기별로 1회 작업을 한다.
③ 작업시 1/4명이 참가한다.
④ 작업당 소요시간이 1/4이다.

071 초화류 관수(灌水) 시 일반적으로 유의하여야 할 점으로 틀린 것은?

① 여름의 관수는 직사일광이 강한 정오 전후의 시간대는 가능한 한 피한다.
② 관수는 충분한 양의 물을 주되, 겉흙이 말랐을 때 하는 것이 좋다.
③ 관수는 소량의 물을 매일 주는 것이 가장 효과적이다.
④ 관수는 시간을 두고 토양 깊숙이 침투할 정도로 실시하고, 지표면에 물이 고이지 않을 정도로 하여야 한다.

풀이 관수는 한 번 줄 때 많이 준다.

072 참나무 시들음병의 매개충은?

① 바구미 ② 광릉긴나무좀
③ 송수염하늘소 ④ 오리나무잎벌레

 **참나무 시들음병**
매개충인 광릉긴나무좀을 통해 전염된 라펠리아 병원균이 참나무류의 수액 통로를 막음으로써 말라죽게 되는 병

073 종자와 비료, 흙을 혼합하여 네트(Net)에 넣고, 비탈면의 수평으로 판 골속에 넣어 붙이는 공법은?

① 식생구멍공 ② 식생판공
③ 식생자루공 ④ 식생매트(mat)공

풀이
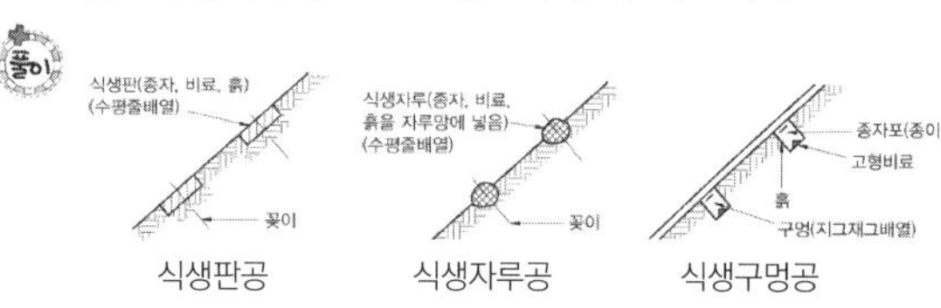

ANSWER 068 ④ 069 ④ 070 ① 071 ③ 072 ② 073 ③

074 조경시설의 유지관리에 있어서 행정사항으로 가장 거리가 먼 것은?

① 안전교육의 실시 여부
② 공정 집행 사항의 기록 보존 여부
③ 반입 자체에 대한 품질의 적합 여부
④ 기술지도 및 기타 지시사항 이행 상태

075 레크레이션 공간의 관리에 있어서 가장 이상적인 관리전략은?

① 폐쇄 후 육성관리
② 폐쇄 후 자연회복형
③ 순환식 개방에 의한 휴식 기간 확보
④ 계속적인 개방·이용 상태하에서 육성관리

풀이 **계속적인 개방·이용 상태하에서 육성관리**
최소한의 손상이 발생한 경우에 유효하며 가장 이상적인 방법

076 목재의 벤치나 야외 탁자에서 재료의 단점이 아닌 것은?

① 파손되기 쉽다.
② 기온에 민감하다.
③ 습기에 약하며 썩기 쉽다.
④ 병해충의 피해를 받기 쉽다.

풀이 목재는 다른 재료에 비해 기온에 민감하지 않다.

077 수중펌프 및 수중등을 연못에 설치하고 관리 시 보완 대책으로 적당하지 않은 것은?

① 누전차단기를 반드시 설치한다.
② 과부하 보호장치를 설치한다.
③ 연못 물을 항상 일정하게 유지하기 위해 수위 조절기를 설치한다.
④ 간단한 조작을 위하여 커버나이프 스위치에 직렬로 연결해 사용한다.

078 잡초의 종합적 방제법(integrated control)에 대한 설명으로 틀린 것은?

① 제초제 약해와 환경오염을 줄일 수 있다.
② 여러 가지 다른 방제법을 상호 협력적으로 적용하는 방식이다.
③ 잡초 군락의 크기는 감소하고, 작물의 생산력이 증대되는 효과가 있다.
④ 화학적 방제를 배제하고 생태적 방제와 예방적 방제를 주로 사용한다.

풀이 종합적 방제는 여러 가지 방제 방법을 혼합하여 사용하는 것으로 기계적 방제, 화학적 방제, 생태적 방제 등을 활용한다.

ANSWER 074 ③ 075 ④ 076 ② 077 ④ 078 ④

079 일반적인 잔디 깎기 요령에 관한 설명으로 가장 올바른 것은?

① 버뮤다 그라스는 여름보다는 가을에 집중적으로 깎아준다.
② 벤트 그라스는 봄보다 여름에 자주 깎는다.
③ 잔디의 맹아성을 고려하여 키가 큰 잔디는 한 번에 요하는 위치까지 깎는 것이 효과적이다.
④ 잔디 깎는 횟수와 높이를 규칙적으로 일정하게 하는 것이 좋다.

- 버뮤다 그라스는 난지형으로 여름에 깎는다.
- 벤트 그라스는 한지형으로 봄, 가을에 깎는다.
- 키가 큰 잔디는 여러 번 나누어서 깎는다.

080 식재한 수목의 뿌리분 위쪽 둘레에 짚, 낙엽 등의 피복 목적으로 가장 거리가 먼 것은?

① 유기질 비료 제공
② 병해충 발생
③ 표토의 굳어짐을 방지
④ 잡초 발생 억제

풀이 멀칭에 관한 설명으로 토양습기유지, 잡초발생 억제, 병해충 발생 억제, 유기질 비료제공, 토양결빙 방지의 효과가 있다.

ANSWER 079 ④ 080 ②

2018 2회 조경산업기사 최근기출문제

2018년 4월 28일 시행

제 1 과목 조경계획 및 설계

001 고대 로마 폼페이 주택의 제1중정으로 바닥이 돌로 포장되어 있었던 중정은?

① 아트리움
② 페리스틸리움
③ 지스터스
④ 파티오

풀이 ① 아트리움(제1중정)
② 페리스틸리움(제2중정)
③ 지스터스(제3중정)
④ 파티오(중정)

002 마당 중앙에는 수반형의 둥근 분수대를 세웠고, 사방 주위에는 관목이나 초화류를 식재한 정형식 정원이 있는 곳은?

① 덕수궁 석조전
② 창덕궁 주합루
③ 경복궁 교태전
④ 경복궁 향원정

풀이 덕수궁 석조전 앞 정원은 프랑스식 정형 정원이다.

003 태호석(太湖石)에 대한 설명으로 거리가 먼 것은?

① 한나라 때 태호석의 이용이 성행하였다.
② 석가산 수법의 재료나 경석으로 사용되었다.
③ 태호의 물속에서 채집하여 정원석으로 사용하였다.
④ 북방 지역은 화석강이라는 운반선으로 운하를 통해 운반하였다.

풀이 태호석은 송나라 때 유행하였다.

004 일본의 평안(헤이안)시대 나타난 침전조(寢殿造) 정원 양식의 전형을 보여주는 대표적인 사례로 꼽을 수 있는 것은?

① 계리궁 ② 동삼조전
③ 삼보원 ④ 이조성

풀이 계리궁(강호시대), 삼보원, 이조성(도산시대)

005 토피어리(Topiary)의 역사적 유래가 시작된 나라는?

① 고대 서부아시아
② 로마
③ 인도
④ 프랑스

ANSWER 001 ① 002 ① 003 ① 004 ② 005 ②

Appendix 최근기출문제

006 전라남도 담양군 남면에 있는 양산보가 조성한 정원은?

① 선교장 정원 ② 다산초당
③ 소쇄원 ④ 부용동 정원

 • 양산보 소쇄원 : 가장 세련된 별서정원

007 조선시대 아미산원에 대한 설명으로 옳지 않은 것은?

① 계단식으로 다듬어 놓은 화계를 이용한 정원 공간이다.
② 화목 사이로 괴석과 세심석이 놓여 있다.
③ 창덕궁 후원으로 사적인 성격의 공간이다.
④ 온돌의 굴뚝을 화계 위로 뽑아 점경물로 삼았다.

풀이 아미산원은 경복궁 교태전 후원이다.

008 분구원(分區園)을 제창한 사람은?

① 시레베르(Schreber)
② 하워드(E. Howard)
③ 루드비히 레서(L. Lesser)
④ 존 러스킨(J. Ruskin)

 **독일의 분구원**
• 시레베르(Schreber)가 주장하여 소공원 지구를 시당국에 제공한 것으로 소정원 지구 단위를 200m² 정도로 하는 대도시 주민이 나무를 가꾸면서 즐기는 자리를 제공
• 1차 세계대전 이후 식량 제공을 위해 사용한 것이 현재 화훼 재배장으로 사용되고 있다.

009 생물다양성관리계약 체결 가능 지역으로 명시되지 않은 지역은?

① 멸종위기 야생동물의 보호를 위하여 필요한 지역
② 생물다양성의 증진이 필요한 지역
③ 생물다양성의 복구가 필요한 지역
④ 생물다양성이 독특하거나 우수한 지역

풀이 **생물다양성 보전 및 이용에 관한 법률 제16조(생물다양성관리계약)**
① 환경부장관은 해양을 제외한 다음 각 호의 지역을 보전하기 위하여 토지의 소유자·점유자 또는 관리인과 경작방식의 변경, 화학물질의 사용 감소, 습지의 조성, 그 밖에 토지의 관리방법 등을 내용으로 하는 계약(이하 "생물다양성관리계약"이라 한다)을 체결하거나 관계 중앙행정기관의 장 또는 지방자치단체의 장에게 생물다양성관리계약의 체결을 권고할 수 있다.
1. 멸종위기 야생생물의 보호를 위하여 필요한 지역
2. 생물다양성의 증진이 필요한 지역
3. 생물다양성이 독특하거나 우수한 지역

010 보행자 도로와 차도를 동일한 공간에 설치하고 보행자의 안전성을 향상하는 동시에 주거환경을 개선하기 위하여 차량 통제를 억제하는 여러 가지 기법을 도입하는 방식은?

① 보차혼용방식 ② 보차병행방식
③ 보차공존방식 ④ 보차분리방식

 **보행자와 차량에 의한 보차 분리의 유형**
① 보차혼용방식 : 보행자와 차량동선이 분리되지 않고 동일한 공간을 사용하는 방식(10m 이하의 주거지역 구획도로에서 흔히 볼 수 있는 형태)
② 보차병행방식 : 보행자가 도로의 측면을 이용하도록 차도와 보도를 분리하는 형태(주로 폭 12m 이상의 국지도로와 보조간선도로에 적용하는 방식)
③ 보차분리방식 : 보행자 도로체계를 차량을 위한 일반도로체계와 완전히 분리하여 설치하는 방식

ANSWER 006 ③ 007 ③ 008 ① 009 ③ 010 ③

④ 보차공존방식 : 보행자 도로와 차도를 동일한 공간에 설치하되 보행자를 보호하기 위하여 차량 통행을 억제하기 위한 다양한 기법을 사용하는 방식(보행자의 안전성을 확보하는 동시에 주거환경을 개선하기 위하여 도입)

011 시전(A)에서 포장면(P)을 지각할 때 공간적 깊이감을 가장 잘 줄 수 있는 포장 패턴은?

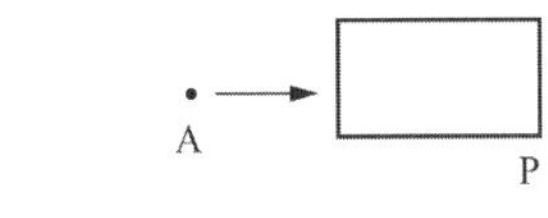

①

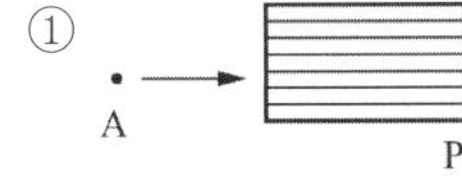

②

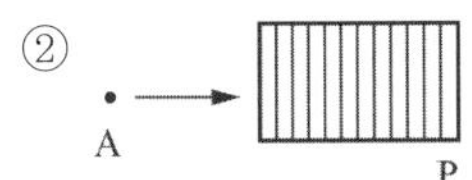

③

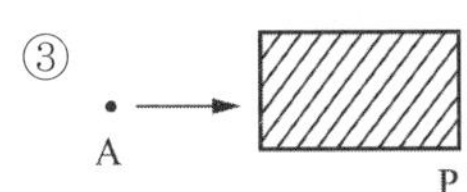

④

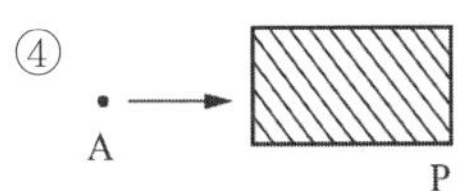

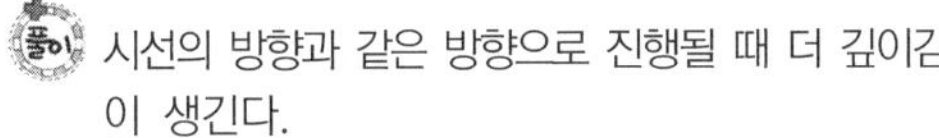
풀이 시선의 방향과 같은 방향으로 진행될 때 더 깊이감이 생긴다.

012 행태 조사 방법 중 물리적 흔적(Physical Traces)의 관찰 방법으로 부적합한 것은?

① 일정 장소의 의자 배치, 낙서, 잔디 마모 등의 물리적 흔적을 관찰하는 것이다.
② 연구하고자 하는 인간 행태에 영향을 미치지 않는다.
③ 일반적으로 정보를 얻는데 시간이 많이 걸려 비용이 많이 든다.
④ 대부분의 물리적 흔적은 비교적 장시간 변형되지 않으므로 반복적인 관찰이 가능하다.

풀이 물리적 흔적은 비용도 적게 들고 정보를 빨리 얻을 수 있다.

013 경관의 우세요소(A), 우세원칙(B), 변화요인(C)을 순서대로 짝지은 것 중 틀린 것은?

① A : 형태, B : 집중, C : 규모
② A : 색채, B : 대조, C : 광선(Light)
③ A : 선, B : 축, C : 거리
④ A : 질감, B : 방향, C : 연속성

풀이
- 경관의 우세요소 : 형태, 선, 색채, 질감
- 경관의 우세원칙 : 대조, 연속성, 축, 집중, 상대성, 조형
- 경관의 변화요인 : 운동, 빛, 기후 조건, 계절, 거리, 관찰 위치, 규모, 시간

ANSWER
011 ① 012 ③ 013 ④

014 옥상정원에 관한 설명 중 틀린 것은?

① 건물 전체의 건축구조 설계 등 타 분야와의 상호 연관성을 고려한다.
② 하중을 줄이기 위하여 경량골재 등 가벼운 재료를 사용하는 것이 바람직하다.
③ 이용의 측면에서 볼 때 프라이버시 보호가 설계의 중점 사항이다.
④ 옥상은 태양복사열을 잘 받고 미기후가 수목의 생장에 유리한 조건을 갖는다.

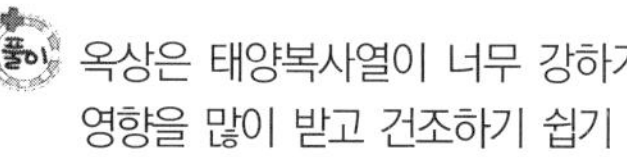
풀이 옥상은 태양복사열이 너무 강하기도 하며, 바람의 영향을 많이 받고 건조하기 쉽기 때문에 수목 생장에 유리한 조건은 아니다.

015 다음 중 그늘시렁(파골라)의 배치, 형태 및 규격의 설명으로 틀린 것은?

① 태양의 고도 및 방위각을 고려하여 부재의 규격을 결정하며, 해가림 덮개의 투영 밀폐도는 50%를 기준으로 한다.
② 공간 규모와 이용자의 시각적 반응을 고려하여 규격을 결정하되 일반적으로 높이에 비해 길이가 길도록 한다.
③ 의자를 설치할 수 있으며, 의자는 하지의 12~14시를 기준으로 사람의 앉은 목 높이 이상 광선이 비추지 않도록 배치한다.
④ 조형성이 뛰어나 그늘시렁은 시각적으로 높게 조망할 수 있는 곳이나 통경선(vista)이 끝나는 곳에 초점요소로서 배치할 수 있다.

풀이 **조경설계기준**
태양의 고도 및 방위각을 고려하여 부재의 규격을 결정하며, 해가림 덮개의 투영 밀폐도는 70%를 기준으로 하고, 그늘 만들기용 대나무발을 설치하거나 수목을 배식할 수 있다.

016 설계 시 활용되는 '척도'의 종류에 해당되지 않는 것은?

① 배척 ② 축척
③ 현척 ④ 외척

풀이 ① 배척 : 실물보다 확대하여 그리는 것
② 축척 : 실물보다 작게 축소하여 그리는 것
③ 현척 : 실물과 동일한 크기로 그리는 것

017 일반적으로 어느 색이 다른 색이 영향을 받아 단독으로 볼 때와는 달라져 보이는 현상을 무엇이라 하는가?

① 색의 조화 ② 색의 대비
③ 색의 잔상 ④ 푸르킨예 현상

풀이 **색의 대비**
어느 색이 다른 색의 영향을 받아 볼 때와는 달라져 보이는 현상으로 명도 대비, 채도 대비 등이 있다.

018 현대 디자인용 척도인 모듈러(Modular)의 확립자는?

① 라이트(Wright)
② 그로피우스(Gropius)
③ 르 꼬르뷔재(Le Corbusier)
④ 미스반델로에(Mies van der Rohe)

풀이 **모듈러**
공간의 크기를 계량화하는 기본으로 인체 치수를 분석하여 기하학적 원리에 근거하여 만든 인간척도 체계로 비례와 관계된다.

ANSWER
014 ④ 015 ① 016 ④ 017 ② 018 ③

019 그림과 같이 어떤 물체를 제3각법으로 투상한 투사도의 입체도로 가장 적합한 것은?

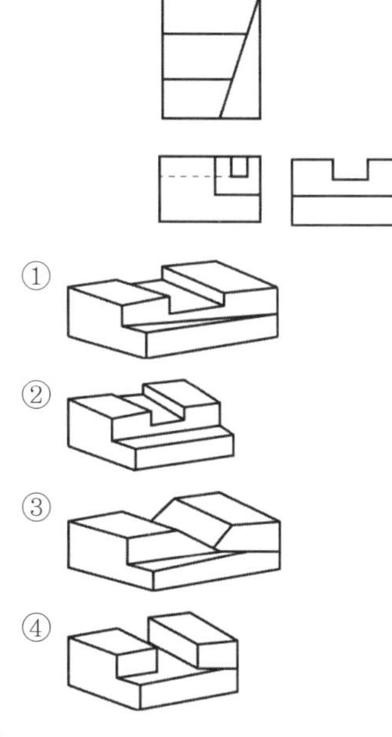

 제3각법 정투상도는 왼쪽 위에 평면도, 왼쪽 아래에 정면도, 오른쪽 아래에 우측면도를 그린다.

020 먼셀(A.H.Munsell)의 표색계(表色系)를 설명한 것 중 옳은 것은?

① 주요 5색은 .R. Y. G. B. P이다.
② 채도 단계에서 빨강은 8단계이고, 녹색은 14단계이다.
③ 명도축에는 1에서 14까지의 번호가 붙여지고 있다.
④ 헤링(E.Hering)의 4원색설을 기본으로 하고 있다.

풀이
- 채도는 0에서 14까지로 구분한다.
- 명도는 0에서 10까지로 구분한다.
- 헤링의 4원색설을 기초로 하는 것은 오스트발트 표색계이다.

2과목 조경식재

021 물푸레나무(*Fraxinus rhynchophylla Hance*)에 관한 설명이 틀린 것은?

① 낙엽활엽교목이다.
② 나무껍질은 세로로 갈라지고, 흰색의 가로 무늬가 있다.
③ 열매는 길이 2~4m 되는 시과로서 날개는 피침형으로 9월에 익는다.
④ 꽃은 암수한그루로만 존재하며 3월 중~4월 초에 핀다.

풀이 물푸레나무는 암수딴그루이다.

022 선화후엽(先花後燁) 식물 중 꽃은 황색이고, 열매가 검은색으로 익는 식물은?

① 생강나무(*Lindera obtusiloba*)
② 미선나무(*Abeliophyllum distichum*)
③ 왕벚나무(*Prunus yedoensis*)
④ 진달래(*Rhododendron mucronulatum*)

풀이 미선나무, 왕벚나무의 꽃은 흰색, 진달래는 붉은색이다.

Appendix 최근 기출문제

ANSWER
019 ① 020 ① 021 ④ 022 ①

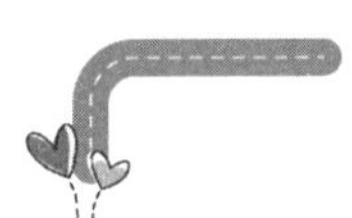

023 일반적으로 천근성 수종 이식 시 사용되는 뿌리분의 종류와 기준 깊이는? (단, 뿌리분의 지름을 A라고 가정함)

① 접시분, A/3 ② 보통분, A/2
③ 조개분, A/3 ④ 접시분, A/2

풀이

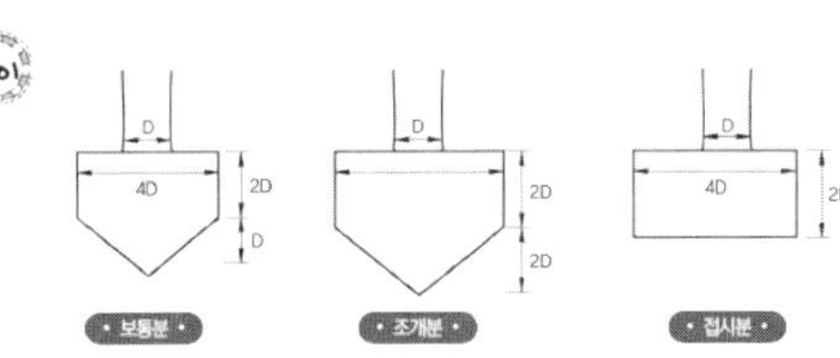

024 비탈면(斜面) 식재 수종 선정에 우선적으로 고려할 조건으로 가장 거리가 먼 것은?

① 열매에 향기가 있는 수종
② 척박토에 강한 수종
③ 토양 고정력이 있는 수종
④ 환경 적응성이 우수한 수종

풀이 비탈면 식재는 사면의 안전성을 확보하는 것이 가장 우선적으로 고려할 사항이다.

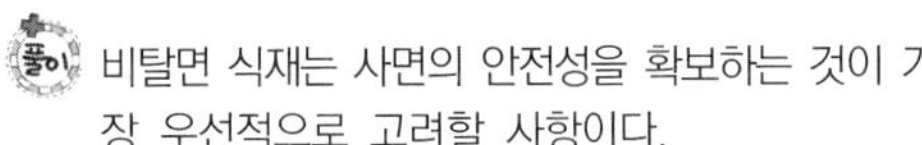

025 식물의 생태적 천이에 관한 설명으로 틀린 것은?

① 질서 있게 변화하는 진화 과정으로 예측이 가능하다.
② 식물종 다양성은 천이 후기단계에 최대화되는 경향이 있다.
③ 천이는 초본식물 및 외래식물의 침입으로부터 시작된다.
④ 식물군집이 성숙되어 안정된 상태를 이룰 때 극상에 도달하게 된다.

풀이 식물종 다양성은 천이 과정을 거의 마친 극상단계에서 최대가 된다. 극상은 더 이상 천이가 일어나지 않는 안정된 상태를 말한다.

026 고속도로 중앙분리재의 식재 방식 중 랜덤식 식재법은?

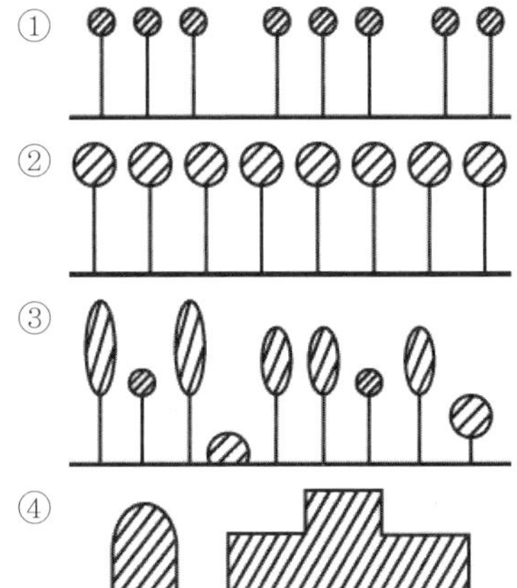

풀이 **랜덤식**
여러 가지 크기의 나무를 섞어가며 불규칙하게 식재하는 것

027 실내조경의 식물 선정에 있어서 가장 거리가 먼 것은?

① 실내에 식재될 수목은 낙엽현상 방지를 위해 반그늘에서 약 2개월 전 식재 적응기간을 둔다.
② 실내조경에는 아열대성과 난온대성 관엽식물이 잘 자랄 수 있도록 많이 사용되고 있다.
③ 실내조경에는 추위에 강한 한대성 침엽수가 적당하다.
④ 실내에서는 광 조건이 제한되므로 양수보다 음수를 선택하는 것이 좋다.

풀이 실내는 따뜻하기 때문에 추위에 강한 수종을 특별히 선정할 필요는 없다.

ANSWER 023 ④ 024 ① 025 ② 026 ③ 027 ③

028 수목을 식재한 후 지주목 설치의 가장 중요한 목적은?

① 지주목의 설치 그 자체가 관상의 주 대상이 된다.
② 철사로 설치함이 지주목의 기능으로서 효과가 가장 크다.
③ 바람에 의한 피해를 줄이고 뿌리의 활착을 돕는 역할을 한다.
④ 지주목은 가급적 가장 저렴한 재료를 이용하므로 경제상 유리하다.

029 잎보다 꽃이 먼저 피는 식물이 아닌 것은?

① 진달래 ② 복사나무
③ 모과나무 ④ 박태기나무

풀이 모과나무는 잎이 먼저 나온다.

030 식물군락에 대한 설명으로 옳은 것은?

① 우점종은 군락에 공통적으로 나타나는 종
② 추이대는 두 개 이상의 이질적인 군집사이에서 보이는 이행부
③ 극상은 나지에 처음 들어오는 식물들의 외부 형태를 말함
④ 1차 천이는 번식기관이 남아 있는 장소에서의 천이

풀이 ① 우점종은 군집에서 특히 우세하게 점유하고 있는 종으로 몇몇 군락에서 나타난다.
③ 극상은 천이를 반복하면서 더 이상 천이를 하지 않는 안정된 상태를 말한다.
④ 1차 천이는 생물이 전혀 존재한 적이 없는 기질에 생물이 침입해 일어나는 천이를 말한다.

031 다음은 어떤 식물에 대한 설명인가?

> 황색의 꽃이 4~5월에 피고 겨울철에 녹색의 줄기가 관상가치가 있으며, 원산지는 일본이다.

① 야광나무(*Malus baccata* Borkh)
② 황매화(*Kerria japonica* DC)
③ 조팝나무(*Spiraea prunifolia f. simpliciflora* Nakai)
④ 쉬땅나무(*Sorbaria sorbifolia* var. *stellipila* Maxim.)

032 벽오동의 분류군으로 맞는 것은?

① 피나무과(*Tilliacae*)
② 차나무과(*Theaceae*)
③ 소태나무과(*Simaroubaceae*)
④ 벽오동과(*Sterculiaceae*)

풀이 벽오동은 벽오동과로 학명은 *Firmiana simplex*

033 다음 ( ) 안에 공통으로 들어갈 매립지 복원공법은?

> • ( )은 산흙 식재기반 조성 시 하부층이 세립 미사질토인 경우 적용하는 공법이다.
> • ( )은 세립 미사질토가 가장 많은 중심부에서 외곽부로 모래 배수구를 만들어 준 후, 그 위에 산흙을 넣어 수목을 식재하는 방법이다.

① 성토법 ② 사공법
③ 사토객토법 ④ 사구법

ANSWER 028 ③ 029 ③ 030 ② 031 ② 032 ④ 033 ④

 사구법
오니층이 가라앉은 가장 낮은 중심부에서 주변부를 통해 배수구를 파놓은 다음, 이 배수구 속에 모래 흙을 혼합하여 넣고, 이곳에 수목을 식재하는 방법

034 종합경기장에 식재 계획을 할 경우 주차장에 심어야 할 가장 적합한 녹음 수종으로만 짝지어진 것은?

① 느티나무, 이팝나무
② 주목, 비자나무
③ 회양목, 식나무
④ 팔손이나무, 녹나무

풀이 주차장에는 낙엽활엽교목을 식재하는 것이 좋다.

035 방화용 식재 수종으로만 구성된 것은?

① 녹나무, 삼나무
② 비자나무, 소나무
③ 은목서, 구실잣밤나무
④ 후피향나무, 아왜나무

- 방화용으로 부적합한 수종 : 녹나무, 삼나무, 소나무, 구실잣밤나무, 모밀잣밤나무, 목서류, 비자나무, 태산목
- 방화용으로 적합한 수종 : 가시나무류, 녹나무, 동백나무, 아왜나무, 후박나무, 식나무, 사철나무, 사스레피나무, 굴거리나무, 후피향나무, 광나무, 금송

036 꽃 색깔이 다른 수종은?

① 채진목(*Amelanchier asiatica* Endl. *ex* Walp.)
② 함박꽃나무(*Magnolia sieboldii K.* Koch)
③ 옥매(*Prunus glandulosa* for. *albiplena Koehne*)
④ 모과나무(*Chaenomeles sinensis Koehne*)

- 채진목, 함박꽃나무, 옥매 – 흰색
- 모과나무 – 붉은색

037 조경수목의 부분별 특성을 살펴보면 뿌리(根), 줄기(莖), 잎(葉)의 영양기관과 꽃, 열매, 씨 등의 생식기관으로 구성되어 있다. 겨울의 꽃눈(花芽)이 필봉(筆鋒) 같다하여 경관적 가치가 있는 수목은?

① 때죽나무　② 백목련
③ 수수꽃다리　④ 무궁화

038 장미과(科)의 벚나무속(屬)에 해당되지 않는 것은?

① 매실나무　② 살구나무
③ 자두나무　④ 모과나무

 모과나무는 장미목 장미과 명자나무속에 해당한다.

039 돈나무의 학명으로 맞는 것은?

① *Pittosporum tobira*
② *Chaenomeles speciosa*
③ *Lespedeza maximowiczii*
④ *Rhus javanica*

ANSWER
034 ① 035 ④ 036 ④ 037 ② 038 ④ 039 ①

 ① 돈나무 ② 산당화
③ 조록싸리 ④ 붉나무

040 잎의 질감(Texture)이 가장 거친 수종으로만 구성된 것은?

① 칠엽수, 양버즘나무
② 편백, 화백
③ 산철쭉, 삼나무
④ 회양목, 꽝꽝나무

풀이 질감이 거친 수목은 잎이 큰 수종이다.

3 과목 조경시공

041 잔디 운동자 정지작업 중 경사도의 표준으로 적당한 것은?

① 1~2% ② 3~4%
③ 5~6% ④ 7~10%

풀이 표면배수를 위해 2% 경사를 만든다.

042 다음과 같은 특징을 갖는 합성수지는?

- 내열성이 우수하다.
- 내수성이 대단히 우수하여 Seal재의 원료로 쓰인다.
- 유리섬유를 보강하면 500℃ 이상 고열에도 수 시간을 견딜 수 있다.

① 에폭시 수지 ② 실리콘 수지
③ 페놀 수지 ④ 멜라민 수지

 ① 에폭시 수지 : 금속 접착성이 크고, 내약품성이 양호하다.
② 실리콘 수지 : 내열성, 전기절연성, 내수성이 좋다.
③ 페놀 수지 : 강도, 전기절연성, 내산성, 내열성, 내수성 모두 양호하다. 내알칼리성이 약하다.
④ 멜라민 수지 : 경도가 크고 내수성은 약하다.

043 다음 공정표에 관한 설명으로 틀린 것은?

① 좌표식 공정표는 예정 공정에 쉽게 대비할 수 있는 장점이 있다.
② 네트워크 공정표는 각 공정 간의 관계를 명확하게 하여 보다 세심한 관리가 가능하다.
③ 막대공정표는 막대그래프를 이용하여 작업의 특정 시점과 기간을 표시하여 공종별 공사일정을 파악하기가 쉽다.
④ 네트워크의 주공정선(Critical Path)은 전체 공사 과정 중 가장 짧은 일정이 소요되는 과정으로 전체 공사의 소요기간을 산정할 수 있다.

풀이 네트워크의 주공정선은 전체 공사 과정 중 가장 긴 일정이 소요되는 과정이다.

044 '석재판붙임용재(부정형돌)'의 할증률은?

① 3%
② 5%
③ 10%
④ 30%

ANSWER
040 ① 041 ① 042 ② 043 ④ 044 ④

045 다음 중 건설표준품셈의 조경공사의 유지관리를 위한 '일반전정' 관련 설명으로 틀린 것은?

① 본 품은 준비, 소운반, 전정, 뒷정리를 포함한다.
② 전정 후 외부 운반 및 폐기물 처리비를 포함한다.
③ 공구손료 및 경장비(전정기 등)의 기계경비는 인력품의 2.5%를 계상한다.
④ 수목의 정상적인 생육장애 요인의 제거 및 외관적인 수형을 다듬기 위해 실시하는 전정작업을 기준한 품이다.

풀이 전정 후 외부 운반 및 폐기물 처리비는 별도 계상한다.

046 시공 장비의 주요 사용 용도별 분류 중 '정지 또는 배토'를 위한 것은?

① 콤팩트　　② 불도저
③ 전압식 롤러　　④ 쇼 벨

풀이 정지작업 건설기계는 불도저, 모터그레이더이다.

047 공사감독자가 공사의 일시중지를 지시할 수 있는 경우에 해당되지 않는 것은?

① 수급인과 건축주로부터 공사대금의 선급금을 50% 미만으로 받은 경우
② 공사감독자나 감리원의 정당한 지시에 불응할 경우
③ 기후 조건 또는 천재지변으로 인해 부실시공이 우려될 경우
④ 공사 종사원의 안전을 위하여 필요하다고 인정될 경우

풀이 **조경공사표준시방서**
공사의 일시중단
1.2.1 감독자는 다음의 경우에 공사의 일시중지를 지시할 수 있다.
(1) 기후의 악조건으로 인하여 공사에 손상을 줄 우려가 있다고 인정될 때
(2) 수급인이 설계도서대로 시공하지 않거나 또는 감독자의 지시에 응하지 않을 때
(3) 공사 종사원의 안전을 위하여 필요하다고 인정될 때
(4) 수급인의 공사 시공 방법 또는 시공이 미숙하여 조잡한 공사가 우려될 때

048 보도를 포장하려고 할 때 지반의 지지력 중 가장 높은 것은?

① 점질토　　② 사질토
③ 잡석층　　④ 자갈 섞인 층

잡석을 넣어 지내력을 높여준다.

049 30m의 테이프가 표준자보다 1cm 짧다고 할 때 이 테이프로 측정한 300m의 길이는 얼마인가?

① 289.9m　　② 299.9m
③ 300.1m　　④ 300.01m

300m는 30m 테이프로 10번 측정한 것이므로, 한 번에 1cm씩 10cm가 짧아 299.9m
정답은 300.1m이나 표준자보다 짧다고 하였으니 299.9m로 산출하여야 한다.

ANSWER 045 ② 046 ② 047 ① 048 ③ 049 ③

050 다음 그림과 같은 비탈면녹화 공법의 명칭은?

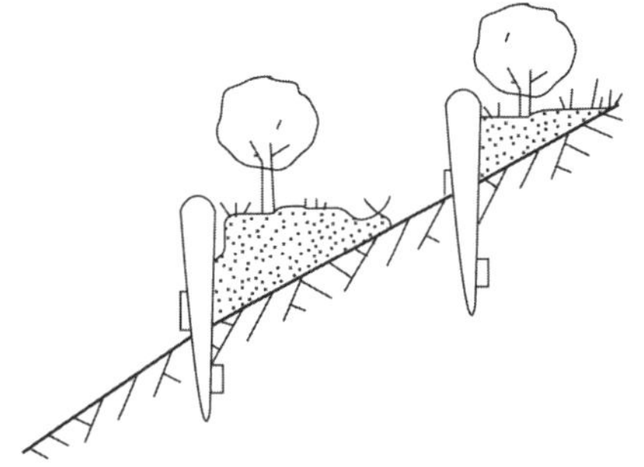

① 편책공 ② 근지공
③ 식생반공 ④ 종자뿜어붙이기

 **편책공법**
식생이 생육되기까지 비탈면의 토사 유출을 방지하기 위해 일시적으로 사용 비탈면에 나무말뚝을 박고 나뭇가지, 대나무, 아연, 철망 등을 뒷면에 붙인 뒤 흙을 채워 넣는다.

051 다음 표의 점토질과 사질 지반의 비교 내용 중 옳은 것은?

비교항목	사질	점토질
가. 투수계수	작다.	크다.
나. 가소성	크다.	없다.
다. 내부마찰각	크다.	없다.
라. 동결 피해	크다.	적다.

① 가 ② 나
③ 다 ④ 라

- 투수성은 사질이 크고 점토는 작다.
- 가소성은 사질은 없으며 점토는 크다.
- 동결 피해는 사질은 적고, 점토는 크다.

052 건설재료로서의 목재의 특징으로 옳은 것은?

① 열, 음, 전기 등의 전도성이 큰 전도체이다.
② 흡수 및 흡습성이 작으나 신축 변형이 크다.
③ 종류가 다양하고 외관이 아름답다.
④ 비중에 비해 압축강도, 인장강도가 작으며 건축물의 자중이 크다.

 ① 목재는 열, 음, 전기 등 전도성이 작다.
② 흡수 및 흡습성이 크다.
④ 비중 비해 압축강도, 인장강도가 크며 자중은 크지 않다.

053 왕벚나무 100주를 기계 시공으로 식재하는 데 필요한 노무비는 얼마인가?

- 조경공 노임 : 50,000원
- 보통인부 노임 : 30,000원
- 왕벚나무 1주당 식재품 : 조경공(1.0인), 보통인부(0.1인)
- 지주목은 설치하지 않는다.(감소요율은 인력시공 시 인력물의 10%, 기계시공 시 인력품의 20%를 적용)

① 4,240,000원 ② 4,770,000원
③ 5,300,000원 ④ 6,400,000원

 **인력공사 식재비**
(조경공(50000×1.0)
+ 보통인부(30000×0.1))×100
= 5,300,000
기계시공 시 인력품의 20%를 감한다고 하였으므로
5,300,000 − (5,300,000×0.2) = 4,240,000원

ANSWER 050 ① 051 ③ 052 ③ 053 ①

054 목재의 변화와 심재에 대한 설명으로 맞는 것은?

① 변재는 심재에 비해 건조수축이 크다.
② 변재가 심재에 비래 강도가 높다.
③ 수심에 가까운 부위가 변재이다.
④ 심재는 수액의 수송 및 양분을 저장하는 부분이다.

 ② 변재는 심재에 비해 강도가 낮다.
③ 수심에 가까운 부위가 심재이다.
④ 변재는 수액의 수송 및 양분을 저장하는 부분이다.

055 공원 등에 사용되는 우수의 배수관에 관한 설치 요령 중 옳지 않은 것은?

① 이상적인 유속은 1.0~1.8m/sec 정도로 한다.
② 일반적으로 동결심도 이하의 깊이로 매설하는 것이 원칙이다.
③ 관의 굵기는 계획 배수량을 정해진 유속으로 흘려보낼 수 있도록 정한다.
④ 평탄지에서는 유속을 될 수 있는 한 급구배로 하여 관의 굵기를 정한다.

풀이 평탄지에서는 자정작용이 가능한 구배로 관의 굵기를 결정한다.

056 목재의 CCA 방부제는 유해성으로 인해 산업현장에서 사용을 금지하고 있는데, 그 구성성분의 역할로 적합하지 않은 것은?

① As : 방충성(防蟲性)
② Cr : 정착성(定着性)
③ Cu : 방부성(防腐性)
④ Al : 지속성(持續性)

풀이 C.C.A방부는 크롬(Cr), 구리(Cu), 비소(As)의 화합물을 고압으로 처리하는 것

057 강의 일반적인 성질로 옳지 않은 것은?

① 비례한계점까지는 응력도와 변형도는 비례한다.
② 비례한계점까지는 후크(Hook)의 법칙이 성립된다.
③ 탄성계수(영계수)는 변형도를 응력도로 나눈 값이다.
④ 탄성계수는 일정한 정수로 나타내며 금속의 기계적 성질을 나타내는 중요한 자료이다.

풀이 변형도는 응력도를 탄성계수로 나눈값이다.

058 다음 중 평판측량 관련 설명으로 틀린 것은?

① 평판의 세우기는 정준, 구심, 표정의 3조건을 만족시켜야 한다.
② 측량 구역이 넓고 장애물이 있을 때는 후방 교회법으로 하는 것이 좋다.
③ 대표적인 평판측량 방법에는 방사법, 전진법, 교회법이 있다.
④ 측방교회법이라 함은 시준이 잘되는 여러 목표물을 미리 정한 후 이 점들을 시준하여 다른 점을 구하는 방법이다.

풀이 측량 구역이 넓고 장애물이 있을 때는 전진법으로 하는 것이 좋다.

ANSWER 054 ① 055 ④ 056 ④ 057 ③ 058 ②

059 콘크리트 타설 작업 시 발생하는 블리딩(Bleeding) 현상의 설명으로 옳은 것은?

① 굳지 않는 상태에서 시멘트 입자의 점성에 의한 재료 분리에 저항하는 성질
② 시멘트 입자의 비율이 높아 점성이 증가하므로 타설 작업에 지장을 초래하는 현상
③ 시멘트의 화학적 작용으로 인한 골재의 혼합 및 타설 작업에 지장을 초래하는 현상
④ 굳지 않은 상태에서 무거운 골재나 시멘트는 침하하고 비교적 가벼운 물이나 미세한 물질 등이 상승하는 현상

풀이 **블리딩(bleeding)**
콘크리트 친 후 물이 위로 2~4시간 정도 스며 나오는 현상

060 콘크리트의 중성화와 가장 관계가 깊은 것은?

① 산소　② 질소
③ 염분　④ 이산화탄소

 콘크리트 중성화는 시멘트의 수산화칼슘이 대기 중의 이산화탄소와 반응하여 pH를 저하시키는 현상

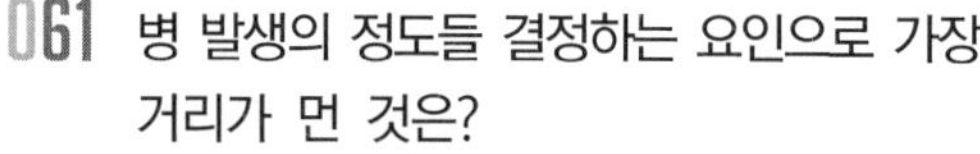

4 과목 조경관리

061 병 발생의 정도들 결정하는 요인으로 가장 거리가 먼 것은?

① 환경 조건
② 병원체의 병원성
③ 식물의 크기
④ 기주식물의 감수성

 식물의 크기는 상관 없다.

062 토양개량제 중 유기질 재료(Organic matter)로 쓰이지 않는 것은?

① 왕모래　② 피트(Peat)
③ 짚　④ 퇴비

063 레크레이션 수용 능력에 따른 관리 방법 중 부지관리 유형에 해당하는 것은?

① 이용 강도의 제한
② 이용 유도
③ 이용자에게 정보 제공
④ 정책 강화

풀이 **수용 능력과 관리 기법**
- 부지 관리 : 부지 강화, 이용 유도, 시설 개발
- 직접적 이용 제한 : 정책 강화, 구역별 이용, 이용강도의 제한, 활동의 제한
- 간접적 이용 제한 : 물리적 시설의 개조, 이용자에게 정보를 제공함, 자격 요건의 부과

064 저온에 의한 피해로 주로 열대나 아열대 식물에 발생하여 신진대사가 정지되고 세포질의 활성이 상실되는 생리기능의 장해를 일으켜 고사하는 것은?

① 한상(Chilling Injury)
② 상해(Frost Injury)
③ 동해(Freezing Injury)
④ 열사(Sun Scald)

 ① 한상(寒傷) : 열대식물 같은 종류가 0℃ 이하 저온에서 식물체 내의 결빙은 일어나지 않으나 생활기능 장애를 받아 죽는 것
② 상해 : 서리에 의한 피해
③ 동해 : 영하로 내려가 결빙에 의한 피해
④ 열사 : 한여름 태양열을 흡수한 고온으로 인한 피해

ANSWER
059 ④　060 ④　061 ③　062 ①　063 ②　064 ①

065 백호우의 장비 규격 표시 방법으로 옳은 것은?

① 차체의 길이(m)
② 차체의 무게(ton)
③ 표준 견인력(ton)
④ 표준버킷 용량(m^3)

 백호우는 표준버킷 용량으로 표시한다.

066 비탈면 보호공의 적용은 현지 실정에 맞추어 결정하는데 주로 토양이나 풍화토(風化土) 등 붕괴 우려가 적은 비탈면에 적합한 공법은?

① 배수공(排水工)
② 식생공(植生工)
③ 낙석방지공(落石防止工)
④ 구조물 보호공(構造物 保護工)

 붕괴 우려가 적을 때는 식생을 활용한 식생공을 실시하며 붕괴 우려가 큰 곳에는 구조물에 의한 보호공을 실시한다.

067 목재 유화시설을 보수할 때 방부, 방충효과를 알아보고자 함수율을 계산하면 얼마인가?

- 목재의 건조 전의 중량 : 120kg
- 건조 후의 중량 : 80kg

① 60% ② 50%
③ 30% ④ 20%

$$\text{목재함수율} = \frac{\text{건조 전 중량} - \text{건조 후 중량}}{\text{건조 후 중량}} \times 100$$

$$= \frac{120-80}{80} \times 100 = 50\%$$

068 식물 관리비의 계산 공식으로 맞는 것은?

① 식물의 종류×작업률×작업 횟수×작업단가
② 식물의 종류×작업률×작업 횟수×작업방법
③ 식물의 종류×작업 장소×작업 횟수×작업방법
④ 식물의 종류×작업률×작업 횟수×작업단가

069 토양 입자의 침강 속도를 측정하여 토양의 입경을 구분할 때 이용되는 Stokes식 내의 독립변수 중 침강 속도에 영향을 주는 인자로 고려되지 않는 것은?

① 물의 점성계수 ② 물의 밀도
③ 입자의 변경 ④ 입자의 형태

 침강 속도는 스토크스 법칙에 따라 퇴적물의 밀도가 클수록, 유체의 밀도와 점성도가 작을수록, 퇴적물 입자가 클수록 커진다.

070 다음 중에서 천적류에 가장 큰 영향을 미치는 살충제의 종류는?

① 유인제
② 접촉독제
③ 기피제
④ 불임제

 살충제는 유인제, 기피제, 불임제 등이 있으며 접촉독제는 농약이 해충의 피부에 묻어 체내로 침입하여 살충작용을 하는 것으로 가장 치명적이다.

ANSWER 065 ④ 066 ② 067 ② 068 ④ 069 ④ 070 ②

071 공원관리에 긍정적인 주민 참가 효과를 설명하고 있는 것은?

① 생태교육 효과를 높인다.
② 공원에 대한 애착심을 높인다.
③ 이용자를 제한할 수 있다.
④ 반달리즘을 높인다.

풀이 **주민 참가의 효과**
- 연대감, 상호 신뢰, 융화감 생김
- 단체 상호 간의 친목 도모
- 친구가 생김
- 행정과 주민과의 신뢰감 생김
- 노인들의 건강관리에 좋음
- 봉사정신이 길러짐
- 정서교육에 좋음
- 공중도덕심, 공공애호정신이 생김
- 자기 자신들의 공원이라고 하는 관심, 애착심 생김
- 공원을 안전하게 이용할 수 있음

072 운영관리계획 중 양적인 변화로 관리계획에 필요한 것은?

① 군식지의 생태적 조건 변화에 따른 갱신
② 귀화 식물의 증대
③ 야간 조명으로 인한 일장 효과의 증대
④ 지표면의 폐쇄로 토양 조건 약화

풀이 **양의 변화**
조성비의 0.8~1.2% 경비 소요
- 부족이 예측되는 시설의 증설 : 출입구, 매점, 화장실, 음수대, 휴게시설 등
- 이용에 의한 손상이 생기는 시설의 보충 : 잔디, 벤치, 음수대, 울타리 등 제시설물
- 내구년한이 된 각종 시설물 : 각종 시설물
- 군식지의 생태적 조건 변화에 따른 갱신

073 조경 작업용 도구와 능률에 대한 설명으로 옳지 않은 것은?

① 도구의 자루 길이가 너무 길면 정확한 작업이 어렵다.
② 도구의 날이 너무 날카로운 것은 부러지기 쉽다.
③ 도구의 날은 날카로울수록 땅을 잘 파거나 나무를 잘 자를 수 있다.
④ 도구의 날 끝 각도가 작을수록 자를 나무가 잘 빠개진다.

풀이 도구의 날 끝 각도가 클수록 자를 나무가 잘 빠개진다.

074 시멘트 콘크리트 포장 관리에 관한 사항 중 옳지 않은 것은?

① 줄눈시공이 부적합하면 수축에 의해 균열이 발생한다.
② 배수 시설이 불충분하면 노상이 연약해진다.
③ 포장의 균열이 많은 경우 콘크리트로 덧씌우기 한다.
④ 포장 파손이 심한 경우 패칭 공법으로 보수한다.

풀이 포장의 균열이 많은 경우 충전재를 채워 넣는다.

075 도로변 녹지의 관리계획 일정을 세우고자 할 때 잔디 보식의 최적기는?

① 4월 ② 7월
③ 8월 ④ 11월

풀이 잔디는 봄에 식재하는 것이 가장 좋다.

ANSWER
071 ② 072 ① 073 ④ 074 ③ 075 ①

076 조경석을 옮기거나 설치하기 위해 이용되는 이음매가 있는 권상용 와이어로프의 사용금지 규정이다. ( ) 안에 알맞은 수치는?

> 와이어로프의 한 꼬임에서 수선의 수가 ( )% 이상 절단된 것을 사용하면 안 된다.

① 5 ② 7
③ 10 ④ 15

077 다음 중 소나무좀에 관한 설명으로 틀린 것은?

① 수세가 쇠약한 벌목, 고사목에 기생한다.
② 연 1회 발생하며, 유충으로 월동한다.
③ 월동성충이 수피를 뚫고 들어가 산란한 알이 부화한 유충이 수피 밑을 식해한다.
④ 생물학적 방제를 위한 기생성 천적인 좀벌류, 맵시벌류, 기생파리류 등을 보호한다.

풀이 소나무좀은 성충으로 월동한다.

078 솔나방의 생태에 관한 설명으로 옳지 않은 것은?

① 연 1회 발생한다.
② 유충으로 월동한다.
③ 성충의 우화 기간은 7월 하순~8월 중순이다.
④ 소나무 껍질 틈에 알을 덩어리로 낳는다.

풀이 솔나방은 솔잎에 알을 낳는다.

079 잔디에 뗏밥주기를 실시하는 이유로 가장 거리가 먼 것은?

① 지하경과 토양의 분리를 막으며, 내한성을 증대시킨다.
② 잔디의 요철(凹凸) 부분을 평탄하게 하며, 잔디깎기를 용이하게 한다.
③ 잔디 식생층의 증가로 답압에 의한 잔디 피해를 적게 한다.
④ 새로운 지하경을 뗏밥 속에 묻고, 오래된 지하경의 생육을 촉진함으로써 병해충의 피해를 줄인다.

풀이 **잔디 뗏밥주기**
잔디 포복경이 노출되어 생장이 나쁘거나 답압으로 떼가 쇠약할 때 4~6월경 비옥한 흙 0.5~1cm 정도 뿌려 노출된 포복경에 덮어주어 부정아와 부정근을 발생시켜 치밀한 잔디밭을 만드는 방법

080 교목 500주가 심어진 공원에 시비를 하고자 한다. 연평균 수목 시비율을 20%로 할 때 다음 표를 참조하여 시비를 위한 당해 연도(1년간) 인건비를 산출하면 얼마인가?

교목시비		(100주당)
명칭	단위	수량
조경공 보통인부	인 인	0.3 2.8

건설인부 노임 단가	(원)
명칭	금액
조경공 보통인부	50,000 40,000

① 127,000원 ② 279,000원
③ 635,000원 ④ 1,270,000원

풀이 조경공(50,000×0.3)+보통인부(40,000×2.8)×5(표가 100주당이므로 500주)×0.2(시비율) = 127,000원

ANSWER 076 ③ 077 ② 078 ④ 079 ④ 080 ①

2018 4회 조경산업기사 최근기출문제

2018년 9월 15일 시행

제1과목 조경계획 및 설계

001 조선시대 경승지에 세워진 누각들이다. 경기도 수원에 위치하고 있는 것은?

① 한벽루(寒碧樓)
② 사미정(四美亭)
③ 방화수류정(訪花隨柳亭)
④ 북수구문루(北水口門樓)

방화수류정 : 정조 18년 수원성곽 축조 시 만든 누각

002 파티오(Patio)는 어느 나라 정원의 형태에서 많이 볼 수 있는가?

① 로마
② 프랑스
③ 스페인
④ 이탈리아

파티오 : 중정이라는 뜻이나 스페인 정원이 건물로 둘러싸인 중정 형태가 많다.

003 다음 중 한국 전통정원 양식 가운데서 특히 별서의 특징이라고 할 수 있는 것은?

① 선택된 자연풍경을 이상화하여 독특한 축경법(縮景法)에 따른 상징화된 모습으로 정원을 표현하였다.
② 자연적인 경관을 주 구성 요소로 삼고 있기는 하나 경관의 조화에 주안을 두기 보다는 대비에 중점을 두었다.
③ 자연의 아름다움이 건물의 내부에도 연결되어 하나의 특징적 정원을 이룬다.
④ 자연에 대한 선종적(禪宗的)인 해석을 바탕으로 한 상징과 많은 법칙들에 의하였다.

①, ④는 일본정원의 특징, ②는 중국정원의 특징

004 영국 풍경식 정원에서 대정원과 모든 시골 풍경을 성공적으로 통합시킬 수 있는 방법을 제시한 스펙테이터(The Spectater)의 저자는?

① 조셉 에디슨
② 토마스 웨이틀리
③ 로버트 카스텔
④ 존 제라드

스펙테이터 : 조셉 에디슨이 도덕주간지 스펙테이터의 '상상력의 기쁨(The pleasure of Imagination)'에서 프랑스식 정원은 영국의 지역적, 풍토적 전통에 어울리지 않는다고 하였다.

ANSWER
001 ③ 002 ③ 003 ③ 004 ①

005 다음과 같은 특징을 갖는 정원 유적은?

> • 돌로 축조된 전복과 비슷한 모양의 수로로 유상곡수연의 유구로 추정되고 있다.
> • 형태는 타원형을 이루며, 안쪽에 12개, 바깥쪽에 24개의 다듬은 돌을 조립하였다.

① 계담(溪潭)
② 구품연지(九品蓮池)
③ 만월대(滿月臺)
④ 포석정(鮑石亭)

풀이 포석정의 유상곡수연

006 다음 중 아미산(峨眉山) 조경 유적은 어느 곳에 있는가?

① 안압지(雁鴨池)
② 경복궁 교태전(交泰殿) 후원
③ 창덕궁 대조전(大造殿) 후원
④ 경복궁 건청궁(乾淸宮) 후원

풀이 아미산은 경복궁 침전 교태전의 계단식 화계 후원이다.

007 다음 중 계성의 원야(園冶)에 기술된 차경 기법이 아닌 것은?

① 대차 ② 원차
③ 양차 ④ 부차

풀이 차경이란 일차(원경), 인차(근경), 양차(올려보기), 부차(내려다보기), 응시이차(계절에 따른 경관)로 공간의 모든 면을 고려하는 수법에 관한 것

008 고대 그리스 특수정원인 아도니스원의 성격이라고 볼 수 있는 것은?

① Megaron
② Hanging Garden
③ Roof Garden
④ Sunken Garden

풀이 아도니스원은 부인들이 신을 기리기 위해 pot에 단명식물을 심어 장식한 것으로 Pot Garden, Roof Garden의 원형이다.

009 개발 대상지에서는 벌채 등으로 대규모의 붕괴가 일어나기 쉬우므로 자연 상태로 적극 보존할 필요가 있는 경사도는 최소 몇 도(°) 이상인가?

① 15° 이상 ② 20° 이상
③ 25° 이상 ④ 30° 이상

010 국토종합계획은 몇 년마다 수립하여야 하고, 몇 년마다 전반적으로 재검토 및 장비를 하여야 하는가?

① 20년, 10년 ② 20년, 5년
③ 10년, 5년 ④ 10년, 3년

풀이 **국토기본법 제7조(국토계획의 상호 관계)**
국토종합계획은 20년을 단위로 하여 수립하며, 도종합계획, 시·군종합계획, 지역계획 및 부문별 계획의 수립권자는 국토종합계획의 수립 주기를 고려하여 그 수립 주기를 정하여야 한다.
국토기본법 제19조(국토종합계획의 정비)
국토교통부장관은 제18조제3항에 따른 평가 결과와 사회적·경제적 여건 변화를 고려하여 5년마다 국토종합계획을 전반적으로 재검토하고 필요하면 정비하여야 한다.

ANSWER 005 ④ 006 ② 007 ① 008 ③ 009 ③ 010 ②

011 당시의 사회적 가치는 경관과 도시 형태에 중요한 역할을 한다. 다음 중 서로 관계가 먼 것은?

① 죽음의 문제 - 피라미드
② 종교 - 고딕 건축
③ 절대왕권 - 수직적인 거대도시
④ 환경 문제 - 지속 가능한 도시

풀이 절대왕권 – 거대한 신전

012 조경계획을 위한 기본도(Base Map) 중 대지 종·횡 단면도의 기초가 되는 도면은?

① 토양도 ② 식생도
③ 지형도 ④ 지질도

풀이 지형도는 지형의 높낮이가 표시되어 있으므로 대지를 단면으로 잘라 계획에 활용한다.

013 환경적으로 건전하고 지속 가능한 개발(ESSD)에 대해서는 많은 해석이 있는데 다음 중 골자를 이루고 있는 개념이 아닌 것은?

① 자연자원의 절대 보존
② 세대 간의 형평성
③ 환경 용량 한계 내에서의 개발
④ 사회 정의적 관점에서의 개발

풀이 지속 가능한 개발(Environmentally Sound and Sustained Development)은 경제 발전과 환경 보전의 양립을 위하여 새롭게 등장한 개념으로, 1987년 환경과 개발에 관한 세계 위원회가 발표한 '우리의 공통된 미래(Our Common Future)'에서 제시되었다. 미래 세대가 이용할 환경과 자연을 손상시키지 않고 현재 세대의 필요를 충족시켜야 한다는 '세대 간의 형평성'과, 자연 환경과 자원을 이용할 때는 자연의 정화 능력 안에서 오염 물질을 배출하여야 한다는 '환경 용량 내에서의 개발'을 의미한다.

014 자연환경보전법상의 생태·경관보전지역 관리 기본계획에 포함되어야 할 사항이 아닌 것은?

① 지역 안의 녹지관리 체계와 공원계획에 관한 사항
② 지역 안의 생태계 및 자연 경관의 변화 관찰에 관한 사항
③ 지역 안의 오수 및 폐수의 처리 방안
④ 환경친화적 영농 및 생태관광의 촉진 등 주민의 소득증대 및 복지 증진을 위한 지원 방안에 관한 사항

풀이 **자연환경보전법 제14조(생태 · 경관보전지역관리 기본계획)**

환경부장관은 생태 · 경관 보전 지역에 대하여 관계중앙행정기관의 장 및 관할 시 · 도지사와 협의하여 다음의 사항이 포함된 생태 · 경관보전지역 관리기본계획을 수립 · 시행하여야 한다.

1. 자연생태 · 자연경관과 생물다양성의 보전 · 관리
2. 생태 · 경관보전지역 주민의 삶의 질 향상과 이해관계인의 이익 보호
3. 자연자산의 관리와 생태계의 보전을 통하여 지역사회의 발전에 이바지하도록 하는 사항
4. 그 밖에 생태 · 경관보전지역관리기본계획의 수립 · 시행에 필요한 사항으로서 대통령령이 정하는 사항

015 채도에 관한 설명 중 옳은 것은?

① 흰색을 섞으면 높아지고 검은색을 섞으면 낮아진다.
② 색의 선명도를 나타낸 것으로 무채색을 섞으면 낮아진다.
③ 색의 밝은 정도를 말하는 것이며, 유채색을 섞으면 높아진다.
④ 그림물감을 칠했을 때 나타나는 효과이며 흰색을 섞으면 높아진다.

풀이 ① 흰색을 섞으면 명도가 높아지고, 검은색을 섞으면 명도는 낮아진다.

ANSWER
011 ③ 012 ③ 013 ① 014 ① 015 ②

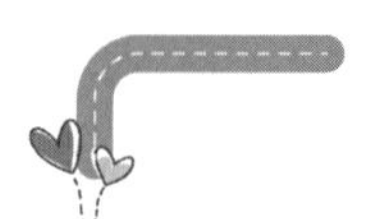

③ 색의 탁한 정도를 말하는 것이다.
④ 흰색을 섞으면 채도는 낮아진다.

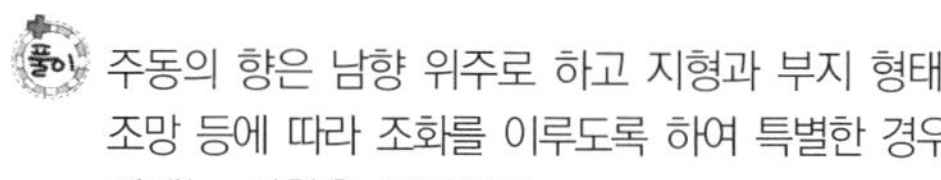

풀이 주동의 향은 남향 위주로 하고 지형과 부지 형태, 조망 등에 따라 조화를 이루도록 하여 특별한 경우 외에는 서향은 지양한다.

016 자전거 도로 설계와 관련된 용어의 설명이 틀린 것은?

① 설계속도 : 자전거 도로 설계의 기초가 되는 자전거의 속도
② 정지시거 : 자전거 운전자가 같은 자전거 도로 위에 있는 장애물을 인지하고 안전하게 정지하기 위하여 필요한 거리
③ 제한길이 : 종단경사가 있는 자전거 도로의 경우 종단경사도에 따라 연속적으로 이어지는 도로의 최소 길이
④ 편경사 : 평면곡선부에서 자전거가 원심력에 저항할 수 있도록 하기 위하여 설치하는 횡단경사

풀이 • 제한길이 : 종단경사가 있는 자전거 도로의 경우 종단경사도에 따라 연속적으로 이어지는 도로의 최대 길이

017 주거단지 조경의 기본설계 내용으로 옳지 않은 것은?

① 지속 가능한 녹색 생태도시의 원리를 적용한다.
② 주택의 질과 양호한 거주성 확보를 위하여 영역성, 향, 사생활 보호, 독자성, 편의성, 접근성, 안전성 등을 고려하여 설계한다.
③ 단지가 갖고 있는 역사적·문화적 유산과 보호수, 수림대, 습지 등의 자연환경자원 등 고유의 여러 특성을 최대한 활용한다.
④ 주동의 향은 지형과 부지 형태, 조망 등에 따라 조화를 이루도록 하고, 서향을 우선하되, 특별한 경우를 빼고는 남향을 피한다.

018 조경설계기준상의 흙쌓기 식재지와 관련된 설계 내용 중 틀린 것은?

① 저습지의 토양 중 유기물질을 함유한 부분과 토양 공극 내에 존재하는 수분은 흙쌓기에 앞서서 충분히 제거하도록 설계한다.
② 기존의 지반이 기울어진 경우에는 기존 지반과 흙쌓기층의 기존 지반을 평식으로 정리한 다음 흙쌓기 하도록 설계한다.
③ 식재지의 흙쌓기 깊이가 5m를 넘는 경우, 지반의 부등침하 및 미끄러짐이 우려되는 곳에서는 흙쌓기 높이 2m마다 2% 정도의 기울기로 부직포를 깔아 토양 공극의 자유수가 쉽게 배수되도록 한다.
④ 기존의 땅 위에 기존 토양보다 투수계수가 큰 토양을 쌓을 경우에는 정체수의 배수가 용이하도록 기존 지반의 표면을 2% 이상 기울게 마무리하며, 정체수가 모이는 지점에 심토층 배수 시설을 설치한다.

풀이 기존의 지반이 기울어진 경우에는 기존 지반과 흙쌓기 층의 분리를 방지하기 위해 기존 지반을 계단식으로 정리한 다음 흙쌓기 하도록 설계한다.

ANSWER 016 ③ 017 ④ 018 ②

019 다음과 같이 3각법에 의한 투상도에서 누락된 정면도로 옳은 것은?

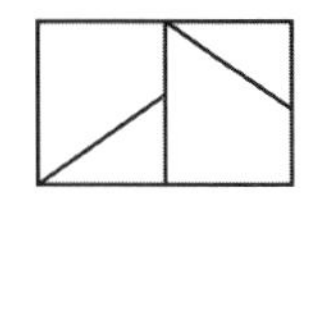

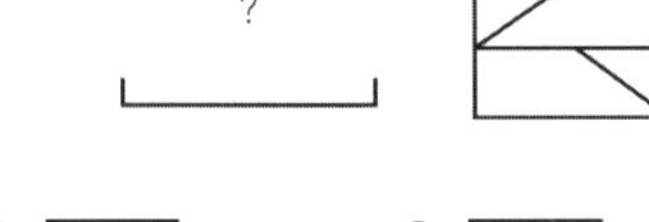

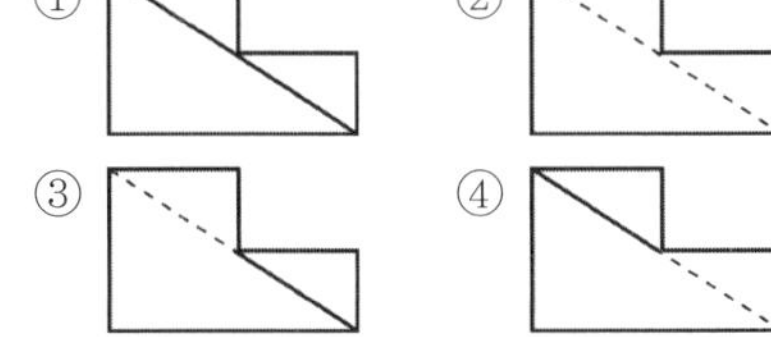

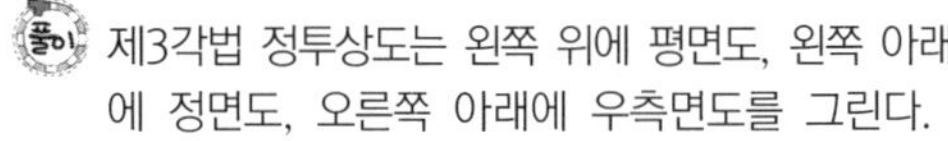

풀이 제3각법 정투상도는 왼쪽 위에 평면도, 왼쪽 아래에 정면도, 오른쪽 아래에 우측면도를 그린다.

020 각종 선(線)의 형태에 대한 표현 설명으로 가장 거리가 먼 것은?

① 직선은 대담, 적극적, 긴장감 등을 준다.
② 곡선은 유연, 온건, 우아한 감을 준다.
③ 대각선은 수동적, 휴식 상태의 감을 준다.
④ 지그재그(Zigzag)는 활동적, 대립, 방향 제시를 한다.

풀이 대각선은 변화적, 역동적, 움직임을 연상하는 동적 방향감을 준다.

2과목 조경식재

021 다음 [보기]에서 설명하고 있는 식물은?

[보기]
- 여름철의 고온다습한 환경에서 한층 더 잘 자라고 계속 꽃 피우는 춘식구근이다.
- 생육적온은 25~28℃이며, 5℃ 이하에서는 생육이 중지되고 10℃ 이하에서는 죽어 버린다.
- 양성식물로 생육개화에는 충분한 일조를 필요로 하고, 개화하는 데 일장의 영향은 거의 받지 않으나 근경의 비대는 단일하에서 촉진된다.
- 개화기가 길고 강건하며 병해에 강하다.

① 달리아 ② 튤립
③ 칸나 ④ 히아신스

022 다음 중 가지에 예리한 가시와 같은 형태를 갖고 있는 수목은?

① 명자나무(*Chaenomeles speciosa*)
② 남천(*Nandina domestica*)
③ 호랑가시나무(*Ilex sornuta*)
④ 서어나무(*Carpinus laxiflora*)

ANSWER 019 ④ 020 ③ 021 ③ 022 ①

Appendix 최근기출문제

023 다음 설명에 적합한 표본 추출 방법은?

> 일정한 형식에 따라 규칙적으로 표본을 추출하는 방법으로 선상으로서 길게 이어지는 도로의 절사면 식생을 일정한 간격으로 조사할 때 적합한 방법

① 계통추출법
② 무작위추출법
③ 전형표본추출법
④ 벨트 트랜섹트법

- 계통추출법 : 일정한 형식에 따라 규칙적으로 표본을 추출하는 방법
- 무작위추출법 : 초원과 같이 거의 균질한 식생이 광대한 면적에 걸쳐 이루어진 경우에 적용하기 좋다.

024 수생식물 분류와 해당 식물의 연결이 맞는 것은?

① 정수성 : 부들
② 부엽성 : 붕어마름
③ 부유성 : 고랭이
④ 침수성 : 가시연

- 추수식물 : 갈대, 줄, 부들, 창포 등
- 부엽식물 : 가래, 마름, 수련, 어리연꽃 등
- 침수식물 : 붕어마름, 물수세미, 검정말, 나사말 등
- 부유식물 : 개구리밥, 물옥잠, 자라풀, 생이가래 등

025 다음 중 잔디 종자의 발아력(發芽力)이 감퇴되는 요인에 해당하지 않는 것은?

① 종자 내 효소 활력이 감소되는 경우
② 종자 내 저장양분이 소모된 경우
③ 발아 유도 기구가 분해된 경우
④ 가수분해효소가 활성화된 경우

026 월동작업 중 줄기싸주기(나무심기)를 실시하여 주는 이유가 아닌 것은?

① 충해 잠복소 제공
② 수분 증산 감소
③ 잡목 침해 방지
④ 수피일소 현상 억제

- 줄기싸주기 : 이식 수목이나 지하고 높은 나무일 때 수분증발을 억제하고 병충해 방제 효과가 있다. 마포, 유지, 새끼를 이용해 줄기 싸주기

027 지상의 줄기가 일 년 넘게 생존을 지속하며 목질화되어 비대성장을 하는 만경목(蔓莖木)으로만 구성되지 않은 것은?

① 작약, 멀꿀
② 송악, 으름덩굴
③ 인동덩굴, 능소화
④ 마삭줄, 담쟁이덩굴

028 녹나무과(科) 식물 중 낙엽성인 것은?

① 녹나무(*Cinnamomum camphora*)
② 생강나무(*Lindera obtusiloba*)
③ 센달나무(*Machilus japonica*)
④ 후박나무(*Machilus thunbergii*)

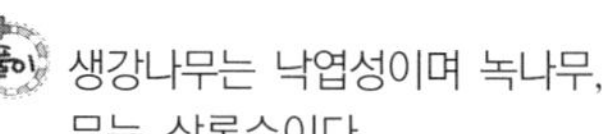
생강나무는 낙엽성이며 녹나무, 센달나무, 후박나무는 상록수이다.

029 꽃이나 잎의 형태와 같이 보다 작은 식물학적 차이점을 지닌 것으로 식물의 명명에서 "for"로 표기하는 것은?

① 품종 ② 이명
③ 변종 ④ 재배품종

for는 품종을 표시할 때 적는다.

ANSWER
023 ① 024 ① 025 ④ 026 ③ 027 ① 028 ② 029 ①

030 다음 중 측백나무과(*Cupressaceae*)에 해당하지 않는 수종은?

① 향나무(*Juniperus chinensis*)
② 편백(*Chamaecyparis obtusa*)
③ 측백나무(*Thuja orientalis*)
④ 독일가문비(*Picea abies*)

풀이 독일가문비나무는 소나무과이다.

031 녹음수의 잎 1매에 의한 햇빛투과량이 10%일 때 2매에 의한 반사흡수량은?

① 90% ② 93%
③ 96% ④ 99%

풀이 1장일 때 투과량 10% = 반사흡수량 90% 이므로 2장일 때의 투과량은 1장일 때의 투과량 10% 중 반사흡수량 90%=9%로
투과량은 10-9=1%이므로
반사흡수량은 99%이다.

032 가로변 녹음수의 일반조건에 맞는 것은?

① 지하고가 높은 수종
② 병충해에 약한 수종
③ 수간에 가시가 있는 수종
④ 잔가지가 많이 발생하고 고사지가 많은 수종

풀이 지하고가 높은 수종, 병충해에 강한 수종, 수간에 가시가 없는 수종, 고사지가 많지 않은 수종

033 다음 중 가장 먼저 꽃이 피는 것은?

① 철쭉(*Rhododendron schlippenbachi*)
② 산철쭉(*Rhododendron yedoense*)
③ 진달래(*Rhododendron mucronulatum*)
④ 풍년화(*Hamamelis japonica*)

풀이 철쭉(5월), 산철쭉(4~5월), 진달래(3월), 풍년화(2월)

034 생태적 천이에 관한 설명으로 옳은 것은?

① 호수에서의 생태적 천이는 점진적으로 느리게 진행된다.
② 2차 천이 계열은 삼각주, 사구(Sand Dune) 등에서 볼 수 있다.
③ 1차 천이 계열은 토양이 이미 존재하므로 빠르게 진행된다.
④ 영양염류 공급과 생산력이 거의 없는 호수를 부영양호라 한다.

풀이 ② 삼각주, 사구에서 주로 일어나는 것은 1차 천이
③ 1차 천이는 바위나 모래, 정지된 물처럼 황폐한 공간에서부터 발생하는 것이다.
④ 부영양호는 영양염류가 풍부하여 물질의 생산이 왕성한 호수를 말한다.

035 식물 분류학상 과(科)가 틀린 것은?

① 곰솔 : 소나무과
② 사철나무 : 노박덩굴과
③ 미루나무 : 버드나무과
④ 복자기 : 콩과

풀이 복자기 : 단풍나무과

ANSWER 030 ④ 031 ④ 032 ① 033 ④ 034 ① 035 ④

036 꽃이 잎보다 먼저 나오는 식물이 아닌 것은?

① 살구나무(*Prunus armeniaca var. ansu Maxim*)
② 올벚나무(*Prunus pendula for. ascendens Ohwi*)
③ 다정큼나무(*Raphiolepis india var. urnbellata Ohashi*)
④ 복사나무(*Prunus persica* Batsch *for persica*)

풀이 다정큼나무는 잎이 먼저 나온다.

037 조경식재에 의한 기후 조절 기능을 설명한 것 중 맞는 것은?

① 식물은 아스팔트나 그 밖의 인공 재료에 비하여 태양복사를 반사시키는 효과가 크지만, 흡수한 열은 인공구조물보다 비교적 오랫동안 식물 내부에 가지고 있어 외부 기온을 떨어뜨리는 효과가 있다.
② 기온과 습도가 적당하더라도 바람이 지나치면 쾌적성이 떨어지는데 이 같은 바람을 차단하기 위해서는 고밀도로 식재하는 것이 바람감소에 더욱 효과적이다.
③ 바람막이 역할을 나무 식재 폭(두께)은 방풍효과와는 무관하지만, 식재의 폭이 너무 좁으면 최소한의 필요한 방풍밀도를 확보하기 어려우므로 일정한 폭이 되도록 식재하여야 한다.
④ 식물은 주로 광합성작용에 의하여 체내 수분을 공기 중으로 방출하여 공중습도를 조절하는 기능을 가지고 있다.

풀이 ① 식물은 흡수한 열도 증산작용으로 소모하여 온도조절한다.
② 방풍식재는 중간정도 밀도가 적당하다.
④ 식물의 습도조절능력은 잎의 증산작용 때문이다.

038 다음 [보기]의 특징을 갖는 수종은?

[보기]
- 소태나무과(科)이다.
- 수피는 회갈색으로 얕게 갈라지며, 잎이나 꽃에서 강한 냄새가 난다.
- 중국 원산으로 우리나라에 귀화식물로 전국에 자생하며, 대기오염에 강하다.
- 생장이 빠르며 녹음 기능이 우수하여 가로수식재, 녹음식재, 완충식재에 적합하다.

① 가죽나무 ② 메타세쿼이어
③ 은단풍 ④ 회화나무

 메타세쿼이어(낙우송과), 은단풍(단풍나무과), 회화나무(콩과)

039 다음의 차폐 대상과 차폐식재와의 관계를 나타내는 식과 관련이 없는 것은?

$$h = \frac{D}{d}(H-e)+e$$

① h : 차폐식재의 높이
② H : 차폐 대상물의 높이
③ d : 시점과 차폐식재와의 수평 거리
④ D : 눈과 차폐 대상물의 최하부를 연결한 거리

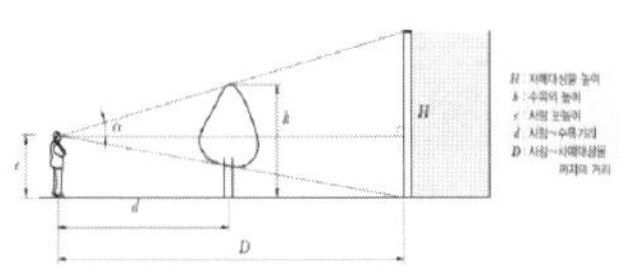

H : 차폐대상물 높이
h : 수목 높이
e : 사람 눈높이
d : 사람 ~ 수목거리
D : 사람 ~ 차폐대상물까지의 거리

$$h = \frac{d}{D}(H-e)+e$$

문제의 D와 d는 위 공식과 반대로 적혀 있으므로 D는 사람과 수목과의 거리라고 해야 한다.

ANSWER 036 ③ 037 ③ 038 ① 039 ④

040 조경수목의 번식을 위해 다음과 같은 공정 순서를 갖는 번식법은?

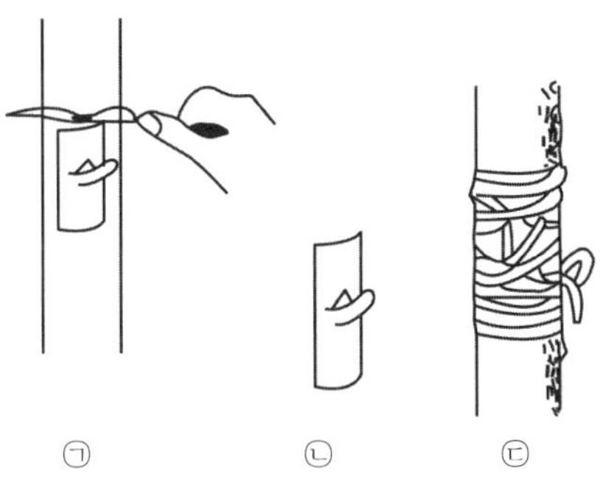

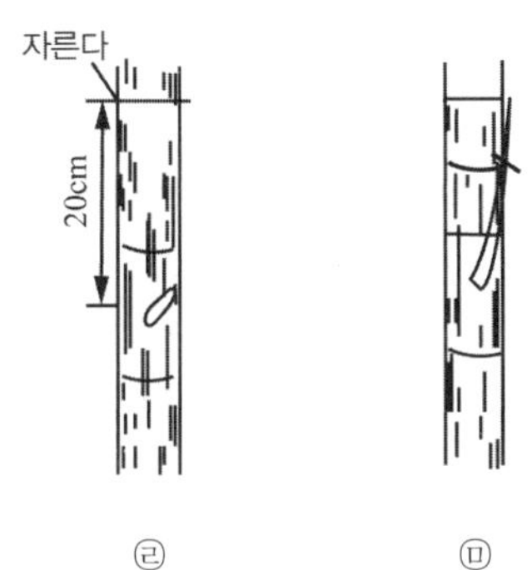

① 눈접(아접)　② 깎기접(절접)
③ 쪼개접(할접)　④ 꺾꽂이접(삽목접)

• 깎기접(절접) : 접수에 눈 한두 개를 붙여서 1/2~1/5 정도 수직으로 깎아내려 대목에 형성층을 맞춰 끼운다.

3 과목 조경시공

041 공시실시방식에 따른 계약 방법에 있어 전문공사별, 공정별, 공구별로 도급을 주는 방법은?

① 공동도급　② 분할도급
③ 일식도급　④ 직영도급

① 공동도급 : 2개 이상의 도급자가 공동 출자회사를 조직하여 시공
② 분할도급 : 공사를 세분해서 각기 따로 도급자 결정. 전문공종별, 공정별, 공구별, 직종별 · 공종별
③ 일식도급 : 공사전반을 한 사람에게 도급
④ 직영 방식 : 사업자가 직접 계획을 세우고 재료 구입, 노무자 동원, 시설물 투입, 가설물 등 일체의 공사를 직접하는 것

042 벽돌쌓기에 각 켜를 쌓는데, 벽 입면으로 보아 매켜에 길이와 마구리가 번갈아 나타나는 것은?

① 프랑스식쌓기　② 미식쌓기
③ 영식쌓기　④ 네덜란드식쌓기

① 프랑스식 : 매단에 길이쌓기, 마구리쌓기를 번갈아 쌓기
② 미식 : 5단까지 길이쌓기를 하고 그 위의 한 켜는 마구리쌓기로 뒷벽돌과 맞물려 쌓는다.
③ 영국식 : 벽의 끝모서리를 마름질한 벽돌로 반, 25토막을 써서 넣고, 마구리놓기와 길이놓기를 반복하여 서로 켜마다 어긋쌓기 한다.
④ 네덜란드식 : 영국식과 같으나, 모서리 끝에 칠오토막을 사용한다.

043 조경식재공사 시 다음 조건을 참고하여 산출한 총공사비는?

• 재료비 : 5,000만 원
• 직접노무비 : 1,000만 원
• 간접노무비 : 5%
• 산재보험료율 : 15/1,000
• 일반관리비율 : 5%
• 이윤 : 13%
• 총 공사비는 천 원 단위까지만 구하고, 미만은 버리며 부가가치세는 계상하지 않음

① 6,066만원　② 6,289만원
③ 6,547만원　④ 8,320만원

ANSWER
040 ①　041 ②　042 ①　043 ③

Appendix 최근 기출문제

항 목	계 산 공 식	계 산 식	금 액
재료비			50,000,000
직접 노무비			10,000,000
간접 노무비	직접노무비× 간접노무비율	10,000,000×0.05	500,000
산재 보험료	노무비×산재 보험요율	(10,000,000+500,000) ×15/1000	157,500
순 공사비	재료비+노무비 +경비	50,000,000+10,500,000 +157,500	60,657,500
일반 관리비	순공사비×일 반관리비율	60,657,500×0.05	3,032,875
이윤	(노무비+경비+ 일반관리비)× 요율	(10,000,000+500,000 +157,500+3,032,875) ×0.13	1,779,748.75
총 공사비	순공사비+일반 관리비+이윤	60,657,500+3,032,875 +1,779,748.75	65,470,123.75

총 공사비는 천원까지만 구하므로 65,470,000 즉 6,547만원

044 순공사원가에 해당되지 않는 항목은?

① 안전관리비　② 간접노무비
③ 일반관리비　④ 외주가공비

순공사비는 재료비, 노무비, 경비의 합이며 일반관리비는 (재료비+노무비+경비)×일반관리비요율을 곱하여 산출한다.

045 하천 양안에서 교호 수준측량을 실시하여 그림과 같은 결과를 얻었다. A점의 지반고가 50.250m일 때 B점의 지반고는?

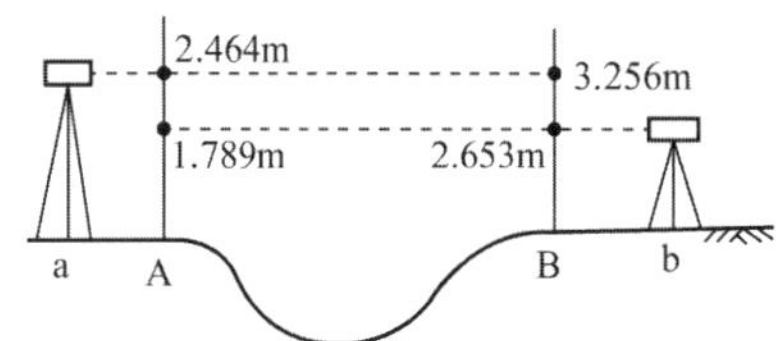

① 49.422m　② 50.250m
③ 51.082m　④ 51.768m

$$H_B = H_A + \frac{(a_1 + a_2) - (b_1 - b_2)}{2}$$

$$= 50.250 + \frac{(2.464 + 1.789) - (3.256 + 2.653)}{2}$$

$$= 49.422\text{m}$$

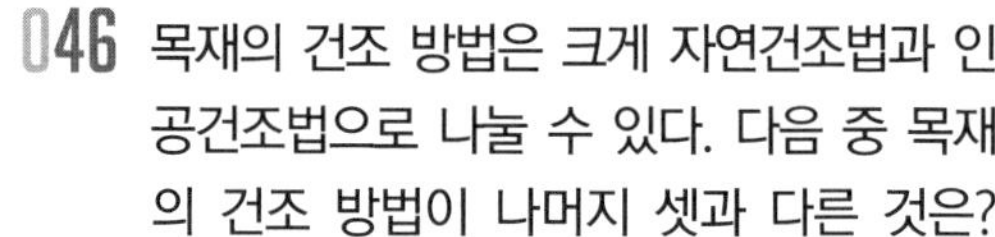

046 목재의 건조 방법은 크게 자연건조법과 인공건조법으로 나눌 수 있다. 다음 중 목재의 건조 방법이 나머지 셋과 다른 것은?

① 훈연법　② 자비법
③ 증기법　④ 수침법

- 자연건조법 : 공기건조법과 수침법이다.
- 인공건조법 : 찌는법, 증기법, 공기가열건조법, 훈연건조법, 고주파건조법 등이 있다.

047 합성수지(Plastic)의 일반적인 성질로 틀린 것은?

① 가소성이 풍부하다.
② 전성, 연성이 작다.
③ 탄성계수가 강재보다 작다.
④ 연소할 때 유독가스를 방출한다.

합성수지는 전성(두드리거나 압착하면 넓고 얇게 펴지는 금속의 성질), 연성(탄성한계를 넘는 힘을 가함으로써 물체가 파괴되지 않고 늘어나는 성질)이 크다.

048 토공사용 기계로서 흙을 깎으면서 동시에 기체 내에 담아 운반하고 깔기 작업을 겸할 수 있으며, 작업 거리는 100~1,500m 정도의 중장거리용으로 쓰이는 것은?

① 트렌치　② 그레이더
③ 파워쇼벨　④ 스크레이퍼

ANSWER
044 ③　045 ①　046 ④　047 ②　048 ④

049 재료의 성질에 관한 설명으로 틀린 것은?

① 경도는 재료의 단단한 정도를 말한다.
② 강성은 외력을 받아도 잘 변형되지 않는 성질이다.
③ 인성은 외력을 받으면 쉽게 파괴되는 성질이다.
④ 소성은 외력이 제거되어도 원형으로 돌아가지 않는 성질이다.

풀이 인성(toughness) : 재료가 외력을 받으면 변형은 생기나 파괴가 되지 않는 성질

050 다음 조건으로 합리식을 이용한 우수유출량은?

- 배수 면적 : 360ha
- 우수유출계수 : 0.4
- 유달 시간(t) 내의 평균강우강도 : 120mm/h

① $24m^3/s$　② $48m^3/s$
③ $240m^3/s$　④ $480m^3/s$

우수유출량

$$Q = \frac{1}{360}CIA = \frac{1}{360} \times 0.4 \times 120 \times 360 = 48m^3/sec$$

Q : 우수유출량(m^3/sec)
C : 유출계수
I : 강우강도(mm/hr)
A : 배수면적(ha)

051 0.035~1.5%의 탄소를 함유하고 있어 담금질 등 열처리가 가능하며, 일반적인 철제품에 사용하는 것은?

① 순철　② 탄소강
③ 주철　④ 공정주철

풀이 철은 순철, 탄소강, 주철로 나뉘며 일반적인 철에는 탄소강을 많이 사용한다.

052 조경 옥외시설물 중 안내시설의 시공과 관련된 설명으로 틀린 것은?

① 아크릴판은 KS 규정에 적합한 일반용 메타크릴수지판으로 한다.
② 게시판의 경우 우천 시 게시물의 보호를 위하여 불투명한 합성수지의 보호덮개를 설치해야 녹슬음을 방지하고, 글씨상태를 유지할 수 있다.
③ 글씨 및 문양표기 작업이 끝난 후에는 마감표면 상태를 정리하고 각 재료에 따른 적정한 보호양생조치를 해야 한다.
④ 석재바탕 글자새김의 경우 형태와 크기는 설계도면에 의하여, 글자의 깊이는 특별히 정하지 않는 한 글자 폭에 대하여 1/2 내지 같은 치수로 하고, 글자를 새기는 순서는 글자를 쓰는 순서와 동일하게 한다.

풀이 게시판의 경우 우천 시 게시물의 보호를 위하여 투명한 유리 또는 합성수지의 보호덮개를 설치해야 한다.

053 공원 조명에 관한 설명으로 틀린 것은?

① 조명용 각종 배선은 지하 매설 방식이 바람직하다.
② 공원 조명은 보안성, 효율성, 쾌적성 등을 고려해서 설치한다.
③ 발광색은 백색으로 연색성이 좋은 것은 고압나트륨 등이다.
④ 그림자 조명은 실루엣 조명과 대조적인 조명 방식으로 물체의 측면이나 하향으로 빛을 비춤으로써 이루어진다.

ANSWER
049 ③ 050 ② 051 ② 052 ② 053 ③

 고압나트륨등은 효율이 높은 편이며 빛이 멀리까지 잘 비쳐 가로등이나 시설 조명으로 많이 쓰인다. 발광색은 노란색으로 특징적이어서 미적 효과를 연출하기 용이하며, 곤충들이 모여들지 않는 특징이 있다.

054 그림과 같은 옹벽의 경우 토압이 작용하는 곳은 옹벽 하단점으로부터 어느 지점인가?

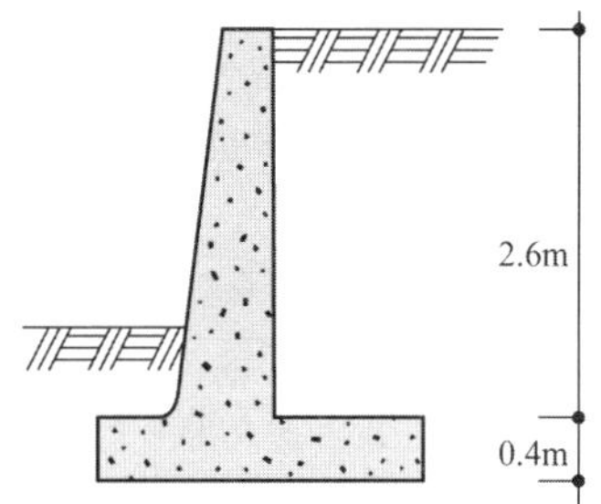

① 0.4m 지점 ② 1.0m 지점
③ 1.3m 지점 ④ 1.5m 지점

 수평하중은 옹벽 높이의 1/3지점에서 작용하므로 (2.6+0.4)/3=1m

055 철골공사에서 크롬산아연을 안료로 하고, 알키드 수지를 전색료로 한 것으로서 알루미늄 녹막이 초벌칠에 적당한 것은?

① 광명단
② 그라파이트 도료
③ 알루미늄 도료
④ 징크로메이트 도료

 광명단(철재 녹막이 도료), 징크로메이트(알미늄 녹막이 도료)

056 네트워크 관리공정에 관한 다음 설명에 적합한 용어는?

> 빠른 개시시각에 시작하여 후속하는 작업도 가장 빠른 개시시각에 시작하여도 존재하는 여유 시간

① TF ② CP
③ LST ④ FF

풀이
① TF : 가장 빠른 개시 시각에 시작하여 가장 늦은 종료 시각으로 완료할 때 생기는 여유 시간
② CP : 개시 결합점에서 종료결합점에 이르는 가장 긴 패스
③ LST : 가장 늦은 개시 시각(공기에 영향 없이 작업을 가장 늦게 개시 해도 되는 시각)
④ FF : 가장 빠른 개시 시각에 시작하여 후속 작업도 가장 빠른 개시 시각에 시작하여도 존재하는 여유 시간

057 식물 생육을 위해 토양생성작용을 받은 슬럼(SOLUM)층으로 근계발달과 영양분을 제공할 수 있는 층으로 표토복원에 쓰일 토양층에 해당되지 않는 것은?

① 모재층 ② 용탈층
③ 유기물층 ④ 집적층

 **토양층**
㉠ Ao층(유기물층)
　ⓐ L층(Litter Layer) : 낙엽이 분해되지 않고 원형 그대로 쌓여 있음
　ⓑ F층(Fomentation Layer) : 낙엽이 소동물 혹은 미생물에 의해 분해되지만 다소 원형 유지. 식물의 조직을 육안으로 알 수 있고 유체 식별 가능
　ⓒ H층(Humus Layer) : 육안으로 낙엽의 기원을 전혀 알 수 없는 유기물, 흑갈색
㉡ A층(표층) : 광물 토양의 최상층으로 외계와 접촉되어 그 영향을 직접 받는 층. 식물에 필요한 양분이 가장 풍부함

ANSWER 054 ② 055 ④ 056 ④ 057 ①

ⓒ B층(집적층) : 표층에 비해 부식 함량이 적어 황갈색, 적갈색
ⓔ C층(모재층) : 광물질이 풍화된 층
ⓜ D층(기암층)

058 **자연석을 다음의 조건으로 $30m^2$ 쌓을 때 자연석 쌓기 중량은 약 얼마인가?** (단, 평균 뒷길이 0.7m, 단위중량 $2.65ton/m^3$, 공극률 3.0%, 실족률 70%이다.)

① 2.38ton　② 5.65ton
③ 16.70ton　④ 38.96ton

풀이 $30m^2 \times 0.7m \times 2.65 \times 0.7 = 38.955(ton)$

059 **콘크리트용 골재로서 요구되는 성질에 대한 설명 중 틀린 것은?**

① 골재의 입형은 가능한 한 편평, 세장하지 않을 것
② 골재의 강도는 경화시멘트 페이스트의 강도를 초과하지 않을 것
③ 골재는 시멘트 페이스트와의 부착이 강한 표면 구조를 가져야 할 것
④ 골재의 입도는 조립에서 세립까지 연속적으로 균등히 혼합되어 있을 것

060 **다음은 지하수위를 낮추기 위한 심토층 배수용 암거의 설치에 대한 설명으로 옳은 것은?**

① 일반적으로 주관은 150~200mm이고, 지관은 100mm인 유공관을 쓴다.
② 진흙질이 많은 곳은 관을 얕게 묻고 관의 설치 간격을 멀리 한다.
③ 모래질이 많은 곳은 깊게 묻고 관의 설치 간격을 좁게 한다.
④ 지하수위를 낮추기 위한 것이므로 관의 경사는 1%보다 작게 하고, 유속은 0.3m/sec 보다 작게 한다.

4 과목 조경관리

061 **재배적 관리의 방법으로 잔디 표면에 배토작업을 실시하는데, 적절하게 처리된 토양을 잔디 표면에 엷게 살포함으로써 얻을 수 있는 효과로 틀린 것은?**

① 종자나 포복경의 피복을 통한 잔디생육 및 번식을 촉진한다.
② 잔디 표면의 평탄화를 통해 경기와 사용하기에 좋게 한다.
③ 새로운 토양미생물을 유기물에 투입시켜 대취의 분해를 억제한다.
④ 겨울 동안의 낮은 온도와 건조에서 잔디를 보호할 수 있는 동해 방지 효과가 있다.

풀이 뗏밥주기에 관한 설명으로 잔디 포복경이 노출되어 생장이 나쁘거나 답압으로 떼가 쇠약할 때 4~6월경 비옥한 흙 0.5~1cm 정도 뿌려 노출된 포복경을 덮어 주어 부정아와 부정근을 발생시켜 치밀한 잔디밭을 만드는 방법

062 **관리유형에 따라 레크리에이션 이용의 강도와 특성의 조절을 위한 관리기법 중 "직접적 이용제한"의 방법은?**

① 이용 유도
② 시설 개발
③ 구역별 이용
④ 이용자에게 정보 제공

풀이 • 직접적 이용제한 : 정책 강화, 구역별 이용, 이용 강도의 제한, 활동의 제한

ANSWER
058 ④　059 ②　060 ①　061 ③　062 ③

• 간접적 이용제한 : 물리적 시설의 개조, 이용자에게 정보를 제공한다. 자격 요건의 부과

063 농약 저항성 해충의 가능한 저항성기작 특성에 대한 설명으로 틀린 것은?

① 살충제의 피부 투과성이 증대된다.
② 체내에서 흡수된 살충제의 해독작용이 증대된다.
③ 약재를 살포한 곳의 기피를 위한 식별 능력이 증가된다.
④ 살충제의 충체 침투를 막기 위한 피부 두께가 증가한다.

 농약 저항성 해충의 가능한 저항성기작이란 농약에 대한 저항 능력이 점점 커져 농약으로 살충되지 않는다는 뜻이다. 따라서 살충제의 피부 투과성이 감소된다.

064 식물에 피해를 주는 대기오염물질 중 대기에서의 반응에 의하여 생성되는 광화학 산화물은?

① SO_2 ② H_2S
③ PAN ④ NO_X

 PAN(Peroxy Acetyl Nitrate ; $C_2H_3NO_5$)
광화학산화물로 광화학스모그의 원인이며, 대부분 자동차배기가스의 질소산화물(NO_x)이 햇빛의 자외선에 의해 2차오염물질인 PAN으로 생성된다. 가장 많이 생성되는 시간은 햇볕이 강한 점심시간인 12시이다.

065 다음 해충 방제 방법 중 기계적 방제법이 아닌 것은?

① 경운법 ② 차단법
③ 소살법 ④ 방사선 이용법

 • 방제 : 생물학적 방제(천적 이용 등), 화학적 방제(농약 사용), 기계적 방제(물리적 방제)
• 기계적 방제 : 포충망이나 손으로 직접 어린 벌레를 잡거나, 흙을 뒤지고 파서 어린 벌레를 잡거나, 잎에 산란한 알을 채집하여 잡아주는 등 인공포살을 말한다.

066 다음 중 지주목 설치의 장점이 아닌 것은?

① 수고(樹高) 생장에 도움을 준다.
② 수간(樹幹)의 굵기가 균일하게 생육할 수 있도록 해 준다.
③ 지상부 생육과 비교하여 근부의 생육을 적절하게 해 준다.
④ 바람에 의하여 지지부위에 피해가 발생된다.

지주목으로 인해 지지 부분에 상처가 생기고 바람에 의해 피해가 발생하는 것은 지주목 설치의 단점이다.

067 조경수의 식엽성 해충에 해당되는 것은?

① 잣나무넓적잎벌레
② 솔껍질깍지벌레
③ 아까시잎혹파리
④ 솔알락명나방

 • 식엽성 해충 : 노랑쐐기나방, 독나방, 버들재주나방, 솔나방, 어스렝이나방, 오리나무잎벌, 잣나무넓적잎벌레, 짚시나방, 참나무 재주나방, 텐트나방, 흰불나방, 솔껍질깍지벌레(흡즙성 해충), 아카시잎혹파리(충영 형성), 솔알락명나방(구과해충)

ANSWER 063 ① 064 ③ 065 ④ 066 ④ 067 ①

068 월별 수목관리 계획 중 시기와 작업 내용이 잘못 연결된 것은?

① 4월 : 향나무의 정지 및 조정
② 7월 : 수목 하부 제초
③ 8월 : 소나무 이식
④ 10월 : 모과나무 시비

풀이 소나무 이식 시기 : 10월~이듬해 새순이 나기 전

069 다음 중 코흐(Koch's)의 원칙과 관계 없는 것은?

① 미생물이 병든 환부에 반드시 존재해야 한다.
② 미생물은 기주생물로부터 분리되고 배지에서 순수배양이 불가능해야 한다.
③ 순수배양한 미생물을 동일 기주에 접종하였을 때 동일한 병이 발생되어야 한다.
④ 병든 생물체로부터 접종할 때 사용하였던 미생물과 동일한 특성의 미생물이 재분리 배양되어야 한다.

 코흐의 4가지 원칙 조건
① 어떠한 경우의 질병이든 예외 없이 미생물이 존재해야 한다.
② 질병에 걸린 숙주에서 미생물을 분리하여 순수배양할 수 있어야 한다.
③ 순수배양된 미생물이 다른 건강한 숙주에 접종되었을 때, 특정 질병이 유발되어야 한다.
④ 실험적으로 감염시킨 숙주로부터 다시 그 미생물을 분리할 수 있어야 한다.

070 석회황합제의 특징에 대한 설명으로 틀린 것은?

① 산성비료 등과 섞어 써야 효과가 증대된다.
② 기온이 높고 볕쬐임이 강한 때와 수세가 약한 경우에는 약해의 우려가 있다.
③ 값이 저렴하고 살균력뿐만 아니라 살충력도 지니고 있다.
④ 공기와 접촉하게 되면 분해가 촉진되기 때문에 저장할 때에 용기의 밀봉이 중요하다.

풀이 석회황합제는 부착성이 낮아 전착제와 혼용하여 살포하여야 한다.

071 다음 포장 및 수목(잔디) 등의 설명으로 옳은 것은?

① 마른 우물(Dry Well)은 수목의 성토로 인한 피해를 막기 위해 수목둘레를 두른 고랑이다.
② 매트(Mat)는 잘린 잔디 잎이나 말라죽은 잎이 썩지 않은 채 땅 위에 쌓여 있는 상태이다.
③ 대치(Thatch)는 매트 밑에 썩은 잔디의 땅속줄기와 같은 질긴 섬유질 물질이 쌓여 있는 상태이다.
④ 아스팔트 포장 기층의 펌핑(Pumping)은 균열부로 유수가 들어가 기층이 질컥질컥해져서 슬래브 하중에 의해 큰 공극이 생기는 것이다.

 ② 대치에 관한 설명
③ 매트에 관한 설명
④ 펌핑은 콘크리트 포장 슬래브 밑에 생긴 틈에 물이 고여 포장 표면에 황토와 같이 튀어나오는 현상

ANSWER 068 ③ 069 ② 070 ① 071 ①

072 표면 배수시설인 집수구 및 맨홀의 유지관리 사항으로 틀린 것은?

① 정기적인 유지보수를 실시한다.
② 집수구의 높이를 주변보다 낮게 한다.
③ 원활한 배수를 위하여 뚜껑을 설치하지 않는다.
④ 주변의 재포장 시 집수구의 높이도 다시 조절한다.

풀이 안전을 위해 뚜껑을 설치하여야 한다.

073 그네에서 뛰어 내리는 곳에 벤치가 배치되어 있어 충돌하는 사고가 발생하였다. 이것은 다음 중 어떤 사고의 종류에 해당하는가?

① 설치 하자에 의한 사고
② 관리 하자에 의한 사고
③ 이용자 부주의에 의한 사고
④ 자연재해 등에 의한 사고

풀이 **설치 하자에 의한 사고**

㉠ 시설의 구조 자체의 결함에 의한 것 : 시설물의 구조상 접속부에 손이 끼거나 사용, 내구성이 다하는 등의 구조 자체의 결함에 의한 사고
㉡ 시설 설치의 미비에 의한 것 : 제대로 고정되지 않아 시설이 쓰러지는 사고
㉢ 시설 배치의 미비에 의한 것 : 그네가 뛰어 내리는 곳에 벤치가 있어 충돌

074 다음 조경용 기계장비의 저장 요령으로 옳지 않은 것은?

① 장기간 보관할 경우 지면 위에 나무관자 등의 틀을 깔고 놓는다.
② 사용하지 않을 경우 회전하고 움직이는 각 부분에 그리스를 주입한다.
③ 엔진의 윤활과 유압 부분을 위하여 1개월에 한 번씩 엔진을 가동시켜 준다.
④ 사용하지 않을 경우 연료를 충분히 채워서 제 성능을 발휘하게 준비한다.

풀이 휘발유는 완전히 빼내고 보관하고, 경유는 녹 발생을 방지하기 위해 가득 채워 둔다.

075 바이러스 감염에 의한 수목병의 대표적인 병징으로 옳지 않은 것은?

① 위축 ② 그을음
③ 기형(잎말림) ④ 얼룩 무늬

풀이 그을음은 주로 진딧물 때문에 발생한다.

076 구조물에 의한 비탈면 표층부의 붕괴 방지를 위한 공정이 아닌 것은?

① 콘크리트 격자공
② 덧씌우기공
③ 비탈면 앵커공
④ 콘크리트판 설치공

풀이 덧씌우기공 : 아스팔트, 시멘트 콘크리트 포장의 파손을 보수하는 방법

ANSWER 072 ③ 073 ① 074 ④ 075 ② 076 ②

077 토양에서 pF가 의미하는 것은?

① 흡습계수
② 산화환원전위
③ 토양의 보수력
④ 토양 수분의 장력

 pF : 토양 수분의 장력으로 토양 수분 포텐셜의 단위이다. 식물이 이용하는 모관수(pF 2.7~4.5) 중 pF 2.7~4.2 범위의 유효수로 표시한다.

078 다음 중 통기효과를 기대하기 어려운 잔디 관리 작업은?

① 롤링(Rolling)
② 스파이킹(Spiking)
③ 코링(Coring)
④ 슬라이싱(Slicing)

 Rolling : 표면 정리 작업. 습해, 건조의 해를 받지 않게 봄철 들뜬 토양을 눌러주는 것으로 통기효과를 위한 것은 아니다.

079 흡수율(이용률)이 가장 높으나 토양 중 유실되는 양도 많은 비료는?

① 칼륨질 비료(K_2O)
② 질소질 비료(N)
③ 고토질 비료(MgO)
④ 인산질 비료(P_2O_5)

 질소질 비료는 단백질의 구성원소로 뿌리, 줄기, 잎의 발육을 촉진하고 생장에 필요한 원소이다. 주로 표토시비법으로 시비하며 따라서 토양에서 용탈, 탈질, 유실이 많다.

080 다음의 배수 시설 중에서 원형의 유지를 위하여 관리에 가장 노력을 필요로 하는 시설은?

① 잔디측구 ② 돌붙임측구
③ 블록쌓기측구 ④ 콘크리트측구

 잔디측구 : 표면 배수 시설 중 미관은 아름답지만 유지관리상 원형의 유지가 어려워 노력이 많이 필요한 시설이다.

ANSWER 077 ④ 078 ① 079 ② 080 ①

2019 1회 조경산업기사 최근기출문제

2019년 3월 3일 시행

제1과목 조경계획 및 설계

001 20세기 초 미국의 도시 미화 운동(City Beautiful Movement)과 관련이 없는 것은?

① 미국의 조경가 옴스테드(Frederick Law Olmsted)가 이론적 배경을 만들었다.
② 도시미술(civic art)을 통해 공공미술품의 도입을 추진하였다.
③ 전체 도시사회를 위한 단위로서 도시설계(civic design)를 추진하였다.
④ 도시개혁(civic reform)과 도시개량(civic improvement)을 추진하였다.

풀이 도시미화운동은 로빈슨과 번함이 주도하여 도시개발을 진행하였다.

002 다음 설명의 ( )안에 적합한 인물은?

> 다도의 창립자 촌전주광(村典珠光, 무라타슈코)이 시작한 사첩반(四疊半)은 ( )에 의해 차다(侘茶, 와비차)에 적합한 건축공간으로 완성된다. 다다미 4장반의 규모인 사첩반의 다실과 다실에 부속된 넓은 의미의 정원공간인 '평지내(評之內, 쯔보노우치)'는 협지평지내(脇之評之內)와 면평지내(面平之內)로 구성된다.

① 소굴원주(小堀遠州)
② 천리휴(千利休)
③ 고전직부(古田織部)
④ 무야소구(武野紹鷗)

003 클로드 몰레가 설계한 생제르맹앙레의 정원에서 최초로 사용한 정원세부 수법은?

① 하하(Ha-ha)
② 파르테르(parterre)
③ 토피아리(topiary)
④ 물 풍금(water organ)

풀이 몰레는 프랑스 정형식 정원가이며 파르테르는 여러화단을 만들어 전체모양이 장식이 되도록 하는 것으로 몰레가 이탈리아의 영향을 받아 처음으로 사용한 화단이다.

004 김조순의 옥호정도(玉壺亭圖)에서 볼 수 없는 것은?

① 옥호동천 바위 글씨
② 별원의 유상곡수
③ 사랑마당의 분재
④ 사랑마당의 포도가(葡萄架)

풀이 옥호정도는 옥호정을 그려놓은 그림으로 옥호정은 김조순의 별서이며, 서울 삼청동 133-1과 2번지 일대라고 추정한다. 현존하는 유적은 없으며 옥호정도를 통해 당시 모습을 상상한다. 공간구성은 진입공간, 안마당, 사랑마당, 안마당후원, 사랑마당 후원으로 구성되며 서쪽에 솟아있는 봉우리와 북동쪽에서 흘러내리는 계류를 이용하여 안채와 사랑채만 정남향을 배치하고 정자, 축대, 지당은 지세를 따라 동향으로 배치하였다.

ANSWER 001 ① 002 ④ 003 ② 004 ②

005 조선시대의 대표적 별서인 소쇄원(瀟灑園)에 대한 설명으로 옳지 않은 것은?

① 계곡에 흘러내리는 임천이 주된 경관자원이다.
② 앞뜰, 안뜰, 뒤뜰과 같은 명확한 공간구분은 없다.
③ 소쇄원 경치를 읊은 48영시에는 동물도 표현되었다.
④ 명칭은 '구슬과 같은 물소리가 들리는 곳'이란 의미를 갖는다.

풀이 소쇄원의 명칭은 공덕장이 쓴 북산이문에 나오는 단어로 '상쾌하고 맑고 깨끗하다'는 뜻이다.

006 다음 조선 왕릉 중 경기도 남양주시에 소재하고 있는 것은?

① 정릉 ② 장릉
③ 의릉 ④ 홍유릉

풀이 정릉, 의릉(서울), 장릉(강원도 영월), 홍유릉(경기도 남양주시)

007 소(小) 플리니우스가 남긴 유명한 편지 속에 자세히 소개된 정원은?

① 로우렌티아나장, 토스카나장
② 메디치장, 카렛지오장
③ 아드리아나장, 카스텔로장
④ 이솔라벨라장, 카프아쥬올로장

008 중국 청조(淸朝)의 건륭(乾隆) 12년(1747년)에 대분천(大噴泉)을 중심으로 한 프랑스식 정원을 꾸밈으로써 동양에서는 최초의 서양식 정원으로 알려진 곳은?

① 원명원 이궁 ② 만수산 이궁
③ 열하이궁 ④ 이화원

009 다음 표는 조경계획의 일반과정을 나타낸 것이다. 빈칸 A에 가장 알맞은 것은?

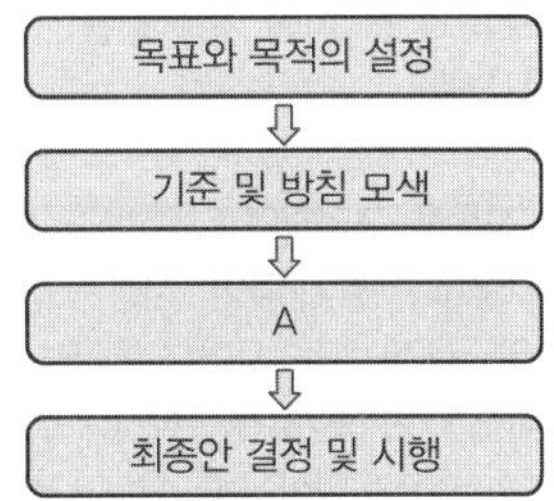

① 경관분석
② 설계서 작성
③ 이용 후 평가
④ 대안의 작성 및 평가

010 조경계획 시 기후는 중요한 요소 중 하나이다. 다음 중 기후가 영향을 주는 사회적 특성에 해당되지 않는 것은?

① 현존 식생
② 전통적인 습관
③ 옷을 입는 습관
④ 독특한 음식과 식사

풀이 사회적 특성은 문화, 유행 등과 관련된 것으로 현존식생은 자연적 특성에 해당됨.

ANSWER 005 ④ 006 ④ 007 ① 008 ① 009 ④ 010 ①

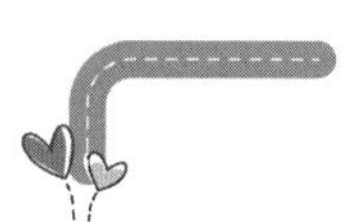

011 보도의 유효폭은 보행자의 통행량과 주변 토지 이용 상황을 고려하여 결정된다. 보도의 최소 유효폭(A)과 불가피시의 완화기준 적용에 따른 최소 폭(B)의 연결이 맞는 것은? (단, 도로의 구조·시설 기준에 관한 규칙 적용)

① A : 3.5m, B : 3.0m
② A : 3.0m, B : 2.5m
③ A : 2.5m, B : 2.0m
④ A : 2.0m, B : 1.5m

도로의 구조·시설 기준에 관한 규칙 제 16조(보도) 3항

보도의 유효폭은 보행자의 통행량과 주변 토지 이용 상황을 고려하여 결정하되, 최소 2미터 이상으로 하여야 한다. 다만, 지방지역의 도로와 도시지역의 국지도로는 지형상 불가능하거나 기존 도로의 증설·개설 시 불가피하다고 인정되는 경우에는 1.5미터 이상으로 할 수 있다.

012 「도시공원 및 녹지 등에 관한 법률」에서 정하는 도시공원 중 어린이공원의 표준 규모는?

① 1,000m^2 이상 ② 1,500m^2 이상
③ 5,000m^2 이상 ④ 10,000m^2 이상

	유형	유치거리	규모
생활권공원	소공원	제한없음	제한없음
	어린이공원	250m 이내	1,500m^2 이상
	근린공원	500m 이내	10,000m^2 이상
		1km 이내	30,000m^2 이상
		제한없음	100,000m^2 이상
		제한없음	1,000,000m^2 이상
주제공원	역사공원	제한없음	제한없음
	문화공원	제한없음	제한없음
	수변공원	제한없음	제한없음
	묘지공원	제한없음	100,000m^2 이상
	체육공원	제한없음	10,000m^2 이상
	도시농업공원	제한없음	10,000m^2 이상

013 녹지자연도 등급에 따른 설명이 옳지 않은 것은?

① 1등급 : 해안, 암석 나출지
② 2등급 : 과수원, 묘포장
③ 8등급 : 원시림, 2차림
④ 10등급 : 고산지대 초원지구

녹지자연도의 등급구분(11단계)

- 0등급 : 강, 호수, 저수지 등 수체가 존재하는 부분과 식생이 존재하지 않는 하중도와 하안을 포함
- 1등급 : 식생이 존재하지 않는 지역
- 2등급 : 논, 밭, 텃밭 등의 경작지/비교적 녹지가 많은 주택지
- 3등급 : 과수원이나 유실수 재배지역 및 묘포장
- 4등급 : 이차적으로 형성된 키가 낮은 초원식생(골프장, 공원묘지 등)
- 5등급 : 이차적으로 형성된 키가 큰 초원식생(묵밭 등 훼손지역의 억새군락이나 기타 잡초군락 등)
- 6등급 : 인위적으로 조림된 후 지속적으로 관리되고 있는 식재림
- 7등급 : 자연식생이 교란된 후 2차 천이의 진행에 의하여 회복단계에 들어섰거나 인간에 의한 교란이 심한 삼림식생
- 8등급 : 자연식생이 교란된 후 2차천이에 의해 다시 자연식생에 가까울 정도로 거의 회복된 상태의 삼림식생
- 9등급 : 식생천이의 종국적인 단계에 이른 극상림 또는 그와 유사한 자연림
- 10등급 : 삼림식생 이외의 자연식생이나 특이식생

014 아파트 단지 계획 중 질서 있는 공간 조형 요소로 가장 부적합한 것은?

① 연속성 ② 방향성
③ 개별성 ④ 통일감

ANSWER
011 ④ 012 ② 013 ② 014 ③

015 공원 내에 표지판을 설치할 때 고려할 필요가 없는 항목은?

① 재료의 선택 ② 장소 선정
③ 주변 환경 고려 ④ 미기후 고려

풀이 표지판은 가독성, 시인성이 중요하며, 교통의 결절부나 진입부에 배치하며, 주변 환경을 고려하여 배치한다.

016 색채지각에서 태양광선의 프리즘을 이용한 분광실험을 통해서 나타나는 여러 가지 색의 띠를 무엇이라 하는가?

① 전자기파 ② 자외선
③ 적외선 ④ 스펙트럼

017 지형의 높고 낮음을 지도 위에 표시하는 것과 같이 기준면을 정하고, 기준면에 평행한 평면을 같은 간격으로 잘라 평 화면상에 투상한 수직투상은?

① 정투상법 ② 표고 투상법
③ 축측 투상법 ④ 사투상법

 ① 정투상법 : 서로 직각으로 교차하는 세 개의 화면, 즉 평화면, 입화면, 측화면 사이에 물체를 놓고 각 화면에 수직되는 평행 광선으로 투상
② 표고 투상법 : 등고선과 같이 지점의 표고를 표시해 기준면위에 투사한 것
③ 축측 투상법 : 입체물을 경사 또는 회전시켜 3면을 볼 수 있는 위치에 놓고 수직투상을 한 투상
④ 사투상법 : 물체의 주요면을 투상면에 평행하게 놓고 투상면에 대하여 수직보다 다소 옆면에서 보고 그린 투상도를 말한다.

018 질적 혹은 양적으로 심하게 다른 요소가 배열 되었을 때 상호의 특질이 한층 강조되어 느껴지는 현상은 어떠한 효과인가?

① 대비 ② 대칭
③ 평형 ④ 조화

019 1943년 덴마크의 소렌슨(Sorensen) 박사에 의해 시작된 새로운 개념의 공원은?

① 모험공원 ② 교통공원
③ 장애자공원 ④ 특수공원

풀이 모험공원은 소렌슨 박사에 의해 시작된 개념으로 자동차타이어, 철도, 침목, 폐차 등을 이용하여 놀이시설을 만든 아동공원

020 직선을 긋는데 사용할 수 없는 제도 도구는?

① 평행자 ② 삼각자
③ T자 ④ 운형자

풀이 운형자는 여러 가지 곡선모양으로 뚫어진 것으로 불규칙한 곡선을 그리는데 사용한다.

2과목 조경식재

021 다음 꽃피는 식물 중 잎보다 꽃이 먼저 피는 식물이 아닌 것은?

① 생강나무 ② 자두나무
③ 박태기나무 ④ 철쭉

 철쭉은 꽃이 잎과 동시에 핀다.

ANSWER

015 ④ 016 ④ 017 ② 018 ① 019 ① 020 ④ 021 ④

022 자연풍경식 식재 중 강한 개성미는 없으나 대신 유연성이 있어 자연·인공과 같은 이질적인 요소를 조화시키는데 매우 효과적인 식재법은?

① 자연풍경식재
② 집단식재
③ 1본식재
④ 비대칭적 균형식재

풀이 자연풍경식 식재방법에는 부등변 삼각형 식재, 임의식재, 모아심기, 무리심기, 배경식재, 주목 등이 있다.
- 비대칭균형 : 시각적 무게는 같으나 형태나 구성이 다른 것으로 동적, 능동적, 감성, 자연스러운 느낌을 준다.

023 대칭형이기는 하나 지나치게 면적이 광대한 프랑스식 정원에서는 보스케(Bosquet)가 존재함으로써 두드러지게 강조되는 것은?

① 방사축　② 측축
③ 통경축　④ 직교축

 비스타(통경축)는 종점 혹은 지배적인 요소로 향하여 모아지는 전망을 하며 프랑스 보스케를 활용하여 강조됨.

024 지주세우기의 설치요령 중 틀린 것은?

① 연계형은 교목 군식지에 적용한다.
② 단각(單脚)지주는 주간이 서지 못하는 묘목 또는 수고 1.2m 미만의 수목에 적용한다.
③ 매몰형은 경관상 중요하지 않은 곳이나 지주목이 통행에 지장을 주지 않는 곳에 적용한다.
④ 당김줄형은 거목이나 경관적 가치가 특히 요구되는 곳에 적용하고, 주간 결박지점의 높이는 수고의 2/3가 되도록 한다.

 매몰형은 땅속에 뿌리분을 고정시켜 외부로 지주가 드러나지 않도록 하는 것으로 경관상 중요한 곳이나 지주목이 통행에 지장을 주는 곳에 설치한다.

025 다음 중 봄에 꽃이 피지 않는 수목은?

① 히어리　② 산수유
③ 진달래　④ 나무수국

 나무수국은 7~8월에 개화한다.

026 다음 특징에 해당하는 수종은?

- 수형이 원추형인 낙엽침엽교목임
- 열매의 모양은 구형으로 길이 18~25mm임
- 잎은 선형이고 대생하며, 길이 10~25mm, 너비 1.5~2.0mm로 깃처럼 배열됨
- 가로수로도 많이 사용되고 있으나 식재공간의 문제나 떨어진 낙엽의 신속한 처리 등이 고려되어야 함

① 삼나무　② 분비나무
③ 일본잎갈나무　④ 메타세쿼이아

027 다음 중 느릅나무과(Ulmaceae)에 해당하지 않는 것은?

① 팽나무　② 센달나무
③ 푸조나무　④ 느티나무

 센달나무는 녹나무과에 해당한다.

ANSWER 022 ④ 023 ③ 024 ③ 025 ④ 026 ④ 027 ②

028 원산지는 북아메리카로 차폐식재용으로 적합한 수종으로 가지가 짧게 수평으로 퍼지며 잎에 향기가 있고 표면은 녹색, 뒷면은 황록색인 수종은?

① 서양측백나무(*Thuja occidentalis*)
② 편백(*Chamaecyparis obtusa*)
③ 화백(*Chamaecyparis pisifera*)
④ 실화백(*Chamaecyparis pisifera* var. filifera)

풀이 편백, 화백, 실화백은 일본이 원산지

029 중부지방에서 가로수로 사용하기 가장 적합한 수종은?

① 돈나무 ② 구실잣밤나무
③ 산당화 ④ 왕벚나무

030 아황산가스에 견디는 힘이 가장 약한 수종은?

① 전나무 ② 회화나무
③ 양버즘나무 ④ 물푸레나무

풀이 **아황산가스에 약한 수목**

침엽수	낙엽송, 노간주나무, 젓나무, 섬잣나무, 가문비나무, 독일가문비, 대왕송, 삼나무, 소나무, 일본잎갈나무
낙엽수	고로쇠나무, 느티나무, 매실나무, 벚나무류, 감나무, 밤나무, 자작나무, 다릅나무, 단풍나무, 홍단풍, 히말라야시더

031 우리나라에 있어서 수평적 삼림분포를 기준으로 난대림, 온대림, 한 대림으로 구분할 때, 난대림에 해당되는 수종은?

① 자작나무 ② 잎갈나무
③ 감탕나무 ④ 신갈나무

풀이

난대림	후피향나무, 녹나무, 생달나무, 동백나무, 빗죽이나무, 돈나무, 붉가시나무, 가시나무, 감탕나무, 후박나무, 식나무, 구실잣밤나무, 모밀잣밤나무
온대남부	개비자나무, 대나무, 곰솔, 산초나무, 사철나무, 굴피나무, 팽나무, 줄사철나무, 백동백, 단풍나무, 서어나무, 소나무, 오동나무
온대중부	때죽나무, 졸참나무, 신갈나무, 향나무, 젓나무, 소나무
온대북부	박달나무, 신갈나무, 시닥나무, 정향나무, 잣나무, 젓나무, 잎갈나무
한대림	가문비나무, 분비나무, 낙엽송, 종비나무, 잣나무, 젓나무, 주목, 눈잣나무

032 굴취 된 수목을 운반할 때 주의사항에 대한 설명으로 틀린 것은?

① 수목과 접촉하는 고형부(固形部)에는 완충재를 삽입한다.
② 대량수송과 비용절감을 위해 가급적 이중적재 등을 통해 이동횟수를 줄인다.
③ 비포장도로로 운반할 때는 뿌리분이 충격을 받지 않도록 완충재로 가마니, 짚 등을 깐다.
④ 운반 중 바람에 의한 증산을 억제하며 강우로 인한 뿌리분의 토양유실을 방지하기 위하여 덮개를 씌우는 등 조치를 취한다.

풀이 수목 운반시에는 이중적재를 금한다.

Appendix 최근기출문제

ANSWER
028 ① 029 ④ 030 ① 031 ③ 032 ②

033 식물생유기의 수분환경에 대한 설명과 그에 따른 식물의 연결이 옳은 것은?

① 부유식물(통발, 부처꽃) : 식물체 전체가 물에 떠있는 식물
② 습생식물(부들, 갈대) : 얕은 물이나 물가에 생육하는 식물
③ 소택(추수)식물(고마리, 낙우송) : 주로 토양이 축축한 습지에서 생육하는 식물
④ 부엽식물(연꽃, 마름) : 물속을 중심으로 생활하는 식물로 뿌리는 물밑에 고착되어 있고 식물체의 잎은 수면에 떠 있는 식물

풀이 **수생생태계**

① 추수식물(물가에서 자라는 식물)
- 습지의 가장자리에 살며, 뿌리는 물 속 바닥에 내리고 줄기와 잎을 물속에서 뻗치고 있는 식물.
- 갈대, 줄, 부들, 창포 등

② 부엽식물(물위에 잎을 내는 식물)
- 뿌리를 물 속 밑바닥에 내리고 잎은 물에 떠 있는 식물
- 가래, 마름, 수련, 어리연꽃 등

③ 부유식물(물위에 떠서 사는 식물)
- 몸을 물위에 띄우고 생활하는 식물
- 개구리밥, 물옥잠, 자라풀, 생이가래 등

④ 침수식물(물속에 잠겨 사는 식물)
- 모든 부분이 물속에 잠겨 있는 식물
- 붕어마름, 물수세미, 검정말, 나사말 등

034 지피식물 중 황색계의 꽃을 피우는 식물은?

① 앵초　② 복수초
③ 꽃향유　④ 꿀풀

풀이 앵초(홍자색), 복수초(황색), 꽃향유(자주색), 꿀풀(적자색)

035 다음 설명에 해당되는 식물은?

> 높이가 3m에 달하고 가지가 밑에서부터 갈라지며, 줄기색이 붉은 빛이 돌고 일년생가지에 털이 없으며 열매는 흰색이다.

① 흰말채나무　② 황매화
③ 쥐똥나무　④ 앵도나무

풀이 흰말채나무(백색열매), 황매화(녹색열매), 쥐똥나무(검정색열매), 앵도나무(붉은색열매)

036 식물조직의 일부분을 떼어 무기염류 배지에서 인공적으로 배양하여 새로운 식물체로 증식시키는 번식방법은?

① 취목　② 분구
③ 조직배양　④ 삽목

풀이
① 취목 : 식물의 가지를 잘라내지 않은 상태에서 뿌리를 내어 번식시키는 방법.
② 분구 : 구근 식물이 새 구근을 형성할 때, 둘 이상의 구근으로 분화한 것을 독립 구근으로 인위적으로 나누는 방법
③ 조직배양 : 생물 생물체의 조직을 떼어 내어 배양·증식하는 방법
④ 삽목 : 식물의 가지, 줄기, 잎 따위를 자르거나 꺾어 흙 속에 꽂아 뿌리 내리게 하는 방법

037 각 수종에 대한 특징 설명으로 틀린 것은?

① 전나무 열매는 난상타원형이며, 거꾸로 매달린다.
② 독일가문비 열매는 긴 원주형 갈색이고, 아래로 달린다.
③ 주목은 컵모양의 붉은 종의 안에 종자가 들어 있다.
④ 구상나무의 열매는 원주형이고, 갈색, 검은색, 자주색, 녹색이 있다.

풀이 전나무 열매는 원기둥모양으로 위로 자란다.

ANSWER　033 ④　034 ②　035 ①　036 ③　037 ①

038 다음 중 강조식재가 되지 않는 것은?

① 같은 수관형태의 수목들이 식재되어 있다.
② 단풍나무가 연속적으로 심겨진 가운데 홍단풍이 식재되어 있다.
③ 고운 질감의 식물로 식재되어 있는 가운데 거친 질감의 식물이 있다.
④ 같은 크기의 관목이 식재된 가운데 좀 더 큰 키의 침엽수가 식재되어 있다.

풀이 강조식재는 배경이 되는 식재가 있으면서 색채, 질감, 형태에서 두드러진 식물이 식재되어 있을 때 발생한다.

039 소나무(*Pinus densiflora* Siebold & Zucc.)에 대한 설명으로 틀린 것은?

① 수꽃은 새가지 밑부분에 달리며 타원형이다.
② 수피는 회색이고, 노목의 수피는 흑갈색이며, 세로로 길게 벗겨진다.
③ 가을에 종자를 기건 저장했다가 파종 1개월 전에 노천매장한 후 사용한다.
④ 곰솔 대목에 접을 붙이면 쉽게 많은 묘목을 얻을 수 있다.

풀이 소나무 수피는 적갈색이며 노목의 수피는 흑갈색이다.

040 벽면을 식물로 녹화시킴으로써 얻을 수 있는 효과로 가장 거리가 먼 것은?

① 도시경관의 향상
② 방음의 방진효과
③ 도심 열섬현상 완화
④ 여름철 건물 벽면의 복사열 증진효과

풀이 벽면녹화는 여름철 건물 벽면의 복사열을 감소시킨다.

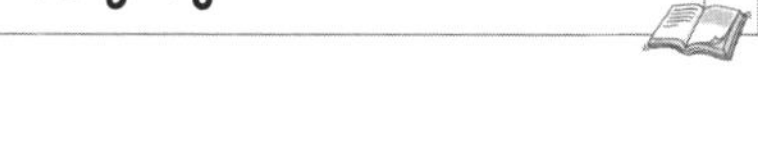

041 암거 배열방식 중 집수 지거를 향하여 지형의 경사가 완만하고 같은 저도의 습윤상태인 곳에 적합하며 1개의 간선 집수지 또는 집수 지거로 가능한 한 많은 흡수거를 합류하도록 배열하는 방식은?

① 빗식(Gridiron system)
② 자연식(Natural system)
③ 집단식(Grouping system)
④ 차단식(Intercepting system)

042 철골부재 간 사이를 트이게 한 홈인 개선부를 뜻하는 용어는?

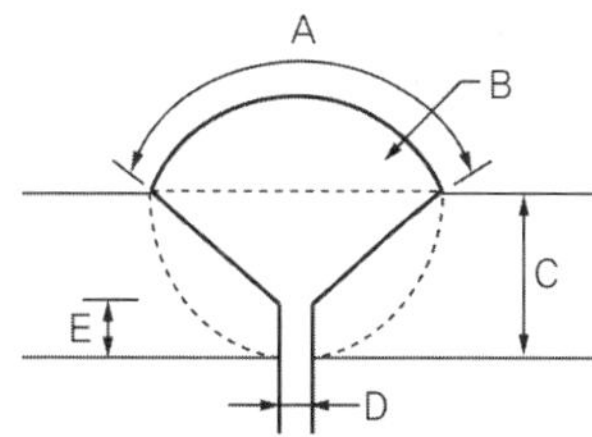

① 가우징(gouging) ② 스패터(spatter)
③ 그루브(groove) ④ 위핑(weeping)

풀이
① 가우징(gouging) : 용접부의 홈타기(옴폭하게 파인 자리나 갈라진 곳). 다층 용접 시 먼저 용접한 부위의 결함 제거나 주철의 균열 보수를 하기 위하여 좁은 홈을 파내는 것
② 스패터(spatter) : 아크 용접과 가스 용접에서 용접 중에 비산(飛散)하는 슬래그 및 금속 입자
③ 그루브(groove) : 용접에서 두 모재(母材)의 접합면을 일정한 각도로 깎아 맞붙여 만드는 용접 홈
④ 위핑(weeping) : 아크가 끊어지지 않을 정도로 용접봉을 수시로 띄였다 붙였다 하여 풀을 냉각시키며, 과열을 방지하는 용접봉의 운봉조작

ANSWER 038 ① 039 ② 040 ④ 041 ① 042 ③

043 건설시공(콘크리트, 벽돌, 용접 등) 관련 설명 중 옳지 않은 것은?

① 콘크리트 비비기는 미리 정해둔 비비기 시간의 3배 이상 계속하지 않아야 한다.
② 벽돌쌓기 시에는 붉은 벽돌에 물이 충분히 젖도록 하여 시공하는 것이 좋다.
③ 강우나 강설 시에는 용접작업을 습기가 침투할 수 없는 밀폐된 공간에서 실시한다.
④ 콘크리트를 타설한 후 일평균 10℃이상에서 보통 포틀랜드시멘트는 7일간을 습윤 양생기간으로 정한다.

풀이 강우나 강설로 용접부위가 젖어있거나, 바람이 심하게 불거나, 기온이 영하일 때는 용접을 금지한다.

044 관목류 식재공사 품셈적용에 관한 기준으로 옳은 것은?

① 수목의 수관폭을 기준으로 하여 적용한다.
② 나무높이가 수관폭 보다 클 때에는 나무높이를 기준으로 한다.
③ 나무높이가 1.5m이상일 때에는 나무높이에 비례하여 할증할 수 있다.
④ 식재품은 나무세우기, 물주기, 지주목세우기, 손질, 뒷정리 등의 공정을 별도 계상한다.

풀이 나무높이보다 수관폭이 더 클때는 수관폭을 나무높이로 본다.
식재품은 재료소운반, 터파기, 나무세우기, 묻기, 물주기, 손질, 뒷정리 등의 공정을 포함한다.

045 모르타르 배합비(시멘트 : 모래)에 관한 설명이 옳지 않은 것은?

① 벽돌 및 블록의 쌓기용 배합은 1 : 3 으로 한다.
② 타일공사의 붙임용 배합은 1 : 2 로 한다.
③ 타일공사의 고름용 배합은 1 : 1 로 한다.
④ 벽돌 및 블록의 줄눈용 배합은 1 : 2 로 한다.

풀이 타일공사의 고름용 배합은 1 : 4로 한다.

046 다음 중 지형도의 이용법으로 가장 거리가 먼 것은?

① 저수량의 결정
② 노선의 도면상 선정
③ 노선의 거리 측정
④ 하천의 유역 면적 결정

풀이 지형도는 지형의 고저를 등고선을 표시해 놓은 것으로 저수량 산정, 노선선정, 하천의 유역면적 산정, 단면도 제작 등이 가능하다. 노선의 거리측정은 높이 고저에 따라 실제거리와 다르기 때문에 가장 거리가 멀다.

ANSWER
043 ③ 044 ③ 045 ③ 046 ③

047 지피 및 초화류 식재 공사의 설명으로 틀린 것은?

① 식재 후 지반을 충분히 정지하고 낙엽, 잡초 등을 모아 뿌리 주변에 넣어 식재상을 조성한다.
② 객토는 사양토의 사용을 원칙으로 하나 지피류, 초화류의 종류와 상태에 따라 부식토, 부엽토, 이탄토 등의 유기질토양을 첨가할 수 있다.
③ 토심은 초장의 높이와 잎, 분얼의 상태에 따라 다르나 표토 최소토심은 0.3~0.4m 내외로 한다.
④ 덩굴성 식물은 식재 후 주요 장소를 대나무 또는 지정재료로 고정한다.

풀이 식재에 앞서 지반을 충분히 정지하고 낙엽, 잡초 등을 제거한 후 적정량을 관수하여 식재상을 조성한다.

048 일반 콘크리트의 슬럼프 시험 결과 중 균등한 슬럼프를 나타내는 가장 좋은 상태는?

①  ② 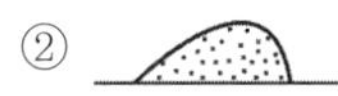
③  ④ 

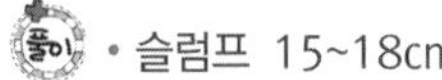
풀이 • 슬럼프 15~18cm

양호	불량(잔골재율을 크게 한다.)
균등한 슬럼프, 충분한 끈기가 있다.	정상을 확보하지 못하여 부분적으로 무너졌다.
무너지지만 끈기가 있다.	무너져서 산산 조각이 된다.

• 슬럼프 20cm

양호	불량(잔골재율을 크게 한다.)
미끈하게 넓혀지고 물, 시멘트, 골재의 분리는 나타나지 않았다.	슬럼프는 같아도 끝 쪽은 페이스트가 유출하여 분리가 시작되고 있다.
	콘크리트에 골재가 노출되어있다.

049 플라스틱 재료의 일반적인 특징으로 옳지 않은 것은?

① 내수성(耐水性)과 내약품성이다.
② 내마모성이 크며, 접착성도 우수하다.
③ 착색이 용이하고, 투명성도 있다.
④ 내후성(耐朽性)이 크며, 전기절연성이 양호하다.

풀이 내후성은 각종 기후에 잘 견디는 것으로 플라스틱은 기후, 온도에 따라 손상이 잘 일어남으로 내후성이 작다.

050 흙(토양)의 기본적인 구성요소가 아닌 것은?

① 공기 ② 물
③ 흙입자 ④ 유기물

풀이 **토양의 3가지 구성요소**
흙입자, 물, 공기

Appendix 최근기출문제

ANSWER 047 ① 048 ③ 049 ④ 050 ④

051 지상의 측점과 이에 대응하는 평판 위의 점을 같은 연직선이 되는 위치에 있게 하는 작업은?

① 정준 ② 구심
③ 표정 ④ 조정

① 정준(수평맞추기, 정치) : 평판 수평되게 하여 지상의 측점과 도면상 점이 수직선상에 오도록 맞추기
② 구심(중심맞추기, 치심) : 평판상의 측점위치와 지상의 측점과 일치시키는 것
③ 표정(방향맞추기) : 평판상 그려진 모든 선이 이것에 해당하는 선과 평행하게 평판돌리는 것

052 다음 식생대 호안의 식생매트 관련 설명이 틀린 것은?

① 식생매트 포설 후 현장여건을 검토하여 두께 0.5m 이내로 복토하여 관수한다.
② 비탈면을 평평하게 정지한 후, 하천에 어울리는 종자를 이식 및 파종하고 그 위에 매트를 설치한다.
③ 비탈기슭에는 비탈멈춤 및 유수에 의한 세굴을 방지하기 위해 돌망태, 사석부설, 흙채움 등으로 조치한다.
④ 매트는 비탈 머리, 기슭에서 땅속으로 길이 0.3~0.5m, 폭 0.3m 이상 묻히도록 하고, 양단을 0.1m 이상 중첩하되, 겹치는 방향은 유수의 흐름과 동일하게 아래쪽으로 향하도록 한다.

풀이 식생매트 포설 후 현장여건을 검토하여 두께 0.05m 이내로 복토하여 관수한다.

053 공원의 울타리가 외부에 노출된 경우 다음 중 시각적으로 가장 부적당한 것은?

① 철책 ② 목책
③ 콘크리트블록 ④ 산울타리

콘크리트블록 울타리는 미관상 좋지 않으며 벽돌, 목재, 석재, 도장 등으로 외부 장식해야한다.

054 다음 목재 사용에 대한 장·단점에 대한 설명 중 옳지 않은 것은?

① 목재는 팽창수축이 크다.
② 목재는 열, 음, 전기 등의 전도율이 작다.
③ 목재는 비중에 비해 압축 인장강도가 높다.
④ 목재는 무게에 비해 섬유질 직각방향에 대한 강도가 크다.

풀이 
목재는 섬유질 방향으로 인장강도가 가장 크다.

055 다음과 같은 네트워크 공정표에서 한계경로의 공기는?

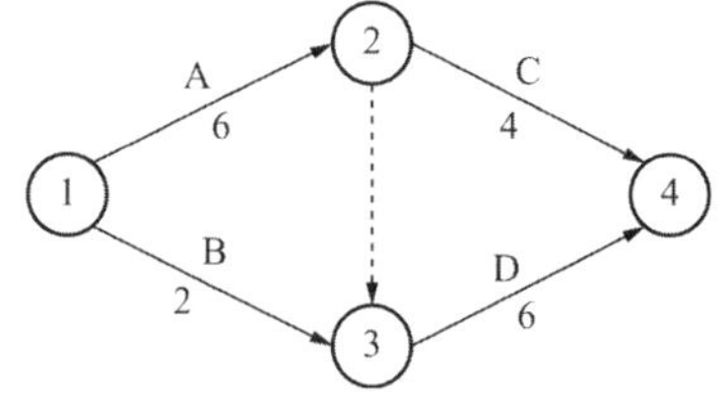

① 6일 ② 8일
③ 10일 ④ 12일

한계경로란 크리티컬패스(Critical Path)로 개시결합점에서 완료결합점까지 가장 긴 경로를 말한다.
따라서 ① → ② → ③ → ④ = 6 + 0 + 6
= 12일

ANSWER 051 ② 052 ① 053 ③ 054 ④ 055 ④

056 도장공사에 관한 주의사항으로 옳지 않은 것은?

① 도장 장소의 습도를 높게 유지시킬 것
② 직사일광을 가능한 한 피할 것
③ 도막의 건조는 매회 충분히 행할 것
④ 도막은 얇게 여러 번 도장할 것

풀이 도장은 습도가 높으면 잘 마르지 않으며, 상대습도 85% 초과 시는 도장을 하여서는 안된다.

057 콘크리트 혼화제인 AE제의 사용 목적으로 가장 거리가 먼 것은?

① 시공연도가 증진 효과
② 응결시간의 조절 효과
③ 단위수량 감수 효과
④ 다량 사용으로 강도 증가 효과

풀이 AE제는 독립된 공기를 콘크리트 중에 균일하게 분포해 가동성 좋아지게 하는데 목적이 있는 것으로 사용량은 소량이다.

058 다음 중 조경공사의 품질관리 사이클 순서로 옳은 것은?

① 계획 → 검토 → 실시 → 조치
② 계획 → 검토 → 조치 → 실시
③ 계획 → 실시 → 조치 → 검토
④ 계획 → 실시 → 검토 → 조치

059 적산의 기준 설명으로 틀린 것은?

① 기본벽돌의 크기는 19cm×9cm×5.7cm 이다.
② 1일 실 작업시간은 360분(6시간)으로 한다.
③ 경사면의 소운반 거리는 수직높이 1m를 수평거리 6m의 비율로 한다.
④ 1회 지게 운반량은 보통토사 25kg으로 하고, 삽 작업이 가능한 토석재를 기준으로 한다.

풀이 1일 실 작업시간은 450분으로 한다.

060 다음 중 실내조경 공사용으로 사용되는 식재용토로 가장 거리가 먼 것은?

① 펄라이트 ② 잡석
③ 피트모스 ④ 질석

실내조경용 용토는 경량토가 적당하며 버미큘라이트, 펄라이트, 피트모스, 화산재, 질석 등이 있다.

4 과목 조경관리

061 솔노랑잎벌의 월동 형태로 맞는 것은?

① 알 ② 성충
③ 유충 ④ 번데기

솔노랑잎벌은 1년에 한번 발생하며 솔잎에서 알로 월동한다.

ANSWER 056 ① 057 ④ 058 ④ 059 ② 060 ② 061 ①

062 다음 설명의 ( )에 적합한 수치는?

> 기층은 보조기층 위에 있어 표층에 가하여지는 하중을 분산시켜 보조기층에 전달함과 동시에 교통하중에 의한 전단에 저항하는 역할을 하여야 한다. 기층에는 입도조정, 시멘트 안정처리, 아스팔트 안정처리, 침투식 등의 공법을 사용할 수 있다. 침투식 공법을 제외하고는 재료의 최대입경은 ( )mm 이하이다.

① 40　　② 50
③ 60　　④ 100

063 나무좀, 하늘소, 바구미 등은 쇠약목에 유인되므로 벌목한 통나무 등을 이용하여 이들을 구제하는 기계적 방법은?

① 식이유살법　　② 등화유살법
③ 잠복소유살법　　④ 번식처유살법

① 식이유살법 : 해충이 좋아하는 먹이로 유인하여 죽이는 해충 방제법
② 등화유살법 : 주광성이 강한 곤충을 꾐등불로 유인하여 제거하는 해충 방제법
③ 잠복소유살법 : 볏짚으로 나무줄기를 감아 월동장소를 제공하여 유인, 잠복시킨 후 다음 해 봄에 설치물과 함께 소각하는 해충 방제법
④ 번식처유살법 : 쇠약목을 이용하여 나무좀류, 하늘소류, 바구미류, 비단벌레류를 유인하여 죽이는 해충 방제법

064 다음 중 도로 등의 포장과 관련된 관리방법으로 옳은 것은?

① 흙 포장의 지반 토질이 점토나 이토인 경우 지지력이 약하므로 물을 충분히 주어 다져준다.
② 차량 통행이 적고 포장면의 균열 정도와 범위가 심각하지 않은 아스팔트 포장은 훼손부분을 4각형의 수직으로 절단한 후 프라임코팅을 한다.
③ 콘크리트 슬래브면이 꺼졌을 때는 모르타르 주입이나 패칭공법으로는 보수가 곤란하므로 두껍게 덧씌우기를 실시한다.
④ 보도블럭 포장의 보수공사에서는 모래층에 대한 충분한 다짐과 수평고르기가 중요하다.

065 전문적인 관리능력을 가진 전문업체에 위탁하는 도급관리 방식의 대상으로 가장 적합한 것은?

① 금액이 적고 간편한 업무
② 연속해서 행할 수 없는 업무
③ 관리주체가 보유한 설비로는 불가능한 업무
④ 진척 상황이 명확하지 않고 검사하기가 어려운 업무

도급방식의 대상
- 장기에 걸쳐 단순작업을 행하는 업무
- 전문적 지식, 기능, 자격을 요하는 업무
- 규모 크고, 노력, 재료 등을 포함하는 업무
- 관리주체가 보유한 설비로는 불가능한 업무
- 직영의 관리인원으로서는 부족한 업무

ANSWER
062 ① 063 ④ 064 ④ 065 ③

066 다음 중 친환경적 수목 해충 방제방법이 아닌 것은?

① 미량접촉제에 의한 방제
② 성페로몬 물질에 의한 방제
③ 유아등 및 포충기를 이용한 방제
④ 솔잎혹파리의 유충낙하기 박새 등 포식 조류에 의한 방제

풀이 미량접촉제에 의한 방제는 화학적 방제이다.

067 다음 중 건물의 예방보전을 위한 관리 방법으로 볼 수 없는 것은?

① 점검 ② 청소
③ 보수 ④ 도장

건물관리
- 예방보전 : 점검, 청소, 도장, 기구 점검 등
- 사후보전 : 임시점검, 보수

068 토양의 고결이 잔디의 생육에 미치는 영향에 관한 설명으로 틀린 것은?

① 뿌리의 신장을 저해한다.
② 지하부 산소공급이 떨어진다.
③ 토양 고결은 잔디 생육에 악 영향을 미친다.
④ 투수율과 보수율이 높아져 생육이 좋아진다.

풀이 토양의 고결은 단단해져서 공극이 거의 없어지는 상태로 투수율과 보수율이 낮아져 잔디의 생육이 안 좋아진다.

069 다음 중 1년을 1사이클로 하는 작업은?

① 청소 ② 순회점검
③ 전면적 도장 ④ 식물유지관리

070 수목 생장에 영향을 끼치는 저해 요인들 중 상대적 비율이 가장 높은 것은?

① 병해 ② 충해
③ 불 피해 ④ 기상 피해

071 관리 하자에 의한 사고 내용이 아닌 것은?

① 위험물 방치에 따른 사고
② 시설의 노후 및 파손에 의한 사고
③ 시설물의 배치 잘못에 의한 사고
④ 안전대책 미비로 인한 사고

풀이 시설물의 배치 잘못에 의한 사고는 설치하자에 해당함.

072 우리나라 수경시설물의 하자처리 발생률이 1년 중 가장 높은 기간은?

① 1~2월 ② 3~4월
③ 7~8월 ④ 10~11월

수경시설은 겨울동안 물이 얼어 관파열 등이 발생하는데 물이 녹기 시작하는 봄에 이를 관리하면서 하자처리 발생률이 높아진다.

ANSWER
066 ① 067 ③ 068 ④ 069 ④ 070 ① 071 ③ 072 ②

073 수간 주사(trunk injection)와 관련한 설명으로 옳지 않은 것은?

① 20~30° 로 비스듬히 세워서 구멍을 뚫는다.
② 시기는 수액이 왕성하게 이동하는 4~9월이 좋다.
③ 솔잎혹파리를 방제하기 위하여 침투성이 좋은 포스파미돈 액제를 우화시기에 주사한다.
④ 줄기의 형성층 밖 사부에 영양제를 공급한다.

풀이 수간주사는 주사기 바늘을 줄기의 물관부에 찔러 약제를 주입한다.

074 대기오염물질로 볼 수 없는 것은?

① NOx ② HF
③ SiO_2 ④ SOx

① NOx : 질소산화물로 대표적인 대기오염물질
② HF : 불화수소. 자극적인 냄새가 있는 독성기체.
③ SiO_2 : 이산화규소. 유리나 콘크리트의 주성분인 광물
④ SOx : 황산화물. 황을 함유하는 연료가 연소할 때 발생

075 평균 근로자 수가 50명인 조합놀이대 생산 공장에서 지난 한 해 동안 3명의 재해자가 발생하였다. 이 공장의 강도율이 1.5이었다면 총 근로손실 일수는? (단, 근로자는 1일 8시간씩 연간 300일 근무)

① 180일 ② 190일
③ 208일 ④ 219일

풀이 강도율 = 근로손실일수/연근로시간수×1000
1.5 = 근로손실일수/120,000×1000
근로손실일수 = 180일

076 황(S) 성분이 들어 있는 비료는?

① 과린산석회
② 중과린산석회
③ 인산암모늄
④ 용성인비

 과린산석회는 인광석을 황산으로 분해해서 만든 인산비료

077 시비의 효과를 좌우하는 것으로서 식물자체의 흡수율에 영향을 주는 요인으로 볼 수 없는 것은?

① 비료 시용량 ② 식물의 종류
③ 토질 여건 ④ 수질 여건

078 살포한 약제가 작물에 부착된 후 씻겨 내려가지 않고 표면에 붙어 있는 성질을 가장 잘 나타낸 것은?

① 고착성(tenacity)
② 현수성(suspensibility)
③ 비산성(floatability)
④ 안정성(stability)

① 고착성(tenacity) : 약제가 표면에 붙어있는 성질
② 현수성(suspensibility) : 약제의 작은 알맹이가 약액 중에 골고루 퍼져 있게 하는 성질
③ 비산성(floatability) : 분제가 살분기로 부터 내뿜는 상태

ANSWER 073 ④ 074 ③ 075 ① 076 ① 077 ④ 078 ①

079 다음 (　)안에 알맞은 것은?

> 토양 중 유리된 수소이온 농도에 의한 산도를 (㉠)이라 하고, 치환성 수소이온에 의한 산도를 (㉡)이라고 한다.

① ㉠ 활산성, ㉡ 치환산성
② ㉠ 잠산성, ㉡ 활산성
③ ㉠ 가수산성, ㉡ 잠산성
④ ㉠ 활산성, ㉡ 가수산성

- 활산성 : 토양의 pH 측정은 주로 토양 용액 중의 유리 수소 이온의 농도를 측정하는 결과이며, 활성 유리 수소 이온의 농도를 나타낸다.
- 치환산성 : 토양 입자 중에서 미세한 입자 물질에 흡착되거나 보유된 수소 이온을 염화칼륨 용액 따위로 치환, 침출하여 측정한 수소 이온의 양이나 농도

080 우리나라의 농약의 독성 구분 기준이 아닌 것은?

① 고독성　② 무독성
③ 저독성　④ 보통독성

농약의 독성은 강도에 따라 맹독성(Ⅰ급), 고독성(Ⅱ급), 보통독성(Ⅲ급), 저독성(Ⅳ급)으로 구분한다.

ANSWER
079 ①　080 ②

2회 조경산업기사 최근기출문제

2019년 4월 27일 시행

제1과목 조경계획 및 설계

001 우리나라에서 공공(公共)을 위해 만들어진 최초의 근대 공원은?

① 탑골공원 ② 사직공원
③ 장충단공원 ④ 남산공원

우리나라 최초의 근대공원은 파고다공원(탑동공원, 탑골공원)으로 1897년 영국 브라운(John McLeavy Brown)이 건의, 설계하였다.

002 일본 정원에서 실용(實用)을 주목적으로 조성했던 정원은?

① 다정(茶庭)
② 축경식(縮景式)정원
③ 고산수식(枯山水式)정원
④ 회유임천형(回遊林泉形)정원

다정
다도를 즐기는데서 발달한 양식으로 실용적인 면 중요시. 다실을 중심으로 좁은 공간에 효율적으로 시설들을 배치하고 곡선 윤곽 많이 사용한 양식

003 다음 중 계류가 건물 아래를 관류(貫流)하는 형태의 건물은?

① 대전 옥류각(玉溜閣)
② 괴산 암서재(巖棲齋)
③ 예천 초간정(草澗亭)
④ 영양 서석지(瑞石池)

옥류각이라는 명칭은 동춘당이 읊은 시 가운데 "골짜기에 물방울 지며 흘러내리는 옥 같은 물방울[層巖飛玉溜]"에서 따온 이름으로 계곡의 아름다움을 따서 건물 이름으로 삼은 것이다. 계류위에 건물을 축조하여 계류와 가까이 면하면서 경관을 감상하도록 하였다.

004 다음 중 이집트의 분묘건축에 속하는 것은?

① 지구라트(ziggurat)
② 지스터스(xystus)
③ 키오스크(kiosk)
④ 마스터바(mastaba)

고대 이집트 분묘건축
마스타바(mastaba), 피라미드(pyramid), 스핑크스(sphinx), 암굴분묘

ANSWER 001 ① 002 ① 003 ① 004 ④

005 작정기에 쓰여 진 "못(池)도 없고 유수(遺水)도 없는 곳에 돌(石)을 세우는 것"을 특징으로 하는 일본의 정원 수법은?

① 정토식 ② 수미산식
③ 곡수식 ④ 고산수식

고산수식
수목을 극소수(축산고산수식) 또는 일체 식물은 쓰지 않고(평정고산수식) 석축, 모래로 자연을 상징화 하는 수법

006 원야(圓冶)는 누구의 저술서인가?

① 이격비(李格非) ② 계성(計成)
③ 문진향(文震享) ④ 왕세정(王世貞)

- 이격비 : 낙양명원기
- 계성 : 원야3권
- 문진향 : 장물지
- 왕세정 : 유금릉제원기

007 암할브라 궁전에 조성된 "파티오"가 아닌 것은?

① 궁전(宮殿)의 파티오
② 천인화(天人花)의 파티오
③ 사자(獅子)의 파티오
④ 다라하(Daraja)의 파티오

알함브라 궁전의 파티오(중정)
알베르카 중정(천인화 중정), 사자의 중정, 다라하 중정, 레하 중정(사이프레스 중정)

008 우리나라 조경관련 문헌과 저자가 바르게 연결된 것은?

① 이중환(李重煥) - 임원경제지(林圓經濟志)
② 이수광(李睟光) - 촬요신서(撮要新書)
③ 강희안(姜希顔) - 색경(穡經)
④ 홍만선(洪萬選) - 산림경제(山林經濟)

① 이중환 - 택리지, 서유구 - 임원경제지
② 이수광 - 지봉유설, 박홍생 - 촬요신서
③ 강희안 - 양화소록, 박세당 - 색경

009 케빈 린치(Kevin Lynch)의 도시의 이미지 요소 중 점을 지칭하며 관찰자가 외부로부터 보는 것으로서 건물, 상징물, 산 등 확실하고 단순한 물리적 대상물은?

① 결절점(nodes)
② 지구(districts)
③ 랜드마크(landmarks)
④ 모서리(edges)

케빈 린치(Kevin Lynch)의 도시경관분석
- 통로(paths) : 도로, 길과 같이 연속적인 형태로 운전자에게 보여지는 경관
- 모서리(edges) : 도로, 길 등이 보행자에게 보여지는 경관
- 지역(districts) : 주거지역, 상업지역 등의 개념
- 결절점(nodes) : 중심지구
- 랜드마크(landm arks) : 심리적으로 가장 인상에 강한 건물 또는 지형물

ANSWER 005 ④ 006 ② 007 ① 008 ④ 009 ③

010 오픈스페이스의 기능에 대한 설명으로 옳지 않은 것은?

① 시냇물·연못·동산 등과 같은 자연 경관적 요소들을 제공한다.
② 기존의 자연환경을 보전·향상시켜 줄 수 있는 수단을 제공한다.
③ 공기정화를 위한 순환통로의 기능을 수행함으로써 미기후의 형성에 영향을 준다.
④ 오픈스페이스의 적극적 확보를 위하여 수림이 양호한 자연녹지 지역을 우선 확보하여야 한다.

011 도시공원과 관련된 설명으로 틀린 것은? (단, 도시공원 및 녹지 등에 관한 법률을 적용한다.)

① 도시공원의 설치기준, 관리기준 및 안전기준은 국토교통부령으로 정한다.
② 도시공원은 특별시장·광역시장·시장 또는 군수가 공원조성계획에 의하여 설치·관리한다.
③ 도시공원의 설치에 관한 도시·군관리계획결정은 그 고시일부터 10년이 되는 날의 다음날에 그 효력을 상실한다.
④ 도시공원의 세분 중 생활권공원에는 역사공원, 문화공원, 수변공원, 묘지공원, 체육공원 등이 있다.

풀이 도시공원의 세분 중 주제공원에는 역사공원, 문화공원, 수변공원, 묘지공원, 체육공원 등이 있다.

012 조경계획에서 골드(S. Gold)가 분류한 레크레이션 계획의 접근방법에 해당되지 않는 것은?

① 생태접근법(ecological approach)
② 자원접근방법(resource approach)
③ 활동접근법(activity approach)
④ 행태접근법(behavioral approach)

S. Gold의 5가지 레크리에이션 접근방법

① 자원접근방법
- 자원의 수용력과 생태적 입장이 중요인자
- 물리적 자원이 레크리에이션의 양을 결정함

② 활동접근법
- 과거의 레크리에이션 참가사례가 앞으로의 기회를 결정하도록 하는 방법
- 이용자 측면이 강조되나 새로운 경향의 여가형태가 반영되기 어렵다.

③ 경제접근법
- 그 지역의 경제적 기반, 예산규모가 레크리에이션 양과 입지 결정
- 비용편익분석에 의해 가업지가 많이 선택, 이용자 고려 안 함

④ 행태접근방법
- 이용자의 선호도, 만족도에 의해 계획이 반영되는 방법
- 잠재적 수요까지 파악, 수준 높은 시민참여 필요

⑤ 종합접근방법
- 각 방법의 긍정적 측면만 취하여 이용자의 요구와 자원의 활용 가능성을 함께 조화시키도록 하는 방법

ANSWER 010 ④ 011 ④ 012 ①

013 기후와 조경계획과의 관계를 설명한 내용 중 맞지 않는 것은?

① 인간 활동의 입지에 적합한 지역을 선정할 때 필이 고려해야 된다.
② 선정된 지역 내에서 가장 적합한 부지를 선정할 때 고려해야 한다.
③ 주어진 기후조건에 맞는 단지와 구조물을 어떻게 설계할 것인가는 고려할 필요가 없다.
④ 환경조건을 개선하기 위해 기후의 영향을 어떻게 조절할 것인가를 고려해야 한다.

풀이 주어진 기후조건을 잘 고려하여 단지와 구조물을 설계해야 한다.

014 국립공원을 폐지하는 경우 관련 규정에 따른 조사 결과 등을 토대도 국립공원 지정에 필요한 서류를 작성하여 다음 4개의 절차를 차례대로 거쳐야 한다. 다음의 순서가 옳은 것은?

㉠ 국립공원위원회의 심의
㉡ 주민설명회 및 공청회의 개최
㉢ 관할 시·지사 및 군수의 의견 청취
㉣ 관계 중앙행정기관의 장과의 협의

① ㉠ → ㉡ → ㉢ → ㉣
② ㉡ → ㉢ → ㉣ → ㉠
③ ㉢ → ㉣ → ㉠ → ㉡
④ ㉣ → ㉢ → ㉡ → ㉠

풀이 **자연공원법 제4조의2(국립공원의 지정 절차)**
① 환경부장관은 국립공원을 지정하려는 경우에는 제4조제2항에 따른 조사 결과 등을 토대로 국립공원 지정에 필요한 서류를 작성하여 다음 각 호의 절차를 차례대로 거쳐야 한다.
1. 주민설명회 및 공청회의 개최
2. 관할 특별시장·광역시장·특별자치시장·도지사 또는 특별자치도지사(이하 "시·도지사"라 한다) 및 시장·군수 또는 자치구의 구청장(이하 "군수"라 한다)의 의견 청취
3. 관계 중앙행정기관의 장과의 협의
4. 제9조에 따른 국립공원위원회의 심의

015 그림은 건설재료에서 무엇을 나타내는 단면 표시인가?

① 목재 ② 구리
③ 유리 ④ 강철

016 다음의 투시도를 그리는데 필요한 ℓ은 무엇을 나타내는가?

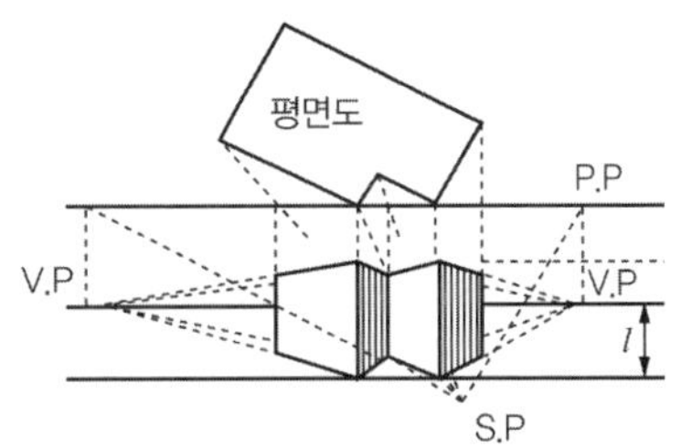

① 눈의 높이
② 물체의 높이
③ 소점(消點)간의 거리
④ 물체가 화면(畵面)에 접하는 위치와 입점(立點)간의 거리

풀이
• P.P(화면) : 물체가 투영되어 투시도가 그려지는 면
• V.P(소점) : 무한원점이 만나는 점
• S.P(입점) : 시점이 한곳에 나타나는 점
• ℓ : 눈의 높이

ANSWER 013 ③ 014 ② 015 ① 016 ①

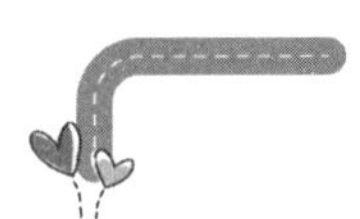

017 다음 중 초점경관에 해당하는 것은?

① 산속의 큰 암벽
② 광막한 바다
③ 끝없는 초원의 풍경
④ 길게 뻗은 도로

풀이 **초점경관**
관찰자의 시선이 한 점으로 유도되는 구성의 경관
산속의 큰암벽(지형경관), 광막한 바다, 끝없는 초원의 풍경(파노라믹경관)

018 치수와 치수선의 기입 방법에 대한 설명 중 옳지 않은 것은?

① 치수선은 표시할 치수의 방향에 평행하게 긋는다.
② 치수는 특별히 명시하지 않으면 마무리 치수로 표시한다.
③ 치수선은 될 수 있는 대로 물체를 표시하는 도면의 내부에 긋는다.
④ 치수선에는 분명한 단말 기호(화살표 또는 사선)를 표시한다.

풀이 치수선은 될 수 있는 대로 물체를 표시하는 도면의 외부에 긋는다.

019 동물원의 주된 기능이라 볼 수 없는 것은?

① 학술연구
② 동물의 번식분양
③ 야생동물의 보호
④ 동물 전시에 의한 사회교육

020 먼셀 색입체의 수직방향으로 중심축이 되는 것은?

① 채도 ② 명도
③ 무채색 ④ 유채색

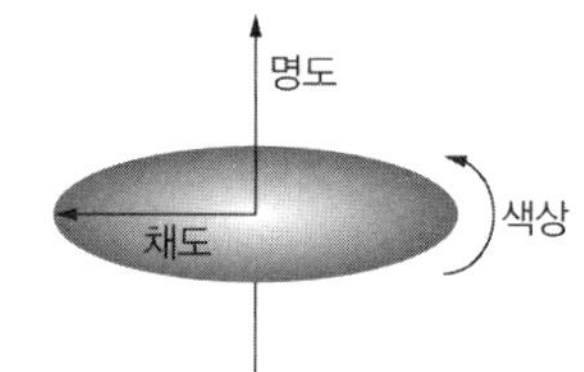

2 과목 조경식재

021 수목식재가 경관상 매우 중요한 위치일 때의 지주목 설치 유형은?

① 단각형
② 매몰형
③ 삼발이형
④ 이각형

풀이 경관상 중요한 위치이며 통행이 없는 곳일 때 뿌리분을 고정시키는 매몰형을 사용한다.

ANSWER 017 ④ 018 ③ 019 ② 020 ② 021 ②

022 두 종류 또는 그 이상일 오염물질이 동시에 작용하는 경우 발현되는 식물 피해현상 중 다음 설명하는 작용은?

> 2개의 독성물질의 성질이 정반대인 경우, 각 독성물질의 독성을 서로 상쇄해 버리는 경우를 말한다.

① 독립(獨立)작용
② 상가(相加)작용
③ 상승(相承작용
④ 길항(拮抗)작용

풀이 길항작용이란 서로 흡수를 방해하는 물질을 말한다. 즉, 두약물을 동시에 사용하면 독성이 상쇄되어 효과가 떨어지는 것을 말한다.

023 잔디식재에 관한 설명으로 틀린 것은?

① 식재 전에 토양개량과 정지작업을 실시한다.
② 줄떼붙이기는 떼를 일정 크기로 잘라 쓴다.
③ 비탈면에 잔디를 붙일 때에는 잔디 1매당 2개의 떼꽂이로 잔디를 고정한다.
④ 전면붙이기(일반잔디)는 통일되게 1cm 틈새를 유지하며 붙인 후 모래나 사질토를 살포하고 충분히 관수한다.

풀이 **조경공사 표준시방서 4-5-2 잔디식재**
전면붙이기는 토양개량과 정지작업이 이루어진 지면을 롤러나 인력으로 다진 후 잔디를 붙인다. 일반잔디는 서로 어긋나게 틈새 없이 붙인 후 모래나 사질토를 살포하고 다시 롤러나 인력으로 다진 후 충분히 관수하며, 롤형 잔디는 전체 지면에 틈새 없이 붙이고 모래나 사질토를 가볍게 살포한 후 롤러로 다지고 충분히 관수한다.

024 다음 설명의 (　)안에 알맞은 것은?

> 삽수를 알맞은 환경 하에 꽂아주면 하부 절단구에 대개는 (　)(이)가 발달한다. (　)(은)는 목화의 정도를 다르게 하는 각종 조직세포가 불규칙하게 배열된 것으로, 주로 유관속형성층과 그 부근에 있는 사부세포에서 발달된다.

① 피층　② 클론
③ 키메라　④ 캘러스

풀이 **캘러스**
유상조직(癒像組織), 식물체에 상처가 일어나면 상처부위의 세포는 분열을 일으키고 그 조직은 캘러스(유합조직, 유상조직)를 형성함. 식물체의 조직 배양시 외식편(外植片)을 배지에 치상하고 적정 배양 조건에서 배양하면 일정한 체제(organization)를 이루고 있는 세포괴(細胞塊)를 형성하며 이 세포괴를 캘러스라 함.

025 수목의 이식시기로 가장 적합한 것은?

① 근(根)계 활동 시작 직전
② 근(根)계 활동 시작 후
③ 발아 정지기
④ 새 잎이 나오는 시기

풀이 수목의 이식시기는 뿌리의 활동이 시작되기 직전에 하는 것이 가장 좋다.

026 방화식재에 사용할 수종을 선택할 때 주요 특징에 해당하지 않는 것은?

① 맹아력이 강한 수종
② 잎이 넓으며 밀생하는 수종
③ 배기가스 등의 공해에 강한 수종
④ 잎이 두텁고 함수량이 많은 수종

ANSWER 022 ④ 023 ④ 024 ④ 025 ① 026 ③

풀이 배기가스 등의 공해에 강한 수종은 가로수 식재 적합수종의 조건이며, 방화식재는 불이 났을 경우 최대한 번짐을 막아줄 수 있는 함수량이 많은 상록수가 적합하다.

027 잎이 황색 또는 갈색으로만 물드는 수목이 아닌 것은?

① 붉나무(Rhus javanica L.)
② 은행나무(Ginkgo biloba L.)
③ 양버즘나무(Platanus occidentalis L.)
④ 튤울립나무(Liriodendron tulipifera L.)

풀이 붉나무는 붉은색 단풍

028 다음 녹지자연도(DGN)에 대한 설명으로 틀린 것은?

① 식생에 대한 자연성 평가개념으로 도입된 용어이다.
② 1등급부터 10등급, 그리고 수역을 나타내는 0등급으로 구분된다.
③ 판정기준이 되는 계급의 숫자가 클수록 인간의 간섭을 강하게 받은 식생을 의미한다.
④ 법적인 토대가 없고, 하나의 격자면적에 실질적으로 여러 종류의 녹지자연도 등급이 혼재되어 있는 경우가 흔하다.

풀이 **녹지자연도**
인간에 의한 간섭의 정도에 따라 식물군락이 가지는 자연성의 정도를 11등급(0~10등급)으로 나눈 지도로 1등급(수역), 2등급(식생없는 지역), 2등급(논, 밭) 10등급(자연식생)

029 다음 중 수목의 잎이 호생(互生)인 것은?

① 계수나무(Cercidiphyllium japonicm)
② 박태기나무(Cercis chinensis)
③ 쉬나무(Euodia daniellii)
④ 수수꽃다리(Syringa oblata)

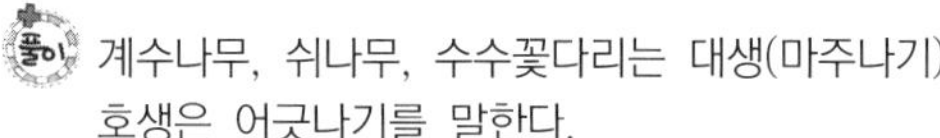

풀이 계수나무, 쉬나무, 수수꽃다리는 대생(마주나기) 호생은 어긋나기를 말한다.

030 인공지반조경의 옥상조경 시 배수에 관한 설명이 틀린 것은?

① 옥상 1면에 최소 2개소의 배수공을 설치한다.
② 식재층에서 잉여수분은 빨리 배수시킬 필요가 있다.
③ 옥상면은 배수를 원활히 하기 위해 0.5%의 구배를 둔다.
④ 인공토양의 경우 식재기반의 조성유형에 적합한 배수성과 통기성을 확보하여야 한다.

풀이 옥상 배수구배는 최저 1.3%, 배수구 부분 최저 2% 이상 되어야 한다.

031 다음 중 우리나라에서 내동성이 가장 강한 것은?

① 감탕나무(*Ilex integra* Thunb)
② 녹나무(*Cinnamomum camphora* J.Presl)
③ 비자나무(*Torreya nucifera* Siebold &Zucc)
④ 자작나무(*Betula platyphylla* var. japonica Hara)

풀이 일반적으로 상록활엽수는 내동성이 약하며, 침엽수나 낙엽활엽수가 내동성이 강하다.
자작나무는 한랭지에서도 잘 자라는 수종이다.

ANSWER 027 ① 028 ③ 029 ② 030 ③ 031 ④

032 아까시나무와 회화나무에 대한 설명으로 틀린 것은?

① 두 수종 모두 기수우상복엽이다.
② 두 수종 모두 꽃피는 시기는 5월 초이다.
③ 두 수종 모두 뿌리가 천근성이다.
④ 아까시나무에는 가시가 있으나 회화나무에는 없다.

풀이 아까시나무는 5~6월, 회화나무는 8월에 꽃이 핀다.

033 수생식물의 분류 중 정수성 식물(emergent plants)에 해당하지 않는 것은?

① 갈대 ② 생이가래
③ 부들 ④ 골풀

풀이 정수식물은 주로 물가의 가장자리에 생육하며 뿌리 부근이 물에 잠기고 줄기를 수면위로 내민 식물로 갈대, 부들, 창포 등이 있다.
생이가래는 부유식물로 물위에 떠서 사는 식물이다.

034 다음 중 복합적 대기오염의 피해를 가장 받기 쉬운 수목은?

① 삼나무(*Cryptomeria japonica*)
② 양버즘나무(*Platanus occidentalis*)
③ 은행나무(*Ginkgo biloba*)
④ 아왜나무(*Viburnum odoratissimum*)

풀이
- 배기가스에 약한 침엽수 : 삼나무, 소나무, 왜금송, 젓나무 등
- 아황산가스에 약한 침엽수 : 낙엽송, 젓나무, 가문비나무, 삼나무, 소나무 등

035 실내공간의 식물기능과 역할 중 식물을 이용하여 어떤 특정한 곳을 주변으로부터 격리시키는 건축적 기능은?

① 사생활 보호 ② 동선의 유도
③ 공기의 정화 ④ 음향의 조절

풀이 **실내공간의 건축적 기능**
구획의 명료화, 동선의 유도, 차폐효과, 사생활보호, 인간 척도로서의 역할

036 잎은 어긋나기하며 홀수 깃모양겹잎이고, 열매는 협과, 원추형이고 염주상으로 10월경에 성숙, 8월경 황백색 꽃이 아름답고 꼬투리가 특이하다. 예로부터 정자목으로 이용되어 왔으며, 녹음식재, 완충식재, 가로수로도 이용되는 수종은?

① 가중나무 ② 왕벚나무
③ 참죽나무 ④ 회화나무

037 다음 설명에 적합한 수종은?

- 늘푸른 작은 키(관목) 나무이다.
- 꽃은 양성화로 이른 봄에 1~4개의 수꽃과 그 중앙부의 암꽃이 핀다.
- 국내 잔역에 출현하나 강원도, 강북, 충북 중심 석회암지대의 지표식물이다.
- 잎은 마주나고 가장자리는 밋밋하다.
- 꽃받침 잎은 4장이고 열매는 삭과이다.

① *Buxus koreana*(회양목)
② *Euonymus japonicus*(사철나무)
③ *Ilex crenata*(꽝꽝나무)
④ *Thuja orientalis*(측백나무)

ANSWER
032 ② 033 ② 034 ① 035 ① 036 ④ 037 ①

038 다음 중 층층나무과(科)의 수종으로만 구성된 것은?

① 산딸나무, 산사나무
② 산수유, 흰말채나무
③ 노각나무, 곰의말채나무
④ 식나무, 쪽동백나무

 ① 산딸나무(층층나무과), 산사나무(장미과)
② 산수유(층층나무과), 흰말채나무(층층나무과)
③ 노각나무(차나무과), 곰의말채나무(층층나무과)
④ 식나무(층층나무과), 쪽동백나무(때죽나무과)

039 다음 중 생장 후에도 껍질이 떨어지지 않고 부착되어 있으며, 지하경이 길게 자라는 조릿대류에 해당되지 않는 것은?

① 신이대　　② 이대
③ 오죽　　④ 한산죽

 오죽은 벼과 왕대속에 속하는 여러해살이식물

040 실내식물의 환경 중 광선의 세기가 광보상점이나 광포화점이하일 때 식물이 건강하게 생육 할 수 있다. 빛의 세기가 너무 약하면 나타나는 현상은?

① 잎이 황색으로 변한다.
② 잎이 마르고 희게 된다.
③ 잎의 두께가 굵어진다.
④ 잎의 가장자리가 마르게 된다.

3과목 조경시공

041 목재의 섬유포화점에서의 함수율은 평균 얼마정도인가?

① 10%　　② 20%
③ 30%　　④ 40%

 목재의 섬유포화점이란 최대한도이 수분을 흡착한 상태로 30% 정도 되며, 함수율이 작을수록 목재의 세기가 증가한다.

042 공정관리의 목표로서 맞지 않는 것은?

① 공사의 조기 준공
② 공사의 계약기간 준수
③ 공사조건의 검토
④ 공사수행 능력 확보

풀이 **공정관리**
공사 착공부터 완성까지 각 부분의 공사 진행 상황을 미리 제출한 공정 계획서대로 실시하기 위하여 공정 운영을 감독·지도하는 일로 최소한 기간, 최소한의 경비, 최대한의 품질을 만들어내는데 목표가 있다.

ANSWER 038 ② 039 ③ 040 ① 041 ③ 042 ①

043 다음 그림에 나타난 지역의 저수량(m^3)은?

- 40m 등고선내의 면적 : $100m^2$
- 50m 등고선내의 면적 : $500m^2$
- 60m 등고선내의 면적 : $700m^2$
- 70m 등고선내의 면적 : $900m^2$

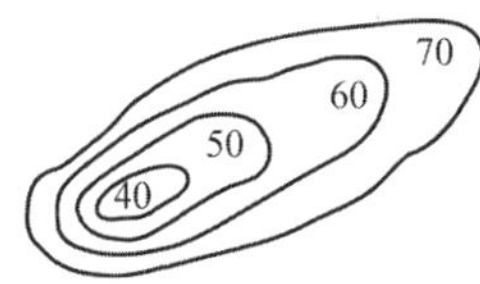

① 12636.5　　② 14666.7
③ 15329.3　　④ 15641.2

풀이 **등고선법에 의한 계산**

$$V = \frac{h}{3}(A_1 + 4(A_2 + A_4 + \ldots + A_{n-1}) + 2(A_3 + A_6 + \ldots + A_{n-2}) + A_n)$$

h : 등고선 간격
n : 단면수
$A_1 \sim A_n$: 등고선으로 둘러싸인 면적

$$V = \frac{h}{3}(100 + 4(500) + 2(700) + 900) = 14{,}666.7m^3$$

044 다음 설명에 적합한 콘크리트 이음의 종류는?

- 온도에 따른 콘크리트 구조물의 변형을 방지하기 위하여 설치한다.
- 응력해제, 변형흡수가 목적이다.
- 시공안전과 구조물의 안전을 우선 고려하여 결정한다.

① 콜드 조인트
② 익스펜션 조인트
③ 콘트롤 조인트
④ 콘스트럭션 조인트

 **익스펜션 조인트**
신축(伸縮) (팽창) 이음이며, 열의 팽창 따위에 의한 본체(本體)의 손상을 막기 위해 신축, 팽창하도록 여유를 둔 것

045 다음 그림에서 A는 무엇을 나타낸 것인가?

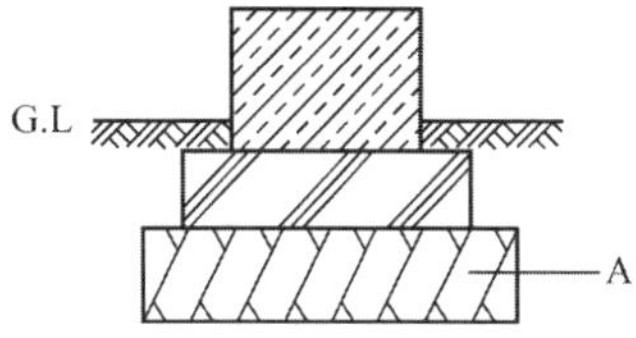

① 모래　　② 잡석다짐
③ 콘크리트　　④ 장대석

046 지역이 광대하여 우수를 한 곳으로 모으기가 곤란할 때 배수지역을 분산시켜 처리하는 배수 계통은?

① 방사식　　② 차집식
③ 선형식　　④ 직각식

① 방사식 : 지역이 광대해 하수를 한곳에 모으기 곤란할 때
② 차집식 : 오수를 직접 하천으로 방류하지 않고 차집거로 모았다가 우수때 하천으로 방류
③ 선형식 : 지형이 한 방향으로 규칙적 경사가질 때, 하수처리 관계상 전체지역의 하수를 한 개의 어떤 장소로 집중시켜야 할 때 사용
④ 직각식 : 하수를 강에 직각으로 연결하는 관거로 배출. 신속하고 구축비 절감

ANSWER
043 ②　044 ②　045 ②　046 ①

047 다음의 인력운반 기본공식에 대한 세부설명으로 적당하지 않은 것은?

$$Q = N \times q$$
$$N = \frac{V \times T}{(120 \times L) + (V \times t)}$$

① 1일 운반횟수(N) : 1일간 작업현장 소운반거리 내에서의 작업 왕복횟수로서 경사로는 운반환산계수를 적용하거나 수직 1m를 수평 6m로 보정한다.
② 1일 실작업시간(T) : 1일 8시간은 기준 작업시간으로 하고, 여기에서 손실시간 30문을 제한 한 7시간 30분을 실 작업시간으로 적용한다.
③ 적재·적하시간(t) : 삽 작업의 경우 보통토사1삽의 중량은 10kg을 기준하며, 적재횟수는 1분간 평균 10회를 기준으로 한다.
④ 평균왕복속도(V) : 운반로의 상태별 운반장비의 주행속도로서 운반로의 상태에 따라 양호, 보통, 불량의 3단계로 구분하여 적용한다.

풀이 **표준품셈 소운반의 운반거리**
삽으로 적재할 수 없는 자재(시멘트, 목재, 철근, 말뚝, 전주, 관, 큰 석재 등)의 인력적사는 기본공식을 적용하되 25kg을 1인의 비율로 계산하고 t 및 V는 자재 및 현장여건을 감안하여 계상한다.

048 정지설계도 작성 원칙으로 옳지 않은 것은?

① 파선은 기존 등고선을 나타내며, 직선은 제안된 등고선을 나타낸다.
② 매 5번째 등고선은 읽기 편하게 약간 진하게 그려 넣는다.
③ 평탄지는 배수가 불량하므로 각 시설별로 경사도 최소 표준을 알아야 한다.
④ 경사지를 만들 때 등고선의 조작은 절토의 경우에는 위에서부터, 성토의 경우에는 밑에서부터 시작한다.

경사지를 만들 때 등고선의 조작은 절토의 경우에는 밑에서부터, 성토의 경우에는 위에서부터 시작한다.

049 다음 중 땅깍기, 흙쌓기 및 터파기 관련 설명으로 틀린 것은?

① 젖은 땅을 깍아서 유용할 때에는 깍은 흙은 최적함수비가 되도록 조치한다.
② 흙쌓기 재료는 명시된 시공기준에 따라 연속된 층으로 깔아서 다져야 한다.
③ 구조물 기초의 가장자리에서 45° 지지각을 침범해서 터파기해서는 아니 된다.
④ 깍아낸 흙은 유용하지 않을 경우에는 현장에서 제거하거나 담당원이 지정하는 장소에 3.5m를 넘지 않는 높이로 임시 쌓기를 하고, 세굴되지 않도록 보호한다.

유용하지 않은 흙은 현장에서 제거한다.

ANSWER 047 ③ 048 ④ 049 ④

050 콘크리트의 타설 전이나 타설 시의 품질검사 항목이 아닌 것은?

① 비파괴시험 ② 슬럼프시험
③ 공기량시험 ④ 염분함유량시험

 비파괴시험은 시료를 손상하지 않고 그 재질과 결함의 유무 등을 수미트해머나 초음파를 사용하여 탐지하는 것으로 콘크리트 강도, 결함, 균열 등을 파악하는 것으로 타설 후에 실시한다.

051 순공사원가에 포함되지 않는 것은?

① 재료비 ② 노무비
③ 일반관리비 ④ 부가가치세

 순공사원가 = 재료비 + 노무비 + 경비

052 다음 중 공사시방서를 작성할 때 참고나 지침서가 될 수 있는 시방서로 몇 가지를 첨부하거나 삭제하면 공사시방서가 될 수 있는 것은?

① 표준시방서 ② 공통시방서
③ 안내시방서 ④ 일반시방서

풀이 ① 표준시방서 : 발주처 또는 설계가가 활용하기 위해 시설물별로 정해놓은 표준적인 시공기준으로 한국조경학회에서 만들고 국토해양부에서 제정한 것, 토지공사, 수자원공사 등 공기업에서 만든 것들도 있다.
④ 일반시방서 : 학·협회에서 표준적이고 일반적인 기준을 표시한 것으로 공사의 명칭, 종류, 규모, 구조 등 일반적인 사항에 관한 것

053 강의 열처리 중에서 조직을 개선하고 결정을 미세화하기 위해 800~1000℃로 가열하여 소정의 시간까지 유지 한 후에 대기 중에서 냉각시키는 처리는?

① 뜨임(Tempering)
② 담금질(Quenching)
③ 불림(Normalizing)
④ 풀림(Annealing)

 **불림**
고온에서 장시간 노출되면 퍼얼라이트의 결정 입자가 커지고 또 단조부품 등에서 응고속도, 가공에 얼룩이 있으면 변형(strain)을 일으켜 내부 응력을 발생시킨다. 다시 냉각하면 결정 입자가 미세화되어 강의 성질을 개선하기 위한 열처리

054 일위대가 작성시 기본형 벽돌(190× 90×57)을 이용하여 조적공사를 1.0B로 쌓을 때 $1m^2$에 소요되는 벽돌의 양은 얼마인가?

① 75매 ② 149매
③ 185매 ④ 224매

 **벽돌의 소요매수**

(m^2)

벽 두께 / 벽돌 두께(cm)	기본벽돌 19×9×5.7
0.5B	75
1.0B	149
1.5B	224
2.0B	299
2.5B	373
3.0B	447

ANSWER 050 ① 051 ③,④ 052 ③ 053 ③ 054 ②

055 보도블럭 포장의 일반적인 구조는 그림과 같이 기층, 완충층, 표층의 3층으로 되어 있다. 이 중 완충층은 모래, 모르타르 등을 1~2cm 두께로 포설하는데 완충층의 기능에 해당되지 않는 것은?

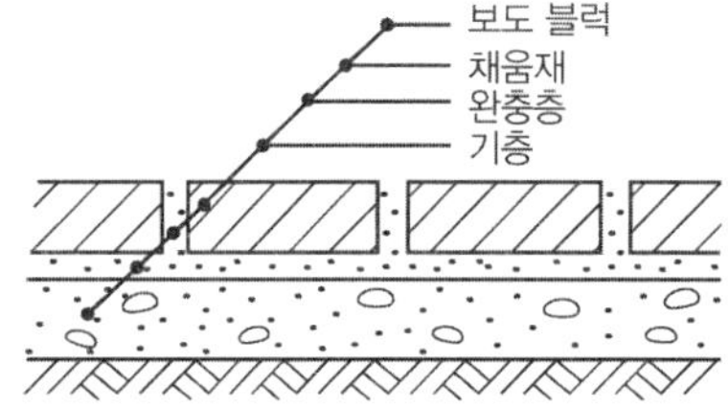

① 요(凹), 철(凸)을 조절해준다
② 보도블럭 면에 어느 정도 탄성을 준다.
③ 보도블럭의 높이를 같이 하는데 편리하다.
④ 겨울에 동상(凍上, frost heaving)현상을 막아준다.

 완충층은 콘크리트 포장에서 슬래브와 보조기층과의 마찰력을 줄이기 위해 모래를 포설한 층으로 동상방지와는 관계없다.

056 [보기]의 구조계산 순서 중 "3번째 단계"에 해당되는 것은?

- 하중 산정
- 내응력 산정
- 내응력과 재료 허용응력의 비교
- 반력 산정
- 외응력 산정

① 외응력 산정
② 반력 산정
③ 내응력 산정
④ 내응력과 재료 허용응력의 비교

풀이 **구조계산의 순서**
하중산정 → 반력산정 → 외응력산정 → 내응력산정 → 응력과 재료의 허용 강도 비교

057 콘크리트의 양생에 대한 설명 중 가장 옳지 못한 것은?

① 적절한 온도를 유지 시킨다.
② 경화할 때까지 충격을 받지 않도록 한다.
③ 가급적 재령 5일간은 건조 상태를 유지해 준다.
④ 양생기간 동안 직사광선이나 바람에 직접 노출되지 않도록 한다.

풀이 콘크리트 양생기간은 재령 28일을 기준으로 한다.

058 다음 중 건설재료로 이용되는 대리석의 특징 설명으로 옳지 않은 것은?

① 열에 약하다.
② 내산성이 강하다.
③ 내장용으로 많이 쓰인다.
④ 석질이 치밀하고 무늬가 아름답다.

풀이 대리석은 내산성이 약하다.

059 다음 설명의 (　　)안에 적합한 용어는?

도로, 보도, 포장지역 등의 하부로 관로가 통과할 경우에 정확한 위치에 (　　)을(를) 그 폭보다 양쪽으로 0.3m 이상 여유를 두어 설치한다.

① 트렌치　　② 슬리브
③ 호안블럭　　④ 경계석

 **슬리브(Sleeve)**
공조에서 배관이나 덕트를 보호하는 배관으로 콘크리트 벽, 천장 등의 관통부에 콘크리트가 들어가기 전에 설치하여 배관 등을 그 관 속으로 통과시켜 틈을 막아주는 것이다.

ANSWER 055 ④ 056 ① 057 ③ 058 ② 059 ②

060 힘의 평형조건만으로 반력이나 내응력을 구할 수 있는 정정보에 해당하지 않는 것은?

① 캔틸레버보　　② 고정보
③ 게르버보　　④ 단순보

 **힘의 평형방정식만으로 내력과 반력을 구할 수 있는 보**
단순보, 캔틸레버보, 내민보, 게르버보

4 과목 조경관리

061 공원 내 가로 조명등주의 유지관리상 특징 설명으로 옳은 것은?

① 알루미늄은 부식에 강하고, 유지관리가 용이하며, 내구성도 크나 비용이 많이 든다.
② 콘크리트는 유지관리가 용이하고, 내구성도 강하지만 부식에는 약하다.
③ 철재는 합금강철 조명등주로 제조되어 내구성이 강하고, 페넌트 부착에 강하지만 부식이 용이하여 방부처리가 요구된다.
④ 나무는 미관적으로 좋고 초기에 유지관리하기도 좋아서 별다른 단점은 고려하지 않아도 좋다.

 ① 알루미늄은 내구성이 약하다.
② 콘크리트는 부식에도 강하다.
④ 나무는 부패하기 쉬워 방부처리해야 한다.

062 소나무재선충을 매개하는 곤충은?

① 맵시벌　　② 솔수염하늘소
③ 솔곤봉하늘소　　④ 짚시벼룩좀벌

 **소나무재선충 매개충**
솔수염하늘소, 북방하늘소 등

063 다음 중 직영방식의 대상으로 가장 적합한 것은?

① 장기에 걸쳐 단순작업을 행하는 업무
② 일상적으로 행하는 유지관리적인 업무
③ 전문적 지식, 기능, 지격을 요하는 업무
④ 규모가 크고, 노력, 재료 등을 포함하는 업무

풀이 **직영방식의 대상**
- 재빠른 대응이 필요한 업무
- 연속해서 행할 수 없는 업무
- 진척상황이 명확치 않고 건사하기 어려운 업무
- 금액이 적고 간편한 업무
- 일상적으로 행하는 유지관리적인 업무

064 토양고결(soil compaction)에 의해 발생되는 잔디식재 토양의 영향으로 틀린 것은?

① 토양경도 감소
② 토양의 투수성 감소
③ 토양의 통기성 저하
④ 토양의 물리성 악화

 토양고결은 토양이 단단해 지는 것으로 토양경도가 증가한다.

ANSWER
060 ② 061 ③ 062 ② 063 ② 064 ①

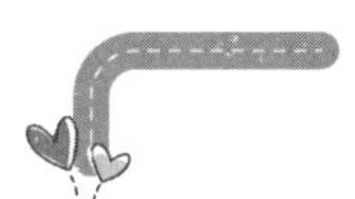

065 초화류의 월동관리 요령 중 틀린 것은?

① 내한성이 강한 작물이나 품종을 선택한다.
② 노지상태의 경우 식물체를 비닐이나 짚 등으로 감싸준다.
③ 화단부지의 경우, 지대가 낮고 움푹 들어간 곳을 선택한다.
④ 온실을 만들 경우, 가능하면 땅 속으로 깊게 들어가게 건설한다.

풀이 화단은 월동관리를 위해 가능한 지대가 낮고 움푹 들어간 지역은 피할 것

066 멀칭(mulching)의 효과로 거리가 먼 것은?

① 토양침식과 수분의 손실을 방지한다.
② 토양구조를 개선하여 단단하게 한다.
③ 토양의 비옥도를 증진시키고 잡초의 발생이 억제된다.
④ 토양온도를 조절하고 태양열의 복사와 반사를 감소시킨다.

풀이 멀칭은 토양습기 유지, 잡초발생 억제, 유기질 비료제공, 병충해 발생억제, 토양결빙 방지의 효과가 있음

067 다음 중 다량원소에 속하는 것은?

① N ② B
③ Fe ④ Mo

풀이 **식물에 필요한 다량원소**
C, H, O, N, P, K, S, Ca, Mg

068 소나무 잎떨림병균이 월동하는 곳은?

① 중간 기주
② 소나무 줄기
③ 소나무 뿌리
④ 땅 위에 떨어진 병든 잎

풀이 **소나무 잎떨림병균**
병든잎에 자낭포자의 형태로 월동한다.

069 넘어짐 사고와 떨어짐 사고의 예방방안으로 틀린 것은?

① 마찰력이 낮은 작업화를 착용한다.
② 어두운 공간에는 충분한 조명을 설치한다.
③ 사다리 작업 안전지침 및 기준을 준수한다.
④ 작업화 바닥, 사다리 발판의 흙을 털어 미끄러움을 예방한다.

풀이 미끄럼 방지가 된 마찰력이 높은 작업화가 안전하다.

070 식물관리에는 식물의 생리, 생태적 특성을 잘 이해해야 한다. 식물이 갖는 특성에 해당하지 않는 것은?

① 동일한 모양의 동질성
② 생장, 번식 등을 계속하는 영속성
③ 생물로서 생명활동이 행해지는 자연성
④ 형태가 매우 다양하여 주변의 시설과의 조화성

풀이 식물재료의 특성은 비규격성, 자연성, 불규칙성, 조화성, 영속성 등이 있다.

ANSWER 065 ③ 066 ② 067 ① 068 ④ 069 ① 070 ①

071 A 토양의 진밀도가 $2.6gcm^{-3}$, 가밀도 $1.2gcm^{-3}$일 때 이 토양의 공극률은 얼마인가?

① 약 17% ② 약 46%
③ 약 54% ④ 약 83%

$$공극률 = \frac{진밀도 - 가밀도}{진밀도} \times 100$$
$$= \frac{2.6 - 1.2}{2.6} \times 100 ≒ 53.84\%$$

072 재해손실비의 평가방식 중 하인리히(Heinrich)계산 방식으로 옳은 것은?

① 총재해비용 = 공동비용+개별비용
② 총재해비용 = 공보험비용+비보험비용
③ 총재해비용 = 직접손실비용+간접손실비용
④ 총재해비용 = 노동손실비용+설비손실비용

하인리히의 총재해비용 = 직접비 + 간접비(1 : 4)

- 직접비 : 휴업보상비, 장해보상비, 요양보상비, 장의비 등
- 간접비 : 인적손실, 물적손실, 생산손실 등

073 공원녹지 내에서의 행사(event)개최를 통하여 얻고자 하는 주요한 효과가 아닌 것은?

① 행정홍보의 수단으로 행사를 개최함으로써 주민의 공감을 얻을 수 있다.
② 재정확보 차원에서 행사개최를 통해 공원 유지관리를 위한 재정을 확충할 수 있다.
③ 커뮤니티활동의 일환으로 공원 등에서 행사를 통하여 지역주민의 커뮤니케이션(communication)을 도모할 수 있다.
④ 공원녹지이용의 다양화를 도모하는 수단으로서 시민들에게 다양한 프로그램을 제공하여 공원녹지이용의 폭을 넓힐 수 있다.

공원내 행사는 공원녹지이용이 다양화를 도모하는 수단으로 행정, 홍보, 커뮤니티활동의 일환이다.

074 콘크리트 포장도로 혹은 아스팔트 포장도로의 표면이 심하게 마모되었거나 박리되었을 때 주로 사용하는 보수공법은?

① 충전법 ② 패칭공법
③ 덧씌우기공법 ④ 주입공법

덧씌우기

전면적 파손 우려 있는 경우 새로운 포장면을 조성하는 보수공법

ANSWER 071 ③ 072 ③ 073 ② 074 ③

075 엽면시비에 대한 설명으로 옳지 않은 것은?

① 엽면시비는 토양시비 보다 비료성분의 흡수가 쉽고 빠르다.
② 광합성 작용이 왕성할 때 잘 흡수되며 잎의 뒷면 보다 앞면에서 흡수가 잘 된다.
③ 주로 미량원소의 빠른 효과를 위해서 이용되는데 Fe은 대표적으로 많이 쓰이는 성분이다.
④ 동·상해, 풍·수해, 병해충 피해 등을 입어서 급속한 영양 공급이 요구될 경우에는 효과적이다.

풀이 엽면시비는 잎의 뒷면이 흡수가 더 잘된다.

076 조경수목을 가해하는 식엽성 해충에 해당하는 것은?

① 진딧물 ② 솔껍질깍지벌레
③ 오리나무잎벌레 ④ 솔잎혹파리

풀이 진딧물, 솔껍질깍지벌레(흡즙성), 오리나무잎벌레(식엽성), 솔잎혹파리(충영형성)

077 중간 기주를 제거함으로써 병을 예방할 수 있는 것은?

① 오동나무 탄저병
② 각종 식물의 잿빛곰팡이병
③ 묘목의 입구병
④ 잣나무 털녹병

풀이 중간기주는 병을 옮기는 매개체를 말하는 것으로 잣나무 털녹병은 송이풀, 까치밤나무가 중간기주이다. 이를 제거함으로 병을 예방할 수 있다.

078 골프장 잔디초지 관리 중 10월에 실시되어야 할 관리 내용으로 부적합한 것은?

① 그린의 통기 및 배토작업 : 잔디생육이 왕성한 시기이므로 갱신작업 실시, 통기작업 1회 정도와 배토 1~3회 실시한다.
② 그린의 시비관리 : 잔디생육이 정지하는 시기이므로, 석회질 비료 위주로 공급한다.
③ 티의 예초 : 10월은 잔디 생장량이 낮아지고 휴면을 위해 저장양분을 축적하는 시기이므로 한국잔디의 예고를 25mm로 한다.
④ 조경수목의 병해충관리 : 깍지벌레류와 응애류의 방제를 실시한다.

풀이 그린에는 주로 규산질 비료를 시비한다.

079 수목을 대기오염으로부터 보호하려면 어떤 약제를 뿌려야 가장 효과가 있는가?

① 증산억제제 ② 생장촉진제
③ 왜화제 ④ 발근촉진제

풀이 증산억제제로 지엽의 수분증발을 억제하여 대기오염으로부터 보호할 수 있다.

080 농약 중 고체 시용제가 갖추어야 할 물리적 성질이 아닌 것은?

① 분말도 ② 토분성
③ 분산성 ④ 현수성

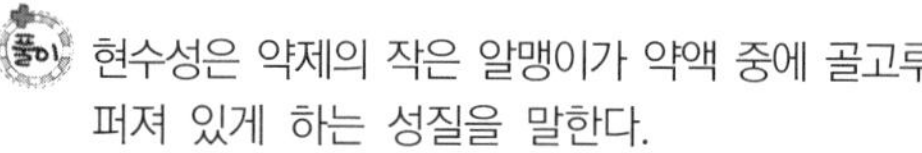
풀이 현수성은 약제의 작은 알맹이가 약액 중에 골고루 퍼져 있게 하는 성질을 말한다.

ANSWER
075 ② 076 ③ 077 ④ 078 ② 079 ① 080 ④

2019 4회 조경산업기사 최근기출문제

2019년 8월 4일 시행

제1과목 조경계획 및 설계

001 고대 그리스시대의 것으로 현대 도시광장의 기원이 되는 것은?

① 포럼(Forum)
② 아고라(Agora)
③ 아트리움(Atrium)
④ 페리스틸리움(Peristylium)

풀이
- 고대 그리스의 도시광장 : 아고라
- 고대 로마의 도시광장 : 포럼

002 장소는 미적(美的)이거나 회화적이어야 한다고 주장한 루엘린파크의 설계자는?

① 가렛 에크보
② 제임스 로즈
③ 앤드루 잭슨 다우닝
④ 프레드릭 로우 옴스테드

풀이 **루엘린파크**

앤드류 잭 슨 다우닝(Andrew Jackson Downing)이 뉴저지주 웨스트오렌지에 근대식으로 지은 교외정원으로 미적이고 회화적이어야 한다는 다우닝의 디자인원칙이 잘 드러나 있다.

003 조선시대 다산초당(茶山草堂)과 관련이 없는 것은?

① 단상(段狀)
② 방지원도(方池圓島)
③ 석가산
④ 풍수지리설

004 대추나무를 지칭하는 옛 한자명은?

① 이(李) ② 내(柰)
③ 백(柏) ④ 조(棗)

풀이
① 이(李) : 오얏나무
② 내(柰) : 능금나무
③ 백(柏) : 측백나무
④ 조(棗) : 대추나무

005 도산(挑山, 모모야마)시대에 석등, 세수통 등 점경물을 설치하고 소공간을 자연 그대로의 규모로 꾸민 정원 양식은?

① 다정(茶庭)
② 정토(淨土) 정원
③ 고산수(枯山水) 정원
④ 침전식(寢殿式) 정원

풀이 **다정**

다실을 중심으로 좁은 공간에 효율적으로 시설들을 배치하고 곡선 윤곽 많이 사용한 실용적인 양식

ANSWER
001 ② 002 ③ 003 ④ 004 ④ 005 ①

006 16세기 이탈리아 빌라정원의 주된 공간 배치요소가 아닌 것은?

① 수림대(Bosco)
② 후정
③ 빌라(Villa)
④ 중정

 중정은 로마정원, 스페인정원의 특징이다.

007 미국 컬럼비아 건축미술박람회의 영향을 받아 조직된 단체는?

① 후생협회(NRA)
② 도시계획협의회(NCCP)
③ 운동장협회(NPFA)
④ 미국조경가협회(ASLA)

 시카고 컬럼비아 건축미술박람회는 1893년 미대륙 발견 40주년 기념을 위해 시카고에서 만국박람회가 개최되었다. 이를 계기로 도시미화운동이 발전하였으며 조경이 발전하는 계기가 되어 1899년 미국조경가협회가 설립되었다.

008 전통적인 중국조경의 특성에 해당하는 것은?

① 대비보다 조화에 중점을 두었다.
② 축경식으로 자연을 모방하여 일정한 비율로 균일하게 축조하였다.
③ 수려한 자연경관을 정원 내 사의적으로 묘사하였다.
④ 자연경관을 축소하지 않고 1 : 1 비율로 정원에 묘사하였다.

풀이 중국정원은 사의주적 풍경식에 해당한다.

009 다음 설명의 정책방향이 포함된 계획은?

- 관할구역에 대하여 기본적인 공간구조와 장기발전방향을 제시하는 종합계획
- 지역적 특성 및 계획의 방향·목표에 관한 사항
- 토지의 이용 및 개발에 관한 사항
- 환경의 보전 및 관리에 관한 사항
- 공원·녹지에 관한 사항
- 경관에 관한 사항

① 광역도시계획
② 도시·군기본계획
③ 도시·군관리계획
④ 지구단위계획

풀이 **국토의 계획 및 이용에 관한 법률 시행령 제19조(도시·군관리계획의 수립기준)**

국토교통부장관은 도시·군관리계획의 수립기준을 정할 때에는 다음 각 호의 사항을 종합적으로 고려하여야 한다.

1. 광역도시계획 및 도시·군기본계획 등에서 제시한 내용을 수용하고 개별 사업계획과의 관계 및 도시의 성장추세를 고려하여 수립하도록 할 것
2. 도시·군기본계획을 수립하지 아니하는 시·군의 경우 당해 시·군의 장기발전구상 및 도시·군기본계획에 포함될 사항 중 도시·군관리계획의 원활한 수립을 위하여 필요한 사항이 포함되도록 할 것
3. 도시·군관리계획의 효율적인 운영 등을 위하여 필요한 경우에는 특정지역 또는 특정부문에 한정하여 정비할 수 있도록 할 것
4. 공간구조는 생활권단위로 적정하게 구분하고 생활권별로 생활·편익시설이 고루 갖추어지도록 할 것
5. 도시와 농어촌 및 산촌지역의 인구밀도, 토지이용의 특성 및 주변 환경 등을 종합적으로 고려하여 지역별로 계획의 상세정도를 다르게 하되, 기반시설의 배치계획, 토지용도 등은 도시와 농어촌 및 산촌지역이 서로 연계되도록 할 것
6. 토지이용계획을 수립할 때에는 주간 및 야간활동인구 등의 인구규모, 도시의 성장추이를 고려하여 그에 적합한 개발밀도가 되도록 할 것

ANSWER 006 ④ 007 ④ 008 ③ 009 ②

7. 녹지축·생태계·산림·경관 등 양호한 자연환경과 우량농지, 문화재 및 역사문화환경 등을 고려하여 토지이용계획을 수립하도록 할 것
8. 수도권안의 인구집중유발시설이 수도권외의 지역으로 이전하는 경우 종전의 대지에 대하여는 그 시설의 지방이전이 촉진될 수 있도록 토지이용계획을 수립하도록 할 것
9. 도시·군계획시설은 집행능력을 고려하여 적정한 수준으로 결정하고, 기존 도시·군계획시설은 시설의 설치현황과 관리·운영상태를 점검하여 규모 등이 불합리하게 결정되었거나 실현가능성이 없는 시설 또는 존치 필요성이 없는 시설은 재검토하여 해제하거나 조정함으로써 토지이용의 활성화를 도모할 것
10. 도시의 개발 또는 기반시설의 설치 등이 환경에 미치는 영향을 미리 검토하는 등 계획과 환경의 유기적 연관성을 높여 건전하고 지속가능한 도시발전을 도모하도록 할 것
11. 「재난 및 안전관리 기본법」 제24조제1항에 따른 시·도안전관리계획 및 같은 법 제25조제1항에 따른 시·군·구안전관리계획과 「자연재해대책법」 제16조제1항에 따른 시·군 자연재해저감 종합계획을 고려하여 재해로 인한 피해가 최소화되도록 할 것

010 이용 후 평가(Post Occupancy Evaluation)에 대한 설명으로 틀린 것은?

① 이용자의 만족도를 계시한다.
② 시공 직후에 단기평가를 수행한다.
③ 설계과정을 일방향적 흐름으로부터 순환과정으로 바꾼다.
④ 기존 환경의 개선 및 새로운 환경의 창조를 위한 자료를 제공한다.

풀이 이용후 평가는 시공후 이용자 만족도 및 환경의 적합성과 정책 및 프로그램의 효율성 분석을 위한 자료를 마련하는 것이다.

011 다음 중 계획용량을 결정하는 수용력(Carrying Capacity) 산출식으로 옳은 것은?

① 연간이용자수×(1 - 최대일률)÷회전율
② (연간이용자수 + 최대일률)×회전율
③ 연간이용자수÷최대일률×회전율
④ 연간이용자수×최대일률×회전율

012 조경가를 세분된 분야로 구분할 때, 주로 대규모 프로젝트에 관여하며 종합적 사고력(합리성)을 필요로 하는 제네럴리스트(Generalist)의 입장을 취하는 분야는?

① 조경계획가 ② 조경설계사
③ 조경기술자 ④ 조경원예가

풀이
- 조경계획가 : 제네럴리스트(종합적 사고)
- 조경설계가 : 스페셜리스트(디테일, 디자인사고)

013 다음 설명에 해당하는 시각적 경관요소의 분류에 속하는 것은?

> 주위의 환경요소와는 달리 특이한 성격을 띈 부분의 경관으로 지형적인 변화, 즉 산속의 높은 암벽과 같은 것을 말한다.

① 전(Panoramic)경관
② 지형(Feature)경관
③ 초점(Focal)경관
④ 세부(Detail)경관

① 전(Panoramic)경관 : 시야가 제한받지 않고 멀리까지 트인 경관
② 지형(Feature)경관 : 독특한 형태와 큰 규모의 지형지물이 강한 인상을 주는 경관
③ 초점(Focal)경관 : 관찰자의 시선이 한 점으로 유도되는 구성의 경관

ANSWER 010 ② 011 ④ 012 ① 013 ②

④ 세부(Detail)경관 : 시야가 제한되고 협소한 공간 규모로 세부적인 사항까지 지각될 수 있는 경관

014 다음 도시공원 종류들 가운데 공원시설 부지면적 비율기준이 '100분의 50 이하'에 해당하는 것은?

① 근린공원 ② 체육공원
③ 어린이공원 ④ 묘지공원

 **도시공원 및 녹지 등에 관한 법률 시행규칙 제11조**

- 근린공원(100분의 40 이하)
- 체육공원(100분의 50 이하)
- 어린이공원(100분의 60 이하)
- 묘지공원(100분의 20 이상)

015 리조트(Resort) 개발을 위한 입지조건에서 기본적 요건으로 가장 거리가 먼 것은?

① 일상생활과 인접할 것
② 공간(환경·시설)에 충분한 여유가 있을 것
③ 흥미대상(본다, 먹는다, 한다)이 있을 것
④ 프라이버시나 자유로움이 확보되어 있을 것

 리조트는 일상생활에서 일정거리 떨어져 있는 자연환경이 좋은 곳에 위치

016 그림과 같은 도면에서 평면도로 가장 적합한 것은?

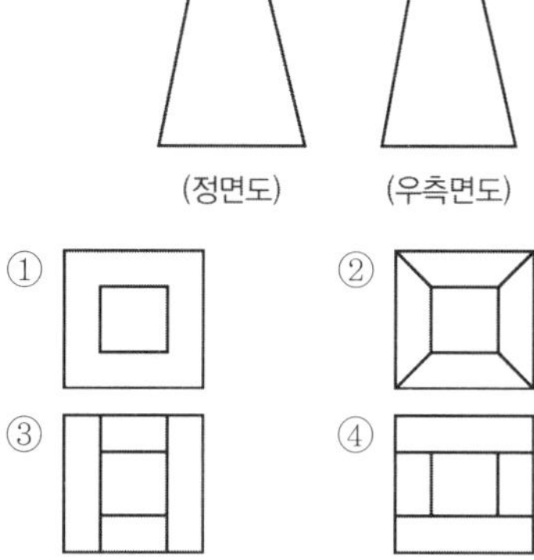

017 조경계획에서 사용되는 설문지 작성 시 주의사항을 설명한 것으로 틀린 것은?

① 설문을 배치할 때 긍정적인 질문과 부정적인 질문을 섞어서 나열하도록 한다.
② 자유응답설문보다 제한응답설명으로 구성하면 설문시간을 많이 줄일 수 있다.
③ 설문 작성을 위해 인터뷰 혹은 현장방문을 통한 예비조사를 하는 것이 바람직하다.
④ 원활한 설문작성을 위해 세부적인 사항의 질문을 먼저 하고 그 다음에 일반적인 사항으로 넘어가도록 한다.

설문을 위한 질문은 일반적인 사항 먼저 하고 그 다음에 세부적인 사항을 질문한다.

ANSWER 014 ② 015 ① 016 ② 017 ④

018 식물의 질감과 색체를 이용하여 공간감을 느끼게 할 수 있다. 다음 설명 중 틀린 것은?

① 중간 밝기의 녹색은 밝은 녹색과 어두운 녹색 사이의 점진적 요소 역할을 한다.
② 어두운 색채의 잎을 갖는 식물은 관찰자로부터 멀어지는 듯이 보이고, 밝은 색채의 잎을 갖는 식물은 관찰자에게 다가오는 듯이 보인다.
③ 고운 질감의 식물은 멀어져 가는 듯이 보이는 데에 비해 거친 질감의 식물은 접근하는 것처럼 느껴진다.
④ 거친 질감은 큰 잎이나 두텁고 무거운 감이 있는 식물에서 나타나며 고운 질감은 많은 수의 작은 잎, 작고 얇은 가지가 있는 식물에서 나타난다.

019 우리나라 농촌마을에 남아 있는 마을숲의 기능 중 가장 많이 나타나는 기능은?

① 비보기능 ② 쉼터기능
③ 풍치기능 ④ 제사기능

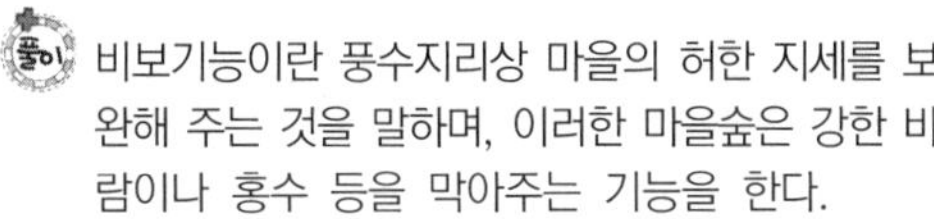
풀이 비보기능이란 풍수지리상 마을의 허한 지세를 보완해 주는 것을 말하며, 이러한 마을숲은 강한 바람이나 홍수 등을 막아주는 기능을 한다.

020 관찰자가 물체를 보고 그 형상을 판별할 수 있는 범위는?

① 지선 ② 소점
③ 기간 ④ 시야

2 과목 조경식재

021 식물의 분류 중 덩굴성 식물에 해당하는 것은?

① 산수국 ② 흰말채나무
③ 능소화 ④ 불두화

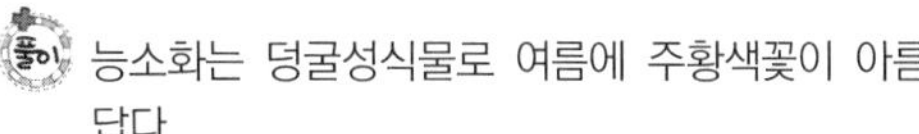
풀이 능소화는 덩굴성식물로 여름에 주황색꽃이 아름답다.

022 식재공사 시 뿌리돌림을 할 경우에 분의 크기는 근원직경의 몇 배로 작업하는 것이 가장 이상적인가?

① 2배 ② 4배
③ 8배 ④ 10배

풀이 뿌리분의 크기는 근원직경의 4~6배이며 일반적으로 4배로 한다.

023 수목은 내한성에 따라 온난지와 한랭지로 구분할 수 있다. 다음 중 한랭지에 적합한 수종은?

① 굴거리나무 ② 동백나무
③ 후박나무 ④ 쥐똥나무

풀이 굴거리나무, 동백나무, 후박나무는 온난지(남부지방)에 자라는 대표적인 수종이며, 쥐똥나무는 한랭지에도 잘 자란다.

ANSWER 018 ② 019 ① 020 ④ 021 ③ 022 ② 023 ④

024 다음 중 벤트그래스의 설명으로 틀린 것은?

① 일반적으로 가장 품질이 좋은 잔디이다.
② 재질이 매우 곱고, 잎의 폭이 3~4mm로 매우 짧은 다발형이다.
③ 질소질 비료 요구량이 높고, 세심한 관리와 주의가 요구된다.
④ 주로 골프장 그린이나 스포츠 경기장 들 집약적인 잔디 초지에 광범위하게 쓰인다.

풀이 벤트그래스는 재질이 매우 곱고 잎폭이 1~2mm로 매우 짧다.

025 우리나라에서 자생하는 참나무류는 성상에 따라 크게 2가지로 구분할 수 있다. 다음 중 성상이 다른 수종은?

① 붉가시나무(*Quercus acuta*)
② 떡갈나무(*Quercus dentata*)
③ 졸참나무(*Quercus serrata*)
④ 갈참나무(*Quercus aliena*)

풀이
- 상록활엽교목 : 붉가시나무
- 낙엽활엽교목 : 떡갈나무, 졸참나무, 갈참나무

026 다음 설명의 ( ) 안에 들어갈 용어로 알맞은 것은?

> ( )은/는 꽃이나 잎의 형태와 같이 보다 작은 식물학적 차이점을 지닌다. ( )의 표기는 'for'를 사용한다.

① 보통명 ② 변종
③ 품 종 ④ 이명

풀이 학명의 제일 마지막에 품종을 표시할 때는 for를 적고 품명을 적는다.

027 다음 그림과 같은 형태를 갖는 수종은?

① 리기다소나무 ② 방크스소나무
③ 일본잎갈나무 ④ 독일가문비

028 시야를 방해하지 않으면서 공간을 분할하거나 한정하는 데 이용할 수 있는 식물재료는?

① 대교목 ② 소교목
③ 관 목 ④ 지피류

관목은 키가 낮은 식물로 시선을 방해하지 않으면서 공간을 분할, 경계역할을 할 수 있다.

029 다음 중 회색 또는 암갈색 나무껍질이 세로로 갈라지면서 떨어져 얼룩무늬를 형성하는 수종은?

① 소나무(*Pinus densiflora*)
② 벽오동(*Firmiana simplex*)
③ 자작나무(*Betula platyrhylla*)
④ 양버즘나무(*Platanus occidentalis*)

수피색
소나무(적갈색), 벽오동(청록색), 자작나무(백색)

ANSWER
024 ② 025 ① 026 ③ 027 ④ 028 ③ 029 ④

030 토양 단면에서 바로 위에 있는 층보다 부식이 적어 갈색 또는 황갈색을 띄며, 가용성 염기류가 많고 비교적 견밀한 특징을 구비한 토양층은?

① 모재층　② 용탈층
③ 집적층　④ 유기물층

풀이 토양층
- Ao층(유기물층) : L, F, H층에 따라 유기물이 분해되지 않거나 분해되어 육안으로 기원을 알수 없는 층
- A층(용탈층,표층) : 광물 토양의 최상층으로 외계와 접촉되어 그 영향을 직접 받는 층. 식물에 필요한 양분이 가장 풍부함
- B(심토집적층) : 표층에 비해 부식함량이 적어 황갈색, 적갈색
- C층(모재층) : 광물질이 풍화된 층
- D층(기암층)

031 수고가 1.2m 이하인 수목에 지주를 할 필요가 있을 때 이용하기 적합한 설치형태는?

① 단각형(單脚形)　② 이각형(二脚形)
③ 삼각형(三角形)　④ 사각형(四角形)

풀이

종류	수목크기	특징
단각지주	수고 1.2m 이하	1개 말뚝에 주간 묶어 사용
이각지주	수고 2m 이하	양쪽에 각목이나 말뚝설치
3각 4각지구	수고 4.5m 이하	통행량이 많은 곳에 설치. 경사70도
삼발이 지주소형	수고 5m 이하	경관상 중요지점이 아닌 곳에 설치
삼발이 지주대형	수고 5m 이상	
삼발이 버팀형	견고지지 필요시와 근원직경 20cm 이상	
당김줄형	수고 4.5m 이상	비용저렴. 경관적 가치가 요구되는 중요지점
매몰형		경관상 매우 중요지점
연계형		군식되어 있을때 나무끼리 연결

032 개잎갈나무(Cedruss deodara)의 생장형태로 가장 적합한 것은?

①
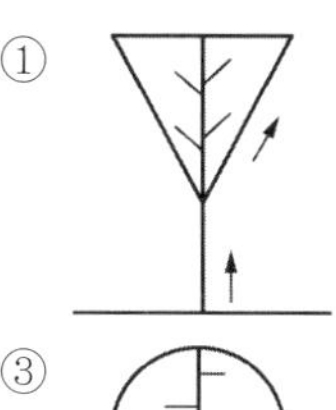
②
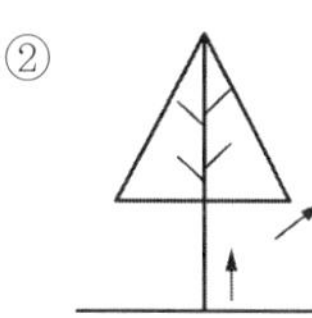
③
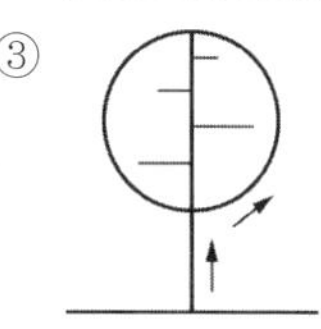
④
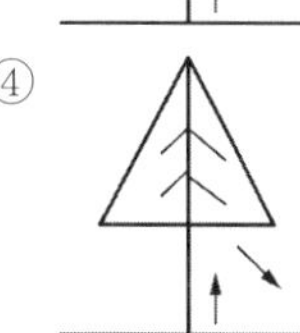

풀이 개잎갈나무는 원추형이며 가지가 수평, 밑으로 쳐지는 형태이다.

033 자유식재의 개념으로 옳지 않은 것은?

① 제2차 세계대전 이후 구미 각국에서 시작되었다.
② 풍토적인 제약이나 전통적인 형식에 구속되지 않는다.
③ 기능성에 큰 비중을 두어 단순 명쾌하다.
④ 전체적인 형태는 자연풍경식인 경우가 많다.

풀이 자연풍경식과 자유식재는 다른 형태로 자연풍경식은 부등변 삼각형 식재, 임의식재, 모아심기, 무리심기, 배경식재, 주목의 형태이며, 자유식재는 루버형, 번개형, 아메바형, 절선형 등이 있다.

ANSWER
030 ③　031 ①　032 ④　033 ④

034 일반적인 양수(陽樹)의 특징에 대한 설명으로 틀린 것은?

① 유모 시에는 생장이 빠르나 나이가 많아짐에 따라 차차 느려진다.
② 지엽이 밀생하고 가지의 배열이 조밀하며 아래 가지가 내부로 향한다.
③ 가지는 소생하고 수관이 개방적이며, 아래 가지는 일찍 말라 떨어져 버린다.
④ 줄기의 선단부와 굵은 가지가 남쪽 또는 햇빛이 있는 쪽으로 자라는 습성이 있다.

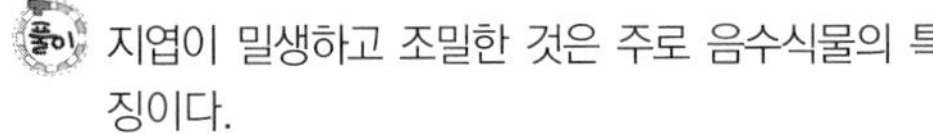
풀이 지엽이 밀생하고 조밀한 것은 주로 음수식물의 특징이다.

035 버드나무과(科) 수종에 대한 설명으로 옳지 않은 것은?

① 이른 봄에 푸른 잎이 난다.
② 봄철 하얀 솜털은 암그루에서만 날리는 종모(씨털)이다.
③ 왕버들은 능수버들에 비해서 가지가 아래로 처지지 않는다.
④ 수양버들의 학명은 *Salix pseudolasiogyne*, 능수버들의 학명은 *Salix babylonica*이다.

풀이 • 수양버들의 학명 : *Salix babylonica*
• 능수버들의 학명 : *Salix pseudolasiogyne*

036 다음 수목의 생장 및 생리에 관한 설명으로 틀린 것은?

① 대부분의 나자식물은 정아지가 측지보다 빨리 자람으로써 원추형의 수관형을 유지한다.
② 오동나무의 뿌리에서 나오는 근맹아(Root Sprout)는 부정아에서 생겨난 것이다.
③ 단풍나무는 늦여름에 일장이 길어지면 줄기생장이 촉진되고 동아 형성이 정지된다.
④ 양수는 음수보다 광포화점이 높다.

풀이 단풍나무는 늦여름에 일장이 짧아지면 줄기생장을 정지하고 동아를 형성한다.

037 다음 그림이 나타내는 중앙분리대의 식재 형식은?

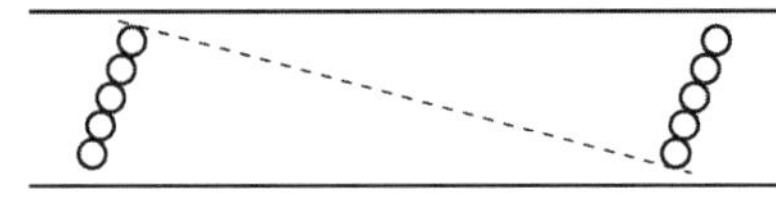

① 군식법 ② 무늬식
③ 평식법 ④ 루버식

풀이 • 루버식

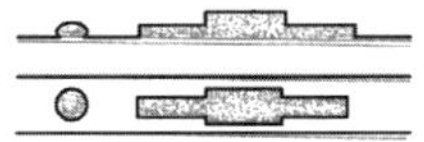

• 무늬식(모양은 임의)

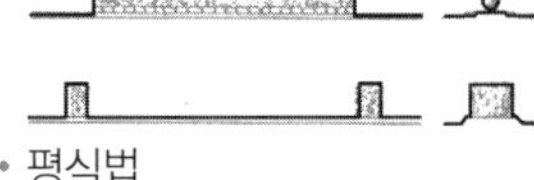

• 평식법

ANSWER 034 ② 035 ④ 036 ③ 037 ④

038 다음 중 추식(가을심기) 구근에 해당하지 않는 것은?

① 튤립 ② 달리아
③ 구근아이리스 ④ 히아신스

풀이 **알뿌리(구근)화초**
- 봄심기 : 달리아, 칸나, 글라디올러스 등
- 가을심기 : 튤립, 구근아이리스, 히아신스, 백합, 수선화 등

039 공해에 약한 식물, 강한 산성에서 자라는 식물 등 그 식물이 자라고 있는 곳의 환경조건을 나타나는 식물을 무엇이라고 하는가?

① 식별식물 ② 지표식물
③ 기준식물 ④ 표식식물

풀이 **지표식물**
기상, 토양 등의 환경조건을 나타내는 지표가 되는 식물을 말하며, 예를 들어 인체보다 오염에 대한 감수성을 가지고 있어 공해에 가장 예민한 서양나팔꽃, 스카알렛, 오하라, 등을 이용해 공해가 없는 지역임을 알 수 있다.

040 개체군 내의 개체가 주어진 공간에 퍼져 있는 형태를 개체군 분산형태라고 하는데, 다음 중 이에 해당되지 않은 것은?

① 괴상형 ② 중립형
③ 균일형 ④ 임의형

풀이 **개체군의 분산형태**
① 괴상형 : 자연계에 가장 흔한 형태로 환경이 고르지 못한 생활환경에 의해 비슷한 종끼리 유대관계를 가지고 집중분포를 이룬다.
③ 균일형 : 전지역을 통해 환경조건이 균일하고 개체간에 치열한 경쟁이 일어나는 개체군
④ 임의형 : 생존경쟁이 치열하지 않고 환경조건이 균일하지 않은 곳에 비슷한 종끼리 유대관계를 이룬다.

3과목 조경시공

041 다음 설명에 적합한 시멘트의 종류는?

- 수화열이 보통시멘트보다 적으므로 댐이나 방사선 차폐용, 매시브한 콘크리트 등 단면이 큰 콘크리트용으로 적합하다.
- 조기강도는 보통시멘트에 비해 작으나 장기강도는 보통시멘트와 같거나 약간 크다.
- 건조수축은 포틀랜드시멘트 중에서 가장 작다.
- 화학저항성이 크고, 내산성이 우수하다.

① 백색 포틀랜드시멘트
② 조강 포틀랜드시멘트
③ 중용열 포틀랜드시멘트
④ 실리카시멘트

풀이 ① 백색 포틀랜드시멘트 : 치장용, 구조용으로 적합
② 조강 포틀랜드시멘트 : 공사를 서두를 때, 겨울철 공사에 적합 보통 포틀랜드 시멘트 28일 강도를 7일만에 만듬.
③ 중용열 포틀랜드시멘트 : 수화작용에 의한 발열량을 낮게 하는 것이 목적이며, 조기강도는 낮으나 장기강도는 크며, 체적의 변화가 적어서 균열이 적다. 내침식성, 내구성 강함
④ 실리카시멘트 : 방수용으로 사용

042 자연상태의 토량이 사질토는 1,500m^3, 점질토는 2,000m^3로 이루어져 있다. 이를 모두 굴착하여 다른 공사현장으로 이동 후 성토・다짐했다면 토량은 얼마인가? (단, 사질토의 L = 1.3, C = 0.9, 점질토의 L = 1.3, C = 0.9이다)

① 3,150m^3 ② 3,600m^3
③ 3,950m^3 ④ 4,400m^3

ANSWER 038 ② 039 ② 040 ② 041 ③ 042 ①

풀이 자연상태 흙을 다진후 토량은 C값을 적용한다. 따라서 (1,500+3,000)×0.9 = 3,150m^3

043 다음 도로의 횡단면도에서 AB의 수평거리는?

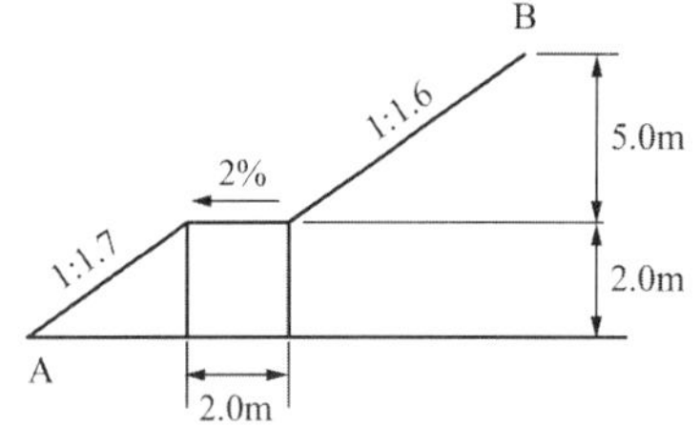

① 8.1m^3 ② 12.3m^3
③ 13.4m^3 ④ 18.5m^3

풀이 1 : 1.7 경사 사면의 수평거리 x
a : 1.6 경사 사면의 수평거리 y
AB 수평거리 = x+2+y
1 : 1.7 = 2.0 : x
x = 3.4m
1 : 1.6 = 5.0 : y
y = 8.0m
AB수평거리는 3.4+2.0+8.0 = 13.4m

044 다음 중 목재를 건조하는 목적이 아닌 것은?

① 수축을 방지한다.
② 부식을 방지한다.
③ 강도를 증진시킨다.
④ 비중을 증가시킨다.

풀이 목재의 건조는 수축, 균열, 부식, 방지와 강도, 내구성 증가를 위해서이다.

045 등고선의 성질에 관한 설명으로 틀린 것은?

① 같은 경사면에는 같은 간격의 평행선이 된다.
② 등고선을 배수방향과 반드시 직교한다.
③ 등고선은 절벽이나 동굴 등 특수한 지형 외에는 합치거나 교차하지 않는다.
④ 요(凹)선으로 표시한 곡선은 안부(鞍部) 가까이에서 곡률이 크고 계곡 밑으로 감에 따라 곡률이 작아진다.

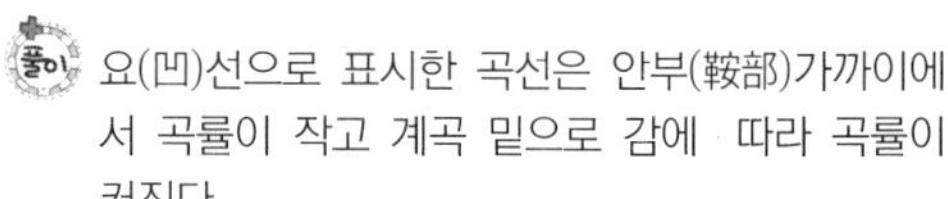
풀이 요(凹)선으로 표시한 곡선은 안부(鞍部)가까이에서 곡률이 작고 계곡 밑으로 감에 따라 곡률이 커진다.

046 기본벽돌을 1.0B로 1,000m^{2}의 담장을 치장쌓기할 때 소요되는 노무비는? (단, 벽돌 10,000매당 소요되는 치장벽돌공은 2.5인, 보통인부는 2.0인, 치장벽돌공 노임은 100,000원, 보통인부 노임은 50,000원이다.)

① 5,000,000원 ② 5,215,000원
③ 5,525,000원 ④ 5,500,500원

풀이 **벽돌의 소요매수**

(m^{2}당, 단위 : 매)

벽돌 두께 \ 벽 두께	210×100×60 (기존형)	190×90×57 (표준형)
0.5B	65	75
1.0B	130	149
1.5B	195	224
2.0B	260	299
2.5B	325	373
3.0B	390	447

벽돌 소요매수 = 1000×149 = 149,000장
10,000매당 인부품셈이 제시되어 있음으로
149,000/10,000 = 14.9
(14.9×2.5인×100,000원)+(14.9×2.0인×50,000인) = 5.215.000원

ANSWER 043 ③ 044 ④ 045 ④ 046 ②

047 일반 조경공사의 특성이라고 볼 수 없는 것은?

① 공종의 다양성
② 공종의 소규모성
③ 규격화 및 표준화의 곤란성
④ 공사시기 및 자재구입의 용이성

풀이 조경공사의 특징은 공종의 다양성, 소규모성, 규격화 및 표준화의 곤란성이다.
조경자재 특히 수목은 언제나 이식할 수 있지 못하고, 지역 자생종 등 자재구입이 반드시 용이하다고 할 수 없다.

048 물 등의 유체 흐름을 매우 느리게 하여 이 시설물을 통과하면서 우기 및 무기성 고형물을 침강시켜 자정기능을 갖는 생태복원 시설은?

① 인공습지 ② 비탈면녹화
③ 옥상녹화 ④ 인공식물섬

049 축척 1/1,000의 단위면적이 $5m^2$일 때 1/3,000축척에서 단위면적은?

① $0.6m^2$ ② $35m^2$
③ $40m^2$ ④ $45m^2$

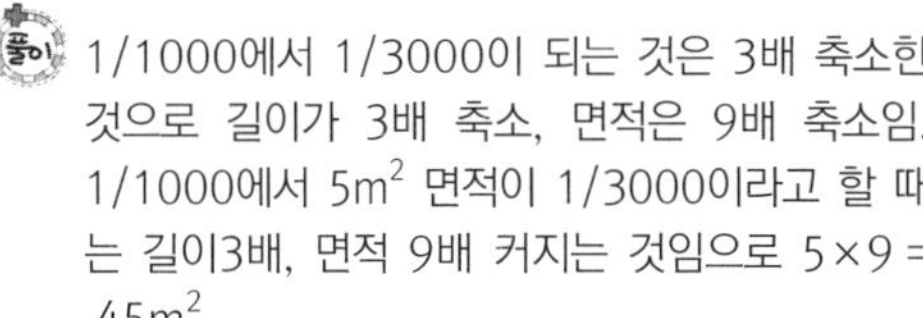
풀이 1/1000에서 1/3000이 되는 것은 3배 축소한 것으로 길이가 3배 축소, 면적은 9배 축소임. 1/1000에서 $5m^2$ 면적이 1/3000이라고 할 때는 길이3배, 면적 9배 커지는 것임으로 $5 \times 9 = 45m^2$

050 다음 특성을 갖는 열가소성 수지는?

- 강도가 크고, 전기절연성 및 내약품성이 양호하다.
- 고온 및 저온에 약하며, 지수판이나 배수관으로 주로 사용된다.
- 경질비중은 1.4 정도이다.

① 페놀수지
② 염화비닐수지
③ 아크릴수지
④ 폴리에스테르수지

풀이 염화비닐수지는 내산성, 내알칼리성, 내수성이 매우 커 지수판이나 배수관으로 주로 사용된다.

051 수목 굴취공사의 일위대가 작성에 대한 설명으로 틀린 것은?

① 분의 크기는 흉고직경 4~5배를 기준으로 한다.
② 뿌리 절단 부위의 보호를 위한 재료비는 별도 계상한다.
③ 교목류 수종의 굴취 시 분이 없는 경우에는 굴취품의 20%를 감한다.
④ 굴취 시 야생일 경우에는 굴취품의 20%를 가산한다.

풀이 분의 크기는 근원직경의 4~6배로 하며, 일반적으로 4배를 기준으로 한다.

ANSWER 047 ④ 048 ① 049 ④ 050 ② 051 ①

052 콘크리트 시공에 관한 설명으로 틀린 것은?

① 거푸집의 내면에는 박리제를 발라야한다.
② 콘크리트를 타설 후 양생할 때에는 충분한 수분이 공급되어야 한다.
③ 콘크리트를 칠 때 30℃ 이상이 되면 수화작용이 빨라 장기강도가 증대된다.
④ 표준양생(Standard Curing)은 20±3℃로 유지하면서 수중 또는 습도 100%에 가까운 습윤상태에서 실시하는 양생이다.

풀이 콘크리트를 칠 때 30℃ 이상이 되면 수화작용이 빨라 초기강도는 증가되며 장기강도가 저하된다.

053 시멘트의 저장과 관련된 설명으로 틀린 것은?

① 보관 후 사용할 시멘트는 일반적으로 50℃정도 이하의 온도에서 사용하는 것이 좋다.
② 시멘트를 저장하는 창고는 시멘트가 바닥에 쌓여서 나오지 않는 부분이 생기지 않도록 한다.
③ 3개월 이상 장기간 저장한 시멘트는 사용에 앞서 재시험을 실시하여 품질을 확인한다.
④ 현장에서 목조창고의 마룻바닥과 지면 사이의 거리는 0.1m를 표준으로 하면 좋다.

풀이 현장에서 목조창고의 마룻바닥과 지면 사이의 거리는 바닥의 습기영향을 받지 않기 위해서 0.3m를 표준으로 하면 좋다.

054 조경공사 중 돌쌓기에 관한 설명으로 틀린 것은?

① 찰쌓기의 높이는 1일 1.2m을 표준으로 한다.
② 메쌓기는 찰쌓기에 비해 토압 중대의 우려가 높다.
③ 찰쌓기의 전면기울기는 높이 1.5m까지 1 : 0.25를 기준으로 한다.
④ 호박돌쌓기는 줄쌓기를 원칙으로 하고 튀어 나오거나 들어가지 않도록 면을 맞춘다.

풀이 메쌓기는 콘크리트 뒤채움을 하지 않으며, 찰쌓기는 콘크리트 뒷채움을 한다.
따라서 메쌓기는 돌틈으로 배수가 잘 되어 찰쌓기에 비해 토압이 증대되는 우려가 적다.

055 다음 중 잔디깍기 지장을 주지 않고 잔디밭에 사용하기 편리한 살수기(Sprinkler Head)는 어느 것인가?

① 분무 살수기(Spray Head)
② 분무입상 살수기(Pop-up Spray Head)
③ 회전 살수기(Rotary Head)
④ 특수 살수기(Specialty Head)

풀이 **분무입상 살수기**
분무공은 같으나 물이 흐를 때 동체가 입상관에 의해 분무공이 지표면 위로 올라오게 한 장치로 물이 흐르지 않으면 다시 지표면과 같게 됨으로 잔디깍기에 영향을 주지 않는다.

ANSWER 052 ③ 053 ④ 054 ② 055 ②

056 횡선식 공정표에 대한 특징으로 옳은 것은?

① 네트워크 공정표에 비해 작성이 어렵다.
② 작업의 선후관계를 파악하기 어렵다.
③ 개략적인 공사내용을 파악하기 어렵다.
④ 대규모 공사의 공정관리에 적합하다.

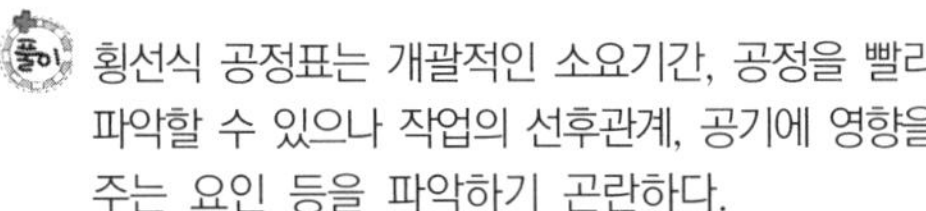
풀이 횡선식 공정표는 개괄적인 소요기간, 공정을 빨리 파악할 수 있으나 작업의 선후관계, 공기에 영향을 주는 요인 등을 파악하기 곤란하다.

057 합리식에서 강우강도의 특성에 대한 설명으로 틀린 것은?

① 강우강도의 단위는 mm/h이다.
② 강우강도는 지역에 따라 다르다.
③ 강우강도가 커지면 유출량은 작아진다.
④ 강우계속시간이 늘어나면 강우강도는 작아진다.

풀이 강우강도가 커지면 유출량이 커진다.

058 다음 중 플라이애시를 콘크리트에 사용하여 얻을 수 있는 장점에 해당되지 않은 것은?

① 워커빌리티가 개선된다.
② 건조수축이 작아진다.
③ 수화열이 낮아진다.
④ 초기강도가 높아진다.

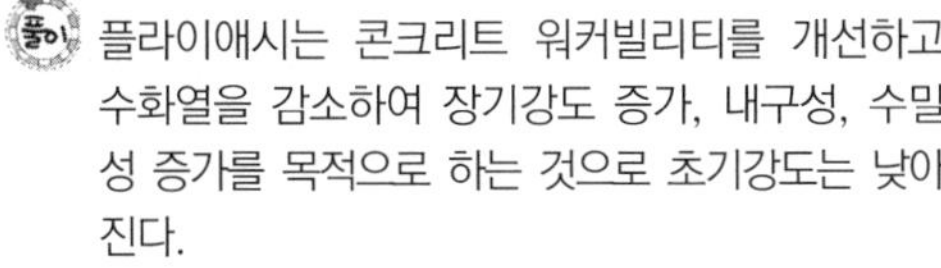
풀이 플라이애시는 콘크리트 워커빌리티를 개선하고 수화열을 감소하여 장기강도 증가, 내구성, 수밀성 증가를 목적으로 하는 것으로 초기강도는 낮아진다.

059 금속의 부식 방지에 관한 대책으로 옳지 않은 것은?

① 부분적으로 녹이 나면 즉시 제거할 것
② 아연 또는 주석용액에 담가서 도금할 것
③ 이종(異種)금속을 인접 또는 접촉시킬 것
④ 표면을 평활하게 하고 가능한 한 건조상태로 유지할 것

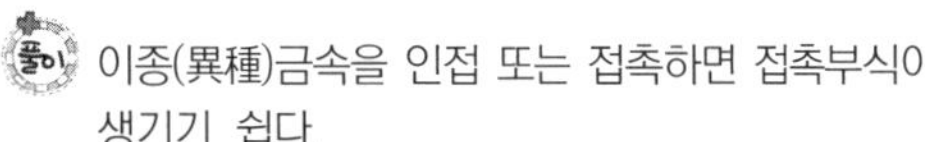
풀이 이종(異種)금속을 인접 또는 접촉하면 접촉부식이 생기기 쉽다.

060 빗물이 제거되는 방법 중 배수계획에서 가장 고려해야 할 사항은?

① 증발작용에 의한 제거
② 증산작용에 의한 제거
③ 표면유출에 의한 제거
④ 식물체의 호흡작용에 의한 제거

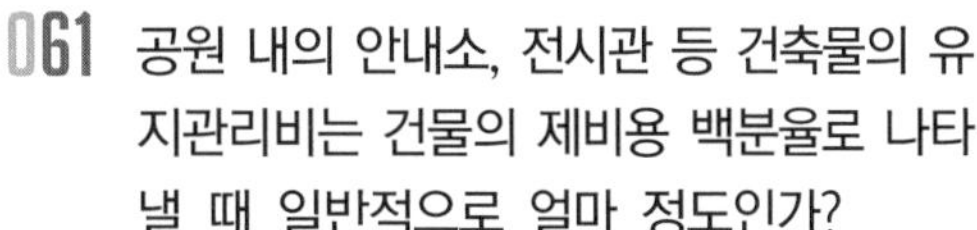

4 과목 조경관리

061 공원 내의 안내소, 전시관 등 건축물의 유지관리비는 건물의 제비용 백분율로 나타낼 때 일반적으로 얼마 정도인가?

① 25% ② 50%
③ 75% ④ 90%

Appendix 최근 기출문제

ANSWER 056 ② 057 ③ 058 ④ 059 ③ 060 ③ 061 ③

062 풀베기, 덩굴제거 등에 사용되는 무육톱의 삼각톱날 꼭지각은 몇 도(°)로 정비하여야 하는가?

① 12° ② 25°
③ 38° ④ 45°

063 야영장에서 내부가 고사된 수목에 겉만 보고 텐트 줄을 지지하였는데, 폭풍으로 고사목이 쓰러져 야영객이 다쳤다면 다음 중 어떤 유형의 사고에 가장 근접한가?

① 설치하자에 의한 사고
② 관리하자에 의한 사고
③ 이용자 부주의에 의한 사고
④ 자연재해에 의한 사고

풀이 **관리하자에 의한 사고**
- 시설의 노후 파손에 의한 것
- 위험장소에 대한 안전대책미비에 의한 것
- 이용시설 이외의 시설의 쓰러짐
- 떨어짐에 의한 것
- 위험물방치에 의한 것

064 조경수의 전정작업을 목적별로 분류한 것에 해당되지 않는 것은?

① 조형을 위한 전정
② 생리조절을 위한 전정
③ 생장을 조정하기 위한 전정
④ 뿌리의 세근 발근 촉진을 위한 단근전정

풀이 **조경수 전정작업의 목적**
- 조형을 위한 전정
- 생장을 조정하기 위한 전정
- 생장을 억제하기 위한 전정
- 갱신을 위한 전정
- 생리조정을 위한 전정
- 개화결실을 촉진시키기 위한 전정

065 다음 곤충 가운데 식엽성(植葉性) 해충이 아닌 것은?

① 미국흰불나방
② 오리나무잎벌레
③ 천막벌레나방
④ 밤나무혹벌

식엽성 해충은 잎을 먹어 수목에 해를 끼치는 해충을 말하며, 밤나무혹벌은 충영형성 해충으로 수목에 충영을 만든다.

066 아스팔트 및 골재가 떨어져 나가는 현상으로 아스팔트의 부족과 혼합물의 과열, 혼합 불량 등이 원인이 되어 나타나는 아스팔트 포장의 파손현상은?

① 균열 ② 침하
③ 파상요철 ④ 박리

① 균열 : 금이 가는 현상. 아스콘 혼합물 배합이 나쁠 때, 아스팔트 노화시, 아스팔트 두께가 부족할 때 발생
② 침하 : 꺼지는 현상. 기초노체의 시공불량, 노상의 지지력 부족원인
③ 파상요철 : 표면이 울퉁불퉁해지는 현상. 요철 : 지지력 불균일, 아스팔트 과잉, 아스콘의 입도불량, 공극률 부족시 발생
④ 박리 : 떨어져 나가는 현상. 표층 품질 불량, 지하수위 높은 곳이나 차량기름이 떨어진 곳에 발생

067 조경의 관리작업 항목 중 부정기적으로 작업이 이루어지는 것은?

① 점검 ② 청소
③ 수목의 손질 ④ 식물의 보식

ANSWER 062 ③ 063 ② 064 ④ 065 ④ 066 ④ 067 ④

068 다음 중 지하수위가 높은 저수지 또는 배수가 불량한 곳에서 주로 나타나는 중요한 토양생성작용은?

① 라테라이트화 작용(Laterization)
② 글라이화 작용(Gleization)
③ 포드졸화 작용(Podzolization)
④ 석회화 작용(Calcification)

풀이 ① 라테라이트화 작용(Laterization) : 열대우림기후, 사바나기후, 아열대습윤기후 등의 고온다습한 기후하에서 진행됨
② 글라이화 작용(Gleization) : 냉량 또는 한랭습윤기후지역 중에서 지하수위가 높은 저습지나 배수가 불량한 곳에서 진행되는 작용. 툰드라기후나 습윤 대륙성기후 지역에서 나타난다.
③ 포드졸화 작용(Podzolization) : 박테리아의 활동에 지장이 있을 정도의 저온이나 삼림이 자랄만큼 수분이 충분한 기후에서 진행되는 토양생성작용으로 서안해안성기후, 온난대륙성기후, 고산지역에 전형적으로 나타남.
④ 석회화 작용(Calcification) : 수분의 증발량이 강수량보다 많은 반건조지역 또는 스텝기후지역에서 진행됨.

069 토사포장의 개량(改良)방법으로 적합한 것은?

① 지반치환공법
② 지하수상승법
③ 노면골재감소법
④ 지반강하법

풀이 **토사포장 보수, 시공방법**
지반치환공법, 노면치환공법, 배수처리공법

070 다음 중 2년생 잡초에 대한 설명으로 틀린 것은?

① 지칭개, 망초 등이 속한다.
② 로제트(Rosrtte) 형태로 월동한다.
③ 주로 온대지역에서 볼 수 있는 잡초이다.
④ 월동 이후 화아분화하여 개화, 결실을 한 후 고사한다.

풀이 월동 중에 화아분화하여 개화, 결실을 한 후 고사한다.

071 벤치·야외탁자의 전반적인 관리방안으로 적합하지 않은 것은?

① 이용자수가 설계 시의 추정치보다 많은 경우에는 이용실태를 고려하여 개소를 증설하여 이용자의 편의를 도모한다.
② 노인, 주부 등이 장시간 머무르는 곳의 콘크리트재 벤치는 인체와 접촉 부위가 차가워지기 쉬우므로 목재로 교체한다.
③ 바닥의 지면에 물이 고인 경우에는 배수시설을 설치한 후 흙을 넣고 충분히 다지거나 지면을 포장한다.
④ 그늘이나 습기가 많은 장소에는 목재벤치를 설치하도록 한다.

풀이 목재는 수분에 매우 약하여 부식됨으로 그늘이나 습기가 많은 장소에는 목재벤치설치를 피해야 한다.

072 농약을 효력을 충분히 발휘하도록 하기 위하여 첨가하는 물질을 일컫는 용어는?

① 기피제　② 훈증제
③ 유인제　④ 보조제

Appendix 최근기출문제

ANSWER 068 ② 069 ① 070 ④ 071 ④ 072 ④

073 농약 살포방법으로 옳은 것은?

① 심한 태풍이나 비바람이 지나간 직후에 살포하는 것이 흡수효과가 좋다.
② 살충제와 살균제를 혼합사용하며, 기온이 높을수록 효과가 좋다.
③ 살충제 중 독한 약제는 흐린 날 살포하는 것이 좋다.
④ 전착제를 완전히 용해시킨 뒤 살포액에 넣는 것이 좋다.

 ① 심한 태풍, 비바람이 지나간 직후에는 줄기나 잎에 상처가 나 있음으로 농약으로 인한 피해를 입기 쉽다.
② 약제의 혼용은 가급적 피한다.
③ 독한 약제는 날씨가 좋은 날 빨리 말리는 것이 좋다.

074 다음 중 전지·전정작업을 할 때 일반적으로 잘라야 하는 가지로 적합하지 않은 것은?

① 개화·결실 가지
② 안으로 향한 가지
③ 아래를 향한 가지
④ 줄기의 중간부분에 돋아난 가지

 **전정하는 가지**
도장지(웃자란 가지), 역지(역방향으로 난가지), 중하지, 난지(어지럽게 자란가지), 병원가지, 무성한 가지, 평행지, 근생아(모여난 싹) 등

075 장미의 동기 전정시기로 가장 적합한 것은?

① 발아할 눈이 자랐을 때
② 발아할 눈이 트고 난 후
③ 발아할 눈이 휴면기일 때
④ 발아할 눈이 부풀어 오를 때

076 조경업무의 성격상 관리계획을 체계적으로 수립하는 데 있어서 제한요인이라고 볼 수 없는 것은?

① 관리대상의 자연성
② 관리규모의 협소성
③ 이용자의 다양성
④ 규격화의 곤란성

 조경업무를 체계적으로 수립하는데 어려운 이유는 살아있는 수목을 관리해야 하며, 일반대중을 상대로 하는 이용자들의 다양한 요구와 행동을 예측하고 관리해야 하며, 수목이나 돌 등 자연소재들의 규격화가 곤란한 이유 등이 있다.

077 다음 중 소나무재선충병의 감염증세가 아닌 것은?

① 수지(송진) 유출의 감소
② 침엽에서 증산량의 감소
③ 침엽이 반 정도 자라면서 변색
④ 수체함수율의 감소 및 목질부 건조

풀이 소나무재선충병에 감염되면 잎이 단기간에 급속히 붉게 변색한다.

078 농약의 사용목적에 따른 분류에 해당하는 것은?

① 유기인계　② 살응애제
③ 호흡저해제　④ 과립수화제

 **농약의 사용목적에 따른 분류**
살충제, 살응애제, 살선충제, 살서제, 살균제 등
• 유기인계(유효성분에 따른 분류)
• 호흡저해제(작용특성에 따른 분류)
• 과립수화제(형태에 따른 분류)

ANSWER 073 ④ 074 ① 075 ④ 076 ② 077 ③ 078 ②

079 테니스 클레이코트에 뿌리는 소금과 염화칼슘의 역할이 아닌 것은?

① 응고작용 ② 보습효과
③ 동결 방지 ④ 지력 보강

소금과 염화칼슘으로 인해 습기가 발생하며, 어는 점이 낮아져 동결방지, 습기로 인해 먼지발생이 억제된다.

080 공원에서 사고가 발생하였을 때 사고처리 절차로 옳은 것은?

① 사고 발생 통보 → 관계자 통보 → 사고자 응급처치 → 병원 호송 → 사고상황 파악
② 사고 발생 통보 → 사고상황 파악 → 사고자 응급처치 → 병원 호송 → 관계자 통보
③ 사고 발생 통보 → 사고상황 파악 → 관계자 통보 → 사고자 응급처치 → 병원 호송
④ 사고 발생 통보 → 사고자 응급처치 → 병원 호송 → 관계자 통보 → 사고상황 파악

ANSWER 079 ④ 080 ④

2020 1·2회 조경산업기사 최근기출문제

2020년 6월 6일 시행

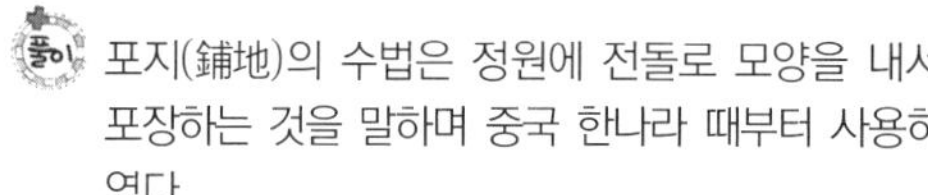

제1과목 조경계획 및 설계

001 중국 정원에서 포지(鋪地)의 수법은 어느 때부터 전해져 내려오는가?

① 진나라 ② 송나라
③ 당나라 ④ 한나라

풀이 포지(鋪地)의 수법은 정원에 전돌로 모양을 내서 포장하는 것을 말하며 중국 한나라 때부터 사용하였다.

002 경주 황룡사를 중심으로 방위와 산의 연결이 틀린 것은?

① 동쪽 - 명활산 ② 서쪽 - 선도산
③ 남쪽 - 황룡산 ④ 북쪽 - 소금강산

풀이 남쪽 – 남산

003 옥녀산발형(玉女散發型)의 풍수 형국을 보이는 읍성은?

① 정의읍성 ② 해미읍성
③ 고창읍성 ④ 낙안읍성

풀이 옥녀산발형이란 옥녀가 장군에게 투구와 떡을 드리기 전에 화장하기 위해 거울 앞에 앉아 머리를 풀어헤친 형상이라는 뜻으로 낙안읍성의 금전산(金錢山)의 형국이다.
정의읍성(장군대좌형), 고창읍성(성내 와호음수형, 성외 행주형)

004 남송(南宋)시대 30여개소 명원(名園)을 소개한 정원서는?

① 원야 ② 낙양명원기
③ 오흥원림기 ④ 장물지

풀이 **오흥원림기**
주밀의 「오흥원림기」에 30여 개의 명원을 소개하고 있는데 그 중 유자청의 정원이 유명하며 서화에 능한 유자청이 직접 계획한 곳이다.

005 페르시아의 회교식 정원에서 도입되는 정원의 핵심시설이 정원에서 도입되는 정원의 핵심시설이 아닌 것은?

① 커넬(Canal) ② 토피어리
③ 분천(噴泉) ④ 저수지

풀이 페르시아 회교식 정원에서는 기후의 영향으로 커넬, 분천, 저수지와 같은 물이 매우 중요한 요소로 사용되었다.

006 무굴인도의 샤-자한 시대에 조성된 작품은?

① 니샤트-바그(Nishat Bagh)
② 샤리마르-바그(Shalimar Bagh)
③ 아차발-바그(Achabal Bagh)
④ 체하르-바그(Tshehar Bagh)

풀이 ① 니샤트-바그(Nishat Bagh) : 자한기르시대
② 샤리마르-바그(Shalimar Bagh) : 샤-자한 시대
③ 아차발-바그(Achabal Bagh) : 자한기르시대
④ 체하르-바그(Tshehar Bagh) : 중세 이슬람정원

ANSWER 001 ④ 002 ③ 003 ④ 004 ③ 005 ② 006 ②

007 문헌에 나타난 고려시대 기홍수의 원림(園林)을 설명한 것으로 옳지 않은 것은?

① 이규보의 문집인 "동국이상국집" 에 전한다.
② 곡지를 만들고 꽃을 심어 선선정원으로 조성했다.
③ 버드나무, 소나무, 자두나무, 모란 등의 목본 식물과 창포를 식재했다.
④ 퇴식재 팔영의 제6영인 연의지(連漪地)는 장방지(長方地)이다.

풀이 퇴식재 팔영의 제6영인 연의지(連漪地)는 곡지이다.

008 일본 평성궁 동원의 곡수유구에 관한 설명으로 가장 거리가 먼 것은?

① 바닥에 목상을 묻고 계정 수초를 심어 꽃을 감상했다.
② 조영 시기는 나라시대 중기로 추정된다.
③ 자연석에 홈을 파서 유배거로 사용하였다.
④ 지중에는 경사가 있는 암도(岩島)를 배치한다.

009 환경에 영향을 미치는 계획을 수립할 때에 환경 보전계획과의 부합 여부 확인 및 대안의 설정 · 분석 등을 통하여 환경적 측면에서 해당 계획의 적정성 및 입지의 타당성 등을 검토하여 국토의 지속가능한 발전을 도모하는 것은?

① 환경영향평가
② 토지적성평가
③ 전략환경영향평가
④ 소규모환경영향평가

풀이 **환경영향평가법 용어(제2조)**

㉠ 전략환경영향평가 : 환경에 영향을 미치는 상위계획을 수립할 때에 환경보전계획과의 부합 여부 확인 및 대안의 설정·분석 등을 통하여 환경적 측면에서 해당 계획의 적정성 및 입지의 타당성 등을 검토하여 국토의 지속가능한 발전을 도모하는 것
㉡ 환경영향평가 : 환경에 영향을 미치는 실시계획·시행계획 등의 허가·인가·승인·면허 또는 결정 등을 할 때에 해당 사업이 환경에 미치는 영향을 미리 조사·예측·평가하여 해로운 환경영향을 피하거나 제거 또는 감소시킬 수 있는 방안을 마련하는 것
㉢ 소규모 환경영향평가 : 환경보전이 필요한 지역이나 난개발(亂開發)이 우려되어 계획적 개발이 필요한 지역에서 개발사업을 시행할 때에 입지의 타당성과 환경에 미치는 영향을 미리 조사·예측·평가하여 환경보전방안을 마련하는 것

010 공원관리청이 아닌 자의 공원사업 시행 및 공원 시설의 관리 중 ( )에 해당되는 것은?

> 공원사업의 허가를 받으려는 자는 공원사업의 대상이 되는 토지에 자기 소유가 아닌 토지가 있는 경우에는 그 토지 소유자의 사용 승낙을 받아야 한다. 다만, 규정에 따라 공원 마을지구에서 환지(煥地)를 하려는 경우에는 토지면적과 사업대상 토지 소유자 총수의 각각 (　　) 이상에 해당하는 소유자의 승낙을 받아야 한다.

① 2분의 1　　② 3분의 1
③ 3분의 2　　④ 4분의 3

풀이 **자연공원법 제20조(공원관리청이 아닌 자의 공원사업의 시행 및 공원시설의 관리)**

공원사업의 허가를 받으려는 자는 공원사업의 대상이 되는 토지에 자기 소유가 아닌 토지가 있는 경우에는 그 토지 소유자의 사용 승낙을 받아야 한다. 다만, 제70조제2항에 따라 공원마을지구에서 환지(換地)를 하려는 경우에는 토지면적과 사업대상 토지 소유자 총수의 각각 3분의 2 이상에 해당하는 소유자의 승낙을 받아야 한다.

Appendix 최근 기출문제

ANSWER
007 ④　008 ③　009 ③　010 ③

011 조경계획의 접근방법 중 물리적 자원 혹은 자연자원의 레크레이션의 유형과 양을 결정하는 접근방법은?

① 경제 접근법(economic approach)
② 자원 접근법(resource approach)
③ 활동 접근법(activity approach)
④ 행태 접근법(behavioral approach)

풀이 **S. Gold의 5가지 레크리에이션 접근방법**

① 자원접근방법
- 자원의 수용력과 생태적 입장이 중요인자
- 물리적 자원이 레크리에이션의 양을 결정함

② 활동접근법
- 과거의 레크리에이션 참가사례가 앞으로의 기회를 결정하도록 하는 방법
- 이용자 측면이 강조되나 새로운 경향의 여가형태가 반영되기 어렵다.

③ 경제접근법
- 그 지역의 경제적 기반, 예산규모가 레크리에이션 양과 입지 결정
- 비용편익분석에 의해 가업지가 많이 선택, 이용자 고려 안 함

④ 행태접근방법
- 이용자의 선호도, 만족도에 의해 계획이 반영되는 방법
- 잠재적 수요까지 파악, 수준 높은 시민참여 필요

⑤ 종합접근방법
- 각 방법의 긍정적 측면만 취하여 이용자의 요구와 자원의 활용 가능성을 함께 조화시키도록 하는 방법

012 그리스인들이 일상생활을 영위하는 도로와 생활공간 등을 계획할 때, 효용과 기능의 측면에서 추구하였던 사항이 아닌 것은?

① 지형조건에 맞게
② 기능에 충실하게
③ 즐겁고 편안하게
④ 호화롭게

013 다음 ( )에 포함되지 않는 것은?

> 기본계획안은 보통 (   ) 등의 부분별로 나누어서 별도의 도면에 표현한다.

① 식재계획 ② 토지이용계획
③ 교통동선계획 ④ 레크레이션계획

 **기본계획안**

토지이용계획, 교통동선계획, 시설물배치계획, 식재계획, 하부구조계획, 집행계획 등

014 종래의 스타일과는 달리 녹음이 많은 우수한 환경위에 인구가 모이고 산업이 성립되어 형성된 도시는?

① 메가로폴리스형 도시
② 메트로폴리스형 도시
③ 에페로폴리스형 도시
④ 리비에라형 도시

 ① 메가로폴리스형 도시 : 초거대도시. 메트로폴리스가 여러 개 겹쳐진 형태
② 메트로폴리스형 도시 : 거대도시
③ 에페로폴리스형 도시 : Peter Root가 스테이플러 침으로 세운도시로 자연재해 앞에 무력한 도시문명을 표현한 것

ANSWER 011 ② 012 ④ 013 ④ 014 ④

015 그림과 같이 화살표 방향이 정면일 경우 우측면도로 가장 적합한 투상도는?

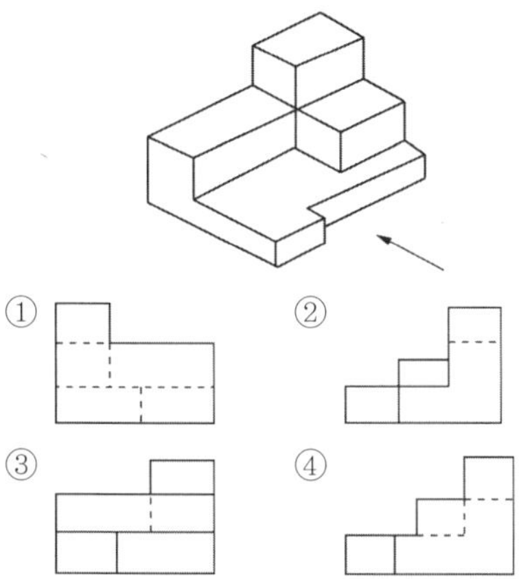

016 시각 디자인에 관련되는 착시(錯視)에 대한 다음의 설명 중 가장 거리가 먼 것은?

① 우리 눈은 예각은 크게, 둔각은 작게 보는 경향이 있다.
② 동일한 도형을 상하로 두면 위쪽이 아래쪽보다 커 보인다.
③ 피로하거나 시신경에 이상이 있을 때 눈의 착시 현상이 생긴다.
④ 눈의 착각 현상을 역이용하여 착각교정을 함으로써 시각적으로 훌륭한 구조물을 만들 수 있다.

풀이 착시현상은 일반사람 누구나 실제와 다르게 보일 수 있는 현상이다.

017 혼합되는 각각의 색 에너지(energy)가 합쳐져서 더 밝은 색을 나타내는 혼합은?

① 가산혼합　　② 감산혼합
③ 중간혼합　　④ 색료혼합

풀이 3색광은 모두 혼합하면 백색이 된다. 가법혼합은 색광혼합으로 혼합할수록 밝아진다.

018 공장조경 계획 시 공장 부지나 건물에 다음 시설의 설치 목적은?

> 잔디밭, 수림, 운동장, 벤치, 퍼골라, 음수전, 조명 시설, 휴게시설, 작업장, 경기장 등

① 환경개선　　② 환경미화
③ 환경보호　　④ 환경보존

019 다음 중 조경설계기준 상의 휴게시설 설계와 관련된 설명으로 가장 거리가 먼 것은?

① 휴게시설은 각 시설별로 본래의 설치목적에 부합되도록 설계하며, 복합적인 기능을 갖는 경우 본래의 기능을 먼저 충족시키도록 한다.
② 시설의 형태는 표준화된 형태 또는 조형적인 형태로 할 수 있으며, 조형적인 형태로 설계 할 경우 이 설계기준을 적용하지 아니할 수 있다.
③ 목재의 경우 보의 단면은 폭과 높이의 비를 1/3~1/5로 하고, 기둥은 좌굴현상을 고려하여 좌굴계수(재료의 허용압축응력 × 단면적 ÷ 압축력)는 4를 적용하며, 세장비(좌굴장/최소단면 2차 반경)는 250 이하를 적용한다.
④ 휴게시설은 연속·시설간의 조합에 의해 미적 효과를 얻을 수 있도록 하며, 통합 이미지를 연출하기 위하여 CI(Coopera - tion Identity)를 적용할 수 있다.

풀이 **조경설계기준 13.3.4 휴게시설 설계**
단면은 폭과 높이의 비를 1/1.5~1/2로 하고, 기둥은 좌굴현상을 고려하여 좌굴계수(재료의 허용압축응력×단면적÷압축력)는 2를 적용하며, 세장비(좌굴장/최소단면 2차 반경)는 150 이하를 적용한다.

ANSWER
015 ④　016 ③　017 ①　018 ①　019 ③

020 가시도(可視度)가 가장 높은 배색(配色)은?

① 백색 바탕에 검정색 형상
② 황색 바탕에 녹색 형상
③ 황색 바탕에 청색 형상
④ 검정색 바탕에 황색 형상

풀이 가시도는 명도차이가 클수록 높다.

제 2 과목 조경식재

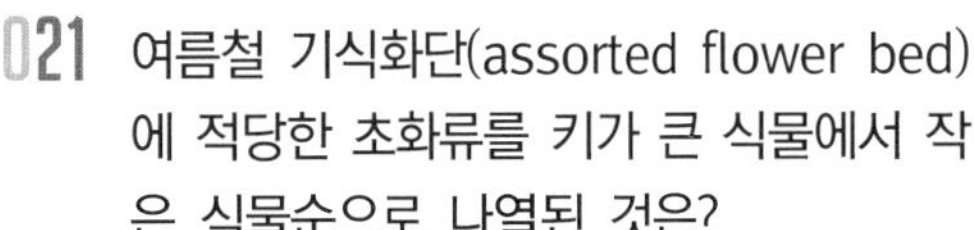

021 여름철 기식화단(assorted flower bed)에 적당한 초화류를 키가 큰 식물에서 작은 식물순으로 나열된 것은?

① 채송화 → 해바라기 → 튤립
② 칸나 → 다알리아 → 글라디올러스
③ 나팔꽃 → 페튜니아 → 물망초
④ 백일홍 → 샐비어(조생종) → 페튜니아

022 봄철 수목의 화아분화를 지배하는 가장 중요한 체내성분은 무엇인가?

① 질소화합물과 유기산의 비율
② 지질과 탄수화물의 비율
③ 질소화합물과 탄수화물의 비율
④ 유기산과 지질의 비율

풀이 화아분화는 C/N(탄소화물/질소화합물)율과 관계가 깊다.

023 생태계의 공생과 관련된 설명이 틀린 것은?

① 중립 : 두 종간에 어떠한 영향을 주지도 받지도 않는다.
② 종내경쟁 : 서로 다른 두 생물종이 서로에게 피해를 준다.
③ 상리공생 : 서로 또는 모두에게 유리하거나 도움이 된다.
④ 편리공생 : 한쪽은 분리하고 다른 쪽은 이해관계가 없다.

풀이 종내경쟁 : 동종간의 경쟁

024 한국잔디의 일반적인 생육 특징이 틀린 것은?

① 최적의 pH는 5.5~6.5정도이다.
② 난지형 잔디로 여름철에 잘 자란다.
③ 불완전 포복경이지만 포복력이 강한 포복경을 지표면으로 강하게 뻗는다.
④ 호광성 잔디로 양지에서는 잘 생육되나 그늘에서는 생육이 매우 느린 단점이 있다.

풀이 한국잔디는 완전포복경이다.

025 다음 중 상록성인 식물은?

① 모과나무(*Chaenmeles sinensis*)
② 채진목(*Amelanchier asiatica*)
③ 산사나무(*Crataegus pinnatifida*)
④ 비파나무(*Eriobotrya japonica*)

풀이 비파나무는 상록활엽소교목이다.

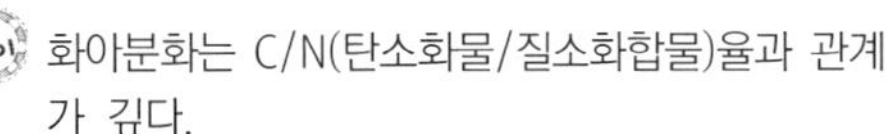

ANSWER 020 ④ 021 ④ 022 ③ 023 ② 024 ③ 025 ④

026 식물의 식재 및 사후관리에 관한 설명으로 옳은 것은?

① 구덩이의 크기는 분크기의 1.5배 정도로 파고 밑바닥에는 부엽토 등을 적당량 섞고 넣어준다.
② 수목식재는 가능한 본래 식재되었던 방향의 반대방향으로 원래 묻혔던 깊이보다 조금 높게 식재한다.
③ 이식하는 나무의 뿌리가 많이 잘렸을 경우에는 지상부의 가지와 잎은 가능한 한 떨어지지 않도록 주의한다.
④ 뿌리의 발생이 좋지 못한 나무들이나 노거수 등은 뿌리돌림을 할 경우 활착이 어려우므로 분을 떠서 이식하는 것이 좋다.

풀이 **조경공사 표준시방서 4-3 일반 식재기반식재 3.1 식재구덩이굴착**
식재구덩이의 크기는 너비를 뿌리분 크기의 1.5배 이상으로 하고 깊이는 분의 높이와 구덩이 바닥에 깔게 되는 흙, 퇴비 등을 고려하여 적절한 깊이를 확보한다.

027 다음 보기의 '이것'에 해당하는 것은?

> 이것은 한 종에 속하는 표현형적으로 비슷한 집단들의 모임이며, 그 종의 지리적 분포구역의 한 부분에 살고 있고 또 그 종의 다른 지역 집단들과 분류학적으로 차이가 있다.

① 변종 ② 아종
③ 지역종 ④ 단형종

풀이 **아종**
종(種)을 다시 세분한 생물 분류 단위. 종의 바로 아래이다. 종으로 독립할 만큼 다르지는 않지만 변종으로 하기에는 서로 다른 점이 많고 사는 곳이 차이 나는, 한 무리의 생물에 쓴다. 상이한 이들 사이의 잡종은 흔히 번식 능력이 있으나 상이한 종 사이의 잡종은 번식 능력이 없다

028 식재계획의 배식원리 중 자유식재에 해당하는 것은?

① 비대칭적 균형식재, 사실적 식재가 기본형이다.
② 식재의 기본 양식은 교호식재, 집단식재, 열식 등이다.
③ 사례로는 아메바형, 절선형, 번개형 식재가 있다.
④ 자연풍경과 유사한 경관을 재현하는 식재 방법이다.

풀이 **식재양식**
① 정형식 식재 : 단식, 대식, 열식, 교호식재, 집단식재
② 자연풍경식 식재 : 부등변 삼각형 식재, 임의식재, 모아심기, 무리심기, 배경식재, 주목
③ 자유식재 : 루버형, 번개형, 아메바형, 절선형 등

029 어떤 수목을 이식하고자 다음 그림과 같이 분을 뜰 때 ㉠, ㉡, ㉢, ㉣에 맞는 항은 어떤 것인가? (단, 일반적 수종으로 보통분일 경우)

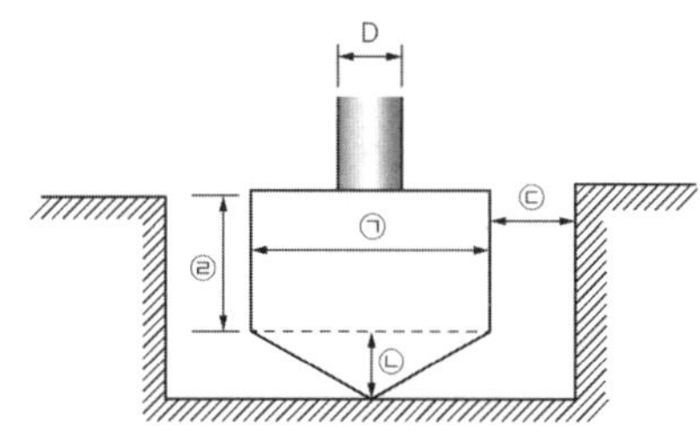

① ㉠ : 4D, ㉡ : D, ㉢ : 2D, ㉣ : 2D
② ㉠ : 5D, ㉡ : 2D, ㉢ : 2D, ㉣ : 3D
③ ㉠ : 4D, ㉡ : 2D, ㉢ : 3D, ㉣ : 2D
④ ㉠ : 6D, ㉡ : 3D, ㉢ : 3D, ㉣ : 4D

풀이
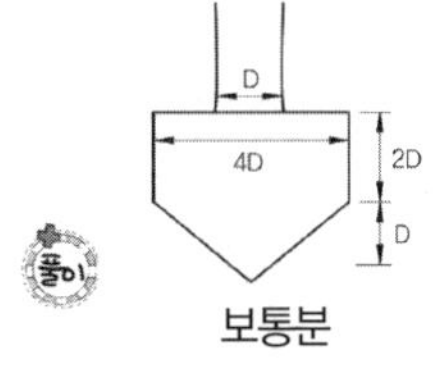

보통분

ANSWER 026 ① 027 ② 028 ③ 029 ①

030 다음 중 비비추(*Hosta longipes*)의 특성으로 틀린 것은?

① 붓꽃과이다.
② 잎은 근생하며 두껍다.
③ 개화기는 7~8월에 연보라색 꽃이 핀다.
④ 열매는 삭과로 긴 타원형이며, 9월에 결실한다.

풀이 비비추는 백합과이다.

031 연속된 형태를 이룬 식물재료들 가운데 갑작스러운 변화를 주어 관찰자의 시선을 집중 시키는 식재 기법은?

① 강조 ② 균형
③ 연속 ④ 통일

풀이 **강조식재**
한그루 이상의 수종으로 시각적 변화와 대비에 의한 강조효과 만드는 식재

032 보통명(common name)은 습성, 특징, 산지, 용도, 전설, 외래어 등에서 유래되어 비롯된다. 다음 중 수목명이 나무의 특징을 반영한 것이 아닌 것은?

① 생강나무 ② 주목
③ 물푸레나무 ④ 너도밤나무

033 다음 중 열매의 형태가 시과(samara:翅果)에 해당되는 수종은?

① 참느릅나무(*Ulmus parvifolia*)
② 윤노리나무(*Pourthiaea villosa*)
③ 층층나무(*Cornms controversa*)
④ 산벚나무(*Prunus sargentii*)

풀이 윤노리나무(이과), 층층나무(핵과), 산벚나무(핵과)

034 임해매립지에서 바닷물이 튀어 오르는 곳에 식재하기 알맞은 지피식물로 구성된 것은?

① 눈향나무, 다정큼나무
② 섬쥐똥나무, 유카
③ 버뮤다그라스, 잔디
④ 사철나무, 유엽도

풀이 **해안식재용 수종**

적용장소	수종
바닷물이 튀어 오르는 곳의 지피(S급)	버뮤다글라스, 잔디
바닷바람을 막는 전방 수림(특A급)	눈향나무, 다정큼나무, 돈나무, 섬쥐똥나무, 유카, 졸가시나무, 흑송
위에 이어지는 전방수림(A급)	볼레나무, 사철나무, 위성류, 유엽도
전방 수림에 이어지는 후방 수림(B급)	비교적 내조성이 큰 수종
내부 수림(C급)	일반 조경용 수종

035 다음 중 잎의 질감이 상대적으로 고운 수종은?

① 자귀나무(*Albizia julibrissin*)
② 오동나무(*Paulownia coreana*)
③ 벽오동(*Firmiana simplex*)
④ 일본목련(*Magnolia obovata*)

풀이 잎의 질감이 고운 것은 잎의 크기가 작은 수종이다.

ANSWER
030 ① 031 ① 032 ④ 033 ① 034 ③ 035 ①

036 군락(群落)식재를 실시할 때 가장 우선적으로 고려해야 할 사항은?

① 현존 모델 식생이 자연식생인지 대상식생인지를 파악한다.
② 모암이 모슨 토양인지 표층토의 상태를 파악한다.
③ 기후에 따라 미기후, 소기후, 중기후, 대기후로 나누어 파악한다.
④ 인간에 의한 벌목, 풀베기, 경작 등의 상태를 파악한다.

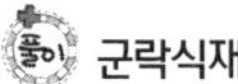

군락식재
나무를 하나하나 다른 수종으로 구별하여 계획하는 것이 아니라 군락의 단위로 식재하는 생태적 식재방법으로 식생지 분석이 중요하다.

037 다음 보기의 식물 분류에 해당되는 것은?

부들, 매자기, 줄, 갈대

① 부유식물 ② 정수식물
③ 침수식물 ④ 부엽식물

① 부유식물 : 개구리밥, 물옥잠, 자라풀, 생이가래 등
② 정수식물(추수식물) : 갈대, 줄, 큰부들, 연, 개구리연 등
③ 침수식물 : 붕어마름, 물수세미, 검정말, 나사말 등
④ 부엽식물 : 가래, 마름, 수련, 어리연꽃 등

038 다음 중 바람에 대한 저항성인 내풍력이 약한 수종은?

① 가시나무(*Quercus myrsinaefolia*)
② 느티나무(*Zelkova serrate*)
③ 아까시나무(*Robinia pseudoacacia*)
④ 졸참나무(*Quercus serrata*)

바람에 대한 저항성이 약한 수종은 주로 천근성 수종이다.

039 다음 중 능수버들, 은사시나무, 이태리포플러의 공통적인 특징은?

① 암수딴그루이다.
② 충매화 수종이다.
③ 종모가 날린다.
④ 우리나라 자생종이다.

040 꽃이 무성화로만 이루어진 수종은?

① 수국(*Hydrangea macrophylla*)
② 돈나무(*Pittosporum tobira*)
③ 나무수국(*Hydrangea paniculata*)
④ 백당나무(*Viburnum opulus* var, calvescens)

무성화
종자식물의 꽃 중에서 암술, 수술이 퇴화하였거나 발육이 불완전하여 열매를 맺지 못하는 꽃. 수국이 해당된다.

ANSWER 036 ① 037 ② 038 ③ 039 ③ 040 ①

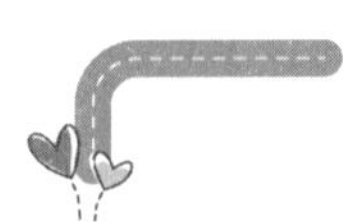

제 3 과목 조경시공

041 경사도(gradient)에 대한 설명이 틀린 것은?

① 25%의 경사는 1:4이다.
② 100%의 경사도는 45° 의 각을 갖는다.
③ 1:2의 경사는 수평거리 1m에 수직거리 2m이다.
④ 보통 토질에서 성토(盛土)의 경사는 1:1.5로 한다.

풀이 1:2의 경사는 수직거리 1m에 수평거리 2m이다.

042 벽에 침투하는 빗물에 의해서 모르타르 중의 석회분이 공기 중의 탄산가스와 결합하여 벽돌이나 조직 벽면에 흰가루가 돋는 현상은?

① 백화현상 ② 레이턴스
③ 히빙현상 ④ 수화열

043 조경시설의 내구성에 대한 설명으로 가장 거리가 먼 것은?

① 재료가 산, 알칼리, 염류, 기름 등의 작용에 저항하는 성질을 내구성이라고 한다.
② 비와 눈, 추위와 더위, 햇빛은 노후화의 원인이 된다.
③ 구조물의 내구성은 시간, 기능, 그리고 비용이 고려된 성능이다.
④ 조경시설물은 외부공간에 노출되므로 상대적으로 내구성능이 조기에 낮아질 우려가 있다.

풀이 **내구성**
물질이 원래의 상태에서 변질되거나 변형됨이 없이 오래 견디는 성질

044 다음 건설 기계류 중 주작업 용도가 "운반용"인 기계로만 짝지어진 것은?

① 리퍼-램머
② 로더-백호우
③ 진동콤팩터-탬핑롤러
④ 덤프트럭-벨트컨베이어

풀이 ① 리퍼(굴삭)-램머(다짐)
② 로더(굴삭,적재)-백호우(굴삭,적재)
③ 진동콤팩터(다짐)-탬핑롤러(다짐)
④ 덤프트럭(운반)-벨트컨베이어(운반)

045 그림과 같은 수준측량 결과에 따른 B점의 지반고는? (단, A점의 지반고는 30m이다.)

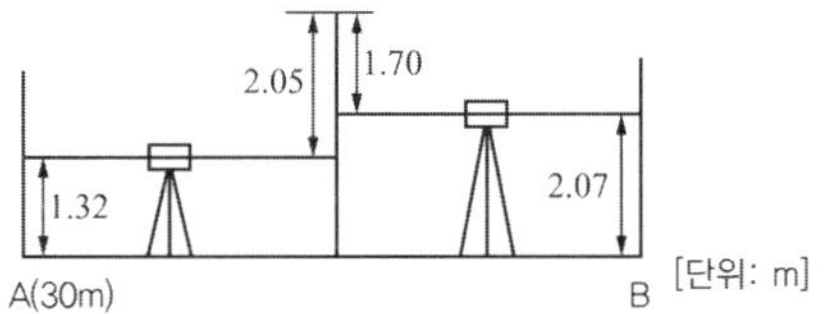

① 28.90m ② 29.60m
③ 33.74m ④ 37.14m

풀이 B점의 지반고 = A점의 지반고 + 후시 - 전시
=30+1.32+2.05-1.7-2.07=29.6m

046 다음 중 공사현장에 항시 비치하고 있어야 하는 '해당공사에 관한 서류'에 해당되지 않는 것은?

① 천후표 ② 품셈표
③ 계약문서 ④ 공사예정공정표

풀이 **조경공사 표준시방서 1.11 설계도서 등의 비치**
공사현장에는 해당 공사에 관련된 계약문서, 설계서, 관계법령과 규정, 공사예정공정표, 시공계획서, 천후표, 시험기구 및 기타 필요한 기구류 등을 비치해야 한다.

ANSWER 041 ③ 042 ① 043 ① 044 ④ 045 ② 046 ②

047 실시설계 도면을 기준으로 1.0B 붉은 벽돌쌓기에 필요한 정미수량이 300장이라 한다. 이에 운반, 저장, 가공, 시공과정에서 발생하는 손실량을 예측하여 부가한다면 총 소요량은 몇 장인가?

① 330장 ② 315장
③ 309장 ④ 303장

풀이 벽돌의 할증율(손실량을 예측한 비율)은 3%임으로 300×1.03=309장

048 다음의 설명에 적합한 공사계약 방식은?

- 발주자가 도급자의 신용, 기술, 시공능력, 보유 기자재, 시공실적 등을 고려하여 그 공사에 가장 적합한 하나의 업체 선정
- 공사 기밀 유지 가능
- 입찰수속 간단
- 공사비가 증가할 우려

① 지명경쟁입찰 ② 턴키입찰
③ 수의계약 ④ 대안입찰

① 지명경쟁입찰 : 자금력, 신용등에 있어서 적당하다고 인정되는 특정다수의 경쟁참가자를 지명하여 입찰방법에서 낙찰자 결정하는 방법
② 턴키입찰 : 발주가가 제시하는 설계와 시공내용 일체를 조달하여 준공 후 인도할 것을 약정하는 방식
③ 수의계약 : 예정가격을 미리 결정한 후 이를 공개하지 않고 견적서를 제출하여 경쟁입찰에 단독으로 참가하는 형식
④ 대안입찰 : 발주자가 작성한 설계서에서 대체가 가능한 공종에 대해 다른 대안제출이 허용된 공사의 입찰

049 어린이놀이터 등에 사용되는 금속의 부식을 최소화하기 위한 유의사항으로 가장 거리가 먼 것은?

① 부분적으로 녹이 나면 즉시 제거할 것
② 가능한 한 이종(異種) 금속을 인접 또는 접촉시켜 사용할 것
③ 균질한 것을 선택하고 사용 시 큰 변형을 주지 않도록 할 것
④ 큰 변형을 준 것은 가능한 한 풀림(annealing)하여 사용할 것

풀이 다른 종류의 금속을 인접하여 접촉시킬시 부식이 일어날 수 있음으로 가능한 이종금속을 인접 또는 접촉시켜 사용하지 말 것

050 옥외계단 설치 시 주의할 사항으로 가장 거리가 먼 것은?

① 계단의 재료 선택은 마모되지 않는 것이 유리하나 주위의 경관을 고려해야 한다.
② 화강석 계단은 고저차가 없고, 안쪽으로 경사지게 설치해야 한다.
③ 단 높이(R)와 너비(T)의 경우에는 2R + T = 60~65cm를 유지하되 전 구간에 걸쳐 동일하여야 한다.
④ 계단이 길 경우에는 반드시 참을 두어야 하며 참의 폭은 계단의 높이에 따라 설계하도록 한다.

풀이 **조경공사 표준시방서 3-3-9 옥외계단 및 경사로 3.1.4 화강석계단**
고저차가 없고 턱지지 않게 설치하여 답면에 물이 고이지 않아야 한다.

ANSWER 047 ③ 048 ③ 049 ② 050 ②

051 다음 힘과 모멘트에 대한 설명이 틀린 것은?

① 모멘트의 단위는 kg · m, t · m이며, 기호는 M이다.
② 모멘트의 크기는 힘의 크기(P)에 힘까지의 거리(a)를 곱한 것을 말한다.
③ 모멘트의 부호는 모멘트의 회전방향이 시계방향일 때는 (-), 반시계 방향일 때는 (+)로 한다.
④ 크기가 작고 작용선이 평행하여, 방향이 반대인 한 쌍의 힘을 우력(偶力)이라 한다.

풀이 모멘트의 부호는 모멘트의 회전방향이 시계방향일 때는 (+), 반시계 방향일 때는 (-)로 한다.

052 축척 1:50000 지형도에서 3% 기울기의 노선을 선정하려면 이 노선상의 주곡선 간 도상 거리는? (단, 주곡선 간격은 20m임)

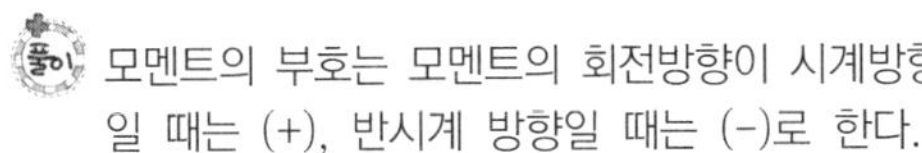

① 7.5mm ② 10.6mm
③ 13.3mm ④ 20.4mm

$$축척 = \frac{도상거리}{실제거리},\ \frac{1}{50{,}000} = \frac{도상거리}{20{,}000mm}$$

즉, 도상거리 = 0.4mm

$$경사도 = \frac{수직거리}{수평거리} \times 100(\%),$$

$$3\% = \frac{0.4mm}{\chi} \times 100,\ \chi = 13.3mm$$

053 내열성이 크고 발수성을 나타내어 방수제로 쓰이며, 저온에서도 탄성이 있어 gasket, packing의 원료로 쓰이는 합성수지는?

① 페놀수지 ② 실리콘수지
③ 에폭시수지 ④ 폴리에스테르수지

풀이 실리콘수지는 내열성·내한성이 우수한 수지로 접착제, 도료로 사용된다.

054 석재의 성질 중 장점에 해당하는 것은?

① 불연성이다.
② 일반적으로 가공이 곤란하다.
③ 화열에 닿으면 강도가 없어진다.
④ 인장강도가 압축강도의 1/10~1/20 정도이다.

풀이
- 석재의 장점 : 불연성, 압축강도가 크다. 내수성, 내구성, 내화학성이 크다.
- 석재의 단점 : 가공성이 좋지 않다. 인장강도는 압축강도의 1/10~1/20 정도이다.

055 골재의 함수상태 중 기건상태를 나타내는 것은?

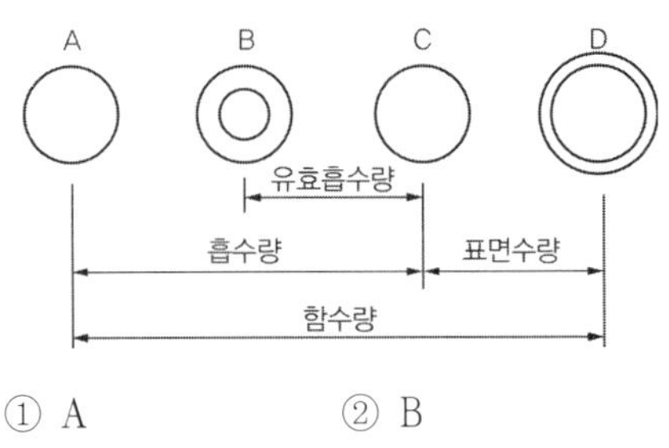

① A ② B
③ C ④ D

풀이 A : 절건상태(절대건조)
B : 기건상태(공기중 건조)
C : 표건상태(표면건조내부포화)
D : 습윤상태

ANSWER 051 ③ 052 ③ 053 ② 054 ① 055 ②

056 공원에서 클레이코트 테니스장을 만들 때 표면에 소금을 뿌렸다. 그 이유는 무엇인가?

① 표면의 배수를 용이하게 하기 위해
② 흙이 뭉치는 것을 방지하기 위해
③ 테니스장의 답압에 견디는 강도를 높이기 위해
④ 테니스장의 기층과 표면층과의 분리를 방지하기 위해

057 콘크리트 공사에서 사용되는 혼화재료 중 혼화제에 속하지 않는 것은?

① 방청제
② 감수제
③ 플라이애시
④ AE제(공기연행제)

풀이 **혼화재(混和材)와 혼화제(混和劑)의 비교**
- 혼화재 : 사용량이 비교적 많아 자체용적이 콘크리트 배합계산에 포함되는 것
  예) 포졸란, 암석분말
- 혼화제 : 사용량이 적어 배합계산에서 제외되는 것
  예) AE제, 감수제, 지연제, 촉진제, 급결제, 방수제 등

058 공사가격의 구성 요소 중 "직접공사비"를 계산하기 위해 필요한 세부항목에 해당되지 않는 것은?

① 일반관리비 ② 재료비
③ 경비 ④ 외주비

풀이 직접공사비는 공사 목적물의 실체와 관계되는 것이다. 일반관리비는 순공사비에 요율을 곱해서 산출하는 것으로 직접공사비에 해당하지 않는다.

059 다음 중 한중콘크리트에 대한 설명으로 가장 거리가 먼 것은?

① 특별한 보온조치는 취하지 않아도 된다.
② 한중콘크리트에는 공기연행 콘크리트를 사용하는 것을 원칙으로 한다.
③ 하루의 평균기온이 4℃ 이하가 예상되는 조건일 때 한중콘크리트를 시공하여야 한다.
④ 양생종료 후 따뜻해 질 때까지 받는 동결융해 작용에 대하여 충분한 저항성을 가지게 한다.

풀이 **콘크리트 시방서 14. 한중콘크리트**
타설이 끝난 콘크리트는 양생을 시작할 때까지 콘크리트 표면의 온도가 급랭할 가능성이 있으므로, 콘크리트를 타설한 후 즉시 시트나 기타 적당한 재료로 표면을 덮고 특히, 바람을 막아야 한다.

060 다음 중 체적계산에 대한 설명으로 가장 거리가 먼 것은?

① 단면이 불규칙할 때에는 플래니미터를 이용한다.
② 비교적 규칙적인 때에는 수치계산법을 활용한다.
③ 계산 방법에는 단면법, 점고법, 등고선법 등이 있다.
④ 단면이 규칙적인 때에는 도해법을 활용한다.

풀이 도해법은 단면이 불규칙한 체적을 계산하는 것으로 3각형으로 분할하여 면적을 측정하는 방법이다.

ANSWER 056 ② 057 ③ 058 ① 059 ① 060 ④

제 4 과목 조경관리

061 토양 중 유기물 함량이 3.40%, 질소 함량이 0.19%일 때 탄질비는 약 얼마인가? (단, 유기물의 탄소함량은 58%이며, 최종 계산결과 소수점 둘째자리에서 반올림)

① 12.0　② 10.9
③ 10.4　④ 9.8

$$\frac{C}{N} = \frac{0.034 \times 0.58}{0.0019} = 10.4$$

062 다음 중 직영방식의 장점이 아닌 것은?

① 긴급한 대응이 가능하다.
② 관리책임이나 책임의 소재가 명확하다.
③ 이용자에게 양질의 서비스가 가능하다.
④ 규모가 큰 시설 등의 관리를 효율적으로 할 수 있다.

풀이 규모가 큰 시설 등의 관리는 도급방식이 유리하다.

063 포장공사에서 토사포장의 보수 및 시공방법 중 개량방법에 해당되지 않는 것은?

① 지반치환공법　② 노면치환공법
③ 표면처리공법　④ 배수처리공법

풀이 **토사포장 보수 및 시공방법**
지반치환공법, 노면치환공법, 배수처리공법
표면처리공법은 아스팔트 콘크리트 포장 보수 및 시공방법이다.

064 엽면시비에 관한 설명 중 틀린 것은?

① 이식 후나 뿌리가 장해를 받았을 경우에 실시한다.
② 비료의 농도는 가급적 진하게 하고 한 번에 충분한 양이 효과적이다.
③ 약액이 고루 부착되도록 점착제를 사용함이 효과적이다.
④ 살포 시기는 한낮을 피해 맑은 날 아침이나 저녁때가 적합하다.

엽면시비할 때는 농도는 낮게 하여야 한다.

065 세균이 식물에 침입하는 방법이 아닌 것은?

① 각피 침입　② 피목 침입
③ 밀선 침입　④ 상처 침입

풀이 세균은 자연개구부(기공, 수공, 밀선, 피목, 화기 등)나 상처를 통해 침입한다.
- 밀선(honey gland, 蜜腺) : 꿀을 분비하는 다세포 분비구조
- 피목(lenticel, 皮目) : 나무의 줄기나 뿌리에 코르크 조직이 만들어진 후 기공 대신 공기의 통로가 되는 조직
- 각피(角皮, cuticle) : 표피의 가장 외측에 발달한 지방성 물질의 층

066 천막벌레나방(텐트나방)의 설명이 틀린 것은?

① 벚나무, 장미류, 버드나무 등 거주범위가 넓다.
② 애벌레는 이른 봄 실을 토해 만든 거미줄 집 안에서 군집생활을 하고 잎을 갉아먹는다.
③ 1년에 2회 발생하며, 노숙유충으로 땅속에서 고치 상태로 겨울을 난다.
④ 유충 발생 초(4월 하순)에 클로르푸루아주론 유제(5%) 2000배액을 수관 살포한다.

ANSWER
061 ③　062 ④　063 ③　064 ②　065 ①　066 ③

풀이 **텐트나방**
1년에 1회 발생하며 유충은 나뭇가지나 잎에 고치를 만들고 번데기가 된다.

067 시비와 관련된 설명 중 옳지 않은 것은?

① 수경수목의 시비는 수종과 크기를 고려하여 비료의 종류와 시비량 및 시비횟수를 결정한다.
② 잔디 초종을 고려하여 연간 시비량을 결정하며, 비료의 종류는 N:P2OS:K2O이 3:1:2 또는 2:1:1의 비율이 되도록 한다.
③ 화단 초화류는 집약적 관리가 요구되므로 가능한 한 무기질비료를 추비로서 연간 2~3회, 화학비료를 기비로서 연간 1회 시비한다.
④ 일반 조경수목류의 기비는 유기질 비료를 늦가을 낙엽 후 땅이 얼기 전 또는 2월 하순~3월 하순의 잎이 피기 전에 연 1회를 기준으로 시비한다.

풀이 화단 초화류는 집약적 관리가 요구되므로 가능한 한 유기질비료를 기비로서 연간 1회, 화학비료를 추비로서 연간 2~3회 시비한다.

068 질병 가능성(Disease Potential)이 가장 높은 잔디의 종류는?

① Creeping bentgrass
② Fine fescue
③ Kentucky bluegrass
④ Tall fescue

풀이 Creeping bentgrass는 곰팡이균에 매우 약하다.

069 동력예초기로 제초 작업을 하는 경우 개인 보호구로 적절하지 않은 것은?

① 보안경　　② 안전화
③ 방독마스크　　④ 방진 장갑

 **등짐형 동력예초시 작업시 개인보호구**
안전모, 안전보호복, 안전장갑, 보안경, 귀마개 등

070 콘크리트 소재의 시설물 균열부에 대한 보수방법으로 부적합한 것은?

① 표면실링(sealing)공법
② V자형 절단 공법
③ 고무(gm)압식 공법
④ 그라우팅공법

 **그라우팅 공법**
옹벽뒷면의 지하수를 배수구멍에 유도시키고 토압을 경감시키는 공법

071 토양에서 일어나는 질소순환작용 중 가스 형태로의 질소 손실과 관련 있는 것은?

① 탈질작용　　② 부동화작용
③ 질산화작용　　④ 암모니아작용

 **탈질작용**
질산염 환원에 의해 질소를 분해하는 현상이며, 토양 중의 질소가 아산화질소(N_2O), 산화질소(NO), 질소가스(N_2) 등으로 변해서 토양 밖으로 달아나는 현상이다.

072 다음 중 인공적 수형을 만들기 위하여 정지, 전정하는 수종으로 부적합한 것은?

① 회양목, 사철나무
② 무궁화, 쥐똥나무
③ 벚나무, 단풍나무
④ 향나무, 측백나무

ANSWER 067 ③ 068 ① 069 ③ 070 ④ 071 ①

 벚나무, 단풍나무는 전정을 하지 않는 수종이다.

073 가로수의 수목보호 홀 덮개의 기능이 아닌 것은?

① 병해충의 방지
② 뿌리보호
③ 토양 답압 방지
④ 도시미관의 증진

074 노거 수목의 관리요령으로 틀린 것은?

① 유합조직(Callus tissue)의 형성과 보호를 위해 바세린을 발라 놓는다.
② 절토지역에 있어서의 뿌리보호 대책으로는 메담쌓기(Dry well)가 있다.
③ 부패된 줄기의 공동(Cavity) 처리는 충전재료의 선택이 중요하다.
④ 공동충전 재료는 에폭시수지 등의 합성수지가 널리 사용된다.

 메담쌓기는 성토지역일 때 사용한다.

075 다음 설명에 해당되는 시민참여의 형태는?

> 시민참여를 안시타인의 이론에 따라 크게 3유형으로 구분했을 때 실질적인 주민참여 단계인 시민권력의 단계에 해당
> 정부, 일반시민, 시민단체, 학생, 기업, 기타 이해 당사자(stakeholder)가 고루 참여

① 시민차지(citizen control)
② 파트너십(partnership)
③ 상담자문(consultation)
④ 조작(manipulation)

076 조경공간에서 안전관리 상 관리하자에 의한 사고는?

① 유아가 보호책을 넘어간 사고
② 시설물 노후 파손에 의한 사고
③ 이용자 자신의 부주의에 의한 사고
④ 시설물 구조상 접속부에 손이 낀 사고

풀이 ① 이용자 부주의 사고
② 관리하자
③ 이용자 부주의 사고
④ 설치하자

077 설치비용은 비싸나 유지관리비가 저렴하며, 열효율이 높고, 투시성이 뛰어나 산악도로나 터널 등에 가장 적합한 조명 램프는?

① 나트륨 램프
② 크세논 램프
③ 수은 램프
④ 형광 램프

구분	특징
백열등	• 수명이 짧고 효율이 낮음 • 열이 나며 전구가 소형, 광속유지 우수하고 색채연출 가능
형광등	• 자연스럽고 청명한 색채 • 빛이 둔하고 흐려 강조조명에 쓸 수 없다. • 면하는 기온, 조건하에서 전등발광과 효율을 일정하게 유지하기 어려움
수은등	• 수명이 가장 길다. • 녹색, 푸른색 외 색채연출이 불량한 것은 보완한 인을 코팅한 전등 사용
금속할로겐등	• 빛 조절이나 통제가 용이하며 색채연출 우수 • 고출력의 높은 전압에서만 작용해 정원, 광장에서 사용 곤란
나트륨등	• 열효율 높고, 투시성이 뛰어남 • 설치비는 비싸고, 유지관리비는 싸다.

ANSWER 072 ③ 073 ① 074 ② 075 ② 076 ② 077 ①

078 연평균 조경 작업자수가 10,000명인 어느 기업의 1년 동안의 작업 관련 재해 건수는 6건, 재해자 수는 12명, 총 근로손실일수는 30일로 나타났다. 이 기업의 지난 1년 동안의 연천인율은? (단, 하루 작업시간은 8시간, 한 달은 25일로 가정한다.)

① 0.25　　② 0.50
③ 0.60　　④ 1.20

$$연천인율 = \frac{연간\ 재해자\ 수}{연평균\ 근로자\ 수} \times 1{,}000$$

$$연천인율 = \frac{12}{10{,}000} \times 1{,}000 = 1.20$$

079 도시공원에서 이용자의 요망 · 에로사항을 시설요망, 관리, 공원녹지 주변 등으로 구분할 때 "관리에 관한 사항"에 해당하는 것은?

① 관람석 설치　　② 수목 명찰
③ 자동 판매기　　④ 연못 청소

080 농약의 독성정도를 구분할 때 해당되지 않는 것은?

① 급독성　　② 고독성
③ 맹독성　　④ 저독성

풀이 농약관리법 시행규칙 제 24조 2(농약 등의 독성 및 잔류성 정도별 구분 등)

구분	시험동물의 반수를 죽일 수 있는 양(mg/kg 체중)			
	급성경구		급성경피	
	고체	액체	고체	액체
Ⅰ급 (맹독성)	5 미만	20 미만	10 미만	40 미만
Ⅱ급 (고독성)	5 이상 50 미만	20 이상 200 미만	10 이상 100 미만	40 이상 400 미만
Ⅲ급 (보통독성)	50 이상 500 미만	200 이상 2.000 미만	100 이상 1,000 미만	400 이상 4.000 미만
Ⅳ급 (저독성)	500 이상	2,000 이상	1,000 이상	4,000 이상

ANSWER 078 ④　079 ④　080 ①

4회 조경산업기사 최근기출문제

2020년 8월 22일 시행

제 1 과목 조경계획 및 설계

001 18C 영국 조경의 특징이 옳지 않은 것은?

① 낭만주의 정원 양식이 시작되었다.
② 브리지맨(C. Bridgeman)이 스토우(Stowe)가든을 설계했다.
③ 자연풍경식 정원 양식이 유행하였다.
④ 테라스와 마운드를 만드는 것이 성행하였다.

풀이 테라스, 마운드는 영국 정형식 정원의 특징이다.

002 다음 중 고려시대 수목관련 정책 중 시행 시기가 가장 빠른 것은?

① 수양도감 설치
② 산불방지법 반포
③ 소나무 벌채금지법 반포
④ 산림벌채금지와 나무심기 장려

풀이 ① 수양도감 설치(고려인종)
② 산불방지법 반포(고려경종)
③ 소나무 벌채금지법 반포(고려현종)
④ 산림벌채금지와 나무심기 장려(고려정종)

003 인도(印度) 정원의 특징에 대한 설명으로 가장 거리가 먼 것은?

① 중국, 일본, 한국과 같은 자연풍경식 정원이다.
② 회교도들이 남부 스페인에 축조해 놓은 것과 흡사한 생김새를 갖고 있다.
③ 녹음수가 중요시되었고 온갖 화초로 화단을 만들었으며, 연못에는 연꽃을 식재했다.
④ 궁전이나 귀족의 별장을 중심으로 한 바그와 정원과 묘지(墓地)를 결합한 형태이다.

풀이 인도정원의 특징은 정형식 정원이다.

004 백제 노자공(路子工)이 일본 궁궐에 오교(吳橋)와 함께 만든 것은?

① 방장산　② 봉황산
③ 수미산　④ 영주산

풀이 **수미산**
불교의 세계관에 나오는 구산팔해의 중심에 있다고 하는 상상의 산으로 노자공이 일본에 가서 수미산, 홍교를 만들었다.

005 장수를 기원하며 후원 담장과 같은 벽면에 십장생을 새겼던 궁궐 정원은?

① 창덕궁 대조원 후원
② 경복궁 사정전 후원
③ 경복궁 자경전 후원
④ 창덕궁 연경당 후원

ANSWER
001 ④　002 ②　003 ①　004 ③　005 ③

006 다음 중 자연풍경식 정원을 지향하며 '자연으로 돌아가자'고 주장한 사람은?

① 루소　　② 데카르트
③ 르 노트르　　④ 니콜라스 푸케

007 일본의 대표적인 정원양식과 관련된 정원의 연결이 옳지 않은 것은?

① 다정(茶庭) - 고봉암(孤蓬庵)
② 고산수(枯山水) - 서천사(瑞泉寺)
③ 회유식(回遊式) - 계리궁(桂離宮)
④ 정토정원(淨土庭園) - 정유리사(淨留璃寺)

풀이 회유임천식 – 서천사

008 과일을 심는 곳을 원(園), 채소를 심는 곳을 포(圃), 금수를 키우는 곳을 유(囿)로 풀이한 중국의 문헌은?

① 난정기　　② 설문해자
③ 시경대아편　　④ 춘추좌씨전

설문해자
중국 후한(23~220) 때 허신(許愼)이란 이가 편찬한 최초의 문자학 사전임

009 도시공원 및 녹지 등에 관한 법률에 따른 어린이공원에 대한 기준이 옳지 않은 것은?

① 규모는 1,000m^2 이하로 한다.
② 유치거리는 250m 이하이다.
③ 공원시설 부지면적은 100분의 60 이하로 한다.
④ 공원시설은 조경시설, 휴양시설(경로당 및 노인복지회관은 제외), 유희시설, 운동시설, 편익시설 중 화장실 · 음수장 · 공중전화실을 설치할 수 있다.

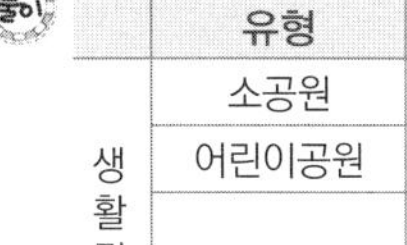

	유형	유치거리	규모
생활권공원	소공원	제한없음	제한없음
	어린이공원	250m 이내	1,500m^2 이상
	근린공원	500m 이내	10,000m^2 이상
		1km 이내	30,000m^2 이상
		제한없음	100,000m^2 이상
		제한없음	1,000,000m^2 이상
주제공원	역사공원	제한없음	제한없음
	문화공원	제한없음	제한없음
	수변공원	제한없음	제한없음
	묘지공원	제한없음	100,000m^2 이상
	체육공원	제한없음	10,000m^2 이상
	도시농업공원	제한없음	10,000m^2 이상

010 그린벨트의 설치 목적 중 가장 중요한 것은?

① 도시를 일정 규모로 제한하기 위해
② 도시민에게 레크리에이션 장소를 제공하기 위해
③ 도시재해 발생을 막고, 또 발생 시에 피난처로 사용하기 위해
④ 도시민의 정서를 함양하고 식생활에 필요한 식품을 가까이에서 얻기 위해

011 자동차와 보행자의 마찰을 피하고 안전하게 보행할 수 있도록 설치하는 것은?

① 몰(Mall)
② 패스(Path)
③ 결절점(Node)
④ 랜드마크(Landmark)

Appendix 최근 기출문제

ANSWER 006 ① 007 ② 008 ② 009 ① 010 ① 011 ①

012 정밀토양도에서 분류하는 토양명이 아닌 것은?

① 토양구(土壤區) ② 토양군(土壤群)
③ 토양통(土壤統) ④ 토양토(土壤土)

풀이 **정밀토양도의 토양명분류**
토양군, 토양통, 토양구, 토양상

013 순 인구밀도가 200인/ha이고, 주택 용지율이 60%일 때, 총 인구밀도는?

① 80인/ha ② 100인/ha
③ 110인/ha ④ 120인/ha

풀이 $200 \times 0.6 = 120$인/ha

014 환경영향평가 제도는 1969년 어느 국가의 "국가환경정책법"이 제정되면서 시작되었나?

① 영국 ② 미국
③ 프랑스 ④ 일본

풀이 환경영향평가는 미국에서 1969년 국가환경정책법을 제정하면서 시작되었다.

015 그림과 같이 3각법으로 투상된 정면도와 좌측면도에 가장 적합한 평면도는?

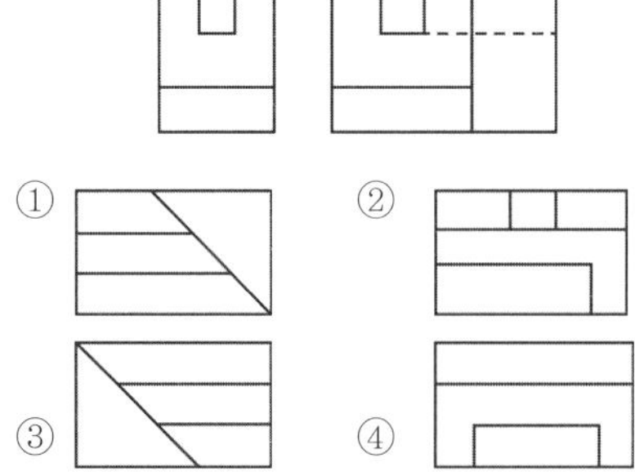

016 다음 중 균형(Balance)에 관한 설명으로 가장 거리가 먼 것은?

① 균형에는 중심이 있다.
② 프랑스 정원에서 강조되었다.
③ 균형을 결정하는 인자는 무게와 방향성이다.
④ 대칭적 균형이란 고르게 정돈되지 않은 균형을 의미한다.

풀이 **비대칭균형**
시각적 무게는 같으나 형태나 구성이 다른 것으로 동적, 능동적, 감성, 자연스러운 느낌을 준다.

017 다음과 같은 특징을 갖는 식물 색소는?

> 수국의 색소로 많이 알려져 있으며, 종류에 따라 빨강, 주홍, 핑크, 파랑, 보라 등 다양한 색을 띤다. 특징은 산성이나 알칼리성에 의해 색이 변하는 것인데 산성에는 빨강으로, 중성에서는 보라, 알칼리성에서는 파랑을 띤다. 또, 물이나 산에 녹기 쉬운 성질을 가지고 있다.

① 카로틴 ② 클로로필
③ 안토시아닌 ④ 플라보노이드

018 표제란(Title Block)의 내부에 들어갈 요소로 가장 거리가 먼 것은?

① 스케일 ② 일위대가
③ 도면번호 ④ 설계자 이름

풀이 일위대가는 실시설계 공사비 산출을 위한 것으로 별도자료로 만든다.

ANSWER 012 ④ 013 ④ 014 ② 015 ③ 016 ④ 017 ③ 018 ②

019 햇빛이 밝은 야외에서 어두운 실내로 이동할 때 빨간색은 점점 어둡게 사라져 보이고 파란색 계열이 밝게 보이는 시각현상은?

① 색순응 ② 메타메리즘 현상
③ 베너리 효과 ④ 푸리키니에 현상

풀이 **푸르키니에 현상**
빛의 파장이 긴 적색이나 황색은 어둡게, 파장이 짧은 파랑과 녹색은 비교적 밝게 보이는 현상. 즉 파장이 짧은 색은 약간의 광량만 있어도 잘 보이지만, 긴 파장의 색은 많은 광량이 있어야 보인다. 노을질 무렵 파장이 짧은 보라색만 보이는 이유이다.

020 다음 중 감법혼색에 대한 설명으로 옳지 않은 것은?

① 3원색은 시안(Cyan), 마젠타(Magenta), 옐로(Yellow)이다.
② 3원색 중 옐로는 스펙트럼의 녹색 영역의 빛을 흡수한다.
③ 3원색을 모두 혼색하면 검정에 가까운 암회색이 된다.
④ 감법혼색의 원리를 응용한 것으로는 컬러사진, 컬러복사, 컬러인쇄 등을 들 수 있다.

풀이 감법은 혼합할수록 어두워지는 색혼합이며, 가법은 혼합할수록 밝아지는 빛혼합이다. 따라서 빛을 흡수하는 것은 빛에 관한 가법혼색에 관한 설명이다.

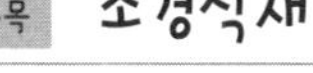

조경식재

021 다음 그림과 같은 형태의 수종은?

① 호랑가시나무(*Ilex cornuta*)
② 박달나무(*Betula schmidtii*)
③ 칠엽수(*Aesculus turbinata*)
④ 양버들(*Populus nigra*)

022 다음 중 정형식 식재의 설명으로 옳은 것은?

① 정형식 식재와 자유식재는 같은 양식이다.
② 자연의 풍경과 같은 비정형식인 선에 의한 식재를 말한다.
③ 정형식 식재의 기본 유형은 군식, 산재식재, 배경식재 등이 있다.
④ 열식은 동형, 동 수종을 직선상으로 일정한 간격에 식재하는 수법을 말한다.

풀이 **정형식 식재방식**
시각적 강한 축선이 설치되며, 축선과 축선 간 교차점 기준으로 질서, 균형, 규칙성, 균질성, 대칭성이 부여되는 방식으로 식물의 자연성보다 조형적 특성이 먼저 고려되는 식재수법으로 단식, 대식, 열식, 교호식재, 집단식재를 들 수 있다.

ANSWER 019 ④ 020 ② 021 ③ 022 ④

023 그림과 같이 2그루 심기로 배식설계를 할 때 가장 적합한 조합은? (단, 활엽수와 침엽수의 구분 없음, 보기는 A(관목) - B(교목)의 조합순서이다)

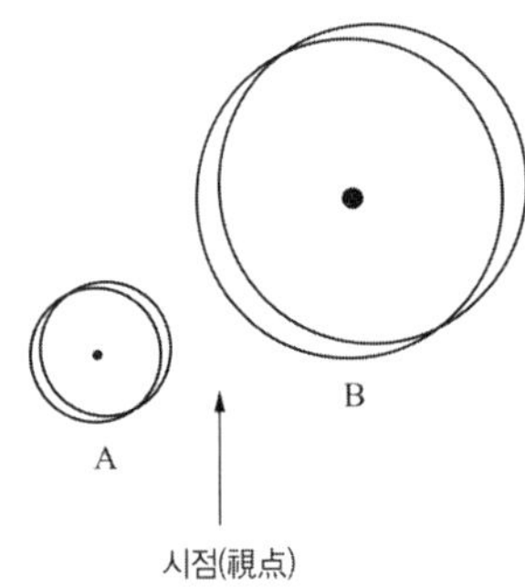

① 수양버들 - 은행나무
② 은행나무 - 전나무
③ 전나무 - 명자나무
④ 명자나무 - 서양측백

 ① 수양버들(교목) - 은행나무(교목)
② 은행나무(교목) - 전나무(교목)
③ 전나무(교목) - 명자나무(교목)
④ 명자나무(관목) - 서양측백(교목)

024 다음 설명의 ( )안에 적합한 값은?

> 표준적인 뿌리분의 크기는 근원직경의 ( )를 기준으로 하되 수목의 이식력과 발근력을 적절히 고려하도록 하며, 분의 깊이는 세근의 밀도가 현저히 감소된 부위로 한다.

① 1배 ② 2배
③ 4배 ④ 8배

풀이 뿌리분의 크기는 근원직경의 4배를 기준으로 한다.

025 수목의 생태 분류상 "음수"로 분류할 수 없는 것은?

① 사철나무(*Euonymus japonicus*)
② 전나무(*Abies holophylla*)
③ 자작나무(*Betula platyphylla*)
④ 솔송나무(*Tsuga sieboldii*)

풀이 자작나무는 양수식물이다.

026 무궁화(Hibiscus syriacus)의 특성에 대한 설명으로 옳은 것은?

① 수형은 평정형이다.
② 생태 특성상 음수이다.
③ 내한성과 내공해성이 약하다.
④ 품종이 많고, 여름에 개화한다.

풀이 무궁화는 원주형 수형, 양수, 내염성과 내공해성에 강하다.

027 수고가 높은 교목을 열식하여 수직적 공간감을 느끼게 하려고 할 때 가장 적합한 수목은?

① 미선나무(*Abeliophyllum distichum*)
② 자귀나무(*Albizia julibrissin*)
③ 모감주나무(*Koelreuteria paniculata*)
④ 메타세콰이아(*Metasequoia glyptostroboides*)

ANSWER 023 ④ 024 ③ 025 ③ 026 ④ 027 ④

028 토양 단면에 대한 설명으로 틀린 것은?

① 부식질은 홑알구조를 형성하므로 토양의 물리적 성질이 불량하다.
② 표층토인 A층은 낙엽, 낙지가 분해되어 있는 층으로 암흑색에 가깝다.
③ 부식은 미생물을 활기 있게 만들고, 유기물의 분해를 촉진한다.
④ 자연림에서는 교목류의 근계가 B층에도 분포하고 있다.

풀이 부식질은 떼알구조(입단구조)를 형성한다.

029 다음 설명에 적합한 식물은?

> • 원산지는 지중해 연안으로서 제비꽃과(Violaceae)에 속하는 추파1년생초화이다.
> • 원래 내한성이 강한 화초로서 품종에 따라 다르지만 –5℃까지도 충분히 견딜 수 있다.
> • 초본에 가장 일찍 도심주변의 화단조성에 필요한 화종이나 조기 정식시 동해율은 품종 및 육묘조건에 따라 차이가 많아 문제시되고 있다.

① 글라디올러스 ② 채송화
③ 팬 지 ④ 페튜니아

030 무성(영양)번식 중 삽목(Cutting)에 관한 설명으로 틀린 것은?

① 삽목의 발근촉진물질은 비나인(B-nain)이 대표적이다.
② 식물체의 재생능력을 이용하여 인위적으로 번식시킬 수 있는 방법이다.
③ 식물체의 일부를 상토에 꽂아 절단면으로부터 부정근을 발생시킨다.
④ 삽수의 제조는 식물의 종류에 따라 다르나 적어도 상하 2개의 눈을 부착하여 조제한다.

풀이 삽목의 대표적인 발근촉진물질은 옥신이다.

031 종–면적 곡선(Spedies–area Curve)으로 평가할 수 있는 것은?

① 종 간 경쟁 ② 종 풍부도
③ 개체군 분포 ④ 개체군 증식

풀이 **종–면적 곡선**
조사면적의 증가에 따라 출현 종수의 증가를 나타낸 곡선

032 여름철에 개화되는 수종은?

① 산수유(*Cornus officinalis*)
② 능소화(*Campsis grandifolira*)
③ 태산목(*Magnolia grandiflora*)
④ 금목서(*Osmanthus fragrans*)

산수유, 태산목 : 봄
금목서 : 가을

033 일반적으로 잔디 초지(피복) 조성 속도가 가장 빠른 종류는?

① 한국잔디
② 벤트(Bent) 그래스
③ 버뮤다(Bermuda) 그래스
④ 켄터키(Kentucky) 블루그래스

ANSWER
028 ① 029 ③ 030 ① 031 ② 032 ② 033 ③

034 다음 중 "좋은 식재"의 방향이라고 볼 수 없는 것은?

① 무조건 수고가 큰 나무를 심도록 한다.
② 필요 이상의 나무는 심지 않도록 한다.
③ 생태적으로 적합한 장소에 심도록 한다.
④ 시각적 특성을 충분히 고려하여 심도록 한다.

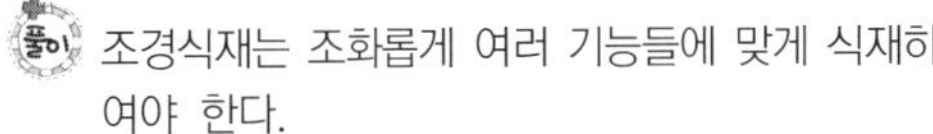
풀이 조경식재는 조화롭게 여러 기능들에 맞게 식재하여야 한다.

035 개잎갈나무(Cedrus deodara)의 특징으로 옳지 않은 것은?

① 상록침엽교목
② Cedrus의 용어는 kedron(향나무)에서 유래
③ 원추형으로 직립하며, 밑가지가 아래로 처짐
④ 심근성 수종으로 바람에 강하며, 수관폭이 넓고 생장이 느림

풀이 개잎갈나무는 천근성 수종이다.

036 조경식물의 성상에 대한 설명이 틀린 것은?

① 상록수와 낙엽수의 구분은 절대적이 아니며, 기후, 계절, 나무의 입지환경에 따라 상록수가 낙엽수가 되기도 한다.
② 식물학상 침엽수는 피자식물에, 활엽수는 나자식물에 포함된다.
③ 등, 마삭줄, 담쟁이덩굴 등 스스로 서지 못해 기거나 타고 오르는 나무를 만경목이라 한다.
④ 교목의 특징을 지니나 일반적으로 교목보다는 작고 관목보다는 큰 나무를 아교목이라 한다.

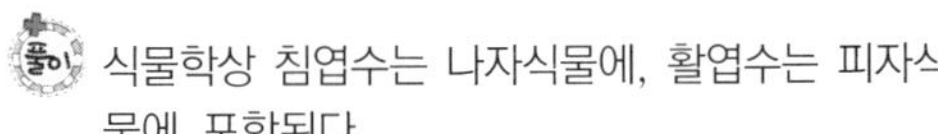
풀이 식물학상 침엽수는 나자식물에, 활엽수는 피자식물에 포함된다.

037 다음과 같은 특징을 갖는 수종은?

- 콩과이다.
- 천근성 수종이다.
- 야합수(夜合樹)라고 불리기도 한다.
- 우리나라에는 전국에 식재가 가능하다.
- 여름에 피며, 꽃색은 분홍색이다.

① 박태기나무(*Cercis chinensis*)
② 자귀나무(*Albizia julibrissin*)
③ 회화나무(*Sophora japonica*)
④ 아까시나무(*Robinia pseudoacacia*)

038 부들(Typha orientalis)의 특징으로 틀린 것은?

① 부들과(科)이다.
② 침수식물에 속한다.
③ 물가에 식재하고 분주로 번식한다.
④ 꽃은 황색이고, 열매는 원통형이다.

풀이 부들은 정수식물에 해당한다.

039 옥상녹화를 위해 구조적으로 가장 먼저 고려되어야 할 항목은?

① 방수 ② 배수
③ 하중 ④ 바람의 영향

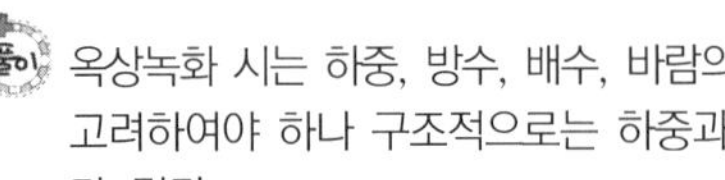
풀이 옥상녹화 시는 하중, 방수, 배수, 바람의 영향 모두 고려하여야 하나 구조적으로는 하중과 가장 관계가 깊다.

ANSWER 034 ① 035 ④ 036 ② 037 ② 038 ② 039 ③

040 수목을 이식한 이후 실시하는 작업이 아닌 것은?

① 줄기 감기
② 비료주기
③ 지주 세우기
④ 뿌리돌리기

뿌리돌리기는 이식하기 전에 잔뿌리 발생을 위해 하는 작업이다.

041 다음에서 설명하는 장비는?

- 굴착, 싣기, 운반, 하역 등의 일관작업을 하나의 기계로서 연속적으로 행할 수 있으므로 굴착기와 운반기를 조합한 토공 만능기라 할 수 있는 기계이다.
- 비행장이나 도로의 신설 등과 같은 대규모 정지 작업에 적합하다.
- 얇게 깎으면서도 흙을 싣고 주어진 거리에서 높은 속도비로 하중의 중량물을 운반하거나 일정한 두께로 얇게 깔기도 한다.

① 파워쇼벨 ② 드래그라인
③ 그레이더 ④ 스크레이퍼

042 다음 설명에 해당되는 콘크리트의 성질은?

거푸집에 쉽게 다져 넣을 수 있고 제거하면 천천히 형상이 변화하지만 재료가 분리되거나 허물어지지 않는 굳지 않은 콘크리트의 성질

① 반죽질기(Consistency)
② 시공연도(Workability)
③ 마무리용이성(Finishability)
④ 성형성(Plasticity)

043 각 변이 30cm 정도의 4각추형 네모뿔의 석재로서 석축공사에 사용되는 것은?

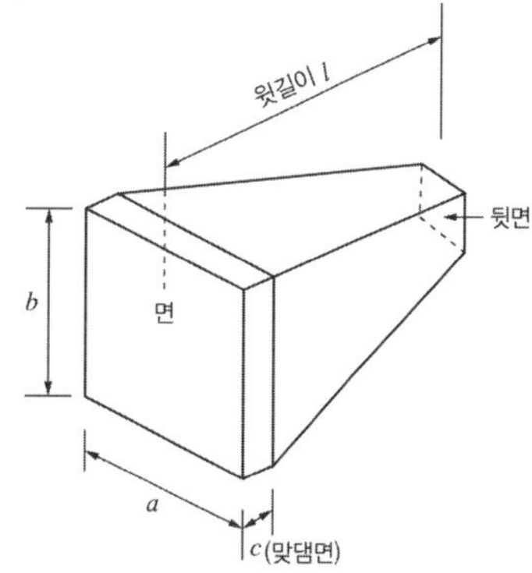

① 사석 ② 전석
③ 야면석 ❹ 견치석

① 사석(捨石) : 막 깬 돌 중에서 유수에 견딜 수 있는 중량을 가진 큰 돌
② 전석(轉石) : 1개의 크기가 $0.5m^3$ 내·외의 정형화되지 않은 석괴
③ 야면석(野面石) : 천연석으로 표면을 가공하지 않은 것으로서 운반이 가능하고 공사용으로 사용

ANSWER 040 ④ 041 ④ 042 ④ 043 ④

044 그림과 같은 계획 표고의 토량을 구하는데 적합한 공식은?

① $\frac{ab}{4}(\sum h1+2\sum h_2+3\sum h_3+4\sum h_4)$

② $\frac{ab}{3}(\sum h1+2\sum h_2+3\sum h_3+4\sum h_4)$

③ $\frac{1}{6}(A_1+4A_2+A_3)$

④ $\frac{1}{2}(A_1+6A_2+A_3)$

 위 그림은 거형분할식에 의한 체적계산방법을 적용해야 한다.
② 삼각형분할식
③ 각주공식

045 훼손지의 보행로 정비 시 "목재 계단로"시공과 관련된 설명으로 가장 거리가 먼 것은?

① 비탈면의 암석이나 돌 등을 제거하고 평탄하게 기반정지작업을 한다.
② 우수에 의한 침식방지, 식생의 보전, 이용자의 안전확보 측면에서 기울기 15% 이상의 비탈면에 설치한다.
③ 통나무 계단은 수직박기용 통나무를 항타하여 박은 후 수평깔기용 통나무를 1~2단으로 단단히 결속하고 흙을 뒷채움하여 다진다.
④ 계단 최상·최하단 경계부 밖의 노면은 자연스럽게 마감처리한다.

 **조경공사 표준시방서 7-4 훼손지 생태복원 및 복구**
계단 설치 최상단 경계부와 최하단 경계부 밖의 노면에는 길이 1m 이상 튼튼한 재료로 마감처리하여 계단 끝부분이 훼손되지 않도록 처리한다.

046 재료의 기계적 성질 중 작은 변형에도 파괴되는 성질을 무엇이라 하는가?

① 강성 ② 소성
③ 취성 ④ 탄성

 ① 강성 : 재료가 탄성변형을 할 때 변형에 저항하는 정도를 나타낸 것으로 힘이나 모멘트의 크기 외에 탄성체의 형상, 지지 방법, 재료의 탄성계수 등에 따라 달라진다.
② 소성 : 힘을 제거해도 본래 상태로 돌아가지 않고 영구 변형이 남는 성질
③ 취성(brittleness) : 재료가 작은 변형에도 파괴가 되는 성질을 말한다.
④ 탄성 : 외부 힘에 의하여 변형을 일으킨 물체가 힘이 제거되었을 때 원래의 모양으로 되돌아가려는 성질

047 다음과 같은 네트워크 공정표로 나타나는 공사의 공기를 1일 단축하고자 한다. 일정 단축을 위하여 공정을 조정할 때 적절한 것은? (단, 모든 공정은 1일 단축 가능하다.)

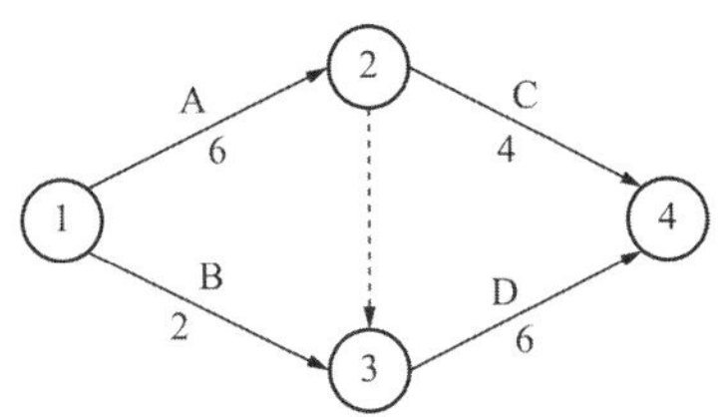

① A를 1일 줄인다.
② B를 1일 줄인다.
③ C를 1일 줄인다.
④ B, C를 각각 1일 줄인다.

 일정단축을 위해서는 여유시간이 없는 크리티컬 패스구간의 작업을 줄이면 공정을 조정할 수 있다.

ANSWER
044 ① 045 ④ 046 ③ 047 ①

048 합성수지를 이용한 건설재료에 관한 설명으로 가장 거리가 먼 것은?

① 내수성이 양호하다.
② 열에 의한 팽창 및 수축이 크다.
③ 가공성이 크며 성형 가공이 용이하다.
④ 탄성계수가 금속재에 비해 매우 크다.

풀이 합성수지는 탄성계수가 매우 작다.

049 교호수준측량의 결과가 그림과 같을 때, A점의 표고가 55.423m라면 B점의 표고는?

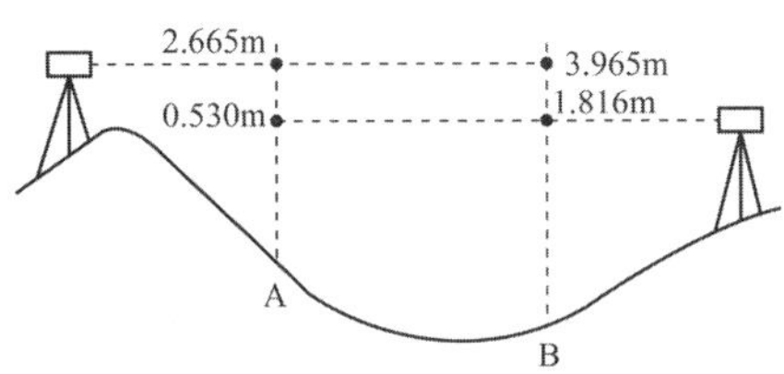

① 52.923m ② 53.281m
③ 54.130m ④ 54.137m

$$H_B = H_A + \frac{(a_1 + a_2) - (b_1 + b_2)}{2}$$
$$= 55.423 + \frac{(2.665 + 0.53) - (3.965 + 1.816)}{2}$$
$$= 54.13\text{m}$$

050 다음 설명의 ( )안에 적합한 것은?

> 거푸집의 높이가 높을 경우, 재료 분리를 막고 상부의 철근 또는 거푸집에 콘크리트가 부착하여 경화하는 것을 방지하기 위해 거푸집에 투입구를 설치하거나, 연직슈트 또는 펌프배관의 배출구를 타설하면 가까운 곳까지 내려서 콘크리트를 타설하여야 한다. 이 경우 슈트, 펌프배관, 버킷, 호퍼 등의 배출구와 타설면까지의 높이는 (   )m 이하를 원칙으로 한다.

① 1.5 ② 1.8
③ 2.0 ④ 2.5

 **콘크리트 표준시방서 2장 일반 콘크리트 3.4.2 타설**
거푸집의 높이가 높을 경우, 재료 분리를 막고 상부의 철근 또는 거푸집에 콘크리트가 부착하여 경화하는 것을 방지하기 위해 거푸집에 투입구를 설치하거나, 연직슈트 또는 펌프배관의 배출구를 타설면 가까운 곳까지 내려서 콘크리트를 타설하여야 한다. 이 경우 슈트, 펌프배관, 버킷, 호퍼 등의 배출구와 타설 면까지의 높이는 1.5m 이하를 원칙으로 한다.

051 목재의 성질에 관련 설명으로 가장 거리가 먼 것은?

① 섬유포화점에서의 함수율은 10% 정도이다.
② 일반적으로 대부분의 침엽수재는 구조용재로 사용된다.
③ 목재의 비중이 증가함에 따라 강도는 증가한다.
④ 전건재의 비중은 목재의 공극률에 따라 달라지는데 실적률만의 진비중은 1.50 정도이다.

풀이 섬유포화점에서의 함수율은 30% 정도이다.

052 일반적으로 사면의 안정상 가장 위험한 경우는?

① 사면이 완전히 포화상태일 경우
② 사면이 완전 건조되었을 경우
③ 사면의 수위가 급격히 상승할 경우
④ 사면의 수위가 급격히 내려갈 경우

ANSWER 048 ④ 049 ③ 050 ① 051 ① 052 ④

053 계획대상지의 부지정지 및 다짐에 필요한 성토량이 1,000m³이다. 인접지역의 토양을 적재용량이 10m³인 덤프트럭으로 운반할 때 소요되는 덤프트럭은 모두 몇 대인가? (단, L=1.15, C=0.9인 경우)

① 100 ② 111
③ 115 ④ 128

자연상태 토량×0.9=1,000m³
자연상태 토량=1,111.1m³
운반토량=1,1111.1×1.15=1,277.765m³
덤프트럭 소요대수=1,277.735/10
=127.77(128대)

054 구조물에 작용하는 하중(荷重)에 대한 설명으로 가장 거리가 먼 것은?

① 구조용 재료는 장기하중 보다 단기하중에 좀 더 유리하게 적용하고, 재료의 설계용 허용강도는 경제적인 측면에서 단기하중 때 더 크게 취하도록 하고 있다.
② 풍하중은 구조물에 재난을 주는 빈도가 가장 많은 하중이며, 구조물의 역학적 해석에 있어 하중의 결정에 세심한 주의와 판단을 필요로 한다.
③ 이동하중은 구조물에 항상 작용하는 하중이 아니라 시간적으로 달라지는 하중을 말하며 활하중 또는 적재하중 이라고도 한다.
④ 집중하중은 구조물의 자중이나 그 위에 높은 물체의 하중이 어떤 범위 내에 분포하여 작용하는 하중을 말한다.

풀이 집중하중은 하중이 범위 내에 분포하는 것이 아니라 한점에 집중하여 작용하는 것이다.

055 강재의 열처리 방법으로 가장 거리가 먼 것은?

① 단조 ② 불림
③ 담금질 ④ 뜨임

강재의 열처리방법
불림, 담금질, 뜨임, 풀림 등

056 조경공사 시공계약 방식 중 공동도급(Joint Venture Contract)에 대한 설명으로 가장 거리가 먼 것은?

① 융자력 증대 ② 위험의 분산
③ 이윤의 증대 ④ 시공의 확실성

공동도급
둘 이상의 사업자가 공동으로 도급을 받아 계약을 이행하는 것으로 경비가 오히려 증가한다.

057 다음 그림과 같은 지역의 면적은?

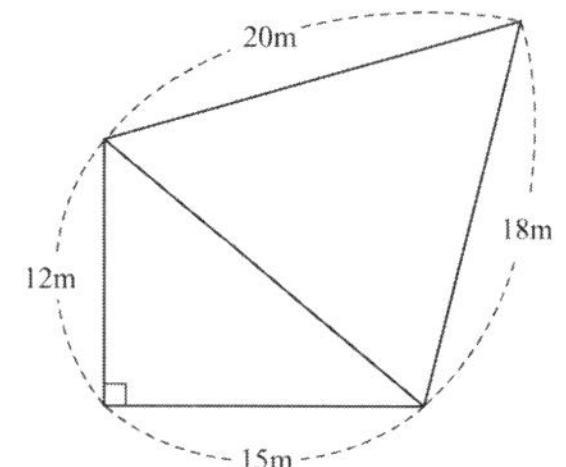

① $246.5m^2$ ② $268.4m^2$
③ $275.2m^2$ ④ $288.9m^2$

풀이

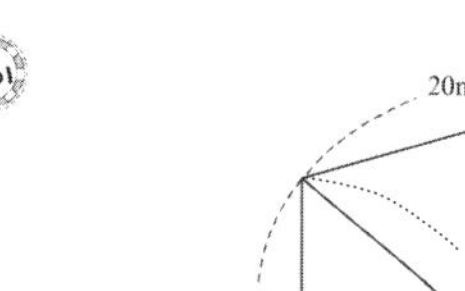

$A = 15m \times 12m \times \frac{1}{2} = 90m^2$

$\chi = \sqrt{(12^2 + 15^2)} = 19.2m$

ANSWER 053 ④ 054 ④ 055 ① 056 ③ 057 ①

삼각형 B는 헤론의 공식을 사용하여

$B = \sqrt{s(s-a)(s-b)(s-c)}$ (단, $s = \dfrac{a+b+c}{2}$)

$s = \dfrac{20+18+19.2}{2}28.6\text{m}$

$B = \sqrt{28.6 \times (28.6-20)(28.6-18)(28.6-19.2)}$

$= 156.548m^2$

$A + B = 246.548\text{m}^2$

058 공시원가를 계산할 때 수량의 계산 시 올바른 방법은?

① 지정 소수의 이하 2위까지 하고, 끝수는 4사5입한다.
② 지정 소수의 이하 1위까지 하고, 끝수는 4사5입한다.
③ 지정 소수의 이하 2위까지 하고, 끝수는 버린다.
④ 지정 소수의 이하 1위까지 하고, 끝수는 버린다.

059 어린이 놀이시설에 다른 재료에 비해 목재를 많이 사용하는 이유로 가장 거리가 먼 것은?

① 경도와 강도가 크다.
② 취급, 가공이 쉽다.
③ 열의 전도율이 낮고 충격의 흡수력이 크다.
④ 온도에 대한 신축이 비교적 작다.

풀이 목재는 경도와 강도가 다른 재료에 비해 강하지 않지만, 친환경적이며 온도에 대한 신축이 작고, 열전도율이 낮고 충격 흡수력이 높아 많이 사용한다.

060 지하 배수 관거에서 이상적인 유속의 범위는?

① 0.3~0.8m/s ② 1.0~1.8m/s
③ 2.0~2.5m/s ④ 2.6~3.5m/s

제 4 과목 조경관리

061 다음 중 수목과 주요 가해 해충의 연결이 틀린 것은?

① 잣나무, 소나무 - 솔나방
② 벚나무, 졸참나무 - 매미나방
③ 사과나무, 느티나무 - 독나방
④ 낙엽송, 섬잣나무 - 미국흰불나방

풀이 포플러, 버즘나무 - 미국흰불나방

062 15,000m^2의 잔디밭과 수고 3m의 살구나무 150주가 식재되어 있는 곳에 약제를 살포하고자 한다. 아래 표를 참조할 때 총 소요인원은?

표 1 수목류 약제살포 (주당)

나무높이	특별인부(인)	보통인부(인)
2m 이상	0.01	0.03
2m 이상	0.02	0.06

표 2 잔디 약제살포 (m^2)

품명	특별인부(인)	보통인부(인)
잔디	0.02	0.04

① 15명 ② 21명
③ 96명 ④ 102명

풀이 $(150 \times 0.02 + 150 \times 0.06) + (150 \times 0.02 + 150 \times 0.04)$
$= 21$명

ANSWER 058 ② 059 ① 060 ② 061 ④ 062 ②

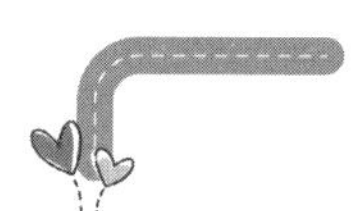

063 수목식재 후 관리를 위해 지주목 설치를 통해 얻을 수 있는 특징에 해당하지 않는 것은?

① 수간의 굵기가 균일하게 생육할 수 있도록 해준다.
② 수고 생장에 도움을 주며 지지된 수목의 상부에 있어서 단위횡단면 당 내인력(耐引力)이 증대된다.
③ 지상부의 생육에 있어서 흉고직경 생장을 비교적 작게 하는 동시에 상부의 지지된 부분의 생육을 증진시킨다.
④ 바람에 의한 피해를 줄일 수 있으나, 지상부의 생육에 비교하여 근부(根部)의 생육에는 영향을 주지 않는다.

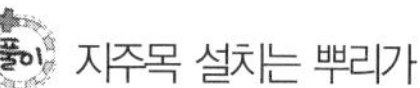 지주목 설치는 뿌리가 잘 활착될 수 있도록 도와준다.

064 다음 설명에 해당하는 조명등은?

- 점등 중에 열을 내는 단점이 있으나 전구의 크기가 소형이다.
- 광속유지가 우수하고 색채연출이 가능하다.
- 수명이 짧고 효율이 낮다.

① 백열등 ② 수은등
③ 나트륨등 ④ 금속할로겐등

풀이

종류	백열전구	할로겐램프	형광등	수은등	나트륨등
용량(W)	2~1,000	500~1,500	6~110	40~1,000	20~400
효율(l/W)	7~22l	20~22l	48~80l	30~55l	80~150
수명(h)	1,000~1,500	2,000~3,000	7,500	10,000	6,000
전등 부속 장치	불필요	불필요	안정기 등 부속장치가 필요	안정기가 필요	안정기 등 부속 장치가 필요
용도	비교적 좁은 장소의 전반조명, 액센트 조명, 기분을 주로 한 효과를 얻기가 쉽다. 대형인 것은 높은 천장, 각종 투광조명에 적합하다.	장관형은 높은 천장이나 경기장, 광장 등의 투광조명에 적합하다. 단관형은 영사기용에 적합하다.	옥내외, 전반조명, 국부조명에 적합하다. 명시를 주로 한 양질 조명을 경제적으로 얻을 수 있다. 또한, 간접 조명에 의해서 무드 조명에도 효과적이다.	한등당 큰 광속을 얻을 수 있고, 또한 수명이 길어, 높은 천장, 투광조명, 도로조명에 적합하다.	광질의 특성 때문에 도로조명, 터널조명에 적합하다.
광색 광질	적색 고휘도	적색 고휘도	백색(조절) 저휘도	청백색 고휘도	등황색(저압) 황백색(고압)

065 솔나방의 발생 예찰을 하기 위한 방법 중 가장 좋은 것은?

① 산란수를 조사한다.
② 번데기의 수를 조사한다.
③ 산란기 기상 상태를 조사한다.
④ 월동하기 전 유충의 밀도를 조사한다.

066 다음의 특징 설명에 해당하는 잔디병은?

- 대체로 타원형과 부정형을 이루면서 직경 10~15cm 정도의 황갈색의 병반이 나타난다.
- 잎이 고사(枯死)하는 색깔과 같이 보인다.
- 포복경과 직립경과의 사이에서 나타난다.
- 병이 발생한 잎(病葉)에서 화색의 고사와 때로는 흑갈색의 균핵이 생긴다.

① 설부병(Snow Mold)
② 라지 패치(Large Patch)
③ 브라운 패치(Brown Patch)
④ 춘계 황화병(Spring Dead Spot)

 브라운패치는 갈색무늬병이라고도 하며, 서양잔디의 대표적인 병이다.

ANSWER
063 ④ 064 ① 065 ④ 066 ③

067 비탈면에서 토사의 유출과 무너짐을 방지하기 위해 옹벽을 설치하였다. 다음 옹벽의 시공과 관리에 대한 방법으로 가장 적합한 것은?

① 옹벽을 설치할 때는 일반적인 안정성과 함께 전도, 미끄럼, 침하에 대한 안정성 등을 사전에 검토한다.
② PC앵커공법은 콘크리트 옹벽 뒷면의 지하수를 배수 구멍으로 유도시키고 토압을 경감시키는 방법이다.
③ 중력식은 옹벽 자체 무게로 토압에 저항하는 것으로, 다른 형태에 비해 높이가 높은 경우에 사용되며, 저판에 의해 안정성이 유지된다.
④ 옹벽의 보수ㆍ유지관리 방법은 다양하지만, 기능을 고려할 때 시간과 경비가 소요되더라도 새로 설치하는 것이 바람직하다.

풀이 ② 그라우팅 공법 : 옹벽뒷면의 지하수를 배수구멍에 유도시키고 토압을 경감시키는 공법
③ 중력식 옹벽 : 자중에 의해 지지되는 형식으로 구조물이 간단하며 3m이내의 낮은 옹벽에 사용한다.

068 식재한 수목의 뿌리분 위에 토양을 짚, 낙엽등으로 멀칭(Mulching)함으로써 발생될 기대 효과에 해당되지 않는 것은?

① 잡초 발생이 억제된다.
② 병충해 발생이 많아진다.
③ 토양의 비옥도가 증진된다.
④ 토양표면의 경화를 방지한다.

풀이 멀칭은 토양습기 유지, 잡초발생 억제, 유기질 비료제공, 병충해 발생억제, 토양결빙 방지의 효과가 있음

069 화단용 식물의 정식으로 옳지 않은 것은?

① 대낮보다 저녁에 실시한다.
② 화단의 중앙보다 주변부를 밀식한다.
③ 잘 건조된 바닥에다 심은 후 관수한다.
④ 옮겨심기는 화단의 중앙부에서 시작한다.

풀이 심기 전에 물을 준 후 정식한다.

070 늦서리(晩霜)의 피해를 입기 쉬운 것은?

① 백목련의 꽃
② 소나무의 열매
③ 칠엽수의 동아(冬芽)
④ 은행나무의 단지(短枝)

풀이 백목련은 이른봄에 개화함으로 초봄 서리피해를 입기 쉽다.

071 조경수목의 전정 요령에서 정아우세성(정부우세성, 頂部優勢性)을 고려해야 한다. 다음 중 이 원칙을 올바르게 적용한 것은?

① 전정시 수목의 정단부를 무성하게 하기 위해 윗가지는 되도록 자르지 않는다.
② 윗가지는 강하게 자라므로 윗가지는 짧게 남기고, 아래가지는 길게 남긴다.
③ 대부분의 수목은 윗가지보다 아래가지가 강하게 자라므로 아래가지를 강전정한다.
④ 위-아래가지 모두 생장이 균등하므로, 전정 작업은 공정 상 아래부터 위로 진행한다.

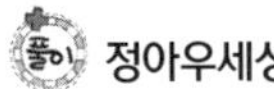
풀이 **정아우세성**
정아 또는 주지(정아지)가 측아 또는 측지보다 더 잘 자라는 현상이다.

ANSWER 067 ① 068 ② 069 ③ 070 ① 071 ②

072 농약 중독 시 응급처치 방법으로 부적절한 것은?

① 물이나 식염수를 마시게 하고 손가락을 넣어서 토하게 한다.
② 농약이 장으로 흡수되지 않도록 흡착제(활성탄, 목초액 등)를 소량 복용한다.
③ 옷을 헐겁게 하고 심호흡을 시키되, 중독자가 움직이지 않도록 한다.
④ 피부에 묻었을 때 비누를 사용하지 않고 흐르는 물로만 깨끗이 씻어낸다.

풀이 피부 오염시 약액이 묻은 옷을 벗기고 비눗물로 목욕을 한다.

073 다음 중 잔디의 생육상태를 불량하게 만드는 원인은?

① 잔디깎기 ② 토양경화
③ 배토작업 ④ 롤링(Rolling)

풀이 토양이 답압 등에 의해 경화되어 토양 중 공극과 산소의 부족으로 잔디생육이 불량하게 된다.

074 블록포장 시 시공불량에 의한 파손 유형은?

① 블록 모서리 파손
② 블록 자체 부서지기
③ 블록포장 요철 파손
④ 블록 표면 시멘트 페이스트의 유실

풀이 ①②④는 운반 중 발생한다.

075 유희시설물의 점검주기로 가장 적당한 것은?

① 1개월 ② 6개월
③ 12개월 ④ 36개월

076 시비 후 토양 속에서 용해되어 식물에 흡수되는 속도에 따라 속효성, 완효성, 지효성 비료로 분류 될 때, 다음 중 지효성(遲效性) 비료에 해당하는 것은?

① 요소 ② 용성인비
③ 퇴비 ④ 석회

풀이 지효성 비료는 기비, 밑거름을 말하며 두엄, 계분, 퇴비 등 질소질비료가 해당된다.

077 토양의 부식에 대한 설명으로 틀린 것은?

① 토양의 완충능력을 증대시킨다.
② 양이온 치환용량을 높인다.
③ 토양입자를 입단구조로 개선시킨다.
④ 미생물에 의하여 쉽게 분해되며, 유효인산의 고정을 촉진시킨다.

078 다음 중 제초제에 의한 제초 효과가 가장 높은 경우는?

① 우기 시
② 건조한 토양
③ 사질토의 토양
④ 고온 다습한 기후

풀이 제초제는 맑은날 고온 다습한 기후에 효과가 가장 크다.

ANSWER 072 ④ 073 ② 074 ③ 075 ① 076 ③ 077 ④ 078 ④

079 다음 중 살충제의 장기간 사용에 의한 부작용으로 가장 중요한 것은?

① 약해
② 기상변화
③ 식물병의 발생
④ 저항성 해충의 출현

080 수목의 피해원인을 규명하는데 도움이 되는 조사항목으로 가장 거리가 먼 것은?

① 병징　② 환경
③ 토양　④ 관리장비

ANSWER
079 ④　80 ④

부록

모의고사

Industrial Engineer Landscape Architecture

1회 모의고사

※ 2020년 산업기사 4회부터 CBT로 시행됨에 따라 기출문제는 추가하지 않습니다.

제 1 과목 조경계획 및 설계

001 다음 제시된 평면기하학식 정원의 조성 시기가 가장 빠른 정원은?

① 베르사이유(Versailles) 궁원
② 카르스루헤(Karsruhe) 성
③ 보르비콩트(Vaux-Le-Viconte)
④ 헤렌하우젠(Herrenhauzen) 궁

002 도산서원에 퇴계선생이 지당을 파고 연꽃을 심었던 유적은?

① 정우당 ② 절우사
③ 몽천 ④ 세연지

003 조선시대에 애용된 전통적 조경수목의 특징이라고 볼 수 없는 것은?

① 감나무, 복숭아나무 등의 과목(果木)이 선호되었다.
② 수종과 식재장소의 선택에 풍수설의 영향을 많이 받았다.
③ 모란, 산수유, 작약 등 화목(花木)이 애용되었다.
④ 외래종은 배제하고 한국 고유의 자생종만을 식재하였다.

004 중국 진(晉)나라 왕희지의 유상곡수연(流觴曲水宴)의 풍류 문화가 나타난 것은?

① 소상팔경 ② 낙양명원기
③ 난정서 ④ 원야

005 조경기법의 하나인 노트(Knot)에 관한 설명으로 옳지 않은 것은?

① 무늬화단을 만드는 수법이다.
② 주로 상록수를 사용하였다.
③ 주로 키가 작은 나무를 사용하였다.
④ 중세 이후 미국에서 크게 유행하였다.

006 이스파한은 페르시아의 사막지대에 위치한 오아시스 도시이다. 이 시스파한의 계획요소가 아닌 것은?

① 광로(Chahar Bahg)
② 왕의 광장(Maidan)
③ 오벨리스크(Obelisk)
④ 40주궁(Tchihil-Sutun)

007 다음 중 비대칭 효과를 설명한 것 중 잘못된 것은?

① 비어있는 것 같은 공간이 자주 생길 수 있다.
② 형태상으로는 불균형이지만 시각상의 힘의 정돈에 의하여 균형이 잡히는 것이다.
③ 보는 사람에게 심리적 안정감을 주는 변화 있는 형태로서 개성적인 감정을 느끼게 한다.
④ 균형의 정형적인 형식이며, 질서를 주는방법이 용이하여 통일감을 표현하기 쉽다.

008 경관의 요소를 변화시키는데 가변인자가 될 수 없는 것은?

① 빛(Light), 계절(Season)
② 운동(Motion), 거리(Distance)
③ 축(Axis), 연속(Sequence)
④ 규모(Scale), 관찰위치(Observation Position)

009 린치(K.Lynch)의 도시 경관 5가지 요소 중 'Path'의 설명이 잘못된 것은?

① 연속성과 방향성이 있다.
② 연속성의 강조는 가로수의 식재, 건물 전면(前面, Facade), 건물의 통일 등에서 얻을 수 있다.
③ 거리감이 있어야 하는데 랜드마크(Landmark)나 노드(Node) 등이 일련의시각적인 연속성에서 얻을 수 있다.
④ 특별한 용도 혹은 활동을 집결시키지 못한다.

010 자연공원의 「공원자연환경지구」에 대한 행위기준을 설명한 것 중 틀린 것은?

① 대통령령으로 정하는 기준에 따른 공원시설의 설치 및 공원사업
② 대통령령으로 정하는 허용기준 범위에서의 농지 또는 초지(草地) 조성행위 및그 부대시설의 설치
③ 환경오염을 일으키지 아니하는 가내공업(家內工業) 시설의 설치
④ 대통령령으로 정하는 섬지역에 거주하는 주민이 사망한 경우 「장사 등에 관한 법률」에 따른 개인묘지의 설치

011 색채가 주는 감정적 효과로서 옳지 않은 것은?

① 명도가 낮은 색은 확장되어 보인다.
② 명도가 높은 색은 가볍게 느껴진다.
③ 보라색은 고귀하고 우아함이 느껴진다.
④ 난색계열의 채도가 높은 색은 화려해 보인다.

012 다음 중 주택건설기준 등에 관한 규정에 의한 주민공동시설이 아닌 것은?

① 주민운동시설
② 주민휴게시설
③ 청소년 수련시설
④ 한방병원

013 다음 중 조경설계기준상의 단위놀이시설에 관한 설명으로 틀린 것은?

① 시소 2연식의 경우 길이 3.6m, 폭 1.8m를 표준규격으로 한다.
② 미끄럼판은 높이 1.2(유아용) ~ 2.2m(어린이용)의 규격을 기준으로 한다.
③ 그네의 안장과 모래밭과의 높이는 540~100cm가 되도록 하며, 이용자의 신체를 고려하여 결정한다.
④ 모래밭의 모래막이의 마감면은 모래면보다 5cm 이상 높게 하고, 폭은 12~20cm를 표준으로 하며, 모래밭쪽의 모서리는 둥글게 마감한다.

014 다음 중 생태숲 계획시 고려할 사항으로 가장 부족합한 것은?

① 건설사업으로 인한 산림의 훼손지복원이나 이용객들의 치유목적 및 자연학습장으로 이용 가능한 숲의 조성에 적용한다.
② 오염되거나 훼손된 도시산업화 지역에서 환경보전 및 자연성 증진 기능을 수행할 수 있도록 조성하는 다층복합구조의 숲 조성에 적용한다.
③ 생태라는 개념을 도입하여 자연이 갖는 생태적 기능을 강조함과 동시에 일반인의 관심과 흥미를 유도할 수 있는 숲을 말한다.
④ 50만 제곱미터 이상(자연휴양림 · 도시숲 등과 연접하여 교육 ·탐방 ·체험 등의 기능을 높일 수 있는 경우에는 30만 제곱미터 이상)인 산림을 대상으로 지정할 수 있다.

015 다음 수종 중 멀리서 조망하였을 때 잎이 주는 질감이 가장 부드러운 것은?

① 버즘나무 ② 상수리나무
③ 해송 ④ 낙우송

016 다음 도시공원 및 녹지 등에 관한 법률 시행규칙의 도시공원의 면적기준 설명의 “B”에 적합한 수치는?

> 하나의 도시지역 안에 있어서의 도시공원의 확보기준은 해당도시지역 안에 거주하는 주민 1인당 (A) 제곱미터 이상으로 하고, 개발제한구역 및 녹지지역을 제외한 도시지역 안에 있어서의 도시공원의 확보기준은 해당도시지역 안에 거주하는 주민 1인당 (B)제곱미터 이상으로 한다.

① 2 ② 3
③ 6 ④ 10

017 경관을 디자인하는 데 있어서 개념을 형태로 발전시키는 주제로서 크게 기하학적인 형태의 주제와 자연적인 형태의 주제로 나눌 수 있는데, 다음 중 자연적인 형태인 것은?

① 원 위의 원
② 90° 직각 주제
③ 불규칙한 다각형
④ 동심원과 반지름

018 다음 중 환경영향평가법 시행령에 규정된 환경분야별 환경영향평가 세부항목과 항목수가 맞지 않는 것은?

① 대기환경 분야(3가지) : 소음 · 진동, 일조장해, 위생 · 공중보건
② 수환경 분야(3가지) : 수질(지표 · 지하), 수리 · 수문, 해양환경
③ 토지환경 분야(3가지) : 토지 이용, 토양 지형 · 지질
④ 자연생태환경 분야(2가지) : 동 · 식물상, 자연환경자산

019 운전 시 눈높이는 보행 시 눈높이와 다르다. 운전 시 각종 표지판을 잘 볼 수 있는 적당한 높이는?

① 1.07 ~ 1.2m ② 1.5 ~ 1.7m
③ 2.07 ~ 2.3m ④ 2.5 ~ 3.05m

020 수목의 종류, 배치 및 기타 횡단 구성요소와 균형 및 장래에 추가차선을 목적으로 할 경우나 경관지 식수대의 경우는 그 폭을 몇 m까지 할 수 있는가?

① 1.5m ② 2.0m
③ 3.0m ④ 4.5m

제2과목 조경식재

021 다음 꽃피는 식물 중 잎보다 꽃이 먼저 피는 식물이 아닌 것은?

① 생강나무 ② 자두나무
③ 박태기나무 ④ 철쭉

022 다음 중 봄에 꽃이 피지 않는 수목은?

① 히어리 ② 산수유
③ 진달래 ④ 나무수국

023 다음 중 강조식재가 되지 않는 것은?

① 같은 수관형태의 수목들이 식재되어 있다.
② 단풍나무가 연속적으로 심겨진 가운데 홍단풍이 식재되어 있다.
③ 고운 질감의 식물로 식재되어 있는 가운데 거친 질감의 식물이 있다.
④ 같은 크기의 관목이 식재된 가운데 좀 더 큰 키의 침엽수가 식재되어 있다.

024 잔디식재에 관한 설명으로 틀린 것은?

① 식재 전에 토양개량과 정지작업을 실시한다.
② 줄떼붙이기는 떼를 일정 크기로 잘라 쓴다.
③ 비탈면에 잔디를 붙일 때에는 잔디 1매당 2개의 떼꽂이로 잔디를 고정한다.
④ 전면붙이기(일반잔디)는 통일되게 1cm 틈새를 유지하며 붙인 후 모래나 사질토를 살포하고 충분히 관수한다.

025 다음 중 바람에 대한 저항성인 내풍력이 약한 수종은?

① 가시나무(*Quercus myrsinaefolia*)
② 느티나무(*Zelkova serrate*)
③ 아까시나무(*Robinia pseudoacacia*)
④ 졸참나무(*Quercus serrata*)

026 다음 중 열매의 형태가 시과(samara:翅果)에 해당되는 수종은?

① 참느릅나무(*Ulmus parvifolia*)
② 윤노리나무(*Pourthiaea villosa*)
③ 층층나무(*Cornms controversa*)
④ 산벚나무(*Prunus sargentii*)

027 다음의 조경용 수종 중 꽃의 관상기간이 가장 긴 것은?

① *Chaenomeles speciosa* (Sweat) Nakai
② *Forsythia koreana* (Rehder) Nakai
③ *Paeonia suffruticosa* Andr.
④ *Lagerstroemia indica* L.

028 차폐식재용 수목으로 가장 알맞은 것은?

① 편백, 향나무
② 눈향나무, 둥근향나무
③ 회양목, 꽝꽝나무
④ 사철나무, 아까시나무

029 표토에 대한 설명으로 거리가 먼 것은?

① 부식질을 많이 포함하고 있다.
② 황갈색이나 갈색을 띤다.
③ 표층토 또는 A층이라고도 한다.
④ 양분을 많이 보유하고 있으며 수분 함유량이 크다.

030 화살나무(Euonymus alatus)에 대한 설명으로 틀린 것은?

① 잎은 대생하며, 엽병이 짧다.
② 열매는 삭과로 적색으로 익는다.
③ 꽃은 적색으로 뿌리는 심근성이다.
④ 건조에 매우 강하다.

031 최소 생존 개체군(MVP)를 유지시키기 위해 필요한 서식지의 크기(면적)를 무엇이라 하는가?

① 최소보호면적(Minimum Preservation Area)
② 최소유효면적(Minimum Effective Area)
③ 최소생존면적(Minimum Survival Area)
④ 최소역동면적(Minimum Dynamic Area)

032 다음 생태적 배식(Ecological Planting)과 관련된 용어 중 식생천이의 발전과정에 포함되는 것은?

① 식물군락 ② 극성상
③ 식재수법 ④ 경관보전

033 다음 중 중앙분리대의 식재방법이 아닌 것은?

① 랜덤식 ② 루버식
③ 평식법 ④ 독립수법

034 다음 중 일반적으로 접붙이기 시 쓰이고 있는 바탕나무의 종류가 틀린 것은?

① 태산목 - 목련
② 장미 - 해당화
③ 라일락 - 쥐똥나무
④ 백목련 - 일본목련

035 다음 중 잎 보다 꽃이 먼저 피는 수종이 아닌 것은?

① 서어나무 ② 히어리
③ 자두나무 ④ 모과나무

036 녹색 수피를 갖는 수종이 아닌 것은?

① 황매화 ② 죽단화
③ 벽오동 ④ 황벽나무

037 뿌리돌림 분의 크기를 정할 때 고려해야 할 조건으로 틀린 것은?

① 귀중한 수목은 크게 작업한다.
② 뿌리 발생력이 강한 수종은 작게 작업한다.
③ 심근성 수종은 천근성보다 좁고 깊게 잡는다.
④ 뿌리발생에 불리한 지형과 토양에서는 작게 작업한다.

038 수목식재시 자연토의 생존최소토심과 토양등급 중급 이상의 생육최소토심을 순서대로 열거한 것 중 틀린 것은?

① 심근성 교목 : 90cm, 150cm
② 천근성 교목 : 60cm, 90cm
③ 소관목 : 45cm, 60cm
④ 잔디 · 초화류 : 15cm, 30cm

039 다음 설명에 적합한 수종은?

- 낙엽활엽교목이다.
- 서북향이 막힌 양지 바른 곳이면 서울을 비롯한 중부지방 어디에서나 잘 자라나 내염성이 약한 편이어서 해안지방에서는 잘 자라지 못한다.
- 꽃은 백색 또는 담홍색으로 4월에 잎다 먼저 피고 전년도 잎겨드랑이에 1~3개씩 달리며, 화경이 거의 없다.

① 매실나무
② 리기다소나무
③ 이태리포플러
④ 삼나무

040 다음 중 조경식재의 효과에 대한 설명으로 틀린 것은?

① 조밀한 방풍림은 풍속을 75~85%까지 감소시킨다.
② 180m 정도의 넓은 식재대는 대기 중의 먼지를 75% 감소시킨다.
③ 5~10m 폭의 식재대는 저주파 소음을 10~20dB까지 감소시킨다.
④ 식재높이가 90~180cm가 되면 통행이 매우 효과적으로 조절된다.

제 3 과목 조경시공

041 목재의 방사방향의 전기저항을 섬유방향과 비교하면?

① 크다. ② 작다.
③ 같다. ④ 크거나 작다.

042 인력 터파기 표준품셈에 관한 설명으로 틀린 것은?

① 터파기 깊이가 깊어질수록 품은 감소한다.
② m^3당 보통 인부의 터파기 품이 설정되어 있다.
③ 협소한 독립기초의 터를 팔 때에는 품을 50%까지 가산할 수 있다.
④ 현장 내에서 소운반하여 깔고 고르는 잔토처리는 m^3당 0.2인을 별도 계상한다.

043 물체에 힘을 가했을 때 파괴되지 않고 모양이 변화되고, 힘이 제거된 후에도 원형으로 돌아가지 않는 성질을 나타내는 것은?

① 탄성(彈性, Elasticity)
② 점성(粘性, Viscosity)
③ 소성(塑性, Plasticity)
④ 연성(延性, Ductility)

044 토공사에서 자연상태에서의 터파기의 양이 $10m^3$, 되메우기의 양이 $7m^3$일 때 잔토 처리량은 얼마인가? (단, L = 1.1, C =0.8, 다짐은 고려하지 않음)

① $2.3m^3$ ② $3.0m^3$
③ $4.0m^3$ ④ $17.0m^3$

045 다음 금속 재료 중 전성(展性, Malleability)이 가장 큰 것은?

① 알루미늄 ② 은
③ 철 ④ 니켈

046 안내시설의 시공과 관련된 설명으로 틀린 것은?

① 아크릴판은 KS규정에 적합한 일반용 메타크릴 수지판으로, 메타크릴산 메틸을 80% 이상을 포함하여야 한다.
② 게시판의 경우 우천 시 게시물의 보호를 위하여 불투명한 합성수지의 보호덮개를 설치해야 녹슬음을 방지하고, 글씨상태를 유지할 수 있다.
③ 글씨 및 문양표가 작업이 끝난 후에는 마감표면상태를 정리하고 각 재료에 따른 적정한 보호양생조치를 해야 한다.
④ 석재바탕 글자새김의 경우 형태의 크기는 설계도면에 의하며, 글자의 깊이는 특별히 정하지 않는 한 글자 폭에 대하여 1/2 내지 같은 치수로 하고, 글자를 새기는 순서는 글자를 쓰는 순서와 동일하게 한다.

047 그림과 같은 단순보에 사다리꼴 형태의 분포 하중이 작용한다. 지점 A에서의 반력의 크기는 몇 kN인가?

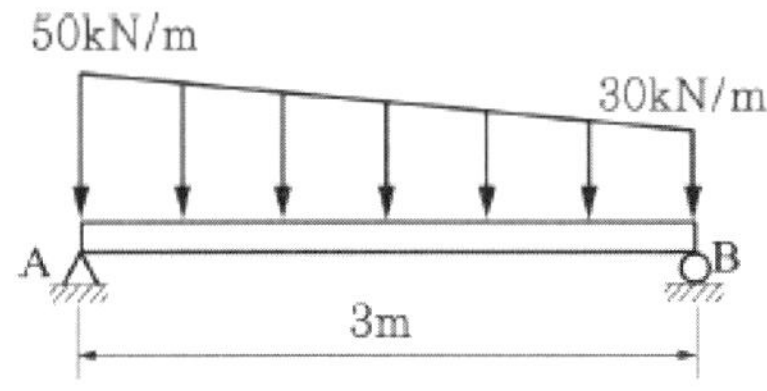

① 50　　② 55
③ 60　　④ 65

048 분말도가 큰 시멘트의 성질에 대한 설명으로 틀린 것은?

① 색이 어둡게 되며 비중이 커진다.
② 블리딩이 적고 워커블한 콘크리트가 얻어진다.
③ 물과 혼합 시 접촉 표면적이 커서 수화작용이 빠르다.
④ 풍화하기 쉽고 건조수축이 커져서 균열이 발생하기 쉽다.

049 조경공사에 있어서 시방서, 설계도면 등 설계서간의 내용이 상이한 경우 적용순서로 옳게 된 것은?

① 현장설명서 → 공사내역서 → 특별시방서 → 설계도면
② 공사내역서 → 설계도면 → 현장설명서 → 특별시방서
③ 설계도면 → 물량내역서 → 공사시방서 → 현장설명서
④ 현장설명서 → 공사시방서 → 설계도면 → 물량내역서

050 조경공사에서 가장 많이 사용되며, 간단한 공사의 공정을 단순비교 할 때 흔히 사용되는 공정관리 기법은?

① 횡선식 공정표(Bar Chart)
② 네트워크(Net work) 공정표
③ 기성고 공정곡선
④ 칸트차트(Gant t Chart)

051 목재의 수분이나 습도의 변화에 따른 수축 및 팽창을 완전히 방지하기는 곤란하지만 어느 정도 줄일 수 있는 방법에 해당하지 않는 것은?

① 가능한 한 곧은결 목재를 사용한다.
② 기건상태로 건조된 목재를 사용한다.
③ 저온처리 과정을 거친 목재를 사용한다.
④ 목재의 표면에 기름 등을 주입하여 흡습을 지연, 경감시킨다.

052 다음 설명하는 평판측량의 방법은?

- 세부측량에서 가장 많이 이용되는 방법이다.
- 평판을 한번 세워서 여러 점들을 측정할 수 있는 장점이 있다.
- 시준을 방해하는 장애물이 없고 비교적 좁은 지역에서 대축척으로 세부측량을 할 경우 효율적이다.

① 전진법　　② 방사법
③ 전방교회법　　④ 후방교회법

053 다음 중 절리가 적은 연암, 경암의 비탈면에 주로 사용되며, 시공방식으로는 건식법과 습식법을 활용하는 녹화공법은?

① 식생매트 공법
② 식생구멍 심기
③ 떼 붙이기
④ 식생기반재 뿜어붙이기

054 석재를 한 변이 15~25cm 정도의 정방형 각석으로 가공하여 포장하는 것으로서 중후하고 고급스러운 느낌을 가지나 시공비가 고가인 포장 재료는?

① 화강석 판석 포장
② 사고석 포장
③ 해미석 포자
④ 석재타일 포장

055 다음 중 등고선의 성질 설명으로 옳은 것은?

① 등고선은 동굴과 절벽에서는 교차한다.
② 등고선은 지표의 최대경사선의 방향과 평행하다.
③ 등고선의 간격이 좁다는 것은 지표의 경사가 완만하다는 것을 뜻한다.
④ 등고선은 도면 내에서는 폐합하지만 도면 외에서는 폐합하지 않는다.

056 다음 혼화재료 중 콘크리트의 워커빌리티를 개선하는 효과가 없거나 가장 적은 것은?

① AE제
② 유동화제
③ 플라이애시
④ 응결 · 경화촉진제

057 계획대상지의 부지정지 및 다짐에 필요한 성토량이 $1000m^3$이다. 인접지역의 토양을 적재용량이 $10m^3$인 덤프트럭으로 운반할 때 소용되는 덤프트럭은 모두 몇 대인가? (단. L = 1.15, C = 0.9인 경우이다.)

① 100 ② 111
③ 115 ④ 128

058 벽돌쌓기 시공시 주의사항으로 옳지 않은 것은?

① 벽돌은 쌓기 전에 물을 축여 놓으면 쌓은 후 부스러질 우려가 있으므로 관리에 유의한다.
② 모르타르는 정확히 배합해 쓰고, 1시간이 지난 것은 사용하지 않는다.
③ 줄눈나비는 가로와 세로 10mm를 표준으로 하고, 줄눈에 모르타르가 빈틈없이 채워지도록 한다.
④ 쌓기 도중에 중단할 때에는 층단들여쌓기로 하고 직각으로 교차되는 벽의 물림은 켜걸림 들여쌓기로 한다.

059 다음 식생대 호안의 식생매트 관련 설명이 틀린 것은?

① 식생매트 포설 후 현장여건을 검토하여 두께 0.5m 이내로 복토하여 관수한다.
② 비탈면을 평평하게 정지한 후, 하천에 어울리는 종자를 이식 및 파종하고 그 위에 매트를 설치한다.
③ 비탈기슭에는 비탈멈춤 및 유수에 의한 세골을 방지하기 위해 돌망태, 사석부설, 흙채움 등으로 조치한다.
④ 매트는 비탈 머리, 기슭에서 땅속으로 길이 0.3~0.5m, 폭 0.3m 이상 묻히도록 하고, 양단을 0.1m 이상 중첩하되, 겹치는 방향은 유수의 흐름과 동일하게 아래쪽으로 향하도록 한다.

060 다음 중 공사현장에 항시 비치하고 있어야 하는 '해당공사에 관한 서류'에 해당되지 않는 것은?

① 천후표 ② 품셈표
③ 계약문서 ④ 공사예정공정표

제 4 과목 조경관리

061 솔노랑잎벌의 월동 형태로 맞는 것은?

① 알 ② 성충
③ 유충 ④ 번데기

062 다음 중 수목과 주요 가해 해충의 연결이 틀린 것은?

① 잣나무, 소나무 - 솔나방
② 벚나무, 졸참나무 - 매미나방
③ 사과나무, 느티나무 - 독나방
④ 낙엽송, 섬잣나무 - 미국흰불나방

063 다음 중 녹병균의 포자형이 아닌 것은?

① 녹포자 ② 담자포자
③ 여름포자 ④ 후막포자

064 다음 중 밤바구미의 생활환과 관련된 설명으로 옳지 않은 것은?

① 이듬해 7월 중순부터 땅속에서 번데기가 된지 약 2주 후에 우화한다.
② 산란기간은 8월 하순 ~ 10월 중순까지이나 최성기는 9월 중하순이다.
③ 연 2회 발생하고, 수피하(樹皮下)에 산란한다.
④ 날개에는 크고 작은 담갈색 무늬가 있으며 중앙에 회황색의 횡대가 있다.

065 활엽수의 질소(N) 결핍현상으로 옳은 것은?

① 잎의 끝이 마르거나 뒤틀린다.
② 잎은 짧고 소형이 되며, 엽색은 황화한다.
③ 엽맥 간의 황백화 현상이 나타나고 심하면 피해부와 건전부위와의 경계가 뚜렷해진다.
④ 어린나무의 경우 수관하부의 성숙엽에서 자줏빛으로 변색되기 시작하여 점차 안쪽과 위쪽의 잎으로 진행한다.

066 다음 중 1년을 1사이클로 하는 작업은?

① 청소 ② 순회점검
③ 전면적 도장 ④ 식물유지관리

067 식물관리에는 식물의 생리, 생태적 특성을 잘 이해해야 한다. 식물이 갖는 특성에 해당하지 않는 것은?

① 동일한 모양의 동질성
② 생장, 번식 등을 계속하는 영속성
③ 생물로서 생명활동이 행해지는 자연성
④ 형태가 매우 다양하여 주변의 시설과의 조화성

068 야영장에서 내부가 고사된 수목에 겉만 보고 텐트 줄을 지지하였는데, 폭풍으로 고사목이 쓰러져 야영객이 다쳤다면 다음 중 어떤 유형의 사고에 가장 근접한가?

① 설치하자에 의한 사고
② 관리하자에 의한 사고
③ 이용자 부주의에 의한 사고
④ 자연재해에 의한 사고

069 테니스 클레이코트에 뿌리는 소금과 염화칼슘의 역할이 아닌 것은?

① 응고작용 ② 보습효과
③ 동결 방지 ④ 지력 보강

070 포장공사에서 토사포장의 보수 및 시공방법 중 개량방법에 해당되지 않는 것은?

① 지반치환공법 ② 노면치환공법
③ 표면처리공법 ④ 배수처리공법

071 다음 설명에 해당되는 시민참여의 형태는?

> 시민참여를 안시타인의 이론에 따라 크게 3유형으로 구분했을 때 실질적인 주민참여 단계인 시민권력의 단계에 해당
> 정부, 일반시민, 시민단체, 학생, 기업, 기타 이해 당사자(stakeholder)가 고루 참여

① 시민차지(citizen control)
② 파트너십(partnership)
③ 상담자문(consultation)
④ 조작(manipulation)

072 토양에서 일어나는 질소순환작용 중 가스 형태로의 질소 손실과 관련 있는 것은?

① 탈질작용 ② 부동화작용
③ 질산화작용 ④ 암모니아작용

073 조경수목의 전정 요령에서 정아우세성(정부우세성, 頂部優勢性)을 고려해야 한다. 다음 중 이 원칙을 올바르게 적용한 것은?

① 전정시 수목의 정단부를 무성하게 하기 위해 윗가지는 되도록 자르지 않는다.
② 윗가지는 강하게 자라므로 윗가지는 짧게 남기고, 아래가지는 길게 남긴다.
③ 대부분의 수목은 윗가지보다 아래가지가 강하게 자라므로 아래가지를 강전정한다.
④ 위-아래가지 모두 생장이 균등하므로, 전정 작업은 공정 상 아래부터 위로 진행한다.

074 시비 후 토양 속에서 용해되어 식물에 흡수되는 속도에 따라 속효성, 완효성, 지효성 비료로 분류 될 때, 다음 중 지효성(遲效性) 비료에 해당하는 것은?

① 요소 ② 용성인비
③ 퇴비 ④ 석회

075 레크레이션 공간의 관리에 있어서 가장 이상적인 관리 전략은?

① 폐쇄 후 육성관리
② 폐쇄 후 자연회복형
③ 계속적인 개방·이용상태 하에서 육성관리
④ 순환식 개방에 의한 휴식기간 확보

076 농약을 1000배로 희석해서 200L를 살포할 경우 필요한 소요 농약의 액량은?

① 150mL ② 200mL
③ 250mL ④ 300mL

077 시멘트 콘크리트 포장의 파손 원인 중 콘크리트, 슬래브 자체의 결함에 따른 원인에 해당되는 것은?

① 지지력 부족에 의한 균열 및 침하 발생
② 배수시설 불충분으로 노상을 연약화 할 경우 발생
③ 겨울철에 동결융해로 인하여 지지력이 부족할 경우 발생
④ 슬립바(Slipbar), 타이바(Tiebar)를 사용하지 않았기 때문에 균열 발생

078 잔디 조성 후 표토층이 부분적인 개량 및 개선방법이 아닌 것은?

① 통기작업(Core Aerification)
② 로터리 모어(Rotary Mower)
③ 버티컬 모잉(Veritical Mowing)
④ 배토(Topdressing)

079 다음 중 조경식물의 생물학적 방제를 위한 천적의 선택시 고려사항이 아닌 것은?

① 증식력이 큰 것
② 단식성 일 것
③ 2차 기생봉이 없을 것
④ 성비(性比)가 1에 가까울 것

080 다음 중 이용 측면보다는 자원의 보전측면의 관리가 더욱 강조되는 공원의 유형은?

① 어린이공원 ② 근린공원
③ 묘지공원 ④ 국립공원

1회 정답 및 풀이

1	2	3	4	5	6	7	8	9	10	11	12	13	14	15	16	17	18	19	20
①	①	④	③	④	③	④	③	④	③	①	④	③	④	④	②	③	①	①	③
21	22	23	24	25	26	27	28	29	30	31	32	33	34	35	36	37	38	39	40
④	④	①	④	③	①	④	①	②	③	④	②	④	②	④	④	④	③	①	③
41	42	43	44	45	46	47	48	49	50	51	52	53	54	55	56	57	58	59	60
①	①	③	③	②	②	④	①	④	①	③	②	④	②	①	④	④	①	①	②
61	62	63	64	65	66	67	68	69	70	71	72	73	74	75	76	77	78	79	80
①	④	④	③	②	④	①	②	④	③	②	①	②	③	③	②	④	②	④	④

제 1과목 조경계획 및 설계

001 Vaul-le-Viconte(보르비꽁트)
평면기하학식의 최초정원(새로운 정원양식의 출현)

002 ② 절우사 : 도산서원에 매화, 대나무, 국화, 소나무를 심어 감상한 곳
③ 몽천 : 도산서원의 정우당의 동편에 위치한 샘
④ 세연지 : 윤선도 부용동 정원의 세연정역에 있는 연못

003 우리나라 고려시대부터 외래수종이 중국으로부터 많이 들어와 식재되었다.

004 왕희지의 난정서
구부러진 유수에 술잔을 띄우고, 잔이 앞을 통과할 때까지 시를 짓고 시를 못 짓는 사람은 벌주를 마셨다.(유상곡수연)

005 노트(Knot)는 르네상스 정형식으로 15~17세기에 영국에서 크게 유행하였다.

006 이스파한
- 압바스 1세 때 축조된 도시계획
- 차하르바흐 : 사이프레스와 플라타너스, 화단, 수로의 넓은 도로 중심의 도로공원
- 7km 테자르천, 수로, 화단, 연못
- 왕의 광장 : 380m×140m 크기의 마이단
- 40주궁 : 왕의 광장과 차하르바흐 사이의궁전 구역

007 정형적인 형식의 균형은 대칭을 말하며, 질서와 통일감을 표현하기 쉽다.

008 경관의 변화요인
운동, 빛, 기후조건, 계절, 거리, 관찰위치, 규모, 시간 축과 연속은 경관의 우세원칙에 해당한다.

009 Path : 동선과 관계 깊으며, ④ 특별한 용도와 활동이 집중되어야 한다.

010 자연공원법 제18조 용도지구 중 공원자연환경지구
가. 공원자연보존지구에서 허용되는 행위
나. 대통령령으로 정하는 기준에 따른 공원시설의 설치 및 공원사업
다. 대통령령으로 정하는 허용기준 범위에서의 농지 또는 초지(草地) 조성행위 및 그 부대시설

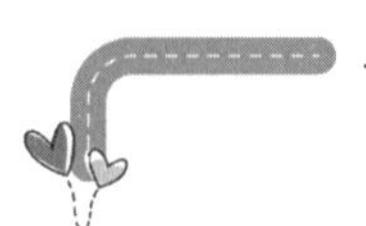

의 설치

라. 농업 · 축산업 등 1차산업행위 및 대통령령으로 정하는 기준에 따른 국민경제상 필요한 시설의 설치

마. 임도(林道)의 설치(산불 진화 등 불가피한 경우로 한정한다), 조림(造林), 육림(育林), 벌채, 생태계 복원 및 「사방사업법」에 따른 사방사업

바. 자연공원으로 지정되기 전의 기존 건축물에 대하여 주위 경관과 조화를 이루도록 하는 범위에서 대통령령으로 정하는 규모 이하의 증축 · 개축 · 재축 및 그 부대시설의 설치와 천재지변이나 공원사업으로 이전이 불가피한 건축물의 이축(移築)

011 명도가 낮으면 어두운색으로 축소느낌의 색이다.

012 주택건설기준 등에 관한 규정 제2조 정의 중 주민공동시설
경로당, 어린이놀이터, 어린이집, 주민운동시설, 도서실, 주민교육시설, 청소년 수련시설, 주민휴게시설, 독서실, 입주자집회소, 공용취사장, 공용세탁실, 공공주택의 단지 내에 설치하는 사회복지시설, 그 밖에 가목부터 파목까지의 시설에 준하는 시설

013 그네의 안장과 모래밭과의 높이는 35~45cm가 되도록 하며, 이용자의 나이를 고려하여 결정한다.

014 생태숲의 지정
30만 제곱미터 이상(자연휴양림, 도시숲 등과 연접하여 교육, 탐방, 체험 등의 기능을 높일 수 있는 경우에는 20만 제곱미터 이상)인 산림을 대상으로 지정할 수 있다.

015 낙우송
지엽이 치밀하여 질감이 부드럽다.

016 도시공원 및 녹지 등에 관한 법률 시행규칙제4조(도시공원의 면적기준) 법 제14조제1항의 규정에 의하여 하나의 도시지역 안에 있어서의 도시공원의 확보기준은 해당도시지역 안에 거주하는 주민 1인당 6제곱미터 이상으로 하고, 개발제한구역 및 녹지지역을 제외한 도시지역 안에 있어서의 도시공원의 확보기준은 해당도시지역 안에 거주하는 주민 1인당 3제곱미터 이상으로 한다.

017 기하학적 형태의 주제는 직각주제, 사선주제,원 등이며, 자연적인 형태는 자유곡선, 불규칙한 다각형 등으로 구분할 수 있다.

018 환경영향평가법 시행령 별표1. 환경영향평가 등의 분야별 세부평가항목

- 자연생태환경 분야 : 동 · 식물상, 자연환경자산
- 대기환경 분야 : 기상, 대기질, 악취, 온실가스
- 수환경 분야 : 수질(지표 · 지하), 수리 · 수문, 해양환경
- 토지환경 분야 : 토지이용, 토양, 지형 · 지질
- 생활환경 분야 : 친환경적 자원 순환, 소음 · 진동, 위락 · 경관, 위생 · 공중보건, 전파장해, 일조장해
- 사회환경 · 경제환경 분야 : 인구, 주거(이주의 경우를 포함한다), 산업

019 운전시는 운전자가 앉아 있는 높이 정도가 적당하다.

020 식수대의 설계기준 : 식수대의 폭은 수목의 종류, 배치 및 기타 횡단 구성요소와 균형 등을 고려하여 1~2m(표준 1.5m)로 하며, 장래에 추가 차선을 목적으로 할 경우나 경관지 식수대의 경우는 그 폭을 3m까지 할 수 있다.

제 2과목 조경식재

021 철쭉은 꽃이 잎과 동시에 핀다.

022 나무수국은 7~8월에 개화한다.

023 강조식재는 배경이 되는 식재가 있으면서 색채. 질감, 형태에서 두드러진 식물이 식재되어 있을 때 발생한다.

024 조경공사 표준시방서 4-5-2 잔디식재
전면붙이기는 토양개량과 정지작업이 이루어진 지면을 롤러나 인력으로 다진 후 잔디를 붙인다.

일반잔디는 서로 어긋나게 틈새 없이 붙인 후 모래나 사질토를 살포하고 다시 롤러나 인력으로 다진 후 충분히 관수하며, 롤형 잔디는 전체 지면에 틈새 없이 붙이고 모래나 사질토를 가볍게 살포한 후 롤러로 다지고 충분히 관수한다.

025 바람에 대한 저항성이 약한 수종은 주로 천근성 수종이다.

026 윤노리나무(이과), 층층나무(핵과), 산벚나무(핵과)

027 ① 산당화
② 개나리
③ 모란
④ 배롱나무(7~9월 100일간 꽃을 피운다.)

028 차폐용 수종
상록수로 수관이 크고 지엽이 밀생한 수목이 적당. 가이즈까 향나무, 노간주나무, 미국측백, 연필향나무, 전나무, 주목, 측백나무, 편백, 향나무, 화백 등

029 표토 : 부식이 많이 이루어져 흑색, 암색을 띤다.

030 ③ 꽃은 황록색으로 뿌리는 천근성이다.

031 최소역동면적(MDA)
최소 생존 개체군을 유지시키기 위해 필요한 서식지 크기

032 극성상(Climax)
천이가 완결되어 안정된 상태에 들어선 상태. 다양한 층의 산림구조를 가지는 에너지의 평형상태

033 중앙분리대 식재방식
정형식, 례식법, 랜덤식, 루버식, 무늬식, 군식법, 평식법

034 접붙이기는 두 개의 식물을 인위적으로 절단면을 따라 이어서 하나의 개체로 만드는 것으로 한 식물은 뿌리를 남겨 영양분을 공급해 주는 바탕나무가 된다.
바탕나무를 대목이라 하고 접붙이는 나무를 접목이라 한다.
좌측항이 대목, 우측항이 접목으로서 장미대목이 해당화로 순서가 바뀌어 있다.

035 모과나무는 잎이 먼저 핀다.

036 황벽나무
수피는 연한 회색, 코르크질이 잘 발달하여 깊이 갈라지며, 내피는 황색

037 뿌리발생에 불리한 지형과 토양에서는 뿌리돌림을 크게 작업한다.

038

분 류	생존최소심도 (cm)	생육최소심도 (cm)
잔디, 초본	15	30
소관목	30	45
대관목	45	60
천근성교목	60	90
심근성교목	90	150

040 식생은 고주파소음 조절에 효과가 더 크다.

제 3과목 조경시공

041 목재의 전기저항
유방향이 가장 적고, 방사방향(나이테에 수직한 방향)은 섬유방향보다 2.5 ~ 4배 더 크다. 즉, 섬유방향 〈 방사방향 〈 접선방향

042 터파기 깊이가 깊어질수록 품은 증가한다.

043 ① 탄성(彈性, Elasticity) : 재료의 외력이 작용하여 순간적으로 변형되었다 외력이 제거되면 원래 형태로 회복되는 성질
② 점성(粘性, Viscosity) : 재료에 외력이 작용했을 때 변형이 하중속도에 따라 영향을 받는 성질
③ 소성(塑性, Plasticity) : 재료에 작용하는 외력이 어느 한도에 이르러 외력의 증가 없이도 변

형이 증대하는 성질

④ 연성(延性, Ductility) : 탄성한계 이상의 힘을 받아도 파괴되지 않고 늘어나는 성질

044 자연상태의 흙을 떠내어 흐트러진 상태가 되면
10×1.1 = 11m^3
되메우기 양 7m^{3}를 빼면 11-7 = 4m^3

045 전성
압축력에 대하여 물체가 부서지거나 구부러짐이 일어나지 않고, 물체가 얇게 영구변형이 일어나는 성질로 금, 은, 주석, 알루미늄이 높다.

046 조경공사 표준시방서
게시판의 경우 우천 시 게시물의 보호를 위하여 투명한 유리 또는 합성수지의 보호덮개를 설치해야 한다.

047 사다리꼴을 사각형과 삼각형으로 나누어 계산하며
사각형 부분 R_1 : 30kN×3=90kN
삼각형 부분 R_2 : $\frac{1}{2}$×20kN×3=30kN

$$R_A \times 3 - R_1 \times \frac{1}{2} - R_2 \times \frac{2}{3} = 0$$

$$R_A \times 3 - 90 \times \frac{1}{2} - 30 \times \frac{2}{3} = 0$$

$$R_A = 65\text{kN}$$

048 분말도가 큰 시멘트 색이 밝고 비중이 가볍다.

049 현장설명서가 가장 중요하며, 그 다음 공사시방서, 설계도면, 물량내역서 순이다.

050 횡선식 공정표
공사종목을 세로축에, 월 ·일을 가로축에 잡고 공정을 막대그래프로 표시한 것으로 간단히 공정을 단순비교할 때 유리하다.

051 고온처리 과정을 거친 목재를 사용한다.

052 방사법
장애물 없는 넓은 지역에 가장 많이 사용하는 방법. 필요지점 시준해 선 긋고 직접 줄자로 거리를 재는 방법으로 측량은 쉬우나 오차 검토 불가능

053 식생기반재 뿜어붙이기
혼합종자와 비료를 포함하는 유기질 또는 무기질 토양개량재와 흙 또는 유기질이 많은 대용토를 적절히 혼합하여 만든 유기혼합토를 뿜어붙이는 비탈면 녹화공법

054 사고석
15~25cm 정도의 각석으로 한식 건물의 바깥벽 담에 많이 사용하며, 방화벽에 사용

055 ② 직각이다.
③ 급하다는 것을 뜻한다.
④ 도면 내에서 폐합하지 않을 수도 있지만 도면 외에서는 폐합하게 된다.

056 응결경화촉진제
콘크리트의 초기강도를 증가시키기 위해 첨가되는 혼화제의 일종

057 성토할 토량(χ)×0.9 = 1000m^3
χ = 1111.11m^3
운반해야 하는 토량 = 1111.11m^3×1.15
= 1277.77m^3
소요되는 덤프트럭 = 1277.77m^3÷10m^3
= 127.7 ≒ 128대

058 내화벽돌은 물축임을 하지 않지만, 시멘트 벽돌은 쌓기 직전에 충분히 적셔서 사용, 붉은 벽돌은 며칠 전에 축여서 사용한다.

059 식생매트 포설 후 현장여건을 검토하여 두께 0.05m 이내로 복토하여 관수한다.

060 조경공사 표준시방서 1.11 설계도서 등의 비치
공사현장에는 해당 공사에 관련된 계약문서, 설계서, 관계법령과 규정, 공사예정공정표, 시공계획

서, 천후표, 시험기구 및 기타 필요한 기구류 등을 비치해야 한다.

제 4과목 조경관리

061 솔노랑잎벌은 1년에 한번 발생하며 솔잎에서 알로 월동한다.

062 포플러, 버즘나무 – 미국흰불나방

063 녹병균의 포자는 복잡하며 전형적으로는 병포자(柄胞子), 수포자(銹胞子), 하포자(夏胞子), 동포자(冬胞子), 담자포자(일명 소포자)의 5종이 있다.

064 밤바구미
연 1회 발생하고, 과육과 종피 사이에 산란한다.

065 질소 결핍현상
- 활엽수의 경우 : 황록색으로 변하고, 잎 크기가 작고 두꺼워진다. 조기낙엽현상. 눈의 크기도 작고 적색이나 적자색으로 변한다.
- 침엽수의 경우 : 침엽이 짧아진다.

067 식물재료의 특성은 비규격성, 자연성, 불규칙성, 조화성, 영속성 등이 있다.

068 관리하자에 의한 사고
- 시설의 노후 파손에 의한 것
- 위험장소에 대한 안전대책미비에 의한 것
- 이용시설 이외의 시설의 쓰러짐
- 떨어짐에 의한 것
- 위험물방치에 의한 것

069 소금과 염화칼슘으로 인해 습기가 발생하며, 어는 점이 낮아져 동결방지, 습기로 인해 먼지발생이 억제된다.

070 토사포장 보수 및 시공방법
지반치환공법, 노면치환공법, 배수처리공법
표면처리공법은 아스팔트 콘크리트 포장 보수 및 시공방법이다.

072 탈질작용
질산염 환원에 의해 질소를 분해하는 현상이며, 토양 중의 질소가 아산화질소(N_2O), 산화질소(NO), 질소가스(N_2) 등으로 변해서 토양 밖으로 달아나는 현상이다.

073 정아우세성
정아 또는 주지(정아지)가 측아 또는 측지보다 더 잘 자라는 현상이다.

074 지효성 비료는 기비, 밑거름을 말하며 두엄, 계분, 퇴비 등 질소질비료가 해당된다.

075 개방상태에서 육성관리하는 것이 가장 이상적이나, 최소한의 손상이 있을 경우에 해당하며 환경파괴의 정도와 회복정도에 따라 폐쇄 후 자연회복이나, 폐쇄 후 육성관리 방법, 휴식기간 등을 활용할 수도 있다.

076
$$\text{소요농약량} = \frac{\text{단위면적당 농약살포약량}}{\text{희석배수}} = \frac{200{,}000\text{mL}}{1{,}000} = 200\text{mL}$$

077 콘크리트, 슬래브 자체의 결함에 따른 원인
① 슬립바(Slipbar), 타이바(Tiebar)를 사용하지 않았기 때문에 균열 발생
② 세로줄눈과 가로줄눈 설계나 시공이 부적합하여 수축에 의한 균열이나 융기현상 발생
③ 시공시 물시멘트비, 다짐, 양생 등의 결함에 의해 발생

078 ① Core aerification(통기작업) : 단단한 토양에 구멍내 허술하게 채우기. 물과 양분, 뿌리생육이 용이하다.
② Rotary mower : 날이 수평으로 돌아서 깎이며 깎이는 면이 거친것이 특징인 잔디 깎는 방법의 일종으로 표토개량과 관계없다.
③ Vertical mowing : slicing과 유사하나 토양 표면까지 잔디만 잘라주는 역할
④ Topdressing(배토) 잔디 뗏밥 주는 작업

079 생물학적 방제
천적을 이용하여 병충해방제 하는 것으로 가장 생태적인 방법

080 국립공원은 우수한 자연환경을 보호하는 자연환경보호법에 따라 지정하는 것으로 자원의 보전차원이 가장 높다.

2회 모의고사

※ 2020년 산업기사 4회부터 CBT로 시행됨에 따라 기출문제는 추가하지 않습니다.

제1과목 조경계획 및 설계

001 조경과 관련된 학문영역의 설명으로 틀린 것은?

① 사회적 요소에는 인간의 행태, 사회적가치, 규범 등이 있다.
② 표현기법에는 표현방법, 표현기술 등 미적 훈련을 위한 분야가 있다.
③ 자연적 요소에는 지질, 토양, 수문, 지형, 기수, 식생. 야생동물 등이 있다.
④ 설계방법론에는 식재공법, 우수배수, 포장기술, 구조학, 재료학 등이 있다.

002 린치(K.Lynch)의 도시 경관 5가지 요소 중 'Path'의 설명이 잘못된 것은?

① 연속성과 방향성이 있다.
② 연속성의 강조는 가로수의 식재, 건물전면(前面, Facade), 건물의 통일 등에서 얻을 수 있다.
③ 거리감이 있어야 하는데 랜드마크(Landmark)나 노드(Node) 등이 일련의 시각적인 연속성에서 얻을 수 있다.
④ 특별한 용도 혹은 활동을 집결시키지 못한다.

003 '광막한 바다나 끝없는 초원의 풍경'과 같은 경관은?

① 전(panoramic) 경관
② 위요(enclosure) 경관
③ 초점(focal) 경관
④ 관개(canopied) 경관

004 서양 중세의 수도원 정원에서 장식목적으로 만들어진 정원은?

① 초본원(herb garden)
② 과수원(orchard)
③ 유원(pleasunce)
④ 주랑식 중정(cloister garden)

005 아도니스원(Adonis Garden)에 대한 설명으로 옳지 않은 것은?

① 포트 가든(Pot Garden)의 발달에 기여하였다.
② 고대 그리스에서 발달된 일종의 옥상정원이다.
③ 고대 이집트에서 발달된 일종의 사자(死者)의 정원이다.
④ 고대 그리스에서 부인들에 의해 가꾸어진 정원으로 초화류를 분(盆)에 심어 장식했다.

006 조선시대 사대부 주택정원 형태가 가장 잘 보존되어 있는 것은?

① 소쇄원 ② 선교장
③ 다산초당 ④ 세연정

007 영국의 정원발전에 기여한 사람들과 그 관련 설명이 옳지 않은 것은?

① 렙턴 : 큐 가든에 중국식 탑을 도입
② 브리지맨 : 하하(Ha-ha)기법의 도입
③ 센스톤 : 낭만주의적 조경방식의 도입
④ 브롬필드 : 풍경식 정원이 악취미이고 비합리적이라 주장

008 조선시대에 네모난 연못 속에 둥근 모양의 섬을 꾸미는 소위 방지원도형이 사용되었는데 이는 어떤 사상의 영향이 가장 강하다고 볼 수 있는가?

① 신선사상(神仙思想)
② 풍수지리사상(風水地理思想)
③ 무속사상(巫俗思想)
④ 음양사상(陰陽思想)

009 조경설계기준 상의 기본설계시 「녹지」와 관련 된 설명 중 옳지 않은 것은?

① 녹지생태계 보전을 위하여 자생식물 및 향토수종을 적극 도입하며, 환경친화적인 재료를 사용한다.
② 녹도의 폭원은 5~10m를 표준으로 하며, 주변의 가로경관 요소로부터 독립된 안정성, 쾌적성을 갖도록 설계한다.
③ 완충녹지는 공해발생지역이나 오염원, 시각적으로 부정적인 영향을 주는 시설을 차폐 또는 은폐시킬 수 있도록 설계한다.
④ 녹지 내부가 생물서식공간의 역할을 수행할 수 있고, 주변 자연환경을 고려하여 생태네트워크가 형성될 수 있도록 설계한다.

010 국토교통부장관, 시 · 도지사 또는 대도시 시장은 관련 법에 따라 도시 · 군관리계획 결정으로 경관지구 · 미관지구 · 고도지구 · 보존지구 · 시설보호지구 · 취락지구 및 개발진흥지구를 세분하여 지정할 수 있다. 다음 중 경관지구의 세분화가 아닌 것은?

① 자연경관지구 ② 수변경관지구
③ 생태경관지구 ④ 시가지경관지구

011 다음 중 현명한 토지이용계획과 자원 계획을 수립하는 기본은?

① 우리의 건강과 행복을 지켜주는 자연계를 이해하고 유지하는 것
② 생태적으로 민감함 곳, 생산성이 높은곳, 빼어난 자연경승을 훼손하는 것
③ 보존 대상 주변을 둘러싸는 보호 구역을 보전하고, 보전 목적에 부합하는 용도이외의 것으로 사용하는 것
④ 자연훼손 위험성이 큰 곳만을 개발하고, 주변 환경을 무시한 계획

012 특별시장 · 광역시장 · 시장 또는 군수는 도시녹화를 위하여 필요한 경우에 도시지역 안의 일정지역의 토지소유자 또는 거주자와 녹화계약을 할 수 있다. 녹화계약으로부터 지원받기 위한 조건에 해당되지 않는 것은? (단, 도시공원 및 녹지 등에 관한 법률을 적용한다.)

① 수림대(수림대) 등의 보호
② 해당 지역을 대표하는 식생의 증대
③ 해당 지역을 면적 대비 식생 비율의 증가
④ 해장 지역을 대표하는 멸종위기종의 증대

013 다음 용도지역별 용적률의 최대한도가 다른 하나는?

① 녹지지역
② 농림지역
③ 생산관리지역
④ 자연환경보전지역

014 체육공원의 계획 및 설계 시 고려해야 할 사항으로 옳지 않은 것은?

① 휴게센터는 출입구에서 먼 곳에 배치시킨다.
② 공원면적의 5~10%는 다목적 광장, 시설전 면적의 50~60%는 각종 경기장으로 배치한다.
③ 야구장, 궁도장 및 사격장 등의 위험시설은 정적 휴게공간 등의 다른 공간과 격리하거나 지형, 식재 또는 인공구조물로 차단한다.
④ 운동시설은 공원 전 면적의 50% 이내의 면적을 차지하도록 하며, 주축을 남-북 방향으로 배치한다.

015 도시공원은 그 기능 및 주제에 의하여 생활권 공원과 주제공원으로 세분화된다. 다음 중 성격이 다른 하나는?

① 근린공원 ② 수변공원
③ 묘지공원 ④ 체육공원

016 다음 선과 관련된 설명 중 틀린 것은?

① 강의 흐름은 S커브의 한 형태라 할 수 있다.
② 방향은 수직, 수평 및 좌우 사방향(斜方向)이 있다.
③ 선은 점보다 훨씬 강력한 심리적 효과를 가지고 있다.
④ 곡선 중에서 기하곡선은 가장 여성적인 아름다움을 준다.

017 보행자와 외부공간 내의 한 지점에서 표고차가 있는 다른 지점으로 안전하고 편리하게 이동할 수 있도록 설치하는 시설이 아닌 것은?

① 계단 ② 램프(Ramp)
③ 험프(Hump) ④ 오토워크

018 경사가 있는 지반에서 도면에 1 : 0.03으로 표시할 수 있는 경우는?

① 연직거리 1m일 때 수평거리 8mm 경사
② 연직거리 4m일 때 수평거리 12mm 경사
③ 연직거리 1m일 때 수평거리 80mm 경사
④ 연직거리 4m일 때 수평거리 120mm 경사

019 건설분야 제도의 치수 및 치수선에 관한설명으로 옳지 않는 것은?

① 치수는 특별히 명시하지 않는 한 마무리 치수로 표시한다.
② 협소한 간격이 연속될 때에는 인출선을 사용하여 치수를 쓴다.
③ 치수선의 양 끝 표시는 화살 또는 점으로 표현 할 수 있으며 같은 도면에서 2종을 혼용할 수도 있다.
④ 치수 기입은 치수선에 평행하게 도면의 왼쪽에서 오른쪽으로, 아래로부터 위로 읽을 수 있도록 기입한다.

020 다음 중 계단과 비교한 경사로(Ramp)의 특징 설명으로 가장 적합한 것은?

① 비교적 짧은 수평거리가 요구된다.
② 지체 부자유자에게 이용 시 힘이 된다.
③ 장애인 등의 통행이 가능한 종단기울기는 1/18 이하로 한다.
④ 바닥표면은 광택이 있고, 보행이 자유롭게 표면이 매끄러운 재료를 사용한다.

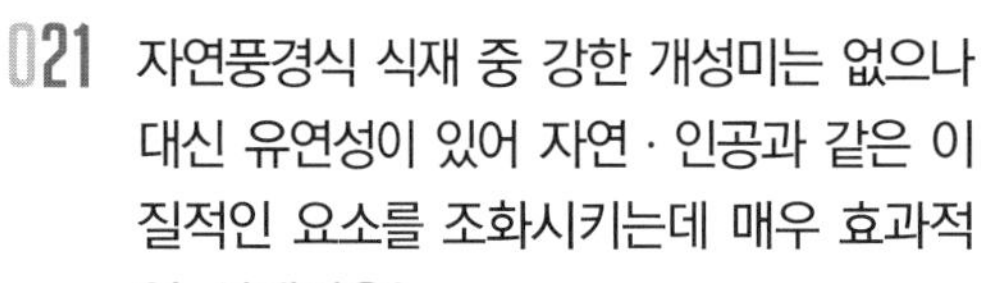

021 자연풍경식 식재 중 강한 개성미는 없으나 대신 유연성이 있어 자연 · 인공과 같은 이질적인 요소를 조화시키는데 매우 효과적인 식재법은?

① 자연풍경식재
② 집단식재
③ 1본식재
④ 비대칭적 균형식재

022 다음 중 느릅나무과(Ulmaceae)에 해당하지 않는 것은?

① 팽나무　② 센달나무
③ 푸조나무　④ 느티나무

023 다음 설명의 ( )안에 알맞은 것은?

> 삽수를 알맞은 환경 하에 꽂아주면 하부 절단구에 대개는 ( )(이)가 발달한다. ( )(은)는 목화의 정도를 다르게 하는 각종 조직세포가 불규칙하게 배열된 것으로, 주로 유관속형성층과 그 부근에 있는 사부세포에서 발달된다.

① 피층　② 클론
③ 키메라　④ 캘러스

024 잎이 황색 또는 갈색으로만 물드는 수목이 아닌 것은?

① 붉나무(Rhus javanica L.)
② 은행나무(Ginkgo biloba L.)
③ 양버즘나무(Platanus occidentalis L.)
④ 튜울립나무(Liriodendron tulipifera L.)

025 군락(群落)식재를 실시할 때 가장 우선적으로 고려해야 할 사항은?

① 현존 모델 식생이 자연식생인지 대상식생인지를 파악한다.
② 모암이 모손 토양인지 표층토의 상태를 파악한다.
③ 기후에 따라 미기후, 소기후, 중기후, 대기후로 나누어 파악한다.
④ 인간에 의한 벌목, 풀베기, 경작 등의 상태를 파악한다.

026 다음 중 비비추(Hosta longipes)의 특성으로 틀린 것은?

① 붓꽃과이다.
② 잎은 근생하며 두껍다.
③ 개화기는 7~8월에 연보라색 꽃이 핀다.
④ 열매는 삭과로 긴 타원형이며, 9월에 결실한다.

027 수관의 질감(質感)이 제일 거친 수종은?

① 느티나무 ② 수양버들
③ 단풍나무 ④ 양버즘나무

028 꽃이 무성화로만 이루어진 수종은?

① 나무수국 ② 돈나무
③ 수국 ④ 백당나무

029 다음 중 식생조사와 관련된 용어 설명으로 틀린 것은?

① 개체수 : 조사구 내의 개체수로서 어떤 식물종의 수를 하나하나 세어서 계산한다.
② 빈도 : 어떤 군집에 있어서 구성종의 분포상 특성을 나타내는 척도로서 어떤 식물종이 나타나 조사구를 총 조사구에 대한 백분율로 나타낸 것이다.
③ 피도 : 군집에 있어서 모든 종의 투영면적 가운데 한 종의 투영면적을 백분율로 나타낸 것을 상대피도라고 한다.
④ 군도 : 단위면적당 개체수로서, 총조사면적 또는 조사된 방형구 가운데 어떤 종의 개체수를 백분율로 나타낸 것이다.

030 운반 중 뿌리와 수형이 손상되지 않도록 실시하는 보호조치로 옳지 않은 것은?

① 뿌리분의 보토를 철저히 한다.
② 수목과 접촉하는 고형부에는 완충재를 삽입한다.
③ 운반 중 바람에 의한 증산을 억제하며 강우로 인한 뿌리분의 토양유실을 방지하기 위하여 덮개를 씌우는 등 조치를 취한다.
④ 차량의 적재용량과 수목의 무게 및 부피에 따라 이중적재 등의 효율적 방법과적정 수량만을 적재한다.

031 토양의 비옥도에 따른 분류 중 비옥한 토양을 좋아하는 수종만으로 구성된 것은?

① 향나무, 소나무
② 느티나무, 오동나무
③ 자작나무, 중국단풍
④ 등나무, 능수버들

032 잎은 어긋나기하며 홀수 깃모양겹잎이고, 열매는 협과, 원추형이고 염주상으로 10월경에 성숙, 8월경 황백색 꽃이 아름답고 꼬투리가 특이하다. 예로부터 정자목으로 이용되어 왔으며, 녹음식재, 완충식재, 가로수로도 이용되는 수종은?

① 가중나무 ② 왕벚나무
③ 참죽나무 ④ 회화나무

033 다음 중 잔디붙이기와 관련된 설명으로 틀린 것은?

① 비탈면에 잔디를 붙일 때에는 잔디 1매당 2개의 떼꽂이로 잔디가 움직이지 않도록 고정한다.
② 시공대상지에 산재한 큰 부스러기, 쓰레기 등을 제거하고 지반을 토심 0.2m로 경운한 후 흙덩어리를 잘게 부수고 돌, 잡초 등 불순물을 제거한다.
③ 롤형잔디는 전체 지면에 틈새 없이 붙이고 모래나 사질토를 가볍게 살포한 후롤러로 다지고 충분히 관수한다.
④ 풀어심기(stolonizing or sprigging)는 잔디에서 풀은 포복경 또는 지하경을 0.1~0.5m 정도로 잘라 줄파한 후 잔디 뿌리가 반만 묻히도록 흙을 덮는다.

034 종자번식작물에서는 자식 또는 동계교배에 의해 키메라(Chimera)를 해소하고 완전한 돌연변이체가 얻어진다. 다음 중 키메라의 소멸 방법으로 옳지 않은 것은?

① 종자의 이용 ② 부정아의 이용
③ 잠복아의 이용 ④ 조직배양의 이용

035 한국잔디(들잔디) 종자의 적정 파종량은?

① 2.5~5g/m^2 ② 5~15g/m^2
③ 20~30g/m^2 ④ 35~50g/m^2

036 아까시나무와 회화나무에 대한 설명으로 틀린 것은?

① 두 수종 모두 기수우상복엽이다.
② 두 수종 모두 꽃 피는 시기는 5월 초이다.
③ 두 수종 모두 뿌리가 천근성이다.
④ 아까시나무에는 가시가 있으나 회화나무에는 없다.

037 다음 중 개화의 순서가 바르게 된 것은?

① 쥐똥나무 → 산수유 → 풍년화 → 금목서
② 풍년화 → 산수유 → 쥐똥나무 → 금목서
③ 금목서 → 쥐똥나무 → 풍년화 → 산수유
④ 풍년화 → 쥐똥나무 → 금목서 → 산수유

038 일반적인 식재지역의 토양조건 중 수목생육에 가장 좋은 토양 조건은?

① 산성 토양
② 풍화암 토양
③ 점질 토양
④ 중성이나 약산성 토양

039 자연풍경 식재의 기본 패턴에 속하지 않는 것은?

① 교호식재 ② 랜덤식재
③ 배경식재 ④ 부등변삼각형식재

040 무궁화의 설명으로 틀린 것은?

① 아욱과(科)에 속하는 식물이다.
② 꽃이 개량되어 담홍, 자색, 백색, 홑꽃, 겹꽃이 다양하다.
③ 열매는 삭과로서 장타원형이고 약간의 털이 있는데 10월경에 성숙한다.
④ 잎은 대생으로 3개로 갈라지나 윗부분의 잎은 갈라지지 않는 것도 있다.

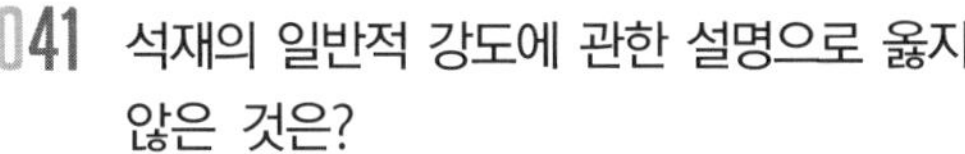

041 석재의 일반적 강도에 관한 설명으로 옳지 않은 것은?

① 석재의 강도는 중량에 비례한다.
② 석재의 함수율이 클수록 강도는 저하된다.
③ 석재의 구성입자가 작을수록 압축강도가 크다.
④ 석재의 강도의 크기는 휨강도 〉 압축강도 〉 인장강도이다.

042 심토층 배수에서 비교적 소면적의 전 지역을 균일하게 배수시키기 위하여 지역경계 부분에 주관을 설치하고 주관의 한쪽 측면에 지관을 설치, 연결하는 방법은?

① 어골형(herringbone type)
② 평행형(gridiron type)
③ 선형(fan shaped type)
④ 차단형(intercepting system)

043 하중에 대한 설명으로 옳지 않은 것은?

① 하중은 이동여부에 따라 고정하중과 활하중으로 나뉜다.
② 하중은 작용면적의 대소에 따라 집중하중과 순간하중으로 나뉜다.
③ 하중은 작용시간에 따라 장기하중과 단기하중으로 나뉜다.
④ 고정하중은 정하중 또는 사하중이라고도 한다.

044 금액의 단위표준에 대한 다음 설명 중 옳은 것은?

① 설계서의 소계는 10원까지로 한다.
② 설계서의 금액란은 1000원까지로 한다.
③ 설계서의 총액은 1000원까지로 한다.
④ 일위대가표의 계금은 0.1원까지로 한다.

045 다음 지형의 체적계산법 중 단면법에 의한 계산법으로서 비교적 가장 정확한 결과를 얻을 수 있는 것은?

① 점고법
② 중앙단면법
③ 양단면평균법
④ 각주공식에 의한 방법

046 일반 콘크리트용 내부 진동기의 사용방법에 관한 설명으로 옳은 것은?

① 재진동을 할 경우에는 초결이 일어난 것을 확인한 후 실시한다.
② 진동다지기를 할 때는 내부진동기를 하중 콘크리트 속으로 0.1m 정도 찔러 넣는다.
③ 1개소당 진동시간은 다짐할 때 시멘트 페이스트가 표면 상부로부터 약간 부족한 높이까지로 한다.
④ 내부진동기는 비스듬하게 찔러 넣으며, 삽입간격은 일반적으로 0.8m 이상으로 하는 것이 좋다.

047 다음 중 좋은 품질의 벽돌을 선정하는 데 있어 검토사항으로 부적합한 것은?

① 균일한 세립(細粒)조직을 가질 것
② 흡수율이 크고, 고열을 받아도 이상이 없을 것
③ 균열, 열목, 기포, 소립석 또는 괴상(槐狀)의 석회부분이 없을 것
④ 표면에 나타나는 부분은 평활(平滑)해야 하나 접합부분은 거칠어야 할 것

048 중용열 포틀랜드 시멘트에 대한 설명으로 옳은 것은?

① 장기강도가 작다.
② 한중 콘크리트에 적합하다.
③ 수화열에 크게 만든 것이다.
④ 댐공사 등의 매스 콘크리트용으로 적합하다.

049 에로우 네트워크 공정표 중 화살표 아래에 기입하는 내용으로 가장 적합한 것은?

① 작업명칭　② 소요일수
③ 작업구간　④ 작업의 선후

050 조경시설물로 주로 사용되는 막구조(membrane structure)에 대한 설명으로적합하지 않는 것은?

① 반투수성의 코팅된 직물을 주재료로 초기장력을 주고 외관의 강성을 늘림으로써 외부하중에 대하여 안정된 형태를 유지하는 구조물이다.
② 주로 공장에서 제작하여 현장에서 설치하는 준조립식 공법으로서 단기간에 제작·시공이 가능하므로 공사비가 저렴하다.
③ 무대 등에 주로 사용되는데 이는 매우 높은 반향효과를 지니는 음향적 특성으로 인하여 연설과 음악연주의 음향을 증대한다.
④ 일반적으로 섬유에 코팅하여 사용하는데, 막섬유는 경사·위사방향의 이방향성으로 조직의 대각선 방향에 대한 하중에는 약하다.

051 재료의 할증률에 관한 설명으로 옳은 것은?

① 수목은 할증을 고려하지 않는다.
② 철근 구조물용 레디믹스트콘크리트의 할증율은 2%이다.
③ 석재 중 마름돌용 원석의 할증률은 20%이다.
④ 붉은 벽돌의 할증율은 시멘트 벽돌의 할증률보다 더 작다.

052 일반적으로 풍화한 시멘트에서 나타나는 성질이 아닌 것은?

① 비중감소　② 응결지연
③ 강도발현 저하　④ 강열감량의 감소

053 레디믹스트 콘크리트(Ready Mixed Concrete)를 사용할 경우의 장점에 해당하지 않는 것은?

① 양질이며 균질한 콘크리트를 얻을 수 있다.
② 콘크리트의 워커빌리티를 조절하기 용이하다.
③ 콘크리트 치기 능률이 향상되고 공사시간이 단축된다.
④ 현장에서는 콘크리트 치기와 양생에만 전념할 수 있다.

054 후시(B.S)가 1.550m, 전시(F.S)가 1.445m일 때 미지점의 지반고가 100,000m이었다면 기지점의 높이는?

① 97.005m ② 98.450m
③ 99.895m ④ 100.695m

055 네트워크 공정표 중 더미(Dummy)에 대한 설명으로 맞는 것은?

① 선행작업을 표시한다.
② 작업일수는 1일이다.
③ 가장 시간이 긴 경로를 나타낸다.
④ 선행과 후속의 관계만을 나타낸다.

056 다음 중 식재기반조성의 배수와 관련된 설명으로 옳지 않은 것은?

① 인공지반 위나 일방토사 위에 자갈 배수층을 설치할 때는 20~30mm의 자갈을 사용한다.
② 표면배수는 식재비역 및 구조물 쪽으로 기울어서는 안 되며, 식재지역에 타지역의 유수가 유입되지 않도록 한다.
③ 심토층의 배수가 불량한 식재지역은 필요시 교목 주위에 암거배수를 별도로 설치한다.
④ 심토층 집수정에 유입되는 물은 유출구보다 최소 0.15m 낮게 설치한다.

057 기본벽돌을 사용하여 2.0B의 두께로 벽을 만들었을 때 벽 두께(mm)는? (단, 줄눈 두께는 1cm로 한다.)

① 190 ② 200
③ 380 ④ 390

058 지피 및 초화류 식재 공사의 설명으로 틀린 것은?

① 식재 후 지반을 충분히 정지하고 낙엽, 잡초 등을 모아 뿌리 주변에 넣어 식재상을 조성한다.
② 객토는 사양토의 사용을 원칙으로 하나 지피류, 초화류의 종류와 상태에 따라 부식토, 부엽토, 이탄토 등의 유기질토양을 첨가할 수 있다.
③ 토심은 초장의 높이와 잎, 분얼의 상태에 따라 다르나 표토 최소토심은 0.3~0.4m 내외로 한다.
④ 덩굴성 식물은 식재 후 주요 장소를 대나무 또는 지정재료로 고정한다.

059 자연상태의 토량이 사질토는 1,500m^3, 점질토는 2,000m^{3}로 이루어져 있다. 이를 모두 굴착하여 다른 공사현장으로 이동 후 성토·다짐했다면 토량은 얼마인가? (단, 사질토의 L = 1,3, C = 0.9, 점질토의 L= 1.3, C = 0.9이다)

① 3,150m^3 ② 3,600m^3
③ 3,950m^3 ④ 4,400m^3

060 조경공사 중 돌쌓기에 관한 설명으로 틀린 것은?

① 찰쌓기의 높이는 1일 1.2m을 표준으로 한다.
② 메쌓기는 찰쌓기에 비해 토압 증대의 우려가 높다.
③ 찰쌓기의 전면기울기는 높이 1.5m까지 1 : 0.25를 기준으로 한다.
④ 호박돌쌓기는 줄쌓기를 원칙으로 하고 튀어나오거나 들어가지 않도록 면을 맞춘다.

제 4 과목 조경관리

061 나무좀, 하늘소, 바구미 등은 쇠약목에 유인되므로 벌목한 통나무 등을 이용하여 이들을 구제하는 기계적 방법은?

① 식이유살법 ② 등화유살법
③ 잠복소유살법 ④ 번식처유살법

062 우리나라 수경시설물의 하자처리 발생률이 1년 중 가장 높은 기간은?

① 1~2월 ② 3~4월
③ 7~8월 ④ 10~11월

063 멀칭(mulching)의 효과로 거리가 먼 것은?

① 토양침식과 수분의 손실을 방지한다.
② 토양구조를 개선하여 단단하게 한다.
③ 토양의 비옥도를 증진시키고 잡초의 발생이 억제된다.
④ 토양온도를 조절하고 태양열의 복사와 반사를 감소시킨다.

064 아스팔트 및 골재가 떨어져 나가는 현상으로 아스팔트의 부족과 혼합물의 과열, 혼합 불량 등이 원인이 되어 나타나는 아스팔트 포장의 파손현상은?

① 균열 ② 침하
③ 파상요철 ④ 박리

065 공원에서 사고가 발생하였을 때 사고처리 절차로 옳은 것은?

① 사고 발생 통보 → 관계자 통보 → 사고자 응급처치 → 병원 호송 → 사고상황파악
② 사고 발생 통보 → 사고상황 파악 → 사고자 응급처치 → 병원 호송 → 관계자 통보
③ 사고 발생 통보 → 사고상황 파악 → 관계자 통보 → 사고자 응급처치 → 병원 호송
④ 사고 발생 통보 → 사고자 응급처치 → 병원 호송 → 관계자 통보 → 사고상황파악

066 농약의 사용목적에 따른 분류에 해당하는 것은?

① 유기인계 ② 살응애제
③ 호흡저해제 ④ 과립수화제

067 세균이 식물에 침입하는 방법이 아닌 것은?

① 각피 침입 ② 피목 침입
③ 밀선 침입 ④ 상처 침입

068 토양 중 유기물 함량이 3.40%, 질소 함량이 0.19%일 때 탄질비는 약 얼마인가? (단, 유기물의 탄소함량은 58%이며, 최종 계산결과 소수점 둘째자리에서 반올림)

① 12.0 ② 10.9
③ 10.4 ④ 9.8

069 다음의 특징 설명에 해당하는 잔디병은?

- 대체로 타원형과 부정형을 이루면서 직경 10~15cm 정도의 황갈색의 병반이 나타난다.
- 잎이 고사(枯死)하는 색깔과 같이 보인다.
- 포복경과 직립경과의 사이에서 나타난다.
- 병이 발생한 잎(病葉)에서 화색의 고사와 때로는 흑갈색의 균핵이 생긴다.

① 설부병(Snow Mold)
② 라지 패치(Large Patch)
③ 브라운 패치(Brown Patch)
④ 춘계 황화병(Spring Dead Spot)

070 화단용 식물의 정식으로 옳지 않은 것은?

① 대낮보다 저녁에 실시한다.
② 화단의 중앙보다 주변부를 밀식한다.
③ 잘 건조된 바닥에다 심은 후 관수한다.
④ 옮겨심기는 화단의 중앙부에서 시작한다.

071 다음 중 제초제에 의한 제초 효과가 가장 높은 경우는?

① 우기 시
② 건조한 토양
③ 사질토의 토양
④ 고온 다습한 기후

072 녹병균 중에서 기주교대(寄主交代)는 다음 어느 경우에 이루어지는가?

① 동종 기생성
② 이종 기생성
③ 수종(數種) 기생성
④ 이주(異株) 기생성

073 음수대의 보수방법 중 인조석 바르기의 마무리 작업 내용으로 옳지 않은 것은?

① 한번 바를 때의 두께는 6mm 이하로 하여 충분히 누르면서 바른다.
② 바름면은 바람 또는 직사광선 등에 의한 급속한 건조를 피하고 동절기에는 보온 양생한다.
③ 인조석이 잘 부착되도록 본체의 바탕면을 거칠게 한 후 물축임을 한다.
④ 초벌 바름 후 바름이 마르기 전에 바로 재벌 및 정벌 바름을 한다.

074 균근(Mycorrhizae)의 설명으로 가장 적합한 것은?

① 식물의 뿌리에 조류(Algae)가 붙어있는 형태이다.
② 균사가 식물 뿌리에 감염하여 공생하는 특수형태의 뿌리이다.
③ 박테리아가 식물 뿌리에 침입하여 부식된 형태의 뿌리이다.
④ 근류균이 식물 뿌리에 침입하여 질소 고정작용을 하는 새로운 형태의 뿌리이다.

075 가로수 전정에 설명 중 괄호 안에 알맞은 것은?

> • 수목의 정상적인 생육장애요인의 제거 및 외관적인 수형을 다듬기 위해 (㉠)을 실시하며 도장지, 포복지, 맹아지, 평행지 등을 제거한다.
> • 수형을 잡아주기 위한 굵은 가지전정으로 수목의 휴면기간인 (㉡)을 실시하여 허약지, 병든가지, 교차지, 내향지, 하지 등을 잘라낸다.

① ㉠ 6 ~ 8월 사이에 하계전정, ㉡ 12 ~ 3월 사이에 동계전정
② ㉠ 12 ~ 3월 사이에 동계선정, ㉡ 6 ~ 8월 사이에 하계전정
③ ㉠ 4 ~ 5월 사이에 춘계전정, ㉡ 9 ~ 11월 사이에 추계전정
④ ㉠ 9 ~ 11월 사이에 추계전정, ㉡ 4 ~ 5월 사이에 춘계전정

076 수용능력(carrying capacity)에 대한 다음 설명 중 가장 거리가 먼 것은?

① 수용능력은 생태계 관리를 위한 초지용량, 산림용량 등의 지속산출(sustainedyield)의 개념에서 출발하였다.
② 레크레이션 수용능력은 공간의 물리적, 생물적 환경과 이용자의 행락의 질에 악영향을 주지 않는 범위의 이용 수준을 말한다.
③ 수용능력은 경험적으로 느껴지는 것으로 엄밀한 산정은 불가능하기 때문에 어떤 공간에 대한 수용능력의 산출과 계량화는 무의미하다.
④ 이용자 자신에 의해 지각되는 일정 행위에 대한 적정 이용밀도를 생리적 수용능력이라고 말할 수 있다.

077 모과나무 붉은별무늬병의 특징에 해당되는 것은?

① 병원균은 기주교대를 한다.
② 병징은 열매에만 나타난다.
③ 효과적인 살균제가 개발되지 않았다.
④ 밤에 보면 병징에 붉은 형광이 나타난다.

078 조경관리 상례(常例)계획 중 운영항목에 해당되지 않는 것은?

① 정비 ② 재산
③ 인 · 허가 ④ 계약

079 수목에 비료를 주는 방법 중 작업방법이 비교적 신속하고, 비료의 유실량(流失量)이 많다. 특히 토양 내로의 이동속도가 비교적 느린 양분에 적용하지 않은 것이 좋다. 즉, 질소시비의 경우에는 이 방법이 좋으나, 인(P)이나 칼륨(K)에는 좋지 않은 시비방법은?

① 표토시비법 ② 천공시비법
③ 엽면시비법 ④ 수간주사법

080 다음 중 잎을 가해하는 식엽성 해충으로 분류되는 것은?

① 박쥐나방 ② 도토리거위벌레
③ 솔수염하늘소 ④ 대벌레

2회 정답 및 풀이

1	2	3	4	5	6	7	8	9	10	11	12	13	14	15	16	17	18	19	20
④	④	①	④	③	②	①	④	②	③	①	④	①	①	①	④	③	④	③	③
21	22	23	24	25	26	27	28	29	30	31	32	33	34	35	36	37	38	39	40
④	④	④	①	①	①	④	③	④	④	②	④	④	①	②	②	②	④	①	①
41	42	43	44	45	46	47	48	49	50	51	52	53	54	55	56	57	58	59	60
④	②	②	③	④	②	②	④	②	③	④	④	②	③	④	④	④	①	①	②
61	62	63	64	65	66	67	68	69	70	71	72	73	74	75	76	77	78	79	80
④	②	②	④	④	②	①	③	③	③	④	②	④	②	①	③	①	④	①	④

제 1과목 조경계획 및 설계

001 공학적 지식 : 식재공법, 우수배수, 포장기술, 구조학, 재료학

002 Path : 동선과 관계 깊으며, ④ 특별한 용도와 활동이 집중되어야 한다.

003 Litton의 삼림경관 기본유형
① 전경관(파노라믹경관) : 초원, 시야가 가리지 않고 멀리 퍼져 보이는 경관
② 지형경관 : 지형이 특징적이어서 관찰자가 강한 인상을 받게 되며, 경관의 지표가 된다.
③ 위요경관 : 평탄한 중심 공간 주위로 숲이나, 산으로 둘러싸인 경관
④ 초점경관 : 시선이 한곳으로 집중 되는 경관, 계곡 끝 폭포

004 중세초기 수도원정원은 실용주의 정원과, 장식적 정원(주랑식 중정(cloister garden))이 있다.

005
- 아도니스원 : 부인들이 신을 기리기 위해 분에 화목류를 심어 장식한 정원
- 사자의 정원은 고대인들의 사후세계에 대한 이상형을 그린 것으로 시누헤 이야기, 레크미라 무덤벽화에 기록되어져 있다.

006 선교장은 주택정원, 소쇄원, 다산초당, 세연정은 별서정원에 해당한다.

007 중국식 탑은 윌리엄 챔버에 관한 설명이다.
험프리 렙턴은 RedBook으로 유명하다.

008 음양오행사상
방지원도의 형태는 네모난 연못의 윤곽은 땅(음)을 상징하고 둥근 섬은 하늘(양)을 상징한다.

009 조경설계기준 녹도
폭원은 10~20m를 표준으로 하며 주변의 가로경관과 어울릴 수 있도록 자연스럽게 조성한다.

010 경관지구
자연경관지구, 수변경관지구, 시가지경관지구

012 도시공원 및 녹지 등에 관한 법률 제13조(녹화계약)
특별시장 · 광역시장 · 특별자치시장 · 특별자치도지사 · 시장 또는 군수는 도시녹화를 위하여 필요한 경우에는 도시지역의 일정 지역의 토지 소유자 또는 거주자와 다음 각 호의 어느 하나에 해당하는 조치를 하는 것을 조건으로 묘목의 제공 등 그 조치에 필요한 지원을 하는 것을 내용으로 하는 계약

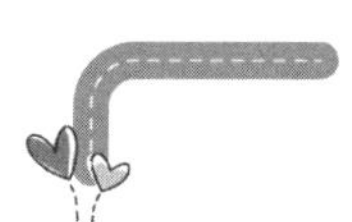

(이하 "녹화계약" 이라 한다)을 체결할 수 있다.
1. 수림대(樹林帶) 등의 보호
2. 해당 지역의 면적 대비 식생 비율의 증가
3. 해당 지역을 대표하는 식생의 증대

013 국토의 계획 및 이용에 관한 법률 제78조【용도지역에서의 용적률】① 제36조에 따라 지정된 용도지역에서 용적률의 최대한도는 관할 구역의 면적과 인구 규모, 용도지역의 특성 등을 고려하여 다음 각 호의 범위에서 대통령령으로 정하는 기준에 따라 특별시·광역시·특별자치시·특별자치도·시 또는 군의 조례로 정한다.
〈개정 2011.4.14., 2013.7.16.〉
1. 도시지역
   가. 주거지역 : 500퍼센트 이하
   나. 상업지역 : 1천500퍼센트 이하
   다. 공업지역 : 400퍼센트 이하
   라. 녹지지역 : 100퍼센트 이하
2. 관리지역
   가. 보전관리지역 : 80퍼센트 이하
   나. 생산관리지역 : 80퍼센트 이하
   다. 계획관리지역 : 100퍼센트 이하. 다만, 성장관리방안을 수립한 지역의 경우 해당 지방자치단체의 조례로 125퍼센트 이내에서 완화하여 적용할 수 있다.
3. 농림지역 : 80퍼센트 이하
4. 자연환경보전지역 : 80퍼센트 이하

014 체육공원 설계기준
- 운동시설지구는 육상경기장 겸 축구장을 중심에 두고 주변에는 운동종목의 성격과 입지조건을 고려하여 배치한다.
- 운동시설은 공원 전면적의 50% 이내의 면적을 차지하도록 하며, 주축을 남북방향으로 배치한다.
- 공원면적의 5~10%는 다목적 광장으로, 시설전면적의 50~60%는 각종 경기장으로 배치한다.
- 야구장, 궁도장 및 사격장 등의 위험시설은 정적휴게공간 등의 다른 공간과 격리하거나 지형, 식재 또는 인공구조물로 차단한다.
- 환경보존지구는 주변지역과의 차단, 내부의 상충되는 토지이용의 격리, 기후조건의 완화, 정적휴게공간 및 장래 시설확장 후보지로서의 활용을 고려하여 배치한다.
- 공원면적의 30~50%는 환경보존녹지로 확보하며 외주부 식재는 최소 3열 식재 이상으로 하여 방풍, 차폐 및 녹음효과를 얻을 수 있어야 한다.
- 운동시설로는 체력단련시설을 포함한 3종 이상의 시설을 배치한다.

015
- 생활권 공원 : 소공원, 어린이공원, 근린공원
- 주제공원 : 역사공원, 문화공원, 수변공원, 묘지공원, 체육공원, 도시농업공원 등

016 기하곡선은 수학적, 과학적 느낌으로 이지적이며 자연곡선이 여성적이 느낌이다.

017 험프(Hump)
노면을 부분적으로 높여 차량의 속도를 억제하려는 수법으로 볼록하게 올려놓은 부분

018 경사도 =수평거리/수평거리
① 1/8 = 0.125
② 4/12 = 0.3333
③ 1/80 = 0.0125
④ 4/120 = 0.0333

019 ③ 한 가지 종류로 통일해야 한다.

020 경사로
최대 종단경사 1/18이며, 30m마다 참을 설치하며, 계단에 비해 수평거리가 길며, 바닥은 미끄럽지 않도록 하여야 한다.

제 2과목 조경식재

021 자연풍경식 식재방법에는 부등변 삼각형 식재, 임의식재, 모아심기, 무리심기, 배경식재, 주목 등이 있다.
- 비대칭균형 : 시각적 무게는 같으나 형태나 구성이 다른 것으로 동적, 능동적, 감성, 자연스러운 느낌을 준다.

022 센달나무는 녹나무과에 해당한다.

023 캘러스
유상조직(癒像組織), 식물체에 상처가 일어나면 상처부위의 세포는 분열을 일으키고 그 조직은 캘러스(유합조직, 유상조직)를 형성함. 식물체의 조직 배양시 외식편(外植片)을 배지에 치상하고 적정 배양 조건에서 배양하면 일정한 체제(organization)를 이루고 있는 세포괴(細胞塊)를 형성하며 이 세포괴를 캘러스라 함.

024 붉나무는 붉은색 단풍

025 군락식재
나무를 하나하나 다른 수종으로 구별하여 계획하는 것이 아니라 군락의 단위로 식재하는 생태적 식재방법으로 식생지 분석이 중요하다.

026 비비추는 백합과이다.

027
- 양버즘나무 : 수피가 암갈색으로 껍질이 세로로 갈라지는 형태로 질감이 거칠다.
- 거친 수관의 질감 수종 : 플라타너스, 백합나무, 소철, 벽오동, 태산목 등

028 무성화(수술이 퇴화하여 종자를 맺지 않는 꽃) : 수국, 불두화

029 군도 : 조사구 내의 개개 식물의 배분상태

030 조경공사 표준시방서
운반중 뿌리와 수형이 손상되지 않도록 다음과 같은 보호조치
① 뿌리분의 보토를 철저히 한다.
② 세근이 절단되지 않도록 충격을 주지 않아야한다.
③ 가지는 간편하게 결박한다.
④ 이중적재를 금한다.
⑤ 비포장도로로 운반할 때는 뿌리분이 충격을 받지 않도록 흙, 가마니, 짚 등의 완충재료를 깐다.
⑥ 수목과 접촉하는 고형부에는 완충재를 삽입한다.
⑦ 운반 중 바람에 의한 증산을 억제하며 강우로 인한 뿌리분의 토양유실을 방지하기 위하여 덮개를 씌우는 등 조치를 취한다.
⑧ 차량의 용량과 수목의 무게 및 부피에 따라 적정 수량만을 적재한다.

031 비옥지 요구도가 큰 수종
가시나무, 느티나무, 녹나무, 오동나무, 느릅나무, 밤나무, 가중나무, 은행나무, 팽나무, 동백나무, 낙우송, 가래나무, 층층나무, 피나무, 왕느릅나무

032 회화나무
예로부터 정자나무로 유명하며 녹음수, 가로수로 이용된다.

033 조경공사 표준시방서 3.2.4
풀어심기(stolonizing or sprigging)는 잔디에서 풀은 포복경 또는 지하경을 0.05~0.1m 정도로 잘라 산파한 후 잔디뿌리가 묻히도록 흙을 덮는다.

034 키메라
한 개체에 유전자형이 다른 조직에 서로 겹쳐 있는 유전현상 또는 서로 다른 종끼리의 결합으로 새로운 종을 만들어 내는 유전학적인 기술을 의미한다.

035 조경공사 표준시방서 4-5-3 파종잔디조성
파종량은 50~150kg/ha를 기준으로 하되 잔디의 종류에 따라 감독자와 협의하여 조정할 수 있다.

036 아까시나무 꽃 피는 시기는 5~6월, 회화나무는 8월이다.

037 풍년화(2~3월) → 산수유(3월) → 쥐똥나무(5~6월) → 금목서(10월)

038 수목은 중성이나 약산성의 사질양토가 가장 적합하다.

039 정형식 식재양식 : 단식, 대식, 열식, 교호식재, 집단식재

040 무궁화의 잎은 호생이고 난형 또는 능형 비슷한 난형이며 다소 3개로 갈라진다.

제 3과목 조경시공

041 석재강도 : 압축강도 〉 인장강도 〉 휨강도

042 ① 어골형(herringbone type) : 경기장 같은 평탄지에 적합, 전 지역에의 배수가 균일하게 요구되는 지역
② 평행형(gridiron type) : 즐치형. 소면적의 전 지역을 균일하게 배수
③ 선형(fan shaped type) : 1개 지점에 집중되게 설치
④ 차단형(intercepting system) : 도로법면에 많이 사용하며, 경사면 자체 유수방지를 위해 경사면 바로 위에 배수구 설치해 경사면으로 유수를 막는 것

043 하중은 작용면적의 대소에 따라 집중하중과 분포하중으로 나뉜다.

044 ① 설계서의 소계는 1원 미만은 버린다.
② 설계서의 금액란은 1원 미만은 버린다
③ 설계서의 총액이 10,000원 이하의 공사는 100원 이하는 버린다. 즉 1000원까지로 한다.
④ 일위대가표의 계금은 1원 미만은 버린다.

045 각주공식 : 가장 실체적에 가까운 공식
양단면평균법(실체적보다 크다) 〉 각주공식(실체적) 〉 중앙단면적(실체적보다 작다)

046 콘크리트 표준시방서 내부진동기 사용방법
1. 진동다지기를 할 때에는 내부진동기를 하층의 콘크리트속으로 0.1m 정도 찔러 넣는다.
2. 내부진동기는 연직으로 찔러 넣으며, 그 간격은 진동이 유효하다고 인정되는 범위의 지름 이하로서 일정한 간격으로 한다. 삽입간격은 일반적으로 0.5m 이하로 하는 것이 좋다.
3. 1개소 당 진동 시간은 다짐할 때 시멘트 페이스트가 표면상부로 약간 부상하기까지 한다.
4. 내부진동기는 콘크리트로부터 천천히 빼내어 구멍이 남지 않도록 한다.
5. 내부진동기는 콘크리트를 횡방향으로 이동할 목적으로 사용하지 않아야 한다.
6. 진동기의 형식, 크기 및 대수는 1회에 다짐하는 콘크리트의 전 용적을 충분히 다지는 데 적합하도록 부재 단면의 두께 및 면적, 1시간당 최대 타설량, 굵은 골재 최대 치수, 배합, 특히 잔골재율, 콘크리트의 슬럼프 등을 고려하여 설정한다.
7. 거푸집 진동기는 거푸집의 적절한 위치에 단단히 설치한다.
8. 재 진동을 할 경우에는 콘크리트에 나쁜 영향이 생기지 않도록 초결이 일어나기 전에 실시한다.

047 벽돌
흡수율이 낮은 것이 바람직

048 중용열 포틀랜드 시멘트
① 수화작용에 의한 발열량을 낮게 하는 것이 목적
② 조기강도는 낮으나 장기강도는 크며, 체적의 변화가 적어서 균열이 적다.
③ 내침식성, 내구성이 강하다.
④ 댐, 도로포장용, 방사능 차단, Mass 콘크리트에 사용

049 에로우 네트워크 공정표 표시
화살표 아래 소요일수, 화살표 위 작업명

050 막구조
쉽게 말해 천막과 같은 구조를 보강천 등으로 구조물로 발전시켜 퍼골라, 경기장 등에 최근 많이 활용되고 있는 구조물로 반향효과란 메아리효과와 같은 것으로 관련이 없다.

051 ① 수목 할증률 10%
② 철근구조물용 레디믹스트 콘크리트 할증률 1%(무근구조물용 2%)
③ 마름돌용 원석 할증률 30%
④ 붉은 벽돌 할증률 3%, 시멘트 벽돌 할증률 5%

052 시멘트는 고온다습한 경우 급속도로 풍화가 진행되며, 풍화한 시멘트는 밀도, 비중이 떨어지고, 응결이 지연되며, 강열감량이 증가하게 된다.

053 레디믹스트 콘크리트의 장점
- 공기가 단축되고, 품질이 균일하며 우수하다.
- 현장은 비빔과 장소에 제약을 받지 않고 공사에 전념할 수 있고, 물량확보가 용이하다.

054 미지점의 표고 = 기지점의 표고+Σ후시(B.S)−Σ전시(F.S)
100 = χ+1.550−1.445
∴ χ = 99.895

055 더미란 소요시간은 없고 작업간의 상호관련만 나타내는 것

056 심토층집수정에 유입되는 물은 유출구보다 최소 0.15m 높게 설치한다.

057 기본벽돌
190×90×57mm
따라서 그림과 같이
190×2+10 = 390mm

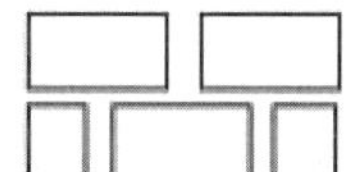

2장쌓기(2.0B)

058 식재에 앞서 지반을 충분히 정지하고 낙엽, 잡초 등을 제거한 후 적정량을 관수하여 식재상을 조성한다.

059 자연상태 흙을 다진후 토량은 C값을 적용한다.
따라서 (1,500+3,000)×0.9 = 3,150m^3

060 메쌓기는 콘크리트 뒤채움을 하지 않으며, 찰쌓기는 콘크리트 뒷채움을 한다.
따라서 메쌓기는 돌틈으로 배수가 잘 되어 찰쌓기에 비해 토압이 증대되는 우려가 적다.

제 4과목 조경관리

061 ① 식이유살법 : 해충이 좋아하는 먹이로 유인하여 죽이는 해충 방제법
② 등화유살법 : 주광성이 강한 곤충을 꾐등불로 유인하여 제거하는 해충 방제법
③ 잠복소유살법 : 볏짚으로 나무줄기를 감아 월동장소를 제공하여 유인, 잠복시킨 후 다음 해 봄에 설치물과 함께 소각하는 해충 방제법
④ 번식처유살법 : 쇠약목을 이용하여 나무좀류, 하늘소류, 바구미류, 비단벌레류를 유인하여 죽이는 해충 방제법

062 수경시설은 겨울동안 물이 얼어 관파열 등이 발생하는데 물이 녹기 시작하는 봄에 이를 관리하면서 하자처리 발생률이 높아진다.

063 멀칭은 토양습기 유지, 잡초발생 억제, 유기질 비료제공, 병충해 발생억제, 토양결빙 방지의 효과가 있음

064 ① 균열 : 금이 가는 현상. 아스콘 혼합물 배합이 나쁠 때, 아스팔트 노화시, 아스팔트 두께가 부족할 때 발생
② 침하 : 꺼지는 현상. 기초노체의 시공불량, 노상의 지지력 부족원인
③ 파상요철 : 표면이 울퉁불퉁해지는 현상. 요철 : 지지력 불균일, 아스팔트 과잉, 아스콘의 입도불량, 공극률 부족시 발생
④ 박리 : 떨어져 나가는 현상. 표층 품질 불량, 지하수위 높은 곳이나 차량기름이 떨어진 곳에 발생

066 농약의 사용목적에 따른 분류
살충제, 살응애제, 살선충제, 살서제, 살균제 등
- 유기인계(유효성분에 따른 분류)
- 호흡저해제(작용특성에 따른 분류)
- 과립수화제(형태에 따른 분류)

067 세균은 자연개구부(기공, 수공, 밀선, 피목, 화기 등)나 상처를 통해 침입한다.
- 밀선(honey gland, 蜜腺) : 꿀을 분비하는 다

세포 분비구조
- 피목(lenticel, 皮目) : 나무의 줄기나 뿌리에 코르크 조직이 만들어진 후 기공 대신 공기의 통로가 되는 조직
- 각피(角皮, cuticle) : 표피의 가장 외측에 발달한 지방성 물질의 층

068 $\frac{C}{N} = \frac{0.034 \times 0.58}{0.0019} = 10.4$

069 브라운패치는 갈색무늬병이라고도 하며, 서양잔디의 대표적인 병이다.

070 심기 전에 물을 준 후 정식한다.

071 제초제는 맑은날 고온 다습한 기후에 효과가 가장 크다.

072 기주교대
이종 기생성균이 생활사를 완성하기 위해 기주를 바꾸는 것

073 ④ 초벌 바름 후 바름이 충분히 시간이 경과 후 재벌 및 정벌 바름을 한다.

074 균근
고등식물의 뿌리와 균류가 긴밀히 결합하여 일체되고 공생관계가 맺어진 뿌리를 말하며, 외생균근과 내생균근으로 나뉜다. 균류는 식물에게서 유기영양분을 얻고, 식물체의 뿌리를 통한 무기영양소와 수분흡수를 촉진한다.

075 조경공사 표준시방서 전정
① 수목의 정상적인 생육장애요인의 제거 및 외관적인 수형을 다듬기 위해 6월 ~ 8월 사이에 하계전정을 실시하며 도장지, 포복지, 맹아지, 평형지 등을 제거한다.
② 수형을 잡아주기 위한 굵은 가지 전정으로 수목의 휴면기간인 12월 ~ 3월 사이에 동계전정을 실시하며 허약지, 병든 가지, 교차지, 내향지, 하지 등을 잘라낸다.

076 수용능력은 계량화 산출화하여 공간이 수용할 수 있는 한계를 파악하여 설계한다.

077 붉은별무늬병
향나무와 기주교대하는 병으로 잎 앞면에 노란색 원형 병반이 나타나고. 잎 뒷면에 털 같은 돌기가 무리지어 돋아난다.
- 방제방법 : 트리아디메폰 수화제 800배액 또는 페나리몰 수화제 3300배액 10일 간격으로 3~4회 살포(주변 향나무에도 동일하게 살포)

078 운영관리의 대상
예산, 재무제도, 조직, 재산, 기능과 권한 등

079 시비방법
① 표토시비법 : 작업방법이 신속하나 비료의 유실량이 많다. 질소시비에 적당함. 성숙한 교목 비료주는 부위는 수관외주선의 지상투영부위 20cm 내외가 바람직함
② 토양 내 시비법 : 깊이 20~30cm, 간격 0.6~1.0m정도의 구덩이 파서 용해하기 어려운 비료시비에 적당
③ 엽면시비법 : 물 1L당 60~120ml 비율로 희석해 직접 엽면에 살포하는 것으로 미량원소 부족시 효과가 좋다.
④ 수간주사법 : 수목에 드릴로 구멍을 내 비료 주입하거나 링거병 달기. 주로 5월~8월 사이에 거목이나 경제성 높은 수목에 적당

080 식엽성 해충
노랑쐐기나방, 독나방, 버들재주나방, 솔나방, 어스랭이나방, 오리나무잎벌, 잣나무 넓적잎벌레, 짚시나방, 참나무 재주나방, 텐트나방, 흰불나방, 대벌레

3회 모의고사

※ 2020년 산업기사 4회부터 CBT로 시행됨에 따라 기출문제는 추가하지 않습니다.

제 1 과목 조경계획 및 설계

001 도시 오픈스페이스(open space)의 기능 설명으로 옳지 않은 것은?

① 도시인들에게 여가 활동, 스포츠, 휴식 등을 위한 공간을 제공한다.
② 화재, 지진 등의 재해 시 도시민들이 신속하고 안전하게 대피할 수 있는 피난처로 사용된다.
③ 공원과 녹지로 구성되어 있기보다는 주로 운동장이나 도로 등에 인공적 요소와 함께 구성되어 있다.
④ 자투리땅을 활용, 텃밭 등이 제공되어 도시농업을 가능하게 한다.

002 조선시대에 외국사신을 맞이하던 객관(客館)에 해당하지 않는 것은?

① 모화관(慕華館) ② 순천관(順天館)
③ 태평관(太平館) ④ 남별궁(南別宮)

003 다음 중 향원지원, 교태전 후원 등과 가장 관계가 깊은 것은?

① 창덕궁 ② 경복궁
③ 덕수궁 ④ 창경궁

004 작정기에 쓰여진 "못(池)도 없고 유수(遺水)도 없는 곳에 돌(石)을 세우는 것"을 뜻하는 일본의 정원수법은?

① 정토식 ② 수미산식
③ 곡수식 ④ 고산수식

005 다음 중 이집트의 분묘건축에 속하는 것은?

① 지구라트(Ziggurat)
② 지스터스(xystus)
③ 키오스크(Kiosk)
④ 마스터바(mastaba)

006 석가산 수법이 성행되었다고 볼 수 있는 시대는?

① 삼국시대 ② 통일신라시대
③ 고려시대 ④ 조선시대

007 조경계획의 사회 행태적 분석 중 인간행태 관찰의 특성이라 볼 수 없는 것은?

① 정적(靜的)인 행태를 관찰하는 것이다.
② 행태가 일어나는 상황을 보다 절실하게 파악할 수 있다.
③ 인터뷰를 하는 경우에는 얻지 못하는 내용을 직접 관찰 시에는 수집이 가능 하다.
④ 관찰자는 행위자들이 관찰자 자신을 어느 정도 인식하도록 할 것인가를 결정해야 한다.

008 경관의 요소를 변화시키는데 가변인자가 될 수 없는 것은?

① 빛(Light), 계절(Season)
② 운동(Motion), 거리(Distance)
③ 축(Axis), 연속(Sequence)
④ 규모(Scale), 관찰위치(Observation Position)

009 도로설계시 운전자가 속도에 따른 물체를 지각하는 과정이 맞는 것은?

① 반응(Reaction) → 지각(Perception) → 판단(Judgement)
② 지각(Perception) → 판단(Judgement) → 반응(Reaction)
③ 판단(Judgement) → 지각(Perception) → 반응(Reaction)
④ 지각(Perception) → 반응(Reaction) → 판단(Judgement)

010 조경설계기준상의 흙쌓기 식재지의 설명으로 옳지 않은 것은?

① 흙쌓기 재료는 수직적으로 동질의 토양을 사용하여 정체수를 방지하고 토양수분의 이동이 쉽도록 한다.
② 기존의 땅 위에 기존 토양보다 투수계수가 큰 토양을 쌓을 경우에는 정체수의 배수가 용이하도록 기존 지반의 표면을 2% 이상 기울게 마무리한다.
③ 식재지의 흙쌓기 깊이가 5m를 넘는 경우, 지반의 부등침하 및 미끄러짐이 우려되는 곳에서는 흙쌓기 높이 2m마다 2% 정도의 기울기로 부직포를 깔도록 한다.
④ 기존의 지반이 기울어진 경우에는 기존 지반과 흙쌓기층의 분리를 위해 기존 지반에 옹벽 구조물을 설치한 다음 흙쌓기 하도록 설계한다.

011 미적 구성 원리 중 비례(proportion)에 대한 설명으로 가장 적합한 것은?

① 변화를 위주로 한 배치
② 변화하여 가는 과정에 있어서의 상호 연관성
③ 상호 비교에서 그 차이가 표현되도록 하는 것
④ 부분과 전체와의 수량적 관계가 일정한 비율을 갖는 것

012 조경계획의 자연환경분석 중에서 항공사진을 활용하여 분석하기가 가장 어려운 것은?

① 토지피복 분석　② 지형 분석
③ 식생 분석　④ 경관 분석

013 투시도에 관한 설명으로 옳지 않은 것은?

① 화면에 평행하지 않은 평행선들은 소점으로 모인다.
② 투시도에서 수평면은 시점높이와 같은 평면 위에 있다.
③ 투시도에 있어서 투사선은 관측자의 시선으로서, 화면을 통과하여 시점에 모이게 된다.
④ 투사선이 1점으로 모이기 때문에 물체의 크기는 화면 가까이 있는 것보다 먼 곳에 있는 것이 커 보인다.

014 도시공원 및 녹지 등에 관한 법률에 명시된 도시공원에서의 금지행위가 아닌 것은?

① 공원시설을 훼손하는 행위
② 공원에서 애완동물을 동반하여 입장하는 행위
③ 나무를 훼손하거나 이물질을 주입하여 나무를 말라죽게 하는 행위
④ 심한 소음 또는 악취가 나게 하는 등 다른 사람에게 혐오감을 주는 행위

015 먼셀 색입체에 관한 설명 중 틀린 것은?

① 색상은 명도 축을 중심으로 원주상에 구성되어 있다.
② 명도 번호가 클수록 명도가 높고 작을수록 명도가 낮다.
③ 채도는 색입체의 중심에 가까울수록 증가한다.
④ 채도는 표면색의 선명함을 나타내지만, 일반적으로 선명함은 표면색에서 뿐 아니라 빛의 색에서도 느낄 수 있다.

016 다음 중 조경설계기준상의 「보행등」에 관한 설명으로 틀린 것은?

① 보행로 경계에서 1000mm 정도의 거리에 배치한다.
② 소로 · 산책로 · 계단 · 구석진 길 · 출입구 · 장식벽 등에 설치한다.
③ 보행인의 이용에 불편함이 없는 밝기를 확보하며, 보행로의 경우 3lx 이상의 밝기를 적용한다.
④ 산책로 등의 보행공간만을 비추고자 할 경우에는 포장면 속에 배치하거나 등주의 높이를 50~100cm로 설계한다.

017 「장애인 · 노인 · 임산부 등의 편의증진보장에 관한 법률 시행규칙」상의 장애인 등의 통행이 가능한 접근로의 기준 중 A에 해당하는 값은?

- 접근로의 기울기는 (A) 이하로 하여야 한다. 다만, 지형상 곤란한 경우에는 (B)까지 완화할 수 있다.
- 대지 내를 연결하는 주접근로에 단차가 있을 경우 그 높이 차이는 2센티미터 이하로 하여야 한다.

① 10분의 1　　② 16분의 1
③ 18분의 1　　④ 20분의 1

018 그림은 어떤 건설 재료의 단면 표시인가?

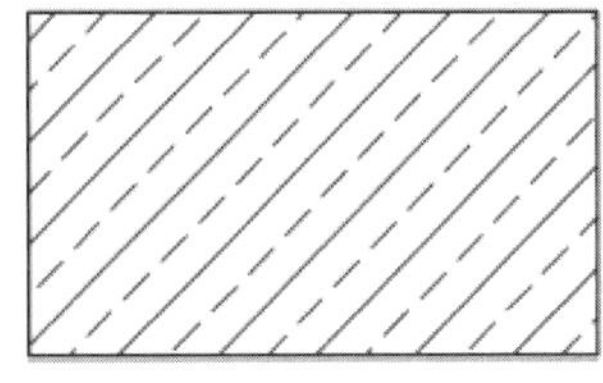

① 석재　　② 강재
③ 목재　　④ 콘크리트

019 광장에 대한 설명으로 옳지 않은 것은?

① 광장은 휴식과 대화의 자리가 된다.
② 광장은 주변에 있는 건물이나 각종 시설물이 큰 영향을 준다.
③ 광장의 성격은 자연 지향적이고 레크리에이션 지향형이다.
④ 광장의 입지조건은 상업, 문화, 행정 등의 기능을 지닌 공간과 관련성이 있는 자리가 좋다.

020 다음 중 「주차장법」상 주차장의 종류에 해당하지 않는 것은?

① 노변주차장 ② 노상주차장
③ 노외주차장 ④ 부설주차장

조경식재

021 대칭형이기는 하나 지나치게 면적이 광대한 프랑스식 정원에서는 보스(Bosquet)가 존재함으로써 두드러지게 강조되는 것은?

① 방사축 ② 측축
③ 통경축 ④ 직교축

022 원산지는 북아메리카로 차폐식재용으로 적합한 수종으로 가지가 짧게 수평으로 퍼지며 잎에 향기가 있고 표면은 녹색, 뒷면은 황록색인 수종은?

① 서양측백나무(Thuja occidentalis)
② 편백(Chamaecyparis obtusa)
③ 화백(Chamaecyparis pisifera)
④ 실화백(Chamaecyparis pisifera var. filifera)

023 수목의 이식시기로 가장 적합한 것은?

① 근(根)계 활동 시작 직전
② 근(根)계 활동 시작 후
③ 발아 정지기
④ 새 잎이 나오는 시기

024 인공지반조경의 옥상조경 시 배수에 관한 설명이 틀린 것은?

① 옥상 1면에 최소 2개소의 배수공을 설치한다.
② 식재층에서 잉여수분은 빨리 배수시킬 필요가 있다.
③ 옥상면은 배수를 원활히 하기 위해 0.5%의 구배를 둔다.
④ 인공토양의 경우 식재기반의 조성유형에 적합한 배수성과 통기성을 확보하여야 한다.

025 꽃이 무성화로만 이루어진 수종은?

① 수국(Hydrangea macrophylla)
② 돈나무(Pittosporum tobira)
③ 나무수국(Hydrangea paniculata)
④ 백당나무(Viburnum opulus var, calvescens)

026 다음 중 상록성인 식물은?

① 모과나무(*Chaenmeles sinensis*)
② 채진목(*Amelanchier asiatica*)
③ 산사나무(*Crataegus pinnatifida*)
④ 비파나무(*Eriobotrya japonica*)

027 조경식재의 기능을 건축적, 공학적, 기상학적, 미적으로 구분할 때 기상학적 이용효과에 해당하는 것은?

① 대기 정화작용
② 섬광조절
③ 태양복사열 조절작용
④ 조류 및 동물유인

028 다음 중 목련과(科) 수종에 대한 설명으로 틀린 것은?

① 태산목은 상록활엽교목이다.
② 목련은 중국원산이고, 백목련은 한국원산이다.
③ 함박꽃나무, 백합나무는 모두 꽃보다 잎이 먼저 난다.
④ 일본목련은 5월에 잎이 핀 다음 꽃이 가지 끝에 한 개씩 달리며, 강렬한 꽃향기가 있는 방향성 수종이다.

029 다음 중 산울타리 조성에 가장 많이 쓰이는 수종은?

① *Acer Pictum subsp.* mono Ohashi
② *Platanus orientalis* L.
③ *Poncirus trifoliata* Raf.
④ *Aesculus turbinata* Blume

030 수목의 활용에 따른 분류 중 녹음용 수종의 조건으로 가장 관계가 적은 것은?

① 가급적 수관이 커야 한다.
② 보행자의 머리에 닿지 않을 정도의 지하고를 가져야 한다.
③ 수목의 무게를 견딜 수 있는 천근성이어야 한다.
④ 여름철에 짙은 그늘과 겨울철에 따듯한 햇빛을 줄 수 있는 낙엽교목이어야 한다.

031 Berberis koreana의 설명으로 맞는 것은?

① 꽃은 3월에 붉은색으로 핀다.
② 성상은 상록활엽교목이다.
③ 우리나라 자생수종이다.
④ 줄기에는 가시가 있으며, 열매는 흑색이다.

032 연안대 수변림의 식재 수종으로만 올바르게 나열된 것은?

① 황버들, 버드나무, 오리나무, 들메나무
② 조록싸리, 신갈나무, 선버들, 댕강나무
③ 졸참나무, 들메나무, 백당나무, 수양버들
④ 할미꽃, 미루나무, 좀작살나무, 갯버들

033 들잔디를 파종하는 시기가 가장 적당한 것은?

① 3~4월　　② 5~6월
③ 9~10월　　④ 10~11월

034 토양의 화학적 성질 중 토양산도(pH)에 관한 설명으로 틀린 것은?

① 토양 pH는 양분의 가용성을 결정하는 역할을 한다.
② 토양 pH가 증가하면 토양용액 내 칼슘, 칼륨, 마그네슘의 양이 감소한다.
③ 토양 pH6 ~ 7은 식물양분의 용해도가 최대를 이루는 범위이다.
④ 토양 pH가 낮아지면 세균과 방사선균의 수와 활동이 줄어들게 된다.

035 고속도로 조경에서 노선의 변화를 운전자에게 예지(豫知)시켜 주기 위한 식재수법은?

① 지표식재　　② 조화식재
③ 완충식재　　④ 시선유도식재

036 소나무류(Hard Pine)과 잣나무류(Soft Pine)의 식별에 대한 설명으로 잘못된 것은?

① 잎수는 잣나무류가 3~5개이고, 소나무류는 2~4개이다.
② 아린은 잣나무류가 곧 떨어지고, 소나무류는 끝까지 남아있다.
③ 잣나무류는 가지에 침엽이 달렸던 자리가 도드라져 있고 소나무류는 밋밋하다.
④ 잣나무류의 실편(實片)은 끝이 얇고 가시가 없으며, 소나무류의 실편은 끝이 두껍고 가시가 있다.

037 수(水) 처리에 이용되는 습지식물의 분류 중 침수식물에 해당하는 것은?

① 부들　　② 가래
③ 골풀　　④ 사초

038 다음 방풍림 구조의 설명으로 가장 거리가 먼 것은?

① 1.5 ~ 2.0m 간격의 정삼각형식재가 바람직하다.
② 수림대의 길이는 수고의 12배 이상이 필요하다.
③ 지형과의 관계에서는 능선 또는 볍견에 설치함이 좋다.
④ 수림의 밀폐도는 90 ~ 95% 정도 유지되도록 하는 것이 필요하다.

039 다음 설명에 해당하는 수종은?

> 가지가 많이 갈라지고 일년생 가지에는 구(溝)가 있으며, 마디마다 1 ~ 3개의 날카로운 가시가 나 있다. 2년지는 적색 또는 암갈색으로 되고, 가시는 길이 6 ~12mm이다.

① 호랑가시나무　　② 살구나무
③ 노린재나무　　④ 매자나무

040 서어나무에 대한 설명으로 틀린 것은?

① 꽃은 잎보다 먼저 핀다.
② 자작나무과(科) 식물로 잎은 호생이다.
③ 우리나라 온대림의 극상림 우점종이다.
④ 수피는 부분적으로 떨어지고 가로형의 피목이 발달한다.

제 3 과목 조경시공

041 목재의 비저항(比抵抗)에 대한 설명으로 틀린 것은?

① 목재의 비저항은 온도상승에 따라 감소한다.
② 목재의 비저항은 수종에 따라 그 차이가 크다.
③ 횡단면의 비저항은 섬유방향의 비저항보다 크다.
④ 목재의 비저항은 함수율이 높아짐에 따라 적어진다.

042 시멘트의 단위용적중량은 시멘트의 비중, 분말도, 풍화 정도에 따라 다르나 일반적인 표준치(kg/m^3)로 가장 적당한 값은? (단, 자연상태를 기준으로 한다.)

① 1300 ② 1500
③ 1700 ④ 2000

043 네트워크 공정표에 계산방법에 관한 설명으로 틀린 것은?

① 작업의 LST는 그 작업의 LFT에서 작업소요일수를 뺀 값으로 한다.
② 완료 결합점의 EST는 0(Zero)이며, 이때의 LST값을 지정공기로 한다.
③ 종료 결합점에서 들어가는 각 작업의 EFT값 중 최댓값을 계산공기로 한다.
④ 개시결합점의 EST는 0(Zero)이며, 각 작업의 EST, EFT는 작업흐름에 따라 계산한다.

044 축척 1 : 5,000의 지형도를 만들기 위해 축척 1 : 500의 지형도를 이용한다면 1 : 5,000 지형도의 1도면에 필요한 1 : 500 지형도는?

① 10매 ② 50매
③ 100매 ④ 1,000매

045 다음 설명하는 입찰방식은?

- 최저 낙찰제의 과도한 경쟁으로 덤핑입찰을 방지한다.
- 예상가격 10억원 미만 공사의 낙찰자 결정 방법으로서 예정가격의 85% 이상의 금액으로 입찰한 자가 1인인 경우는 이를 낙찰자로 한다.
- 낙찰 적격자가 2인 이상인 경우에는 낙찰적격자의 입찰금액을 평균하여 이 금액 바로 아래에 가까운 금액으로 입찰한 자를 낙찰자로 정한다.

① 제한경쟁입찰
② 지명경쟁입찰
③ 제한적평균가낙찰제
④ 일반경쟁입찰

046 기성고 공정곡선에서 각점의 공정현황에 대한 설명으로 틀린 것은?

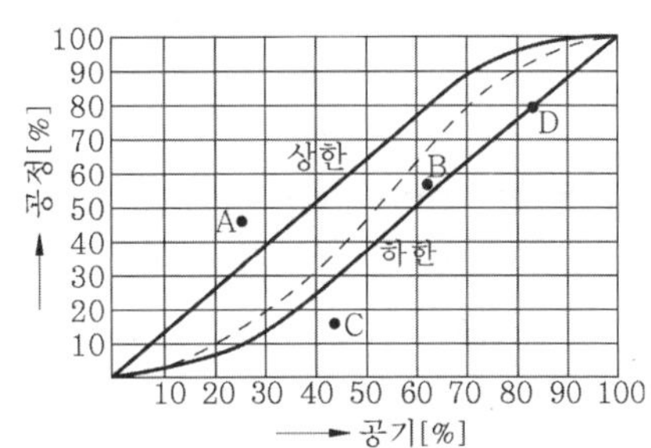

① A : 공사기간 25% 시점이다.
② B : 예정공정보다 실적공정이 훨씬 진척되어 있다.
③ C : 경제적 시공이 되고 있다.
④ D : 공정진척률(기성고)은 43% 정도이다.

Appendix 최근 기출문제

047 비철금속 재료 중 알루미늄에 대한 설명으로 옳지 않은 것은?

① 알칼리에 침식된다.
② 전기와 열의 양도체이다.
③ 융점은 640 ~ 660℃ 정도이다.
④ 열에 의한 팽창계수는 콘크리트와 유사하다.

048 골재의 공극률이 30%일 때 골재의 실적률은?

① 0.3% ② 0.7%
③ 30% ④ 70%

049 실리카 시멘트 사용시 특징이 아닌 것은?

① 블리딩이 감소한다.
② 수밀성이 감소된다.
③ 장기강도가 커진다.
④ 위커빌리티가 증진된다.

050 목재는 자연건조와 인공건조로 분류할 수 있다. 다음 중 인공건조법에 해당하지 않는 것은?

① 자비법 ② 증기법
③ 수침법 ④ 고주파건조법

051 다음 중 공사비 산정기준이 맞는 것은?

① 산업안전보건관리비 : (재료비+노무비)×비율
② 산재보험료 : 직접노무비×비율
③ 환경보전비 : (재료비+노무비)×환경보전비율
④ 일반관리비 : 순공사원가×일반관리비율

052 그림과 같은 단순보에 하중이 작용할 때 점B에 작용하는 굽힘 모멘트의 크기는 몇 Nm인가?

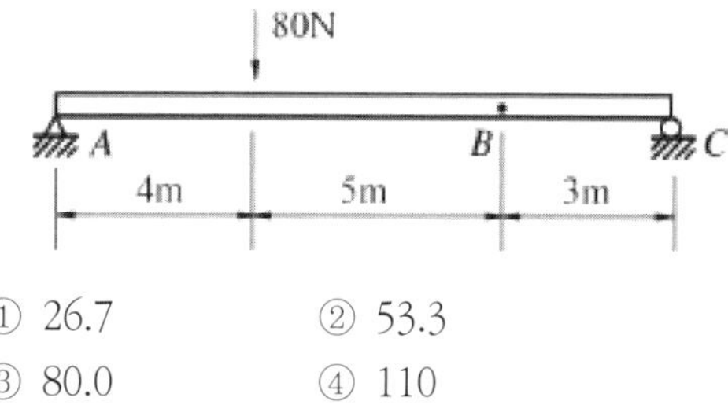

① 26.7 ② 53.3
③ 80.0 ④ 110

053 다음 중 산업재해 보상보험료(산재보험료)에 대한 설명으로 적합하지 않은 것은?

① 산재보험료는 고정요율로서 5%이다.
② 총괄내역서 작성 시 경비 항목으로 계상한다.
③ 법령에 의하여 강제적으로 가입되는 항목이다.
④ 노무비의 총액에 일정 요율을 곱하여 산정한다.

054 배수지역의 표면 종류에 따른 유출계수가 가장 큰 것은?

① 공원 ② 상업지역
③ 학교운동장 ④ 저밀도주거지역

055 건설시공(콘크리트, 벽돌, 용접 등) 관련설명 중 옳지 않은 것은?

① 콘크리트 비비기는 미리 정해둔 비비기 시간의 3배 이상 계속하지 않아야 한다.
② 벽돌쌓기 시에는 붉은 벽돌에 물이 충분히 젖도록 하여 시공하는 것이 좋다.
③ 강우나 강설 시에는 용접작업을 습기가 침투할 수 없는 밀폐된 공간에서 실시한다.
④ 콘크리트를 타설한 후 일평균 10℃이상에서 보통 포틀랜드시멘트는 7일간을 습윤 양생기간으로 정한다.

056 다음 중 지형도의 이용법으로 가장 거리가 먼 것은?

① 저수량의 결정
② 노선의 도면상 선정
③ 노선의 거리 측정
④ 하천의 유역 면적 결정

057 플라스틱 재료의 일반적인 특징으로 옳지 않은 것은?

① 내수성(耐水性)과 내약품성이다.
② 내마모성이 크며, 접착성도 우수하다.
③ 착색이 용이하고, 투명성도 있다.
④ 내후성(耐朽性)이 크며, 전기절연성이 양호하다.

058 지상의 측점과 이에 대응하는 평판 위의점을 같은 연직선이 되는 위치에 있게 하는 작업은?

① 정준　② 구심
③ 표정　④ 조정

059 도장공사에 관한 주의사항으로 옳지 않은 것은?

① 도장 장소의 습도를 높게 유지시킬 것
② 직사일광을 가능한 한 피할 것
③ 도막의 건조는 매회 충분히 행할 것
④ 도막은 얇게 여러 번 도장할 것

060 기본벽돌을 1.0B로 1,000m^2의 담장을 치장쌓기할 때 소요되는 노무비는? (단, 벽돌 10,000매당 소요되는 치장벽돌공은 2.5인, 보통인부는 2.0인, 치장벽돌공 노임은 100,000원, 보통인부 노임은 50,000원이다.)

① 5,000,000원　② 5,215,000원
③ 5,525,000원　④ 5,500,500원

제4과목 조경관리

061 소나무재선충을 매개하는 곤충은?

① 맵시벌　② 솔수염하늘소
③ 솔곤봉하늘소　④ 짚시벼룩좀벌

062 넘어짐 사고와 떨어짐 사고의 예방 방안으로 틀린 것은?

① 마찰력이 낮은 작업화를 착용한다.
② 어두운 공간에는 충분한 조명을 설치한다.
③ 사다리 작업 안전지침 및 기준을 준수한다.
④ 작업화 바닥, 사다리 발판의 흙을 털어

063 골프장 잔디초지 관리 중 10월에 실시되어야 할 관리 내용으로 부적합한 것은?

① 그린의 통기 및 배토작업 : 잔디생육이 왕성한 시기이므로 갱신작업 실시, 통기작업 1회 정도와 배토 1~3회 실시한다.
② 그린의 시비관리 : 잔디생육이 정지하는 시기이므로, 석회질 비료 위주로 공급한다.
③ 티의 예초 : 10월은 잔디 생장량이 낮아지고 휴면을 위해 저장양분을 축적하는 시기이므로 한국잔디의 예고를 25mm로 한다.
④ 조경수목의 병해충관리 : 깍지벌레류와 응애류의 방제를 실시한다.

064 벤치 · 야외탁자의 전반적인 관리방안으로 적합하지 않은 것은?

① 이용자수가 설계 시의 추정치보다 많은 경우에는 이용실태를 고려하여 개소를 증설하여 이용자의 편의를 도모한다.
② 노인, 주부 등이 장시간 머무르는 곳의 콘크리트재 벤치는 인체와 접촉 부위가 차가워지기 쉬우므로 목재로 교체한다.
③ 바닥의 지면에 물이 고인 경우에는 배수시설을 설치한 후 흙을 넣고 충분히 다지거나 지면을 포장한다.
④ 그늘이나 습기가 많은 장소에는 목재벤치를 설치하도록 한다.

065 농약 살포방법으로 옳은 것은?

① 심한 태풍이나 비바람이 지나간 직후에 살포하는 것이 흡수효과가 좋다.
② 살충제와 살균제를 혼합사용하며, 기온이 높을수록 효과가 좋다.
③ 살충제 중 독한 약제는 흐린 날 살포하는 것이 좋다.
④ 전착제를 완전히 용해시킨 뒤 살포액에 넣는 것이 좋다.

066 시비와 관련된 설명 중 옳지 않은 것은?

① 수경수목의 시비는 수종과 크기를 고려하여 비료의 종류와 시비량 및 시비횟수를 결정한다.
② 잔디 초종을 고려하여 연간 시비량을 결정하며, 비료의 종류는 N:P2OS:K2O이 3:1:2 또는 2:1:1의 비율이 되도록 한다.
③ 화단 초화류는 집약적 관리가 요구되므로 가능한 한 무기질비료를 추비로서 연간 2~3회, 화학비료를 기비로서 연간 1회 시비한다.
④ 일반 조경수목류의 기비는 유기질 비료를 늦가을 낙엽 후 땅이 얼기 전 또는 2월 하순~3월 하순의 잎이 피기 전에 연 1회를 기준으로 시비한다.

067 토사의 유출과 무너짐을 방지하기 위해 옹벽을 설치하였다. 다음 옹벽의 시공과 관리에 대한 방법으로 가장 적합한 것은?

① 옹벽을 설치할 때는 일반적인 안정성과 함께 전도, 미끄럼, 침하에 대한 안정성 등을 사전에 검토한다.
② PC앵커공법은 콘크리트 옹벽 뒷면의 지하수를 배수 구멍으로 유도시키고 토압을 경감시키는 방법이다.
③ 중력식은 옹벽 자체 무게로 토압에 저항하는 것으로, 다른 형태에 비해 높이가 높은 경우에 사용되며, 저판에 의해 안정성이 유지된다.
④ 옹벽의 보수 · 유지관리 방법은 다양하지만, 기능을 고려할 때 시간과 경비가 소요되더라도 새로 설치하는 것이 바람직하다.

068 수목식재 후 관리를 위해 지주목 설치를 통해 얻을 수 있는 특징에 해당하지 않는 것은?

① 수간의 굵기가 균일하게 생육할 수 있도록 해준다.
② 수고 생장에 도움을 주며 지지된 수목의 상부에 있어서 단위횡단면 당 내인력(耐引力)이 증대된다.
③ 지상부의 생육에 있어서 흉고직경 생장을 비교적 작게 하는 동시에 상부의 지지된 부분의 생육을 증진시킨다.
④ 바람에 의한 피해를 줄일 수 있으나, 지상부의 생육에 비교하여 근부(根部)의 생육에는 영향을 주지 않는다.

069 다음 중 비탈면 우수침식방지를 위한 식생공법이 아닌 것은?

① 종자 뿜어붙이기공법
② 유묘 식재공법
③ 식생 매트공법
④ 떼 붙임공법

070 기술적인 관리유형으로서 본래의 기능을 양호한 상태로 유지시키고자 하는 것이 주된 목적이며, 크게 수목과 시설물의 관리로 구분되는 것은?

① 이용관리 ② 운영관리
③ 유지관리 ④ 경영관리

071 참나무류에 치명적인 피해를 주는 참나무 시들음병을 매개하는 곤충은?

① 광릉긴나무좀 ② 솔수염하늘소
③ 북방수염하늘소 ④ 털두꺼비하늘소

072 대기오염의 2차적 오염물질 중에서 주로 PAN($C_2H_3NO_3$, Peroxyacetyl Nitrate)에 의한 피해를 입는 부위는?

① 상피조직세포 ② 표피조직세포
③ 책상조직세포 ④ 해면유조직

073 다음 중 종자뿜어붙이기에 관한 설명으로 옳지 않은 것은?

① 파종 후 6개월 이내에 발아되지 않거나 전면에 고루 발아되지 않고 일부만 발아되었을 때에는 처음과 동일한 공법으로 재파종하여야 한다.
② 파종면이 건조한 경우에는 종자의 발아를 촉진하고 분사부착물의 침투를 좋게 하기 위하여 $1m^2$당 1~3L의 물을 미리살포한다.
③ 비료는 질소, 인산, 칼리의 성분이 혼합된 복합비료를 사용하되 재료조달계획 승인 시 감독자의 승인을 받은 것을 사용한다.
④ 공사의 효율을 위하여 잔디종자를 섬유(Fiber), 색소, 접착제, 비료 등과 물로 혼합하여 고압분사기로 파종하는 잔디조성공사에 적용한다.

074 누런솔잎벌의 연간 발생 세대수와 월동 충태수는?

① 연 1세대-알 ② 연 2세대-성충
③ 연 2세대-유충 ④ 연 1세대-번데기

075 레크리에이션 수용능력에 따른 관리유형에 해당되지 않는 것은?

① 직접적 이용제한
② 간접적 이용제한
③ 이용자 관리
④ 부지관리

076 다음 중 이중기생을 하는 녹병균의 연결로 틀린 것은?

> 녹병균 – 병명 – 녹병정자(녹포자) – 여름포자(겨울포자)

① Cronartium ribicola - 잣나무털녹병 - 잣나무 - 까치밥나무
② Coleosporium phellodendri - 소나무잎녹병 - 소나무 - 황벽나무
③ Coleosporium asterum - 소나무잎녹병 - 소나무 - 잔대
④ Melampsora larici-populina - 포플러잎녹병 - 낙엽송 - 포플러

077 수목 병원체가 월동하는 장소가 아닌 것은?

① 낙엽 ② 대기
③ 토양 ④ 뿌리

078 정지(整枝) 및 전정(剪定)의 효과라 할 수 없는 것은?

① 화아분화의 촉진
② 수목의 규격화 추구
③ 수목의 구조적 안전성 도모
④ 꽃눈발달과 영양생장의 균형유도

079 수병치료를 위한 수간주사법에 대한 설명이 옳은 것은?

① 청명한 날의 낮 시간에 실시한다.
② 수간주사액은 주로 살균제 성분이다.
③ 빗자루병의 치료에는 효과가 없다.
④ 수피 두께 정도까지 바늘을 찌른다.

080 다음 중 솔잎혹파리에 관한 설명으로 틀린 것은?

① 매개충은 솔수염하늘소에 의하여 이동한다.
② 기생성 천적으로 솔잎혹파리먹좀벌, 혹파리등뽈먹좀벌 등이 있다.
③ 벌레가 외부로 노출되는 시기가 극히 제한적이기 때문에 침투성 약제의 나무주사가 가장 효율적인 방제법이다.
④ 유충은 9월 하순 ~ 다음해 1월에 낙하(비 오는 날이 가장 많음)하여 지피물 밑 또는 흙속으로 들어가 월동한다.

3회 정답 및 풀이

1	2	3	4	5	6	7	8	9	10	11	12	13	14	15	16	17	18	19	20
③	②	②	④	④	③	①	③	②	④	④	④	④	②	③	①	③	①	③	①
21	22	23	24	25	26	27	28	29	30	31	32	33	34	35	36	37	38	39	40
③	①	①	③	①	④	③	②	③	③	③	①	②	②	④	③	②	④	④	④
41	42	43	44	45	46	47	48	49	50	51	52	53	54	55	56	57	58	59	60
②	②	②	③	③	③	④	④	②	③	④	③	①	②	③	③	④	②	①	②
61	62	63	64	65	66	67	68	69	70	71	72	73	74	75	76	77	78	79	80
②	①	②	④	④	③	①	④	②	③	①	④	①	①	③	③	②	②	①	①

제 1과목 조경계획 및 설계

001 도시 오픈스페이스는 공원, 녹지, 운동장, 유원지, 공동묘지 등이 모두 포함되어 있다.

002 순천관 : 고려시대 중국사신이 머물던 곳

003 경복궁 : 교태전 후원, 향원정 지원, 경회루 지원

004 고산수식
물이나 식재 대신 모래나 자갈, 돌을 사용하여 정원을 꾸민형식

005 ① 지구라트 : 고대 메소포타미아, 지상과 하늘을 잇기 위한 높은 탑, 일종의 신전
② 지스터스 : 로마 주택정원의 요소. 제3중정
③ 키오스크 : 고대 이집트시대의 정자형식의 침상지
④ 이집트 분묘건축 : 마스터바(mastaba), 피라미드(pyramid), 스핑크스(spinx), 암굴분묘

006 석가산 수법은 고려 예종 11년에 도입해 고려 말엽에는 중국보다도 더 성행하였다.
고려시대 서유구의 "임원십육지" (석가산 축조기법)에 기록되어 있다.

007 인간행태 관찰은 동적인 행태를 관찰하는 것이다.

008 경관의 변화요인
운동, 빛, 기후조건, 계절, 거리, 관찰위치, 규모, 시간 축과 연속은 경관의 우세원칙에 해당한다.

009 지각에서 반응까지의 과정
① 지각 : 감각기관이 생리적 자극 통해 "받아들이는 과정"
② 인지 : 개인의 환경에 대한 지식, 이미지, 가치관 등에 의해 "해석되는 과정"
③ 판단 : 뇌에서 어떤 것인가를 식별하고 어떻게 행동할 것인가를 결정하는 과정
④ 반응 : 실지 행동으로 나타나는 과정

010 조경설계기준 흙쌓기
기존의 지반이 기울어진 경우에는 기존 지반과 흙쌓기 층의 분리를 방지하기 위해 기존 지반을 계단

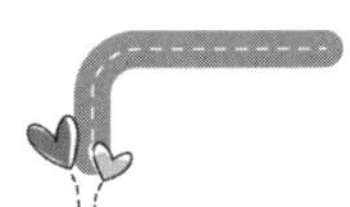

식으로 정리한 다음 흙쌓기 하도록 한다.

011 ① 변화 ② 리듬 ③ 강조 ④ 비례

012 경관분석은 시각적인 것뿐 아니라 심리적, 경제적, 환경적, 미학적 분석 등 매우 다양한 분석에 해당하는 것으로 항공사진만으로는 분석이 불가능하다.

013 물체의 크기는 화면 가까이 있는 것보다 먼 곳에 있는 것이 더 작아 보인다.

014 도시공원 및 녹지 등에 관한 법률 제49조(도시공원 등에서의 금지행위)

① 누구든지 도시공원 또는 녹지에서 다음 각 호의 어느 하나에 해당하는 행위를 하여서는 아니된다. 〈개정 2013.5.22.〉

1. 공원시설을 훼손하는 행위
2. 나무를 훼손하거나 이물질을 주입하여 나무를 말라 죽게 하는 행위
3. 심한 소음 또는 악취가 나게 하는 등 다른 사람에게 혐오감을 주는 행위
4. 동반한 애완동물의 배설물(소변의 경우에는 의자 위의 것만 해당한다)을 수거하지 아니하고 방치하는 행위
5. 도시농업을 위한 시설을 농산물의 가공 · 유통 · 판매 등 도시농업 외의 목적으로 이용하는 행위

015 색입체에서 채도는 중심에 가까울수록 낮아지고 멀어질수록 높아진다.

016 조경설계기준 19.4.2 보행등 배치(5)
보행로 경계에서 50cm 정도의 거리에 배치한다.

017 장애인, 노인, 임산부 등의 편의증진 보장에 관한 법률 시행규칙
별표1. 편의시설의 구조, 재질 등에 관한 세부기준
1. 장애인등의 통행이 가능한 접근로
가. 유표폭 및 활동공간
(1) 휠체어 사용자가 통행할 수 있도록 접근로의 유효폭은 1.2미터 이상으로 하여야 한다.
(2) 휠체어 사용자가 다른 휠체어 또는 유모차 등과 교행할 수 있도록 50미터마다 1.5미터×1.5미터 이상의 교행구역을 설치할 수 있다.
(3) 경사진 접근로가 연속될 경우에는 휠체어 사용자가 휴식할 수 있도록 30미터마다 1.5미터×1.5미터 이상의 수평면으로 된 참을 설치할 수 있다.
나. 기울기 등
(1) 접근로의 기울기는 18분의 1 이하로하여야 한다. 다만, 지형상 곤란한 경우에는 12분의 1까지 완화할 수 있다.
(2) 대지 내를 연결하는 주접그놀에 단차가 있을 경우 그 높이 차이는 2센티미터 이하로 하여야 한다.

019 광장은 도시 지향적, 지역 중심적이다.

020 주차장법 제 2조(정의)
1. "주차장"이란 자동차의 주차를 위한 시설로서 다음 각 목의 어느 하나에 해당하는 종류의 것을 말한다.
가. 노상주차장(路上駐車場) : 도로의 노면 또는 교통광장(교차점광장만 해당한다. 이하 같다)의 일정한 구역에 설치된 주차장으로서 일반(一般)의 이용에 제공되는 것
나. 노외주차장(路外駐車場) : 도로의 노면 및 교통광장 외의 장소에 설치된 주차장으로서 일반의 이용에 제공되는 것
다. 부설주차장 : 제19조에 따라 건축물, 골프연습장, 그 밖에 주차수요를 유발하는 시설에 부대(附帶)하여 설치된 주차장으로서 해당 건축물 · 시설의 이용자 또는 일반의 이용에 제공되는 것

제 2과목 조경식재

021 비스타(통경축)는 종점 혹은 지배적인 요소로 향하여 모아지는 전망을 하며 프랑스 보스케를 활용하여 강조됨.

022 편백, 화백, 실화백은 일본이 원산지

023 수목의 이식시기는 뿌리의 활동이 시작되기 직전에 하는 것이 가장 좋다.

024 옥상 배수구배는 최저 1.3%, 배수구 부분 최저 2% 이상 되어야 한다.

025 무성화
종자식물의 꽃 중에서 암술, 수술이 퇴화하였거나 발육이 불완전하여 열매를 맺지 못하는 꽃. 수국이 해당된다.

025 비파나무는 상록활엽소교목이다.

027
- 기상학적 이용
  ① 태양 복사열 조절작용
  ② 바람의 조절작용
  ③ 우수의 조절작용
  ④ 온도의 조절작용
  ⑤ 습도의 조절작용
- 공학적 이용
  ① 토양침식조절
  ② 섬광조절
  ③ 음향조절
  ④ 반사광선 조절
  ⑤ 대기정화 작용
  ⑥ 통행조절
- 미적 이용
  ① 조각물로서의 이용
  ② 반사
  ③ 영상
  ④ 섬세한 선형미
  ⑤ 장식적인 수벽
  ⑥ 조류 및 소동물 유인
  ⑦ 배경용
  ⑧ 구조물의 유화

028 목련 : 한국이 원산이며, 백목련은 중국원산이다.

029 ① 고로쇠나무
② 버즘나무
③ 탱자나무
④ 칠엽수
- 산울타리용 수종 : 지엽이 밀생한 상록수, 맹아력이 강하고 전정에 강한 것 길향나무, 가이즈까향나무, 가시나무류, 탱자나무, 화백, 편백, 삼나무, 측백나무, 꽝꽝나무, 덩굴장미, 명자나무, 무궁화, 개나리, 피라칸사, 회양목, 보리수나무, 사철나무, 아왜나무 등

030 녹음 식재용 수종 조건
수관이 커야 함, 머리가 닿지 않을 지하고 유지(1.6~2.0m), 낙엽교목, 잎이 넓고 악취나 가시, 병충해가 없는 수종, 근원부의 다짐에 별 지장을 받지 않는 수종

031 매자나무에 관한 설명
꽃(5월 노란색), 낙엽활엽관목, 우리나라 자생종, 줄기에 가시 있으며, 열매는 적색 또는 암갈색

032 습지에 잘 견디는 수종
낙우송, 가문비나무, 수양버들, 은백양, 호두나무, 가래나무, 자작나무, 물푸레나무, 층층나무, 벽오동, 팔손이나무, 버드나무, 황매화, 삼나무, 오리나무 등

033 들잔디는 난지형잔디로 5 ~ 6월 파종

034 pH증가는 알칼리성 토양이며 산성토양일 때 칼륨과 칼슘의 양이 감소한다.

035 시선유도식재 : 고속도로 곡선모양에 따라 식재함으로써 멀리서도 도로형태를 파악할 수 있도록 하는 식재

036 잣나무류가 가지에 침엽이 달렸던 자리가 밋밋하다.

037
- 가래 : 뿌리를 물 속 밑바닥에 내리고 잎은 물에 떠 있거나 잠겨있는 것으로 사는 식물로 보기에서 가장 물 속에 사는 식물에 가깝다.
- 부들, 골풀, 사초 : 물가에 자라는 식물

038 식재의 의한 방풍에서 수림의 밀폐도는 50~70%, 산울타리 45~55%가 가장 바람직하다.

040 서어나무의 수피는 회색이고, 밋밋하지만 근육처럼 울퉁불퉁한 모양새를 한다.

제 3과목 조경시공

041 비저항
물질이 얼마나 전류를 잘 흐르게 하는가에 대한 단위 면적당 단위 길이당 저항을 말하며 목재의 수종에 따라서는 거의 차이가 없으며, 온도가 상승하거나, 함수율이 높아지면 비저항은 적어진다.

042 시멘트 단위용적중량 표준치 : $1500kg/m^3$

043 완료 결합점의 LFT값이 지정공기이다.

044 면적에 관한 것임으로 축척을 제곱한다.
$(\frac{5000}{500})^2 = 100$매

045 ① 제한경쟁입찰 : 필요시 참가자의 자격을 제한. 일반경쟁입찰과 지명 경쟁입찰의 단점을 보완한 중간적 제도
② 지명경쟁입찰 : 자금력과 신용 등에서 적합하다고 인정되는 3~7개의 특정 회사를 선정하여 입찰시키는 방법
③ 제한적평균가낙찰제 : 예산가격 10억원 미만 공사의 낙찰자 결정방법으로 예정가격의 85% 이상의 금액으로 입찰한 자가 1인인 경우는 이를 낙찰자로 하고, 2인 이상일 경우 낙찰적격자의 입찰금액을 평균하여 가까운 금액에 낙찰시키는 방법
④ 일반경쟁입찰 : 일정한 자격을 갖춘 불특정다수의 공사수주 희망자를 입찰경쟁에 참가시켜 가장 유리한 조건을 제시한 자를 낙찰자로 선정하여 계약을 체결하는 입찰방법

046

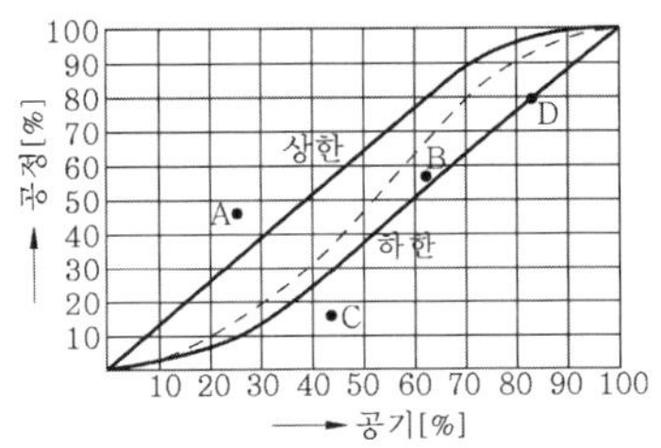

① A : 공사기간 25% 시점이며, 부실공사 우려가 있으니 충분히 검토할 사항
② B : 예정공정보다 실적공정이 훨씬 진척되어있다.
③ C : 공정이 대단히 늦었으므로 공정촉진을 요한다.
④ D : 공정진척률(기성고)은 43% 정도이며, 하한한계선 안에 있으나 더욱 공정촉진을 요한다.

047 알루미늄
열에 의한 팽창계수는 콘크리트보다 2배 정도 크다.

048 실적률 = 100-공극률
따라서 70% 실적률이다.

049 실리카시멘트는 혼합시멘트로서 포틀랜드시멘트에 포졸란, 석고를 혼합하여 만든다.
- 특징
  - 초기강도는 작으나 장기 강도는 약간 크다.
  - 워커빌리티를 증가 시키고 블리딩이 적다.
  - 수밀성이 좋고 내구성이 풍부하다.
  - 보통 포틀랜드 시멘트보다 화학 저항성이 크다.

050
- 자연건조법 : 공기건조법과 수침법이다.
- 인공건조법 : 찌는법, 증기법, 공기가열건조법, 훈연건조법, 고주파건조법 등이 있다.

051 ① 산업안전보건관리비 = (재료비+직접노무비)×비율
② 산재보험료 = 노무비×비율
③ 환경보전비 = (재료비+직접노무비+산출경비)×비율

052

80N

A, B, C — 4m, 5m, 3m

$\Sigma M_c = R_A \times 12 - 80 \times 8 = 0$

$R_A = 53.33\text{N}$

$M_p = 53.33 \times 4 = 213.32\text{N} \cdot \text{m}$

$8 : 213.33 = 3 : \chi, \quad \chi = 79.995\text{N} \cdot \text{m}$

약 80N·m

053 산재보험료 = 노무비(간접노무비+직접노무비)× 요율(2015년 기준 3.8%)

054 유출계수

지역	유출계수
공원 광장	0.1 ~ 0.3
잔디밭 정원	0.05 ~ 0.25
삼림지구	0.01 ~ 0.2
상업지역	0.6 ~ 0.7
주거지역	0.3 ~ 0.5
공업지역	0.4 ~ 0.06

055 강우나 강설로 용접부위가 젖어있거나, 바람이 심하게 불거나, 기온이 영하일 때는 용접을 금지한다.

056 지형도는 지형의 고저를 등고선을 표시해 놓은 것으로 저수량 산정, 노선선정, 하천의 유역면적 산정, 단면도 제작 등이 가능하다. 노선의 거리측정은 높이 고저에 따라 실제거리와 다르기 때문에 가장 거리가 멀다.

057 내후성은 각종 기후에 잘 견디는 것으로 플라스틱은 기후, 온도에 따라 손상이 잘 일어남으로 내후성이 작다.

058 ① 정준(수평맞추기, 정치) : 평판 수평되게 하여 지상의 측점과 도면상 점이 수직선상에 오도록 맞추기
② 구심(중심맞추기, 치심) : 평판상의 측점위치와 지상의 측점과 일치시키는 것
③ 표정(방향맞추기) : 평판상 그려진 모든 선이 이것에 해당하는 선과 평행하게 평판돌리는 것

059 도장은 습도가 높으면 잘 마르지 않으며, 상대습도 85% 초과 시는 도장을 하여서는 안된다.

060 벽돌의 소요매수

(m^2당, 단위 : 매)

벽 두께 / 벽돌 두께	210×100×60 (기존형)	190×90×57 (표준형)
0.5B	65	75
1.0B	130	149
1.5B	195	224
2.0B	260	299
2.5B	325	373
3.0B	390	447

벽돌 소요매수 = 1000×149 = 149,000장
10,000매당 인부품셈이 제시되어 있음으로
149,000/10,000 = 14.9
(14.9×2.5인×100,000원)+(14.9×2.0인×50,000인) = 5.215.000원

제 4과목 조경관리

061 소나무재선충 매개충
솔수염하늘소, 북방하늘소 등

062 미끄러움을 예방한다.
미끄럼 방지가 된 마찰력이 높은 작업화가 안전하다.

063 그린에는 주로 규산질 비료를 시비한다.

064 목재는 수분에 매우 약하여 부식됨으로 그늘이나 습기가 많은 장소에는 목재벤치설치를 피해야 한다.

065 ① 심한 태풍, 비바람이 지나간 직후에는 줄기나 잎에 상처가 나 있음으로 농약으로 인한 피해를 입기 쉽다.
② 약제의 혼용은 가급적 피한다.
③ 독한 약제는 날씨가 좋은 날 빨리 말리는 것이 좋다.

066 화단 초화류는 집약적 관리가 요구되므로 가능한 한 유기질비료를 기비로서 연간 1회, 화학비료를 추비로서 연간 2~3회 시비한다.

067 ② 그라우팅 공법 : 옹벽뒷면의 지하수를 배수구멍에 유도시키고 토압을 경감시키는 공법
③ 중력식 옹벽 : 자중에 의해 지지되는 형식으로 구조물이 간단하며 3m이내의 낮은 옹벽에 사용한다.

068 지주목 설치는 뿌리가 잘 활착될 수 있도록 도와준다.

069 비탈면 식생공법
종자뿜어붙이기공, 식생매트, 평떼붙임공, 식생띠공, 줄떼심기공, 식생판공, 식생자루공, 식생구멍공

070 조경관리의 구분
① 유지관리 : 조경 수목, 시설물 등을 점검, 보수하여 원활한 서비스제공이 가능하도록 하여 본래의 기능을 양호한 상태로 유지하고자 함이 목적
② 운영관리 : 시설관리에 의해 얻어지는 이용 가능한 구성요소를 더 효과적이며, 안전하게 더 많이 이용하게 하기 위한 방법에 대한 것
③ 이용관리 : 조성 목적에 맞게 이용을 유도. 적극적인 이용을 위한 프로그램 개발, 작성, 홍보한다.

071 참나무 시들음병
병원균 Reffaelea sp. 매개충은 광릉긴나무좀

072 해면유조직
식물의 잎을 구성하는 조직의 하나로 세포의 모양이나 배열이 불규칙하고 세포간극이 많아 해면을 닮은 유조직이어서 붙여진 이름이다. 잎의 표면은 보통 책상조직, 뒷면은 해면조직으로 되어 있는데, 처음에는 PAN과 같은 대기오염물질은 처음에는 표면유조직에피해를 주고, 그리고는 잎의 뒷면의 해면유조직까지 피해를 입힌다.

073 조경공사 표준시방서
파종 후 1개월 이내에 발아되지 않거나 전면에 고루 발아되지 않고 일부만 발아되었을 때에는 처음과 동일한 공법으로 재파종하여야 한다.

074 누런솔잎벌
연 1회 발생하며, 알로 월동한다. 유충은 소나무나 해송의 잎을 먹으며, 10~11월에 성충이 나타난다.

075 레크리에이션 수용1능력에 따른 관리유형
① 부지관리 : 부지설계, 조성 및 조경적 측면에 중점을 둔다.
② 직접적 이용제한 : 이용형태, 개인적 선택권의 제한 및 강한 통제에 중점을 둔다.
③ 간접적 이용제한 : 이용형태를 조절하되 개인의 선택권을 존중하고, 간접적인 조절을 한다.

076 Coleosporium asterum - 소나무잎녹병 - 소나무 - 국화과식물

077 병원체는 유기물이 많은 낙엽, 토양, 뿌리 등에서 월동한다.

078 정지, 전정
수목의 생육을 도와주고, 원래의 수형대로 자랄 수 있도록 해 주는 것으로 규격화와는 거리가 멀다.

079 수간주사법
수목에 드릴로 구멍을 내 비료 주입하거나 링거병 달기. 주로 5월~8월 사이에 청명한 낮에 실시하며, 거목이나 경제성 높은 수목에 적당하며 빗자루병 예방을 위해 마이신 계통을 농약을 수간주사한다.

080 솔수염하늘소는 소나무재선충병의 매개충이다.

4회 모의고사

※ 2020년 산업기사 4회부터 CBT로 시행됨에 따라 기출문제는 추가하지 않습니다.

제 1 과목 조경계획 및 설계

001 도시계획시설의 결정·구조 및 설치기준에 관한 규칙상 유원지의 구조 및 설치기준 설명이 틀린 것은?

① 각 계층의 이용자 요구에 응할 수 있도록 다양한 시설을 설치할 것
② 연령과 성별의 구분 없이 이용할 수 있는 시설을 포함할 것
③ 유원지 건축물의 건폐율은 면적이 3만 제곱미터 미만이고 자연녹지지역에 위치하는 경우에는 15퍼센트 이내로 한다.
④ 유원지시설로 설치하는 건축물의 건폐율은 당해 용도지역의 용적률의 범위 안에서도 도시계획 조례로 따로 정할 수 없다.

002 설문조사의 특징 설명 중 가장 부적합한 것은?

① 표준화된 설문지를 여러 응답자에게 동일하게 적용함으로써 여러 다른 사람의 응답을 비교할 수 있다.
② 설문작성을 위해서는 연구 가설의 설정이 중요하며, 연구가설이 잘 설정된 경우는 예비조사는 필요 없다.
③ 통계적 처리를 통하여 계량적 결론을 유도하기에 유리하다.
④ 앞부분의 질문이 나중의 질문에 답하는데 영향을 미칠 수 있다.

003 도시공원 및 녹지 등에 관한 법률상 체육공원(규모 : 3만 제곱미터 미만)에서 공원시설 부지면적 기준은?

① 100분의 20 이하
② 100분의 30 이하
③ 100분의 40 이하
④ 100분의 50 이하

004 네모의 못 안에 네모의 섬이 있는 지원(池園)의 유형으로만 짝지어진 것은?

① 강릉의 활래정 지원(池園)과 함안의 하환정 국담원(무기연당)
② 경복궁의 경회루와 남원의 광한루
③ 창덕궁의 부용정과 강진의 다산초당
④ 창덕궁의 애련정과 영양의 서석지

005 다음 현황종합분석도 그림에서 화살표의 방향이 의미하는 것으로 가장 적합한 것은?

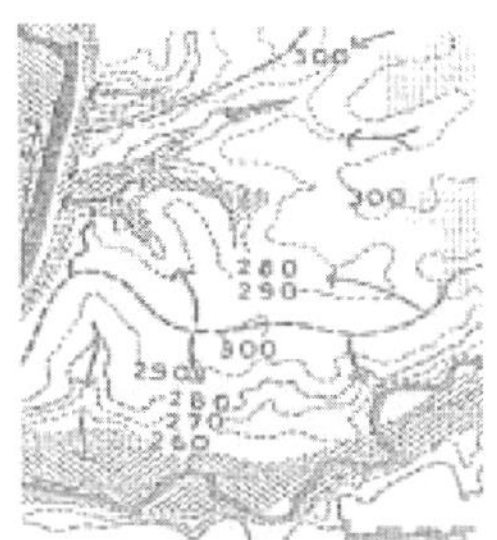

① 능선　② 스카이라인
③ 물의 흐름　④ 풍향

006 조경 설계상 건축제도 통칙(KS)에서 약정된 인조석의 표시법은?

① ② ③ ④

007 종합적 사고력을 필요로 하는 제너럴리스트(generalist)의 입장을 취하며, 다른 분야의 전문가와 협동으로 일하는 경우가 많고, 일의 형식은 자문의 방법이 많은 조경 관련 종사자는?

① 조경계획가 ② 조경설계가
③ 조경기술자 ④ 조경원예가

008 전통적인 조선시대 상류주택 뒷마당의 화계(花階)에 즐겨 심겨졌던 수종이 아닌 것은?

① 앵두나무, 살구나무
② 능금나무, 철쭉
③ 매화, 자귀나무
④ 진달래, 반송

009 다음 중 입면도를 가장 잘 표현한 그림은?

① 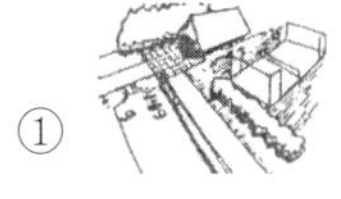
② 
③ 
④ 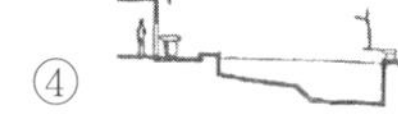

010 색상이 다른 두 색을 인접시켜 배치하여도 두 색이 색상환에서 서로 더 멀어지려는 현상은?

① 색상대비 ② 보색대비
③ 채도대비 ④ 명도대비

011 조경에 관한 설명으로 가장 적합한 것은?

① 주로 환경 속에 실체로서 나타난 건물의 계획이나 설계에 관련된 분야
② 도로, 교량, 지형변화, 댐, 상・하수 설비 등의 설계와 공법에 관련된 분야
③ 외부공간을 주 대상으로 하며, 미적인 측면을 강조하면서, 최종적인 환경의 모습에 관심이 있는 분야
④ 도시의 물리적 골격과 형태에 관심을 갖는 분야

012 아래 그림은 한 변이 주어진 정육각형을 작도하는 방법 설명이다. 틀린 것은?

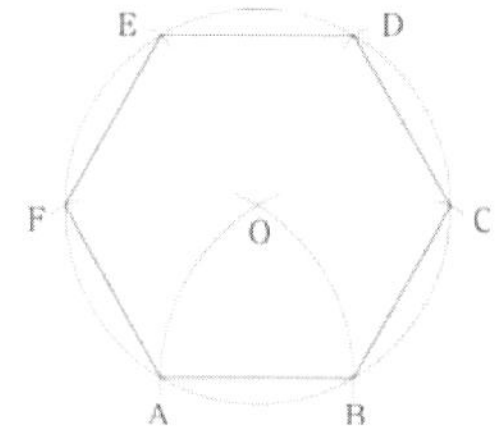

① 주어진 선분 AB를 반지름으로 원호를 그려 점 O를 구한다.
② 점 O 를 중심으로 OB를 반지름으로 하는 원을 그린다.
③ 점 O 를 OB의 길이로 원주를 차례로 나눈다.
④ 점 O 를 B C D E F A 를 차례로 연결한다.

013 조경계획과 설계의 작업순서를 배열한 것 중 옳은 것은?

① 계획목표수립 → 예비조사 → 분석 → 기본구상의 책정 → 기본계획 → 설계도 작성 → 시공
② 계획목표수립 → 예비조사 → 기본구상의 책정 → 분석 → 기본계획 → 설계도 작성 → 시공
③ 계획목표수립 → 분석 → 기본구상의 책정 → 예비조사 → 기본계획 → 설계도 작성 → 시공
④ 계획목표수립 → 분석 → 기본구상의 책정 → 기본계획 → 예비조사 → 설계도 작성 → 시공

014 전국 임지(林地)에 적지적수(適地適樹) 조림을 위하여 제작된 간이 산림토양도(山林土壤圖)의 축척으로 가장 적합한 것은?

① 1 : 10000 ② 1 : 25000
③ 1 : 50000 ④ 1 : 100000

015 원격탐사(RS)에 대한 설명으로 거리가 먼 것은?

① 비접촉 센서를 이용하여 관심이 대상이 되는 물체나 현상에 대한 정보를 얻는 기술이다.
② 전자파 스펙트럼은 모든 물체에서 동일한 특성을 가지고 있다.
③ 물체에서 방출되거나 반사되는 전자파의 양을 측정하여 판독하거나 필요한 정보를 얻는다.
④ 원격탐사시스템은 태양에너지를 에너지원으로 활용한다.

016 동시대비 중 무채색과 유채색 사이에 일어나지 않는 대비는?

① 색상대비 ② 명도대비
③ 채도대비 ④ 보색대비

017 조선시대 경승지에 세워진 누각들이다. 경기도 수원에 위치하고 있는 것은?

① 방화수류정(訪花隨柳亭)
② 사미정(四美亭)
③ 한벽루(寒碧樓)
④ 북수구문루(北水口門樓)

018 다음 “경관”에 대한 설명으로 부적합한 것은?

① 경관은 우리들을 둘러싼 세계 그 자체이다.
② 경관은 시간과 공간에서 얻어지는 하나의 연속적인 경험이다.
③ 경관은 시각적으로 물리적으로 연속적이다.
④ 경관은 보여지는 풍경이므로 지각되는 풍경과는 관계없다.

019 당(唐)의 백낙천(白樂天)이 장한가(長恨歌)속에서 아름다움을 묘사한 이궁은?

① 화청궁(華淸宮) ② 아방궁(阿房宮)
③ 상림원(上林苑) ④ 건장궁(建章宮)

020 나뭇잎이 녹색으로 보이는 이유로 가장 적합한 것은?

① 녹색의 빛은 투과하고 그 밖의 빛은 흡수하기 때문
② 녹색의 빛은 산란하고 그 밖의 빛은 반사하기 때문
③ 녹색의 빛은 반사하고 그 밖의 빛은 흡수하기 때문
④ 녹색의 빛은 흡수하고 그 밖의 빛은 반사하기 때문

 제 2 과목 조경식재 

021 임해 공업단지의 방조림(防潮林)조성에 적당한 수목은?

① 곰솔 ② 삼나무
③ 잎갈나무 ④ 히말라야시다

022 다음 식물들 중 습기가 많은 곳에서 생육이 불량한 것은?

① 왕버들 ② 낙우송
③ 협죽도 ④ 때죽나무

023 다음 식물재료 중 가을에 줄기의 색깔이 붉은 색인 것은?

① 흰말채나무 ② 황매화
③ 쥐똥나무 ④ 앵도나무

024 다음 식물들 중 주로 여름 화단을 조성하는데 알맞은 것으로만 짝지어진 것은?

① 팬지, 데이지, 채송화
② 맨드라미, 페튜니아, 칸나
③ 튤립, 무스카리, 금잔화
④ 꽃양배추, 코스모스, 국화

025 구근(球根)으로만 짝지워진 것은?

① 아네모네, 거베라, 히야신스
② 데이지, 팬지, 작약
③ 튤립, 크로커스, 샤스타데이지
④ 크로커스, 백합, 튤립,

026 다음 수목 중 낙엽침엽교목인 수종은?

① 주목(*Taxus cuspidata* S et Z.)
② 은행나무(*Ginkgo biloba* L.)
③ 개비자나무(*Cephalotaxus koreana* NAK.)
④ 솔송나무(*Tsuga sieboldii* CARR.)

027 근원 직경이 15cm 인 수목을 조개분으로 분뜨기를 할 경우 분의 깊이는 몇 cm 인가?

① 30 ② 45
③ 60 ④ 75

028 다른 수종들 보다 자동차의 배기가스나 공해에 극히 약한 수종은?

① 삼나무 ② 무궁화
③ 비자나무 ④ 식나무

029 식물생육에 이상적인 흙의 용적 비율은?

① 광물질 25%, 수분 15%, 유기질 25%, 공기 40%
② 광물질 5%, 수분 40%, 유기질 15%, 공기 40%
③ 광물질 55%, 수분 25%, 유기질 5%, 공기 15%
④ 광물질 45%, 수분 30%, 유기질 5%, 공기 20%

030 식물의 학명을 표시하는 방법으로 옳은 것은?

① 속명, 종명, 명명자로 구성되고, 속(屬)명의 첫글자는 대문자로 시작하며, 종(種)명은 소문자로 쓴다.
② 과명, 속명, 명명자로 구성되고, 모두 대문자로 쓴다.
③ 과명, 속명, 명명자로 구성되고, 종(種)명만 첫글자를 대문자로 시작하고 속명은 소문자로 쓴다.
④ 속명, 종명, 명명자로 구성되고, 대문자나 소문자 구분 없이 쓸 수 있다.

031 정형식 식재에서 열식을 변형한 방법으로 식재 폭을 넓히기 위해 쓰이는 식재는?

① 교호식재 ② 표본식재
③ 부등변삼각식재 ④ 임의식재

032 조경식재 설계의 물리적 요소에 해당하는 것은?

① 통일성 ② 질감
③ 균형 ④ 연속

033 대기오염에 의한 수목의 피해증상이 아닌 것은?

① 상록수는 잎의 수가 적어진다.
② 낙엽수는 단풍기와 낙엽기가 늦어진다.
③ 잎면이 우툴두툴해지는 경우가 있다.
④ 나무 잎에 갈색의 반점이 생기는 경우가 있다.

034 다음 중 양수(陽樹)에 해당하는 수종은?

① 비자나무 ② 사철나무
③ 자작나무 ④ 굴거리나무

035 식생공에 쓰일 법면 피복용 초본류가 갖추어야 할 조건이 아닌 것은?

① 내건성이 강하고 그 지역 환경인자에 어울리는 성질일 것
② 일년생 초본으로서 천근성일 것
③ 발아제가 높고 지표 피복이 빠른 것
④ 씨의 다량 입수가 수월하고 가격이 저렴할 것

036 은행나무는 중생대 쥐라기 때 무성하던 식물이며, 정원수, 가로수로서 선호되는 수종이다. 다음 그 특징을 기술한 것 중 틀린 것은?

① 자웅이주(雌雄異株)이다.
② 염분이 있는 토양 및 조풍에 잘 자란다.
③ 이식은 비교적 잘 되는 편이다.
④ 병해충과 대기오염에 강하다.

037 근류균을 갖고 있어 절개지와 같은 척박지에 사용이 적합한 식물은?

① 보리수나무(*Elaeagnus umbellata*)
② 느티나무(*Zelkova serrata*)
③ 물푸레나무(*Fraxinus rhynchophylla*)
④ 배롱나무(*lagerstroemia indica*)

038 일반적인 방풍림으로 방풍식재를 한 경우 가장 방풍효과가 큰 곳은 바람 아래쪽의 수고의 몇 배 떨어진 곳인가? (단, 풍속의 65%정도의 감쇠효과가 있다.)

① 1~2배 ② 3~5배
③ 9~10배 ④ 10~20배

039 다음 식물 호르몬 중 스트레스의 감지, 잎, 꽃, 열매의 탈리현상, 가을 낙엽 등 식물 노화촉진 효과와 가장 관계가 있는 것은?

① IAA ② Cytokinin
③ Gibberellin ④ Abscisic acid

040 조릿대, 인동덩굴, 잔디, 맥문동 등의 식물로 지표를 치밀하게 피복하여 나지를 남기지 않도록 하고 양지성 식물과 음지성 식물의 조건을 가름하여 식재하는 식재기능은?

① 지표식재 ② 유도식재
③ 녹음식재 ④ 지피식재

제 3 과목 조경시공구조학

041 다음 중 인공살수(人工撒水) 시설의 설계를 위한 관개강도(灌漑强度)결정에 영향을 미치는 요인이 아닌 것은?

① 가압기의 능력
② 토양의 종류 및 흡수력
③ 지피식물의 피복도(被覆度)
④ 공급수량을 살수하는 작업시간

042 토양입자가 수직방향으로 배열되어 있고, 찰흙의 함량이 많은 염류토(鹽類土)의 심토(深土)에서 흔히 볼 수 있는 토양구조는?

① 괴상(槐狀) ② 판상(板狀)
③ 주상(柱狀) ④ 입상(粒狀)

043 석재(石材)의 손다듬기 가공순서에 대한 과정이 옳은 것은?

① 혹두기 → 도드락다듬 → 정다듬 → 잔다듬 → 갈기
② 정다듬 → 혹두기 → 잔다듬 → 도드락다듬 → 갈기
③ 혹두기 → 정다듬 → 도드락다듬 → 잔다듬 → 갈기
④ 도드락다듬 → 정다듬 → 혹두기 → 잔다듬 → 갈기

044 건축재료인 철근을 도면에 표기하는데 사용되는 기호가 아닌 것은?

① ∅ ② D
③ HD ④ #

045 수조, 풀장, 지하실 등 압력수가 작용하는 구조물로서 방수성(防水性)을 크게 하고 흡수성을 적게 한 콘크리트는?

① 중량콘크리트 ② 경량콘크리트
③ 쇄석콘크리트 ④ 수밀콘크리트

046 리어카의 1회 운반량은 250kg 이다. 콘크리트를 현장배합하기 위해 시멘트 $2m^3$를 동시에 운반할 때 리어카는 몇 대가 필요한가? (단, 시멘트의 단위중량은1500kg/m^3이다.)

① 4대 ② 6대
③ 8대 ④ 12대

047 콘크리트 혼화제 중 경화(硬化)시 응결 촉진제의 주성분으로 사용되면 조기강도를 크게 하는 것은?

① 알루미늄 ② 이산화망간
③ 염화칼슘 ④ 소석회

048 금속면의 보호와 부식방지 즉 녹이 슬지 않게 할 목적이 녹막이 도료로 사용되지 않는 것은?

① 징크로메이트계
② 카세인
③ 광명단
④ 워시프라이머

049 옥외에 쓰레기통을 만들 때 고려해야 할 사항으로 부적합한 것은?

① 방화구조로 만든다.
② 배수가 잘되게 만든다.
③ 쓰레기를 쉽게 수리할 수 있는 구조로 만든다.
④ 친환경적인 색으로 눈에 잘 뜨이지 않게 만든다.

050 공원 조성시 성토한 지역의 특징으로 부적합한 것은?

① 성토를 한 지역은 배수가 용이하고, 건조되기 쉬워 자주 관수 해 줄 필요가 있다.
② 지반이 수평인 경우에도 풍화된 표토를 제거하거나 계단 모양으로 기초면을 만든다.
③ 성토를 하는 것은 점질토(粘質土)를 사용하는 것이 점성이 있어 무너지지 않고 습기가 많아 식물의 생육에 유리하다.
④ 성토를 하는 곳은 침하를 고려하여 성토 높이의 약 10%정도를 더 높게 쌓아 주어야 한다.

051 강우 강도 공식 중 Talbot 형은? (단, I는 강우강도, t는 강우계속시간, a, b, c 는 상수이다.)

① $I=\frac{I}{t^{20}}$

② $I=\frac{a}{t+b}$

③ $I=\frac{a}{\sqrt{t}+b}$

④ $I=\frac{a}{t}+c$

052 평판 측량시 평판의 표정(標定) 조건이 아닌 것은?

① 정치(整置) ② 치심(致心)
③ 교회(交會) ④ 정위(定位)

053 다음 배수(排水)체계에 대한 설명 중 틀린 것은?

① 직각식(直角式)은 신속하게 하수를 배출시키나 구축비(構築費)가 많이 든다.
② 차집식(遮集式)은 오수를 처리하여 하류에 보냄으로 수질오염이 최소화 된다.
③ 방사식(放射式)은 배관의 최대 연장이 짧고, 소관경(小管經)으로 시설할 수 있다.
④ 평행식은 고지구(高地區), 저지구(低地區)를 구분해서 배관할 수 있다.

054 발주자가 입찰자로 하여금 입찰내역서상에 동 입찰금액을 구성하는 공사 중 하도급 할 공종, 하도급금액, 하수급 예정자 등 하도급에 관한 사항을 기재하여 입찰서와 함께 제출하도록 하는 제도는?

① 사전자격심사(P. Q)
② 내역입찰
③ 대안입찰
④ 부대입찰

055 레벨 측량시 레벨의 조정 사항으로 옳은 것은?

① 연직축과 시준축을 평행하게 할 것
② 망원경의 배율을 항상 일정하게 할 것
③ 기포관 축과 시준축을 평행하게 할 것
④ 기포관 축과 연직축을 평행하게 할 것

056 인공위성을 이용한 범세계적 위치 결정의 체계로 정확한 위치를 알고 있는 위성에서 발사한 전파를 수신하여 관측점까지의 소요시간을 측정함으로써 관측점의 3차원 위치를 구하는 측량은?

① 원격탐측 ② GPS측량
③ 스타디아측량 ④ 전자파 거리측량

057 TQC를 위한 7가지 도구 중 다음 설명이 의미하는 것은?

> 모집단에 대한 품질특성을 알기 위하여 모집단의 분포상태, 분포의 중심위치, 분포의 산포 등을 쉽게 파악할 수 있도록 막대그래프 형식으로 작성한 도수분포도를 말한다.

① 파레토도 ② 체크시트
③ 히스토그램 ④ 특성요인도

058 목재의 사용 환경 범주인 해저드클래스(Hazard Class)에 대한 설명으로 틀린 것은?

① 담수와 접하는 곳 등 특수한 환경에서 고도의 내구성을 요구할 때는 H4에 해당한다.
② H1은 외길에 접하지 않은 실내의 건조한 곳에 해당된다.
③ 파고라 상부 등 야외용 목재시설은 H3에 해당하는 방부처리 방법을 사용한다.
④ H4에서는 결로의 우려가 있는 조건에 적용하는 목재로 침지법을 사용한다.

059 조경공간 내에 콘크리트 벤치를 설치할 경우 공사순서가 맞는 것은?

ⓐ 터파기
ⓑ 형틀 만들기(거푸집 설치)
ⓒ 콘크리트치기
ⓓ 모르타르 바르기
ⓔ 조약돌 넣어 다지기

① ⓐ → ⓑ → ⓒ → ⓓ → ⓔ
② ⓐ → ⓒ → ⓑ → ⓓ → ⓔ
③ ⓐ → ⓔ → ⓑ → ⓒ → ⓓ
④ ⓐ → ⓔ → ⓒ → ⓑ → ⓓ

060 다음 설명의 ( )안에 적합한 것은?

주차장법 시행규칙상의 노상주차장의 구조・설비기준상 종단경사도(자동차 진행방향의 기울기를 말한다.)가 ( )퍼센트를 초과하는 도로에 설치하여서는 아니 된다.

① 2　② 4
③ 5　④ 8

제 4 과목 조경관리

061 다음 공해가 심한 지역에서 그 피해를 감소시키는 방법에 대한 설명으로 틀린 것은?

① 석회질 비료를 준다.
② 침엽수와 활엽수를 혼식한다.
③ 맹아력이 큰 수종을 선택한다.
④ 생장이 빠르면 피해가 심해지므로 비료의 사용을 억제한다.

062 파이토플라스마(phytoplasma)에 의해서 발생되는 병해는?

① 탄저병
② 오동나무빗자루병
③ 세균성 천공병
④ 근두암종병

063 다음 토사도(土砂道)의 유지관리에 대한 설명으로 틀린 것은?

① 적당한 횡단 구배를 유지하여야 한다.
② 동결 융해로 파괴될 수 있는 깊이까지는 모래질 토양으로 환토하는 것이 좋다.
③ 자갈, 모래 및 점토가 적당히 혼합된 것으로 노면을 조성하는 것이 좋다.
④ 표면 배수가 잘 되게 하고, 지하수위를 되도록 높이는 것이 노면이 안정되어 좋다.

064 토양 수분 중 수목생장에 가장 많이 이용되는 것은?

① 모관수　② 결합수
③ 흡착수　④ 지하수

065 잡초의 종합방제를 선형특성(linear nature)의 파악과정을 통하여 계획 수립시 고려사항으로 가장 거리가 먼 것은?

① 잡초군락 조사
② 제초방법 선정
③ 제초 필요성 검토
④ 토양 특성 파악

066 다음 [보기]의 설명에 적합한 병은?

> • 자낭균에 의한 병이다.
> • 잎, 어린가지, 과실이 검게 변하고 움푹 들어가는 것이 공통적이 병징이다..
> • 묘포장에서 토양소독, 피해부위 소각 또는 묻어버려 방제한다.
> • 방제약은 티오파네이트메틸수화제(톱신엠)이다.

① 엽진병　② 흰가루병
③ 그을음병　④ 탄저병

067 레크리에이션 수용능력의 결정인자는 고정인자와 가변인자로 구분된다. 다음 중 고정적인 결정인자에 해당되는 것은?

① 기술과 시설의 도입으로 인한 수용능력 자체의 확장 가능성
② 특정 활동에 대한 참여자의 반응 정도
③ 대상지의 크기와 형태
④ 대상지 이용의 영향에 대한 회복 능력

068 사고방지 대책은 설치하자에 대한 대책, 관리하자에 대한 대책, 이용자·보호자·주최자의 부주의에 대한 대책으로 구분된다. 다음 중 관리하자에 대한 사고방지 대책이 아닌 것은?

① 구조, 재질상 결함이 있다고 인정될 경우 철거한다.
② 계획적, 체계적으로 순시, 점거한다.
③ 각 시설에 대해 감시원, 지도원을 적정 배치한다.
④ 위험한 유희시설에 대해서는 안내판 또는 방송에 의한 이용지도를 실시한다.

069 한국 잔디에 가장 잘 발생하는 고온성 병은?

① 브라운 패취(Brown patch)
② 라지 패취(Large patch)
③ 달라 스팟(Doller patch)
④ 스노우 몰드(Snow patch)

070 멀칭(mulching)의 효과로 볼 수 없는 것은?

① 토양침식과 수분의 손실을 방지한다.
② 토양을 굳어지게 한다.
③ 염분 농도를 조절한다.
④ 토양의 비옥도를 증진시킨다.

071 표면 배수시설 중 미관은 아름답지만 관리상 기존의 원형을 유지하기가 비교적 어려운 측구는?

① 토사측구　② 잔디측구
③ 돌붙임측구　④ 콘크리트측구

072 소나무 혹병의 중간 기주 식물은?

① 졸참나무, 신갈나무
② 송이풀, 까치밥나무
③ 황벽나무
④ 향나무

073 간척지 등의 다년생 우점잡초로 가장 적합한 것은?

① 물달개비
② 새섬매자기
③ 올챙이고랭이
④ 뚝새풀

074 밤나무혹벌의 피해 부위로 가장 적합한 것은?

① 2년생 가지의 기부
② 2년생 가지의 정부
③ 3년생 가지의 기부
④ 1년생 가지의 액아(腋芽) 및 그 조직

075 레크리에이션관리의 기본전략 중 폐쇄 후 육성관리에 대해 적절히 설명한 것은?

① 짧은 폐쇄, 회복기에도 최대한의 회복효과를 얻을 수 있다.
② 가장 원시적이고, 재래적인 방법이다.
③ 회복하는데 많은 시간이 소요되는 문제점이 있다.
④ 충분한 시간과 공간이 있는 경우 적용 가능하다.

076 콘크리트면에 균열이 생겼을 때 보수하기 위한 재료로 거리가 먼 것은?

① 시멘트 페이스트
② 퍼티
③ 코킹제
④ 오일 프라이머

077 흰개미목(Isoptera)의 특징 설명으로 틀린 것은?

① 완전변태를 한다.
② 씹는 입을 가지고 있다.
③ 날개가 있는 것과 없는 것이 있는데, 날개가 없는 종이 더 많다.
④ 주로 열대지방과 아열대지방 또는 온대지방에 서식하며, 먹이는 셀룰로오스를 함유한 식물질이다.

078 소나무류 새순 지르기(치기)는 주로 어떤 전정의 방법에 해당하는가?

① 노쇠한 것을 갱신시키기 위한 전정
② 생장을 조장시키기 위한 전정
③ 생장을 억제시키기 위한 전정
④ 생리 조절을 위한 전정

079 골프장의 잔디를 낮은 잔디 깎기 하였을 때 효과로 틀린 것은?

① 엽폭을 감소시켜서 보다 재질감이 좋은 잔디를 만들 수 있다.
② 분얼경을 촉진시키므로 결국 줄기밀도가 증가하여 지표면을 조밀하게 해주어 잔디의 질에 좋은 영향을 줄 수 있다.
③ 엽면적의 감소로 광합성량이 떨어지므로 탄수화물의 저장량이 감소한다.
④ 식물조직이 단단해지므로 병이나 해충에 대하여 강해지게 된다.

080 지표식물인 천일홍(Gomphrena globosa)에 인공 즙액을 접종한 결과로 진단할 수 있는 병은?

① 벼 흰잎마름병(BLB)
② 벼 줄무늬잎마름병(RSV)
③ 뽕나무 오갈병(MLO)
④ 감자 X 바이러스(PVX)

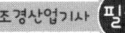

정답 및 풀이

1	2	3	4	5	6	7	8	9	10	11	12	13	14	15	16	17	18	19	20
④	②	④	①	③	②	①	③	③	①	③	③	①	②	②	①	①	④	①	③
21	22	23	24	25	26	27	28	29	30	31	32	33	34	35	36	37	38	39	40
①	④	①	②	④	②	③	④	④	①	①	②	②	③	②	②	①	②	④	④
41	42	43	44	45	46	47	48	49	50	51	52	53	54	55	56	57	58	59	60
①	③	③	④	④	④	③	②	④	③	②	③	①	④	③	②	③	④	③	②
61	62	63	64	65	66	67	68	69	70	71	72	73	74	75	76	77	78	79	80
④	②	④	①	④	④	②	①	②	②	②	①	②	④	①	④	①	③	④	④

제 1과목 조경계획 및 설계

001 「도시계획시설의 결정구조 및 설치기준에 관한 규칙」 제58조(유원지의 구조 및 설치 기준)
유원지시설로 설치하는 건축물의 건폐율은 「국토의 계획 및 이용에 관한 법률」 제77조 제1항 각호의 규정에 의한 당해 용도지역의 건폐율의 범위 안에서 도시계획조례로 따로 정할 수 있다. 다만, 유원지 면적이 3만 제곱미터 미만이고 자연녹지지역에 위치하는 경우에는 15퍼센트 이내로 한다.

002 ② 설문조사는 개념과 내용이 확실할 때 이용하며, 예비조사가 필요하고, 설문시간은 30분 이내로 한다.

003

<table>
<tr><td rowspan="5">생활권 공원의 시설률</td><td>소공원</td><td colspan="2">100분의 20이하</td></tr>
<tr><td>어린이 공원</td><td colspan="2">100분의 60이하</td></tr>
<tr><td rowspan="3">근린공원</td><td>(1) 3만㎡ 미만</td><td>100분의 40이하</td></tr>
<tr><td>(2) 3만㎡ 이상 10만㎡ 미만</td><td>100분의 40이하</td></tr>
<tr><td>(3) 10만㎡ 이상</td><td>100분의 40이하</td></tr>
<tr><td rowspan="8">주제 공원의 시설률</td><td>역사공원</td><td colspan="2">제한 없음</td></tr>
<tr><td>문화공원</td><td colspan="2">제한 없음</td></tr>
<tr><td>수변공원</td><td colspan="2">100분의 40이하</td></tr>
<tr><td>묘지공원</td><td colspan="2">100분의 20이상</td></tr>
<tr><td rowspan="3">체육공원</td><td>(1) 3만㎡ 미만</td><td>100분의 50이하</td></tr>
<tr><td>(2) 3만㎡ 이상 10만㎡ 미만</td><td>100분의 50이하</td></tr>
<tr><td>(3) 10만㎡ 이상</td><td>100분의 50이하</td></tr>
<tr><td colspan="2">특별시 · 광역시 또는 도의 조례가 정하는 공원</td><td>제한 없음</td></tr>
</table>

005 등고선에서 안으로 들어간 부분은 계곡이며, 화살표는 물 흐름

007 제너럴리스트 입장 – 조경계획가
스페셜리스트 입장 – 조경설계가

008 조선시대 화계에 식재한 수종
꽃나무(앵두, 살구, 능금나무, 철쭉, 진달래)와 반송

009 입면도 - 앞에서 본 시점
④ 의 단면도(지면에서 칼로 자른 듯한 면을 그린 것)와 비교해 볼 것

010
- 색상대비 : 같은 오렌지색이 적색, 황색 바탕에 있을 때 각오렌지색이 다르게 느껴지는 것
- 보색대비 : 색상환의 반대에 있는 색을 대비시키는 것
- 채도대비 : 채도 높은 색과 낮은 색을 병치시 높은 채도는 더 높게 낮은 채도는 더 낮게 느껴짐
- 명도대비 : 같은 회색이 더 어두운 바탕위에 있으며 더 밝게 보이는 현상

017
- 방화수류정 : 경기도 수원
- 사미정 : 경북 봉화
- 한벽루 : 충북 제천
- 북수구문루 : 제주

018 경관은 지각과 관련

020 색이 보이는 현상은 빛을 반사하여 보이는 것임

제 2과목 조경식재

025 구근류
① 봄화단 : 튤립, 크로커스, 수선화, 무스카리, 히야신스
② 여름화단 : 글라디올러스, 만나, 다알리아, 튜베로스, 진자, 백합
③ 가을화단 : 다알리아

027 조개분 깊이 = 4D(근원직경)
4×15=60(㎝)

028 공해에 약한 수종
소나무, 전나무, 삼나무, 느티나무, 왕벚나무

030
교호식재 -

032 식재설계의 물리적 요소 - 형태, 질감, 색채

035 법면피복용은 다년생 초본이어야 한다.

036 은행나무는 염분에 약하다.

039 ① IAA : 식물체내 생장 조절 호르몬인 인돌아세트산
② Cytokinin : 식물체내에서 분화를 촉진시키는 것으로 식물의 생장점 조직을 배양할시 처리하면 뿌리, 줄기, 잎으로 분화가 이루어진다.
③ Gibberellin : 생장조절 호르몬

제 3과목 조경시공

041 관개강도에 영향을 미치는 요인
살수기에 적합한 강도, 기후와 바람, 토양, 경사 등이다.

042 ① 괴상 - 각과, 모서리가 둥근 원괴의 흙덩어리이며, 심토가 발달한 것
② 판상 - 토양입자가 얇은 층으로 배열되며, 충적토에서 생성됨
③ 입상 - 토양입자가 입단상, 쇄립상으로 식물생육에 적당함

046 Q(하루 운반량) =N(회수)×g(1회 운반량)
2×1500=N×250
N =12대

048 카세인은 우유속에 포함된 단백질류

050 식물생육에는 사질양토가 적합

051 강우강도 공식

① Talbot 형 $I=\frac{a}{t+b}$

② Sherman 형 $I=\frac{c}{t^n \cdot n}$

③ Japanese형 $I=\frac{d}{\sqrt{(t+e)}}$

052 평판 측량의 조건

① 정치(정준, 수평맞추기) : 평판 수평되게 하여 지상의 측정과 도면상 점이 수직선상에 오도록 맞추기
② 치심(구심, 중심맞추기) : 평판상 측점위치한 지상의 측점과 일치시키는 것
③ 정위(표정, 방향맞추기) : 평판상 그려진 모든 선이 이것에 해당하는 선과 평행하게 평판돌리는 것

053 직각식 - 구축비가 적게 든다.

058
- H1 사용환경 : 건조한 실내
- H2 사용환경 : 결로의 우려가 있는 조건
- H3 사용환경 : 야외에서 눈·비 맞는 곳에 사용하는 목재로 흰개미, 부후의 피해 우려되는 곳
- H4 사용환경 : 토양, 담수와 접하는 곳에 사용하는 목재로 흰개미, 부후의 피해 우려되는 곳
- H5 사용환경 : 바닷물과 접하는 곳에 사용하는 목재

삼림청 고시 목재의 방부·방충처리 기준 참고

제 4과목 조경관리

062 ① 탄저병 - 곰팡이
② 세균성 천공병 - 세균
③ 근두암종병 - 세균

063 ④ 지하수위가 높으면 토양이 과습되어 지반이 연약해지고, 수분으로 인해 겨울철에 동결과 진창이 되기 쉽다.

064 토양수분의 흡수

① 결합수(화합수) : 수분의 토양과 화학적으로 결합되어 토양에서 분리되지 않으므로 식물이 사용할 수 없다. 토양수분장력 pF 7.0이다.
② 흡습수 : 토양입자 표면에 피막처럼 흡착하여 식물체가 이용할 수 없다. pF 4.5이다.
③ 모관수 : 흡습수 둘레를 싸고 있는 것으로 중력에 저항하여 유지된다. 모세관현상으로 지하수가 모관공극을 상승하여 공급하여, 식물이 주로 이용하고, 유효수분이라고 한다. pF 2.7~4.5이다.
④ 중력수 : 포장용수량 이상으로 비모관공극으로 스며 내리는 수분이며, 식물에 쉽게 흡수되고, 중력에 의해 자유롭게 흐른다. pF 0~2.7이다.
⑤ 지하수 : 중력수가 지하에 스며들어 정체상태로 된 수분이다.

067 레크리에이션 수용능력의 결정인자

① 고정적 결정인자
㉠ 특정활동에 대한 참여자의 반응정도
㉡ 특정활동에 필요한 사람의 수
㉢ 특정활동에 필요한 공간의 최소면적
② 가변적 결정인자
㉠ 대상자의 성격
㉡ 대상지의 크기와 형태
㉢ 대상지 이용의 영향에 대한 회복능력
㉣ 기술과 시설의 도입으로 인한 수용능력의 자체의 확장 기능성

068 ① 설치하자에 대한 대책

069 한국 잔디병

① 고온 성병 : 라지패치, 녹병, 황화병, 입고병, 반엽병
② 저온 성병 : 후라리움 패치
③ 해충 : 황금충

073 ① 물달개비 - 여러해살이 수생식물
③ 올챙이고쟁이 - 한해살이 풀
④ 뚝새풀 - 한두해살이 풀

075 ② 완전방임형 전략에 해당
③ 계속적인 개방, 이용상태 하에서 육성관리에 해당
④ 순환식 개방에 의한 휴식기간 확보에 해당

077 흰개미목은 불완전 변태류

5회 모의고사

※ 2020년 산업기사 4회부터 CBT로 시행됨에 따라 기출문제는 추가하지 않습니다.

제 1 과목 조경계획 및 설계

001 어린이공원의 설명으로 가장 부적합한 것은?

① 아이들의 감성적인 부분을 고려해 정적인 공간을 많이 두어야 한다.
② 기능은 운동, 놀이, 휴식 등이다.
③ 공원 내 놀이시설의 안전성이 고려되어야 한다.
④ 접근성을 고려해야 한다.

002 어떤 지역에 대하여 그 지역을 개발함으로써 받는 영향을 판단하기 위하여 실시되고 있는 평가방법이 아닌 것은?

① 환경영향평가 ② 교통영향평가
③ 자연보존평가 ④ 재해영향평가

003 1/100의 축척을 1/200으로 착각하여 면적을 100 m^2라고 읽었을 때 실제 면적은?

① 25 m^2 ② 50 m^2
③ 200 m^2 ④ 400 m^2

004 하천의 자정작용의 4단계 중 용존산소가 가장 낮으며, 심한 악취가 나고 점성질의 오니 침전물이 생겨 혐기성 분해가 이루어지는 지대는?

① 분해지대 ② 활발한 분해지대
③ 회복지대 ④ 정수지대

005 경관(景觀)의 기본 유형을 그림으로 나타낸 것 중 파노라믹한 경관의 그림은?

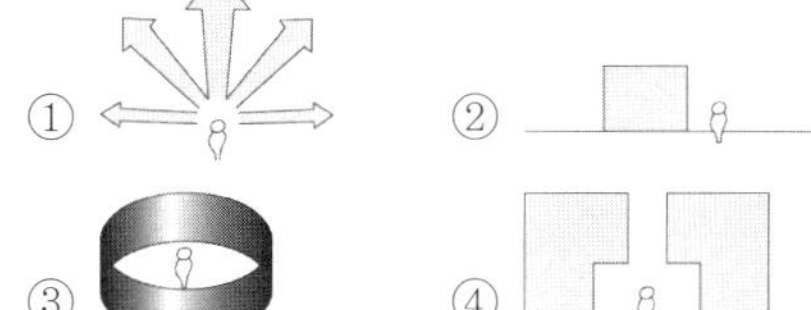

006 래드번 타입 택지 계획(Radburn Type Housing)의 주된 특징은?

① 보・차도분리
② 방사형 가로망
③ 격자형 가로망
④ 대도시 인구집중의 억제

007 우리나라 전통 원지(園池)의 지안(池岸) 식물로 가장 적게 식재한 수종은?

① 버드나무 ② 배롱나무
③ 대나무 ④ 모과나무

008 1/100 축척 도면에서 면적이 $4cm^2$인 도면을 1/200 축척으로 복사하면 도면 면적은 얼마로 변하는가?

① $16cm^2$ ② $8cm^2$
③ $2cm^2$ ④ $1cm^2$

009 "형태는 기능을 따른다.(form follows function)" 는 말은 건축의 기능적인 필연성이 형태에 그대로 표현되어야 한다는 기능 중심적인 사고였는데, 이러한 주장을 한 사람은?

① 라이트(Frank Lloyd Wright)
② 루이스 설리반(Louis Sullivan)
③ 르 꼬르뷰지에(Le Corbusier)
④ 오토 와그너(Otto Wagner)

010 중국의 육조시대(六朝時代)에 신선설(神仙設)에 입각하여 한층 더 발달 된 정원 양식은?

① 고산수 정원 ② 중도식 정원
③ 중정식 정원 ④ 축경식 정원

011 다음 중 근린생활권근린공원(주로 인근에 거주하는 자의 이용에 제공할 것을 목적으로 하는 근린공원)의 유치거리 및 규모 기준으로 맞는 것은? (단, 도시공원 및 녹지 등에 관반 법률 시행규칙상의 기준을 따른다.)

① 유치거리: 1km 이하, 규모 : 제한 없음
② 유치거리: 250m 이하, 규모 : 30,000㎡ 이상
③ 유치거리: 500m 이하, 규모: 10,000㎡ 이상
④ 유치거리: 1km 이하, 규모 : 1,500㎡ 이상

012 궁전(宮殿) 건물터와 조산(造山) 및 원지(苑池)의 유적이 함께 있는 고구려의 궁지는?

① 안학궁지(安鶴宮址)
② 북원궁지(北園宮址)
③ 남도원궁지(南桃園宮址)
④ 수창궁지(壽昌宮址)

013 옥외휴양지의 계획에 있어서 기상 조건을 조사할 때 인간의 생활행동의 지배인자로서 중요도가 가장 낮은 것은?

① 기온의 변동량(최고, 최저 기온 등)
② 강우시간이나 폭풍일수
③ 월평균 기온이나 월강우량의 평년치
④ 생물기후의 각종 데이터(data)

014 조경가를 세분한 분야로 구분 할 때 주로 대규모 프로젝트에 관여하며 종합적 사고력(합리성)을 필요로 하는 제너럴리스트(generalist)의 입장을 취하는 분야는?

① 조경계획가 ② 조경설계가
③ 조경기술자 ④ 조경원예가

015 용의 분수와 백개의 분수가 있는 테라스(Terrace of Hundred)로 유명한 별장은?

① 란테 별장(Villa Lante)
② 메디치 별장(Villa Medici)
③ 에스테 별장(Villa d' Este)
④ 마다마 별장(Villa Madama)

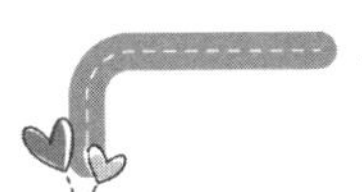

016 종래의 스타일과는 달리 녹음이 많은 우수한 환경 위에 인구가 모이고 산업이 성립되어 도시가 형성된 도시를 무슨 형 도시라고 하는가?

① 메가로폴리스형 도시
② 메트로폴리스형 도시
③ 에페로폴리스형 도시
④ 리비에라형 도시

017 다음은 조경계획 수립과정을 순서별로 나열한 것인데 올바른 것은?

① 기본전제 → 자료수집(조사) → 분석 → 종합 → 기본구상 → 대안 → 기본계획
② 기본전제 → 분석 → 자료수집(조사) → 기본구상 → 종합 → 대안 → 기본계획
③ 자료수집(조사) → 종합 → 분석 → 기본구상 → 기본전제 → 대안 → 기본계획
④ 자료수집(조사) → 분석→ 종합 → 기본전제 → 기본구상 → 대안 → 기본계획

018 센트럴파크의 설계안인 그린스워드(Greensward)안의 특징이 아닌 것은?

① 입체적 동선체계
② 격자형 가로망
③ 잔디밭이 넓고 평탄한 평지
④ 교육적 효과를 위한 화단과 수목원

019 행태 조사 방법 중 물리적 흔적(physical traces)의 관찰방법으로 부적합한 것은?

① 일정 장소의 의자배치, 낙서, 잔디마모 등의 물리적 흔적을 관찰하는 것이다.
② 연구하고자 하는 인간행태에 영향을 미치지 않는다.
③ 일반적으로 정보를 얻는데 시간이 많이 걸려 비용이 많이 든다.
④ 대부분의 물리적 흔적은 비교적 장시간 변형되지 않으므로 반복적인 관찰이 가능하다.

020 다음 중 사회적 가치에 근거하여 토지가 지니고 있는 본래의 잠재력을 분석, 평가한 토지이용의 최종 평가는?

① Capability(잠재력도)
② Opportunity(기회요소)
③ Constraints(제한요소)
④ Suitability(적합도)

제 2 과목 조경식재

021 일반적으로 한해살이 화초 중에서 키가 가장 큰 것은?

① 프리뮬러　② 접시꽃
③ 클레오메　④ 제라늄

022 수목의 식재 중 교통조절(통행조절)은 어느 효과에 속하는가?

① 건축적 이용　② 기상학적 이용
③ 공학적 이용　④ 미적이용

023 식물의 생육을 양호하게 하기 위해 토양을 단립(團粒)구조를 갖게 하는 방법이 아닌 것은?

① 퇴비 등의 유기질 비료를 준다.
② 도랑을 만들어 배수를 좋게 한다.
③ 사토의 경우에는 식토 같은 점토질 흙을 섞는다.
④ 나트륨 이온(Na+)을 첨가한다.

024 산불 발생으로 인한 척박지에 산림복원을 위한 식재를 하고자 한다. 척박한 토양에 잘 적응하지 못하는 수종은?

① 오리나무 ② 다릅나무
③ 자작나무 ④ 물푸레나무

025 나지(裸地)에 맨 처음 침입해 들어오는 식물을 가리키는 용어는?

① 극상종 ② 선구식생
③ 음수교목 ④ 양수교목

026 다음 중 높은 산의 후미지고 꼬불꼬불한 길에서 가로수로서 가장 적합한 수종은?

① 자작나무 ② 벚나무
③ 양버들 ④ 중국단풍나무

027 다음 중 굵은 뿌리가 발달한 심근성 수종은?

① 독일가문비 ② 일본잎갈나무
③ 종가시나무 ④ 은백양

028 수목의 생육에 좋도록 토양이 단립(團粒) 구조를 갖게하기 위한 방법인 것은?

① 퇴비 등의 유기질 비료를 주어 토양 내 유기질 양을 많게 한다.
② 토양은 보수력과 통기성이 좋은 점토가 알맞다.
③ 흙은 압축해서 빽빽하게 채워 놓는다.
④ 토양의 입자가 따로따로 되어 있어 입자 간의 틈을 작게 만들어야 한다.

029 자동차의 배기가스에 가장 약한 수종은?

① 양버즘나무(*Platanus occidentalis* L.)
② 소나무(*Pinus densiflora siebold* & Zucc.)
③ 은행나무(*Ginkgo biloba* L.)
④ 쥐똥나무(*Ligustrum obtusifolium* Siebold & Zucc.)

030 단풍나무류(Acer)에 속하지 않는 것은?

① 붉나무 ② 고로쇠나무
③ 복자기나무 ④ 신나무

031 조경에 있어 관련과 대립의 구성에 의한 배식의 설명으로 틀린 것은?

① 2그루의 수목을 서로 근접시켜서 식재하며 서로 관련되어 보인다.
② 2그루의 수목을 식재할 때 양자의 높이의 합계보다 양자간의 거리가 클 때 서로 대립되어 보인다.
③ 둥근 향나무와 같은 형태의 수종으로 열식할 때 적어도 한 시야에 3그루는 들어올 수 있도록 식재해야 한다.
④ 가로수는 서로 대립되도록 식재하여 단조로움을 피하도록 해야 한다.

032 건물, 담장, 울타리, 산울타리를 배경으로 하여 그 앞쪽에 장방형으로 길게 만들어 한 쪽에서만 바라볼 수 있게 조성한 화단은?

① 리본화단(ribbon flower bed)
② 카펫화단(carpet flower bed)
③ 기식화단(assorted flower bed)
④ 경재화단(flower boarder)

033 다음 수목 중 적갈색 수피를 가지고 있는 것은?

① 팽나무(Celtis sinensis)
② 자작나무(Betula platyphylla)
③ 황금편백(Chamaecyparis obtusa)
④ 양버즘나무(Platanus occidentalis)

034 광물질을 고온처리한 후 분쇄하여 다공질로 만든 토양 개량제로서, 펄라이트, 버미큘라이트, 제올라이트, 벤토나이트, 석회 등이 포함되는 토양개량제를 가리키는 것은?

① 유기질계 토양개량제
② 무기질계 토양개량제
③ 고분자계 토양개량제
④ 미생물계 토양개량제

035 다음 ( )안에 적합한 용어는?

> 개체군의 상호작용에서 동물이 위험을 피하기 위해 몸의 모양이나 빛깔 따위를 주위와 비슷하게 하는 현상을 ( )(이)라 한다.

① 위장　② 의태
③ 방위　④ 기생

036 다음 중 그늘을 이용하려는 정자목(亭子木) 또는 학자수(學者木)로 가장 적당한 수종은?

① 목련(Magnolia kobus)
② 붉나무(Rhus javanica)
③ 홍단풍(Acer palmatum)
④ 회화나무(Sophora japonica)

037 다음 수종 중 꽃보다는 잎을 감상하는 수목은?

① 수국, 매화나무
② 이팝나무, 산벚나무
③ 모란, 개나리
④ 주목, 능수버들

038 다음 임해매립지의 식재에 대한 설명 중 옳지 않은 것은?

① 식물생육에 미치는 염분의 한계농도는 수목이 0.05%, 잔디가 0.1%이다.
② 해저의 펄 흙으로 매립된 곳은 도랑을 깊이 파고 모래를 채워 투수성을 향상시킨다.
③ 쓰레기로 매립된 곳은 가스가 발생하여 나무뿌리가 죽으므로 파이프를 박아 가스를 빼낸다.
④ 바닷바람이 강한 곳은 바다 가까이 키가 큰 방풍림을 조성하고 내륙쪽에 잔디 등을 심어 휴식 시설로 이용한다.

039 무늬식재는 다음 중 어느 식재수법에 해당되는가?

① 정형식재　② 자유식재
③ 산재식재　④ 비정형식재

040 정형식 배식에 어울리는 수목이 갖는 조건으로 부적합한 것은?

① 균형이 잡히고 개성이 강한 수목
② 생장 속도가 빠른 수목
③ 사철 푸른 잎을 가진 수목
④ 다듬기 작업에 잘 견디는 수목

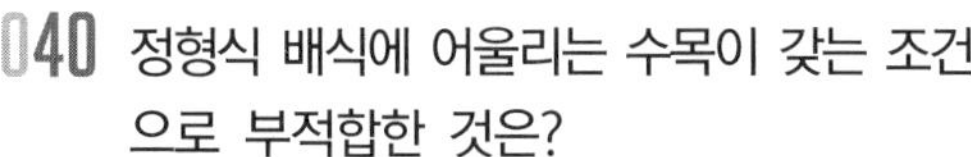

제 3 과목 조경시공구조학

041 응결. 경화과정에서 발열량이 적어 건조수축으로 인한 균열이 적게 발생하고 콘크리트의 장기 강도가 우수하며, 주로 매스콘크리트용로 사용되고, 도로의 포장용으로 적합한 시멘트는?

① 실리카시멘트
② 알루미나시멘트
③ 고로시멘트
④ 중용열 포틀랜드시멘트

042 그림과 같은 독립기초가 10개소 있을 때 전체 터파기량으로 가장 적합한 것은? (단, 소수 3자리에서 반올림한다.)

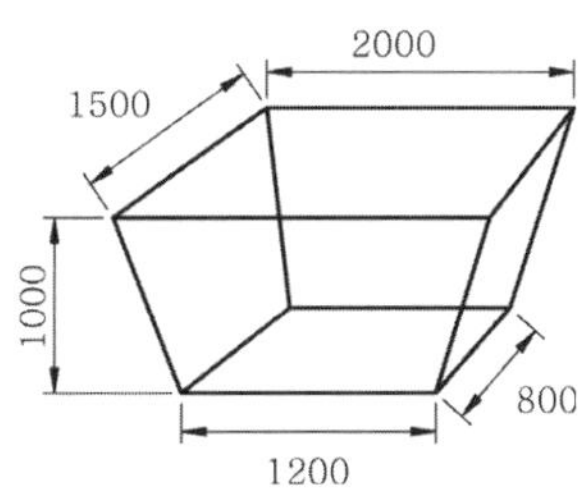

① $1.80m^3$ ② $1.89m^3$
③ $18.87m^3$ ④ $18.90m^3$

043 다음 절개지 녹화공법 중 암반 비탈면 녹화를 위해 가장 적절한 공법은?

① 차폐수벽공법
② 잔디식재공법
③ 단목식재공법
④ 종비토(종자+ 비료 + 토양)공법

044 바람의 속도압 195kg/m2이고, 벽돌담장의 두께는 21cm(기존형 벽돌 1.0B), 최대비율 L / T = 12일 때 기둥 사이의 거리(cm)는 얼마인가?

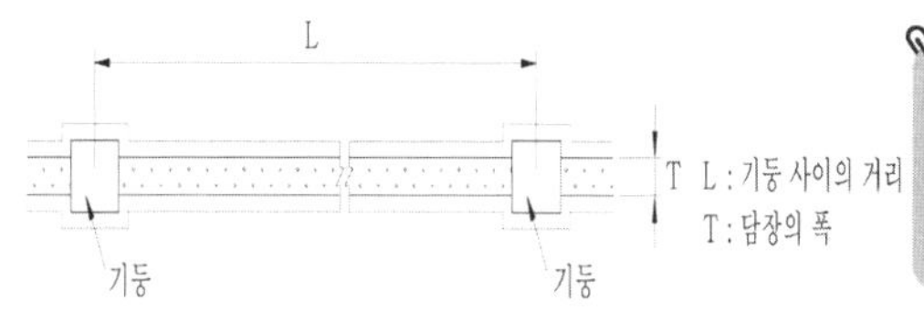

① 195 ② 210
③ 247 ④ 252

045 아래 그림을 보고 각주(角柱)공식에 의해 계산된 토량은? (단, 각 단면은 직사각형이고, 단위는 m이다.)

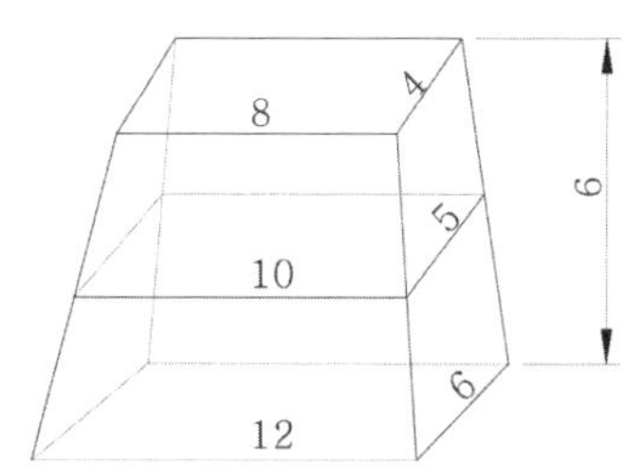

① $924\ m^3$ ② $462\ m^3$
③ $304\ m^3$ ④ $262\ m^3$

046 축척 1/500 도상에서 어느 구역의 면적을 구하여 $35.5cm^2$를 얻었다. 이 구역의 실제면적은 몇 m^2인가?

① 88.7　　② 704.2
③ 887.5　　④ 7042.2

047 양단단면적(兩端斷面積)이 각각 4㎡, 5㎡, 양단면 사이의 길이가 5m 일 때의 양단면 평균법에 의한 체적값(㎥)은?

① 17.25　　② 22.5
③ 45　　④ 50

048 네트워크 공정표 중 더미(dummy)에 대한 설명으로 옳은 것은?

① 하나의 선행작업을 나타낸다.
② 가장 중요한 공정을 나타낸다.
③ 선행과 후행의 관계만 나타낸다.
④ 가장 시간이 긴 경로를 나타낸다.

049 경사진 지역에 면적(面的)인 배수를 위해 설치하는 것으로 경사진 주차장 입구, 계단의 상·하단, 광장의 입구, 진입로의 입구 등에서 흔히 볼 수 있는 것은?

① 빗물받이
② 트렌치(trench)
③ 측구(side gutter)
④ 지역 배수구(area drain)

050 공원 조성시 성토한 지역의 특징으로 부적합한 것은?

① 성토를 한 지역은 배수가 용이하고, 건조되기 쉬워 자주 관수 해 줄 필요가 있다.
② 지반이 수평인 경우에도 풍화된 표토를 제거하거나 계단 모양으로 기초면을 만든다.
③ 성토를 하는 것은 점질토(粘質土)를 사용하는 것이 점성이 있어 무너지지 않고 습기가 많아 식물의 생육에 유리하다.
④ 성토를 하는 곳은 침하를 고려하여 성토 높이의 약 10% 정도를 더 높게 쌓아 주어야 한다.

051 포장되지 않은 나대지(裸垈地)에 빗물이 흐를 경우 표면경사가 약 몇%를 넘으면서부터 침식이 시작되는가?

① 1%　　② 2%
③ 2.5%　　④ 5%

052 단위 중량이 7509kgf/㎥ 인 목재를 사용하여 가로 2m, 세로 3.5m, 두께 6cm인 목재 데크를 만들었다. 이 목재 데크의 고정하중(kgf)은?

① 31.5　　② 315
③ 420　　④ 3150

053 내열성이 크고 발수성을 나타내어 방수제로 쓰이며, 저온에서도 탄성이 있어 gasket, packing 의 원료로 쓰이는 합성수지는?

① 페놀수지
② 실리콘수지
③ 에폭시수지
④ 폴리에스테르수지

054 다음 그림에서 배수관 입구 A, B, C에서의 유입시간이 7분 101번 배수관에서 105번 까지 각각의 배수관 길이가 60m 씩이고, 배수관 내에서 유속을 1m/sec 로 보았을 때 A점에서 D점까지의 유달시간으로 가장 적합한 것은?

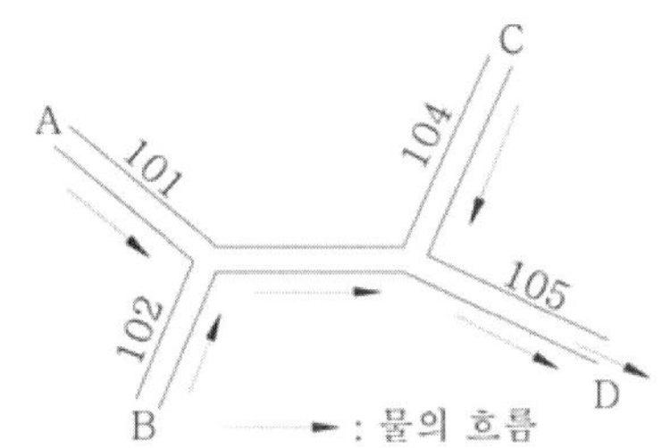

① 8분 ② 10분
③ 12분 ④ 37분

055 보통토사 200㎥, 경질토사 100㎥ 의 터파기에 필요한 노무비는 얼마인가(단, 보통토사 터파기에는 1㎥당 보통인부 0.2인, 경질토사 터파기에는 1㎥ 당 보통인부 0.26인의 품이 소요되며, 보통 인부의 노임은? (단, 50000원 / 일이다.)

① 1000000 원 ② 2300000 원
③ 3000000 원 ④ 3300000 원

056 다음 중 공장에서 콘크리트 제품의 양생시에 주로 이용하는 촉진양생방법에 해당되지 않는 것은?

① 습윤양생
② 증기양생
③ 전기양생
④ 오토클레이브(autoclave)양생

057 다음 중 플라이애쉬를 콘크리트에 사용함으로써 얻을 수 있는 장점에 해당되지 않는 것은?

① 워커빌리티가 개선된다.
② 건조수축이 적어진다.
③ 수화열이 낮아진다.
④ 초기강도가 높아진다.

058 다음 중 등고선의 특징으로 옳지 않은 것은?

① 높이가 다른 등고선은 현애, 동굴을 제외하고는 교차되거나 합쳐지지 않는다.
② 일반적으로 등고선은 결코 분리되지 않으나 양편으로 서로 같은 숫자가 기록된 두 등고선을 때때로 볼 수 있다.
③ 등고선 사이의 최단거리의 방향은 그 지표면의 최소경사로서 등고선에 수평방향으로 강우시 배수방향이 된다.
④ 철(凸) 경사에서 높은 쪽의 등고선은 낮은 쪽의 등고선의 간격보다 더 넓게 되어 있다.

059 우리나라에서 잔디의 관수는 1일 30mm가 필요하다. 2400m^{2}의 면적을 120L/min 수량으로 급수할 수 있는 살수용량으로 얼마 동안 살수해야 하는가?

① 4시간 ② 6시간
③ 10시간 ④ 20시간

060 배수에 대한 설명 중 옳은 것은?

① 집중식은 배수량이 저수용량을 초과할 경우에는 저지대가 침수할 우려가 있으나, 강제배제 방식을 취하므로 효율적이다.
② 지하배수시의 어골형은 경기장 등 평탄지역에 적합하다.
③ 배수계통에서 방사식은 좁은 지역에 유리하다.
④ 차집식은 오수가 직접 하천으로 유하되므로 불리하다.

제 4 과목 조경관리

061 다음 병. 해충 중에서 주·야의 온도 차이가 클 때 많이 발생하며 석회유황합제, 포리옥신 또는 지오판수 화제 등을 살포하면 효과적으로 구제할 수 있는 병해충은?

① 흰가루병 ② 흰불나방
③ 그을음병 ④ 솔나방

062 비탈면에서 용수가 없고, 우선은 붕괴 우려가 없는 지역으로 풍화되어 낙석이 예상되는 암(岩), 식생이 부적당한 곳에 시공하는 공법은?

① 시멘트 모르타르 및 콘크리트 뿜어 붙이기공
② 콘크리트판 설치공
③ 콘크리트 격자형 블록 및 심줄박기공
④ 돌붙임 및 블록붙임공

063 행락지 관리시 이용수준과 관련하여 도입할 수 있는 개념은?

① 반달리즘 ② 수용능력
③ 잠재력 ④ 지구력

064 조경 유희시설에서 목재부분의 이상 유무를 점검하는 항목으로 부적합한 것은?

① 충격에 의한 파손, 사용에 의한 마모 상태
② 갈라진 부분, 뒤틀린 부분
③ 부패된 부분, 충해에 의해 손상된 부분
④ 축 및 축수의 베어링 마모나 이완 상태

065 조경분야의 유지관리 범위로 볼 수 없는 것은?

① 정기검사 ② 청소 및 보수
③ 정지, 전정 ④ 증축, 신축

066 병충해에 걸려 있는 나무나 수세가 쇠약한 나무에 수세를 회복하이 위하여 수간주입을 하는 시기로 가장효과적인 시기는? (단, 맑게 갠 날에 실시한다.)

① 2월 초순~3월 하순
② 3월 하순~4월 초순
③ 5월 초순~8월 하순
④ 9월 하순~10월 하순

067 중간 기주인 향나무류를 제거하면 병 피해를 경감시킬 수 있는 병은?

① 복숭아 검은무늬병
② 사과 탄저병
③ 느릅나무 시들음병
④ 사과 붉은별무늬병

068 농약잔류허용기준의 설정시 결정요소가 아닌 것은?

① 토양 중 잔류특성
② 1일 섭취허용량(ADI)
③ 안전계수
④ 1일 식품섭취량

069 옥외 레크리에이션(recreation) 관리체계에서 주 요소 기능의 관점과 거리가 먼 것은?

① 이용자관리(visitor management)
② 서비스관리(service management)
③ 자원관리(resource management)
④ 건축물관리(building management)

070 토양, 온도, 일조 등의 항목은 조경관리계획의 수립조건에 비추어 볼 때 어느 항목에 속하는가?

① 자연조건 ② 인위조건
③ 시설조건 ④ 사회조건

071 다음 중 수목 관리시 수목 생육에 필요한 다량원소가 아닌 것은?

① K ② Ca
③ Fe ④ S

072 외과수술 과정의 순서가 올바른 것은?

① 부패부제거 → 표면경화처리 → 소독·방부처리 → 공동충전 → 방수처리 → 인공수피처리
② 부패부제거 → 표면경화처리 → 방수처리 → 소독·방부처리 → 공동충전 → 인공수피처리
③ 부패부제거 → 소독·방부처리 → 공동충전 → 방수처리 → 표면경화처리 → 인공수피처리
④ 부패부제거 → 공동충전 → 소독·방부처리 → 방수처리 → 표면경화처리 → 인공수피처리

073 수목의 탄저병에 관한 설명으로 틀린 것은?

① 오동나무 탄저병은 주로 어린 실생묘에서 발생한다.
② 버즘나무 탄저병은 주로 장마철에 발생한다.
③ 동백나무 탄저병은 잎은 물론 과실에도 발생한다.
④ 사철나무 탄저병은 조기낙엽의 원인이 된다.

074 다음 약제 가운데 보조제(補助劑 : adjuvant)가 아닌 것은?

① 유화제(emulsifier)
② 협력제(synergist)
③ 기피제(repellent)
④ 증량제(diluent)

075 벤트그라스로 조성된 골프장 그린에서의 가장 적당한 잔디깎기의 높이는?

① 4 ~ 6mm
② 10 ~ 15mm
③ 15 ~ 18mm
④ 20 ~ 25mm

076 병균이 종자의 표면에 부착해서 전반(傳搬)되는 것은?

① 잣나무 털녹병균
② 밤나무 줄기마름병균
③ 오리나무 갈색무늬병균
④ 근두암종병균(뿌리혹병균)

077 리바이짓드 유제 30%를 500배로 희석해서 10a 당 8말을 살포하여 해충을 방제하고자 할 때 리바이짓드 유제 30%의 소요량은 몇 mL 인가? (단, 1말은 18L로 한다.)

① 288 ② 244
③ 188 ④ 144

078 임해매립지의 식물 관리시 중요 항목 중 우선도가 가장 낮은 건은?

① 지주관리 ② 전정
③ 방한 ④ 지반개량

079 솔잎혹파리의 생물적 방제 차원에서 피해지에 방사하는 천적은?

① 솔잎혹파리먹좀벌
② 상수리좀벌
③ 노랑꼬리좀벌
④ 남색깅꼬리좀벌

080 다음 인산질 비료 중 인산의 함량이 가장 많이 포함되어 있는 것은?

① 과린산석회 ② 중과린산석회
③ 인산암모늄 ④ 용성인비

5회 정답 및 풀이

1	2	3	4	5	6	7	8	9	10	11	12	13	14	15	16	17	18	19	20
①	③	①	②	①	①	④	④	②	②	③	①	③	①	③	④	①	②	③	④
21	22	23	24	25	26	27	28	29	30	31	32	33	34	35	36	37	38	39	40
③	③	④	④	②	①	③	①	②	①	④	④	③	②	②	④	④	④	①	②
41	42	43	44	45	46	47	48	49	50	51	52	53	54	55	56	57	58	59	60
④	③	④	④	③	③	②	③	②	③	①	②	②	②	④	①	④	③	③	②
61	62	63	64	65	66	67	68	69	70	71	72	73	74	75	76	77	78	79	80
①	①	③	④	④	③	④	①	④	①	③	③	②	③	①	③	①	②	①	③

제 1과목 조경계획 및 설계

002 ①. ②. ④. 이 외에 인구영향평가가 있다.

003 사진상의 면적$\times 200^2 = 100\text{m}^2$
∴ 사진상의 면적$=0.0025\,\text{m}^2$
실제 면적$=0.0025\,\text{m}^2 \times 100^2 = 25\,\text{m}^2$

005 ③ 폐쇄
④ 위요

006 래드번 계획 - 미국 소규모 전원도시
슈퍼블록 설정해 차도 · 보도 · 분리, 쿨데삭 도로 설치
인구 25,000명 수용

007 우리나라 전통 지안 식재
버드나무, 배롱나무, 대나무

008 1/100 → 1/200 축적은 $\frac{1}{2}$ 줄어드는 것이나 면적에서는 $\frac{1}{4}$ 감소
따라서, $4\text{cm}^2 \times \frac{1}{4} = 1\text{cm}^2$

009 루이스 설리반
미국 건축가로 '형태는 기능을 따른다' 로 기능의 필연성 중시. 카슨피리스콧백화점, 개런티빌딩 등 설계

010 육조시대
삼국시대 오, 동진과 남북조시대 송, 제, 양, 진을 일컬음

012 안학궁지
5개의 궁, 가산, 자연석사용, 지당조성한 고구려 궁지

014 조경계획가 - 제너럴리스트
조경설계가 - 스페셜리스트

016 ①, ② - 메가로폴리스는 메트로폴리스가 띠 모양으로 연결되어 있는 거대도시

제 2과목 조경식재

022 ① 건축적 이용 - 사생활의 보호, 차단 및 은폐, 공간분할, 점진적 이해
② 기상학적 이용 - 태양복사열조적, 바람조절, 강수 및 습도조절, 온도조절
③ 공학적 이용 - 통행조절, 토양침식조적, 음향의 조절, 대기정화작용, 섬광조절, 반사의 조절
④ 미적 이용 - 조각물로서의 이용(토피어리), 반사 · 영상(그림자) · 섬세한 선형미, 장식적 수벽(睡癖), 조류 및 소동물의 유인, 배경용, 구조물의 유화(softening architectural)

024 비료목 - 오리나무(자작나무), 다릅나무(콩과), 자작나무(자작나무과)는 비료목이다. 비료목은 뿌리혹박테리아가 공중의 질소를 고정하여 스스로 질소비료를 만들어 내는 수목이다.

030 붉나무 - 옻나무과

032 ① 리본화단 - 원로, 보행로, 건물에 따라 설치된 좁고 긴 평면화단.
② 카펫화단 - 넓은 잔디밭, 광장 등에 키 작은 초화심은 평면식 화단.
③ 기식화단 - 사방에서 감상이 가능하며 작은 동산 이루는 모둠화단

033 ① 팽나무(흑회색)
② 자작나무(흰빛)
③ 황금편백(적갈색)
④ 양버즘나무(암갈색)

제 3과목 조경시공

042 터피기량 $= \frac{h}{6}\{(2a+a')b+(2a'+a)b'\}$

h : 기초의 높이(1.0m)

a, b : 윗변의 가로와 세로의 길이
(a=2.0m, b=1.5m)

a', b' : 밑면의 가로와 세로의 길이
(a' = 1.2m, b' = 0.8m)

따라서,

$$\frac{1m}{6}\left\{\begin{matrix}(2\times2m+1.2m)\times1.5m \\ +(2\times1.2m+2m)\times0.8m\end{matrix}\right\} ≒ 1.887m^3$$

따라서, 독립기초가 10개임으로
$1.87\times10=18.87m^3$

044 L/T=12
(L : 기둥사이의 거리, T : 담장의 두께)
T=21(㎝) L/T =12 ∴ L=252(㎝)

045
$$V=\frac{h}{6}(A_1+4A_m+A_2)$$
$$=\frac{6}{6}((8\times4)+4(10\times5)+(12\times6))=304(m^2)$$

046 실제면적 = 도상면적×S^2, 축척 $\frac{1}{S}=\frac{1}{500}$
$35.5\times500^2=8,875,000(cm^2)=887.5m^2$

047
$$V=\frac{\ell}{2}(A_1+A_2)=\frac{5}{2}(4+5)=22.5(m^3)$$

050 식물생육에는 사질양토가 적합.

052 단위중량×목재체적
= 750×2×3.5×0.06=315(kg_f)

054 7분+(60초×3)=7분+3분=10분
$$V=\frac{h}{6}(A_1+4A_m+A_2)$$
$$=\frac{6}{6}((8\times4)+4(10\times5)+(12\times6))=304(m^2)$$
유속 1m/sec 이니까 60m=60초 걸린다.

055 보통토사 - 200×0.2×50,000원/일
= 2,000,000
경질토사 - 100×0.26×50,000원/일
= 1,300,000

따라서,
2,000,000+1,300,000=3,300,000원

057 플라이애쉬 : 구형으로 콘크리트 믹싱시 골재와의 접촉면에서 볼베어링과 같은 작용을 하여, 시멘트풀과 골재와의 사이에 마찰저항을 줄여 콘크리트 워커빌리티 개선, 단위수량과 물・시멘트비 감소, 수화열 감소 등의 효과 있음

058 등고선 사이 최단거리는 등고선에 수직방향임

059 (2400×30)/120=600(min)
따라서, 10시간

060 ① 집중식 : 사방에서 한 지점으로 집중적으로 흐르게 해 다른 지점으로 이동하는 것으로 저지구의 중간 펌프장으로 집중양수할 경우에 사용함.
③ 방사식 : 지역이 광대해 하수를 한곳에 모으기 곤란할 때 사용
④ 차집식 : 오수를 직접 하천으로 방류하지 않고 차집거로 모았다가 우수때 하천으로 방류

061 ② 흰불나방 - 연 2~3회 발생하며, 유충발생 시기인 5월 중순~6월 하순과 7월~8월에 가로수와 정원수에 피해가 심하며, 포플러류, 버즘나무 등 160여 종의 활엽수의 잎을 먹는다.
〈방제법〉 디프테렉스, 메프수화재, 파프수화제 등 살충제를 사용
〈천적〉 긴등기생파리, 송충알벌 검정명주딱정벌레, 나방살이납작맵시벌 등이다.
③ 그을음병 - 여름철 통풍 불량, 고온다습시 발생한다.
〈방제법〉 햇볕이 잘 들고 통풍을 좋게 하며, 진딧물이나 깍지벌레 등의 흡즙성 해충을 방제한다.
④ 솔나방 - 유충이 솔잎을 갉아먹으며, 초 가을에 소나무의 줄기에 짚 등을 띠모양으로 감아두어 잠복소를 설치하고 월동하기 위해 내려온 유충을 잡는다. 천적은 송충알좀벌, 고치벌, 맵씨벌 등이다.

제 4과목 조경관리

062 ② 콘크리트판 붙임공 - 균열, 미끄러져 움직인 곳, 침하된 곳에 시공
③ 콘크리트 격자형 블록 및 심줄박기공 - 격자 내의 연결부가 헐거워지거나 내려 앉은 곳, 격자 뒷면의 토사 유실과 격자가 삐져나온 곳에 시공
④ 돌붙임공, 블록붙임공 - 호박돌이나 잡석의 부분 탈락, 지진, 풍화에 의한 돌붙임 전체 파손, 보호공이 삐져나온 곳, 용수(湧水)가 있는 곳, 뒷채움 토사가 유실된 곳, 보호공이 무너져 꺼진 곳에 시공

063 반달리즘
공공시설을 파괴하고 손상시키는 것

064 ④ 철재 점검사항

069 옥외 레크리에이션 관리 주 요소 : 이용자 관리, 자원관리, 서비스관리

071 다량원소 : 질소(N), 인(P), 칼륨(K), 칼슘(Ca), 마그네슘(Mg), 황(S)

073 버즘나무 탄저병은 이른 봄 새순이 날 때, 기온이 낮고, 비가 자주오면 발생

077 물의 양 = 원액×희석배수-원액
18×8=원액×500-원액
원액=0.28858ℓ=288mℓ

080 ① 인산20%와 석고60%로 이루어짐
② 인산함량 44~48%
③ 인산일암모늄 : 질소 12% 인산 P_2O_5 61%
인산이암모늄 : 질소 21%, 인산 53%
④ 인산함량 : 18~20 %

6회 모의고사

※ 2020년 산업기사 4회부터 CBT로 시행됨에 따라 기출문제는 추가하지 않습니다.

제1과목 조경계획 및 설계

001 조경계획 과정 중 종합 및 기본구상단계에 대한 설명이라 볼 수 없는 것은?

① 계획 및 설계의 기본 골격을 구성하는 단계이다.
② 토지이용 및 동선을 중심으로 이루어진다.
③ 추상적인 계획 설계 목표가 구체적이고 물리적인 공간 형태로 나타나는 중간 과정이다.
④ 조경가의 경험이나 직관적인 영향이 배제되는 단계이다.

002 공장조경 계획 중 설명이 틀린 것은?

① 공장 전정구(前庭區)는 상징적으로 한다.
② 공공건물과 연결된 녹지에는 휴식공간을 계획한다.
③ 주거시설구(住居施設區)의 위치는 생산시설구와 접속시켜 계획한다.
④ 유보지역(공장 확장 예정지역)은 잔디밭, 채소원, 운동장 등으로 이용한다.

003 조경 계획 및 설계의 일반과정으로 옳은 것은?

① 목표수립 → 현황종합 → 현황분석 → 기본계획 → 기본구상 → 기본설계 → 실시설계
② 목표수립 → 현황분석 → 현황종합 → 기본구상 → 기본계획 → 기본설계 → 실시설계
③ 현황분석 → 현황종합 → 목표수립 → 기본설계 → 기본계획 → 기본구상 → 실시설계
④ 현황분석 → 현황종합 → 목표수립 → 기본계획 → 기본구상 → 기본설계 → 실시설계

004 골프(Golf)장 계획 설계시 홀(hole)의 구성요소가 아닌 것은?

① 티(Tee)
② 파(par)
③ 페어웨이(fairway)
④ 러프(rough)

005 다음 국립공원 중 가장 지정이 늦게 된 것은?

① 지리산　② 치악산
③ 소백산　④ 변산반도

006 조경에서 사용되는 일반적인 옥외용 의자의 설계기준에 대한 규격으로 가장 적합한 것은?

① 앉음판 높이 : 34 ~46cm, 앉음판 폭 : 38 ~50cm
② 앉음판 높이 : 25 ~35cm, 앉음판 폭 : 38 ~50cm
③ 앉음판 높이 : 34 ~46cm, 앉음판 폭 : 28 ~35cm
④ 앉음판 높이 : 25 ~35cm, 앉음판 폭 : 28 ~35cm

007 다음 설명 중 ( )안에 적합한 오픈 스페이스 체계 배치 모형은?

"정연한 도시환경의 질서 위에 자유롭고 가변성이 큰 오프 스페이스 체계를 ( ) 함으로써 과도한 정형성을 완화하고, 동시에 접근도가 좋은 오픈 스페이스 체계를 형성한다."

① 결절화 ② 중첩
③ 위요 ④ 핵화

008 어린이놀이터의 이용자를 대상으로 이용행태 조사를 실시하려고 한다. 가장 적합하지 못한 조사방법은?

① 면담(interview) 조사법
② 행태 관찰법
③ 설문지 조사법
④ 시간차 사진 촬영법

009 조경계획의 과정은 조사분석 → 종합 → 발전 과정으로 구분한다. 다음 중 발전 및 시행단계에 해당하지 않는 것은?

① 계획설계 ② 실시설계
③ 대안작성평가 ④ 이용 후 평가

010 프레드릭 로 옴스테드(Frederick Law Olmsted)와 관련이 없는 것은?

① 센트럴 파크
② 리버사이드 단지
③ 시카고 박람회의장
④ 수도권 공원계통

011 다음 ( )안에 공통적으로 들어갈 용어는?

색은 물리적으로 빛에 의해 일어나는 감각이며 일반적으로 빨강, 노랑, 파랑 , 보라 등 빛의 파장에 따라 다양하게 a색을 지칭하고 있다. ( ) (이)란 이들 파장의 차이가 여러 가지인 색채를 말한다. 바꾸어 말하면 색채를 구별하기 위해 필요한 색채의 명칭이 ( )이다.

① 색지각 ② 색감각
③ 색상 ④ 채도

012 조선시대 궁궐이나 상류 주택의 정원은 다른 시대와 비교해 어느 부분이 특히 발달하였는가?

① 전정(前庭) ② 중정(中庭)
③ 후원(後苑) ④ 주정(主庭)

013 조선시대 다산 초당정원(茶山草堂園林)과 관계가 가장 먼 것은?

① 단상(段狀)의 화계
② 방지원도(芳池圓島)
③ 석가산
④ 풍수지리설

014 전통적인 일본식 정원의 형태가 아닌 것은?

① 회유임천식 ② 평정고산식
③ 다정 ④ 사실주의풍경식

015 표면에 닿은 복사열이 흡수되지 않고 반사되는 %를 알베도(albedo)라 한다. 다음 중 지상피복조건에 따른 알베도의 값이 잘못된 것은?

① 마른모래(0.45 ~0.65)
② 산림(0.10 ~ 0.20)
③ 바다(0.06 ~ 0.08)
④ 초지(0.15 ~0.25)

016 한나라의 태액지에 대한 설명으로 잘못된 것은?

① 태호석을 채취했었다.
② 연못 가장자리에는 대리석이나 청동으로 만든 조각물을 배치하였다.
③ 봉래, 방장, 영주의 세 섬이 있었다.
④ 신선사상을 반영한 정원양식이었다.

017 미끄럼대와 관련된 설계기준으로 틀린 것은?

① 미끄럼대의 배치 방향은 되도록 북향으로 배치한다.
② 미끄럼판의 높이는 1.2~2.2m로 한다.
③ 미끄럼판의 기울기는 30~35° 로 재질을 고려하여 설계한다.
④ 미끄럼판 출구에서 직립자세로 전환하기 쉽도록 착지판에서 놀이터 바닥의 답면까지 높이는 30cm 이하로 설계한다.

018 에크보(G. Eckbo)는 공간구성(space organization) 요소로서 8가지를 들고 있다. 이 중 기본 3요소에 속하지 않는 것은?

① 차원 ② 시간
③ 토지 ④ 에너지

019 다음 중 경복궁에 경회루(慶會樓)를 창건하고, 방형(方形)의 연못을 판 시기는?

① 1394년(태조 3년)
② 1456년(세조 2년)
③ 1412년(태종 12년)
④ 1592년(선조 25년)

020 다음 중 가장 파괴가 빠르며 회복이 어려운 생태계 유형은?

① 삼림생태계(森林生態系)
② 경작지생태계(耕作地生態系)
③ 호소생태계(湖沼生態系)
④ 도시생태계(都市生態系)

제 2 과목 조경식재

021 다음 중 낙우송 및 낙엽송 등의 수형으로 가장 적합한 것은?

① 원추형 ② 원정형
③ 원주형 ④ 배상형

022 다음 중 생육적온이 15~24℃ 정도인 한지형 잔디로 가장 적합한 것은?

① 비로드 잔디
② 화이트 클로버
③ 버펄로그래스
④ 라이그래스

023 다음 중 공해(배기가스)에 강한 수목들로만 나열된 것은?

① 능수버들, 사철나무, 태산목
② 능수벚나무, 매화나무, 삼나무
③ 반송, 삼나무, 주목
④ 히말라야시다, 종비나무, 편백

024 산림지역 식재계획의 시각적 효과를 커버하는 산림의 경관관리 방법에는 7가지가 있다. 다음 중 산림관리 활동이 주변 경관의 특성에 종속되도록 임지를 관리하는 것은?

① 경관의 수식 ② 경관의 유보
③ 경관의 복구 ④ 경관의 향상

025 다음 수종 중 방화효과가 특히 높은 수종은?

① 은행나무 ② 삼나무
③ 단풍나무 ④ 느티나무

026 수목은 지하수위의 높고 낮음에 따라 습한 지역에 잘자라는 수종과 건조 지역에 잘 자라는 수종이 있다. 다음 수목 중 공원의 다습한 지역에 식재되었을 때 가장 잘 견디는 수종은?

① 향나무 ② 가중나무
③ 아카시아나무 ④ 메타세쿼이아

027 정원에 심어놓은 화훼류의 수고를 낮게 가꾸려 할 때 사용하는 생장억제제는?

① auxin
② abscisic acid
③ gibberellin
④ cytokinin

028 일반적인 가로수의 배치와 식재에 관한 설명으로 부적합한 것은?

① 식재간격은 보통 최소 6m 이상을 기준으로 한다.
② 식수대의 폭은 적어도 1m 이상이 되도록 한다.
③ 보호시설에 의해서 둘러싸인 면적은 적어도 1.5㎡ 이상이어야 한다.
④ 보도의 한쪽을 기준으로 1열 심기를 하고 2열 이상은 식재할 수 없다.

029 일반적인 식생도를 말하는 것으로 상관적 식생도라고도 하며, 조사구역 내에서 식생상관과 우점종을 중심으로 군락명을 정하여 군락 구분을 지도상에 표시하는 것을 무엇이라고 하는가?

① 녹지자연도 ② 현존식생도
③ 종다양도 ④ 우점도

030 식물생육에 이상적인 흙의 용적 비율은?

① 광물질 25%, 수분 15%, 유기질 25%, 공기 40%
② 광물질 5%, 수분 40%, 유기질 15%, 공기 40%
③ 광물질 55%, 수분 25%, 유기질 5%, 공기 15%
④ 광물질 45%, 수분 30%, 유기질 5%, 공기 20%

031 기능에 따른 고속도로 식재 중 시선유도식재(視線誘導植栽)에 관한 설명으로 부적합한 것은?

① 곡선부의 안쪽에는 시거(視距)에 방해를 주므로 식수하지 않는다.
② 산형(crest)구간에 선형이 산형을 이루고 있는 곳에서는 산 정상부에 교목을 심고 약간 내려간 곳에 낮은 나무를 심는다.
③ 골짜기(sag)구간에 선형이 골짜기를 이루고 있는 곳에서는 가장 낮은 부분을 피해서 식재하는 것이 좋다.
④ 곡선부의 전면에는 관목을 배치한다.

032 수목 생육지의 토성은 산성, 중성, 알칼리성으로 구분할 수 있는데, 다음 중 산성토양에서 비교적 잘 자라는 수종들로만 짝지어진 것은?

① 상수리나무, 일본잎갈나무
② 느티나무, 물푸레나무
③ 단풍나무, 서어나무
④ 회양목, 개나리

033 다음 식재방법으로 잘못된 것은?

① 정식할 때 화학비료를 함께 넣고 심는다.
② 식재 구덩이에 완숙퇴비를 넣는다.
③ 식재 구덩이에 토양개량토를 넣는다.
④ 물조임 할 때는 물이 완전히 스며든 다음에 복토를 한다.

034 다음 중 4~5월에 개화하는 수목으로만 구성된 것은?

① 배롱나무, 자귀나무
② 수수꽃다리, 으름덩굴
③ 노각나무, 부용
④ 목서, 팔손이나무

035 일반적으로 생물 서식공간으로 생물이 서식할 수 있는 최소한의 면적을 의미하는 용어는?

① 생태통로(ecological corridor)
② 생태적 지위(niche)
③ 서식지의 경계(edge)
④ 비오톱(Biotope)

036 지피(地被) 식재의 기능과 효과로 가장 관계가 적은 것은?

① 강우로 인한 진땅 방지
② 미적 효과
③ 원로의 유도
④ 미기후의 완화

037 우리나라에서 방향(芳香) 식물원의 효과를 거둘 수 있도록 식재공간을 조성하고자 한다. 다음 중 적당하지 않은 것은?

① 방향식물은 한두 그루 정도로도 큰 효과를 기대할 수 있다.
② 식재 위치는 창가, 현관 또는 통로 주변이 효과적이다.
③ 옥외의 개방된 공간에는 장미 터널식, 생울타리 식으로 군식해야 효과적이다.
④ 대표적인 수종은 치자나무, 태산목 목서 등이 있다.

038 연평균기온 15℃ 이상의 지역에 생육이 적합한 조경 수종으로만 연결된 것은?

① 분비나무, 네군도단풍
② 마가목, 사스래나무
③ 녹나무, 자작나무
④ 붉가시나무, 후박나무

039 다음 중 상록 활엽교목으로만 나열된 것은?

① 감탕나무, 동백나무, 구상나무
② 함박꽃나무, 자작나무, 노각나무
③ 산수유, 후박나무, 먼나무
④ 조록나무, 황칠나무, 녹나무

040 식물생육에 가장 알맞은 토양 구성은 적당한 토양공기와 토양 수분이 있어야 뿌리의 호흡과 수분흡수가 적합하다. 다음 중 어느 것이 가장 적합한 토양 구성인가? (단, 구성비율은 무기물 : 유기물 : 토양공기 : 토양수분의 순이다.)

① 5% : 45% : 30% : 20%
② 45% : 5% : 25% : 25%
③ 5% : 35% : 40% : 20%
④ 45% : 5% : 30% : 20%

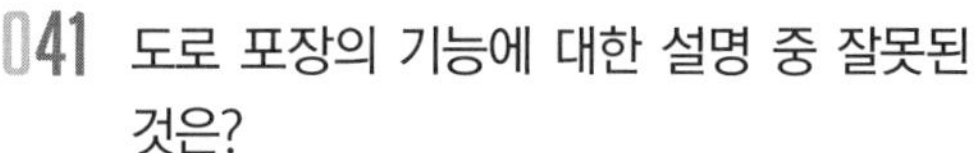

041 도로 포장의 기능에 대한 설명 중 잘못된 것은?

① 표층은 마모에 견뎌야 한다.
② 표층은 표면으로부터 침수를 막아 하상(下床)의 지지력이 저하되지 않도록 한다.
③ 중층인 베이스, 서브베이스는 지표에 가해지는 하중과 충격에 의한 전단, 휨 모멘트의 반복에 견뎌야 하고, 흡수, 분산시켜야 한다.
④ 중층은 하중을 최종적으로 받게 되므로 최하층보다 견고하여야 한다.

042 유출계수는 0.9, 강우강도 40mm/hr, 배수면적 20000m^2일 때 우수유출량 Q 값은?

① 0.1m^3/sec ② 0.2m^3/sec
③ 1000m^3/sec ④ 2000m^3/sec

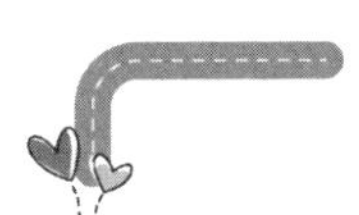

043 콘크리트는 굵은 골재의 크기에 따라 시멘트량이 달라진다. 다음 중 시멘트량이 가장 많이 소요되는 골재는?

① 최대치수 13mm 이하
② 최대치수 19mm 이하
③ 최대치수 25mm 이하
④ 최대치수 40mm 이하

044 중장비 스크레이퍼(scraper)의 설명으로 옳은 것은?

① 굴삭(掘削)만 가능하다.
② 싣기만 가능하다.
③ 싣기, 운반 작업만 가능하다.
④ 굴삭, 싣기, 운반, 정지 작업까지 가능하다.

045 조경시설과 관련된 설명으로 옳은 것은?

① 동적인 놀이시설(그네, 미끄럼틀 등)은 시설물 주위로 2m 이상의 이용공간을 확보한다.
② 정적인 놀이시설(흔들말, 시소 등)은 시설물 주위로 1m 이상의 이용공간을 확보한다.
③ 미끄럼판의 기울기는 40° ~ 45° 로 재질을 고려하여 설계한다.
④ 도심지 물의 깊이는 안전성을 고려하여 30cm 이내로 한다.

046 입찰계약 순서로 가장 적합한 것은?

① 입찰공고 → 현장설명 → 입찰 → 계약 → 낙찰 → 개찰
② 입찰공고 → 낙찰 → 계약 → 개찰 → 입찰 → 현장설명
③ 입찰공고 → 계약 → 낙찰 → 개찰 → 입찰 → 현장설명
④ 입찰공고 → 현장설명 → 입찰 → 개찰 → 낙찰 → 계약

047 대지를 파내어 면을 고르고자 한다. 각 지점의 지반고는 아래의 그림과 같고 계획지반고는 100m로 하려고 한다. 구형분할에 의한 점고법으로 계산한 절토량(m^3)은? (단, 그림에서의 숫자의 단위는 m이고, 각 격지의 넓이는 $10.0m^2$이다.)

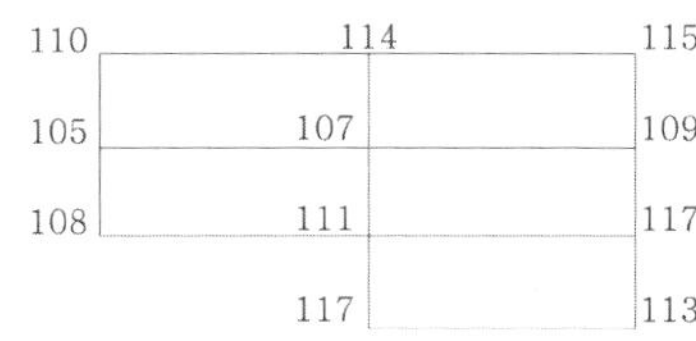

① 500.0
② 522.5
③ 535.5
④ 545.0

048 다음 공정표의 전체 소요 공기(工期)는?

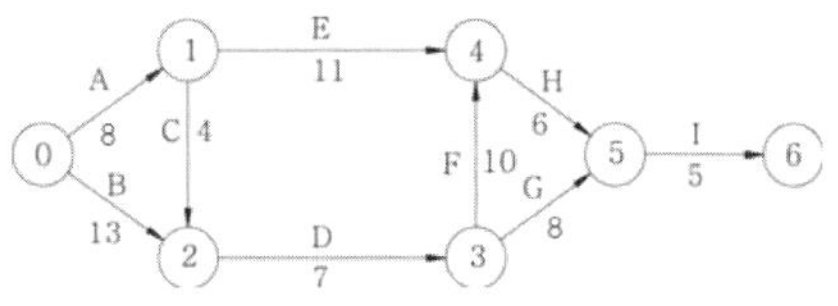

① 30일
② 40일
③ 41일
④ 42일

049 바 차트(bar chart) 기법과 PERT/ CPM 기법의 특징 설명으로 틀린 것은?

① 바 차트(bar chart) 기법은 작업의 선·후 관계가 불명확하다.
② 바 차트(bar chart) 기법은 일정의 변화에 손쉽게 대처하기 곤란하다.
③ PERT/ CPM 기법은 문제점의 사전 예측이 곤란하다.
④ PERT/ CPM 기법은 바 차트(bar chart) 기법 보다 작성이 힘들다.

050 비탈면의 경사가 1 : 1.5 일 때, 수평거리가3m 이면 수직거리(m)는 얼마인가?

① 1.5　② 2.0
③ 3.0　④ 4.5

051 도로의 수평 노선 곡선부에서 반경이 30m, 교각을 15° 로 한다면 이 수평노선의 곡선장은 얼마인가?

① 약 1.25m　② 약 2.5m
③ 약 7.85m　④ 약 8.5m

052 공사계약에 관한 설명 중 틀린 것은?

① 공사를 전문공사별, 공정별, 공구별 등으로 나누어 2인 이상에게 주는 도급을 공동도급이라 한다.
② 경력, 신용, 기술 등을 고려하여 공사에 적격한 3~7업자를 선정하여 입찰에 참여시키는 것을 지명경쟁 입찰이라 한다.
③ 건축주가 시공에 가장 적합하다고 인정하는 단일 업자를 선정하여 발주하는 방식을 수의계약이라 한다.
④ 입찰의 절차는 현장 설명을 끝낸 후 일정 시간 경과 후에 행한다.

053 공사계약서에 포함되어야 하는 내용으로 부적합한 것은?

① 공사금액
② 시방서 작성방법
③ 분쟁의 해결방법
④ 설계변경절차 및 기성금액 지불방법

054 포틀랜드시멘트의 화학성분 중 가장 많은 부분을 차지하는 성분은?

① 실리카(SiO_2)　② 산화철(Fe_2O_3)
③ 알루미나(Al_2O_3)　④ 석회(CaO)

055 콘크리트의 제조에서 각 재료의 1회 계량분의 허용오차로 잘못된 것은?

① 혼화재 : 3%　② 물 : 1%
③ 골재 : 3%　④ 굵은골재 : 3%

056 건설업자가 대상계획의 기업, 금융, 토지조달, 설계, 시공, 기계, 기구설치, 시운전까지 주문자가 필요로 하는 모든 것을 조달하여 주문자에게 인도하는 도급 계약방식은?

① 턴키도급(turn - key contract)
② 실비청산보수가산도급(cost plus key contract)
③ 공동도급(joint venture contract)
④ 정액도급(lump sum contract)

057 다음 그림에서 B점의 반력( )값은?

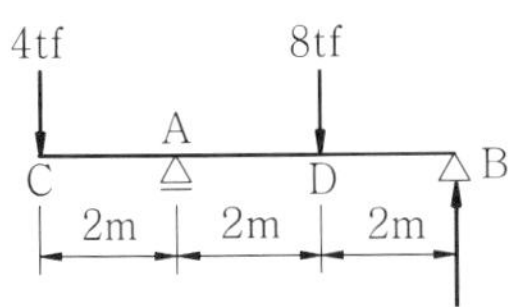

① 0tf ② 2tf
③ 4tf ④ 6tf

058 다음은 굵은 골재를 시험한 결과이다. 이 결과를 이용하여 굵은 골재의 공극률을 구하면?

- 단위용적중량 = $1500kg/m^3$
- 밀도 = $2.65g/m^3$
- 조립률 = 6.30

① 42.4% ② 43.4%
③ 44.4% ④ 45.4%

059 다음 중 건설기계와 해당 건설기계의 주된 작업 종류의 연결이 틀린 것은?

① 크램쉘 - 굴착
② 백호 - 정지
③ 파워쇼벨 - 굴착
④ 그레이더 - 정지

060 그림과 같은 모양의 토적을 계산할 때 양단면평균법을, 중앙단면법을, 각주공식에 의한 방법을 라 할 때 각 방법에 의해 산출된 토적의 값 관계를 옳게 설명한 것은?

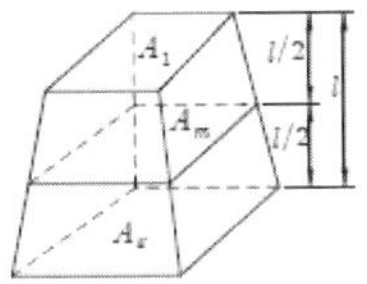

① $V_m < V_p < V_a$
② $V_p < V_m < V_a$
③ $V_m < V_a < V_p$
④ $V_a < V_p < V_m$

제 4 과목 조경관리

061 잔디의 관리에 관한 설명 중 틀린 것은?

① 난지형 잔디의 시비는 주로 봄, 여름에 많이 하고 한지형 잔디는 봄, 가을에 시비한다.
② 한국 잔디는 병해가 적으므로 시비가 어렵지 않으나 서양 잔디는 여름철 고온다습 기간에 발병이 심하므로 주의해야 한다.
③ 잔디 깎기의 높이는 잔디의 종류, 잔디밭의 사용목적에 따라 다르나 보통 10~50mm정도로 한다.
④ 잔디 깎기는 한국잔디와 같은 한지형 잔디는 고온기에 난지형 잔디는 봄, 가을에 자주 실시해야 한다.

062 그을음병을 유발시키며 벚나무, 뽕나무, 밤나무 등에 발생하는 흡즙성 해충인 깍지벌레류의 천적으로 맞는 것은?

① 기생봉 ② 거미
③ 긴등기생파리 ④ 풀잠자리

063 잣나무, 소나무, 전나무 등에 주로 발생하는병으로 3~4월경 병엽은 적갈색으로 변하기 시작하여 6월까지 낙엽이 지고 병든 낙엽에 6~11mm 간격으로 격막이 생기며, 흑색 병반이 형성되는 병해는?

① 털녹병 ② 잎마름병
③ 잎떨림병 ④ 잎녹병

064 수피가 평활하고, 코르크층이 발달하지 않은 수종이 서남향 및 서향에 위치하여 수간이 태양 광선을 직접 받아 수피의 일부에 급격한 수분증발이 생겨 조직이 건고(乾枯)되는 현상은?

① 피소(皮燒) ② 피열(皮熱)
③ 열사(熱死) ④ 열피(熱皮)

065 일반적으로 정원수 전정 방법으로 부적합한 것은?

① 수관내로 향한 가지는 자른다.
② 도장지는 가능한 한 모두 자른다.
③ 가지는 외부의 가는 가지를 먼저 자르고, 그 다음 안쪽의 굵은 가지를 자른다.
④ 가지를 자를 때에는 수관 위쪽에서부터 아래쪽으로, 또 수관 밖에서부터 안쪽으로 잘라 나간다.

066 분제(입제포함)의 물리적 성질로서 가장 거리가 먼 것은?

① 현수성(suspensibility)
② 비산성(floatability)
③ 부착성(adhesiveness)
④ 토분성(dustibility)

067 적심(摘芯)에 관한 설명으로 가장 적합한 것은?

① 상록성 관목류의 전정을 통칭하는 뜻이다.
② 토피아리 전정의 한 방법이다.
③ 꽃눈 조절을 위한 과수의 전정방법이다.
④ 새로 나온 연한 순을 자르는 것이다.

068 조경시설물의 유지관리에 대한 내용으로 부적합한 것은?

① 수도꼭지나 샤워기의 누수부분을 보수한다.
② 청소작업 지역할당에서 개인할당 청소의 장점은 조할당 청소보다 청소작업이 균등하게 분배된다.
③ 고가의 관리장비 구입시는 다용도로 쓸 수 있는 것을 고려한다.
④ 경우에 따라서는 청소작업을 외부에 도급을 주어 수 행하는 것이 비용과 효율면에서 유리한 경우가 있다.

069 상열(霜烈)에 대한 설명으로 적합하지 않는 것은?

① 추운 지방에 수액이 얼어서 부피가 증대되면 수간의 외층이 냉각 수축되어 수선방향으로 갈라지는 현상이다.
② 배수가 불량한 토양이 배수가 양호하거나 건조한 토양보다 발생이 쉽다.
③ 낙엽교목이 상록교목보다, 수간의 남쪽보다 북쪽이 발생이 쉽다.
④ 유목이나 노목보다 완성한 생장을 하는 시기의 수목(흉고직경 약 15 ~ 45cm)이 갈라지기 쉽다.

070 일반적으로 시설물의 관리 작업 시기를 설명 한 것 중 부적합한 것은?

① 수목생육이 가장 왕성한 시기에 시설물과 수목을 함께 점검한다.
② 대체로 이용자의 수가 적을 때 점검한다.
③ 우기 및 추울 때는 관리 작업을 피한다.
④ 동일 종류를 종합해서 관리 작업한다.

071 한국잔디의 시비관리 방법으로 옳지 않은 것은?

① 한국잔디의 시비는 주로 봄, 여름에 많이 한다.
② 한국잔디는 병해가 심하므로 여름철 고온기에는 시비를 하지 않는다.
③ 한국잔디는 강하지만 시비할 때는 밑거름과 덧거름으로 나누어 준다.
④ 한국잔디의 시비는 연간 3~4회면 충분하다.

072 다음 중 운영관리 계획에서 양적 변화에 대한 관리에 해당하지 않는 것은?

① 부족이 예측되는 시설의 증설
② 이용에 의한 손상이 생기는 시설의 보충
③ 내구연한이 된 각종 시설물
④ 이용객의 연령에 따른 대응

073 회양목 명나방의 생태에 관한 설명으로 틀린 것은?

① 실제적으로 경제적 피해 수종은 회양목에 국한된다.
② 유충이 실을 토하여 잎을 묶고, 그 속에서 가해한다.
③ 엽육을 갉아먹어 엽액만 남으므로 앙상한 모습을 보인다.
④ 한 해에 2회 발생하고, 우화한 제2화기 성충은 가해 부위에서 번데기가 된다.

074 다음 수목의 병과 관련된 설명 중 부적합한 것은?

① 일반적으로 토양 전염병은 일광 부족이나 토양 습도가 부적당할 때 발생한다.
② 인산질, 칼리질 비료의 사용은 뿌리나 열매의 생육을 촉진하므로 잎이나 줄기에 전염병이 발생할 위험이 높다.
③ 동일 수종보다 여러 수종을 섞어 심으면 병원균의 발생 밀도가 낮아져 수병의 발생이 적어진다.
④ 수목의 상처 부위를 매끈하게 손질하여 방부제를 칠해주면 수병 예방에 도움이 된다.

075 외국산 초종(양잔디)를 사용하여 비탈면을 종자 뿜어 붙이기 공법으로 전면 파종을 하였을 때 피복완성까지의 표준기간은 일반적으로 얼마를 산정하는가?

① 2~3개월　② 4~5개월
③ 7~8개월　④ 9~10개월

076 식재지(植栽地)의 활엽교목류에 대한 물받이를 만들때 다음 중 가장 적당한 규격은?

① 수관폭의 1/5 정도의 위치에 높이 10cm 정도로 만든다.
② 수관폭의 1/3 정도의 위치에 높이 10cm 정도로 만든다.
③ 수관폭의 1/2 정도의 위치에 높이 50cm 정도로 만든다.
④ 수관폭의 1/3 정도의 위치에 높이 50cm 정도로 만든다.

077 내한성이 약한 수목의 월동 방법으로 가장 부적합한 것은?

① 흙을 성토하여 덮어주거나 흙 속에 매장한다.
② 초겨울 증산제의 살포를 통해 잎의 변조를 조기에 실시한다.
③ 배수를 좋게 한다.
④ 짚으로 싸 주거나 새끼로 감아준다.

078 약량을 1/3~1/5로 줄여서 살포하여도 충분한 약효를 얻을 수 있고 동시에 약해를 피할 수 있으므로 용수가 부족한 곳에 가장 적당한 살포방법은?

① 분무법 ② 미스트법
③ 산분법 ④ 분의법

079 석축 옹벽에 대한 일반적인 보수공법으로 재시공 할 경우에 해당하지 않는 것은?

① 땅무너짐과 같은 대규모 붕괴에 의해 지형자체가 변경된 경우
② 옹벽의 노후화, 대규모 파손으로 보강이나 보수가 불가능한 경우
③ 보수하여도 안전하지 못하여 새로 설치하는 것이 좋다고 판단되는 경우
④ 뒷면 토압이 옹벽에 비해 커서 석축 전체가 옆으로 넘어지려고 하는 경우

080 다음 중 관리하자에 의한 사고로 볼 수 없는 것은?

① 시설의 구조 자체의 결함에 의한 것
② 시설의 노후, 파손에 의한 것
③ 위험장소에 대한 안전대책 미비에 의한 것
④ 위험물 방치에 의한 것

6회 정답 및 풀이

1	2	3	4	5	6	7	8	9	10	11	12	13	14	15	16	17	18	19	20
②	③	②	②	④	①	②	③	③	④	③	③	④	④	①	①	④	③	③	④
21	22	23	24	25	26	27	28	29	30	31	32	33	34	35	36	37	38	39	40
①	④	①	②	①	④	②	④	②	④	②	①	①	②	④	③	①	④	④	②
41	42	43	44	45	46	47	48	49	50	51	52	53	54	55	56	57	58	59	60
④	②	①	④	④	④	②	③	③	②	③	③	②	④	①	①	②	②	②	①
61	62	63	64	65	66	67	68	69	70	71	72	73	74	75	76	77	78	79	80
④	④	③	①	③	①	④	②	③	①	②	④	③	②	①	②	②	②	④	①

제 1과목 조경계획 및 설계

004 홀의 구성 - 티, 페어웨이, 그린

① 티(Tee) : 출발지역이며, 면적은 400~500m^{2}이다.

② 페어웨이(Fair Way) : 출발지점(티)과 종점(그린) 사이의 넓은 잔디밭으로 폭 50~60m^2

③ 그린(Green) : 홀의 종점이며, 면적은 600~900m^2, 경사는2~5%이다.

④ 장애물(Hazard, 해저드) : 다채로운 경기를 위해 필요한 시설물이며, 모래웅덩이(bunker, 벙커), 러프(rough), 시내(creek hazard), 에어프런(apron) 등 페어웨이와 그린에 설치된다.

005 국립공원 지정 순서

지리산 → 경주 → 계룡산 → 한려해상 → 설악산 → 속리산 → 한라산 → 내장산 → 가야산 → 덕유산 → 오대산 → 주왕산 → 태안해안 → 다도해상 → 북한산 → 치악산 → 월악산 → 소백산 → 변산반도 → 월출산

총 20개

006 벤치규격

소인용 - 좌고(30~35㎝), 좌판폭(35~40㎝)

대인용 - 좌고(37~43㎝), 좌판폭(40~45㎝)

겸용 - 좌고(35~40㎝), 좌판폭(38~43㎝)

010 수도권 공원계통 - 찰스 엘리어트.

011 색지각 - 색을 망막에서 인식해 뇌에 연결해 신경세포에서 인지하는 과정

채도 - 색의 선명한 정도

012 조선시대 후원

경복궁 교태전 후원, 창덕궁 후원, 낙선재 후원 등

013 다산초당 - 연못과 화개중심의 정원

중도형 방지(섬 위에 3개의 경석, 바닷가돌 주워 석가산) - 신선사상

엽원기능(차나무 재배법 배워 약초 기르기)

014 ④ 사실주의 풍경식 - 영국 18C 정원양식

015 마른모래(0.25~0.45%)

016 태호석 - 당 · 송시대 성행한 경관석

017 접지면에서 착지판의 높이는 10~15m

019 1395년 작은연못 조성
1412(태종12)년 큰 연못파고 경회루 창건
1592년 임진왜란때 불탐
1867(고종4) 흥선대원군이 재건

제 2과목 조경식재

020 도시생태계는 가장 파괴속도가 빠르고 개발속도가 빨라 회복도 어려움

021 ① 원추형 : 소나무, 향나무, 메타세쿼이아, 히말라야시다, 독일가문비, 삼나무, 편백, 금송, 화백, 은행나무 등 대부분의 침엽수가 해당
② 원정형 : 목련, 태산목, 플라타너스, 백합나무, 벽오동, 회화나무 등
③ 원주형 : 무궁화, 부용
④ 배상형 : 느티나무, 단풍나무, 팽나무, 배롱나무, 산수유 등

025 방화용 수종
잎이 두텁고 함수량이 많으며 유지함유량이 낮은 것

027 ① auxin(옥신) - 줄기세포의 신장생장 촉진시키는 효과를 가진 호르몬
② gibberellin(지베렐린) - 식물생장조절제로 신장 촉진. 종자발아촉진, 개화촉진, 착과증가, 열매생 장촉진 등
③ cytokinin(시토키닌) - 생장조절하고 세포분열 촉진하는 역할로 식물노화억제, 잎과 곁눈 생장촉진 등

031 산형구간에 선형이 산형을 이루는 곳에 식재할때는 산정상부에는 낮은 나무. 약간 내려간 곳에는 키 큰 나무식재

032 강산성토에서 잘 자라는 수종 - 가문비나무, 리기다소 나무, 밤나무, 산방오리나무, 싸리나무류, 상수리나무, 소나무, 아까시나무, 잣나무, 젓나무, 종비나무, 편백, 곰솔
약산성~중성에서 잘 자라는 수종 - 가시나무, 녹나무, 느티나무, 떡갈나무, 붉가시나무, 삼나무, 일본잎갈나무, 졸참나무

034 ① 배롱나무(8~9월), 자귀나무(6~7월)
③ 노각나무(6~7월), 부용(8~10월)
④ 목서(3~4월), 팔손이나무(10~11월)

036 원로유도 - 경계식재, 산울타리식재.

037 방향식물원에서 방향식물 한 두 그루로는 효과 낼 수 없다.

038 난대성 식물로 남부지방에서만 자라는 수종

제 3과목 조경시공

042 우수유출량(Q)

$$= \frac{유출계수 \times 강우강도(㎜/hr) \times 배수면적(ha)}{360}$$

따라서,

$$Q = \frac{1}{360} \times 0.9 \times 40㎜/hr \times 2ha = 0.2m^3/sec$$

045 ① 2m → 3.0m
② 1m → 2.0m
③ 40°~45°→ 30°~35°

047 절토량

$$\frac{A}{4}\left(\sum h_1 + 2\sum h_2 + 3\sum h_3 + 4\sum h_4\right)$$

$$\sum h_1 = 10+15+13+12+8=58$$
$$\sum h_2 = 14+5+9+17=45$$
$$\sum h_3 = 11$$
$$\sum h_4 = 7$$
$$\frac{10}{4}(58+(2\times 45)+(3\times 11)+(4\times 7))=522.5$$

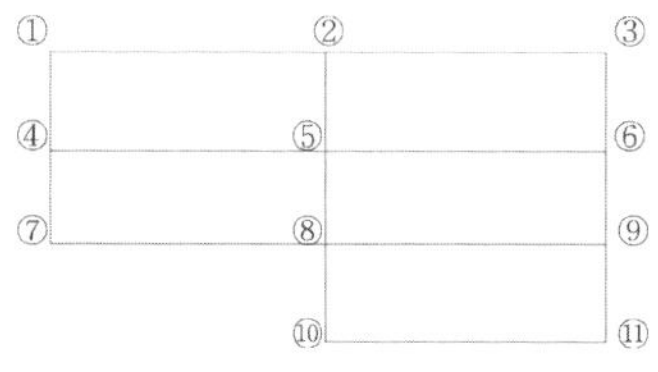

h_1 해당점 : ①, ③, ⑦, ⑩, ⑪

h_2 해당점 : ②, ④, ⑥, ⑨

h_3 해당점 : ⑧

h_4 해당점 : ⑤

048 전체소요공기는 최장경로
: B → D → F → H → I
즉, 13+7+10+6+5=41일

050 수직거리 : 수평거리.
$1 : 15 = x : 3, \quad x = 2$

051 수평곡선장 $L = \frac{\pi RI}{180}$
(R : 곡선반경, I : 교각)
$= \frac{3.14\times 30\times 15}{180} \doteqdot 7.85$

052 ① 분할도급에 대한 설명

053 계약서의 내용
① 공사내용
② 도급내용
③ 공사의 착공일과 준공일
④ 도급 금액의 지불방법
⑤ 설계변경, 공사 중지의 신입시 손해부담에 관한 규정
⑥ 천재, 기타 불가피한 원인으로 공사 중 입은 피해 보상에 관한 규정
⑦ 가격, 재료의 품귀 등으로 생기는 공사내용의 변경에 관한 것
⑧ 준공검사 및 인도시기
⑨ 공사 완공 후 도급금액의 지급시기와 지불방법
⑩ 당사자간의 계약 사항 이행의 지연, 기타 채무 불이행에 대한 지연, 이자, 위약금, 손해액 처리에 관한 사항
⑪ 하자 보증에 관한 사항

055 혼화재 - 2%

콘크리트 재료계량법 및 허용오차

재료명	계량방법	허용오차
시멘트	무게	1회 계량 무게의 1.0%이내
골재	무게	1회 계량 무게의 3.0%이내
물	무게	1회 계량 무게의 1.0%이내
혼화재	무게 혹은 포대	1회 계량 무게의 2.0%이내

056 턴키도급 = 설계시공일괄 입찰

057 $\Sigma M_A = 0$
$(-4t\times 2m) + (8t\times 2m) - (R_B\times 4m) = 0$
$R_B = 2\,tf$

058 공극률=(1-단위용적중량/비중)×100
$=(1-\frac{1500}{2.65\times 1000})\times 100=43.39$
즉, 43.4%

059 ② 백호 - 굴착

제 4과목 조경관리

062 깍지벌레의 천적 - 풀잠자리, 무당벌레 등
① 기생봉 - 진딧물 천적
② 거미 - 응애류 천적
③ 긴등기생파리 - 흰불나방 천적

065 가지는 굵은 가지 → 잔가지 순으로 자른다.

066 분제의 물리적 성질
① 비산성 : 분제 입자가 살분기의 풍력에 의해 목적 장소까지 날아가는 성질
② 부착성 : 목적하는 작물, 해충 등에 잘 달라붙는 성질
③ 토분성 : 살포기에서 토출정도

067 적심(순지르기)
지나치게 자라는 가지의 신장억제 위해 신초 끝 따는 것.
소나무 매해 4~5월, 향나무 5~6월 시행

069 상열은 수간의 남쪽이 일교차가 커서 수축 · 팽창이 반복되어 북쪽보다 발생하기 쉽다.

071 한국잔디 시비시기 - 봄, 여름

074 인산질 - 꽃의 생장에 관련된 비료

078 미스트법 : 물의 양을 적개해 진한 약액을 지름 50~100μm정도의 미립자로 살포하는 방법

080 ① 설치하자에 의한 사고

조경산업기사 필기

초　　판 인쇄 | 2016년 4월 10일
초　　판 발행 | 2016년 4월 15일
개정 4판 1쇄 발행 | 2020년 3월 10일
개정 4판 2쇄 발행 | 2021년 2월 5일
개정 5판 발행 | 2022년 2월 10일
개정 6판 발행 | 2023년 2월 20일
개정 7판 발행 | 2024년 1월 10일
개정 8판 발행 | 2025년 1월 10일

지은이 | 구민아
발행인 | 조규백
발행처 | **도서출판 구민사**
(07293) 서울특별시 영등포구 문래북로 116, 604호(문래동3가 46, 트리플렉스)
전화 (02) 701-7421(~2)
팩스 (02) 3273-9642
홈페이지 www.kuhminsa.co.kr

신고번호 | 제2012-000055호(1980년 2월 4일)
I S B N | 979-11-6875-471-3 13500

값 42,000원